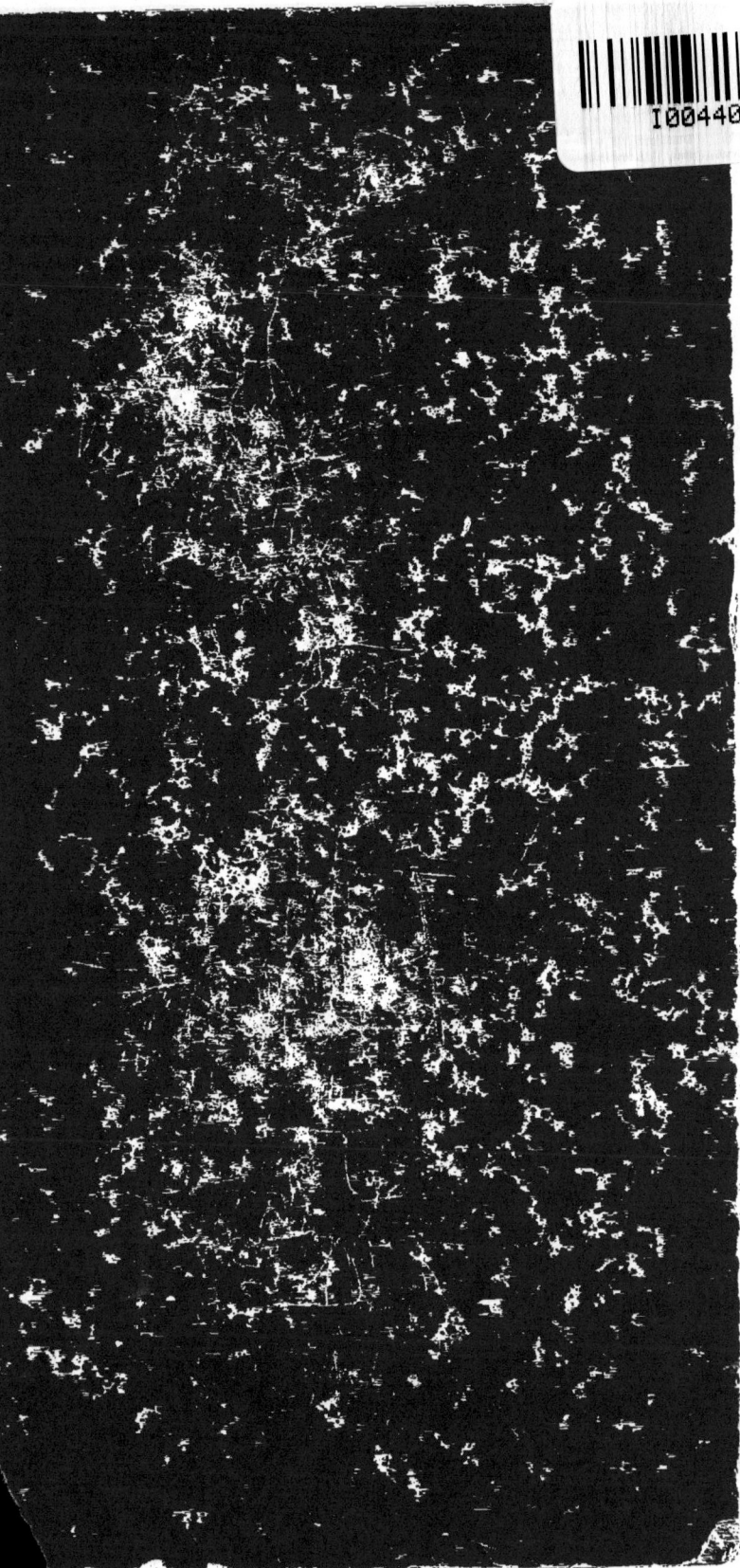

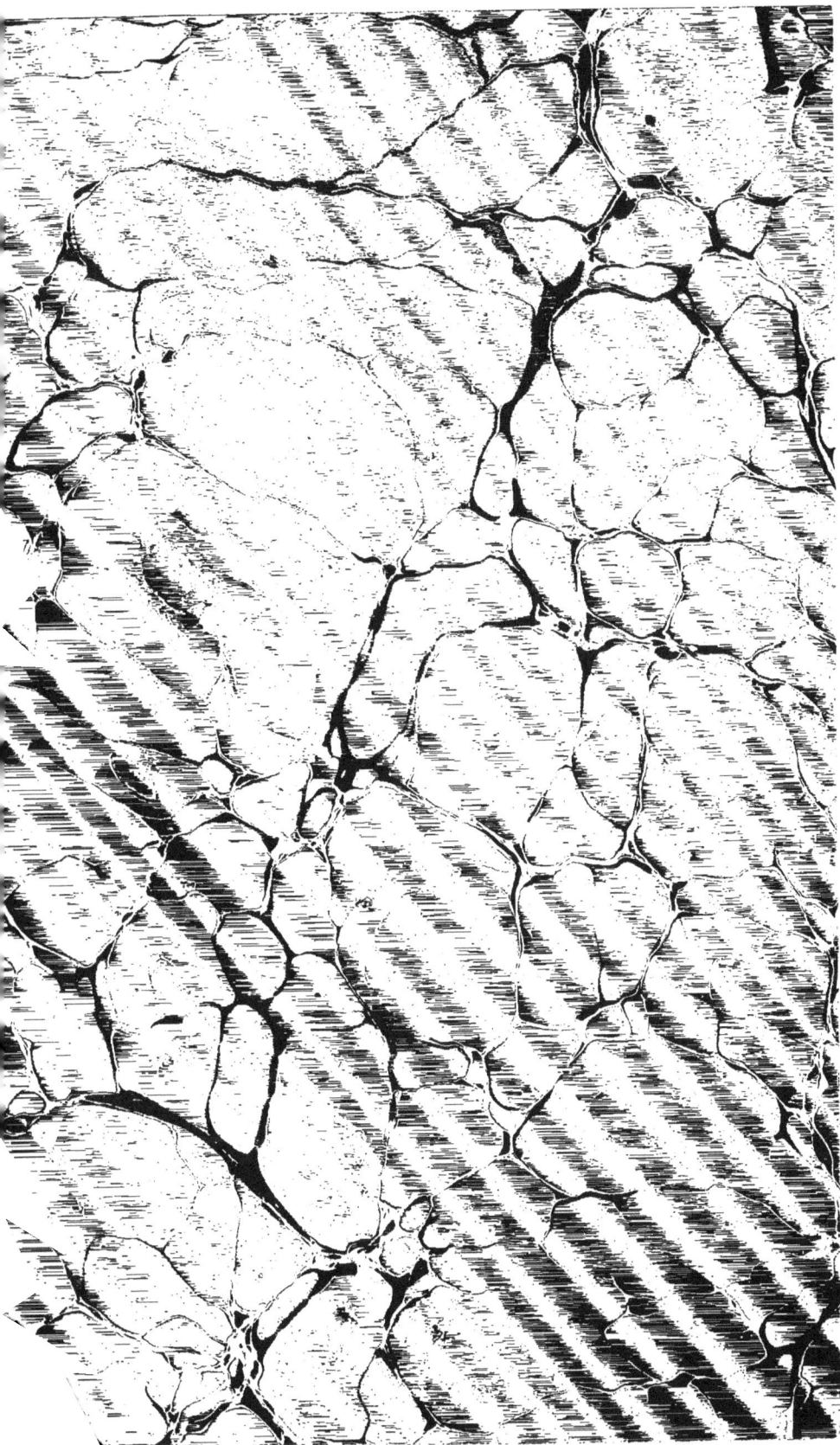

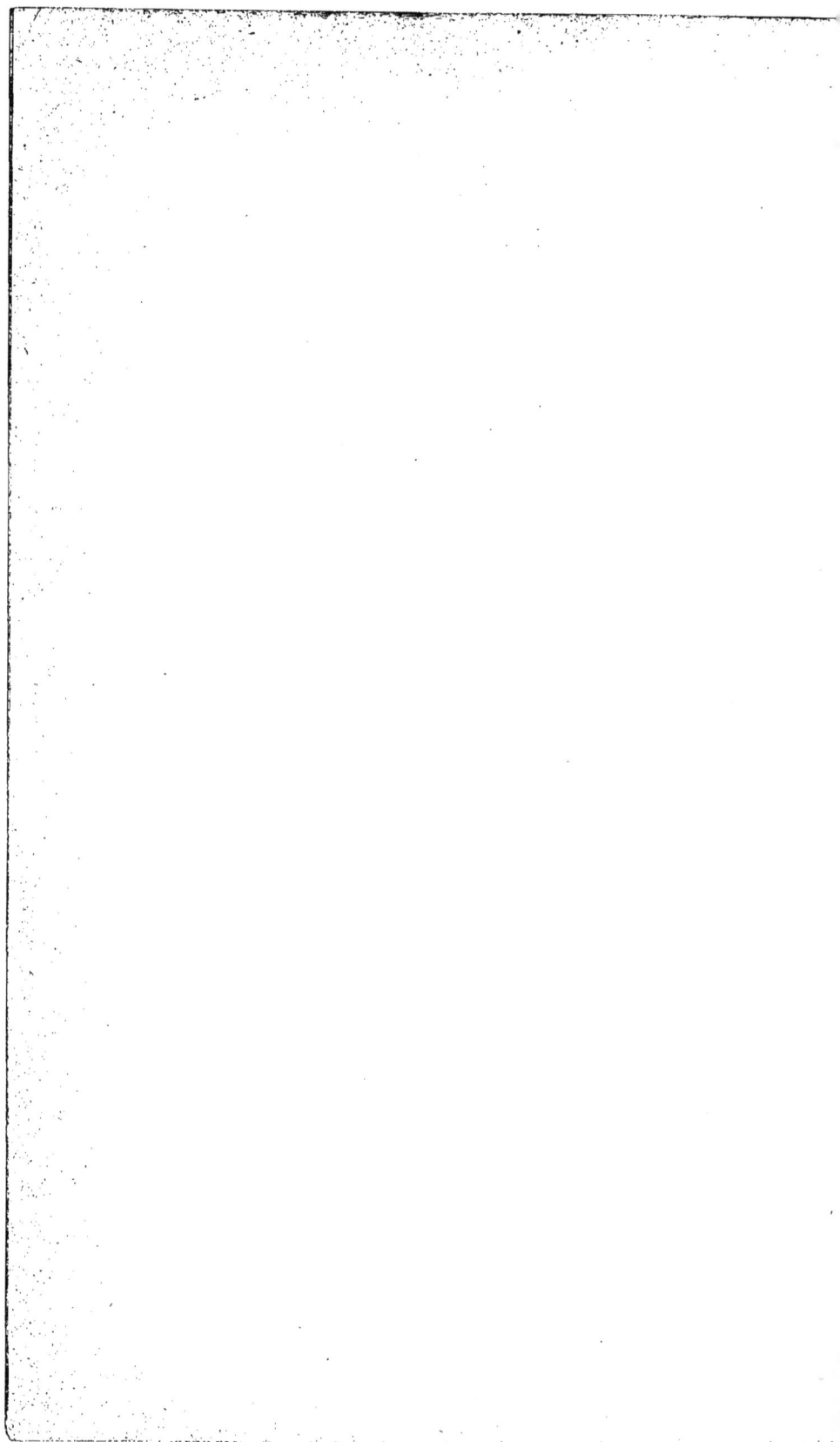

OEUVRES RÉUNIES

DE

CUVIER et LACÉPÈDE

CONTENANT

Le Complément de Buffon à l'Histoire des Mammifères et des Oiseaux
l'histoire des Cétacés, Batraciens, Serpents et Poissons

SUPPLÉMENT AUX OEUVRES COMPLÈTES DE BUFFON

Annotées par M. FLOURENS

Secrétaire perpétuel de l'Académie des sciences, membre de l'Académie française
Professeur au Muséum d'histoire naturelle, etc.

50 PLANCHES. 125 SUJETS COLORIÉS AVEC LE PLUS GRAND SOIN

TOME DEUXIÈME

QUADRUPÈDES OVIPARES — SERPENTS — POISSONS

PARIS

GARNIER FRÈRES, LIBRAIRES-ÉDITEURS

6, RUE DES SAINTS-PÈRES, 6

ŒUVRES

CUVIER ET LACÉPÈDE

TOME DEUXIÈME

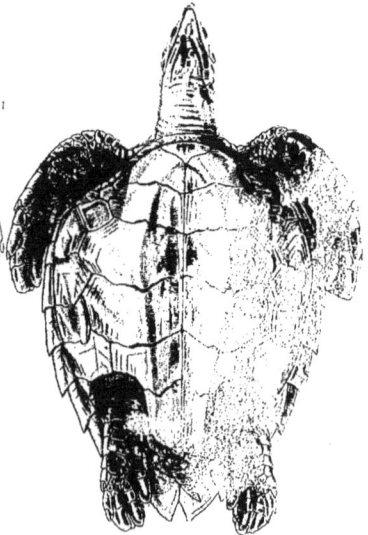

1

2

Klein del.   H. Legrand sc.

Imp. Renou, Paris.

1 LE CARET (Testudo imbricata Lin.) 2 LA COUANE (Testudo caretta)

d'après le manuel annuel de Cuvier, éditeur, Vidasson.

Garnier frères Editeurs

ŒUVRES

DE

CUVIER et LACÉPÈDE

CONTENANT

LE COMPLÉMENT DE BUFFON A L'HISTOIRE DES MAMMIFÈRES
ET DES OISEAUX

L'HISTOIRE DES CÉTACÉS, BATRACIENS
SERPENTS ET POISSONS

Illustrés de **50** planches
Environ **125** sujets coloriés avec le plus grand soin

SUPPLÉMENT aux ŒUVRES COMPLÈTES de BUFFON

Annotées par M. FLOURENS

SECRÉTAIRE DE L'ACADÉMIE DES SCIENCES, MEMBRE DE L'ACADÉMIE FRANÇAISE
PROFESSEUR AU MUSÉUM D'HISTOIRE NATURELLE, ETC.

TOME DEUXIÈME

QUADRUPÈDES OVIPARES — SERPENTS — POISSONS

PARIS

GARNIER FRÈRES, LIBRAIRES-ÉDITEURS

6, RUE DES SAINTS-PÈRES, 6

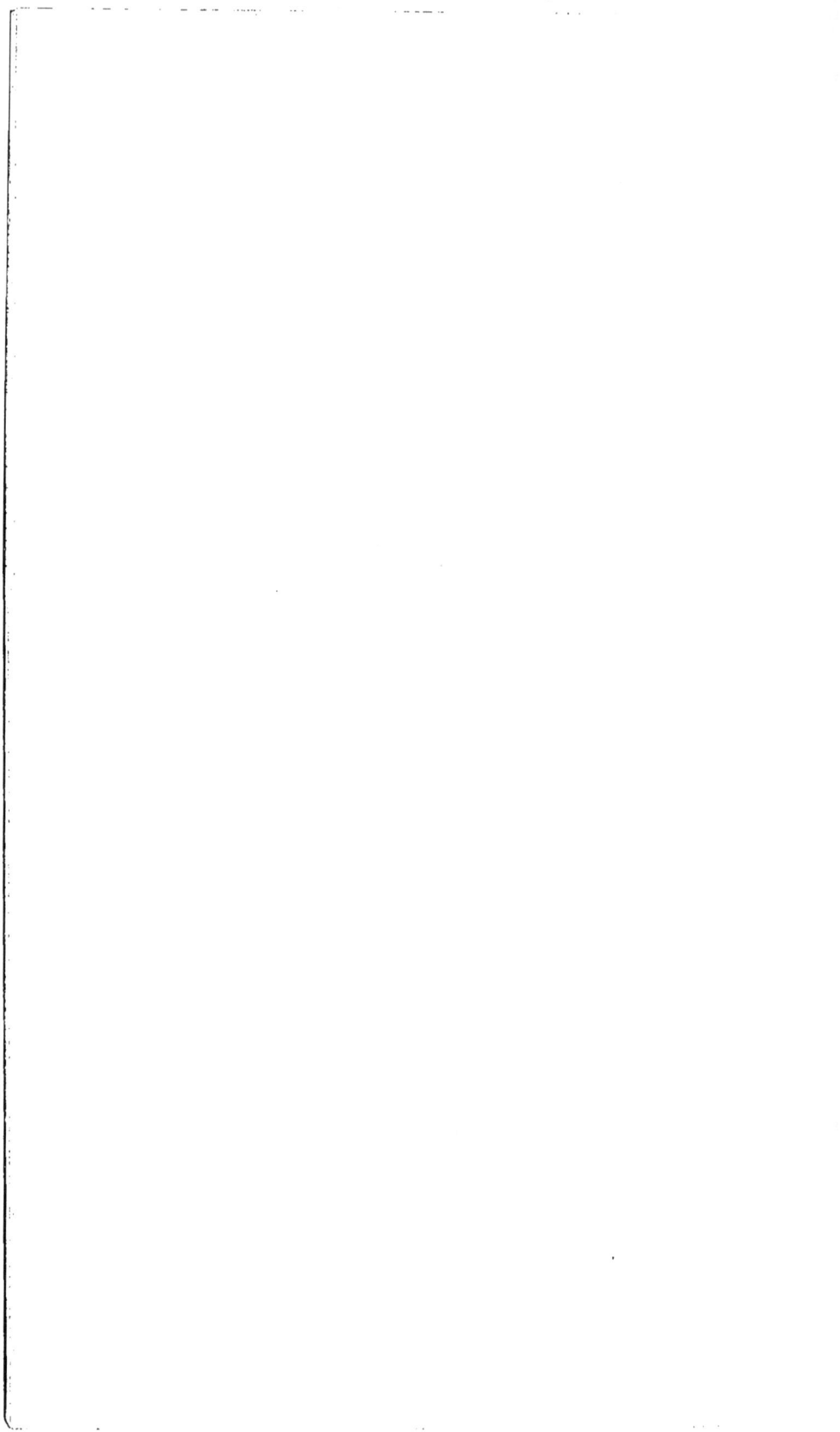

AVERTISSEMENT DE L'AUTEUR

(1788)

M. le comte de Buffon travaillant dans ce moment à l'histoire des cétacés, ainsi qu'à compléter celle des quadrupèdes vivipares et des oiseaux, désirant de voir terminer l'histoire naturelle générale et particulière, et sa santé ne lui permettant pas de s'occuper de tous les détails de cet ouvrage immense dont son génie a conçu le vaste ensemble d'une manière si sublime, et exécuté les principales parties avec tant de gloire, il a bien voulu me charger de travailler à l'histoire naturelle des quadrupèdes ovipares et des serpents, que je publie aujourd'hui.

EXTRAIT DES REGISTRES

DE L'ACADÉMIE ROYALE DES SCIENCES

DU 25 JUILLET 1787

Nous avons été nommés commissaires, M. Fougeroux, M. Broussonnet et moi, par l'Académie, pour lui faire le rapport d'un ouvrage qui a pour titre *Histoire naturelle des Quadrupèdes ovipares*, par M. le comte de Lacépède.

L'auteur présente, à la tête de son ouvrage, une table méthodique de tous les quadrupèdes ovipares dont il traite : il a choisi pour la composer des caractères saillants, que les changements de température, ou divers accidents, ne peuvent faire varier, qui se trouvent dans le mâle comme dans la femelle, dans les jeunes animaux comme dans les adultes, et qu'il a reconnus en examinant et en comparant attentivement un grand nombre d'individus de différentes espèces de quadrupèdes ovipares et les descriptions d'un grand nombre d'auteurs.

M. le comte de Lacépède a divisé l'ordre entier des quadrupèdes ovipares en deux grandes *classes*; il a placé dans la première tous les quadrupèdes ovipares qui ont une queue, et dans la seconde ceux qui n'en ont point.

Il a établi deux genres dans la première classe, celui des tortues et celui des lézards, qui diffèrent l'un de l'autre, en ce que les premiers ont le corps couvert d'une carapace osseuse et solide, que l'on ne trouve sur aucun des seconds.

Le genre des tortues renfermant des espèces dont la conformation et les habitudes présentent des différences très sensibles, et M. le comte de Lacépède donnant la description de plusieurs espèces nouvelles de ces animaux, il a cru devoir partager ce genre en deux divisions, pour lesquelles il a assigné des caractères constants, aisés à saisir, et d'après lesquels on pourra distinguer les espèces d'une division d'avec celles d'une autre, même en ne voyant que la carapace et le plastron.

Dans la première division, qui comprend les tortues marines, sont placées six espèces, dont deux n'avaient encore été que légèrement indiquées par les voyageurs; M. de Lacépède a cru devoir les appeler l'*écaille verte*,

et la *nasicorne*. Dans la seconde division, sont les tortues d'eau douce et de
terre, au nombre de dix-huit espèces, dont quatre étaient encore inconnues
et ont été nommées par l'auteur, la *jaune*, la *chagrinée*, la *roussâtre* et la
noirâtre.

Le genre des lézards étant beaucoup moins nombreux que celui des
tortues, et leur conformation, ainsi que leurs habitudes, présentant plus de
différences, l'auteur a cru devoir former huit divisions dans ce genre. La
première comprend le crocodile proprement dit, le crocodile noir, le gavial
ou crocodile du Gange, qui était à peine connu, et dont M. de Lacépède
montre les rapports de grandeur et de conformation avec les autres crocodiles, ainsi que huit autres espèces de lézards. La seconde division renferme
l'iguane, le basilic et trois autres espèces. Dans la troisième division, sont
rangés le *lézard gris*, le *lézard vert* et six autres espèces de lézards. Dans la
quatrième, l'on trouve le caméléon et vingt autres espèces dont deux
n'étaient point connues des naturalistes. M. de Lacépède leur a conservé les
noms de mabouya et de roquet, qu'on leur a donnés en Amérique. L'auteur
a placé dans la cinquième division trois espèces de lézards dont une était
inconnue et a été appelée par M. de Lacépède *lézard à tête plate*. La sixième
division comprend le seps et le chalcide. L'auteur a cru devoir donner ce
dernier nom à un lézard remarquable par sa conformation, et qui n'avait
été décrit ni même indiqué par aucun naturaliste. Dans la septième division est placé le dragon : et enfin les salamandres, au nombre de six, forment la huitième division. M. de Lacépède fait connaître deux espèces de
ces salamandres, dont personne n'avait encore parlé.

M. de Lacépède passe ensuite à la seconde classe des quadrupèdes
ovipares, c'est-à-dire à ceux qui n'ont point de queue. Il les divise en trois
genres. pour lesquels il assigne des caractères extérieurs, faciles à reconnaître, constants, et qu'il a trouvés en comparant attentivement la conformation de ces animaux avec ce qu'il a pu connaître de la différence de leurs
habitudes.

Le premier genre, uniquement composé de grenouilles, en contient
douze espèces ; le second genre, qui comprend la raine verte d'Europe et
toutes les autres raines, présente sept espèces ; et dans le troisième genre,
qui termine l'histoire des quadrupèdes ovipares, sont placées quatorze
espèces de crapauds.

L'auteur ne s'est pas contenté d'avoir observé plusieurs quadrupèdes
ovipares vivants et d'avoir examiné avec soin plusieurs individus de la plupart des espèces dont il traite ; il a recueilli les principales observations des
divers auteurs qui ont parlé des quadrupèdes ovipares ; il a d'ailleurs fait
usage d'un grand nombre de notes manuscrites qui lui ont été communiquées par plusieurs naturalistes de divers pays, et dont la plupart avaient
voyagé dans les contrées où les quadrupèdes ovipares sont le plus
communs.

M. le comte de Lacépède fait connaître près de vingt espèces, dont aucun auteur n'avait fait mention, ou qui n'avaient été ni classées ni comparées avec soin. Il présente en tout la description de cent treize espèces de quadrupèdes ovipares.

Mais il paraît s'être attaché principalement à simplifier la science et à diminuer le nombre des espèces arbitraires que l'on avait admises; il a cherché avec soin l'influence du climat, de l'âge, du sexe et de la saison sur les diverses espèces, pour ne regarder que comme des variétés les individus dont les différences ne sont pas assez grandes, ou assez permanentes, pour constituer une espèce, et il est tel article où l'auteur a rapporté à la même espèce cinq ou six individus, considérés par certains naturalistes comme autant d'espèces distinctes.

Chaque article comprend la liste, non seulement des noms vulgaires attribués à l'animal dans les divers pays et par les différents voyageurs, mais encore des noms méthodiques qui lui ont été donnés par les naturalistes.

On trouve dans l'ouvrage de M. de Lacépède la mesure et les proportions des diverses parties du corps pour un grand nombre de quadrupèdes ovipares. Il a tâché, de plus, de joindre à la description de chaque espèce l'histoire de ses habitudes; il traite de l'endroit où on la trouve, du temps de l'accouplement, de celui de la ponte, du nombre et de la forme des œufs, de la durée de l'accroissement, de la longueur de la vie, de la manière de se nourrir, de se défendre, etc.; et pour faire mieux connaître les quadrupèdes ovipares, il montre les rapports de forme et d'habitudes que les diverses espèces ont les unes avec les autres, et même avec des animaux d'ordres plus ou moins différents. Mais, pour éviter les répétitions, il ne traite d'une manière étendue que des principales espèces de chaque division, et il ne parle que des différences que les autres présentent.

Ce qui concerne chaque genre est précédé de l'exposition des traits généraux qui le caractérisent, et l'ouvrage commence par un discours, où la conformation extérieure, les principaux points de la conformation intérieure et les habitudes communes à tous les quadrupèdes ovipares sont présentés et comparés avec ceux des autres animaux : c'est le résultat général des observations faites ou recueillies par M. de Lacépède, et le tableau de leurs rapports.

A la suite de l'histoire des quadrupèdes ovipares, M. de Lacépède donne la description de deux animaux, qu'il nomme reptiles bipèdes, qui n'ont en effet que deux jambes, au lieu de quatre, et que l'auteur croit devoir placer entre les quadrupèdes ovipares et les serpents, dont il se propose de présenter incessamment l'histoire à l'Académie. Le premier de ces deux animaux n'a encore été indiqué par aucun auteur; on l'a envoyé du Mexique; le second a été écrit par M. Pallas. M. de Lacépède fait voir qu'on ne peut pas regarder ces animaux comme des monstres, puisqu'ils sont en très grand nombre dans les pays où on les trouve. D'ailleurs l'auteur, en comparant la conformation du reptile bipède qu'il a reçu du Mexique avec celle des lézards et des serpents, montre qu'il diffère par la forme de sa queue, ainsi que par l'arrangement et la figure de ses écailles, de tous les lézards, et particulièrement du *seps* et du *chalcide*, avec lesquels il a le plus de rapports; et par conséquent il ne croit pas devoir le regarder comme un monstre par défaut, ou comme un lézard qui aurait perdu deux de ses jambes. Il ne croit pas non plus devoir le considérer comme un monstre par excès, ou comme un serpent qui, par une sorte de monstruosité, serait né avec deux jambes, parce que les jambes du bipède du Mexique, ses pieds, ses doigts, les écailles qui les recouvrent, ses ongles, etc., présentent la symétrie la plus régulière, et parce que ce bipède diffère de tous les serpents connus par l'arrangement de ses écailles. M. Pallas a aussi prouvé que le bipède dont il a donné la description dans les mémoires de Pétersbourg ne pouvait être regardé ni comme un lézard, ni comme un serpent monstrueux.

M. le comte de Lacépède fait voir, dans l'article où il traite des bipèdes, qu'excepté celui que M. Pallas a décrit et celui qu'il a reçu du Mexique, tous les reptiles bipèdes, mentionnés jusqu'à présent par les naturalistes, ne sont que des larves de salamandres, ou des lézards, tels que le *seps* et le *chalcide*, nés monstrueux, ou privés de deux pattes par quelque accident.

L'auteur a joint à son ouvrage les dessins des principales espèces de chaque division, et surtout de celles qui ne sont pas encore connues, ou qui ne le sont qu'imparfaitement.

Quant à l'existence des reptiles bipèdes, nous ne porterons aucun jugement à ce sujet. Nous croyons que, pour admettre ces animaux comme des espèces constantes, il faudrait avoir des observations et des preuves plus multipliées.

L'ouvrage de M. le comte de Lacépède nous a paru fait avec autant de soin que d'intelligence. Il y a de la clarté et de la précision dans les descriptions; les caractères des classes, des genres et des espèces sont bien contrastés; la partie historique est faite avec discernement. L'auteur n'a pas négligé de rendre son style agréable, pour donner quelque attrait à des détails fastidieux, et souvent dégoûtants par la nature de leur objet.

Nous pensons que cette histoire naturelle des quadrupèdes ovipares mérite d'être approuvée par l'Académie et imprimée sous son privilège.

Fait au Louvre, le 25 juillet 1787. DAUBENTON, FOUGEROUX DE BONDAROY, BROUSSONNET.

Je certifie le présent extrait conforme à l'original et au jugement de l'Académie. A Paris, le 29 juillet 1787.

Signé : Le marquis DE CONDORCET.

HISTOIRE NATURELLE

DES

QUADRUPÈDES OVIPARES

(1788)

DISCOURS

SUR LA NATURE DES QUADRUPÈDES OVIPARES

Lorsqu'on jette les yeux sur le nombre immense des êtres organisés et vivants qui peuplent et animent le globe, les premiers objets qui attirent les regards sont les diverses espèces des quadrupèdes vivipares et des oiseaux dont les formes, les qualités et les mœurs ont été représentées par le génie dans un ouvrage immortel ; parmi les seconds objets qui arrêtent l'attention, se trouvent les quadrupèdes ovipares, qui approchent de très près des plus nobles et des premiers des animaux par leur organisation, le nombre de leurs sens, la chaleur qui les pénètre et les habitudes auxquelles ils sont soumis. Leur nom seul, en indiquant que leurs petits viennent d'un œuf, désigne la propriété remarquable qui les distingue des vivipares : ils diffèrent d'ailleurs de ces derniers en ce qu'ils n'ont pas de mamelles ; en ce qu'au lieu d'être couverts de poils, ils sont revêtus d'une croûte osseuse, de plaques dures, d'écailles aiguës, de tubercules plus ou moins saillants, ou d'une peau nue et enduite d'une liqueur visqueuse. Au lieu d'étendre leurs pattes comme les vivipares, ils les plient et les écartent de manière à être très peu élevés au-dessus de la terre, sur laquelle elles paraissent devoir plutôt *ramper* que *marcher*. C'est ce qui les a fait comprendre sous la dénomination générale de *reptiles*, que nous ne leur donnerons cependant pas, et qui ne doit appartenir qu'aux serpents et aux animaux qui, presque entièrement dépourvus de pieds, ne changent de place qu'en appliquant leur corps même à la terre [1].

1. Voyez à ce sujet l'excellent ouvrage sur les quadrupèdes ovipares et sur les serpents, composé par M. Daubenton, et dont ce grand naturaliste a enrichi l'Encyclopédie méthodique. Nous

Leurs espèces ne sont pas à beaucoup près en aussi grand nombre que celles des autres quadrupèdes. Nous en connaissons à la vérité cent treize; mais MM. le comte de Buffon et Daubenton ont donné l'histoire et la description de plus de trois cents quadrupèdes vivipares. Il est cependant difficile de les compter toutes et plus difficile encore de ne compter que celles qui existent réellement. Il n'est peut-être en effet aucune classe d'animaux à laquelle les voyageurs aient fait moins d'attention qu'à celles des quadrupèdes ovipares : c'est ordinairement d'après des rapports vagues, ou un coup d'œil rapide, qu'ils se sont permis de leur imposer des noms mal conçus : n'ayant presque jamais eu recours à des informations sûres, ils ont le plus souvent donné le même nom à divers objets, et divers noms aux mêmes animaux. Combien de fables absurdes n'ont pas été accréditées touchant ces quadrupèdes, parce qu'on les a vus presque toujours de loin, parce qu'on ne les a communément recherchés que pour des propriétés chimériques ou exagérées, parce qu'ils présentent des qualités peu ordinaires, et parce que tous les objets rares ou éloignés passent aisément sous l'empire de l'imagination qui les embellit ou les dénature [1]! Les voyageurs ont-ils toujours reconnu, d'ailleurs, les caractères particuliers et les traits principaux de chaque espèce, et n'ont-ils pas le plus souvent négligé de réunir, à une description exacte de la forme, l'énumération des qualités et l'histoire des habitudes?

Lors donc que nous avons voulu répandre quelque jour sur l'histoire naturelle des quadrupèdes ovipares, il ne nous a pas suffi d'examiner avec attention et de décrire avec soin un grand nombre d'espèces de ces quadrupèdes, qui font partie de la collection du Cabinet du roi, ou que l'on a bien voulu nous procurer, et dont plusieurs sont encore inconnues aux naturalistes ; ce n'a pas été assez de recueillir ensuite presque toutes les observations qui ont été publiées sur ces animaux jusqu'à nos jours, et d'y joindre les observations particulières que l'on nous a communiquées, ou que nous avons été à portée de faire nous-mêmes sur des individus vivants ; nous avons dû encore examiner les rapports de ces observations avec la conformation de ces divers quadrupèdes, avec leurs propriétés bien reconnues, avec l'influence du climat, et surtout avec les grandes lois physiques que la nature ne révoque jamais. Ce n'est que d'après cette comparaison que nous avons pu décider de la vérité de plusieurs de ces faits et déterminer s'il fallait les regarder comme des résultats constants de l'organisation d'une espèce entière, ou comme des produits passagers d'un instinct individuel, perfectionné ou affaibli par des causes accidentelles.

Mais, avant de nous occuper en détail des faits particuliers aux diverses espèces, considérons sous les mêmes points de vue tous les quadrupèdes

saisissons avec empressement cette première occasion de lui témoigner publiquement notre reconnaissance, pour les secours que nous avons trouvés dans ses lumières et dans son amitié.

1. On trouvera particulièrement dans Conrad Gesner, *De Quadrup. ovip.*, l'énumération de toutes les propriétés vraies ou absurdes attribuées à ces animaux.

ovipares ; représentons-nous ces climats favorisés du soleil, où les plus grands de ces animaux sont animés par toute la chaleur de l'atmosphère, qui leur est nécessaire. Jetons les yeux sur l'antique Égypte, périodiquement arrosée par les eaux d'un fleuve immense, dont les rivages, couverts au loin d'un limon humide, présentent un séjour si analogue aux habitudes et à la nature de ces quadrupèdes : ses arbres, ses forêts, ses monuments, tout, jusqu'à ses orgueilleuses pyramides, nous en montreront quelques espèces. Parcourons les côtes brûlantes de l'Afrique, les bords ardents du Sénégal, de la Gambie ; les rivages noyés du nouveau monde, ces solitudes profondes, où les quadrupèdes ovipares jouissent de la chaleur, de l'humidité et de la paix ; voyons ces belles contrées de l'Orient, que la nature paraît avoir enrichies de toutes ses productions ; n'oublions aucune des îles baignées par les eaux chaudes des mers voisines de la zone torride ; appelons, par la pensée, tous les quadrupèdes ovipares qui en peuplent les diverses plages, et réunissons-les autour de nous pour les mieux connaître en les comparant.

Observons d'abord les diverses espèces de tortues, comme plus semblables aux vivipares par leur organisation interne ; considérons celles qui habitent les bords des mers, celles qui préfèrent les eaux douces, et celles qui demeurent au milieu des bois sur les terres élevées ; voyons ensuite les énormes crocodiles qui peuplent les eaux des grands fleuves, et qui paraissent comme des géants démesurés à la tête des diverses légions de lézards ; jetons les yeux sur les différentes espèces de ces animaux, qui réunissent tant de nuances dans leurs couleurs, à tant de diversités dans leurs organes, et qui présentent tous les degrés de la grandeur depuis une longueur de quelques pouces, jusqu'à celle de vingt-cinq ou trente pieds ; portons enfin nos regards sur des espèces plus petites ; considérons les quadrupèdes ovipares, que la nature paraît avoir confinés dans la fange des marais, afin d'imprimer partout l'image du mouvement et de la vie. Malgré la diversité de leur conformation, tous ces quadrupèdes se ressemblent entre eux et diffèrent de tous les autres animaux par des caractères et des qualités remarquables ; examinons ces caractères distinctifs, et voyons d'abord quel degré de vie et d'activité a été départi à ces quadrupèdes.

Les animaux diffèrent des végétaux, et surtout de la matière brute, en proportion du nombre et de l'activité des sens dont ils ont été pourvus, et qui, en les rendant plus ou moins sensibles aux impressions des objets extérieurs, les font communiquer avec ces mêmes objets d'une manière plus ou moins intime. Pour déterminer la place qu'occupent les quadrupèdes ovipares dans la chaîne immense des êtres, connaissons donc le nombre et la force de leurs sens. Ils ont tous reçu celui de la vie. Le plus grand nombre de ces animaux ont même des yeux assez saillants et assez gros relativement au volume de leur corps. Habitant, la plupart, les rivages des mers et les bords des fleuves de la zone torride, où le soleil n'est presque jamais voilé par les nuages, et où les rayons lumineux sont réfléchis par les lames d'eau et lesable des rives, il faut que leurs yeux soient assez forts pour n'être pas altérés et bientôt détruits par les flots de lumière qui les inondent. L'organe de la vue doit donc être assez actif dans les quadrupèdes ovipares : on observe en effet qu'ils aperçoivent les objets de très loin ; d'ailleurs nous remarquerons dans les yeux de plusieurs de ces animaux une conformation particulière, qui annonce un organe délicat et sensible : ils ont presque tous les yeux garnis d'une membrane clignotante, comme ceux des oiseaux ; et la plupart de ces animaux, tels que les crocodiles et les autres lézards, jouissent, ainsi que les chats, de la faculté de contracter et de dilater leur prunelle de manière à recevoir la quantité de lumière qui leur est nécessaire, ou à empêcher celle qui leur serait nuisible d'entrer dans leurs yeux[1]. Par là, ils distinguent les objets au milieu de l'obscurité des nuits et lorsque le soleil le plus brillant répand ses rayons ; leur organe est très exercé, et d'autant plus délicat qu'il n'est jamais ébloui par une clarté trop vive.

Si nous trouvions dans chacun des sens des quadrupèdes ovipares la même force que dans celui de la vue, nous pourrions attribuer à ces animaux une grande sensibilité ; mais celui de l'ouïe doit être plus faible dans ces quadrupèdes que dans les vivipares et dans les oiseaux. En effet, leur oreille intérieure n'est pas composée de toutes les parties qui servent à la perception des sons dans les animaux les mieux organisés[2]; et l'on ne peut pas dire que la simplicité de cet organe est compensée par sa sensibilité, puisqu'il est en général peu étendu et peu développé. D'ailleurs, cette délicatesse pourrait-elle suppléer au défaut des conques extérieures qui ramassent les rayons sonores, comme les miroirs ardents réunissent les rayons lumineux, et qui augmentent par là le nombre de ceux qui parviennent jusqu'au véritable siège de l'ouïe[3]? Les quadrupèdes ovipares n'ont reçu à la place de ces conques que de petites ouvertures, qui ne peuvent donner entrée qu'à un très petit nombre de rayons sonores. On peut donc imaginer que l'organe de l'ouïe est moins actif dans ces quadrupèdes que dans les vivipares : d'ailleurs, la plupart de ces animaux sont presque toujours muets, ou ne font entendre que des sons rauques, désagréables et confus ; il est donc à présumer qu'ils ne reçoivent pas d'impressions bien nettes des divers corps sonores, car l'habitude d'entendre distinctement donne bientôt celle de s'exprimer de même[4].

1 Voyez l'histoire naturelle et la description du chat, par MM. le comte Buffon et Daubenton.

2. Voyez dans les mémoires de l'Académie de 1778 celui de M. Vicq d'Azyr sur l'organe de l'ouïe des animaux.

3. Voyez Muschenbroëck, *Essais de physique.*

4. On objectera peut-être que dans le plus grand nombre de ces animaux, l'organe de la voix n'est point composé des parties qui paraissent les plus nécessaires pour former des sons, et qu'il se refuse entièrement à des tons distincts et à une sorte de langage nettement prononcé ; mais c'est une preuve de plus de la faiblesse de leur ouïe ; quelque sensible qu'elle pût être par elle-même, elle se ressentirait de l'imperfection de l'organe de leur voix. Voyez à ce sujet un Mémoire de M. Vicq d'Azyr sur la voix des animaux, inséré dans ceux de l'Académie de 1779.

On ne doit pas non plus regarder leur odorat comme très fin. Les animaux dans lesquels il est le plus fort ont en général le plus de peine à supporter les odeurs très vives; et lorsqu'ils demeurent trop longtemps exposés aux impressions de ces odeurs exaltées, leur organe s'endurcit, pour ainsi dire, et perd de sa sensibilité. Or le plus grand nombre de quadrupèdes ovipares vivent au milieu de l'odeur infecte des rivages vaseux et des marais remplis de corps organisés en putréfaction ; quelques-uns de ces quadrupèdes répandent même une odeur, qui devient très forte lorsqu'ils sont rassemblés en troupes. Le siège de l'odorat est aussi très peu apparent dans ces animaux, excepté dans le crocodile; leurs narines sont très peu ouvertes; cependant, comme elles sont les parties extérieures les plus sensibles de ces animaux, et comme les nerfs qui y aboutissent sont d'une grandeur extraordinaire dans plusieurs de ces quadrupèdes[1], nous regardons l'odorat comme le second de leurs sens. Celui du goût doit en effet être bien plus faible dans ces animaux : il est en raison de la sensibilité de l'organe qui en est le siège; et nous verrons dans les détails relatifs aux divers quadrupèdes ovipares, qu'en général leur langue est petite ou enduite d'une humeur visqueuse, et conformée de manière à ne transmettre que difficilement les impressions des corps savoureux.

A l'égard du toucher, on doit le regarder comme bien obtus dans ces animaux. Presque tous recouverts d'écailles dures, enveloppés dans une couverture osseuse, ou cachés sous des boucliers solides, ils doivent recevoir bien peu d'impressions distinctes par le toucher. Plusieurs ont les doigts réunis de manière à ne pouvoir être appliqués qu'avec peine à la surface des corps, et si quelques lézards ont des doigts très longs et très séparés les uns des autres, le dessous même de ces doigts est le plus souvent garni d'écailles assez épaisses pour ôter presque toute sensibilité à cette partie.

Les quadrupèdes ovipares présentent donc, à la vérité, un aussi grand nombre de sens que les animaux les mieux conformés. Mais, à l'exception de celui de la vue, tous leurs sens sont si faibles, en comparaison de ceux des vivipares, qu'ils doivent recevoir un bien plus petit nombre de sensations, communiquer moins souvent et moins parfaitement avec les objets extérieurs, être inférieurement émus avec moins de force et de fréquence; et c'est ce qui produit cette froideur d'affections, cette espèce d'apathie, cet instinct confus, ces intentions peu décidées, que l'on remarque souvent dans plusieurs de ces animaux.

La faiblesse de leurs sens suffit peut-être pour modifier leur organisation intérieure, pour y modérer la rapidité des mouvements, pour y ralentir le cours des humeurs, pour y diminuer la force des frottements, et par conséquent pour faire décroître cette chaleur interne, qui, née du mouvement et

---

1. Mémoires pour servir à l'histoire naturelle des animaux, article de la tortue de terre de Coromandel.

de la vie, les entretient à son tour ; peut-être au contraire cette faiblesse de
leurs sens est-elle un effet du peu de chaleur qui anime ces animaux. Quoi
qu'il en soit, leur sang est moins chaud que celui des vivipares : on n'a pas
encore fait, à la vérité, d'observations exactes sur la chaleur naturelle des
crocodiles, des grandes tortues et des autres quadrupèdes ovipares des pays
éloignés ; le degré de cette chaleur doit d'ailleurs varier suivant les espèces,
puisqu'elles subsistent à différentes latitudes ; mais on est bien assuré
qu'elle est dans tous les quadrupèdes ovipares inférieure de beaucoup à
celle des autres quadrupèdes, et surtout à celle des oiseaux ; sans cela ils ne
tomberaient point dans un tel état de torpeur à un degré de froid qui n'engourdit ni les oiseaux ni les vivipares. Leur sang est d'ailleurs bien moins
abondant[1]. Il peut circuler longtemps sans passer par les poumons, puisqu'on
a vu une tortue vivre pendant quatre jours, quoique ses poumons fussent
ouverts et coupés en plusieurs endroits, et qu'on eût lié l'artère qui va du
cœur à cet organe. Ces poumons paraissent d'ailleurs ne recevoir jamais
d'autre sang que celui qui est nécessaire à leur nourriture[2]. Aussi celui des
quadrupèdes ovipares étant moins souvent animé, renouvelé, revivifié, pour
ainsi dire, par l'air atmosphérique qui pénètre dans les poumons, il est plus
épais ; il ne reçoit et ne communique que des mouvements plus lents, et
souvent presque insensibles. Il y a longtemps qu'on a reconnu que le
sang ne coule pas aussi vite dans certains quadrupèdes ovipares, et par
exemple dans les grenouilles, que dans les autres quadrupèdes et dans les
oiseaux. Les causes internes se réunissent donc aux causes externes pour
diminuer l'activité intérieure des quadrupèdes ovipares.

Si l'on considère d'ailleurs leur charpente osseuse, on verra qu'elle est
plus simple que celle des vivipares ; plusieurs familles de ces animaux, tels
que la plupart des salamandres, des grenouilles, des crapauds et les raines,
sont dépourvues de côtes ; les tortues ont, à la vérité, huit vertèbres du cou ;
mais, excepté les crocodiles qui en ont sept, presque tous les lézards n'en
ont jamais au-dessus de quatre, et tous les quadrupèdes ovipares sans queue
en sont privés, tandis que parmi les oiseaux on en compte toujours au moins
onze, et que l'on en trouve sept dans toutes les espèces des quadrupèdes vivipares[3]. Leur conduit intestinal est bien moins long, bien plus uniforme

1. Hasselquist, qui a disséqué un crocodile au Caire en 1751, rapporte que le sang *fleuri* et
appauvri ne coula pas en grande quantité de la grande artère, lorsqu'elle fut coupée. D'ailleurs,
continue ce voyageur naturaliste, « les vaisseaux des poumons, ceux des muscles et les autres
vaisseaux étaient presque vides de sang. La quantité de ce fluide n'est donc pas en proportion
aussi grande dans le crocodile que dans les quadrupèdes : il en est de même dans tous les amphibies. » (Hasselquist comprend tous les quadrupèdes ovipares sous cette dénomination.)
Voyage en Palestine de Frédéric Hasselquist, de l'Académie de sciences de Stockholm, p. 346.

2. Mémoires pour servir à l'histoire naturelle des animaux, article de la tortue de terre de
Coromandel.

3. Les observations que j'ai faites à ce sujet sur les squelettes de quadrupèdes ovipares, du
Cabinet du roi, s'accordent avec celles que M. Camper a bien voulu me communiquer par une
lettre que ce célèbre anatomiste m'a écrite le 29 août 1786.

dans sa grosseur, bien moins replié sur lui-même ; leurs excréments, tant liquides que solides, aboutissent à une espèce de cloaque commun[1] ; et il est assez remarquable de trouver dans ces quadrupèdes ce nouveau rapport, non seulement avec les castors, qui passent une très grande partie de leur vie dans l'eau, mais encore avec les oiseaux qui s'élancent dans les airs et s'élèvent jusqu'au-dessus des nuées.

Le cœur est petit dans tous les quadrupèdes ovipares et n'a qu'un seul ventricule, tandis que dans l'homme, dans les quadrupèdes vivipares, dans les cétacés et dans les oiseaux, il est formé de deux. Le cerveau est très peu étendu, en comparaison de celui des vivipares : leurs mouvements d'inspiration et d'expiration, loin d'être fréquents et réguliers, sont souvent suspendus pendant très longtemps et par des intervalles très inégaux[2]. Si l'on observe donc les divers principes de leur mouvement vital, on trouvera une plus grande simplicité, tant dans ces premiers moteurs que dans les effets qu'ils font naître. On verra les différents ressorts moins multipliés[3] ; on remarquera même, à certains égards, moins de dépendance entre les différentes parties : aussi l'action des unes sur les autres est-elle moindre ; les communications sont-elles moins parfaites, les mouvements plus lents, les frottements moins forts. Voilà un bien grand nombre de causes pour rendre ces machines plus uniformes et moins sujettes à se déranger, c'est-à-dire pour qu'il soit plus difficile d'arrêter dans ces animaux le mouvement vital, dont le principe répandu, en quelque sorte, dans un espace plus étendu ne peut être détruit que lorsqu'il est attaqué dans plusieurs points à la fois.

Cette organisation particulière des quadrupèdes ovipares doit encore être comptée parmi les causes de leur peu de sensibilité, et cette espèce de froideur de tempérament n'est-elle pas augmentée par le rapport de leur substance avec l'eau? Non seulement, en effet, ils recherchent la lumière active du soleil, par défaut de chaleur intérieure, mais encore ils se plaisent au milieu des terrains fangeux et d'une humidité chaude par analogie de nature. Bien loin de leur être contraire, cette humidité, aidée de la chaleur, sert à leur développement ; elle ajoute à leur volume, en s'introduisant dans leur organisation et en devenant portion de leur substance. Ce qui prouve que cette humeur aqueuse, dont ils sont pénétrés, n'est pas une vaine bouffissure, un gonflement nuisible et une cause de dépérissement plutôt que d'un accroissement véritable, c'est que, bien loin de perdre quelqu'une de leurs

1. Les lézards, les grenouilles, les crapauds et les raines n'ont point de vessie proprement dite.

2. Mémoires pour servir à l'histoire naturelle des animaux, article de la tortue de terre de Coromandel.

3. « Dans plusieurs quadrupèdes ovipares, il paraît qu'il manque quelques parties dans les organes destinés aux sécrétions, et que ces dernières doivent y être opérées d'une manière plus simple. » *Observations anatomiques* de Gérard Blasius, p. 65. Voyez d'ailleurs les Mémoires pour servir à l'histoire naturelle des animaux, articles de la tortue de terre, du crocodile, du caméléon, du tokai (Gecko) et de la salamandre.

propriétés, lorsque leur substance est, pour ainsi dire, imbibée de l'humidité abondante dans laquelle ils sont plongés, la faculté de se reproduire paraît s'accroître dans ces animaux à mesure qu'ils sont remplis de cette humidité chaude, si analogue à la nature de leur corps.

Cette convenance de leur nature avec l'humidité montre combien leur mouvement vital tient, pour ainsi dire, à plusieurs ressorts assez indépendants les uns des autres : en effet, cette surabondance d'eau est avantageuse aux êtres dans lesquels les mouvements intérieurs peuvent être ralentis sans être arrêtés, dans lesquels la mollesse des substances peut diminuer sans inconvénient la communication des forces, et dont les divers membres ont plus besoin de parties grossières et de molécules qui occupent une place, que de principes actifs et de portions délicatement organisées. Elle cause, au contraire, le dépérissement des êtres pleinement doués de vie, qui existent par une grande rapidité des mouvements intérieurs, par une grande élasticité des divers parties, par une communication prompte de toutes les impressions, et qui ont moins besoin, en quelque sorte, d'être nourris que mis en mouvement, d'être remplis que d'être animés. Voilà pourquoi les espèces des animaux les plus nobles dégénèrent bientôt sur ces rivages nouveaux, où d'immenses forêts arrêtent et condensent les vapeurs de l'air, où des amas énormes de plantes basses et rampantes retiennent sur une vase bourbeuse une humidité que les vents ne peuvent dissiper, et où le soleil n'élève par sa chaleur une partie de ces vapeurs humides, que pour en imprégner davantage l'atmosphère, la répandre au loin et en multiplier les pernicieux effets. Les insectes, au contraire, craignent si peu l'humidité, que c'est précisément sur les bords fangeux, à peine abandonnés par la mer et toujours plongés dans les flots de vapeurs et de brouillards épais, qu'ils acquièrent le plus grand volume et sont parés des couleurs les plus vives.

Mais, quoique les quadrupèdes ovipares paraissent être peu favorisés à certains égards, ils sont cependant bien supérieurs à de grands ordres d'animaux ; et nous devons les considérer avec d'autant plus d'attention, que leur nature, pour ainsi dire, mi-partie entre celle des plus hautes et des plus basses classes des êtres vivants et organisés, montre les relations d'un grand nombre de faits importants qui ne paraissaient pas analogues, et dont on pourra entrevoir la cause par cela seul qu'on rapprochera ces faits et qu'on découvrira les rapports qui les lient.

Le séjour de tous ces quadrupèdes n'est pas fixé au milieu des eaux. Plusieurs de ces animaux préfèrent les terrains secs et élevés ; d'autres habitent dans des creux de rochers ; ceux-ci vivent au milieu des bois et grimpent avec vitesse jusqu'à l'extrémité des branches les plus hautes ; mais presque tous nagent et plongent avec facilité, et c'est en partie ce qui les a fait comprendre par plusieurs naturalistes sous la dénomination générale d'*amphibies*. Il n'est cependant aucun de ces quadrupèdes qui n'ait besoin de venir de temps en temps à la surface de l'eau, dans laquelle il aime à se tenir plongé. Tous les animaux qui ont du sang doivent respirer l'air de l'atmosphère, et si les poissons peuvent demeurer très longtemps au fond des mers et des rivières, c'est qu'ils ont un organe particulier qui sépare de l'eau tout l'air qu'elle peut contenir, et le fait parvenir jusqu'à leurs vaisseaux sanguins. Les quadrupèdes ovipares sont donc forcés de respirer de temps en temps; l'air pénètre ainsi jusque dans leurs poumons; il parvient jusqu'à leur sang; il le revivifie, quoique moins fréquemment que celui des quadrupèdes vivipares, ainsi que nous l'avons dit; il diminue la trop grande épaisseur de ce fluide et entretient sa circulation. Les quadrupèdes ovipares périssent donc faute d'air, lorsqu'ils demeurent trop de temps sous l'eau; ce n'est que dans leur état de torpeur qu'ils paraissent pouvoir se passer pendant très longtemps de respirer, une grande fluidité n'étant pas nécessaire pour le faible mouvement que leur sang doit conserver pendant leur engourdissement.

Les quadrupèdes ovipares, moins sensibles que les autres, moins animés par des passions vives, moins agités au dedans, moins agissants à l'extérieur, sont en général beaucoup plus à l'abri des dangers; ils s'y exposent moins, parce qu'ils ont moins d'appétits violents; et d'ailleurs les accidents sont pour eux moins à craindre. Ils peuvent être privés de parties assez considérables, telles que leur queue et leurs pattes, sans cependant perdre la vie [1]; quelques-uns d'eux les recouvrent [2], surtout lorsque la chaleur de l'atmosphère en favorise la reproduction; et ce qui paraîtra plus surprenant à ceux qui ne jugent que d'après ce qu'ils ont communément sous les yeux, il est des quadrupèdes ovipares qui peuvent se mouvoir longtemps après qu'on leur a enlevé la partie de leur corps qui paraît la plus nécessaire à la vie; les tortues vivent plusieurs jours après qu'on leur a coupé la tête [3]; les grenouilles ne meurent pas tout de suite, quoiqu'on leur ait arraché le cœur; et, dès le temps d'Aristote, on savait que quelques moments après qu'on avait disséqué un caméléon, son cœur palpitait encore [4]. Ce grand phénomène ne suffirait-il pas pour démontrer combien les différentes parties des quadrupèdes ovipares dépendent peu les unes des autres? Il prouve non seulement que leur système nerveux n'est pas aussi lié que celui des autres quadrupèdes, puisqu'on peut séparer les nerfs de la tête de ceux qui prennent racine dans la moelle épinière, sans que l'animal meure tout de suite,

1. Pline, livre II, chap. III. — Voyez aussi l'article des salamandres à queue plate. L'on conserve au Cabinet du roi un grand lézard, de l'espèce appelée *dragonne*, auquel il manque une patte; il paraît qu'il l'avait perdue par quelque accident, lorsqu'il était déjà assez gros, car la cicatrice qui s'est formée est considérable. C'est M. de la Borde, médecin du roi à Cayenne et correspondant du Cabinet du roi, qui l'a envoyé. Il a rencontré, dans l'Amérique méridionale, un lézard d'une autre espèce, et n'ayant également que trois pattes. Il en fait mention dans un recueil d'observations nouvelles et très intéressantes, qu'il se propose de publier sur l'histoire naturelle de l'Amérique méridionale.

2. Voyez deux mémoires de M. Bonnet, publiés dans le *Journal de physique*, l'un en novembre 1777, et l'autre en janvier 1779.

3. Voyez l'article de la tortue, appelée la grecque.

4. Conrad Gesner, *Hist. des animaux*, liv. II, des Quadrup. ovip., p. 5, édit. de 1554.

ni même paraisse beaucoup souffrir dans les premiers moments; mais ne démontre-t-il pas encore que leurs vaisseaux sanguins ne communiquent pas entre eux autant que ceux des autres quadrupèdes, puisque sans cela tout le sang s'échapperait par les endroits où les artères auraient été coupées; et l'animal resterait sans mouvement et sans vie? Ceci s'accorde très bien avec la lenteur et la froideur du sang des quadrupèdes ovipares; et il ne faut pas être étonné que non seulement ils ne perdent pas la vie au moment où leur tête est séparée de leur corps, mais encore qu'ils vivent plusieurs jours sans l'organe qui leur est nécessaire pour prendre leurs aliments. Ils peuvent se passer de manger pendant un temps très long; on a vu même des tortues et des crocodiles demeurer plus d'un an privés de toute nourriture[1]. La plupart de ces animaux sont revêtus d'écailles ou d'enveloppes osseuses, qui ne laissent passer la transpiration que dans un petit nombre de points : ayant d'ailleurs le sang plus froid, ils perdent moins de leur substance, et par conséquent ils doivent moins la réparer. Animés par une moindre chaleur, ils n'éprouvent pas cette grande dessiccation, qui devient une soif ardente dans certains animaux; ils n'ont pas besoin de rafraîchir, par une boisson très abondante, des vaisseaux intérieurs, qui ne sont jamais trop échauffés. Pline et les anciens avaient reconnu que les animaux qui ne suent point, et qui ne possèdent pas une grande chaleur intérieure, mangent très peu. En effet, la perte des forces n'est-elle pas toujours proportionnée aux résistances? les résistances ne le sont-elles pas aux frottements, les frottements à la rapidité des mouvements, et cette rapidité ne l'est-elle pas toujours à la chaleur intérieure?

Mais si les quadrupèdes ovipares résistent avec facilité à des coups qui ne portent que sur certains points de leur corps, à des chocs locaux, à des lésions particulières, ils succombent bientôt aux efforts des causes extérieures, énergiques et constantes qui les attaquent dans tout leur ensemble; ils ne peuvent point leur opposer des forces intérieures assez actives : et comme la cause la plus contraire à une faible chaleur interne est un froid extérieur plus ou moins rigoureux, il n'est pas surprenant que les quadrupèdes ovipares ne puissent résister aux effets d'une atmosphère plutôt froide que tempérée. Voilà pourquoi on ne rencontre la plupart des tortues de mer, les crocodiles et les autres grandes espèces de quadrupèdes ovipares, que près des zones torrides, ou du moins à des latitudes peu élevées, tant dans l'ancien que dans le nouveau continent; et non seulement ces grandes espèces sont confinées aux environs de la zone torride, mais encore à mesure que les individus et les variétés d'une même espèce habitent un pays plus éloigné de l'équateur, plus élevé ou plus humide, et par conséquent plus froid, leurs dimensions sont beaucoup plus petites [2]. Les crocodiles des

----

1. Voyez les articles de leur histoire.
2. Les plus gros crocodiles et le plus grand nombre de ces animaux habitent la zone torride. Catesby, *Histoire naturelle de la Caroline*, t. II, p. 63.

contrées les plus chaudes l'emportent sur les autres par leur grandeur et par leur nombre ; et si ceux qui vivent très près de la ligne sont quelquefois moins grands que ceux que l'on trouve à des latitudes plus élevées, comme on le remarque en Amérique, c'est qu'ils sont dans des pays plus peuplés, où on leur fait une guerre plus cruelle, et où ils ne trouvent ni la paix ni la nourriture, sans lesquelles ils ne peuvent parvenir à leur entier accroissement.

La chaleur de l'atmosphère est même si nécessaire aux quadrupèdes ovipares, que lorsque le retour des saisons réduit les pays voisins des zones torrides à la froide température des contrées beaucoup plus élevées en latitude, les quadrupèdes ovipares perdent leur activité ; leurs sens s'émoussent ; la chaleur de leur sang diminue ; leurs forces s'affaiblissent. Ils s'empressent de gagner des retraites obscures, des antres dans les rochers, des trous dans la vase, ou des abris dans les joncs et les autres végétaux qui bordent les grands fleuves. Ils cherchent à y jouir d'une température moins froide et à y conserver, pendant quelques moments, un reste de chaleur prêt à leur échapper. Mais le froid croissant toujours, et gagnant de proche en proche, se fait bientôt sentir dans leurs retraites, qu'ils paraissent choisir au milieu de bois écartés, ou sur des bords inaccessibles, pour se dérober aux recherches et à la voracité de leurs ennemis pendant le temps de leur sopeur, où ils ne leur offriraient qu'une masse sans défense et un appât sans danger. Ils s'endorment d'un sommeil profond ; ils tombent dans un état de mort apparente ; et cette torpeur est si grande qu'ils ne peuvent être réveillés par aucun bruit, par aucune secousse, ni même par des blessures : ils passent inertement la saison de l'hiver dans cette espèce d'insensibilité absolue où ils ne conservent de l'animal que la forme, et seulement assez de mouvement intérieur pour éviter la décomposition à laquelle sont soumises toutes les substances organisées réduites à un repos absolu. Ils ne donnent que quelques faibles marques du mouvement qui reste encore à leur sang, mais qui est d'autant plus lent, que souvent il n'est animé par aucune expiration ni inspiration. Ce qui le prouve, c'est qu'on trouve presque toujours les quadrupèdes ovipares engourdis dans la vase et cachés dans des creux le long des rivages où les eaux les gagnent et les surmontent souvent, où ils sont par conséquent beaucoup de temps sans pouvoir respirer, et où ils reviennent cependant à la vie dès que la chaleur du printemps se fait de nouveau ressentir.

Les quadrupèdes ovipares ne sont pas les seuls animaux qui s'engourdissent pendant l'hiver aux latitudes un peu élevées : les serpents, les crustacés, sont également sujets à s'engourdir ; des animaux bien plus parfaits tombent aussi dans une torpeur annuelle, tels que les marmottes, les loirs, les chauves-souris, les hérissons, etc. Mais ces derniers animaux ne doivent pas éprouver une sopeur aussi profonde. Plus sensibles que les quadrupèdes ovipares, que les serpents et les crustacés, ils doivent conserver plus de vie intérieure ; quelque engourdis qu'ils soient, ils ne cessent de respirer, et cette action, quoique affaiblie, n'augmente-t-elle pas toujours leurs mouvements intérieurs?

Si, pendant l'hiver, il survient un peu de chaleur, les quadrupèdes ovipares sont plus ou moins tirés de leur état de sopeur [1]; et voilà pourquoi des voyageurs, qui pendant des journées douces de l'hiver ont rencontré dans certains pays des crocodiles et d'autres quadrupèdes ovipares, doués de presque toute leur activité ordinaire, ont assuré, quoique à tort, qu'ils ne s'y engourdissaient point. Ils peuvent aussi être préservés quelquefois de cet engourdissement annuel par la nature de leurs aliments. Une nourriture plus échauffante et plus substantielle augmente la force de leurs solides, la quantité de leur sang, l'activité de leurs humeurs, et leur donne ainsi assez de chaleur interne pour compenser le défaut de chaleur extérieure. Il arrive souvent que les quadrupèdes ovipares sont dans cet état de mort apparente pendant près de six mois, et même davantage : ce long temps n'empêche pas que leurs facultés suspendues ne reprennent leur activité. Nous verrons dans l'histoire des salamandres aquatiques qu'on a quelquefois trouvé de ces animaux engourdis dans des morceaux de glace tirés des glacières pendant l'été, et dans lesquels ils étaient enfermés depuis plusieurs mois ; lorsque la glace était fondue et que les salamandres étaient pénétrées d'une douce chaleur, elles revenaient à la vie.

Mais, comme tout a un terme dans la nature, si le froid devenait trop rigoureux ou durait trop longtemps, les quadrupèdes ovipares engourdis périraient : la machine animale ne peut en effet conserver qu'un certain temps les mouvements intérieurs qui lui ont été communiqués. Non seulement une nouvelle nourriture doit réparer la perte de la substance qui se dissipe, mais ne faut-il pas encore que le mouvement intérieur soit renouvelé, pour ainsi dire, par des secousses extérieures, et que des sensations nouvelles remontent tous les ressorts?

La masse totale du corps des quadrupèdes ovipares ne perd aucune partie très sensible de substance pendant leur longue torpeur [2]; mais les

1. Observations sur le crocodile de la Louisiane, par M. de la Coudrenière, *Journal de physique*, 1782.

2. « Le 7 octobre 1651, M. le chevalier Georges Ent pesa exactement une tortue terrestre, avant qu'elle se cachât sous terre. Son poids était de quatre livres trois onces et trois drachmes. Le 8 octobre 1652, ayant tiré la tortue de la terre où elle s'était enfouie la veille, il trouva qu'elle pesait quatre livres six onces et une drachme. Le 16 mars 1653, la tortue sortit d'elle-même de sa retraite : elle pesait alors quatre livres quatre onces. Le 4 octobre 1653, la tortue, qui avait été quelques jours sans manger, fut retirée du trou où elle s'était enterrée ; son poids était de quatre livres cinq onces. Les yeux, qu'elle avait eus longtemps fermés, étaient dans ce moment ouverts et fort humides. Le 18 mars 1654, la tortue sortit de son trou et, mise dans la balance, pesait quatre livres quatre onces et deux drachmes. Le 6 octobre 1654, étant sur le point d'hiverner, elle pesait quatre livres neuf onces et trois drachmes. Le dernier février 1655, jour auquel la tortue avait abandonné sa retraite, son poids était de quatre livres sept onces et six drachmes. Ainsi elle avait perdu de son ancien poids une once et cinq drachmes. Le 2 octobre 1655, la tortue, avant de se retirer dans son trou pour y passer l'hiver, pesait quatre livres neuf onces. Elle avait déjà passé un peu de temps sans prendre de nourriture. Le 25 mars 1656,

portions les plus extérieures, plus soumises à l'action desséchante du froid et plus éloignées du centre du faible mouvement interne qui reste alors aux quadrupèdes ovipares, subissent une sorte d'altération dans la plupart de ces animaux. Lorsque cette couverture la plus extérieure de ces quadrupèdes n'est pas une partie osseuse et très solide, comme dans les tortues et dans les crocodiles, elle se dessèche, perd son organisation, ne peut plus être unie avec le reste du corps organisé et ne participe plus ni à ses mouvements internes ni à sa nourriture. Lors donc que le printemps redonne le mouvement aux quadrupèdes ovipares, la première peau, soit nue, soit garnie d'écailles, ne fait plus partie en quelque sorte du corps animé ; elle n'est plus pour ce corps qu'une substance étrangère ; elle est repoussée, pour ainsi dire, par des mouvements intérieurs qu'elle ne partage plus. La nourriture qui en entretenait la substance se porte cependant comme à l'ordinaire vers la surface du corps; mais, au lieu de réparer une peau qui n'a presque plus de communication avec l'intérieur, elle en forme une nouvelle qui ne cesse de s'accroître au-dessous de l'ancienne. Tous ces efforts détachent peu à peu cette vieille peau du corps de l'animal, achèvent d'ôter toute liaison entre les parties intérieures et cette peau altérée, qui, de plus en plus privée de toute réparation, devient plus soumise aux causes étrangères qui tendent à la décomposer. Attaquée ainsi des deux côtés, elle cède, se fend ; et l'animal revêtu d'une peau nouvelle sort de cette espèce de fourreau, qui n'était plus pour lui qu'un corps embarrassant.

C'est ainsi que le dépouillement annuel des quadrupèdes ovipares nous paraît devoir s'opérer ; mais il n'est pas seulement produit par l'engourdissement. Ils quittent également leur première peau dans les pays où une température plus chaude les garantit du sommeil de l'hiver. Quelques-uns la quittent aussi plusieurs fois pendant l'été des contrées tempérées ; le même effet est produit par des causes opposées ; la chaleur de l'atmosphère équivaut au froid et au défaut de mouvement ; elle dessèche également la peau, en dérange le tissu et en détruit l'organisation[1].

la tortue, au sortir de son trou, pesait quatre livres sept onces et deux drachmes. Le 30 septembre 1656, la tortue, sur le point de se retirer dans la terre, pesait quatre livres douze onces et quatre drachmes. Enfin, le 5 mars 1657, la tortue, de retour sur la terre, pesait quatre livres onze onces et deux drachmes et demie. On peut juger, par ces observations, combien cet animal, ainsi que tous ceux qui se cachent sous terre pour se garantir des froids de l'hiver, perdent peu de leur substance par la transpiration, pendant un jeûne absolu de plusieurs mois. » (Collection académique, t. VII, p. 120 et 121.)

1. La note suivante m'a été communiquée par M. de Touchy, écuyer, de la Société royale des sciences de Montpellier, etc.; elle est extraite d'un ouvrage que ce naturaliste se propose de publier, et qui sera intitulé : Mémoire pour servir à l'histoire des fonctions de l'économie animale des oiseaux. « Je pris, le 4 mai 1785, dit M. de Touchy, un lézard vert à taches jaunes et bleuâtres, et de dix pouces de long ; je le mis vivant dans une bouteille couverte d'une toile à jour et posée sur une table de marbre dans une salle fraîche au rez-de-chaussée ; ce lézard vécut deux mois dans cette espèce de prison, sans prendre aucune nourriture. Les premiers jours, il fit des efforts pour en sortir, mais il fut assez tranquille le reste du temps. Vers le quarante-cinquième jour, je m'aperçus qu'il se disposait à changer de peau, et successivement je vis cette

Des animaux d'ordres très différents des quadrupèdes ovipares éprouvent aussi chaque année, et même à plusieurs époques, une espèce de dépouillement : ils perdent quelques-unes de leurs parties extérieures ; on peut particulièrement le remarquer dans les serpents, dans certains animaux à poils et dans les oiseaux ; les insectes et les végétaux ne sont-ils pas sujets aussi à une sorte de mue ? Dans quelques êtres qu'on remarque ces grands changements, on doit les rapporter à la même cause générale. Il faut toujours les attribuer au défaut d'équilibre entre les mouvements intérieurs et les causes externes : lorsque ces dernières sont supérieures, elles altèrent et dépouillent ; et lorsque le principe vital l'emporte, il répare et renouvelle. Mais cet équilibre peut être rompu de mille et mille manières, et les effets qui en résultent sont diversifiés suivant la nature des êtres organisés qui les éprouvent.

Il en est donc de cette propriété de se dépouiller, ainsi que de toutes les autres propriétés et de toutes les formes que la nature distribue aux différentes espèces, et combine de toutes les manières, comme si elle voulait en tout épuiser toutes les modifications. C'est souvent parce que nos connaissances sont bornées, que l'imagination la plus bizarre nous paraît allier des qualités et des formes qui ne doivent pas se trouver ensemble. En étudiant avec soin la nature, non seulement dans ses grandes productions, mais encore dans cette foule immense de petits êtres, où il semble que la diversité des figures extérieures ou internes, et par conséquent celle des habitudes ont pu être plus facilement imprimées à des masses moins considérables, l'on trouverait des êtres naturels, dont les produits de l'imagination ne seraient souvent que des copies. Il y aura cependant toujours une grande différence entre les originaux et ces copies plus ou moins fidèles : l'imagination, en assemblant des formes et des qualités disparates, ne prépare pas à cette réunion extraordinaire ; elle n'emploie pas cette dégradation successive de nuances diversifiées à l'infini qui peuvent rapprocher les objets les plus éloignés et qui, en décelant la vraie puissance créatrice, sont le sceau dont la nature marque ses ouvrages durables et les distingue des productions passagères de la vaine imagination.

Lorsque les quadrupèdes ovipares quittent leurs vieilles couvertures, leur nouvelle peau est souvent encore assez molle pour les rendre plus

peau se sécher, se racornir, se détacher par parties fanées et décolorées, pendant que la nouvelle peau qui se découvrait avait une belle couleur verte avec des taches bien nettes. Il mourut le soixante-troisième jour, sans avoir achevé de muer, la vieille peau étant encore attachée sur la tête, les pattes et la queue. Pendant le temps de la mue et celui qui le précéda, il ne fut jamais dans un état de torpeur ; il marchait dans sa bouteille, lorsqu'on la prenait dans les mains, et même sans cela et de lui-même ; je lui vis quelquefois les yeux fermés, mais il les rouvrait bientôt, et avec vivacité. Il était à demi arrondi dans cette bouteille, dont le cul un peu relevé devait ajouter à la gêne de sa position. Il avait certainement mué avant d'être pris, comme font tous les lézards et les serpents, lorsque la chaleur du printemps les fait sortir de leurs retraites. La fraîcheur de ses couleurs et la délicatesse de sa peau me l'avaient prouvé lorsque je le pris. »

sensibles au choc des objets extérieurs : aussi sont-ils plus timides, plus réservés, pour ainsi dire, dans leur démarche, et se tiennent-ils cachés autant qu'ils le peuvent, jusqu'à ce que cette nouvelle peau ait été fortifiée par de nouveaux sucs nourriciers et endurcie par les impressions de l'atmosphère.

Les habitudes des quadrupèdes ovipares sont en général assez douces : leur caractère est sans férocité; si quelques-uns d'eux, comme les crocodiles, détruisent beaucoup, c'est parce qu'ils ont une grande masse à entretenir [1]; mais ce n'est que dans les articles particuliers de cette histoire que nous pourrons montrer comment ces mœurs, générales et communes à tous les quadrupèdes ovipares, sont plus ou moins diversifiées dans chaque espèce, par leur organisation particulière et par les circonstances de leur vie. Nous verrons, par exemple, les uns se nourrir de poissons, les autres donner la chasse de préférence aux animaux qui rampent sur la terre, aux petits quadrupèdes, aux oiseaux même qu'ils peuvent atteindre sur les branches des arbres; ceux-ci se nourrir uniquement des insectes qui bourdonnent dans l'atmosphère ; ceux-là ne vivre que d'herbe et ne choisir que les plantes parfumées, tant la nature sait varier les moyens de subsistance dans toutes les classes, et tant elle les a toutes liées par un grand nombre de rapports. La chaîne presque infinie des êtres, au lieu de se prolonger d'un seul côté et de ne suivre, pour ainsi dire, qu'une ligne droite, revient donc sans cesse sur elle-même, s'étend dans tous les sens, s'élève, s'abaisse, se replie, et par les différents contours qu'elle décrit, les diverses sinuosités qu'elle forme, les divers endroits où elle se réunit, ne représente-t-elle pas une sorte de solide, dont toutes les parties s'enlacent et se lient étroitement, où rien ne pourrait être divisé sans détruire l'ensemble, où l'on ne reconnaît ni premier ni dernier chaînon, et où même l'on n'entrevoit pas comment la nature a pu former ce tissu aussi immense que merveilleux?

Les quadrupèdes ovipares sont souvent réunis en grandes troupes; l'on ne doit cependant pas dire qu'ils forment une vraie société. Qu'est-ce, en effet, qui résulte de leur attroupement? aucun ouvrage, aucune chasse, aucune guerre, qui paraissent concertés. Ils ne construisent jamais d'asile; et lorsqu'ils en choisissent sur des rivages, dans des rochers, dans le creux des arbres, etc., ce n'est point une habitation commode qu'ils préparent pour un certain nombre d'individus réunis, et qu'ils tâchent d'approprier à leurs différents besoins ; mais c'est une retraite purement individuelle, où ils ne veulent que se cacher, à laquelle ils ne changent rien, et qu'ils adoptent également, soit qu'elle ne suffise que pour un seul animal, ou soit qu'elle ait assez d'étendue pour recéler plusieurs de ces quadrupèdes.

Si quelques-uns chassent ou pêchent ensemble, c'est qu'ils sont également attirés par le même appât; s'ils attaquent à la fois, c'est parce qu'ils

---

1. Voy. particulièrement l'histoire des crocodiles.

ont la même proie à leur portée ; s'ils se défendent en commun, c'est parce qu'ils sont attaqués en même temps, et si quelqu'un d'eux a jamais pu sauver la troupe entière, en l'avertissant par ses cris de quelque embûche, ce n'est point, comme on l'a dit des singes et de quelques autres quadrupèdes, parce qu'ils avaient été, pour ainsi dire, chargés du soin de veiller à la sûreté commune, mais seulement par un effet de la crainte que l'on retrouve dans presque tous les animaux, et qui les rend sans cesse attentifs à leur conservation individuelle.

Quoique les quadrupèdes ovipares paraissent moins sensibles que les autres quadrupèdes, ils n'en éprouvent pas moins, au retour du printemps, le sentiment impérieux de l'amour, qui, dans la plupart des animaux, donne tant de force aux plus faibles, tant d'activité aux plus lents, tant de courage aux plus lâches. Malgré le silence habituel de plusieurs de ces quadrupèdes, ils ont presque tous des sons particuliers pour exprimer leurs désirs. Le mâle appelle sa femelle par un cri expressif, auquel elle répond par un accent semblable. L'amour n'est peut-être pour eux qu'une flamme légère, qu'ils ne ressentent jamais très vivement, comme si les humeurs, dont leur corps abonde, les garantissaient de cette chaleur intérieure et productrice, qu'on a comparée avec plus de raison qu'on ne le pense à un véritable feu, et qui est de même amortie ou tempérée par tout ce qui tient au froid élément de l'eau. Il semble cependant que la nature a voulu suppléer, dans le plus grand nombre de ces quadrupèdes, à l'activité intérieure qui leur manque, par une conformation des plus propres aux jouissances de l'amour. Les parties sexuelles des mâles sont toujours renfermées dans l'intérieur de leur corps jusqu'au moment où ils s'accouplent avec leurs femelles [1] ; la chaleur interne, qui ne cesse de pénétrer les organes destinés à perpétuer leur espèce, doit ajouter à la vivacité des sensations qu'ils éprouvent ; et d'ailleurs ce n'est pas pendant des instants très courts, comme la plupart des animaux, que les tortues marines et plusieurs autres quadrupèdes ovipares communiquent et reçoivent la flamme qu'ils peuvent ressentir : c'est pendant plusieurs jours que dure l'union intime du mâle et de la femelle, sans qu'ils puissent être séparés par aucune crainte, ni même par des blessures profondes [2].

Les quadrupèdes ovipares sont aussi féconds que leur union est quelquefois prolongée. Parmi les vivipares, les plus petites espèces sont en général celles dont les portées sont les plus nombreuses ; cette loi, constante pour tous ces animaux, ne s'étend pas jusque sur les quadrupèdes ovipares, dans lesquels sa force est vaincue par la nature de leur organisation. Il

1. C'est par l'anus que les mâles des lézards et des tortues font sortir et introduisent leurs parties sexuelles, et que ceux des grenouilles, des crapauds et des raines répandent leur liqueur fécondante sur les œufs que pondent leurs femelles, ainsi que nous le verrons dans les articles particuliers de leur histoire.

2. Voyez l'article de la tortue franche.

paraît même que les grandes espèces de ces derniers quadrupèdes sont quelquefois bien plus fécondes que les petites, comme on pourra le voir dans l'histoire des tortues marines, etc.

Mais si les quadrupèdes ovipares semblent éprouver assez vivement l'amour, ils ne ressentent pas de même la tendresse paternelle. Ils abandonnent leurs œufs après les avoir pondus ; la plupart, à la vérité, choisissent la place où ils les déposent ; quelques-uns, plus attentifs, la préparent et l'arrangent ; ils creusent même des trous où ils les renferment, et où ils les couvrent de sable et de feuillage. Mais que sont tous ces soins en comparaison de l'attention vigilante dont les petits qui doivent éclore sont l'objet dans plusieurs espèces d'oiseaux ? L'on ne peut pas dire que la conformation de la plupart de ces animaux ne leur permet pas de transporter et de mettre en œuvre des matériaux nécessaires pour construire une espèce de nid plus parfait que les trous qu'ils creusent, etc. Les cinq doigts longs et séparés qu'ont la plupart des quadrupèdes ovipares, leurs quatre pieds, leur gueule et leur queue ne leur donneraient-ils pas en effet plus de moyens pour y parvenir, que deux pattes et un bec n'en donnent aux oiseaux ?

La grosseur de leurs œufs varie, suivant les espèces, beaucoup plus que dans ces derniers animaux ; ceux des très petits quadrupèdes ovipares ont à peine une demi-ligne de diamètre, tandis que les œufs des plus grands ont de deux à trois pouces de longueur. Les embryons qu'ils contiennent se réunissent quelquefois avant d'y être renfermés, de manière à produire des monstruosités, ainsi que dans les oiseaux. On trouve dans Séba la figure d'une petite tortue à deux têtes, et l'on conserve au Cabinet du roi un très petit lézard vert qui a deux têtes et deux cous bien distincts [1].

L'enveloppe des œufs des quadrupèdes ovipares n'est pas la même dans toutes les espèces ; dans presque toutes, et particulièrement dans plusieurs tortues, elle est souple, molle, et semblable à du parchemin mouillé ; mais dans les crocodiles et dans quelques grands lézards, elle est d'une substance dure et crétacée comme les œufs des oiseaux, plus mince cependant, et par conséquent plus fragile.

Les œufs des quadrupèdes ovipares ne sont donc pas couvés par la femelle. L'ardeur du soleil et de l'atmosphère les fait éclore, et l'on doit remarquer que tandis que ces quadrupèdes ont besoin pour subsister d'une plus grande chaleur que les oiseaux, leurs œufs cependant éclosent à une température plus froide que ceux de ces derniers animaux. Il semble que les machines animales les plus composées, et, par exemple, celle des oiseaux, ne peuvent être mises en mouvement que par une chaleur extérieure très active ; mais que lorsqu'elles jouent, les frottements de leurs diverses parties

---

1. Il a été envoyé par M. le duc de la Rochefoucauld, qui ne cesse de donner des preuves de ses lumières et de son zèle pour l'avancement des sciences.

produisent une chaleur interne, qui rend celle de l'atmosphère moins nécessaire pour la conservation de leur mouvement.

Les petits des quadrupèdes ovipares ne connaissent donc jamais leur mère ; ils n'en reçoivent jamais ni nourriture, ni soins, ni secours, ni éducation ; ils ne voient, ils n'entendent rien qu'ils puissent imiter ; le besoin ne leur arrache pas longtemps des cris, qui, n'étant point entendus de leur mère, se perdraient dans les airs, et ne leur procureraient ni assistance ni nourriture. Jamais la tendresse ne répond à ces cris, et jamais il ne s'établit parmi les quadrupèdes ovipares ce commencement d'une sorte de langage si bien senti dans plusieurs autres animaux ; ils sont donc privés du plus grand moyen de s'avertir de leurs différentes sensations, et d'exercer une sensibilité qui aurait pu s'accroître par une plus grande communication de leurs affections mutuelles.

Mais si leur sensibilité ne peut être augmentée, leur naturel est souvent modifié. On est parvenu à apprivoiser les crocodiles, qui cependant sont les plus grands, les plus forts et les plus dangereux de ces animaux ; et à l'égard des petits quadrupèdes ovipares, la plupart cherchent une retraite autour de nos habitations ; certains de ces animaux partagent même nos demeures, où ils trouvent en plus grande abondance les insectes dont ils font leur proie, et tandis que nous recherchons les uns, tels que les petites espèces de tortues, tandis que nous les apportons dans nos jardins, où ils sont soignés, protégés et nourris, d'autres, tels que les lézards gris, présentent quelquefois une sorte de domesticité, moins parfaite, mais plus libre, puisqu'elle est entièrement de leur choix, plus utile parce qu'ils détruisent plus d'insectes nuisibles, et pour ainsi dire, plus noble, puisqu'ils ne reçoivent de l'homme ni nourriture préparée, ni retraite particulière.

Presque tous les quadrupèdes ovipares répandent une odeur forte, qui ne diffère pas beaucoup de celle du musc, mais qui est moins agréable, et qui, par conséquent, ressemble un peu à celle qu'exhalent des animaux d'ordres bien différents, tels que les serpents, les fouines, les belettes, les putois, les mouffetes d'Amérique, plusieurs oiseaux, tels que la huppe, etc. ; cette odeur plus ou moins vive est le produit de sécrétions particulières, dont l'organe est très apparent dans quelques quadrupèdes ovipares, et particulièrement dans le crocodile, ainsi que nous le verrons dans les détails de cette histoire.

Les quadrupèdes ovipares vivent en général très longtemps. On ne peut guère douter, par exemple, que les grandes tortues de mer ne parviennent, ainsi que celles d'eau douce et de terre, à un âge très avancé; une très longue vie ne doit pas étonner dans ces animaux, dont le sang est peu échauffé, qui transpirent à peine, qui peuvent se passer de nourriture pendant plusieurs mois, qui ont si peu d'accidents à craindre, et qui réparent si aisément les pertes qu'ils éprouvent. D'ailleurs ils vivent pendant un bien plus grand nombre d'années que les quadrupèdes vivipares, si l'on ne calcule l'existence que par la durée. Mais si l'on veut compter les vrais moments de leur vie, les seuls que l'on doive estimer, ceux où ils usent de leur force et font usage de leurs facultés, on verra que lorsqu'ils habitent un pays éloigné de la ligne, leur vie est bien courte, quoiqu'elle paraisse renfermer un grand espace de temps. Engourdis pendant près de six mois, il faut d'abord retrancher la moitié de leurs nombreuses années ; et pendant le reste de ces ans, qui paraissent leur avoir été prodigués, combien ne faut-il pas ôter de jours pour ce temps de maladie, où, dépouillés de leur première peau, ils sont obligés d'attendre dans une retraite qu'une nouvelle couverture les mette à l'abri des dangers! Combien ne faut-il pas ôter d'instants pour ce sommeil journalier, auquel ils sont plus sujets que plusieurs autres animaux, parce qu'ils reçoivent moins de sensations qui les réveillent, et surtout parce qu'ils sont moins pressés par l'aiguillon de la faim ! Il ne restera donc qu'un très petit nombre d'années où les quadrupèdes ovipares soient réellement sensibles et actifs, où ils emploient leurs forces, où ils usent leur machine, où ils tendent avec rapidité vers leur dépérissement. Pendant tout le temps de leur sopeur, inaccessibles à toute impression, froids, immobiles et presque inanimés, ils sont en quelque sorte réduits à l'état des matières brutes, dont la durée est très longue parce que le temps n'est pour ces substances qu'une succession d'états passifs et de positions inertes sans effets productifs, et par conséquent sans causes intérieures de destruction, bien loin de pouvoir être compté par de vives jouissances, et par les effets féconds qui déploient, mais usent tous les ressorts des êtres animés.

Plusieurs voyageurs ont écrit que quelques lézards et quelques quadrupèdes ovipares sans queue renferment un poison plus ou moins actif. Nous verrons, dans les articles particuliers de cette histoire, que l'on ne peut regarder comme venimeux qu'un très petit nombre de ces quadrupèdes. D'un autre côté, l'on sait qu'aucun quadrupède vivipare et qu'aucun oiseau ne sont infectés de venin ; ce n'est que parmi les serpents, les poissons, les vers, les insectes et les végétaux que l'on rencontre plusieurs espèces plus ou moins venimeuses. Il semblerait donc que l'abondance des sucs mortels est d'autant plus grande dans les êtres vivants, que leurs humeurs sont moins échauffées, et que leur organisation intérieure est plus simple.

Maintenant nous allons examiner de plus près les divers quadrupèdes ovipares dont nous avons remarqué les qualités communes et observé les attributs généraux. Nous commencerons par les diverses espèces de tortues de mer, d'eau douce et de terre; nous considérerons ensuite les crocodiles et les différents lézards, dont les espèces les plus petites, et particulièrement celles des salamandres, ont tant de rapports avec les grenouilles et les autres familles de quadrupèdes ovipares qui n'ont pas de queue, et par l'histoire desquels nous terminerons celle de tous ces animaux. Nous ne nous arrêterons cependant beaucoup qu'à ceux qui, par la singularité de leur conformation, l'étendue de leur volume, la grandeur de leur puissance, la prééminence de leurs qualités, mériteront un plus grand intérêt et une attention plus marquée ; pour parvenir à peindre la nature, tâchons de l'imiter ; et de même que les espèces distinguées paraissent avoir été les objets de sa prédilection, qu'elles soient ceux de notre attention particulière, comme réfléchissant vers nous plus de lumière, et comme en répandant davantage sur tout ce qui les environne. Et lorsqu'il s'agira de tracer les limites qui séparent les espèces les unes des autres, lorsque nous serons indécis sur la valeur des caractères qui se présenteront, nous aimerons mieux ne compter qu'une espèce que d'en admettre deux, bien assurés que les individus ne coûtent rien à la nature, mais que, malgré son immense fécondité, elle n'a point prodigué inutilement les espèces. Ses effets sont sans nombre, mais non pas les causes qu'elle fait agir. Nous croirions donc mal représenter l'auguste simplicité de son plan et mal parler de sa force, en lui rapportant sans raison une vaine multiplication d'espèces ; nous pensons, au contraire, mieux révéler sa puissance, en disant que toutes ces différences qui font la magnificence de l'univers, que toutes ces variétés qui l'embellissent, elle les a souvent produites en modifiant de diverses manières les espèces réellement distinctes. Bien loin d'enrichir la science, ne l'appauvrissons pas ; ne la rabaissons pas en la surchargeant d'un poids inutile d'espèces arbitraires, et n'oublions jamais que du haut du trône sublime où siège la nature, dominant sur le temps et sur l'espace, elle n'emploie qu'un petit nombre de puissances pour animer la matière, développer tous les êtres et mouvoir tous les corps de ce vaste univers.

LES TORTUES

La nature a traité presque tous les animaux avec plus ou moins de faveur : les uns ont reçu la beauté, d'autres la force ; ceux-ci la grandeur, ou des armes meurtrières ; ceux-là des attributs d'indépendance, la faculté de nager ou celle de s'élever dans les airs. Mais, exposés en naissant aux intempéries de l'atmosphère, les uns sont obligés de se creuser avec peine des retraites souterraines et profondes ; les autres n'ont pour asile que les antres ténébreux des hautes montagnes ou des vastes forêts. Ceux-ci, plus petits, sont réduits à se tapir dans les creux des arbres et des rochers, ou à aller se réfugier jusque dans la demeure de leurs plus cruels ennemis, aux yeux desquels ni leur petitesse ni leur ruse ne peuvent les dérober longtemps. Ceux-là, plus malheureux, moins bien conformés, ou moins pourvus d'instinct, sont forcés de passer tristement leur vie sur la terre nue et n'ont pour tout abri contre les froids rigoureux et les tempêtes les plus violentes, que quelques branches d'arbres et quelques roches avancées. Ceux dont la demeure est la plus commode et la plus sûre ne jouissent de la douce paix qu'elle leur procure, qu'à force de travaux et de soins ; les tortues seules ont reçu en naissant une sorte de domicile durable. Cet asile, capable de résister à de très grands efforts, n'est pas même fixé à un certain espace : lorsque la nourriture leur manque dans les endroits qu'elles préfèrent, elles ne sont pas contraintes d'abandonner un toit construit avec peine, de perdre le fruit de longs travaux, pour aller peut-être avec plus de peine encore arranger une habitation nouvelle sur des bords étrangers ; elles portent partout avec elles l'abri que la nature leur a donné, et c'est avec toute vérité qu'on a dit qu'elles traînent leur maison, sous laquelle elles sont d'autant plus à couvert qu'elle ne peut pas être détruite par les efforts de leurs ennemis.

La plupart des tortues retirent quand elles veulent leur tête, leurs pattes et leur queue sous l'enveloppe dure et osseuse qui les revêt par-dessus et par-dessous, et dont les ouvertures sont assez étroites pour que les serres des oiseaux voraces, ou les dents des quadrupèdes carnassiers n'y pénètrent que difficilement. Demeurant immobiles dans cette position de défense, elles peuvent quelquefois recevoir sans crainte, comme sans danger, les attaques des animaux qui cherchent à en faire leur proie. Ce ne sont plus des êtres sensibles, qui opposent la force à la force, qui souffrent toujours par la résistance, et qui sont plus ou moins blessés par leur victoire même ; mais ne présentant que leur épaisse enveloppe, c'est en quelque sorte contre une couverture insensible que sont dirigées les armes de leurs ennemis ; les coups qui les menacent ne tombent, pour ainsi dire, que sur la pierre, et elles sont alors aussi à l'abri sous leur bouclier naturel, qu'elles pourraient l'être dans le creux profond et inaccessible d'une roche dure. Ce bouclier impénétrable qui les garantit est composé de deux espèces de tables osseuses plus ou moins arrondies et plus ou moins convexes. L'une est placée au-dessus et l'autre au-dessous du corps. Les côtes et l'épine du dos font partie de la supérieure, que l'on appelle *carapace*, et l'inférieure, que l'on nomme *plastron*, est réunie avec les os qui composent le *sternum*. Ces deux couvertures ne se touchent et ne sont attachées ensemble que par les côtés : elles laissent deux ouvertures, l'une devant et l'autre derrière ; la première donne passage à la tête et aux deux pattes de devant ; la seconde aux deux pattes de derrière, à la queue et à la partie du corps où est situé l'anus. Lorsque les tortues veulent ou marcher, ou nager, elles sont obligées d'étendre leur tête, leur col et leurs pattes, qui paraissent alors à l'extérieur, et ces divers membres, ainsi que la queue, le devant et le derrière du corps, sont couverts d'une peau qui s'attache au-dessous des bords de la carapace et du plastron, qui forme plusieurs plis, lorsque les pattes et la tête sont retirées, qui est assez lâche pour se prêter à leurs divers mouvements d'extension, et qui est garnie de petites écailles comme celle des lézards, des serpents et des poissons, avec lesquels elle donne aux tortues un trait de ressemblance. La tête, dans presque toutes les espèces de ces animaux, est un peu arrondie vers le museau, à l'extrémité duquel sont situées les narines ; la bouche est placée en dessous ; son ouverture s'étend jusqu'au delà des oreilles. La mâchoire supérieure recouvre la mâchoire inférieure ; elles ne sont point communément garnies de dents, mais les os qui les composent sont festonnés et assez durs pour que les tortues puissent briser aisément des substances très compactes. Cette position et cette conformation de leur bouche leur donnent beaucoup de facilité pour brouter les algues et les autres plantes dont elles se nourrissent. Dans presque toutes les tortues, la place des oreilles n'est sensible que par les plaques ou écailles particulières qui les recouvrent ; leurs yeux sont gros et saillants.

Le plastron est presque toujours plus court que la carapace, qui le déborde et le recouvre par devant, et surtout par derrière ; il est aussi moins dur, et souvent presque plat. Ces deux boucliers sont composés de plusieurs pièces osseuses, dont les bords sont comme dentelés, et qui s'engrènent les unes dans les autres d'une manière plus ou moins sensible ; dans certaines espèces, celles du plastron peuvent se prêter à quelques mouvements. Les couvertures supérieures et inférieures sont garnies de lames ou écailles qui varient par leur grandeur, par leur forme et par leur nombre, non seulement suivant les espèces, mais même suivant les individus. Quelquefois, le nombre et la figure de ces écailles correspondent à celles des pièces osseuses qu'elles cachent.

On distingue les écailles qui revêtent la circonférence de la carapace d'avec celles qui en recouvrent le milieu ; ce milieu est appelé *disque*. Il est le plus souvent couvert de treize ou quinze lames placées en long sur trois rangs ; celui du milieu est de cinq lames, et les deux des côtés sont de quatre. La bordure est communément garnie de vingt-deux ou vingt-cinq lames ; le nombre de celles du plastron varie de douze à quatorze dans certaines espèces, et de vingt-deux à vingt-quatre dans d'autres. Ces écailles tombent quelquefois par l'effet d'une grande dessiccation ou de quelque autre accident : elles sont à demi transparentes, pliantes, élastiques ; elles présentent, dans certaines espèces, telles que le caret, etc., des couleurs assez belles pour être recherchées et servir à des objets de luxe ; et ce qui les rend d'autant plus propres à être employées dans les arts, c'est qu'elles se ramollissent et se fondent à un feu assez doux, de manière à être réunies, moulées, et à prendre toute sorte de figures.

Les tortues sont encore distinguées des autres quadrupèdes ovipares par plusieurs caractères intérieurs assez remarquables, et particulièrement par la grandeur très considérable de la vessie qui manque aux lézards, ainsi qu'aux quadrupèdes ovipares sans queue. Elles en diffèrent encore par le nombre des vertèbres du cou ; nous en avons compté huit dans la tortue de mer, appelée la *tortue franche*, dans la *grecque* et dans la tortue d'eau douce, que nous avons nommée la *jaune*, tandis que les crocodiles n'en ont que sept, que la plupart des autres lézards n'en ont jamais au-dessus de quatre, et que les quadrupèdes ovipares sans queue en sont entièrement privés.

Tels sont les principaux traits de la conformation générale des tortues : nous connaissons vingt-quatre espèces de ces animaux ; elles diffèrent toutes les unes des autres par leur grandeur et par d'autres caractères faciles à distinguer. La carapace des grandes tortues a depuis quatre jusqu'à cinq pieds de long, sur trois ou quatre pieds de largeur ; le corps entier a quelquefois plus de quatre pieds d'épaisseur verticale à l'endroit du dos le plus élevé. La tête a environ sept ou huit pouces de long et six ou sept pouces de large ; le cou est à peu près de la même longueur, ainsi que la queue. Le poids total de ces grandes tortues excède ordinairement huit cents livres, et les deux couvertures en pèsent à peu près quatre cents. Dans les plus petites espèces, au contraire, on ne compte que quelques pouces de l'extrémité du museau au bout de la queue, même lorsque toutes les parties de la tortue sont étendues, et tout l'animal ne pèse pas quelquefois une livre.

Les vingt-quatre espèces de tortues diffèrent aussi beaucoup les unes des autres par leurs habitudes : les unes vivent presque toujours dans la mer ; les autres, au contraire, préfèrent le séjour des eaux douces ou des terrains secs et élevés. Nous avons cru d'après cela devoir former deux divisions dans le genre des tortues. Nous plaçons dans la première six espèces de ces animaux, les plus grandes de toutes, et qui habitent la mer de préférence. Il est aisé de les distinguer d'avec les autres, en ce que leurs pieds très allongés et leurs doigts très inégaux en longueur, et réunis par une membrane, représentent des nageoires dont la longueur est souvent de deux pieds, et égale par conséquent plus du tiers de celle de la carapace. Leurs deux boucliers se touchent d'ailleurs de chaque côté dans une plus grande portion de leur circonférence : l'ouverture de devant et celle de derrière sont par là moins étendues et ne laissent qu'un passage plus étroit à la griffe des oiseaux de proie et aux dents des caïmans, des tigres, des couguars et des autres ennemis des tortues ; mais la plupart des tortues marines ne cachent qu'à demi leur tête et leurs pattes sous leur carapace, et ne peuvent pas les y retirer en entier, comme les tortues d'eau douce ou terrestres. Les écailles qui revêtent leur plastron, au lieu d'être disposées sur deux rangs, comme celles du plastron des tortues terrestres ou d'eau douce, forment quatre rangées, et leur nombre est beaucoup plus grand.

Les tortues marines représentent, parmi les quadrupèdes ovipares, la nombreuse tribu des quadrupèdes vivipares, composée des morses, des lions marins, des lamantins et des phoques, dont les doigts sont également réunis, et qui tous ont plutôt des nageoires que des pieds. Comme cette tribu, elles appartiennent bien plus à l'élément de l'eau qu'à celui de la terre, et elles lient également l'ordre dont elles font partie avec celui des poissons auxquels elles ressemblent par une partie de leurs habitudes et de leur conformation.

Nous composons la seconde division de toutes les autres tortues qui habitent, tant au milieu des eaux douces que dans les bois et sur des terrains secs ; nous y comprenons, par conséquent, la tortue de terre, nommée la grecque, qui se trouve dans presque tous les pays chauds, et la tortue d'eau douce, appelée la bourbeuse, qui est assez commune dans la France méridionale et dans les autres contrées tempérées de l'Europe. Toutes les tortues de cette seconde division ont les pieds très ramassés, les doigts très courts et presque égaux en longueur : ces doigts, garnis d'ongles forts et crochus, ne ressemblent point à des nageoires ; la carapace et le plastron ne sont réunis l'un à l'autre que dans une petite portion de leur contour ; ils laissent aux différentes parties des tortues plus de facilité pour leurs divers mouvements. Cette plus grande liberté leur est d'autant plus utile, qu'elles marchent plus souvent qu'elles ne nagent ; leur couverture supérieure est ordinairement bien plus bombée ; aussi, lorsqu'elles sont renversées sur le dos, peuvent-elles, la plupart, se retourner et se remettre sur leurs pattes, tandis que presque toutes les tortues marines, dont la carapace est beaucoup plus plate, s'épuisent en efforts inutiles lorsqu'elles ont été retournées et ne peuvent point reprendre leur première position.

TORTUES DE MER

LA TORTUE FRANCHE[1]

La Tortue franche ou Tortue verte, Cuv. — *Testudo Mydas,* var. *b,* Linn.
— *Testudo viridis,* Schn. — *Caretta esculenta,* Merrem.

Un des plus beaux présents que la nature ait faits aux habitants des contrées équatoriales, une des productions les plus utiles qu'elle ait déposées sur les confins de la terre et des eaux, est la grande tortue de mer, à laquelle on a donné le nom de tortue franche. L'homme emploierait avec bien moins d'avantage le grand art de la navigation, si, vers les rives éloignées où ses désirs l'appellent, il ne trouvait dans une nourriture aussi agréable qu'abondante un remède assuré contre les suites funestes d'un long séjour dans un espace resserré, et au milieu de substances à demi putréfiées, que la chaleur et l'humidité ne cessent d'altérer[2]. Cet aliment précieux lui est fourni par les tortues franches, et elles lui sont d'autant plus utiles qu'elles habitent surtout ces contrées ardentes, où une chaleur plus vive accélère le développement de tous les germes de corruption. On les rencontre en effet en très grand nombre sur les côtes des îles et des continents situés sous la zone torride, tant dans l'ancien que dans le nouveau monde ; les bas-fonds qui bordent ces îles et ces continents sont revêtus

---

1. En latin, *testudo marina* et *mus marinus.* — En anglais, *the green turtle.* — *Jurucuja,* au Brésil. — *Tartaruga,* par les Portugais. — *Tortue Mydas.* Daubenton, Encyclopédie méthodique. — *Testudo Mydas.* Linnæus, *Systema naturæ,* amphibia reptilia, editio XIII, test. Mydas, 3. — Rai, *Synopsis quadrupedum,* p. 252. *Testudo marina vulgaris.* — Rochefort, *tortue franche.* — Mus. ad. fr., l, p. 50, *testudo atra.* — Du Tertre, *tortue franche.* — Labat, *tortue franche.* — Seba, mus. l, tab. 79, fig. 4, 5, 6. — *The green turtle.* Patrick Browne, *Natural history of Jamaica,* p. 465. *Testudo unguibus palmarum duobus, plantarum singularibus.* — Hans Sloane, *Voyage aux îles Madère, Barbade,* etc., avec l'histoire naturelle de ces îles. Londres, 1725, t. II, p. 331. — Osbeck, it. 293. — Gesner, *Quadrup. ovip.,* p. 105, *testudo marina.* — Aldrov. *Quadrup.,* 712, tab. 714. — Oléar, mus. 27, tab. 17, fig. 1. — Bradl. natur. tab. 4, fig. 4. — Catesby, *Histoire naturelle de la Caroline,* t. II, p. 38. — Marcgrave. *Brasil.,* 241. *Jurucuja Brasiliensibus.* — *Testudo viridis.* Histoire naturelle des tortues, par M. Jean Schneider, à Leipsick, 1783.

2. « On fait des bouillons de tortues franches, que l'on regarde comme excellents pour les pulmoniques, les cachectiques, les scorbutiques, etc. La chair de cet animal renferme un suc

d'une grande quantité d'algues[1] et d'autres plantes que la mer couvre de ses
ondes, mais qui sont assez près de la surface des eaux pour qu'on puisse les
distinguer facilement lorsque le temps est calme. C'est sur ces espèces de
prairies que l'on voit les tortues franches se promener paisiblement. Elles se
nourrissent de l'herbe de ces pâturages[2]. Elles ont quelquefois six ou sept
pieds de longueur, à compter depuis le bout du museau jusqu'à l'extrémité
de la queue, sur trois ou quatre de largeur et quatre pieds ou environ d'épaisseur, dans l'endroit le plus gros du corps; elles pèsent alors près de huit cents
livres. Elles sont en si grand nombre qu'on serait tenté de les regarder
comme une espèce de troupeau rassemblé à dessein pour la nourriture et le
soulagement des navigateurs qui abordent auprès de ces bas fonds, et les
troupeaux marins qu'elles forment le cèdent d'autant moins à ceux qui
paissent l'herbe de la surface sèche du globe, qu'ils joignent à un goût
exquis et à une chair succulente et substantielle une vertu des plus actives
et des plus salutaires.

La tortue franche se distingue facilement des autres par la forme de sa
carapace. Cette couverture supérieure, qui a quelquefois quatre ou cinq
pieds de long sur trois ou quatre de largeur, est ovale et entourée d'un
bord composé de lames, dont les plus grandes sont les plus éloignées de la
tête, et qui, terminées à l'extérieur par des lignes courbes, font paraître ce
même bord comme ondé. Le disque, ou le milieu de cette couverture supérieure, est recouvert ordinairement de quinze lames ou écailles, d'un roux
plus ou moins sombre, qui tombent souvent, ainsi que celles de la bordure,
par l'effet d'une grande dessiccation ou de quelque autre accident, et dont
la forme et le nombre varient d'ailleurs suivant l'âge et peut-être suivant le
sexe; nous nous en sommes assurés en examinant des tortues de différentes
tailles[3]. Lorsque l'animal est dans l'eau, la carapace paraît d'un brun clair
tacheté de jaune[4]. Le plastron est moins dur et plus court que la carapace;
il est garni communément de vingt-trois ou vingt-quatre lames, disposées
sur quatre rangs[5], et c'est à cause des deux boucliers dont la tortue franche

adoucissant et nourrissant, incisif et diaphorétique, dont j'ai éprouvé de très bons effets. » Note
communiquée par M. de la Borde, médecin du roi à Cayenne.

1. Marc Catesby, *Histoire naturelle de la Caroline, de la Floride et des îles de Bahama,*
revue par M. Edwards. Londres, 1754, t. II, p. 38.

2. « Dans ces grandes herbes, qui se nomment *sargasses*, et qui paraissent en divers endroits
sur la surface de la mer, mais dont le grand nombre est au fond de l'eau et sur les côtes, on
trouve, entre plusieurs autres espèces d'animaux marins, une prodigieuse quantité de tortues. »
Description de l'île espagnole; *Histoire générale des voyages*, partie III, livre V.

3. « Le nombre des lames dans les tortues franches varie suivant les individus; mais il
paraît cependant relatif à l'âge. » Note communiquée par M. le chevalier de Widerspech, officier au
bataillon de la Guyane et correspondant du Cabinet du roi.

4. Mémoires manuscrits sur les tortues, rédigés par M. de Fougeroux de Bondaroy, de
l'Académie des sciences, et que ce savant académicien a bien voulu me communiquer.

5. Nous croyons devoir rapporter ici les dimensions d'une jeune tortue franche, qui n'avait
pas encore atteint tout son développement et qui est conservée au Cabinet du roi. Dans cette
tortue, ainsi que celles dont il sera question dans cet ouvrage, nous avons mesuré la longueur

est armée, qu'on lui a donné le nom de *soldat* dans certaines contrées [1].

Les pieds de la tortue franche sont très allongés; les doigts en sont réunis par une membrane; ils ressemblent beaucoup à de vraies nageoires; aussi lui servent-ils à nager bien plus souvent qu'à marcher et lui donnent-ils une nouvelle conformité avec les poissons et avec les phoques qui habitent comme elle au milieu des eaux. Sans cette conformation, elle abandonnerait un élément où elle aurait trop de peine à frapper l'eau avec des pieds qui, présentant une trop petite surface, n'opposeraient à ce fluide presque aucune résistance : elle habiterait sur la terre sèche, où elle marcherait avec facilité comme les tortues de terre que l'on trouve au milieu des bois.

Dans les pieds de derrière, le premier doigt, qui est le plus court, est le seul qui soit garni d'un ongle aigu et bien apparent; le second doigt l'est d'un ongle moins grand et plus arrondi, et les trois autres n'en présentent que de membraneux et peu sensibles, tandis qu'aux pieds de devant, les deux doigts intérieurs sont terminés par des ongles aigus, et les trois autres par des ongles membraneux : au reste, il se peut que la forme, le nombre et la position des ongles varient dans la tortue franche [2]; mais il n'y en a jamais qu'un d'aigu aux pieds de derrière, et c'est un caractère distinctif de cette espèce.

La tête, les pattes et la queue sont recouvertes de petites écailles comme le corps des lézards, des serpents et des poissons, et de même que dans ces animaux, ces écailles sont un peu plus grandes sur le sommet de la tête que sur le cou et sur la queue. L'on a prétendu que, malgré la grandeur des tortues franches, leur cerveau n'était pas plus gros qu'une fève [3]; ce qui confirmerait ce que nous avons dit de la petitesse du cerveau dans les quadrupèdes ovipares. La bouche, située au-dessous de la partie antérieure de la tête, s'ouvre jusqu'au delà des oreilles; les mâchoires ne sont point armées de dents, mais elles sont très dures et très fortes; et les os qui les composent sont garnis de pointes ou d'aspérités. C'est avec ces mâchoires puissantes

totale de l'animal, ainsi que la longueur et la largeur de la carapace, en suivant la convexité de cette couverture supérieure.

	Pieds	Pouces	Lignes
Longueur, depuis le bout du museau jusqu'à l'extrémité postérieure de la carapace....................................	3	0	0
Longueur de la tête..	0	7	8
Largeur de la tête...	0	3	
Longueur de la carapace.....................................	1	11	6
Largeur de la carapace.......................................	1	10	7
Longueur des pattes de devant...............................	1	2	3
Longueur des pattes de derrière..............................	0	11	0

Nous avons compté neuf côtes de chaque côté, dans cette jeune tortue.

1. Conrad Gesner, *Quadrup. ovip.*, Zurich, 1554, p. 105.

2. Linn., *Amphib. rept. Testudo Mydas.*

3. Voy. les Mémoires pour servir à l'histoire naturelle des animaux, article de la tortue de terre de Coromandel.

II.   5

que les tortues coupent l'herbe sur les tapis verts qui revêtent les bas-fonds de certaines côtes, et qu'elles peuvent briser des pierres et écraser les coquillages dont elles se nourrissent quelquefois.

Lorsque les tortues ont brouté l'algue au fond de la mer, elles vont à l'embouchure des grands fleuves chercher l'eau douce dans laquelle elles paraissent se plaire, et où elles se tiennent paisiblement la tête hors de l'eau, pour respirer un air dont la fraîcheur semble leur être de temps en temps nécessaire. Mais n'habitant que des côtes dangereuses pour elles, à cause du grand nombre d'ennemis qui les y attendent, et de chasseurs qui les y poursuivent, ce n'est qu'avec précaution qu'elles goûtent le plaisir de humer l'air frais et de se baigner au milieu d'une eau douce et courante. A peine aperçoivent-elles l'ombre de quelque objet à craindre, qu'elles plongent et vont chercher au fond de la mer une retraite plus sûre.

La tortue de terre a de tous les temps passé pour le symbole de la lenteur ; les tortues de mer devraient être regardées comme l'emblème de la prudence. Cette qualité, qui, dans les animaux, est le fruit des dangers qu'ils ont courus, ne doit pas étonner dans ces tortues, que l'on recherche d'autant plus, qu'il est peu dangereux de les chasser, et très utile de les prendre. Mais si quelques traits de leur histoire paraissent prouver qu'elles ont une sorte de supériorité d'instinct, le plus grand nombre de ces mêmes traits ne montreront dans ces grandes tortues de mer que des propriétés passives, plutôt que des qualités actives. Rencontrant une nourriture abondante sur les côtes qu'elles fréquentent, se nourrissant de peu et se contentant de brouter l'herbe, elles ne disputent point aux animaux de leur espèce un aliment qu'elles trouvent toujours en assez grande quantité. Pouvant d'ailleurs, ainsi que les autres tortues et tous les quadrupèdes ovipares, passer plusieurs mois, et même plus d'un an, sans prendre aucune nourriture, elles forment un troupeau tranquille; elles ne se recherchent point, mais elles se trouvent ensemble sans peine et y demeurent sans contrainte. Elles ne se réunissent pas en troupe guerrière par un instinct carnassier, pour s'emparer plus aisément d'une proie difficile à vaincre; mais, conduites aux mêmes endroits par les mêmes goûts et par les mêmes habitudes, elles conservent une union paisible. Défendues par une carapace osseuse, très forte, et si dure que des poids très lourds ne peuvent l'écraser, garanties par cette sorte de bouclier, mais n'ayant rien pour nuire, elles ne redoutent point la société de leurs semblables, qu'elles ne peuvent à leur tour troubler par aucune offense.

La douceur et la force, pour résister, sont donc ce qui distingue la tortue franche, et c'est peut-être à ces qualités que les Grecs firent allusion lorsqu'ils la donnèrent pour compagne à la beauté, lorsque Phidias la plaça comme un symbole aux pieds de sa Vénus [1].

---

1. *Pausanias in eliacis.*

Rien de brillant dans ses mœurs, non plus que dans les couleurs dont elle est variée ; mais ses habitudes sont aussi constantes que son enveloppe a de solidité. Plus patiente qu'agissante, elle n'éprouve presque jamais de désirs véhéments ; plus prudente que courageuse, elle se défend rarement, mais elle cherche à se mettre à l'abri ; et elle emploie toute sa force à se cramponner, lorsque, ne pouvant briser sa carapace, on cherche à l'enlever avec cette couverture.

La constance de ses habitudes paraît se faire sentir jusque dans ses amours. Non seulement le mâle recherche sa femelle avec ardeur, mais leur union la plus intime dure pendant près de neuf jours ; c'est au milieu des ondes qu'ils s'accouplent plastron contre plastron[1]. Ils s'embrassent fortement avec leurs longues nageoires ; ils voguent ensemble, toujours réunis par le plaisir, sans que les flots amortissent la chaleur qui les pénètre ; on prétend même que leur espèce de timidité naturelle les abandonne alors ; ils deviennent, dit-on, comme furieux d'amour ; aucun danger ne les arrête, et le mâle serre encore étroitement sa femelle, lorsque, poursuivie par les chasseurs, elle est déjà blessée à mort et répand tout son sang[2].

Cependant leur attachement mutuel passe avec le besoin qui l'avait fait naître. Les animaux n'ont point, comme l'homme, cette intelligence, qui, en combinant un grand nombre d'idées morales et en les réchauffant par un sentiment actif, sait si bien prolonger les charmes de la jouissance et faire goûter encore des plaisirs si grands dans les heureux souvenirs d'une tendresse touchante.

La tortue mâle, après son accouplement, abandonne bientôt la compagne qu'elle paraissait avoir tant chérie et la laisse seule aller à terre, s'exposer à des dangers de toute espèce, pour déposer sur le sable les fruits d'une union qui semblait devoir être moins passagère.

Il paraît que le temps de l'accouplement des tortues franches varie dans les différents pays, suivant la température, la position en deçà ou au delà de la ligne, la saison des pluies, etc. C'est vers la fin de mars ou dans le commencement d'avril, qu'elles se recherchent dans la plupart des contrées chaudes de l'Amérique septentrionale ; et bientôt après les femelles commencent à pondre leurs œufs sur le rivage ; elles préfèrent les graviers, les sables dépourvus de vase et de corps marins, où la chaleur du soleil peut

---

1. Mémoires manuscrits sur les tortues, rédigés par M. de Fougeroux.

2. « J'ai pris des mâles dans le temps de leur union avec leurs femelles ; on perce facilement le mâle, car il n'est pas sauvage. La femelle, à la vue d'un canot, fait des efforts pour s'échapper ; mais il la retient avec ses deux nageoires (ou pattes) de devant. Lorsqu'on les surprend accouplés, le plus sûr est de darder la femelle : on est sûr alors du mâle. » Dampier, t. Ier, p. 118.

M. de la Borde, médecin du roi à Cayenne et correspondant du Cabinet d'histoire naturelle, soupçonne que la forme des parties sexuelles du mâle contribue à ce qu'il demeure uni à sa femelle, quoiqu'on les poursuive, les prenne, les blesse, etc. Note communiquée par ce naturaliste.

plus aisément faire éclore des œufs, qu'elles abandonnent après les avoir pondus [1].

Il semble cependant que ce n'est pas par indifférence pour les petits qui lui devront le jour, que la mère tortue laisse ses œufs sur le sable : elle y creuse avec ses nageoires, et au-dessus de l'endroit où parviennent les plus hautes vagues, un ou plusieurs trous d'environ un pied de largeur, et deux pieds de profondeur. Elle y dépose ses œufs au nombre de plus de cent [2]; ces œufs sont ronds, de deux ou trois pouces de diamètre, et la membrane qui les couvre ressemble, en quelque sorte, à du parchemin mouillé [3]. Ils renferment du blanc qui ne se durcit point, dit-on, à quelque degré de feu qu'on l'expose, et du jaune qui se durcit comme celui des œufs de poule [4]. Rien ne peut distraire les tortues de leurs soins maternels : uniquement occupées de leurs œufs, elles ne peuvent être troublées par aucune crainte [5]; et comme si elles voulaient les dérober aux yeux de ceux qui les recherchent, elles les couvrent d'un peu de sable, mais cependant assez légèrement pour que la chaleur du soleil puisse les échauffer et les faire éclore. Elles font plusieurs pontes, éloignées l'une de l'autre de quatorze jours ou environ [6], et de trois semaines dans certaines contrées [7]; ordinairement elles en font trois [8]. L'expérience des dangers qu'elles courent, lorsque le jour éclaire les poursuites de leurs ennemis, et peut-être la crainte qu'elles ont de la chaleur ardente du soleil dans les contrées torrides, font qu'elles choisissent presque toujours le temps de la nuit pour aller déposer leurs œufs, et c'est apparemment d'après leurs petits voyages nocturnes que les anciens ont pensé qu'elles couvaient pendant les ténèbres [9].

Pour tous leurs petits soins, il leur faut un sable mobile; elles ont une sorte d'affection marquée pour certains parages plus commodes, moins fréquentés, et par conséquent moins dangereux; elles traversent même des espaces de mer très étendus pour y parvenir. Celles qui pondent dans les îles de Cayman [10], voisines de la côte méridionale de Cuba, où elles trouvent

1. Ce fait est contraire à l'opinion d'Aristote et à celle de Pline; mais il a été mis hors de doute par tous les voyageurs et les observateurs modernes; il paraît que Pline et Aristote ont eu peu de renseignements exacts relativement aux quadrupèdes ovipares, dont ils ne connaissaient qu'un très petit nombre.

2. Mémoires manuscrits sur les tortues, rédigés par M. de Fougeroux.

3. Rai, *Synopsis animalium*.

4. *Nouveau Voyage aux îles de l'Amérique*, t. Ier, p. 304.

5. Catesby, *Histoire naturelle de la Caroline*, t. II, p. 38.

6. *Idem.*

7. Mémoires manuscrits sur les tortues, rédigés par M. de Fougeroux.

8. « Les tortues renouvellent leur ponte : sur les côtes d'Afrique, il y en a qui pondent en tout jusqu'à deux cent cinquante œufs. » Labat, *Afrique occidentale*, t. II. La fécondité de ces quadrupèdes ovipares est quelquefois plus grande.

9. Pline, livre IX, chap. XII.

10. Les îles de Cayman sont si favorables aux tortues, que lorsqu'elles furent découvertes, on leur donna le nom espagnol de *las Tortugas*, à cause du grand nombre de tortues dont leurs

l'espèce de rivage qu'elles préfèrent, y arrivent de plus de cent lieues de distance. Celles qui passent une grande partie de l'année sur les bords des îles Gallapagos, situées sous la ligne et dans la mer du Sud, se rendent pour leurs pontes sur les côtes occidentales de l'Amérique méridionale, qui en sont éloignées de plus de deux cents lieues ; et les tortues qui vont déposer leurs œufs sur les bords de l'île de l'Ascension font encore plus de chemin, puisque les terres les plus voisines de cette île sont à trois cents lieues de distance [1].

La chaleur du soleil suffit pour faire éclore les œufs des tortues dans les contrées qu'elles habitent ; vingt ou vingt-cinq jours après qu'ils ont été déposés, on voit sortir du sable les petites tortues, qui présentent tout au plus deux ou trois pouces de longueur sur un peu moins de largeur, ainsi que nous nous en sommes assurés par les mesures que nous avons prises sur des tortues franches enlevées au moment où elles venaient d'éclore ; elles sont donc bien éloignées de la grandeur à laquelle elles peuvent parvenir. Au reste, le temps nécessaire pour que les petites tortues puissent éclore doit varier suivant la température. Froger assure qu'à Saint-Vincent, île du Cap vert, il ne faut que dix-sept jours pour qu'elles sortent de leurs œufs : mais elles ont besoin de neuf jours de plus pour devenir capables de gagner la mer [2]. L'instinct dont elles sont déjà pourvues, ou, pour mieux dire, la conformité de leur organisation avec celle de leurs père et mère, les conduisent vers les eaux voisines, où elles doivent trouver la sûreté et l'aliment de leur vie. Elles s'y traînent avec lenteur ; mais trop faibles encore pour résister au choc des vagues, elles sont rejetées par les flots sur le sable du rivage, où les grands oiseaux de mer, les crocodiles, les tigres ou les couguars, se rassemblent pour les dévorer [3]. Aussi n'en échappe-t-il que très peu. L'homme en détruit d'ailleurs un grand nombre avant qu'elles soient développées. On recherche même, dans les îles où elles abondent, les œufs qu'elles laissent sur le sable, et qui donnent une nourriture aussi agréable que saine.

C'est depuis le mois d'avril jusqu'au mois de septembre que dure la ponte des tortues franches sur les côtes des îles de l'Amérique, voisines du golfe du Mexique ; mais le temps de leurs diverses pontes varie suivant les pays. Sur la côte d'Issini, en Afrique, les tortues viennent déposer leurs œufs depuis le mois de septembre jusqu'au mois de janvier [4] ; pendant toute la saison des pontes, l'on va non seulement à la recherche des œufs, mais encore à celle des petites tortues que l'on peut saisir avec facilité. Lorsqu'on les a prises, on les renferme dans des espaces plus ou moins grands, entourés de pieux, et où la haute mer peut parvenir ; et c'est dans ces espèces de

bords étaient couverts. *Histoire générale des voyages*, IIIᵉ partie, livre V. Voyage de Christophe et Barthélemy Colomb.

1. Dampier, t. 1ᵉʳ.
2. Froger, *Relation d'un voyage à la mer du Sud*, p. 52.
3. *Idem*.
4. *Voyage de Loyer à Issini sur la Côte d'Or.*

parcs qu'on les laisse croître pour en avoir au besoin, sans courir les hasards d'une pêche incertaine et sans éprouver les inconvénients qui y sont quelquefois attachés. Les pêcheurs choisissent aussi cette saison pour prendre les grandes tortues femelles qui leur échappent sur les rivages plus difficilement qu'à la mer, et dont la chair est plus estimée que celle des mâles, surtout dans le temps de la ponte [1].

Malgré les ténèbres dont les tortues franches cherchent, pour ainsi dire, à s'envelopper lorsqu'elles vont déposer leurs œufs, elles ne peuvent se dérober à la poursuite de leurs ennemis. A l'entrée de la nuit, surtout lorsqu'il fait clair de lune, les pêcheurs, se tenant en silence sur la rive, attendent le moment où les tortues sortent de l'eau ou reviennent à la mer après avoir pondu ; ils les assomment à coups de massue [2], ou ils les retournent rapidement, sans leur donner le temps de se défendre et de les aveugler par le sable qu'elles font quelquefois rejaillir avec leurs nageoires. Lorsqu'elles sont très grandes, il faut que plusieurs hommes se réunissent [3], et quelquefois même se servent de pieux comme d'autant de leviers pour les renverser sur le dos. La tortue franche a la carapace trop plate pour pouvoir se remettre sur ses pattes, lorsqu'elle a été ainsi *chavirée*, suivant l'expression des pêcheurs. On a voulu rendre touchant le récit de cette manière de prendre les tortues ; et l'on a dit que lorsqu'elles étaient retournées, hors d'état de se défendre, et qu'elles ne pouvaient plus que s'épuiser en vains efforts, elles jetaient des cris plaintifs et versaient un torrent de larmes [4]. Plusieurs tortues, tant marines que terrestres [5], font entendre souvent un sifflement plus ou moins fort, et même un gémissement très distinct, lorsqu'elles éprouvent avec vivacité ou l'amour ou la crainte. Il peut donc se faire que la tortue franche jette des cris lorsqu'elle s'efforce en vain de reprendre sa position naturelle et que la frayeur commence à la saisir ; mais on a exagéré sans doute les signes de sa douleur.

Pour peu que les matelots soient en nombre, ils peuvent, dans moins de trois heures, retourner quarante ou cinquante tortues qui renferment une grande quantité d'œufs.

Ils passent le jour à mettre en pièces celles qu'ils ont prises pendant la nuit ; ils en salent la chair, et même les œufs et les intestins [6]. Ils retirent quelquefois de la graisse des grandes tortues, jusqu'à trente-trois pintes d'une huile jaune ou verdâtre [7], qui sert à brûler, que l'on emploie même dans les aliments lorsqu'elle est fraîche, et dont tous les os de ces animaux sont

---

1. Sloane, à l'endroit déjà cité.
2. Mémoires manuscrits sur les tortues, rédigés par M. de Fougeroux.
3. Description des îles du cap Vert. *Histoire générale des voyages*, livre V.
4. Rai, *Synopsis animalium*, p. 255.
5. Voyez l'article de la caouane.
6. Mémoires manuscrits, rédigés et communiqués par M. de Fougeroux de Bondaroy, de l'Académie des sciences.
7. Mémoires manuscrits sur les tortues, rédigés par M. de Fougeroux.

pénétrés, ainsi que ceux des cétacés ; ou bien ils les traînent renversées sur leur carapace, jusque dans les parcs où ils veulent les conserver.

Les pêcheurs des Antilles et des îles de Bahama, qui vont sur les côtes de Cuba, sur celles des îles voisines, et principalement des îles de Cayman, ont achevé de charger leurs navires, ordinairement au bout de six semaines ou de deux mois ; ils rapportent dans leurs îles les produits de leur pêche [1]; et cette chair de tortue salée, qui sert à la nourriture du peuple et des esclaves, n'est pas moins employée dans les colonies d'Amérique, que la morue dans les divers pays de l'Europe [2].

On peut aussi prendre les tortues franches au milieu des eaux [3] : on se sert d'une varre ou d'une sorte de harpon, pour cette pêche, ainsi que pour celle de la baleine ; on choisit une nuit calme, où la lune éclaire une mer tranquille. Deux pêcheurs montent sur un petit canot que l'un d'eux conduit : ils reconnaissent qu'ils sont près de quelque grande tortue à l'écume qu'elle produit lorsqu'elle monte vers la surface de l'eau ; ils s'en approchent avec assez de vitesse pour que la tortue n'ait pas le temps de s'échapper. Un des deux pêcheurs lui lance aussitôt son harpon, avec tant de force qu'il perce la couverture supérieure et pénètre jusqu'à la chair : la tortue blessée se précipite au fond de l'eau ; mais on lui lâche une corde à laquelle tient le harpon, et, lorsqu'elle a perdu beaucoup de sang, il est aisé de la tirer dans le bateau ou sur le rivage.

On a employé, dans la mer du Sud, une autre manière de pêcher les tortues. Un plongeur hardi se jette dans la mer, à quelque distance de l'endroit où, pendant la grande chaleur du jour, il voit les tortues endormies nager à la surface de l'eau ; il se relève très près de la tortue et saisit sa carapace vers la queue ; en enfonçant ainsi le derrière de l'animal, il le réveille, l'oblige à se débattre, et ce mouvement suffit pour soutenir sur l'eau la tortue et le plongeur qui l'empêche de s'éloigner jusqu'à ce qu'on vienne les pêcher [4].

Sur les côtes de la Guyane, on prend les tortues avec une sorte de filet,

---

1. *Voyage de Hawkins à la mer du Sud*, p. 29.

2. Toutes les nations qui ont des possessions en Amérique, et particulièrement les Anglais, envoient de petits bâtiments sur la côte de la Nouvelle-Espagne et des îles désertes qui en sont voisines, pour y faire la pêche des tortues. Note communiquée par M. de la Borde, correspondant au Cabinet du roi à Cayenne.

3. Catesby, *Histoire naturelle de la Caroline*, t. II, p. 39.

4. Voyage d'Anson autour du monde. Ce fameux navigateur « admire que sur les côtes de la mer du Sud voisines de Panama, où les vivres ne sont pas toujours dans la même abondance, les Espagnols qui les habitent aient pu se persuader que la chair de la tortue soit malsaine et qu'ils la regardent comme une espèce de poison. Il juge que c'est à la figure singulière de l'animal qu'il faut attribuer ce préjugé. Les esclaves indiens et nègres qui étaient à bord de l'escadre, élevés dans la même opinion que leurs maîtres, parurent surpris de la hardiesse des Anglais qu'ils voyaient manger librement de cette chair et s'attendaient à leur en voir bientôt ressentir les mauvais effets ; mais reconnaissant enfin qu'ils s'en portaient mieux, ils suivirent leur exemple et se félicitèrent d'une expérience qui les assurait à l'avenir de pouvoir faire, avec aussi peu de frais que de peine, de meilleurs repas que leurs maîtres. » *Histoire générale des voyages*, p. 432, t. XLI, édit. in-12, 1753.

nommé la *fole*; il est large de quinze à vingt pieds, sur quarante ou cinquante de long. Les mailles ont un pied d'ouverture en carré, et le fil a une ligne et demie de grosseur. On attache, de deux en deux mailles, deux *flots*, d'un demi-pied de longueur, faits d'une tige épineuse, que les Indiens appellent *moucou-moucou*, et qui tient lieu de liége. On attache aussi au bas du filet quatre ou cinq grosses pierres, du poids de quarante ou cinquante livres, pour le tenir bien tendu. Aux deux bouts qui sont à fleur d'eau, on met des *bouées*, c'est-à-dire de gros morceaux de *moucou-moucou*, qui servent à marquer l'endroit où est le filet; on place ordinairement les *foles* fort près des flots, parce que les tortues vont brouter des espèces de *fucus* qui croissent sur les rochers dont ces petites îles sont bordées.

Les pêcheurs visitent de temps en temps les filets. Lorsque la *fole* commence à *caler*, suivant leur langage, c'est-à-dire lorsqu'elle s'enfonce d'un côté plus que de l'autre, on se hâte de la retirer. Les tortues ne peuvent se dégager aisément de cette sorte de rets, parce que les lames d'eau, qui sont assez fortes près des flots, donnent aux bouts du filet un mouvement continuel qui les étourdit ou les embarrasse. Si l'on diffère de visiter les filets, on trouve quelquefois les tortues noyées; lorsque les requins et les espadons rencontrent des tortues prises dans la *fole* et hors d'état de fuir et de se défendre, ils les dévorent et brisent le filet[1]. Le temps de *foler* la tortue franche est depuis janvier jusqu'en mai[2].

L'on se contente quelquefois d'approcher doucement dans un esquif des tortues franches, qui dorment et flottent à la surface de la mer; on les retourne, on les saisit avant qu'elles aient eu le temps de se réveiller et de s'enfuir; on les pousse ensuite devant soi jusqu'à la rive; et c'est à peu près de cette manière que les anciens les pêchaient dans les mers de l'Inde[3]. Pline a écrit qu'on les entend ronfler d'assez loin, lorsqu'elles dorment en flottant à la surface de l'eau. Le ronflement que ce naturaliste leur attribue pourrait venir du peu d'ouverture de leur glotte, qui est étroite, ainsi que celle des tortues de terre[4]; ce qui doit ajouter à la facilité qu'ont ces animaux de ne point avaler l'eau dans laquelle ils sont plongés.

Si les tortues demeurent quelque temps sur l'eau exposées pendant le jour à toute l'ardeur des contrées équatoriales, lorsque la mer est presque calme et que les petits flots, ne pouvant point atteindre jusqu'au-dessus de leur carapace, cessent de le baigner, le soleil dessèche cette couverture, la rend plus légère et empêche les tortues de plonger aisément, tant leur légèreté spécifique est voisine de celle de l'eau et tant elles ont de peine à augmenter leur poids[5]. Les tortues peuvent en effet se rendre plus ou moins

1. Note communiquée par M. de la Borde, médecin du roi à Cayenne.
2. *Histoire générale des voyages*, t. LIV, p. 380 et suiv., édition in-12.
3. Pline, livre IX, chap. XII.
4. Mémoires pour servir à l'histoire naturelle des animaux, article de la tortue de Coromandel.
5. Pline, livre IX, chap. XII.

pesantes, en recevant plus ou moins d'air dans leurs poumons et en augmentant ou diminuant par là le volume de leur corps, de même que les poissons introduisent de l'air dans leur vessie aérienne, lorsqu'ils veulent s'élever à la surface de l'eau; mais il faut que le poids que les tortues peuvent se donner en chassant l'air de leurs poumons ne soit pas très considérable, puisqu'il ne peut balancer celui que leur fait perdre la dessiccation de leur carapace, et qui n'égale jamais le seizième du poids total de l'animal, ainsi que nous nous en sommes assurés par l'expérience rapportée dans la note suivante[1].

La dessiccation de la carapace des tortues, en les empêchant de plonger, donne aux pêcheurs plus de facilité pour les prendre. Lorsqu'elles sont très près du rivage où l'on veut les entraîner, elles se cramponnent avec tant de force, que quatre hommes ont quelquefois bien de la peine à les arracher du terrain qu'elles saisissent; comme tous leurs doigts ne sont pas pourvus d'ongles et que, n'étant point séparés les uns des autres, ils ne peuvent pas embrasser les corps, on doit supposer, dans les tortues, une force très grande, qui d'ailleurs est prouvée par la vigueur de leurs mâchoires et par la facilité avec laquelle elles portent sur leur dos autant d'hommes qu'il peut y en tenir[2]. On a même prétendu que, dans l'océan Indien, il y avait des tortues assez fortes et assez grandes pour transporter quatorze hommes[3]; quelque exagéré que puisse être ce nombre, l'on doit admettre, dans la tortue franche, une puissance d'autant plus remarquable que, malgré sa force, ses habitudes sont paisibles.

Lorsque, au lieu de faire saler les tortues franches, on veut les manger fraîches et ne rien perdre du bon goût de leur chair ni de leurs propriétés bienfaisantes, on leur enlève le plastron, la tête, les pattes et la queue, et on fait ensuite cuire leur chair dans la carapace, qui sert de plat. La portion la plus estimée est celle qui touche de plus près cette couverture supérieure ou le plastron. Cette chair, ainsi que les œufs de la tortue franche, sont principalement très salutaires dans les maladies auxquelles les gens de mer sont le plus sujets; on prétend même que leurs sucs ont une assez grande activité, au moins dans les pays les plus chauds, pour être des remèdes très puissants dans toutes les maladies qui demandent que le sang soit épuré[4].

1. Nous avons pesé avec soin la carapace d'une petite tortue franche, nous l'avons ensuite mise dans un grand vase rempli d'eau, où nous l'avons laissée un mois et demi; nous l'avons pesée de nouveau en la tirant de l'eau, et avant qu'elle eût perdu celle dont elle était pénétrée. Son poids a été augmenté par l'imbibition de $\frac{44}{476}$; la dessiccation que la chaleur du soleil produit dans la couverture supérieure d'une tortue franche, qui flotte à la surface de la mer, ne peut donc la rendre plus légère que de $\frac{44}{476}$; la carapace des plus grandes tortues ne pesant guère que 278 livres ou environ, l'ardeur du soleil ne doit la rendre plus légère que de 45 livres qui sont au-dessous du seizième de 800 livres, poids total des très grandes tortues.
2. Linnæus, *Systema naturæ, amphibia reptilia. Testudo Mydas.*
3. Voyez ce que dit à ce sujet Rai, dans son ouvrage intitulé *Synopsis animalium*, p. 255.
4. Barrère, *Essai sur l'histoire naturelle de la France équinoxiale.*

Il paraît que c'est la tortue franche que quelques peuples américains regardent comme un objet sacré et comme un présent particulier de la Divinité; ils la nomment *poisson de Dieu*, à cause de l'effet merveilleux que sa chair produit, disent-ils, lorsqu'on a avalé quelque breuvage empoisonné.

La chair des tortues franches est quelquefois d'un vert plus ou moins foncé, et c'est ce qui les a fait appeler, par quelques voyageurs, *tortues vertes;* mais ce nom a été aussi donné à une seconde espèce de tortue marine; d'ailleurs nous avons cru devoir d'autant moins l'adopter, que cette couleur verdâtre de la chair n'est qu'accidentelle; elle dépend de la différence des plages fréquentées par les tortues, elle peut provenir aussi de la diversité de la nourriture de ces animaux et elle n'appartient pas dans les mêmes endroits à tous les individus. On trouve en effet sur les rivages des petites îles voisines du continent de la Nouvelle-Espagne, et situées au midi de Cuba, des tortues franches, dont les unes ont la chair verte, d'autres noire, d'autres jaune.

Séba avait dans sa collection plusieurs concrétions semblables à des bézoards, d'un gris plus ou moins mêlé de jaune, et dont la surface était hérissée de petits tubercules. Il en avait reçu une partie des grandes Indes, et l'autre d'Amérique. On les lui avait envoyées comme des concrétions très précieuses, trouvées dans le corps de grandes tortues de mer. Les Indiens y attachaient encore plus de vertu qu'aux bézoards orientaux, à cause de leur variété, et ils les employaient particulièrement contre la petite vérole, peut-être parce que les tubercules que leur surface présentait ressemblaient aux boutons de la petite vérole[1]. La vertu de ces concrétions était certainement aussi imaginaire que celle des bézoards, tant orientaux qu'occidentaux; mais elles auraient pu être formées dans le corps de grandes tortues marines, d'autres concrétions de même nature ayant été incontestablement produites dans des quadrupèdes ovipares, ainsi que nous le verrons dans la suite de cette histoire. Mais si les bézoards des tortues marines ne doivent être que des productions inutiles, il n'en est pas de même de tout ce que ces animaux peuvent fournir : non seulement on recherche leur chair et leurs œufs, mais encore leur carapace a été employée par les Indiens pour couvrir leurs maisons[2]; et Diodore de Sicile, ainsi que Pline, ont écrit que des peuples voisins de l'Éthiopie et de la mer Rouge s'en servaient comme de nacelles pour naviguer près du continent[3].

Dans les temps anciens, lors de l'enfance des sociétés, ces grandes carapaces d'une substance très compacte et d'un diamètre de plusieurs pieds étaient les boucliers de peuples qui n'avaient pas encore découvert l'art funeste d'armer leurs flèches d'un acier trempé plus dur que ces enveloppes

1. Séba, t. II, p. 142.
2. Voyez Ælien et Pline, *Histoire naturelle*, livre IX, chapitre XII.
3. Voyez Diodore de Sicile et Pline à l'endroit déjà cité.

osseuses; et les hordes à demi sauvages qui habitent de nos jours certaines contrées équatoriales, tant de l'ancien que du nouveau monde, n'ont pas imaginé de défenses plus solides.

Les diverses grandeurs de tortues franches sont renfermées dans des limites assez éloignées, puisque de la longueur de deux ou trois pouces elles parviennent quelquefois à celle de six ou sept pieds ; et comme cet accroissement assez grand a lieu dans une couverture très osseuse, très compacte, très dure, et où par conséquent la matière doit être, pour ainsi dire, resserrée, pressée, et le développement plus lent, il n'est pas surprenant que ce ne soit qu'après plusieurs années que les tortues acquièrent tout leur volume.

Elles n'atteignent à peu près à leur entier développement qu'au bout de vingt ans ou environ, et l'on a pu en juger d'une manière certaine par des tortues élevées dans les espèces de parcs dont nous avons parlé. Si l'on devait estimer la durée de la vie dans les tortues franches de la même manière que dans les quadrupèdes vivipares, on trouverait bientôt, d'après ces vingt ans employés à leur accroissement total, le nombre des années que la nature leur a destinées; mais la même proportion ne peut pas être ici employée. Les tortues demeurent souvent au milieu d'un fluide dont la température est plus égale que celle de l'air; elles habitent presque toujours le même élément que les poissons ; elles doivent participer à leurs propriétés et jouir de même d'une vie fort longue. Cependant comme tous les animaux périssent lorsque leurs os sont devenus entièrement solides, et comme ceux des tortues sont bien plus durs que ceux des poissons, et par conséquent beaucoup plus près de l'état d'ossification extrême, nous ne devons pas penser que la vie des tortues soit en proportion aussi longue que celle des poissons; mais elles ont avec ces animaux un assez grand nombre de rapports, pour que, d'après les vingt ans que leur entier développement exige, on pense qu'elles vivent un très grand nombre d'années, même plus d'un siècle, et dès lors on ne doit point être étonné que l'on manque d'observations sur un espace de temps qui surpasse beaucoup celui de la vie des observateurs.

Mais si l'on ne connaît pas de faits précis relativement à la longueur de la vie des tortues franches, on en a recueilli qui prouvent que la tortue d'eau douce, appelée la bourbeuse, peut vivre au moins quatre-vingts ans, et qui confirment par conséquent notre opinion touchant l'âge auquel les tortues de mer peuvent parvenir. Cette longue durée de la vie des tortues les a fait regarder par les Japonais comme un emblème du bonheur, et c'est apparemment par une suite de cette idée qu'ils ornent des images plus ou moins défigurées de ces quadrupèdes, les temples de leurs dieux et les palais de leurs princes[1].

Une tortue franche peut, chaque été, donner l'existence à près de trois cents individus, dont chacun, au bout d'un assez court espace de temps,

---

[1]. *Histoire générale des voyages*, t. XL, p. 381, édit. in-12.

pourrait faire naître à son tour trois cents petites tortues. On sera donc émerveillé, si l'on pense au nombre prodigieux de ces animaux, dont une seule tortue peut peupler une vaste plage pendant la durée totale de sa vie. Toutes les côtes des zones torrides devraient être couvertes de ces quadrupèdes, dont la multiplication, loin d'être nuisible, serait certainement bien plus avantageuse que celle de tant d'autres espèces ; mais à peine un trentième de petites tortues écloses peut parvenir à un certain développement ; un nombre immense d'œufs sont d'ailleurs enlevés, avant que les petits aient vu le jour. Parmi les tortues qui ont déjà acquis une grandeur un peu considérable, combien ne sont point la proie des ennemis de toute espèce qui en font la chasse, et de l'homme qui les poursuit sur la terre et sur les eaux ? Malgré tous les dangers qui les environnent, les tortues franches sont répandues en assez grande quantité sur toutes les plages chaudes, tant de l'ancien que du nouveau continent[1], où les côtes sont basses et sablonneuses : on les rencontre dans l'Amérique septentrionale, jusqu'aux îles de Bahama et aux côtes voisines du cap de la Floride[2]. Dans toutes ces contrées des deux mondes, distantes de l'équateur de vingt-cinq ou trente degrés tant au nord qu'au sud, on retrouve la même espèce de tortues franches, un peu modifiée seulement par la différence de la température et par la diversité des herbes qu'elles paissent, ou des coquillages dont elles se nourrissent ; et cette grande et précieuse espèce de tortue ne peut-elle pas passer facilement d'une île à une autre ? Les tortues franches ne sont-elles pas en effet des habitants de la mer, plutôt que de la terre ? Pouvant demeurer assez de temps sous l'eau, ayant plus de peine à s'enfoncer dans cet élément qu'à s'y élever, nageant avec la plus grande facilité à sa surface, ne jouissent-elles pas dans leurs migrations de tout l'air qui leur est nécessaire ? Ne trouvent-elles pas sur tous les bas-fonds l'herbe et les coquillages qui leur conviennent ? ne peuvent-elles pas d'ailleurs se passer de nourriture pendant plusieurs mois ? Cette possibilité de faire de grands voyages n'est-elle pas prouvée par le fait, puisqu'elles traversent plus de cent lieues de mer pour aller déposer leurs œufs sur les rivages qu'elles préfèrent, et puisque des navigateurs ont rencontré, à plus de sept cents lieues de toute terre, des tortues de mer d'une espèce

---

1. Elles sont en si grand nombre aux îles du cap Vert, que plusieurs vaisseaux viennent s'en charger tous les ans et les salent pour les transporter aux colonies. (Description des îles du cap Vert, *Histoire générale des voyages*, liv. V.) On dit qu'elles y mangent de l'ambre gris que l'on y rencontre quelquefois sur les côtes. Voyage de Georges Robert au cap Vert et aux îles du même nom, en 1721, etc. Auprès du cap Blanc, les tortues sont en grand nombre et d'une telle grosseur qu'une seule suffit pour rassasier trente hommes : leur carapace n'a pas moins de quinze pieds de circonférence. Voyage de Lemaire aux îles Canaries, etc. Dampier a vu des tortues vertes (*tortues franches*) sur les côtes de l'île de Timor. Voyage de Guillaume Dampier aux terres australes. M. Cook les a trouvées en très grande quantité auprès des rivages de la Nouvelle-Hollande. A Cayenne, on en prend environ trois cents tous les ans, pendant les mois d'avril, de mai et de juin, où elles viennent faire leur ponte sur les amas de sable. Note communiquée par M. de la Borde.

2. Catesby, ouvrage déjà cité.

peu différente de la tortue franche [1]? Ils les ont même trouvées dans des régions de la mer assez élevées en latitude, où elles dormaient paisiblement en flottant à la surface de l'eau.

Les tortues franches ne sont cependant pas si fort attachées aux zones torrides qu'on ne les rencontre quelquefois dans les mers voisines de nos côtes. Il se pourrait qu'elles habitent dans la Méditerranée, où elles fréquenteraient de préférence, sans doute, les parages les plus méridionaux, et où les *caouanes*, qui leur ressemblent beaucoup, sont en très grand nombre [2]. Elles devraient y choisir pour leur ponte les rivages bas, sablonneux, presque déserts et très chauds qui séparent l'Égypte de la Barbarie proprement dite, et où elles trouveraient la solitude, l'abri, la chaleur et le terrain qui leur sont nécessaires; on n'a du moins jamais vu pondre des tortues marines sur les côtes de Provence ni du Languedoc, où cependant l'on en prend de temps en temps quelques-unes [3]. Elles peuvent aussi être quelquefois jetées par des accidents particuliers vers de plus hautes latitudes, sans en périr. Sibbald dit tenir d'un homme digne de foi, qu'on prenait quelquefois des tortues marines dans les Orcades [4]; et l'on doit présumer que les tortues franches peuvent non seulement vivre un certain nombre d'années à ces latitudes élevées, mais même y parvenir à tout leur développement [5]. Des tempêtes ou d'autres causes puissantes font aussi quelquefois descendre vers les zones tempérées et chassent des mers glaciales les énormes cétacés qui peuplent cet empire du froid; le hasard pourrait donc faire rencontrer ensemble les grandes tortues franches et ces immenses animaux [6]. L'on devrait voir avec intérêt sur la surface de l'antique Océan, d'un côté les tortues de mer, ces animaux accoutumés à être plongés dans les rayons ardents du soleil, souverain dominateur des contrées torrides, et de l'autre, les grands cétacés qui, relégués dans un séjour de glaces et de ténèbres, n'ont presque jamais reçu les douces influences du père de la lumière, et

1. *Troisième voyage du capitaine Cook*, traduction française, Paris, 1782, p. 269. Catesby rapporte qu'étant, le 20 avril 1725, à trente degrés de latitude et à peu près à une distance égale des îles Açores et de celles de Bahama, il vit harponner une tortue caouane, qui dormait sur la surface de la mer. *Histoire naturelle de la Caroline*, t. II, p. 40. M. de la Borde a vu beaucoup de tortues qui nageaient sur l'eau, à plus de trois cents lieues de terre. Note communiquée par M. de la Borde.

2. Voyez l'article de la caouane.

3. Note communiquée par M. de Touchy, de la Société royale de Montpellier.

4. Sibbald Prodomus, *Hist. naturalis*, Edimburgi, 1684.

5. M. Bomare a publié, dans son *Dictionnaire d'histoire naturelle*, une lettre qui lui fut adressée en 1771 par M. de Laborie, avocat au conseil supérieur du Cap, île Saint-Domingue, d'après laquelle il paraît qu'une tortue pêchée, en 1754, dans le pertuis d'Antioche, était la même qu'une tortue embarquée fort jeune à Saint-Domingue, en 1742, par M. de Laborie le père. Elle pesait alors près de vingt-cinq livres : elle s'échappa dans ce même pertuis d'Antioche, au moment où la tempête brisa le vaisseau qui l'avait apportée, et elle acheva de croître sur les côtes de France. *Dictionnaire d'histoire naturelle* de M. Valmont de Bomare, article des tortues de mer.

6. On a pris de grandes tortues auprès de l'embouchure de la Loire et un grand nombre de cachalots ont été jetés sur les côtes de la Bretagne, il n'y a que peu d'années.

au lieu des beaux jours de la nature, n'en ont presque jamais connu que les tempêtes et les horreurs.

On peut citer surtout à ce sujet deux exemples remarquables. En 1752, une tortue fut prise à Dieppe, où elle avait été jetée dans le port par une tourmente; elle pesait de huit à neuf cents livres et avait à peu près six pieds de long sur quatre pieds de largeur. Deux ans après, on pêcha, dans le pertuis d'Antioche, une tortue plus grande encore: elle avait huit pieds de long, elle pesait plus de huit cents livres, et comme ordinairement, dans les tortues, l'on doit compter le poids des couvertures pour près de la moitié du poids total[1], la chair de celle du pertuis d'Antioche devait peser plus de quatre cents livres. Elle fut portée à l'abbaye de Long-Veau, près de Vannes en Bretagne; la carapace avait cinq pieds de long.

Ce n'est que sur les rivages presque déserts, et par exemple sur une partie de ceux de l'Amérique, voisins de la ligne et baignés par la mer Pacifique, que les tortues franches peuvent en liberté parvenir à tout l'accroissement pour lequel la nature les a fait naître, et jouir en paix de la longue vie à laquelle elles ont été destinées.

Les animaux féroces ne sont donc pas les seuls qui, dans le voisinage de l'homme, ne peuvent ni croître ni se multiplier; ce roi de la nature, qui souvent en devient le tyran, non seulement repousse dans les déserts les espèces dangereuses, mais encore son insatiable avidité se tourne souvent contre elle-même et relègue sur les plages éloignées les espèces les plus utiles et les plus douces; au lieu d'augmenter ses jouissances, il les diminue, en détruisant inutilement dans des individus privés trop tôt de la vie la postérité nombreuse qui leur aurait dû le jour.

On devrait tâcher d'acclimater les tortues franches sur toutes les côtes tempérées où elles pourraient aller chercher dans les terres des endroits un peu sablonneux et élevés au-dessus des plus hautes vagues, pour y déposer leurs œufs et les y faire éclore. L'acquisition d'une espèce aussi féconde serait certainement une des plus utiles; et cette richesse réelle, qui se conserverait et se multiplierait d'elle-même, n'exciterait pas au moins les regrets de la philosophie, comme les richesses funestes arrachées avec tant de sueurs au sein des terres équatoriales.

Occupons-nous maintenant des diverses espèces de tortues qui habitent au milieu des mers comme la tortue franche, et qui lui sont assez analogues par leur forme, par leurs propriétés et par leurs habitudes, pour que nous puissions nous contenter d'indiquer les différences qui les distinguent.

---

1. Note communiquée par M. le chevalier de Widerspach.

LA TORTUE ÉCAILLE VERTE

Nous ne conservons pas à la tortue dont il est ici question le nom de *tortue verte*, qui lui a été donné par plusieurs voyageurs, parce qu'on l'a appliqué aussi à la tortue franche, et que nous ne saurions prendre trop de précautions pour éviter l'obscurité de la nomenclature; nous ne lui donnons pas non plus celui de tortue *amazone* qu'elle porte dans une grande partie de l'Amérique méridionale, et qui lui vient du grand fleuve des Amazones dont elle fréquente les bords[1], parce qu'il paraît que ce nom a été aussi employé pour une tortue qui n'est point de mer, et par conséquent qui est très différente de celle-ci. Mais nous la nommons *écaille verte*, à cause de la couleur de ses écailles, plus vertes en effet que celles des autres tortues; elles sont d'ailleurs très belles, très transparentes, très minces, et cependant propres à plusieurs ouvrages. La tête des tortues écaille verte est petite et arrondie. Elles ressemblent d'ailleurs aux tortues franches par leur forme et par leurs mœurs, elles ne deviennent pas cependant aussi grandes que ces dernières; et, en général, elles sont plus petites environ d'un quart[2]. On les rencontre en assez grand nombre dans la mer du Sud, auprès du cap Blanco, de la Nouvelle-Espagne[3]. Il paraît qu'on les trouve aussi dans le golfe du Mexique, et qu'elles habitent presque tous les rivages chauds du nouveau monde, tant en deçà qu'au delà de la ligne; mais on ne les a pas encore reconnues dans l'ancien continent. Leur chair est un aliment aussi délicat et peut-être aussi sain que celle des tortues franches, et il y a même des pays où on les préfère à ces dernières. Leurs œufs salés et séchés au soleil sont très bons à manger. M. de Bomare est le seul naturaliste qui ait indiqué cette espèce de tortue que nous n'avons pas vue, et dont nous ne parlons que d'après les voyageurs et les observations de M. le chevalier Widerspach.

---

1. La tortue écaille verte n'est pas la seule qui fréquente la grande rivière de l'Amazone. « Les tortues de l'Amazone sont fort recherchées à Cayenne, comme les plus délicates : ce fleuve en nourrit de diverses grandeurs et de diverses espèces en si grande abondance, que, seules avec leurs œufs, elles pourraient suffire à la nourriture des habitants de ses bords. » *Histoire générale des voyages*, t. LIII, p. 438, édit. in-12.

2. Note communiquée par M. le chevalier de Widerspach, correspondant du Cabinet du roi.

3. « J'ai remarqué qu'à Blanco, cap de la Nouvelle-Espagne dans la mer du Sud, les tortues vertes (l'espèce dont parle ici Dampier est celle que nous nommons écaille verte), qui sont les seules que l'on y trouve, sont plus grosses que toutes celles de la même mer. Elles y pèsent ordinairement deux cent quatre-vingts ou trois cents livres : le gras en est jaune, le maigre blanc et la chair extraordinairement douce. A Bocca Toro de Varragua, elles ne sont pas si grosses ; leur chair est moins blanche et leur gras moins jaune. Celles des baies de Honduras et de Campêche sont encore plus petites ; le gras en est vert et le maigre plus noir ; cependant un capitaine anglais en prit une à Port-Royal, dans la baie de Campêche, qui avait quatre pieds du dos au ventre et six pieds de ventre en largeur. Le gras produisit huit gallons d'huile qui reviennent à trente-cinq pintes de Paris. » Dampier, t. 1er, p. 113.

LA CAOUANE [1]

La Tortue Caouane, Cuv. — *Caretta Cephalo*, Merr. — *Testudo Mydas,* Linn., var. *a.* — *Testudo Caretta,* Schoepff.

La plupart des naturalistes qui ont décrit cette troisième espèce de tortue de mer lui ont donné le nom de caret; mais comme ce nom est appliqué depuis longtemps par les voyageurs à la tortue qui fournit les plus belles écailles, nous conserverons à celle dont il est ici question la dénomination de *caouane* sous laquelle elle est déjà très connue, et uniquement désignée par les naturels des contrées où on la trouve. Elle surpasse en grandeur la tortue franche [2], et elle en diffère d'une manière bien marquée par la grosseur de la tête, la grandeur de la gueule, l'allongement et la force de la mâchoire supérieure; le cou est épais et couvert d'une peau lâche, ridée et garnie de distance en distance d'écailles calleuses [3]; le corps est ovale, et la carapace plus large au milieu et plus étroite par derrière que dans les autres espèces [4]. Les bords de cette couverture sont garnis de lames, placées de manière à les faire paraître dentés comme une scie : le disque présente trois rangées longitudinales d'écailles; les pièces de la rangée du milieu se relèvent en bosse et finissent par derrière en pointe; la couverture supérieure paraît d'un jaune tacheté de noir, lorsque l'animal est dans l'eau [5]. Le plastron se termine du côté de l'anus par une sorte de bande un peu arrondie par le bout : il est garni communément de vingt-deux ou vingt-quatre écailles. La queue est courte; les pieds, qui sont couverts d'écailles épaisses et dont les doigts sont réunis par une membrane, ont une forme très allongée et ressemblent à des nageoires, ainsi que dans la tortue franche; ceux de devant sont plus longs, mais moins larges que ceux de derrière, et ce qui

1. *Le Caret.* M. Daubenton, Encyclopédie méthodique. — *Testudo Caretta,* Linn., *Amph. rept.* (Nous devons observer que la figure de Séba, indiquée pour cette tortue par Linné, ne représente pas la tortue *caret* de ce naturaliste, mais celle qu'il a désignée par l'épithète latine de *imbricata* et qui est notre caret). — *Testudo Cephalo, Hist. nat. des tortues,* par M. Schneider. — Rai. *Synopsis Quadrupedum,* p. 257. *Testudo marina, Caouana dicta.* — *The lodger head Turtle.* Browne, *Hist. nat. de la Jamaïque,* p. 465. *Testudo 3, unguibus utrinque binis acutis, squamis dorsi quinque gibbis.* — *Tortue caouane,* Rochefort, *Hist. des Antilles,* p. 248. — *Id.* Labat, p. 308. — *Kaouane,* Du Tertre, p. 228. — *Testudo marina, Caouana dicta.* Sloane, *Voyage aux îles Madère, Barbade,* etc., t. II, p. 331. — Catesby, *Car.,* t. II, p. 39. — *Testudo corticata vel corticosa.* Rondelet, *Hist. des poissons,* Lyon, 1558, p. 337. — *Canuaneros et Juruca,* aux Antilles. *Dictionnaire d'histoire naturelle,* par M. Valmont de Bomare.

2. Catesby, *Histoire naturelle de la Caroline,* t. II, p. 40. Note communiquée par M. le chevalier de Widerspach.

3. Browne, *Histoire naturelle de la Jamaïque,* p. 465.

4. Catesby, à l'endroit déjà cité.

5. Mémoires manuscrits, rédigés et communiqués par M. Fougeroux de Bondaroy, de l'Académie des sciences.

est un des caractères distinctifs de la *caouane*, c'est que les pieds de derrière, ainsi que ceux de devant, sont garnis de deux ongles aigus.

La caouane habite les contrées chaudes du nouveau continent, comme la tortue franche; mais elle paraît se plaire un peu plus vers le nord que cette dernière; on la trouve moins sur les côtes de la Jamaïque[1]; elle habite aussi dans l'ancien monde; on la trouve même très fréquemment dans la Méditerranée où on en fait des pêches abondantes, auprès de Cagliari en Sardaigne et de Castel-Sardo, vers le quarante et unième degré de latitude; elle y pèse souvent jusqu'à quatre cents livres (poids de Sardaigne)[2]. Rondelet, qui habitait le Languedoc, dit en avoir nourri une chez lui pendant quelque temps, apparemment dans quelque bassin. Elle avait été prise auprès des côtes de sa province; elle faisait entendre un petit son confus et jetait des espèces de soupirs semblables à ceux que l'on a attribués à la tortue franche[3].

Les lames ou écailles de la caouane sont presque de nulle valeur, quoique plus grandes que celles du caret dont on fait dans le commerce un si grand usage; on s'en servait cependant autrefois pour garnir des miroirs et d'autres grands meubles de luxe; mais maintenant on les rebute, parce qu'elles sont presque toujours gâtées par une espèce de gale. On a vu des caouanes[4] dont la carapace était couverte de mousse et de coquillages, et dont les plis de la peau étaient remplis de petits crustacés.

La caouane a l'air plus fier que les autres tortues : étant plus grande et ayant plus de force, elle est plus hardie; elle a besoin d'une nourriture plus substantielle, elle se contente moins de plantes marines, elle est même vorace, elle ose se jeter sur les jeunes crocodiles, qu'elle mutile facilement[5]. On assure que, pour attaquer avec plus d'avantage ces grands quadrupèdes ovipares, elle les attend dans le fond des creux, situés le long des rivages, où les crocodiles se retirent et où ils entrent à reculons, parce que la longueur de leur corps ne leur permettrait pas de se retourner; et elle les y saisit fortement par la queue, sans avoir rien à craindre de leurs dents[6].

Comme ses aliments, tirés en plus grande abondance du règne animal, sont moins purs et plus sujets à la décomposition que ceux de la tortue franche, et qu'elle avale sans choix des vers de mer, des mollasses[7], etc., sa chair s'en ressent : elle est huileuse, rance, filamenteuse, coriace et d'un mauvais goût de marine. L'odeur de musc, que la plupart des tortues répandent,

---

1. Browne, à l'endroit déjà cité.
2. *Histoire naturelle des amphibies et des poissons de Sardaigne*, par M. François Cetti. Sassari, 1777, p. 13.
3. Rondelet, *Histoire des poissons*, Lyon, 1558, p. 338.
4. Browne, à l'endroit déjà cité.
5. Mémoire de M. de la Coudrenière, *Journal de physique*, novembre 1782.
6. Note communiquée par M. Moreau de Saint-Méry, procureur général au conseil supérieur de Saint-Domingue.
7. Browne, à l'endroit déjà cité.

est exaltée dans la caouane [1], au point d'être fétide. Aussi cette tortue est-elle peu recherchée. Des navigateurs en ont cependant mangé sans peine [2] et l'ont trouvée très échauffante : on la sale aussi quelquefois, dit-on, pour l'usage des nègres [3], tant on s'est empressé de saisir toutes les ressources que la terre et la mer pouvaient offrir pour accroître le produit des travaux de ces infortunés. L'huile qu'on retire des caouanes est fort abondante ; elle ne peut être employée pour les aliments, parce qu'elle sent très mauvais ; mais elle est bonne à brûler ; elle sert aussi à préparer les cuirs et à enduire les vaisseaux qu'elle préserve, dit-on, des vers, peut-être à cause de la mauvaise odeur qu'elle répand.

La caouane n'est donc point si utile que la tortue franche : aussi a-t-elle été moins poursuivie, a-t-elle eu moins d'ennemis à craindre et est-elle répandue en plus grand nombre sur certaines mers. Naturellement plus vigoureuse que les autres tortues, elle voyage davantage ; on l'a rencontrée à plus de huit cents lieues de terre, ainsi que nous l'avons déjà rapporté. D'ailleurs, se nourrissant quelquefois de poissons, elle est moins attachée aux côtes où croissent les algues. Elle rompt avec facilité de grandes coquilles, de grands buccins, pour dévorer l'animal qui y est contenu ; et, suivant les pêcheurs de l'Amérique septentrionale, on trouve souvent de très grands coquillages, à demi brisés par la caouane [4].

Il est quelquefois dangereux de chercher à la prendre. Lorsqu'on s'approche d'elle pour la retourner, elle se défend avec ses pattes et sa gueule ; et il est très difficile de lui faire lâcher ce qu'elle a saisi avec ses mâchoires. Cette grande résistance qu'elle oppose à ceux qui veulent la prendre lui a fait attribuer une sorte de méchanceté : on lui a reproché, pour ainsi dire, une juste défense ; on a condamné l'usage qu'elle fait de ses armes pour sauver sa vie ; mais ce n'est pas la première fois que le plus fort a fait un crime au plus faible de ce qui a retardé ses jouissances ou mêlé quelques dangers à sa poursuite.

Suivant Catesby on a donné le nom de *coffre* à une tortue marine assez rare, qui devient extrêmement grande, qui est étroite, mais fort épaisse et dont la couverture supérieure est beaucoup plus convexe que celle des autres tortues marines [5]. C'est certainement la même que la tortue dont Dampier [6] fait sa première espèce, et que ce voyageur appelle *grosse tortue*, tortue à *bahut* ou *coffre*. Toutes deux sont plus grosses que les autres tortues de mer, ont la carapace plus relevée, sont de mauvais goût et répandent une odeur désagréable, mais fournissent une grande quantité d'huile bonne à

1. Note communiquée par M. le chevalier de Widerspach.
2. Browne, *Histoire naturelle de la Jamaïque*, p. 166.
3. *Nouveaux Voyages aux îles de l'Amérique*, t. Ier, p. 308.
4. Catesby, t. II, p. 40.
5. *Testudo arcuata*, tortue appelée *coffre*. Catesby, t. II, p. 40.
6. *Histoire générale des voyages*, t. XLVIII, p. 344 et suiv.

brûler. Nous les plaçons à la suite des caouanes, auxquelles elles nous paraissent appartenir, jusqu'à ce que de nouvelles observations nous obligent à les en séparer.

LA TORTUE NASICORNE [1]

Caretta nasicornis, MERR. — *Testudo Caretta*, LINN. — *Testudo imbricata*, SCHOEPFF. — *Testudo caouana*, DAUD.

Les naturalistes ont confondu cette espèce avec la caouane, quoiqu'il soit bien aisé de la distinguer par un caractère assez saillant, qui manque aux véritables caouanes, et dont nous avons tiré le nom que nous lui donnons ici. C'est un tubercule d'une substance molle, qui s'élève au-dessus du museau, et dans lequel les narines sont placées. La nasicorne se trouve dans les mers du nouveau continent, voisines de l'équateur; nous manquons d'observations pour parler plus en détail de cette nouvelle espèce de tortue; mais nous nous regardons comme très fondés à la séparer de la caouane, avec laquelle elle a même moins de rapports qu'avec la tortue franche, suivant un des correspondants du Cabinet du roi[2]. On la mange comme cette dernière, tandis qu'on ne se nourrit presque point de la chair de la caouane. Nous invitons les voyageurs à s'occuper de cette tortue, qui pourrait être la *tortue bâtarde* des pêcheurs d'Amérique, ainsi qu'à observer celles qui ne sont pas encore connues; il est d'autant plus important d'examiner les diverses espèces de ces animaux que, quoiqu'elles ne soient distinguées à l'extérieur que par un très petit nombre de caractères, il paraît qu'elles ne se mêlent point ensemble, et que par conséquent elles sont très différentes les unes des autres[3].

LE CARET [4]

Caretta imbricata, MERR. — *Testudo imbricata*, LINN., SCHOEPFF.

Le philosophe mettra toujours au premier rang la tortue franche, comme celle qui fournit la nourriture la plus agréable et la plus salutaire; mais ceux

1. C'est à cette tortue qu'il faut rapporter celle qui est décrite dans Gronovius, Mus. 2, p. 85, n° 69, et que Linné a regardée comme étant la même que sa tortue caret, qui est notre caouane. Cette tortue de Gronovius a au dessus du museau le tubercule qui distingue la nasicorne.

2. M. le chevalier de Widerspach.

3. Note communiquée par M. le chevalier de Widerspach.

4. La Tuilée. M. Daubenton; Encyclopédie méthodique. — *Testudo imbricata*, 2. Linn., *Amph. reptilia.* — Tortue caret. Rochefort. — *Testudo imbricata*, *Hist. natur. des Tortues*, par M. Jean Schneider. — *Testudo caretta*. Catesby, *Histoire naturelle de la Caroline*, t. II, p. 39. — Gronov. Zooph. 72. — Rai, *Synopsis animalium quadrupedum*, p. 258. *Testudo caretta dicta.* — Bont. jav. 82, *Testudo squamata?* — *The hawk's-bill Turtle. Testudo 1 major unguibus utrinque quatuor.* Browne, *Histoire naturelle de la Jamaïque*, Londres, 1756, p. 465. — Séba, mus. 1,

qui ne recherchent que ce qui brille préféreront la tortue à laquelle nous conservons le nom de *caret*, qui lui est généralement donné dans les pays qu'elle habite ; c'est principalement cette tortue que l'on voit revêtue de ces belles écailles qui, dès les siècles les plus reculés, ont décoré les palais les plus somptueux. Effacées dans des temps plus modernes par l'éclat de l'or et par le feu que la taille a donné aux pierres dures et transparentes, on ne les emploie presque plus qu'à orner les bijoux simples, mais élégants de ceux dont la fortune est plus bornée, et peut-être le goût plus pur. Si elles servent quelquefois à parer la beauté, elles sont cachées par des ornements plus éblouissants ou plus recherchés qu'on leur préfère, et dont elles ne sont que les supports. Mais si les écailles de la tortue caret ont perdu de leur valeur par leur comparaison avec des substances plus éclatantes, et parce que la découverte du nouveau monde en a répandu une grande quantité dans l'ancien, leur usage est devenu plus général ; on s'en sert d'autant plus qu'elles coûtent moins ; combien de bijoux et de petits ouvrages ne sont point garnis de ces écailles que tout le monde connaît, et qui réunissent à une demi-transparence l'éclat de certains cristaux colorés, et une souplesse que l'on a essayé en vain de donner au verre !

Il est aisé de reconnaître la tortue caret au luisant des écailles placées sur sa carapace, et surtout à la manière dont elles sont disposées. Elles se recouvrent comme les ardoises qui sont sur nos toits ; elles sont d'ailleurs communément au nombre de treize sur le disque, elles y sont placées sur trois rangs, comme dans la tortue franche ; le bord de la carapace, qui est beaucoup plus étroit que dans la plupart des tortues de mer, est garni ordinairement de vingt-cinq lames.

La couverture supérieure, arrondie par le haut et pointue par le bas, a presque la forme d'un cœur ; le caret est d'ailleurs distingué des autres tortues marines par sa tête et son cou, qui sont beaucoup plus longs que dans les autres espèces ; la mâchoire supérieure avance assez sur l'inférieure, pour que le museau ait une sorte de ressemblance avec le bec d'un oiseau de proie ; et c'est ce qui l'a fait appeler par les Anglais *bec à faucon* [1]. Ce nom a un peu servi à obscurcir l'histoire des tortues ; lorsque les naturalistes ont transporté celui de *caret* à la caouane, ils n'en ont point séparé le nom de *bec à faucon*, qu'ils lui ont aussi appliqué [2] ; et, en histoire naturelle, lorsque les noms sont les mêmes, on n'est que trop porté à croire que les objets se ressemblent. On rencontre le caret, ainsi que la plupart des autres tortues, dans les contrées chaudes de l'Amérique [3] ; mais on la trouve aussi

---

tab. 80, fig. 9. — *Testudo caretta*, Sloane. *Voyage aux îles Madère, Barbade*, etc.. t. II. — Caret. *Du Tertre*, t. II, p. 229, n° 24. — Caret. *Labat*, p. 315. — Caret, *Dictionnaire d'histoire naturelle*, par M. Valmont de Bomare.

1 Catesby, *Histoire naturelle de la Caroline*, t. II, p. 39.

2. Browne, à l'endroit déjà cité.

3. Suivant Dampier, on n'en voit point dans la mer du Sud.

dans les mers de l'Asie. C'est de ces dernières qu'on apportait sans doute les écailles fines dont se servaient les anciens, même avant le temps de Pline, et que les Romains devaient d'autant plus estimer, qu'elles étaient plus rares et venaient de plus loin ; car il semble qu'ils n'attachaient de valeur qu'à ce qui était pour eux le signe d'une plus grande puissance et d'une domination plus étendue.

Le caret n'est point aussi grand que la tortue franche ; ses pieds ont également la forme de nageoires et sont quelquefois garnis chacun de quatre ongles. La saison de sa ponte est communément, dans l'Amérique septentrionale, en mai, juin et juillet ; il ne dépose pas ses œufs dans le sable, mais dans un gravier mêlé de petits cailloux ; ces œufs sont plus délicats que ceux des autres espèces de tortues, mais sa chair n'est point du tout agréable. Elle a même, dit-on, une forte vertu purgative [1] ; elle cause des vomissements violents ; ceux qui en ont mangé sont bientôt couverts de petites tumeurs et attaqués d'une fièvre violente, mais qui est une crise salutaire lorsqu'ils ont assez de vigueur pour résister à l'activité du remède. Au reste, Dampier prétend que les bonnes ou mauvaises qualités de la chair de la tortue caret dépendent de l'aliment qu'elle prend, et par conséquent très souvent du lieu qu'il habite.

Le caret, quoique plus petit de beaucoup que la tortue franche, doit avoir plus de force, puisqu'on l'a cru plus méchant ; il se défend avec plus d'avantage lorsqu'on cherche à le prendre. Ses morsures sont vives et douloureuses, sa couverture supérieure est plus bombée et ses pattes de devant sont, en proportion de sa grandeur, plus longues que celles des autres tortues de mer. Aussi, lorsqu'il a été renversé sur le dos, peut-il, en se balançant, s'incliner assez d'un côté ou de l'autre, pour que ses pieds saisissent la terre, qu'il se retourne, et qu'il se remette sur ses quatre pattes.

Les belles écailles qui recouvrent sa carapace pèsent ordinairement toutes ensemble de trois à quatre livres [2], quelquefois même de sept à huit [3]. On estime le plus celles qui sont épaisses, claires, transparentes, d'un jaune doré, et jaspées de rouge et de blanc, ou d'un brun presque noir [4]. Lorsqu'on veut les façonner, on les ramollit dans de l'eau chaude, et on les met dans un moule dont on leur fait prendre aisément la forme, à l'aide d'une forte presse de fer ; on les polit ensuite, et on y ajoute les ciselures d'or et d'argent, et les autres ornements étrangers avec lesquels on veut en relever les couleurs.

On prétend que, dans certaines contrées, et particulièrement sur les côtes orientales et humides de l'Amérique méridionale, le caret se plaît

1. Dampier, t. Iᵉʳ.
2. Idem.
3. Rai, Synopsis quadrupedum, p. 258.
4. Mémoires manuscrits, rédigés et communiqués par M. de Fougeroux.

moins dans la mer que dans les terres noyées, où il trouve apparemment une nourriture plus abondante ou plus convenable à ses goûts [1].

LE LUTH [2]

Sphargis mercurialis, MERR. — *Testudo coriacea*, LINN., SCHOEPFF, SCHN.

La plupart des tortues marines dont nous avons parlé ne s'éloignent pas beaucoup des régions équatoriales; la caouane n'est cependant pas la seule que l'on trouve dans une des mers qui baignent nos contrées; on rencontre aussi dans la Méditerranée une espèce de ces quadrupèdes ovipares, qui surpasse même quelquefois par sa longueur les plus grandes tortues franches. On la nomme le luth; elle fréquente de préférence, au moins dans le temps de la ponte, les rivages déserts et en partie sablonneux, qui avoisinent les États barbaresques; elle s'avance peu dans la mer Adriatique, et si elle parvient rarement jusqu'à la mer Noire, c'est qu'elle doit craindre le froid des latitudes élevées. Elle est distinguée de toutes les autres tortues, tant marines que terrestres, en ce qu'elle n'a point de plastron apparent. Sa carapace est placée sur son dos comme une sorte de grande cuirasse; mais elle ne s'étend pas assez par devant et par derrière pour que la tortue puisse mettre sa tête, ses pattes et sa queue à couvert sous cette sorte d'arme défensive. La tortue luth paraît se rapprocher par là des crocodiles et des autres grands quadrupèdes ovipares qui peuplent les rivages des mers. La couverture supérieure est convexe, arrondie dans une partie de son contour, mais terminée par derrière en pointe si aiguë et si allongée, qu'on croirait voir une seconde queue placée au-dessus de la véritable queue de l'animal; quelques naturalistes ont compté sept arêtes, parce qu'ils ont compris dans ce nombre les deux lignes qui terminent la carapace de chaque côté. Cette couverture supérieure n'est point garnie d'écailles comme dans les autres tortues marines; mais cette espèce de cuirasse, ainsi que tout le corps, la tête, les pattes et la queue, est revêtue d'une peau épaisse, qui, par sa consistance et sa couleur, ressemble à un cuir dur et noir. Aussi Linné a-t-il appelé la tortue luth, la *tortue couverte de cuir*, et a-t-elle plus de rapport que les autres tortues marines avec les lamantins et les phoques dont les pieds sont recouverts d'une peau noirâtre et dure; le dessous du corps est aplati; les

---

1. Note communiquée par M. le chevalier de Widerspach, correspondant du Cabinet du roi. « On dit que les tortues caret se nourrissent principalement d'une espèce de *fungus* que les Américains nomment *oreille de juif*. » Catesby, à l'endroit déjà cité.

2. En latin, *lyra*. — Rat de mer et tortue à clin, par les pêcheurs de plusieurs contrées. — Tortue luth. M. Daubenton, Encyclopédie méthodique. — *Testudo coriacea*. 1. Linn., *Amphibia reptilia*. — Tortue couverte comme de cuir, ou tortue mercuriale. Rondelet, *Histoire des poissons*. Lyon, 1558. — *Testudo coriacea*. Vandell. ad. Linn., Patav. 1761. 4. — *Testudo coriacea*, *Histoire naturelle des tortues*, par M. Schneider.

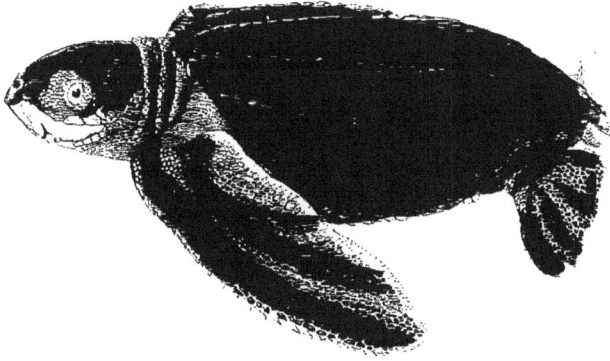

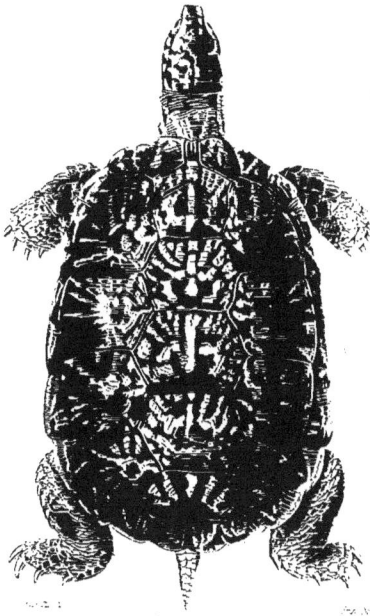

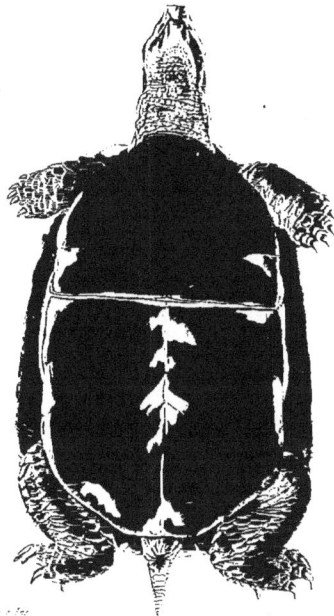

1 LE LUTH   2 LA TORTUE A BOITE

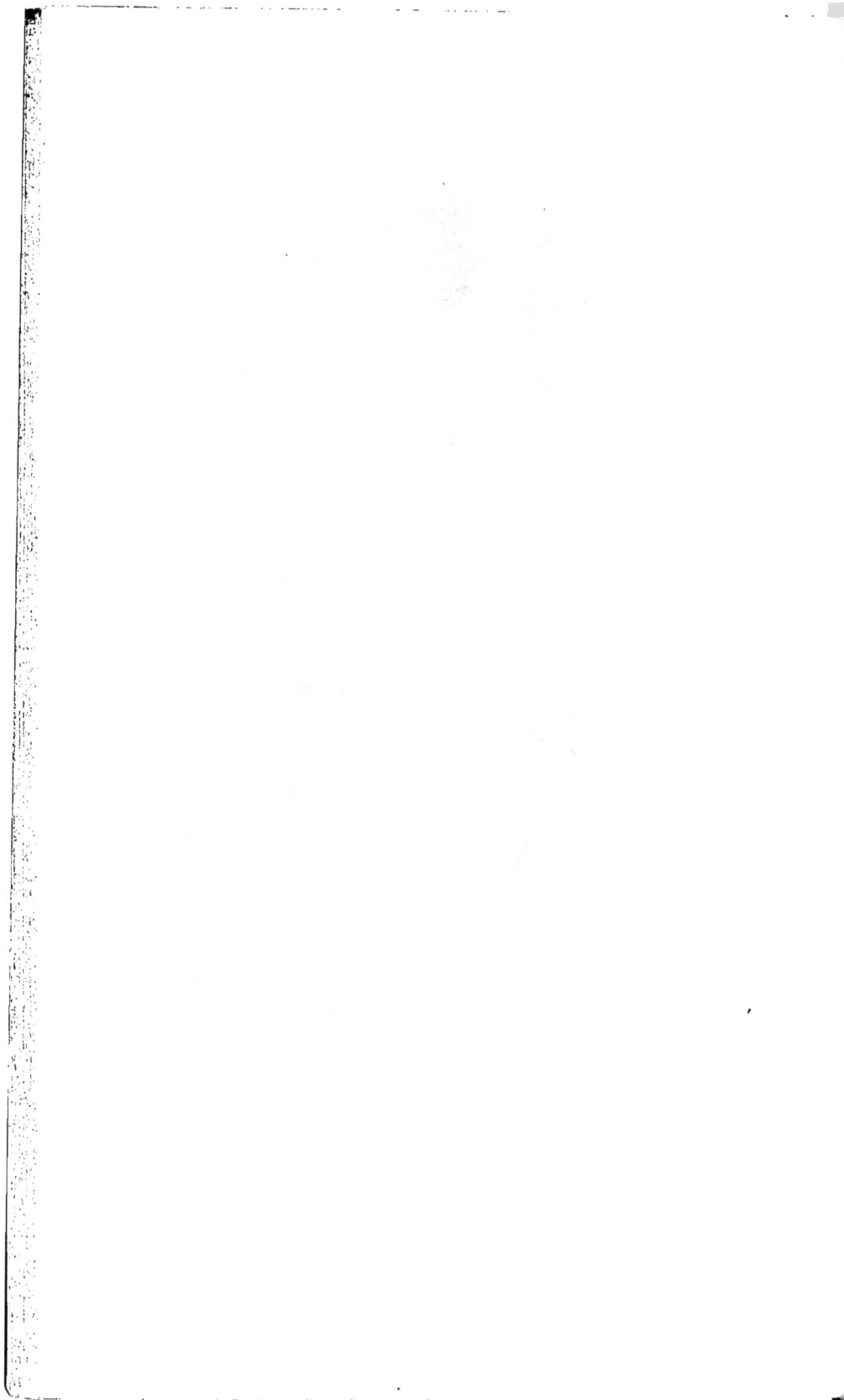

pattes ou plutôt les nageoires de la tortue luth sont dépourvues d'ongles, suivant la plupart des naturalistes ; mais j'ai remarqué une membrane en forme d'ongle aux pattes de derrière de celle que l'on conserve dans le Cabinet du roi ; la partie supérieure du museau est fendue de manière à recevoir la partie inférieure qui est recourbée en haut. Rondelet dit avoir vu une tortue de cette espèce prise à Frontignan, sur les côtes du Languedoc, longue de *cinq coudées*, large de deux, et dont on retira une grande quantité de graisse ou d'huile bonne à brûler[1]. M. Amoureux fils, de la Société royale de Montpellier, a donné la description d'une tortue de cette espèce, péchée au port de Cette en Languedoc, et dont la longueur totale était de sept pieds cinq pouces[2]. Celle qui a servi à notre description, et dont nous rapportons les dimensions[3], est à peu près de la même grandeur.

Les tortues luth n'habitent pas seulement dans la Méditerranée ; on les trouve aussi sur les côtes du Pérou, du Mexique et sur la plupart de celles d'Afrique, qui sont situées dans la zone torride[4] : il paraît qu'elles s'avancent vers les hautes latitudes de notre hémisphère, au moins pendant les grandes chaleurs. Le 4 août de l'année 1729, on prit, à treize lieues de Nantes, au nord de l'embouchure de la Loire, une tortue qui avait sept pieds un pouce de long, trois pieds sept pouces de large et deux pieds d'épaisseur. M. de la Font, ingénieur en chef à Nantes, en envoya une description à M. de Mairan ; tous les caractères qui y sont rapportés sont entièrement conformes à ceux de la tortue luth, conservée au Cabinet du roi ; à la vérité, il y est parlé de dents, qui ne se trouvent dans aucune tortue connue ; mais il est aisé de prendre pour des dents les grandes éminences formées par les échancrures profondes des deux mâchoires de la tortue luth ; d'ailleurs, la forme et la position de ces éminences répondent à celles des prétendues dents de la tortue péchée auprès de Nantes. Cette dernière tortue luth poussait d'horribles cris, suivant M. de la Font, quand on lui cassa la tête à coups de cro-

1. Rondelet, à l'endroit déjà cité.
2. *Journal de physique*, 1778.
3. Dimensions d'une tortue Luth :

	Pieds	Pouces	Lignes
Longueur totale............................	7	3	2
Grosseur...................................	7	0	1
Épaisseur..................................	1	8	0
Longueur de la carapace...	4	8	2
Largeur de la carapace.....................	4	4	0
Longueur du cou et de la tête.............	1	5	0
Longueur des mâchoires....................	0	8	6
Grosseur du cou...........................	2	11	0
Grand diamètre des yeux..................	0	2	0
Longueur des pattes de devant............	3	1	0
Grosseur des pattes de devant............	1	11	6
Longueur des pattes de derrière...........	1	6	0
Grosseur des pattes de derrière...........	1	7	10
Longueur de la queue......................	1	1	0

4. Mémoires manuscrits, rédigés par M. Fougeroux.

chet de fer ; ses hurlements auraient pu être entendus à un quart de lieue ;
et sa gueule, écumante de rage, exhalait une vapeur très puante [1].

En 1756, un peu après le milieu de l'été, on prit aussi une assez grande
tortue luth, sur les côtes de Cornouaille, en Angleterre [2]. M. Pennant a donné
dans les *Transactions philosophiques* la description et la figure d'une très
petite tortue marine de trois pouces trois lignes de long sur un pouce et
demi de large. Il est évident, d'après la figure et la description, que cette
très jeune tortue était de l'espèce du luth et avait été prise peu de temps
après sa sortie de l'œuf, ainsi que le soupçonne M. Pennant. Ce naturaliste
avait vu cette tortue chez un marchand de Londres, qui ignorait d'où on
l'avait apportée [3].

La tortue *luth* est une de celles que les anciens Grecs ont le mieux connues, parce qu'elle habitait leur patrie : tout le monde sait que dans les contrées de la Grèce, ou dans les autres pays situés sur les bords de la Méditerranée, la carapace d'une grande tortue fut employée par les inventeurs de
la musique comme un corps d'instrument, sur lequel ils attachèrent des
cordes de boyau ou de métal. On a écrit qu'ils choisirent la couverture d'une
tortue *luth*, et telle fut la première lyre grossière qui servit à faire goûter
à des peuples peu civilisés encore le charme d'un art dont ils devaient tant
accroître la puissance. Aussi la tortue *luth* a-t-elle été, pour ainsi dire, consacrée à Mercure, que l'on a regardé comme l'inventeur de la lyre. Les modernes l'ont même souvent, à l'exemple des anciens, appelée *lyre*, ainsi que
luth; et il convenait que son nom rappelât le noble et brillant usage que l'on
fit de son bouclier dans les premiers âges des belles régions baignées par
les eaux de la Méditerranée.

1. Histoire de l'Académie des sciences, année 1729.
2. *Zoologie britannique.* Londres, 1776, t. II.
3. *Transactions philosophiques*, année 1771, t. LXI.

TORTUES D'EAU DOUCE ET DE TERRE

LA BOURBEUSE[1]

Testudo (Emys) lutaria, var. *b.* MERR, FITZ. — *Testudo lutaria,* DAUD.
— *Testudo europæa,* SCHNEID., SCHŒPFF.

Les différentes tortues dont nous avons déjà écrit l'histoire, non seulement vivent au milieu des eaux salées de la mer, mais recherchent encore
l'eau douce des fleuves qui s'y jettent; elles vont aussi quelquefois à terre, soit
pour y déposer leurs œufs, soit pour y paître les plantes qui y croissent. On
ne peut donc pas les regarder comme entièrement reléguées au milieu des
grandes eaux de l'Océan ; de même on doit dire qu'aucune des tortues dont
il nous reste à parler n'habite exclusivement l'eau douce ou les terrains
élevés. Toutes peuvent vivre sur la terre, toutes peuvent demeurer pendant
plus ou moins de temps au milieu de l'onde douce ou de l'onde amère, et
l'on ne doit entendre ce que nous avons dit de la demeure des tortues de mer,
et ce que nous ajouterons de celles des tortues d'eau douce et des tortues de
terre, que comme l'indication du séjour qu'elles préfèrent, plutôt que d'une
habitation exclusive. Tout ce qu'on peut assurer relativement à ces trois
familles de tortues, c'est que le plus souvent on trouve la première au milieu des eaux salées, la seconde au milieu des eaux douces, la troisième sur
les hauteurs ou dans les bois; et leur habitation particulière a été déterminée
par leur conformation tant intérieure qu'extérieure, ainsi que par la différence de la nourriture qu'elles recherchent et qu'elles ne peuvent trouver
que sur la terre, dans les fleuves ou dans la mer.

La bourbeuse est une des tortues que l'on rencontre le plus souvent au
milieu des eaux douces; elle est beaucoup plus petite qu'aucune tortue
marine, puisque sa longueur, depuis le bout du museau jusqu'à l'extrémité de la queue, n'excède pas ordinairement sept ou huit pouces, et sa
largeur trois ou quatre. Elle est aussi beaucoup plus petite que la tortue
terrestre, appelée la grecque ; communément le tour de la carapace est

----

1. En latin, *mus aquatilis.* — En japonais, *jogame,* ou *doogame,* ou *doocame.* — La Bour-
beuse. M. Daubenton, Encyclopédie méthodique. — *Testudo lutaria,* 7. Linn., *Amphib. rept.*
— Rai, *Synopsis quadrupedum,* p. 254. *Testudo aquarum dulcium, seu lutaria.* — Rondelet,
Histoire des poissons. Lyon, 1558, seconde partie, p. 170. — *Testudo lutaria,* 9. Schneider.

garni de vingt-cinq lames, bordées de stries légères ; le disque l'est de treize lames striées de même, faiblement pointillées dans le centre, et dont les cinq de la rangée du milieu se relèvent en arête longitudinale. Cette couverture supérieure est noirâtre et plus ou moins foncée.

La partie postérieure du plastron est terminée par une ligne droite ; la couleur générale de la peau de cette tortue tire sur le noir, ainsi que celle de la carapace ; les doigts sont très distincts l'un de l'autre, mais réunis par une membrane ; il y en a cinq aux pieds de devant et quatre aux pieds de derrière. Le doigt extérieur de chaque pied de devant est communément sans ongle ; la queue est à peu près longue comme la moitié de la couverture supérieure ; au lieu de la replier sous sa carapace, ainsi que la plupart des tortues de terre, la bourbeuse la tient étendue lorsqu'elle marche[1] ; et c'est de là que lui vient le nom de *rat aquatique, mus aquatilis,* que les anciens lui ont donné[2] ; lorsqu'on la voit marcher, on croirait avoir devant les yeux un lézard dont le corps serait caché sous un bouclier plus ou moins étendu. Ainsi que les autres tortues, elle fait entendre quelquefois un sifflement entrecoupé.

On la trouve non seulement dans les climats tempérés et chauds de l'Europe[3], mais encore en Asie, au Japon[4], dans les grandes Indes, etc. On la rencontre à des latitudes beaucoup plus élevées que les tortues de mer, on l'a pêchée quelquefois dans les rivières de la Silésie ; mais cependant elle ne supporterait que très difficilement un climat très rigoureux, et du moins elle ne pourrait pas y multiplier. Elle s'engourdit pendant l'hiver, même dans les pays tempérés. C'est à terre qu'elle demeure pendant sa torpeur : dans le Languedoc, elle commence vers la fin de l'automne à préparer sa retraite ; elle creuse pour cela un trou, ordinairement de six pouces de profondeur ; elle emploie plus d'un mois à cet ouvrage. Il arrive souvent qu'elle passe l'hiver sans être entièrement cachée, parce que la terre ne retombe pas toujours sur elle, lorsqu'elle s'est placée au fond de son trou. Dès les premiers jours du printemps, elle change d'asile ; elle passe alors la plus grande partie du temps dans l'eau, elle s'y tient souvent à la surface, et surtout lorsqu'il fait chaud, et que le soleil luit. Dans l'été, elle est presque toujours à terre. Elle multiplie beaucoup dans plusieurs endroits aquatiques du Languedoc, ainsi qu'auprès du Rhône, dans les marais d'Arles et dans plusieurs endroits de la Provence[5]. M. le président de la Tour d'Aygue, dont les lumières et le goût pour les sciences naturelles sont connus, a bien voulu m'apprendre qu'on trouva une si grande quantité de tortues bour-

1. *Histoire naturelle des amphibies et des poissons de la Sardaigne,* p. 12.
2. Rondelet, à l'endroit déjà cité.
3. Elle est en très grand nombre dans toutes les rivières de la Sardaigne. *Histoire naturelle des amphibies et des poissons de ce royaume,* par M. François Cetti. A Sassari, 1777, p. 12.
4. *Histoire générale des voyages,* t. XL, p. 382, édition in-12.
5. Ces faits m'ont été communiqués par M. de Touchy, de la Société royale de Montpellier.

beuses dans un marais d'une demi-lieue de surface, situé dans la plaine de la Durance, que ces animaux suffirent pendant plus de trois mois à la nourriture des paysans des environs.

Ce n'est qu'à terre que la bourbeuse pond ses œufs; elle les dépose, comme les tortues de mer, dans un trou qu'elle creuse, et elle les recouvre de terre ou de sable; la coque en est moins molle que celle des œufs des tortues franches, et leur couleur est moins uniforme. Lorsque les petites tortues sont écloses, elles n'ont quelquefois que six lignes ou environ de largeur[1]. La bourbeuse ayant les doigts des pieds plus séparés et une charge moins pesante que la plupart des tortues, et surtout que la tortue terrestre appelée la *grecque*, il n'est pas bien surprenant qu'elle marche avec moins de lenteur lorsqu'elle est à terre et que le terrain est uni.

Les bourbeuses, ou les tortues d'eau douce proprement dites, croissent pendant très longtemps ainsi que les tortues de mer; mais le temps qu'il leur faut pour atteindre à leur entier développement est moindre que celui qui est nécessaire aux tortues franches, attendu qu'elles sont plus petites; aussi ne vivent-elles pas si longtemps. On a cependant observé que lorsqu'elles n'éprouvent point d'accidents, elles parviennent jusqu'à l'âge de quatre-vingts ans et plus; ce grand nombre d'années ne prouve-t-il pas la longue vie que nous avons cru devoir attribuer aux grandes tortues de mer?

Le goût que la tortue d'eau douce a pour les limaçons, pour les vers et pour les insectes dépourvus d'ailes qui habitent les rives qu'elle fréquente, ou qui vivent sur la surface des eaux, l'a rendue utile dans les jardins, qu'elle délivre d'animaux nuisibles, sans y causer aucun dommage. On la recherche d'ailleurs à cause de l'usage qu'on en fait en médecine, ainsi que de quelques autres tortues : elle devient comme domestique; on la conserve dans des bassins pleins d'eau, sur les bords desquels on a soin de mettre une planche qui s'étende jusqu'au fond quand ces mêmes bords sont trop escarpés, afin qu'elle puisse sortir de sa retraite et aller chercher sa petite proie. Lorsque l'on peut craindre qu'elle ne trouve pas une nourriture assez abondante, on y supplée par du son et de la farine. Au reste, elle peut, comme les autres quadrupèdes ovipares, vivre pendant longtemps sans prendre aucun aliment, et même quelque temps après avoir été privée d'une des parties du corps qui paraissent le plus essentielles à la vie, après avoir eu la tête coupée[2].

Autant on doit la multiplier dans les jardins que l'on veut garantir des insectes voraces, autant on doit l'empêcher de pénétrer dans les étangs et dans les autres endroits habités par les poissons. Elle attaque même, dit-on, ceux qui sont d'une certaine grosseur; elle les saisit sous le ventre, elle les y mord et leur fait des blessures assez profondes pour qu'ils perdent leur

---

1. Note communiquée par M. le président de la Tour d'Aygue.
2. Rai, *Synopsis animalium.* Londres, 1693, p. 254.

sang et s'affaiblissent bientôt; elle les entraîne alors au fond de l'eau et elle les y dévore avec tant d'avidité, qu'elle n'en laisse que les arêtes et quelques parties cartilagineuses de la tête. Elle rejette aussi quelquefois leur vessie aérienne, qui s'élève à la surface de l'eau, et par le moyen des vessies à air que l'on voit nager sur les étangs, l'on peut juger que le fond est habité par des tortues bourbeuses.

LA RONDE[1]

Testudo (Emys) lutaria, Mehr. — *Testudo europœa,* Schneid., Schoepff.
— *Testudo lutaria,* Daud. — *Testudo orbicularis,* Linn.

C'est dans l'Europe méridionale, suivant M. Linné, que l'on trouve cette tortue; sa carapace est presque entièrement ronde, et c'est ce qui lui a fait donner le nom d'*orbiculaire.* Les bords de cette carapace sont recouverts de vingt-trois lames, dans deux individus conservés au Cabinet du roi, et le disque l'est de treize. Ces lames sont très unies, et leur couleur, assez claire, est semée de très petites taches rousses, plus ou moins foncées. Le plastron est échancré par derrière et recouvert de douze lames. Le museau se termine par une pointe forte et aiguë, en forme de très petite corne. La queue est très courte. Les pieds sont ramassés, arrondis, et les doigts, réunis par une membrane commune, ne sont, en quelque sorte, sensibles que par des ongles assez forts et assez longs. Ces ongles sont au nombre de cinq dans les pieds de devant et de quatre dans les pieds de derrière. La tortue ronde habite de préférence au milieu des rivières et des marais, et ses habitudes doivent ressembler plus ou moins à celles de la bourbeuse, suivant le plus ou moins d'égalité de leurs forces.

On rencontre les tortues rondes, non seulement dans les pays méridionaux de l'Europe, mais encore en Prusse[2]; les paysans de ce royaume les prennent et les gardent dans des vaisseaux qui contiennent la nourriture destinée à leurs cochons; ils pensent que ces derniers animaux s'en portent mieux et en engraissent davantage. Les tortues rondes vivent quelquefois plus de deux ans dans cette sorte d'habitation extraordinaire[3].

Il se pourrait que la ronde parvînt à une grandeur un peu considérable, malgré la petite taille des deux individus que nous avons décrits, et qui n'ont pas plus de trois pouces neuf lignes de longueur totale sur deux pouces cinq lignes de largeur, parce que ces deux petites tortues présentent tous les signes du premier âge et d'un développement très peu avancé. Si

1. La Ronde. M. Daubenton, Encyclopédie méthodique. — *Testudo orbicularis,* 5. Linn., *Amphib. rep.* — *Testudo europœa,* 5. Schneider.
2. *Ichtyologia, cum amphibiis regni Borussici methodo linnœana, disposita a Jehan. Chrystoph. Wulff.*
3. Wulff, ouvrage déjà cité.

cela était, nous serions tentés de la regarder comme une variété de la terrapène, dont nous allons parler. Mais, jusqu'à ce que nous ayons recueilli un plus grand nombre d'observations, nous les séparerons l'une de l'autre.

Les petites tortues rondes que nous avons examinées nous ont présenté un fait intéressant : les avant-dernières pièces de leur plastron étaient séparées et laissaient passer la peau nue du ventre, qui formait une espèce de poche ou de gonflement plus considérable dans l'une que dans l'autre, et au milieu duquel on distinguait, dans une surtout, l'origine du cordon ombilical. Nous invitons les naturalistes à remarquer si, dans les autres espèces, les très jeunes tortues présentent cette scissure du plastron et cette marque d'un âge peu avancé. L'on a observé dans le crocodile et dans quelques lézards un fait analogue que l'on retrouvera peut-être dans un très grand nombre de quadrupèdes ovipares.

LA TERRAPÈNE [1]

Testudo (Emys) centrata? Merr. — *Testudo centrata,* Latr., Daud.
— *Testudo concentrica,* Shaw.

Nous conservons à cette tortue de marais ou d'eau douce le nom de *terrapène,* qui lui a été donné par Browne. On la trouve aux Antilles, et particulièrement à la Jamaïque ; elle y est très commune dans les lacs et dans les marais où elle habite parmi les plantes aquatiques qui y croissent. Son corps, dit Browne, est en général ovale et comprimé ; sa longueur excède quelquefois huit ou neuf pouces. Sa chair est regardée comme un mets aussi sain que délicat [2].

Il paraît que cette tortue est la même que celle que Dampier a cru devoir nommer *hécate.* Suivant ce voyageur, cette dernière aime en effet l'eau douce ; elle cherche les étangs et les lacs d'où elle va rarement à terre. Son poids est de douze ou quinze livres. Elle a les pattes courtes, les pieds plats, le cou long et menu. Sa chair est un fort bon aliment [3]. Tous ces caractères semblent convenir à la terrapène.

LA SERPENTINE [4]

Testudo (Emys) serpentina, Merr. — *Testudo serpentina,* Schneid., Schœpff.

Il est aisé de distinguer cette tortue de toutes les autres, par la longueur de sa queue, qui égale presque celle de la carapace. Cette couverture supé-

---

1. The Terrapin, *Testudo quarta minima lacustris, unguibus palmarum quinis, plantarum quaternis, testa depressa.* Browne, *Histoire naturelle de la Jamaïque,* p. 466.
2. Browne, à l'endroit déjà cité.
3. Dampier, t. Ier.
4. La tortue serpentine. M. Daubenton, Encyclopédie méthodique. *Testudo serpentina,* 15. Linn., *Amphib. rept.* — *Testudo serpentina,* 8. Schneider.

rieure est un peu relevée en arête longitudinale et comme découpée par derrière en cinq pointes aiguës. Les doigts de pieds sont peu séparés les uns des autres. La serpentine habite au milieu des eaux douces de la Chine.

Il paraît que ses mœurs se rapprochent de celles de la bourbeuse, et que non seulement elle détruit les insectes, mais encore qu'elle se nourrit de poissons.

LA ROUGEATRE [1]

Testudo (Terrapene) pensylvanica, MERR. — *Testudo pensylvanica*, LINN., GMEL., SCHOEPFF.

Nous donnons ici la notice d'une tortue envoyée de Pensylvanie, sous le nom de tortue de marais, et décrite par M. Edwards [1]. Le bout de sa queue est garni d'une pointe aiguë et cornée, comme celles de plusieurs tortues grecques et de la tortue scorpion. Ses doigts sont réunis par une membrane. Sa couleur générale est brune, mais les lames qui garnissent ses côtés et les écailles qui recouvrent le tour de ses mâchoires et de ses yeux sont d'un jaune rougeâtre que l'on retrouve aussi sur son plastron.

LA TORTUE SCORPION [2]

Testudo (Chersine) scorpioides, MERR.

C'est à Surinam qu'habite cette tortue; sa carapace est ovale, d'une couleur très foncée, et relevée sur le dos par trois arêtes longitudinales; le disque est garni de treize lames, dont les cinq du milieu sont très allongées, et on en compte communément vingt-trois sur les bords : douze lames recouvrent le plastron, qui n'est presque point échancré; la tête est couverte par devant d'une peau calleuse, qui se divise en trois lobes sur le front. La tortue scorpion a cinq doigts à chaque pied; ils sont un peu séparés et garnis d'ongles, excepté les doigts extérieurs des pieds de derrière; mais ce qui lui a fait imposer son nom et ce qui sert à la faire reconnaître, c'est une armedure, en forme de corne ou d'ongle crochu, qu'elle porte au bout de la queue, et qui a une sorte de ressemblance avec l'aiguillon du scorpion. M. Linné a fait connaître cette tortue, dont on conserve au Cabinet du roi plusieurs carapaces et plastrons. Ils ont été envoyés comme ayant appartenu à une petite tortue de marais, qui habite dans les savanes noyées de la Guyane, et qui ne parvient jamais à une taille plus considérable que celle qui est indiquée par les couvertures envoyées au Cabinet du roi : les plus

1. *Glanures d'histoire naturelle*, par George Edwards. Londres, 1764, seconde partie, chap. LXXVII, pl. 287.
2. La tortue scorpion. M. Daubenton, Encyclopédie méthodique. — *Testudo scorpioides*. 8. Linn., *Amphib. rept.* — *Testudo fimbriata*, 12. Schneider.

grandes de ces carapaces ont six ou sept pouces de longueur, sur quatre ou
cinq de largeur. Voilà donc une espèce de tortue d'eau douce ou de marais,
dont la queue est garnie d'une callosité ; nous remarquerons un caractère
presque semblable dans plusieurs tortues grecques ou tortues terrestres
proprement dites, et particulièrement dans celles qui ont atteint leur entier
développement.

LA JAUNE

Testudo (Emys) lutaria, var. *a*, MERR. — *Testudo flava*, DAUD.
— *Testudo europœa*, LATR.

Nous avons vu vivants plusieurs individus de cette espèce de tortue
d'eau douce, qui n'a encore été décrite par aucun des naturalistes dont les
ouvrages sont les plus répandus. On les avait fait venir d'Amérique, dans des
baquets remplis d'eau, pour les employer dans divers remèdes. Cette jolie
tortue parvient ordinairement à une grandeur double de celle des tortues
bourbeuses. Une carapace qui avait appartenu à un individu de cette espèce,
et qui fait partie de la collection du roi, a sept pouces neuf lignes de longueur. La tortue jaune est agréablement peinte d'un vert d'herbe un peu
foncé, et d'un jaune qui imite la couleur de l'or. Ces couleurs règnent non
seulement sur sa carapace, mais encore sur sa tête, ses pattes, sa queue et
tout son corps. Le fond de la couleur est vert, et c'est sur ce fond agréable
que sont distribuées un très grand nombre de très petites taches d'un beau
jaune, placées fort près les unes des autres, se touchant en quelques
endroits, imitant ailleurs des rayons par leur disposition et formant partout
un mélange très doux à la vue ; le disque est ordinairement recouvert de
treize lames, et les bords de la carapace le sont de vingt-cinq. Le plastron
est garni de douze lames, et la partie postérieure de cette couverture est
terminée par une ligne droite, comme dans la bourbeuse, avec laquelle la
jaune a beaucoup de rapports. La forme générale de la tête est agréable ; les
pattes sont déliées, les doigts un peu réunis par une membrane et armés
chacun d'un ongle long, aigu et crochu. La queue est menue et presque
aussi longue que la moitié de la carapace ; lorsque la tortue marche, elle
la porte droite et étendue comme la bourbeuse. Elle se meut avec moins de
lenteur que les tortues de terre, et elle est aussi agréable à voir par la
nature de ses mouvements que par la beauté de ses couleurs. Lorsqu'elle
va s'accoupler, elle fait entendre un petit gémissement, un petit cri d'amour.
Un individu de cette espèce a été envoyé au Cabinet du roi, sous le nom de
tortue terrestre. Ce qui a pu induire en erreur, c'est que toutes les tortues
d'eau douce passent une très grande partie de l'année à terre, ainsi que
nous l'avons dit de la bourbeuse. On ne la rencontre pas seulement en
Amérique ; on la trouve encore dans l'île de l'Ascension, d'où il est arrivé un

individu de cette espèce au Cabinet du roi; elle habite aussi dans les eaux douces de l'Europe et n'y varie que par ses couleurs, qui sont quelquefois moins vives.

LA MOLLE[1]

Trionyx ferox, MERR. — *Trionyx georgicus*, GEOFF. — *Testudo ferox*, PENN., SCHŒPFF., GMEL.

Cette tortue est la plus grande des tortues d'eau douce; sa taille approche de celle des petites tortues marines. M. Pennant est le premier qui en ait parlé[2]; il avait reçu cet animal de la Caroline méridionale. Le docteur Garden, à qui on avait apporté deux individus de cette espèce, en avait envoyé un à M. Ellis, et l'autre à M. Pennant. Cette tortue se trouve dans les rivières du sud de la Caroline : on l'y appelle tortue à *écailles molles;* mais comme elle n'a point d'écailles proprement dites, nous avons préféré l'appeler simplement la *molle.* Elle habite en grand nombre dans les rivières de Savannah et d'Alatamaha, et l'on avait dit à M. Garden qu'elle était aussi très commune dans la Floride orientale. Elle parvient à une grandeur considérable et pèse quelquefois jusqu'à soixante-dix livres. Une de celles que M. Garden avait chez lui pesait de vingt-cinq à trente livres; ce naturaliste la garda près de trois mois, pendant lesquels il ne s'aperçut pas qu'elle eût rien mangé d'un grand nombre de choses qu'on lui avait présentées.

La carapace de cet individu avait vingt pouces de long et quatorze de large; la couleur générale en était d'un brun foncé, avec une teinte verdâtre; le milieu de cette couverture supérieure était dur, fort et osseux; mais les bords et particulièrement la partie postérieure étaient cartilagineux, mous, pliants, ressemblant à un cuir tanné, cédant aux impressions dans tous les sens, mais cependant assez épais et assez forts pour défendre et garantir l'animal. Cette carapace était couverte vers la queue de petites élévations unies et oblongues, et vers la tête, d'élévations un peu plus grandes.

Le plastron était d'une belle couleur blanchâtre; il était plus avancé de deux à trois pouces que la carapace, de telle sorte que lorsque l'animal retirait sa tête, il pouvait la reposer sur la partie antérieure, qui était pliante et cartilagineuse. La partie postérieure du plastron était dure, osseuse, relevée et conformée de manière à représenter, selon M. Garden, une *selle de cheval.*

La tête était un peu triangulaire et petite, relativement à la grandeur de l'animal; elle s'élargissait du côté du cou, qui était épais, long de treize

---

1. *Testudo cartilaginea*, Petri Boddaert, epistola de testudine cartilaginea, ex museo Joan. Albert Schlosseri. Amsterd., 1772. — *Testudo ferox*, G. Schneider.

2. *Transactions philosophiques*, année 1771, t. LXI.

pouces et demi, et que la tortue pouvait retirer facilement sous la carapace.

Les yeux étaient placés dans la partie antérieure et supérieure de la tête, assez près l'un de l'autre ; les paupières étaient grandes et mobiles, la prunelle était petite; l'iris entièrement rond, et d'un jaune très brillant, faisait paraître les yeux très vifs. Cette tortue avait une membrane clignotante, qui se fermait lorsqu'elle éprouvait quelque crainte, ou qu'elle s'endormait.

La bouche était située dans la partie inférieure de la tête, ainsi que dans les autres tortues ; chaque mâchoire était d'un seul os. Mais un des caractères les plus particuliers à cette tortue était la forme et la position de ses narines. Le dessus de la mâchoire supérieure se terminait par une production cartilagineuse un peu cylindrique, longue au moins de trois quarts de pouce, ressemblant au groin d'une taupe, mais tendre, menue et peu transparente ; à l'extrémité de cette production étaient placées les ouvertures des narines qui s'ouvraient aussi dans le palais.

Les pattes étaient épaisses et fortes ; celles de devant avaient cinq doigts, dont les trois premiers étaient plus forts, plus courts que les deux autres, et garnis d'ongles crochus. A la suite du cinquième doigt, étaient deux espèces de faux doigts, qui servaient à étendre une assez grande membrane qui les réunissait tous. Les pattes de derrière étaient conformées de même, excepté qu'il n'y avait qu'un faux doigt, au lieu de deux ; elles étaient, ainsi que celles de devant, recouvertes d'une peau ridée, d'une couleur verdâtre et sombre. La tortue molle a beaucoup de force ; et comme elle est farouche, il arrive souvent que lorsqu'elle est attaquée, elle se lève sur ses pattes, s'élance avec furie contre son ennemi et le mord avec violence.

La queue de l'individu apporté à M. Garden était grosse, large et courte. Cette tortue était femelle ; elle pondit quinze œufs, et on en trouva à peu près un pareil nombre dans son corps lorsqu'elle fut morte ; ces œufs étaient parfaitement ronds et à peu près d'un pouce de diamètre.

La tortue molle est très bonne à manger; l'on dit même que sa chair est plus délicate que celle de la tortue franche.

Nous présumons qu'à mesure que l'on connaîtra mieux les animaux du nouveau continent, on retrouvera dans plusieurs rivières de l'Amérique, tant septentrionale que méridionale, la tortue molle que l'on a vue dans celles de la Caroline et de la Floride. Pendant que M. le chevalier de Widerspach, correspondant du Cabinet du roi, était sur les bords de l'Oyapock dans l'Amérique méridionale, ses nègres lui apportèrent la tête et plusieurs autres parties d'une tortue d'eau douce qu'ils venaient de dépecer, et qu'il a cru reconnaître depuis dans la tortue molle, dont M. Pennant a publié la description.

LA GRECQUE
OU LA TORTUE DE TERRE COMMUNE [1]

Testudo (Chersine) græca, MERR., LINN., SCHŒPFF. — *Testudo (Chersine) marginata*, MERR., DAUD., SCHŒPFF. — *Testudo (Chersine) retusa*, MERR. — *Testudo indica*, SCHNEID., SCHŒPFF., GMEL.

On nomme ainsi la tortue terrestre la plus commune dans la Grèce et dans plusieurs contrées tempérées de l'Europe. On l'a pendant très long-temps appelée simplement tortue *terrestre;* mais comme cette épithète ne désigne que la nature de son habitation, qui est la même que celle de plu-sieurs autres espèces, nous avons préféré la dénomination adoptée par les naturalistes modernes. On la rencontre dans les bois et sur les terres élevées; il n'est personne qui ne l'ait vue ou qui ne la connaisse de nom; depuis les anciens jusqu'à nous, tout le monde a parlé de sa lenteur; le philosophe s'en est servi dans ses raisonnements, le poète dans son image, le peuple dans ses proverbes. La tortue grecque peut, en effet, passer pour un des plus lents quadrupèdes ovipares. Elle emploie beaucoup de temps pour parcourir le plus petit espace; mais si elle ne s'avance que lentement, les mouvements des di-verses parties de son corps sont quelquefois assez agiles; nous lui avons vu remuer la tête, les pattes et la queue avec un peu de vivacité. Et même ne pourrait-on pas dire que la pesanteur de son bouclier, la lourdeur du poids dont elle est chargée, et la position de ses pattes placées trop à côté du corps et trop écartées les unes des autres, produisent presque seules la lenteur de sa marche? Elle a en effet le sang aussi chaud que plusieurs quadrupèdes ovipares qui s'élancent avec promptitude jusqu'au sommet des arbres les plus élevés; et quoique ses doigts ne soient pas séparés, comme ceux des lézards qui courent avec vitesse, ils ne sont cependant pas conformés de ma-nière à lui interdire une marche facile et prompte.

Les tortues grecques ressemblent, à beaucoup d'égards, aux tortues d'eau douce; leur taille varie beaucoup, suivant leur âge et les pays qu'elles habitent; il paraît que celles qui vivent sur les montagnes sont plus grandes que les tortues de plaine. Celle que nous avons décrite vivante, et que nous avons mesurée en suivant la courbure de la carapace, avait près de quatorze pouces de longueur totale sur près de dix de largeur. La tête avait un pouce lignes de long sur un pouce deux lignes de largeur et un pouce d'épais-Le dessus en était aplati et triangulaire. Les yeux étaient garnis d'une membrane clignotante; la paupière inférieure était seule mobile, ainsi que

---

1. En grec, *chelone chersaia.* — En Languedoc, *tourtuga de Garrign.* — En japonais, *isi-came* ou *sanki.* — La grecque. M. Daubenton, Encyclopédie méthodique. — Rai, *Synopsis ani-malium*, p. 253. Londres, 1693. *Testudo terrestris vulgaris.* — Linn., *Systema naturæ*, edit. XIII, p. 352. *Testudo græca pedibus subdigitatis, testa postice gibba, margine laterali obtusissimo scutellis planiusculis.* — *Testudo græca*, 16. Schneider.

l'a dit Pline, qui a appliqué faussement aux crocodiles et aux quadrupèdes ovipares en général cette conformation que nous avons observée dans la tortue grecque. Les mâchoires étaient très fortes et crénelées ; et l'intérieur en était garni d'aspérités que l'on a prises faussement pour des dents. La peau recouvrait les trous auditifs ; la queue était très courte ; elle n'avait que deux pouces de longueur. Les pattes de devant avaient trois pouces six lignes jusqu'à l'extrémité des doigts, et celles de derrière deux pouces six lignes. Une peau grenue et des écailles inégales, dures et d'une couleur plus ou moins brune couvraient la tête, les pattes et la queue. Quelques-unes de ces écailles qui garnissaient l'extrémité des pattes étaient assez grandes, assez détachées de la peau et assez aiguës pour être confondues au premier coup d'œil avec des ongles. Les pieds étaient ramassés, et comme ils étaient réunis et recouverts par une membrane, on ne pouvait les distinguer que par les ongles qui les terminaient [1].

Les ongles des tortues grecques sont communément plus émoussés que ceux des tortues d'eau douce, parce que la grecque les use par un frottement plus continuel et par une pression plus forte. Lorsqu'elle marche, elle frotte les ongles des pieds de devant séparément et l'un après l'autre contre le terrain, en sorte que lorsqu'elle pose un des pieds de devant à terre, elle appuie d'abord sur l'ongle intérieur, ensuite sur celui qui vient après, et ainsi sur tous successivement jusqu'à l'ongle extérieur ; son pied fait, en quelque sorte, par là l'effet d'une roue, comme si la tortue cherchait à élever très peu ses pattes et à s'avancer par une suite de petits pas successifs, pour éprouver moins de résistance de la part du poids qu'elle traîne. Treize lames, striées dans leur contour, recouvrent la carapace ; les bords sont garnis de vingt-quatre lames, toutes, et surtout celles de derrière, beaucoup plus grandes en proportion que dans la plupart des autres espèces de tortues ; et par la manière dont elles sont placées les unes relativement aux autres, elles font paraître dentelée la circonférence de la couverture supérieure. Le plastron est ordinairement revêtu de douze ou treize lames ; il y en avait treize dans la tortue que nous avons décrite. Les lames qui recouvrent la carapace sont marbrées de deux couleurs, l'une plus ou moins foncée, et l'autre blanchâtre.

La couverture supérieure de la grecque est très bombée ; l'individu que nous avons décrit avait quatre pouces trois lignes d'épaisseur. C'est ce qui fait que lorsqu'elle est renversée sur le dos, elle peut reprendre sa première situation et ne pas rester en proie à ses ennemis, comme les tortues franches. Ce n'est pas seulement à l'aide de ses pattes qu'elle s'efforce de se retourner ; elle ne peut pas assez les écarter pour atteindre jusqu'à terre : elle se

---

1. Il est bon d'observer que, d'après cette conformation, M. Linné n'aurait pas dû employer l'expression *pedes subdigitati*, dont il s'est servi pour désigner les pieds de la grecque ; cette remarque a déjà été faite par M. François Cetti, dans son *Histoire naturelle des amphibies et des poissons de la Sardaigne*, imprimée à Sassari en 1777, p. 8.

sert uniquement de sa tête et de son cou, avec lesquels elle s'appuie fortement contre le terrain, cherchant, pour ainsi dire, à se soulever, et se balançant à droite et à gauche jusqu'à ce qu'elle ait trouvé le côté du terrain qui est le plus incliné, et qui lui oppose le moins de résistance. Alors, au lieu de faire des efforts dans les deux sens, elle ne cherche plus qu'à se renverser du côté favorable, à se retourner assez pour rencontrer la terre avec ses pattes et se remettre entièrement sur ses pieds. Il paraît qu'on peut distinguer les mâles d'avec les femelles, en ce que celles-ci ont leur plastron presque plat, au lieu que les mâles l'ont plus ou moins concave[1].

L'élément dans lequel vivent les tortues de mer et les tortues d'eau douce rend leur charge plus légère, car tout le monde sait qu'un corps plongé dans l'eau perd toujours de son poids ; mais celle des tortues de terre n'est pas ainsi diminuée. Le fardeau que la grecque supporte est donc une preuve de la force dont elle jouit : cette force est d'ailleurs confirmée par la grande facilité avec laquelle elle brise dans sa gueule des corps très durs. Ses mâchoires sont mues par des muscles si vivaces, que l'on a remarqué dans une petite tortue, dont la tête avait été coupée une demi-heure auparavant, qu'elles claquaient encore avec un bruit assez sensible ; dès le temps d'Aristote, on regardait la tortue comme l'animal qui avait en proportion le plus de force dans les mâchoires.

Mais ce fait n'est pas le seul phénomène remarquable que les tortues grecques présentent relativement à la difficulté que l'on éprouve lorsqu'on veut ôter la vie aux quadrupèdes ovipares. François Redi a fait, à ce sujet, en Toscane, des expériences dont nous allons rapporter les principaux résultats[2]. Il prit une tortue grecque au commencement du mois de novembre ; il fit une large ouverture dans le crâne et en enleva la cervelle, sans en laisser aucune portion dans la cavité qui la contenait, et qu'il nettoya, pour ainsi dire, avec soin. Dès le moment que la cervelle fut enlevée, les yeux de la tortue se fermèrent pour ne plus se rouvrir ; mais l'animal, ayant été mis en liberté, continua de se mouvoir et de marcher comme s'il n'avait reçu aucun mal. A la vérité, il ne s'avançait, en quelque sorte, qu'en tâtonnant, parce qu'il ne voyait plus Après trois jours, une nouvelle peau couvrit l'ouverture du crâne, et la tortue vécut ainsi, en exécutant tous ses mouvements ordinaires, jusqu'au milieu du mois de mai, c'est-à-dire à peu près pendant six mois. Lorsqu'elle fut morte, Redi examina la cavité du crâne d'où il avait ôté la cervelle, et il n'y trouva qu'un petit grumeau de sang sec et noir ; il répéta cette expérience sur plusieurs tortues, tant terrestres que d'eau douce, et même de mer : tous ces divers animaux vécurent sans cervelle pendant un nombre de jours plus ou moins considérable. Redi coupa ensuite la tête à

1. *Histoire naturelle des amphibies et des poissons de la Sardaigne*, par M. François Cetti, p. 10.

2. *Osservazioni di Francisco Redi, intorno agli animali viventi, che si trovano negli animali viventi.* Napoli, 1687, p. 126.

une grosse tortue grecque, et après que tout le sang qui pouvait s'écouler des veines du cou se fut épanché, la tortue continua de vivre pendant plusieurs jours, ce dont il fut facile de s'apercevoir par les mouvements qu'elle se donnait, et la manière dont elle remuait les pattes de devant et celles de derrière. Ce grand physicien coupa aussi la tête à quatre autres tortues, et les ayant ouvertes douze jours après cette opération, il trouva que leur cœur palpitait encore, que le sang qui restait à l'animal y entrait et en sortait, et par conséquent que la tortue était encore en vie. Ces expériences, qui ont été depuis répétées par plusieurs physiciens, ne prouvent-elles pas ce que nous avons dit de la nature des quadrupèdes ovipares[1]?

La tortue grecque se nourrit d'herbes, de fruits, et même de vers, de limaçons et d'insectes ; mais comme elle n'a pas l'habitude d'attaquer des animaux qui aient du sang et de manger des poissons comme la bourbeuse, que l'on trouve dans les fleuves et dans les marais, où la grecque ne va point, les mœurs de cette tortue de terre sont assez douces. Elle est aussi paisible que sa démarche est lente, et la tranquillité de ses habitudes en fait aisément un animal domestique, que l'on peut nourrir avec du son et de la farine, et que l'on voit avec plaisir dans les jardins, où elle détruit les insectes nuisibles.

Comme les autres tortues et tous les quadrupèdes ovipares, elle peut se passer de manger pendant très longtemps. Gérard Blasius garda chez lui une tortue de terre, qui, pendant dix mois, ne prit absolument aucune espèce de nourriture ni de boisson. Elle mourut au bout de ce temps ; mais elle ne périt pas faute d'aliments, puisqu'on trouva ses intestins encore remplis d'excréments, les uns noirâtres, et les autres verts et jaunes : elle succomba seulement à la rigueur du froid[2].

Les tortues grecques vivent très longtemps : M. François Cetti en a vu une en Sardaigne qui pesait quatre livres, et qui vivait depuis soixante ans dans une maison, où on la regardait comme un vieux domestique[3]. Aux latitudes un peu élevées, les grecques passent l'hiver dans des trous souterrains, qu'elles creusent même quelquefois, et où elles sont plus ou moins engourdies, suivant la rigueur de la saison. Elles se cachent ainsi en Sardaigne vers la fin de novembre[4].

Elles sortent de leur retraite au printemps et elles s'accouplent plus ou moins de temps après la fin de leur torpeur, suivant la température des pays qu'elles habitent ; on a écrit et répété bien des fables[5] touchant l'accouplement de ces tortues, l'ardeur des mâles, les craintes des femelles, etc. La seule chose que l'on aurait dû dire, c'est que les mâles de cette espèce ont

1. Voyez à la tête de ce volume le discours sur la nature des quadrupèdes ovipares.
2. *Observations anatomiques* de Gérard Blasius, p. 64.
3. *Histoire naturelle des amphibies et des poissons de la Sardaigne*, p. 9.
4. *Idem.*
5. Conrad Gesner.

reçu des organes très grands pour la propagation de leur espèce; aussi paraissent-ils rechercher leurs femelles avec ardeur et ressentir l'amour avec force. On a même prétendu que, dans les contrées de l'Afrique où elles sont en très grand nombre, les mâles se battent souvent pour la libre possession de leurs femelles, et que dans ces combats, animés par un des sentiments les plus impérieux, ils s'avancent avec courage, quoique avec lenteur, les uns contre les autres, et s'attaquent vivement à coups de tête[1].

Le temps de la ponte des tortues grecques varie avec la chaleur des contrées où on les trouve. En Sardaigne, c'est vers la fin de juin qu'elles pondent leurs œufs; ils sont au nombre de quatre ou de cinq, et blancs comme ceux de pigeon. La femelle les dépose dans un trou qu'elle a creusé avec ses pattes de devant, et elle les recouvre de terre. La chaleur du soleil fait éclore les jeunes tortues qui sortent de l'œuf dès le commencement de septembre, n'étant pas encore plus grosses qu'*une coque de noix*[2].

La tortue grecque ne va presque jamais à l'eau; cependant elle est conformée à l'intérieur comme les tortues de mer[3]; si elle n'est point amphibie de fait et par ses mœurs, elle l'est donc jusqu'à un certain point par son organisation.

On trouve la tortue grecque dans presque toutes les régions chaudes et même tempérées de l'ancien continent, dans l'Europe méridionale, en Macédoine, en Grèce, à Amboine, dans l'île de Ceylan, dans les Indes, au Japon[4]; dans l'île de Bourbon[5], dans celle de l'Ascension, dans les déserts de l'Afrique. C'est surtout en Libye et dans les Indes que la chair de la tortue de terre est plus délicate et plus saine que celle de plusieurs autres tortues, et l'on ne voit pas pourquoi il a pu être défendu aux Grecs modernes et aux Turcs de s'en nourrir.

Ce n'est que d'après des observations qui manquent encore, que l'on pourra déterminer si les tortues terrestres de l'Amérique méridionale sont différentes de la grecque[6], si elles y sont naturelles, ou si elles y ont été portées d'ailleurs. Dans cette même partie du monde, où elles sont très communes, on les prend avec des chiens dressés à les chasser. Ils les découvrent à la piste, et lorsqu'ils les ont trouvées, ils aboient jusqu'à ce que les

---

1. M. Linné, à l'endroit déjà cité.

2. *Histoire naturelle des amphibies et des poissons de la Sardaigne*, p. 10.

3. Gérard Blasius, en disséquant une tortue de terre, trouva son péricarde rempli d'une quantité considérable d'eau limpide (*Observations anatomiques*, p. 63). Nous verrons dans l'article du crocodile que le péricarde d'un alligator disséqué par Sloane était également rempli d'eau.

4. *Histoire générale des voyages*, t. XL, p. 282, édition in 12.

5. « L'île de Bourbon abondait autrefois en tortues de terre; mais les vaisseaux en ont tant détruit, qu'il ne s'en trouve plus aujourd'hui que dans la partie occidentale, où les habitants même n'ont la permission d'en tuer que pendant le carême. » Voyage de la Barbinais le Gentil autour du monde.

6. « Il y a des tortues de terre qui se nomment *sabutis* dans la langue du Brésil, et que les habitants du Para préfèrent aux autres espèces. Toutes se conservent plusieurs mois hors de l'eau sans nourriture sensible. » *Histoire générale des voyages*, t. LIII, p. 438, édition in-12.

chasseurs soient arrivés. On les emporte en vie ; elles peuvent peser de cinq à six livres et au delà. On les met dans un jardin, ou dans une espèce de parc; on les y nourrit avec des herbes et des fruits ; elles y multiplient beaucoup. Leur chair, quoique un peu coriace, est d'assez bon goût ; les petites tortues croissent pendant sept ou huit ans. Les femelles s'accouplent, quoiqu'elles n'aient acquis que la moitié de leur grandeur ordinaire; mais les mâles ont atteint presque tout leur développement lorsqu'ils s'unissent à leurs femelles ; ce qui paraîtrait prouver que dans cette espèce, les femelles ont plus de chaleur que les mâles [1], et ce qui semblerait contraire à l'ardeur que les anciens ont attribuée aux mâles, ainsi qu'à l'espèce de retenue qu'ils ont supposée dans les femelles.

A l'égard de l'Amérique septentrionale et des îles qui l'avoisinent, il paraît que les tortues grecques s'y trouvent avec quelques légères différences dépendant de la diversité du climat.

Leur grandeur, dans les contrées tempérées de l'Europe, est bien au-dessous de celle qu'elles peuvent acquérir dans les régions chaudes de l'Inde. On a apporté, de la côte de Coromandel, une tortue grecque qui était longue de quatre pieds et demi, depuis l'extrémité du museau jusqu'au bout de la queue, et épaisse de quatorze pouces. La tête avait sept pouces de long sur cinq de large, le cerveau et le cervelet n'avaient en tout que seize lignes de longueur sur neuf de largeur; la langue, un pouce de longueur, quatre lignes de largeur, une ligne d'épaisseur ; la couverture supérieure, trois pieds de long sur deux pieds de large. Cette tortue était mâle et avait le plastron concave ; la verge, qui était enfermée dans le rectum, avait neuf pouces de longueur sur un pouce et demi de diamètre ; la vessie était d'une grandeur extraordinaire ; on y trouva douze livres d'une urine claire et limpide.

La queue était très grosse ; elle avait six pouces de diamètre à son origine et quatorze pouces de long. Après la mort de l'animal, elle était tellement inflexible, qu'il fut impossible de la redresser ; ce qui doit faire croire que la tortue pouvait s'en servir pour frapper avec force. Elle était terminée par une pointe d'une substance dure comme de la corne [2], et assez semblable à celle que l'on remarque au bout de la queue de la tortue scorpion. Les grandes tortues de terre ont donc reçu, indépendamment de leurs boucliers, des armes offensives assez fortes ; elles ont des mâchoires dures et tranchantes, une queue et des pattes qu'elles pourraient employer à attaquer ; mais comme elles n'en abusent pas, et qu'il paraît qu'elles ne s'en servent que pour se défendre, rien ne contredit, et au contraire tout confirme la douceur des habitudes et la tranquillité des mœurs de la grecque.

L'on conserve, au Cabinet du roi, la dépouille de deux tortues grecques, qui étaient aussi très grandes ; la carapace de l'une a près de deux pieds

---

1. Note communiquée par M. de la Borde.
1. Mémoires pour servir à l'*Histoire naturelle des animaux*, article de la grande tortue des Indes.

cinq pouces de longueur, et la seconde, près de deux pieds quatre pouces. Nous avons remarqué, au bout de la queue de la première, une callosité semblable à celle de la tortue de Coromandel ; nous ne croyons cependant pas que cette callosité soit un attribut de la grandeur dans les tortues grecques ; nous avons vu en effet une dureté semblable au bout de la queue d'une tortue vivante, qui était à peu près de la taille de celle que nous avons décrite au commencement de cet article. A la vérité, comme elle en différait par la couleur verdâtre et assez claire de ses écailles, il pourrait se faire que cet individu, sur lequel nous n'avons pu recueillir aucun renseignement particulier, constituât une variété constante, dont la queue serait garnie d'une callosité beaucoup plus tôt que dans les tortues grecques ordinaires[1].

Le Cabinet du roi renferme aussi une tête de tortue de terre apportée de l'île Rodrigue, et qui a près de cinq pouces de longueur.

VARIÉTÉ DE LA TORTUE GRECQUE.

M. Arthaud, secrétaire perpétuel du cercle des Philadelphes, a bien voulu m'envoyer de Saint-Domingue une grande tortue terrestre, entièrement semblable à celle que j'ai décrite sous le nom de tortue grecque, à l'exception des écailles qui garnissaient sa tête, ses jambes et sa queue, et dont le plus grand nombre était d'un rouge assez vif.

LA GÉOMÉTRIQUE [2]

Testudo (Chersine) geometrica, MERR., SCHNEIDER, SCHŒPFF, DAUD.

Cette tortue terrestre a beaucoup de rapports avec la grecque; ses doigts, bien loin d'être divisés, sont réunis par une peau couverte de petites écailles, de manière à n'être pas distingués les uns des autres et à ne former qu'une patte épaisse et arrondie, au-devant de laquelle leurs extrémités sont seulement indiquées par les ongles. Ces ongles sont au nombre de cinq dans les pieds de devant et de quatre dans les pieds de derrière; d'assez grandes écailles recouvrent le bas des pattes. Comme elles n'y tiennent que par leur base, qu'elles sont épaisses et quelquefois arrondies à leur sommet, on les prendrait pour des ongles attachés à divers endroits de la peau. L'individu que nous avons décrit avait dix pouces de long, huit pouces de large et près

---

1. Voyez l'*Histoire naturelle des tortues*, par M. Schneider, imprimée à Leipzig en 1783, p. 348, et l'observation de M. Hermann, savant professeur de Strasbourg, qui y est rapportée.
2. La géométrique. M. Daubenton, Encyclopédie méthodique. — *Testudo geometrica,* 13. Linn., *Amphib. rept.* — *Testudo picta seu stellata,* Wormius, mus. 317. — Rai, *Synopsis quadr.,* p. 259, *Testudo tessellata minor.* — *Testudo testa tessellata major.* Grew. mus. 36, tab. 3, fig. 1 et 2. — Séba, mus. 1. tab. 80, fig. 3 et 8. — *Testudo geometrica,* 13. Schneider.

de quatre pouces d'épaisseur. La couverture supérieure de la tortue géométrique est des plus convexes. Les couleurs dont elle est variée la rendent très agréable à la vue. Les lames qui revêtent les deux couvertures, et qui sont communément au nombre de treize sur le disque, de vingt-trois sur les bords de la carapace et de douze sur le plastron, se relèvent en bosse dans leur milieu; elles sont fortement striées, séparées les unes des autres par des espèces de sillons assez profonds, et la plupart hexagones. Leur couleur est noire; leur centre présente une tache jaune à six côtés, d'où partent plusieurs rayons de la même couleur; elles montrent ainsi une sorte de réseau de couleur jaune, formé de lignes très distinctes, dessinées sur un fond noir et ressemblant à des figures géométriques; c'est de là qu'a été tiré le nom que l'on donne à l'animal. On trouve cette tortue en Asie, à Madagascar, dans l'île de l'Ascension, d'où elle a été envoyée au Cabinet du roi, et au cap de Bonne-Espérance, où elle pond depuis douze jusqu'à quinze œufs[1]. Plusieurs tortues géométriques diffèrent de celle que nous venons de décrire, par le nombre et la disposition des rayons jaunes que présentent les écailles, par l'élévation de ces mêmes pièces, par une couleur jaunâtre, plus ou moins uniforme sur le plastron, et par le peu de saillie des lames qui garnissent cette couverture inférieure. Nous ignorons si ces variétés sont constantes, si elles dépendent du sexe ou du climat, etc. Quoi qu'il en soit, nous croyons devoir rapporter à quelqu'une de ces variétés, jusqu'à ce que de nouvelles observations fixent les idées à ce sujet, la tortue terrestre appelée *hécate* par Browne[2]. Cette dernière est, suivant ce voyageur, naturelle au continent de l'Amérique, mais cependant très commune à la Jamaïque où on en porte fréquemment. Sa carapace est épaisse et a souvent un pied et demi de long; la surface de cette couverture est divisée en hexagones oblongs; des lignes déliées partent de leurs circonférences et s'étendent jusqu'à leurs centres qui sont jaunes.

Nous pensons aussi que cette hécate de Browne, ainsi que la géométrique, sont peut-être la même espèce que la *terrapène* de Dampier. Les *terrapènes* de ce navigateur sont beaucoup moins grosses que les tortues qu'il nomme *hécates*, et qui sont les terrapènes de Browne, ainsi que nous l'avons dit. Elles ont le dos plus rond, quoique d'ailleurs elles leur ressemblent beaucoup. Leur carapace est comme *naturellement taillée*, dit ce voyageur; elles aiment les lieux humides et marécageux. On estime leur chair; il s'en trouve beaucoup sur les côtes de l'île des Pins, qui est entre le continent de l'Amérique et celle de Cuba; elles pénètrent dans les forêts, où les chasseurs ont peu de peine à les prendre. Ils les portent à leurs cabanes et, après leur avoir fait une marque sur la carapace, ils les laissent aller dans les bois, bien assurés de les retrouver à si peu de distance, qu'après un mois de

---

1. Note communiquée par M. Bruyère, de la Société royale de Montpellier.
2. Browne, *Histoire naturelle de la Jamaïque*, p. 466.

chasse, chacun reconnaît les siennes et les emporte à Cuba[1]. Au reste, nous ne cesserons de le répéter, l'histoire des tortues demande encore un grand nombre d'observations pour être entièrement éclaircie. Nous ne pouvons qu'indiquer les places vides, montrer la manière de les remplir et fixer les points principaux autour desquels il sera aisé d'arranger ce qui reste à découvrir.

LA RABOTEUSE[2]

Testudo (Emys) scripta? Merr. — *Testudo scripta?* Schoepff. — *Testudo scabra,* Gmel.

Cette petite espèce de tortue est terrestre, suivant Séba; son museau se termine en pointe; les yeux, ainsi que dans les autres tortues, sont placés obliquement; la carapace est presque aussi large que longue; les bords en sont unis par devant et sur les côtés, mais inégalement dentelés sur le derrière; les écailles qui les garnissent sont lisses et planes, excepté celles du dos dont le milieu est rehaussé de manière à former une arête longitudinale. Leur couleur est blanchâtre, traversée en divers sens par de très petites bandes noirâtres, qui la font paraître marbrée; le plastron est festonné par devant; le milieu en était un peu concave dans l'individu que nous avons décrit, et qui avait près de trois pouces de long, depuis le bout du museau jusqu'à l'extrémité de la queue, sur près de deux pouces de largeur[3]. Suivant Séba, la raboteuse ne devient jamais plus grande.

Cette tortue a cinq ongles aux pieds de devant et quatre aux pieds de derrière, dont le cinquième doigt est sans ongle; la queue est courte; la couleur de la tête, des pattes et de la queue ressemble beaucoup à celle de la carapace. Elle est d'un blanc tirant sur le jaune, varié par des bandes et des taches brunes, mais plus larges en certains endroits, et surtout sur la tête, que celles que l'on voit sur la couverture supérieure. C'est dans les Indes orientales, et particulièrement à Amboine qu'habite cette tortue, qui appartient aussi au nouveau monde et y vit dans la Caroline.

1. Description de la Nouvelle-Espagne. *Histoire générale des voyages*, troisième partie, livre V.

2. La tortue raboteuse. M. Daubenton, Encyclopédie méthodique. — *Testudo scabra*, Linn. — *Testudo pedibus palmatis, testa planiuscula, scutellis omnibus intermediis dorsatis.* Linn., *Amphib. rep. Testud.* 6. — Gronovius. Zoophit. 74. — Seba musæum, tab. 79, fig. 1, 2. *Testudo terrestris Amboinensis minor.*

3. Cet individu fait partie de la collection du Cabinet du roi.

LA DENTELÉE [1]

Testudo (Chersine) denticulata, MERR. — *Testudo denticulata,* LINN., SCHŒPFF.

Cette tortue n'est connue que par ce qu'en a rapporté M. Linné; ses doigts, au nombre de cinq dans les pieds de devant et de quatre dans ceux de derrière, ne sont pas séparés les uns des autres; ils se réunissent de manière à former une patte ramassée et arrondie, comme celles de beaucoup de tortues terrestres. La couverture supérieure a un peu la forme d'un cœur; son diamètre est ordinairement d'un ou de deux pouces; les bords en sont dentelés et comme déchirés. Les lames qui la couvrent sont hexagones, relevées par des points saillants, et leur couleur est d'un blanc sale. On trouve cette tortue dans la Virginie.

LA BOMBÉE [2]

Testudo (Terrapene) clausa, MERR., FITZ. — *Testudo carinata,* et *Testudo carolina,* LINN. — *Testudo clausa,* GMEL. — *Testudo virgulata,* LATR.

On rencontre dans les pays chauds, suivant M. Linné, cette tortue qui doit être terrestre, et qui est distinguée des autres en ce que les doigts de ses pieds ne sont pas réunis par une membrane, que sa couverture supérieure est bombée, que les quatre lames antérieures qui garnissent le dos sont relevées en arête, et que le plastron ne présente aucune échancrure. Nous avons vu, dans la collection de M. le chevalier de Lamarck, une carapace et un plastron de cette tortue. La carapace avait six pouces de long sur six pouces et demi de large. L'animal devait avoir deux pouces sept lignes d'épaisseur; le disque était garni de treize lames légèrement striées, les bords de vingt-cinq, et le plastron de douze. La carapace était d'un brun verdâtre, sur lequel des raies jaunes s'étendaient en tous sens. Les couleurs de la *tortue jaune* sont presque semblables, mais elles sont disposées par taches, et non pas par raies, comme celles de la bombée; le plastron était jaunâtre.

1. La dentelée. M. Daubenton, Encyclopédie méthodique. — *Testudo denticulata,* 9. Linn., *Amphib. rept.* — *Testudo denticulata,* 17. Schneider.
2. La bombée. M. Daubenton, Encyclopédie méthodique. — *Testudo carinata,* 12. Linn. *Amphib. rept.* — *Testudo carinata,* 18. Schneider.

LA TORTUE A BOITE [1]

Testudo (Terrapene) clausa, MERR., FITZ. — *Testudo carolina,* et *Testudo carinata,*
LINN. — *Testudo clausa,* GMEL. — *Testudo virgulata,* LATR.

M. Bloch a fait connaître cette espèce de tortue, au sujet de laquelle nous avons reçu des renseignements de M. Camper [2]. Elle habite l'Amérique septentrionale; elle est longue de quatre pouces trois lignes et large de trois pouces. Le disque de sa carapace est garni de quatorze pièces ou écailles, placées sur trois rangs longitudinaux; la rangée du milieu présente six pièces, et chacune des deux autres rangées en présente quatre. Les bords de la carapace sont revêtus de vingt-cinq pièces. La carapace est très bombée, ainsi que nous l'avons vu dans la plupart des tortues de terre; elle est aussi échancrée par devant, pour donner plus de liberté aux mouvements de la tête de l'animal, et par derrière en deux endroits, pour faciliter la sortie et le mouvement des jambes.

Le plastron n'offre aucune échancrure, mais sa partie antérieure et sa partie postérieure forment comme deux battants qui jouent sur une espèce de charnière cartilagineuse, couverte d'une peau très élastique et placée à l'endroit où le plastron se réunit à la carapace. La tortue peut ouvrir à volonté ces deux battants, ou les fermer en les appliquant contre les bords de la carapace, de manière à être alors renfermée comme dans une boîte, et de là vient le nom de tortue à boîte, qui lui a été donné par M. Bloch.

Le battant de devant est plus petit que celui de derrière. M. Bloch n'a point vu l'animal; la couleur de la carapace est brune et jaune; celle du plastron d'un jaune pâle, tacheté de noirâtre. Ces couleurs, ainsi que la forme de la tortue à boîte, lui donnent beaucoup de rapports avec celle que nous avons nommée *la bombée,* et dont le plastron est aussi sans échancrure, comme celui de la tortue à boîte.

LA VERMILLON [3]

Testudo (Chersine) pusilla, DAUD.

Au cap de Bonne-Espérance, habite une petite tortue de terre, que Worm a vue vivante, et qu'il a nourrie pendant quelque temps dans son jardin.

1. *Mémoires des curieux de la nature de Berlin,* t. VII, part. 1, art. 5, p. 131, 1786.
2. Lettre de M. Camper, membre des états généraux, associé étranger de l'Académie des sciences de Paris, à M. le comte de Lacépède, et datée de Leeuwarden en Frise, le 30 octobre 1787.
3. La bande blanche. M. Daubenton, Encyclopédie méthodique. — *Testudo pusilla,* 14. Linn., *Amph. rept.* — *Testudo terrestris pusilla, ex India orientali,* Worm. mus. 313. — *Testudo*

Des marchands la lui avaient vendue comme venant des grandes Indes, où il se peut en effet qu'on la trouve. La couverture supérieure de cette petite et jolie tortue est à peine longue de quatre doigts ; les lames en sont agréablement variées de noir, de blanc, de pourpre, de verdâtre et de jaune ; et lorsqu'elles s'exfolient, la carapace présente à leur place du jaune noirâtre. Le plastron est blanchâtre, et sur le sommet de la tête, dont on a comparé la forme à celle de la tête d'un perroquet, s'élève une protubérance d'une couleur de vermillon mélangé de jaune. C'est de ce dernier caractère, par lequel elle a quelque rapport avec la nasicorne, que nous avons tiré le nom que nous lui donnons. Les pieds de cette tortue sont garnis de quatre ongles et d'écailles très dures ; les cuisses sont revêtues d'une peau qui ressemble à du cuir ; la queue est effilée et très courte. La nature a paré cette tortue avec soin ; elle lui a donné la beauté ; mais, en la réduisant à un très petit volume, elle lui a ôté presque tout l'avantage du bouclier naturel sous lequel elle peut se renfermer, car il paraît qu'on doit lui appliquer ce que rapporte Kolbe de la tortue de terre du cap de Bonne-Espérance. Suivant ce voyageur, les grands aigles de mer, nommés *orfraies*, sont très avides de la chair de la tortue ; malgré toute la force de leur bec et de leurs serres ils ne pourraient briser sa dure enveloppe ; mais ils l'enlèvent aisément. Ils l'emportent au plus haut des airs, d'où ils la laissent tomber à plusieurs reprises sur des rochers très durs : la hauteur de la chute et la grande vitesse qui en résulte produisent un choc violent ; et la couverture de la tortue, bientôt brisée, livre en proie à l'aigle carnassier l'animal qu'elle aurait mis à couvert, si un poids plus considérable avait résisté aux efforts de l'aigle, pour l'élever dans les nues [1].

De tous les temps on a attribué le même instinct aux aigles de l'Europe, pour parvenir à dévorer les tortues grecques ; et tout le monde sait que les anciens se sont plu à raconter la mort singulière du fameux poète Eschyle, qui fut tué, dit-on, par le choc d'une tortue, qu'un aigle laissa tomber de très haut sur sa tête nue [2].

La tortue vermillon n'habite pas seulement aux environs du cap de Bonne-Espérance ; il paraît qu'on la rencontre aussi dans la partie septentrionale de l'Afrique. M. Edwards a décrit un individu de cette espèce, qui lui avait été apporté de Santa-Cruz, dans la Barbarie occidentale [3].

virginea, Grew., mus. 38, tab. 3, f. 3. — Rai, *Synopsis quadrupedum*, p 259. *Testudo terrestris pusilla ex India orientali*. — George Edwards, *Histoire naturelle des oiseaux*. Londres, 1751. — *Testudo tessellata minor africana*. The African land Tortoise. — *Testudo pusilla*, 15. Schneider.

1. *Voyage de Kolbe ou Kolben*, t. II, p. 198.
2. Voyez Conrad Gesner ; livre II, des quadrupèdes ovipares, article des *tortues*.
3. George Edwards, ouvrage déjà cité, p. 204.

LA COURTE-QUEUE[1]

Testudo (Terrapene) clausa, Merr., Fitz. — *Testudo carinata, et carolina*, Linn.
— *Testudo clausa*, Gmel., Schœpff. — *Testudo carolina*, Daud.

On trouve à la Caroline cette tortue terrestre, dont la tête et les pattes sont recouvertes d'écailles dures, semblables à des callosités. Les doigts sont réunis ; elle a cinq ongles aux pieds de devant et quatre à ceux de derrière. Un de ses caractères distinctifs est d'avoir la queue des plus courtes ; mais elle n'est pas absolument sans queue, ainsi que l'a dit M. Linné. La couverture supérieure, échancrée par devant en forme de croissant, n'offre point de dentelures sur les bords, et les lames qui la garnissent sont larges, bordées de stries et pointillées dans leur milieu. Il paraît qu'elle devient assez grande. On conserve au Cabinet du roi une carapace de cette tortue ; elle a dix pouces six lignes de long et huit pouces dix lignes de large.

LA CHAGRINÉE

Trionyx coromandelicus, Geoff., Merr. — *Testudo granosa*, Schœpff.
— *Testudo punctata*, Bonn. — *Testudo granulata*, Daud. — *Testudo scabra*, Latr.

Nous donnons ce nom à une nouvelle espèce de tortue apportée des grandes Indes au Cabinet du roi par M. Sonnerat. Elle est très remarquable par la conformation de sa carapace qui ne ressemble à celle d'aucune tortue connue. Cette couverture supérieure a trois pouces neuf lignes de longueur sur trois pouces six lignes de largeur ; elle paraît composée, pour ainsi dire, de deux carapaces placées l'une sur l'autre, et dont celle de dessus serait plus étroite et plus courte. Cette espèce de seconde carapace, qui représente le disque, est longue de deux pouces huit lignes, large de deux pouces, un peu saillante, osseuse, parsemée d'une grande quantité de petits points qui la font paraître *chagrinée*. C'est de là que nous avons tiré le nom de l'animal. Ce disque est composé de vingt-trois pièces, qui ne sont recouvertes d'aucune écaille. Seize de ces pièces, plus larges que les autres, sont placées sur deux rangs séparés vers la tête par une troisième rangée de six pièces plus petites ; et ces trois rangs se réunissent à une dernière pièce, qui forme la partie antérieure du disque. Les bords de la carapace sont cartilagineux et à demi transparents ; ils laissent apercevoir les côtes de l'animal,

1. La courte-queue. M. Daubenton, Encyclopédie méthodique. — *Testudo carolina*, 11. Linn., *Amphib. rept.* — George Edwards, *Histoire naturelle des oiseaux*, p. 205. *Testudo tessellata minor Carolinensis.* — *Testudo pedibus digitatis calloso squamosis, testa ovali subconvexa, scutellis planis striatis medio punctatis.* Gron. Zooph., 17, n° 77. — Séba, mus. 1, tab. 80, fig. 1, *Testudo terrestris major americana.* — *Testudo carolina*, 7. Schneider.

le long desquelles cette partie cartilagineuse est un peu relevée, et qui sont au nombre de huit de chaque côté. Ces bords sont par derrière presque aussi larges que le disque.

Le plastron est plus avancé par devant et par derrière que la couverture supérieure; il est un peu échancré par devant, cartilagineux, transparent et garni de sept plaques osseuses, chagrinées, semblables aux pièces du disque, différentes entre elles par leur grandeur et par leur figure, placées trois vers le devant, deux vers le milieu, et deux vers le derrière du plastron.

La tête ressemble à celle des tortues d'eau douce; les rides de la peau qui environne le cou montrent que l'animal peut l'allonger facilement. Comme nous n'avons rien appris relativement aux habitudes de cette tortue, et comme les pattes et la queue manquaient à l'individu que nous venons de décrire, nous ne pouvons point dire si la chagrinée est terrestre ou d'eau douce. Cependant, comme sa couverture supérieure n'est presque pas bombée, nous présumons que cette tortue singulière est plutôt d'eau douce que de terre.

LA ROUSSATRE

Testudo (Emys) subrufa, MERR. — *Testudo subrufa*, BONN.

Cette nouvelle espèce de tortue a été apportée de l'Inde au Cabinet du roi, ainsi que la chagrinée, par M. Sonnerat; sa carapace est aplatie, longue de cinq pouces six lignes, et large d'autant; le disque est recouvert de treize lames; les bords le sont de douze. Ces écailles sont minces, légèrement striées, unies dans le centre, d'une couleur roussâtre très semblable à celle du marron. C'est de là que nous avons tiré le nom que nous lui donnons. Le plastron est échancré par derrière et revêtu de treize lames; la tête est plus plate que celle de la plupart des autres tortues; les cinq doigts des pieds de devant, ainsi que ceux de derrière, sont garnis d'ongles longs et pointus. La queue manquait à l'individu apporté par M. Sonnerat. Mais, quoique nous n'ayons pu juger de la forme de cette partie, nous présumons, d'après l'aplatissement de la carapace, et surtout d'après les ongles qui ne sont point émoussés, que la tortue roussâtre est plutôt d'eau douce que terrestre. L'individu que nous avons décrit était femelle; aussi son plastron était-il plat. Nous avons trouvé dans son intérieur plusieurs œufs d'une substance molle, ovales et longs d'un pouce.

LA NOIRATRE

Testudo (Terrapene) nigricans, MERR. — *Testudo subnigra*, LATR., DAUD.

Nous nommons ainsi une tortue dont il n'est fait mention dans aucun des naturalistes et voyageurs dont les ouvrages sont le plus connus, et dont nous ne pouvons donner qu'une description incomplète, parce que nous n'en avons vu que la carapace et le plastron, conservés au Cabinet du roi. Cette carapace a cinq pouces quatre lignes de long sur à peu près autant de large; elle est un peu bombée, d'une couleur très foncée et noirâtre. Le disque est recouvert de treize écailles épaisses, striées dans leur contour et si polies dans tout le reste de leur surface, qu'elles paraissent onctueuses au toucher. Les cinq écailles de la rangée du milieu sont un peu relevées, de manière à former une arête longitudinale; les bords sont garnis de vingt-quatre lames; le plastron est échancré par derrière et revêtu de treize écailles. Nous ignorons si cette tortue est terrestre ou d'eau douce, et dans quels lieux on la trouve.

DES LÉZARDS

Le genre des lézards est le plus nombreux de ceux qui forment l'ordre des quadrupèdes ovipares. Après avoir comparé les uns avec les autres les divers animaux qui le composent, tant d'après nos observations que d'après celles des voyageurs et des naturalistes, nous avons cru devoir en compter cinquante-six espèces toutes différenciées par leurs habitudes naturelles et par des caractères extérieurs. On peut distinguer facilement les lézards des autres quadrupèdes ovipares, parce qu'ils ne sont pas couverts d'une carapace, comme les tortues, et parce qu'ils ont une queue, tandis que les grenouilles, les raines et les crapauds n'en ont point. Leur corps est revêtu d'écailles plus ou moins fortes, ou de tubercules plus ou moins saillants. Leur grandeur varie depuis la longueur de deux ou trois pouces, jusqu'à celle de vingt-six ou même trente pieds. La forme et la proportion de leur queue varient aussi : dans les uns, elle est aplatie ; dans les autres, elle est ronde. Dans quelques espèces, sa longueur égale trois fois celle du corps ; dans quelques autres, elle est très courte ; dans tous, elle s'étend horizontalement et est presque aussi grosse à son origine que l'extrémité du corps à laquelle elle est attachée.

Les pattes de derrière des lézards sont plus longues que celles de devant. Les uns ont cinq doigts à chaque pied, d'autres n'en ont que quatre ou même trois aux pieds de derrière ou à ceux de devant. Dans la plupart de ces animaux, les cinq doigts des pieds de derrière sont inégaux, le troisième et le quatrième sont les plus longs, et l'extérieur est séparé des autres, comme une espèce de pouce, tandis qu'au contraire dans les quadrupèdes vivipares, le doigt qui représente le pouce est le doigt intérieur.

Les phalanges des doigts ne sont pas toujours au nombre de trois ou de deux, comme dans les vivipares, mais quelquefois au nombre de quatre, ainsi que dans plusieurs espèces d'oiseaux ; ce qui donne aux lézards plus de facilité pour saisir les branches des arbres sur lesquels ils grimpent.

Les habitudes de ces animaux sont aussi diversifiées que leur conformation extérieure : les uns passent leur vie dans l'eau ou sur les bords déserts des grands fleuves et des marais. D'autres, bien loin de fuir les endroits habités, les choisissent de préférence pour leur demeure; ceux-ci vivent au milieu des bois et y courent avec vitesse sur les rameaux les plus élevés; ceux-là ont leurs côtés garnis de membranes en forme d'ailes, par le moyen desquelles ils franchissent avec facilité des espaces étendus, et réunissent ainsi à la faculté de nager et à celle de grimper aisément jusqu'au sommet des arbres, le pouvoir de s'élancer et de voler, pour ainsi dire, de branche en branche.

Pour mettre de l'ordre dans l'exposition de ce grand nombre d'espèces de lézards, nous avons cru devoir réunir celles qui se ressemblent le plus par leur grandeur, par leur conformation extérieure et par leurs habitudes. Nous avons formé par là huit divisions dans ce genre : la première, qui renferme onze espèces, comprend les *crocodiles*, les *fouette-queue*, les *dragonnes* et les autres lézards, qui ont tous la queue aplatie, et qui, presque tous, parviennent à une longueur de plusieurs pieds.

Dans la seconde division se trouvent les *iguanes* et d'autres lézards moins grands, mais qui cependant ont quelquefois quatre ou cinq pieds de longueur, et qui sont distingués d'avec les autres par des écailles relevées en forme de crêtes au-dessus de leur dos. Cette seconde division renferme cinq espèces.

Dans la troisième, nous plaçons le *lézard gris* si commun dans nos contrées, le *lézard vert* que l'on trouve en très grand nombre dans nos provinces méridionales, et cinq autres espèces de lézards, tous distingués des autres en ce qu'ils n'ont point de crêtes sur le dos, que leur queue est ronde et que le dessous de leur corps est revêtu d'écailles assez grandes, disposées en bandes transversales.

Ces bandes transversales manquent, ainsi que les crêtes, aux lézards de la quatrième division ; ce défaut, joint à la rondeur de leur queue, suffit pour les faire reconnaître ; et ils forment vingt et une espèces, parmi lesquelles nous remarquerons principalement le *caméléon*, le *scinque*, faussement appelé *crocodile terrestre*, etc.

Le *gecko*, le *geckotte* et une troisième et nouvelle espèce de lézard composent la cinquième division; leur caractère distinctif est d'avoir le dessous des doigts garni de larges écailles, placées les unes sur les autres, comme les ardoises qui couvrent les toits.

La sixième division comprend le *seps* et le *chalcide*, qui n'ont l'un et l'autre que trois doigts, tant aux pieds de devant qu'à ceux de derrière.

Les lézards de la septième division sont remarquables par les membranes, en forme d'ailes, dont nous venons de parler. Nous n'avons compté dans cette division qu'une seule espèce, à laquelle nous avons rapporté tous les lézards ailés, décrits par les voyageurs; on en verra les raisons à l'article particulier du *dragon*.

La huitième division enfin comprend six espèces de lézards, parmi lesquelles nous rangeons la salamandre terrestre et la salamandre aquatique. Toutes les six sont distinguées des autres, en ce qu'elles ont trois ou quatre doigts aux pieds de devant, et quatre ou cinq aux pieds de derrière. Nous laissons exclusivement à ces animaux le nom de *salamandre*, qui a été souvent attribué à plusieurs lézards, très différents des vraies salamandres, et même très différents les uns des autres. Ils ont beaucoup de rapports avec les grenouilles et les autres quadrupèdes ovipares qui n'ont pas de queue ; ils leur ressemblent non seulement par leur peau dénuée d'écailles apparentes, mais encore par leurs habitudes, par les espèces de métamorphoses qu'ils subissent avant de devenir adultes, et par le séjour plus ou moins long qu'ils font au milieu des eaux. Ils s'en rapprochent encore par leurs parties intérieures et par la forme et le nombre de leurs os. S'ils ont des vertèbres cervicales, de même que les autres lézards, ils manquent presque tous de côtes, comme les grenouilles, et ils font ainsi la nuance qui réunit les quadrupèdes ovipares qui ont une queue, avec ceux qui en sont privés. Presque tous les lézards n'ont que deux ou quatre vertèbres cervicales ; mais le crocodile, placé par sa grandeur et par sa puissance à la tête de ces animaux, et occupant, dans la chaîne qui les réunit, l'extrémité opposée à celle où se trouvent les salamandres, a sept vertèbres au cou, comme tous les quadrupèdes vivipares. Il lie par là les lézards avec ces animaux mieux organisés, pendant que, d'un autre côté, il les rapproche des tortues de mer par une grande partie de ses habitudes et de sa conformation.

PREMIÈRE DIVISION

LÉZARDS

DONT LA QUEUE EST APLATIE, ET QUI ONT CINQ DOIGTS
AUX PIEDS DE DEVANT

LES CROCODILES

Lorsqu'on compare les relations des voyageurs, les observations des naturalistes et les descriptions des nomenclateurs, pour déterminer si l'on doit compter plusieurs espèces de crocodiles, ou si les différences qu'on a remarquées dans les individus ne tiennent qu'à l'âge, au sexe et au climat, on rencontre beaucoup de contradictions, tant sur la forme que sur la couleur, la taille, les mœurs et l'habitation de ce grand quadrupède ovipare. Les voyageurs lui ont rapporté ce qui ne convenait qu'à d'autres grands lézards très différents du crocodile, par leur conformation et par leurs habitudes ; ils lui en ont même donné les noms. Ils ont dit que le crocodile s'appelait tantôt *ligan* tantôt *guan* [1] ; noms qui ne sont que des contractions de celui du lézard *iguane*. C'est d'après ces diversités de noms, de formes et de mœurs, qu'ils ont voulu regarder les crocodiles comme formant plusieurs espèces distinctes ; mais tous les vrais crocodiles ont cinq doigts aux pieds de devant, quatre doigts palmés aux pieds de derrière, et n'ont d'ongles qu'aux trois doigts intérieurs de chaque pied. En examinant donc uniquement tous les grands lézards qui présentent ces caractères, et en observant attentivement les différences des divers individus, tant d'après les crocodiles que nous avons vus nous-mêmes, que d'après les descriptions des auteurs et les récits des voyageurs, nous avons cru ne devoir compter que trois espèces parmi ces énormes animaux.

La première est le crocodile ordinaire ou proprement dit, qui habite les bords du Nil ; on l'appelle *alligator*, principalement en Afrique, et l'on pourrait le désigner par le nom de *crocodile vert*, qui lui a déjà été donné. La seconde est le *crocodile noir*, que M. Adanson a vu sur la grande rivière du Sénégal ; et la troisième, le crocodile qui habite les bords du Gange, et auquel nous conservons le nom de *garial*, qui lui a été donné dans l'Inde. Ces trois espèces se ressemblent par les caractères distinctifs des crocodiles,

---

1. *Histoire générale des voyages*, livre VII.

que nous venons d'indiquer ; mais elles diffèrent les unes des autres par
d'autres caractères que nous rapporterons dans leurs articles particuliers.

On a donné aux crocodiles d'Amérique le nom de *caïman*, que l'on a
emprunté des Indiens ; nous en avons comparé avec soin plusieurs individus
de différents âges, avec des crocodiles du Nil, et nous avons pensé qu'ils
sont absolument de la même espèce que ces crocodiles d'Égypte ; ils ne présentent aucune différence remarquable qui ne puisse être rapportée à l'influence du climat. En effet, si leurs mâchoires sont quelquefois moins
allongées, elles ne diffèrent jamais assez, par leur raccourcissement, de
celles des crocodiles du Nil, pour que les caïmans constituent une espèce
distincte, d'autant plus que cette différence est très variable, et que les crocodiles d'Amérique ressemblent autant à ceux du Nil par le nombre de
leurs dents, qu'un individu ressemble à un autre parmi ces derniers crocodiles. On a prétendu que le cri des caïmans était plus faible, leur courage
moins grand et leur longueur moins considérable ; mais cela n'est vrai tout
au plus que des crocodiles de certaines contrées de l'Amérique, et particulièrement des côtes de la Guyane. Ceux de la Louisiane font entendre une
sorte de mugissement pour le moins aussi fort que celui des crocodiles de
l'ancien continent, qu'ils surpassent quelquefois par leur grandeur et par
leur hardiesse, tandis que nous voyons d'un autre côté, dans l'ancien monde,
plusieurs pays où les crocodiles sont presque muets et présentent une sorte
de lâcheté et de douceur de mœurs égales, pour le moins, à celles des crocodiles de la Guyane.

Les crocodiles du Nil et ceux d'Amérique ne forment donc qu'une espèce,
dont la grandeur et les habitudes varient dans les deux continents, suivant
la température, l'abondance de la nourriture, le plus ou moins d'humidité, etc. Cette première espèce est donc commune aux deux mondes,
pendant que le crocodile noir n'a été encore vu qu'en Afrique, et le gavial
sur les bords du Gange.

Les voyageurs qui sont allés sur les côtes orientales de l'Amérique méridionale disent que l'on y rencontre de grands quadrupèdes ovipares, qu'ils
regardent comme une petite espèce de caïmans, bien distincte de l'espèce
ordinaire. Cette prétendue espèce de caïman est celle d'un grand lézard,
que l'on nomme *dragonne*, et qui parvient quelquefois à la longueur de cinq
ou six pieds. Notre opinion à ce sujet a été confirmée par un fort bon observateur qui arrivait de la Guyane, à qui nous avons montré la dragonne, et
qui l'a reconnue pour le lézard qu'on y appelle *la petite espèce de caïman*.

Le navigateur Dampier a aussi voulu regarder comme une nouvelle
espèce de crocodile de très grands lézards que l'on trouve dans la Nouvelle-
Espagne, ainsi que dans d'autres contrées de l'Amérique[1], et auxquels les
Espagnols ont donné également le nom de caïman. Mais il nous paraît que

1. Dampier, t. III, p. 287 et suiv.

les quadrupèdes ovipares, désignés par Dampier sous les noms de *crocodile* et de *caïman*, sont de l'espèce des grands lézards que l'on a nommés *fouette-queue*. Ils présentent en effet le caractère distinctif de ces derniers; lorsqu'ils courent, ils portent, suivant Dampier lui-même, leur queue retroussée et repliée par le bout en forme d'arc, tandis que les vrais crocodiles ont toujours la queue presque traînante.

D'ailleurs, les vrais crocodiles ont, dans tous les pays, quatre glandes qui répandent une odeur de musc bien sensible. Les grands lézards que Dampier a voulu comprendre parmi ces animaux n'en ont point, suivant lui; nous avons donc une nouvelle preuve que ces lézards de Dampier ne forment pas une quatrième espèce de crocodiles.

Nous allons examiner de près les trois espèces que nous croyons devoir compter parmi ces lézards géants, en commençant par celle qui habite les bords du Nil et qui est la plus anciennement connue.

LE CROCODILE

OU LE CROCODILE PROPREMENT DIT [1]

Crocodilus vulgaris, Cuv., Geoffr., Merr. — *Crocodilus niloticus*, Daud. — *Lacerta Crocodilus*, Linn. — *Crocodilus Suchus*, Geoffr.

La nature, en accordant à l'aigle les hautes régions de l'atmosphère, en donnant au lion, pour son domaine, les vastes déserts des contrées ardentes, a abandonné au crocodile les rivages des mers et des grands fleuves des zones torrides. Cet animal énorme, vivant sur les confins de la terre et des eaux, étend sa puissance sur les habitants des mers et sur ceux que la terre nourrit. L'emportant en grandeur sur tous les animaux de son ordre, ne partageant sa subsistance ni avec le vautour, comme l'aigle, ni avec le

1. *Crocodeilos* et *Neilocrocodeilos*, en grec. — *Crocodilus*, en latin. — *Alligator*, sur les côtes d'Afrique. — *Diasik*, par les nègres du Sénégal. — *Caïman*, en Amérique. — *Takaie*, par les Siamois. — *Lagartor*, dans l'Inde, par les Portugais. — *Jacare*, au Brésil. — *Kimbula*, dans l'île de Ceylan, selon Rai. — *Leviathan* de l'Écriture, suivant Scheuchzer, physique de Job. — *Champsan*, en Égypte. — *Kimsak*, en certaines provinces de la Turquie. — Le *Crocodile*. M. Daubenton. Encyclopédie méthodique. — *Lacerta Crocodilus*, 1. Linn., *Amphib. reptil.* — Gronov., mus., p. 74, n° 47, *Crocodilus*. — Conradi Gesneri, *Historiæ animalium*, lib. II, De quadrup. ovip., *Crocodilus*. — Aldrov. aquat. 677, *Crocodilus*. — Séba, 1, tab. 103 et 104. — Bellon, aquat. 41, *Crocodilus*. — *Crocodilus*, Browne, p. 461. — *Crocodilus*, Barrère, 152. — *Crocodilus*, Jobi Ludolphi commentarius. — *Crocodilus*, Prosper Alpin. *Lugduni Batavorum*, 1735, t. 1er, chap. v. — Jonst., *Quadr.*, tab. 79, *Crocodilus*.

Crocodilus ailoticus, *Crocodilus americanus*, *Crocodilus africanus*, *Crocodilus terrestris*. Laurenti specimen medicum. Vienne, 1768, p. 53 et 54. (M. Laurenti, savant naturaliste, qui a fait connaître plusieurs espèces nouvelles de quadrupèdes ovipares, aurait certainement regardé, comme de la même espèce, les quatre individus que nous venons d'indiquer, s'il ne s'en était point rapporté à Séba.) — Rai, *Quadr.*, 261, *Lacertus maximus*. — Bont. jav. tab. 55. *Crocodilus caïman*. — Olear. mus. 8, tab. 7, fig. 3, *Crocodilus*. — Vallisner. Nat. 1, tab. 43. — Catesby, *Histoire naturelle de la Caroline*, t. II, *Lacertus maximus*.

tigre comme le lion, il exerce une domination plus absolue que celle du lion et de l'aigle. Il jouit d'un empire d'autant plus durable que, appartenant à deux éléments, il peut échapper plus aisément aux pièges; qu'ayant moins de chaleur dans le sang, il a moins besoin de réparer des forces qui s'épuisent moins vite; et que, pouvant résister plus longtemps à la faim, il livre moins souvent des combats hasardeux.

Il surpasse, par la longueur de son corps, et l'aigle et le lion, ces fiers rois de l'air et de la terre; et si l'on excepte les très grands quadrupèdes, comme l'éléphant, l'hippopotame, etc., et quelques serpents démesurés, dans lesquels la nature paraît se complaire à prodiguer la matière, il serait le plus grand des animaux, si, dans le fond des mers dont il habite les bords, cette nature puissante n'avait placé d'immenses cétacés. Il est à remarquer qu'à mesure que les animaux sont destinés à fendre l'air avec rapidité, à marcher sur la terre ou à cingler au milieu des eaux, ils sont doués d'une grandeur plus considérable. Les aigles et les vautours sont bien éloignés d'égaler en grandeur le tigre, le lion et le chameau; à mesure même que les quadrupèdes vivent plus près des rivages, il semble que leurs dimensions augmentent, comme dans l'éléphant et dans l'hippopotame. Cependant la plupart des animaux quadrupèdes, dont le volume est le plus étendu, sont moins grands que les crocodiles qui ont atteint le dernier degré de leur développement. On dirait que la nature a eu de la peine à donner à de très grands animaux des ressorts assez puissants pour les élever au milieu d'un élément aussi léger que l'air, et même pour les faire marcher sur la terre, et qu'elle n'a accordé un volume, pour ainsi dire, gigantesque aux êtres vivants et animés, que lorsqu'ils ont dû fendre l'élément de l'eau, qui, en leur cédant par sa fluidité, les a soutenus par sa pesanteur. L'art de l'homme, qui n'est qu'une application des forces de la nature, a été contraint de suivre la même progression; il n'a pu faire rouler sur la terre que des masses peu considérables, il n'en a élevé dans les airs que de moins grandes encore, et ce n'est que sur la surface des ondes qu'il a pu diriger des machines énormes.

Mais cependant comme le crocodile ne peut vivre que dans les climats très chauds, et que les grandes baleines, etc., fréquentent de préférence, au contraire, les régions polaires, le crocodile ne le cède en grandeur qu'à un petit nombre des animaux qui habitent les mêmes pays que lui. C'est donc assez souvent sans trouble qu'il exerce son empire sur les quadrupèdes ovipares. Incapable de désirs très ardents, il ne ressent pas la férocité[1]. S'il se nourrit de proie, s'il dévore les autres animaux, s'il attaque même quelquefois l'homme, ce n'est pas, comme on l'a dit du tigre, pour assouvir un appétit cruel, pour obéir à une soif de sang que rien ne peut étancher, mais uniquement pour satisfaire des besoins d'autant plus impérieux, qu'il doit entretenir une masse plus considérable. Roi dans son domaine, comme l'aigle et

1. Aristote est le premier naturaliste qui l'ait reconnu.

le lion dans les leurs, il a, pour ainsi dire, leur noblesse, en même temps
que leur puissance. Les baleines, les premiers des cétacés auxquels nous
venons de le comparer, ne détruisent également que pour se conserver ou se
reproduire ; et voilà donc les quatre grands dominateurs des eaux, des rivages, des déserts et de l'air, qui réunissent à la supériorité de la force une
certaine douceur dans l'instinct et laissent à des espèces inférieures, à des
tyrans subalternes, la cruauté sans besoin.

La forme générale du crocodile est assez semblable, en grand, à celle
des autres lézards. Mais si nous voulons saisir les caractères qui lui sont particuliers, nous trouverons que sa tête est allongée, aplatie et fortement ridée ;
le museau gros et un peu arrondi ; au-dessus est un espace rond, rempli
d'une substance noirâtre, molle et spongieuse, où sont placées les ouvertures des narines ; leur forme est celle d'un croissant, et leurs pointes sont
tournées en arrière. La gueule s'ouvre jusqu'au delà des oreilles : les mâchoires ont quelquefois plusieurs pieds de longueur ; l'inférieure est terminée
de chaque côté par une ligne droite ; mais la supérieure est comme festonnée ;
elle s'élargit vers le gosier, de manière à déborder de chaque côté la mâchoire
de dessous ; elle se rétrécit ensuite et la laisse dépasser jusqu'au museau, où
elle s'élargit de nouveau et enferme, pour ainsi dire, la mâchoire inférieure.

Il arrive de là que les dents placées aux endroits où une mâchoire déborde l'autre paraissent à l'extérieur comme des crochets ou des espèces de
dents canines : telles sont les dix dents qui garnissent le devant de la mâchoire supérieure. Au contraire, les deux dents les plus antérieures de la
mâchoire inférieure, non seulement s'enfoncent dans la mâchoire de dessus
lorsque la gueule est fermée, mais elles y pénètrent si avant, qu'elles la traversent en entier et s'élèvent au-dessus du museau, où leurs pointes ont
l'apparence de petites cornes ; c'est ce que nous avons trouvé dans tous les
individus d'une longueur un peu considérable que nous avons examinés. Cela
est même très sensible dans un jeune crocodile du Sénégal, de quatre pieds
trois ou quatre pouces de long, que l'on conserve au Cabinet du roi. Ce
caractère remarquable n'a cependant été indiqué par personne, excepté
par les mathématiciens jésuites, que Louis XIV envoya dans l'Orient, et qui
découvrirent un crocodile dans le royaume de Siam[1].

Les dents sont quelquefois au nombre de trente-six dans la mâchoire
supérieure et de trente dans la mâchoire inférieure, mais ce nombre doit
souvent varier. Elles sont fortes, un peu creuses, striées, coniques, pointues,
inégales en longueur[2], attachées par de grosses racines, placées de chaque
côté sur un seul rang, et un peu courbées en arrière, principalement celles
qui sont vers le bout du museau. Leur disposition est telle que, quand la

1. Mémoires pour servir à l'*Histoire naturelle des animaux*, t. III.
2. Ce sont les plus longues que Pline appelle canines, *Histoire naturelle*, livre XI, cha
pitre LXI.

gueule est fermée, elles passent les unes entre les autres; les pointes de plusieurs dents inférieures occupent alors des trous creusés dans les gencives de dessus, et réciproquement. MM. les académiciens, qui disséquèrent un très jeune crocodile amené en France en 1681, arrachèrent quelques dents et en trouvèrent de très petites placées dans le fond des alvéoles ; ce qui prouve que les premières dents du crocodile tombent et sont remplacées par de nouvelles, comme les dents incisives de l'homme et de plusieurs quadrupèdes vivipares[1].

La mâchoire inférieure est la seule mobile dans le crocodile, ainsi que dans les autres quadrupèdes. Il suffit de jeter les yeux sur le squelette de ce grand lézard, pour en être convaincu, malgré tout ce qu'on a écrit à ce sujet[2].

Dans la plupart des vivipares, la mâchoire inférieure, indépendamment du mouvement de haut en bas, a un mouvement de droite à gauche et de gauche à droite, nécessaire pour la trituration de la nourriture. Ce mouvement a été refusé au crocodile, qui d'ailleurs ne peut mâcher que difficilement sa proie, parce que les dents d'une mâchoire ne sont pas placées de manière à rencontrer celles de l'autre ; mais elles retiennent ou déchirent avec force les animaux qu'il saisit et qu'il avale le plus souvent sans les broyer[3]. Il a par là avec les poissons un trait de ressemblance auquel ajoutent la conformation et la position des dents de plusieurs chiens de mer, assez semblables à celles des dents du crocodile.

Les anciens[4], et même quelques modernes[5], ont pensé que le crocodile n'avait pas de langue; il en a une cependant fort large, et beaucoup plus considérable en proportion que celle du bœuf, mais qu'il ne peut pas allonger ni darder à l'extérieur, parce qu'elle est attachée aux deux bords de la mâchoire inférieure, par une membrane qui la couvre. Cette membrane est percée de plusieurs trous, auxquels aboutissent des conduits qui partent des glandes de la langue[6].

Le crocodile n'a point de lèvres; aussi, lorsqu'il marche ou qu'il nage avec le plus de tranquillité, montre-t-il ses dents, comme par furie. Ce qui ajoute à l'air terrible que cette conformation lui donne, c'est que ses yeux étincelants, très rapprochés l'un de l'autre, placés obliquement et présentant une sorte de regard sinistre, sont garnis de deux paupières dures, toutes les deux mobiles[7], fortement ridées, surmontées par un rebord dentelé, et, pour

1. Mémoires pour servir à l'*Histoire naturelle des animaux*, t. III, article du *crocodile*.

2. Labat, t. II, p. 314. — Rai, *Synopsis animalium*, p. 262.

3. « Le crocodile avale ses aliments sans les mâcher et sans les mêler avec de la salive; il les digère cependant avec facilité, parce qu'il a en proportion une plus grande quantité de bile et de sucs digestifs qu'aucun autre animal. » Voyez le *Voyage en Palestine*, par Hasselquist, p. 346.

4. Voyez Pline, livre XI, chap. LXV.

5. *Histoire naturelle de la Jamaïque*, p. 461.

6. Mémoires pour servir à l'*Histoire naturelle des animaux*, article du *crocodile*.

7. Pline a écrit que la paupière inférieure du crocodile était seule mobile ; mais l'observation est contraire à cette opinion.

ainsi dire, par un sourcil menaçant. Cet aspect affreux n'a pas peu contribué sans doute à la réputation de cruauté insatiable que quelques voyageurs
lui ont donnée : ses yeux sont aussi, comme ceux des oiseaux, défendus par
une membrane clignotante qui ajoute à leur force [1].

Les oreilles, situées très près et au-dessus des yeux, sont recouvertes par
une peau fendue et un peu relevée, de manière à représenter deux paupières fermées, et c'est ce qui a fait croire à quelques naturalistes que le
crocodile n'avait point d'oreilles, parce que plusieurs autres lézards en ont
l'ouverture plus sensible. La partie supérieure de la peau qui ferme les
oreilles est mobile ; et lorsqu'elle est levée, elle laisse apercevoir la membrane du tambour. Certains voyageurs auront apparemment pensé que cette
peau, relevée en forme de paupières, recouvrait des yeux ; et voilà pourquoi
l'on a écrit que l'on avait tué des crocodiles à quatre yeux [2]. Quelque peu
proéminentes que soient ces oreilles, Hérodote dit que les habitants de
Memphis attachaient des espèces de pendants à des crocodiles privés qu'ils
nourrissaient.

Le cerveau des crocodiles est très petit [3].

La queue est très longue ; elle est, à son origine, aussi grosse que le
corps, dont elle paraît une prolongation ; sa forme aplatie, et assez semblable
à celle d'un aviron, donne au crocodile une grande facilité pour se gouverner dans l'eau, et frapper cet élément de manière à y nager avec vitesse.
Indépendamment de ce secours, les trois doigts des pieds de derrière sont
réunis par des membranes, dont il peut se servir comme d'espèces de
nageoires : ces doigts sont au nombre de quatre ; ceux des pieds de devant,
au nombre de cinq ; dans chaque pied, il n'y a que les doigts intérieurs qui
soient garnis d'ongles, et la longueur de ces ongles est ordinairement d'un
ou de deux pouces.

La nature a pourvu à la sûreté des crocodiles, en les revêtant d'une
armure presque impénétrable ; tout leur corps est couvert d'écailles, excepté
le sommet de la tête, où la peau est collée immédiatement sur l'os. Celles
qui couvrent les flancs, les pattes et la plus grande partie du cou sont
presque rondes, de grandeurs différentes, et distribuées irrégulièrement.
Celles qui défendent le dos et le dessus de la queue sont carrées et forment
des bandes transversales. Il ne faut donc pas, pour blesser le crocodile, le
frapper de derrière en avant, comme si les écailles se recouvraient les unes
les autres, mais dans les jointures des bandes qui ne présentent que la peau.
Plusieurs naturalistes ont écrit que le nombre de ces bandes variait suivant
les individus. Nous les avons comptées avec soin sur sept crocodiles de différentes grandeurs, tant de l'Afrique que de l'Amérique : l'un avait treize
pieds neuf pouces six lignes de long, depuis le bout du museau jusqu'à

1. Browne, *Histoire naturelle de la Jamaïque*, p. 461.
2. *Histoire des moluques*, livre II, p. 116.
3. Mémoires pour servir à l'*Histoire naturelle des animaux*, article du *crocodile*.

l'extrémité de la queue ; le second, neuf pieds ; le troisième et le quatrième, huit pieds ; le cinquième, quatre ; le sixième, deux ; le septième était mort en sortant de l'œuf. Ils avaient tous le même nombre de bandes, excepté celui de deux pieds, qui paraissait, à la rigueur, en présenter une de plus que les autres.

Ces écailles carrées ont une très grande dureté et une flexibilité qui les empêche d'être cassantes [1] ; le milieu de ces lames présente une sorte de crête dure qui ajoute à leur solidité [2], et le plus souvent, elles sont à l'épreuve de la balle. L'on voit sur le milieu du cou deux rangées transversales de ces écailles à tubercules, l'une de quatre pièces et l'autre de deux ; et de chaque côté de la queue s'étendent deux rangs d'autres tubercules, en forme de crêtes, qui la font paraître hérissée de pointes, et qui se réunissent à une certaine distance de son extrémité, de manière à n'y former qu'un seul rang. Les lames qui garnissent le ventre, le dessous de la tête, du cou, de la queue, des pieds et la face intérieure des pattes, dont le bord extérieur est le plus souvent dentelé, forment également des bandes transversales ; elles sont carrées et flexibles, comme celles du dos, mais bien moins dures et sans crêtes. C'est par ces parties plus faibles que les cétacés et les poissons voraces attaquent le crocodile ; c'est par là que le dauphin lui donne la mort, ainsi que le rapporte Pline, et lorsque le chien de mer, connu sous le nom de *poisson-scie*, lui livre un combat qu'ils soutiennent tous deux avec furie, le poisson-scie ne pouvant percer les écailles tuberculeuses qui revêtent le dessus de son ennemi, plonge et le frappe au ventre [3].

La couleur des crocodiles tire sur un jaune verdâtre, plus ou moins nuancé d'un vert faible, par taches et par bandes, ce qui représente assez bien la couleur du bronze un peu rouillé. Le dessous du corps, de la queue et des pieds, ainsi que la face intérieure des pattes, sont d'un blanc jaunâtre ; on a prétendu que le nom de ces grands animaux venait de la ressemblance de leur couleur, avec celle du safran, en latin *crocus*, et en grec *crocos*. On a écrit aussi qu'il venait de *crocos* et de *deilos*, qui signifie *timide*, parce qu'on a cru qu'ils avaient horreur du safran [4]. Aristote paraît penser que les cro-

---

1. « Les écailles du crocodile sont à l'épreuve de la balle, à moins que le coup ne soit tiré de très près ou le fusil très chargé. Les nègres s'en font des bonnets, ou plutôt des casques, qui résistent à la hache. » Labat, t. II, p. 347 ; Voyage d'Atkins : *Histoire générale des voyages,* livre VII. — La dureté de ces écailles doit être cependant relative à l'âge, aux individus et peut-être au sexe. M. de la Borde assure que la croûte dont les crocodiles sont revêtus ne peut être percée par la balle qu'au-dessous des épaules. Suivant M. de la Coudrenière, on peut aussi la percer à coups de fusil sous le ventre et vers les yeux. Observations sur le crocodile de la Louisiane, par M. de la Coudrenière. *Journal de physique,* 1782.

2. Les crêtes voisines des flancs ne sont pas plus élevées que les autres et ne peuvent point opposer une plus grande résistance à la balle, ainsi qu'on l'a décrit. Je m'en suis assuré par l'inspection de plusieurs crocodiles de divers pays.

3. *Histoire générale des voyages,* t. XXXIX, p. 35, édition in-12.

4. Gesner, *De Quadrup. ovip.,* p. 18.

codiles sont noirs; il y en a en effet de très bruns sur la rivière du Sénégal,
ainsi que nous l'avons dit; mais ce grand philosophe ne devait pas les connaître.

Les crocodiles ont quelquefois cinquante-neuf vertèbres; sept dans le
cou, douze dans le dos, cinq dans les lombes, deux à la place de l'os sacrum
et trente-trois dans la queue; mais le nombre de ces vertèbres est variable.
Leur œsophage est très vaste et susceptible d'une grande dilatation; ils
n'ont point de vessie comme les tortues; leurs uretères se déchargent dans
le rectum; l'anus est situé au-dessous et à l'extrémité postérieure du corps;
les parties sexuelles des mâles sont renfermées dans l'intérieur du corps,
jusqu'au moment de l'accouplement, ainsi que dans les autres lézards et
dans les tortues, et ce n'est que par l'anus qu'ils peuvent les faire sortir. Ils
ont deux glandes ou petites poches au-dessous des mâchoires et deux
autres auprès de l'anus; ces quatre glandes contiennent une matière vola-
tile, qui leur donne une odeur de musc assez forte [1].

La taille des crocodiles varie suivant la température des diverses contrées dans lesquelles on les trouve. La longueur des plus grands ne passe
guère vingt-cinq ou vingt-six pieds dans les climats qui leur conviennent
le mieux; il paraît même que, dans certaines contrées qui leur sont moins
favorables, comme les côtes de la Guyane, leur longueur ordinaire ne
s'étend pas au delà de treize ou quatorze pieds [2]. Un individu de cette lon-

1. Voyez le *Voyage aux îles Madère, Barbade, de la Jamaïque*, etc., par Sloane, t. II.
p. 332. On y trouve une description des parties intérieures du crocodile, que nous traduisons
en partie ici, attendu qu'elle a été faite sur un assez grand individu, sur un alligator de seize
pieds de long. « La trachée-artère était fléchie : elle présentait une division avant d'entrer
dans les poumons, qui n'étaient que des vésicules entremêlées de vaisseaux sanguins, et qui
étaient composés de deux grands lobes, un de chaque côté de l'épine du dos. Le cœur était petit;
le péricarde renfermait une grande quantité d'eau. Le diaphragme paraissait membraneux ou
plutôt tendineux et nerveux. Le foie était long et triangulaire : il y avait une grande vésicule
du fiel, pleine d'une bile jaune et claire. Je n'observai point de rate (c'est toujours Sloane qui
parle) : les reins placés auprès de l'anus étaient larges et attachés à l'épine..... *Ce crocodile
n'avait point de langue* (ceci ne doit s'entendre que d'une langue libre et dégagée de toute membrane); l'estomac, qui était fort large et garni intérieurement d'une membrane dure, contenait
plusieurs pierres rondes et polies, du gravier tel qu'on le trouve sur le bord de la mer et quelques arêtes..... Les yeux étaient sphériques et garnis tous les deux d'une forte membrane clignotante : la pupille était allongée comme celle des chats. » On peut comparer ces détails avec
ceux que donne Hasselquist, dans son *Voyage en Palestine*, p. 311 et suiv.

2. Browne prétend que les crocodiles parviennent souvent à la longueur de quatorze à vingt-
quatre pieds. *Histoire naturelle de la Jamaïque*, p. 461.

Les crocodiles ou alligators sont très communs sur les côtes et dans les rivières profondes
de la Jamaïque, où on en prit un de dix-neuf pieds de long, dont on offrit la peau comme une
rareté à Sloane. *Voyage aux îles Madère, Barbade, de la Jamaïque*, etc., par Sloane, t. II.
p. 332.

« La rivière du Sénégal abonde, auprès de Ghiam, en crocodiles beaucoup plus gros et plus
dangereux que ceux qui se trouvent à l'embouchure. Les laptots du général en prirent un de
vingt-cinq pieds de long, à la joie extrême des habitants, qui se figurèrent que c'était le père
de tous les autres, et que sa mort jetterait l'effroi parmi tous les monstres de sa race. » Second
voyage du sieur Brue sur le Sénégal. *Histoire générale des voyages.*

Quelques voyageurs ont attribué une grandeur plus considérable au crocodile. Barbot dit

gueur, dont la peau est conservée au Cabinet du roi, a plus de quatre pieds
de circonférence dans l'endroit le plus gros du corps, ce qui suppose une
circonférence de huit à neuf pieds dans les plus grands crocodiles. Au reste,
on pourra juger des proportions de ce grand quadrupède ovipare, par la
note suivante [1] qui présente les principales dimensions de l'individu dont
nous venons de parler.

C'est au commencement du printemps que l'amour fait éprouver ses
feux au crocodile. Cet énorme quadrupède ovipare s'unit à sa femelle en
la renversant sur le dos, ainsi que les autres lézards, et leurs embrassements paraissent très étroits. On ignore la durée de leur union intime ; mais,
d'après ce que l'on a observé touchant les lézards de nos contrées, leur
accouplement, quoique bien plus court que celui des tortues, doit être plus
prolongé, ou du moins plus souvent renouvelé que celui de plusieurs vivipares. Lorsqu'il a cessé, l'attention du mâle pour sa compagne ne passe pas
tout à fait avec ses désirs, et il l'aide à se remettre sur ses pattes.

qu'il s'en est trouvé dans le Sénégal et dans la Gambie, qui n'avaient pas moins de trente pieds
de long ; suivant Smith, ceux de Sierra-Leona ont la même longueur. Jobson parle aussi d'un
crocodile de trente-trois pieds de long ; mais comme il n'avait mesuré que la trace que cet
animal avait laissée sur le sable, son témoignage ne doit pas être compté. Smith, *Voyage en
Guinée*. Voyage du cap. Jobson. *Histoire générale des voyages*, livre VII.

On trouve, suivant Catesby, à la Jamaïque, et dans plusieurs endroits du continent de
l'Amérique septentrionale, des crocodiles de plus de vingt pieds de long. On peut voir dans
Gesner, livre II, article du *crocodile*, tout ce que les anciens ont écrit touchant la grandeur de
cet animal, auquel quelques-uns d'eux ont attribué une longueur de vingt-six coudées.

Hasselquist dit, dans son *Voyage en Palestine*, p. 347, que les œufs du crocodile qu'il décrit
avaient appartenu à une femelle de trente pieds.

« Sur le bord d'une rivière, qui se jette dans la baie de Saint-Augustin, île de Madagascar,
les gens du capitaine Keeling tuèrent à coups de fusil un alligator, espèce de crocodile, qu'ils
virent marcher fort lentement sur la rive. Quoique mort d'un grand nombre de coups, les mouvements convulsifs qui lui restaient encore étaient capables d'inspirer de la frayeur. Il avait seize
pieds de long, et sa gueule était si large, qu'il ne parut pas surprenant qu'elle pût engloutir un
homme. Keeling fit transporter ce monstre jusqu'à son vaisseau, pour en donner le spectacle à
tous ses gens. On l'ouvrit, l'odeur qui s'en exhala parut fort agréable ; mais, quoique la chair ne
le fût pas moins à la vue, les plus hardis matelots n'osèrent en goûter. » Voyage du capitaine
William Keeling à Bantam et à Banda, en 1607.

		Pieds	Pouces	Lignes
1.	Longueur totale..............................	13	9	6
	Longueur de la tête...........................	2	3	0
	Longueur depuis l'entre-deux des yeux jusqu'au bout du muscau...............................	1	6	6
	Longueur de la mâchoire supérieure....................	1	10	0
	Longueur de la partie de la mâchoire qui est armée de dents.	1	7	0
	Distance des deux yeux........................	0	2	0
	Grand diamètre de l'œil........................	0	1	3
	Circonférence du corps à l'endroit le plus gros.	4	4	6
	Largeur de la tête derrière les yeux....................	1	1	6
	Largeur du museau à l'endroit le plus étroit.............	0	8	0
	Longueur des pattes de devant jusqu'au bout des doigts.....	1	9	0
	Longueur des pattes de derrière jusqu'au bout des doigts...	2	2	3
	Longueur de la queue..........................	6	0	3
	Circonférence de la queue à son origine.................	2	10	0

On a cru, pendant longtemps, que les crocodiles ne faisaient qu'une ponte ; mais M. de la Borde nous apprend que, dans l'Amérique méridionale, la femelle fait deux et quelquefois trois pontes éloignées l'une de l'autre de peu de jours ; chaque ponte est de vingt à vingt-quatre œufs [1], et par conséquent il est possible que le crocodile en ponde en tout soixante-douze, ce qui se rapproche de l'assertion de M. Linné, qui a décrit que les œufs du crocodile étaient quelquefois au nombre de cent.

La femelle dépose ses œufs sur le sable, le long des rivages qu'elle fréquente ; dans certaines contrées, comme aux environs de Cayenne et de Surinam [2], elle prépare, assez près des eaux qu'elle habite, un petit terrain élevé et creux dans le milieu ; elle y ramasse des feuilles et des débris de plantes, au milieu desquels elle fait sa ponte ; elle recouvre ses œufs avec ces mêmes feuilles ; il s'excite une sorte de fermentation dans ces végétaux, et c'est la chaleur qui en provient, jointe à celle de l'atmosphère, qui fait éclore les œufs. Le temps de la ponte commence, aux environs de Cayenne, en même temps que celui de la ponte des tortues, c'est-à-dire dès le mois d'avril ; mais il est plus prolongé. Ce qui est très singulier, c'est que l'œuf d'où doit sortir un animal aussi grand que l'alligator n'est guère plus gros que l'œuf d'une poule d'Inde suivant Catesby [3]. Il y a, au Cabinet du roi, un œuf d'un crocodile de quatorze pieds de longueur, tué dans la haute Égypte, au moment où il venait de pondre. Il est ovale et blanchâtre ; sa coque est d'une substance crétacée, semblable à celle des œufs de poule, mais moins dure ; la tunique intérieure qui touche à l'enveloppe crétacée est plus épaisse et plus forte que dans la plupart des œufs d'oiseaux. Le grand diamètre n'est que de deux pouces cinq lignes, et le petit diamètre d'un pouce onze lignes. J'en ai mesuré d'autres, pondus par des crocodiles d'Amérique, qui étaient plus allongés, et dont le grand diamètre était de trois pouces sept lignes, et le petit diamètre de deux pouces.

Les petits crocodiles sont repliés sur eux-mêmes dans leurs œufs ; ils n'ont que six ou sept pouces de long lorsqu'ils brisent leur coque. On a observé que ce n'est pas toujours avec leur tête, mais quelquefois avec les tubercules de leur dos qu'ils la cassent. Lorsqu'ils en sortent, ils traînent attaché au cordon ombilical le reste du jaune de l'œuf, entouré d'une membrane, et une espèce d'arrière-faix, composé de l'enveloppe dans laquelle ils ont été enfermés. Nous l'avons observé dans un jeune crocodile pris en sortant de l'œuf et conservé au Cabinet du roi. Quelque temps après qu'ils sont éclos, on remarque encore sur le bas de leur ventre l'insertion du cordon ombilical [4], qui disparaît avec le temps ; et les rangs d'écailles, qui étaient

---

1. Note communiquée par M. de la Borde, médecin du roi à Cayenne et correspondant du Cabinet de Sa Majesté.
2. Note communiquée par M. de la Borde.
3. Catesby, *Histoire naturelle de la Caroline*, t. II, p. 93.
4. Séba, t. Ier, p. 162 et suiv.

séparés et formaient une fente longitudinale par où il passait, se réunissent insensiblement. Ce fait est analogue à ce que nous avons remarqué dans de jeunes tortues, de l'espèce appelée *la ronde*, dont le plastron était fendu et dont on voyait au dehors la portion du ventre où le cordon ombilical avait été attaché.

Les crocodiles ne couvent donc pas leurs œufs; on aurait dû le présumer, d'après leur naturel, et l'on aurait dû, indépendamment du témoignage des voyageurs, refuser de croire ce que dit Pline du crocodile mâle, qui, suivant ce grand naturaliste, couve, ainsi que la femelle, les œufs qu'elle a pondus[1]. Si nous jetons en effet les yeux sur les animaux ovipares qui sont susceptibles d'affections tendres et de soins empressés; si nous observons les oiseaux, nous verrons que les espèces les moins ardentes en amour sont celles où le mâle abandonne sa femelle après en avoir joui; ensuite viennent les espèces où le mâle prépare le nid avec elle, où il la soulage dans la recherche des matériaux dont elle se sert pour le construire, où il veille attentif auprès d'elle pendant qu'elle couve, où il paraît charmer sa peine par son chant; et enfin celles qui ressentent le plus vivement les feux de l'amour, sont les espèces où le mâle partage entièrement avec sa compagne le soin de couver les œufs. Le crocodile devrait donc être regardé comme très tendrement amoureux, si le mâle couvait les œufs ainsi que la femelle. Mais comment attribuer cette vive, intime et constante tendresse à un animal qui, par la froideur de son sang, ne peut éprouver presque jamais ni passions impétueuses, ni sentiment profond? La chaleur seule de l'atmosphère, ou celle d'une sorte de fermentation, fait donc éclore les œufs des crocodiles. Les petits ne connaissent donc point de parents en naissant[2]; mais la nature leur a donné assez de force, dès les premiers moments de leur vie, pour se passer de soins étrangers. Dès qu'ils sont éclos, ils courent d'eux-mêmes se jeter dans l'eau, où ils trouvent plus de sûreté et de nourriture[3]. Tant qu'ils sont encore jeunes, ils sont cependant dévorés, non seulement par les poissons voraces, mais encore quelquefois par les vieux crocodiles qui, tourmentés par la faim, font alors par besoin ce que d'autres animaux sanguinaires paraissent faire uniquement par cruauté.

On n'a point recueilli assez d'observations sur les crocodiles pour savoir précisément quelle est la durée de leur vie; mais on peut conclure qu'elle est très longue, d'après l'observation suivante que M. le vicomte de Fontange, commandant pour le roi dans l'île Saint-Domingue, a eu la bonté de me communiquer. M. de Fontange a pris à Saint-Domingue de jeunes crocodiles qu'il a vus sortir de l'œuf; il les a nourris et a essayé de les amener

1. Pline, livre X, chap. LXXXII.
2. Cependant, suivant M. de la Borde, à Surinam, la femelle du crocodile se tient toujours à une certaine distance de ses œufs, qu'elle garde, pour ainsi dire, et qu'elle défend avec une sorte de fureur, lorsqu'on veut y toucher.
3. Catesby, *Histoire naturelle de la Caroline*, etc., t. II, p. 63.

vivants en France; le froid qu'ils ont éprouvé dans la traversée les a fait périr. Ces animaux avaient déjà vingt-six mois, et ils n'avaient encore qu'à peu près vingt pouces de longueur. On devrait donc compter vingt-six mois d'âge pour chaque vingt pouces que l'on trouverait dans la longueur des grands crocodiles, si leur accroissement se faisait toujours suivant la même proportion; mais, dans presque tous les animaux, le développement est plus considérable dans les premiers temps de leur vie. L'on peut donc croire qu'il faudrait supposer bien plus de vingt six mois pour chaque vingt pouces de la longueur d'un crocodile. Ne comptons cependant que vingt-six mois, parce qu'on pourrait dire que, lorsque les animaux ne jouissent pas d'une liberté entière, leur accroissement est retardé, et nous trouverons qu'un crocodile de vingt-cinq pieds n'a pu atteindre à tout son développement qu'au bout de trente-deux ans et demi. Cette lenteur dans le développement du crocodile est confirmée par l'observation des missionnaires mathématiciens que Louis XIV envoya dans l'Orient, et qui, ayant gardé un très jeune crocodile en vie pendant deux mois, remarquèrent que ses dimensions n'avaient pas augmenté, pendant ce temps, d'une manière sensible[1]. Cette même lenteur a fait naître sans doute l'erreur d'Aristote et de Pline, qui pensaient que le crocodile croissait jusqu'à sa mort, et elle prouve combien la vie de cet animal peut être longue. Le crocodile habitant en effet au milieu des eaux, presque autant que les tortues marines, n'étant pas revêtu d'une croûte plus dure qu'une carapace, et croissant pendant bien plus de temps que la tortue franche, qui paraît être entièrement développée après vingt ans, ne doit-il pas vivre plus longtemps que cette grande tortue, qui cependant vit plus d'un siècle?

Le crocodile fréquente de préférence les rives des grands fleuves, dont les eaux surmontent souvent leurs bords, et qui, couvertes d'une vase limoneuse, offrent en plus grande abondance les testacés, les vers, les grenouilles et les lézards dont il se nourrit[2]. Il se plaît surtout dans l'Amérique méridionale[3], au milieu des lacs marécageux et des savanes noyées. Catesby, dans son *Histoire naturelle de la Caroline*[4], nous représente les bords fangeux, baignés par les eaux salées, comme couverts de forêts épaisses d'arbres de bananes, parmi lesquels des crocodiles vont se cacher. Les plus petits s'enfoncent dans des buissons épais, où les plus grands ne peuvent pénétrer, et où ils sont à couvert de leurs dents meurtrières. Ces bois aquatiques sont remplis de poissons destructeurs et d'autres animaux qui se

---

1. Mémoires pour servir à l'*Histoire naturelle des animaux*, t. III.

2. « Les crocodiles de l'Amérique septentrionale fréquentent non seulement les rivières salées proches de la mer, mais aussi le courant des eaux douces plus avant dans les terres, et les lacs d'eaux salées et d'eaux douces. Ils se tiennent cachés sur leurs bords, parmi les roseaux, pour surprendre le bétail et les autres animaux. » Catesby, *Histoire naturelle de la Caroline*, t. II, p. 61.

3. Observations communiquées par M. de la Borde.

4. Catesby, t. II, p. 63.

dévorent les uns les autres. On y rencontre aussi de grandes tortues ; mais elles sont le plus souvent la proie de ces poissons carnassiers, qui, à leur tour, servent d'aliment aux crocodiles, plus puissants qu'eux tous. Ces forêts noyées présentent les débris de cette sorte de carnage, et l'on y voit flotter des restes de carcasses d'animaux à demi dévorés. C'est dans ces terrains fangeux que, couvert de boue et ressemblant à un arbre renversé, il attend immobile, et avec la patience que doit lui donner la froideur de son sang, le moment favorable de saisir sa proie. Sa couleur, sa forme allongée, son silence, trompent les poissons, les oiseaux de mer, les tortues, dont il est très avide. Il s'élance aussi sur les béliers, les cochons[1] et même sur les bœufs. Lorsqu'il nage, en suivant le cours de quelque grand fleuve, il arrive souvent qu'il n'élève au-dessus de l'eau que la partie supérieure de sa tête ; dans cette attitude, qui lui laisse la liberté des yeux, il cherche à surprendre les grands animaux qui s'approchent de l'une ou de l'autre rive ; et lorsqu'il en voit quelqu'un qui vient pour y boire, il plonge, va jusqu'à lui en nageant entre deux eaux, le saisit par les jambes et l'entraîne au large pour l'y noyer. Si la faim le presse, il dévore aussi les hommes[2], et particulièrement les nègres, sur lesquels on a écrit qu'il se jette de préférence[3]. Les très grands crocodiles surtout, ayant besoin de plus d'aliments, pouvant être aperçus et évités plus facilement par les petits animaux, doivent éprouver plus souvent et plus violemment le tourment de la faim, et par conséquent être quelquefois très dangereux, principalement dans l'eau. C'est en effet dans cet élément que le crocodile jouit de toute sa force et qu'il se remue avec agilité, malgré sa lourde masse, en faisant souvent entendre une espèce de murmure sourd et confus. S'il a de la peine à se tourner avec promptitude, à cause de la longueur de son corps, c'est toujours avec la plus grande vitesse qu'il fend l'eau devant lui pour se précipiter sur sa proie ; il la renverse d'un coup de sa queue raboteuse, la saisit avec ses griffes, la déchire ou la partage en deux avec ses dents fortes et pointues, et l'engloutit dans une gueule énorme, qui s'ouvre jusqu'au delà des ovailles pour la recevoir. Lorsqu'il est à terre, il est plus embarrassé dans ses mouvements, et par conséquent moins à craindre pour les animaux qu'il poursuit ; mais, quoique moins agile que dans l'eau, il avance très vite quand le chemin est droit et le terrain uni. Aussi, lorsqu'on veut lui échapper, doit-on se détourner sans cesse. On lit dans la description de la Nouvelle-Espagne[4], qu'un voyageur anglais fut poursuivi avec tant de vitesse par un monstrueux crocodile sorti du lac de Nicaragua, que si les Espagnols qui l'accompa-

---

1. Catesby. *Histoire naturelle de la Caroline*, t. II, p. 63.

2. Dans l'Égypte supérieure, ils dévorent très souvent les femmes qui viennent puiser de l'eau dans le Nil, et les enfants qui se jouent sur le bord du fleuve. Hasselquist. *Voyage en Palestine*, p. 347.

3. Observations sur le crocodile de la Louisiane, par M. de la Coudrenière, *Journal de physique*, 1782.

4. *Histoire générale des voyages*, Ve partie.

gnaient ne lui eussent crié de quitter le chemin battu et de marcher en tournoyant, il aurait été la proie de ce terrible animal. Dans l'Amérique méridionale, suivant M. de la Borde, les grands crocodiles sortent des fleuves plus rarement que les petits; l'eau des lacs qu'ils fréquentent venant quelquefois à s'évaporer, ils demeurent souvent pendant quelques mois à sec, sans pouvoir regagner aucune rivière, vivant de gibier ou se passant de nourriture, et étant alors très dangereux.

Il y a peu d'endroits peuplés de crocodiles un peu gros où l'on puisse tomber dans l'eau sans risquer de perdre la vie[1]. Ils ont souvent, pendant la nuit, grimpé ou sauté dans des canots, dans lesquels on était endormi, et ils en ont dévoré tous les passagers. Il faut veiller avec soin lorsqu'on se trouve le long des rivages habités par ces animaux. M. de la Borde en a vu se dresser contre les très petits bâtiments. Au reste, en comparant les relations des voyageurs, il paraît que la voracité et la hardiesse des crocodiles augmentent, diminuent et même passent entièrement, suivant le climat, la taille, l'âge, l'état de ces animaux, la nature, et surtout l'abondance de leurs aliments. La faim peut quelquefois les forcer à se nourrir d'animaux de leur espèce, ainsi que nous l'avons dit; et lorsqu'un extrême besoin les domine, le plus faible devient la victime du plus fort; mais, d'après tout ce que nous avons exposé, l'on ne doit point penser, avec quelques naturalistes, que la femelle du crocodile conduit à l'eau ses petits lorsqu'ils sont éclos, et que le mâle et la femelle dévorent ceux qui ne peuvent pas se traîner. Nous avons vu que la chaleur du soleil ou de l'atmosphère faisait éclore leurs œufs, que les petits allaient d'eux-mêmes à la mer; et les crocodiles n'étant jamais cruels que pour assouvir une faim plus cruelle, ne doivent point être accusés de l'espèce de choix barbare qu'on leur a imputé.

Malgré la diversité des aliments que recherche le crocodile, la facilité que la lenteur de sa marche donne à plusieurs animaux pour l'éviter le contraint quelquefois à demeurer beaucoup de temps et même plusieurs mois sans manger[2] : il avale alors de petites pierres et de petits morceaux de bois capables d'empêcher ses intestins de se resserrer[3].

Il paraît, par les récits des voyageurs, que les crocodiles qui vivent près de l'équateur ne s'engourdissent dans aucun temps de l'année; mais ceux

---

1. « Les crocodiles sont plus dangereux dans la grande rivière de Macassar que dans aucune autre rivière de l'Orient : ces monstres, ne se bornant point à faire la guerre aux poissons, s'assemblent quelquefois en troupes et se tiennent cachés au fond de l'eau, pour attendre le passage des petits bâtiments. Ils les arrêtent, et, se servant de leur queue comme d'un croc, ils les renversent et se jettent sur les hommes et les animaux, qu'ils entraînent dans leurs retraites. » Description de l'île Célèbes ou Macassar. *Histoire générale des voyages*, t. XXXIX, p. 248, édit. in-12.

2. Browne dit que l'on a observé plusieurs fois des crocodiles qui ont vécu plusieurs mois sans prendre de nourriture, et qu'on s'en est assuré, en leur liant le museau avec un fil de métal, et en les laissant ainsi liés dans des étangs où ils venaient de temps en temps à la surface de l'eau pour respirer. *Histoire naturelle de la Jamaïque*, p. 461.

3. Browne, *id.*

qui habitent vers les tropiques ou à des latitudes plus élevées se retirent, lorsque le froid arrive, dans des antres profonds auprès des rivages, et y sont pendant l'hiver dans un état de torpeur. Pline a écrit que les crocodiles passaient quatre mois de l'hiver dans des cavernes, et sans nourriture, ce qui suppose que les crocodiles du Nil, qui étaient les mieux connus des anciens, s'engourdissaient pendant la saison du froid[1]. En Amérique, à une latitude aussi élevée que celle de l'Égypte, et par conséquent sous une température moins chaude, le nouveau continent étant plus froid que l'ancien, les crocodiles sont engourdis pendant l'hiver. Ils sortent dans la Caroline de cet état de sommeil profond en faisant entendre, dit Catesby, des mugissements horribles qui retentissent au loin[2]. Les rivages habités par ces animaux peuvent être entourés d'échos qui réfléchissent les sons sourds formés par ces grands quadrupèdes ovipares, et en augmentent la force de manière à justifier, jusqu'à un certain point, le récit de Catesby. D'ailleurs M. de la Coudrenière dit que, dans la Louisiane, le cri de ces animaux n'est jamais répété plusieurs fois de suite, mais que leur voix est aussi forte que celle d'un taureau[3]. Le capitaine Jobson assure aussi que les crocodiles, qui sont en grand nombre dans la rivière de Gambie en Afrique, et que les nègres appellent *bumbos*, y poussent des cris que l'on entend de fort loin. Ce voyageur ajoute que l'on dirait que ces cris sortent du fond d'un puits. Ce qui suppose, dans la voix du crocodile, beaucoup de tons graves qui la rapprochent d'un mugissement bas et comme étouffé[4]. Et enfin le témoignage de M. de la Borde, que nous avons déjà cité, vient encore ici à l'appui de l'assertion de Catesby.

Si le crocodile s'engourdit à de hautes latitudes comme les autres quadrupèdes ovipares, sa couverture écailleuse n'est point de nature à être altérée par le froid et la disette, ainsi que la peau du plus grand nombre de ces animaux ; et il ne se dépouille pas comme ces derniers.

Dans tous les pays où l'homme n'est pas en assez grand nombre pour le contraindre à vivre dispersé, il va par troupes nombreuses. M. Adanson a vu, sur la grande rivière du Sénégal, des crocodiles réunis au nombre de plus de deux cents, nageant ensemble la tête hors de l'eau, et ressemblant à un grand nombre de troncs d'arbres, à une forêt que les flots entraîneraient. Mais cet attroupement des crocodiles n'est point le résultat d'un instinct heureux : ils ne se rassemblent pas, comme les castors, pour s'occuper en commun de travaux combinés ; leurs talents ne sont pas augmentés par l'imitation, ni leurs forces par le concert ; ils ne se recherchent pas comme les phoques et les lamantins par une sorte d'affection mutuelle,

1. Pline, livre VIII, chap. xxxviii. L'engourdissement des crocodiles paraît encore indiqué par ce que dit Pline, livre XI, chap. xci.
2. Catesby, *Histoire naturelle de la Caroline*, t. II, p. 63.
3. Observations sur le crocodile de la Louisiane. *Journal de physique*, 1782.
4. Voyage du capitaine Jobson à la rivière de Gambie. *Histoire générale des voyages*, livre VII.

mais ils se réunissent parce que des appétits semblables les attirent dans les mêmes endroits : cette habitude d'être ensemble est cependant une nouvelle preuve du peu de cruauté que l'on doit attribuer aux crocodiles; et ce qui confirme qu'ils ne sont pas féroces, c'est la flexibilité de leur naturel. On est parvenu à les apprivoiser. Dans l'île de Bouton, aux Moluques, on engraisse quelques-uns de ces animaux devenus par là en quelque sorte domestiques; dans d'autres pays, on les nourrit par ostentation. Sur la côte des Esclaves en Afrique, le roi de Saba a, par magnificence, deux étangs remplis de crocodiles. Dans la rivière de Rio-San-Domingo, également près des côtes occidentales de l'Afrique, où les habitants prennent soin de les nourrir, des enfants osent, dit-on, jouer avec ces monstrueux animaux[1]. Les anciens connaissaient cette facilité avec laquelle le crocodile se laisse apprivoiser. Aristote a dit que, pour y parvenir, il suffisait de lui donner une nourriture abondante, dont le défaut seul peut le rendre très dangereux[2].

Mais si le crocodile n'a pas la cruauté des chiens de mer et de plusieurs autres animaux de proie, avec lesquels il a plusieurs rapports, et qui vivent comme lui au milieu des eaux, il n'a pas assez de chaleur intérieure pour avoir la fierté de leur courage : aussi Pline a-t-il écrit qu'il fuit devant ceux qui le poursuivent, qu'il se laisse même gouverner par les hommes assez hardis pour se jeter sur son dos, et qu'il n'est redoutable que pour ceux qui fuient devant lui[3]. Cela pourrait être vrai des crocodiles que Pline ne connaissait point, qui se trouvent dans certains endroits de l'Amérique, et qui, comme tous les autres grands animaux de ces contrées nouvelles, où l'humidité l'emporte sur la chaleur, ont moins de courage et de force que les animaux qui les représentent dans les pays secs de l'ancien continent[4].

1. « On a remarqué, avec étonnement, dans la rivière de Rio-San-Domingo, que les caïmans ou les crocodiles, qui sont ordinairement des animaux si terribles, ne nuisent ici à personne. Les enfants en font leur jouet, jusqu'à leur monter sur le dos, et les battre même sans en recevoir aucune marque de ressentiment. Cette douceur leur vient peut-être du soin que les habitants prennent de les nourrir et de les bien traiter. Dans toutes les autres parties de l'Afrique, ils se jettent indifféremment sur les hommes et sur les animaux. Cependant il se trouve des nègres assez hardis pour les attaquer à coups de poignard. Un laptot du fort Saint-Louis s'en faisait tous les jours un amusement qui lui avait longtemps réussi; mais il reçut enfin tant de blessures dans ce combat, que sans le secours de ses compagnons, il aurait perdu la vie entre les dents du monstre. » Voyage du sieur Brue aux îles de Bissoa, etc., *Histoire générale des voyages.*

2. M. de la Borde a vu, à Cayenne, des caïmans conservés avec des tortues dans un bassin plein d'eau. Ils vivent longtemps sans faire même aucun mal aux tortues. On les nourrit avec les restes des cuisines. Note communiquée par M. de la Borde.

3. Pline, *Histoire naturelle*, livre VIII, chap. xxxviii. — On peut aussi voir, dans Prosper Alpin, ce qu'il raconte de la manière dont les paysans d'Égypte saisissaient un crocodile, lui liaient la gueule et les pattes, le portaient à des acheteurs, le faisaient marcher quelque temps devant eux après l'avoir délié, rattachaient ensuite ses pattes et sa gueule, l'égorgeaient pour le dépouiller, etc. Prosper Alpin, *Histoire naturelle de l'Égypte*, Leyde, 1755, in-4°, t. 1ᵉʳ, chap. v.

4. « Dans l'Amérique méridionale, aux environs de Cayenne, les nègres prennent quelquefois de petits caïmans de cinq à six pieds de long. Ils leur attachent les pattes, et ces animaux se laissent alors manier et porter, même sans menacer de mordre. Les plus prudents leur attachent les deux mâchoires ou leur mettent une grosse lame dans la gueule. Mais dans certaines rivières de Saint-Domingue, où le crocodile ou caïman est assez doux, les nègres le poursuivent; l'animal

Cette chaleur est si nécessaire aux crocodiles que non seulement ils vivent avec peine dans les climats très tempérés[1], mais encore que leur grandeur diminue à mesure qu'ils habitent les latitudes élevées. On les rencontre cependant dans les deux mondes à plusieurs degrés au-dessus des tropiques[2]; l'on a même trouvé des pétrifications de crocodiles à plus de cinquante pieds sous terre dans les mines de Thuringe, ainsi qu'en Angleterre[3]; mais ce n'est pas ici le lieu d'examiner le rapport de ces ossements fossiles avec les révolutions qu'ont éprouvées les diverses parties du globe.

Quelque redoutable que paraisse le crocodile, les nègres des environs du Sénégal osent l'attaquer pendant qu'il est endormi et tâchent de le surprendre dans des endroits où il n'a pas assez d'eau pour nager; ils vont à lui audacieusement, le bras gauche enveloppé dans un cuir; ils l'attaquent à coups de lance ou de zagaie; ils le percent de plusieurs coups au gosier et dans les yeux; ils lui ouvrent la gueule, la tiennent sous l'eau et l'empêchent de se fermer en plaçant leur zagaie entre les mâchoires, jusqu'à ce que le crocodile soit suffoqué par l'eau qu'il avale en trop grande quantité[4].

En Égypte, on creuse sur les traces de cet animal démesuré un fossé

cache sa tête et une partie de son corps dans un trou. On passe un nœud coulant, fait avec une grosse corde, à l'une de ses pattes de derrière; plusieurs nègres le tirent ensuite et le traînent partout jusque dans les maisons, sans qu'il témoigne la moindre envie de se défendre. » Note communiquée par M. de la Borde.

1. *Mémoire pour servir à l'Histoire naturelle des animaux*, article du *Crocodile*.

2. « Les rivières de la Corée sont souvent infestées de crocodiles ou alligators qui ont quelquefois dix-huit ou vingt aunes de long. » Relation de Hamel, Hollandais, et description de la Corée. *Histoire générale des voyages*, t. XXIV, p. 244. in-12. 1749. — Les rivages de la terre des Papous sont aussi peuplés de crocodiles. Voyage de Fernand Mendez Pinto. *Histoire générale des voyages*, seconde partie, livre II. — Dampier a rencontré des alligators sur les côtes de l'île de Timor. Voyage de Guillaume Dampier aux terres australes.

« Il y a beaucoup de crocodiles dans le continent de l'Amérique, dix degrés plus avant vers le Nord que le tropique du Cancer, particulièrement aussi loin que la rivière Neus dans la Caroline septentrionale, environ au trente-troisième degré de latitude; je n'ai jamais ouï parler d'aucun de ces animaux au delà. Cette latitude répond à peu près aux parties de l'Afrique les plus septentrionales, où en trouve aussi. » Catesby, *Histoire naturelle de la Caroline*, t. II, p. 63. — « Les crocodiles sont fort communs dans tout le cours de l'Amazone, et même dans la plupart des rivières que l'Amazone reçoit. On assura M. de la Condamine qu'il s'y en trouve de vingt pieds de long et même de plus grands. Il en avait déjà vu un grand nombre de douze, quinze pieds et plus sur la rivière de Guayaquil. Comme ceux de l'Amazone sont moins chassés et moins poursuivis, ils craignent peu les hommes. Dans les temps des inondations ils entrent quelquefois dans les cabanes des Indiens. » *Histoire générale des voyages*, t. LIII, p. 439, édition in-12.

3. On a découvert, dans la province de Nortingam, le squelette entier d'un crocodile. *Bibliothèque anglaise*, t. II, p. 406.

4. Labat, t. II, p. 337. — « Un de mes nègres tua un crocodile de sept pieds de long ; il l'avait aperçu endormi dans les broussailles, au pied d'un arbre, sur le bord d'une rivière. Il s'en approcha assez doucement pour ne le pas éveiller, et lui porta fort adroitement un coup de couteau dans le côté du cou, au défaut des os de la tête et des écailles, il le perça, à peu de chose près, de part en part. L'animal, blessé à mort, se repliant sur lui-même, quoique avec peine, frappa les jambes du nègre d'un coup de sa queue qui fut si violent, qu'il le renversa par terre. Celui-ci, sans lâcher prise, se releva dans l'instant et, afin de n'avoir rien à craindre de la gueule meurtrière du crocodile, il l'enveloppa d'un pagne, pendant que son camarade lui retenait la queue; je lui montai aussi sur le corps pour l'assujettir. Alors le nègre retira son couteau et lui coupa la tête, qu'il sépara du tronc. » *Voyage de M. Adanson au Sénégal*, p. 148.

profond, que l'on couvre de branchages et de terre; on effraye ensuite à grands cris le crocodile qui, reprenant pour aller à la mer le chemin qu'il avait suivi pour s'écarter de ses bords, passe sur la fosse, y tombe et y est assommé ou pris dans des filets. D'autres attachent une forte corde par une extrémité à un gros arbre; ils lient à l'autre bout un crochet et un agneau, dont les cris attirent le crocodile, qui, en voulant enlever cet appât, se prend au crochet par la gueule. A mesure qu'il s'agite, le crochet pénètre plus avant dans la chair : on suit tous ses mouvements en lâchant la corde, et on attend qu'il soit mort, pour le tirer du fond de l'eau.

Les sauvages de la Floride ont une autre manière de le prendre; ils se réunissent au nombre de dix ou douze; ils s'avancent au-devant du crocodile, qui cherche une proie sur le rivage; ils portent un arbre qu'ils ont coupé par le pied; le crocodile va à eux la gueule béante; mais en enfonçant leur arbre dans cette large gueule, ils l'ont bientôt renversé et mis à mort.

On dit aussi qu'il y a des gens assez hardis pour aller, en nageant jusque sous le crocodile, lui percer la peau du ventre, qui est presque le seul endroit où le fer puisse pénétrer.

Mais l'homme n'est pas le seul ennemi que le crocodile ait à craindre : les tigres en font leur proie, l'hippopotame le poursuit, et il est pour lui d'autant plus dangereux, qu'il peut le suivre avec acharnement jusqu'au fond de la mer. Les couguars, quoique plus faibles que les tigres, détruisent aussi un grand nombre de crocodiles; ils attaquent les jeunes caïmans, ils les attendent en embuscade sur le bord des grands fleuves, les saisissent au moment qu'ils montrent la tête hors de l'eau, et les dévorent. Mais lorsqu'ils en rencontrent de gros et de forts, ils sont attaqués à leur tour; en vain ils enfoncent leurs griffes dans les yeux du crocodile, cet énorme lézard, plus vigoureux qu'eux, les entraîne au fond de l'eau [1].

Sans ce grand nombre d'ennemis, un animal aussi fécond que le crocodile serait trop multiplié; tous les rivages des grands fleuves des zones torrides seraient infestés par ces animaux monstrueux, qui deviendraient bientôt féroces et cruels par l'impossibilité où ils seraient de trouver aisément leur nourriture. Puissants par leurs armes, plus puissants par leur multitude, ils auraient bientôt éloigné l'homme de ces terres fécondes et nouvelles que ce roi de la nature a quelquefois bien de la peine à leur disputer; car comment résister à tout ce qui donne le pouvoir, à la grandeur, aux armes, à la force et au nombre? Prosper Alpin dit qu'en Égypte les plus grands crocodiles fuient le voisinage de l'homme et se tiennent sur les rivages du Nil, au-dessus de Memphis [2]. Mais, dans les pays moins peuplés, il ne doit pas en être de même; ils sont si abondants dans les grandes

---

1. *Histoire générale des voyages*, t. LIII, p. 140, édit. in-12.

2. On y en rencontre, suivant cet auteur, de trente coudées de long. *Histoire naturelle de l'Égypte*, par Prosper Alpin, t. Ier, chap. v.

rivières de l'Amazone et d'Oyapoc, dans la baie de Vinçon et dans les lacs qui y communiquent, qu'ils y gênent, par leur multitude, la navigation des pirogues ; ils suivent ces légers bâtiments, sans cependant essayer de les renverser, et sans attaquer les hommes. Il est quelquefois aisé de les écarter à coups de rame, lorsqu'ils ne sont pas très grands[1]. Mais M. de la Borde raconte que, naviguant dans un canot, le long des rivages orientaux de l'Amérique méridionale, il rencontra une douzaine de gros caïmans à l'embouchure d'une petite rivière dans laquelle il voulait entrer ; il leur tira plusieurs coups de fusil, sans qu'ils changeassent de place ; il fut tenté de faire passer son canot par-dessus ces animaux ; il fut arrêté cependant par la crainte qu'ils ne fissent chavirer son petit bâtiment et ne le dévorassent lorsqu'il serait tombé dans l'eau. Il fut obligé d'attendre près de deux heures, après lesquelles les caïmans s'éloignèrent et lui laissèrent le passage libre[2].

Heureusement un grand nombre de crocodiles sont détruits avant d'éclore. Indépendamment des ennemis puissants dont nous avons déjà parlé, des animaux trop faibles pour ne pas fuir à l'aspect de ces grands lézards cherchent leurs œufs sur les rivages où ils les déposent : la mangouste, les singes, les sagouins, les sapajous et plusieurs espèces d'oiseaux d'eau s'en nourrissent avec avidité[3] et en cassent même un très grand nombre, en quelque sorte, pour le plaisir de jouer.

Ces mêmes œufs, ainsi que la chair du crocodile, surtout celle de la queue et du bas-ventre, servent de nourriture aux nègres de l'Afrique, ainsi qu'à certains peuples de l'Inde et de l'Amérique[4]. Ils trouvent délicate et succulente cette chair qui est très blanche ; mais il paraît que presque tous les Européens qui ont voulu en manger ont été rebutés par l'odeur de musc dont elle est imprégnée. M. Adanson cependant dit qu'il goûta celle d'un jeune crocodile, tué sous ses yeux au Sénégal, et qu'il ne la trouva pas mauvaise. Au reste, la saveur de cette chair doit varier beaucoup suivant l'âge, la nourriture et l'état de l'animal.

On trouve quelquefois des bézoards dans le corps des crocodiles, ainsi que dans celui de plusieurs autres lézards. Séba avait dans sa collection plusieurs de ces bézoards, qui lui avaient été envoyés d'Amboine et de Ceylan ; les plus grands étaient gros comme un œuf de canard, mais un peu plus longs, et leur surface présentait des éminences de la grosseur des plus petits grains de poivre. Ces concrétions étaient composées, comme tous les bézoards, de couches placées au-dessus les unes des autres ; leur couleur était marbrée et d'un cendré obscur plus ou moins mêlé de blanc[5].

1. Note communiquée par M. le chevalier de Widerspach, correspondant du Cabinet de Sa Majesté.
2. Note communiquée par M. de la Borde.
3. Description de l'île espagnole. *Histoire générale des voyages,* livre V.
4. Catesby, *Histoire naturelle de la Caroline,* t. II, p. 63.
5. Séba, t. II, p. 139.

Les anciens Romains ont été longtemps sans connaître les crocodiles par eux-mêmes ; ce n'est que cinquante-huit ans avant l'ère chrétienne que l'édile Scorus en montra cinq au peuple [1]. Auguste lui en fit voir un grand nombre vivants, contre lesquels il fit combattre des hommes. Héliogabale en nourrissait.

Les tyrans du monde faisaient venir, à grands frais, de l'Afrique, des crocodiles, des tigres, des lions : ils s'empressaient de réunir autour d'eux ce que la terre paraît nourrir de plus féroce.

Les crocodiles étaient donc pour les Romains et d'autres anciens peuples des animaux très redoutables ; ils venaient de loin. Il n'est pas surprenant qu'on leur ait attribué des vertus extraordinaires. Il n'y a presque aucune partie dans les crocodiles à laquelle on n'ait attaché la vertu de guérir quelque maladie. Leurs dents [2], leurs écailles, leur chair, leurs intestins, tout en était merveilleux [3]. On fit plus dans leur pays natal. Ils y inspiraient une grande terreur, ils y répandaient quelquefois le ravage ; la crainte dégrada la raison, on en fit des dieux, on leur donna des prêtres ; la ville d'Arsinoé leur fut consacrée [4]. On renfermait religieusement leurs cadavres dans de hautes pyramides, auprès des tombeaux des rois, et maintenant dans ce même pays, où on les adorait il y a deux mille ans, on a mis leur tête à prix. Telle est la vicissitude des opinions humaines.

LE CROCODILE NOIR

Crocodilus biscutatus, Cuv., Merr. — *Crocodilus carinatus*, Schneid.

Cette seconde espèce diffère de la première en ce que sa couleur est presque noire, au lieu d'être verdâtre ou bronzée comme celle des crocodiles du Nil ; c'est M. Adanson qui a fait connaître ces crocodiles noirs, qu'il a vus sur la grande rivière du Sénégal [5]. Leurs mâchoires sont plus allongées que celle des alligators ou crocodiles proprement dits. Ils sont d'ailleurs plus carnassiers que ces derniers et pourraient par conséquent en différer aussi par des caractères intérieurs, la diversité des mœurs étant très souvent fondée sur celle de l'organisation interne. L'on ne peut pas dire qu'ils sont de la même espèce que le crocodile du Nil, qui aurait subi dans sa couleur et dans quelques parties de son corps l'influence du climat, puisque, suivant le même M. Adanson, la rivière du Sénégal nourrit aussi un grand nombre

---

1. Pline, livre VIII, chap. XL.
2. Pline, livre XXVIII, chap. XXVIII.
3. Voyez, dans le *Voyage en Palestine*, d'Hasselquist, p. 347, quelles propriétés vraies ou fausses les Égyptiens et les Arabes attribuent encore au fiel, à la graisse et aux yeux du crocodile.
4. Encyclopédie méthodique. Dictionnaire d'antiquités, par M. l'abbé Mongez l'aîné, garde du Cabinet d'antiques et d'histoire naturelle de Sainte-Geneviève, de l'Académie des inscriptions, etc.
5. *Voyage au Sénégal*, par M. Adanson, p. 73.

de crocodiles verts, entièrement semblables à ceux d'Égypte. Non seulement on n'a point encore observé ces crocodiles noirs dans le nouveau monde, mais aucun voyageur n'en a parlé que M. Adanson, et ce savant naturaliste ne les a trouvés que sur le grand fleuve du Sénégal.

LE GAVIAL

OU LE CROCODILE A MACHOIRES ALLONGÉES

Crocodilus longirostris, Schneid. — *Crocodilus gangeticus*, Cuv. — *Crocodilus arctirostris*, Daud. — *Lacerta gangetica*, Gmel.

Cette troisième espèce de crocodile se trouve dans les grandes Indes ; elle y habite les bords du Gange, où on l'a nommée *gavial;* elle ressemble aux crocodiles du Nil par la couleur et par les caractères généraux et distinctifs des crocodiles. Le gavial a, comme les alligators, cinq doigts aux pieds de devant et quatre doigts aux pieds de derrière; il n'a d'ongle qu'aux trois doigts intérieurs de chaque pied; mais il diffère des crocodiles d'Égypte par des caractères particuliers et très sensibles. Ses mâchoires sont plus allongées et beaucoup plus étroites, au point de paraître comme une sorte de long bec qui contraste avec la grosseur de la tête; les dents ne sont pas inégales en grosseur et en longueur, comme celles des crocodiles proprement dits; elles sont plus nombreuses, et l'on conserve au Cabinet du roi un individu de cette espèce, qui a environ douze pieds de long, et qui a cinquante-huit dents à la mâchoire supérieure, et cinquante à la mâchoire inférieure.

Le nombre des bandes transversales et tuberculeuses qui garnissent le dessus du corps est plus considérable de plus d'un quart, dans les crocodiles du Gange que dans l'alligator ; d'ailleurs elles se touchent toutes, et les écailles carrées qui les composent sont plus relevées dans leurs bords sans l'être autant dans leur centre que celles du crocodile du Nil. Ces différences avec le crocodile proprement dit sont plus que suffisantes pour constituer une espèce distincte.

Les crocodiles du Gange[1] parviennent à une grandeur très considérable

1. Dimensions d'un crocodile à tête allongée :

	Pieds	Pouces	Lignes
Longueur totale...	11	10	6
Longueur de la tête..	2	1	1
Longueur depuis l'entre-deux des yeux jusqu'au bout du museau..	1	7	9
Longueur de la mâchoire supérieure......................	2	0	6
Longueur de la partie de la mâchoire qui est armée de dents.	1	6	0
Distance des deux yeux....................................	0	3	3
Grand diamètre de l'œil....................................	0	2	0
Circonférence du corps à l'endroit le plus gros.............	3	6	0

ainsi que ceux du Nil. L'on peut voir, au Cabinet du roi, une portion de
mâchoire de ces crocodiles des grandes Indes, d'après laquelle nous avons
trouvé que l'animal auquel elle a appartenu devait avoir trente pieds dix
pouces de longueur. Au reste, nous ne pouvons donner une idée plus nette
de ces énormes animaux qu'en renvoyant à la figure et à la note précédente,
où nous rapportons les principales dimensions de l'individu de près de douze
pieds, dont nous venons de parler.

C'est apparemment de cette espèce qu'étaient les crocodiles vus par
Tavernier sur les bords du Gange, depuis Toutipour jusqu'au bourg d'Acé-
rat, qui en est à vingt-cinq cosses. Ce voyageur aperçut un très grand nombre
de ces animaux couchés sur le sable; il tira sur eux; le coup donna dans la
mâchoire d'un grand crocodile et fit couler du sang, mais l'animal se retira
dans le fleuve. Le lendemain Tavernier, en continuant de descendre le
Gange, en vit un aussi grand nombre, également étendus sur le rivage; il
tira sur deux de ces animaux deux coups de fusil chargé à trois balles; au
même instant ils se renversèrent sur le dos, ouvrirent la gueule et expi-
rèrent[1].

Il paraît que le gavial n'était point inconnu des anciens, puisqu'au rapport d'Élien, on disait de son temps que l'on trouvait sur les bords du Gange
des crocodiles qui avaient une espèce de corne au bout du museau. Mais
M. Edwards est le premier naturaliste moderne qui ait parlé du gavial; il
publia en 1756 la figure et la description d'un individu de cette espèce, dont
il a comparé les mâchoires longues et étroites au bec du harle, et qu'il a
nommé *crocodile à bec allongé*[2]. Cet individu, qui présentait tous les signes
d'un développement peu avancé, avait au-dessous du ventre une poche ou
bourse ouverte; nous n'avons trouvé aucune marque d'une poche semblable
dans le crocodile du Gange dont nous venons de donner les dimensions, ni
dans un jeune crocodile de la même espèce, et long de deux pieds trois
pouces, qui fait aussi partie de la collection du Cabinet du roi. Peut-être
cette poche s'efface-t-elle à mesure que l'animal grandit et n'est-elle qu'un
reste de l'ouverture par laquelle s'insère le cordon ombilical; ou peut-être
l'individu de M. Edwards était-il d'un sexe différent de ceux dont nous avons
vu la dépouille.

L'on conserve au Cabinet du roi une portion de mâchoire garnie de
dents, à demi pétrifiée, renfermée dans une pierre calcaire trouvée aux en-

	Pieds	Pouces	Lignes
Circonférence de la tête derrière les yeux....................	2	0	0
Circonférence du museau à l'endroit le plus étroit..........	0	6	2
Longueur des pattes de devant jusqu'au bout des doigts.....	1	3	7
Longueur des pattes de derrière jusqu'au bout des doigts...	1	8	0
Longueur de la queue...............................	5	1	0
Circonférence de la queue à son origine.................	2	8	0

1. Voyage de Tavernier. *Histoire générale des voyages*, partie II. livre II.
2. *Transactions philosophiques*, année 1756.

virons de Dax en Gascogne, et envoyée au Cabinet par M. de Borda. Elle nous a paru, d'après l'examen que nous en avons fait, avoir appartenu à un gavial.

LE FOUETTE-QUEUE [1]

CROCODILE A MUSEAU EFFILÉ OU DE SAINT-DOMINGUE, *Crocodilus acutus*, CUV. ?

Le nom de fouette-queue a été employé par différents naturalistes pour désigner diverses espèces de lézards qui peuvent donner à leur queue des mouvements semblables à ceux d'un fouet; ce nom a été particulièrement appliqué au lézard dont il est ici question et à la dragonne dont nous parlerons dans l'article suivant. Il en est résulté une obscurité d'autant plus grande dans les faits rapportés par les voyageurs, relativement aux lézards, que le nom de cordyle a été aussi donné par plusieurs auteurs à la dragonne, et qu'ensuite le nom de fouette-queue a été lié avec celui de cordyle, de manière à être attribué non seulement à la dragonne, qui a réellement la propriété de faire mouvoir sa queue comme un fouet, mais encore à d'autres espèces de lézards, privées de cette faculté et désignées également par le nom de cordyle. Nous croyons donc, pour éviter toute confusion, devoir conserver uniquement au lézard dont il s'agit ici le nom de fouette-queue.

Il habite les climats chauds de l'Amérique méridionale, et on le trouve particulièrement au Pérou. Il a quelquefois plusieurs pieds de longueur. Son dos est couvert de plaques carrées et d'écailles ovales qui garnissent aussi ses côtés. Sa queue, qui paraît dentelée par les bords et qu'il a la facilité d'agiter comme un fouet, l'assimile un peu à la dragonne; et la forme aplatie de cette même queue, ainsi que ses pieds palmés, le rapprochent du crocodile, dont il est cependant bien aisé de le distinguer, parce que le crocodile n'a que quatre doigts aux pieds de derrière, tandis que le fouette-queue en a cinq à chaque pied. C'est ce qui nous a déterminé à regarder comme un fouette-queue l'animal représenté dans la planche cent sixième du volume de Séba. M. Linné l'a rapporté au crocodile; mais il a cinq doigts aux pieds de derrière, et, d'un autre coté, il ne peut pas être confondu avec la dragonne, puisque ses pieds sont palmés. D'ailleurs Séba donne l'Amérique pour patrie à ce grand lézard, ce qui s'accorde fort bien avec ce que M. Linné lui-même a dit de celle du fouette-queue [2]. Nous croyons devoir observer aussi que le lézard représenté dans Séba, t. Ier, pl. 103, fig. 2, et que M. Linné a indiqué comme un fouette-queue, est une dragonne, attendu que, quoique le dessinateur lui ait donné des membranes aux pieds de derrière, il est dit dans le texte qu'il n'en a point.

1. Le fouette-queue. M. Daubenton, Encyclopédie méthodique. — *Lacerta caudi-verbera*, 2. Linn., *Amphib. rept.* — Séba, mus. 1, tab. 106, fig. 1. — *Caudi-verbera peruviana*. Laurenti specimen medicum, Vienne, 1768, p. 37. — Feuillée 2, p. 319.

2. M. Linné, à l'endroit déjà cité.

Le fouette-queue nous paraît être, ainsi que nous l'avons déjà dit[1], le lézard que Dampier regardait comme une seconde espèce de caïman d'Amérique.

Il y a dans l'île de Ceylan un grand lézard, qui, par sa forme, ressemble beaucoup au crocodile; mais il en diffère par sa langue bleue et fourchue, qu'il allonge d'une manière effrayante, lorsqu'il la tire pour siffler, ou seulement pour respirer. On le nomme *kobbera-gvion*. Il a communément six pieds de longueur; sa chair est d'un assez mauvais goût; il plonge souvent dans l'eau, mais sa demeure ordinaire est sur la terre, où il se nourrit des oiseaux et des divers animaux qu'il peut saisir. Il craint l'homme et n'ose rien contre lui; mais il écarte sans peine les chiens et plusieurs des animaux qui veulent l'attaquer, en les frappant violemment de sa queue, qu'il agite et secoue comme un long fouet. Nous ignorons si les doigts de ses pieds sont réunis par des membranes : s'ils le sont, il doit être regardé comme de la même espèce que le fouette-queue du Pérou qui peut-être aura subi l'influence d'un nouveau climat; sinon il faudra le considérer comme une dragonne.

LA DRAGONNE [2]

Teius crocodilinus, Merr. — *Lacerta Dracæna*, Bonn., Latr. — *Dracæna guyanensis*, Daud. (sous-genre Dragonne, Cuv.).

La dragonne ressemble beaucoup, par sa forme, au crocodile; elle a, comme lui, la gueule très large, des tubercules sur le dos et la queue aplatie ; sa grandeur égale quelquefois celle des jeunes caïmans. Sa couleur, d'un jaune roux foncé et plus ou moins mêlé de verdâtre, est semblable aussi à celle de ces animaux ; c'est ce qui a fait que, sur les côtes orientales de l'Amérique méridionale, elle a été prise pour une petite espèce de crocodiles ou de caïmans[3]. Mais la dragonne en diffère principalement, parce que, au lieu d'avoir les pieds palmés, ses doigts, au nombre de cinq à chaque pied, sont très séparés les uns des autres, comme ceux de presque tous les lézards. Ils sont d'ailleurs tous garnis d'ongles aigus et crochus; la tête, aplatie par-dessus et comprimée sur les côtés, a un peu la forme d'une pyramide à quatre faces, dont le museau serait le sommet; elle ressemble par là à celle de plusieurs serpents, ainsi que la langue qui est fourchue, et qui, loin d'être cachée et presque immobile comme celle du crocodile, peut être dardée avec facilité. Les yeux sont gros et brillants; l'ouverture des

---

1. Article des crocodiles.

2. La dragonne. M. Daubenton, Encyclopédie méthodique. *Histoire naturelle des quadrupèdes ovipares.* — *Lacerta Dracæna*, 3. Linnæus. — Rai, *Synopsis quadrupedum*, p. 270. — *Lacertus indicus.* — Seba, locupletissimi rerum naturalium Thesauri accurata descriptio, t. Ier, planche 101, fig. 1. *Lacerta maxima caudi-verbera, cordylus.* — Musæum Wormianum, chap. xxii, p. 313. *Lacertus indicus.*

3. Note communiquée par M. le chevalier de Widerspach.

oreilles est grande et entourée d'une bordure d'écailles; le corps épais, arrondi, couvert d'écailles dures, osseuses comme celles du crocodile et presque toutes garnies d'une arête saillante; plusieurs de celles du dos sont plus grandes que les autres et relevées par des tubercules en forme de crêtes, dont les plus hauts sont les plus voisins de la queue, sur laquelle les lignes qu'ils forment sont prolongées par d'autres tubercules. Ceux-ci sont plus aigus et produisent deux dentelures semblables à celles d'une scie, et réunies en une seule vers l'extrémité de la queue, qui est très longue. La dragonne, ainsi que le fouette-queue, a la facilité de la remuer vivement et de l'agiter comme un fouet. Cette faculté lui a fait donner le nom de *fouette-queue*, que nous avons conservé uniquement à l'espèce précédente, et que nous n'emploierons jamais en parlant de la dragonne, pour éviter toute confusion; on l'a aussi appelée *cordyle;* mais nous réservons ce nom pour un lézard différent de celui que nous décrivons, et auquel on l'a déjà donné.

C'est principalement dans l'Amérique méridionale que l'on rencontre la dragonne; il y a au Cabinet du roi un individu de cette espèce qui a été envoyé de Cayenne par M. de la Borde, et d'après lequel nous avons fait la description que l'on vient de lire[1]; elle est assez conforme à ce que dit Wormius de cette grande espèce de lézard, dont il avait un individu long de quatre pieds romains[2]. Clusius connaissait aussi le même animal[3], et Séba l'avait dans sa collection.

Wormius a parlé du nombre et de la forme des dents de la dragonne; il a dit que ce lézard en a dix-sept de chaque côté de la mâchoire inférieure; que celle de devant sont petites et aiguës, et celles de derrière, grosses et obtuses. Nous avons remarqué la même chose dans la dragonne du Cabinet du roi. On a reproché à Pline de s'être trompé touchant la forme des dents du crocodile, en les distinguant en dents incisives, en canines et en molaires[4]. Nous avons déjà vu ce qu'entendait ce grand naturaliste par les dents canines du crocodile[5], et à l'égard des dents molaires, il pourrait se faire que son erreur fût venue de la méprise de ceux qui lui ont fourni des observations. Il se peut en effet que la dragonne habite dans les contrées orientales

---

1. Principales dimensions d'une dragonne qui est au Cabinet du roi :

	Pieds	Pouces	Lignes
Longueur totale...	2	5	4
Contour de la gueule......................................	0	4	4
Distance des deux yeux...................................	0	1	0
Circonférence du corps à l'endroit le plus gros.............	0	7	6
Longueur des pattes de devant jusqu'au bout des doigts.....	0	3	10
Longueur des pattes de derrière jusqu'au bout des doigts....	0	5	6
Longueur de la queue......................................	1	4	6
Circonférence de la queue à son origine...................	0	5	8

2. Musæum Wormianum : *De pedestribus,* cap. xxii, fol. 313.
3. Clusius, livre V, chap. xx.
4. Mémoires pour servir à l'*Histoire naturelle des animaux.*
5. Article du *crocodile.*

que les anciens connaissaient ; que ses grosses dents aient été regardées comme des dents molaires, et que l'animal lui-même ait été pris pour un vrai crocodile. C'est ainsi que dans des temps très récents, la confusion que plusieurs voyageurs ont faite des espèces de grands lézards, voisines de celles du crocodile, a produit plus d'une erreur, relativement à la forme et aux habitudes naturelles de ce dernier animal.

La grande ressemblance de la dragonne avec le crocodile ferait penser au premier coup d'œil que leurs mœurs sont semblables ; mais ces deux lézards diffèrent par un de ces caractères dont la présence ou l'absence a la plus grande influence sur les habitudes des animaux. M. de Buffon a montré dans l'histoire naturelle des oiseaux combien la forme de leurs becs détermine l'espèce de nourriture qu'ils peuvent prendre, les force à habiter de préférence l'endroit où ils trouvent aisément cette substance, et produit ou modifie par là leurs principales habitudes. La faculté de voler qu'ils ont reçue leur donne la plus grande facilité de changer de place et les rend par conséquent moins dépendants de la forme de leurs pieds ; cependant nous voyons certaines classes d'oiseaux dont les habitudes sont produites par les pieds palmés, avec lesquels ils peuvent nager aisément, ou bien par les griffes aiguës et fortes qui leur servent à attaquer et à se défendre. Mais il n'en est pas de même des quadrupèdes, tant vivipares qu'ovipares ; la nature de leurs aliments est non seulement déterminée par la forme de leur gueule ou de leurs dents, mais encore par celle de leurs pieds, qui leur fournissent des moyens plus ou moins puissants de saisir leur proie ; d'aller avec vitesse d'un endroit à un autre ; d'habiter le milieu des eaux, les rivages, les plaines ou les forêts, etc. Une gueule plus ou moins fendue, quelques dents de plus ou de moins, des ongles aigus ou obtus, des doigts réunis ou divisés, en voilà plus qu'il n'en faut pour faire varier leurs mœurs souvent du tout au tout. On en peut voir des exemples dans les quadrupèdes vivipares, parmi lesquels la plupart des animaux qui ont des habitudes communes, qui habitent des lieux semblables, ou qui se nourrissent des mêmes substances, ont leurs dents, leur gueule ou leurs pieds conformés à peu près de la même manière, quelque différents qu'ils soient d'ailleurs par la forme générale de leurs corps, par leur force et par leur grandeur. La dragonne et le crocodile en sont de nouvelles preuves : la dragonne ressemble beaucoup au crocodile ; mais elle en diffère par ses doigts, qui ne sont pas palmés. Dès lors elle doit avoir des habitudes différentes, elle doit nager avec plus de peine, marcher avec plus de vitesse, retenir les objets avec plus de facilité, grimper sur les arbres, se nourrir quelquefois des animaux des bois ; et c'est en effet ce qui est conforme aux observations que nous avons recueillies. M. de la Borde qui a nommé cet animal *lézard-caïman*, parce qu'il le regarde avec raison comme faisant la nuance entre les crocodiles et les petits lézards, dit qu'il fréquente les savanes noyées et les terrains marécageux ; mais qu'il se tient à terre et au soleil plus souvent que dans l'eau. Il est assez difficile à prendre, parce qu'il se renferme dans des trous; il mord cruellement, il darde presque toujours sa langue comme les serpents. M. de la Borde a gardé chez lui pendant quelque temps une dragonne en vie; elle se tenait des heures entières dans l'eau, elle s'y cachait lorsqu'elle avait peur; mais elle en sortait souvent pour aller se chauffer aux rayons du soleil[1].

La grande différence entre les mœurs de la dragonne et celles du crocodile n'est cependant pas produite par un sens de plus ou de moins, mais seulement par une membrane de moins et quelques ongles de plus. On remarque des effets semblables dans presque tous les autres animaux, et il en serait de même dans l'homme; des différences très peu sensibles dans la conformation extérieure produiraient une grande diversité dans ses habitudes, si l'intelligence humaine, accrue par la société, n'avait pas inventé les arts pour compenser les défauts de nature.

Les animaux qui attaquent le crocodile doivent aussi donner la chasse à la dragonne, qui a bien moins de force pour leur résister, et qui même est souvent dévorée par les grands caïmans.

Sa manière de vivre peut donner à sa chair un goût différent de celui de la chair du crocodile; il ne serait donc pas surprenant qu'elle fût aussi bonne à manger que le disent les habitants des îles Antilles, où on la regarde comme très succulente, et où on la compare à celle d'un poulet. On recherche aussi à Cayenne les œufs de ce grand lézard, qui a de nouveaux rapports avec le crocodile par la fécondité, sa femelle pondant ordinairement plusieurs douzaines d'œufs[2].

On trouve au Brésil, et particulièrement auprès de la rivière de Saint-François, une sorte de lézard, nommé *ignarucu*, qui ressemble beaucoup au crocodile, grimpe facilement sur les arbres et paraît ne différer de la dragonne que par une couleur plus foncée et des ongles moins forts[3]. Si les voyageurs ne se sont pas trompés à ce sujet, l'on ne doit regarder l'ignarucu que comme une variété de la dragonne.

LE TUPINAMBIS[4]

Varanus elegans, MERR. — *Lacerta tigrina* et *Monitor*, LINN. — *Stellio salvator* et *Saurus*, LAUR. — *Tupinambis elegans* et *stellatus*, DAUD. — MONITOR ÉLÉGANT DE L'ARCHIPEL DES INDES, CUV.

Ce lézard habite également les contrées chaudes de l'ancien et du nouveau continent. On a prétendu que sur les bords de la rivière des Amazones, auprès de Surinam et des pays voisins, le tupinambis acquérait une grande

1. Note communiquée par M. de la Borde.
2. *Idem.*
3. Voyez, dans le *Dictionnaire d'histoire naturelle* de M. Bomare, l'article *ignarucu*.
4. *Tupinambis*, en Amérique. — *Galtabé*, au Sénégal. — *Caïman, guano, ligan, ligans*, par certains voyageurs; ce qui l'a fait confondre avec les iguanes, ainsi qu'avec les crocodiles. —

taille et parvenait jusqu'à la longueur de douze pieds; mais on aura sûrement pris des caïmans pour des tupinambis, et l'on doit ranger cette fable parmi tant d'autres qui ont défiguré l'histoire des quadrupèdes ovipares. Le tupinambis a tout au plus une longueur de six ou sept pieds dans les contrées où il trouve la nourriture la plus abondante et la température la plus favorable. L'individu que nous avons décrit, et qui est au Cabinet du roi, a trois pieds huit pouces de long en y comprenant la queue[1]; il a été envoyé du cap de Bonne-Espérance. J'ai vu un autre individu de cette espèce, apporté du Sénégal, et dont la longueur totale était de quatre pieds dix pouces. La queue du tupinambis est aplatie et à peu près de la longueur du corps. Il a à chaque pied cinq doigts assez longs, séparés les uns des autres et tous armés d'ongles forts et crochus. La queue ne présente pas de crête comme celle de la dragonne; mais le dessus et le dessous du corps, la tête, la queue et les pattes sont garnis de petites écailles qui suffiraient pour distinguer le tupinambis des autres grands lézards à queue plate. Elles sont ovales, dures, un peu élevées, presque toutes entourées d'un cercle de petits grains durs, placées à côté les unes des autres et disposées en bandes circulaires et transversales. Leur grand diamètre est à peu près d'une demi-ligne dans l'individu envoyé du cap de Bonne-Espérance au Cabinet du roi[2]. La manière dont elles sont colorées donne au tupinambis une sorte de beauté; son corps présente de grandes taches ou bandes irrégulières d'un blanc assez éclatant qui le font paraître comme marbré et forment même sur les côtés une espèce de dentelle. Mais, en le revêtant de cette parure agréable, la nature ne lui a fait qu'un présent funeste; elle l'a placé trop près du crocodile son ennemi mortel, pour lequel sa couleur doit être comme un signe qui le fait reconnaître de loin. Il a, en effet, trop peu de force pour se défendre contre les grands animaux. Il n'attaque point l'homme; il se nourrit d'œufs d'oiseaux[3], de lézards beaucoup plus petits que lui, ou de poissons qu'il va cher-

---

Tilcuetz-Pallin, dans la Nouvelle-Espagne. — *Lézard moucheté*, M. Daubenton, Encyclopédie méthodique. — *Lacerta Monitor*, 6. Linn., *Amphib. rept.* — Séba, 1, tab. 94, fig. 1, 2, 3; tab. 96, fig. 1, 2, 3; tab. 97, fig. 2; tab. 99, fig. 1; tab. 100, fig. 3. — Séba, 2, tab. 30, fig. 2; tab. 49, fig. 2; tab. 86, fig. 2; tab. 105, fig. 1. — *Stellio Saurus*, 89. Laurenti specimen medicum, p. 56. — *Stellio Salvator*, 90. Laurenti specimen medicum.

1. Principales dimensions du tupinambis :

	Pieds	Pouces	Lignes
Longueur totale..	3	8	0
Contour de la gueule.......................................	0	4	8
Circonférence du corps à l'endroit le plus gros..............	1	1	3
Longueur des pattes de devant jusqu'au bout des doigts......	0	5	9
Longueur des pattes de derrière jusqu'au bout des doigts....	0	6	9
Longueur de la queue.......................................	1	10	6
Circonférence de la queue à son origine....................	0	7	10

2. L'on peut voir, dans la collection du Cabinet du roi, un tupinambis mâle, tué dans le temps de ses amours ; ses parties sexuelles sont hors de l'anus; les deux verges, très séparées l'une de l'autre, ont un pouce trois lignes de longueur. L'animal a deux pieds huit pouces de longueur totale.

3. «Mlle Mérian trouva plus d'une fois un sauve-garde (un tupinambis) mangeant des œufs dans sa basse-cour.» *Histoire générale des voyages*, t. LIV, p. 430, édit. in-12.

cher au fond des eaux; mais, n'ayant pas la même grandeur, les mêmes armes, ni par conséquent la même puissance que le crocodile, et pouvant manquer de proie bien plus souvent, il ne doit pas être si difficile dans le choix de la nourriture, il doit d'ailleurs chasser avec d'autant plus de crainte, que le crocodile auquel il ne peut résister est en très grand nombre dans les pays qu'il habite. On rapporte même que la présence des caïmans inspire une si grande frayeur au tupinambis, qu'il fait entendre un sifflement très fort. Ce sifflement d'effroi est une espèce d'avertissement pour les hommes qui se baignent dans les environs; il les garantit, pour ainsi dire, de là dent meurtrière du crocodile, et c'est de là qu'est venu au tupinambis le nom de *sauve-garde* ou *sauveur*, qui lui a été donné par plusieurs voyageurs et naturalistes. Il dépose ses œufs, comme les caïmans, dans des trous qu'il creuse dans le sable sur le bord de quelque rivière; le soleil les fait éclore; ils sont assez gros et ovales, et les Indiens s'en nourrissent sans peine[1]; la chair du tupinambis est aussi très succulente pour ces mêmes Indiens, et plusieurs Européens, qui en avaient mangé tant en Amérique qu'en Afrique, m'ont dit l'avoir trouvée délicate.

Cet animal produit des bézoards, ainsi que le crocodile et d'autres lézards; ces concrétions ressemblent aux bézoards des crocodiles, quant à leur forme extérieure; elles sont de la grosseur d'un œuf de pigeon et d'une couleur cendré clair tachetée de noir. On leur a attribué les mêmes vertus chimériques qu'aux autres bézoards, et particulièrement à ceux du crocodile et de l'iguane[2].

La disette que le tupinambis éprouve fréquemment a dû altérer ses goûts, tant la faim et la misère dénaturent les habitudes. Il se nourrit souvent de corps infects et de substances à demi pourries; lorsque cet aliment abject lui manque, il le remplace par des mouches et par des fourmis. Il va chasser ces insectes au milieu des bois qu'il fréquente, ainsi que les bords des eaux; la conformation de ses pieds, dont les doigts sont très séparés les uns des autres, lui donne une grande facilité de grimper sur les arbres où il cherche des œufs dans les nids, mais où il ne peut souvent que vivre misérablement en poursuivant avec fatigue des animaux bien plus agiles que lui. Le seul quadrupède ovipare qu'on a cru devoir appeler *sauve-garde* souffre donc une faim cruelle, ne peut se procurer qu'avec peine et inquiétude la nourriture dégoûtante à laquelle il est fréquemment réduit, et finit presque toujours par être la victime du plus fort.

Le tupinambis est le même animal que le lézard du Brésil, appelé *téjuguacu* et *temapara tupinambis*, et dont Rai, ainsi que d'autres auteurs, ont parlé[3]. Marcgrave en a vu un vivre sept mois sans rien manger; quelqu'un ayant marché sur la queue de ce tupinambis et en ayant brisé une partie,

1. *Histoire générale des voyages*, t. LIV, p. 430, édit. in-12.
2. Séba, t. II, p. 140.
3. Rai, *Synopsis animalium*, p. 265.

elle repoussa de deux doigts ; au reste, il est important de remarquer que ces noms de *téjuguacu* et de *temapara* ont été donnés à plusieurs lézards d'espèces différentes, ce qui n'a pas peu augmenté la confusion qui a régné dans l'histoire des quadrupèdes ovipares.

LE SOURCILLEUX [1]

Calotes (Agama) superciliosa, Merr. — *Ophryessa superciliosa,* Boié, Fitz.

On trouve dans l'île de Ceylan, dans celle d'Amboine, et vraisemblablement dans d'autres régions des grandes Indes, dont la température ne diffère pas beaucoup de celle de ces îles, un lézard auquel on a donné le nom de *sourcilleux,* parce que sa tête est relevée au-dessus des yeux par une arête saillante, garnie de petites écailles en forme de sourcils. Cet animal est aussi remarquable par une crête composée d'écailles ou de petites lames droites, qui orne le derrière de la tête, et qui se prolonge en forme de peigne ou de dentelure, jusqu'au bout de la queue. Les yeux sont grands, ainsi que les ouvertures des oreilles ; le museau est pointu, la gueule large, la queue aplatie et beaucoup plus longue que le corps ; ce lézard a les doigts très séparés les uns des autres et très longs, surtout ceux des pieds de derrière, dont le quatrième doigt égale la tête en longueur ; les ongles sont forts et crochus ; les écailles, dont tout le corps est recouvert, sont très petites, inégales en grandeur, mais toutes relevées par une arête longitudinale et placées les unes au-dessus des autres, comme les écailles de plusieurs poissons. La couleur générale des sourcilleux est d'un brun clair tacheté de rouge plus ou moins foncé ; la longueur totale de l'individu que nous avons décrit, et que l'on conserve au Cabinet du roi, est d'un pied. Comme les doigts de ces lézards sont très longs et très divisés, leurs habitudes doivent approcher à beaucoup d'égards de celles de la dragonne. On dit qu'ils poussent des cris qui leur servent à se rallier [2].

Au reste, ce caractère très apparent d'écailles relevées, cette sorte d'armure, qui donne un air distingué au lézard qui en est revêtu, et que nous trouvons ici pour la seconde fois, n'a pas été uniquement accordé au sourcilleux et à la dragonne. Il en est de ce caractère comme de tous les autres, dont chacun est presque toujours exprimé avec plus ou moins de force, dans plusieurs espèces différentes. Cette crête, que nous venons de remarquer dans le sourcilleux, sert aussi à défendre ou parer la tête-fourchue, l'iguane, le basilic, etc. Non seulement même elle a des formes différentes dans chacun de ces lézards ; non seulement même elle présente tantôt des rayons

---

1. *Le Sourcilleux.* M. Daubenton, Encyclopédie méthodique. — *Lacerta superciliosa,* 4. Linn., *Amphib. rept.* — Séba, musæum, t. 1er, pl. 109, fig. 4, et pl. 94, fig. 4.
2. Séba, t. 1er, p. 173.

allongés, tantôt des lames aiguës, larges et très courtes, etc., mais encore elle
varie par sa position. Elle s'élève en rayons sur tout le corps du *basilic*,
depuis le sommet de la tête jusqu'à l'extrémité de la queue; elle orne de
même la queue du *porte-crête* et garnit ensuite son dos en forme de dentelure,
elle revêt non seulement le corps, mais encore une partie de la membrane
du cou de l'*iguane*; elle s'étend le long du dos du mâle de la *salamandre
à queue plate*; elle paraît comme une crénelure sur celui du *plissé*. A peine
sensible sur le dessous de la gorge du *marbré*, elle défend, dans le *galéote*,
la tête et la partie antérieure du dos; elle se trouve aussi sur cette partie
antérieure dans l'*agame*. Elle se présente, pour ainsi dire, sur chaque écaille
dans le *stellion*, l'*azuré*, le *téguixin*; elle règne le long de la tête, du corps et
du ventre du *caméléon*; elle paraît à l'extrémité de la queue du *cordyle*; et,
pour ne pas rapprocher ici un plus grand nombre de quadrupèdes ovipares,
elle est composée d'écailles clairsemées sur le lézard appelé *tête-fourchue*;
elle occupe le dessus du corps, de la tête et de la queue dans le *sourcilleux*,
et nous avons vu qu'elle ne s'étendait que sur la queue de la *dragonne*.

LA TÊTE-FOURCHUE [1]

Lyriocephalus margaritaceus, Merr. — *Iguana scutata*, Latr. — *Agama scutata*,
Daud. — *Lophyrus furcatus*, Oppel. — *Ophryessa margaritacea*, Boié, Fitz.

Dans l'île d'Amboine, et par conséquent dans le même climat que le
sourcilleux, on trouve un lézard qui ressemble beaucoup à ce quadrupède
ovipare. Il a comme lui, depuis la tête jusqu'à l'extrémité de la queue, des
aiguillons courts en forme de dentelure, mais qui sont sur le dos plus séparés
les uns des autres que dans le sourcilleux. La queue, comprimée, comme
celle du crocodile, est tout au plus de la longueur du corps. Le dessus de la
tête, qui est très courte et très convexe, présente deux éminences qui ont une
sorte de ressemblance avec des cornes. Suivant Séba, la pointe du museau
est garnie d'un gros tubercule entouré d'autres tubercules blanchâtres; le
cou est goîtreux, et le corps semé de boutons blancs, ronds, élevés, que l'on
retrouve encore au-dessous des yeux et de la mâchoire inférieure. Les cuisses,
les jambes et les doigts sont longs et déliés. Ce lézard et l'espèce précédente
ont trop de caractères extérieurs communs pour ne pas se ressembler beaucoup par leurs habitudes naturelles, d'autant plus qu'ils préfèrent l'un et
l'autre les contrées chaudes de l'Inde. Aussi leur attribue-t-on à tous les deux
la faculté de se rallier par des cris [2].

1. *L'Occiput fourchu*. M. Daubenton, Encyclopédie méthodique. — *Lacerta scutata*, 5. Linn.,
Amphib. rept. — *Iguana clamosa*, 74. Laurenti specimen medicum. — Séba, 1, tab. 109, fig. 3.
2. Séba, t. 1er, p. 173.

LE LARGE-DOIGT [1]

Anolis principalis, Merr. — *Lacerta principalis,* Linn. — *Xiphosurus principalis,* Fitz.

Les caractères distinctifs de ce lézard, qui se trouve dans les Indes, sont d'avoir la queue deux fois plus longue que le corps, comprimée, un peu relevée en carène par-dessus, striée par-dessous et divisée en plusieurs portions, composées chacune de cinq anneaux de très petites écailles. Il a, sous le cou, une membrane assez semblable à celle de l'iguane, mais qui n'est point dentelée. A chaque doigt, tant des pieds de devant que des pieds de derrière, l'avant-dernière articulation est par-dessous plus large que les autres, et c'est de là que M. Daubenton a tiré le nom que nous lui conservons. La tête est plate et comprimée par les côtés, le museau très délié, les ouvertures des narines sont très petites, ainsi que les trous des oreilles.

LE BIMACULÉ

Anolis bimaculatus, Daud., Merr. — *Lacerta bimaculata,* Sparrm. — *Iguana bimaculata,* Latr. — *Xiphosurus bimaculatus,* Fitz.

Nous devons la connaissance de cette nouvelle espèce de lézard à M. Sparrman, savant académicien de Stockholm, qui en a décrit plusieurs individus envoyés de l'Amérique septentrionale, par M. le docteur Acrélius, à M. le baron de Géer [2]; quelques-uns de ces individus avaient le dessus du corps semé de taches noires; tous avaient de grandes taches de la même couleur sur les épaules, et c'est ce qui leur a fait donner, par M. Sparrman, le nom de *bimaculés.* La tête de ces lézards est aplatie par les côtés; la queue est comprimée et deux fois plus longue que le corps. Tous les doigts des pieds de devant et de ceux de derrière, excepté les doigts extérieurs, sont garnis de lobes ou de membranes qui en élargissent la surface, et qui donnent au bimaculé un nouveau rapport avec le large-doigt.

Suivant M. le docteur Acrélius, le bimaculé n'est point méchant ; il se tient souvent dans les bois, où il fait entendre un sifflement plus ou moins fréquent. On le prend facilement dans un piège fait avec de la paille, qu'on approche de lui en sifflant, et dans lequel il saute et s'engage de lui-même. La femelle dépose ses œufs dans la terre. On le trouve à Saint-Eustache et dans la Pensylvanie. Le fond de sa couleur varie ; il est quelquefois d'un bleu noirâtre.

1. *Le Large-doigt,* M. Daubenton, Encyclopédie méthodique. — *Lacerta principalis,* 7. Linn., Amphib. rept.

2. Mémoires de l'Académie des sciences de Stockholm, année 1784, 3e trimestre, p. 169.

LE SILLONNÉ[1]

Teius bicarinatus, MERR. — *Lacerta bicarinata,* LINN. — *Tupinambis
lacertinus,* DAUD. — LE SAUVE-GARDE LEZARDET, CUV.

On trouve, dans les Indes, un assez petit lézard gris dont nous plaçons
ici la notice, parce qu'il a des écailles convexes en forme de tubercules sur
les flancs, et parce que sa queue est aplatie par les côtés comme celle du
crocodile et des autres lézards dont nous venons de donner l'histoire. Son
corps n'est point garni d'aiguillons ; il n'a point de crête au-dessous du cou ;
mais on voit sur son dos des stries très sensibles. Il a les deux côtés du
corps comme plissés et relevés en arête ; son ventre présente vingt-quatre
rangées transversales d'écailles ; chaque rangée est composée de six pièces ;
la queue, à peine plus longue que la moitié du corps, est striée par-dessous,
lisse par les côtés et relevée en dessus par une double saillie.

1. *Le Sillonné.* M. Daubenton, Encyclopédie méthodique. — *Lacerta bicarinata*, 8. Linn.
Amphib. rept.

LÉZARDS

QUI ONT LA QUEUE RONDE, CINQ DOIGTS A CHAQUE PIED
ET DES ÉCAILLES ÉLEVÉES SUR LE DOS EN FORME DE CRÊTE

L'IGUANE[1]

Iguana sapidissima, Merr. — *Lacerta Iguana*, Linn. — *Iguana tuberculata*, Laur.,
Fitz. — *Iguana delicatissima*, Latr. — L'Iguane ordinaire d'Amérique, Cuv.

Dans ces contrées de l'Amérique méridionale, où la nature plus active
fait descendre à grands flots, du sommet des hautes Cordillères, des fleuves
immenses dont les eaux s'étendent en liberté, inondent au loin des campagnes nouvelles, et où la main de l'homme n'a jamais opposé aucun obstacle
à leur course ; sur les rives limoneuses de ces fleuves rapides s'élèvent de
vastes et antiques forêts. L'humidité chaude et vivifiante qui les abreuve
devient la source intarissable d'une verdure toujours nouvelle pour ces bois
touffus, images sans cesse renaissantes d'une fécondité sans bornes, et où il
semble que la nature, dans toute la vigueur de la jeunesse, se plaît à
entasser les germes productifs. Les végétaux ne croissent pas seuls au milieu
de ces vastes solitudes ; la nature a jeté sur ces grandes productions la
variété, le mouvement et la vie. En attendant que l'homme vienne régner
au milieu de ces forêts, elles sont le domaine de plusieurs animaux,
qui, les uns par la beauté de leurs écailles, l'éclat de leurs couleurs,
la vivacité de leurs mouvements, l'agilité de leur course ; les autres, par la

---

1. *Leguana.* — En anglais, *the guana.* — *Senembi.* — *Tamacolin*, en Amérique, suivant
Séba. — *L'Iguane.* M. Daubenton, Encyclopédie méthodique. — *Lac. Iguana*, 26. Linn., *Am-
phib. rept.* — Rai, Synopsis quadrupedum, p. 265. *Lacertus indicus Senembi et Iguana dictus.*
— *Iguana delicatissima*, 71. *Iguana tuberculata*, 72. Laurenti specimen medicum. — *Leguana.*
Dictionnaire d'histoire naturelle, par Valmont de Bomare. — Séba, 1, tab. 95, fig. 1, 2 ; tab. 96,
fig. 4 ; tab. 97, fig. 3 ; tab. 98, fig. 1. — *The guana.* Browne, *Histoire naturelle de la Jamaïque.*
— *Lacerta*, 1. *Major squamis dorsi lanceolatis erectis e nuclea ad extremitatem caudæ porrectis.*
Idem. — *Grand lézard* ou *Guanas.* Catesby, *Histoire naturelle de la Caroline*, t. II, p. 64. —
Grand lézard, Dutertre, p. 308. — *Gros lézard*, nommé *iguane.* Rochefort, p. 144. — *Gros lézard.*
Labat, t. Ier, p. 314. — *Guana.* Sloane, t. II. — *Iguana.* Gronov. mus. 2, p. 82, n° 60. — Marcgr.
bras. fig. 236. *Senembi seu Iguana.* — Joust., *Quadrup.*, tab. 77, fig. 5. — Olear. mus.,
tab. 6, fig. 1, *Yvana.* — Bont. jav. 56, tab. 56. *Lacerta Leguan.* — Nieremberg. nat. 271,
tab. 271. — Worm., musæum, 313. — Clus. exot., 116. *Yvana.*

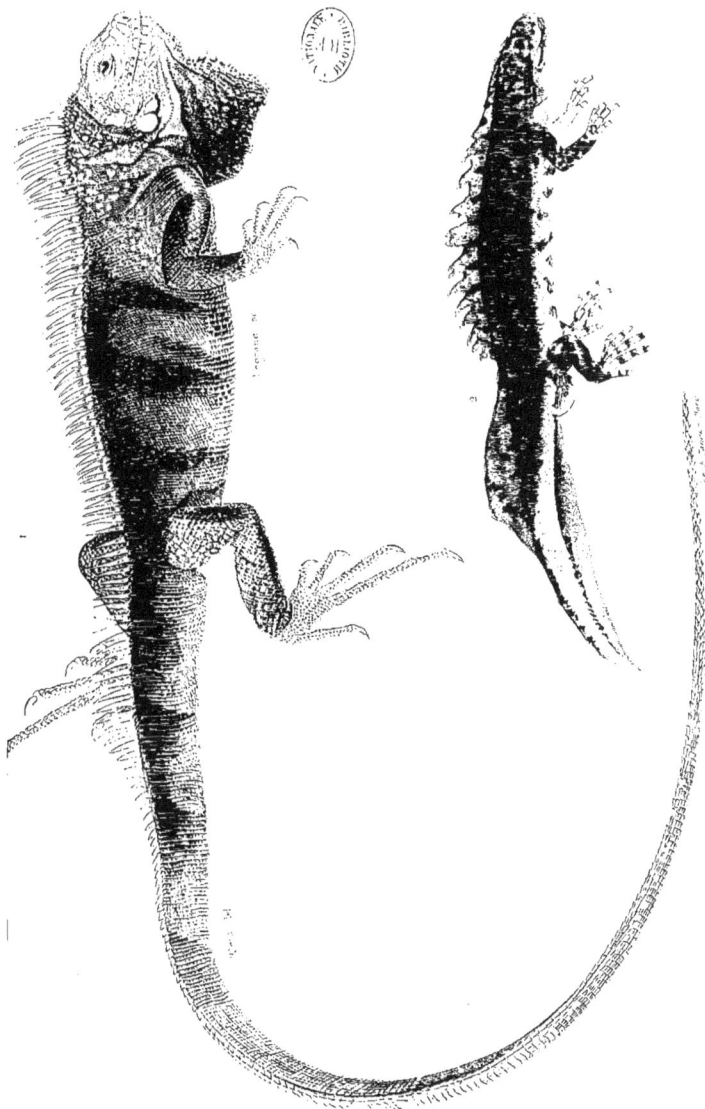

1. L'IGUANE (Lacerta iguana) — 2. LA SALAMANDRE A QUEUE PLATE (Triton cristatus)

D'après le même auteur et même édition V. Masson

Jourdet frères Éditeurs

fraîcheur de leur plumage, l'agrément de leur parure, la rapidité de leur vol ; tous, par la diversité de leurs formes, font, des vastes contrées du nouveau monde, un grand et magnifique tableau, une scène animée, aussi variée qu'immense. D'un côté, des ondes majestueuses roulent avec bruit ; de l'autre, des flots écumants se précipitent avec fracas de roches élevées, et des tourbillons de vapeurs réfléchissent au loin les rayons éblouissants du soleil. Ici l'émail des fleurs se mêle au brillant de la verdure et est effacé par l'éclat plus brillant encore du plumage varié des oiseaux ; là, des couleurs plus vives, parce qu'elles sont renvoyées par des corps plus polis, forment la parure de ces grands quadrupèdes ovipares, de ces gros lézards que l'on est tout étonné de voir décorer le sommet des arbres et partager la demeure des habitants ailés.

Parmi ces ornements remarquables et vivants dont on se plaît à contempler, dans ces forêts épaisses, la forme agréable et piquante, et dont on suit avec plaisir les divers mouvements au milieu des rameaux et des fleurs, la dragonne et le tupinambis attirent l'attention ; mais le lézard dont nous traitons dans cet article se fait distinguer bien davantage par la beauté de ses couleurs, l'éclat de ses écailles et la singularité de sa conformation.

Il est aisé de reconnaître l'iguane à la grande poche qu'il a au-dessous du cou, et surtout à la crête dentelée qui s'étend depuis la tête jusqu'à l'extrémité de la queue, et qui garnit aussi le devant de la gorge. La longueur de ce lézard, depuis le museau jusqu'au bout de la queue, est assez souvent de cinq ou six pieds[1] ; celui que nous avons décrit, et qui a été envoyé de Cayenne au Cabinet du roi par M. Sonnini, a quatre pieds de long[2].

La tête est comprimée par les côtés et aplatie par-dessus ; les dents sont

---

1. « Pendant le séjour que Brue fit à Kayor sur le Sénégal, on lui fit voir un *guana* (iguane) long de trois pieds, depuis le museau jusqu'à la queue, qui devait avoir encore deux pieds de plus. » (L'on doit croire que la queue de ce lézard avait éprouvé quelque accident, les iguanes ayant la queue plus longue que le corps.) « Sa peau était couverte de petites écailles de différentes couleurs, jaunes, vertes et noires, si vives, qu'elles paraissaient colorées d'un beau vernis. Il avait les yeux fort grands, rouges, ouverts jusqu'au sommet de la tête. On les aurait pris pour du feu, lorsqu'il était irrité : alors sa gorge s'enflait aussi, comme celle d'un pigeon. » *Histoire générale des voyages*, liv. VII, chap. xviii.

2. Principales dimensions d'un iguane, conservé au Cabinet du roi :

	Pieds	Pouces	Lignes
Longueur totale..........................	4	0	0
Circonférence dans l'endroit le plus gros du corps..........	1	0	1
Circonférence à l'origine de la queue......................	0	5	9
Contour de la mâchoire supérieure......................	0	3	3
Longueur de la plus grande écaille des côtés de la tête......	0	1	0
Longueur de la poche qui est au-dessous du cou............	0	3	4
Largeur de la poche......................................	0	1	10
Longueur des plus grandes écailles de la crête..............	0	1	10
Longueur de la queue.................................	2	7	4
Longueur des pattes de devant jusqu'à l'extrémité des doigts.	0	7	1
Longueur des pattes de derrière........................	0	9	9
Longueur du plus grand ongle...........................	0	0	8

aiguës et assez semblables, par leur forme, à celles des lézards verts de nos provinces méridionales. Le museau, l'entre-deux des yeux et le tour des mâchoires sont garnis de larges écailles très colorées, très unies et très luisantes ; trois écailles plus larges que les autres sont placées de chaque côté de la tête, au-dessous des oreilles ; la plus grande des trois est ovale, et son éclat, semblable à celui des métaux polis, relève la beauté des couleurs de l'iguane ; les yeux sont gros ; l'ouverture des oreilles est grande ; des tubercules qui ont la forme de pointes de diamants sont placés au-dessus des narines, sur le sommet de la tête et de chaque côté du cou. Une espèce de crête, composée de grandes écailles saillantes, et qui, par leur figure, ressemblent un peu à des fers de lance, s'étend depuis la pointe de la mâchoire inférieure jusque sous la gorge, où elle garnit le devant d'une grande poche que l'iguane peut gonfler à son gré.

De petites écailles revêtent le corps, la queue et les pattes ; celles du dos sont relevées par une arête.

La crête remarquable, qui s'étend, ainsi que nous l'avons dit, depuis le sommet de la tête jusqu'à l'extrémité de la queue, est composée d'écailles très longues, très aiguës et placées verticalement ; les plus hautes sont sur le dos, et leur élévation diminue insensiblement à mesure qu'elles sont plus près du bout de la queue, où on les distingue à peine.

La queue est ronde, au lieu d'être aplatie comme celle des crocodiles.

Les doigts sont séparés les uns des autres, au nombre de cinq à chaque pied, et garnis d'ongles forts et crochus ; dans les pieds de devant, le premier doigt ou le doigt intérieur n'a qu'une phalange ; le second en a deux, le troisième trois, le quatrième quatre, et le cinquième deux. Dans les pieds de derrière, le premier doigt n'a qu'une phalange ; le second en a deux ; le troisième trois, le quatrième quatre, et le cinquième, qui est séparé comme un pouce, en a trois.

Au-dessous des cuisses s'étend, de chaque côté, un cordon de quinze tubercules creux et percés à leur sommet comme pour donner passage à quelques sécrétions ; nous retrouverons ces tubercules dans plusieurs espèces de lézards ; il serait intéressant d'en connaître exactement l'usage particulier.

La couleur générale des iguanes est ordinairement verte, mêlée de jaune ou d'un bleu plus ou moins foncé ; celle du ventre, des pattes et de la queue est quelquefois panachée ; la queue de l'individu que nous avons décrit présentait plusieurs couleurs disposées par bandes annulaires et assez larges ; mais les teintes de l'iguane varient suivant l'âge, le sexe et le pays [1].

Ce lézard est très doux ; il ne cherche point à nuire ; il ne se nourrit que de végétaux et d'insectes. Il n'est cependant pas surprenant que quelques voyageurs aient trouvé son aspect effrayant, lorsque, agité par la colère et

1. Nous nous en sommes assurés par l'inspection d'un grand nombre d'individus des deux sexes de différents pays et de différents âges, et c'est ce qui explique les différences que l'on trouve dans les descriptions que les voyageurs et les naturalistes ont données de l'iguane.

animant son regard, il a fait entendre son sifflement, secoué sa longue queue, gonflé sa gorge, redressé ses écailles et relevé sa tête hérissée de callosités.

La femelle de l'iguane est ordinairement plus petite que le mâle ; ses couleurs sont plus agréables, ses proportions plus sveltes ; son regard est plus doux, et ses écailles présentent souvent l'éclat d'un très beau vert. Cette parure et ces sortes de charmes ne lui ont pas été donnés en vain ; on dirait que le mâle a pour elle une passion très vive ; non seulement, dès les premiers beaux jours de la fin de l'hiver, il la recherche avec empressement, mais il la défend avec fureur. Sa tendresse change son naturel ; la douceur de ses mœurs, cette douceur si grande, qu'elle a été comparée à la stupidité, fait place à une sorte de rage. Il s'élance avec hardiesse, lorsqu'il craint pour l'objet qu'il aime ; il saisit avec acharnement ceux qui approchent de sa femelle ; sa morsure n'est point venimeuse ; mais, pour lui faire lâcher prise, on est obligé de le tuer ou de le frapper violemment sur les narines [1].

C'est environ deux mois après la fin de l'hiver que les iguanes femelles descendent des montagnes ou sortent des bois, pour aller déposer leurs œufs sur le sable du bord de la mer. Ces œufs sont presque toujours en nombre impair, depuis treize jusqu'à vingt-cinq. Ils ne sont pas plus gros, mais plus longs que ceux de pigeons ; la coque en est blanche et souple, comme celle des œufs de tortues marines, auxquels ils ressemblent plus qu'à ceux des crocodiles. Le dedans en est blanchâtre et sans glaire. Ils donnent, disent la plupart des voyageurs qui sont allés en Amérique, un excellent goût à toutes les sauces et valent mieux que ceux de poules.

L'iguane, suivant plusieurs auteurs, a de la peine à nager, quoiqu'il fréquente de préférence les rivages de la mer ou des fleuves. Catesby rapporte que, lorsqu'il est dans l'eau, il ne se conduit presque qu'avec la queue, et qu'il tient ses pattes collées contre son corps [2]. Cela s'accorde fort bien avec la difficulté qu'il éprouve pour se mouvoir au milieu des flots, et cela ne montre-t-il pas combien les quadrupèdes ovipares, dont les doigts sont divisés, nagent avec peine, ainsi que nous l'avons dit, et combien cette conformation influe sur la nature de leurs habitudes ?

Dans le printemps, les iguanes mangent beaucoup de fleurs et de feuilles des arbres auxquels on a donné le nom de *mahot*, et qui croissent le long des rivières ; ils se nourrissent aussi d'*anones*, ainsi que de plusieurs autres végétaux [3]. Catesby a remarqué que leur graisse prend la couleur des fruits qu'ils ont mangés les derniers, ce qui confirme ce que j'ai dit des diverses couleurs que donne à la chair des tortues de mer l'aliment qu'elles préfèrent.

1. Catesby, *Histoire naturelle de la Caroline*.
2. Catesby, *Histoire naturelle de la Caroline*.
3. Catesby, à l'endroit déjà cité.

Les iguanes descendent souvent des arbres pour aller chercher des vers de terre, des mouches et d'autres insectes[1].

Quoique pourvus de fortes mâchoires, ils avalent ce qu'ils mangent presque sans le mâcher[2].

Ils se retirent dans des creux de rochers ou dans des trous d'arbres[3]. On les voit s'élancer avec une agilité surprenante jusqu'au plus haut des branches, autour desquelles ils s'entortillent, de manière à cacher leur tête au milieu des replis de leur corps[4]. Lorsqu'ils sont repus, ils vont se reposer sur les rameaux qui avancent au-dessus de l'eau. C'est ce moment que l'on choisit au Brésil pour leur donner la chasse. Leur douceur naturelle, jointe peut-être à l'espèce de torpeur à laquelle les lézards sont sujets, ainsi que les serpents, lorsqu'ils ont avalé une grande quantité de nourriture, leur donne cette sorte d'apathie et de tranquillité remarquée par les voyageurs, et avec laquelle ils voient approcher le danger sans chercher à le fuir, quoiqu'ils soient naturellement très agiles. On a de la peine à les tuer, même à coups de fusil; mais on les fait périr très vite en enfonçant un poinçon ou seulement un tuyau de paille dans leurs naseaux[5]; on en voit sortir quelques gouttes de sang et l'animal expire.

La stupidité que l'on a reprochée aux iguanes, ou plutôt leur confiance aveugle, presque toujours le partage de ceux qui ne font point de mal, va si loin, qu'il est très facile de les saisir en vie. Dans plusieurs contrées de l'Amérique, on les chasse avec des chiens dressés à les poursuivre; mais on peut aussi les prendre aisément au piège[6]. Le chasseur qui va à la recherche du lézard porte une longue perche, au bout de laquelle est une petite corde nouée en forme de lacs[7]. Lorsqu'il découvre un iguane étendu sur des branches et s'y pénétrant de l'ardeur du soleil, il commence à siffler; le lézard, qui semble prendre plaisir à l'entendre, avance la tête; peu à peu le chasseur s'approche, et, en continuant de siffler, il chatouille avec le bout de sa perche les côtés et la gorge de l'iguane, qui non seulement souffre sans peine cette sorte de caresse, mais se retourne doucement et paraît en jouir avec volupté. Le chasseur le séduit, pour ainsi dire, en sifflant et en le chatouillant, au point de l'engager à porter sa tête hors des branches, assez avant pour embarrasser son cou dans le lacs; aussitôt il lui donne une violente secousse qui le fait tomber à terre; il le saisit à l'origine de la queue, il

---

1. Note communiquée par M. de la Borde.
2. Catesby, à l'endroit déjà cité.
3. Catesby, *Histoire naturelle de la Caroline*.
4. « Une espèce de jasmin d'une excellente odeur, qui croît de toutes parts, en buisson, dans les campagnes de Surinam, est la retraite ordinaire des serpents et des lézards, surtout de l'iguane; c'est une chose admirable que la manière dont ce dernier reptile s'entortille au pied de cette plante, cachant sa tête au milieu de tous ses replis. » *Histoire générale des voyages*, t. LIV, p. 411, édit. in-12.
5. *Histoire générale des voyages*, liv. VII, chap. XVII.
6. Note communiquée par M. de la Borde.
7. *Voyages du Père Labat en Afrique et en Amérique*.

lui met un pied sur le corps; et ce qui prouve bien que la stupidité de l'iguane n'est pas aussi grande qu'on le dit, c'est que lorsque sa confiance est trompée et qu'il se sent pris, il a recours à la force, dont il n'avait pas voulu user. Il s'agite avec violence, il ouvre la gueule, il roule des yeux étince-lants, il gonfle sa gorge ; mais ses efforts sont inutiles; le chasseur, en le tenant sous ses pieds et en l'accablant du poids de tout son corps, parvient bientôt à lui attacher les pattes et à lui lier la gueule, de manière que ce malheureux animal ne puisse ni se défendre ni s'enfuir[1].

On peut le garder plusieurs jours en vie sans lui donner aucune nour-riture[2]. La contrainte semble d'abord le révolter; il est fier, il paraît méchant; mais bientôt il s'apprivoise ; il demeure dans les jardins; il passe même la plus grande partie du jour dans les appartements ; il court pendant la nuit, parce que ses yeux, comme ceux des chats, peuvent se dilater de manière que la plus faible lumière lui suffise, et parce qu'il prend aisément alors les insectes dont il se nourrit. Quand il se promène, il darde souvent sa langue; il vit tranquille, il devient familier[3].

On ne doit pas être surpris de l'acharnement avec lequel on poursuit cet animal doux et pacifique, qui ne recherche que quelques feuilles inu-tiles ou quelques insectes malfaisants, qui n'a besoin pour son habitation que de quelque trou de rocher ou de quelques branches presque sèches, et que la nature a placé dans les grandes forêts pour en faire l'ornement. Sa chair est excellente à manger, surtout celle des femelles, qui est plus tendre et plus grasse[4]. Les habitants de Bahama en faisaient même une espèce de commerce : ils le portaient en vie à la Caroline et dans d'autres contrées, ou ils le faisaient saler pour leur usage[5]. Dans certaines îles où ils sont rares, on les réserve pour les meilleures tables[6]; et l'homme ne s'est jamais tant exercé à détruire les animaux nuisibles qu'à faire sa proie de ceux qui peuvent flatter son appétit. D'ailleurs on trouve quelquefois dans le corps de l'iguane, ainsi que dans les crocodiles et dans les tupinambis, des concré-tions semblables aux bézoards des quadrupèdes vivipares, et particulière-

1. Catesby, *Histoire naturelle de la Caroline.*
2. Browne dit avoir gardé chez lui un iguane adulte pendant plus de deux mois. Dans le commencement il était fier et méchant; mais au bout de quelques jours, il devint plus doux; à la fin, il passait la plus grande partie du jour sur un lit, mais il courait toujours pendant la nuit. « Je n'ai jamais observé, continue ce voyageur, que cet iguane ait mangé autre chose que les particules imperceptibles qu'il lapait dans l'air (ces particules étaient sûrement de très petits insectes). Quand il se promenait, il dardait fréquemment sa langue, comme le caméléon. La chair de l'iguane est recherchée par beaucoup de gens, et lorsqu'elle est servie en fricassée, elle est préférée à celle de la meilleure volaille. L'iguane peut être aisément apprivoisé, quand il est jeune : il est alors un animal aussi innocent que beau. » *Histoire naturelle de la Jamaïque,* par Browne, Londres, 1756, p. 462.
3. Note communiquée par M. de la Borde.
4. On dit que la chair de l'iguane est nuisible à ceux dont le sang n'est point pur, et M. de la Borde la croit difficile à digérer.
5. Catesby, *Histoire naturelle de la Caroline.*
6. Note communiquée par M. de la Borde.

ment à ceux que l'on a nommés bézoards occidentaux. M. Dombey a apporté de l'Amérique méridionale au Cabinet du roi un de ces bézoards d'iguane. Cette concrétion représente assez exactement la moitié d'un ovoïde un peu creux ; elle est composée de couches polies, formées de petites aiguilles et qui présentent, comme d'autres bézoards, une espèce de cristallisation. Elle est convexe d'un côté et concave de l'autre ; elle ne doit cependant pas être regardée comme la moitié d'un bézoard plus considérable, les couches qui la composent étant placées les unes au-dessus des autres sur les bords de la cavité, ainsi que sur la partie convexe. Le noyau qui a servi à former ce bézoard devait donc avoir à peu près la même forme que cette concrétion. La surface de la cavité qu'elle présente n'est point polie comme celle des parties relevées qui ont pu subir un frottement plus ou moins considérable. Le grand diamètre de ce bézoard est de quinze lignes et le petit diamètre à peu près de quatorze.

Séba avait dans sa collection plusieurs bézoards d'iguanes, de la grosseur d'un œuf de pigeon, et d'un jaune cendré avec des taches foncées. Ces concrétions sont appelées *beguan* par les Indiens, qui les estiment plus que beaucoup d'autres bézoards[1]. Elles peuvent avoir été connues des anciens, l'iguane habitant dans les Indes orientales, ainsi qu'en Amérique ; comme cet animal n'a point été particulièrement indiqué par Aristote ni par Pline, et que les anciens n'en ont vraisemblablement parlé que sous le nom de *lézard vert*, ne pourrait-on pas croire que la pierre appelée par Pline *sauritin*, à cause du mot *saurus* (lézard), et que l'on regardait, du temps de ce naturaliste, comme se trouvant dans le corps d'un lézard vert, n'est autre chose que le bézoard de l'iguane, et qu'elle n'était précieuse que parce qu'on lui attribuait les fausses propriétés des autres bézoards[2]? Ce qui confirme notre opinion à ce sujet, c'est que ce mot *sauritin* n'a été appliqué par les anciens ni par les modernes à aucun autre corps, tant du règne animal que du règne minéral.

Les iguanes sont très communs à Surinam, ainsi que dans les bois de la Guyane, aux environs de Cayenne[3], et dans la Nouvelle-Espagne. Ils sont assez rares aux Antilles, parce qu'on y en a détruit un grand nombre, à cause de la bonté de leur chair[4]. On trouve aussi l'iguane dans l'ancien continent en Afrique, ainsi qu'en Asie[5] ; il est partout confiné dans les climats chauds ; ses couleurs varient suivant le sexe, l'âge et les diverses régions qu'il habite ; mais il est toujours remarquable par ses habitudes, sa forme et l'émail de ses écailles.

1. Séba, t. II, p. 140.
2. *Sauritin in ventre viridis lacerti arundine dissecti tradunt inveniri.* Pline, liv. XXXVII, chap. LXVII.
3. Note communiquée par M. de la Borde.
4. *Idem.*
5. Auprès de la baie des Chiens marins, dans la Nouvelle-Hollande, le voyageur Dampier trouva des *guanos* ou iguanes, qui, lorsqu'on s'approchait d'eux, s'arrêtaient et sifflaient sans prendre la fuite. *Voyage de Guillaume Dampier aux terres australes*, Amsterdam, 1705.

LE LÉZARD CORNU

Iguana cornuta, LATR., MERR. — *Lacerta cornuta,* BONN.

Ce lézard, qui se trouve à Saint-Domingue, a les plus grands rapports avec l'iguane ; il lui ressemble par la grandeur, par les proportions du corps, des pattes et de la queue, par la forme des écailles, par celles des grandes pièces écailleuses, qui forment sur son dos et sur la partie supérieure de sa queue une crête semblable à celle de l'iguane. Sa tête est enfoncée comme celle de ce dernier lézard ; elle montre également sur les côtés des tubercules très gros, très saillants et finissant en pointe[1]. Les dents ont leurs bords divisés en plusieurs petites pointes, comme celles des iguanes un peu gros. Mais le lézard cornu diffère de l'iguane en ce qu'il n'a pas sous la gorge une grande poche garnie d'une membrane et d'une sorte de crête écailleuse. D'ailleurs la partie supérieure de sa tête présente, entre les narines et les yeux, quatre tubercules de nature écailleuse, assez gros et placés au-devant d'une corne osseuse, conique et revêtue d'une écaille d'une seule pièce[2]. L'amateur distingué qui a bien voulu nous donner un lézard de cette espèce ou variété nous a assuré qu'on le trouvait en très grand nombre à Saint-Domingue. Nous avons nommé ce lézard le cornu, jusqu'à ce que de nouvelles observations aient prouvé qu'il forme une espèce distincte ou qu'il n'est qu'une variété de l'iguane. M. l'abbé Bonnaterre, qui nous a le premier indiqué ce lézard, se propose d'en publier la figure et la description dans l'Encyclopédie méthodique.

LE BASILIC[3]

Basilicus mitratus, DAUD., MEER. — *Lacerta basilicus,* LINN. — *Basilicus americanus,* LAUR. — *Iguana basilicus,* LATR.

L'erreur s'est servie de ce nom de basilic pour désigner un animal terrible, qu'on a tantôt représenté comme un serpent, tantôt comme un petit dragon, et dont le regard perçant donnait la mort. Rien de plus fabuleux que cet animal, au sujet duquel on a répandu tant de contes ridicules, qu'on

---

1. J'ai vu deux lézards cornus ; l'un de ces deux individus n'avait pas de gros tubercules sur les côtés de la tête.

2. L'un des deux lézards cornus que j'ai examinés et qui font maintenant partie de la Collection du roi, a trois pieds sept pouces de longueur totale, et sa corne est haute de six lignes.

3. Le Basilic. M. Daubenton, Encyclopédie méthodique. — *Lacerta basilicus,* 25. Linn., *Amphib. rept.* — *Dragon d'Amérique,* amphibie qui vole. Basilic. Séba, 1, pl. 100, fig. 1. — *Basilicus americanus,* 75. Laurenti specimen medicum.

a doué de tant de qualités merveilleuses, et dont la réputation sert encore à faire admirer entre les mains des charlatans, par un peuple ignorant et crédule, une peau de raie desséchée, contournée d'une manière bizarre, et que l'on décore du nom fameux de cet animal chimérique[1].

Nous ne conserverions pas ce nom de basilic, dont on a tant abusé, à l'animal réel dont nous parlons, de peur que l'existence d'un lézard appelé basilic ne pût faire croire à la vérité de quelques-unes des fables attachées à ce nom, si elles n'étaient aussi absurdes que risibles, si par là nous n'étions bien rassurés sur la croyance qu'on leur accorde, et d'ailleurs si ce nom de basilic n'avait pas été donné au lézard dont il est question dans cet article, par tous les naturalistes qui s'en sont occupés.

Le lézard basilic habite l'Amérique méridionale; aucune espèce n'est aussi facile à distinguer, à cause d'une crête très exhaussée qui s'étend depuis le sommet de la tête jusqu'au bout de la queue, et qui est composée d'écailles en forme de rayons, un peu séparées les unes des autres. Il a d'ailleurs une sorte de capuchon qui couronne sa tête, et c'est de là que lui vient son nom de *basilic*, qui signifie *petit roi*. Cet animal parvient à une taille assez considérable; il a souvent plus de trois pieds de longueur, en comptant celle de la queue. Ses doigts, au nombre de cinq à chaque pied, ne sont réunis par aucune membrane. Il vit sur les arbres, comme presque tous les lézards, qui, ayant les doigts divisés, peuvent y grimper avec facilité et en saisir aisément les branches. Non seulement il peut y courir assez vite, mais remplissant d'air son espèce de capuchon, déployant sa crête, augmentant son volume et devenant par là plus léger, il saute et voltige, pour ainsi dire, avec agilité, de branche en branche. Son séjour n'est cependant pas borné au milieu des bois; il va à l'eau sans peine, et lorsqu'il veut nager, il enfle également son capuchon et étend ses membranes.

La crête qui distingue le basilic, et qui peut lui servir d'une petite arme défensive, est encore pour lui un bel ornement. Bien loin de tuer par son regard, comme l'animal fabuleux dont il porte le nom, il doit être considéré avec plaisir, lorsque, animant la solitude des immenses forêts de l'Amérique, il s'élance avec rapidité de branche en branche, ou bien lorsque, dans une attitude de repos et tempérant sa vivacité naturelle, il témoigne une sorte de satisfaction à ceux qui le regardent, se pare, pour ainsi dire, de sa couronne, agite mollement sa belle crête, la baisse, la relève, et par les différents reflets de ses écailles, renvoie aux yeux de ceux qui l'examinent de douces ondulations de lumière.

---

1. « Le basilic, que les charlatans et les saltimbanques exposent tous les jours, avec tant d'appareil, aux yeux du public, pour l'attirer et lui en imposer, n'est qu'une sorte de petite raie, qui se trouve dans la Méditerranée, et qu'on fait dessécher sous la bizarre configuration qu'on y remarque. » *Dictionnaire d'histoire naturelle*, par M. Valmont de Bomare.

LE PORTE-CRÊTE[1]

Basilicus amboinensis, Daud., Merr., Fitz. — *Lacerta amboinensis*, Schlosser.

Nous conservons à ce lézard le nom de porte-crête, qui lui a été donné par M. Daubenton. Cet animal présente, en effet, une crête qui s'étend depuis la tête jusqu'à l'extrémité de la queue. Le plus souvent elle est composée sur le dos de soixante-dix petites écailles plates, longues et pointues; et, à l'origine de la queue, elle s'élève et représente une nageoire très longue, très large, formée de quatorze ou quinze rayons cartilagineux et garnie à son bord supérieur de petites écailles aiguës, penchées souvent en arrière. C'est dans l'île d'Amboine et dans l'île de Java[2] qu'on trouve le porte-crête. M. Schlosser est le premier naturaliste qui en ait parlé[3]. Ce lézard est dans l'Asie le représentant du basilic qui habite le nouveau continent; il a aussi de grands rapports avec la dragonne et les autres grands lézards à queue comprimée, dont le dos paraît dentelé, en ce que sa tête est presque quadrangulaire, aplatie, revêtue de tubercules et de grandes écailles; il a les yeux grands et les narines élevées; les ouvertures des oreilles laissent voir la membrane nue du tympan; le dessous de la tête présente une sorte de poche aplatie et très plissée, à laquelle on a donné le nom de collier. La langue est épaisse, charnue et légèrement fendue; les dents sont serrées, pointues, et d'autant plus grandes qu'elles sont plus éloignées du devant des mâchoires, où l'on en rencontre huit en haut et six en bas, arrondies, courtes, aiguës, tournées obliquement en dehors et séparées, par un petit intervalle, des plus grosses et des molaires[4]. Le porte-crête en a ainsi de deux sortes, comme la dragonne à laquelle il ressemble encore par la forme et la disposition des doigts.

Les cinq doigts de chaque pied sont garnis d'ongles et présentent de chaque côté un rebord aigu dentelé comme une scie. La queue est près de trois fois plus longue que le corps. La couleur de la tête et du collier est verdâtre, avec des lignes blanches; la crête et le dos sont d'un fauve plus ou moins foncé; le ventre est d'un gris blanchâtre, et chaque côté du corps présente des taches ou bandes blanches, qui s'étendent jusque sur les pieds. Il paraît que, dans plusieurs individus, la couleur générale du porte-crête est verdâtre, avec des raies noires et le ventre blanchâtre[5]. Le mâle diffère

---

1. *Bin jawacok jangur eckor*, par les Malais, suivant M. Hornstedt. — *Le Porte-crête*. M. Daubenton, Encyclopédie méthodique. — *Lacerta amboinensis*. Schlosser, *De lacerta amboinensi*, Amsterdam, 1778, in-4°. (L'individu décrit par M. Schlosser fut acheté par feu M. le baron de Géer et appartenait, en 1785, à l'Académie de Stockholm.)

2. M. Hornstedt. *Mémoires de l'Académie des sciences de Stockholm*, année 1785, 2ᵉ trim., p. 130.

3. Schlosser, ouvrage déjà cité.

4. M. Hornstedt. *Mémoires*, à l'endroit déjà cité.

5. M. Hornstedt, à l'endroit déjà cité.

de la femelle par une crête beaucoup plus élevée et par des couleurs plus vives.

Ce lézard n'est pas seulement beau ; il est assez grand, puisqu'il a quelquefois trois ou quatre pieds de long ; sa gueule et ses doigts sont bien armés ; son dos et sa queue présentent une sorte de défense ; ses pieds, conformés de manière à lui permettre de grimper sur les arbres, laissent moins de ressources à sa proie pour lui échapper ; sa tête, tuberculeuse et garnie de grandes écailles, paraît être à l'abri des blessures ; d'après tous ces attributs, on croirait que le porte-crête est vorace, carnassier et dangereux pour plusieurs petits animaux. Mais nous avons encore ici un exemple de la réserve avec laquelle on doit juger de l'ensemble du naturel, d'après les caractères particuliers de la conformation extérieure, tant l'organisation interne, et même un concours de circonstances locales plus ou moins constantes, agissent quelquefois avec force sur les habitudes.

Le porte-crête habite de préférence sur le bord des grands fleuves ; mais ce n'est point en embuscade qu'on l'y trouve : il ne fait point la guerre aux animaux plus faibles que lui ; il se nourrit tout au plus de quelques petits vers ; il passe tranquillement sa vie sur les rives peu fréquentées ; il dépose ses œufs sur les bancs de sable et les petites îles, comme s'il cherchait à les y mettre en sûreté ; il grimpe sur les arbres qui s'élèvent au bord de l'eau et y cherche en paix les fruits et les graines dont il fait sa principale nourriture. Il n'a donc usé presque jamais de toute sa force, qui peut-être même n'est pas très considérable : aussi s'alarme-t-il aisément. Il fuit au moindre bruit sans chercher à se défendre, comme si l'habitude de la défense tenait le plus souvent à celle de l'attaque. Il se jette dans l'eau lorsqu'il redoute quelque ennemi ; il nage avec d'autant plus de vitesse, que la membrane élevée de sa queue lui sert à frapper l'eau avec facilité ; et il se cache à la hâte sous les roches.

Les fruits dont ce lézard se nourrit lui donnent un naturel doux et paisible et communiquent à sa chair une saveur supérieure à celle qu'elle aurait s'il choisissait un aliment moins pur. Malheureusement pour cet innocent lézard, le bon goût de sa chair, qu'on dit être préférable à celle de l'iguane, est assez connu des habitants de la contrée qu'il habite, pour qu'on le poursuive jusqu'au milieu des eaux et sous les roches avancées qui lui servent de dernier asile. Il s'y laisse même prendre à la main, sans jeter aucun cri, sans faire le moindre mouvement pour se défendre. Cette espèce d'abandon de sa vie ne provient peut-être que du naturel tranquille de cet animal frugivore, qui n'a jamais essayé ses armes, ni senti tout ce qu'il peut pour sa conservation. On a cependant donné à sa douceur le nom de stupidité ; mais combien de fois n'a-t-on pas désigné, par un nom de mépris, les qualités paisibles et peu brillantes !

LE GALÉOTE[1]

Calotes (Agama) Ophiomachus, MERR. — *Lacerta Calotes,* LINN. — *Agama Calotes,* DAUD. — Le GALÉOTE COMMUN, CUV.

Ce lézard a, depuis la tête jusqu'au milieu du dos, une crête produite par des écailles séparées l'une de l'autre, grandes, minces et terminées en pointe. Quelques écailles semblables s'élèvent d'ailleurs vers le derrière de la tête, au-dessous des ouvertures des oreilles. Mais cette crête hérissée ne s'étend pas sur la gorge, et depuis le sommet de la tête jusqu'à l'extrémité de la queue, comme dans l'iguane. Toutes les autres écailles qui revêtent le galéote présentent une arête saillante et aiguë, qui le fait paraître couvert d'une multitude de stries disposées dans le sens de sa longueur.

La tête est aplatie, très large par derrière et assez semblable par là à celle du caméléon; les yeux sont gros; les ouvertures des oreilles grandes; la gorge est un peu renflée, ce qui lui donne un petit trait de ressemblance avec l'iguane; les pattes sont assez longues, ainsi que les doigts qui sont très séparés les uns des autres; le dos des ongles est noir. La queue est effilée et plus de trois fois aussi longue que le corps. L'individu que nous avons décrit et qui est conservé au Cabinet du roi a trois pouces dix lignes depuis le bout du museau jusqu'à l'anus; la queue a quatorze pouces de longueur. Quelquefois la couleur du dos est azurée, et celle du ventre blanchâtre.

Le galéote se trouve dans les contrées chaudes de l'Asie, particulièrement dans l'île de Ceylan, en Arabie, en Espagne, etc.; il court dans les maisons et sur les toits, où il donne la chasse aux araignées. On prétend même qu'il est assez fort pour faire sa proie de petits rats, contre les dents desquels il pourrait être un peu défendu par ses écailles aiguës et par la crête qui règne le long de son dos. Ce qui est bien certain, c'est que ses longs doigts très divisés doivent lui donner beaucoup de facilité pour se cramponner sur les toits et y poursuivre les rats et les araignées. Il se bat contre les petits serpents, ainsi que le lézard vert et plusieurs autres lézards.

---

1. Par les Grecs, *kolotes* et *askalabotes.* — Par les Latins, *ophiomachus.* — *Le Galéote.* M. Daubenton, *Encyclopédie méthodique.* — *Galiote. Dictionnaire d'histoire naturelle,* par M. Valmont de Bomare. — Séba, I, tab. 89, fig. 2; tab. 93, fig. 2; tab. 95, fig. 3, 4; t. II, tab. 76, fig. 5. — *Iguana Calotes,* 73. Laurenti specimen medicum. — *Iguana chalcidica,* 69. Idem. — *Lacerta Calotes,* 27. Linn., *Amphib. rept.* — Edwards, av. 74, t. XLV.

L'AGAME [1]

Calotes (*Agama*) *colonorum*, Merr., Fitz. — *Agama colonorum*, Daud. —
Lacerta Agama, Linn. — L'Agame des colons, Cuv.

On trouve en Amérique un lézard qui a beaucoup de rapports avec le galéote. Le derrière de la tête et le cou sont garnis d'écailles aiguës. Celles qui couvrent le dessus du corps, et surtout celles qui revêtent la queue, sont relevées en carène et terminées par une épine, ce qui donne une forme anguleuse à la queue, qui d'ailleurs est menue et longue. Le dos présente, vers sa partie antérieure, une crête composée d'écailles droites, plates et aiguës. Le dessous de la gueule est couvert d'une peau lâche, en forme de petit fanon. Ce qui le distingue principalement du galéote, avec lequel il est aisé de le confondre, c'est que ses couleurs paraissent plus pâles, que son ventre semble moins strié, et que les écailles qui garnissent le derrière de la tête sont comme renversées et tournées vers le museau. Le mâle ne diffère de la femelle qu'en ce que sa crête est composée d'écailles plus grandes et se prolonge davantage sur le dos. D'ailleurs, il n'y a point d'épines latérales sur le cou de la femelle; mais on en voit de très petites sur les côtés du corps, et celles qui défendent la queue et les parties antérieures du dos sont plus aiguës que sur le mâle. Suivant Séba, ce lézard se plaît au milieu des eaux. Nous présumons que c'est à cette espèce qu'il faut rapporter le lézard représenté dans l'ouvrage de Sloane, pl. 273, fig. 2 [2], ainsi que celui que Browne a dit être commun à la Jamaïque, et dont il fait une cinquième espèce [3]. Nous croyons devoir encore regarder comme un agame le lézard bleu d'Edwards [4]

1. *L'Agame*. M. Daubenton, Encyclopédie méthodique. — *Lacerta Agama*, 28. Linn., Amphib. rept. — Gronov. Zooph. 13, n. 54. — Séba. t. 1er, pl. 107, fig. 3. — *Iguana cordylina*, 67 ; et *Iguana salamandrina*, 68. Laurenti specimen medicum.

2. *Lacertus major e viridi cinereus, dorso crista breviori donato*. Ce lézard se trouve en très grand nombre dans les bois de la Jamaïque; il diffère très peu de *guana* (iguane): mais il est plus petit, sa couleur est plus verte, et il a, le long du dos, une crête. Il pond des œufs moins gros que les œufs de pigeon. Sloane, t. II, p. 333.

3. *Lacerta, 5 minor viridis cauda squamis erectis cristata*. The guana lizard : and blue lizard of Edwards. Ce lézard est très commun à la Jamaïque; il paraît en général d'un beau vert ; mais sa couleur change suivant sa position, ainsi que celle des animaux de son genre ; il semble même qu'elle est plus variable que celle des autres lézards, et qu'elle prend plutôt les différentes nuances qu'elle présente, suivant l'endroit où il se trouve. Son corps est couvert d'écailles légères ; mais celles qui sont au-dessus de la queue sont relevées et forment une petite crête qui a quelques rapports avec celle du *guana* (iguane); sa longueur excède rarement neuf ou dix pouces ; il est très doux. Browne, p. 463.

4. « Le lézard bleu est fort particulier, à cause de la structure de ses doigts, qui ont de petites membranes qui s'étendent de chaque côté, non pas de la nature de celles que les oiseaux aquatiques ont aux pattes, mais plutôt comme certaines sortes de mouches en ont, qui agissent par voie de succion. Ainsi je conçois que ces membranes leur servent à se tenir et à marcher sur la surface unie des grandes feuilles des arbres et des plantes ; il a une petite élévation

et ces trois lézards ne nous paraissent être tout au plus que des variétés de celui dont il est question dans cet article.

sur le dos, en forme de sillon qui règne tout du long jusqu'à la queue, où elle devient dentelée; tout le dessus du corps est bleuâtre, varié transversalement de nuances plus claires et plus foncées : le dessous en est d'une couleur de chair pâle.» *Glanures d'histoire naturelle,* par Edwards, p. 74, pl. 245. Le lézard décrit par Edwards ayant été apporté dans de l'esprit-de-vin, de l'île de Nevis, dans les Indes occidentales, il ne serait pas surprenant que sa couleur eût été altérée, et de verte fût devenue bleue ; j'ai vu souvent la couleur de plusieurs lézards conservés dans de l'esprit-de-vin, changer ainsi du vert au bleu.

LÉZARDS

DONT LA QUEUE EST RONDE, QUI ONT CINQ DOIGTS AUX PIEDS DE DEVANT
ET DES BANDES ÉCAILLEUSES SOUS LE VENTRE

LE LÉZARD GRIS [1]

Lacerta agilis, LINN., CUV., MERR. — *Lacerta agilis* et *stirpium*, DAUD.

Le lézard gris paraît être le plus doux, le plus innocent et l'un des plus utiles des lézards. Ce joli petit animal, si commun dans le pays où nous écrivons, et avec lequel tant de personnes ont joué dans leur enfance, n'a pas reçu de la nature un vêtement aussi éclatant que plusieurs autres quadrupèdes ovipares; mais elle lui a donné une parure élégante; sa petite taille est svelte; son mouvement, agile; sa course si prompte, qu'il échappe à l'œil aussi rapidement que l'oiseau qui vole. Il aime à recevoir la chaleur du soleil; ayant besoin d'une température douce, il cherche les abris; et lorsque, dans un beau jour de printemps, une lumière pure éclaire vivement un gazon en pente ou une muraille qui augmente la chaleur en la réfléchissant, on le voit s'étendre sur ce mur ou sur l'herbe nouvelle avec une espèce de volupté. Il se pénètre avec délices de cette chaleur bienfaisante; il marque son plaisir par de molles ondulations de sa queue déliée; il fait briller ses yeux vifs et animés; il se précipite comme un trait pour saisir une petite proie, ou pour trouver un abri plus commode. Bien loin de s'enfuir à l'approche de l'homme, il paraît le regarder avec complaisance; mais, au moindre bruit qui l'effraye, à la seule chute d'une feuille, il se roule, tombe et demeure pendant quelques instants comme étourdi par sa chute; ou bien il s'élance, disparaît, se trouble, revient, se cache de nouveau, reparaît encore, décrit en un instant plusieurs circuits tortueux que l'œil

---

1. *Lagartija* et *sargantana*, en Espagne. — *Langrola*, aux environs de Montpellier. — *Le lézard gris*. M. Daubenton, Encyclopédie méthodique. — Le lézard gris, le lézard ordinaire ou commun, *Lacerta terrestris*, M. Valmont de Bomare, *Dictionnaire d'histoire naturelle.* — *Lacerta agilis*, 15. Linn., *Amphib. rept.* — George Edwards. *Glanures d'histoire naturelle*, Londres, 1764. — Seconde partie, chap. xv, pl. 225. *The little brown lizard.* — Séba, 2, tab. 79, fig. 5. — *Lacerta agilis*. Ichtyologia cum amphibis regni Borussici, à Job. Christ. Wulff. — *Seps Argus* 105, *Seps muralis* 106, *Seps terrestris* 107, *Seps cœrulescens* 109. Laurenti specimen medicum.

a de la peine à suivre, se replie plusieurs fois sur lui-même et se retire enfin dans quelque asile jusqu'à ce que sa crainte soit dissipée [1].

Sa tête est triangulaire et aplatie; le dessus est couvert de grandes écailles, dont deux sont situées au-dessus des yeux, de manière à représenter quelquefois des paupières fermées. Son petit museau arrondi présente un contour gracieux; les ouvertures des oreilles sont assez grandes; les deux mâchoires égales et garnies de larges écailles; les dents fines, un peu crochues et tournées vers le gosier.

Il a à chaque pied cinq doigts déliés et garnis d'ongles recourbés, qui lui servent à grimper aisément sur les arbres et à courir avec agilité le long des murs; et ce qui ajoute à la vitesse avec laquelle il s'élance, même en montant, c'est que les pattes de derrière, ainsi que dans tous les lézards, sont un peu plus longues que celles de devant. Le long de l'intérieur des cuisses règne un petit cordon de tubercules, semblables, par leur forme, à ceux que nous avons remarqués sur l'iguane; le nombre de ces petites éminences varie, et on en compte quelquefois plus de vingt.

Tout est délicat et doux à la vue dans ce petit lézard. La couleur grise que présente le dessus de son corps est variée par un grand nombre de taches blanchâtres et par trois bandes presque noires qui parcourent la longueur du dos; celle du milieu est plus étroite que les deux autres. Son ventre est peint de vert, changeant en bleu; il n'est aucune de ces écailles dont le reflet ne soit agréable, et pour ajouter à cette simple, mais riante parure, le dessous du cou est garni d'un collier composé d'écailles, ordinairement au nombre de sept, un peu plus grandes que les voisines, et qui réunissent l'éclat et la couleur de l'or. Au reste, dans ce lézard, comme dans tous les autres, les teintes et la distribution des couleurs sont sujettes à varier suivant l'âge, le sexe et le pays; mais le fond de ces couleurs reste à peu près le même [2]. Le ventre est couvert d'écailles beaucoup plus grandes que celles qui sont au-dessus du corps; elles y forment des bandes transversales, ainsi que dans tous les lézards que nous avons compris dans la troisième division.

Il a ordinairement cinq ou six pouces de long et un demi-pouce de large, et quelle différence entre ce petit animal et l'énorme crocodile! Aussi ce prodigieux quadrupède ovipare n'est-il presque jamais aperçu qu'avec effroi, tandis qu'on voit avec intérêt le petit lézard gris jouer innocemment parmi les fleurs avec ceux de son espèce, et, par la rapidité de ses agréables évolutions, mériter le nom d'agile que Linné lui a donné. On ne craint point ce lézard doux et paisible, on l'observe de près; il échappe communément avec rapidité lorsqu'on veut le saisir; mais lorsqu'on l'a pris, on le manie sans qu'il cherche à mordre; les enfants en font un jouet; et, par une suite de la grande douceur de son caractère, il devient familier avec eux. On dirait

---

1. C'est principalement dans les pays chauds que le lézard gris est très agile et qu'il exécute les divers mouvements que nous venons de décrire.

2. Nous avons décrit le lézard gris d'après des individus vivants.

qu'il cherche à leur rendre caresse pour caresse; il approche innocemment sa bouche de leur bouche, il suce leur salive avec avidité; les anciens l'ont appelé l'*ami de l'homme*, il aurait fallu l'appeler l'ami de l'enfance ; mais cette enfance, souvent ingrate ou du moins trop inconstante, ne rend pas toujours le bien pour le bien à ce faible animal ; elle le mutile; elle lui fait perdre une partie de sa queue très fragile, et dont les tendres vertèbres peuvent aisément se séparer [1].

Cette queue, qui va toujours en diminuant de grosseur et qui se termine en pointe, est à peu près deux fois aussi longue que le corps ; elle est tachetée de blanc et d'un noir peu foncé, et les petites écailles qui la couvrent forment des anneaux assez sensibles, souvent au nombre de quatre-vingts. Lorsqu'elle a été brisée par quelque accident, elle repousse quelquefois; et suivant qu'elle a été divisée en plus ou moins de parties, elle est remplacée par deux et même quelquefois par trois queues plus ou moins parfaites, dont une seule renferme des vertèbres; les autres ne contiennent qu'un tendon [2].

Le tabac en poudre est presque toujours mortel pour le lézard gris : si l'on en met dans sa bouche, il tombe en convulsion, et le plus souvent il meurt bientôt après. Utile autant qu'agréable, il se nourrit de mouches, de grillons, de sauterelles, de vers de terre, de presque tous les insectes qui détruisent nos fruits et nos grains; aussi serait-il très avantageux que l'espèce en fût plus multipliée. A mesure que le nombre des lézards gris s'accroîtrait, nous verrions diminuer les ennemis de nos jardins; ce serait alors qu'on aurait raison de les regarder, ainsi que certains Indiens les considèrent, comme des animaux d'heureux augure et comme des signes assurés d'une bonne fortune.

Pour saisir les insectes dont ils se nourrissent, les lézards gris dardent avec vitesse une langue rougeâtre, assez large, fourchue et garnie de petites aspérités à peine sensibles, mais qui suffisent pour les aider à retenir leur

---

1. « M. Marchand a remarqué, dans les Mémoires de l'Académie royale des sciences, année 1718, que ces animaux avaient quelquefois deux queues, et c'est ce que Pline et plusieurs autres avaient déjà observé avant lui. On en trouve quelquefois de tels en Portugal ; mais comme rien n'est plus commun, dans ce pays-là, que de voir les enfants les tourmenter de toutes sortes de façons, peut-être arrive-t-il que, leur ayant fendu la queue suivant sa longueur, chacune des portions s'arrondit et devient une queue complète; car il est très ordinaire que si toute leur queue, ou seulement une partie se perd par quelque accident, elle recroisse d'elle-même. J'en ai vu une infinité d'exemples, et c'est là une perte à laquelle ils sont exposés tous les jours, lors même qu'ils ne font que jouer entre eux ; car les petites vertèbres osseuses, qui forment leur queue, sont très fragiles et se séparent aisément les unes des autres. Aussi voit-on très souvent des queues de toutes sortes de longueur à des lézards qui sont d'ailleurs de même taille. Au reste, M. Marchand nous apprend qu'ayant voulu être témoin de cette production, l'expérience ne lui a pas réussi, sans qu'il ait pu découvrir à quoi il en tenait. Suivant lui, cette nouvelle queue est une espèce de tendon et n'est point formée par des vertèbres cartilagineuses, comme la vieille. » *Nouvelles observations microscopiques*, par M. Needham, p. 141.

2. *Continuation de la matière médicale de Geoffroi*, t. XII, p. 78 et suiv. Mémoire de M. Marchand, dans ceux de l'Académie des sciences, année 1718.

proie ailée[1]. Comme les autres quadrupèdes ovipares, ils peuvent vivre beaucoup de temps sans manger, et on en a gardé pendant six mois dans une bouteille sans leur donner aucune nourriture, mais aussi sans leur voir rendre aucun excrément[2].

Plus il fait chaud et plus les mouvements du lézard gris sont rapides; à peine les premiers beaux jours du printemps viennent-ils réchauffer l'atmosphère, que le lézard gris, sortant de la torpeur profonde que le grand froid lui fait éprouver et renaissant, pour ainsi dire, à la vie avec les zéphyrs et les fleurs, reprend son agilité et recommence ses espèces de joutes, auxquelles il allie des jeux amoureux. Dès la fin d'avril, il cherche sa femelle; ils s'unissent ensemble par des embrassements si étroits, qu'on a peine à les distinguer l'un de l'autre; et, s'il faut juger de l'amour par la vivacité de son expression, le lézard gris doit être un des plus ardents des quadrupèdes ovipares.

La femelle ne couve pas ses œufs, qui sont presque ronds et n'ont pas quelquefois plus de cinq lignes de diamètre. Mais comme ils sont pondus dans le temps où la température commence à être très douce, ils éclosent par la seule chaleur de l'atmosphère, avec d'autant plus de facilité que la femelle a le soin de les déposer dans les abris les plus chauds, par exemple, au pied d'une muraille tournée vers le midi.

Avant de se livrer à l'amour et de chercher sa femelle, le lézard gris se dépouille comme les autres lézards; ce n'est que revêtu d'une parure plus agréable et d'une force nouvelle qu'il va satisfaire les désirs que lui inspire le printemps. Il se dépouille aussi lorsque l'hiver arrive; il passe tristement cette saison du froid dans des trous d'arbres ou de muraille, ou dans quelque creux sous terre; il y éprouve un engourdissement plus ou moins grand, suivant le climat qu'il habite et la rigueur de la saison; et il ne quitte communément cette retraite que lorsque le printemps ramène la chaleur. Cet animal ne conserve cependant pas toujours la douceur de ses habitudes. M. Edwards rapporte, dans son Histoire naturelle, qu'il surprit un jour un lézard gris attaquant un petit oiseau qui réchauffait dans son nid des petits nouvellement éclos. C'était contre un mur que le nid était placé. L'approche de M. Edwards fit cesser l'espèce de combat que l'oiseau soutenait pour défendre sa jeune famille : l'oiseau s'envola, le lézard se laissa tomber; il aurait peut-être, dit M. Edwards, dévoré les petits, s'il avait pu les tirer de leur nid[3]. Mais ne nous pressons pas d'attribuer une méchanceté qui peut n'être qu'un défaut individuel et ne dépendre que de circonstances passagères, à une espèce faible que l'on a reconnue pour innocente et douce.

On a fait usage des lézards gris en médecine; on les a employés aux

---

1. Needham, *Observations microscopiques.*
2. Séba, t. II, p. 84.
3. *Glanures d'histoire naturelle,* par George Edwards, chap. xv.

environs de Madrid dans des maladies graves[1] : la Société royale a reçu des individus de l'espèce dont se servent les médecins espagnols ; ils ont été examinés par MM. Daubenton et Mauduit[2], et un de ces lézards a été déposé au Cabinet du roi ; il ne diffère du lézard gris de nos provinces que par des nuances de couleur très légères, et qui sont la suite presque nécessaire de la diversité des climats de la France et de l'Espagne.

Il paraît qu'on doit regarder comme une variété du lézard gris un petit lézard très agile, et qui lui ressemble par la conformation générale du corps, par celle de la queue, par des écailles disposées sous la gorge en forme de collier et par des tubercules placés sur la face intérieure des cuisses. M. Pallas l'a appelé lézard *véloce* dans le supplément latin du Voyage qu'il a publié en langue russe. Ce petit lézard est d'une couleur cendrée, rayée longitudinalement, semée de points roux sur le dos et bleuâtres sur les côtés, où l'on voit aussi des taches noires. On le rencontre parmi les pierres, auprès du lac d'Ind'erskoi, et dans les lieux les plus déserts et les plus chauds ; il s'élance, suivant M. Pallas, avec la rapidité d'une flèche.

ADDITION A L'ARTICLE DU LÉZARD GRIS.

M. de Sept-Fontaines, que nous avons déjà cité plusieurs fois, et qui ne cesse de concourir à l'avancement de l'histoire naturelle, nous a communiqué l'observation suivante, relativement à la reproduction des lézards gris. Le 17 juillet 1783, il partagea un de ces animaux avec un instrument de fer ; c'était une femelle, et à l'instant il sortit de son corps sept jeunes lézards, longs depuis onze jusqu'à treize lignes, entièrement formés, et qui coururent avec autant d'agilité que les lézards adultes. La portée était de douze ; mais cinq petits lézards avaient été blessés par l'instrument de fer et ne donnèrent que de légers signes de vie.

M. de Sept-Fontaines avait bien voulu joindre à sa lettre un lézard de l'espèce de la femelle sur laquelle il avait fait son observation, et cet individu ne différait en rien des lézards gris que nous avons décrits.

On peut donc croire qu'il en est des lézards gris comme des salamandres terrestres ; que quelquefois les femelles pondent leurs œufs et les déposent dans des endroits abrités, ainsi que l'ont écrit plusieurs naturalistes, et que d'autres fois les petits éclosent dans le ventre de la mère.

---

1. On a vanté les propriétés des lézards gris, principalement contre les maladies de la peau, les cancers, les maux qui demandent que le sang soit épuré, etc. Voyez, a ce sujet, les avis et les instructions publiés par la Société royale de médecine de Paris.

2. *Histoire de la Société royale de médecine*, pour les années 1780 et 1781.

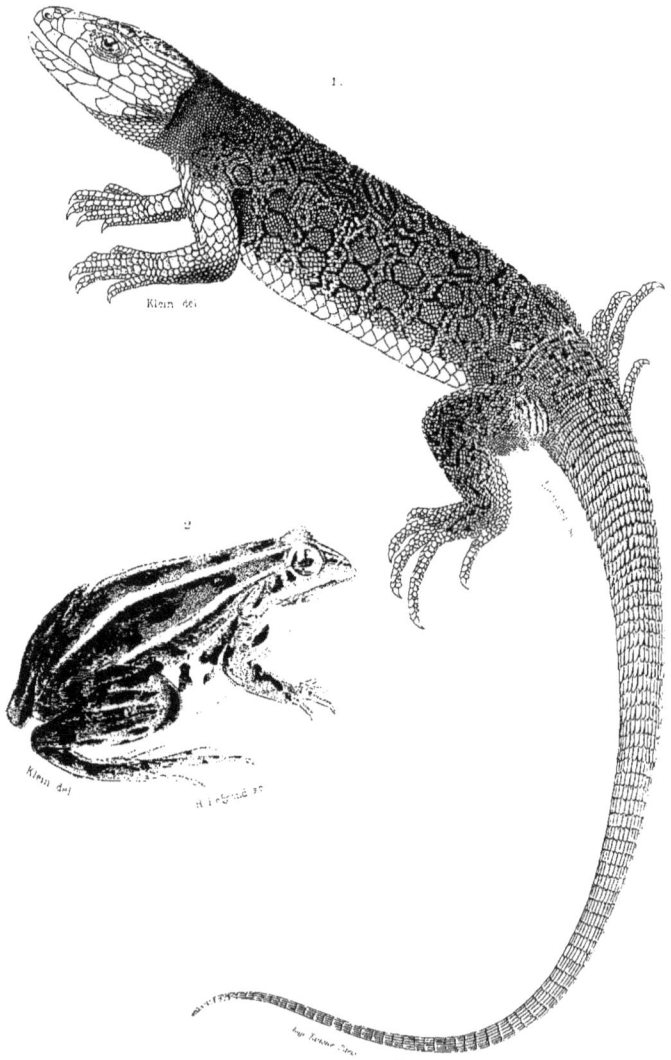

Klein del.

Klein del.

H. Grand sc.

1 LE LÉZARD VERT

2 LA GRENOUILLE

d'après

Garnier frères éditeurs

LE LÉZARD VERT[1]

Lacerta ocellata, Merr., Cuv. — *Lacerta viridis*, Bonn. — *Lacerta viridis*, var. A. Latr.

La nature, en formant le lézard vert, paraît avoir suivi les mêmes proportions que pour le lézard gris; mais elle a travaillé d'après un module plus considérable. Elle n'a fait, pour ainsi dire, qu'agrandir le lézard gris et le revêtir d'une parure plus belle.

C'est dans les premiers jours du printemps que le lézard vert brille de tout son éclat, lorsque, ayant quitté sa vieille peau, il expose au soleil son corps émaillé des plus vives couleurs. Les rayons qui rejaillissent de dessus ses écailles les dorent par reflets ondoyants; elles étincellent du feu de l'émeraude; et si elles ne sont pas diaphanes comme les cristaux, la réflexion d'un beau ciel qui se peint sur ces lames luisantes et polies compense l'effet de la transparence par un nouveau jeu de lumière. L'œil ne cesse d'être réjoui par le vert qu'offre le lézard dont nous écrivons l'histoire. Il se remplit, pour ainsi dire, de son éclat sans jamais en être ébloui; autant la couleur de cet animal attire la vue par la beauté de ses reflets, autant elle l'attache par leur douceur. On dirait qu'elle se répand sur l'air qui l'environne, et qu'en s'y dégradant par des nuances insensibles, elle se fond de manière à ne jamais blesser et à toujours enchanter par une variété agréable; séduisant également, soit qu'elle resplendisse avec mollesse au milieu de grands flots de lumière, ou que, ne renvoyant qu'une faible clarté, elle présente des teintes aussi suaves que délicates.

Le dessus du corps de ce lézard est d'un vert plus ou moins mêlé de jaune, de gris, de brun et même quelquefois de rouge; le dessous est toujours plus blanchâtre. Les teintes de ce quadrupède ovipare sont sujettes à varier; elles pâlissent dans certains temps de l'année, et surtout après la mort de l'animal; mais c'est principalement dans les climats chauds qu'il se montre avec l'éclat de l'or et des pierreries; c'est là qu'une lumière plus vive anime ses couleurs et les multiplie. C'est aussi dans ces pays moins éloignés de la zone torride qu'il est plus grand et qu'il parvient quelquefois jusqu'à

---

1. *Sauros cloros*, en grec. — *Krauthum*, aux environs de Vienne en Autriche. — *Lagarto et fardacho*, en Espagne. — *Lazer*, aux environs de Montpellier. — *Lézard vert.* Daubenton, Encyclopédie méthodique. — Rai, *Synopsis animalium quadrupedum*, p. 264. *Lacertus viridis.* The green lizard. — Aldrov., *Quadr.*, 634. *Lacertus viridis.* — *Lacerta agilis (varietas B).* Linn., *Systema naturæ amphib. reptil.* (Linné ne regarde le lézard vert que comme une variété du lézard gris; mais, indépendamment d'autres raisons, la grande différence qui se trouve entre ces dimensions de ces deux lézards et les observations que nous avons faites plusieurs fois sur les animaux vivants ne nous permettent pas de les rapporter à la même espèce). — *Lacertus viridis.* Gesner, *De quadrup. ovip.*, p. 35. — Séba, t. II, pl. 4, fig. 4 et 5. — *Lacerta viridis, Lacerta viridis punctis albis.* Ichtyologia cum amphibiis regni Borussici, a Joh. Wulff. — *Seps varius* 110, *Seps viridis* 111. Laurenti specimen medicum.

la longueur de trente pouces[1]. L'individu que nous avons décrit, et qui a été envoyé de Provence au Cabinet du roi, a vingt pouces de longueur, en y comprenant celle de la queue, qui est presque égale à celle du corps et de la tête ; le diamètre du corps est de deux pouces dans l'endroit le plus gros. Le dessus de la tête, comme dans le lézard gris, est couvert de grandes écailles arrangées symétriquement et placées à côté l'une de l'autre. Les bords des mâchoires sont garnis d'un double rang de grandes écailles. Les ouvertures des oreilles sont ovales ; leur grand diamètre est de quatre lignes, et elles laissent apercevoir la membrane du tympan. L'espèce de collier qu'a le lézard vert, ainsi que le lézard gris, est formé, dans l'individu envoyé de Provence au Cabinet du roi, par onze grandes écailles. Celles qui recouvrent le dos sont les plus petites de toutes ; elles sont hexagones, mais les angles en étant peu sensibles, elles paraissent presque rondes ; les écailles qui sont sur le ventre sont grandes, hexagones, beaucoup plus allongées, et forment trente demi-anneaux ou bandes transversales.

Treize tubercules s'étendent le long de la face intérieure de chaque cuisse ; ils sont creux, et nous avons vu à leur extrémité un mamelon très apparent et qui s'élève au-dessus des bords de la petite cavité du tubercule, dont il paraît sortir[2]. La fente qui forme l'anus occupe une très grande partie de la largeur du corps. La queue diminue de grosseur depuis l'origine jusqu'à la pointe ; elle est couverte d'écailles plus longues que larges, plus grandes que celles du dos, et qui forment ordinairement plus de quatre-vingt-dix anneaux.

La beauté du lézard vert fixe les regards de tous ceux qui l'aperçoivent ; mais il semble rendre attention pour attention ; il s'arrête lorsqu'il voit l'homme ; on dirait qu'il l'observe avec complaisance, et qu'au milieu des forêts qu'il habite il a une sorte de plaisir à faire briller à ses yeux ses couleurs dorées, comme dans nos jardins le paon étale avec orgueil l'émail de ses belles plumes. Les lézards verts jouent avec les enfants, ainsi que les gris ; lorsqu'ils sont pris et qu'on les excite les uns contre les autres, ils s'attaquent et se mordent quelquefois avec acharnement[3].

Plus fort que le lézard gris, le vert se bat contre les serpents : il est rarement vainqueur ; l'agitation qu'il éprouve et le bruit qu'il fait lorsqu'il en voit approcher ne viennent que de sa crainte ; mais on s'est plu à tout ennoblir dans cet être distingué par la beauté de ses couleurs ; on a regardé ses mouvements comme une marque d'attention et d'attachement, et l'on a dit qu'il avertissait l'homme de la présence des serpents qui pouvaient lui nuire. Il recherche les vers et les insectes ; il se jette avec une sorte d'avi-

---

1. Note communiquée par M. de la Tour d'Aygue, président à mortier au parlement de Provence, et dont les lumières sont aussi connues que son zèle pour l'avancement des sciences.

2. Voyez, à ce sujet, les ouvrages de M. Duvernay.

3. Gesner, *Quadrup. ovipar*, p. 36.

dité sur la salive qu'on vient de cracher, et Gesner a vu un lézard vert boire de l'urine des enfants. Il se nourrit aussi d'œufs de petits oiseaux, qu'il va chercher au haut des arbres, où il grimpe avec assez de vitesse.

Quoique plus bas sur ses pattes que le lézard gris, il court cependant avec agilité et part avec assez de promptitude pour donner un premier mouvement de surprise et d'effroi, lorsqu'il s'élance au milieu des broussailles ou des feuilles sèches. Il saute très haut, et, comme il est plus fort, il est aussi plus hardi que le lézard gris ; il se défend contre les chiens qui l'attaquent. L'habitude de saisir par l'endroit le plus sensible, et par conséquent par les narines, les diverses espèces de serpents avec lesquels il est souvent en guerre fait qu'il se jette au museau des chiens ; et il les y mord avec tant d'obstination qu'il se laisse emporter et même tuer plutôt que de desserrer les dents ; mais il paraît qu'il ne faut point le regarder comme venimeux, au moins dans les pays tempérés, et qu'on lui a attribué faussement des blessures mortelles ou dangereuses[1].

Ses habitudes sont d'ailleurs assez semblables à celles du lézard gris et ses œufs sont ordinairement plus gros que ceux de ce dernier.

Les Africains se nourrissent de la chair des lézards verts[2] ; mais ce n'est pas seulement dans les pays chauds des deux continents qu'on trouve ces lézards ; ils habitent aussi les contrées très tempérées, et même un peu septentrionales, quoiqu'ils y soient moins nombreux et moins grands[3]. Ils ne sont point étrangers aux parties méridionales de la Suède[4], non plus qu'au Kamtschatka, où, malgré leur beauté, un préjugé superstitieux fait qu'ils inspirent l'effroi. Les Kamtschadales les regardent comme des envoyés des

1. « Un lézard vert (le lézard dont parle ici M. Laurenti, et qu'il a distingué par le mot latin de *seps varius*, n'est qu'une variété du lézard vert) saisit un petit oiseau auprès de la gorge, et non seulement l'y blessa, mais même faillit l'étouffer ; l'oiseau guérit de lui-même, et le lendemain chanta comme à l'ordinaire. Le même animal mordit un pigeon avec beaucoup de colère ; le sang coula de chacune des petites blessures que firent les dents du lézard ; cependant le pigeon n'en mourut pas, quoiqu'il parût souffrir pendant quelques heures. Le lendemain, il mordit le même pigeon à la cuisse, emporta la peau et fit une blessure assez grande ; la plaie fut guérie et la peau revenue au bout de peu de jours.

« J'enlevai la peau de la cuisse d'un chien et d'un chat, je les fis mordre par le même lézard à l'endroit découvert ; l'animal fit pénétrer son écume dans la blessure ; le chien et le chat s'efforçaient de s'échapper et donnaient des signes de douleur ; mais ils ne présentèrent d'ailleurs aucune marque d'incommodité, et leurs plaies ayant été cousues, furent bientôt guéries.

« Un lézard vert ordinaire mordit un pigeon à la cuisse droite avec tant de force qu'il emporta la peau ; il saisit ensuite avec acharnement les muscles mis à nu et ne les lâcha qu'avec peine. La peau fut cousue, et le pigeon guérit aisément après avoir boité pendant un jour.

« Ce lézard vert mordit un jeune chien au bas-ventre ; le sang ne coula pas, et l'on ne remarqua pas d'ouverture à la peau ; mais le chien poussa d'horribles cris et n'éprouva aucune incommodité. » Extrait des expériences faites en Autriche, au mois d'août, par M. Laurenti, *Specimen medicum*. Viennæ, 1768.

2. Gesner, *De quadrup. ovip.*, p. 57.

3. Rai, à l'endroit déjà cité.

4. M. Linné.

puissances infernales; aussi s'empressent-ils, lorsqu'ils en rencontrent, de les couper par morceaux[1]; et s'ils les laissent échapper, ils redoutent si fort le pouvoir des divinités dont ils les regardent comme les représentants, qu'à chaque instant ils croient qu'ils vont mourir, et meurent même quelquefois, disent quelques voyageurs, à force de le craindre.

On trouve, aux environs de Paris, une variété du lézard vert, distinguée par une bande qui règne depuis le sommet de la tête jusqu'à l'extrémité de la queue, et qui s'étend un peu au-dessus des pattes, surtout de celles de derrière. Cette bande est d'un gris fauve, tachetée d'un brun foncé, parsemée de points jaunâtres et bordée d'une petite ligne blanchâtre. Nous avons examiné deux individus vivants de cette variété; ils paraissaient jeunes, et cependant ils étaient déjà de la taille des lézards gris qui ont atteint presque tout leur développement.

En Italie, on a donné au lézard vert le nom de *stellion*, que l'on a aussi attribué à la salamandre terrestre, ainsi qu'à d'autres lézards. C'est à cause des taches de couleurs plus ou moins vives, dont est parsemé le dessus du corps de ces animaux, et qui les font paraître comme étoilés, qu'on leur a transporté un nom que nous réservons uniquement, avec M. Linné et le plus grand nombre des naturalistes, à un lézard d'Afrique, très différent du lézard vert, et qui a toujours été appelé *stellion*[2].

Nous plaçons ici la notice d'un lézard[3] que l'on rencontre en Amérique, et qui a quelques rapports avec le lézard vert. Catesby en a parlé sous le nom de lézard vert de la Caroline; Rochefort, et après lui Rai, l'ont désigné par celui de gobe-mouche. Ce joli petit animal n'a guère plus de cinq pouces de long[4]; quelques individus même de cette espèce, et les femelles surtout, n'ont que la longueur et la grosseur du doigt; mais, s'il est inférieur par sa taille à notre lézard vert, il ne lui cède pas en beauté. La plupart de ces gobe-mouches sont d'un vert très vif; il y en a qui paraissent éclatants d'or et d'argent; d'autres sont d'un vert doré, ou peints de diverses couleurs aussi brillantes qu'agréables. Ils deviennent très utiles en délivrant les habitations des mouches, des ravets et des autres insectes nuisibles. Rien n'approche de l'industrie, de la dextérité, de l'agilité avec lesquelles ils les cherchent, les poursuivent et les saisissent. Aucun animal n'est plus patient que ces charmants petits lézards : ils demeurent quelquefois immobiles pendant une demi-journée, en attendant leur proie; dès qu'ils la voient, ils s'élancent

1. *Troisième Voyage du capitaine Cook*, traduit de l'anglais. Paris, 1782, p. 478.

2. On trouve dans la description du muséum de Kircher une notice et une figure relatives à un lézard pris dans un bois des Alpes, et appelé *stellion d'Italie*, qui nous paraît être une variété du lézard vert. *Rerum naturalium Historia, existentium in musæo Kirkeriano*. Rome, 1773, p. 40. *Stellion d'Italie*.

3. *Oulla ouna*, par les Caraïbes. — Rochefort, *Histoire des Antilles*. Gobe-mouche. — Rai, *Sinopsis quadrupedum*, p. 269. — Catesby, *Histoire naturelle de la Caroline*, t. II, p. 65, *Lacertus viridis carolinensis*. — Voyez dans le Dictionnaire de M. de Bomare, l'article du *lézard gobe-mouche*.

4. Catesby, à l'endroit déjà cité.

comme un trait, du haut des arbres, où ils se plaisent à grimper. Les œufs qu'ils pondent sont de la grosseur d'un pois; ils les couvrent d'un peu de terre, et la chaleur du soleil les fait éclore. Ils sont si familiers, qu'ils entrent hardiment dans les appartements; ils courent même partout si librement et sont si peu craintifs, qu'ils montent sur les tables pendant les repas; et s'ils aperçoivent quelque insecte, ils sautent sur lui et passent, pour l'atteindre, jusque sur les habits des convives; mais ils sont si propres et si jolis, qu'on les voit sans peine traverser les plats et toucher les mets[1]. Rien ne manque donc au lézard gobe-mouche pour plaire : parure, beauté, agi-lité, utilité, patience, industrie, il a tout reçu pour charmer l'œil et inté-resser en sa faveur. Mais il est aussi délicat que richement coloré; il ne se montre que pendant l'été aux latitudes un peu élevées, et il y passe la saison de l'hiver dans des crevasses et des trous d'arbres où il s'engourdit[2]. Les jours chauds et sereins qui brillent quelquefois pendant l'hiver le raniment au point de le faire sortir de sa retraite; mais le froid revenant tout d'un coup le rend si faible, qu'il n'a pas la force de rentrer dans son asile, et qu'il suc-combe à la rigueur de la saison. Quelque agile qu'il soit, il n'échappe qu'avec beaucoup de peine à la poursuite des chats et des oiseaux de proie. Sa peau ne peut cacher entièrement les altérations intérieures qu'il subit; sa couleur change comme celle du caméléon, suivant l'état où il se trouve, ou, pour mieux dire, suivant la température qu'il éprouve. Dans un jour chaud, il est d'un vert brillant; et si le lendemain il fait froid, il paraît d'une couleur brune. Aussi, lorsqu'il est mort, l'éclat et la fraîcheur de ses couleurs dispa-raissent, et sa peau devient pâle et livide[3].

Les couleurs se ternissent et changent ainsi dans plusieurs autres espèces de lézards; c'est ce qui produit cette grande diversité dans les des-criptions des auteurs qui se sont trop attachés aux couleurs des quadrupèdes ovipares, et c'est ce qui a répandu une grande confusion dans la nomencla-ture de ces animaux. Il y a quelque ressemblance entre les habitudes du gobe-mouche et celles d'un autre petit lézard du nouveau monde, auquel on a donné le nom d'*anolis*, qu'on a appliqué aussi à beaucoup d'autres lézards. Nous rapportons ce dernier au goîtreux, qui vit dans les mêmes contrées[4]. Comme nous n'avons pas vu le gobe-mouche, nous ne savons si l'on ne devrait pas le regarder de même, comme de la même espèce que le goîtreux, au lieu de le considérer comme une variété du lézard vert.

M. François Cetti, dans son *Histoire des amphibies et des poissons de la Sar-daigne*, parle d'un lézard vert très commun dans cette île, et qu'on y nomme, en certains endroits, *tiliguerta* et *caliscertula* : il ne ressemble en-tièrement ni au lézard vert de cet article, ni à l'améiva, dont nous allons

1. Rai, à l'endroit déjà cité.
2. Catesby, à l'endroit déjà cité.
3. Catesby, à l'endroit déjà cité.
4. Voyez l'article du *goîtreux*.

traiter[1]. M. Cetti présume que ce tiliguerta est une espèce nouvelle, intermédiaire entre ces deux lézards ; il nous paraît cependant, d'après ce qu'en dit cet habile naturaliste, qu'on pourrait le regarder comme une variété du lézard vert, s'il a au-dessous du cou une espèce de demi-collier composé de grandes écailles, ou comme une variété de l'améiva, s'il n'a point ce demi-collier.

[1]. « Les habitants de la Sardaigne donnent à un même lézard le nom de *tiliguerta* et celui de *caliscertula*... Il paraît être une espèce de lézard vert, car il est, comme ce dernier lézard, d'un vert éclatant, mais relevé par des taches noires et par des raies de la même couleur, qui s'étendent le long du dos... La face intérieure des cuisses présente une rangée de tubercules, ainsi que dans le lézard vert ; il a cinq doigts et cinq ongles à chaque pied. Une différence remarquable le distingue cependant d'avec le lézard vert décrit par les auteurs : ils attribuent à ce dernier lézard une queue de la longueur du corps, mais le tiliguerta a la queue bien plus étendue ; elle est deux fois aussi longue que le corps de l'animal ; et c'est ce que j'ai trouvé dans tous les lézards de cette espèce que j'ai mesurés. A la vérité, les lézards verts ont, pour ainsi dire, une grande vertu productrice dans leur queue ; s'ils la perdent, elle se renouvelle, et si elle est partagée par quelque accident, chaque portion devient bientôt une queue entière. Il se pourrait donc que l'excès de la queue du tiliguerta sur celle du lézard vert ordinaire ne fût pas une marque d'une diversité d'espèce et dût être seulement attribué à l'influence du climat de la Sardaigne. Mais, d'un autre côté, comment regarder la longueur de la queue du tiliguerta comme un attribut accidentel, puisque les naturalistes font entrer dans les caractères spécifiques de différents lézards la diverse longueur de la queue relativement à celle du corps ?

« Ceux qui ont décrit, par exemple, le lézard vert d'Europe l'ont caractérisé, ainsi que nous l'avons vu, en disant que sa queue est aussi longue que le corps ; et ceux qui décrivent un lézard d'Amérique, nommé *améiva* par Linné, le caractérisent par la longueur de sa queue, trois fois plus considérable que celle du corps du lézard... Le tiliguerta n'est donc pas un lézard vert, quoiqu'il lui ressemble beaucoup ; et ceux qui voudront le décrire devront le désigner par la phrase suivante, *lézard à queue menue deux fois plus grande que le corps*. L'améiva a été désigné par les mêmes expressions dans les Aménités académiques... L'on pourrait donc soupçonner que le tiliguerta de Sardaigne est de la même espèce que l'améiva du nouveau monde ; il ne serait pas surprenant en effet de rencontrer, en Europe, un animal qu'on a cru particulier au continent de l'Amérique... Mais, outre que l'on peut soupçonner, d'après la description de Gronovius, l'exactitude de celle que l'on trouve dans les Aménités académiques, on ne doit pas croire le tiliguerta de la même espèce que l'améiva, si l'on considère le nombre des bandes écailleuses qui garnissent le ventre de ce dernier lézard, ainsi que celui du tiliguerta. Le nombre de ces bandes n'est pas en effet le même dans ces deux animaux. Le tiliguerta ressemble donc beaucoup à l'améiva, ainsi qu'au lézard vert, quoiqu'il ne soit ni l'un ni l'autre : c'est une espèce particulière dont il convient d'augmenter la liste des lézards, et qu'il faut placer parmi ceux que M. Linné a désignés par le caractère d'avoir la queue verticillée (*cauda verticillata*).

« Le tiliguerta est aussi innocent que le lézard vert ; il habite parmi les gazons, ainsi que sur les murailles que l'on trouve dans la campagne... Il est très commun en Sardaigne, et il y est même en beaucoup plus grand nombre que le lézard vert en Italie. » Extrait de l'*Histoire naturelle des amphibies et des poissons de la Sardaigne*, par M. François Cetti. Sassari, 1777, p. 13.

Il est important d'observer que la longueur de la queue des lézards, sa forme étagée ou verticillée, ainsi que le nombre des bandes écailleuses qui recouvrent le ventre de ces animaux, sont des caractères variables ou sans précision ; nous nous en sommes convaincus par l'inspection d'un grand nombre d'individus de plusieurs espèces ; aussi n'avons-nous pas cru devoir les employer pour distinguer les divisions des lézards l'une d'avec l'autre. Nous ne nous en sommes servis pour la distinction des espèces que lorsqu'ils ont indiqué des différences très considérables, et d'ailleurs nous n'avons jamais assigné à la rigueur telle ou telle proposition, ni tel ou tel nombre pour une marque constante d'une diversité d'espèce, et nous avons déterminé au contraire, rigoureusement et avec précision, la forme et l'arrangement des écailles de la queue.

LE CORDYLE[1]

Zonurus cordylus, MERR. — *Lacerta cordylus*, LINN., FITZ. — *Cordylus verus*, LAUR. — Le CORDYLE, CUV.

On trouve en Afrique et en Asie un lézard auquel Linné a appliqué exclusivement le nom de cordyle, qui lui a été donné par quelques voyageurs, mais dont on s'est aussi servi pour désigner la dragonne, ainsi que nous l'avons dit. Il paraît qu'il habite quelquefois dans l'Europe méridionale, et Rai dit l'avoir rencontré auprès de Montpellier[2]. Nous allons le décrire d'après les individus conservés au Cabinet du roi.

La tête est très aplatie, élargie par derrière et triangulaire ; de grandes écailles en revêtent le dessus et les côtés ; les deux mâchoires sont couvertes d'un double rang d'autres grandes écailles et armées de très petites dents égales, fortes et aiguës.

Les trous des narines sont petits ; les ouvertures des oreilles, étroites et situées aux deux bouts de la base du triangle, dont le museau est la pointe.

Le corps est très aplati ; le ventre est revêtu d'écailles presque carrées et assez grandes, qui y forment des demi-anneaux ou des bandes transversales ; les écailles du dos sont presque carrées, mais plus grandes ; celles des côtés, étant relevées en carène, font paraître les flancs hérissés d'aiguillons.

La queue est d'une longueur à peu près égale à celle du corps ; les écailles qui la revêtent présentent une arête saillante, qui se termine en forme d'épine allongée et garnie des deux côtés d'un petit aiguillon ; ces écailles, longues et très relevées par le bout, forment des anneaux très sensibles, festonnés, assez éloignés les uns des autres, et qui font paraître la queue comme étagée. Nous en avons compté dix-neuf sur un individu femelle, dont la queue était entière.

Les écailles des pattes sont aiguës et relevées par une arête. Il y a cinq doigts garnis d'ongles aux pieds de devant et à ceux de derrière.

La couleur des écailles est bleue et plus ou moins mêlée de châtain par taches ou par bandes.

Linné dit que le corps du cordyle n'est point hérissé *(corpore lævigato)* : cela ne doit s'entendre que du dos et du ventre, qui en effet ne le paraissent pas, lorsqu'on les compare avec les pattes, les côtés, et surtout avec la queue. Le long de l'intérieur des cuisses, règnent des tubercules comme dans l'iguane, le lézard gris, le lézard vert, etc. ; une variété de cette espèce a les écailles du corps beaucoup plus petites que celles des autres cordyles.

1. *Le Cordyle.* M. Daubenton, Encyclopédie méthodique. — *Lacerta cordylus*, 9. Linn., *Amph. rept.* — *Cordylus*, Gronov., mus. 2, p. 79, n. 55. — Rai, *Synopsis quadr.*, p. 263. *Cordylus seu caudi-verbera.* — Séba, mus. I, tab. 84, fig. 3 et 4, et II, 62, fig. 2. — *Cordylus verus.* Laurenti specimen medicum.

2. Rai, *Synopsis quadr.*, p. 263.

L'HEXAGONE [1]

Calotes (Agama) angulata, Merr. — *Agama angulata*, Daud.
— *Stellio hexagonus*, Latr.

Linné a fait connaître ce lézard, qui habite en Amérique. Ce qui forme
un des caractères distinctifs de l'hexagone, c'est que sa queue, plus longue
de moitié que son corps, est comprimée de manière à présenter six côtés et
six arêtes très vives. Il est aussi fort reconnaissable par sa tête, qui paraît
comme tronquée par derrière, et dont la peau forme plusieurs rides; les
écailles dont son corps est revêtu sont pointues et relevées en forme de carène, excepté celles du ventre; il les redresse à volonté et il paraît alors
hérissé de petites pointes ou d'aiguillons; sous sa gueule sont deux grandes
écailles rondes; sa couleur tire sur le roux. Nous n'avons pas vu ce lézard
et nous pouvons seulement présumer que son ventre est couvert de bandes
transversales et écailleuses; si cela n'est point, il faudra le placer parmi les
lézards de la division suivante.

L'AMÉIVA [2]

Teius Ameiva, Merr. — *Lacerta Ameiva*, Linn. — *Seps surinamensis* et *zeylanicus*,
Laur. — *Lacerta graphica* et *gutturosa*, Daud. — L'Améiva le plus connu et
l'*Ameiva lateristriga*, Cuv. — *Ameiva Argus*, Fitz.

C'est un des quadrupèdes ovipares dont l'histoire a été le plus obscurcie;
premièrement, parce que ce nom d'*améiva* ou d'*améira* a été donné à des
lézards d'espèces différentes de celle dont il s'agit ici; secondement, parce
que le vrai améiva a été nommé diversement en différentes contrées; il a été
appelé tantôt *témapara*, tantôt *taletec*, tantôt *tamacolin*, noms qui ont été en
même temps attribués à des espèces différentes de l'améiva, particulièrement
à l'iguane; et troisièmement enfin, parce que cet animal étant très sujet à

---

1. *L'hexagonal.* M. Daubenton, Encyclopédie méthodique. — *Lacerta angulata*, 19. Linn.,
Amphib. rept. systema nat. — *Lacerta cauda exagona longa, squamis carinatis mucronatis.*
Idem.
2. *Améiva.* M. Daubenton, Encyclopédie méthodique. — *Lacerta Ameiva*, 14. Linn., *Amph.
rept.* — *Lacerta cauda verticillata longa, scutis abdominis triginta, collari subtus ruga duplici.* — Amœn. Acad., 1, p. 127, 293. *Lacerta cauda tereti corpore duplo longiore, pedibus pentadactylis, crista nulla, scutis abdominalibus.* 30. — Mus. Ad. Fr., 1, p. 45. *Lacerta eadem.* —
Gron. Mus., 2, p. 80, t. LVI. *Lacerta cauda tereti corpore triplo longiore, squamis lævissi-
mis, abdominalibus oblongo quadratis* — Clus. exot., 115. *Lacertus indicus.* — Ed. av., 202,
t. CCII, CCIII. *Lacertus major viridis.* — Worm. mus., 313, f. 313. — Raj, *Quadr.*, 270. *Lacertus indicus.* — Séba, mus., 1, t. LXXXVI, f. 4 et 5; t. LXXXVIII, f. 1 et 2. — Sloan. jam., 2,
p. 333, t. CCLXXIII, f. 3. *Lacertus major cinereus maculatus.* — *Seps surinamensis*, 98. Laurenti, *Specimen medicum.* — *The large spotted ground lizard.* Browne, p. 462.

varier par ses couleurs, suivant les saisons, l'âge et le pays, divers individus de cette espèce ont été regardés comme formant autant d'espèces distinctes. Pour répandre de la clarté dans ce qui concerne cet animal, nous conservons uniquement ce nom d'*améiva* à un lézard qui se trouve dans l'Amérique, tant septentrionale que méridionale, et qui a beaucoup de rapports avec les lézards gris et les lézards verts de nos contrées tempérées. On peut même, au premier coup d'œil, le confondre avec ces derniers; mais, pour peu qu'on l'examine, il est aisé de l'en distinguer. Il en diffère en ce qu'il n'a point au-dessous du cou cette espèce de demi-collier, formé de grandes écailles, et qu'ont tous les lézards gris ainsi que les lézards verts; au contraire, la peau, revêtue de très petites écailles, y forme un ou deux plis. Ce caractère a été fort bien saisi par Linné; mais nous devons ajouter à cette différence celles que nous avons remarquées dans les divers individus que nous avons vus, et qui sont conservés au Cabinet du roi.

La tête de l'améiva est en général plus allongée et plus comprimée par les côtés, le dessus en est plus étroit, et le museau plus pointu. Seconde-ment, la queue est ordinairement plus longue en proportion du corps. Les améivas parviennent d'ailleurs à une taille presque aussi considérable que les lézards verts de nos provinces méridionales. L'individu que nous décri-vons, et qui a été envoyé de Cayenne par M. Léchevin, a vingt et un pouces de longueur totale, c'est-à-dire depuis le bout du museau jusqu'à l'extrémité de la queue, dont la longueur est d'un pied six lignes; la circonférence du corps, à l'endroit le plus gros, est de quatre pouces neuf lignes; les mâchoires sont fendues jusque derrière les yeux, garnies d'un double rang de grandes écailles, comme dans le lézard vert, et armées d'un grand nombre de dents très fines, dont les plus petites sont placées vers le bout du museau, et qui ressemblent un peu à celles de l'iguane. Le dessus de la tête est couvert de grandes lames, comme dans les lézards verts et dans les lézards gris.

Le dessus du corps et des pattes est garni d'écailles à peine sensibles; mais celles qui revêtent le dessous du corps sont grandes, carrées et rangées en bandes transversales. La queue est entourée d'anneaux composés d'écailles, dont la figure est celle d'un carré long. Le dessous des cuisses présente un rang de tubercules. Les doigts, longs et séparés les uns des autres, sont gar-nis d'ongles assez forts.

La couleur de l'améiva varie beaucoup suivant le sexe, le pays, l'âge et la température de l'atmosphère, ainsi que nous l'avons dit; mais il paraît que le fond en est toujours vert ou grisâtre, plus ou moins diversifié par des taches ou des raies de couleurs plus vives, et qui, étant quelquefois arrondies de manière à le faire paraître œillé, ont fait donner le nom d'*ar-gus* à l'améiva, ainsi qu'au lézard vert. Peut-être l'améiva forme-t-il, comme les lézards de nos contrées, une petite famille, dans laquelle on devrait dis-tinguer les gris d'avec les verts; mais on n'a point encore fait assez d'obser-vations pour que nous puissions rien établir à ce sujet.

Rai[1] et Rochefort[2] ont parlé de lézards, qu'ils ont appelés *anolis* ou *anoles*, qui, pendant le jour, sont dans un mouvement continuel et se retirent pendant la nuit dans des creux, d'où ils font entendre une strideur plus forte et plus insupportable que celle des cigales. Comme ce nom d'*anolis* ou d'*anoles* a été donné à plusieurs sortes de lézards, et que Rai ni Rochefort n'ont point décrit de manière à ôter toute équivoque ceux dont ils ont fait mention, nous invitons les voyageurs à observer ces animaux sur l'espèce desquels on ne peut encore rien dire. Nous devons ajouter seulement que Gronovius a décrit, sous le nom d'*anolis*, un lézard de Surinam, évidemment de la même espèce que l'améiva de Cayenne, dont nous venons de donner la description.

L'améiva se trouve non seulement en Amérique, mais encore dans l'ancien continent. J'ai vu un individu de cette espèce, qui avait été apporté des grandes Indes par M. Le Cor, et dont la couleur était d'un très beau vert plus ou moins mêlé de jaune.

LE LION [3]

Teius lemniscatus, var. *b*, Merr. — *Lacerta sexlineata*, Linn., Fitz.

Voici l'emblème de la force appliqué à la faiblesse, et le nom du roi des animaux donné à un bien petit lézard ; on peut cependant le lui conserver, parce que ce nom est aussi souvent pris pour le signe de la fierté que pour celui de la puissance. Le lézard-lion redresse presque toujours sa queue en la tournant en rond ; il a l'air de la hardiesse, et c'est apparemment ce qui lui a fait donner par les Anglais le surnom de lion, que plusieurs naturalistes lui ont conservé[4]. Il se trouve dans la Caroline : son espèce ne diffère pas beaucoup de celle de notre lézard gris ; trois lignes blanches et autant de lignes noires règnent de chaque côté du dos, dont le milieu est blanchâtre ; il a deux rides sous le cou ; le dessous des cuisses est garni d'un rang de petits tubercules, comme dans l'iguane, le lézard gris, le lézard vert, l'améiva, etc. ; la queue se termine insensiblement en pointe.

Le lézard-lion n'est point dangereux ; il se tient souvent dans des creux

---

1. *Synopsis animalium*, p. 268.

2. « Les anolis sont fort communs dans toutes les habitations. Ils sont de la grosseur et de la longueur des lézards qu'on voit en France ; mais ils ont la *tête plus longuette*, la peau jaunâtre, et sur le dos ils ont des lignes rayées de bleu, de vert et de gris, qui prennent depuis le dessus de la tête jusqu'au bout de la queue. Ils font leur retraite dans les trous de la terre, c'est là que, pendant la nuit, ils font un bruit beaucoup plus pénétrant que celui des cigales. Le jour, ils sont en perpétuelle action et ne font que rôder aux environs des cases pour chercher de quoi se nourrir. » Rochefort, *Histoire des Antilles*, t. Ier, p. 300.

3. *Le Lion*. M. Daubenton, Encyclopédie méthodique. — *Lacerta sexlineata*, 18. Linn., *Amphib. rept.*

4. Catesby, *Histoire naturelle de la Caroline*, p. 8.

de rochers, sur le bord de la mer; ce n'est pas seulement dans la Caroline qu'on le rencontre, mais encore à Cuba, à Saint-Domingue et dans d'autres îles voisines. Ayant les jambes allongées, il est très agile, comme le lézard gris, et court avec une très grande vitesse; mais ce joli et innocent lézard n'en est pas moins la proie des grands oiseaux de mer, à la poursuite desquels la rapidité de sa course ne peut le dérober.

LE GALONNÉ [1]

Teius lemniscatus, var. *a*, Merr. — *Lacerta lemniscata*, Linn.
— *Seps cœruleus* et *lemniscatus*, Laur.

Ce lézard habite dans l'ancien continent, où on le trouve aux Indes et en Guinée. Il est aussi en Amérique; il y a, au Cabinet du roi, deux individus de cette espèce, qui ont été envoyés de la Martinique. C'est avec raison que Linné assure que le galonné a un grand nombre de rapports avec l'améiva; il est beaucoup moins grand, mais les écailles qui revêtent le dessous du corps forment également des bandes transversales dans ces deux lézards. Le dessous des cuisses est garni d'un rang de tubercules, comme dans l'iguane, le lézard gris, le lézard vert, le cordyle, l'améiva, etc.; il a la queue menue et plus longue que le corps. Il est d'un vert plus ou moins foncé, et le long de son dos s'étendent huit raies blanchâtres, suivant Linné. Nous en avons compté neuf sur les deux individus qui sont au Cabinet du roi. Les pattes sont mouchetées de blanc.

Il paraît que ce lézard est sujet à varier par le nombre et la disposition des raies qui règnent le long du dos. M. d'Antic a eu la bonté de nous faire voir un petit quadrupède ovipare, qui lui a été envoyé de Saint-Domingue, et qui est une variété du galonné. Ce lézard est couleur très foncée. Il a sur le dos onze raies d'un jaune blanchâtre, qui se réunissent de manière à n'en former que sept du côté de la tête, et dix vers l'origine de la queue, sur laquelle ces raies se perdent insensiblement. Ce sont là les seules différences qui le distinguent du galonné. Sa longueur est de six pouces, et celle de la queue de quatre pouces une ligne.

LA TÊTE-ROUGE [2]

Lacerta erythrocephala, Daud. — *Lacerta viridis*, Cuv.

Cette espèce de lézard se trouve dans l'île de Saint-Christophe, et c'est M. Badier qui a bien voulu nous en communiquer la description; la tête-

---

1. *Le Galonné.* M. Daubenton, Encyclopédie méthodique. — *Lacerta lemniscata*, 39. — Linn., *Amphib. rept.* — *Lacerta eadem*, mus. Ad. Fr., 1, p. 47. — Séba, mus. I, pl. 53, fig. 9, et pl. 92, fig. 4; II, pl. 9, fig. 5. — *Seps lemniscatus*, 103. Laurenti specimen medicum.

2. *Pilori, tête-rouge.* — *Anolis de terre.* Ce nom d'anolis a été donné, en Amérique, à plusieurs lézards, ainsi que nous l'avons vu précédemment.

rouge a cinq doigts à chaque pied, et le dessous du ventre garni de demi-
anneaux écailleux, et par conséquent elle doit être comprise dans la troisième
division du genre des lézards [1]. Elle est d'un vert très foncé et mêlé de brun ;
les côtés et une partie du dessus de la tête sont rouges, ainsi que les côtés
du cou ; la gorge est blanche ; la poitrine noire ; le dos présente plusieurs
raies noires transversales et ondées ; sur les côtés du corps s'étend une
bande longitudinale composée de plusieurs lignes noires transversales. Le
ventre est coloré par bandes longitudinales, en noir, en bleu et en blanchâtre.

Le dessus de la tête est couvert d'écailles plus grandes que celles qui
garnissent le dos ; on voit sous les cuisses une rangée de petits tubercules,
comme sur le lézard gris et plusieurs autres lézards.

L'individu décrit par M. Badier avait un pouce de diamètre dans l'endroit le plus gros du corps, et un pouce onze lignes de longueur totale ; la
queue était entourée d'anneaux écailleux et longue de sept pouces huit
lignes ; les jambes de derrière, mesurées jusqu'au premier article des doigts,
avaient deux pouces une ligne de longueur.

Suivant M. Badier, la tête-rouge parvient à une grandeur trois fois plus
considérable ; elle se nourrit d'insectes.

---

1. Voyez notre table méthodique des quadrupèdes ovipares.

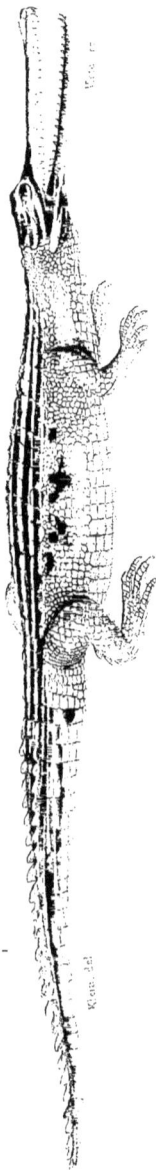

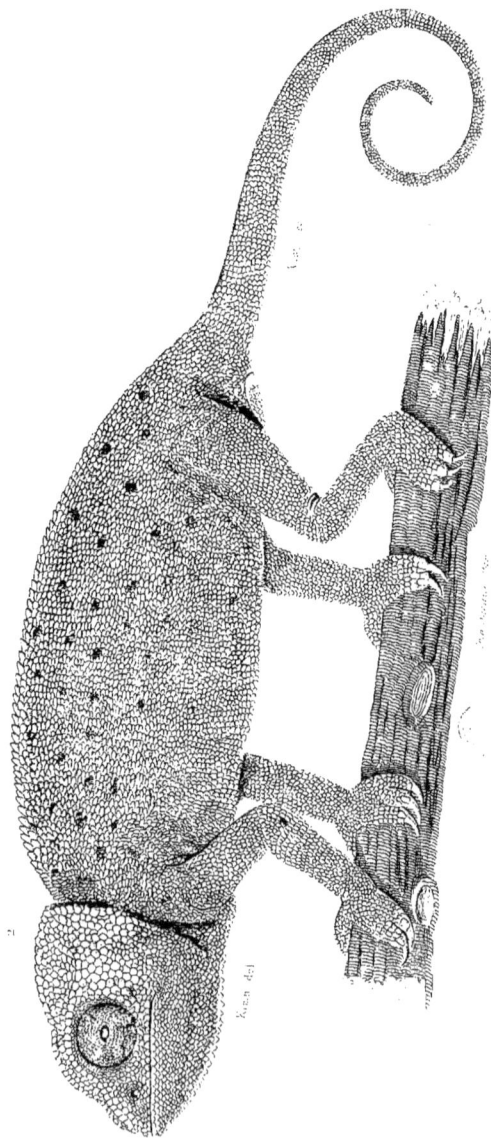

1. LE GAVIAL (*Crocodilus gangeticus* ...)   2. LE CAMÉLÉON (*Chamaeleo africanus* ...)

QUATRIÈME DIVISION

LÉZARDS

QUI ONT CINQ DOIGTS AUX PIEDS DE DEVANT, SANS BANDES
TRANSVERSALES SOUS LE CORPS

LE CAMÉLÉON[1]

Chamæleon calcaratus, Merr. — *Lacerta Chamæleon* et *africana*, Linn., Gmel.
— *Chamæleon senegalensis*, Daud., Fitz. — Le Caméléon ordinaire, Cuv.

Le nom du caméléon est fameux. On l'emploie métaphoriquement,
depuis longtemps, pour désigner la vile flatterie. Peu de gens savent cependant que le caméléon est un lézard, et moins de personnes encore connaissent
les traits qu'il présente et les qualités qui le distinguent. On a dit que le
caméléon changeait souvent de forme; qu'il n'avait point de couleur en
propre; qu'il prenait celle de tous les objets dont il approchait; qu'il en
était par là une sorte de miroir fidèle; qu'il ne se nourrissait que d'air. Les
anciens se sont plu à le répéter : ils ont cru voir, dans cet être qui n'était
pas le caméléon, mais un animal fantastique, produit et embelli par l'erreur,
une image assez ressemblante de plusieurs de ceux qui fréquentent les
cours. Ils s'en sont servis comme d'un objet de comparaison, pour peindre
ces hommes bas et rampants, qui, n'ayant jamais d'avis à eux, sachant se
plier à toutes les formes, embrasser toutes les opinions, ne se repaissent
que de fumée et de vains projets. Les poètes surtout se sont emparés de
toutes les images fournies par des rapports qui, n'ayant rien de réel, pouvaient être aisément étendus; ils ont paré des charmes d'une imagination
vive les diverses comparaisons tirées d'un animal qu'ils ont regardé comme

---

1. *Chamaileon*, en grec. — *Chamæleo*, en latin. — *Taïtah* ou *bouiah*, en Barbarie, suivant
M. Shaw. — Caméléon. M. Daubenton, Encyclopédie méthodique. — Conradi Genersi, *Historiæ
animalium*, liber secundus de quadrup. ovip. *Chamæleo*. — Rai, *Synopsis quadrup.*, p. 276.
Chamæleo, the chameleon. — Browne, p. 464. *Chamæleon*, en anglais, *the largegrey chameleon.* — *Lacerta Chamæleon*, 20. Linn., *Amph. rept.* — Séba, 1, tab. 82, fig. 1, 2, 3, 4, 5;
tab. 83, fig. 4 et 5. — *Chamæleo mexicanus*, 59. *Chamæleo parisiensium*, 60. *Chamæleo zeylanicus*, 61. *Chamæleo africanus*, 62. *Chamæleo candidus*, 63. *Chamæleo Bonæ-Spei*, 64. Laurenti, *Specimen medicum*, p. 56. — Gron. mus., 2, p. 76, n° 50. *Chamæleon.* — Olear, mus., 9,
t. VIII, f. 3. *Chamæleon.* — Bolen. itin., livre II, chap. LX. *Chamæleon.* — Valent. mus.,
livre III, chap. XXXI. *Chamæleon.* — Jonst., *Quadr.*, t. LXXIX. *Chamæleon.* — Ald., *Quadr.*, 670.
Chamæleon.

faisant par crainte ce que l'on dit que tant de courtisans font par goût. Ces images agréables ont été copiées, multipliées, animées par les beaux génies des siècles les plus éclairés. Aucun animal ne réunit, sans doute, les propriétés imaginaires auxquelles nous devons tant d'idées riantes. Mais une fiction spirituelle ne peut qu'ajouter au charme des ouvrages où sont répandues ces peintures gracieuses. Le caméléon des poètes n'a point existé pour la nature; mais il pourra exister à jamais pour le génie et pour l'imagination.

Lorsque cependant nous aurons écarté les qualités fabuleuses attribuées au caméléon, et lorsque nous l'aurons peint tel qu'il est, on devra le regarder encore comme un des animaux les plus intéressants aux yeux des naturalistes, par la singulière conformation de ses diverses parties, par les habitudes remarquables qui en dépendent, et même par des propriétés qui ne sont pas très différentes de celles qu'on lui a faussement attribuées [1].

On trouve des caméléons de plusieurs tailles assez différentes les unes des autres. Les plus grands n'ont guère plus de quatorze pouces de longueur totale. L'individu que nous avons décrit, et qui est conservé avec beaucoup d'autres au Cabinet du roi, a un pied deux pouces trois lignes, depuis le bout du museau jusqu'à l'extrémité de la queue, dont la longueur est de sept pouces. Celle des pattes, y compris les doigts, est de trois pouces.

La tête, aplatie par-dessus, l'est aussi par les côtés; deux arêtes élevées partent du museau, passent presque immédiatement au-dessus des yeux, en suivent à peu près la courbure et vont se réunir en pointe derrière la tête; elles y rencontrent une troisième saillie qui part du sommet de la tête et deux autres qui viennent des coins de la gueule; elles forment, toutes cinq ensemble, une sorte de capuchon, ou, pour mieux dire, de pyramide à cinq faces, dont la pointe est tournée en arrière. Le cou est très court. Le dessous de la tête et la gorge sont comme gonflés et représentent une espèce de poche, mais moins grande de beaucoup que celle de l'iguane.

La peau du caméléon est parsemée de petites éminences comme le chagrin : elles sont très lisses, plus marquées sur la tête et environnées de grains presque imperceptibles; un rang de petites pointes coniques règne en forme de dentelure sur les saillies de la tête, sur le dos, sur une partie de la queue et au-dessous du corps, depuis le museau jusqu'à l'anus.

Sur le bout du museau, qui est un peu arrondi, sont placées les narines qui doivent servir beaucoup à la respiration de l'animal; car il a souvent la bouche fermée si exactement, qu'on a peine à distinguer la séparation des deux lèvres. Le cerveau est très petit et n'a qu'une ligne ou deux de diamètre. La tête du caméléon ne présente aucune ouverture particulière pour les oreilles, et MM. de l'Académie des sciences, qui disséquèrent cet animal, crurent qu'il était privé de l'organe de l'ouïe, qu'ils n'aperçurent point

---

1. On peut voir dans Pline, livre XXVIII, chap. XXIX, les vertus chimériques que les anciens attribuaient au caméléon. On trouvera aussi dans Gesner, livre II, tous les contes ridicules qu'ils ont publiés au sujet de cet animal.

dans ce lézard [1], mais que M. Camper vient d'y découvrir [2]. C'est une nouvelle preuve de la faiblesse de l'ouïe dans les quadrupèdes ovipares, et vraisemblablement c'est une des causes qui concourent à produire l'espèce de stupidité que l'on a attribuée au caméléon.

Les deux mâchoires sont composées d'un os dentelé qui tient lieu de véritables dents [3]. Presque tout est particulier dans le caméléon : les lèvres sont fendues même au delà des mâchoires, où leur ouverture se prolonge en bas ; les yeux sont gros et très saillants ; et ce qui les distingue de ceux des autres quadrupèdes, c'est qu'au lieu d'une paupière qui puisse être levée et baissée à volonté, ils sont recouverts par une membrane chagrinée, attachée à l'œil, et qui en suit tous les mouvements. Cette membrane est divisée par une fente horizontale, au travers de laquelle on aperçoit une prunelle vive, brillante et comme bordée de couleur d'or.

Les lézards, et tous les quadrupèdes ovipares en général, ont les yeux très bons. Le sens de la vue, ainsi que nous l'avons dit, paraît être le premier de tous dans ces animaux, de même que dans les oiseaux. Mais les caméléons doivent jouir par excellence de cette vue exquise ; il semble que leur sens de la vue est si fin et si délicat, que, sans la membrane qui revêt leurs yeux, ils seraient vivement offensés par la lumière éclatante qui brille dans les climats qu'ils habitent. Cette précaution, qu'on dirait que la nature a prise pour eux, ressemble à celle des Lapons et d'autres habitants du Nord, qui portent au-devant de leurs yeux une petite planche de sapin fendue, pour se garantir de l'éclat éblouissant de la lumière fortement réfléchie par les neiges de leurs campagnes ; ou plutôt ce n'est point pour conserver la finesse de leur vue qu'il leur a été donné des membranes, mais c'est parce qu'ils ont reçu ces membranes préservatrices, que leurs yeux, moins usés, moins vivement ébranlés, doivent avoir une force plus grande et plus durable.

Non seulement le caméléon a les yeux enveloppés d'une manière qui lui est particulière, mais ils sont mobiles indépendamment l'un de l'autre ; quelquefois il les tourne de manière que l'un regarde en arrière et l'autre en avant ; ou bien de l'un il voit les objets placés au-dessus de lui, tandis que de l'autre il aperçoit ceux qui sont situés au-dessous [4]. Il peut par là considérer à la fois un plus grand espace ; et, sans cette propriété singulière, il serait presque privé de la vue malgré la bonté de ses yeux, sa prunelle pouvant uniquement admettre les rayons lumineux qui passent par la fente très courte et très étroite que présente la membrane chagrinée.

Le caméléon est donc unique dans son ordre, par plusieurs caractères très remarquables ; mais ceux dont nous venons de parler ne sont pas les

1. Mémoires pour servir à l'*Histoire naturelle des animaux*, article du *caméléon*.
2. Note communiquée par M. Camper.
3. Nous nous sommes assurés de l'existence de cet os dentelé, par l'inspection des squelettes de caméléon, que l'on a au Cabinet du roi. Prosper Alpin a nié, en quelque sorte, l'existence de cet os. Voyez son *Histoire naturelle de l'Égypte*, t. Iᵉʳ, chap. v.
4. Le Bruyn. *Voyage au Levant.*

seuls qu'il présente : sa langue, dont on a comparé la forme à celle d'un ver de terre, est ronde, longue communément de cinq ou six pouces, terminée par une sorte de gros nœud, creuse, attachée à une espèce de stylet cartilagineux qui entre dans sa cavité, et sur lequel l'animal peut la retirer, et enduite d'une sorte de vernis visqueux qui sert au caméléon à retenir les mouches, les scarabées, les sauterelles, les fourmis et autres insectes dont il se nourrit, et qui ne peuvent lui échapper, tant il la darde et la retire avec vitesse [1].

Le caméléon est plus élevé sur ses jambes que le plus grand nombre des lézards ; il a moins l'air de ramper lorsqu'il marche : Aristote et Pline l'avaient remarqué. Il a à chaque pied cinq doigts très longs, presque égaux et garnis d'ongles forts et crochus ; mais la peau des jambes s'étend jusqu'au bout des doigts et les réunit d'une manière qui est encore particulière à ce lézard. Non seulement cette peau attache les doigts les uns aux autres, mais elle les enveloppe et en forme comme deux paquets, l'un de trois doigts et l'autre de deux ; et il y a cette différence entre les pieds de devant et ceux de derrière, que, dans les premiers, le paquet extérieur est celui qui ne contient que deux doigts, tandis que c'est l'opposé dans les pieds de derrière [2].

Nous avons vu à l'article de la dragonne combien une membrane de moins entre les doigts influait sur les mœurs de ce lézard, et, en lui donnant la facilité de grimper sur les arbres, rendait ses habitudes différentes de celles du crocodile, qui a les pieds palmés. Nous avons observé, en général, qu'un léger changement dans la conformation des pieds devrait produire de très grandes dissemblances entre les mœurs des divers quadrupèdes. Si l'on considère, d'après cela, les pieds du caméléon, réunis d'une manière particulière, recouverts par une continuation de la peau des jambes et divisés en deux paquets, où les doigts sont rapprochés et collés, pour ainsi dire, les uns contre les autres, on ne sera pas étonné de l'extrême différence qu'il y a entre les habitudes naturelles du caméléon et celles de plusieurs lézards. Les pieds du caméléon ne pouvant guère lui servir de rames, ce n'est pas dans l'eau qu'il se plaît ; mais les deux paquets de doigts allongés qu'il présente sont placés de manière à pouvoir saisir aisément les branches sur lesquelles il aime à se percher. Il peut empoigner ces rameaux, en tenant un paquet de doigts devant et l'autre derrière, de même que les pics, les coucous, les perroquets

---

1. « Quand les caméléons veulent manger, ils tirent leur langue longue, quasi d'un demi-pied, ronde comme la langue d'un oiseau nommé poivert, semblable à un ver de terre ; et à l'extrémité d'icelle ont un gros nœud spongieux, tenant comme glu, duquel ils attachent les insectes savoir est sauterelles, chenilles et mouches, et les attirent en la gueule. Ils poussent hors leurs langues, les dardant de roideur aussi vitement qu'une arbalète ou un arc fait le traict. » Bélon, *Observations*, etc., livre II, chap. xxxiv.

2. Quelques auteurs ont écrit qu'il y avait des espèces de caméléons dont les cinq doigts de chaque pied étaient séparés les uns des autres ; ils auront certainement pris pour des caméléons d'autres lézards, et, par exemple, des *tapayes*, dont la tête ressemble, en effet, un peu à celle du caméléon.

et d'autres oiseaux saisissent les branches qui les soutiennent en mettant deux doigts devant et deux derrière. Ces deux paquets de doigts, placés comme nous venons de le dire, ne fournissent pas au caméléon un point d'appui bien stable lorsqu'il marche sur la terre ; c'est ce qui fait qu'il habite de préférence sur les arbres, où il a d'autant plus de facilité à grimper et à se tenir, que sa queue est longue et douée d'une assez grande force. Il la replie ainsi que les sapajous ; il en entoure les petites branches et s'en sert comme d'une cinquième main pour s'empêcher de tomber, ou passer avec facilité d'un endroit à un autre[1]. Bélon prétend que les caméléons se tiennent ainsi perchés sur les haies pour échapper aux vipères et aux cérastes, qui les avalent tout entiers lorsqu'ils peuvent les atteindre. Mais ils ne peuvent pas se dérober de même à la mangouste et aux oiseaux de proie qui les recherchent.

Voilà donc le caméléon, que l'on peut regarder comme l'analogue du sapajou, dans les quadrupèdes ovipares. Mais si sa conformation lui donne une habitation semblable à celle de ce léger animal, s'il passe de même sa vie au milieu des forêts et sur les sommets des arbres, il n'en a ni l'élégante agilité ni l'activité pétulante. On ne le voit pas s'élancer comme un trait de branche en branche et imiter, par la vitesse de sa course et la grandeur de ses sauts, la rapidité du vol des oiseaux ; mais c'est toujours avec lenteur qu'il va d'un rameau à un autre, et il est plutôt dans les bois en embuscade sous les feuilles, pour retenir les insectes ailés qui peuvent tomber sur sa langue gluante, qu'en mouvement de chasse pour aller les surprendre[2].

La facilité avec laquelle il les saisit le rend utile aux Indiens, qui voient avec grand plaisir dans leurs maisons cet innocent lézard. Il est en effet si doux, qu'on peut, suivant Alpin, lui mettre le doigt à la bouche et l'enfoncer très avant, sans qu'il cherche à mordre[3]. M. Desfontaines, savant professeur du Jardin du roi, qui a observé les caméléons en Afrique et qui en a nourri chez lui, leur attribue la même douceur qu'Alpin.

Soit que le caméléon grimpe le long des arbres, soit que, caché sous les feuilles, il y attende paisiblement les insectes dont il se nourrit, soit enfin qu'il marche sur la terre, il paraît toujours assez laid ; il n'offre pour plaire à la vue ni proportions agréables, ni taille svelte, ni mouvements rapides. Ce n'est qu'avec une sorte de circonspection qu'il ose se remuer. S'il ne peut pas embrasser les branches sur lesquelles il veut grimper, il s'assure, à chaque pas qu'il fait, que ses ongles sont bien entrés dans les fentes de l'écorce ; s'il est à terre, il tâtonne ; il ne lève un pied que lorsqu'il est sûr du

1. « Les haies, qui sont des jardinages auprès du Caire, sont en tous lieux couvertes de caméléons, et principalement le long des rivages du Nil, en sorte qu'en peu de temps nous en vîmes grand nombre ; car les vipères et les cérastes les avalent entiers quand elles les peuvent prendre. » Bélon, *Observations*, etc., livre II, chap. xxxiv.

2. Hasselquist a trouvé, dans l'estomac d'un caméléon, des restes de papillons et d'autres insectes. Hasselquist, *Voyage en Palestine*, p. 349.

3. Prosper Alpin, t. Iᵉʳ, chap. v, p. 215.

II.   20

point d'appui des autres trois; par toutes ces précautions, il donne à sa démarche une sorte de gravité, pour ainsi dire ridicule, tant elle contraste avec la petitesse de sa taille et l'agilité qu'on croit trouver dans un animal assez semblable à des lézards fort lestes. Ce petit animal, dont l'enveloppe et la mobilité des yeux, la forme des pieds et presque toute la conformation méritent l'attention des physiciens, n'arrêterait donc les regards de ceux qui ne jettent qu'un coup d'œil superficiel, que pour faire naître le rire et une sorte de mépris; il aurait été bien éloigné d'être l'objet chéri de tant de voyageurs et de tant poètes; son nom n'aurait pas été répété par tant de bouches. Perdu sous les rameaux où il se cache, il n'aurait été connu que des naturalistes, si la faculté de présenter, suivant ses différents états, des couleurs plus ou moins variées, n'avait attiré sur lui, depuis longtemps, une attention particulière.

Ces diverses teintes changent en effet avec autant de fréquence que de rapidité; elles paraissent d'ailleurs dépendre du climat, de l'âge ou du sexe; il est donc assez difficile d'assigner quelle est la couleur naturelle du caméléon. Il paraît cependant qu'en général ce lézard est d'un gris plus ou moins foncé[1], ou plus ou moins livide.

Lorsqu'il est à l'ombre et en repos depuis quelque temps, les petits grains de sa peau sont quelquefois d'un rouge pâle, et le dessous de ses pattes est d'un blanc un peu jaunâtre. Mais, lorsqu'il est exposé à la lumière du soleil, sa couleur change; la partie de son corps qui est éclairée devient souvent d'un gris plus brun, et la partie sur laquelle les rayons du soleil ne tombent point directement offre des couleurs plus éclatantes et des taches qui paraissent isabelles par le mélange du jaune pâle que présentent alors les petites éminences, et du rouge clair du fond de la peau. Dans les intervalles des taches, les grains offrent du gris mêlé de verdâtre et de bleu, et le fond de la peau est rougeâtre. D'autres fois, le caméléon est d'un beau vert tacheté de jaune; lorsqu'on le touche, il paraît souvent couvert tout d'un coup de taches noirâtres assez grandes, mêlées d'un peu de vert. Lorsqu'on l'enveloppe dans un linge, ou dans une étoffe de quelque couleur qu'elle soit, il devient quelquefois plus blanc qu'à l'ordinaire; mais il est démontré, par les observations les plus exactes, qu'il ne prend point la couleur des objets qui l'environnent, que celles qu'il montre accidentellement ne sont point répandues sur tout son corps, comme le pensait Aristote, et qu'il peut offrir la couleur blanche, ce qui est contraire à l'opinion de Plutarque et de Solin[2].

Il n'a reçu presque aucune arme pour se défendre; ne marchant que très lentement, ne pouvant point échapper par la fuite à la poursuite de ses ennemis, il est la proie de presque tous les animaux qui cherchent à le dévorer; il doit par conséquent être très timide, se troubler aisément, éprou-

---

1. Le Bruyn, *Voyage au Levant.*
2. Mémoires pour servir à l'*Histoire naturelle des animaux*, article du caméléon, p. 31 et suiv.

ver souvent des agitations intérieures plus ou moins considérables. On croyait, du temps de Pline, qu'aucun animal n'était aussi craintif que le caméléon, et que c'était à cause de sa crainte habituelle qu'il changeait souvent de couleur. Ce trouble et cette crainte peuvent en effet se manifester par des taches dont il paraît tout d'un coup couvert à l'approche des objets nouveaux ; sa peau n'est point revêtue d'écailles, comme celle de beaucoup d'autres lézards ; elle est transparente, quoique garnie des petits grains dont nous avons parlé ; elle peut aisément transmettre à l'extérieur, par des taches brunes et par une couleur jaune ou verdâtre, l'expression des divers mouvements que la présence des objets étrangers doit imprimer au sang et aux humeurs du caméléon. Hasselquist, qui l'a observé en Égypte, et qui l'a disséqué avec soin, dit que le changement de la couleur de ce lézard provient d'une sorte de maladie, d'une *jaunisse,* que cet animal éprouve fréquemment, surtout lorsqu'il est irrité. De là vient, suivant le même auteur, qu'il faut presque toujours que le caméléon soit en colère, pour que ses teintes changent du noir au jaune ou au vert. Il présente alors la couleur de sa bile, que l'on peut apercevoir aisément lorsqu'elle est très répandue dans le corps, à cause de la ténuité des muscles, et de la transparence de la peau [1]. Il paraît d'ailleurs que c'est au plus ou moins de chaleur dont il est pénétré, qu'il doit les changements de couleur qu'il éprouve de temps en temps [2]. En général, ses couleurs sont plus vives lorsqu'il est en mouvement, lorsqu'on le manie, lorsqu'il est exposé à la lumière du soleil très chaud dans les climats qu'il habite ; elles deviennent au contraire plus faibles lorsqu'il est à l'ombre, c'est-à-dire privé de l'influence des rayons solaires, lorsqu'il est en repos, etc. Si ces couleurs se ternissent quelquefois lorsqu'on l'enveloppe dans du linge ou quelque étoffe, c'est peut-être parce qu'il est refroidi par les linges ou par l'étoffe dans lesquels on le plie. Il pâlit toutes les nuits, parce que toutes les nuits sont plus ou moins fraîches, surtout en France, où ce phénomène a été observé par M. Perrault. Il blanchit enfin lorsqu'il est mort, parce qu'alors toute chaleur intérieure est éteinte.

La crainte, la colère et la chaleur qu'éprouve le caméléon nous paraissent donc les causes des diverses couleurs qu'il présente, et qui ont été le sujet de tant de fables [3].

Il jouit, à un degré très éminent, du pouvoir d'enfler les différentes parties de son corps, de leur donner par là un volume plus considérable et d'arrondir ainsi celles qui seraient naturellement comprimées.

C'est par des mouvements lents et irréguliers, et non point par des

---

1. Hasselquist, *Voyage en Palestine,* p. 349.
2. *Chamæleonis color verus cinereus est, sed juxta animi affectus quandoque cum calore calorem mutat, ut et ratione calidioris vel frigidioris aeris, non vero subjecti, ut quidam volunt.* Wormi. mus. *De pedestribus,* cap. XXII, fol. 316.
3. Mémoires pour servir à l'*Histoire naturelle des animaux;* article du *caméléon,* p. 48 et suiv.

oscillations régulières et fréquentes, que le caméléon se gonfle. Il se remplit d'air au point de doubler son diamètre; son enflure s'étend jusque dans les pattes et dans la queue; il demeure dans cet état quelquefois pendant deux heures, se désenflant un peu de temps en temps et se renflant de nouveau; mais sa dilatation est toujours plus soudaine que sa compression.

Le caméléon peut aussi demeurer très longtemps désenflé; il paraît alors dans un état de maigreur si considérable, que l'on peut compter ses côtes et que l'on distingue les tendons de ses pattes et toutes les parties de l'épine du dos.

C'est du caméléon dans cet état, que l'on a eu raison de dire qu'il ressemblait à une peau vivante[1]; en effet, il paraît alors n'être qu'un sac de peau, dans lequel quelques os seraient renfermés; et c'est surtout lorsqu'il se retourne, qu'il a cette apparence.

Mais il en est de cette propriété de s'enfler et de se désenfler, comme de toutes les propriétés des animaux, des végétaux, et même de la matière brute; aucune qualité n'a été, à la rigueur, accordée exclusivement à une substance; ce n'est que faute d'observations que l'on a cru voir des animaux, des végétaux ou des minéraux présenter des phénomènes que d'autres n'offraient point. Quelque propriété qu'on remarque dans un être, on doit s'attendre à la trouver dans un autre, quoique, à la vérité, à un degré plus haut ou plus bas; toutes les qualités, tous les effets se dégradent ainsi par des nuances successives, s'évanouissent ou se changent en qualités et en effets opposés. Et, pour ne parler que de la propriété de se gonfler, presque tous les quadrupèdes ovipares, et particulièrement les grenouilles, ont la faculté de s'enfler et de se désenfler à volonté; mais aucun ne la possède comme le caméléon. M. Perrault paraît penser qu'elle dépend du pouvoir qu'a ce lézard de faire sortir de ses poumons l'air qu'il respire, et de le faire glisser entre les muscles et la peau[2]. Cette propriété de filtrer ainsi l'air de l'atmosphère au travers de ses poumons et ce gonflement de tout son corps, que le caméléon peut produire à volonté, doivent le rendre beaucoup plus léger, en ajoutant à son volume sans augmenter sa masse. Il peut plus facilement, par là, s'élever sur les arbres et y grimper de branche en branche, et ce pouvoir de faire passer de l'air dans quelques parties de son corps, qui lui est commun avec les oiseaux, ne doit pas avoir peu contribué à déterminer son séjour au milieu des forêts. Les caméléons gonflent aussi leurs poumons, qui sont composés de plusieurs vésicules, ainsi que ceux d'autres quadrupèdes ovipares. Cette conformation explique les contradictions des auteurs qui ont disséqué ces animaux, et qui leur ont attribué les uns de petits et d'autres de grands poumons, comme Pline et Bélon.

---

1. Tertullien.

2. Mémoires pour servir à l'*Histoire naturelle des animaux*, article du *caméléon*, p. 30.

Lorsque ces viscères sont flasques, plusieurs vésicules peuvent échapper ou paraître très petites aux observateurs, et elles occupent, au contraire, un si grand espace, lorsqu'elles sont soufflées, qu'elles couvrent presque entièrement toutes les parties intérieures [1].

Le battement du cœur du caméléon est si faible, que souvent on ne peut le sentir qu'en mettant la main au-dessus de ce viscère [2].

Cet animal, ainsi que les autres lézards, peut vivre près d'un an sans manger, et c'est vraisemblablement ce qui a fait dire qu'il ne se nourrissait que d'air [3]. Sa conformation ne lui permet pas de pousser de véritables cris; mais lorsqu'il est sur le point d'être surpris, il ouvre la gueule et siffle comme plusieurs autres quadrupèdes ovipares et les serpents.

Le caméléon se retire dans des trous de rochers, ou d'autres abris, où il se tient caché pendant l'hiver, au moins dans les pays un peu tempérés, et où il y a apparence qu'il s'engourdit. Ce fait était connu d'Aristote et de Pline.

La ponte de cet animal est de neuf à douze œufs; nous en avons compté dix dans le ventre d'une femelle envoyée du Mexique au Cabinet du roi : ils sont ovales, revêtus d'une membrane mollasse comme ceux des tortues marines, des iguanes, etc.; ils ont à peu près sept ou huit lignes dans leur plus grand diamètre.

Lorsqu'on transporte le caméléon en vie dans les pays un peu froids, il refuse presque toute nourriture, il se tient immobile sur une branche, tournant seulement les yeux de temps en temps, et il périt bientôt [4].

On trouve le caméléon dans tous les climats chauds, tant de l'ancien que du nouveau continent, au Mexique, en Afrique [5], au cap de Bonne-Espérance, dans l'île de Ceylan, dans celle d'Amboine, etc. La destinée de cet animal paraît avoir été d'intéresser de toutes les manières. Objet, dans les pays anciennement policés, de contes ridicules, de fables agréables, de superstitions absurdes et burlesques, il jouit de beaucoup de vénération sur les bords du Sénégal et de la Gambie. La religion des nègres du cap de Monté leur défend de tuer les caméléons et les oblige à les secourir, lorsque ces petits animaux, tremblants le long des rochers dont ils cherchent à descendre, s'attachent avec peine par leurs ongles, se retiennent avec la queue et s'épuisent, pour ainsi dire, en vains efforts; mais, quand

1. Rai, *Synopsis quadrupedum*, p. 282.

2. Mémoires pour servir à l'*Histoire naturelle des animaux*, article du *caméléon*.

3. Bélon.

4. Séba, t. Ier. — M. Bomare, article du *caméléon*.

5. « Ceux qui ont l'œil bon découvrent des *taitah, bouiah*, ou caméléons sur toutes les haies. La langue du caméléon est longue de quatre pouces, elle a la figure d'un pilon; cet animal la lance avec une rapidité surprenante sur les mouches ou autres insectes qu'il y accroche avec une espèce de glu qui sort à point nommé du bout de sa langue. Les Maures et les Arabes, après en avoir séché la peau, la portent au cou, dans la persuasion que cette amulette les garantit contre les influences d'un œil malin. » Voyage de Schaw dans plusieurs provinces de la Barbarie et du Levant, à la Haye, 1743, t. Ier, p. 333.

ces animaux sont morts, ces mêmes nègres font sécher leur chair et la mangent.

Il y a, au Cabinet du roi, deux caméléons, l'un du Sénégal et l'autre du cap de Bonne-Espérance, qui n'ont pas sur le derrière de la tête cette élévation triangulaire, cette sorte de casque, qui distingue non seulement les caméléons d'Égypte et des grandes Indes, mais encore ceux du Mexique ; les caméléons diffèrent aussi quelquefois les uns des autres, par le plus ou le moins de prolongation de la petite dentelure qui s'étend le long du dos et du dessous du corps ; on a, d'après cela, voulu séparer les uns des autres, comme autant d'espèces distinctes, les caméléons d'Égypte, ceux d'Arabie, ceux du Mexique[1], ceux de Ceylan, ceux du cap de Bonne-Espérance, etc. : mais ces légères différences, qui ne changent rien aux caractères d'après lesquels il est aisé de reconnaître les caméléons, non plus qu'à leurs habitudes, ne doivent pas nous empêcher de regarder l'espèce du caméléon comme la même dans les diverses contrées qu'il fréquente, quoiqu'elle soit quelquefois un peu altérée par l'influence du climat ou par d'autres circonstances, et qu'elle se montre avec quelque variété dans sa forme ou dans sa grandeur, suivant l'âge et le sexe des individus.

M. Parsons a donné, dans les *Transactions philosophiques*, la figure et la description d'un caméléon qui avait été apporté à un de ses amis, parmi d'autres objets d'histoire naturelle, et dont il ignorait le pays natal[2]. Cet animal ne différait d'une manière remarquable des autres caméléons, tant de l'ancien que du nouveau monde, que par la forme du casque que nous avons décrit. Cette partie saillante ne s'étendait pas seulement sur le derrière de la tête dans le caméléon de M. Parsons, mais elle se divisait, par devant, en deux protubérances crénelées qui s'élevaient obliquement et s'avançaient jusqu'au-dessus des narines. Ce ne sera qu'après de nouvelles observations sur des individus semblables, que l'on pourra déterminer si le caméléon très bien décrit par M. Parsons appartenait à une race constante, ou ne formait qu'une variété individuelle.

LA QUEUE-BLEUE[3]

Scincus quinquelineatus, var. *b*, MERR. — *Lacerta fasciata*, LINN.
— *Mabuya quinquelineata*, FITZ.

La queue-bleue habite principalement la Caroline. Ce lézard se retire souvent dans les creux des arbres. Il n'a qu'environ six pouces de longueur.

1. Voyez Belon et Jo. Faber Lynceus, dans son exposition des animaux de la Nouvelle-Espagne.
2. *Transactions philosophiques*, année 1768, t. LVIII, p. 192.
3. *La Queue-Bleue*. M. Daubenton, Encyclopédie méthodique. — *Lacerta fasciata*, 40. Linn. *Amph. rept.* — Catesby. *Carol.* 2, t. LXVII. *Lacerta cauda cœrulea*. — Pet. Gaz. 1, t. Iᵉʳ, f. 1. *Lacertus marianus min. cauda cœrulea*.

Il est brun ; son dos présente cinq raies jaunâtres ou longitudinales, et ce qui sert surtout à le distinguer, c'est la couleur bleue de sa queue menue et communément plus longue que le corps. Catesby dit que plusieurs habitants de la Caroline prétendent qu'il est venimeux ; mais il assure n'avoir été témoin d'aucun fait qui pût le prouver.

On devrait peut-être rapporter à cette espèce un lézard du Brésil, dont Rai parle d'après Marcgrave, et qui se nomme *americima*[1]. Suivant la description que Rai en donne, il est long de deux pouces ; son dos est couvert d'écailles gris cendré ; sa tête, ses côtés, ses cuisses le sont d'écailles jaunes ; et sa queue l'est d'écailles bleues ; les Brésiliens le regardent comme venimeux.

L'AZURÉ [2]

Calotes (Uromastix) azureus, MERR. — *Lacerta azurea*, LINN. — *Stellio brevi-caudatus*, LATR.

L'azuré se trouve en Afrique ; ses écailles pointues le font paraître hérissé de petits piquants ; un caractère d'après lequel il est aisé de le reconnaître, et qui lui a fait donner le nom qu'il porte, est la couleur bleue dont le dessus de son corps est peint, et qui forme une espèce de manteau azuré. Sa queue est courte.

LE GRISON [3]

Gekko turcicus, LATR. — *Lacerta turcica*, LINN.

Il est aisé de distinguer ce lézard, qui se trouve dans les contrées orientales, par des verrues qui sont distribuées, sans aucun ordre, sur son corps ; par sa couleur grise tachetée de roussâtre, et par sa queue à peine plus longue que le corps, et que des bandes disposées avec une sorte d'irrégularité rendent inégalement étagée.

1. *Americima Brasiliensibus Margr.* — *Lacertulus 3 digitis longus et pennam olorinam crassus, crura et pedes senembi. Corpus fere quadratum. Videtur totum dorsum squamis leucophæis ; latera caput, et crura fuscis, cauda vero cæruleis. Omnes americimæ splendent, et ad tactum apprime sunt læves. Digit. in pedibus, instar setarum porcinarum. Venenosum animal censetur.* — Rai, *Synopsis animalium*, p. 267.

2. *L'Azuré.* M. Daubenton, Encyclopédie méthodique. — *Lacerta azurea*, 12. Linn., *Amph. rept.* — Séba, mus. 2, tab. 62, fig. 6.

3. *Le Grison.* M. Daubenton, Encyclopédie méthodique. — *Lacerta turcica*, 13. Linn., *Amphib. rept.* — Edw. av. 204, tab. 204. *Lacerta minor cinerea maculata asiatica.*

L'UMBRE[1]

Calotes (Agama) Umbra, Merr. — *Lacerta umbra*, Linn. — *Ophryessa Umbra*, Fitz.

L'umbre, qui se trouve dans plusieurs contrées chaudes de l'Amérique, a la tête très arrondie ; l'occiput est chargé d'une callosité assez grande et dénuée d'écailles. La peau qui est sur la gorge forme un pli profond ; la couleur du corps est nébuleuse; les écailles étant relevées en arête, et leur sommet étant aigu, le dos paraît strié. La queue est ordinairement plus longue que le corps.

LE PLISSÉ[2]

Calotes (Agama) Plica, Merr. — *Lacerta Plica*, Linn. — *Iguana chalcidica*, Latr. *Iguana Umbra* et *Stellio Plica*, Latr. — *Agama Plica* et *Umbra*, Daud. — *Ecphymotes Plica*, Fitz.

Le plissé a l'occiput calleux comme l'umbre; mais la peau qui est sur la gorge forme deux plis au lieu d'un. Il diffère encore de l'umbre par plusieurs traits : des écailles coniques font paraître sa peau chagrinée; le dessus des yeux est comme à demi crénelé; derrière les oreilles sont deux verrues garnies de pointes. Sur la partie antérieure du dos règne une petite dentelure formée par des écailles plus grandes que les voisines, et qui lie le plissé avec le galéote et l'agame. Une ride élevée s'étend de chaque côté du cou jusque sur les pattes de devant et se replie sur le milieu du dos. Les doigts sont allongés, garnis d'ongles aplatis et couverts par-dessous d'écailles aiguës. La queue est ronde et ordinairement plus longue que le corps. Le plissé se trouve dans les Indes.

C'est à ce lézard qu'il paraît qu'on doit rapporter celui que M. Pallas a nommé *hélioscope*, dans le supplément latin de son voyage en différentes parties de l'empire de Russie. Il habite les provinces les moins froides de ce vaste empire; on le trouve communément sur les collines dont la température est la plus chaude, exposé aux rayons du soleil, la tête élevée et souvent tournée vers cet astre; sa course est très rapide.

---

1. *L'Umbre*. M. Daubenton, Encyclopédie méthodique. — *Lacerta Umbra*, 29. — Linn., *Amph. rept.*

2. *Le Plissé*, M. Daubenton, Encyclopédie méthodique. — *Lacerta Plica*, 30. Linn., *Amph. rept.*

L'ALGIRE[1]

Tropidosaura algira, Fitz. — *Scincus algirus*, Latr. — *Lacerta algira*, Linn.

Il n'est souvent que de la longueur du doigt; les écailles du dos, relevées en carène, le font paraître un peu hérissé. Sa queue diminue de grosseur jusqu'à l'extrémité qui se termine en pointe. Il est jaune sous le corps et d'une couleur plus sombre sur le dos, le long duquel s'étendent quatre raies jaunes. Il n'a point sous le ventre de bandes transversales.

L'espèce de l'algire n'est pas réduite à ces petites dimensions par défaut de chaleur, puisque c'est dans la Mauritanie et dans la Barbarie qu'il habite. C'est de ces contrées de l'Afrique qu'il fut envoyé par M. Brander à M. Linné, qui l'a fait connaître, et l'on ne peut pas dire que les côtes septentrionales de l'Afrique étant plus échauffées qu'humides, l'ardente sécheresse des contrées où l'on trouve l'algire influe sur son volume, et qu'il n'a une très petite taille que parce qu'il manque de cette humidité si nécessaire à plusieurs quadrupèdes ovipares, puisque l'on conserve au Cabinet du roi un algire entièrement semblable aux lézards de son espèce, et qui cependant a été envoyé de la Louisiane, où l'humidité est aussi grande que la chaleur est vive.

M. Shaw a écrit que l'on trouve très fréquemment en Barbarie, sur les haies et dans les grands chemins, un lézard nommé *zermouméha;* il n'indique point la grandeur de cet animal; il dit seulement que sa queue est longue et menue; que le fond de sa couleur est d'un brun clair; qu'il est rayé d'un bout à l'autre et qu'il présente particulièrement trois ou quatre raies jaunes[2]. Peut-être ce lézard est-il un algire.

Au reste, il paraît que l'algire se trouve aussi dans les contrées méridionales de l'empire de Russie, et que l'on doit regarder comme une variété de ce lézard celui que M. Pallas a nommé *lézard ensanglanté* ou *couleur de sang*[3], qui ressemble presque en tout à l'algire, et qui a quatre raies blanches sur le dos, mais dont la queue, cendrée par-dessus et blanchâtre à l'extrémité, est par-dessous d'un rouge d'écarlate.

1. *L'Algire.* M. Daubenton, Encyclopédie méthodique. — *Lacerta algira*, 16. Linn., *Amph. rept.*
2. Voyage de M. Shaw dans plusieurs provinces de la Barbarie et du Levant, à la Haye, 1743, t. 1er, p. 324.
3. Supplément au Voyage de M. Pallas.

LE STELLION [1]

Calotes (Agama) cordylea, Merr. — *Lacerta Stellio*, Linn.
— *Stellio vulgaris*, Daud., Latr., Fitz.

La queue de ce lézard est communément assez courte et diminue de
grosseur jusqu'à l'extrémité. Les écailles qui la couvrent sont aiguës et disposées par anneaux. D'autres écailles, petites et pointues, revêtent le dessus
et le dessous du corps, qui d'ailleurs est garni, ainsi que la tête, de tubercules aigus ou de piquants plus ou moins grands ; bien loin d'avoir une
forme agréable, le stellion ressemble un peu au crapaud, surtout par la
tête, de même que le tapaye avec lequel il a beaucoup de rapports, et dont
quelques auteurs lui ont donné les divers noms. Mais si ses proportions
déplaisent, ses couleurs charment ordinairement la vue. Il présente le plus
souvent un doux mélange de blanc, de noir, de gris, et quelquefois de vert,
dont il est comme marbré.

Il habite l'Afrique, et il n'y est pas confiné dans les régions les plus
chaudes, puisqu'il est également au cap de Bonne-Espérance et en Égypte[2].
On le rencontre aussi dans les contrées orientales et dans les îles de l'archipel, ainsi qu'en Judée ou en Syrie, où il paraît, d'après Belon, qu'il devient
très grand[3]. M. François Cetti dit qu'il est assez commun en Sardaigne et
qu'il y habite dans les maisons ; on l'y nomme *tarentole*, ainsi que dans plusieurs provinces d'Italie[4] ; et c'est une nouvelle preuve de l'emploi qu'on a
fait pour plusieurs espèces de lézards de ce nom de *tarentole*, donné, ainsi
que nous l'avons dit, à une variété du lézard vert. Mais c'est surtout aux
environs du Nil que les stellions sont en grand nombre. On en trouve beaucoup autour des pyramides et des anciens tombeaux qui subsistent encore
sur l'antique terre d'Égypte. Ils s'y logent dans les intervalles que laissent
les différents lits de pierres, et ils s'y nourrissent de mouches et d'insectes
ailés.

On dirait que ces pyramides, ces éternels monuments de la puissance
et de la vanité humaines, ont été destinées à présenter des objets extraordinaires en plus d'un genre ; c'est en effet dans ces vastes mausolées qu'on va
recueillir avec soin les excréments du petit lézard dont nous traitons dans

---

1. *Stellione tarentole*, en plusieurs endroits d'Italie. — *Pistilloni*, en plusieurs autres endroits
du même pays. — *Tapayaxin*, en Afrique. — *Le Stellion*. M. Daubenton, Encyclopédie méthodique. — *Lacerta Stellio*, 10. Linn., *Amphib. rept.* — Hasselquist, itin. 301. *Lacerta Stellio.*—
Tournefort, *Voyag.*, p. 119. *Cossordilos.* — Séba, mus. 2, tab. 8, fig. 6 et 7. — *Cordylus Stellio*, 80. *Laurenti specimen medicum.*
2. L'individu que nous avons décrit a été apporté d'Égypte au Cabinet du roi.
3. « Il y a une manière de lézards noirs, nommés stellions, quasi aussi gros qu'une petite
belette, leur ventre fort enflé et la tête grosse, desquels le pays de Judée et de Syrie est bien
garni. » Belon, *Observations*, etc. Édit. de Paris, 1554, livre II, chap. LXXIX, p. 139.
4. *Histoire naturelle des amphibies et des poissons de la Sardaigne*. Sassari, 1777, p. 20.

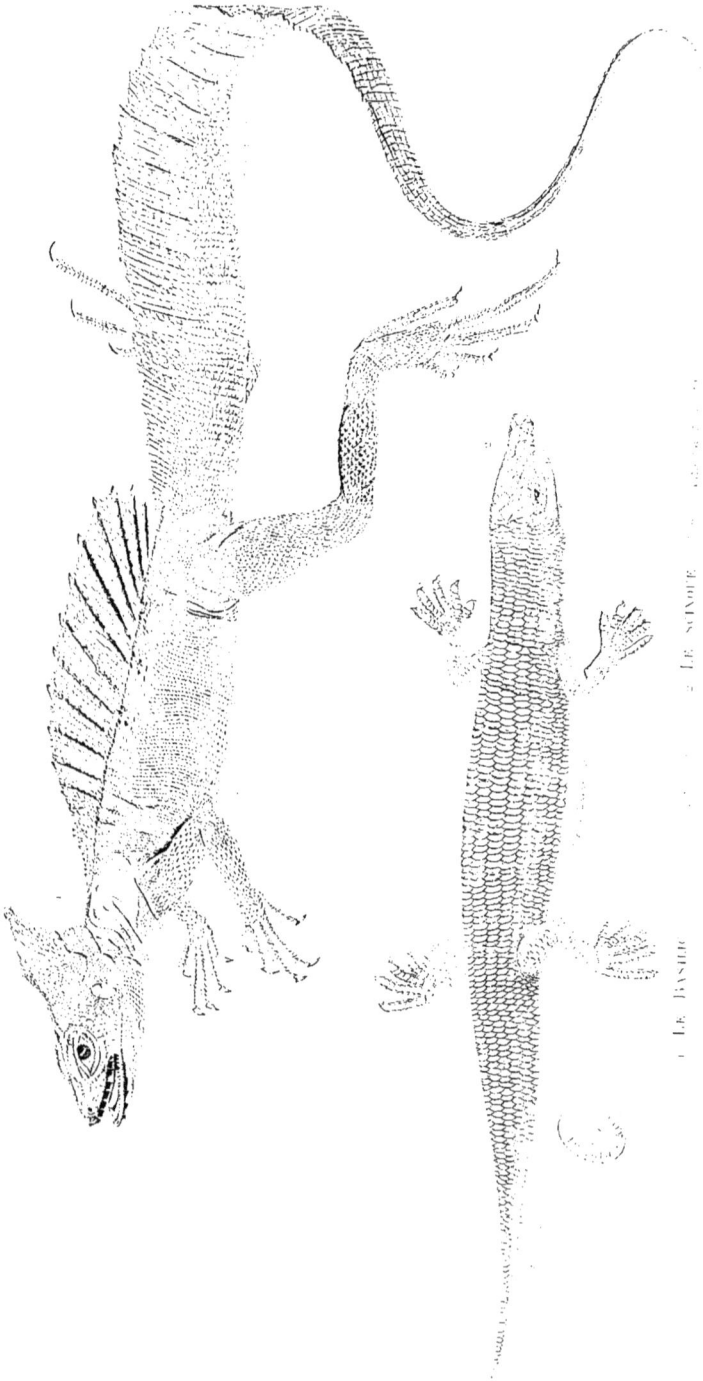

1. LE BASILIC   2. LE SOURE

cet article. Les anciens, qui en faisaient usage ainsi que les Orientaux modernes, leur donnaient le nom de *crocodilea*[1], apparemment parce qu'ils pensaient qu'ils venaient du crocodile[2]; et peut-être ces excréments n'au- raient-ils pas été aussi recherchés si l'on avait su que l'animal qui les pro- duit n'était ni le plus grand ni le plus petit des lézards, tant il est vrai que les extrêmes en imposent presque toujours à ceux dont les regards ne peuvent pas embrasser la chaîne entière des objets.

Les modernes, mieux instruits, ont rapporté ces excréments au stellion, à un lézard qui n'a rien de très remarquable; mais déjà le sort de cette matière abjecte était décidé, et sa valeur vraie ou fausse était établie. Les Turcs en ont fait une grande consommation, ils s'en fardaient le visage ; et il faut que les stellions aient été bien nombreux en Égypte, puisque pendant longtemps on trouvait presque partout, et en très grande abondance, cette matière que l'on nommait *stercus lacerti*, ainsi que *crocodilea*.

LE SCINQUE[3]

Scincus officinalis, Laur., Daud., Merr. — *Lacerta Scincus*, Hasselq., Linn.

Ce lézard est fameux, depuis longtemps, par la vertu remarquable qu'on lui a attribuée. On a prétendu que, pris intérieurement, il pouvait ranimer les forces éteintes et ranimer les feux de l'amour malgré les glaces de l'âge et les suites funestes des excès. Aussi lui a-t-on déclaré en plusieurs endroits et lui fait-on encore une guerre cruelle. Les paysans d'Égypte prennent un grand nombre de scinques, qu'ils portent au Caire et à Alexan- drie, d'où on les répand dans différentes contrées de l'Asie. Lorsqu'ils vien- nent d'être tués, on en tire une sorte de jus dont on se sert dans les mala- dies; et, quand ils ont été desséchés, on les réduit en poudre qu'on emploie dans les mêmes vues que les sucs de leur chair. Ce n'est pas seulement en Asie, mais même en Europe qu'on a eu recours à ces moyens désavoués par la nature, de suppléer par des apparences trompeuses à des forces qu'elle refuse, de hâter le dépérissement plutôt que de le retarder, et de remplacer par des jouissances vaines des plaisirs qui ne valent que par un sentiment que tous les secours d'un art mensonger ne peuvent faire naître[4].

1. « Nous trouvions aussi des stellions, desquels les Arabes recueillent les excréments, qu'ils portent vendre au Caire, nommés en grec *crocodilea*. De là, les marchands nous les apportent vendre. » Belon, livre II, chap. LXVIII, p. 132.
2. *Stercore fucatus crocodili.* Horace.
3. *Scigcos* ou *sciggos,* en grec. — *Scincus*, en latin. — Rai, *Synopsis animalium*, p. 271. *Scincus.* — *Le Scinque.* M. Daubenton, Encyclopédie méthodique. — *Lacerta Scincus*, 22. Linn., *Amph. rept.* — Gron. mus. 2, 76, n° 49. *Scincus.* — Séba, mus. 2, fol. 112, tab. 105, fig. 3. — Imperat. nat., 906. *Lacerta Lybia.* — Olear. mus. 9, tab. 8, fig. 1. — Aldr. ovip., livre Ier, chap. XII. *Lacertus cyprius scincoides.* — Hasselq. itin., 309, n° 58. — *Scincus officinalis*, 87. *Laurenti specimen medicum.*
4. Hasselquist dit que l'on rapporte les scinques de l'Égypte supérieure et de l'Arabie à

Il n'est pas surprenant que ceux qui n'ont vu le scinque que de loin et qui l'ont aperçu sur le bord des eaux l'aient pris pour un poisson; il en a un peu l'apparence par sa tête qui semble tenir immédiatement au corps, et par ses écailles assez grandes, lisses, d'une forme semblable tant au-dessus qu'au-dessous du corps, et qui se recouvrent comme les ardoises sur les toits. La mâchoire de dessus est plus avancée que celle de dessous; la queue est courte et comprimée par le bout.

La couleur du scinque est d'un roux plus ou moins foncé, blanchâtre sous le corps et traversée sur le dos par des bandes brunes. Mais il en est de ce lézard comme de tous les autres animaux dont la couverture est trop faible ou trop mince pour ne point participer aux différentes altérations que l'intérieur de l'animal éprouve. Les couleurs du scinque se ternissent et blanchissent lorsqu'il est mort; dans l'état de dessiccation et d'une sorte de salaison où on l'apporte en Europe, il paraît d'un jaune blanchâtre et comme argenté. Au reste, les couleurs de ce lézard, ainsi que celles du plus grand nombre des animaux, sont toujours plus vives dans les pays chauds que dans les pays tempérés; et leur éclat ne doit-il pas augmenter en effet avec l'abondance de la lumière, la vraie et l'unique source première de toutes sortes de couleurs?

Linné a écrit que les scinques n'avaient point d'ongles : tous les individus que nous avons examinés paraissaient en avoir; mais, comme ces animaux étaient desséchés, nous ne pouvons rien assurer à ce sujet. Au reste, notre présomption se trouve confirmée par celle d'un bon observateur, M. François Cetti[1].

On trouve le scinque dans presque toutes les contrées de l'Afrique, en Égypte, en Afrique, en Libye, où on dit qu'il est plus grand qu'ailleurs, dans les Indes, et peut-être même dans la plupart des pays très chauds de l'Europe. Non seulement son habitation de choix doit être déterminée par la chaleur du climat, mais encore par l'abondance des plantes aromatiques dont on dit qu'il se nourrit. C'est peut-être à cet aliment plus exalté, et par conséquent plus actif, qu'il doit cette vertu stimulante qu'on aurait pu sans doute employer pour soulager quelques maux[2], mais dont il ne fallait pas se servir pour dégrader le noble feu que la nature fait naître en s'efforçant en vain de le rallumer, lorsqu'une passion imprudente l'a éteint pour toujours.

Le scinque vit dans l'eau ainsi qu'à terre. On l'a cependant appelé *crocodile terrestre*, et certainement c'est un grand abus des dénominations que l'application du nom de cet énorme animal à un petit lézard qui n'a que

---

Alexandrie, d'où on les envoie à Venise et à Marseille, et de là dans les différents endroits de l'Europe. Hasselquist, *Voyage en Palestine*, p. 361.

1. *Histoire naturelle des amphibies et des poissons de la Sardaigne.*

2. Pline dit que le scinque a été regardé comme un remède contre les blessures faites par des flèches empoisonnées, livre XXVIII, chap. xxx.

sept ou huit pouces de longueur. Aussi Prosper Alpin pense-t-il que le
scinque des modernes n'est pas le lézard désigné sous le nom de *crocodile
terrestre* par les anciens, particulièrement par Hérodote, Pausanias, Dioscoride et célébré pour ses vertus actives et stimulantes. Il croit qu'ils avaient
en vue un plus grand lézard que l'on trouve, ajoute-t-il, au-dessus de Memphis, dans les lieux secs, et dont il donne la figure. Mais cette figure ni le
texte n'indiquant point de caractères très précis, nous ne pouvons rien déterminer au sujet de ce lézard mentionné par Alpin[1]. Au reste, la forme et la
brièveté de sa queue empêchent qu'on ne le regarde comme de la même
espèce que la dragonne, ou le tupinambis, ou l'iguane.

LE MABOUYA[2]

Mabuya dominicensis, Fitz. — *Lacerta Mabouya,* Shaw.

Le lézard dont il est ici question a une grande ressemblance avec le
scinque; il n'en diffère bien sensiblement à l'extérieur que parce que ses
pattes sont plus courtes en proportion du corps, et parce que sa mâchoire
supérieure ne recouvre pas la mâchoire inférieure comme celle du scinque.
Il n'est point le seul quadrupède ovipare auquel le nom de mabouya ait été
donné. Les voyageurs ont appelé de même un assez grand lézard, dont nous
parlerons sous le nom de *doré*, et qui a aussi beaucoup de ressemblance
avec le scinque, mais qui est distingué de notre mabouya, en ce que sa
queue est plus longue que le corps, tandis qu'elle est beaucoup plus courte
dans le lézard dont nous traitons.

Le mabouya paraît être d'ailleurs plus petit que le doré; leurs habitudes
diffèrent à beaucoup d'égards, et comme ils habitent dans le même pays, on
ne peut pas les regarder comme deux variétés dépendantes du climat; nous
les considérerons donc comme deux espèces distinctes, jusqu'à ce que de nouvelles observations détruisent notre opinion à ce sujet. Ce nom de *mabouya*,
tiré de la langue des sauvages de l'Amérique septentrionale, désigne tout
objet qui inspire du dégoût ou de l'horreur; et, à moins qu'il ne soit relatif
aux habitudes du lézard dont il est ici question, ainsi qu'à celle du doré, il
ne nous paraît pas devoir convenir à ces animaux, leur conformation ne
présentant rien qui doive rappeler des images très désagréables. Nous l'adoptons cependant, parce que sa vraie signification peut être regardée comme
nulle, peu de gens sachant la langue des sauvages d'où il a été tiré, et parce
qu'il faut éviter avec soin de multiplier sans nécessité les noms donnés aux
animaux. Nous le conservons de préférence au lézard dont nous parlons,

---

1. Prosper Alpin, t. Ier, chap. v. *De animalibus lacertosis in Ægypto viventibus.*
2. Sloane, t. II, pl. 273, fig. 7 et 8. *Salamandra minima fusca maculis albis notata.* —
Dutertre, *Hist. naturelle des Antilles,* t. II, p. 315. *Mabouya.* — Rochefort, p. 147. *Mabouya.*
— *Tiligugu* et *Tilingoni,* en Sardaigne.

parce qu'il n'en a jamais reçu d'autre, et que le grand mabouya a été nommé le *doré* par Linné et par d'autres naturalistes.

La tête du mabouya paraît tenir immédiatement au corps, dont la grosseur diminue insensiblement du côté de la tête et de celui de la queue. Il est tout couvert par-dessus et par-dessous d'écailles rhomboïdales, semblables à celles des poissons; le fond de leur couleur est d'un jaune doré; plusieurs de celles qui garnissent le dos sont quelquefois d'une couleur très foncée, avec une petite ligne blanche au milieu. Des écailles noirâtres forment, de chaque côté du corps, une bande longitudinale; la couleur du fond s'éclaircit le long du côté intérieur de ces deux bandes, et on y voit régner deux autres bandes presque blanches. Au reste, la couleur de ces écailles varie suivant l'habitation des mabouyas : ceux qui demeurent au milieu des bois pourris, dans les endroits marécageux, ainsi que dans les vallées profondes et ombragées, où les rayons du soleil ne peuvent point parvenir, sont presque noirs; peut-être leur couleur justifie-t-elle alors, jusqu'à un certain point, ce qu'on a dit de leur aspect, que l'on a voulu trouver hideux; leurs écailles paraissent enduites d'huile ou d'une sorte de vernis [1].

Le museau des mabouyas est obtus; les ouvertures des oreilles sont assez grandes; les ongles crochus; la queue est grosse, émoussée et très courte. L'individu conservé au Cabinet du roi a huit pouces de long. Les mabouyas décrits par Sloane étaient beaucoup plus petits, parce qu'ils n'avaient pas encore atteint leur entier développement.

Les mabouyas grimpent sur les arbres, ainsi que sur le faîte et les chevrons des cases des nègres et des Indiens; mais ils se logent communément dans les crevasses des vieux bois pourris; ce n'est ordinairement que pendant la chaleur qu'ils en sortent. Lorsque le temps menace de la pluie, on les entend faire beaucoup de bruit, et on les voit même quelquefois quitter leurs habitations. Sloane pense que l'humidité qui règne dans l'air aux approches de la pluie gonfle les bois et en diminue par conséquent les intervalles au point d'incommoder les mabouyas et de les obliger à sortir. Indépendamment de cette raison, que rien ne force à rejeter, ne pourrait-on pas dire que ces animaux sont naturellement sensibles à l'humidité ou à la sécheresse, de même que les grenouilles, avec lesquelles la plupart des lézards ont de grands rapports, et que ce sont les impressions que les mabouyas reçoivent de l'état de l'atmosphère, qu'ils expriment par leurs mouvements et par le bruit qu'ils font? Les Américains les croient venimeux, ainsi que le *doré*, avec lequel il doit être aisé, au premier coup d'œil, de les confondre; mais cependant Sloane et Browne disent qu'ils n'ont jamais pu avoir une

---

1. *Tertiam speciem Mabouyas appellat. Colore different qui in arboribus putridis, in locis palustribus, aut vallibus profundioribus quo radii solares non penetrant, degunt. Nigri sunt et aspectu horridi; unde Mabouyas, id est diavolorum nomen ab indis iis impositum. Pollicem circiter, aut paulo plus crassi sunt; sex aut septem pollices longi. Pellis velut oleo inuncta videtur.* — Rai, *Synopsis quadrupedum*, p. 268.

preuve certaine de l'existence de leur venin[1]. Il arrive seulement quelquefois qu'ils se jettent avec hardiesse sur ceux qui les irritent et qu'ils s'y attachent assez fortement pour qu'on ait de la peine à s'en débarrasser.

C'est principalement aux Antilles qu'on les rencontre. Lorsqu'ils sont très petits, ils deviennent quelquefois la proie d'animaux qui ne paraissent pas, au premier coup d'œil, devoir être bien dangereux pour eux. Sloane prétend en avoir vu un à demi dévoré par une de ces grosses araignées qui sont si communes dans les contrées chaudes de l'Amérique[2]. On trouve aussi le mabouya dans l'ancien monde ; il est très commun dans l'île de Sardaigne, où il a été observé par M. François Cetti, qui ne l'a désigné que par les noms sardes de *tiligugu* et *tilingoni*. Ce naturaliste a fort bien saisi ses traits de ressemblance et de différence avec le scinque[3] ; et, comme il ne connaissait point le mabouya d'Amérique mentionné dans Sloane, Rochefort et Dutertre, et qui est entièrement semblable au lézard de Sardaigne, qu'il a comparé au scinque, il n'est pas surprenant qu'il ait pensé que son lézard n'avait pas encore été indiqué par aucun auteur.

M. Thunberg, savant professeur d'Upsal, vient de donner la description d'un lézard qu'il a vu dans l'île de Java, et qu'il compare avec raison au doré, ainsi qu'au scinque, en disant cependant qu'il diffère de l'un et de l'autre, et surtout du premier, dont il est distingué par la grosseur et la brièveté de sa queue. Cet animal ne nous paraît être qu'une variété du mabouya, qui, dès lors, se trouve en Asie, ainsi qu'en Europe et en Amérique. L'individu vu par M. Thunberg était gris et cendré sur le dos, qui présentait quatre rangs de taches noires, mêlées de taches blanches, et de chaque côté duquel s'étendait une raie noire. M. Afzelius, autre savant suédois, a vu dans la collection de M. Bettiger, à Vesteras, un lézard qui ne différait de celui que M. Thunberg a décrit que parce qu'il n'avait pas de taches sur le dos, et que les raies latérales étaient plus noires et plus égales[4].

LE DORÉ[5]

Scincus Cepedii, MERR.

C'est Linné qui a donné à ce lézard le nom que nous lui conservons ici. Ce quadrupède ovipare est très commun en Amérique, où il a été appelé, par Rochefort, *brochet de terre*, et où il a aussi été nommé *mabouya ;* mais, comme

1. Sloane, à l'endroit déjà cité.
2. *Idem.*
3. *Histoire naturelle des amphibies et des poissons de la Sardaigne.* Sassari, 1777, 21.
4. Mémoires de l'académie de Stockholm, trimestre d'avril, de l'année 1787, p. 123. — Description du lézard appelé, par M. Thunberg, *Lacerta lateralis.*
5. *Le Doré.* M. Daubenton, Encyclopédie méthodique. — *Lacerta aurata*, 35. Linn., *Amphibia reptilia.* — *Scincus maximus fuscus.* Sloane, *Histoire naturelle de la Jamaïque*, t. II, pl. 273, fig. 9. Dans la planche de Sloane, le doré est représenté avec la queue beaucoup plus courte que le corps ; si la figure est exacte, ce ne doit être qu'une variété individuelle, les autres dorés,

le premier de ces noms présente une idée fausse et que le second a été donné à un autre lézard dont nous avons déjà parlé[1], et auquel il a été attribué plus généralement, nous préférons la dénomination employée par Linné. Le doré a beaucoup de rapports, par sa conformation, avec le scinque, et surtout avec le mabouya; il a de même le cou aussi gros que le derrière de la tête; mais il est ordinairement plus grand, et sa queue est beaucoup plus longue que le corps, au lieu qu'elle est plus courte dans le scinque et dans le mabouya. D'ailleurs, la mâchoire supérieure n'est pas plus avancée que l'inférieure, comme dans le scinque; les ouvertures des oreilles sont très grandes et garnies à l'intérieur de petites écailles qui les font paraître un peu festonnées. Ces caractères réunis le séparent de l'espèce du scinque et du mabouya; mais il leur ressemble cependant assez pour avoir été comparé à un poisson, comme ces derniers lézards, et particulièrement pour avoir reçu le nom de *brochet de terre*, ainsi que nous venons de le dire. Il est couvert par-dessus et par-dessous de petites écailles arrondies, striées et brillantes; ses doigts sont armés d'ongles assez forts; la couleur de son corps est d'un gris argenté, tacheté d'orange, et qui blanchit vers les côtés[2]. Comme celles de tout animal, la vivacité de ses couleurs s'efface lorsqu'il est mort; mais, tandis que la chaleur de la vie les anime, elles brillent d'un éclat très vif, qui donne une couleur d'or au roux dont il est peint; et c'est de là que vient son nom. Ses couleurs paraissent d'autant plus brillantes que son corps est enduit d'une humeur visqueuse qui fait l'effet d'un vernis luisant. Cette sorte de vernis, joint à la nature de son habitation, l'a fait appeler *salamandre*; mais nous ne regardons comme de vraies salamandres que les lézards qui n'ont pas plus de quatre doigts aux pieds de devant. M. Linné a écrit qu'on le trouvait dans l'île de Jersey, près les côtes d'Angleterre; à la vérité, il cite à ce sujet Edwards (tab. 247), et le lézard qui y est représenté est très différent du doré. Il vit dans l'île de Chypre; mais c'est principalement en Amérique et aux Antilles qu'il est répandu. Il habite les endroits marécageux[3]; on le rencontre aussi dans les bois[4]; ses pattes sont si courtes

mentionnés par les divers naturalistes, ayant tous la queue plus longue que le corps, ainsi que les individus conservés au Cabinet du roi, et particulièrement celui qui a servi pour la description contenue dans cet article. Browne dit d'ailleurs positivement (p. 463) que le lézard que nous nommons le doré a la queue plus longue qu'elle n'est généralement représentée dans les figures.

A *Galliwasp*, en anglais (voyez Sloane, *ibid.*). — Dutertre, p. 314. *Mabouya* ou scinque de terre. — Rochefort, p. 149. Brochet de terre. — Browne, *Voyage aux Antilles*, p. 463. *Lacerta media squamosa, corpore et cauda oblongo-subquadratis, auribus majoribus nudis.* The Galley-Wasp. — Séba, t. II, pl. 10, fig. 4 et 5. Scinque marin. Le lézard représenté dans le même volume, au n° 6 de la planche 12, paraît être le doré. Séba le croyait d'Afrique. Au reste, il est bon d'observer que le numéro de Séba, indiqué à l'article du doré, dans la treizième édition de Linné, représente un tout autre lézard. — Gron. mus. 2, pl. 75, n° 48. *Scincus.*

1. Article du *mabouya*.

2. Suivant Browne, sa couleur est souvent sale et rayée transversalement. Voyez l'endroit déjà cité.

3. Sloane, t. II.

4. Browne, à l'endroit déjà cité.

qu'il ne s'en sert pour ainsi dire que pour se traîner et qu'il rampe comme
les serpents plutôt qu'il ne marche comme les quadrupèdes[1]. Aussi les
lézards dorés déplaisent-ils par leur démarche et par tous leurs mouvements,
quoiqu'ils attirent les yeux par l'éclat de leurs écailles et la richesse de
leurs couleurs. Mais on les rencontre rarement, ils ne se montrent guère
que le soir, temps apparemment où ils cherchent leur proie ; ils se tiennent
presque toujours cachés dans le fond des cavernes et dans le creux des
rochers, d'où ils font entendre pendant la nuit une sorte de coassement plus
fort et plus incommode que celui des crapauds et des grenouilles[2]. Les plus
grands ont à peu près quinze pouces de long[3]. Browne dit qu'il y en a de
deux pieds[4]. L'individu que nous avons décrit et qui est conservé au Cabinet
du roi a quinze pouces huit lignes de longueur, depuis le bout du museau
jusqu'à l'extrémité de la queue, qui est longue de onze pouces une ligne.
Les jambes de derrière ont un pouce onze lignes de long ; celles de devant
sont plus courtes, comme dans les autres lézards.

Suivant Sloane, la morsure du doré est regardée comme très venimeuse,
et on rapporta à ce naturaliste que quelqu'un qui avait été mordu par ce
lézard était mort le lendemain. Les habitants des Antilles dirent généralement à Browne qu'il n'y avait point d'animal qui pût échapper à la mort,
après avoir été mordu par le doré ; mais aucun fait positif à ce sujet ne lui
fut communiqué par une personne digne de foi[5]. Peut-être est-ce le nom de
salamandre qui a valu au doré comme au scinque la réputation d'être venimeux, d'autant plus qu'il a un peu les habitudes des vraies salamandres
vivant, ainsi que ces lézards, sur terre et dans l'eau. Cette réputation l'aura
fait poursuivre avec acharnement, et c'est de la guerre qu'on lui aura faite
que sera venue la crainte qui l'oblige à fuir devant l'homme. Il paraît aimer
les viandes un peu corrompues ; il recherche communément les petites
espèces de crabes de mer ; et la dureté de la croûte qui revêt ces crabes ne
doit pas l'empêcher de s'en nourrir, son estomac étant entièrement musculeux. En tout, cet animal, bien plus nuisible qu'avantageux, qui fatigue
l'oreille par ses sons lorsqu'il ne blesse pas les yeux par ses mouvements
désagréables, n'a pour lui qu'une vaine richesse de couleurs qu'il dérobe
même aux regards, en se tenant dans des retraites obscures et en ne se montrant que lorsque le jour s'enfuit.

1. Rai, *Synopsis animalium quadrupedum*, p. 269.
2. Rai, *ibid.*
3. Rai, *ibid.*
4. Browne, à l'endroit déjà cité.
5. « Ces animaux, continue Browne, ont les dents courtes, égales et immobiles. » Ce qui lui
fait penser que leur poison, si réellement ils sont venimeux, est dans leur salive. Browne, à
l'endroit déjà cité.

LE TAPAYE[1]

Tapaya orbicularis, Fitz. — *Calotes (Agama) orbicularis*, Merr. — *Lacerta hispida et orbicularis*, Linn. — *Cordylus hispidus* et *orbicularis*, Latr. — *Agama orbicularis*, Daud.

Nous conservons à ce lézard le nom de tapaye que M. Daubenton lui a donné, par contraction du nom *tapayaxin*, par lequel on le désigne au Mexique et dans la Nouvelle-Espagne. Cet animal, qui a de grands rapports avec le stellion, est remarquable par les pointes aiguës dont son dos est hérissé; son corps, que l'on croirait gonflé, est presque aussi large que long; c'est ce qui lui a fait conserver par Linné le nom d'*orbiculaire*. Il n'a point de bandes transversales sous le ventre; la queue est courte, les doigts sont recouverts d'écailles par-dessus et par-dessous; le fond de la couleur est d'un gris blanc plus ou moins tacheté de brun ou de jaunâtre. Il y a dans cette espèce une variété distinguée par la forme triangulaire de la tête, assez semblable à celle du caméléon, et par une sorte de bouclier qui en couvre le dessus[2]. On a donné aussi le nom de tapaxin au stellion qui habite en Afrique, et comme le stellion et le tapaye ont des piquants plus ou moins grands et plus ou moins aigus, il n'est pas surprenant que des voyageurs aient, à la première vue, donné le même nom à deux animaux assez différents cependant par leur conformation pour constituer deux espèces distinctes. Le tapaye n'est point agréable à voir; il a, par la grosseur et presque toutes les proportions de son corps, une assez grande ressemblance avec un crapaud qui aurait une queue, et qui serait armé d'aiguillons. Aussi Séba lui en a-t-il donné le nom; mais sa douceur fait oublier sa difformité, dont l'effet est d'ailleurs diminué par la beauté de ses couleurs. Il semble n'avoir de piquants que pour se défendre; il devient familier; on peut le manier sans qu'il cherche à mordre; il a même l'air de désirer les caresses, et l'on dirait qu'il se plaît à être tourné et retourné. Il est très sensible dans certaines parties de son corps, comme vers les narines et les yeux, et les voyageurs assurent que, pour peu qu'on le touche dans ces endroits, on y fait couler le sang. Il habite dans les montagnes. Cet animal, qui ne fait point de mal pendant sa vie, est utile après sa mort; on l'emploie avec succès en médecine, séché et réduit en poudre[3].

1. *Le Tapaye.* M. Daubenton, Encyclopédie méthodique. — *Lac. orbicularis*, 23. Linn., *Amphib. rept. Lacerta cauda tereti mediocri, vertice trimuricato abdomine subrotundo.* — Rai, *Synopsis quadrupedum*, p. 263. *Tapayaxin, seu lacertus orbicularis.* — Séba, mus. 1, pl. 109. fig. 6. — *Cordylus hispidus*, 79. Laurenti *specimen medicum*.

2. *B. Lacerta cauda tereti brevi, trunco subgloboso supra muricato.* — Linn., *Amphibia reptilia*, 122, 23. — Séba, mus. 1, pl. 83, fig. 1, 2. — *Cordylus orbicularis*. 78. Laurenti *specimen medicum*.

3. Rai, *Synopsis quadrupedum*, p. 263.

LE STRIÉ[1]

Mabuya quinquelineata, Fitz. — *Scincus quinquelineatus,* Schneid., Daud., Latr., Merr.

Linné a le premier parlé de ce lézard, que l'on trouve à la Caroline, et qui lui avait été envoyé par M. le docteur Garden. La tête de ce quadrupède ovipare est marquée de six raies jaunes : deux entre les yeux, une de chaque côté sur l'œil et une également de chaque côté au-dessous. Le dos est noirâtre ; cinq raies jaunes ou blanchâtres s'étendent depuis la tête jusqu'au milieu de la queue ; le ventre est garni d'écailles, qui se recouvrent comme les tuiles des toits et forment des stries. La queue est une fois et demie plus longue que le corps et n'est point étagée.

LE MARBRÉ[2]

Polychrus marmoratus, Merr., Fitz. — *Lacerta marmorata,* Latr. — *Agama marmorata,* Daud. — Le Marbré de la Guyane, Cuv.

Le marbré se trouve en Espagne, en Afrique et dans les grandes Indes. Il est aussi très commun en Amérique ; on l'y a nommé très souvent *Temapara,* nom qui a été donné dans le même continent à plusieurs espèces de lézards, ainsi que nous l'avons déjà vu, et que nous ne conservons à aucune, pour ne pas obscurcir la nomenclature. Il paraît que, dans les deux continents, le voisinage de la zone torride lui est très favorable ; sa tête est couverte de grandes écailles ; il a sous la gorge une rangée d'autres écailles plus petites et relevées en forme de dents, qui s'étend jusque vers la poitrine et forme une sorte de crête plus sensible dans le mâle que dans la femelle. Le ventre n'est point couvert de bandes transversales ; le dessous des cuisses est garni d'un rang de huit ou dix tubercules disposés longitudinalement, mais moins marqués dans la femelle que dans le mâle. Le marbré a le dessus des ongles noir, ainsi que le galéote. Un de ses caractères distinctifs est d'avoir la queue beaucoup plus longue en proportion du corps qu'aucun autre lézard. Un individu de cette espèce, envoyé des grandes Indes au Cabinet du roi par M. Sonnerat, a la queue quatre fois plus longue que le corps et la tête. Les écailles dont la queue du marbré est couverte la font paraître relevée par neuf arêtes longitudinales.

La couleur du marbré est verdâtre sur la tête, grisâtre et rayée trans-

1. *Le Strié.* M. Daubenton, Encyclopédie méthodique. — *Lacerta quinquelineata,* 24. Linn., *Systema naturæ,* édit. 13.
2. *Le Marbré.* M. Daubenton, Encyclopédie méthodique. — *Lacerta marmorata,* 31. Linn., *Amphib. rept.* — Séba, mus., pl. 88, fig. 4. *Temapara,* et 2, pl. 76, fig. 4. — Edwards av., tabula 245, fig. 2.

versalement de blanc et de noir sur le dessus du corps; elle devient rousse sur les cuisses et les côtés du bas-ventre, où elle est marbrée de blanc et de brun; l'on voit sur la queue des taches évidées et roussâtres, qui la font paraître tigrée.

L'on devrait peut-être rapporter au marbré le lézard d'Afrique, appelé *warral* par Shaw, et *guaral* par Léon. Suivant le premier de ces auteurs, le warral a quelquefois trente pouces de long (apparemment en y comprenant la queue); sa couleur est ordinairement d'un rouge fort vif, avec des taches noirâtres. Ce rouge n'est pas très différent du roux que présente le marbré; d'ailleurs la couleur de ce dernier ressemble bien plus à celle qu'indique Shaw, que celle des autres lézards d'Afrique. Shaw dit qu'il a observé que toutes les fois que le *warral* s'arrête, il frappe contre terre avec sa queue. Cette habitude peut très bien convenir au marbré, qui a la queue extrêmement longue et déliée, et qui, par conséquent, peut l'agiter avec facilité. Les Arabes, continue Shaw, racontent fort gravement que toutes les femmes qui sont touchées par le battement de la queue du warral deviennent stériles. Combien de merveilles n'a-t-on pas attribuées dans tous les pays aux quadrupèdes ovipares [1]!

LE ROQUET [2]

Anolis Cepedii, Merr., Fitz. — L'Anolis des Antilles ou Roquet, Cuv.

Nous appelons ainsi un lézard de la Martinique qui a été envoyé au Cabinet du roi, sous le nom d'anolis et de lézard de jardin. Il n'est point le vrai anolis de Rochefort et de Rai, que nous avons cru devoir regarder comme une variété de l'améiva. Ce nom d'anolis a été plus d'une fois attribué à des espèces différentes l'une de l'autre. Mais si le lézard dont il est question dans cet article n'a point les caractères distinctifs du véritable anolis ou de l'améiva, il a beaucoup de rapports avec ce dernier animal.

Il est semblable au lézard décrit sous le nom de roquet, par Dutertre et par Rochefort, qui connaissaient bien le vrai anolis et qui avaient observé l'un et l'autre en vie dans leur pays natal. Nous avons donc cru devoir adopter l'opinion de ces deux voyageurs, et c'est ce qui nous a engagé à lui conserver le nom de *roquet*, que Rai lui a aussi donné.

Il se rapproche beaucoup, par sa conformation, du lézard gris; mais il en diffère principalement en ce que le dessous de son corps n'est point garni d'écailles plus grandes que les autres et disposées en bandes transversales. Il ne devient jamais fort grand; celui qui est au Cabinet du roi a deux pouces et demi de long, sans compter la queue, qui est une fois plus

---

1. Voyage de Shaw, dans plusieurs provinces de la Barbarie et du Levant, à la Haye, 1743, t. Ier, p. 323 et suiv.

2. Dutertre, t. II, p. 313. *Roquet*. — Rochefort, *Histoire des Antilles*, p. 147. *Roquet*. — Rai, *Synopsis quadrupedum*, p. 268. — Sloane, t. II, pl. 273, fig. 4. — *Lacertus cinereus minor*, en anglais, *the least light browne, or grey lizard*.

longue que le corps [1]. Il est d'une couleur de feuille morte, tachetée de jaune et de noirâtre; les yeux sont brillants, et l'ouverture des narines est assez grande; il a, presque en tout, les habitudes du lézard gris. Il vit comme lui dans les jardins; il est d'autant plus agile, que ses pattes de devant sont longues et, en élevant son corps, augmentent sa légèreté. Il a d'ailleurs les ongles longs et crochus, et par conséquent il doit grimper aisément. Il joint à la rapidité des mouvements l'habitude de tenir toujours la tête haute. Cette attitude distinguée ajoute à la grâce de sa démarche, ou plutôt à l'agrément de sa course, car il ne cesse, pour ainsi dire, de s'élancer avec tant de promptitude, que l'on a comparé la vivacité de ses petits bonds à la vitesse du vol des oiseaux [2]. Il aime les lieux humides; on le trouve souvent parmi les pierres, où il se plaît à sauter de l'une sur l'autre [3]. Soit qu'il coure ou qu'il s'arrête, il tient sa queue presque toujours relevée au-dessus de son dos, comme le lézard de la Caroline, auquel nous avons conservé le nom de lézard lion. Il replie même cette queue, qui est très déliée, de manière qu'elle forme une espèce de cercle. Malgré sa pétulance, son caractère est doux; il aime la compagnie de l'homme, comme le lézard gris et le lézard vert. Lorsque ses courses répétées l'ont fatigué et qu'il a trop chaud, il ouvre la gueule, tire sa langue, qui est très large et fendue à l'extrémité, et demeure pendant quelque temps haletant comme les petits chiens. C'est apparemment cette habitude, qui, jointe à sa queue retroussée et à sa tête relevée, aura déterminé les voyageurs à lui donner le nom de *lézard roquet*. Il détruit un grand nombre d'insectes; il s'enfonce aisément dans les petits trous des terrains qu'il fréquente, et lorsqu'il y rencontre de petits œufs de lézards ou de tortues, qui, n'étant revêtus que d'une membrane molle, n'opposent pas une grande résistance à sa dent, on a prétendu qu'il s'en nourrissait [4]. Nous avons déjà vu quelque chose de semblable dans l'histoire du lézard gris; et si le roquet présente une plus grande avidité que ce dernier animal, ne doit-on pas penser qu'elle vient de la vivacité de la chaleur bien plus forte aux Antilles, où il a été observé, que dans les différentes contrées de l'Europe, où l'on a étudié les mœurs du lézard gris?

LE ROUGE-GORGE [5]

Anolis bullaris, MERR., FITZ. — ANOLIS DE LA CAROLINE, CUV. — *Iguana bullaris,* LATR. — *Anolis punctatus,* DAUD.

Le rouge-gorge que l'on voit à la Jamaïque, dans les haies et dans les

1. Le Roquet que Sloane a décrit était beaucoup plus petit. Le corps n'avait qu'un pouce de long, et la queue un pouce et demi.
2. Rai, *Synopsis animalium*, p. 268.
3. Sloane, à l'endroit déjà cité.
4. Voyez, dans le *Dictionnaire d'histoire naturelle* de M. Bomare, l'article du *lézard-roquet*.
5. *Le Rouge-Gorge*. M. Daubenton, Encyclopédie méthodique. — *Lacerta bullaris,* 32. Linn., *Amph. rept.* — Catesby, *Car.* 2, tabula 66. *Lacerta viridis jamaicensis.*

bois est ordinairement long de si pouces et de couleur verte ; il a au-dessous du cou une vésicule globuleuse qu'il gonfle très souvent, particulièrement lorsqu'on l'attaque on qu'on l'effraye, et qui paraît alors rouge ou couleur de rose. Il n'a point de bandes transversales sur le ventre : la queue est ronde et longue. Sa parure est, comme l'on voit, assez jolie ; et c'est avec plaisir qu'on doit regarder l'agréable mélange du beau vert du dessus de son corps avec le rose de sa gorge.

LE GOITREUX [1]

Anolis lineatus, Daud., Merr. -- Anolis rayé, Cuv.

Le goitreux, qui habite au Mexique et dans l'Amérique méridionale, présente de belles couleurs, mais moins agréables et moins vives que celles du *rouge-gorge*. Il est d'un gris pâle, relevé sur le corps par des taches brunes, et sur le ventre par des bandes d'un gris foncé. La queue est ronde, longue, annelée, d'une couleur livide et verdâtre à son origine. Il a vers la poitrine une espèce de goitre dont la surface est couverte de petits grains rougeâtres, et qui s'étend en avant en s'arrondissant et en formant une très grande bosse.

Ce lézard est fort vif, très leste et si familier, qu'il se promène sans crainte dans les appartements, sur les tables et même sur les convives. Son attitude est gracieuse, son regard fixe ; il examine tout avec une sorte d'attention : on croirait qu'il écoute ce que l'on dit. Il se nourrit de mouches, d'araignées et d'autres insectes, qu'il avale tout entiers. Les goitreux grimpent aisément sur les arbres ; ils s'y battent souvent les uns contre les autres. Lorsque deux de ces animaux s'attaquent, c'est toujours avec hardiesse ; ils s'avancent avec fierté, ils semblent se menacer en agitant rapidement leurs têtes ; leur gorge s'enfle ; leurs yeux étincellent ; ils se saisissent ensuite avec fureur et se battent avec acharnement. D'autres goitreux sont ordinairement spectateurs de leurs combats, et peut-être ces témoins de leurs efforts sont-ils les femelles qui doivent en être le prix. Le plus faible prend la fuite ; son ennemi le poursuit vivement et le dévore s'il l'atteint ; mais quelquefois il ne peut le saisir que par la queue, qui se rompt dans sa gueule, et qu'il avale, ce qui donne au lézard vaincu le temps de s'échapper.

On rencontre plusieurs goitreux privés de queue ; il semble que le défaut de cette partie influe sur leur courage, et même sur leur force : ils sont timides, faibles et languissants ; il paraît que la queue ne repousse pas toujours, et qu'il se forme un calus à l'endroit où elle a été coupée.

Le P. Nicolson, qui a donné plusieurs détails relatifs à l'histoire natu-

---

1. *Le Goitreux.* M. Daubenton, Encyclopédie méthodique. — *Lacerta strumosa,* Linn., *Amphibia reptilia.* — Séba, mus. 2, tabula 20, fig. 4. *Salamandra mexicana strumosa.*

relle du goitreux, l'appelle *anolis*, nom que l'on a donné à l'améiva et à notre roquet; mais la figure que le P. Nicolson a publiée prouve que le lézard dont il a parlé est celui dont il est question dans cet article[1].

LE TÉGUIXIN[2]

Teius Monitor, Merr. — *Monitor Teguixin*, Fitz. — *Lacerta Teguixin*, Linn. — *Seps marmoratus*, Laur. — *Tupinambis Monitor*, Daud. — Le Sauve-garde d'Amérique, Cuv.

La couleur de ce lézard est blanchâtre, tirant sur le bleu, diversifiée par des bandes d'un gris sombre et semée de points blancs et ovales. Son corps présente un très grand nombre de stries. La queue se termine en pointe; elle est beaucoup plus longue que le corps; les écailles qui la couvrent forment des bandes transversales de deux sortes, placées alternativement. Les unes, en arc, s'étendent sur la partie supérieure de la queue, que les autres bandes entourent en entier. Mais ce qui distingue particulièrement le téguixin, c'est que plusieurs plis obtus et relevés règnent de chaque côté du corps, depuis la tête jusqu'aux cuisses; on voit aussi trois plis sous la gorge.

C'est au Brésil, suivant l'article de Séba, indiqué par Linné, qu'on trouve ce lézard, dont le nom *téguixin* a été donné au *tupinambis* par quelques auteurs[3].

LE TRIANGULAIRE[4]

Varanus Dracœna, Merr. — *Varanus linoticus*, Fitz. — *Lacerta nilotica*, Hasselq., Linn. — *Tupinambis niloticus*, Daud. — *Stellio salvaguarda* et *thalassinus*, Laur. (du sous-genre Monitor de M. Cuvier).

C'est dans l'Égypte qu'habite le lézard à queue triangulaire; ce qui le distingue des autres, c'est la forme de pyramide à trois faces que sa longue queue présente à son extrémité. Le long de son dos s'étend une bande formée par quatre rangées d'écailles, qui diffèrent par leur figure de celles qui les avoisinent. Ces détails suffiront pour faire reconnaître ce lézard par ceux qui l'auront sous leurs yeux. Il vit dans des endroits marécageux et

---

1. *Essai sur l'histoire naturelle de Saint-Domingue*, par le P. Nicolson. Paris, 1776, p. 350.
2. *Le Téguixin*. M. Daubenton, Encyclopédie méthodique. — *Lacerta Teguixin*, 34. Linn., *Amphib. rept.* — Séba, 1, tab. 98, fig. 3. Linné a indiqué la première figure de la planche 96 du même volume, comme représentant le téguixin; mais elle représente évidemment le *tupinambis* que l'on a aussi appelé *téguixin*.
3. Séba, t. Ier, p. 150.
4. *Le Triangulaire*. M. Daubenton, Encyclopédie méthodique. — *Nilotica*, 37. Linn., *Amph. rept.* — Hasselquist, Itin. 311, n° 59.

voisins du Nil. Il a beaucoup de rapports dans sa conformation avec le scinque. C'est M. Hasselquist qui en a parlé le premier.

Les Égyptiens ont imaginé un conte bien absurde à l'occasion du triangulaire : ils ont dit que les œufs du crocodile renfermaient de vrais crocodiles lorsqu'ils étaient déposés dans l'eau, et qu'ils produisaient les petits lézards dont il est question dans cet article, lorsqu'au contraire ils étaient pondus sur un terrain sec [1].

LA DOUBLE-RAIE [2]

Scincus punctatus, SCHNEID., MERR. — Lacerta punctata, LINN. — Stellio punctatus, LAUR. — Scincus bilineatus, LATR. — Lacerta bilineata, SUCCOW.

Ce lézard, que l'on rencontre en Asie, est communément très petit ; la queue est très longue, relativement au corps ; deux raies d'un jaune sale s'étendent de chaque côté du dos, qui présente d'ailleurs six rangées longitudinales de points noirâtres. Ces points sont aussi répandus sur les pieds et sur la queue, et ils forment six autres lignes sur les côtés ; le corps est arrondi et épais. Séba avait reçu de Ceylan un individu de cette espèce ; suivant cet auteur, les œufs de ce lézard sont de la grosseur d'un petit pois [3].

LE SPUTATEUR [4]

Gekko Sputator, LATR., MERR. — Lacerta Sputator, SPARM. — Stellio Sputator, SCHNEID. — Anolis Sputator, DAUD.

Nous avons décrit ce lézard d'après un individu envoyé de Saint-Domingue à M. d'Antic, et que ce naturaliste a bien voulu nous communiquer. Sa longueur totale est de deux pouces, et celle de la queue d'un pouce. Il n'a point de demi-anneaux sous le corps ; toutes ses écailles sont luisantes ; la couleur en est blanchâtre sous le ventre et d'un gris varié de brun foncé sur le corps. Quatre bandes transversales d'un brun presque noir règnent sur la tête et sur le dos ; une autre petite bande de la même couleur borde la mâchoire supérieure, et six autres bandes semblables forment comme autant d'anneaux autour de la queue. Il n'y a pas d'ouverture apparente pour les oreilles ; la langue est plate, large et un peu fendue à l'extrémité. Le sommet

1. Hasselquist, voyage déjà cité.
2. La Double-Raie. M. Daubenton, Encyclopédie méthodique. — Lac. punctata, 38. Linn., Amphib. reptilia. — Séba, t. II, pl. 2, fig. 9. — Stellio punctatus, 96. Laurenti specimen medicum.
3. Séba, à l'endroit déjà cité.
4. Lacerta Sputator. M. Sparman, Mémoire de l'Académie des sciences de Stockholm, année 1784, second trimestre, fol. 164.

de la tête et le dessus du museau sont blanchâtres, tachetés de noir ; les pattes variées de gris, de noir et de blanc ; il y a à chaque pied cinq doigts, qui sont garnis par-dessous de petites écailles et terminés par une espèce de pelote ou de petites plaques écailleuses, sans ongle sensible.

M. Sparman a déjà fait connaître cette espèce de lézard, dont il a trouvé plusieurs individus dans le cabinet d'histoire naturelle de M. le baron de Géer donné à l'Académie de Stockholm[1]. Ces individus ne diffèrent que très légèrement les uns des autres, par la disposition de leurs taches ou de leurs bandes. Ils avaient été envoyés, en 1755, à M. de Géer par M. Acrelius, qui demeurait à Philadelphie, et qui les avait reçus de Saint-Eustache.

M. Acrelius écrivit à M. de Géer que le sputateur habite dans les contrées chaudes de l'Amérique ; on l'y rencontre dans les maisons et parmi les bois de charpente, on l'y nomme *wood-slave*. Ce lézard ne nuit à personne lorsqu'il n'est point inquiété ; mais il ne faut l'observer qu'avec précaution, parce qu'on l'irrite aisément. Il court le long des murs ; et si quelqu'un, en s'arrêtant pour le regarder, lui inspire quelque crainte, il s'approche autant qu'il peut de celui qu'il prend pour son ennemi, il le considère avec attention et ance contre lui une espèce de crachat noir assez venimeux, pour qu'une petite goutte fasse enfler la partie du corps sur laquelle elle tombe. On guérit cette enflure par le moyen de l'esprit-de-vin ou de l'eau-de-vie avec du sucre, mêlés de camphre, dont on se sert aussi en Amérique contre la piqûre des scorpions. Lorsque l'animal s'irrite, on voit quelquefois le crachat noir se ramasser dans les coins de sa bouche. C'est de la faculté qu'a ce lézard de lancer par sa gueule une humeur venimeuse, que M. Sparman a tiré le nom de *sputator* qu'il lui a donné, et qui signifie *cracheur*. Nous avons cru ne devoir pas le traduire, mais le remplacer par le mot de *sputateur* qui le rappelle. Ce lézard ne sort ordinairement de son trou que pendant le jour. M. Sparman a fait dessiner de très petits œufs cendrés, tachetés de brun et de noir, qu'il a regardés comme ceux du sputateur, parce qu'il les a trouvés dans le même bocal que les individus de cette espèce, qui faisaient partie de la collection de M. le baron de Géer.

Nous croyons devoir parler ici d'un petit lézard semblable au sputateur par la grandeur et par la forme. Nous présumons qu'il n'en est qu'une variété, peut-être même dépendante du sexe. Nous l'avons décrit d'après un individu envoyé de Saint-Domingue à M. d'Antic avec le sputateur ; ce qui peut faire croire que ces deux lézards habitent presque toujours ensemble, c'est que M. Sparman l'a trouvé dans le même bocal que les sputateurs de la collection de M. de Géer[2] : aussi ce savant naturaliste pense-t-il comme nous

---

1. Mémoires de l'Académie de Stockholm, à l'endroit déjà cité.
2. Mémoires de l'Académie des sciences de Stockholm, année 1784, second trimestre.

qu'il n'en est peut-être qu'une variété. L'individu que nous avons décrit a deux pouces deux lignes de longueur totale, et la queue quatorze lignes; il a, ainsi que le sputateur, le bout des doigts garni de pelotes écailleuses, que nous n'avons remarquées dans aucun autre lézard. Sa couleur, qui est le seul caractère par lequel il diffère du sputateur, est assez uniforme; le dessous du corps est d'un gris sale, mêlé de couleur de chair, et le dessus d'un gris un peu plus foncé, varié par de très petites ondes d'un brun noirâtre, qui forment des raies longitudinales. L'individu décrit par M. Sparman différait de celui que nous avons vu, en ce que le bout de la queue était dénué d'é-cailles, apparemment par une suite de quelque accident.

LE LÉZARD QUETZ-PALÉO

Calotes (Uromastyx) cyclurus, Merr. — *Cordylusbrasiliensis,* Laur. — *Stellio Quetz-Paleo,* Daud. — Le Fouette-queue d'Égypte, Cuv.

Tel est le nom que porte au Brésil cette espèce de lézard, dont M. l'abbé Nollin, directeur des pépinières du roi, a bien voulu m'envoyer un individu, Ce quadrupède ovipare est représenté dans Séba (t. 1er, pl. 97, fig. 4) et M. Laurenti en a fait mention sous le nom de *cordyle du Brésil* (p. 52); mais nous n'avons pas voulu en parler avant d'en avoir vu un individu et d'avoir pu déterminer nous-mêmes s'il formait une espèce ou une variété distincte du cordyle, avec lequel il a beaucoup de rapports, particulièrement par la conformation de sa queue. Nous sommes assurés maintenant qu'il appartient à une espèce très différente de celle du cordyle; il n'a point le dos garni d'écailles grandes et carrées, comme le cordyle, ni le ventre couvert de demi-anneaux écailleux; il doit donc être compris dans la quatrième division des lézards, tandis que l'espèce du cordyle fait partie de la troisième. Sa tête est aplatie par-dessus, comprimée par les côtés, d'une forme un peu triangu-laire et revêtue de petites écailles[1]; celles du dos et du dessus des jambes sont encore plus petites; et comme elles sont placées à côté les unes des autres, elles font paraître la peau chagrinée. Le ventre et le dessous des pattes présentent des écailles un peu plus grandes, mais placées de la même manière et assez dures. Plus de quinze tubercules percés à leur extrémité garnissent le dessous des cuisses; d'autres tubercules plus élevés, très forts, très pointus et de grandeurs très inégales, sont répandus sur la face exté-rieure des jambes de derrière; on en voit aussi quelques-uns très durs, mais moins hauts, le long des reins de l'animal et sur les jambes de devant auprès des pieds.

1. Les dents du quetz-paléo sont plus petites à mesure qu'elles sont plus près du museau; j'en ai compté plus de trente à chaque mâchoire; elles sont assez serrées.

La queue de ce lézard est revêtue de très grandes écailles relevées par une arête, très pointues, très piquantes et disposées en anneaux larges et très distincts les uns des autres. Cette forme, qui lui est commune avec le cordyle, jointe à celle des écailles qui revêtent le dessus et le dessous de son corps, suffit pour le faire distinguer d'avec les autres lézards déjà connus. L'individu que M. l'abbé Nollin m'a fait parvenir avait plus d'un pied cinq pouces de longueur totale, et sa queue était longue de plus de huit pouces. Le dessus de son corps était gris; le dessous blanchâtre, et la queue d'un brun très foncé.

LÉZARDS

DONT LES DOIGTS SONT GARNIS PAR-DESSOUS DE GRANDES ÉCAILLES QUI SE RECOUVRENT COMME LES ARDOISES DES TOITS[1]

LE GECKO[2]

Gekko verus, MERR. — *Lacerta Gekko*, LINN. — *Gekko verticillatus* et *teres*, LAUR. — *Gekko guttatus*, DAUD. — *Lacerta guttata*, HERM.

De tous les quadrupèdes ovipares, dont nous publions l'histoire, voici le premier qui paraisse renfermer un poison mortel. Nous n'avons vu, en quelque sorte, jusqu'ici les animaux se développer, leurs propriétés augmenter et leurs forces s'accroître, que pour ajouter au nombre des êtres vivants, pour contre-balancer l'action destructive des éléments et du temps. Ici la nature paraît au contraire agir contre elle-même; elle exalte dans un lézard, dont l'espèce n'est que trop féconde, une liqueur corrosive au point de porter la corruption et le dépérissement dans tous les animaux que pénètre cette humeur active; au lieu de sources de reproduction et de vie, on dirait qu'elle ne prépare dans le gecko que des principes de mort et d'anéantissement.

Ce lézard funeste, et qui mérite toute notre attention par ses qualités dangereuses, a quelque ressemblance avec le caméléon; sa tête, presque triangulaire, est grande en comparaison du corps; les yeux sont gros; la langue est plate, revêtue de petites écailles et le bout en est échancré. Les dents sont aiguës et si fortes, suivant Bontius, qu'elles peuvent faire impression sur des corps très durs, et même sur l'acier. Le gecko est presque entièrement couvert de petites verrues plus ou moins saillantes; le dessous des cuisses est garni d'un rang de tubercules élevés et creux, comme dans l'iguane, le lézard gris, le lézard vert, l'améiva, le cordyle, le marbré, le ga-

---

1. On peut voir, dans la planche qui représente le gecko, l'arrangement de ces écailles au-dessous des doigts.

2. *Tockaie*, par les Siamois. — *Le Gekco*. M. Daubenton, Encyclopédie méthodique. — *Lacerta Gekco*, 21. Linn., *Amphib. rept.* — Séba, 1, tab. 108, fig. 2, 5, 8 et 9. — *Gekko teres*, 57. *Laurenti specimen medicum.* — Hasselq. Iter. 306. *Lacerta Gekco.* — Gron. mus. 2, p. 78, n° 53. *Salamandra.* — Bront. jav., lib. II, cap. v, fol. 57. *Salamandra indica.* — Jobi Ludolphi alias Leut-Holf dicti, *Historia Æthiopica*, lib. I, cap. XIII. Ejusdem commentarius, fol. 107.

lonné, etc. Les pieds sont remarquables par des écailles ovales plus ou moins
échancrées dans le milieu, aussi larges que la surface inférieure de ces
mêmes doigts et disposées régulièrement au-dessus les unes des autres
comme les ardoises ou les tuiles des toits ; elles revêtent le dessous des doigts
dont les côtés sont garnis d'une petite membrane, qui en augmente la largeur, sans cependant les réunir. Linné dit que le gecko n'a point d'ongles ;
mais dans tous les individus conservés au Cabinet du roi, nous avons vu le
second, le troisième, le quatrième et le cinquième doigt de chaque pied,
garnis d'un ongle, très aigu, très court et très recourbé, ce qui s'accorde
fort bien avec l'habitude de grimper qu'a le gecko, ainsi qu'avec la force
avec laquelle il s'attache aux divers corps qu'il touche.

Il en est donc des lézards comme d'autres animaux bien différents, et
par exemple des oiseaux. Les uns ont les doigts des pieds entièrement divisés ; d'autres les ont réunis par une peau plus ou moins lâche ; d'autres
ramassés en deux paquets, et d'autres enfin ont leurs doigts libres, mais
cependant garnis d'une membrane qui en augmente la surface.

La queue du gecko est communément un peu plus longue que le corps ;
quelquefois cependant elle est plus courte ; elle est ronde, menue et couverte d'anneaux ou bandes circulaires très sensibles ; chacune de ces bandes
est composée de plusieurs rangs de très petites écailles dans le nombre et
dans l'arrangement desquelles on n'observe aucune régularité, ainsi que
nous nous en sommes assurés par la comparaison de plusieurs individus ;
c'est ce qui explique les différences qu'on a remarquées dans les descriptions
des naturalistes qui avaient compté trop exactement dans un seul individu
les rangs et le nombre de ces très petites écailles.

Suivant Bontius, la couleur du gecko est d'un vert clair, tacheté d'un
rouge très éclatant. Ce même observateur dit qu'on appelle *gecko* le lézard
dont nous nous occupons, parce que ce mot imite le cri qu'il jette, lorsqu'il
doit pleuvoir, surtout vers la fin du jour. On le trouve en Égypte, dans l'Inde,
à Amboine, aux autres îles Moluques, etc. Il se tient de préférence dans les
creux des arbres à demi pourris, ainsi que dans les endroits humides ; on le
rencontre aussi quelquefois dans les maisons, où il inspire une grande frayeur,
et où on s'empresse de le faire périr. Bontius a écrit en effet que sa morsure
est venimeuse, au point que si la partie affectée n'est pas retranchée ou brûlée, on meurt avant peu d'heures. L'attouchement seul des pieds du gecko
est même très dangereux et empoisonne, suivant plusieurs voyageurs, les
viandes sur lesquelles il marche ; l'on a cru qu'il les infectait par son urine,
que Bontius regarde comme un poison des plus corrosifs ; mais ne serait-ce
pas aussi par l'humeur qui peut suinter des tubercules creux placés sur la
face inférieure de ses cuisses ? Son sang et sa salive, ou plutôt une sorte
d'écume, une liqueur épaisse et jaune, qui s'épanche de sa bouche lorsqu'il
est irrité, ou lorsqu'il éprouve quelque affection violente, sont regardés de
même comme des venins mortels, et Bontius, ainsi que Valentyn, rapportent

que les habitants de Java s'en servaient pour empoisonner leurs flèches.

Hasselquist assure aussi que les doigts du gecko répandent un poison ; que ce lézard recherche les corps imprégnés de sel marin, et qu'en courant dessus, il laisse après lui un venin très dangereux. Il vit, au Caire, trois femmes près de mourir pour avoir mangé du fromage récemment salé et sur lequel un gecko avait déposé son poison. Il se convainquit de l'âcreté des exhalaisons des pieds du gecko, en voyant un de ces lézards courir sur la main de quelqu'un qui voulait le prendre : toute la partie sur laquelle le gecko avait passé fut couverte de petites pustules, accompagnées de rougeur, de chaleur et d'un peu de douleur, comme celles qu'on éprouve quand on a touché des orties. Ce témoignage formel vient à l'appui de ce que Bontius dit avoir vu. Il paraît donc que, dans les contrées chaudes de l'Inde et de l'Égypte, les geckos contiennent un poison dangereux, et souvent mortel ; il n'est donc pas surprenant qu'on fuie leur approche, qu'on ne les découvre qu'avec horreur et qu'on s'efforce de les éloigner ou de les détruire. Il se pourrait cependant que leurs qualités malfaisantes variassent suivant les pays, les saisons, la nourriture, la force et l'état des individus [1].

Le gecko, selon Hasselquist, rend un son singulier, qui ressemble un peu à celui de la grenouille, et qu'il est surtout facile d'entendre pendant la nuit. Il est heureux que ce lézard, dont le venin est si redoutable, ne soit pas silencieux, comme plusieurs autres quadrupèdes ovipares, et que ses cris, très distincts et particuliers, puissent avertir de son approche et faire éviter ses dangereux poisons. Dès qu'il a plu, il sort de sa retraite ; sa démarche est assez lente ; il va à la chasse des fourmis et des vers. C'est à tort que Wurfbainius a prétendu, dans son livre intitulé *Salamandrologia*, que les geckos ne pondaient point. Leurs œufs sont ovales et communément de la grosseur d'une noisette. On peut en voir la figure dans la planche de Séba, déjà citée. Les femelles ont soin de les couvrir d'un peu de terre, après les avoir déposés ; et la chaleur du soleil les fait éclore.

Les mathématiciens jésuites, envoyés dans les Indes orientales par Louis XIV, ont décrit et figuré un lézard du royaume de Siam, nommé *tockaie*, et qui est évidemment le même que le gecko. L'individu qu'ils ont examiné avait un pied six pouces de long, depuis le bout du museau jusqu'à l'extrémité de la queue [2]. Les Siamois appellent ce lézard *tockaie*, pour imiter le cri qu'il jette ; ce qui prouve que le cri de ce quadrupède ovipare est composé de deux sons proférés durement, difficiles à rendre, et que l'on a cherché à exprimer, tantôt par *tockaie*, tantôt par *gecko*.

---

1. Les Indiens prétendent que la racine de curcuma (terre mérite ou safran indien) est un très bon remède contre la morsure du Gecko. Bontius, à l'endroit déjà cité.

2. Mémoires pour servir à l'*Histoire naturelle des animaux*, t. III, article du *tockaie*.

LE GECKOTTE [1]

Gekko Stellio, Merr. — *Lacerta mauritanica*, Linn. — *Gekko muricatus*, Laur. — *Gekko fascicularis*, Daud. — Le Gekko des murailles, Cuv. — *Ascalabotes fascicularis*, Fitz.

Nous conservons ce nom à un lézard qui a une si grande ressemblance avec le gecko, qu'il est très difficile de ne pas les confondre l'un avec l'autre, quand on ne les examine pas de près. Les naturalistes n'ont même indiqué encore aucun des vrais caractères qui les distinguent. Linné seulement a dit que ces deux lézards ont le même port et la même forme, mais que le geckotte, qu'il appelle le *mauritanique*, a la queue étagée, et que le gecko ne l'a point. Cette différence n'est réelle que pendant la jeunesse du geckotte ; lorsqu'il est un peu âgé, sa queue est au contraire beaucoup moins étagée que celle du gecko.

Ces deux quadrupèdes ovipares se ressemblent surtout par la conformation de leurs pieds. Les doigts du geckotte sont, comme ceux du gecko, garnis de membranes qui ne les réunissent pas, mais qui en élargissent la surface ; ils sont également revêtus par-dessous d'un rang d'écailles ovales, larges, plus ou moins échancrées, et qui se recouvrent comme les ardoises des toits. Mais en examinant attentivement un grand nombre de geckos et de geckottes de divers pays, conservés au Cabinet du roi, nous avons vu que ces deux espèces différaient constamment l'une de l'autre par trois caractères très sensibles. Premièrement, le geckotte a le corps plus court et plus épais que le gecko ; secondement, il n'a point au-dessous des cuisses un rang de tubercules comme le gecko ; et troisièmement, sa queue est plus courte et plus grosse. Tant qu'il est encore jeune, elle est recouverte d'écailles chargées chacune d'un tubercule en forme d'aiguillon, et qui, par leurs dispositions, la font paraître garnie d'anneaux écailleux ; mais à mesure que l'animal grandit, les anneaux les plus voisins de l'extrémité de la queue disparaissent ; bientôt il n'en reste plus que quelques-uns près de son origine, qui s'oblitèrent enfin comme les autres, de telle sorte que quand l'animal est parvenu à peu près à son entier développement, on n'en voit plus aucun autour de la queue. Elle est alors beaucoup plus grosse et plus courte en proportion que dans le premier âge, et elle n'est plus couverte que de très petites écailles, qui ne présentent aucune apparence d'anneaux. Le geckotte est le seul lézard dans lequel on ait remarqué ce changement successif dans les écailles de la queue. Les tubercules ou aiguillons qui la revêtent pendant qu'il est jeune se retrouvent sur le corps de ce lézard, ainsi que sur les pattes ; ils sont plus

1. Le *Geckotte*. M. Daubenton, Encyclopédie méthodique. — *Lacerta mauritanica*, 11. Linn. Amphib. reptilia. — Séba, mus. 1, tab. 108, fig. 1, 3, 4, 6 et 7. — *Gecko verticillatus*, 51. Gecko muricatus, 58. Laurenti specimen medicum.

ou moins saillants, et sur certaines parties, telles que le derrière de la tête, le cou et les côtés du corps, ils sont ronds, pointus, entourés de tubercules plus petits et disposés en forme de rosette.

Le geckotte habite presque les mêmes pays que le gecko, ce qui empêche de regarder ces deux animaux comme deux variétés de la même espèce, produites par une différence de climat. On le trouve dans l'île d'Amboine, dans les Indes et en Barbarie, d'où M. Brander l'a envoyé à Linné. L'on peut voir au Cabinet du roi un très petit quadrupède ovipare, qui y a été adressé sous le nom de lézard de Saint-Domingue ; c'est évidemment un geckotte, et peut-être cette espèce se trouve-t-elle en effet dans le nouveau monde. On la rencontre vers les contrées tempérées, jusque dans la partie méridionale de la Provence, où elle est très commune [1].

On l'y appelle *tarente*, nom qui a été donné au stellion et à une variété du lézard vert, ainsi que nous l'avons vu. On le trouve dans les masures et dans les vieilles maisons, où il fuit les endroits frais, bas et humides, et où il se tient communément sous les toits. Il se plaît à une exposition chaude, il aime le soleil ; il passe l'hiver dans des fentes et des crevasses, sous les tuiles, sans y éprouver cependant un engourdissement parfait ; car lorsqu'on le découvre, il cherche à se sauver en marchant lourdement. Dès les premiers jours du printemps, il sort de sa retraite et va se réchauffer au soleil ; mais il ne s'écarte pas beaucoup de son trou, et il y rentre au moindre bruit ; dans les fortes chaleurs il se meut fort vite, quoiqu'il n'ait jamais l'agilité de plusieurs autres lézards. Il se nourrit principalement d'insectes. Il se cramponne facilement par le moyen de ses ongles crochus et des écailles qu'il a sous les pieds ; aussi peut-il courir, non seulement le long des murs, mais encore au-dessous des planchers, et M. Olivier, que nous venons de citer, l'a vu demeurer immobile pendant très longtemps sous la voûte d'une église.

Il ressemble donc au gecko, par ses habitudes autant que par sa forme. On a dit qu'il était venimeux, peut-être à cause de tous ses rapports avec ce dernier quadrupède ovipare, qui, suivant un très grand nombre de voyageurs, répand un poison mortel. M. Olivier assure cependant qu'aucune observation ne le prouve et que ce lézard cherche toujours à s'échapper lorsqu'on le saisit.

Les geckottes ne sortent point de leur trou lorsqu'il doit pleuvoir ; mais jamais ils n'annoncent la pluie par quelques cris, ainsi qu'on l'a dit des geckos. M. Olivier en a souvent pris avec des pinces, sans qu'ils fissent entendre aucun son.

---

1. Note communiquée par M. Olivier, qui a bien voulu nous faire part des observations qu'il a faites sur les habitudes de cette espèce de lézard.

LA TÊTE-PLATE

Uroplatus fimbriatus, Fitz. — *Gecko fimbriatus,* Latr., Merr. — *Stellio
fimbriatus,* Schneid. — *Lacerta omalocephala,* Suckow.

Nous nommons ainsi un lézard qui n'a encore été indiqué par aucun naturaliste. Peu de quadrupèdes ovipares sont aussi remarquables par la singularité de leur conformation. Il paraît faire la nuance entre plusieurs espèces
de lézards; il semble particulièrement tenir le milieu entre le caméléon, le
gecko et la salamandre aquatique; il a les principaux caractères de ces trois
espèces. Sa tête, sa peau et la forme générale de son corps ressemblent à
celles du caméléon; sa queue à celle de la salamandre aquatique, et ses
pieds à ceux du gecko : aussi aucun lézard n'est-il plus aisé à reconnaître,
à cause de la réunion de ces trois caractères saillants; il en a d'ailleurs de
très marqués, qui lui sont particuliers.

Sa tête, dont la forme nous a suggéré le nom que nous donnons à ce
lézard, est très aplatie; le dessous en est entièrement plat; l'ouverture de la
gueule s'étend jusqu'au delà des yeux; les dents sont très petites et en très
grand nombre; la langue est plate, fendue et assez semblable à celle du
gecko. La mâchoire inférieure est si mince, qu'au premier coup d'œil on
serait tenté de croire que l'animal a perdu une portion de sa tête et que
cette mâchoire lui manque. La tête est d'ailleurs triangulaire comme celle
du caméléon; mais le triangle qu'elle forme est très allongé, et elle ne présente point l'espèce de casque ni les dentelures qu'on remarque sur cette
dernière. Elle est articulée avec le corps, de manière à former en dessous
un angle obtus, ce qui ne se retrouve pas dans la plupart des autres quadrupèdes ovipares. Elle est très grande; sa longueur est à peu près la moitié
de celle du corps; les yeux sont très gros et très proéminents; la cornée
laisse apercevoir fort distinctement l'iris, dont la prunelle consiste en une
fente verticale, comme celle des yeux du gecko, et qui doit être très susceptible de se dilater ou de se contracter, pour recevoir ou repousser la lumière.
Les narines sont placées presque au bout du museau, qui est mousse, et qui
fait le sommet de l'espèce de triangle allongé, formé par la tête. Les ouvertures des oreilles sont très petites; elles occupent les deux autres angles du
triangle et sont placées auprès des coins de la gueule; la peau du dessous
du cou forme des plis : le dessous du corps est entièrement plat.

Les quatre pieds du lézard à tête plate sont chacun divisés en cinq
doigts; ces doigts sont réunis à leur origine par la peau des jambes qui les
recouvre par-dessus et par-dessous; mais ils sont ensuite très divisés, surtout
ceux de derrière, dont le doigt intérieur est séparé des autres, comme dans
beaucoup de lézards, de manière à représenter une sorte de pouce. Vers

leur extrémité ils sont garnis d'une membrane qui les élargit, comme ceux du gecko et du geckotte; et à cette même extrémité, ils sont revêtus par-dessous de lames ou écailles qui se recouvrent comme les ardoises des toits ; elles sont communément au nombre de vingt et placées sur deux rangs qui s'écartent un peu l'un de l'autre au bout du doigt ; le petit intervalle qui sépare ces deux rangs renferme un ongle très crochu, très fort et replié en dessous.

La queue est menue et beaucoup plus courte que le corps ; elle paraît très large et très aplatie, parce qu'elle est revêtue d'une membrane qui s'étend de chaque côté et lui donne la forme d'une sorte de rame. Il est aisé cependant de distinguer la véritable queue que cette membrane recouvre, et qui présente par-dessus et par-dessous une petite saillie longitudinale. Cette partie membraneuse n'est point, comme dans la salamandre aquatique, placée verticalement ; mais elle forme des deux côtés une large bande horizontale.

La peau qui revêt la tête, le corps, les pattes et la queue du lézard à tête plate, tant dessus que dessous, est garnie d'un très grand nombre de petits points saillants plus ou moins apparents, qui se touchent et la font paraître chagrinée ; et ce qui constitue un caractère jusqu'à présent particulier au lézard à tête plate, c'est que la partie supérieure de tout le corps est distinguée de la partie inférieure par une prolongation de la peau qui règne en forme de membrane frangée, depuis le bout du museau jusqu'à l'origine de la queue, et qui s'étend également sur les quatre pattes, dont elle distingue de même le dessus d'avec le dessous.

Ce lézard n'a encore été trouvé qu'en Afrique ; il paraît fort commun à Madagascar, puisque l'on peut voir, dans la collection du Cabinet du roi, quatre individus de cette espèce envoyés de cette île. Cette collection en renferme aussi un cinquième, que M. Adanson a rapporté du Sénégal ; et c'est sur ces cinq individus, dont la conformation est parfaitement semblable, que j'ai fait la description que l'on vient de lire. Le plus grand a de longueur totale huit pouces six lignes, et la queue a deux pouces quatre lignes de longueur. Aucun naturaliste n'a encore rien écrit touchant cet animal ; mais il a été vu à Madagascar par M. Bruyères, de la Société royale de Montpellier, qui a bien voulu me communiquer ses observations au sujet de ce quadrupède ovipare. La couleur du lézard à tête plate n'est point fixe, ainsi que celle de plusieurs autres lézards ; mais elle varie comme celle du caméléon et présente successivement ou tout à la fois plusieurs nuances de rouge, de jaune, de vert et de bleu. Ces effets, observés par M. Bruyères, nous paraissent dépendre des différents états de l'animal, ainsi que dans le caméléon ; et ce qui nous le persuade, c'est que la peau du lézard à tête plate est presque entièrement semblable à celle du caméléon. Mais, dans ce dernier, les variations de couleur s'étendent sur la peau du ventre, au lieu que dans le lézard dont il est ici question, tout le dessous du corps, depuis l'extrémité des mâchoires jusqu'au bout de la queue, présente toujours une couleur jaune et brillante.

M. Bruyères pense, avec toute raison, que le lézard que nous nommons *tête-plate* est le même que celui que Flaccourt a désigné par le nom de *famo-cantrata*, et que ce voyageur a vu dans l'île de Madagascar [1] : c'est aussi le famo-cantraton dont Dapper a parlé [2].

Les Madégasses ne regardent le lézard à tête plate qu'avec une espèce d'horreur ; dès qu'ils l'aperçoivent ils se détournent, se couvrent même les yeux et fuient avec précipitation. Flaccourt dit qu'il est très dangereux, qu'il s'élance sur les nègres et qu'il s'attache si fortement à leur poitrine [3] par le moyen de la membrane frangée qui règne de chaque côté de son corps, qu'on ne peut l'en séparer qu'avec un rasoir. M. Bruyères n'a rien vu de semblable ; il assure que les lézards à tête plate ne sont point venimeux ; il en a souvent pris à la main ; ils lui serraient les doigts avec leurs mâchoires, sans que jamais il lui soit survenu aucun accident. Il est tenté de croire que la peur que cet animal inspire aux nègres vient de ce que ce lézard ne fuit point à leur approche, et qu'au contraire il va toujours au-devant d'eux la gueule béante, quelque bruit que l'on fasse pour le détourner ; c'est ce qui l'a fait nommer par des matelots français le *sourd;* nom que l'on a donné aussi dans quelques provinces de France à la salamandre terrestre. Ce lézard vit ordinairement sur les arbres, ainsi que le caméléon ; il s'y retire dans des trous, d'où il ne sort que la nuit ; et, dans les temps pluvieux, on le voit alors sauter de branche en branche avec agilité ; sa queue lui sert à se soutenir. Quoique courte, il la replie autour des petits rameaux ; s'il tombe à terre, il ne peut plus s'élancer ; il se traîne jusqu'à l'arbre qui est le plus à sa portée, il y grimpe et y recommence à sauter de branche en branche. Il marche avec peine, ainsi que le caméléon ; et ce qui nous paraît devoir ajouter à la difficulté avec laquelle il se meut quand il est à terre, c'est que ses pattes de devant sont plus courtes que celles de derrière, ainsi que dans les autres lézards, et que cependant sa tête forme par-dessous un angle avec le corps, de telle sorte qu'à chaque pas qu'il fait, il doit donner du nez contre terre. Cette conformation lui est au contraire favorable lorsqu'il s'élance sur les arbres, sa tête pouvant alors se trouver très souvent dans un plan horizontal. Le lézard à tête plate ne se nourrit que d'insectes ; il a presque toujours la gueule ouverte pour les saisir, et elle est intérieurement enduite d'une matière visqueuse, qui les empêche de s'échapper.

Séba a donné la figure d'un lézard qu'il dit fort rare, qui, suivant lui, se trouve en Égypte et en Arabie, et qui doit avoir beaucoup de rapports avec

---

1. *Histoire de Madagascar*, par Flaccourt, chap. xxxviii, p. 155. — *Dictionnaire d'histoire naturelle* de M. Bomare, article du famo-cantraton.

2. Dapper, *Description de l'Afrique*, p. 458.

3. Le nom de *famo-cantrata*, que l'on a donné à ce lézard dans l'île de Madagascar, signifie *qui saute à la poitrine.*

notre lézard à tête plate ; mais si la description et le dessin en sont exacts, ils appartiennent à deux espèces différentes. On s'en convaincra, en comparant la description que nous venons de donner avec celle de Séba [1]. En effet, son lézard a comme le nôtre les doigts garnis de membranes, ainsi que les deux côtés de la queue ; mais il en diffère en ce que sa tête et son corps ne sont point aplatis ; il n'a point la membrane frangée dont nous avons parlé ; les pieds de derrière sont presque entièrement palmés ; la queue est ronde, beaucoup plus longue que le corps ; et la membrane qui en garnit les côtés est assez profondément festonnée.

1. Séba, t. II, pl. 103, fig. 2.

LÉZARDS

QUI N'ONT QUE TROIS DOIGTS AUX PIEDS DE DEVANT
ET AUX PIEDS DE DERRIÈRE

LE SEPS [1]

Zygnis chalcidicus, Fitz. — *Seps chalcidica*, Merr. — *Lacerta chalcides*, Linn. — *Chalcides tetradactyla*, Laur. — *Chamæsura Chalcis*, Schneid. — *Chalcides Seps*, Latr. — *Seps tridactylus*, Daud.

Le seps doit être considéré de près, pour n'être pas confondu avec les serpents. Ce qui en effet distingue principalement ces derniers d'avec les lézards, c'est le défaut de pattes et d'ouvertures pour les oreilles ; mais on ne peut remarquer que difficilement l'ouverture des oreilles du seps, et ses pattes sont presque invisibles par leur extrême petitesse. Lorsqu'on le regarde, on croirait voir un serpent qui, par une espèce de monstruosité, serait né avec deux petites pattes auprès de la tête, et deux autres très éloignées, situées auprès de l'origine de la queue. On le croirait d'autant plus, que le seps a le corps très long et très menu, et qu'il a l'habitude de se rouler sur lui-même comme les serpents [2]. A une certaine distance, on serait même tenté de ne prendre ses pieds que pour des appendices informes. Le seps fait donc une des nuances qui lient d'assez près les quadrupèdes ovipares avec les vrais reptiles. Sa forme peu prononcée, son caractère ambigu, doivent contribuer à le faire reconnaître. Ses yeux sont très petits, les ouvertures des oreilles bien moins sensibles que dans la plupart des lézards ; la queue finit par une pointe très aiguë ; elle est communément très courte ; cependant elle était aussi longue que le corps dans l'individu décrit par Linné, et qui faisait partie de la collection du prince Adolphe. Le seps est couvert d'écailles quadrangulaires, qui forment en tous sens des espèces de stries.

La couleur de ce lézard est en général moins foncée sous le ventre que

---

1. *La Cicigna*, en Sardaigne. — *Le Seps*, M. Daubenton, Encyclopédie méthodique. — *Lacerta Seps*, 17. Linn., *Amph. rept.*
2. *Histoire naturelle de la Sardaigne*, par M. François Cetti.

sur le dos, le long duquel s'étendent deux bandes, dont la teinte est plus ou moins claire, et qui sont bordées de chaque côté d'une petite raie noire.

La grandeur des seps, ainsi que celle des autres lézards, varie suivant la température qu'ils éprouvent, la nourriture qu'ils trouvent et la tranquillité dont ils jouissent. C'est donc avec raison que la plupart des naturalistes ont cru ne devoir pas assigner une grandeur déterminée, comme un caractère rigoureux et distinctif de chaque espèce ; mais il n'en est pas moins intéressant d'indiquer les limites qui, dans les diverses espèces, circonscrivent la grandeur, et surtout d'en marquer les rapports, autant qu'il est possible, avec les différentes contrées, les habitudes, la chaleur, etc. Les seps, qui ne parviennent quelquefois en Provence, et dans les autres provinces méridionales de France, qu'à la longueur de cinq ou six pouces, sont longs de douze ou quinze dans les pays plus conformes à leur nature. Il y en a un au Cabinet du roi, dont la longueur totale est de neuf pouces neuf lignes : sa circonférence est de dix-huit lignes, à l'endroit le plus gros du corps ; les pattes ont deux lignes de longueur, et la queue est longue de trois pouces trois lignes. Celui que M. François Cetti a décrit en Sardaigne avait douze pouces trois lignes de long (apparemment mesure sarde).

Les pattes du seps sont si courtes, qu'elles n'ont quelquefois que deux lignes de long, quoique le corps ait plus de douze pouces de longueur [1]. À peine paraissent-elles pouvoir toucher à terre, et cependant le seps les remue avec vitesse et semble s'en servir avec beaucoup d'avantage lorsqu'il marche [2]. Les pieds sont divisés en trois doigts à peine visibles et garnis d'ongles, comme ceux de la plupart des autres lézards. Linné a compté cinq doigts dans le seps qui faisait partie de la collection du prince Adolphe de Suède ; mais nous n'en avons jamais trouvé que trois dans les individus de différents pays que nous avons décrits, et qui sont au Cabinet du roi, avec quelque attention que nous les ayons considérés, et quoique nous nous soyons servis de très fortes loupes.

C'est au seps que l'on doit rapporter le lézard indiqué par Rai sous le long de *seps* ou de *lézard chalcide;* Linnée nous paraît s'être trompé [3] en appelant ce dernier lézard *chalcide* et en le séparant du seps [4]. La description que l'on trouve dans Rai convient très bien à ce dernier animal ; les raies noires le long du dos et la forme rhomboïdale des écailles, que Rai attribue à son lézard, sont en effet des caractères distinctifs du seps [5]. Le lézard désigné par Columna sous le nom de seps ou de chalcide [6], séparé

1. *Histoire naturelle de la Sardaigne*, p. 28 et suiv.
2. *Ibid.*
3. Voyez, dans cette histoire naturelle, l'article du Chalcide.
4. *Systema naturæ Amphib. reptilia. Lacerta.* édit. 13.
5. *Seps serpens pedatus potius est quam Lacerta. Parvus erat, rotundus, lineis nigris in dorso parallelis secundum longitudinem ductis distinctus..... in acutam caudam desinebat..... Squamæ reticulatæ, rhomboides.* Rai, *Synopsis animalium*, p. 272.
6. *Fabii Columnæ ecphra. Seps, lacerta chalcidica, seu chalcides.*

du seps par Linné et appelé chalcide par ce grand naturaliste, est aussi une simple variété du seps, assez voisine de celle que l'on trouve aux environs de Rome, ainsi qu'en Provence, et dont on conserve un individu au Cabinet du roi. Le lézard de Columna avait, à la vérité, deux pieds de long, tandis que le seps des environs de Rome, que l'on peut voir au Cabinet du roi, n'a que sept pouces huit lignes de longueur; mais il présentait les caractères qui distinguent les véritables seps.

L'animal que Linné a rangé parmi les serpents qu'il a appelés *anguis quadrupède*, et qu'il dit habiter dans l'île de Java [1], est de même un véritable seps; tous les caractères rapportés par Linné conviennent à ce dernier lézard, excepté le défaut d'ouvertures pour les oreilles et les cinq doigts de chaque pied; mais Linné ajoutant que ces doigts sont si petits qu'on a bien de la peine à les apercevoir, on peut croire que l'on en aura aisément compté deux de trop. D'ailleurs les ouvertures des oreilles du seps sont quelquefois si petites, qu'il paraît en manquer absolument.

C'est également au seps qu'il faut rapporter les lézards nommés vers serpentiformes d'Afrique, et dont Linné a fait une espèce particulière sous le nom d'*anguina*. Il suffit, pour s'en convaincre, de jeter les yeux sur la planche de Séba, citée par le naturaliste suédois; la forme de la tête, la longueur du corps, la disposition des écailles, la position et la brièveté des quatre pattes se retrouvent dans ces prétendus vers comme dans le seps [2]; et ce n'est que parce qu'on ne les a pas regardés d'assez près, qu'on a attribué des pieds non divisés à ces animaux, que Linné s'est cru obligé par là de séparer des autres lézards. Suivant Séba, les Grecs ont connu ces quadrupèdes; ils ont même cru être informés de leurs habitudes en certaines contrées, puisqu'ils les ont nommés *acheloi* et *elyoi*, pour désigner leur séjour au milieu des eaux troubles et bourbeuses. On les rencontre au cap de Bonne-Espérance, vers la baie de la Table, parmi les rochers qui bordent la rivière. Suivant la figure de Séba, ces seps du cap de Bonne-Espérance ont la queue beaucoup plus longue que le corps [3].

Columna, en disséquant un seps femelle, en tira quinze fœtus vivants, dont les uns étaient déjà sortis de leurs membranes, et les autres étaient encore enveloppés dans une pellicule diaphane et renfermés dans leurs œufs comme les petits des vipères. Nous remarquerons une manière semblable de venir au jour dans les petits de la salamandre terrestre ; et ainsi, non seulement les diverses espèces de lézards ont entre elles de nouvelles analogies, mais l'ordre entier des quadrupèdes ovipares se lie de nouveau avec les serpents, avec les poissons cartilagineux et d'autres poissons de différents genres, parmi lesquels les petits de plusieurs espèces sortent aussi de leurs œufs dans le ventre même de leur mère.

1. *Systema naturæ amphib.*, édit. 13, t. Ier, p. 390.
2. *Idem*, édit. 13, t. Ier, p. 371.
3. Séba, t. II, pl. 68, fig. 7 et 8.

Plusieurs naturalistes ont cru que le seps était une espèce de salamandre. On a accusé la salamandre d'être venimeuse; on a dit que le seps l'était aussi. Il y a même longtemps que l'on a regardé ce lézard comme un animal malfaisant ; le nom de seps que les anciens lui ont appliqué, ainsi qu'au chalcide, ayant été aussi attribué, par ces mêmes anciens, à des serpents très venimeux, à des mille-pieds et à d'autres bêtes dangereuses. Ce mot seps, dérivé du mot grec *sepo, je corromps*, peut être regardé comme un nom générique que les anciens donnaient à la plupart des animaux dont ils redoutaient les poisons, à quelque ordre d'ailleurs qu'ils les rapportassent. On peut croire aussi qu'ils ont très souvent confondu, ainsi que le plus grand nombre des naturalistes venus après eux, le chalcide et le seps, qu'ils ont appelés tous deux non seulement du nom générique de seps, mais encore du nom particulier de chalcide [1].

Quoi qu'il en soit, les observations de M. Sauvage paraissent prouver que le seps n'est point venimeux dans les provinces méridionales de France. Suivant ce naturaliste, la morsure des seps n'a jamais été suivie d'aucun accident; il rapporte en avoir vu manger par une poule, sans qu'elle en ait été incommodée. Il ajoute que la poule ayant avalé un petit seps par la tête sans l'écraser, il vit ce lézard s'échapper du corps de la poule, comme les vers de terre de celui des canards. La poule le saisit de nouveau; il s'échappa de même; mais à la troisième fois elle le coupa en deux. M. Sauvage conclut même, de la facilité avec laquelle ce petit lézard se glisse dans les intestins, qu'il produirait un meilleur effet dans certaines maladies, que le plomb et le vif-argent [2]. M. François Cetti dit aussi que, dans toute la Sardaigne, il n'a jamais entendu parler d'aucun accident causé par la morsure du seps, que tout le monde y regarde comme un animal innocent. Seulement, ajoute-t-il, lorsque les bœufs ou les chevaux en ont avalé avec l'herbe qu'ils paissent, leur ventre s'enfle, et ils sont en danger de mourir si on ne leur fait pas prendre une boisson préparée avec de l'huile, du vinaigre et du soufre [3].

Le seps paraît craindre le froid plus que les tortues terrestres et plusieurs autres quadrupèdes ovipares; il se cache plus tôt dans la terre aux approches de l'hiver. Il disparaît, en Sardaigne, dès le commencement d'octobre, et on ne le trouve plus que dans des creux souterrains; il en sort au printemps pour aller dans les endroits garnis d'herbe, où il se tient encore pendant l'été, quoique l'ardeur du soleil l'ait desséchée [4].

M. Thunberg a donné, dans les Mémoires de l'Académie de Suède [5], la

1. Conradi Gesneri, *Hist. anim.*, lib. II. *De Quadr. ovip.*. p. 1.
2. Mémoire sur la nature des animaux venimeux, couronné par l'Académie de Rouen, en 1754.
3. M. François Cetti, à l'endroit déjà cité.
4. *Ibid.*
5. Mémoires de l'Académie de Stockholm, trimestre d'avril 1787.

description d'un lézard qu'il nomme *abdominal*, qui se trouve à Java et à Amboine, qui a les plus grands rapports avec le seps, et qui n'en diffère que par la très grande brièveté de sa queue et le nombre de ses doigts. Mais comme il paraît que M. Thunberg n'a pas vu cet animal vivant, et que, dans la description qu'il en donne, il dit que l'extrémité de la queue était nue et sans écailles, on peut croire que l'individu observé par ce savant professeur avait perdu une partie de sa queue par quelque accident. D'ailleurs nous nous sommes assurés que la longueur de la queue des seps était en général très variable. D'un autre côté, M. Thunberg avoue qu'on ne peut, à l'œil nu, distinguer qu'avec beaucoup de peine les doigts de son lézard abdominal. Il pourrait donc se faire que l'animal eût été altéré après sa mort, de manière à présenter l'apparence de cinq petits doigts à chaque pied, quoique réellelement il n'y en ait que trois, ainsi que dans les seps, auxquels il faudrait dès lors le rapporter. Si au contraire le lézard abdominal a véritablement cinq doigts à chaque pied, il faudra le regarder comme une espèce distincte du seps et le comprendre dans la quatrième division, où il pourrait être placé à la suite du sputateur. Au reste, personne ne peut mieux éclaircir ce point d'histoire naturelle que M. Thunberg.

LE CHALCIDE

Chalcis Cophias, Merr. — *Chalcides flavescens*, Bonn. — *Chamæsaura*
Cophias, Schneid. — *Chalcides tridactylus*, Daud.

Le seps n'est pas le seul lézard qui, par la petitesse de ses pattes à peine visibles, et la grande distance qui sépare celles de devant de celles de derrière, fasse la nuance entre les lézards et les serpents ; le chalcide est également remarquable par la brièveté et la position de ses pattes, de même que par l'allongement de son corps. Linné et plusieurs autres naturalistes ont regardé, ainsi que nous, le chalcide comme différent du seps, et ils ont dit que ces deux lézards sont distingués l'un de l'autre, en ce que le seps a la queue *verticillée*, tandis que le chalcide l'a ronde et plus longue que le corps. Quelque sens qu'on attache à cette expression *verticillée*, elle ne peut jamais représenter qu'un caractère vague et peu sensible. D'un autre côté, il n'y a rien de si variable que les longueurs des queues des lézards, et par conséquent toute distinction spécifique fondée sur ces longueurs doit être regardée comme nulle, à moins que leurs différences ne soient très grandes. Nous avons pensé d'après cela que le lézard appelé chalcide par Linné pourrait bien n'être qu'une variété du seps, dont plusieurs individus ont la queue à peu près aussi longue que le corps. Nous l'avons pensé d'autant plus qu'il paraît que Linné n'a point vu le lézard qu'il nomme chalcide [1]. Nous avons

1. *Lacerta Chalcides*, 11. Linn., *Amphib. rept.* — *Le Chalcide.* M. Daubenton, Encyclopédie méthodique.

en conséquence examiné les divers passages des auteurs cités par Linné, relativement à ce quadrupède ovipare. Nous avons comparé ce qu'ont écrit à ce sujet Aldrovande, Columna, Gronovius, Rai et Imperati : nous avons vu que tout ce que rapportent ces auteurs, tant dans leur description que dans la partie historique, pouvait s'appliquer au véritable seps[1]. Il paraît donc qu'on doit réduire à une seule espèce les deux lézards connus sous le nom de seps et de chalcide. Mais il y a, au Cabinet du roi, un lézard qui ressemble au seps par l'allongement de son corps, la petitesse de ses pattes, le nombre de ses doigts, qui est cependant d'une espèce différente de celle du seps, ainsi que nous allons le prouver. Ce lézard n'a vraisemblablement été connu d'aucun des naturalistes modernes qui ont écrit sur le chalcide ; c'est, en quelque sorte, une espèce nouvelle que nous présentons, et à laquelle nous appliquons ce nom de chalcide, qui n'a été donné par Linné et les naturalistes modernes qu'à une seule variété du seps.

Notre chalcide, le seul que nous nommerons ainsi, diffère du seps par un caractère qui doit empêcher de les confondre dans toutes les circonstances. Le dessus et le dessous du corps et de la queue sont garnis dans le seps de petites écailles, placées les unes sur les autres comme les ardoises qui couvrent nos toits ; tandis que, dans le chalcide, les écailles forment des anneaux circulaires très sensibles, séparés les uns des autres par des espèces de sillons, et qui revêtent non seulement le corps, mais encore la queue.

Le corps de l'individu conservé au Cabinet du roi a deux pouces six lignes de longueur ; il est plus court que la queue et entouré de quarante-huit anneaux. La tête est assez semblable à celle du seps, ainsi que nous l'avons dit ; mais il n'y a aucune ouverture pour les oreilles, ce qui donne au chalcide un rapport de plus avec les serpents. Les pattes sont encore plus courtes que celles du seps, en proportion de la longueur du corps ; elles n'ont qu'une ligne de longueur. Celles de devant sont situées très près de la tête.

Ce lézard n'a que trois doigts à chaque pied, ainsi que le seps. Il est d'une couleur sombre, qui peut-être est l'effet de l'esprit-de-vin dans lequel il a été conservé, mais qui approche de la couleur de l'airain, que les Grecs ont désignée par le nom de *chalcis* (dérivé de *calcos*, *airain*), lorsqu'ils ont appliqué ce nom à un lézard.

Cet animal, qui doit habiter les contrées chaudes, a, par la conformation de ses écailles et leur disposition en anneaux, d'assez grands rapports avec le serpent *orvet* et les autres serpents, que Linné a compris sous la dénomination générique d'*anguis*. Il en a aussi par là avec plusieurs espèces de vers, et surtout avec un reptile dont nous donnons l'histoire à la suite

---

1. Aldrov., *De Quadrup. digit. ovipar.*, lib. I, p. 638. — Column. ophr. 1, p. 35, t. XXXVI. — Gronov., *Zooph.* 43. — Rai, *Quadr.* 272. — Imperat., *Nat.* 917.

de celle des quadrupèdes ovipares, et qui lie l'ordre de ces derniers avec celui des serpents encore de plus près que le seps et le chalcide.

Mais si les espèces de lézards dont nous traitons maintenant présentent en quelque sorte une conformation intermédiaire entre celle des quadrupèdes ovipares et celle des vrais reptiles, l'espèce suivante donne à ces mêmes quadrupèdes ovipares de nouveaux rapports avec des animaux bien mieux organisés, et particulièrement avec l'ordre des oiseaux, par les espèces d'ailes dont elle a été pourvue.

SEPTIÈME DIVISION

LÉZARDS

QUI ONT DES MEMBRANES EN FORME D'AILES

LE DRAGON[1]

Draco viridis, DAUD., MERR. — *Draco volans* et *præpos,* LINN.
— *Draco major* et *minor,* LAUR.

À ce nom de *dragon,* l'on conçoit toujours une idée extraordinaire. La mémoire rappelle avec promptitude tout ce qu'on a lu, tout ce qu'on a ouï dire sur ce monstre fameux ; l'imagination s'enflamme par le souvenir des grandes images qu'il a présentées au génie poétique : une sorte de frayeur saisit les cœurs timides, et la curiosité s'empare de tous les esprits. Les anciens, les modernes, ont tous parlé du dragon. Consacré par la religion des premiers peuples, devenu l'objet de leur mythologie, ministre des volontés des dieux, gardien de leurs trésors, servant leur amour et leur haine, soumis au pouvoir des enchanteurs, vaincu par les demi-dieux des temps antiques, entrant même dans les allégories sacrées du plus saint des recueils, il a été chanté par les premiers poëtes et représenté avec toutes les couleurs qui pouvaient en embellir l'image. Principal ornement des fables pieuses imaginées dans des temps plus récents, dompté par les héros et même par les jeunes héroïnes qui combattaient pour une loi divine ; adopté par une seconde mythologie, qui plaça les fées sur le trône des anciennes enchanteresses ; devenu l'emblème des actions éclatantes des vaillants chevaliers, il a vivifié la poésie moderne, ainsi qu'il avait animé l'ancienne. Proclamé par la voix sévère de l'histoire, partout décrit, partout célébré, partout redouté, montré sous toutes les formes, toujours revêtu de la plus grande puissance, immolant ses victimes par son regard, se transportant au milieu des nuées avec la rapidité de l'éclair, frappant comme la foudre, dissipant l'obscurité des nuits par l'éclat de ses yeux étincelants, réunissant l'agilité de l'aigle, la

---

1. *Le Dragon.* M. Daubenton, *Encyclopédie méthodique.* — *Draco volans,* 1. Linn., *Amphib. rept.* — Bont. jav., liv. V, cap. 1, fol. 59. *Lacertus volans seu dracunculus indica.* The flying indian lizard. — Rai, *Synopsis quadrupedum,* p. 275. *Lacerta volans.* — Brad. nat., t. IX, p. 5. *Lacerta volans.* — Grim. *Lacerta volans.* — Séba, 1, tab. 86, fig. 3. — *Draco major.* 76. *Laurenti specimen medicum.*

force du lion, la grandeur du serpent[1], présentant même quelquefois une figure humaine, doué d'une intelligence presque divine, et adoré de nos jours dans de grands empires de l'Orient, le dragon a été tout et s'est trouvé partout, hors dans la nature. Il vivra cependant toujours, cet être fabuleux, dans les heureux produits d'une imagination féconde. Il embellira longtemps les images hardies d'une poésie enchanteresse : le récit de sa puissance merveilleuse charmera les loisirs de ceux qui ont besoin d'être quelquefois transportés au milieu des chimères, et qui désirent de voir la vérité parée des ornements d'une fiction agréable; mais, à la place de cet être fantastique, que trouvons-nous dans la réalité? Un animal, aussi petit que faible, un lézard innocent et tranquille, un des moins armés de tous les quadrupèdes ovipares, et qui, par une conformation particulière, a la facilité de se transporter avec agilité et de voltiger de branche en branche dans les forêts qu'il habite. Les espèces d'ailes dont il a été pourvu, son corps de lézard et tous ses rapports avec les serpents ont fait trouver quelque sorte de ressemblance éloignée entre ce petit animal et le monstre imaginaire dont nous avons parlé, et lui ont fait donner le nom de *dragon* par les naturalistes.

Ces ailes sont composées de six espèces de rayons cartilagineux, situés horizontalement de chaque côté de l'épine du dos et auprès des jambes de devant. Ces rayons sont courbés en arrière; ils soutiennent une membrane qui s'étend le long du rayon le plus antérieur jusqu'à son extrémité et va ensuite se rattacher, en s'arrondissant un peu, auprès des jambes de derrière. Chaque aile représente ainsi un triangle dont la base s'appuie sur l'épine du dos; du sommet d'un triangle à celui de l'autre, il y a à peu près la même distance que des pattes de devant à celles de derrière. La membrane qui recouvre les rayons est garnie d'écailles, ainsi que le corps du lézard, que l'on ne peut bien voir qu'en regardant au-dessous des ailes, et dont on ne distingue par-dessus que la partie la plus élevée du dos. Ces ailes sont conformées comme les nageoires des poissons, surtout comme celles dont les poissons volants se servent pour se soutenir en l'air. Elles ne ressemblent pas aux ailes dont les chauves-souris sont pourvues, et qui sont composées d'une membrane placée entre les doigts très longs de leurs pieds de devant; elles diffèrent encore plus de celles des oiseaux, formées de membres que l'on a appelés leurs bras : elles ont plus de rapport avec les membranes qui s'étendent des jambes de devant à celles de derrière dans le polatouche et dans le taguan, et qui leur servent à voltiger. Voilà donc le dragon qui, placé, comme tous les lézards, entre les poissons et les quadrupèdes vivipares, se rapproche des uns par ses rapports avec les poissons volants, et des autres par ses ressemblances avec les polatouches et les écureuils, dont il est l'analogue dans son ordre.

Le dragon est aussi remarquable par trois espèces de poches allongées

---

1. Il y a des serpents qui ont plus de quarante pieds de long.

et pointues qui garnissent le dessous de la gorge, et qu'il peut enfler à volonté pour augmenter son volume, se rendre plus léger et voler plus facilement. C'est ainsi qu'il peut un peu compenser l'infériorité de ses ailes relativement à celles des oiseaux, et la facilité avec laquelle ces derniers, lorsqu'ils veulent s'alléger, font parvenir l'air de leurs poumons dans diverses parties de leur corps.

Si l'on ôtait au dragon ses ailes et les espèces de poches qu'il porte sous son gosier, il serait très semblable à la plupart des lézards. Sa gueule est très ouverte et garnie de dents nombreuses et aiguës. Il a sur le dos trois rangées longitudinales de tubercules plus ou moins saillants, dont le nombre varie suivant les individus. Les deux rangées extérieures forment une ligne courbe dont la convexité est en dehors. Les jambes sont assez longues ; les doigts, au nombre de cinq à chaque pied, sont longs, séparés et garnis d'ongles crochus. La queue est ordinairement très déliée, deux fois plus longue que le corps et couverte d'écailles un peu relevées en carène. La longueur totale du dragon n'excède guère un pied. Le plus grand des individus de cette espèce conservés au Cabinet du roi a huit pouces deux lignes de long, depuis le bout du museau jusqu'à l'extrémité de la queue, qui est longue de quatre pouces dix lignes.

Bien différent du dragon de la fable, il passe innocemment sa vie sur les arbres, où il vole de branche en branche, cherchant les fourmis, les mouches, les papillons et les autres insectes dont il fait sa nourriture. Lorsqu'il s'élance d'un arbre à un autre, il frappe l'air avec ses ailes, de manière à produire un bruit assez sensible, et il franchit quelquefois un espace de trente pas. Il habite en Asie[1], en Afrique et en Amérique ; il peut varier, suivant les différents climats, par la teinte de ses écailles ; mais il présente souvent un agréable mélange de couleurs noire, brune, presque blanche ou légèrement bleuâtre, formant des taches ou des raies.

Quoiqu'il ait les doigts très séparés les uns des autres, il n'est point réduit à habiter la terre sèche et le sommet des arbres ; ses poches qu'il développe et ses ailes qu'il étend, replie et contourne à volonté, lui servent non seulement pour s'élancer avec vitesse, mais encore pour nager avec facilité. Les membranes qui composent ses ailes peuvent lui tenir lieu de nageoires puissantes, parce qu'elles sont fort grandes à proportion de son corps ; et les poches qu'il a sous la gorge doivent, lorsqu'elles sont gonflées, le rendre

---

1. « Dans une petite île voisine de celle de Java, La Barbinais vit des lézards qui volaient d'arbres en arbres, comme des cigales. Il en tua un dont les couleurs lui causèrent de l'étonnement par leur variété. Cet animal était long d'un pied ; il avait quatre pattes comme les lézards ordinaires. Sa tête était plate, *et si bien percée au milieu, qu'on y aurait pu passer une aiguille sans le blesser*. Ses ailes étaient fort déliées et ressemblaient à celles du poisson volant. Il avait autour du cou une espèce de fraise semblable à celle que les coqs ont au-dessous du gosier. On prit quelques soins pour conserver un animal aussi rare, mais la chaleur le corrompit avant la fin du jour. » Voyage de La Barbinais Le Gentil autour du monde. *Histoire générale des voyages*, t. XLIV, in-12.

plus léger que l'eau. Cet animal privilégié a donc reçu tout ce qui peut être nécessaire pour grimper sur les arbres, pour marcher avec facilité, pour voler avec vitesse, pour nager avec force. La terre, les forêts, l'air, les eaux lui appartiennent également ; sa petite proie ne peut lui échapper ; d'ailleurs aucun asile ne lui est fermé, aucun abri ne lui est interdit ; s'il est poursuivi sur la terre, il s'enfuit au haut des branches ou se réfugie au fond des rivières ; il jouit donc d'un sort tranquille et d'une destinée heureuse, car il peut encore, en s'élevant dans l'air, échapper aux animaux que l'eau n'arrête pas.

Linné a compté deux espèces de lézards volants. Il a placé, dans la première, ceux de l'ancien monde, dont les ailes ne tiennent pas aux pattes de devant, et, dans la seconde, ceux d'Amérique dont les ailes y sont attachées [1]. Cette différence ne nous paraît pas suffire pour constituer une espèce distincte ; d'ailleurs, ce n'est que sur l'autorité de Séba [2], dont les figures ne sont pas toujours exactes, que Linné a admis l'existence de lézards volants, dont les jambes de devant servent de premier rayon aux ailes ; il n'en a jamais vu ainsi conformés ; nous n'en avons jamais vu non plus et nous n'avons rien trouvé qui y eût rapport dans aucun auteur, excepté Séba. Nous croyons donc ne devoir admettre qu'une espèce dans les lézards volants, jusqu'à ce que de nouvelles observations nous obligent à en reconnaître deux [3].

1. *Draco præpos.* Lin., *Amphib. rept.* — *Draco minor*, 77. *Laurenti specimen medicum.*
2. Séba, 1, tab. 102, fig. 2.
3. M. Daubenton n'a compté, comme nous, qu'une espèce de lézard volant. *Histoire naturelle des quadrupèdes ovipares.* Encyclopédie méthodique.

LÉZARDS

QUI ONT TROIS OU QUATRE DOIGTS AUX PIEDS DE DEVANT ET QUATRE
OU CINQ AUX PIEDS DE DERRIÈRE

LA SALAMANDRE TERRESTRE[1]

Salamandra maculata, MERR. — *Lacerta Salamandra*, LINN.
— *Salamandra maculosa*, LAUR.

Il semble que plus les objets de la curiosité de l'homme sont éloignés
de lui, et plus il se plaît à leur attribuer des qualités merveilleuses, ou du
moins à supposer à des degrés trop élevés celles dont ces êtres, rarement
bien connus, jouissent réellement. L'imagination a besoin, pour ainsi dire,
d'être de temps en temps secouée par des merveilles ; l'homme veut exercer
sa croyance dans toute sa plénitude ; il lui semble qu'il n'en jouit pas d'une
manière assez libre quand il la soumet aux lois de la raison : ce n'est que
par les excès qu'il croit en user, et il ne s'en regarde comme véritablement
le maître que lorsqu'il la refuse capricieusement à la réalité ou qu'il l'accorde aux êtres les plus chimériques. Mais il ne peut exercer cet empire de
sa fantaisie que lorsque la lumière de la vérité ne tombe que de loin sur les
objets de cette croyance arbitraire ; que lorsque l'espace, le temps ou leur
nature les séparent de nous ; et voilà pourquoi, parmi tous les ordres d'animaux, il n'en est peut-être aucun qui ait donné lieu à tant de fables que
celui des lézards. Nous avons déjà vu des propriétés aussi absurdes qu'ima-

---

1. En grec, *Salamandra*. — En latin, *Salamandra*. — En Espagne, *Salamanguesa* et *Sala-
mantegua*. — *Samabras* ou *Saambras*, par les Arabes.

Dans plusieurs provinces de France, *le Sourd*. — Dans le Languedoc et la Provence, *Blande*.
— En Dauphiné, *Pluvine*. — Dans le Lyonnais, *Laverne*. — En Bourgogne, *Suisse*. — Dans le
Poitou, *Mirtil*.

Dans plusieurs autres provinces de France, *Alebrenne* ou *Arrassade*. — En Normandie,
Mouron. — En Flandre, *Salemander*. — En quelques endroits d'Allemagne, *Punder-Maal*.

Le Sourd. M. Daubenton. Encyclopédie méthodique. — *Lacerta Salamandra*, 47. Linn.,
Amphibia rept. — Rai, *Synopsis quadrupedum*, folio 273. *Salamandra terrestris*. — Matthi.
dioscor. 271, fol. 273. *Salamandra*. — Aldrov., *Quadr.* 641. *Salamandra terrestris*. — Jonst.
Quadrup., t. LXXVII, fol. 10. — Imperat., *Nat.* 918. — Olear. mus., tab. 8, fig. 4. — Wurfbainius,
Salamandrologia. Norib. 1683. — *Salamandra*. Conrad Gesner, *De Quadrup. ovip*. — *Salaman-
dra maculosa*, 4. *Laurenti specimen medicum.* - Séba, 2, tab. 12, fig. 3.

ginaires accordées à plusieurs espèces de ces quadrupèdes ovipares; mais
nous voici maintenant à l'histoire d'un lézard pour lequel l'imagination
humaine s'est surpassée; on lui a attribué la plus merveilleuse de toutes les
propriétés. Tandis que les corps les plus durs ne peuvent échapper à la force
de l'élément du feu, on a voulu qu'un petit lézard, non seulement ne fût pas
consumé par les flammes, mais parvînt même à les éteindre. Et comme les
fables agréables s'accréditent aisément, l'on s'est empressé d'accueillir celle
d'un petit animal si privilégié, si supérieur à l'agent le plus actif de la nature,
et qui devait fournir tant d'objets de comparaisons à la poésie, tant d'emblèmes galants à l'amour, tant de brillantes devises à la valeur. Les anciens
ont cru à cette propriété de la salamandre; désirant que son origine fût
aussi surprenante que sa puissance et voulant réaliser les fictions ingé-
nieuses des poètes, ils ont écrit qu'elle devait son existence au plus pur des
éléments, qui ne pouvait la consumer, et ils l'ont dite fille du feu[1], en lui
donnant cependant un corps de glace. Les modernes ont adopté les fables
ridicules des anciens; et, comme on ne peut jamais s'arrêter quand on a
dépassé les bornes de la vraisemblance, on est allé jusqu'à penser que le feu
le plus violent pouvait être éteint par la salamandre terrestre. Des charlatans vendaient ce petit lézard, qui, jeté dans le plus grand incendie,
devaient, disaient-ils, en arrêter les progrès. Il a fallu que des physiciens,
que des philosophes prissent la peine de prouver par le fait ce que la raison
seule aurait dû démontrer, et ce n'est que lorsque les lumières de la science
ont été très répandues qu'on a cessé de croire à la propriété de la salamandre.

Ce lézard, qui se trouve dans tant de pays de l'ancien monde, et même
à de très hautes latitudes[2], a été cependant très peu observé, parce qu'on le
voit rarement hors de son trou, et parce qu'il a pendant longtemps inspiré
une assez grande frayeur. Aristote même ne paraît en parler que comme
d'un animal qu'il ne connaissait presque point.

Il est aisé à distinguer de tous ceux dont nous nous sommes occupés,
par la conformation particulière de ses pieds de devant, où il n'a que quatre
doigts, tandis qu'il en a cinq à ceux de derrière. Un des plus grands individus de cette espèce, conservés au Cabinet du roi, a sept pouces cinq lignes
de longueur depuis le bout du museau jusqu'à l'origine de la queue, qui est
longue de trois pouces huit lignes. La peau n'est revêtue d'aucune écaille
sensible; mais elle est garnie d'une grande quantité de mamelons et percée
d'un grand nombre de petits trous, dont plusieurs sont très sensibles à la
vue simple et par lesquels découle une sorte de lait, qui se répand ordinairement de manière à former un vernis transparent au-dessus de la peau
naturellement sèche de ce quadrupède ovipare.

1. Conrad Gesner, *De Quadrupedibus oviparis, de Salamandra*, fol. 79.
2. « Aussi trouvâmes au rivage du Pont des salamandres que nous nommons *sourds*, *plu-
vines*, *mirtils*, sont quasi communs en tous lieux. » Belon, ouvrage déjà cité, livre III, chap. LI,
p. 210.

Les yeux de la salamandre sont placés à la partie supérieure de la tête, qui est un peu aplatie; leur orbite est saillante dans l'intérieur du palais et elle y est presque entourée d'un rang de très petites dents, semblables à celles qui garnissent les mâchoires[1]. Ces dents établissent un nouveau rapport entre les lézards et les poissons, dont plusieurs espèces ont de même plusieurs dents placées dans le fond de la gueule.

La couleur de ce lézard est très foncée ; elle prend une teinte bleuâtre sur le ventre et présente des taches jaunes assez grandes, irrégulières, et qui s'étendent sur tout le corps, même sur les pieds et sur les paupières. Quelques-unes de ces taches sont parsemées de petits points noirs, et celles qui sont sur le dos se touchent souvent sans interruption et forment deux longues bandes jaunes. La figure de ces taches a fait donner le nom de *stellion* à la salamandre ainsi qu'au lézard vert, au véritable stellion et au geckotte. Au reste, la couleur des salamandres terrestres doit être sujette à varier, et il paraît qu'on en trouve dans les bois humides d'Allemagne, qui sont toutes noires par-dessus et jaunes par-dessous[2]. C'est à cette variété qu'il faut rapporter, ce me semble, la salamandre noire que M. Laurenti a trouvée dans les Alpes, qu'il a regardée comme une espèce distincte et qui me paraît trop ressembler par sa forme à la salamandre ordinaire pour en être séparée[3].

La queue, presque cylindrique, paraît divisée en anneaux par des renflements d'une substance très molle.

La salamandre terrestre n'a point de côtes, non plus que les grenouilles, auxquelles elle ressemble d'ailleurs par la forme générale de la partie antérieure du corps. Lorsqu'on la touche, elle se couvre promptement de cette espèce d'enduit dont nous avons parlé ; et elle peut également faire passer très rapidement sa peau de cet état humide à celui de sécheresse. Le lait qui sort par les petits trous que l'on voit sur sa surface est très âcre ; lorsqu'on en a mis sur la langue, on croit sentir une sorte de cicatrice à l'endroit où il a touché. Ce lait, qui est regardé comme un excellent dépilatoire[4], ressemble un peu à celui qui découle des plantes appelées tithymales et des euphorbes. Quand on écrase ou seulement quand on presse la salamandre, elle répand d'ailleurs une mauvaise odeur qui lui est particulière.

Les salamandres terrestres aiment les lieux humides et froids, les ombres épaisses, les bois touffus des hautes montagnes, les bords des fontaines qui coulent dans les prés ; elles se retirent quelquefois en grand nombre dans les creux des arbres, dans les haies, au-dessous des vieilles souches pourries ; et elles passent l'hiver des contrées trop élevées en lati-

1. Mémoires pour servir à l'histoire des animaux, article de la Salamandre.
2. Matthiole.
3. *Salamandra atra. Laurenti specimen medicum.* Vienne, 1768, p. 149.
4. Gesner, *De Quadrupedibus oviparis, de Salamandra,* p. 79.

tude dans des espèces de terriers où on les trouve rassemblées et entortillées plusieurs ensemble[1].

La salamandre étant dépourvue d'ongles, n'ayant que quatre doigts aux pieds de devant, et aucun avantage de conformation ne remplaçant ce qui lui manque, ses mœurs doivent être et sont en effet très différentes de celles de la plupart des lézards : elle est très lente dans sa marche ; bien loin de pouvoir grimper avec vitesse sur les arbres, elle parait le plus souvent se traîner avec peine à la surface de la terre. Elle ne s'éloigne que peu des abris qu'elle a choisis. Elle passe sa vie sous terre, souvent au pied des vieilles murailles ; pendant l'été, elle craint l'ardeur du soleil, qui la dessécherait ; et ce n'est ordinairement que lorsque la pluie est prête à tomber qu'elle sort de son asile secret, comme par une sorte de besoin de se baigner et de s'imbiber d'un élément qui lui est analogue. Peut-être aussi trouve-t-elle alors avec plus de facilité les insectes dont elle se nourrit. Elle vit de mouches, de scarabées, de limaçons et de vers de terre. Lorsqu'elle est en repos, elle se replie souvent sur elle-même comme les serpents[2]. Elle peut rester quelque temps dans l'eau sans y périr ; elle s'y dépouille d'une pellicule mince d'un cendré verdâtre. On a même conservé des salamandres pendant plus de six mois dans de l'eau de puits ; on ne leur donnait aucune nourriture ; on avait seulement le soin de changer souvent l'eau.

On observe que toutes les fois qu'on plonge une salamandre terrestre dans l'eau, elle s'efforce d'élever ses narines au-dessus de la surface, comme si elle cherchait l'air de l'atmosphère, ce qui est une nouvelle preuve du besoin qu'ont tous les quadrupèdes ovipares de respirer pendant tout le temps où ils ne sont point engourdis[3]. La salamandre terrestre n'a point d'oreilles apparentes, et en ceci elle ressemble aux serpents. On a prétendu qu'elle n'entendait point, et c'est ce qui lui a fait donner le nom de *sourd* dans certaines provinces de France : on pourrait le présumer, parce qu'on ne lui a jamais entendu jeter aucun cri, et qu'en général le silence est lié avec la surdité.

Ayant donc peut-être un sens de moins et privée de la faculté de communiquer ses sensations aux animaux de son espèce, même par des sons imparfaits, elle doit être réduite à un bien moindre degré d'instinct ; aussi est-elle stupide et non pas courageuse, comme on l'a écrit ; elle ne brave pas le danger, ainsi qu'on l'a prétendu, mais elle ne l'aperçoit point. Quelques gestes qu'on fasse pour l'effrayer, elle s'avance toujours sans se détourner de sa route ; cependant, comme aucun animal n'est privé du sentiment nécessaire à sa conservation, elle comprime, dit-on, rapidement sa peau lorsqu'on la tourmente, et fait rejaillir contre ceux qui l'attaquent le lait âcre que cette peau recouvre. Si on la frappe, elle commence par dresser sa queue ; elle

1. Gesner, *De Quadrupedibus oviparis*, p. 79.
2. *Laurenti specimen medicum*, p. 153.
3. Voyez le discours sur la nature des quadrupèdes ovipares.

devient ensuite immobile, comme si elle était saisie par une sorte de paralysie ; car il ne faut pas, avec quelques naturalistes, attribuer à un animal si dénué d'instinct assez de finesse et de ruse pour contrefaire la morte, ainsi qu'ils l'ont écrit. Au reste, il est difficile de la tuer, elle est très vivace ; mais, trempée dans du vinaigre ou entourée de sel en poudre, elle périt bientôt dans des convulsions, ainsi que plusieurs autres lézards et les vers.

Il semble que l'on ne peut accorder à un être une qualité chimérique, sans lui refuser en même temps une propriété réelle. On a regardé la froide salamandre comme un animal doué du pouvoir miraculeux de résister aux flammes et même de les éteindre ; mais en même temps on l'a rabaissée autant qu'on l'avait élevée par ce privilège unique. On en a fait le plus funeste des animaux ; les anciens et même Pline l'ont dévouée à une sorte d'anathème, en la considérant comme celui dont le poison était le plus dangereux[1]. Ils ont écrit qu'en infectant de son venin presque tous les végétaux d'une vaste contrée, elle pourrait donner la mort à des *nations entières*. Les modernes ont aussi cru pendant longtemps au poison de la salamandre ; on a dit que sa morsure était mortelle comme celle de la vipère[2] : on a cherché et prescrit des remèdes contre son venin ; mais enfin on a eu recours aux observations par lesquelles on aurait dû commencer. Le fameux Bacon avait voulu engager les physiciens à s'assurer de l'existence du venin de la salamandre ; Gesner prouva par l'expérience qu'elle ne mordait point, de quelque manière qu'on cherchât à l'irriter, et Wurfbainius fit voir qu'on pouvait impunément la toucher, ainsi que boire de l'eau des fontaines qu'elle habite. M. de Maupertuis s'est aussi occupé de ce lézard[3] : en recherchant ce que pouvait être son prétendu poison, il a démontré, par l'expérience, l'action des flammes sur la salamandre comme sur les autres animaux. Il a remarqué qu'à peine elle est sur le feu, qu'elle paraît couverte de gouttes de son lait qui, raréfié par la chaleur, s'échappe par tous les pores de la peau, sort en plus grande quantité sur la tête ainsi que sur les mamelons, et se durcit sur-le-champ. Mais on n'a certainement pas besoin de dire que ce lait n'est jamais assez abondant pour éteindre le moindre feu.

M. de Maupertuis, dans le cours de ses expériences, irrita en vain plusieurs salamandres ; jamais aucune n'ouvrit la bouche ; il fallut la leur ouvrir par force.

Comme les dents de ces lézards sont très petites, on eut beaucoup de peine à trouver un animal dont la peau fût assez fine pour être entamée par ces dents. Il essaya inutilement de les faire pénétrer dans la chair d'un poulet déplumé ; il pressa en vain les dents contre la peau, elles se dérangèrent plutôt que de l'entamer ; il parvint enfin à faire mordre par une salamandre la cuisse d'un poulet dont il avait enlevé la peau. Il fit mordre

1. Pline, livre XXIX, chap. IV.
2. Matthiole, liv. VI, chap. IV.
3. Mémoires de l'Académie des sciences, année 1727.

aussi par des salamandres récemment prises la langue et les lèvres d'un chien ainsi que la langue d'un coq d'Inde : aucun de ces animaux n'éprouva le moindre accident. M. de Maupertuis fit avaler ensuite des salamandres entières ou coupées par morceaux à un coq d'Inde et à un chien qui ne parurent pas en souffrir.

M. Laurenti a fait depuis des expériences dans les mêmes vues ; il a forcé des lézards gris à mordre des salamandres et il leur en a fait avaler du lait : les lézards sont morts très promptement[1]. Le lait de la salamandre pris intérieurement pourrait donc être très funeste et même mortel à certains animaux, surtout aux plus petits ; mais il ne paraît pas nuisible aux grands animaux.

On a cru pendant longtemps que les salamandres n'avaient point de sexe et que chaque individu était en état d'engendrer seul son semblable, comme dans plusieurs espèces de vers[2]. Ce n'est pas la fable la plus absurde qu'on ait imaginée au sujet des salamandres ; mais si la manière dont elles viennent à la lumière n'est pas aussi merveilleuse qu'on l'a écrit, elle est remarquable en ce qu'elle diffère de celle dont naissent presque tous les autres lézards et en ce qu'elle est analogue à celles dont voient le jour les seps ou chalcides, ainsi que les vipères et plusieurs espèces de serpents. La salamandre mérite par là l'attention des naturalistes bien plus que par la fausse et brillante réputation dont elle a joui si longtemps. M. de Maupertuis ayant ouvert quelques salamandres y trouva des œufs et en même temps des petits tout formés ; les œufs étaient divisés en deux grappes allongées et les petits étaient renfermés dans deux espèces de tuyaux transparents ; ils étaient aussi bien conformés et bien plus agiles que les salamandres adultes. La salamandre met donc bas des petits venus d'un œuf éclos dans son ventre, ainsi que ceux des vipères[3]. Mais d'ailleurs on a écrit qu'elle pond, comme les salamandres aquatiques, des œufs elliptiques, d'où sortent de petites salamandres sous la forme de *têtard*[4]. Nous avons souvent vérifié le premier fait, qui d'ailleurs est bien connu depuis longtemps[5] ; mais nous n'avons pas été à même de vérifier le second. Il serait intéressant de constater que le même quadrupède produit ses petits, en quelque sorte, de deux manières différentes ; qu'il y a des œufs que la mère pond et d'autres dont le fœtus sort dans le ventre de la salamandre, pour demeurer ensuite renfermé avec plusieurs autres fœtus dans une espèce de membrane transparente, jusqu'au moment où il vient à la lumière. Si cela était, on devrait disséquer des salamandres à différentes époques très rapprochées, depuis le moment où elles s'accouplent jusqu'à celui où elles mettent bas leurs petits ; l'on sui-

---

1. Joseph Nicol. *Laurenti specimen medicum.* Viennæ, 1768, p. 158.
2. Georg. Agricola. — Conrad Gesner, *De Quadrup. ovip.*, de *Salamandra*.
3. Rai, *Synopsis quadrupedum*, p. 274.
4. Wurfhainius et Imperati.
5. Conrad Gesner, *De Quad. ovip.*, de *Salamandra*, p. 79.

vrait avec soin l'accroissement successif de ces petits venus a la lumière tout formés ; on le comparerait avec le développement de ceux qui sortiraient de l'œuf hors du ventre de leur mère, etc. Quoi qu'il en soit, la salamandre femelle met bas des petits tout formés et sa fécondité est très grande : les naturalistes ont écrit depuis longtemps qu'elle faisait quarante ou cinquante petits[1]; et M. de Maupertuis a trouvé quarante-deux petites salamandres dans le corps d'une femelle et cinquante-quatre dans une autre.

Les petites salamandres sont souvent d'une couleur noire, presque sans taches, qu'elles conservent quelquefois pendant toute leur vie, dans certaines contrées où on les a prises alors pour une espèce particulière, ainsi que nous l'avons dit.

M. Thunberg a donné, dans les mémoires de l'Académie de Suède[2], la description d'un lézard qu'il nomme *lézard du Japon*, et qui ne paraît différer de notre salamandre terrestre que par l'arrangement de ses couleurs. Cet animal est presque noir, avec plusieurs taches blanchâtres et irrégulières, tant au-dessus du corps qu'au-dessus des pattes. Le dos présente une bande d'un blanc sale, divisée en deux vers la tête, et qui s'étend ensuite irrégulièrement et en se rétrécissant jusqu'à l'extrémité de la queue. Cette bande blanchâtre est semée de très petits points, ce qui forme un des caractères distinctifs de notre salamandre terrestre. Nous croyons donc devoir considérer le lézard du Japon, décrit par M. Thunberg, comme une variété constante de notre salamandre terrestre, dont l'espèce aura pu être modifiée par le climat du Japon : c'est dans la plus grande île de cet empire, nommée *Niphon*, que l'on trouve cette variété; elle y habite dans les montagnes et dans les endroits pierreux, ce qui indique que ses habitudes sont semblables à celles de la salamandre terrestre, et confirme notre conjecture au sujet de l'identité d'espèce de ces deux animaux. Les Japonais lui attribuent les mêmes propriétés dont on a cru pendant longtemps que le scinque était doué, ainsi qu'on les a attribuées en Europe à la salamandre à queue plate; ils la regardent comme un puissant stimulant et un remède très actif; aussi trouve-t-on aux environs de Yédo un grand nombre de ces salamandres de Japon, séchées et suspendues aux planchers des boutiques.

ADDITION A L'ARTICLE DE LA SALAMANDRE TERRESTRE.

Nous plaçons ici un extrait d'une lettre qui nous a été adressée par dom Saint-Julien, bénédictin de la congrégation de Cluny. On y trouvera des observations intéressantes relativement à la manière dont les salamandres terrestres viennent au jour.

« Je trouvai à la fin du printemps de l'année dernière, 1787, une superbe

---

1. Gesner, *De Quadrupedibus oviparis*, p. 79.
2. Mémoires de l'Académie de Stockholm, trimestre d'avril 1787.

salamandre terrestre (de l'espèce appelée *scorpion* dans la basse Guyenne, et qu'on y confond même quelquefois avec cet insecte)..... Elle avait un peu plus de huit pouces depuis le bout du museau jusqu'à l'extrémité de la queue. La grosseur de son ventre me fit espérer de trouver quelque éclaircissement sur la génération de ce reptile; en conséquence, je procédai à sa dissection, que je commençai par l'anus. Dès que j'eus fait une ouverture d'environ un demi-pouce, je vis sortir une espèce de sac, que je pris d'abord pour un boyau; mais j'aperçus bientôt un mouvement très sensible dans l'intérieur; je vis même à travers la membrane fort mince de petits corps mouvants; je ne doutai point alors que ce ne fût des êtres animés, en un mot, les petits de l'animal. Je continuai à faire sortir cette poche jusqu'à ce que je trouvai un étranglement; alors j'ouvris la membrane dans le sens de sa longueur; je la trouvai pleine d'une espèce de sanie dans laquelle les petits étaient pliés en double, précisément dans la forme que M. l'abbé Spallanzani attribue aux petits de la salamandre aquatique, lorsqu'ils sont encore renfermés dans l'amnios. Bientôt cette sanie se répandit, les petits s'allongèrent, sautèrent sur la table et parurent animés d'un mouvement très vif. Ils étaient au nombre de sept ou huit. Je les examinai à la vue simple et avec le secours de la loupe; je leur reconnus très bien la forme de petits poissons avec deux sortes de nageoires assez longues du côté de la tête, qui était grosse par rapport au corps, et dont les yeux, qui paraissaient très vifs, étaient très saillants; il n'y avait rien à la place des pieds de derrière. Comme la mère avait été prise dans l'eau et paraissait très proche de son terme, je pensai que l'eau était l'élément qui convenait à ces nouveau-nés, ce qui d'ailleurs se trouvait confirmé par leur état pisciforme; c'est pourquoi je me pressai de les faire tomber dans une jatte pleine d'eau, où ils nagèrent très bien. J'agrandis encore l'ouverture de la mère, et je fis sortir une seconde et puis une troisième poche, semblables à la première et séparées par des étranglements. Ces poches ouvertes me donnèrent des êtres semblables aux premiers et à peu près aussi bien formés; ils s'y trouvaient renfermés par huit ou dix en pelotons, sans aucune séparation ou diaphragme, au moins sensible. Une quatrième poche pareille me donna des êtres de la même nature, mais moins formés; ils étaient presque tous chargés sur le côté droit, vers le milieu du corps, d'une espèce de tumeur ou protubérance d'un jaune foncé paraissant un peu sanguinolent; ils avaient néanmoins leurs mouvements libres, pas assez pour sauter d'eux-mêmes; il fallut les retirer de leurs bourses avec des pinces. Enfin une cinquième poche pareille me fournit des êtres semblables, dont il ne paraissait que la moitié du corps depuis le milieu jusqu'au bout de la queue; l'autre partie consistait seulement en un segment de cette matière jaune dont je viens de parler : la partie formée avait un mouvement sensible. Je retirai ainsi vingt-huit ou trente petits tout formés, qui nagèrent dans l'eau, et qui y vécurent dans mon appartement pendant vingt-quatre heures. Les avortons informes se précipitèrent au fond et ne

donnèrent plus aucun signe de vie. La mère vivait encore après que j'en eus
tiré tous ces petits, formés ou informes. J'achevai de l'ouvrir, et, à la suite
de cette espèce de matrice, qui paraissait n'être qu'un boyau étranglé de
distance en distance, je trouvai deux grappes d'œufs de forme sensiblement
sphérique, d'environ une ligne de diamètre, et d'une matière semblable à
celle que j'avais vue adhérente aux deux différentes espèces d'avortons. Je
ne comptai pas le nombre de ces œufs, mais j'appelle leurs collections
grappes, parce que réellement elles représentaient une grappe de raisin. Leur
tige était attachée à l'épine dorsale, derrière une bourse flottante située un
peu au-dessous du bras, de couleur brun foncé ; je reconnus cette bourse
pour l'estomac du reptile, parce que, l'ayant ouverte, j'y trouvai de petits
limaçons, quelques scarabées et du sable noirâtre. »

LA SALAMANDRE A QUEUE PLATE[1]

Genus *Triton,* LAUR. — *Molge,* MERR.

Ce lézard, ainsi que la salamandre terrestre, peut vivre également sur
la terre et dans l'eau ; mais il préfère ce dernier élément pour son habitation,
au lieu qu'on rencontre presque toujours la salamandre terrestre dans des
trous de murailles ou dans de petites cavités souterraines ; et de là vient
qu'on a donné à la salamandre à queue plate le nom de *salamandre aquatique*, et que Linné l'a appelée *lézard des marais*. Elle ressemble à la salamandre dont nous venons de parler, en ce qu'elle a le corps dépourvu
d'écailles sensibles, ainsi que les doigts dégarnis d'ongles, et qu'on ne compte
que quatre doigts à ses pieds de devant ; mais elle en diffère surtout par la
forme de sa queue. Elle varie beaucoup par ses couleurs, suivant l'âge et le
sexe. Il paraît d'ailleurs qu'on doit admettre dans cette espèce de salamandre
à queue plate plusieurs variétés plus ou moins constantes, qui ne sont distinguées que par la grandeur et par les couleurs, et qui doivent dépendre
de la différence des pays, ou même seulement de la nourriture[2]. Mais nous
ne croyons pas devoir compter, avec M. Dufay, trois espèces de salamandre

---

1. En grec, *sauros enudros.* — En vieux français, *tassot.* — En italien, *marasandola.* —
En Écosse, *ask.* — *Salamandre à queue plate.* M. Daubenton, Encyclopédie méthodique. — *Lacerta palustris*, 11. Linn., *Amphib. rept.*
Rai, *Synopsis quadrupedum*, p. 273. *Salamandra aquatica, the water eft.* — *Lacertus
aquaticus.* Conrad Gesner, *De Quadrup. ovip.* — Seba, mus. 1, pl. 11, fig. 2, le mâle, et fig. 3,
la femelle. Lézards amphibies d'Afrique, *idem*, tab. 89, fig. 1 et 5, t. II, pl. 12, fig. 7. — Gronovius, mus. 2, p. 77, n° 51.
Triton cristatus, Laurenti specimen medicum. (L'animal que Belon a appelé cordule est la
salamandre à queue plate un peu défigurée ; Gesner lui-même l'avait reconnu.) Conrad Gesner,
De Quadr., appendix, p. 26. — *Lacerta aquatica.* Scotia illustrata, Edimburgi, 1684. — *Lacerta
aquatica.* Wulf. *Ichtyologia cum amphibiis regni Borussici.*
2. Conrad Gesner, *De Quadrup. ovip.*, p. 28. Lettre de M. David Erskine Baker, au président de la Société royale. *Transactions philosophiques.* Londres, 1747, in-4°, n° 483.

à queue plate ; et, si on lit avec attention son mémoire, on se convaincra sans peine, d'après tout ce que nous avons dit dans cette Histoire, que les différences qu'il rapporte pour établir des diversités d'espèces constituent tout au plus des variétés constantes[1].

Les plus grandes salamandres à queue plate n'excèdent guère la longueur de six à sept pouces. La tête est aplatie, la langue large et courte, la peau est dure et répand une espèce de lait quand on la blesse. Le corps est couvert de très petites verrues saillantes et blanchâtres ; la couleur générale, plus ou moins brune sur le dos, s'éclaircit sous le ventre et y devient d'un jaune tirant sur le blanc. Elle présente de petites taches, souvent rondes, foncées, ordinairement plus brunes dans le mâle, bleuâtres et diversement placées dans certaines variétés.

Ce qui distingue principalement le mâle, c'est une sorte de crête membraneuse et découpée qui s'étend le long du dos, depuis le milieu de la tête jusqu'à l'extrémité de la queue, sur laquelle ordinairement les découpures s'effacent ou deviennent moins sensibles. Le dessous de la queue est aussi garni, dans toute sa longueur, d'une membrane en forme de bande, placée verticalement, qui a une blancheur éclatante et qui fait paraître plate la queue de la salamandre[2].

La femelle n'a pas de crête sur le dos, où l'on voit au contraire un enfoncement qui s'étend depuis la tête jusqu'à l'origine de la queue. Cependant lorsqu'elle est maigre, l'épine du dos forme quelquefois une petite éminence ; elle a sur le bord supérieur de la queue une sorte de crête membraneuse et entière, et le bord inférieur de cette même queue est garni de la bande très blanche qu'on remarque dans le mâle. En général, les couleurs sont plus pâles et plus égales dans la femelle ; elles sont aussi moins foncées dans les jeunes salamandres.

La salamandre à queue plate aime les eaux limoneuses, où elle se plaît à se cacher sous les pierres ; on la trouve dans les vieux fossés, dans les marais, dans les étangs ; on ne la rencontre presque jamais dans les eaux courantes ; l'hiver, elle se retire quelquefois dans les souterrains humides.

Lorsqu'elle va à terre, elle ne marche qu'avec peine et très lentement. Quelquefois, lorsqu'elle vient respirer au bord de l'eau, elle fait entendre un petit sifflement. Elle perd difficilement la vie, et comme elle n'est ni aussi sourde, ni aussi silencieuse que la salamandre terrestre, elle doit, à certains égards, avoir l'instinct moins borné.

Le conte ridicule qu'on a répété pendant tant de temps sur la salamandre terrestre n'a pas été étendu jusqu'à la salamandre à queue plate. Mais, au lieu de lui attribuer le pouvoir fabuleux de vivre au milieu des flammes, on a reconnu dans cette salamandre une propriété réelle et oppo-

1. Mémoires de M. Dufay dans ceux de l'Académie des sciences, année 1729.
2. Cette description a été faite d'après plusieurs individus conservés au Cabinet du roi.

sée. Elle peut vivre assez longtemps, non seulement dans une eau très froide, mais même au milieu de la glace[1]. Elle est quelquefois saisie par les glaçons qui se forment dans les fossés, dans les étangs qu'elle habite ; lorsque ces glaçons se fondent, elle sort de son engourdissement en même temps que sa prison se dissout, et elle reprend tous ses mouvements avec sa liberté.

On a même trouvé, pendant l'été, des salamandres aquatiques renfermées dans des morceaux de glaces tirées des glacières, et où elles devaient avoir été sans mouvement et sans nourriture depuis le moment où on avait ramassé l'eau gelée dans les marais pour en remplir ces mêmes glacières. Ce phénomène, en apparence très surprenant, n'est qu'une suite des propriétés que nous avons reconnues dans tous les lézards et dans tous les quadrupèdes ovipares[2].

La salamandre ne mord point, à moins qu'on ne lui fasse ouvrir la bouche par force, et ses dents sont presque imperceptibles ; elle se nourrit de mouches, de divers insectes qu'elle peut trouver à la surface de l'eau, du frai des grenouilles, etc. Elle est aussi herbivore, car elle mange des lenticules, ou lentilles d'eau, qui flottent sur la surface des étangs qu'elle habite.

Un des faits qui méritent le plus d'être rapportés dans l'histoire de la salamandre à queue plate est la manière dont ses petits se développent[3] ; elle n'est point vivipare, comme la terrestre ; elle pond, dans le mois d'avril ou de mai, des œufs qui, dans certaines variétés, sont ordinairement au nombre de vingt, forment deux cordons et sont joints ensemble par une matière visqueuse, dont ils sont également revêtus lorsqu'ils sont détachés les uns des autres. Ils se chargent de cette matière gluante dans deux canaux blancs et très plissés, qui s'étendent depuis les pattes de devant jusque vers l'origine de la queue, un de chaque côté de l'épine du dos, et dans lesquels ils entrent en sortant des deux ovaires. On aperçoit, attachés aux parois de ces ovaires, une multitude de très petits œufs jaunâtres ; ils grossissent insensiblement à l'approche du printemps, et ceux qui sont parvenus à leur maturité dans la saison des amours descendent dans les tuyaux blancs et plissés dont nous venons de parler, et où ils doivent être fécondés[4].

Lorsqu'ils sont pondus, ils tombent au fond de l'eau, d'où ils se relèvent quelquefois jusqu'à la surface des marais, parce qu'il se forme, dans la matière visqueuse qui les entoure, des bulles d'air qui les rendent très légers ; mais ces bulles se dissipent et ils retombent sur la vase.

A mesure qu'ils grossissent, l'on distingue au travers de la matière visqueuse, et de la membrane transparente qui en est enduite, la petite salamandre repliée dans la liqueur que contient cette membrane. Cet embryon s'y développe insensiblement ; bientôt il s'y meut et s'y retourne avec une

1. Voyez le Mémoire déjà cité de M. Dufay.
2. Voyez le discours sur la nature des quadrupèdes ovipares.
3. Mémoire de M. Dufay, déjà cité.
4. Œuvres de M. l'abbé Spallanzani, traduction de M. Sennebier, t. III. p. 60.

très grande agilité; et enfin, au bout de huit ou dix jours, suivant la chaleur du climat et celle de la saison, il déchire, par de petits coups réitérés, la membrane qui est, pour ainsi dire, la coque de son œuf[1].

Lorsque la jeune salamandre aquatique vient d'éclore, elle a, ainsi que les grenouilles, un peu de conformité avec les poissons. Pendant que ses pattes sont encore très courtes, on voit de chaque côté, un peu au-dessus de ses pieds de devant, de petites houppes frangées qui se tiennent droites dans l'eau, qu'on a comparées à de petites nageoires, et qui ressemblent assez à une plume garnie de barbes. Ces houppes tiennent à des espèces de demi-anneaux cartilagineux et dentelés, au nombre de quatre de chaque côté, et qui sont analogues à l'organe des poissons que l'on a appelé ouïes. Ils communiquent tous à la même cavité ; ils sont séparés les uns des autres et recouverts de chaque côté par un panneau qui laisse passer des houppes frangées. A mesure que l'animal grandit, ces espèces d'aigrettes diminuent et disparaissent ; les panneaux s'attachent à la peau sans laisser d'ouverture; les demi-anneaux se réunissent par une membrane cartilagineuse, et la salamandre perd l'organe particulier qu'elle avait étant jeune. Il paraît qu'elle s'en sert, comme les poissons des ouïes, pour filtrer l'air que l'eau peut contenir, puisque, quand elle en est privée, elle vient plus souvent respirer à la surface des étangs.

Nous avons vu que les lézards changent de peau une ou deux fois dans l'année ; la salamandre aquatique éprouve dans sa peau des changements bien plus fréquents, et en ceci elle a un nouveau rapport avec les grenouilles, qui se dépouillent très souvent, ainsi que nous le verrons. Étant douée de plus d'activité dans l'été, et même dans le printemps, elle doit consommer et réparer en moins de temps une plus grande quantité de forces et de substance ; elle quitte alors sa peau tous les quatre ou cinq jours, suivant certains auteurs[2], et tous les quinze jours ou trois semaines, suivant d'autres naturalistes[3], dont l'observation doit être aussi exacte que celle des premiers, la fréquence des dépouillements de la salamandre à queue plate devant tenir à la température, à la nature des aliments et à plusieurs autres causes accidentelles.

Un ou deux jours avant que l'animal change de peau, il est plus paresseux qu'à l'ordinaire. Il ne paraît faire aucune attention aux vers et aux insectes qui peuvent être à sa portée, et qu'il avale avec avidité dans tout autre temps. Sa peau est comme détachée du corps en plusieurs endroits et sa couleur se ternit. L'animal se sert de ses pieds de devant pour faire une ouverture à sa peau, autour de ses mâchoires; il la repousse ensuite succes-

---

1. C'est cette membrane que M. l'abbé Spallanzani a appelée l'amnios de la jeune salamandre, ce grand observateur ne voulant pas regarder les salamandres aquatiques comme venant d'un véritable œuf. Voyez l'ouvrage déjà cité de ce naturaliste.

2. M. Dufay, Mémoire déjà cité.

3. Lettre de M. Baker déjà citée.

sivement au-dessus de sa tête, jusqu'à ce qu'il puisse dégager ses deux pattes, qu'il retire l'une après l'autre. Il continue de la rejeter en arrière, aussi loin que ses pattes de devant peuvent atteindre; mais il est obligé de se frotter contre les pierres et les graviers pour sortir à demi de sa vieille enveloppe, qui bientôt est retournée et couvre le derrière du corps et la queue. La salamandre aquatique, saisissant alors sa peau avec sa gueule et en dégageant l'une après l'autre les pattes de derrière, achève de se dépouiller.

Si l'on examine la vieille peau, on la trouve tournée à l'envers; mais elle n'est déchirée en aucun endroit. La partie qui revêtait les pattes de derrière paraît comme un gant retourné, dont les doigts sont entiers et bien marqués; celle qui couvrait les pattes de devant est renfermée dans l'espèce de sac que forme la dépouille; mais on ne retrouve pas la partie de la peau qui recouvrait les yeux, comme dans la vieille enveloppe de plusieurs espèces de serpents : on voit deux trous à la place, ce qui prouve que les yeux de la salamandre ne se dépouillent pas. Après cette opération, qui dure ordinairement une heure et demie, la salamandre aquatique paraît pleine de vigueur, et sa peau est lisse et très colorée. Au reste, il est facile d'observer toutes les circonstances du dépouillement des salamandres aquatiques, qui a été très bien décrit par M. Baker[1], en regardant ces lézards dans des vases remplis d'eau.

M. Dufay a vu sortir par l'anus de quelques salamandres une espèce de tube rond, d'environ une ligne de diamètre, et long à peu près comme le corps de l'animal. La salamandre était un jour entier à s'en délivrer, quoiqu'elle le tirât souvent avec les pattes et avec la gueule. Cette membrane, vue au microscope, paraissait parsemée de petits trous ronds, disposés très régulièrement; l'un des bouts contenait un petit os pointu, assez dur, que la membrane entourait, et auquel elle était attachée; l'autre bout présentait deux petits bouquets de poils, qui paraissaient au microscope revêtus de petites franges, et qui sortaient par deux trous voisins l'un de l'autre. Il me semble que M. Dufay a conjecturé avec raison que cette membrane pouvait être la dépouille de quelque viscère qui avait éprouvé, ainsi que l'a pensé l'historien de l'Académie, une altération semblable à celle que l'on observe tous les ans dans l'estomac des crustacés[2].

On trouve souvent la légère dépouille de la salamandre aquatique flottant sur la surface des marais; l'hiver, sa peau éprouve, dans nos contrées, des altérations moins fréquentes, et ce n'est guère que tous les quinze jours que cette salamandre quitte son enveloppe pour en reprendre une nouvelle. Ayant moins de force pendant la saison du froid, il n'est pas surprenant que les changements qu'elle subit soient moins prompts et par conséquent moins

1. Voyez, dans les *Transactions philosophiques*, la lettre déjà citée.
2. Mémoires de l'Académie des sciences, année 1703.

souvent répétés. Mais il suffit qu'elle quitte sa peau plus d'une fois pendant l'hiver, à des latitudes assez hautes, et par conséquent qu'elle y en refasse une nouvelle pendant cette saison rigoureuse, pour qu'on doive dire que la plupart des salamandres à queue plate ne s'engourdissent pas toujours pendant les grands froids de nos climats, et que, par une suite de la température un peu plus douce qu'elles peuvent trouver auprès des fontaines et dans les différents abris qu'elles choisissent, il leur reste assez de mouvement intérieur et de chaleur dans le sang pour réparer, par de nouvelles productions, la perte des anciennes.

L'on ne doit pas être étonné que cette reproduction de la peau des salamandres à queue plate ait lieu si fréquemment. L'élément qu'elles habitent ne doit-il pas en effet ramollir leur peau et contribuer à l'altérer?

M. Dufay dit, dans le mémoire dont nous avons déjà parlé, que quelquefois les salamandres aquatiques, ne pouvant pas dépouiller entièrement une de leurs pattes, la portion de peau qui y reste se corrompt et pourrit la patte, qui tombe en entier sans que l'animal en meure. Elles sont très sujettes, suivant lui, à perdre ainsi quelques-uns de leurs doigts; et ces accidents arrivent plus souvent aux pattes de devant qu'à celles de derrière.

L'accouplement des salamandres aquatiques ne se fait point ainsi que celui des tortues et du plus grand nombre des lézards; il a lieu sans aucune intromission, comme celui des grenouilles [1]; la liqueur prolifique parvient cependant jusqu'aux canaux dans lesquels entrent les œufs en sortant des ovaires de la femelle [2], de même qu'elle y pénètre dans les lézards. Les salamandres à queue plate réunissent donc les lézards et les grenouilles par la manière dont elles se multiplient, ainsi que par leurs autres habitudes et leur conformation. Il arrive souvent que cet accouplement des salamandres à queue plate est précédé par une poursuite répétée plusieurs fois et mêlée à une sorte de jeu. On dirait alors qu'elles tendent à augmenter les plaisirs de la jouissance par ceux de la recherche et qu'elles connaissent la volupté des désirs. Elles préludent par de légères caresses à une union plus intime. Elles semblent s'éviter d'abord, pour avoir plus de plaisir à se rapprocher; et lorsque dans les beaux jours du printemps la nature allume le feu de l'amour, même au milieu des eaux, et que les êtres les plus froids ne peuvent se garantir de sa flamme, on voit quelquefois sur la vase couverte d'eau, qui borde les étangs, le mâle de la salamandre, pénétré de l'ardeur vivifiante de la saison nouvelle, chercher avec empressement sa femelle, jouer, courir avec elle, tantôt la poursuivre avec amour, tantôt la précéder et lui fermer ensuite le passage, redresser sa crête, courber son corps, relever son dos et former ainsi une espèce d'arcade sous laquelle la femelle passe en courant comme pour lui échapper. Le mâle la poursuit; elle s'arrête : il la regarde

1. *OEuvres de M. l'abbé Spallanzani*, traduction de M. Sennebier, t. III, p. 56.
2. M. l'abbé Spallanzani, ouvrage déjà cité.

fixement, il s'approche de très près, il reprend la même posture; la femelle repasse sous l'espèce d'arcade qu'il forme, s'enfuit de nouveau pour s'arrêter encore. Ces jeux amoureux, plusieurs fois répétés, se changent enfin en étroites caresses. La femelle, comme lassée d'échapper si souvent, s'arrête pour ne plus s'enfuir; le mâle se place à côté d'elle, approche sa tête et éloigne son corps souvent jusqu'à un pouce de distance. Sa crête flotte nonchalamment; son anus est très ouvert; il frappe de temps en temps sa compagne de sa queue, il se renverse même sur elle; mais, reprenant sa première position, c'est alors que, malgré la petite distance qui les sépare, il lance la liqueur prolifique, et les vues de la nature sont remplies sans qu'il y ait entre eux aucune union intime et immédiate. Cette liqueur active atteint la femelle qui devient immobile, et elle donne à l'eau une légère couleur bleuâtre; bientôt le mâle se réveille d'une espèce d'engourdissement dans lequel il était tombé; il recommence ses caresses, lance une nouvelle liqueur, achève de féconder sa femelle et se sépare d'elle[1].

Mais, loin de l'abandonner, il s'en rapproche souvent, jusqu'à ce que tous les œufs contenus dans les ovaires, parvenus à l'état de grosseur convenable, soient entrés dans les canaux, où ils se chargent d'une humeur visqueuse, et qu'ils aient pu être tous fécondés. Ce temps d'amour et de jouissance dure plus ou moins, suivant la température, et quelquefois il est de trente jours[2].

Matthiole dit que, de son temps, on employait dans les pharmacies les salamandres aquatiques à la place des scinques d'Égypte, mais qu'elles ne devaient pas produire les mêmes effets[3].

Les salamandres aquatiques, jetées sur du sel en poudre, y périssent comme les salamandres terrestres. Elles expriment de toutes les parties de leur corps le suc laiteux dont nous avons parlé. Elles tombent dans des convulsions, se roulent et expirent au bout de trois minutes[4]. Il paraît, d'après les expériences de M. Laurenti, qu'elles ne sont point venimeuses, comme l'ont dit les anciens, et qu'elles ne sont dangereuses, ainsi que la salamandre terrestre, que pour les petits lézards[5].

Les viscères de la salamandre aquatique ont été fort bien décrits par M. Dufay.

Elle habite dans presque toutes les contrées, non seulement de l'Asie et de l'Afrique[6], mais encore du nouveau continent. Elle ne craint même pas la température des pays septentrionaux, puisqu'on la rencontre en Suède, où son séjour au milieu des eaux doit la garantir des effets d'un froid

---

1. Observations faites par M. Demours, de l'Académie royale des sciences.
2. M. l'abbé Spallanzani, ouvrage déjà cité.
3. Matthiole, *Diosc.*
4. Mémoire de M. Dufay déjà cité.
5. *Laurenti specimen medicum.*
6. *Jobi Ludolphi Æthiopica.*

excessif. On aurait donc pu lui donner le nom de lézard commun, ainsi qu'on l'a donné au lézard gris et à un autre lézard désigné sous le nom de *lézard vulgaire*, par Linné[1], et qui ne nous paraît être tout au plus qu'une variété de la salamandre à queue plate. Mais ce lézard, que Linné a nommé *lézard vulgaire*, n'est pas le seul que nous croyons devoir rapporter à la *queue-plate*. Le *lézard aquatique*, du même naturaliste[2], nous paraît être aussi de la même espèce. En effet, tous les caractères qu'il attribue à ces deux lézards se retrouvent dans les variétés de la salamandre à queue plate, tant mâle que femelle, ainsi que nous nous en sommes assurés en examinant les divers individus conservés au Cabinet du roi. On pourrait dire seulement que l'expression de cylindrique (*teres et teretiuscula*) que Linné emploie pour désigner la queue du *lézard vulgaire* et celle du *lézard aquatique* ne peut pas convenir à la *salamandre à queue plate*. Mais il est aisé de répondre à cette objection : 1° il paraît que Linné n'avait pas vu le *lézard aquatique*, et Gronovius, qu'il cite relativement à ce lézard, dit que cet animal est presque entièrement semblable à celui que nous nommons *queue-plate*[3]; il ajoute que la queue est un peu épaisse et presque carrée; 2° la figure de Séba, citée par Linné, représente évidemment la *queue-plate*[4]. D'ailleurs il y a plusieurs individus femelles dans l'espèce qui fait le sujet de cet article, dont la queue paraît ronde, parce que les membranes qui la garnissent par-dessus et par-dessous sont très peu sensibles. Plusieurs mâles, lorsqu'ils sont très jeunes, manquent presque absolument de ces membranes, et leur queue est comme cylindrique[5]. A l'égard de la queue du lézard vulgaire, Linné ne renvoie qu'à Rai, qui, à la vérité, distingue aussi ce lézard d'avec notre salamandre, mais dont cependant le texte convient entièrement à cette dernière. Nous devons ajouter que toutes les habitudes attribuées à ces deux prétendues espèces de lézards sont celles de notre salamandre à queue plate. Tout concourt donc à prouver qu'elles n'en sont que des variétés, et ce qui achève de le montrer, c'est que Gronovius lui-même a trouvé une grande ressemblance entre notre salamandre et le lézard aquatique, et qu'enfin l'article et la figure de Gesner, que Linné a rapportés à ce prétendu lézard aquatique, ne peuvent convenir qu'à notre salamandre femelle.

C'est donc la femelle de notre salamandre à queue plate qui, très différente en effet du mâle, ainsi que nous l'avons vu, aura été nommée lézard aquatique par Linné et regardée comme une espèce distincte par ce grand naturaliste, ainsi que par Gronovius. Quelques différences dans les couleurs de cette femelle auront même fait croire à quelques naturalistes, et particulièrement à Petiver[6], qu'ils avaient reconnu le mâle et la femelle, ce qui

1. *Lacerta vulgaris*, 42. Linn., *Amph. rept.*
2. *Lacerta aquatica*, 43. Linn., *Amph. rept.*
3. Gronovius musæum, 2, p. 78, n° 52.
4. Séba, mus. 2, tab. 12, fig. 7. *Salamandra ceylanica.*
5. Mémoire déjà cité de M. Dufay.
6. Petiver, musæum 18, n° 113.

aura confirmé l'erreur. Quelque autre variété dans ces mêmes couleurs ou dans la taille aura fait établir une troisième espèce sous le nom de lézard vulgaire. Mais ce lézard vulgaire et ce lézard aquatique ne sont que la même espèce, ainsi que Linné lui-même l'avait soupçonné, puisqu'il se demande[1] si le dernier de ces animaux n'est pas le premier dans son jeune âge: et ces deux lézards ne sont que la femelle de notre salamandre, ce qui est mis hors de doute par les descriptions auxquelles Linné renvoie, ainsi que par les figures qu'il cite, et surtout par celles de Séba[2] et de Gesner[3]. Au reste, nous n'avons adopté l'opinion que nous exposons ici, qu'après avoir examiné un grand nombre de salamandres à queue plate et comparé plusieurs variétés de cette espèce.

C'est peut-être à la salamandre à queue plate qu'appartient l'animal aquatique, connu en Amérique et particulièrement dans la Nouvelle-Espagne, sous le nom mexicain d'*axolotl*, et sous le nom espagnol d'*inguete de agua*. Il a été pris pour un poisson, quoiqu'il ait quatre pattes; mais nous avons vu que le scinque avait été regardé aussi comme un poisson parce qu'il habite les eaux. L'axolotl a, dit-on, la peau fort unie, parsemée sous le ventre de petites taches dont la grandeur diminue depuis le milieu du corps jusqu'à la queue. Sa longueur et sa grosseur sont à peu près celles de la salamandre à queue plate; ses pieds sont divisés en quatre doigts, *comme dans les grenouilles*, ce qui peut faire présumer que le cinquième doigt ne manque qu'aux pieds de devant, ainsi que dans ces mêmes grenouilles et dans la plupart des salamandres. Il a la tête grosse en proportion du corps, la gueule noire et presque toujours ouverte. On a débité un conte ridicule au sujet de ce lézard. On a prétendu que la femelle était sujette, comme les femmes, à un écoulement périodique. Cette erreur pourrait venir de ce qu'on l'a confondu avec les salamandres terrestres, qui mettent bas des petits tout formés. Et peut-être même appartient-il aux salamandres terrestres plutôt qu'aux aquatiques. Au reste on dit que sa chair est bonne à manger et d'un goût qui approche de celui de l'anguille[4]. Si cela était, il devrait former une espèce particulière, ou plutôt on pourrait croire qu'on n'aurait vu à la place de ce prétendu lézard, qu'une grenouille qui n'était pas encore développée et qui avait sa queue de têtard. C'est à l'observation à éclaircir ces doutes.

1. *Systema naturæ, amphib. rept.*, edit. 13.
2. Séba, mus. 2, tab. 12, fig. 7.
3. Gesner, *De quadr. ovip. Lacertus aquaticus.*
4. Voyez la description de la Nouvelle-Espagne. *Histoire générale des voyages*, troisième partie, livre V.

LA PONCTUÉE [1]

Salamandra punctata, LATR., MERR. — *Lacerta punctata*, LINN.
— *Salamandra venenosa*, DAUD.

On trouve, dans la Caroline, une salamandre que nous appelons la ponctuée, à cause de deux rangées de points blancs qui varient la couleur sombre de son dos, et qui se réunissent en un seul rang. Ce lézard n'a que quatre doigts aux pieds de devant; tous ces doigts sont sans ongles et sa queue est cylindrique.

LA QUATRE-RAIES [2]

Gymnophthalmus quadrilineatus, MERR. — *Salamandra* (?) *quadrilineata*, LATR.
— *Scincus quadrilineatus*, DAUD.

On rencontre dans l'Amérique septentrionale une salamandre dont le dessus du corps présente quatre lignes jaunes. L'algire a également quatre lignes jaunes sur le dos ; mais on ne peut pas les confondre, parce que ce dernier a cinq doigts aux pieds de devant et que la quatre-raies n'en a que quatre. La queue de la quatre-raies est longue et cylindrique ; on remarque quelque apparence d'ongles au bout des doigts.

LE SARROUBÉ

Gekko tetradactylus, MERR. — *Stellio tetradactylus*, SCHNEID. — *Salamandra sarube*, BONN. — Genre SARRUBA, FITZ.

Nous devons entièrement la connaissance de cette nouvelle espèce de salamandre à M. Bruguière, de la société royale de Montpellier, qui nous a communiqué la description qu'il en a faite et ce qu'il a observé touchant cet animal dans l'île de Madagascar, où il l'a vu vivant, et où on le trouve en grand nombre. Aucun voyageur ni naturaliste n'ont encore fait mention de cette salamandre ; elle est d'autant plus remarquable qu'elle est plus grande que toutes celles que nous venons de décrire. Elle a d'ailleurs des écailles très apparentes et ses doigts sont garnis d'ongles, au lieu que, dans les quatre salamandres dont nous venons de parler, la peau ne présente que

---

1. *Le Ponctué.* M. Daubenton, Encyclopédie méthodique. — *Lacerta punctata*, 45. Linn., *Amphib. rept.* — Catesby, *Carolin.* 3, p. 10, tab. 10, fig. 10. *Stellio.*
2. *Le Rayé.* M. Daubenton, Encyclopédie méthodique. — *Lacerta quadrilineata*, 46. Linn., *Amphib. rept.*

des mamelons à la place d'écailles sensibles, et ce n'est que dans la *quatre-raies* qu'on aperçoit quelque apparence d'ongles. Nous plaçons cependant le sarroubé à la suite de ces quatre salamandres, attendu qu'il n'a que quatre doigts aux pieds de devant et qu'il présente par là le caractère distinctif d'après lequel nous avons formé la division dans laquelle ces salamandres sont comprises.

Le sarroubé a ordinairement un pied de longueur totale; son dos est couvert d'une peau brillante et grenue qui ressemble au *galuchat*; elle est jaune et tigrée de vert ; un double rang d'écailles d'un jaune clair garnit le dessus du cou qui est très large ; la tête est plate et allongée, les mâchoires sont grandes et s'étendent jusqu'au delà des oreilles ; elles sont sans dents, mais crénelées ; la langue est enduite d'une humeur visqueuse qui retient les petits insectes dont le sarroubé fait sa proie. Les yeux sont gros, l'iris est ovale et fendu verticalement. La peau du ventre est couverte de petites écailles rondes et jaunes ; les bouts des doigts sont garnis de chaque côté d'une petite membrane et par-dessous d'un ongle crochu, placé entre un double rang d'écailles qui se recouvrent comme les ardoises des toits, ainsi que dans le lézard à tête plate qui vit aussi à Madagascar et avec lequel le sarroubé a de très grands rapports. Ces deux derniers lézards se ressemblent encore en ce qu'ils ont tous les deux la queue plate et ovale ; mais ils diffèrent l'un de l'autre en ce que le sarroubé n'a point la membrane frangée qui s'étend tout autour du corps du lézard à tête plate, et d'ailleurs il n'a que quatre doigts aux pieds de devant, ainsi que nous l'avons dit.

Le nom de sarroubé qui lui a été donné par les habitants de Madagascar paraît à M. Bruguière dérivé du mot de leur langue *sarrout*, qui signifie *colère*. Ces mêmes habitants redoutent le sarroubé autant que le lézard à tête plate; mais M. Bruguière pense que c'est un animal très innocent et qui n'a aucun moyen de nuire. Il paraît craindre la trop grande chaleur ; on le rencontre plus souvent pendant la pluie que pendant un temps sec, et les nègres de Madagascar dirent à M. Bruguière qu'on le trouvait en bien plus grand nombre dans les bois pendant la nuit que pendant le jour.

LA TROIS-DOIGTS

Molge tridactylus, Merr. — *Salamandra tridactyla,* Daud., Latr.

Nous nommons ainsi une nouvelle espèce de salamandre, dont aucun auteur n'a encore parlé, et qu'il est très aisé de distinguer des autres par plusieurs caractères remarquables. Elle n'est point dépourvue de côtes ainsi que les autres salamandres : elle n'a que trois doigts aux pieds de devant et quatre doigts aux pieds de derrière; sa tête est aplatie et arrondie par devant · la queue est déliée, plus longue que la tête et le corps, et l'animal la replie facilement. C'est à M. le comte de Mailli, marquis de Nesle, que nous devons la connaissance de cette nouvelle espèce de salamandre, dont il a trouvé un individu sur le cratère même du Vésuve, environné des laves brûlantes que jette ce volcan. C'est une place remarquable pour une salamandre qu'un endroit entouré de matières ardentes vomies par un volcan ; beaucoup de gens pourraient même regarder la proximité de ces matières comme une preuve du pouvoir de résister aux flammes que l'on a attribué aux salamandres : nous n'y voyons cependant que la suite de quelque accident et de quelques circonstances particulières qui auront entraîné l'individu trouvé par M. le marquis de Nesle auprès des laves enflammées du Vésuve. Leur ardeur aurait bientôt consumé la salamandre à trois doigts, ainsi que tout autre animal, si elle n'avait pas été prise avant d'être exposée de trop près ou pendant trop longtemps à l'action de ces matières volcaniques, dont la chaleur éloignée aura nui d'autant moins à cette salamandre que tous les quadrupèdes ovipares se plaisent au milieu de la température brûlante des contrées de la zone torride.

M. le marquis de Nesle a bien voulu nous envoyer la salamandre à trois doigts qu'il a rencontrée sur le Vésuve, et nous saisissons cette occasion de lui témoigner notre reconnaissance pour les services qu'il rend journellement à l'histoire naturelle. L'individu apporté d'Italie par cet illustre amateur était d'une couleur brun foncé mêlée de roux sur la tête, les pieds, la queue et le dessous du corps. Il était desséché au point qu'on pouvait facilement compter au travers de la peau les vertèbres et les côtes ; la tête avait trois lignes de longueur, le corps neuf lignes et la queue seize lignes et demie.

DES QUADRUPÈDES OVIPARES

QUI N'ONT POINT DE QUEUE

Il ne nous reste, pour compléter l'histoire des quadrupèdes ovipares, qu'à parler de ceux de ces animaux qui n'ont point de queue. Le défaut de cette partie est un caractère constant et très sensible, d'après lequel il est aisé de séparer cette seconde classe d'avec la première, dans laquelle nous avons compris les tortues et les lézards qui tous ont une queue plus ou moins longue. Mais indépendamment de cette différence, les quadrupèdes ovipares sans queue présentent des caractères d'après lesquels il est facile de les distinguer. Leur grandeur est toujours très limitée en comparaison de celle de plusieurs lézards ou tortues ; la longueur des plus grands n'excède guère huit ou dix pouces ; leur corps n'est point couvert d'écailles ; leur peau, plus ou moins dure, est garnie de verrues ou de tubercules et enduite d'une humeur visqueuse.

La plupart n'ont que quatre doigts aux pieds de devant et par ce caractère se lient avec les salamandres. Quelques-uns, au lieu de n'avoir que cinq doigts aux pieds de derrière comme le plus grand nombre des lézards, en ont six plus ou moins marqués ; les doigts, tant des pattes de devant que de celles de derrière, sont séparés dans plusieurs de ces quadrupèdes ovipares et réunis dans d'autres par une membrane, comme ceux des oiseaux à pieds palmés, tels que les oies, les canards, les mouettes, etc. Les pattes de derrière sont, dans tous les quadrupèdes ovipares sans queue, beaucoup plus longues que celles de devant. Aussi ces animaux ne marchent-ils point, ne s'avancent jamais que par sauts et ne se servent de leurs pattes de derrière que comme d'un ressort qu'ils plient et qu'ils laissent se débander ensuite pour s'élancer à une distance et à une hauteur plus ou moins grandes. Ces pattes de derrière sont remarquables en ce que le tarse est presque toujours aussi long que la jambe proprement dite.

Tous les animaux qui composent cette classe ont d'ailleurs une charpente osseuse bien plus simple que ceux dont nous venons de parler. Ils n'ont point de côtes, non plus que la plupart des salamandres ; ils n'ont pas même de vertèbres cervicales ou du moins ils n'en ont qu'une ou deux ; leur tête est attachée presque immédiatement au corps comme dans les poissons avec lesquels ils ont aussi de grands rapports par leurs habitudes et surtout par la manière dont ils se multiplient [1]. Ils n'ont aucun organe extérieur propre à la génération ; les fœtus ne sont pas fécondés dans le corps de la femelle, mais à mesure qu'elle pond ses œufs, le mâle les arrose de sa liqueur prolifique qu'il lance par l'anus. Les petits paraissent pendant longtemps sous une espèce d'enveloppe étrangère, sous une forme particulière à laquelle on a donné le nom de *têtard* et qui ressemble plus ou moins à celle des poissons, et ce n'est qu'à mesure qu'ils se développent, qu'ils acquièrent la véritable forme de leur espèce.

Tels sont les faits généraux communs à tous les quadrupèdes ovipares sans queue. Mais si on les examine de plus près, on verra qu'ils forment trois troupes bien distinctes, tant par leurs habitudes que par leur conformation.

Les premiers ont le corps allongé, ainsi que la tête ; l'un ou l'autre anguleux et relevé en arêtes longitudinales ; le bas du ventre presque toujours délié et les pattes très longues. Le plus souvent, la longueur de celles de devant est double du diamètre du corps vers la poitrine et celles de derrière sont au moins de la longueur de la tête et du corps. Ils présentent des proportions agréables, ils sautent avec agilité ; bien loin de craindre la lumière du jour, ils aiment à s'imbiber des rayons du soleil.

Les seconds, plus petits en général que les premiers et plus sveltes dans leurs proportions, ont leurs doigts garnis de petites pelotes visqueuses à l'aide desquelles ils s'attachent, même sur la face inférieure des corps les plus polis. Pouvant d'ailleurs s'élancer avec beaucoup de force, ils poursuivent les insectes avec vivacité jusque sur les branches et les feuilles des arbres.

Les troisièmes ont, au contraire, le corps presque rond, la tête très convexe, les pattes de devant très courtes, celles de derrière n'égalent pas quelquefois la longueur du corps et de la tête ; ils ne s'élancent qu'avec peine ; bien loin de rechercher les rayons du soleil ; ils fuient toute lumière, et ce n'est que lorsque la nuit est venue qu'ils sortent de leur trou pour aller chercher leur proie. Leurs yeux sont aussi beaucoup mieux conformés que ceux des autres quadrupèdes ovipares sans queue pour recevoir la plus faible clarté, et lorsqu'on les porte au grand jour, leur prunelle se contracte et ne présente qu'une fente allongée. Ils diffèrent donc autant des premiers et des seconds, que les hiboux et les chouettes diffèrent des oiseaux de jour.

---

1. Les quadrupèdes ovipares sans queue manquent de vessie proprement dite, de même que les lézards, le vaisseau qui contient leur urine différant des vessies proprement dites, non seulement par sa forme et par sa grandeur, mais encore par sa position, ainsi que par le nombre et la nature des canaux avec lesquels il communique.

Nous avons donc cru devoir former trois genres différents des quadrupèdes ovipares sans queue.

Dans le premier, qui renferme la grenouille commune, nous plaçons douze espèces qui toutes ont la tête et le corps allongé, et l'un ou l'autre anguleux.

Nous comprenons dans le second genre la petite grenouille d'arbre connue en France sous le nom de *raine* ou de *rainette*, et six autres espèces qu'il sera aisé de distinguer par les pelotes visqueuses de leurs doigts.

Nous composons enfin le troisième genre, dans lequel se trouve le crapaud commun, de quatorze espèces, dont le corps ni la tête ne sont relevés en arêtes saillantes.

Ces trente-trois espèces, qui forment les trois genres des *grenouilles*, des *raines* et des *crapauds*, sont les seules que nous comptions dans la classe des quadrupèdes ovipares sans queue, et auxquelles nous avons cru, d'après la comparaison exacte des descriptions des auteurs, ainsi que d'après les individus conservés au Cabinet du roi, devoir réduire toutes celles dont les naturalistes et les voyageurs ont fait mention.

QUADRUPÈDES OVIPARES SANS QUEUE, DONT LA TÊTE ET LE CORPS SONT ALLONGÉS
ET L'UN OU L'AUTRE ANGULEUX

GRENOUILLES

LA GRENOUILLE COMMUNE[1]

Rana esculenta, LINN., LAUR., SCHNEID., LATR., MERR., CUV., FITZ.

C'est un grand malheur qu'une grande ressemblance avec des êtres
ignobles. Les grenouilles communes sont en apparence si conformes aux
crapauds, qu'on ne peut aisément se représenter les unes sans penser aux
autres ; on est tenté de les comprendre tous dans la disgrâce à laquelle les
crapauds ont été condamnés, et de rapporter aux premières les habitudes
basses, les qualités dégoûtantes, les propriétés dangereuses des seconds.
Nous aurons peut-être bien de la peine à donner à la grenouille commune
la place qu'elle doit occuper dans l'esprit des lecteurs comme dans la nature ; mais il n'en est pas moins vrai que s'il n'avait point existé de crapauds, si l'on n'avait jamais eu devant les yeux ce vilain objet de comparaison qui enlaidit par sa ressemblance autant qu'il salit par son approche,
la grenouille nous paraîtrait aussi agréable par sa conformation que distinguée par ses qualités, et intéressante par les phénomènes qu'elle présente
dans les diverses époques de sa vie. Nous la verrions comme un animal
utile dont nous n'avons rien à craindre, dont l'instinct est épuré, et qui,
joignant à une forme svelte des membres déliés et souples, est parée des
couleurs qui plaisent le plus à la vue et présente des nuances d'autant plus
vives qu'une humeur visqueuse enduit sa peau et lui sert de vernis.

Lorsque les grenouilles communes sont hors de l'eau, bien loin d'avoir
la face contre terre et d'être bassement accroupies dans la fange comme les
crapauds, elles ne vont que par sauts très élevés ; leurs pattes de derrière,
en se pliant et en se débandant ensuite, leur servent de ressorts ; et elles y
ont assez de force pour s'élancer souvent jusqu'à la hauteur de quelques
pieds.

---

1. En grec, *Batrachos eleios.* — *La Grenouille mangeable.* M. Daubenton, Encyclopédie méthodique. — *Rana esculenta*, 15. Linn., *Amphib. rept.* — Gesner, *De Quadrup. ovip.*, 40. *Rana
aquatica.* — Roës. *Ran.*, p. 51, t. XIII. *Rana viridis aquatica.*— *Rana esculenta*, Laurenti specimen medicum. — *Rana, Scotia illustrata*, Edimburgi, 1684. — *Rana esculenta*, Wulff, *Ichtyologia cum amphibiis regni Borussici.* — *Rana esculenta, British Zoology*, t. III, Londres, 1776.

On dirait qu'elles cherchent l'élément de l'air comme le plus pur; et lorsqu'elles se reposent à terre, c'est toujours la tête haute, leur corps relevé sur les pattes de devant et appuyé sur les pattes de derrière, ce qui leur donne bien plutôt l'attitude droite d'un animal dont l'instinct a une certaine noblesse, que la position basse et horizontale d'un vil reptile.

La grenouille commune est si élastique et si sensible dans tous ses points, qu'on ne peut la toucher, et surtout la prendre par ses pattes de derrière, sans que tout de suite son dos se courbe avec vitesse et que toute sa surface montre, pour ainsi dire, les mouvements prompts d'un animal agile qui cherche à s'échapper.

Son museau se termine en pointe; les yeux sont gros, brillants et entourés d'un cercle couleur d'or; les oreilles, placées derrière les yeux et recouvertes par une membrane; les narines vers le sommet du museau, et la bouche est grande et sans dents; le corps, rétréci par derrière, présente sur le dos des tubercules et des aspérités. Ces tubercules, que nous avons remarqués si souvent sur les quadrupèdes ovipares, se trouvent donc non seulement sur les crocodiles et les très grands lézards, dont ils consolident les dures écailles, mais encore sur des quadrupèdes faibles, bien plus petits, qui ne présentent qu'une peau tendre et n'ont pour défense que l'élément qu'ils habitent et l'asile où ils vont se réfugier.

Le dessus du corps de la grenouille commune est d'un vert plus ou moins foncé; le dessous est blanc : ces deux couleurs, qui s'accordent très bien et forment un assortiment élégant, sont relevées par trois raies jaunes qui s'étendent le long du dos; les deux des côtés forment une saillie, et celle du milieu présente au contraire une espèce de sillon. A ces couleurs jaune, verte et blanche, se mêlent des taches noires sur la partie inférieure du ventre; et, à mesure que l'animal grandit, ces taches s'étendent sur tout le dessous du corps et même sur sa partie supérieure. Qu'est-ce qui pourrait donc faire regarder avec peine un être dont la taille est légère, le mouvement preste, l'attitude gracieuse? Ne nous interdisons pas un plaisir de plus; et, lorsque nous errons dans nos belles campagnes, ne soyons pas fâché de voir les rives des ruisseaux embellies par les couleurs de ces animaux innocents et animées par leurs sauts vifs et légers; contemplons leurs petites manœuvres, suivons-les des yeux au milieu des étangs paisibles dont ils diminuent si souvent la solitude sans en troubler le calme; voyons-les montrer sous les nappes d'eau les couleurs les plus agréables, fendre en nageant ces eaux tranquilles, souvent même sans en rider la surface, et présenter les douces teintes que donne la transparence des eaux.

Les grenouilles communes ont quatre doigts aux pieds de devant, comme la plupart des salamandres; les doigts des pieds de derrière sont au nombre de cinq et réunis par une membrane; dans les quatre pieds, le doigt intérieur est écarté des autres et le plus gros de tous.

Elles varient par la grandeur, suivant les pays qu'elles habitent, la nourriture qu'elles trouvent, la chaleur qu'elles éprouvent, etc. Dans les zones tempérées, la longueur ordinaire de ces animaux est de deux à trois pouces, depuis le museau jusqu'à l'anus. Les pattes de derrière ont quatre pouces de longueur quand elles sont étendues, et celles de devant environ un pouce et demi.

Il n'y a qu'un ventricule dans le cœur de la grenouille commune, ainsi que dans celui des autres quadrupèdes ovipares ; lorsque ce viscère a été arraché du corps de la grenouille, il conserve son battement pendant sept ou huit minutes, et même pendant plusieurs heures, suivant M. de Haller. Le mouvement du sang est inégal dans les grenouilles ; il est poussé goutte à goutte et à de fréquentes reprises ; et lorsque ces animaux sont jeunes, ils ouvrent et ferment la bouche et les yeux à chaque fois que leur cœur bat. Les deux lobes des poumons sont composés d'un grand nombre de cellules membraneuses destinées à recevoir l'air et faites à peu près comme les alvéoles des rayons de miel[1] ; l'animal peut les tendre pendant un temps assez long et se rendre par là plus léger.

Sa vivacité et la supériorité de son naturel sur celui des animaux qui lui ressemblent le plus ne doivent-elles pas venir de ce que, malgré sa petite taille, elle est un des quadrupèdes ovipares les mieux partagés pour les sens extérieurs ? Ses yeux sont en effet gros et saillants, ainsi que nous l'avons dit ; sa peau molle, qui n'est recouverte ni d'écailles ni d'enveloppes osseuses, est sans cesse abreuvée et maintenue dans sa souplesse par une humeur visqueuse qui suinte au travers de ses pores. Elle doit donc avoir la vue très bonne et le toucher un peu délicat ; et si ses oreilles sont recouvertes par une membrane, elle n'en a pas moins l'ouïe fine, puisque ces organes renferment dans leurs cavités une corde élastique que l'animal peut tendre à volonté, et qui doit lui communiquer avec assez de précision les vibrations de l'air agité par les corps sonores.

Cette supériorité dans la sensibilité des grenouilles les rend plus diffi- ciles sur la nature de leur nourriture ; elles rejettent tout ce qui pourrait présenter un commencement de décomposition. Si elles se nourrissent de vers, de sangsues, de petits limaçons, de scarabées et d'autres insectes tant ailés que non ailés, elles n'en prennent aucun qu'elles ne l'aient vu remuer, comme si elles voulaient s'assurer qu'il vit encore[2] : elles demeurent immo- biles jusqu'à ce que l'insecte soit assez près d'elles ; elles fondent alors sur lui avec vivacité, s'élancent vers cette proie, quelquefois à la hauteur d'un ou deux pieds, et avancent, pour l'attraper, une langue enduite d'une mucosité si gluante, que les insectes qui y touchent y sont aisément empê- trés. Elles avalent aussi de très petits limaçons tout entiers[3] ; leur œsophage

---

1. Rai, *Synopsis animalium*, p. 247. Londres, 1693.
2. *Laurenti specimen medicum.* Vienne, 1768, p. 137. *Dictionnaire d'histoire naturelle de* M. Valmont de Bomare, article des *Grenouilles.*
3. Rai, *Synopsis animalium*, p. 251.

a une grande capacité; leur estomac peut d'ailleurs recevoir, en se dilatant, un grand volume de nourriture; et tout cela, joint à l'activité de leurs sens, qui doit donner plus de vivacité à leurs appétits, montre la cause de leur espèce de voracité; car non seulement elles se nourrissent des très petits animaux dont nous venons de parler, mais encore elles avalent souvent des animaux plus considérables, tels que de jeunes souris, de petits oiseaux, et même de petits canards nouvellement éclos, lorsqu'elles peuvent les surprendre sur le bord des étangs qu'elles habitent.

La grenouille commune sort souvent de l'eau, non seulement pour chercher sa nourriture, mais encore pour s'imprégner des rayons du soleil. Bien loin d'être presque muette comme plusieurs quadrupèdes ovipares, et particulièrement comme la salamandre terrestre, avec laquelle elle a plusieurs rapports, on l'entend de très loin, dès que la belle saison est arrivée et qu'elle est pénétrée de la chaleur du printemps, jeter un cri qu'elle répète pendant assez longtemps, surtout lorsqu'il est nuit. On dirait qu'il y a quelque rapport de plaisir ou de peine entre la grenouille et l'humidité du serein ou de la rosée, et que c'est à cette cause qu'on doit attribuer ses longues clameurs. Ce rapport pourrait montrer pourquoi les cris des grenouilles sont, ainsi qu'on l'a prétendu, d'autant plus forts que le temps est plus disposé à la pluie, et pourquoi ils peuvent par conséquent annoncer ce météore.

Le coassement des grenouilles, qui n'est composé que de sons rauques, de tons discordants et peu distincts les uns des autres, serait très désagréable par lui-même, et quand on n'entendrait qu'une seule grenouille à la fois; mais c'est toujours en grand nombre qu'elles coassent; et c'est toujours de trop près qu'on entend ces sons confus, dont la monotonie fatigante est réunie à une rudesse propre à blesser l'oreille la moins délicate. Si les grenouilles doivent tenir un rang distingué parmi les quadrupèdes ovipares, ce n'est donc pas par leur voix; autant elles peuvent plaire par l'agilité de leurs mouvements et la beauté de leurs couleurs, autant elles importunent par leurs aigres coassements. Les mâles sont surtout ceux qui font le plus de bruit; les femelles n'ont qu'un grognement assez sourd qu'elles font entendre en enflant leur gorge; mais, lorsque les mâles coassent, ils gonflent de chaque côté du cou deux vessies qui, en se remplissant d'air et en devenant pour eux comme deux instruments retentissants, augmentent le volume de leur voix. La nature, qui n'a pas voulu en faire les musiciens de nos campagnes, n'a donné à ces instruments que de la force, et les sons que forment les grenouilles mâles, sans être plus agréables, sont seulement entendus de plus loin que ceux de leurs femelles.

Ils sont seulement plus propres à troubler ce calme des belles nuits de l'été, ce silence enchanteur qui règne dans une verte prairie, sur le bord d'un ruisseau tranquille, lorsque la lune éclaire de sa lumière paisible cet asile champêtre, où tout goûterait les charmes de la fraîcheur, du repos, des parfums des fleurs, et où tous les sens seraient tenus dans une douce extase, si celui de l'ouïe n'était désagréablement ébranlé par des cris aussi aigres que forts et de rudes coassements sans cesse renouvelés.

Ce n'est pas seulement lorsque les grenouilles mâles coassent que leurs vessies paraissent à l'extérieur ; on peut, en pressant leur corps, comprimer l'air qu'il renferme, et qui, se portant alors dans ces vessies, en étend le volume et les rend saillantes. J'ai aussi vu gonfler ces mêmes vessies lorsque j'ai mis des grenouilles mâles sous le récipient d'une machine pneumatique, et que j'ai commencé d'en pomper l'air.

Indépendamment des cris retentissants et longtemps prolongés que la grenouille mâle fait entendre si souvent, elle a d'ailleurs un son moins désagréable et moins fort, dont elle ne se sert que pour appeler sa femelle ; ce dernier son est sourd et comme plaintif, tant il est vrai que l'accent de l'amour est toujours mêlé de quelque douceur.

Quoique les grenouilles communes se plaisent à des latitudes très élevées, la chaleur leur est assez nécessaire, pour qu'elles perdent leurs mouvements, que leur sensibilité soit très affaiblie et qu'elles s'engourdissent dès que les froids de l'hiver sont venus. C'est communément dans quelque asile caché très avant sous les eaux, dans les marais et dans les lacs, qu'elles tombent dans la torpeur à laquelle elles sont sujettes. Quelques-unes cependant passent la saison du froid dans des trous sous terre, soit que des circonstances locales les y déterminent ou qu'elles soient surprises dans ces trous par le degré de froid qui les engourdit. Elles sont alimentées, pendant le temps de leur long sommeil, par une matière graisseuse renfermée dans le tronc de la veine-porte[1]. Cette graisse répare jusqu'à un certain point la substance du sang et l'entretient de manière qu'il puisse nourrir toutes les parties du corps qu'il arrose. Mais quelque sensibles que soient les grenouilles au froid, celles qui habitent près des zones torrides doivent être exemptes de la torpeur de l'hiver, de même que les crocodiles et les lézards, qui y sont sujets à des latitudes un peu élevées, ne s'engourdissent pas dans les climats très chauds.

On tire les grenouilles de leur état d'engourdissement, en les portant dans quelque endroit échauffé, et en les exposant à une température artificielle, à peu près semblable à celle du printemps. On peut successivement et avec assez de promptitude les replonger dans cet état de torpeur, ou les rappeler à la vie par les divers degrés de froid ou de chaud qu'on leur fait subir. A la vérité, il paraît que l'activité qu'on leur donne avant le temps où elles sont accoutumées à la recevoir de la nature devient pour ces animaux un grand effort qui les fait bientôt périr. Mais il est à présumer que si l'on réveillait ainsi des grenouilles apportées de climats très chauds, où elles ne s'engourdissent jamais, bien loin de contrarier les habitudes de ces animaux, on ne ferait que les ramener à leur état naturel, et ils n'auraient rien à

1. Malpighi.

craindre de l'activité qu'on leur rendrait. On est même parvenu, par une chaleur artificielle, à remplacer assez la chaleur du printemps, pour que des grenouilles aient éprouvé, l'une auprès de l'autre, les désirs que leur donne le retour de la belle saison. Mais, soit par défaut de nourriture, soit par une suite des sensations qu'elles avaient éprouvées trop brusquement, et des efforts qu'elles avaient faits dans un temps où communément il leur reste à peine la plus faible existence, elles n'ont pas survécu longtemps à une jouissance trop hâtée[1].

Les grenouilles sont sujettes à quitter leur peau, de même que les autres quadrupèdes ovipares; mais cette peau est plus souple, plus constamment abreuvée par un élément qui la ramollit, plus sujette à être altérée par les causes extérieures; d'ailleurs les grenouilles, plus voraces et mieux conformées dans les organes relatifs à la nutrition, prennent une nourriture plus abondante, plus substantielle, et qui, fournissant une plus grande quantité de nouveaux sucs, forme plus aisément une nouvelle peau au-dessous de l'ancienne. Il n'est donc pas surprenant que les grenouilles se dépouillent très souvent de leur peau pendant la saison où elles ne sont pas engourdies, et qu'alors elles en produisent une nouvelle presque tous les huit jours; lorsque l'ancienne est séparée du corps de l'animal, elle ressemble à une mucosité délayée.

C'est surtout au retour des chaleurs que les grenouilles communes, ainsi que tous les quadrupèdes ovipares, cherchent à s'unir avec leurs femelles; il croît alors au pouce des pieds de devant de la grenouille mâle une espèce de verrue plus ou moins noire et garnie de papilles[2]. Le mâle s'en sert pour retenir plus facilement sa femelle[3]; il monte sur son dos et l'embrasse d'une manière si étroite avec ses deux pattes de devant, dont les doigts s'entrelacent les uns dans les autres, qu'il faut employer un peu de force pour les séparer, et qu'on n'y parvient pas en arrachant les pieds de derrière du mâle. M. l'abbé Spallanzani a même écrit qu'ayant coupé la tête à un mâle qui était accouplé, cet animal ne cessa pas de féconder pendant quelque temps les œufs de sa femelle et ne mourut qu'au bout de quatre heures[4]. Quelque mouvement que fasse la femelle, le mâle la retient avec ses pattes et ne la laisse pas échapper, même quand elle sort de l'eau[5]; ils nagent ainsi accouplés pendant un nombre de jours d'autant plus grand, que la chaleur de l'atmosphère est moindre, et ils ne se quittent point avant que la femelle ait pondu ses œufs[6]. C'est ainsi que nous avons vu les tortues de mer demeurer

1. Mémoires de M. Gleditsch dans ceux de l'Académie de Prusse.

2. Roësel. p. 54.

3. Linné, vraisemblablement d'après Frédéric Menzius, a été tenté de regarder cette espèce de verrue comme la partie sexuelle du mâle; pour peu qu'il eût réfléchi à cette opinion, il aurait été le premier à la rejeter. Linn., *Systema nat.*, edit. 13, t. Ier, fol. 355.

4. Tome III, p. 86.

5. *Collection académ.*, t. V, p. 549. *Histoire de la Grenouille*, par Swammerdam.

6. Swammerdam et Roësel.

pendant longtemps intimement unies et voguer sur la surface des ondes, sans pouvoir être séparées l'une de l'autre.

Au bout de quelques jours, la femelle pond ses œufs, en faisant entendre quelquefois un coassement un peu sourd ; ces œufs forment une espèce de cordon, étant collés ensemble par une matière glaireuse dont ils sont enduits ; le mâle saisit le moment où ils sortent de l'anus de la femelle, pour les arroser de sa liqueur séminale, en répétant plusieurs fois un cri particulier[1] ; et il peut les féconder d'autant plus aisément, que son corps dépasse communément par le bas celui de sa compagne. Il se sépare ensuite d'elle et recommence à nager, ainsi qu'à remuer ses pattes avec agilité, quoiqu'il ait passé la plus grande partie du temps de son union avec sa femelle dans une grande immobilité, et dans cette espèce de contraction qui accompagne quelquefois les sensations trop vives[2].

Dans les différentes observations que nous avons faites sur les œufs des grenouilles et sur les changements qu'elles subissent avant de devenir adultes, nous avons vu, dans les œufs nouvellement pondus, un petit globule, noir d'un côté et blanchâtre de l'autre, placé au centre d'un autre globule, dont la substance glutineuse et transparente doit servir de nourriture à l'embryon, et est contenue dans deux enveloppes membraneuses et concentriques : ce sont ces membranes qui représentent la coque de l'œuf[3].

Après un temps plus ou moins long, suivant la température, le globule noir d'un côté et blanchâtre de l'autre, se développe et prend le nom de *têtard*[4]. Cet embryon déchire alors les enveloppes dans lesquelles il était renfermé et nage dans la liqueur glaireuse qui l'environne et qui s'étend et se délaye dans l'eau, où elle flotte sous l'apparence d'une matière nuageuse ; il conserve pendant quelque temps son cordon ombilical, qui est attaché à la tête, au lieu de l'être au ventre, ainsi que dans la plupart des autres animaux. Il sort de temps en temps de la matière gluante, comme pour essayer ses forces ; mais il rentre souvent dans cette petite masse flottante qui peut le soutenir ; il y revient non seulement pour se reposer, mais encore pour prendre de la nourriture. Cependant il grossit toujours ; on distingue bientôt sa tête, sa poitrine, son ventre et sa queue, dont il se sert pour se mouvoir.

La bouche des têtards n'est point placée, comme dans la grenouille adulte, au-devant de la tête, mais en quelque sorte sur la poitrine ; aussi

---

1. *Laurenti specimen medicum.* Vienne, 1767, p. 138.
2. Swammerdam, à l'endroit déjà cité.
3. M. l'abbé Spallanzani, ne considérant la membrane intérieure qui enveloppe le têtard que comme un *amnios*, a proposé de séparer les grenouilles, les crapauds et les raines, des ovipares, pour les réunir avec les vivipares ; mais nous n'avons pas cru devoir adopter l'opinion de cet habile naturaliste. Comment éloigner, en effet, les grenouilles, les raines et les crapauds, des tortues et des lézards avec lesquels ils sont liés par tant de rapports, pour les rapprocher des vivipares dont ils diffèrent par tant de caractères intérieurs ou extérieurs? Voyez le troisième volume de M. l'abbé Spallanzani, p. 76.
4. M. l'abbé Spallanzani, ouvrage déjà cité, t. III, p. 13.

lorsqu'ils veulent saisir quelque objet qui flotte à la surface de l'eau, ou chasser l'air renfermé dans leurs poumons, ils se renversent sur le dos, comme les poissons dont la bouche est située au-dessous du corps ; et ils exécutent ce mouvement avec tant de vitesse que l'œil a de la peine à le suivre[1].

Au bout de quinze jours, les yeux paraissent quelquefois encore fermés ; mais on découvre les premiers linéaments des pattes de derrière[2]. A mesure qu'elles croissent, la peau qui les revêt s'étend en proportion[3]. Les endroits où seront les doigts sont marqués par de petits boutons ; et, quoiqu'il n'y ait encore aucun os, la forme du pied est très reconnaissable. Les pattes de devant restent encore entièrement cachées sous l'enveloppe ; plusieurs fois les pattes de devant sont, au contraire, les premières qui paraissent.

C'est ordinairement deux mois après qu'ils ont commencé de se développer, que les têtards quittent leur enveloppe pour prendre la vraie forme de grenouille. D'abord la peau extérieure se fend sur le dos, près de la véritable tête qui passe par la fente qui vient de se faire. Nous avons vu alors la membrane, qui servait de bouche au têtard, se retirer en arrière et faire partie de la dépouille. Les pattes de devant commencent à sortir et à se déployer ; et la dépouille, toujours repoussée en arrière, laisse enfin à découvert le corps, les pattes de derrière, et la queue qui, diminuant toujours de volume, finit par s'oblitérer et disparaître entièrement[4].

Cette manière de se développer est commune, à très peu près, à tous les quadrupèdes ovipares sans queue ; quelque éloignée qu'elle paraisse, au premier coup d'œil, de celle des autres ovipares, on reconnaîtra aisément, si on l'examine avec attention, que ce qu'elle a de particulier se réduit à deux points.

Premièrement, l'embryon renfermé dans l'œuf en sort beaucoup plus tôt que dans la plupart des autres ovipares, avant même que toutes ses parties soient développées, et que ses os et ses cartilages soient formés.

Secondement, cet embryon à demi développé est renfermé dans une membrane et, pour ainsi dire, dans un second œuf très souple et très transparent, auquel il y a une ouverture qui peut donner passage à la nourriture. Mais de ces deux faits, le premier ne doit être considéré que comme un très léger changement, et, pour ainsi dire, une simple abréviation dans la durée des premières opérations nécessaires au développement des animaux qui viennent d'un œuf : cette manière particulière peut avoir lieu sans que le fœtus en souffre, parce que le têtard n'a presque pas besoin de force ni de

---

1. Swammerdam.
2. Swammerdam, p. 790. Leyde, 1738.
3. *Idem*, p. 791.
4. Pline, Rondelet et plusieurs autres naturalistes ont prétendu que la queue de la jeune grenouille se fendait en deux pour former les deux pattes de derrière : cette opinion est contraire à l'observation la plus constante. Voyez Swammerdam.

membres pour les divers mouvements qu'il exécute dans l'eau qui le soutient, et autour de la substance transparente et glaireuse où il trouve à sa portée une nourriture analogue à la faiblesse de ses organes.

A l'égard de cette espèce de sac dans lequel la grenouille ainsi que la raine et le crapaud sont renfermés pendant les premiers temps de leur vie sous la forme de têtard, et qui présente une ouverture pour que la nourriture puisse parvenir au jeune animal, on doit, ce me semble, le considérer comme une espèce de second œuf, ou, pour mieux dire, de seconde enveloppe dont l'animal ne se dégage qu'au moment qui lui a été véritablement fixé pour éclore : ce n'est que lorsque la grenouille ou le crapaud font usage de tous leurs membres, que l'on doit les regarder comme véritablement éclos. Ils sont toujours dans un œuf tant qu'ils sont sous la forme d'un têtard ; mais cet œuf est percé, parce qu'il ne renferme point la nourriture nécessaire au fœtus, et parce que ce dernier est obligé d'aller chercher sa subsistance, soit dans l'eau, soit dans la substance glaireuse qui flotte avec l'apparence d'une matière nuageuse.

Le têtard, à le bien considérer, n'est donc qu'un œuf souple et mobile, qui peut se prêter à tous les mouvements de l'embryon. Il en serait de même de tous les œufs, et même de ceux de nos poules, si, au lieu d'être solides et formés d'une substance crétacée et dure, ils étaient composés d'une membrane très molle, très flexible et transparente. Le poulet qui y serait contenu pourrait exécuter quelques mouvements, quoique renfermé dans cette enveloppe, qui se prêterait à son action ; il le pourrait surtout si ces mouvements n'étaient pas contrariés par les aspérités des surfaces et les inégalités du terrain, et si, au contraire, ils avaient lieu au milieu de l'eau qui soutiendrait l'œuf et le fœtus, et ne leur opposerait qu'une faible résistance. Ces mouvements seraient comme ceux d'un petit animal qu'on renfermerait dans un sac d'une matière souple.

Que se passe-t-il donc réellement dans le développement des grenouilles, ainsi que des autres quadrupèdes ovipares sans queue ? Leurs œufs ont plusieurs enveloppes ; les plus extérieures, qui environnent le globule noir et blanchâtre, ne subsistent que quelques jours ; la plus intérieure, qui est très molle et très souple, peut se prêter à tous les mouvements d'un animal qui à chaque instant acquiert de nouvelles forces ; elle s'étend à mesure qu'il grandit ; elle est percée d'une ouverture que l'on n'aurait pas dû appeler bouche, car ce n'est pas précisément un organe particulier, mais un passage pour la nourriture nécessaire à la jeune grenouille, au jeune crapaud, ou à la jeune raine. Comme les œufs des grenouilles, des raines et des crapauds sont communément pondus dans l'eau, qui, pendant le printemps et l'été, est moins chaude que la terre et l'air de l'atmosphère, ils éprouvent une chaleur moins considérable que ceux des lézards et des tortues qui sont déposés sur les rivages, de manière à être échauffés par les rayons du soleil. Il n'est donc pas surprenant que, par exemple, les petites grenouilles soient renfermées dans leurs enveloppes pendant deux mois, ou environ, et que ce ne soit qu'au bout de ce temps qu'elles éclosent véritablement en quittant la forme de têtard, tandis que les lézards et les tortues sortent de leurs œufs après un assez petit nombre de jours.

A l'égard de la queue qui s'oblitère dans les grenouilles, dans les crapauds et dans les raines, ne doivent-ils pas perdre facilement une portion de leur corps qui n'est soutenue par aucune partie osseuse, et qui d'ailleurs, toutes les fois qu'ils nagent, oppose à l'eau le plus d'action et de résistance? Au reste, cette sorte de tendance de la nature à donner une queue aux grenouilles, aux crapauds et aux raines, ainsi qu'aux lézards et aux tortues, est une nouvelle preuve des rapports qui les lient, et, en quelque sorte, de l'unité du modèle sur lequel les quadrupèdes ovipares ont été formés.

Les couleurs des grenouilles communes ne sont jamais si vives qu'après leur accouplement; elles pâlissent plus ou moins ensuite et deviennent quelquefois assez ternes et assez rousses pour avoir fait croire au peuple de plusieurs pays que, pendant l'été, les grenouilles se métamorphosent en crapauds.

Lorsqu'on ne blesse les grenouilles que dans une seule de leurs parties, il est très rare que toute leur organisation s'en ressente, et que l'ensemble de leur mécanisme soit dérangé au point de les faire périr. Bien plus, lorsqu'on leur ouvre le corps et qu'on en arrache le cœur et les entrailles, elles ne conservent pas moins pendant quelques moments leurs mouvements accoutumés[1] : elles les conservent aussi pendant quelque temps lorsqu'elles ont perdu tout leur sang; et si dans cet état elles sont exposées à l'action engourdissante du froid, leur sensibilité s'éteint, mais se ranime quand le froid se dissipe très promptement, et elles sortent de leur torpeur comme si elles n'avaient éprouvé aucun accident[2]. Aussi, malgré le grand nombre de dangers auxquels elles sont exposées, doivent-elles communément vivre pendant un temps assez long relativement à leur volume.

Les grenouilles étant accoutumées à demeurer un peu de temps sous l'eau sans respirer, et leur cœur étant conformé de manière à pouvoir battre sans être mis en jeu par leurs poumons comme celui des animaux mieux organisés, il n'est pas surprenant qu'elles vivent aussi pendant un peu de temps dans un vase dont on a pompé l'air, ainsi que l'ont éprouvé plusieurs physiciens, et que je l'ai éprouvé souvent moi-même[3]. On peut même croire que l'espèce de malaise ou de douleur qu'elles ressentent lorsqu'on commence à ôter l'air du récipient tient plutôt à la dilatation subite et forcée de leurs vaisseaux, produite par la raréfaction de l'air renfermé dans leur

---

1. Rai, *Synopsis methodica animalium*, Londres, 1693, p. 248.
2. Voyez à ce sujet les *OEuvres de M. l'abbé Spallanzani*. Traduction de M. Sennebier, t. Ier, p. 112.
3. Rédi, et *Leçons de physique expérimentale*, par l'abbé Nollet, t. III, p. 270.

corps, qu'au défaut d'un nouvel air extérieur. Il n'est pas surprenant d'après cela qu'elles vivent plus longtemps que beaucoup d'autres animaux, ainsi que les crapauds et les salamandres aquatiques, dans des vases dont l'air ne peut pas se renouveler[1].

Les grenouilles sont dévorées par les serpents d'eau, les anguilles, les brochets, les taupes, les putois, les loups[2], les oiseaux d'eau et de rivage, etc. Comme elles fournissent un aliment utile, et que même certaines parties de leur corps forment un mets très agréable, on les recherche avec soin ; on a plusieurs manières de les pêcher ; on les prend avec des filets, à la clarté des flambeaux qui les effrayent et les rendent souvent comme immobiles ; ou bien on les pêche à la ligne avec des hameçons qu'on garnit de vers, d'insectes, ou simplement d'un morceau d'étoffe rouge ou couleur de chair ; car, ainsi que nous l'avons dit, les grenouilles sont goulues ; elles saisissent avidement et retiennent avec obstination tout ce qu'on leur présente[3]. M. Bourgeois rapporte qu'en Suisse on les prend d'une manière plus prompte par le moyen de grands râteaux dont les dents sont longues et serrées : on enfonce le râteau dans l'eau et on ramène les grenouilles à terre, en le retirant avec précipitation[4].

On a employé avec succès en médecine les différentes portions du corps de la grenouille, ainsi que son frai auquel on fait subir différentes préparations, tant pour conserver sa vertu pendant longtemps que pour ajouter à l'efficacité de ce remède[5].

La grenouille commune habite presque tous les pays. On la trouve très avant vers le nord, et même dans la Laponie suédoise[6] ; elle vit dans la Caroline et dans la Virginie, où elle est si agile, au rapport de plusieurs voyageurs, qu'elle peut, en sautant, franchir un intervalle de quinze à dix-huit pieds.

Nous allons maintenant présenter rapidement les détails relatifs aux grenouilles différentes de la grenouille commune, et que l'on rencontre dans nos contrées, ou dans les pays étrangers ; nous allons les considérer comme des espèces distinctes ; peut-être des observations plus étendues nous obligeront-elles, dans la suite, à en regarder quelques-unes comme de simples variétés dépendantes du climat, ou tout au plus comme des races constantes ; nous nous contenterons de rapporter les différences qui les séparent de la grenouille commune, tant dans leur conformation que dans leurs habitudes.

1. Voyez les *OEuvres de M. l'abbé Spallanzani*, trad. de M. Sennebier, t. II, p. 160 et suiv.
2. M. Daubenton en a trouvé dans l'estomac d'un loup.
3. *Laurenti specimen medicum*. Vienne, 1768, p. 137.
4. *Dictionnaire d'histoire naturelle*, par M. Valmont de Bomare, article des Grenouilles.
5. *Dictionnaire d'histoire naturelle*, par M. Valmont de Bomare, article des Grenouilles.
6. Voyez, dans la continuation de l'*Histoire générale des voyages*, t. LXXVI, édition in-12, la description de la Laponie suédoise, par M. Pierre Hægestræm, traduite par M. de Kéralio de Gourlay.

LA ROUSSE[1]

Rana temporaria, Linn., Schneid., Cuv., Daud., Merr., Fitz.

Il est aisé de distinguer cette grenouille d'avec les autres par une tache noire qu'elle a entre les yeux et les pattes de devant. Elle paraît, au premier coup d'œil, n'être qu'une variété de la grenouille commune ; mais, comme elle habite dans le même pays, comme elle vit, pour ainsi dire, dans les mêmes étangs, et qu'elle en diffère cependant constamment par quelques-unes de ses habitudes et par ses couleurs, on ne peut pas rapporter ses caractères distinctifs à la différence du climat ou de la température, et l'on doit la considérer comme une espèce particulière. Elle a le dessus du corps d'un roux obscur, moins foncé quand elle a renouvelé sa peau, et qui devient comme marbré vers le milieu de l'été. Le ventre est blanc et tacheté de noir à mesure qu'elle vieillit. Les cuisses sont rayées de brun.

Elle a au bout de la langue une petite échancrure dont les deux pointes lui servent à saisir les insectes qu'elle retient en même temps par l'espèce de glu dont sa langue est enduite, et sur lesquels elle s'élance comme un trait dès qu'elle les voit à sa portée. On l'a appelée la *muette*, par comparaison avec la grenouille commune, dont les cris désagréables et souvent répétés se font entendre de très loin. Cependant, dans le temps de son accouplement ou lorsqu'on la tourmente, elle pousse un cri sourd, semblable à une sorte de grognement, et qui est plus fréquent et moins faible dans le mâle.

Les grenouilles rousses passent une grande partie de la belle saison à terre. Ce n'est que vers la fin de l'automne qu'elles regagnent les endroits marécageux ; et, lorsque le froid devient plus vif, elles s'enfoncent dans le limon du fond des étangs, où elles demeurent engourdies jusqu'au retour du printemps. Mais, lorsque la chaleur est revenue, elles sont rendues à la vie et au mouvement. Les jeunes regagnent alors la terre pour y chercher leur nourriture ; celles qui sont âgées de trois ou quatre ans, et qui ont atteint le degré de développement nécessaire à la reproduction de leur espèce, demeurent dans l'eau jusqu'à ce que la saison des amours soit passée. Elles sont les premières grenouilles qui s'accouplent, comme les premières ranimées. Elles demeurent unies pendant quatre jours ou environ.

Les grenouilles rousses éprouvent, avant d'être adultes, les mêmes changements que les grenouilles communes ; mais il paraît qu'il leur faut

1. *Batracos*, en grec. — *La Muette*. M. Daubenton, Encyclopédie méthodique. — *Rana temporaria*, 14. Linn., Amphib. rept. — *Rana muta, Laurenti specimen medicum*. — Roësel, tab. 1 et 3, *Rana fusca terrestris*. — Gesner, De Quadr. ovip., fol. 58, *Rana gibbosa*. — Aldr. ovip., 89, *Rana*. — Jonst., Quadr., t. LXXV, f. 5, 6, 7, 8. — Rai, Synops. quadr., 247, *Rana aquatica*. — Bradl. natur., tab. 21, fig. 1. — *Batracos*, Aristote, *Histoire des animaux*, livre IV, chap. IX. — *Frog. common*, British Zoology, t. III, London, 1776. — *Rana temporaria*, Wulff. *Ichtyologia cum amphibiis regni Borussici*. — *Rana vespertina*, Supplément au voyage de M. Pallas.

plus de temps pour les subir et que ce n'est qu'à peu près au bout de trois mois qu'elles ont la forme qu'elles doivent conserver pendant toute leur vie.

Vers la fin de juillet, lorsque les petites grenouilles sont entièrement écloses et ont quitté leur état de têtard, elles vont rejoindre les autres grenouilles rousses dans les bois et dans les campagnes. Elles partent le soir, voyagent toute la nuit et évitent d'être la proie des oiseaux voraces, en passant le jour sous les pierres et sous les différents abris qu'elles rencontrent et en ne se remettant en chemin que lorsque les ténèbres leur rendent la sûreté. Cependant, malgré cette espèce de prudence, pour peu qu'il vienne à pleuvoir, elles sortent de leurs retraites pour s'imbiber de l'eau qui tombe.

Comme elles sont très fécondes et qu'elles pondent ordinairement depuis six cents jusqu'à onze cents œufs, il n'est pas surprenant qu'elles se montrent quelquefois en si grand nombre, surtout dans les bois et les terrains humides, que la terre en paraît toute couverte.

La multitude des grenouilles rousses qu'on voit sortir de leurs trous lorsqu'il pleut a donné lieu à deux fables; l'on a dit non seulement qu'il pleuvait quelquefois des grenouilles, mais encore que le mélange de la pluie avec des grains de poussière pouvait les engendrer tout d'un coup. L'on ajoutait que ces grenouilles ainsi tombées des nues, ou produites d'une manière si rapide par un mélange si bizarre, s'en allaient aussi promptement qu'elles étaient venues et qu'elles disparaissaient aux premiers rayons du soleil.

Pour peu qu'on eût voulu découvrir la vérité, on les aurait trouvées, avant la pluie, sous des tas de pierres et d'autres abris, où on les aurait vues cachées de nouveau après la pluie, pour se dérober à une lumière trop vive[1]; mais on aurait eu deux fables de moins à raconter; et combien de gens dont tout le mérite disparaît avec les faits merveilleux!

On a prétendu que les grenouilles rousses étaient venimeuses; on les mange cependant dans quelques contrées d'Allemagne; et M. Laurenti ayant fait mordre une de ces grenouilles par de petits lézards gris, sur lesquels le moindre venin agit avec force, ils n'en furent point incommodés[2]. Elles sont en très grand nombre dans l'île de Sardaigne[3], ainsi que dans presque toute l'Europe; il paraît qu'on les trouve dans l'Amérique septentrionale et qu'il faut leur rapporter les grenouilles appelées *grenouilles de terre* par Catesby[4],

1. Roësel, p. 13 et 14.
2. *Laurenti specimen medicum*, p. 134.
3. *Histoire naturelle des amphibies et des poissons de la Sardaigne*, par M. François Cetti.
4. « Le dos et le dessus de cette grenouille (la grenouille de terre) sont gris et tachetés de marques d'un brun obscur, fort proches les unes des autres; le ventre est d'un blanc sale et légèrement marqueté; l'iris est rouge. Ces grenouilles varient quelquefois par rapport à la couleur, les unes étant plus grises et les autres penchant vers le brun; leurs corps sont gros et elles ressemblent plus à un crapaud qu'à une grenouille; cependant elles ne rampent pas comme les crapauds, mais elles sautent. On en voit davantage dans les temps humides; elles sont cependant fort communes dans les terres élevées et paraissent dans le temps le plus chaud du jour. » Catesby, t. II, p. 69.

et qui habitent la Virginie et la Caroline. Ces dernières paraissent préférer, pour leur nourriture, les insectes qui ont la propriété de luire dans les ténèbres, soit que cet aliment leur convienne mieux, ou qu'elles puissent l'apercevoir et le saisir plus facilement lorsqu'elles cherchent leur pâture pendant la nuit. Catesby rapporte en effet qu'étant dans la Caroline, hors de sa maison, au commencement d'une nuit très chaude, quelqu'un qui l'accompagnait laissa tomber de sa pipe un peu de tabac brûlant, qui fut saisi et avalé par une grenouille de terre tapie auprès d'eux, et dont l'humeur visqueuse dut amortir l'ardeur du tabac. Catesby essaya de lui présenter un petit charbon de bois allumé, qui fut avalé et éteint de même. Il éprouva constamment que les grenouilles terrestres saisissaient tous les petits corps enflammés qui étaient à leur portée, et il conjectura, d'après cela, qu'elles devaient rechercher les vers ou les insectes luisants qui brillent en grand nombre pendant les nuits d'été dans la Caroline et dans la Virginie[1].

LA PLUVIALE[2]

Bombinator igneus, MERR., FITZ. — *Rana bombina* et *variegata*, LINN. — *Rana campanisona*, LAUR. — *Bufo bombinus*, LATR., DAUD. — *Rana ignea*, SHAW.

Cette grenouille est couverte de verrues, ce qui sert à la distinguer d'avec les autres. La partie postérieure du corps est obtuse et parsemée en dessous de petits points. Elle a quatre doigts aux pieds de devant et cinq doigts un peu séparés les uns des autres aux pieds de derrière. On la trouve dans plusieurs contrées de l'Europe. Elle s'y montre souvent en grand nombre après les pluies du printemps ou de l'été, ainsi que la grenouille rousse; et c'est de là qu'est tiré le nom de pluviale, que M. Daubenton lui a donné, et que nous lui conservons. On a fait sur son apparition les mêmes contes ridicules que sur celle de la grenouille rousse.

LA SONNANTE[3]

Bombinator igneus, MERR., FITZ. — *Rana campanisona*, LAUR. — *Rana ignea*, SHAW. — *Rana variegata* et *bombina*, LINN. — *Bufo bombinus*, LATR., DAUD.

On trouve en Allemagne une grenouille qui, par sa forme, ressemble un peu plus que les autres au crapaud commun, mais qui est beaucoup plus

1. Catesby au même endroit.
2. *La Pluviale*. M. Daubenton, Encyclopédie méthodique. — *Rana corpore verrucoso, ano obtuso subtus punctato, Faun. Suec.*, 276. — *Rana rubeta*, 4. Linn., *Amph. rept.* — *Rana palmis tetradactylis fissis, plantis pentadactylis subpalmatis, ano subtus punctato.* — Water Jack, *British Zoology*, t. III, London, 1776. — *Rana rubeta*. Wulff, *Ichtyologia cum amphibiis regni Borussici*.
3. *La Sonnante*. M. Daubenton, Encyclopédie méthodique. — *Rana campanisona, Lau-*

petite que ce dernier. Un de ses caractères distinctifs est un pli transversal qu'elle a sous le cou. Le fond de sa couleur est noir ; le dessus de son corps est couvert de points saillants, et le dessous marbré de blanc et de noir. Les pieds de devant ont quatre doigts divisés, et ceux de derrière en ont cinq réunis par une membrane ; on conserve au Cabinet du roi plusieurs individus de cette espèce. On la nomme la sonnante, à cause d'une ressemblance vague qu'on a trouvée entre son coassement et le son des cloches qu'on entendrait de loin. Sa forme et son habitation l'ont fait appeler quelquefois *crapaud des marais*.

LA BORDÉE [1]

Rana marginata, Linn., Laur., Merr., Fitz.

Il est aisé de distinguer cette grenouille, qui se trouve aux Indes, par la bordure que présentent ses côtés; son corps est allongé; les pieds de derrière ont cinq doigts divisés. Le dos est brun et lisse [2] ; le dessous du corps est d'une couleur pâle et couvert d'un grand nombre de très petites verrues qui se touchent.

LA RÉTICULAIRE [3]

Calamita boans, Sch., Merr. — *Hyla venulosa*, Daud., Latr. — *Rana meriana*, Shaw. — *Hyla viridi-fusca*, Laur.

On trouve encore dans les Indes une grenouille dont le caractère distinctif est d'avoir le dessus du corps veiné et tacheté de manière à présenter l'apparence d'un réseau ; elle a les doigts divisés.

LA PATTE-D'OIE [4]

Calamita palmatus, Merr. — *Rana boans*, Linn. — *Rana maxima*, Laur. — *Calamita maximus*, Schn. — *Hyla palmata*, Daud., Latr.

C'est une grande et belle grenouille dont le corps est veiné et panaché de différentes couleurs ; le sommet du dos présente des taches placées obli-

renti specimen medicum. — Gesner, Pisc., 952. — *Rana bombina*, 6. Linn., *Amphib*, *rept*. — *Rana variegata*, Wulff, *Ichthyologia, cum amphibiis regni Borussici*.

1. *La Grenouille bordée*. M. Daubenton, Encyclopédie méthodique. — *Rana marginata*. *Laurenti specimen medicum*. — *Rana marginata*, Linn., *Systema naturæ*, edit. 13. — *Rana lateribus marginatis*, musæum Ad. Fr., fol. 47.

2. Suivant M. Laurenti, le dessus du corps est couvert d'aspérités ; mais nous avons cru devoir suivre la description que Linné a faite de cette grenouille, d'après un individu conservé dans le muséum du prince Adolphe.

3. *La Grenouille réticulaire*. M. Daubenton, Encyclopédie méthodique. — *Laurenti specimen medicum, Rana venulosa*. — Séba, t. Ier, pl. 72, fig. 4.

4. *La Patte-d'oie*. M. Daubenton, Encyclopédie méthodique. — *Rana maxima, Laurenti specimen medicum*. — Séba, t. Ier, tab. 72, fig. 3.

quement. Des bandes colorées, rapprochées par paires, règnent sur les pieds et les doigts. Ce qui la caractérise et ce qui lui a fait donner, par M. Daubenton, le nom de *patte-d'oie* que nous lui conservons, c'est que les doigts des pieds de devant, ainsi que des pieds de derrière, sont réunis par des membranes ; cette réunion suppose dans cette grenouille un séjour assez constant dans l'eau et un rapport d'habitudes avec la grenouille commune. On la rencontre en Virginie, ainsi que la réticulaire, avec laquelle elle a beaucoup de rapport, mais dont elle diffère en ce que ses doigts sont réunis, tandis qu'ils sont divisés dans la réticulaire.

L'ÉPAULE-ARMÉE [1]

Bufo marinus, Schn., Merr. — *Bufo humeralis* et *bengalensis,* Daud. — *Rana marina,* Linn. — *Rana maxima* et *dubia,* Shaw.

On trouve en Amérique cette grenouille remarquable par sa grandeur ; elle a quelquefois huit pouces de longueur, depuis le bout du museau jusqu'à l'anus. On voit de chaque côté sur les épaules une espèce de bouclier charnu, d'un cendré clair pointillé de noir, qui lui a fait donner, par M. Daubenton, le nom qu'elle porte ; sa tête est rayée de roussâtre ; les yeux sont grands et brillants ; la langue est large ; tout le reste du corps est cendré, parsemé de taches de différentes grandeurs, d'un gris clair ou d'une couleur jaunâtre. Le dos est très anguleux ; à la partie postérieure du corps sont quatre excroissances charnues en forme de gros boutons. Les pieds de devant sont fendus en quatre doigts garnis d'ongles larges et plats. Les pieds de derrière diffèrent de ceux de devant en ce qu'ils ont un cinquième doigt et que tous les doigts en sont réunis par une petite membrane près de leur origine. Cette espèce, qui paraît habiter sur terre et dans l'eau, pourrait se rapprocher par ses habitudes de la grenouille rousse. L'épithète de *marine,* qui lui a été donnée dans Séba, et conservée par M. Linné et Laurenti, paraît indiquer qu'elle vit près des rivages, dans les eaux de la mer ; mais nous avons de la peine à le croire, les quadrupèdes ovipares sans queue ne recherchant communément que les eaux douces.

LA MUGISSANTE [2]

Rana ocellata, Linn., Merr., Shaw. — *Rana pentadactyla,* Laur.

On rencontre en Virginie une grande grenouille dont les yeux ovales sont gros, saillants et brillants ; l'iris est rouge, bordé de jaune ; tout le des-

1. *L'Épaule-armée.* M. Daubenton, Encyclopédie méthodique. — *Rana marina,* 8. Linn., *Amphib. rept.* — *Rana marina,* 21. Laurenti specimen medicum. — Séba, t. Ier, tab. 76, fig. 1. *Rana marina maxima, Rana americana.*

2. *Bull frog,* en anglais. — *La Mugissante.* M. Daubenton, Encyclopédie méthodique. —

sus du corps est d'un brun foncé, tacheté d'un brun plus obscur, avec des
teintes d'un vert jaunâtre, particulièrement sur le devant de la tête; les
taches des côtés sont rondes et font paraître la peau œillée. Le ventre est
d'un blanc sale, nuancé de jaune et légèrement tacheté. Les pieds de devant
et de derrière ont communément cinq doigts, avec un tubercule sous chaque
phalange.

Cette espèce est moins nombreuse que les autres espèces de grenouilles.
La mugissante vit auprès des fontaines, qui se trouvent très fréquemment
sur les collines de la Virginie; ces sources forment de petits étangs, dont
chacun est ordinairement habité par deux grenouilles mugissantes. Elles se
tiennent à l'entrée du trou par lequel coule la source; et, lorsqu'elles sont
surprises, elles s'élancent et se cachent au fond de l'eau. Mais elles n'ont pas
besoin de beaucoup de précautions; le peuple de la Virginie imagine qu'elles
purifient les eaux et entretiennent la propreté des fontaines; il les épargne
d'après cette opinion, qui pourrait être fondée sur la destruction qu'elles
font des insectes, des vers, etc., mais qui se change en superstition, comme
tant d'autres opinions du peuple; car non seulement il ne les tue jamais,
mais même il croirait avoir quelque malheur à redouter s'il les inquiétait.
Cependant la crainte cède souvent à l'intérêt; et comme la mugissante est
très vorace et très friande des jeunes oisons ou des petits canards, qu'elle
avale d'autant plus facilement qu'elle est très grande et que sa gueule est
très fendue, ceux qui élèvent ces oiseaux aquatiques la font quelquefois
périr[1].

Sa grandeur et sa conformation modifient son coassement et l'augmentent, de manière que, lorsqu'il est réfléchi par les cavités voisines des lieux
qu'elle fréquente, il a quelque ressemblance avec le mugissement d'un taureau qui serait très éloigné, et, dit Catesby, à un quart de mille[2]. Son cri,
suivant M. Smith, est rude, éclatant et brusque; il semble que l'animal forme
quelquefois des sons articulés. Un voyageur est bien étonné, continue
M. Smith, quand il entend le mugissement retentissant de la grenouille dont
nous parlons, et que cependant il ne peut découvrir d'où part ce bruit
extraordinaire; car les mugissantes ont tout le corps caché dans l'eau et ne
tiennent leur gueule élevée au-dessus de la surface que pour faire entendre

Bull frog, grenouille-taureau, M. Smith, Voyage dans les États-Unis. — Rana ocellata, 10.
Linn., Amphib. rept. — Rana pentadactyla, Laurenti specimen medicum. — Browne, Jamaïc.,
466, pl. 41, fig. 4, Rana maxima compressa miscella. — Kalm, It. 3, p. 45, Rana halecina. —
Catesby, Car., 2, folio 72, tab. 72. Rana maxima americana aquatica.

Séba, t. 1er, tab. 75, fig. 1. Nous devons observer qu'il y a une faute d'impression dans la treizième édition de Linné; la planche 66, figure 1 du premier volume de Séba, y est citée, au lieu
de la figure 1, planche 75 du même volume. Cette faute d'impression a fait croire que la grenouille appelée par M. Laurenti la cinq-doigts, Rana pentadactyla, était différente de la mugissante, parce que M. Laurenti a cité pour sa grenouille cinq-doigts, la figure 1, planche 75 de
Séba, tandis que la mugissante et la cinq-doigts sont absolument le même animal.

1. Catesby, à l'endroit déjà cité.
2. Idem.

le coassement très fort qui leur a fait donner le nom de *grenouille-taureau*[1].

L'espèce de la grenouille mugissante que M. Laurenti appelle la *cinq-doigts* (*Rana pentadactyla*) renferme, suivant ce naturaliste, une variété aisée à distinguer par sa couleur brune, par la petitesse du cinquième doigt des pieds de devant et par la naissance d'un sixième doigt aux pieds de derrière[2]. Il y a, au Cabinet du roi, une grande grenouille mugissante, qui paraît se rapprocher de cette variété indiquée par M. Laurenti; elle a des taches sur le corps; le cinquième doigt des pieds de devant et le sixième des pieds de derrière sont à peine sensibles; tous les doigts sont séparés; elle a des tubercules sous les phalanges; son museau est arrondi; ses yeux sont gros et proéminents; les ouvertures des oreilles assez grandes. La langue est large, plate et attachée par le bout au-devant de la mâchoire inférieure. Cet individu a six pouces trois lignes, depuis le museau jusqu'à l'anus. Les pattes de derrière ont dix pouces; celles de devant quatre pouces; et le contour de la gueule a trois pouces sept lignes.

LA PERLÉE[3]

Bufo typhonius, Schn., Merr. — *Bufo margaritifer*, Latr., Daud. — *Rana typhonia et margaritifera*, Linn., Laur. — *Leptodactylus typhonia*, Fitz.

On trouve au Brésil une grenouille dont le corps est parsemé de petits grains d'un rouge clair et semblables à des perles. La tête est anguleuse, triangulaire et conformée comme celle du caméléon. Le dos est d'un rouge brun; les côtés sont mouchetés de jaune; le ventre, blanchâtre, est chargé de petites verrues ou petits grains d'un bleu clair; les pieds sont velus et ceux de devant n'ont que quatre doigts.

Une variété de cette espèce, si richement colorée par la nature, a cinq doigts aux pieds de devant, et la couleur de son corps est d'un jaune clair[4].

L'on voit que, dans le continent de l'Amérique méridionale, la nature n'a pas moins départi la variété des couleurs aux quadrupèdes ovipares, qu'elle paraît au premier coup d'œil avoir dédaigné, qu'à ces nombreuses troupes d'oiseaux de différentes espèces sur le plumage desquels elle s'est plu à répandre les nuances les plus vives, et qui embellissent les rivages de ces contrées chaudes et fécondes.

---

1. M. Smith, *Voyage aux États-Unis de l'Amérique.*
2. *Laurenti specimen medicum.*
3. *La Perlée.* M. Daubenton, Encyclopédie méthodique. — *Rana margaritifera*, 15. Laurenti *specimen medicum.* — Séba, t. Ier, tab. 71, fig. 6 et 7.
4. Séba, t. Ier, tab. 71, fig. 8.

LA JACKIE[1]

Rana paradoxa, Linn., Schn., Daud., Merr., Fitz. — *Proteus raninus*, Laur.

Cette grenouille se trouve en grand nombre à Surinam. Elle est d'une couleur jaune verdâtre qui devient quelquefois plus sombre. Le dos et les côtés sont mouchetés. Le ventre est d'une couleur pâle et nuageuse ; les cuisses sont par derrière striées obliquement. Les pieds de derrière sont palmés ; ceux de devant ont quatre doigts. Mlle Mérian a rendu cette grenouille fameuse, en lui attribuant une métamorphose opposée à celle des grenouilles communes. Elle a prétendu qu'au lieu de passer par l'état de têtard pour devenir adulte, la jackie perdait insensiblement ses pattes au bout d'un certain temps, acquérait une queue et devenait un véritable poisson. Cette métamorphose est plus qu'invraisemblable ; nous n'en parlons ici que pour désigner l'espèce particulière de grenouille à laquelle Mlle Mérian l'a attribuée. L'on conserve au Cabinet du roi, et l'on trouve dans presque toutes les collections de l'Europe, plusieurs individus de cette grenouille fameuse, qui présentent les différents degrés de son développement et de son passage par l'état de têtard, au lieu de montrer, comme on l'a cru faussement, les diverses nuances de son changement prétendu en poisson. La forme du têtard de la jackie, qui est assez grand, et qui ressemble plus ou moins à un poisson, comme tous les autres têtards, a pu donner lieu à cette erreur, dont on n'a parlé que trop souvent. D'ailleurs, il paraît qu'il y a une espèce particulière de poisson, dont la forme extérieure est assez semblable à celle du têtard de la jackie, et que l'on a pu prendre pour le dernier état de cette grenouille d'Amérique.

LA GALONNÉE[2].

Rana virginica, Gmel., Mbrr. — *Rana typhonia*, Daud.

On trouve en Amérique cette grenouille dont Linné a parlé le premier. Son dos présente quatre lignes relevées et longitudinales; il est d'ailleurs semé de points saillants et de taches noires. Les pieds de devant ont quatre doigts séparés; ceux de derrière en ont cinq réunis par une membrane; le second est plus long que les autres et dépourvu de l'espèce d'ongle arrondi qu'ont plusieurs grenouilles.

---

1. *La Jackie*. M. Daubenton, Encyclopédie méthodique. — *Rana paradoxa*, 13. Linn., Amphib. rept. —Mus. Ad Fr., *Rana piscis*. — Séba, mus., t. Ier, tab. 78. — Mérian, Surinam, 71, tab. 71.
2. *Rana Typhonia*, 9. Linn., Amphib. rept.

Nous regardons comme une variété de cette espèce, jusqu'à ce qu'on ait recueilli de nouveaux faits, celle que M. Laurenti a appelée *grenouille de Virginie*[1]. Le corps de ce dernier animal, qu'on trouve en effet en Virginie, est d'une couleur cendrée, tachetée de rouge; le dos est relevé par cinq arêtes longitudinales, dont les intervalles sont d'une couleur pâle. Le ventre et les pieds sont jaunes.

LA GRENOUILLE ÉCAILLEUSE[1]

Rana squamigera, GMEL.

On doit à M. Walbaum la description de cette espèce de grenouille. Il est d'autant plus intéressant de la connaître, qu'elle est un exemple de ces conformations remarquables qui lient de très près les divers genres d'animaux. Nous avons vu en effet, dans l'*Histoire naturelle des Quadrupèdes ovipares*, que presque toutes les espèces de lézards étaient couvertes d'écailles plus ou moins sensibles, et nous n'avons trouvé dans les grenouilles, les crapauds, ni les raines, aucune espèce qui présentât quelque apparence de ces mêmes écailles; nous n'avons vu que des verrues ou des tubercules sur la peau des quadrupèdes ovipares sans queue. Voici maintenant une espèce de grenouille dont une partie du corps est revêtue d'écailles, ainsi que celui des lézards; et pendant que, d'un côté, la plupart des salamandres, qui toutes ont une queue comme ces mêmes lézards et appartiennent au même genre que ces animaux, se rapprochent des quadrupèdes ovipares sans queue, non seulement par leur conformation intérieure et par leurs habitudes, mais encore par leur peau dénuée d'écailles sensibles, nous voyons, d'un autre côté, la grenouille décrite par M. Walbaum établir un grand rapport entre son genre et celui des lézards par les écailles qu'elle a sur le dos. M. Walbaum n'a vu qu'un individu de cette espèce singulière qu'il a trouvé dans un Cabinet d'histoire naturelle, et qui y était conservé dans de l'esprit-de-vin. Il n'a pas su d'où il avait été apporté. Il serait intéressant qu'on pût observer encore des individus de cette espèce, comparer ses habitudes avec celles des lézards et des grenouilles, et voir la liaison qui se trouve entre sa manière de vivre et sa conformation particulière.

La grenouille écailleuse est à peu près de la grosseur et de la forme de la grenouille commune; sa peau est comme plissée sur les côtés et sous la gorge; les pieds de devant ont quatre doigts à demi réunis par une membrane, et les pieds de derrière cinq doigts entièrement palmés; les ongles

---

1. *La Galonnée.* M. Daubenton, Encyclopédie méthodique. — *Rana virginica, Laurenti specimen medicum.* — Séba, t. Ier, tab. 75, fig. 4.
2. *Rana squamigera.* M. Walbaum, *Mémoires des curieux de la nature de Berlin,* année 1784, t. V, p. 221.

sont aplatis ; mais ce qu'il faut surtout remarquer, c'est une bande écailleuse qui, partant de l'endroit des reins et s'étendant obliquement de chaque côté au-dessus des épaules, entoure par devant le dos de l'animal. Cette bande est composée de très petites écailles à demi transparentes, présentant chacune un petit sillon longitudinal, placées sur quatre rangs et se recouvrant les unes les autres comme les ardoises des toits. Il est évident, par cette forme et cette position, que ces pièces sont de véritables écailles semblables à celles des lézards, et qu'elles ne peuvent pas être confondues avec les verrues ou tubercules que l'on a observés sur le dos des quadrupèdes ovipares sans queue. M. Walbaum a vu aussi sur la patte gauche de derrière quelques portions garnies de petites écailles dont la forme était celle d'un carré long ; et ce naturaliste conjecture avec raison qu'il en aurait trouvé également sur la patte droite, si l'animal n'avait pas été altéré par l'esprit-de-vin. Le dessous du ventre était garni de petites verrues rapprochées. L'individu décrit par M. Walbaum avait deux pouces neuf lignes de longueur, depuis le bout du museau jusqu'à l'anus ; sa couleur était grise, marbrée, tachetée et pointillée en divers endroits de brun et de marron plus ou moins foncé ; les taches étaient disposées en lignes tortueuses sur certaines places, comme, par exemple, sur le dos.

— —

RAINES

LA RAINE VERTE OU COMMUNE[1]

Calamita arboreus, Schn., Merr. — *Hyla viridis*, Laur., Latr. — *Rana viridis*
et arborea, Linn. — La Rainette commune, Cuv.

Il est aisé de distinguer des grenouilles la raine verte, ainsi que toutes
les autres raines, par des espèces de petites plaques visqueuses qu'elle a
sous ses doigts, et qui lui servent à s'attacher aux branches et aux feuilles
des arbres. Tout ce que nous avons dit de l'instinct, de la souplesse, de
l'agilité de la grenouille commune, appartient encore davantage à la raine
verte; et comme sa taille est toujours beaucoup plus petite que celle de la
grenouille commune, elle joint plus de gentillesse à toutes les qualités de
cette dernière. La couleur du dessus de son corps est d'un beau vert; le
dessous, où l'on voit de petits tubercules, est blanc. Une raie jaune, légèrement bordée de violet, s'étend de chaque côté de la tête et du dos, depuis le
museau jusqu'aux pieds de derrière; et une raie semblable règne depuis la
mâchoire supérieure jusqu'aux pieds de devant. La tête est courte, aussi
large que le corps, mais un peu rétrécie par devant; les mâchoires sont
arrondies, les yeux élevés. Le corps est court, presque triangulaire, très
élargi vers la tête, convexe par-dessus et plat par-dessous. Les pieds de
devant, qui n'ont que quatre doigts, sont assez courts et épais; ceux de derrière, qui en ont cinq, sont au contraire déliés et très longs; les ongles sont
plats et arrondis.

La raine verte saute avec plus d'agilité que les grenouilles, parce qu'elle
a les pattes de derrière plus longues en proportion de la grandeur du corps.

---

1. *Batrachos druopetes*, en grec. — *La Raine verte*. M. Daubenton, Encyclopédie méthodique
— *Rana arborea*, 16. Linn., *Amphibia reptilia*. (Des deux figures de Séba, citées par Linné,
celle de la planche 73 du premier volume doit être rapportée à la *Raine squelette*, et celle de la
planche 70 du second volume, à la *Raine bossue*.) — Gronov., mus. 2, p. 84, n° 63, *Rana*. —
Gesner, *De Quadrup. ovip.*, p. 55, *Ranunculus viridis*. — Rai, Synopsis quadrup., 251, *Rana
arborea, seu Ranunculus viridis*. — Rœsel, tab. 9, 10 et 11. — *Hyla viridis*, Laurenti specimen
medicum. — *Rana arborea*, Wulff, *Ichthyologia cum amphibiis regni Borussici*.

C'est au milieu des bois, c'est sur les branches des arbres, qu'elle passe presque toute la belle saison ; sa peau est si gluante, et ses pelotes visqueuses se collent avec tant de facilité à tous les corps, quelque polis qu'ils soient, que la raine n'a qu'à se poser sur la branche la plus unie, même sur la surface inférieure des feuilles, pour s'y attacher de manière à ne pas tomber. Catesby dit qu'elle a la faculté de rendre ces pelotes concaves et de former par là un petit vide qui l'attache plus fortement à la surface qu'elle touche. Ce même auteur ajoute qu'elles franchissent quelquefois un intervalle de douze pieds. Ce fait est peut-être exagéré; mais, quoi qu'il en soit, les raines sont aussi agiles dans leurs mouvements que déliées dans leur forme.

Lorsque les beaux jours sont venus, on les voit s'élancer sur les insectes qui sont à leur portée; elles les saisissent et les retiennent avec leur langue, ainsi que les grenouilles et, sautant avec vitesse de rameau en rameau, elles y représentent jusqu'à un certain point les jeux et les petits vols des oiseaux, ces légers habitants des arbres élevés. Toutes les fois qu'aucun préjugé défavorable n'existera contre elles, qu'on examinera leurs couleurs vives qui se marient avec le vert des feuillages et l'émail des fleurs, qu'on remarquera leurs ruses et leurs embuscades, qu'on les suivra des yeux dans leurs petites chasses, qu'on les verra s'élancer à plusieurs pieds de distance, se tenir avec facilité sur les feuilles dans la situation la plus renversée et s'y placer d'une manière qui paraîtrait merveilleuse, si l'on ne connaissait pas l'organe qui leur a été donné pour s'attacher aux corps les plus unis; n'aura-t-on pas presque autant de plaisir à les observer qu'à considérer le plumage, les manœuvres et le vol de plusieurs espèces d'oiseaux ?

L'habitation des raines au sommet de nos arbres est une preuve de plus de cette analogie et de cette ressemblance d'habitudes que l'on trouve même entre les classes d'animaux qui paraissent les plus différentes les unes des autres. La dragonne, l'iguane, le basilic, le caméléon et d'autres lézards très grands habitent au milieu des bois et même sur les arbres ; le lézard ailé s'y élance comme l'écureuil avec une facilité et à des distances qui ont fait prendre ses sauts pour une espèce de vol. Nous retrouvons encore sur ces mêmes arbres les raines, qui cependant sont pour le moins aussi aquatiques que terrestres et qui paraissent si fort se rapprocher des poissons ; et tandis que ces raines, ces habitants si naturels de l'eau, vivent sur les rameaux de nos forêts, l'on voit, d'un autre côté, de grandes légions d'oiseaux, presque entièrement dépourvus d'ailes, n'avoir que la mer pour patrie et attachés, pour ainsi dire, à la surface de l'onde, passer leur vie à la sillonner ou à se plonger dans les flots.

Il en est des raines comme des grenouilles, leur entier développement ne s'effectue qu'avec lenteur, et de même qu'elles demeurent longtemps dans leurs véritables œufs, c'est-à-dire sous l'enveloppe qui leur fait porter le nom de têtards, elles ne deviennent qu'après un temps assez long en état de perpétuer leur espèce ; ce n'est qu'au bout de trois ou quatre ans qu'elles s'accouplent. Jusqu'à cette époque elles sont presque muettes ; les mâles mêmes, qui dans tant d'espèces d'animaux ont la voix plus forte que les femelles ne se font point entendre, comme si leurs cris n'étaient propres qu'à exprimer les désirs qu'ils ne ressentent pas encore et à appeler des compagnes vers lesquelles ils ne sont point encore entraînés.

C'est ordinairement vers la fin du mois d'avril que leurs amours commencent ; mais ce n'est pas sur les arbres qu'elles en goûtent les plaisirs. On dirait qu'elles veulent se soustraire à tous les regards et se mettre à l'abri de tous les dangers, pour s'occuper plus pleinement, sans distraction et sans trouble, de l'objet auquel elles vont s'unir ; ou bien il semble que leur première patrie étant l'eau, c'est dans cet élément qu'elles reviennent jouir dans toute son étendue d'une existence qu'elles y ont reçue et qu'elles sont poussées par une sorte d'instinct à ne donner le jour à de petits êtres semblables à elles que dans les asiles favorables où ils trouveront en naissant la nourriture et la sûreté qui leur ont été nécessaires à elles-mêmes dans les premiers mois où elles ont vécu, ou plutôt encore c'est à l'eau qu'elles retournent dans le temps de leurs amours, parce que ce n'est que dans l'eau qu'elles peuvent s'unir de la manière qui convient le mieux à leur organisation.

Les raines ne vivent dans les bois que pendant le temps de leurs chasses, car c'est aussi au fond des eaux et dans le limon des lieux marécageux qu'elles se cachent pour passer le temps de l'hiver et de leur engourdissement.

On les trouve donc dans les étangs dès la fin du mois d'avril ou au commencement de mai ; mais, comme si elles ne pouvaient pas renoncer même pour un temps très court aux branches qu'elles ont habitées, peut-être parce qu'elles ont besoin d'y aller chercher l'aliment qui leur convient le plus lorsqu'elles sont entièrement développées, elles choisissent les endroits marécageux entourés d'arbres. C'est là que les mâles, gonflant leur gorge qui devient brune quand ils sont adultes, poussent leurs cris rauques et souvent répétés avec encore plus de force que la grenouille commune. A peine l'un d'eux fait-il entendre son coassement retentissant que tous les autres mêlent leurs sons discordants à sa voix et leurs clameurs sont si bruyantes qu'on les prendrait de loin pour une meute de chiens qui aboient, et que, dans des nuits tranquilles, leurs coassements réunis sont quelquefois parvenus jusqu'à plus d'une lieue, surtout lorsque la pluie était prête à tomber.

Les raines s'accouplent comme les grenouilles ; on aperçoit le mâle et la femelle descendre souvent au fond de l'eau pendant leur union et y demeurer assez de temps ; la femelle paraît agitée de mouvements convulsifs, surtout lorsque le moment de la ponte approche, et le mâle y répond en approchant plusieurs fois l'extrémité de son corps, de manière à féconder plus aisément les œufs à leur sortie.

Quelquefois les femelles sont délivrées en peu d'heures de tous les œufs qu'elles doivent pondre ; d'autres fois elles ne s'en débarrassent que dans quarante-huit heures et même quelquefois plus de temps ; mais alors il arrive souvent que le mâle lassé et peut-être épuisé de fatigue, perdant son amour avec ses désirs, abandonne sa femelle qui ne pond plus que des œufs stériles.

La couleur des raines varie après leur accouplement ; elle est d'abord rousse et devient grisâtre tachetée de roux, elle est ensuite bleue et enfin verte.

Ce n'est ordinairement qu'après deux mois que les jeunes raines ont la forme qu'elles doivent conserver toute leur vie ; mais, dès qu'elles ont atteint leur développement et qu'elles peuvent sauter et bondir avec facilité, elles quittent les eaux et gagnent les bois.

On fait vivre aisément la raine verte dans les maisons en lui fournissant une température et une nourriture convenables. Comme sa couleur varie très souvent, suivant l'âge, la saison et le climat, et comme lorsque l'animal est mort, le vert du dessus de son corps se change souvent en bleu, nous présumons que l'on doit regarder comme une variété de cette raine celle que M. Boddaert a décrite sous le nom de grenouille à deux couleurs[1]. Cette dernière raine faisait partie de la collection de M. Schlosser et avait été apportée de Guinée ; ses pieds n'étaient pas palmés. Ses doigts étaient garnis de pelotes visqueuses ; elle en avait quatre aux pieds de devant et cinq aux pieds de derrière. La couleur du dessus de son corps était bleue et le jaune régnait sur tout le dessous. Le museau était un peu avancé ; la tête plus large que le corps et la lèvre supérieure un peu fendue.

On rencontre la raine verte en Europe[2], en Afrique et en Amérique[3] ; mais indépendamment de cette espèce, les pays étrangers offrent d'autres quadrupèdes ovipares sans queue et avec des plaques visqueuses sous les doigts. Nous allons présenter les caractères particuliers de ces diverses raines.

LA BOSSUE[4]

Calamita surinamensis, MERR. — *Hyla surinamensis*, DAUD.

On trouve dans l'île de Lemnos une raine qu'il est aisé de distinguer d'avec les autres, parce que sur son corps arrondi et plane s'élève une bosse bien sensible. Ses yeux sont saillants et les doigts de ses pieds, garnis de

1. *Rana bicolor*, Petri Boddaert, *Epist. de rana bicolore*. Ex musæo Joan. Alb. Schlosser, Amst., 1772.
2. Elle est très commune en Sardaigne. *Histoire naturelle des amphibies et des poissons de la Sardaigne*, par M. François Cetti, p. 39.
3. Catesby, *Histoire naturelle de la Caroline*. — M. Smith, *Voyage dans les États-Unis de l'Amérique*.
4. *La Bossue*. M. Daubenton, Encyclopédie méthodique. — *Hyla ranœformis*, Laurenti *specimen medicum*. — Séba, t. II, tab. 13, fig. 2.

pelotes gluantes comme celles de la raine commune, sont en même temps réunis par une membrane. Elle est la proie des serpents. Il paraît que cette espèce qui appartient à l'ancien continent se rencontre aussi à Surinam ; mais elle y a subi l'influence du climat et y forme une variété distinguée par les taches que le dessus de son corps présente[1].

LA BRUNE[2]

Calamita tinctorius, var. *b*, MERR. — *Hyla fusca*, LAUR. — *Hyla arborea*, var. *b*. LINN. — La RAINETTE A TAPIRER, CUV.

Cette raine que M. Laurenti a le premier décrite sans indiquer son pays natal, mais qui nous paraît devoir appartenir à l'Europe, est distinguée d'avec les autres par sa couleur brune et par des tubercules en quelque sorte déchiquetés qu'elle a sous les pieds.

La raine ou grenouille d'arbre dont parle Sloane sous le nom de *rana arborea maxima*, et qui habite la Jamaïque, pourrait bien être une variété de la brune ; sa couleur est foncée comme celle de la brune. A la vérité, elle est tachetée de vert et elle a de chaque côté du cou une espèce de sac ou de vessie conique[3]; mais les différences de cette raine, qui vit en Amérique, avec la brune, qui paraît habiter l'Europe, pourraient être rapportées à l'influence du climat ou à celle de la saison des amours qui, dans presque tous les animaux, rend plusieurs parties beaucoup plus apparentes.

LA COULEUR-DE-LAIT[4]

Calamita palmatus, MERR. — *Rana boans*, LINN. — *Calamita maximus*, SCHNEID. — *Hyla palmata*. LATR., DAUD.

Elle habite en Amérique : sa couleur est d'un blanc de neige, avec des taches d'un blanc moins éclatant ; le bas-ventre présente des bandes d'une couleur cendré pâle ; l'ouverture de la gueule est très grande. Une variété de cette espèce, au lieu d'avoir le dessus du corps d'un blanc de neige, l'a d'une couleur bleuâtre un peu plombée.

1. *Hyla ranæformis*, var. B., *Laurenti specimen medicum*. — Séba, t. II, tab. 70, fig. 4.
2. *La Brune*. M. Daubenton, Encyclopédie méthodique. — *Hyla fusca*, 27. *Laurenti specimen medicum*.
3. Sloane, t. II.
4. *La couleur-de-lait*. M. Daubenton, Encyclopédie méthodique. — *Hyla lactea*, 28. *Laurenti specimen medicum*.

LA FLUTEUSE [1]

Calamita tibicen, Merr. — *Hyla tibiatrix*, Laur., Daud. — *Hyla aurantiaca*, Laur.
— *Rana arborea*, var. *e*, et *Rana boans*, var. *g*, Linn., Gmel.

Cette espèce a le corps d'un blanc de neige, suivant Laurenti, de couleur jaune, suivant Séba, et tacheté de rouge. Les pieds de derrière sont palmés et le mâle, en coassant, fait enfler deux vessies qu'il a des deux côtés du cou et que l'on a comparées à des flûtes. Suivant Séba, elle coasse *mélodieusement;* mais je crois qu'il ne faut pas avoir l'oreille très délicate pour se plaire à la mélodie de la flûteuse. Cette raine se tait pendant les jours froids et pluvieux, et son cri annonce le beau temps; elle est opposée en cela à la grenouille commune, dont le coassement est au contraire un indice de pluie. Mais la sécheresse ne doit pas agir également sur les animaux dans deux climats aussi différents que ceux de l'Europe et de l'Amérique méridionale. Le mâle de la raine couleur-de-lait ne pourrait-il pas avoir aussi deux vessies qu'il n'enflerait et ne rendrait apparentes que dans le temps de ses amours, et dès lors la flûteuse ne devrait-elle pas être regardée comme variété de la couleur-de-lait?

L'ORANGÉE [2]

Calamita tibicen, Merr. — *Hyla tibiatrix*, Laur., Daud. — *Hyla aurantiaca*, Laur.
— *Calamita ruber*, Merr. — *Hyla rubra*, Laur., Daud. — *Hyla Sceleton*, Laur.

Le corps de cette raine est jaune, avec une teinte légère de roux, et son dos est comme circonscrit par une file de points roux plus ou moins foncés. Séba dit qu'elle ne diffère de la flûteuse que par le défaut des vessies de la gorge. Elle vit à Surinam.

On rencontre au Brésil une raine dont le corps est d'un jaune tirant sur la couleur de l'or; son dos est à la vérité panaché de rouge, et on l'a vue d'une maigreur si grande qu'on en a tiré le nom de raine squelette qu'on lui a donné[3]. Mais les raines, ainsi que les grenouilles, sont sujettes à varier beaucoup par l'abondance ou le défaut de graisse, même dans un très court espace de temps. Nous pensons donc que la raine squelette, vue dans d'autres moments que ceux où elle a été observée, n'aurait peut-être pas paru

1. *La Flûteuse.* M. Daubenton, Encyclopédie méthodique. — *Hyla tibiatrix*, 30. *Laurenti specimen medicum.* — Séba, t. 1er, tab. 71, fig. 1 et 2.
2. *L'Orangée.* M. Daubenton, Encyclopédie méthodique. — *Hyla aurantiaca*, 31. *Laurenti specimen medicum.* Séba, t. 1er, tab. 71, fig. 3.
3. *La Raine squelette.* M. Daubenton, Encyclopédie méthodique. — *Hyla Sceleton*, 33. *Laurenti specimen medicum.* — Séba, t. 1er, tab. 73, fig. 3.

assez maigre pour former une espèce différente de l'orangée, mais simplement une variété dépendant du climat ou d'autres circonstances.

LA ROUGE[1]

Calamita ruber, Merr. — *Hyla rubra*, Laur., Daud. -
Calamita tinctorius, Merr. — *Hyla tinctoria*, Latr., Daud. — *Rana tinctoria*, Shaw.

On la trouve en Amérique; elle a la tête grosse, l'ouverture de la gueule
grande, et sa couleur est rouge.

M. le comte de Buffon a fait mention, dans l'histoire des perroquets
appelés *cricks*[2], d'un petit quadrupède ovipare sans queue de l'Amérique
méridionale, dont se servent les Indiens pour donner aux plumes des perroquets une belle couleur rouge ou jaune, ce qu'ils appellent *tapirer*. Ils arra-
chent pour cela les plumes des jeunes cricks qu'ils ont enlevés dans leur nid;
ils en frottent la place avec le sang de ce quadrupède ovipare; les plumes
qui renaissent après cette opération, au lieu d'être vertes comme auparavant,
sont jaunes ou rouges. Ce quadrupède ovipare sans queue vit communément
dans les bois; il y a au Cabinet du roi plusieurs individus de cette espèce
conservés dans l'esprit-de-vin, d'après lesquels il est aisé de voir qu'il est du
genre des raines, puisqu'il a des plaques visqueuses au bout des doigts, ce
qui s'accorde fort bien avec l'habitude qu'il a de demeurer au milieu des
arbres. Il paraît que la couleur de cette raine tire sur le rouge; elle présente
sur le dos deux bandes longitudinales, irrégulières, d'un blanc jaunâtre ou
même couleur d'or. Il me semble qu'on doit regarder cette jolie et petite
raine comme une variété de la rouge ou peut-être de l'orangée. Combien les
grenouilles, les crapauds et les raines ne varient-ils pas, suivant l'âge, le
sexe, la saison et l'abondance ou la disette qu'ils éprouvent! La raine à tapirer a, comme la rouge, la tête grosse en proportion du corps, et l'ouverture
de la gueule est grande.

Au reste, il est bon de remarquer que nous retrouvons sur les raines de
l'Amérique méridionale les belles couleurs que la nature y a accordées aux
grenouilles, et qu'elle y a prodiguées aussi avec tant de magnificence aux
oiseaux, aux insectes et aux papillons.

1. *La Rouge*. M. Daubenton, Encyclopédie méthodique. — *Hyla rubra*, 32. *Laurenti specimen medicum*. — Séba, t. II, tab. 68, fig. 5.
2. Buffon, édition Pillot, t. XXIV, p. 133.

TROISIÈME GENRE

QUADRUPÈDES OVIPARES SANS QUEUE, QUI ONT LE CORPS RAMASSÉ ET ARRONDI

CRAPAUDS

LE CRAPAUD COMMUN[1]

Bufo cinereus, SCHNEID., MERR. — *Rana Bufo,* LINN. — *Bufo vulgaris,* LAUR., LATR., DAUD. — Le CRAPAUD COMMUN, CUV.

Depuis longtemps l'opinion a flétri cet animal dégoûtant dont l'approche révolte tous les sens. L'espèce d'horreur avec laquelle on le découvre est produite même par l'image que le souvenir en retrace ; beaucoup de gens ne se le représentent qu'en éprouvant une sorte de frémissement, et les personnes qui ont un tempérament faible et les nerfs délicats ne peuvent en fixer l'idée sans croire sentir dans leurs veines le froid glacial que l'on a dit accompagner l'attouchement du crapaud. Tout en est vilain, jusqu'à son nom, qui est devenu le signe d'une basse difformité ; on s'étonne toujours lorsqu'on le voit constituer une espèce constante d'autant plus répandue que presque toutes les températures lui conviennent, et en quelque sorte d'autant plus durable que plusieurs espèces voisines se réunissent pour former avec lui une famille nombreuse. On est tenté de prendre cet animal informe pour un produit fortuit de l'humidité et de la pourriture, pour un de ces jeux bizarres qui échappent à la nature ; et on n'imagine pas comment cette mère commune, qui a réuni si souvent tant de belles proportions à tant de couleurs agréables, et qui même a donné aux grenouilles et aux raines une sorte de grâce, de gentillesse et de parure, a pu imprimer au crapaud une forme si hideuse. Et que l'on ne croie pas que ce soit d'après des conventions arbitraires qu'on le regarde comme un des êtres les plus défavorablement traités ; il paraît vicié dans toutes ses parties. S'il a des pattes, elles n'élèvent pas son corps disproportionné au-dessus de la fange qu'il habite. S'il a des yeux, ce n'est point en quelque sorte pour recevoir une

---

1. *Phrunos,* en grec. — *Bufo,* en latin. — *Toad,* en anglais. — *Le Crapaud commun.* M. Daubenton, Encyclopédie méthodique. — *Rana Bufo,* 3. Linn., *Amphibia reptilia.* — *Bufo, Scotia illustrata,* Edimburgi, 1684. — *Rana Bufo,* Wulff, *Ichtyologia cum amphibiis regni Borussici.* — *Phrunos,* Arist., *Hist. an.,* lib. IX, cap. t, 40. — *Toad,* British Zoology, t. III, London, 1776. — *Rubeta, seu Phrynum,* Gesner, *Pisc.,* 807. — Bradl., *Nat.,* t. XXI, f. 2. — *Bufo seu Rubeta,* Rai, *Synops. quadrup.,* 252.

lumière qu'il fuit. Mangeant des herbes puantes et vénéneuses, caché dans la vase, tapi sous des tas de pierres, retiré dans des trous de rochers, sale dans son habitation, dégoûtant par ses habitudes, difforme dans son corps, obscur dans ses couleurs, infect par son haleine, ne se soulevant qu'avec peine, ouvrant, lorsqu'on l'attaque, une gueule hideuse, n'ayant pour toute puissance qu'une grande résistance aux coups qui le frappent, que l'inertie de la matière, que l'opiniâtreté d'un être stupide, n'employant d'autre arme qu'une liqueur fétide qu'il lance, que paraît-il avoir de bon, si ce n'est de chercher, pour ainsi dire, à se dérober à tous les yeux, en fuyant la lumière du jour?

Cet être ignoble occupe cependant une assez grande place dans le plan de la nature ; elle l'a répandu avec bien plus de profusion que beaucoup d'objets chéris de sa complaisance maternelle. Il semble qu'au physique comme au moral, ce qui est le plus mauvais est le plus facile à produire ; et, d'un autre côté, on dirait que la nature a voulu, par ce frappant contraste, relever la beauté de ses autres ouvrages. Donnons donc dans cette histoire une place assez étendue à ces êtres sur lesquels nous sommes forcés d'arrêter un moment l'attention. Ne cherchons même pas à ménager la délicatesse ; ne craignons pas de blesser les regards et tâchons de montrer le crapaud tel qu'il est.

Son corps, arrondi et ramassé, a plutôt l'air d'un amas informe et pétri au hasard que d'un corps organisé, arrangé avec ordre et fait sur un modèle. Sa couleur est ordinairement d'un gris livide, tacheté de brun et de jaunâtre ; quelquefois, au commencement du printemps, elle est d'un roux sale, qui devient ensuite tantôt presque noir, tantôt olivâtre et tantôt roussâtre. Il est encore enlaidi par un grand nombre de verrues ou plutôt de pustules d'un vert noirâtre ou d'un rouge clair. Une éminence très allongée, faite en forme de rein, molle et percée de plusieurs pores très visibles, est placée au-dessus de chaque oreille. Le conduit auditif est fermé par une lame membraneuse. Une peau épaisse, dure et très difficile à percer, couvre son dos aplati ; son large ventre paraît toujours enflé ; ses pieds de devant sont très peu allongés et divisés en quatre doigts, tandis que ceux de derrière ont chacun six doigts réunis par une membrane [1]. Au lieu de se servir de cette large patte pour sauter avec agilité, il ne l'emploie qu'à comprimer la vase humide sur laquelle il repose ; et au-devant de cette masse, qu'est ce qu'on distingue? une tête un peu plus grosse que le reste du corps, comme s'il manquait quelque chose à sa difformité ; une grande gueule garnie de mâchoires raboteuses, mais sans dents ; des paupières gonflées et des yeux assez gros, saillants, et qui révoltent par la colère qui paraît souvent les animer. On est tout étonné qu'un animal qui ne semble pétri que d'une vile et froide boue puisse sentir l'ardeur de la colère, comme si la nature avait

---

1. Le doigt intérieur est gros, mais très court et peu sensible dans le squelette.

permis ici aux extrêmes de se mêler, afin de réunir dans un seul être tout
ce qui peut repousser l'intérêt. Il s'irrite avec force pour peu qu'on le touche;
il se gonfle et tâche d'employer ainsi sa vaine puissance. Il résiste longtemps aux poids avec lesquels on cherche à l'écraser, et il faut que toutes
ses parties et ses vaisseaux soient bien peu liés entre eux, puisqu'on a vu des
crapauds qui, percés d'outre en outre avec un pieu, ont cependant vécu plusieurs jours étant fichés contre terre.

Tout se ressent de la grossièreté de l'atmosphère ordinairement répandue autour du crapaud et de la disproportion de ses membres; non seulement il ne peut point marcher, mais il ne saute qu'à une très petite hauteur; lorsqu'il se sent pressé, il lance contre ceux qui le poursuivent les
sucs fétides dont il est imbu; il fait jaillir une liqueur limpide que l'on dit
être son urine[1] et qui, dans certaines circonstances, est plus ou moins nuisible. Il transpire de tout son corps une humeur laiteuse et il découle de
sa bouche une bave, qui peuvent infecter les herbes et les fruits sur lesquels
il passe, de manière à incommoder ceux qui en mangent sans les laver.
Cette bave et cette humeur laiteuse peuvent être un venin plus ou moins
actif, ou un corrosif plus ou moins fort, suivant la température, la saison et
la nourriture des crapauds, l'espèce de l'animal sur lequel il agit et la nature de la partie qu'il attaque. La trace du crapaud peut donc être, dans certaines circonstances, aussi funeste que son aspect est dégoûtant. Pourquoi
donc laisser subsister un animal qui souille et la terre et les eaux, et même
le regard? Mais comment anéantir une espèce aussi féconde et répandue
dans presque toutes les contrées?

Le crapaud habite pour l'ordinaire dans les fossés, surtout dans ceux
où une eau fétide croupit depuis longtemps; on le trouve dans les fumiers,
dans les caves, dans les antres profonds, dans les forêts, où il peut se dérober aisément à la clarté qui le blesse, en choisissant de préférence les
endroits ombragés, sombres, solitaires, en s'enfonçant sous les décombres et
sous les tas de pierres. Combien de fois n'a-t-on pas été saisi d'une espèce
d'horreur, lorsque soulevant quelque gros caillou dans des bois humides,
on a découvert un crapaud accroupi contre terre, animant ses gros yeux et
gonflant sa masse pustuleuse?

C'est dans ces divers asiles obscurs qu'il se tient renfermé pendant tout
le jour, à moins que la pluie ne l'oblige à en sortir.

Il y a des pays où les crapauds sont si fort répandus, comme auprès de
Carthagène, et de Porto-Bello en Amérique, que, non seulement lorsqu'il
pleut, ils y couvrent les terres humides et marécageuses, mais encore les
rues, les jardins et les cours, et que les habitants de ces provinces de Carthagène et de Porto-Bello ont cru que chaque goutte de pluie était changée
en crapaud. Ces animaux présentent, même dans ces contrées du nouveau

---

1. Voyez l'ouvrage déjà cité de M. Laurenti.

monde, un volume considérable; les moins grands ont six pouces de longueur. Si c'est pendant la nuit que la pluie tombe, ils abandonnent presque tous leur retraite, et alors ils paraissent se toucher sur la surface de la terre qu'on dirait qu'ils ont entièrement envahie. On ne peut sortir sans les fouler aux pieds, et on prétend même qu'ils y font des morsures d'autant plus dangereuses, qu'indépendamment de leur grosseur, ils sont, dit-on, très venimeux [1]. Il se pourrait en effet que l'ardeur de ces contrées et la nourriture qu'ils y prennent viciassent encore davantage la nature de leurs humeurs.

Pendant l'hiver, les crapauds se réunissent plusieurs ensemble, dans les pays où la température devenant trop froide pour eux les force à s'engourdir; ils se ramassent dans le même trou, apparemment pour augmenter et prolonger le peu de chaleur qui leur reste encore. C'est dans ce temps qu'on pourrait plus facilement les trouver, qu'ils ne pourraient fuir, et qu'il faudrait chercher à diminuer leur nombre.

Lorsque les crapauds sont réveillés de leur long assoupissement, ils choisissent la nuit pour errer et chercher leur nourriture; ils vivent, comme les grenouilles, d'insectes, de vers, de scarabées, de limaçons; mais on dit qu'ils mangent aussi de la sauge, dont ils aiment l'ombre, et qu'ils sont surtout avides de ciguë, que l'on a quelquefois appelée le *persil du crapaud* [2].

Lorsque les premiers jours chauds du printemps sont arrivés, on les entend, vers le coucher du soleil. jeter un cri assez doux : apparemment c'est leur cri d'amour; et faut-il que des êtres aussi hideux en éprouvent l'influence, et qu'ils paraissent même le ressentir plutôt que les autres quadrupèdes ovipares sans queue? Mais ne cessons jamais d'être historien fidèle; ne négligeons rien de ce qui peut diminuer l'espèce d'horreur avec laquelle on voit ces animaux; et, en rendant compte de la manière dont ils s'unissent, n'omettons aucun des soins qu'ils se donnent, et qui paraîtraient supposer en eux des attentions particulières et une sorte d'affection pour leurs femelles.

C'est en mars ou en avril que les crapauds s'accouplent : le plus souvent c'est dans l'eau que leur union a lieu, ainsi que celle des grenouilles et des raines. Mais le mâle saisit la femelle souvent fort loin des ruisseaux ou des marais; il se place sur son dos, l'embrasse étroitement, la serre avec force; la femelle, quoique surchargée du poids du mâle, est obligée quelquefois de le porter à des distances considérables; mais ordinairement elle ne laisse échapper aucun œuf que lorsqu'elle a rencontré l'eau.

Ils sont accouplés pendant sept ou huit jours, et même plus de vingt, lorsque la saison ou le climat sont froids [3]; ils coassent tous deux presque sans cesse, et le mâle fait souvent entendre une sorte de grognement assez

---

1. Voyage de don Antoine d'Ulloa. *Histoire générale des voyages*, t. LIII, p. 339, édition in-12.

2. Matière médicale, cont. de Geoffroy, t. XII, p. 148.

3. *Œuvres de M. l'abbé Spallanzani*, t. III, p. 31.

fort lorsqu'on veut l'arracher à sa femelle, ou lorsqu'il voit approcher quelque autre mâle, qu'il semble regarder avec colère, et qu'il tâche de repousser en allongeant ses pattes de derrière. Quelque blessure qu'il éprouve, il ne la quitte pas ; si on l'en sépare par force, il revient à elle dès qu'on le laisse libre et il s'accouple de nouveau, quoique privé de plusieurs membres et tout couvert de plaies sanglantes[1]. Vers la fin de l'accouplement, la femelle pond ses œufs ; le mâle les ramasse quelquefois avec ses pattes de derrière et les entraîne au-dessous de son anus dont ils paraissent sortir ; il les féconde et les repousse ensuite. Ces œufs sont renfermés dans une liqueur transparente, visqueuse, où ils forment comme deux cordons toujours attachés à l'anus de la femelle. Le mâle et la femelle montent alors à la surface de l'eau pour respirer ; au bout d'un quart d'heure ils s'enfoncent une seconde fois pour pondre ou féconder de nouveaux œufs, et ils paraissent ainsi à la surface des marais et disparaissent plusieurs fois. A chaque nouvelle ponte, les cordons qui renferment les œufs s'allongent de quelques pouces : il y a ordinairement neuf ou dix pontes. Lorsque tous les œufs sont sortis et fécondés, ce qui n'arrive souvent qu'après douze heures, les cordons se détachent ; ils ont alors quelquefois plus de quarante pieds de long[2] ; les œufs, dont la couleur est noire, y sont rangés en deux files et placés de manière à occuper le plus petit espace possible ; on a rencontré de ces œufs à sec dans le fond de bassins et de fossés dont l'eau s'était évaporée.

Les crapauds craignent autant la lumière dans le moment de leurs plaisirs que dans les autres instants de leur vie ; aussi n'est-ce qu'à la pointe du jour, et même souvent pendant la nuit qu'ils s'unissent à leurs femelles. Les besoins du mâle paraissent subsister quelquefois après que ceux de la femelle ont été satisfaits, c'est-à-dire après la ponte des œufs. M. Roësel en a vu rester accouplés pendant plus d'un jour, quoique la femelle ni le mâle ne laissassent rien sortir de leur corps, et qu'en disséquant la femelle il ait vu ses ovaires vides[3]. On retrouve donc dans cette espèce la force tyrannique du mâle, qui n'attend pas, pour s'unir de nouveau à sa femelle, qu'un besoin mutuel les rassemble par la voix d'un amour commun, mais qui la contraint à servir à ses jouissances, lors même que ses désirs ne sont plus partagés ; et cet abus de la force qu'il peut exercer sur elle ne paraît-il pas exister aussi dans la manière dont il s'en empare pendant qu'ils sont encore éloignés du seul endroit où ses jouissances semblent pouvoir être communes à celle qu'il s'est soumise ? Il se fait porter par elle et commence ses plaisirs pendant qu'elle ne paraît ressentir encore que la peine de leur union.

Nous devons cependant convenir que, dans la ponte, les mâles des crapauds se donnent quelquefois plus de soins que ceux des grenouilles, non

1. *OEuvres de M. l'abbé Spallanzani*, t. III, p. 84.
2. *Idem*, p. 33.
3. Roësel, *Historia naturalis ranarum*, etc.

seulement pour féconder les œufs, mais encore pour les faire sortir du corps de leurs femelles, lorsqu'elles ne peuvent pas se défaire seules de ce fardeau. On ne peut guère en douter d'après les observations de M. Demours[1] sur un crapaud terrestre trouvé par cet académicien dans le Jardin du roi, surpris, troublé, sans être interrompu dans ses soins, et non seulement accouplé hors de l'eau, mais encore aidant avec ses pattes de derrière la sortie des œufs que la femelle ne pouvait pas faciliter par les divers mouvements qu'elle exécute lorsqu'elle est dans l'eau[2].

Au reste, des œufs abandonnés à terre ne doivent pas éclore, à moins qu'ils ne tombent dans quelques endroits assez obscurs, assez couverts de vases et assez pénétrés d'humidité, pour que les petits crapauds puissent s'y nourrir et s'y développer[3].

Les cordons augmentent de volume en même temps et en même proportion que les œufs qui, au bout de dix ou douze jours, ont le double de grosseur que lors de la ponte[4]; les globules renfermés dans ces œufs, et qui d'abord sont noirs d'un côté et blanchâtres de l'autre, se couvrent peu à peu de linéaments. Au dix-septième ou dix-huitième jour on aperçoit le petit têtard ; deux ou trois jours après il se dégage de la matière visqueuse qui enveloppait les œufs ; il s'efforce alors de gagner la surface de l'eau, mais il retombe bientôt au fond ; au bout de quelques jours il a de chaque côté du cou un organe qui a quelques rapports avec les ouïes des poissons, qui est divisé en cinq ou six appendices frangés, et qui disparaît tout à fait le vingt-troisième ou le vingt-quatrième jour. Il semble d'abord ne vivre que de la vase et des ordures qui nagent dans l'eau ; mais, à mesure qu'il devient plus gros, il se nourrit de plantes aquatiques. Son développement se fait de la même manière que celui des jeunes grenouilles ; et lorsqu'il est entièrement formé, il sort de l'eau et va à terre chercher les endroits humides.

Il en est des crapauds communs comme des autres quadrupèdes ovipares ; ils sont beaucoup plus grands et plus venimeux à mesure qu'ils habitent des pays plus chauds et plus convenables à leur nature[5]. Parmi les individus de cette espèce qui sont conservés au Cabinet du roi, il y en a un qui a quatre pouces et demi de longueur depuis le museau jusqu'à l'anus. On en trouve sur la Côte-d'Or d'une grosseur si prodigieuse que, lorsqu'ils sont en repos, on les prendrait pour des tortues de terre ; ils y sont ennemis

---

1. Mém. de l'Académie des sciences, année 1741.
2. M. Laurenti a fait une espèce particulière du crapaud observé par M. Demours ; il lui a donné le nom de *bufo obstetricans*; mais nous ne voyons rien qui doive faire séparer cet animal du crapaud commun.
3. Les œufs des crapauds se développent, quoique la température de l'atmosphère ne soit qu'à six degrés au-dessus du zéro du thermomètre de Réaumur. *Œuvres de M. l'abbé Spallanzani*, traduction de M. Sennebier, t. Ier, p. 88.
4. M. l'abbé Spallanzani ; ouvrage déjà cité.
5. En Sardaigne, on regarde leur contact seul comme dangereux. *Histoire naturelle des amphibies et des poissons de la Sardaigne*, par M. François Cetti, p. 40.

mortels des serpents ; Bosman a été souvent le témoin des combats que se livrent ces animaux. Il doit être curieux de voir le contraste de la lourde masse du crapaud qui se gonfle et s'agite pesamment, avec les mouvements prestes et rapides des serpents, lorsque, irrités tous les deux et leurs yeux en feu, l'un résiste par sa force et son inertie aux efforts que son ennemi fait pour l'étouffer au milieu des replis de son corps tortueux et que tous deux cherchent à se donner la mort par leurs morsures et leur venin fétide ou leurs liqueurs corrosives.

Ce n'est qu'au bout de quatre ans que le crapaud est en état de se reproduire. On a prétendu que sa vie ordinaire n'était que de quinze ou seize ans ; mais sur quoi l'a-t-on fondé? Avait-on suivi avec soin le même crapaud dans ses retraites écartées? Avait-on recueilli un assez grand nombre d'observations pour reconnaître la durée ordinaire de la vie des crapauds, indépendamment de tout accident et du défaut de nourriture?

Nous avons au contraire un fait bien constaté, par lequel il est prouvé qu'un crapaud a vécu plus de trente-six ans ; mais la manière dont il a passé sa longue vie va bien étonner ; elle prouve jusqu'à quel point la domesticité peut influer sur quelque animal que ce soit, et surtout sur les êtres dont la nature est plus susceptible d'altération et dans lesquels des ressorts moins compliqués peuvent plus aisément, sans se rompre ou se désunir, être pliés dans de nouveaux sens. Ce crapaud a vécu presque toujours dans une maison où il a été, pour ainsi dire, élevé et apprivoisé. Il n'y avait pas acquis sans doute cette sorte d'affection que l'on remarque dans quelques espèces d'animaux domestiques et qui étaient trop incompatibles avec son organisation et ses mœurs, mais il y était devenu familier ; la lumière des bougies avait été longtemps pour lui le signal du moment où il allait recevoir sa nourriture ; aussi non seulement il la voyait sans crainte, mais même il la recherchait. Il était déjà très gros lorsqu'il fut remarqué pour la première fois, il habitait sous un escalier qui était devant la maison ; il paraissait tous les soirs au moment où il apercevait de la lumière et levait les yeux comme s'il eût attendu qu'on le prît et qu'on le portât sur une table où il trouvait des insectes, des cloportes et surtout de petits vers qu'il préférait peut-être à cause de leur agitation continuelle ; il fixait sa proie ; tout d'un coup il lançait sa langue avec rapidité et les insectes ou les vers y demeuraient attachés à cause de l'humeur visqueuse dont l'extrémité de cette langue était enduite.

Comme on ne lui avait jamais fait de mal, il ne s'irritait point lorsqu'on le touchait ; il devint l'objet d'une curiosité générale et les dames mêmes demandèrent à voir le crapaud familier.

Il vécut plus de trente-six ans dans cette espèce de domesticité et il aurait vécu plus de temps peut-être si un corbeau, apprivoisé comme lui, ne l'eût attaqué à l'entrée de son trou et ne lui eût crevé un œil, malgré tous

_____

1. *Zoologie britannique*, t. III.

les efforts qu'on fit pour le sauver. Il ne put plus attraper sa proie avec la même facilité, parce qu'il ne pouvait juger avec la même justesse de sa véritable place ; aussi périt-il de langueur au bout d'un an.

Les différents faits observés relativement à ce crapaud, pendant sa domesticité, prouvent peut-être qu'on a exagéré la sorte de méchanceté et les goûts sales de son espèce. On pourrait dire cependant que ce crapaud habitait l'Angleterre, et par conséquent à une latitude assez élevée pour que toutes ses mauvaises habitudes fussent tempérées par le froid ; d'ailleurs, trente-six ans de domesticité, de sûreté et d'abondance peuvent bien changer les inclinations d'un animal tel que le crapaud, le naturel des quadrupèdes ovipares paraissant, pour ainsi dire, plus flexible que celui des animaux mieux organisés. Que l'on croie tout au plus qu'avec moins de dangers à courir et une nourriture d'une qualité particulière l'espèce du crapaud pourrait être perfectionnée comme tant d'autres espèces ; mais ne faudra-t-il pas toujours reconnaître, dans les individus dont la nature seule aura pris soin, les vices de conformation et d'habitudes qu'on leur a attribués ?

Comme l'art de l'homme peut rendre presque tout utile puisqu'il change quelquefois en médicaments salutaires les poisons les plus funestes, on s'est servi des crapauds en médecine ; on les y a employés de plusieurs manières[1] et contre plusieurs maux.

On trouve plusieurs observations d'après lesquelles il paraîtrait, au premier coup d'œil, qu'un crapaud a pu se développer et vivre pendant un nombre prodigieux d'années dans le creux d'un arbre ou d'un bloc de pierre, sans aucune communication avec l'air extérieur; mais on ne l'a pensé ainsi, que parce qu'on n'avait pas bien examiné l'arbre ou la pierre avant de trouver le crapaud dans leurs cavités[2]. Cette opinion ne peut pas être admise, mais cependant on doit regarder comme très sûr qu'un crapaud peut vivre très longtemps et même jusqu'à dix-huit mois sans prendre aucune nourriture, en quelque sorte sans respirer, et toujours renfermé dans des boîtes scellées exactement. Les expériences de M. Hérissant le mettent hors de doute[3] et ceci est une nouvelle confirmation de ce que nous avons dit dans notre premier discours touchant la nature des quadrupèdes ovipares.

Voyons maintenant les caractères qui distinguent les crapauds différents du crapaud commun, tant en Europe que dans les pays étrangers ; il n'est presque aucune latitude où la nature n'ait prodigué ces êtres hideux dont il semble qu'elle n'a diversifié les espèces que par de nouvelles difformités, comme si elle avait voulu qu'il ne manquât aucun trait de laideur à ce genre disgracié.

1. « Mes nègres, que les chaleurs du soleil et du sable avaient beaucoup incommodés, se frottèrent le front avec des crapauds vivants, dont ils trouvèrent encore quelques-uns sous les broussailles ; c'est assez leur coutume lorsqu'ils sont travaillés de la migraine, et ils en furent soulagés. » *Histoire naturelle du Sénégal*, par M. Adanson, p. 163.

2. Encyclopédie méthodique, article des Crapauds, par M. Daubenton. Astruc, Paris, 1737, in-4°, p. 562 et suiv.

3. Éloge de M. Hérissant, Histoire de l'Académie des sciences, année 1773.

LE VERT[1]

Bufo variabilis, Merr. — *Bufo viridis*, Laur., Schneid. — *Bufo schreberianus*, Laur. — *Rana sitibunda*, Pall., Gmell. — *Bufo sitibundus*, Schneid. — Le Crapaud variable, Cuv.

On trouve auprès de Vienne, dans les cavités des rochers ou dans les fentes obscures des murailles, un crapaud d'un blond livide, dont le dessus du corps est marqueté de taches vertes légèrement ponctuées, entourées d'une ligne noire et le plus souvent réunies plusieurs ensemble. Tout son corps est parsemé de verrues, excepté le devant de la gueule et les extrémités des pieds ; elles sont livides sur le ventre, vertes sur les taches vertes et rouges sur les intervalles qui séparent ces taches.

Il·paraît que les liqueurs corrosives que répand ce crapaud peuvent être plus nuisibles que celles du crapaud commun ; sa respiration est accompagnée d'un gonflement de la gueule. Dans la colère ses yeux étincellent et son corps, enduit d'une humeur visqueuse, répand une odeur fétide semblable à celle de la morelle des boutiques (*solanum nigrum*), mais beaucoup plus forte. Il tourne toujours en dedans ses deux pieds de devant. Comme il habite le même pays que le crapaud commun, on ne peut décider que d'après plusieurs observations si les différences qu'il présente quant à ses couleurs, à la disposition de ses verrues, etc., doivent établir entre cet animal et le crapaud commun une diversité d'espèce ou une simple variété plus ou moins constante. Suivant M. Pallas, le crapaud vert, qu'il nomme *rana sitibunda*, se trouve en assez grand nombre aux environs de la mer Caspienne[2].

LE RAYON-VERT[3]

Bufo variabilis, Merr. — *Bufo viridis*, Laur., Schneid. — *Bufo schreberianus*, Laur. — *Rana sitibunda*, Gmel. — *Bufo sitibundus*, Schneid. — Le Crapaud variable, Cuv.

Nous plaçons à la suite du vert ce crapaud qui pourrait bien n'en être qu'une variété. Il est couleur de chair ; son caractère distinctif est de présenter des lignes vertes disposées en rayons ; il a été trouvé en Saxe.

Nous invitons les naturalistes qui habitent l'Allemagne à rechercher si l'on ne doit pas rapporter au rayon·vert, comme une variété plus ou moins

---

1. *Le Vert*. M. Daubenton, Encyclopédie méthodique. — *Bufo viridis*, 8. *Laurenti specimen dicum*. — *Rana sitibunda*, M. Pallas, Supplément à son voyage.
2. M. Pallas, à l'endroit déjà cité.
3. *Le Rayon-Vert*. M. Daubenton, Encyclopédie méthodique. — *Bufo schreberianus*, 7. *Laurenti specimen medicum*.

distincte, le crapaud trouvé en Saxe, parmi des pierres, par M. Schreber et que M. Pallas a fait connaître sous le nom de *grenouille changeante*[1].

Ce crapaud est de la grandeur de la grenouille commune ; sa tête est arrondie, sa bouche sans dents, sa langue épaisse et charnue, les paupières supérieures sont à peine sensibles, le dessus du corps est parsemé de verrues. Les pieds de devant ont quatre doigts ; ceux de derrière en ont cinq réunis par une membrane. M. Edler, de Lubeck, a découvert que ce crapaud change souvent de couleur, ainsi que le caméléon et quelques autres lézards, ce qui établit un nouveau rapport entre les divers genres des quadrupèdes ovipares. Lorsque ce crapaud est en mouvement, sa couleur est blanche, parsemée de taches d'un beau vert et ses verrues paraissent jaunes. Lorsqu'il est en repos, la couleur verte des taches se change en un cendré plus ou moins foncé. Le fond blanc de sa couleur devient aussi cendré lorsqu'on le touche et qu'on l'inquiète. Si on l'expose aux rayons du soleil dont il fuit la lumière, la beauté de ses couleurs disparaît et il ne présente plus qu'une teinte uniforme et cendrée. Un crapaud de la même espèce, trouvé engourdi par M. Schreber, présentait, entre les taches vertes, une couleur de chair semblable à celle du *rayon-vert*.

LE BRUN [2]

Bufo fuscus, Laur., Daud. — *Rana ridibunda*, Pall. — *Bufo ridibundus*, Schneid., Merr. — *Rana bombina*, var. *y*, Linn. — Le Crapaud brun, Cuv.

Ce crapaud a la peau lisse, sans aucune verrue, et marquetée de grandes taches brunes qui se touchent. Les plus larges et les plus foncées sont sur le dos, au milieu et le long duquel s'étend une petite bande plus claire. Les yeux sont remarquables en ce que la fente que laisse la paupière en se contractant est située verticalement au lieu de l'être transversalement. Sous la plante des pieds de derrière qui sont palmés, on remarque un faux ongle qui a la dureté de la corne.

La femelle est distinguée du mâle par les taches qu'elle a sous le ventre.

Ce crapaud se trouve plus fréquemment dans les marais qu'au milieu des terres. Lorsqu'il est en colère, il exhale une odeur fétide semblable à celle de l'ail ou de la poudre à canon qui brûle et cette odeur est assez forte pour faire pleurer.

Dans l'accouplement, le mâle paraît prendre des soins particuliers pour faciliter la ponte des œufs de la femelle. Roësel soupçonne qu'il est venimeux et Actius et Gesner assurent même qu'il peut donner la mort, soit par son souffle empoisonné lorsqu'on l'approche de trop près, soit lorsqu'on mange

1. *Spicilegia zoologica, fasciculus septimus*, p. 1.
2. *Le Brun*. M. Daubenton, Encyclopédie méthodique. — *Bufo fuscus, Laurenti specimen medicum*. — Roësel, tab. 17 et 18. — *Rana ridibunda*, Supplément au voyage de M. Pallas.

des herbes imprégnées de son venin. Sans doute l'assertion de Gesner et d'Actius peut être exagérée, mais il restera toujours aux crapauds et surtout au crapaud brun assez de qualités malfaisantes pour justifier l'aversion qu'ils inspirent.

Il paraît que c'est le crapaud brun que M. Pallas a nommé *rana ridibunda* (grenouille rieuse), qui se trouve en grand nombre aux environs de la mer Caspienne et dont le coassement, entendu de loin, imite un peu le bruit que l'on fait en riant.

LE CALAMITE [1]

Bufo calamita, Laur., Latr., Daud., Merr. — *Rana bufo,* var. *b,* Linn. — *Rana portentosa,* Blumemb. — *Rana fœtidissima,* Herm. — *Rana mephitica,* Shaw.

C'est encore un crapaud d'Europe qui a beaucoup de ressemblance avec le crapaud brun, mais qui en diffère cependant assez pour constituer une espèce distincte. Il a le corps un peu étroit, ses couleurs sont très diversifiées ; son dos, qui est olivâtre, présente trois raies longitudinales dont celle du milieu est couleur de soufre, et les deux des côtés, ondulées et dentelées, sont d'un rouge clair mêlé d'un jaune plus foncé vers les parties inférieures. Les côtés du ventre, les quatre pattes et le tour de la gueule sont marquetés de plusieurs taches inégales et olivâtres.

Voilà la disposition générale des couleurs de la peau sur laquelle s'élèvent des pustules brunes sur le dos, rouges vers les côtés, d'un rouge pâle près des oreilles et d'une couleur de chair éclatante vers les angles de la bouche où elles sont groupées.

L'extrémité des doigts est noirâtre et garnie d'une peau dure comme de la corne, qui tient lieu d'ongle à l'animal. Au-dessous de la plante des pieds de devant se trouvent deux espèces d'os ou de faux ongles dont le *calamite* peut se servir pour s'accrocher ; les doigts des pieds de derrière sont séparés.

Le calamite se tient, pendant le jour, dans les fentes de la terre et dans les cavités des murailles. Au lieu d'être réduit à ne se mouvoir que par sauts, comme les autres quadrupèdes ovipares sans queue, il grimpe, quoique avec peine, et en s'arrêtant souvent ; à l'aide de ses faux ongles et de ses doigts séparés, il monte quelquefois le long des murs jusqu'à la hauteur de quelques pieds pour gagner sa retraite.

On ne trouve pas ordinairement les calamites seuls dans leurs trous. Ils sont rassemblés et ramassés au nombre de dix ou douze. C'est la nuit qu'ils sortent de leur asile et qu'ils vont chercher leur nourriture. Pour éloigner leurs ennemis ils font suinter, au travers de leur peau, une liqueur,

1. *Le Calamite.* M. Daubenton, Encyclopédie méthodique. — *Bufo calamita,* 9. *Laurenti specimen medicum.* — Roesel, tab. 24.

dont l'odeur, semblable à celle de la poudre enflammée, est encore plus forte.

Au mois de juin, ceux qui ont atteint l'âge de trois ans et à peu près leur entier accroissement se rassemblent pour s'accoupler sur le bord des marais remplis de joncs, où ils font entendre un coassement retentissant et singulier. On pourrait penser que les habitudes particulières de ces crapauds influent sur la nature de leurs humeurs et empêchent qu'ils ne soient venimeux ; cependant Roësel a présumé le contraire parce que, suivant lui, les cigognes qui sont fort avides de grenouilles n'attaquent point les calamites.

LE COULEUR-DE-FEU [1]

Bombinator igneus, MERR. — *Rana variegata* et *bombina*, LINN. — *Bufo igneus*, LAUR.
— *Rana campanisona*, LAUR. — *Bufo bombinus*, LATR.

M. Laurenti a découvert ce crapaud sur les bords du Danube. C'est un des plus petits. Son dos, d'une couleur olivâtre très foncée, est tacheté d'un noir sale ; mais le ventre, la gueule, les pattes et la plante des pieds sont d'un blanc bleuâtre tacheté d'un beau vermillon, et c'est de là que lui vient son nom. Toute la surface de son corps est parsemé de petites verrues. Quand il est exposé au soleil, sa prunelle prend une figure parfaitement triangulaire dont le contour est doré. Cette espèce est très nombreuse dans les marais du Danube ; une variété de ce crapaud a le ventre noir tacheté et ponctué de blanc.

On trouve le couleur-de-feu à terre pendant l'automne ; lorsqu'on l'approche et qu'il est près de l'eau, il s'y élance avec légèreté ainsi que les grenouilles ; mais s'il ne voit aucun moyen d'échapper, il s'affaisse contre terre comme pour se cacher. Dès qu'on le touche, sa tête se contracte et se jette en arrière ; si on le tourmente, il exhale une odeur fétide et répand par l'anus une sorte d'écume. Son coassement, qu'il fait entendre sans enfler sa gorge, est une sorte de grognement sourd et entrecoupé, qui quelquefois se prolonge et ressemble un peu, suivant M. Laurenti, à la voix d'une personne qui rit.

Les œufs hors du corps de la femelle sont disposés par pelotons, ainsi que ceux des grenouilles, au lieu d'être rangés par files comme les œufs du crapaud commun. Et ce qu'il y a de remarquable dans les habitudes de ce petit animal qui semble faire, à certains égards, la nuance entre les crapauds et les grenouilles, c'est qu'au lieu de craindre la lumière, il se plaît, sur le bord de l'eau, à s'imbiber des rayons du soleil. Il ne paraît pas, d'après les expériences de M. Laurenti, que les humeurs du couleur-de-feu

---

1. *Feuer Krote*, en allemand. — *Le Couleur-de-Feu*. M. Daubenton, Encyclopédie méthodique. — *Bufo igneus*, 13. *Laurenti specimen medicum*. — Roësel, tab. 22 et 23.

aient d'autre propriété nuisible que celle d'assoupir certains petits animaux, tels que les lézards gris qui sont très sensibles à toute sorte de venin, ainsi que nous l'avons déjà dit.

LE PUSTULEUX [1]

Bufo pustulosus, Merr., Laur.

On trouve dans les Indes ce crapaud remarquable par ses doigts garnis de tubercules semblables à des épines et par les vésicules ou pustules qui le couvrent. Sa couleur est d'un roux cendré ; elle est plus claire sur les côtés et sur le ventre où elle est tachetée de roux. Il a quatre doigts séparés aux pieds de devant et cinq doigts palmés aux pieds de derrière.

LE GOITREUX [2]

Bufo ventricosus, Laur., Latr., Daud., Merr. — *Rana ventricosa,* Linn.

Son corps arrondi est d'une couleur rousse. Son dos est sillonné par trois rides longitudinales. Son bas-ventre paraît enflé, et cet animal est surtout distingué par un gonflement considérable à la gorge. Les deux doigts extérieurs de ses pieds de devant sont réunis; il habite dans les Indes.

LE BOSSU [3]

Breviceps gibbosus, Merr. — *Rana gibbosa,* Linn. — *Rana breviceps,* Schneid. — *Bufo gibbosus,* Laur., Latr., Daud.

La tête de ce crapaud est très petite, obtuse et enfoncée dans la poitrine. Son corps ridé, mais sans verrues, est très convexe. Sa couleur est nébuleuse ; son dos présente une bande longitudinale, un peu pâle et dentelée ; tous ses doigts sont séparés les uns des autres. Il en a quatre aux pieds de devant et cinq aux pieds de derrière. On le trouve dans les Indes orientales ainsi qu'en Afrique. L'individu que nous avons décrit a été apporté du Sénégal au Cabinet du roi.

1. *Le Pustuleux.* M. Daubenton, Encyclopédie méthodique. — *Bufo pustulosus,* 4. *Laurenti specimen medicum.* — Séba, t. 1er, tab. 74, fig. 1.
2. *Le Goitreux.* M. Daubenton, Encyclopédie méthodique. — *Rana ventricosa,* 7. Linn., *Amphib. rept.* — Mus. Adolph. Frid., 1, p. 48. — *Bufo ventricosus,* 5. *Laurenti specimen medicum.*
3. *Le Bossu.* M. Daubenton, Encyclopédie méthodique. — *Rana gibbosa,* 5. Linn., *Amphib. rept.* — *Bufo gibbosus, Laurenti specimen medicum.*

LE PIPA [1]

Pipa Tedo, MERR. — *Rana pipa*, LINN. — *Rana dorsigera*, SCHNEID. — *Pipa americana*, LAUR. — *Bufo dorsiger*, LATR., DAUD.

De tous les crapauds de l'Amérique méridionale, l'un des lus remarquables est le pipa. Le mâle et la femelle sont assez différents l'un de l'autre, tant par la grandeur que par la conformation pour qu'on les regarde, au premier coup d'œil, comme deux espèces très distinctes. Aussi, au lieu de décrire l'espèce en général, croyons-nous devoir parler séparément du mâle et de la femelle.

Le mâle a quatre doigts séparés aux pieds de devant et cinq doigts palmés aux pieds de derrière. Chaque doigt des pieds de devant est fendu à l'extrémité en quatre petites parties. On a peine à distinguer le corps d'avec la tête. L'ouverture de la gueule est très grande ; les yeux, placés au-dessus de la tête, sont très petits et assez distants l'un de l'autre. La tête et le corps sont très aplatis. La couleur générale en est olivâtre plus ou moins claire et semée de très petites taches rousses ou rougeâtres.

La femelle diffère du mâle en ce qu'elle est beaucoup plus grande. Elle a également la tête et le corps aplatis. Mais la tête est triangulaire et plus large à la base que la partie antérieure du corps. Les yeux sont très petits et très distants l'un de l'autre, ainsi que dans le mâle. Elle a de même cinq doigts palmés aux pieds de derrière et quatre doigts divisés aux pieds de devant, mais chacun de ces quatre doigts est fendu à l'extrémité en quatre petites parties plus sensibles que dans le mâle. Son corps est communément hérissé partout de très petites verrues. L'individu femelle, qui est conservé au Cabinet du roi, a cinq pouces quatre lignes de longueur depuis le bout du museau jusqu'à l'anus.

Ce qui rend surtout remarquable ce grand crapaud de Surinam, c'est la manière dont les fœtus de cet animal croissent, se développent et éclosent [2]. Les petits du pipa ne sont point conçus sous la peau du dos de leur mère, ainsi que l'a pensé Mlle de Mérian, à qui nous devons les premières observations sur cet animal [3] ; mais, lorsque les œufs ont été pondus par la femelle et fécondés par le mâle de la même manière que dans tous les crapauds, le mâle, au lieu de les disperser, les ramasse avec ses pattes, les pousse sous

---

1. *Cururu*, dans l'Amérique méridionale. — *Le Pipa*. M. Daubenton, Encyclopédie méthodique. — *Rana pipa*, 1. Linn , *Amphib. rept.* — Gron., mus. 2, p. 84, n° 64. — Séba, mus , t. Ier, tab. 77, fig. 1, 4. *Bufo seu pipa americana.* — Bradl., *Nat.*, t. XXII, f. 1. *Rana surinamensis.* — Valli-n., *Nat.*, 1, t. XLI, fig. 6. — Planches enluminées, n° 21.

2. Voyez un Mémoire de M. Bonnet, inséré dans le *Journal de physique* de 1779, t. II, p. 425.

3. Mérian, *Dissertatio de generatione et metamorphosibus insectorum Surinamensium*, etc. Amsterd., 1719.

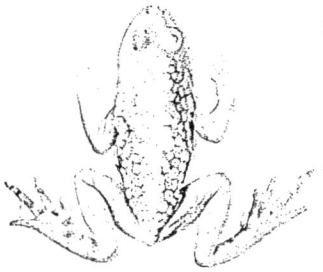

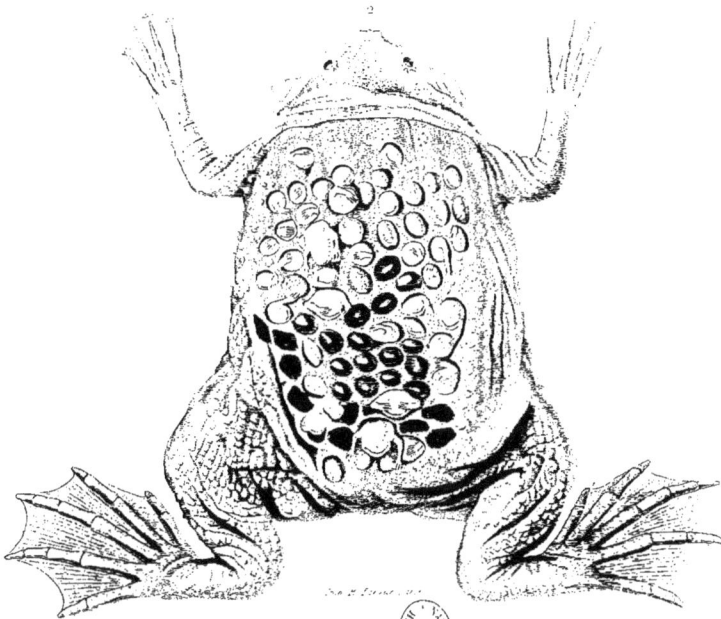

1. LE CRAPAUD COULEUR DE FEU. 2. LE PIPA.

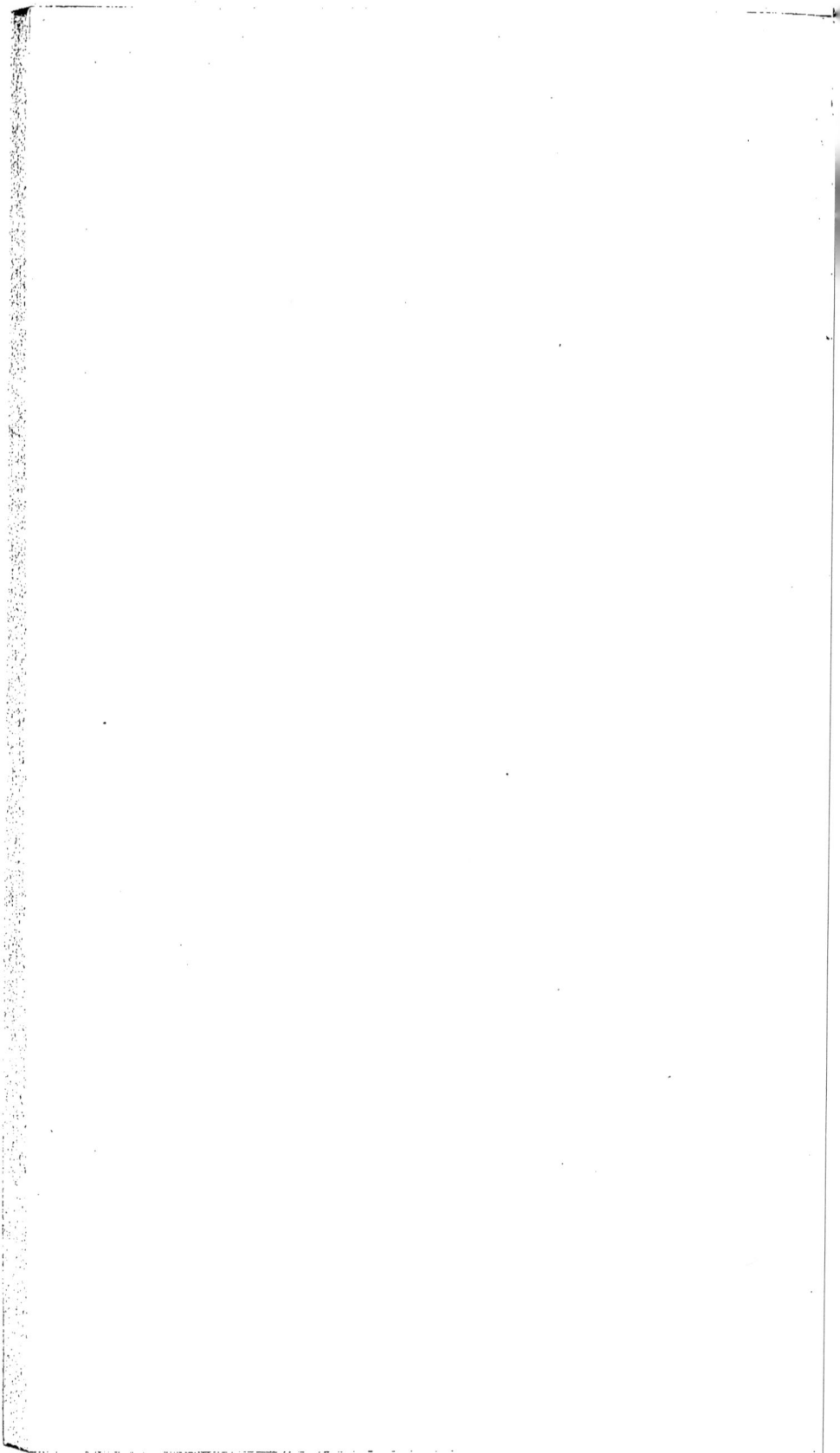

son ventre et les étend sur le dos de la femelle où ils se collent. La liqueur fécondante du mâle fait enfler la peau et tous les téguments du dos de la femelle qui forment alors autour des œufs des sortes de cellules.

Les œufs cependant grossissent et doivent éprouver, par la chaleur du corps de la mère, un développement plus rapide en proportion que dans les autres espèces de crapauds. Les petits éclosent et sortent ensuite de leurs cellules après avoir passé, en quelque sorte, par l'état de têtard ; car ils ont, dans les premiers temps de leur développement, une queue qu'ils n'ont plus quand ils sont prêts à quitter leurs cellules[1].

Lorsqu'ils ont abandonné le dos de leur mère, celle-ci, en se frottant contre des pierres ou des végétaux, se dépouille des portions de cellules qui restent encore et de sa propre peau qui tombe alors en partie pour se renouveler.

Mais la nature n'a jamais présenté de phénomènes isolés ; l'expression d'*extraordinaire* ou de *singulière* n'est point absolue, mais seulement relative à nos connaissances, et elle ne désigne en général qu'un degré plus ou moins grand dans une propriété déjà existante ailleurs ; aussi la manière dont les petits du pipa se développent n'est point à la rigueur particulière à cette espèce. On en remarque une assez semblable, même parmi les quadrupèdes ovipares, puisque les petits du sarigue ou opossum ne prennent pendant quelque temps leur accroissement que dans une espèce de poche que la femelle a sous le ventre[2].

Au reste, il paraît que la chair de ce crapaud n'est pas malfaisante, et suivant le rapport de Mlle de Mérian, les nègres en mangent avec plaisir.

LE CORNU [3]

Rana cornuta, Linn., Schneid., Merr. — *Bufo cornùtus*, Laur., Latr., Daud.

Ce crapaud, que l'on trouve en Amérique, est l'un des plus hideux ; sa tête est presque aussi grande que la moitié de son corps, l'ouverture de sa gueule est énorme, sa langue épaisse et large ; ses paupières ont la forme d'un cône aigu, ce qui le fait paraître armé de cornes dans lesquelles ses yeux seraient placés. Lorsqu'il est adulte, son aspect est affreux ; il a le dos et les cuisses hérissés d'épines. Le fond de sa couleur est jaunâtre, des raies brunes sont placées en long sur le dos et en travers sur les pattes et sur les doigts. Une large bande blanchâtre s'étend depuis la tête jusqu'à l'anus. A l'origine de cette bande, on voit de chaque côté une petite tache ronde et noire. Ce vilain animal a quatre doigts séparés aux pieds de devant et cinq

---

1. *OEuvres de M. l'abbé Spallanzani*, t. III, p. 296.
2. Buffon, *Histoire naturelle des quadrupèdes*. Édition Pillot, t. XVI, p. 281.
3. *Le Cornu*. M. Daubenton, Encyclopédie méthodique. — *Rana cornuta*, 11. Linn., *Amph. rept.* — *Bufo cornutus. Laurenti specimen medicum.* — Séba, t. Ier, tab. 72, fig. 1 et 2.

doigts réunis par une membrane aux pieds de derrière. Suivant Séba, la femelle diffère du mâle en ce que ses doigts sont tous séparés les uns des autres. Le premier doigt des quatre pieds, étant d'ailleurs écarté des autres dans la femelle, donne à ses pieds une ressemblance imparfaite avec une véritable main, réveille une idée de monstruosité et ajoute à l'horreur avec laquelle on doit voir cette hideuse femelle. Rien en effet ne révolte plus que de rencontrer au milieu de la difformité quelque trait des objets que l'on regarde comme les plus parfaits.

L'AGUA [1]

Bombinator maculatus, MERR. — *Bufo brasiliensis*, LAUR. — *Rana brasiliensis*, GMEL.

Ce grand crapaud, que l'on appelle au Brésil *aguaquaquan*, et dont le dessus du corps est couvert de petites éminences, est d'un gris cendré semé de taches roussâtres presque couleur de feu. Il a quatre doigts séparés aux pieds de devant et cinq doigts palmés aux pieds de derrière. L'on conserve au Cabinet du roi un individu de cette espèce qui a sept pouces quatre lignes de longueur, depuis le bout du museau jusqu'à l'anus.

LE MARBRÉ [2]

Calamita marmoratus, MERR. — *Hyla marmorata*, LATR., DAUD.

Cet animal ressemble un peu à l'agua. Il a, comme ce dernier, quatre doigts divisés aux pieds de devant et cinq doigts palmés aux pieds de derrière; mais il paraît être communément beaucoup plus petit. D'ailleurs, le dessus du corps est marbré de rouge et d'un jaune cendré, et le ventre est jaune moucheté de noir.

LE CRIARD [3]

Bufo musicus, LATR., DAUD., MERR. — *Bufo clamosus*, SCHNEID.
— *Rana musica*, LIN. ?

Le criard, que l'on trouve à Surinam, est un des plus gros crapauds. Sa peau est mouchetée de livide et de brun, et parsemée de verrues. Les épaules, couvertes de points saillants, de même que le ventre, sont relevées en bosse

---

1. *L'Agua*. M. Daubenton, Encyclopédie méthodique. — *Bufo brasiliensis. Laurenti specimen medicum.* — *Bufo brasiliensis*. Séba, t. Ier, tab. 73, fig. 1 et 2.

2. *Le Marbré*. M. Daubenton, Encyclopédie méthodique. — *Bufo marmoratus. Laurenti specimen medicum.* — Séba, t. 1er, tab. 7, fig. 4 et 5.

3. *Le Criard*. M. Daubenton, Encyclopédie méthodique. — *Rana musica*, 2. Linn., *Amphib. erptil.*

et percées d'une multitude de petits trous. Il est aisé de le distinguer du marbré et du pipa, que l'on trouve aussi à Surinam, parce qu'il a cinq doigts à chaque pied; les doigts des pieds de devant sont séparés et ceux des pieds de derrière à demi palmés. Il habite les eaux douces, où il ne cesse de faire entendre son coassement désagréable. C'est ce qui l'a fait appeler le *musicien* par Linné; mais le nom de *criard*, que lui a donné M. Daubenton, convient bien mieux à un animal dont la voix rauque et discordante ne peut que troubler les concerts harmonieux ou le silence paisible de la nature, et qui ne peut faire entendre qu'un coassement aussi désagréable pour l'oreille que son aspect l'est pour les yeux.

REPTILES BIPÈDES

Nous avons vu le seps et le chalcide se rapprocher de l'ordre des serpents par l'allongement de leur corps et la brièveté de leurs pattes. Nous allons maintenant jeter les yeux sur un genre de reptiles qui réunit encore de plus près les serpents et les lézards. Nous ne le comprenons pas parmi les quadrupèdes ovipares, puisque le caractère distinctif de ce genre est de n'avoir que deux pieds ; mais nous le plaçons entre ces quadrupèdes et les serpents. Les reptiles qui le composent diffèrent des premiers en ce qu'ils n'ont que deux pattes au lieu d'en avoir quatre, et ils sont distingués des seconds par ces deux pieds qui manquent à tous les serpents. Il serait d'ailleurs fort aisé de les confondre avec ces derniers, auxquels ils ressemblent par l'allongement du corps, les proportions de la tête et la forme des écailles.

L'on a douté pendant longtemps de l'existence de ces animaux, et, en effet, tous ceux qu'on a voulu jusqu'à présent regarder comme des reptiles bipèdes étaient des seps ou des chalcides qui avaient perdu, par quelque accident, leurs pattes de devant ou celles de derrière ; la cicatrice était sensible, et ils présentaient d'ailleurs tous les caractères des seps ou des chalcides ; ou bien c'étaient des serpents mâles que l'on avait tués dans la saison de leurs amours, lorsqu'au moment d'aller s'unir à leurs femelles ils font sortir par leur anus leur double partie sexuelle, dont les deux portions s'écartent l'une de l'autre, et, étant garnies d'aspérités assez semblables à des écailles, peuvent être prises, au premier coup d'œil, pour des pattes imparfaites. On nous a souvent envoyé de ces serpents tués peu de temps avant leur accouplement, et qu'on regardait comme des serpents à deux pieds, tandis qu'ils ne différaient des autres qu'en ce que leurs parties sexuelles étaient gonflées et à découvert. C'est parmi ces serpents, surpris dans leurs amours, que nous croyons devoir comprendre celui que Linné a placé dans le genre des *anguis*, et qu'il a nommé *anguis bipède*[1].

---

1. Linné, *Systema naturæ*, t. Ier, fol. 190, edit. 13.

On doit encore rapporter les prétendus reptiles bipèdes, dont on a fait mention jusqu'à présent, à des larves plus ou moins développées de grenouilles, de raines, de crapauds et même de salamandres, tous ces quadrupèdes ovipares ne présentant souvent que deux pattes dans les premiers temps de leur accroissement. Tel est, par exemple, l'animal que Linné a cru devoir placer non seulement dans un genre, mais même dans un ordre particulier, et qu'il a appelé *sirène lacertine*[1]. Il avait été envoyé de Charleston, par M. le docteur Garden, à M. Ellis ; il avait été pris à la Caroline, où on doit le trouver assez fréquemment, puisque les habitants du pays lui ont donné un nom ; ils l'appellent *mud inguana*. On le trouve communément sur le bord des étangs et dans des endroits marécageux, parmi les arbres tombés de vétusté, etc. Nous avons examiné avec soin la figure et la description que M. Ellis en a données dans les *Transactions philosophiques*[2], et nous n'avons pas douté un seul moment que cet animal, bien loin de constituer un ordre nouveau, ne fût une larve ; il a les caractères généraux d'un animal imparfait, et d'ailleurs il a les caractères particuliers que nous avons trouvés dans les salamandres à queue plate. A la vérité, cette larve avait trente et un pouces de longueur ; elle était par conséquent beaucoup plus grande qu'aucune larve connue, et c'est ce qui a empêché Linné de la regarder comme un animal non encore développé ; mais ne doit-on pas présumer que nous ne connaissons pas tous les quadrupèdes ovipares de l'Amérique septentrionale, et qu'on n'a pas encore découvert l'espèce à laquelle appartient cette grande larve ? Peut-être l'animal dans lequel elle se métamorphose vit-il dans l'eau de manière à n'être aperçu que très difficilement. Cette larve, envoyée à M. Ellis, manquait de pieds de derrière ; ceux de devant n'avaient que quatre doigts, ainsi que dans nos salamandres aquatiques ; les ongles étaient très petits ; les os des mâchoires crénelés et sans dents ; il y avait des espèces de bandes au-dessus et au-dessous de la queue, et de chaque côté du cou étaient trois protubérances frangées, assez semblables à celles qui partent également des deux côtés du cou dans les salamandres à queue plate.

Mais si, jusqu'à présent, les divers animaux que l'on a considérés comme de vrais reptiles bipèdes doivent être rapportés à des espèces de quadrupèdes ovipares ou de serpents, nous allons donner, dans l'article suivant, la description d'un animal qui n'a que deux pieds, que l'on doit regarder cependant comme entièrement développé, et qu'il ne faut compter par conséquent, ni parmi les serpents, ni parmi les quadrupèdes ovipares. Nous traiterons ensuite d'un autre bipède qui doit être compris dans le même genre, et que M. Pallas a fait connaître.

---

1. Voyez l'addition qui est à la fin du premier volume du *Système de la nature*, par Linné, 13e édition.

2. Lettre de Jean Ellis, *Transactions philosophiques*, année 1766, t. LVI.

BIPÈDES

QUI MANQUENT DE PATTES DE DERRIÈRE

LE CANNELÉ

Chirotes canaliculatus, Merr. — *Chamœsaura propus*, Schneid. — *Bipes canaliculatus*, Bonn. — *Chalcides propus*, Daud. — *Lacerta sulcata*, Succow. — *Lacerta lumbricoides*, Shaw. — Bimane cannelé, Cuv.

Nous nommons ainsi un bipède qui n'a encore été décrit par aucun naturaliste et dont aucun voyageur n'a fait mention. Il a été trouvé au Mexique par M. Velasquès, savant espagnol, qui l'a remis, pour nous l'envoyer, à M. Polony, habile médecin de Saint-Domingue; et c'est Mme la vicomtesse de Fontanges, commandante de cette île, qui a bien voulu l'apporter elle-même en France avec un soin que l'on ne se serait pas attendu à trouver dans la beauté pour un reptile plus propre à l'effrayer qu'à lui plaire.

Ce bipède est entièrement privé de pattes de derrière. Avec quelque soin que nous l'ayons examiné, nous n'avons aperçu, dans tout son corps, aucune cicatrice, aucune marque qui pût faire soupçonner que l'animal eût éprouvé quelque accident et perdu quelqu'un de ses membres. Il a beaucoup de rapports, par sa conformation générale, avec le lézard que nous avons nommé *chalcide;* les écailles dont il est revêtu sont également disposées en anneaux; mais il diffère du chalcide, non seulement en ce qu'il n'a que deux pattes, mais encore en ce qu'il a la queue très courte, au lieu que ce dernier lézard l'a très longue en proportion du corps. Il est tout couvert d'écailles presque carrées et disposées en demi-anneaux sur le dos, ainsi que sur le ventre; ces demi-anneaux se correspondent de manière que les extrémités des demi-anneaux supérieurs aboutissent à la ligne qui sépare les demi-anneaux inférieurs. C'est par cette disposition qu'il diffère encore des chalcides, dont les écailles forment des anneaux entiers autour du corps. La ligne où se réunissent les demi-anneaux supérieurs et les demi-anneaux inférieurs présente, de chaque côté et le long du corps, une espèce de sillon qui s'étend depuis la tête jusqu'à l'anus. La queue, au lieu d'être couverte de demi-anneaux, ainsi que le corps, est garnie d'anneaux entiers, composés de petites écailles de même forme et de même grandeur que celles des demi-anneaux. L'assemblage de ces écailles forme un grand nombre de stries longitudinales ; la réunion des anneaux produit aussi un très grand nombre de cannelures transversales ; et c'est de là que nous avons tiré le nom de *cannelé* que nous donnons au bipède du Mexique. Nous avons compté cent cinquante demi-anneaux sur le ventre de cet animal et trente et un anneaux sur sa queue, qui est grosse et arrondie à l'extrémité. La longueur totale de cet individu est de huit pouces six lignes; celle de la queue d'un pouce; et son diamètre, dans sa plus grande grosseur, est de quatre lignes. La tête a trois lignes de longueur ; elle est arrondie par devant et on a peine à la distinguer du corps. Le dessus en est couvert d'une grande écaille ; le museau est garni de trois écailles plus grandes que celles des anneaux, et dont les deux extérieures présentent chacune un petit trou, qui est l'ouverture des narines. La mâchoire inférieure est aussi bordée d'écailles un peu plus grandes que celles des anneaux ; les dents sont très petites ; les yeux à peine visibles et sans paupières. Je n'ai pu remarquer aucune apparence de trous auditifs. Les pattes, qui ont quatre lignes de longueur, sont recouvertes de petites écailles semblables à celles du corps et disposées en anneaux ; il y a à chaque pied quatre doigts bien séparés, garnis d'ongles longs et crochus, et à côté du doigt extérieur de chaque pied on aperçoit comme le commencement d'un cinquième doigt. Nous n'avons pu remarquer aucun indice de pattes de derrière, ainsi que nous l'avons dit; aucun anneau du corps ni de la queue n'est interrompu, et rien n'indique que l'animal ait éprouvé quelque accident ou reçu la plus légère blessure. L'ouverture de l'anus s'étend transversalement, et sur son bord supérieur nous avons compté six tubercules percés à leur extrémité et entièrement semblables à ceux que nous avons vus sur la face intérieure des cuisses de l'*iguane*, du *lézard vert*, du *gecko*, etc.

La queue du bipède cannelé étant aussi grosse à son extrémité que la tête de cet animal, il a beaucoup de rapport, par sa conformation générale, avec les serpents que Linné a nommés *amphisbènes,* dont les écailles sont également disposées en anneaux, les yeux très peu visibles, la tête et le bout de la queue presque de la même grosseur, et qui manquent aussi de trous auditifs. C'est parmi ce genre d'amphisbènes qu'il faudrait placer le cannelé, s'il n'avait point deux pattes ; et c'est particulièrement avec ce genre qu'il lie l'ordre des quadrupèdes ovipares. Comme cet animal a été envoyé au Cabinet du roi, dans du tafia, nous n'avons pu juger de sa couleur naturelle; mais nous avons présumé qu'elle est ordinairement verdâtre et plus claire sur le ventre que sur le dos. Nous ignorons si on le trouve en très grand nombre au Mexique et quelles sont ses habitudes. Mais nous pensons, d'après sa conformation, assez semblable à celle des seps et des chalcides, que son allure et sa manière de vivre doivent ressembler beaucoup à celles de ces derniers lézards.

BIPÈDES

QUI MANQUENT DE PATTES DE DEVANT

LE SHELTOPUSIK

Pseudopus serpentinus, Merr. — *Lacerta Apus*, Gmel. — *Chamœsaura Apus*,
Schneid. — *Sheltopusik didactylus*, Latr. — *Seps Sheltopusik*, Daud.

Nous donnons ici une notice d'un reptile à deux pattes, dont M. Pallas
a parlé le premier[1]. Nous lui conservons le nom de *sheltopusik* que lui donnent les habitants des contrées qu'il habite, quoiqu'ils appliquent aussi ce
nom à une véritable espèce de serpent, parce qu'il ne peut y avoir aucune
équivoque relativement à deux animaux d'ordres ou du moins de genres différents. On le trouve auprès du Volga, dans le désert sablonneux de Naryn,
ainsi qu'aux environs de Terequm, près du Kuman ; il demeure de préférence dans les vallées ombragées et où l'herbe croît en abondance. Il se
cache parmi les arbrisseaux et fuit dès qu'on l'approche. Il fait la guerre
aux petits lézards et particulièrement aux lézards gris. Sa tête est grande,
plus épaisse que le corps. Le museau est obtus. Les bords de la gueule sont
revêtus d'écailles un peu plus grandes que celles qui les touchent, les mâchoires garnies de petites dents et les narines bien ouvertes. Le sheltopusik
a deux paupières mobiles et des ouvertures pour les oreilles semblables à
celles des lézards. Le dessus de la tête est couvert de grandes écailles ; celles
qui garnissent le corps et la queue, tant dessus que dessous, sont un peu
festonnées et placées les unes au-dessus des autres, comme les tuiles sur les
toits. De chaque côté du corps s'étend une espèce de ride ou de sillon longitudinal. A l'extrémité de chacun de ces sillons, et auprès de l'anus, on
voit un très petit pied couvert de quatre écailles et dont le bout se partage
en deux sortes de doigts un peu aigus. La queue est beaucoup plus longue
que le corps. La longueur totale du sheltopusik est ordinairement de plus
de trois pieds, et sa couleur, qui est assez uniforme sur tout le corps, est

---

1. *Novi commentarii Academiæ scientiarum imperialis Petropolitanæ*, t. XIX, fol. 435, pro
anno 1774.

d'un jaune pâle. On trouvera dans la note suivante[1] les principales dimensions de ce bipède, que M. Pallas a disséqué avec beaucoup de soin[2].

		Pieds	Pouces	Lignes
1.	Longueur depuis le bout du museau jusqu'à l'anus...........	1	6	0
	Longueur de la queue....................................	2	4	0
	Longueur de la tête depuis le museau jusqu'aux trous auditifs.	0	1	8 1/2
	Circonférence de la tête à sa base........................	0	3	10
	Circonférence du corps au devant de l'anus.................	0	3	5
	Circonférence de la queue à son origine....................	0	3	2
	Longueur des pieds......................................	0	0	1 2/3
2.	M. Pallas, à l'endroit déjà cité.			

MÉMOIRE

SUR DEUX ESPÈCES DE QUADRUPÈDES OVIPARES

QUE L'ON N'A PAS ENCORE DÉCRITES

(1801)

Nous avons dit dans nos cours et imprimé depuis très longtemps dans nos ouvrages que l'on pouvait espérer de trouver dans les animaux toutes les combinaisons de formes compatibles avec la nécessité où ils sont de se procurer un aliment analogue à leurs organes. La conformation des deux espèces de quadrupèdes ovipares dont nous allons parler est une nouvelle preuve de notre opinion à ce sujet.

Parmi les organes extérieurs des reptiles ainsi que parmi ceux des mammifères, les pieds ou les organes du mouvement sont ceux qui attirent le plus promptement l'attention de l'observateur. La nature, qui n'a pas employé dans les mammifères, pour le nombre et la position générale de ces pieds, toutes les combinaisons qui pouvaient s'allier avec l'existence des individus, les a réalisées pour les reptiles.

En effet, nous voyons, à la vérité, parmi les mammifères, les quadrupèdes proprement dits présenter quatre pattes, et les cétacés n'en avoir que deux. Mais tous les cétacés ont été privés de pieds de derrière et aucun mammifère n'a encore été trouvé avec des pieds de derrière sans pattes antérieures. Dans les reptiles, au contraire, nous voyons les tortues, les lézards, les quadrupèdes ovipares qui n'ont pas de queue et les salamandres avoir tous quatre pattes ; le bipède que nous avons nommé le *cannelé* a deux pattes de devant sans pieds de derrière et le bipède sheltopusik que Pallas a fait connaître et qui a deux pattes de derrière, est privé de pattes de devant.

Ces trois combinaisons, premièrement, de deux pattes de devant et de deux pattes de derrière ; deuxièmement, de deux pattes de devant sans pieds de derrière ; et troisièmement, de deux pattes de derrière sans pieds de devant, sont les seules avec lesquelles les animaux forcés de changer de place pour chercher leur nourriture paraissent avoir pu parvenir constamment à se procurer les aliments nécessaires à leur existence. Avec une seule patte et même avec une patte de devant et une patte de derrière placées du même côté ou de deux côtés différents, les animaux ont dû succomber bientôt à la difficulté extrême de résister à un défaut perpétuel d'équilibre, de régularité d'action et de distribution symétrique de mouvements.

Après avoir considéré le nombre des pattes, jetons un moment les yeux sur celui des doigts dans chaque pied.

Ce second examen peut être d'autant plus utile que le nombre des doigts influe beaucoup sur la perfection de l'organe du toucher, et par conséquent sur l'étendue de l'instinct de l'animal.

Nous trouverons que parmi les mammifères et lorsqu'on ne compte pas des rudiments imparfaits, les pieds de devant et de derrière présentent cinq doigts dans les quadrumanes, les pédimanes, etc., quatre doigts dans les hyènes, trois doigts dans les paresseux aï, deux doigts dans les bisulques et enfin un seul doigt dans les solipèdes.

On ne connaît pas encore une distribution semblable dans les quadrupèdes ovipares, quoique les reptiles offrent, ainsi que nous venons de le voir, une combinaison de plus que les mammifères, relativement au nombre et à la position générale des pattes.

Un très grand nombre de lézards ont cinq doigts à chaque pied ; les crocodiles en ont cinq aux pieds de devant et quatre à ceux de derrière ; plusieurs salamandres, quatre aux pattes antérieures et cinq aux postérieures ; les salamandres trois-doigts, trois aux pieds de devant et quatre à ceux de derrière ; le quadrupède ovipare auquel nous avons appliqué le nom de chalcide et celui que nous avons appelé seps, trois doigts à chaque pied ; mais les naturalistes n'ont pas encore parlé d'un reptile qui eût à chacune de ses quatre pattes, ou quatre doigts, ou deux doigts, ou un seul doigt.

La collection du Muséum renferme maintenant des lézards qui remplissent deux de ces trois lacunes.

L'un a quatre doigts à chaque pied et l'autre n'a qu'un seul doigt à chacune de ses quatre pattes. Nous avons nommé le premier tétradactyle, et le second monodactyle. Un quadrupède ovipare didactyle, c'est-à-dire qui aurait deux doigts à chaque pied, serait encore nécessaire pour achever de remplir le vide que l'on trouverait dans une série de ces quadrupèdes arrangés suivant le nombre des doigts de leurs quatre pattes. Nous devons croire que cette espèce encore inconnue existe et qu'elle sera découverte, comme le tétradactyle et le monodactyle.

Avant de décrire ces deux espèces nouvelles pour les naturalistes, comptons combien de combinaisons différentes peuvent être produites par le nombre des doigts décroissant depuis cinq jusqu'à un, et considéré d'abord comme le même et ensuite comme différent dans les pieds de devant et dans ceux de derrière.

Nous aurons la table suivante sur laquelle nous trouverons vingt-cinq combinaisons possibles. Nous ne connaissons encore que sept de ces combinaisons qui aient été réalisées. La première se montre dans le plus grand nombre de lézards; la seconde, dans le crocodile du Nil, dans le gavial, etc.; la sixième, dans la plupart des salamandres; la septième, dans le tétradactyle; la douzième, dans la salamandre trois-doigts; la treizième, dans notre chalcide ainsi que dans notre seps, et la vingt-cinquième dans le monodactyle.

TABLE DES COMBINAISONS DES DIFFÉRENTS NOMBRES DES DOIGTS DES PIEDS DE DEVANT ET DES PIEDS DE DERRIÈRE DES QUADRUPÈDES OVIPARES

	NOMBRE des doigts DES PIEDS		ESPÈCES.
	de devant.	de derrière.	
1	5	5	Un très grand nombre de lézards.
2	5	4	Le crocodile du Nil, le gavial, etc.
3	5	3	
4	5	2	
5	5	1	
6	4	5	Plusieurs salamandres.
7	4	4	Le L. tétradactyle.
8	4	3	
9	4	2	
10	4	1	
11	3	5	
12	3	4	Salamandre trois doigts.
13	3	3	Le chalcide, le seps, etc.
14	3	2	
15	3	1	
16	2	5	
17	2	4	
18	2	3	
19	2	2	
20	2	1	
21	1	5	
22	1	4	
23	1	3	
24	1	2	
25	1	1	Le L. monodactyle [1].

1. Ce monodactyle a beaucoup de rapports avec le seps et le chalcide. Ses quatre pattes sont très menues et si courtes, que leur longueur est à peine égale à la distance d'un œil à l'autre. Chacun de ses quatre pieds ne présente qu'un doigt, et ce doigt est couvert d'écailles très petit es un peu semblables à celles qui revêtent le dos.

La tête, le corps et la queue sont d'ailleurs cylindriques et si allongés, qu'ils donnent au

Dans notre distribution méthodique des quadrupèdes ovipares, nous avons divisé le genre des lézards en huit sous-genres, et compris dans le sixième ceux de ces reptiles qui n'ont que trois doigts à chaque pied ; nous compterons dorénavant deux sous-genres de plus dans ce même genre ; nous inscrirons le tétradactyle dans l'un de ces deux sous-genres nouveaux, qui sera distingué par les quatre doigts de chaque pied ; nous placerons le monodactyle dans l'autre, dont le caractère distinctif sera un doigt unique à chacun des pieds de l'animal. L'un de ces sous-genres précédera celui des

monodactyle, indépendamment de la brièveté de ses pattes, une très grande ressemblance avec une couleuvre. Le dessus de la tête présente douze lames de différentes figures et de grandeurs inégales. Les deux plus grandes de ces lames sont placées l'une devant l'autre, et les dix moins grandes sont distribuées autour de ces deux premières. Le museau est délié et mousse, la langue plate, courte, large, arrondie par le bout, et l'ouverture de l'oreille située auprès de l'angle des lèvres. Le dessus et le dessous du corps et de la queue sont garnis d'écailles allongées, pointues et relevées par une arête. Ces écailles, qui anticipent latéralement l'une sur l'autre, forment des rangées transversales, placées en partie l'une au-dessus de l'autre, et qui paraissent comme festonnées.

Dans l'individu que nous avons décrit, la tête avait 16 millimètres de longueur, le corps 97, et la queue 375. La longueur totale de ce reptile était donc de 488 millimètres.

Le tétradactyle a les quatre pieds très menus comme ceux du monodactyle, et si courts, que leur longueur n'égale pas celle de la tête, et qu'ils peuvent à peine atteindre à terre. Aussi le tétradactyle est-il un véritable reptile, de même que le monodactyle, le seps, le chalcide, le lézard serpent décrit dans Linné au n° 75 de l'édition de Gmelin ; et, de même que tous les vrais serpents, il ne se meut que par le moyen des ondulations de son corps, et de sa queue qu'il peut plier en demi-cercle et étendre alternativement.

On compte quatre doigts à chaque pied : le premier et le quatrième sont l'un et l'autre extrêmement courts et difficiles à voir ; le second est à peu près deux fois plus long que le premier, et le troisième deux fois plus long que le second.

L'ensemble de l'animal est, comme celui du monodactyle, allongé, cylindrique et semblable à celui d'une couleuvre. Le corps est six fois plus long que la tête, et la queue trois ou quatre fois plus longue que le corps et la tête pris ensemble.

Les formes et la distribution des petites lames qui recouvrent la tête ont beaucoup d'analogie avec celles des lames qui revêtent le dessus de la tête de presque toutes les couleuvres. Leur nombre est de onze ; elles sont inégales en surface. Voici quelle est leur disposition : on en voit d'abord une, ensuite une seconde, de chaque côté de laquelle paraît une rangée de trois autres écailles ; la neuvième, la dixième et la onzième forment un dernier rang placé transversalement, et dans lequel celle du milieu est la plus petite.

Les deux ouvertures des narines sont situées à l'extrémité du museau qui est délié et arrondi ; la langue est plate, courte, large et un peu arrondie par le bout.

Un sillon est creusé de chaque côté de l'animal, depuis l'angle des mâchoires auprès duquel on aperçoit l'ouverture de l'oreille jusqu'à la patte de derrière.

Le dessus du cou et celui du corps sont garnis de petites écailles presque carrées, relevées par une arête et disposées de manière à représenter des demi-anneaux qui s'étendent d'un sillon à l'autre. On compte soixante-cinq de ces demi-anneaux, dont le premier est composé de vingt petites écailles.

Le dessous de la tête, du cou et du corps est revêtu d'écailles un peu plus grandes que celles du dos, hexagones et unies.

La queue est comme renfermée dans une gaine composée de cent quatre-vingt-un anneaux, dont chacun est formé d'écailles carrées et semblables à celles du dos.

L'individu que nous avons eu sous les yeux avait 291 millimètres de longueur totale.

Cet individu, ainsi que celui de l'espèce de monodactyle, que nous avons examiné, était conservé dans de l'alcool et faisait partie de la nombreuse collection cédée à la république française par la république de Hollande.

lézards à trois doigts, et l'autre sera inscrit à la suite de ces reptiles tridactyles sur le tableau général des quadrupèdes ovipares.

Le monodactyle et le tétradactyle appartiennent tous les deux au onzième sous-genre de lézards, établi dans la treizième édition de Linné que nous devons aux soins du professeur Gmelin; et, d'après les principes que M. Alex. Brongniart a suivis dans son ouvrage sur l'ordre naturel des reptiles il faudra placer le tétradactyle et le monodactyle dans le genre auquel il a appliqué le nom de *chalcide*.

Nous ne terminerons pas ce mémoire sans rendre compte du résultat des observations que nous avons faites sur deux curieuses espèces de lézards, le gecko et le geckolte. Depuis la réunion de la collection ci-devant stathoudérienne à celle de la République française, nous avons été à même d'examiner un très grand nombre de geckottes et de geckos. Nous avons vu une série de geckos, que nous avons arrangés d'après l'altération plus ou moins grande de leurs formes extérieures, présenter toutes les nuances de diminution dans les tubercules globuleux dont cette espèce de lézard est ordinairement recouverte, jusqu'à la disparition totale ou du moins presque totale de ces tubercules arrondis. Nous ignorons si ces différences dans la grosseur de ces grains tuberculeux doivent être rapportées au climat, à la nourriture, à l'âge ou au sexe. Mais quelque gecko que nous ayons eu sous les yeux, il ne nous a jamais présenté que des tubercules demi-sphériques, soit que ces tubercules fussent très grands ou à peine visibles. Ce n'est que sur les geckottes que nous avons vu, indépendamment des petits grains plus ou moins durs par le moyen desquels leur peau paraît légèrement chagrinée, des tubercules ordinairement assez grands, inégaux en volume et toujours conformés comme de petites pyramides à trois faces. Ces tubercules pyramidaux hérissent le dessus de la tête et du corps. Ils revêtent aussi la totalité ou une partie de la queue pendant que l'animal est encore jeune. Ce sont ces tubercules à facettes, dont la présence nous a paru l'indication la plus sûre pour faire distinguer un geckotte d'avec un gecko. Les geckos ont souvent de gros tubercules, mais ils n'en ont jamais aucun qui représente une petite pyramide, et tous les geckottes présentent un nombre plus ou moins grand de ces petites pyramides à trois faces sur leur tête et sur leur corps.

Ce caractère indicateur nous paraît devoir être préféré à celui que nous avons proposé dans l'*Histoire naturelle des Quadrupèdes ovipares*, et qui consiste dans la présence ou dans l'absence d'une rangée de tubercules creux, disposés régulièrement sur la face interne de chaque cuisse. Nous n'avions encore vu de ces tubercules creux et destinés à filtrer et à répandre une liqueur plus ou moins abondante que sur les cuisses du gecko; mais nous nous sommes assurés depuis, par la comparaison attentive d'un grand nombre d'individus, que plusieurs véritables geckos sont privés de ces tubercules et, d'un autre côté, que plusieurs vrais geckottes en sont pourvus. Il en est de même dans l'espèce de lézard que Houttuyn a fait connaître, que l'on a nommé le *rayé*, dont M. Alex. Brongniart a publié une figure très exacte et qu'il faut placer dans le même sous-genre que les geckottes et les geckos. Parmi les très nombreux individus de cette espèce d'Houttuyn que renferme la collection du Muséum, nous en avons vu plusieurs avec des tubercules creux sur les cuisses et d'autres entièrement dénués de ces organes. Nous tâcherons de savoir si la présence ou l'absence de ces tubercules, qui peuvent être le signe d'une diversité assez remarquable dans l'organisation intérieure, dépend de l'âge ou du sexe, ou de toute autre cause.

DE QUADRUPÈDES OVIPARES

Notre confrère M. Cuvier a lu à la classe des sciences physiques et mathématiques, dans la séance du 26 janvier, un mémoire dans lequel il a exposé avec beaucoup de clarté tout ce que les naturalistes avaient déjà publié sur une petite famille de reptiles très digne de l'attention des physiciens, parce qu'elle est la seule parmi tous les animaux vertébrés qui mérite le nom de véritable amphibie, ayant seule reçu de vrais poumons et de véritables branchies dont elle fait usage alternativement.

M. Cuvier a exposé, dans ce même mémoire, les résultats des découvertes anatomiques qu'il a faites en disséquant des individus de trois espèces que l'on a rapportées à cette famille, et que l'on connaît sous les noms d'*axolotl mexicain*, de *protée anguillard* et de *sirène lacertine*.

Il a développé les différentes raisons d'après lesquelles on peut penser que ces reptiles sont des animaux entièrement développés ou des larves destinées à une métamorphose, et déguisant encore l'espèce à laquelle elles appartiennent.

Le Muséum d'histoire naturelle possède un quatrième reptile de cette famille pourvue de branchies et de poumons, et comme il n'est pas encore connu des naturalistes, j'ai cru devoir en donner la description. Ce reptile a quatre pattes et l'on compte à chaque pied quatre doigts dénués d'ongles, mais très distincts.

Lorsque j'ai publié en 1803 la table des diverses combinaisons que le nombre des doigts peut présenter dans les pieds de devant et dans ceux de derrière des quadrupèdes ovipares [2], j'ai fait remarquer que la septième

---

1. Cette notice a été publiée dans le tome X des *Annale muséum*, 1807, p. 230 et suiv.
2. Voyez dans le mémoire précédent.

combinaison, celles où les quatre pattes offraient chacune quatre doigts, n'avait été observée que dans le *lézard tétradactyle*, que j'ai le premier fait connaître.

Le quadrupède ovipare que je décris aujourd'hui montre la même combinaison de doigts que ce lézard; mais il est d'ailleurs trop différent de ce reptile pour pouvoir être rapporté à la même espèce.

Sa longueur totale est de....................................	150 millimètres.
Celle de la tête, depuis le bout du museau jusqu'aux branchies, de..	30 —
Celle de la queue...	50 —
Et celle de chacune des pattes de devant et de derrière.....	15 —

La tête est très aplatie, surtout dans sa surface inférieure; le museau est un peu arrondi.

La mâchoire supérieure avance un peu plus que l'inférieure.

Deux rangs de très petites dents garnissent chaque mâchoire. La langue est très courte, plate et arrondie.

La peau qui revêt la surface inférieure de la tête se replie au-dessous du cou, de manière à y former une sorte de collier qui s'étend comme un opercule membraneux jusqu'au-dessus des branchies.

L'œil est très visible au travers de l'épiderme qui le recouvre, mais qui ne le voile qu'à demi.

Les narines, un peu éloignées l'une de l'autre, sont situées vers l'extrémité du museau.

On voit de chaque côté du cou trois branchies extérieures, allongées, assez grandes et garnies de franges touffues.

La queue est très comprimée latéralement et une membrane attachée verticalement à son bord supérieur ainsi qu'à son bord inférieur la fait paraître encore plus comprimée.

On ne voit pas d'écailles sur la peau, mais elle est visqueuse et ridée transversalement, comme celle de plusieurs salamandres et des serpents cœcilies.

Un sillon longitudinal règne au-dessus de la tête et du corps, depuis l'extrémité du museau jusqu'à l'origine de la queue.

Un sillon semblable s'étend au-dessous du corps, depuis les pattes de devant jusqu'à celles de derrière.

La présence des branchies et la compression de la queue, qui ressemble à une lame verticale et qu'on peut comparer à la nageoire caudale des poissons, c'est-à-dire à leur rame la plus active, ne permettent pas de douter que le quadrupède ovipare que je décris ne vive habituellement dans l'eau. Mais je ne sais pas encore de quel pays il a été rapporté à Bordeaux, où il a été donné à M. Rodrigues, naturaliste très zélé, qui l'a procuré au Muséum d'histoire naturelle.

L'individu que j'ai eu sous les yeux étant le premier que l'on ait vu en

France et le seul qu'on y connaisse, je n'ai pas pu le disséquer pour examiner ses organes intérieurs et le degré d'ossification de son squelette.

J'ignore donc encore si ce reptile était entièrement développé ou s'il
devait subir une métamorphose; mais, quoi qu'il en soit de ces deux suppo-
sitions, son espèce est encore inconnue des naturalistes.

S'il ne devait pas montrer de nouveau développement, on pourrait le
comprendre dans le genre *protée* et le distinguer par le nom spécifique de
tétradactyle, et en supposant que l'axolotl doive être inscrit dans le même
genre, le *protée tétradactyle* serait placé entre cet axolotl, qui a quatre doigts
aux pieds de devant et cinq aux pieds de derrière, et le *protée anguillard* qui
n'en a que trois aux pattes antérieures et deux aux postérieures.

Si ce reptile était au contraire une larve, il appartiendrait à une espèce
de salamandre que l'on appellerait la *salamandre tétradactyle* que l'on n'a pas
encore décrite, et qui devrait être inscrite entre les salamandres qui ont
quatre doigts aux pieds de devant et cinq doigts aux pieds de derrière et la
salamandre tridactyle, qui n'en a que quatre aux pieds de derrière et trois
aux pieds de devant.

FIN DES QUADRUPÈDES OVIPARES.

HISTOIRE NATURELLE

DES SERPENTS

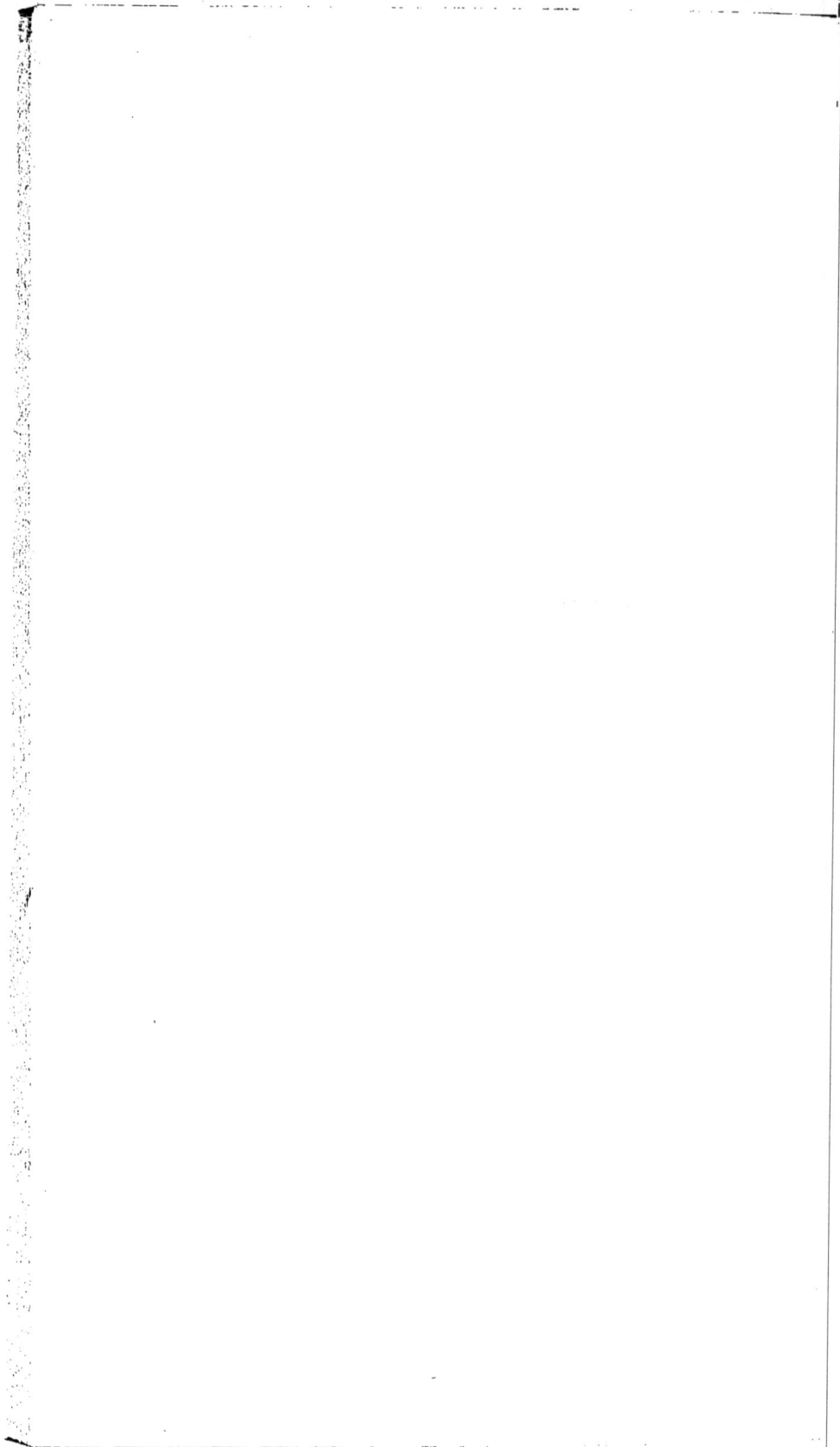

AVERTISSEMENT DE L'AUTEUR

(1789)

Personne ne sent plus vivement que moi combien la mort de M. le comte de Buffon m'a privé d'un puissant secours pour l'ouvrage dont je publie aujourd'hui le second volume, et que je n'aurais jamais entrepris s'il ne s'était engagé à m'éclairer dans la route qu'il m'avait indiquée lui-même en me chargeant de continuer l'*Histoire naturelle*. Quelque temps avant cet événement funeste aux lettres, l'un des coopérateurs de M. de Buffon, l'éloquent auteur d'une partie de l'Histoire des oiseaux et du Discours préliminaire de la Collection académique, avait été enlevé aux sciences, et sa mort avait fait évanouir les grandes espérances qu'avaient conçues les amateurs de l'Histoire naturelle, ainsi que l'espoir particulier que j'avais fondé sur ses connaissances et la bonté de son caractère. Heureusement pour moi, l'on dirait que plusieurs naturalistes de France ou des pays étrangers, et particulièrement ceux qui viennent d'entreprendre de grands voyages pour l'avancement des sciences, ont cherché à diminuer les pertes que j'ai faites en m'envoyant ou en me promettant un très grand nombre d'observations importantes. C'est avec bien de la reconnaissance que je les remercie ici et des bienfaits que j'ai déjà reçus et de ceux que je dois recevoir encore. J'ai fait usage de quelques-unes de ces observations dans le volume que je publie aujourd'hui, et j'emploierai les autres dans ceux qui le suivront. M. le marquis de la Billardrie, successeur de M. de Buffon dans la place d'intendant du Jardin de Sa Majesté, et qui se propose de ne rien négliger pour l'avancement des sciences naturelles, tant par l'étendue de ses correspondances que par les différents voyages qu'il pourra faire faire dans les pays les plus intéressants pour les naturalistes, a eu aussi la bonté de me promettre les différentes observations qui lui arriveront directement et qui pourront être relatives à mon travail. D'ailleurs, M. de Buffon m'avait remis, dans le temps, les notes, les lettres et les divers manuscrits qu'il avait reçus à différentes époques, au sujet des animaux dont je devais publier l'histoire. Deux mois avant sa mort, il voulut bien me remettre encore tous les manuscrits et les dessins originaux que feu M. Commerson, très habile naturaliste, a composés ou fait exécuter, relativement aux diverses classes d'animaux, pendant son séjour dans l'île de Bourbon, où il avait été envoyé par le gouvernement. M. de Buffon a publié la partie de ces manuscrits qui concerne les quadrupèdes vivipares et les oiseaux, et je serai d'autant plus empressé d'enrichir mon ouvrage de ceux qui traitent des autres animaux que les naturalistes les attendent depuis longtemps avec impatience. De plus, M. le comte de Buffon, fils du grand homme que nous regrettons, et qui, entré avec honneur dans la carrière militaire, fera briller au milieu des armes un nom rendu immortel par la gloire des lettres, a bien voulu, ainsi que son oncle, M. le chevalier de Buffon, officier supérieur distingué par ses services, et connu depuis longtemps par son goût pour les sciences et les beaux-arts, me communiquer toutes les notes qui se sont trouvées dans les papiers de feu M. le comte de Buffon, et qui pouvaient m'être utiles pour la continuation de l'Histoire naturelle. Mais ce qui est pour moi l'un des plus grands encouragements, ce sont les rapports que j'ai l'avantage d'avoir avec M. Daubenton ; c'est l'amitié qui me lie avec ce célèbre naturaliste, dans les lumières duquel j'ai trouvé tant de secours, et que je me plairais tant à louer, si je pouvais, sans blesser sa modestie, répéter très près de lui ce que la voix publique fait retentir partout où l'on s'intéresse au progrès des sciences naturelles. Le monde savant l'a vu avec regret cesser, dans le temps, de travailler à l'Histoire naturelle conjointement avec M. de Buffon, et suspendre la description du Cabinet de Sa Majesté ; aussi m'empressé-je d'annoncer au public qu'il jouira bientôt de la continuation de cette partie de l'Histoire naturelle, que M. Daubenton se propose de reprendre au point où des circonstances particulières l'ont engagé à l'interrompre.

ÉLOGE DU COMTE DE BUFFON[1]

Je préparais ce nouveau volume entrepris pour compléter l'*Histoire naturelle*, publiée avec tant de succès par le grand homme qui faisait un des plus beaux ornements de la France, lorsqu'il a terminé sa glorieuse carrière. Toutes les contrées éclairées par la lumière des sciences, après avoir retenti pendant sa vie des applaudissements donnés à ses triomphes, ont répété plus haut encore, après sa mort, les accents de l'admiration, auxquels se sont mêlés ceux des regrets, et la postérité a commencé, pour ainsi dire, de couronner sa statue. Au milieu de tous les hommages rendus à sa mémoire, que ne puis-je faire entendre une voix éloquente qui redise son éloge dans le sanctuaire même consacré par son génie à la science qu'il chérissait !

Lorsque Platon quitta sa dépouille mortelle pour s'élever à l'immortalité, ses disciples en pleurs se rassemblèrent sur le promontoire fameux[2], voisin de la célèbre Athènes, où ils avaient si souvent entendu cette voix imposante et enchanteresse ; ils répétèrent leurs tendres plaintes sur ce même rocher antique contre lequel venaient se briser les flots de la mer agitée, et où leur maître, assis comme le maître des dieux sur le sommet du mont Olympe, leur avait si souvent dévoilé les secrets de la science et ceux de la vertu. Ils consacrèrent ce mont à leur père chéri ; ils en firent, pour ainsi dire, un lieu saint ; et pour charmer leur peine, diminuer leur perte et se retracer avec plus de force les vérités sublimes qu'il leur avait montrées, ils chantèrent un hymne funèbre et peignirent dans leurs chants tristes et lugubres et son génie et leur douleur.

Que ne pouvons-nous aussi, nous tous qui, consacrés à l'étude de l'histoire naturelle, avons reçu les leçons, avons entendu la voix du Platon moderne, chanter en son honneur un hymne funéraire ! Rassemblés des divers points du globe où chacun de nous a conservé cet amour de la nature qu'il savait inspirer si vivement à ses disciples, que ne pouvons-nous pénétrer tous ensemble jusqu'au milieu des plus anciens monuments élevés par cette nature puissante, porter nos pas vers ces monts sourcilleux dont les cimes, toujours couvertes de neiges et de frimas, dominent sur les nuées et sem-

1. Voyez, aux *OEuvres complètes de Buffon*, les Éloges de ce célèbre naturaliste par Condorcet et Vicq d'Azir. Édit. Pillot, t. Iᵉʳ, p. v et xlvii.
2. Le promontoire de Sunium. Il est décrit et représenté dans le *Voyage du jeune Anacharsis*.

blent réunir le ciel avec la terre! C'est sur ces masses énormes, sur ces blocs immenses de granits, que les siècles ont attaqué en vain et qui seuls paraissent avoir résisté aux combats des éléments et à toutes les révolutions éprouvées par le globe de la terre, c'est sur ces tables respectées par le temps que nous irions graver le nom de Buffon ; c'est à ces antiques témoins des antiques bouleversements de notre planète que nous irions confier le souvenir de nos regrets et de notre admiration : tout autre monument serait trop périssable pour une aussi longue renommée.

Élevons-nous du moins par la pensée au-dessus de ces rocs escarpés, avançons sur le bord des profonds abîmes qui les entourent et parvenons jusqu'au sommet de ces monts entassés sur d'autres monts. La nuit règne encore ; aucun nuage ne nous dérobe le firmament ; l'atmosphère la plus pure laisse resplendir les étoiles à nos yeux ; nous voyons ces astres fixes briller des feux qui leur sont propres, et les astres errants nous renvoyer une douce lumière. Ravis d'admiration, plongés dans une méditation profonde, nous croyons voir *le génie de la nature dans la contemplation de l'univers;* tout nous rappelle ces vives images prodiguées par Buffon avec tant de magnificence, ce tableau mobile des cieux que, dans sa noble audace, il a tracé avec tant de grandeur [1], et debout sur les lieux les plus élevés du globe, nous entonnons un hymne en son honneur.

« Nous te saluons, ô Buffon, peintre sublime de ce spectacle auguste ; toi dont le génie hardi, non content de parcourir l'immensité des cieux et de chercher les limites de l'espace, a voulu remonter jusqu'à celles du temps [2].

« Tu as demandé à la matière ar quelle force pénétrante ces astres immobiles, ces pivots embrasés de l'univers brûlent des feux dont ils resplendissent.

« Tu as demandé aux siècles par quel moteur puissant ces autres astres errants, qui brillent d'une lumière étrangère et circulent en esclaves soumis autour des soleils qui les maîtrisent, furent placés sur la route céleste qui leur a été prescrite et reçurent le mouvement dont ils paraissent animés.

« Nous te saluons, ô chantre immortel des cieux ; que le firmament semé d'étoiles, que toutes les clartés répandues dans l'espace, que tout ce magnifique cortège de la nuit rappelle à jamais ta gloire! »

Cependant les premiers feux du jour dorent l'Orient ; l'astre de la lumière se montre dans toute sa majesté ; il rougit les cimes isolées qui s'élancent dans les airs, et étincelle, pour ainsi dire, contre les immenses glaciers qui investissent les monts. Une vapeur épaisse remplit encore le fond des vallées et dérobe les collines à nos yeux. Une vaste mer paraît avoir envahi le globe ; quelques pics couverts de glaces resplendissantes se montrent

---

1. *Introduction à l'histoire naturelle des minéraux,* par M. de Buffon. Édit. Pillot, t. III, p. 75 et suiv.

2. Article de la *Formation des planètes,* par M. de Buffon. Édit. Pillot, t. Ier, p. 108; première et seconde vues de la nature, *ibid.,* t. XVI, p. 145 et 158.

seulement au-dessus de cette mer immense dont les flots légers, agités par le vent, roulent en grands volumes, s'élèvent en tourbillons et menacent de surmonter les roches les plus hautes. Nous croyons voir, avec Buffon, la terre encore couverte par les eaux de l'Océan et recevant, au milieu des ondes, sa forme, ses inégalités, ses montagnes, ses vallées; et notre hymne continue :

« Nous te saluons, ô Buffon, toi dont le génie, après avoir parcouru l'immensité de l'espace et du temps, a plané au-dessus de notre globe et de ses âges[1].

« Tu as vu la terre sortant du sein des eaux; les montagnes secondaires s'élevant par les efforts accumulés des courants du vaste Océan ; les vallons, creusés par ses ondes rapides; les végétaux développant leurs cimes verdoyantes sur les premières hauteurs abandonnées par les eaux ; ces bois touffus livrant leurs dépouilles aux flots agités; les abîmes de l'Océan recevant ces dépôts précieux comme autant de sources de chaleur et de feu pour les siècles à venir, et les plaines de la mer peuplées d'animaux dont les débris forment de nouveaux rivages ou exhaussent les anciens.

« Tu as vu le feu jaillissant avec violence des entrailles de la terre, sur le bord des ondes qui se retiraient, élevant par son effort de nouvelles montagnes, ébranlant les anciennes, couvrant les plaines de torrents enflammés, et les tonnerres retentissants, les foudres rapides, les orages des airs mêlant leur puissance à celle des orages intérieurs de la terre et des tempêtes de la mer.

« Nous te saluons, toi dont les chants ont célébré ces grands objets; que le feu des volcans, que les ondes agitées, que les tonnerres des airs rappellent à jamais ta gloire! »

Mais la vapeur épaisse se dissipe et nous laisse voir des plaines immenses, des coteaux fertiles, des champs fleuris, des retraites tranquilles; ô Nature, tu te montres dans toute ta beauté! Les habitants des airs, voltigeant au milieu des bocages, saluent par leur chant l'astre bienfaisant, source de la chaleur; l'aigle altier vole jusqu'au-dessus des plus hautes cimes[2]; le cheval belliqueux, relevant sa mobile crinière, s'élance dans les vertes prairies; les divers animaux qui embellissent le globe paraissent en quelque sorte à nos yeux. Saisis d'un noble enthousiasme, entraînés par l'espèce de délire qui s'empare de nos sens, nous croyons nous détacher, pour ainsi dire, de la terre, et voir le globe roulant sous nos pieds nous présenter successivement toute sa surface. Le tigre féroce, le lion terrible régnant avec empire dans les solitudes embrasées de l'Afrique; le chameau

1. *Théorie de la terre et Époques de la nature*, par M. de Buffon. Édit. Pillot, t. 1er, p. 103 et t. V, p. 7.

2. Voyez particulièrement, dans l'*Histoire des quadrupèdes et des oiseaux*, par M. de Buffon, les articles du Cheval, du Tigre, du Lion, du Chameau, de l'Éléphant, du Castor, des Singes, de l'Aigle, des Perroquets, de l'Oiseau-Mouche, du Kamichi, etc. Édit. Pillot, t. XIV, XV, XVI, XVIII, XIX, etc.

supportant la soif au milieu des sables brûlants de l'Arabie; l'éléphant des grandes Indes, étonnant l'intelligence humaine par l'étendue de son instinct; le castor du Canada, montrant par son industrie ce que peuvent le nombre et le concert; les singes des deux mondes, imitateurs pétulants des mouvements de l'homme; les perroquets richement colorés des contrées voisines de l'équateur; le brillant oiseau-mouche et le colibri doré du nouveau continent; le kamichi des côtes à demi noyées de la Guyane : tous passent sous nos yeux. Rien ne peut nous dérober aucun de ces objets, que Buffon a revêtus de ses couleurs éclatantes; et au milieu des sujets de ses magnifiques tableaux, nous voyons sur tous les points de la terre habitable le chef-d'œuvre de la force productrice, l'homme, qui par la pensée a conquis le sceptre de la nature, dompté les éléments, fertilisé la terre, embelli son asile et créé le bonheur par l'amour et par la vertu. Depuis le pôle sur lequel brille l'ourse, depuis les bornes du vaste empire de la souveraine de la Néva[1], et cette contrée fertile en héros, où Reinsberg[2] voit les arts cultivés par des mains victorieuses, jusqu'aux plages ardentes du Mexique et aux sommets du Potosi, quelle partie du globe ne nous rappelle pas des tributs offerts au génie de Buffon?

Nous voyons, au milieu de l'Athènes moderne, ces lieux fameux consacrés à la science ou aux arts sublimes de l'éloquence et de la poésie, ces temples de la renommée qui parleront à jamais de la gloire de Buffon, où il a laissé des amis, des compagnons de ses travaux, un surtout qui, né sous le même ciel et réuni avec lui dès sa plus tendre jeunesse, a partagé sa gloire et ses couronnes. Nous croyons entendre leurs voix et ce concert de louanges du génie et de l'amitié retentissant jusqu'au fond de nos cœurs, nous nous écrions de nouveau :

« Nous te saluons, ô Buffon, toi qui as chanté les œuvres de la création sur ta lyre harmonieuse; toi qui d'une main habile as gravé sur un monument plus durable que le bronze les traits augustes du roi de la nature; qui l'as suivi d'un œil attentif sous tous les climats, depuis le moment de sa naissance jusqu'à celui où il disparaît de dessus la terre. A ta voix la nature a rassemblé ses différentes productions; les divers animaux se sont réunis devant toi; tu leur as assigné leur forme, leur physionomie, leurs habitudes, leur caractère, leur pays, leur nom. Que partout tes chants soient répétés; que tout parle de toi, poète sublime, tu as célébré et tous les êtres et tous les temps. »

---

1. C'est principalement de la Russie, ainsi que de l'Amérique septentrionale et méridionale, que l'on s'est empressé d'offrir à M. de Buffon les divers objets d'histoire naturelle qui pouvaient l'intéresser; il en a reçu de plusieurs souverains, et surtout de l'impératrice de toutes les Russies.

2. Château du Brandebourg, appartenant au prince Henri de Prusse. Avec quel plaisir M. de Buffon ne parlait-il pas de son dévouement pour ce prince! Combien ne se plaisait-il pas à rappeler les marques d'attachement qu'il en avait reçues, ainsi qu'à s'entretenir de l'amitié que lui a toujours témoignée la digne compagne d'un grand et célèbre ministre du meilleur des rois!

EXTRAIT DES REGISTRES

L'Académie nous a chargé de lui faire le rapport d'un ouvrage de M. le comte de Lacépède, qui a pour titre *Histoire naturelle des serpents*.

Cet ouvrage est une suite de celui qu'il a publié l'année dernière sur les quadrupèdes ovipares et qui a été approuvé par l'Académie. M. le comte de Lacépède y traite de plus de soixante-quinze espèces de serpents, parmi lesquelles plus de vingt-deux espèces n'avaient encore été décrites par aucun auteur, et plusieurs autres n'avaient été que légèrement indiquées par les voyageurs ou les naturalistes. C'est principalement dans la collection du Cabinet du roi que M. le comte de Lacépède a vu ces espèces de serpents qui n'étaient pas encore connues ou qui ne l'étaient qu'imparfaitement.

L'auteur les a distribuées en huit genres avec la plupart des naturalistes ; il a placé dans le premier, sous la dénomination des couleuvres, les serpents qui ont de grandes plaques sous le corps et deux rangées de petites plaques sous la queue. Comme ce genre est très nombreux et contient cent trente-sept espèces, l'auteur dit, dans l'article où il traite de la nomenclature des serpents, qu'il aurait désiré de diviser le genre des couleuvres, d'autant plus qu'il aurait voulu séparer les couleuvres venimeuses de celles qui ne le sont pas ; celles dont les petits éclosent dans le ventre de leur mère de celles qui pondent des œufs. En effet, dans la partie historique de son ouvrage, l'auteur sépare ces couleuvres en commençant par les vipères d'Europe et les autres vipères des pays étrangers, telles que le céraste, le naja, etc., et en passant ensuite à la couleuvre à collier et aux autres couleuvres non venimeuses d'Europe ou des autres parties du globe. Mais, dans sa table méthodique, M. le comte de Lacépède a été obligé de les réunir toutes dans le même genre, n'ayant pas pu trouver des caractères extérieurs très sensibles et constants pour différencier ces deux divisions. Il expose les tentatives qu'il a faites à ce sujet et indique aux voyageurs des observations d'après lesquelles on pourrait espérer de trouver ces caractères.

Dans le second genre, l'auteur comprend les serpents qui ont une rangée de grandes plaques sous la queue aussi bien que sous le ventre et auxquels il conserve le nom de *boa*; ce genre présente dix espèces de serpents dont plusieurs parviennent à une longueur très considérable, et parmi lesquels est le devin dont la longueur est quelquefois de plus de trente pieds.

Le troisième genre renferme les serpents connus sous le nom de *serpents à sonnettes*, parce qu'ils ont au bout de la queue des écailles articulées, sonores et mobiles. L'auteur en compte cinq espèces.

M. le comte de Lacépède a mis dans le quatrième genre les serpents auxquels on a donné le nom d'*anguis*, et qui n'ont sous le corps que de petites écailles. Il donne la description de seize espèces de ces animaux parmi lesquels est l'*orvet*, petit serpent très connu en Europe et particulièrement dans plusieurs provinces de France.

Il place dans le cinquième genre, sous le nom d'*amphisbènes*, deux espèces de serpents dont le corps et la queue sont entourés d'anneaux écailleux.

Il met dans le sixième deux espèces de serpents dont les côtés du corps sont comme plissés et que l'on a nommés *cœcilies*.

Il a conservé le nom de *langaha* à une espèce de serpent qui, ne pouvant être compris dans aucun des genres précédents, a dû former un septième genre. Le dessous du corps de ce serpent présente vers la tête de grandes plaques et ne montre ensuite que des anneaux écailleux, et sa queue, garnie de ces mêmes anneaux à son origine, n'est revêtue que de petites écailles à son extrémité.

Enfin, dans le huitième genre, M. le comte de Lacépède traite d'un serpent dont on a donné la description sous le nom d'*acrochorte de Java*, et qu'il croit être d'un genre particulier, d'après M. Hornstedt qui l'a fait connaître, jusqu'à ce que de nouvelles observations aient déterminé sa place dans quelqu'un des genres précédents.

M. de Lacépède ayant vu non seulement plusieurs espèces de serpents, mais plusieurs individus de la même espèce, a reconnu la difficulté de reconnaître les espèces, en n'employant qu'un très petit nombre de caractères à l'exemple de la plupart des naturalistes. Il a vu qu'un grand nombre de ces caractères était très variable en raison de l'âge ou du sexe ou d'autres circonstances. Il a cherché les caractères extérieurs les plus constants ; ceux qui lui ont paru n'être pas sujets à varier sont communs à un trop grand nombre d'espèces de serpents pour servir à distinguer chaque espèce en particulier, il les a combinés avec les caractères moins constants employés jusqu'ici par plusieurs nomenclateurs. Il en a composé une table méthodique dans laquelle les caractères variables, qui seuls ne pourraient pas garantir de l'erreur, servent cependant à faire trouver l'objet que l'on cherche ; cette table réunit l'avantage de faire connaître plus sûrement qu'aucune autre l'espèce d'un serpent et présente les rapports principaux que les diverses espèces ont entre elles.

Ces caractères, tant constants que plus ou moins variables, sont le nombre des grandes et des petites plaques ; la proportion de la longueur du corps à celle de la queue, la présence ou le défaut de dents longues, crochues, creuses, mobiles et connues sous le nom de *crochets à venin;* la forme et l'arrangement des écailles qui couvrent le sommet de la tête; la forme de celles qui garnissent le dos, les traits particuliers de conformation que les serpents peuvent présenter, tels que la grosseur de la tête, la forme de cette partie, la distribution des taches et même leur couleur, dernier caractère que l'auteur regarde comme très variable, mais qu'il présente avec les autres; sa combinaison avec ces derniers peut quelquefois servir à lever des doutes et à distinguer les espèces.

Les espèces de serpents qui sont comprises dans la table méthodique de M. le comte de Lacépède sont arrangées suivant le nombre des plaques ou des écailles qu'elles ont sous le ventre; les espèces qui en ont le plus se trouvent placées les premières. On peut connaître par ce moyen avec quelles espèces on a principalement besoin de comparer celle que l'on veut reconnaître.

L'auteur a joint à l'article de chaque espèce de serpent une liste très étendue des noms qui ont été donnés à cette espèce et la citation des divers auteurs qui en ont parlé. Non seulement il a donné la description de l'animal, mais autant qu'il l'a pu, il a exposé ses habitudes. Il a fait usage des différents ouvrages déjà imprimés et de notes manuscrites qui lui ont été envoyées par plusieurs observateurs, tels que MM. de la Borde, le baron de Widerspach, correspondants du Cabinet du roi à Cayenne, de Badier de la Guadeloupe, de Sept-Fontaines, etc.

On trouve pour chaque genre des articles principaux où les caractères génériques des serpents sont exposés plus au long, et à la tête de tout l'ouvrage est un discours sur la nature de ces animaux, dans lequel M. le comte de Lacépède a présenté ce qui est commun aux diverses espèces de ces reptiles, les traits les plus remarquables de leur conformation, les points les plus intéressants de leur histoire et leurs grands rapports avec les autres ordres d'animaux.

Quarante-cinq espèces principales ou qui n'avaient pas encore été décrites sont figurées dans cet ouvrage qui est terminé par des articles relatifs à un iguane cornu et à un autre lézard à tête rouge, dont les individus ont été envoyés à l'auteur depuis la publication de son Histoire naturelle des quadrupèdes ovipares.

L'Histoire des serpents, que M. le comte de Lacépède a présentée à l'Académie, et dont nous venons d'exposer les principales parties, est faite avec autant de soin que l'Histoire des quadrupèdes ovipares qu'a donnée le même auteur; les descriptions y sont aussi exactes; les figures sont aussi bonnes. L'auteur a fait beaucoup de recherches par rapport aux habitudes des serpents; il a observé par lui-même la structure des écailles sonores et mobiles qui terminent la queue des serpents à sonnettes, et dont la forme et la disposition lui ont donné des lumières sur la formation et l'accroissement de cet organe singulier. M. le comte de Lacépède a aussi reconnu que les prétendues cornes du céraste ne sont que des éminences écailleuses. Il a décrit le chaperon du serpent à lunettes et les côtes qui le soutiennent. M. le comte de Lacépède a comparé les mâchoires des serpents venimeux avec celles des serpents qui n'ont point de venin, pour reconnaître les différences qui sont causées par l'organe du venin; il a décrit sur la plupart des serpents la disposition et la figure des écailles qui couvrent le dos, et des grandes et des petites plaques qui revêtent le dessous de la tête et le dessous du corps et de la queue. Il a donné le rapport de la longueur totale de la plupart des serpents avec la longueur de leur queue : ces proportions donnent des facilités pour distinguer les différentes espèces de chaque genre de serpents.

Les caractères distinctifs de ces animaux sont difficiles à exprimer, parce que leurs différences sont peu sensibles et sujettes à beaucoup de variétés; c'est ce qui a obligé M. le comte de Lacépède à rapporter dans sa table méthodique plusieurs caractères distinctifs pour chaque espèce : ils se confirment mutuellement et ils se suppléent les uns aux autres. Par ce moyen on peut classer des animaux qui ne sont pas encore assez bien connus pour être distingués par des caractères moins nombreux.

Nous pensons que l'Histoire naturelle des serpents par M. le comte de Lacépède mérite d'être approuvée par l'Académie et imprimée sous son privilège.

Signé : Daubenton, Fougeroux de Bondaroy, Broussonnet.

Je certifie le présent extrait conforme à son original et au jugement de l'Académie. A Paris, ce 20 mars 1789.

Signé : Tillet.

HISTOIRE NATURELLE

SERPENTS

DISCOURS SUR LA NATURE DES SERPENTS

A la suite des nombreuses espèces des quadrupèdes et des oiseaux se présente l'ordre des serpents, ordre remarquable en ce qu'au premier coup d'œil les animaux qui le composent paraissent privés de tout moyen de se mouvoir et uniquement destinés à vivre sur la place où le hasard les fait naître. Peu d'animaux, cependant, ont les mouvements aussi prompts et se transportent avec autant de vitesse que le serpent; il égale presque par sa rapidité une flèche tirée par un bras vigoureux lorsqu'il s'élance sur sa proie ou qu'il fuit devant son ennemi. Chacune de ses parties devient alors comme un ressort qui se débande avec violence ; il semble ne toucher à la terre que pour en rejaillir ; et, pour ainsi dire, sans cesse repoussé par les corps sur lesquels il s'appuie, on dirait qu'il nage au milieu de l'air en rasant la surface du terrain qu'il parcourt. S'il veut s'élever encore davantage, il le dispute à plusieurs espèces d'oiseaux par la facilité avec laquelle il parvient jusqu'au plus haut des arbres, autour desquels il roule et déroule son corps avec tant de promptitude que l'œil a de la peine à le suivre. Souvent même, lorsqu'il ne change pas encore de place et qu'il est prêt à s'élancer et qu'il est agité par quelque affection vive comme l'amour, la colère ou la crainte, il n'appuie contre terre que sa queue qu'il replie en contours sinueux ; il redresse avec fierté sa tête, il relève avec vitesse le devant de son corps, et le retenant dans une attitude droite et perpendiculaire, bien loin de paraître uniquement destiné à ramper, il offre l'image de la force, du courage et d'une sorte d'empire.

Placé par la nature à la suite des quadrupèdes ovipares, ressemblant à un lézard qui serait privé de pattes et pouvant surtout être quelquefois confondu avec les espèces que nous avons nommées *seps* et *chalcides*[1], ainsi

---

1. Voyez l'article du Seps et celui du Chalcide, dans l'*Histoire naturelle des quadrupèdes ovipares.*

qu'avec les reptiles bipèdes[1], le serpent réunit cet ordre des quadrupèdes ovipares à celui des poissons, avec plusieurs espèces desquels il a un grand nombre de rapports extérieurs et dans lesquels il paraît, en quelque sorte, se dégrader par des nuances successives offertes par les *anguilles*, les *murènes* proprement dites, les *gymnotes*, etc.

Malgré la grande vitesse avec laquelle le serpent échappe, pour ainsi dire, à la surface sur laquelle il s'avance, plusieurs points de son corps portent sur la terre, même dans le temps où il paraît le moins y toucher, et il est entièrement privé de membres qui puissent le tenir élevé au-dessus du terrain, ainsi que les quadrupèdes. Aussi le nom de reptile nous a-t-il paru lui appartenir principalement et celui de *serpent* vient-il de *serpere*, qui désigne l'action de ramper. Cette forme extérieure, ce défaut absolu de bras, de pieds et de tout membre propre à se mouvoir le caractérise essentiellement et empêche qu'on ne le confonde, même à l'extérieur, avec aucun des animaux qui ont du sang et particulièrement avec les murènes proprement dites, les anguilles et les autres poissons, qui ont tous des nageoires plus ou moins étendues et plus ou moins nombreuses.

Les limites qui circonscrivent l'ordre des serpents sont donc tracées d'une manière précise, malgré les grands rapports qui les lient avec les ordres voisins.

Leurs espèces sont en grand nombre ; nous en décrivons plus de cent quarante dans cet ouvrage : quelques-unes parviennent à une grandeur très considérable, elles ont plus de trente pieds et souvent même de quarante pieds de longueur[2]. Toutes sont couvertes d'écailles ou de tubercules écailleux comme les lézards et les poissons qu'elles lient les uns avec les autres ; mais ces écailles varient beaucoup par leur forme et par leur grandeur ; les unes, que l'on nomme plaques, sont hexagones, étroites et très allongées ; les autres presque rondes ou ovales, ou rhomboïdales ou carrées ; celles-ci entièrement plates, celles-là relevées par une arête saillante, etc. Toutes ces diverses sortes d'écailles sont différemment combinées dans les espèces particulières de serpents ; les uns en ont de quatre sortes, les autres de trois, les autres de deux, les autres n'en ont que d'une seule sorte, et c'est principalement en réunissant les caractères tirés de la forme, du nombre et de la position de ces écailles que nous avons pu parvenir à distinguer non seulement les genres, mais encore les espèces de serpents, ainsi qu'on pourra le voir dans la table méthodique de ces animaux.

---

1. Article des Reptiles bipèdes, à la suite de l'*Histoire des quadrupèdes ovipares*.

2. Notes manuscrites communiquées par M. de la Borde, correspondant du Cabinet du roi à Cayenne, et par M. le baron de Widerspach, correspondant du même Cabinet, et dans le même endroit.

« Nous lisons qu'auprès de Batavia, établissement hollandais dans les Indes orientales, il y a des serpents de cinquante pieds de longueur. » Essai sur l'*Histoire naturelle des serpents*, par Charles Owen. Londres, 1742, p. 15.

Voyez à ce sujet, dans cette histoire naturelle, l'article du Devin.

Si, avant d'examiner les habitudes naturelles de ces reptiles, nous voulons jeter un coup d'œil sur leur organisation interne, et si nous commençons par considérer leur tête, nous trouverons que la boîte osseuse est à peu près conformée comme celle des quadrupèdes ovipares ; cependant la partie de cette boîte qui représente l'os occipital et qui est faite en forme de triangle dont le sommet est tourné vers la queue ne paraît pas, en général, avancer autant vers le dos que dans ces quadrupèdes ; elle garantit peu l'origine de la moelle épinière, et voilà pourquoi les serpents peuvent être attaqués avec avantage et recevoir aisément la mort par cet endroit mal défendu.

Le reste de leur charpente osseuse présente de grands rapports avec celle de plusieurs espèces de poissons, mais elle offre cependant une conformation qui leur est particulière et d'après laquelle il est presque aussi aisé de les distinguer que d'après leur forme extérieure. Elle est la plus simple de toutes celles des animaux qui ont du sang ; elle ne se divise pas en diverses branches pour donner naissance aux pattes comme dans les quadrupèdes, aux ailes comme dans les oiseaux, etc. ; elle n'est composée que d'une longue suite de vertèbres qui s'étend jusqu'au bout de la queue. Les apophyses ou éminences de ces vertèbres sont placées, dans la plupart des serpents, de manière que l'animal puisse se tourner dans tous les sens et même se replier plusieurs fois sur lui-même ; et, d'ailleurs, dans presque tous ces reptiles, ces vertèbres sont très mobiles, les unes relativement aux autres, l'extrémité postérieure de chacune étant terminée par une sorte de globe qui entre dans une cavité de la vertèbre suivante et y joue librement comme dans une genouillère[1]. De chaque côté de ces vertèbres sont attachées des côtes ordinairement d'autant plus longues qu'elles sont plus près du milieu du corps, et qui, pouvant se mouvoir en différents sens, se prêtent aux divers mouvements que le serpent veut exécuter. Vers l'extrémité de la queue, les vertèbres ne présentent plus que des éminences et sont dépourvues de côtes[2].

Ces vertèbres et ces côtes composent toute la partie solide du corps des serpents ; aussi leurs organes intérieurs ne sont-ils défendus, dans la partie de leur corps qui touche à terre, que par les plaques ou grandes écailles qui les revêtent par-dessous, et par une matière graisseuse considérable que

---

1. C'est particulièrement ainsi dans le Boiquira ou grand serpent à sonnettes. Edw. Tyson. *Transact. philosophiques*, n° 144.

2. J'ai voulu savoir si le nombre des vertèbres et des côtes des serpents a quelque rapport constant avec les différentes espèces de ces animaux. J'ai disséqué plusieurs individus de diverses espèces de serpents, et j'ai remarqué que le nombre des vertèbres et des côtes augmentait ou diminuait dans les couleuvres, les boas et les serpents à sonnettes, avec celui des plaques qui recouvrent le dessous du corps de ces reptiles ; de telle sorte qu'il y avait toujours une vertèbre, et par conséquent deux côtes pour chaque plaque ; mais mes observations n'ont pas été assez multipliées pour que j'en regarde le résultat comme constant. Voyez dans l'article intitulé *Nomenclature des serpents*, ce que l'on peut penser du rapport du nombre de ces plaques avec l'âge ou le sexe des reptiles, etc.

l'on trouve souvent entre la peau de leur ventre et ces mêmes organes. Cette graisse doit aussi contribuer à entretenir leur chaleur intérieure, à préserver leur sang des effets du froid et à les soustraire pendant quelque temps à l'engourdissement auquel ils sont sujets, dans certaines contrées, à l'approche de l'hiver; elle leur est d'autant plus utile que la chaleur naturelle de leur sang est peu considérable; ce fluide ne circule dans les serpents qu'avec lenteur, relativement à la vitesse avec laquelle il coule dans les quadrupèdes vivipares et dans les oiseaux. Et comment serait-il poussé avec autant de force dans les reptiles que dans les oiseaux et les vivipares, puisque le cœur des serpents n'est composé que d'un ventricule[1], et puisque la communication entre le sang qui y arrive et le sang qui en sort peut être indépendante des oscillations des poumons et de la respiration, dont la fréquence échauffe et anime le sang des vivipares et des oiseaux?

Le jeu du cœur et la circulation ne seraient donc point arrêtés dans les serpents par un très long séjour sous l'eau, et ces animaux pourraient rester habituellement dans cet élément, comme les poissons, si l'air ne leur était pas nécessaire, de même qu'aux quadrupèdes ovipares, pour entretenir dans leur sang les qualités nécessaires à son mouvement et à la vie, pour dégager ce fluide des principes surabondants qui en engourdiraient la masse, ou y porter ceux de liquidité qui doivent l'animer[2]. Les serpents ne peuvent donc vivre dans l'eau sans venir souvent à la surface; et la respiration leur est presque aussi nécessaire que si leur cœur était conformé comme celui de l'homme et des quadrupèdes vivipares, et que la circulation de leur sang ne pût avoir lieu qu'autant que leurs poumons aspireraient l'air de l'atmosphère. Mais leur respiration n'est pas aussi fréquente que celle des quadrupèdes vivipares et des oiseaux; au lieu de resserrer et de dilater leurs poumons par des oscillations promptes et régulières, ils laissent échapper avec lenteur la portion d'air atmosphérique qu'ils ont aspirée avec assez de rapidité, et ils peuvent d'autant plus se passer de respirer fréquemment que leurs poumons sont très grands en comparaison du volume de leur corps, ainsi que ceux des tortues, des crocodiles, des salamandres, des grenouilles, etc.; et que, dans certaines espèces, telles que celles du boiquira, la longueur de ces viscères égalant à peu près les trois quarts de celle du corps, ils peuvent aspirer à la fois une très grande quantité d'air[3].

Ils sont pourvus de presque autant de viscères que les animaux les mieux organisés; ils ont un œsophage ordinairement très long et susceptible d'une très grande dilatation, un estomac, un foie avec son conduit, une vésicule du fiel, une sorte de pancréas et de longs intestins qui, par

---

1. L'oreillette du cœur de plusieurs espèces de serpents est conformée de manière à paraître double, ainsi que dans un grand nombre de quadrupèdes ovipares; mais aucun de ces reptiles n'a deux ventricules.

2. Discours sur la nature des quadrupèdes ovipares.

3. Observations anatomiques d'Edwards Tyson, *Transactions philosophiques*, n° 144.

leurs circuits, leurs divers diamètres et les espèces de séparations transversales qu'ils contiennent, forment plusieurs portions distinctes analogues aux intestins grêles et aux gros intestins des vivipares, et, après plusieurs sinuosités, se terminent par une portion droite, par une sorte de rectum, comme dans les quadrupèdes. Ils ont aussi deux reins, dont les conduits n'aboutissent pas à une vessie proprement dite, ainsi que dans les quadrupèdes vivipares, mais se déchargent dans un réservoir commun semblable au cloaque des oiseaux, et où se mêlent de même les excréments, tant solides que liquides. Ce réservoir commun n'a qu'une seule ouverture à l'extérieur ; il renferme, dans les mâles, les parties qui leur sont nécessaires pour perpétuer leur espèce, et qui y demeurent cachées jusqu'au moment de leur accouplement : c'est aussi dans l'intérieur de ce réservoir que sont placés, dans les femelles, les orifices des deux ovaires ; et voilà pourquoi dans la plupart des serpents, excepté certaines circonstances rares, voisines de l'accouplement de ces animaux, on ne peut s'assurer de leur sexe d'après la seule considération de leur conformation extérieure.

Presque toutes les écailles qui recouvrent les serpents, et particulièrement les grandes lames qui sont situées au-dessous de leur corps, sont mobiles indépendamment les unes des autres ; ils peuvent redresser chacune de ces lames par un muscle particulier qui y aboutit. Dès lors chacune de ces pièces, en s'élevant et en se rabaissant, devient une sorte de pied par le moyen duquel ils trouvent de la résistance et par conséquent un point d'appui dans le terrain qu'ils parcourent, et peuvent se jeter, pour ainsi dire, dans le sens où ils veulent s'avancer. Mais les serpents se meuvent encore par un moyen plus puissant ; ils relèvent en arc de cercle une partie plus ou moins étendue de leur corps ; ils rapprochent les deux extrémités de cet arc qui portent sur la terre, et lorsqu'elles sont près de se toucher, l'une ou l'autre leur sert de point d'appui pour s'élancer, en aplatissant la partie qui était élevée en arc de cercle. Lorsqu'ils veulent courir en avant, c'est sur l'extrémité postérieure de cet arc qu'ils s'appuient, et c'est au contraire sur la partie antérieure lorsqu'ils veulent aller en arrière.

Chaque fois qu'ils répètent cette action, ils font, pour ainsi dire, un pas de la grandeur de la portion de leur corps qu'ils ont courbée, sans compter l'étendue que peut donner à cet intervalle parcouru l'élasticité de cette même portion de leur corps qu'ils ont pliée, et qui les lance avec raideur en se rétablissant. Ces arcs de cercle sont plus ou moins élevés ou plus ou moins multipliés dans chaque individu, suivant son espèce, ses grandeurs, sa proportion, sa force, ainsi que le besoin qu'il a de courir plus ou moins vite ; et tous ces arcs, en se débandant successivement, produisent cette sorte de mouvement que l'on a appelé vermiculaire, parce que les vers proprement dits, qui sont dépourvus de pieds, ainsi que les serpents, sont également obligés de l'employer pour changer de place.

Pendant que les serpents exécutent ces divers mouvements, ils portent leur tête d'autant plus élevée au-dessus du terrain qu'ils ont plus de vigueur et qu'ils sont animés par des sensations plus vives ; et comme leur tête est articulée avec l'épine du dos, de manière que la face forme un angle droit avec cette épine dorsale, les serpents ne pourraient point se servir de leur gueule, ne verraient point devant eux et ne s'avanceraient qu'en tâtonnant dans les moments où ils relèvent la partie la plus antérieure de leur corps, s'ils n'en repliaient alors l'extrémité de manière à conserver à leur tête une position horizontale.

Quoique toutes les portions du corps des serpents jouissent d'une grande élasticité, cependant, dans le plus grand nombre d'espèces, ce ressort ne doit pas être également distribué dans toutes les parties : aussi la plupart des serpents ont-ils plus de facilité pour avancer que pour reculer ; d'ailleurs les écailles qui les revêtent, et particulièrement les plaques qui garnissent le dessous du ventre, se recouvrent mutuellement et sont couchées de devant en arrière les unes au-dessus des autres. Il arrive de là que lorsque les serpents se redressent, elles forment contre le terrain un obstacle qui arrête leurs mouvements, s'ils veulent aller en arrière; tandis qu'au contraire, lorsqu'ils s'avancent, la surface qu'ils parcourent applique ces pièces les unes contre les autres dans le sens où elles se recouvrent naturellement.

Quelques espèces cependant, dont le corps est d'une grosseur à peu près égale à ses deux extrémités, et qui, au lieu de plaques, n'ont que des anneaux circulaires, paraissent jouir de la faculté de se mouvoir presque aussi aisément en arrière qu'en avant, ainsi que nous le verrons dans la suite[1]; mais ces espèces ne forment qu'une petite partie de l'ordre dont nous traitons.

Lorsque certains serpents, au lieu de se mouvoir progressivement pendant un temps plus ou moins considérable, et par suite d'efforts plusieurs fois répétés, ne cherchent qu'à s'élancer tout d'un coup d'un endroit à un autre, ou à se jeter sur une proie par un seul bond, ils se roulent en spirale au lieu de former des arcs de cercle successifs ; ils n'élèvent presque que la tête au-dessus de leur corps ainsi replié et contourné; ils tendent, pour ainsi dire, toutes leurs parties élastiques, et réunissant par là toutes les forces particulières qu'ils emploient l'une après l'autre dans leurs courses ordinaires, allongeant tout d'un coup toute leur masse et leurs ressorts se débandant tous à la fois, ils se déroulent et s'élancent vers l'objet qu'ils veulent atteindre avec la rapidité d'une flèche fortement vibrée, et en franchissant souvent un espace de plusieurs pieds.

Les serpents qui grimpent sur les arbres s'y retiennent en entourant les tiges et les rameaux par les divers contours de leur corps; ils en parcourent les branches de la même manière qu'ils s'avancent sur la surface de la terre; ils s'élancent d'un arbre à un autre, ou d'un rameau à un rameau, en ap-

1. Article des Serpents amphisbènes.

puyant contre l'arbre une portion de leur corps et en la pliant de manière qu'elle fasse une sorte de ressort et qu'elle se débande avec force ; ou bien ils se suspendent par la queue, et, balançant à plusieurs reprises leur corps qu'ils allongent avec effort, ils atteignent la branche à laquelle ils veulent parvenir, s'y attachent en l'embrassant par plusieurs contours de leur partie antérieure, se resserrent alors, se raccourcissent, ramassent, pour ainsi dire, leur corps et retirent à eux la queue qui leur avait servi à se suspendre.

Les très grands serpents l'emportent en longueur sur tous les animaux, en y comprenant même les crocodiles, dont la grandeur est la plus démesurée, et qui ont depuis vingt-cinq jusqu'à trente pieds de long, et en n'en exceptant que les baleines et les autres grands cétacés. A l'autre extrémité cependant de l'échelle qui comprend tous ces reptiles arrangés par ordre de grandeur, on en voit qui ne sont guère plus gros qu'un tuyau de plume et dont la longueur, qui n'est que de quelques pouces, surpasse à peine celle des plus petits quadrupèdes, tant ovipares que vivipares. L'ordre des serpents est donc celui où les plus grandes et les plus petites espèces diffèrent le plus les unes des autres par la longueur. Mais si, au lieu de mesurer une seule de leurs dimensions, on pèse leur masse, on trouvera que la quantité de matière que renferment les serpents les plus gigantesques est à peu près dans le même rapport avec la matière des plus petits reptiles, que la masse des grands éléphants, des hippopotames, etc., avec celle des rats, des musaraignes, des plus petits quadrupèdes vivipares.

Ne pourrait-on pas penser que, dans tous les ordres d'animaux, la même proportion se trouve entre la quantité de matière modelée dans les grandes espèces et celle qui est employée dans les petites ? Mais, dans l'ordre des serpents, tous les développements ont dû se faire en longueur plutôt qu'en grosseur ; sans cela, ces reptiles, et surtout ceux qui sont énormes, privés de pattes et de bras, auraient à peine exécuté quelques mouvements très lents : la vitesse de leur course ne doit-elle pas, en effet, être proportionnée à la grandeur de l'arc que leur corps peut former pour se débander ensuite ? Auraient-ils pu se plier avec facilité et chercher sur la surface du terrain des points d'appui qui remplaçassent les pieds qui leur manquent ? Ne pouvant ni atteindre leur proie ni échapper à leurs ennemis, n'auraient-ils pas été comme des masses inertes exposées à tous les dangers et bientôt détruites ? La matière a donc dû être façonnée dans une dimension beaucoup plus que dans une autre, pour que le produit de ce travail pût subsister et que l'ordre des serpents ne fût pas anéanti ou du moins très diminué ; et voilà pourquoi la même proportion de masse se trouve entre les grands et les petits reptiles d'un côté, et les grands et les petits quadrupèdes de l'autre ; quoique les énormes serpents l'emportent beaucoup plus, par leur longueur, sur les plus petits de ceux que l'on connaît, que les éléphants ne surpassent les musaraignes et les rats par leur dimension la plus étendue.

Entre les limites assignées par la nature à la longueur des serpents, c'est-à-dire depuis celle de quarante ou même cinquante pieds, jusqu'à celle de quelques pouces, on trouve presque tous les degrés intermédiaires occupés par quelque espèce ou quelque variété de ces reptiles, au moins à compter depuis les plus courts jusqu'à ceux qui ont vingt ou vingt-cinq pieds de longueur. Les espèces supérieures paraissent ensuite comme isolées; ceci se trouve conforme à ce que l'on a déjà remarqué dans les quadrupèdes vivipares[1] et prouve également que, dans la nature, les grands objets sont moins liés que les petits par des nuances intermédiaires. Mais voilà donc, depuis la petite étendue de quelques pouces jusqu'à celle de vingt-cinq pieds, presque toutes les grandeurs intermédiaires représentées par autant d'espèces, ou du moins de races plus ou moins constantes; et cela ne suffirait-il pas pour montrer la variété qui se trouve dans l'ordre des serpents? Il semble, à la vérité, au premier coup d'œil, que des espèces très multipliées doivent se ressembler presque entièrement dans un ordre d'animaux dont le corps, toujours formé sur le même modèle, ne présente aucun membre extérieur et saillant qui, par sa forme et le nombre de ses parties, puisse offrir des différences sensibles. Mais si l'on ajoute à la variété des longueurs des serpents celle des couleurs éclatantes dont ils sont peints, depuis le blanc et le rouge le plus vif, jusqu'au violet le plus foncé, et même jusqu'au noir; si l'on observe que ce grand nombre de couleurs sont merveilleusement fondues les unes dans les autres, de manière à ne présenter que très rarement la même teinte lorsqu'elles sont diversement éclairées par les rayons du soleil; si l'on se retrace tout à la fois ce nombre de serpents, dont les uns n'offrent qu'une seule nuance, tandis que les autres brillent de plusieurs couleurs plus ou moins contrastées, enchaînées, pour ainsi dire, en réseaux, distribuées en lignes, s'étendant en raies, disposées en bandes, répandues par taches, semées en étoiles, représentant quelquefois les figures les plus régulières et souvent les plus bizarres; et si l'on réunit encore à toutes ces différences celles que l'on doit tirer de la position, de la grandeur et de la forme des écailles, ne verra-t-on pas que l'ordre des serpents est un des plus variés de ceux qui peuplent et embellissent la surface du globe?

Toutes les espèces de ces animaux habitent de préférence les contrées chaudes ou tempérées; on en trouve dans les deux mondes, où ils paraissent à peu près également répandus en raison de la chaleur, de l'humidité et de l'espace libre[2]. Plusieurs de ces espèces sont communes aux deux conti-

---

1. Voyez, aux *OEuvres de Buffon*, les articles de l'Éléphant et des autres grands quadrupèdes.

2. « Le mélange de la chaleur et de l'humidité produit, à Siam, des serpents d'une monstrueuse longueur; il n'est point rare de leur voir plus de vingt pieds de long et plus d'un pied et demi de diamètre. » *Histoire générale des voyages*, édit. in-12, t. XXXIV, p. 383.

« L'humidité, jointe au ferment continuel de la chaleur, produit, dans toutes les îles Philippines, des serpents d'une grandeur extraordinaire..... Les boas, qui sont les plus grands, ont quelquefois trente pieds de longueur. » *Histoire générale des voyages*, édit. in-12, t. XXXIX, p. 100 et suiv. Comme nous ne voulons pas multiplier les notes sans nécessité, nous ne citons

nents; mais il paraît qu'en général, ce sont les plus grandes qui appartiennent à un plus grand nombre de contrées différentes. Ces grandes espèces ayant plus de force et des armes plus meurtrières, peuvent exécuter leurs mouvements avec plus de promptitude, soutenir pendant plus de temps une course plus rapide, se défendre avec plus d'avantage contre leurs ennemis, chercher et vaincre plus facilement une proie, se répandre bien plus au loin, se trouver au milieu des eaux avec moins de crainte, nager avec plus de constance, lutter contre les flots, voguer avec vitesse au milieu des ondes agitées et traverser même des bras de mer étendus. D'ailleurs, ne pourrait-on pas dire que le moule des grandes espèces est plus ferme, moins soumis aux influences de la nourriture et du climat? Les petites espèces ont pu être aisément altérées dans leurs proportions, dans la forme ou le nombre de leurs écailles, dans la teinte ou la distribution de leurs couleurs, de manière à ne plus présenter aucune image de leur origine; les changements qu'elles auront éprouvés n'auront point porté uniquement sur leur surface; ils auront pénétré, pour ainsi dire, dans un intérieur peu susceptible de résistance : toutes ces variations auront influé sur leurs habitudes, et ne pouvant pas opposer de grandes forces aux accidents de toute espèce, non plus qu'aux vicissitudes de l'atmosphère, leurs mœurs auront changé de plus en plus, et tout aura si fort varié dans ces petits animaux que bientôt ces diverses races, sorties d'une souche commune, n'auront pas présenté assez de ressemblances pour constituer une même espèce. Les grands serpents, au contraire, peuvent bien offrir, sous les divers climats, quelques différences de couleurs et d'habitudes qui marquent l'influence de la terre et de l'air, à laquelle aucun animal ne peut se soustraire ; mais plus indépendants des circonstances de lieux et de temps, plus constants dans leurs habitudes, plus inaltérables dans leurs proportions, ils doivent présenter plus souvent, dans les pays les plus éloignés, le nombre et la nature de rapports qui constituent l'identité de l'espèce. Ce seront quelques-uns de ces grands serpents nageant à la surface de la mer, fuyant sur les eaux un ennemi trop à craindre pour eux ou jetés au loin par les vagues agitées, élevant avec fierté leur tête au-dessus des flots et se recourbant avec agilité en replis tortueux qui auront fait dire du temps de Pline, ainsi que le rapporte ce grand naturaliste, qu'on avait vu des migrations par mer de *dragons* ou grands serpents partis d'Éthiopie, et ayant près de vingt coudées de longueur[1], et qui auront donné lieu aux divers récits semblables de plusieurs voyageurs modernes.

Mais il n'en est pas des serpents comme des quadrupèdes vivipares : moins parfaits que ces animaux, moins pourvus de sang, moins doués de chaleur et d'activité intérieure, plus rapprochés des insectes, des vers, des

---

ici que ces deux passages, parmi un très grand nombre que nous pourrions rapporter, et dont plusieurs sont répandus dans cet ouvrage.

1. Pline, livre VIII.

animaux les moins bien organisés, ils ne craignent point l'humidité lorsqu'elle est combinée avec la chaleur, elle semble même leur être alors très favorable; et voilà pourquoi aucune espèce de serpent ne paraît avoir dégénéré en Amérique. On doit penser, d'après les récits des voyageurs, qu'elles n'ont rien perdu dans ces pays nouveaux de leur grandeur ni de leur force; et même dans les terres les plus inondées de ce continent, les grands serpents présentent une longueur peut-être plus considérable que dans les autres parties du nouveau monde[1].

Si l'humidité ne nuit pas aux diverses espèces de serpents, le défaut de chaleur leur est funeste; ce n'est qu'aux environs des contrées équatoriales qu'on rencontre ces énormes reptiles, l'effroi des voyageurs; et lorsqu'on s'avance vers les régions tempérées, et surtout vers les contrées froides, on ne trouve que de très petites espèces de serpents.

L'on peut présumer que ce n'est pas la chaleur seule qui leur est nécessaire; nous sommes assez portés à croire que, sans une certaine abondance de feu électrique répandu dans l'atmosphère, tous leurs ressorts ne peuvent être mis en jeu avec avantage, et qu'ils ne jouissent pas par conséquent de toute leur activité. Il semble que les temps orageux, où le fluide électrique de l'atmosphère est dans cet état de distribution inégale qui produit les foudres, animent les serpents au lieu de les appesantir, ainsi qu'ils abattent l'homme et les grands quadrupèdes; c'est principalement dans les contrées très chaudes que la chaleur plus abondante peut, en se combinant, produire une plus grande quantité de fluide électrique; c'est en effet vers ces contrées équatoriales que le tonnerre gronde le plus souvent et avec le plus de force, et voilà donc deux causes, l'abondance de la chaleur et la plus grande quantité de feu électrique, qui retiennent les grandes espèces de l'ordre des serpents aux environs de l'équateur et des tropiques.

On a écrit mille absurdités sur l'accouplement des serpents : la vérité est que le mâle et la femelle, dont le corps est très flexible, se replient l'un autour de l'autre et se serrent de si près qu'ils paraissent ne former qu'un seul corps à deux têtes. Le mâle fait alors sortir par son anus les parties destinées à féconder sa femelle, et qui sont doubles dans les serpents, ainsi que dans plusieurs quadrupèdes ovipares, et communément cette union intime est longuement prolongée[2].

1. Voyez les articles particuliers de cette histoire.
2. Sans cette durée de leur accouplement, il serait souvent infécond; ils n'ont point, en effet, de vésicule séminale, et il paraît que c'est dans cette espèce de réservoir que la liqueur prolifique des animaux doit se rassembler, pour que, dans un court espace de temps, ils puissent en fournir une quantité suffisante à la fécondation. Les testicules où cette liqueur se prépare ne peuvent la laisser échapper que peu à peu; et d'ailleurs les conduits par où elle va de ces testicules aux organes de la génération étant très longs, très étroits, et plusieurs fois repliés sur eux-mêmes, dans les serpents, il n'est pas surprenant qu'ils aient besoin de demeurer longtemps accouplés pour que la fécondation puisse s'opérer. Il en est de même des tortues et des autres quadrupèdes ovipares, qui, n'ayant pas non plus de vésicules séminales, demeurent unis pendant un temps assez long, et cette union très prolongée est, en quelque sorte, forcée dans les

Tous les serpents viennent d'un œuf, ainsi que les quadrupèdes ovipares, les oiseaux et les poissons ; mais, dans certaines espèces de ces reptiles, les œufs éclosent dans le ventre de la mère, et ce sont celles auxquelles on doit donner le nom de *vipère* au lieu de celui de *vivipare*, pour les distinguer des animaux vivipares proprement dits [1].

serpents, par une suite de la conformation de la double verge du mâle ; elle est garnie de petits piquants tournés en arrière, et qui doivent servir à l'animal à retenir sa femelle et peut-être à l'animer. Au reste, l'impression de ces aiguillons ne doit pas être très forte sur les parties sexuelles de la femelle, car elles sont presque toujours cartilagineuses. On peut consulter, à ce sujet dans les *Transactions philosophiques*, n° 144, les observations de M. Tyson, célèbre anatomiste, dont nous adoptons ici l'opinion.

1. Nous croyons, pour éviter toute difficulté relativement à cette expression d'*ovipare* et à la propriété qu'elle désigne, devoir exposer ici la différence qu'il y a entre les animaux vivipares proprement dits et les ovipares : différence qui a été très bien sentie par plusieurs naturalistes. On peut, à la rigueur, regarder tous les animaux comme venant d'un œuf, et dès lors il semblerait qu'on ne pourrait distinguer les vivipares d'avec les ovipares, que par la propriété de mettre au jour des petits tout formés, ou de pondre des œufs. Mais l'on doit admettre deux sortes d'œufs ; dans la première, le fœtus est renfermé dans une enveloppe que l'on nomme *amnios*, avec un peu de liqueur qui peut lui fournir le premier aliment ; mais comme cette liqueur n'est pas suffisante pour le nourrir pendant son développement, l'œuf est lié par un cordon ombilical ou par quelque autre communication avec le corps de la mère, ou quelque corps étranger d'où le fœtus tire sa nourriture : cet œuf ne pouvant pas suffire à l'accroissement, ni même à l'entretien de l'animal n'est donc qu'un œuf incomplet. Tels sont ceux dans lesquels sont renfermés les fœtus de l'homme et des animaux à mamelles, qui ne peuvent point être appelés ovipares, puisqu'ils ne produisent pas d'œuf parfait, d'œuf proprement dit. Les œufs de la seconde sorte sont, au contraire, ceux qui contiennent non seulement un peu de liqueur capable de substanter le fœtus dans les premiers moments de sa formation, mais encore toute la nourriture qui lui est nécessaire jusqu'au moment où il brise ou déchire ses enveloppes pour venir à la lumière. Ces derniers œufs sont pondus bientôt après avoir été formés, ou s'ils demeurent dans le ventre de la mère, ils n'y tiennent en aucune manière, ils en sont entièrement indépendants, ils n'en reçoivent que de la chaleur et ils sont véritablement complets. Ce sont des œufs proprement dits, et tels sont ceux des oiseaux, des poissons, des serpents et des quadrupèdes qui n'ont point de mamelles. Tous ces animaux doivent être appelés ovipares, parce qu'ils viennent d'un véritable œuf ; et si dans quelques espèces de l'ordre des poissons ou de celui des quadrupèdes sans mamelles, ou de celui des serpents, les œufs éclosent dans le ventre même de la mère, d'où les petits sortent tout formés, ces œufs sont toujours des œufs parfaits et isolés. Les animaux qui en éclosent doivent être appelés ovipares, et si l'on en nomme quelques-uns vipères ou vivipares, pour les distinguer de ceux qui pondent, et dont l'incubation ne se fait pas dans le ventre même de la mère, il ne faut point les considérer comme des vivipares proprement dits, ce nom n'appartenant qu'aux animaux dont les œufs sont incomplets et ne contiennent pas toute la nourriture nécessaire au fœtus. On doit donc distinguer trois manières dont les animaux viennent au jour ; premièrement, ils peuvent sortir d'une enveloppe à laquelle on peut, si l'on veut, donner le nom d'œuf, mais qui ne forme qu'un œuf imparfait et nécessairement lié avec un corps étranger ou le ventre de la mère. Secondement, ils peuvent venir d'un œuf complet et isolé, éclos dans le ventre de la mère. Et troisièmement, ils peuvent sortir d'un œuf aussi isolé et complet, mais pondu plus ou moins de temps avant d'éclore. Ces deux dernières manières sont les mêmes quant au fond ; elles diffèrent beaucoup de la première, mais elles ne diffèrent l'une de l'autre que par les circonstances de l'incubation ; dans la seconde, la chaleur intérieure du ventre de la mère développe le véritable œuf ; tandis que dans la troisième, la chaleur extérieure du corps de la mère, ou la chaleur plus étrangère du soleil et de l'atmosphère le fait éclore. Les animaux qui viennent au jour de la seconde et de la troisième manière sont donc également ovipares ; j'ai donc été fondé à donner ce nom, avec la plupart des naturalistes, aux tortues, crocodiles, lézards, salamandres, grenouilles et autres quadrupèdes sans mamelles. Tous les serpents, même les vipères, doivent être aussi regardés

Le nombre des œufs doit varier suivant les espèces. Nous ignorons s'il diminue en proportion de la grandeur des animaux, ainsi que dans les oiseaux, et de même que le nombre des petits dans les quadrupèdes vivipares. On a jusqu'à présent trop peu observé les mœurs des reptiles pour qu'on puisse rien dire à ce sujet. L'on sait seulement qu'il y a des espèces de vipères qui donnent le jour à plus de trente vipereaux, et l'on sait aussi que le nombre des œufs, dans certaines espèces de serpents ovipares des contrées tempérées, va quelquefois jusqu'à treize.

Les œufs dans quelques espèces ne sortent pas l'un après l'autre immédiatement; la femelle paraît avoir besoin de se reposer après la sortie de chaque œuf. Il est même des espèces où cette sortie est assez difficile pour être douloureuse. Une couleuvre[1] femelle qu'un observateur avait trouvée, pondant ses œufs avec lenteur et beaucoup d'efforts et qu'il aida à se débarrasser de son fardeau, paraissait recevoir ce secours, non seulement sans peine, mais même avec un plaisir assez vif; et en frottant mollement le dessus de sa tête contre la main de l'observateur, elle semblait vouloir lui rendre de douces caresses pour son bienfait.

L'on ignore encore combien de jours s'écoulent dans les diverses espèces entre la ponte des œufs et le moment où le serpenteau vient à la lumière. Ce temps doit être très relatif à la chaleur du climat.

Les femelles ne couvent point leurs œufs; elles les abandonnent après la ponte; elles les laissent quelquefois sur la terre nue, surtout dans les contrées très chaudes; mais le plus souvent elles les couvrent avec plus ou moins de soin, suivant que l'ardeur du soleil et celle de l'atmosphère sont plus ou moins vives[2]. Nous verrons même que certaines espèces qui habitent

---

comme de vrais ovipares, très différents également, par leur manière de venir au jour, des vivipares proprement dits. Voyez, à ce sujet, Rai, Synopsis methodica animalium quadrupedum et serpentini generis. Londres, 1693, fol. 47 et fol. 285.

1. « J'observai qu'un de ces serpents femelles, après s'être beaucoup roulé sur les carreaux, ce qu'il n'avait pas coutume de faire, y pondit enfin un œuf; je le pris sur-le-champ et je le mis sur une table, et en le maniant doucement, je lui facilitai la ponte de treize œufs. Cette ponte dura environ une heure et demie, car à chaque œuf il se reposait, et lorsque je cessais de l'aider, il lui fallait plus de temps pour faire sortir son œuf; d'où j'eus lieu de conclure que le bon office que je lui rendais ne lui était pas inutile, et plus encore de ce que, pendant cette opération, il ne cessa de frotter doucement mes mains avec sa tête, comme pour les chatouiller. » Observations de George Segerus, médecin du roi de Pologne. Collect. acad., part. étrang., t. III, p. 2.

2. « Au mois de juillet dernier, j'apportai de la campagne des grappes d'œufs de serpents qui avaient été trouvées dans le creux d'un vieil arbre : les ayant ouverts avec précaution, j'y trouvai de petits serpents tout vivants, dont le cœur avait des battements sensibles. Le placenta, formé de quantité de vaisseaux, était attaché au jaune, ou, pour mieux dire, en était un prolongement, et allait se terminer en forme de petit cordon, dans l'ombilic du fœtus, assez près de la queue. Il est à remarquer que ces œufs de serpents n'éclosent qu'au frais et à l'air libre, et qu'ils se dessécheraient dans un endroit fermé et trop chaud. Il y a apparence que cet animal étant naturellement froid, ses œufs n'ont pas besoin d'une grande chaleur pour éclore. » Observations de Thomas Bartholin, insérée dans les Act. de Copenhague, en 1673, et rapportée dans la Collection académique, part. étrangère, t. IV, p. 226.

les contrées tempérées les déposent dans des endroits remplis de végétaux en putréfaction et dont la fermentation produit une chaleur active[1].

Si l'on casse ces œufs avant que les petits soient éclos, on trouve le serpenteau roulé en spirale. Il paraît pendant quelque temps immobile ; mais si le terme de sa sortie de l'œuf n'était pas bien éloignée, il ouvre la gueule et aspire à plusieurs reprises l'air de l'atmosphère ; ses poumons se remplissent ; et le jeu alternatif des inspirations et des expirations est pour lui un nouveau moteur assez puissant pour qu'il s'agite, se déroule et commence à ramper.

Lorsque les petits serpents sont éclos ou qu'ils sont sortis tout formés du ventre de leur mère, ils traînent seuls leur frêle existence ; ils n'apprennent de leur mère dont ils sont séparés, ni à distinguer leur proie, ni à trouver un abri ; ils sont réduits à leur seul instinct ; aussi doit-il en périr beaucoup avant qu'ils soient assez développés et qu'ils aient acquis assez d'expérience pour se garantir des dangers. Et si nous voulons rechercher quelle peut être la force de cet instinct, si nous examinons pour cela les sens dont les serpents ont été pourvus, nous trouverons que celui de l'ouïe doit être très obtus dans ces animaux. Non seulement ils sont encore privés d'une conque extérieure qui ramasse les rayons sonores, mais ils sont encore dépourvus d'une ouverture qui laisse parvenir librement ces mêmes rayons jusqu'au tympan auquel ils ne peuvent aboutir qu'au travers d'écailles assez fortes et serrées l'une contre l'autre. Leur odorat ne doit pas être très fin, car l'ouverture de leurs narines est petite et environnée d'écailles ; mais leurs yeux garnis, dans la plupart des espèces, d'une membrane clignotante qui les préserve de plusieurs accidents et des effets d'une lumière presque toujours trop vive dans les climats qu'ils habitent, sont ordinairement brillants et animés, très mobiles, très saillants, placés de manière à recevoir l'image d'un espace étendu. La prunelle, pouvant aisément se dilater et se contracter, admet un grand nombre de rayons lumineux, ou arrête ceux qui nuiraient à ces organes[2]. Leur vue doit donc être et est en effet très perçante. Leur goût peut d'ailleurs être assez actif, leur langue étant déliée et fendue de manière à se coller aisément contre les corps savoureux[3] ; leur toucher même doit être

1. Voyez particulièrement l'article de la Couleuvre à collier.

2. Lorsque la prunelle est resserrée, elle est très allongée, comme dans les chats, les oiseaux de proie de nuit, etc., et elle forme une fente horizontale dans certaines espèces et verticales dans d'autres, quand la tête du serpent est parallèle à l'horizon.

3. Elle est ordinairement étroite, mince, déliée et composée de deux corps longs et ronds, réunis ensemble dans les deux tiers de leur longueur. Pline a écrit qu'elle était fendue en trois ; elle peut le paraître lorsque le serpent l'agite vivement, mais elle ne l'est réellement qu'en deux. Pline, liv. II, chap. LXV. Dans la plupart des espèces, elle est renfermée presque en entier dans un fourreau, d'où l'animal peut la faire sortir en l'allongeant ; il peut même la darder hors de sa gueule sans remuer ses mâchoires et sans les séparer l'une de l'autre, la mâchoire supérieure ayant au-dessous du museau une petite échancrure par où la langue peut passer, et par où, en effet, on voit souvent déborder les deux pointes de cet organe, même dans l'état de repos du serpent.

assez fort; ils ne peuvent pas, à la vérité, appliquer immédiatement aux différentes surfaces la partie sensible de leur corps; ils ne peuvent recevoir par le tact l'impression des objets qui les environnent, qu'au travers des dures écailles qui les revêtent; ils n'ont point de membres divisés en plusieurs parties, des mains, des pieds, des doigts séparés les uns des autres, pour embrasser étroitement ces mêmes objets. Mais comme ils peuvent former facilement plusieurs replis autour de ceux qu'ils saisissent; qu'ils les touchent, pour ainsi dire, par une sorte de main composée d'autant de parties qu'il y a d'écailles dans le dessous de leur corps, et que par là ils doivent avoir un toucher plus parfait que celui de beaucoup d'animaux et particulièrement des quadrupèdes ovipares, nous pensons qu'ils sont plus sensibles que ces derniers et qu'ils ne cèdent en activité intérieure qu'aux quadrupèdes vivipares et aux oiseaux. D'ailleurs l'habitude d'exécuter avec facilité des mouvements agiles et de s'élancer avec rapidité à d'assez grandes distances ne doit-elle pas leur faire éprouver dans un temps très court un grand nombre de sensations qui remontent, pour ainsi dire, les ressorts de leur machine, ajoutent à leur chaleur intérieure, augmentent leur sensibilité et par conséquent leur instinct? La patience avec laquelle ils savent attendre pendant très longtemps dans une immobilité presque absolue le moment de se jeter sur leur proie, la colère qu'ils paraissent éprouver lorsqu'on les attaque, leur fierté lorsqu'ils se redressent vers ceux qui s'opposent à leur passage, la hardiesse avec laquelle ils s'élancent même contre les ennemis qui leur sont supérieurs, leur fureur lorsqu'ils se précipitent sur ceux qui les troublent dans leurs combats ou dans leurs amours, leur acharnement lorsqu'ils défendent leur femelle, la vivacité du sentiment qui semble les animer dans leur union avec elle, ne prouvent-ils pas, en effet, la supériorité de leur sensibilité sur celle de tous les animaux, excepté les oiseaux et les quadrupèdes vivipares? Non seulement plusieurs espèces de serpents vivent tranquillement auprès des habitations de l'homme, entrent familièrement dans ses demeures, s'y établissent même quelquefois et les délivrent d'animaux nuisibles et particulièrement d'insectes malfaisants [1]; mais l'on a vu des serpents réduits à une vraie domesticité, donner à leurs maîtres des signes d'attachement supérieurs à tous ceux qu'on a remarqués dans plusieurs espèces d'oiseaux et même de quadrupèdes, et ne le céder en quelque sorte, par leur fidélité, qu'à l'animal même qui en est le symbole [2].

---

1. « Schouten décrit une espèce de serpents du Malabar que les Hollandais ont nommés *preneurs de rats*, parce qu'ils vivent effectivement de rats et de souris, comme les chats, et qu'ils se nichent dans les toits des maisons. Loin de nuire aux hommes, ils passent sur le corps et le visage de ceux qui dorment, sans leur causer aucune incommodité; ils descendent dans les chambres d'une maison comme pour les visiter, et souvent ils se placent sur le plus beau lit. On embarque rarement du bois de chauffage sans y jeter quelques-uns de ces animaux pour y faire la guerre aux insectes qui s'y retirent. » *Histoire générale des voyages*, édition in-12, t. XLIII, p. 346.

2. Voyez particulièrement l'article de la Couleuvre commune.

Il en est des serpents comme de plusieurs autres ordres d'animaux : ceux qui sont très grands sont rarement plusieurs ensemble. Il leur faut trop de place pour se mouvoir, trop d'espace pour chasser ; doués de plus de force et d'armes plus puissantes, ils doivent s'inspirer mutuellement plus de crainte. Mais ceux qui ne parviennent pas à une longueur très considérable, et qui n'excèdent pas sept ou huit pieds de long, habitent souvent en très grand nombre, non seulement sur le même rivage ou dans la même forêt, suivant qu'ils se nourrissent d'animaux aquatiques ou de ceux des bois, mais dans le même asile souterrain. C'est dans des cavernes profondes qu'on les rencontre quelquefois entassés, pour ainsi dire, les uns contre les autres, repliés et entrelacés de telle sorte qu'on croirait voir des serpents à plusieurs têtes. Lorsqu'on parvient dans ces antres ténébreux, on n'entend d'abord que le petit bruit qu'ils peuvent faire au milieu des feuilles sèches, ou sur le gravier en se tournant et en se retournant, parce que, naturellement paisibles lorsqu'on ne les attaque point, ils ne cherchent alors qu'à se cacher davantage, ou continuent sans crainte leurs mouvements accoutumés. Mais si on les effraye ou les irrite par un séjour trop long dans leurs repaires, on entend autour de soi leurs sifflements aigus ; et si l'on peut apercevoir les objets à l'aide de la faible clarté qui parvient dans la caverne, on voit un grand nombre de têtes se dresser au-dessus de plusieurs corps écailleux, entortillés et pressés les uns contre les autres, et tous les serpents faire briller leurs yeux et agiter avec vitesse leur langue déliée.

Telle est l'espèce de société dont ces animaux sont susceptibles ; mais, dépourvus de mains et de pieds, ne pouvant rien porter qu'avec leur gueule, ils sont plusieurs ensemble sans que leur union produise jamais aucun ouvrage combiné, sans que leurs efforts particuliers tendent à un résultat commun, sans qu'ils cherchent à rendre leur retraite plus commode. Peut-être est-ce par une suite de ce défaut de concert dans leurs mouvements, qu'on ne les voit point se réunir contre les ennemis qui les attaquent ni chasser en commun une proie dont ils viendraient plus aisément à bout par le nombre.

Ils éprouvent, pendant l'hiver des latitudes élevées, un engourdissement plus ou moins profond et plus ou moins long, suivant la rigueur et la durée du froid ; ce ne sont guère que les petites espèces qui tombent dans cette torpeur, parce que les très grands serpents vivent dans la zone torride où les saisons ne sont jamais assez froides pour diminuer leur mouvement vital, au point de les engourdir.

Ils sortent de leur sommeil annuel, lorsque les premiers jours chauds du printemps se font ressentir ; mais ce qui peut paraître singulier, c'est qu'ainsi que les quadrupèdes ovipares, et presque tous les animaux qui passent le temps du froid dans un état de sopeur, ils se réveillent de leur sommeil d'hiver, lorsque la température est encore moins chaude que celle qui n'a pas pas suffi, vers la fin de l'automne, pour les tenir en activité. On a observé que ces divers animaux se retiraient souvent pendant l'automne dans leurs asiles d'hiver et s'y engourdissaient à une température égale à celle qui les ranimait au printemps. D'où vient donc cette différence d'effets de la chaleur du printemps et de celle de l'automne? Pourquoi, vers la fin de l'hiver, le même degré de chaleur produit-il un plus haut degré d'activité dans les animaux? C'est que la chaleur du printemps n'est point le seul agent qui ranime alors et mette en mouvement les animaux engourdis. Dans cette saison, non seulement l'atmosphère commence à être pénétrée de chaleur, mais encore elle se remplit d'une grande quantité de fluide électrique qui se dissipe avec les orages de l'été ; et voilà pourquoi on n'entend jamais, pendant l'automne, un aussi grand nombre d'orages ni des coups de tonnerre aussi violents, quoique quelquefois la chaleur de ces deux saisons soit égale. Ce feu électrique est un des grands agents dont se sert la nature pour animer les êtres vivants ; il n'est donc pas surprenant que lorsqu'il abonde dans l'atmosphère, les animaux déjà mus par cette cause puissante n'aient besoin, pour reprendre tous leurs mouvements, que d'une chaleur égale à celle qui les laisserait dans leur état de torpeur si elle agissait seule. La plupart des animaux qui ont assez de chaleur intérieure pour ne pas s'engourdir, et l'homme même, éprouvent cette différence d'action de chaleur du printemps et de celle de l'automne ; ils ont, tout égal d'ailleurs, bien plus de forces vitales et d'activité intérieure dans le commencement du printemps, qu'à l'approche de l'hiver, parce qu'ils sont également susceptibles d'être plus ou moins animés par le fluide électrique dont l'action est bien moins forte dans l'automne qu'au printemps.

Quelque temps après que les serpents sont sortis de leur torpeur, ils se dépouillent comme les quadrupèdes ovipares et revêtent une peau nouvelle ; ils se tiennent de même plus ou moins cachés pendant que cette nouvelle peau n'est pas encore endurcie[1] ; mais le temps de leur dépouillement doit varier suivant les espèces, la température du climat et celle de la saison[2].

---

1. L'on trouvera, à l'article de la Couleuvre d'Esculape, l'exposition très détaillée de la manière dont se fait le dépouillement des serpents.

2. « Ayant trouvé, près de Copenhague, une grande quantité de serpents de l'espèce de ceux qu'on nomme *serpents d'Esculape*, parce qu'ils ne sont pas dangereux et qu'ils n'ont point de venin, j'en pris quelques-uns en vie, que je mis dans un panier, et que je fis porter dans mon cabinet. D'abord, pour plus grande sûreté, je leur arrachai la petite langue déliée qu'ils dardent sans cesse, croyant alors, suivant l'opinion vulgaire, qu'ils pouvaient par là faire des blessures mortelles ; mais devenu par la suite plus hardi, je leur laissai cette partie comme incapable de pouvoir faire le moindre mal. Les serpents à qui j'avais ôté la langue restèrent dans le panier, que j'avais rempli d'une terre molle et humide, pendant plus de trois jours, tristes et sans mouvement, à moins qu'on ne les agaçât ; mais ayant recouvré leur première vigueur, ils parcoururent bientôt, sans aucune crainte, tous les recoins de mon cabinet, se retirant toujours, sur le soir, dans le panier. Je m'aperçus, un jour, qu'un d'eux faisait les plus grands efforts pour se fourrer entre ce panier et le mur contre lequel je l'avais placé ; je le retirai donc un peu pour observer dans quelle vue ce serpent cherchait ainsi les lieux étroits, et dans l'instant il se mit en devoir de se dépouiller de sa peau, en commençant près de sa tête ; je m'approchai alors et je l'aidai peu à peu à s'en débarrasser. Ce travail fini, il se retira dans sa boîte pendant quelques

C'est même dans les serpents que les anciens ont principalement observé le dépouillement annuel, et comme leur imagination riante et féconde se plaisait à tout embellir, ils ont regardé cette opération comme une sorte de rajeunissement, comme le signe d'une nouvelle existence, comme un dépouillement de la vieillesse et une réparation de tous les effets de l'âge. Ils ont consacré cette idée par plusieurs proverbes, et supposant que le serpent reprenait, chaque année, des forces nouvelles avec sa nouvelle parure, qu'il jouissait d'une jeunesse qui s'étendait autant que sa vie, et que cette vie elle-même était très longue, ils se sont déterminés d'autant plus aisément à le regarder comme le symbole de l'éternité, que plusieurs de leurs idées astronomiques et religieuses se liaient avec ces idées physiques.

On ignore, dans le fait, quelle est la longueur de la vie des serpents. On doit croire qu'elle varie suivant les espèces, et qu'elle est d'autant plus considérable, qu'elles parviennent à de plus grandes dimensions. Mais on n'a point à ce sujet d'observations précises et suivies. Et comment aurait-on pu en avoir ? La conformation extérieure de ces reptiles est trop simple et trop peu variée pour qu'on ait pu s'assurer d'avoir vu plusieurs fois le même individu dans les bois ou dans les autres endroits où ils vivent en liberté ; et d'ailleurs, les grands serpents ont toujours inspiré trop de crainte pour qu'on ait osé essayer de les observer avec assiduité ; les moins grands ont été aussi l'objet d'une grande frayeur, ou leur petitesse, ainsi que la nature de leurs retraites, les ont dérobés aux regards de ceux qui auraient voulu étudier leurs habitudes. Mais, si nous manquons de faits positifs et de preuves directes à ce sujet, nous pouvons présumer, par analogie, qu'en général leur vie comprend un grand nombre d'années. Les quadrupèdes ovipares avec lesquels ils ont de très grands rapports, tant par leur conformation intérieure, la température de leur sang, le peu de solidité de leurs os, leurs écailles, etc., que par leurs habitudes, leur engourdissement périodique et leur dépouillement annuel, jouissent en général d'une vie assez longue. Les très grandes espèces de serpents doivent donc vivre très longtemps ; si nous les comparons en effet avec les crocodiles, qui ne parviennent de la longueur de quelques pouces à celle de vingt-cinq ou trente pieds qu'au bout de trente ans[1], nous trouverons que les serpents, dont la grandeur excède quelquefois quarante pieds, ne doivent y parvenir qu'au bout d'un temps pour le moins aussi long. Ces énormes serpents sortent en effet d'un œuf, comme les crocodiles ; leurs œufs sont à peu près de la même grosseur que ceux de ces derniers animaux et le fœtus ne doit guère avoir plus de deux pieds de long lorsqu'il éclôt, à quelque espèce démesurée qu'il appartienne. Nous avons vu et mesuré de jeunes serpents évidemment de la même espèce que ceux qui

jours, et jusqu'à ce que sa nouvelle peau écailleuse eût acquis une consistance convenable. » Observations de George Segrus, Éphémérid. des curieux de la nature, déc. 1, an. 1. — *Collect. acad.*, part. étrang., t. III, p. 1.

1. Voyez l'article du Crocodile dans l'*Histoire naturelle des quadrupèdes ovipares*.

parviennent à trente ou quarante pieds de long, et leur longueur n'était qu'environ de trois pieds, quoique leur conformation et la position de leurs diverses écailles annonçassent qu'ils étaient sortis de leur œuf depuis quelque temps lorsqu'ils avaient été tués. Mais si ces grands serpents ont besoin au moins du même temps que les crocodiles pour atteindre à leur entier développement, ne doit-on pas supposer que leur vie est aussi longue ?

Sa durée serait bien plus considérable, ainsi que celle de presque tous les animaux qui vivent dans l'état sauvage, et qui ne reçoivent de l'homme ni abri ni nourriture, s'ils pouvaient passer par un véritable état de vieillesse, et si le commencement de leur dépérissement n'était pas presque toujours le terme de leur vie. Presque aucun des animaux qui sont dans le pur état de nature ne prolonge son existence au delà du moment où ses forces commencent à s'affaiblir. Cette époque, qui, dans l'homme placé au milieu de la société, n'indique tout au plus que les deux tiers de sa vie, marque la fin de celle de l'animal sauvage. Dès le moment que sa vigueur diminue, il ne peut ni atteindre à la course les animaux dont il se nourrit, ni supporter la fatigue d'une longue recherche pour se procurer les aliments qui lui conviennent, ni échapper par la fuite aux ennemis qui le poursuivent, ni attaquer ou se défendre avec des armes supérieures ou égales. Dès lors ayant moins de ressources, lorsqu'il aurait besoin de plus de secours ; exposé à plus de dangers, lorsqu'il a moins de puissance et de légèreté pour s'en garantir ; manquant plus souvent d'aliments, lorsqu'il lui est plus nécessaire de réparer des forces qui s'épuisent plus vite, sa faiblesse va toujours en augmentant ; la vieillesse n'est pour lui qu'un instant très court, auquel succède une décrépitude dont tous les degrés se suivent avec rapidité. Bientôt retiré dans son asile, où même quelquefois il a bien de la peine à se traîner, il meurt de dépérissement et de faim, ou est dévoré par des animaux plus vigoureux que lui. Et voilà pourquoi l'on ne rencontre presque jamais d'animal sauvage avec les signes de la caducité ; il en serait de même de l'homme qui vivrait seul dans le véritable état de nature ; sa vie se terminerait toujours au moment où elle commencerait à s'affaiblir. La société seule, en lui fournissant les secours, les abris, les divers aliments, a prolongé des jours qui ne peuvent se soutenir que par ces forces étrangères ; l'intelligence humaine a doublé, pour ainsi dire, la vie que la nature avait accordée à l'homme. Si les produits de cette intelligence, si les résultats de la société, si les arts de toute espèce ont amené les excès qui diminuent les sources de l'existence, ils ont créé ces secours puissants qui empêchent qu'elles ne tarissent presque au moment où elles commencent à n'être plus si abondantes. Tout compté, ils ont donné à l'homme bien plus d'années, par tous les biens qu'ils lui procurent, qu'ils ne lui en ont ôté, par les maux qu'ils entraînent. Les animaux élevés en domesticité, jouissant des mêmes abris et trouvant toujours à leur portée la nourriture qui leur convient, parviendraient presque tous, comme l'homme, à une longue vieillesse; ils recevraient ce bienfait de nos arts, en dédommagement de la liberté qui leur est ravie, si l'intérêt qui les élève ne les abandonnait dès que leurs forces affaiblies et leurs qualités diminuées les rendent inutiles à nos jouissances.

Lorsque les très grands serpents sont encore éloignés de leur courte vieillesse, lorsqu'ils jouissent de toute leur activité et de toutes leurs forces, ils doivent les entretenir par une grande quantité de nourriture substantielle; aussi ne se contentent-ils pas de brouter l'herbe, ou de manger des graines et des fruits, ils dévorent les animaux qu'ils peuvent saisir. Comme, dans la plupart des serpents, la digestion est très longue, et que leurs aliments demeurent très longtemps dans leur corps, les substances animales qu'ils avalent, et qui sont très susceptibles de putréfaction, s'y décomposent et s'y corrompent au point de répandre l'odeur la plus fétide. Il est arrivé à plusieurs voyageurs, et particulièrement à M. de la Borde[1], qui avaient ouvert le corps d'un serpent, d'être comme suffoqués par l'odeur forte et puante qui s'exhalait des restes d'aliments que l'animal avait encore dans les intestins. Cette odeur vive pénètre le corps du serpent, et, se faisant sentir de très loin, annonce à une assez grande distance l'approche du reptile. Fortifiée dans plusieurs espèces, par celle qu'exhalent des glandes particulières[2], elle sort, pour ainsi dire, par tous les pores, mais se répand surtout par la gueule de l'animal; elle est produite par un grand volume de miasmes corrupteurs et de vapeurs méphitiques, qui, s'étendant jusqu'à la victime que le serpent veut dévorer, l'investit, la suffoque, ou ajoutant à la frayeur qu'inspire la présence du reptile, l'enivre, lui ôte l'usage de ses membres, suspend ses mouvements, anéantit ses forces, la plonge dans une sorte d'abattement et la livre sans défense à l'animal vorace et carnassier.

Cette vapeur putride, qui produit des effets si funestes sur les animaux qui y sont exposés, et qui a donné lieu à tant de contes bizarres et absurdes[3], forme une atmosphère empestée autour de presque tous les grands reptiles, soit qu'ils aient du venin, ou qu'ils n'en soient pas infectés. Elle ne doit être presque jamais rapportée à la nature de ce poison, qui, malgré son activité, ne répand pas souvent une odeur sensible, même lorsqu'il est mortel.

Lorsque les serpents se sont précipités sur les animaux dont ils se nourrissent, ils les retiennent en se roulant plusieurs fois autour d'eux et en les

---

1. Notes manuscrites communiquées par M. de la Borde, correspondant du Cabinet du roi à Cayenne.

2. Voyez les divers articles de cette histoire.

« Au Brésil, il se trouve, à chaque pas, des serpents dans les campagnes, dans les bois, dans l'intérieur des maisons, et jusque dans les lits ou les hamacs; on en est piqué la nuit comme le jour, et si l'on n'y remédie pas aussitôt par la saignée, par la dilatation de la blessure et par les plus puissants antidotes, il faut s'attendre à mourir dans les plus cruelles douleurs. Quelques espèces jettent une odeur de musc qui est d'un grand secours pour se garantir de leurs surprises. » *Histoire générale des voyages,* édit. in-12, t. LIV, p. 326.

3. Lisez particulièrement l'*Histoire générale des voyages,* édition in-12, t. LIII, p. 445 et suiv.

serrant dans leurs nombreux replis; ils les dévorent alors, et ce qui sert à expliquer comment ils avalent des volumes très considérables, c'est que leurs deux mâchoires sont articulées ensemble de manière à pouvoir se séparer l'une de l'autre et s'écarter autant que la peau de la tête peut le permettre; cette peau obéissant avec facilité aux efforts de l'animal, et les deux os qui forment les deux côtés de chaque mâchoire n'étant réunis vers le museau que par des ligaments qui se prêtent plus ou moins à leur séparation, il n'est pas surprenant que la gueule des serpents devienne une large ouverture par laquelle ils peuvent engloutir des corps très gros. D'ailleurs, comme ils commencent par briser au milieu de leurs contours les os des animaux et les autres substances très dures qu'ils veulent avaler; comme ils s'aident, pour y parvenir plus facilement, des arbres, des grosses pierres et de tous les corps très résistants qui peuvent être à leur portée; comme ils les enveloppent dans les mêmes replis que leurs victimes, et qu'ils s'en servent comme autant de leviers pour les écraser, il est encore moins étonnant que les aliments, étant broyés de manière à céder aux différentes pressions et étant enduits de leurs baves et d'une liqueur qui les rend plus souples et plus gluants, puissent entrer en grande masse dans leur gueule très élargie; ils serrent même souvent leur proie avec tant de force et de promptitude, que non seulement ils la compriment, la brisent et la concassent, mais la brisent comme le fer le plus tranchant.

Les anciens connaissaient cette manière d'attaquer qu'emploient presque tous les serpents, et surtout les très grandes espèces. Pline[1] a écrit même que lorsque ces énormes reptiles avaient avalé quelque grand animal, par exemple une brebis, ils s'efforçaient de le briser en se roulant en plusieurs sens et en comprimant ainsi avec force les os et les différentes parties de l'animal qu'ils avaient dévoré.

Leurs aliments étant triturés et préparés avant de parvenir dans leur estomac, il est aisé de voir qu'ils doivent être aisément digérés, d'autant plus que leurs sucs digestifs paraissent très abondants, leur vésicule du fiel par exemple étant en général très grande en proportion des autres parties de leur corps.

La masse des aliments qu'ils avalent est quelquefois si grosse, relativement à l'ouverture de leur gosier, que, malgré tous leurs efforts, l'écartement de leurs mâchoires et l'extension de leur peau, leur proie ne peut entrer qu'à demi dans leur estomac. Étendus alors dans leur retraite, ils sont obligés d'attendre que la partie qu'ils ont déjà avalée soit digérée, et qu'ils puissent de nouveau écraser, broyer, enduire et préparer les portions trop grosses. On ne doit pas être étonné qu'ils ne soient cependant pas étouffés par cette masse d'aliments qui remplit leur gosier et y interdit tout passage à l'air; leur trachée-artère, par où l'air de l'atmosphère parvient à leurs pou-

1. Pline, liv. X, chap. XCII.

mons [1], s'étend jusqu'au-dessus du fourreau qui enveloppe leur langue; elle s'avance dans leur bouche de manière que son ouverture ne soit pas obstruée par un volume d'aliments suffisant néanmoins pour remplir toute la capacité du gosier, et l'air ne cesse de pénétrer plus ou moins librement dans leurs poumons jusqu'à ce que presque toutes les portions des animaux qu'ils ont saisies soient ramollies, mêlées avec les sucs digestifs, triturées, etc. Quelques efforts qu'ils fassent cependant pour briser et concasser les os, ainsi que pour ramollir les chairs et les enduire de leur bave, il y a certaines parties, telles, par exemple, que les plumes des oiseaux, qu'ils ne peuvent point ou presque point digérer, et qu'ils rejettent presque toujours.

Lorsque leur digestion est achevée, ils reprennent une activité d'autant plus grande, que leurs forces ont été plus renouvelées, et pour peu surtout qu'ils ressentent alors de nouveau l'aiguillon de la faim, ils redeviennent très dangereux pour les animaux plus faibles qu'eux ou moins bien armés. Ils préludent presque toujours aux combats qu'ils livrent, par des sifflements plus ou moins forts. Leur langue étant très déliée et très fendue, et ces animaux la lançant en dehors lorsqu'ils veulent faire entendre quelques sons, leurs cris doivent toujours être modifiés en sifflements. Il est à remarquer que ces sifflements plus ou moins aigus ne paraissent pas être, comme les cris de plusieurs quadrupèdes ou le chant de plusieurs oiseaux, une sorte de langage qui exprime les sensations douces aussi bien que les affections terribles; ils n'annoncent dans les grands serpents que le besoin extrême, ou celui de l'amour ou celui de la faim. On dirait qu'aucune affection paisible ne les émeut assez vivement pour qu'ils la manifestent par l'organe de la voix; presque tous les animaux de proie tant de l'air que de la terre, les aigles, les vautours, les tigres, les léopards, les panthères, ne font également entendre leurs cris ou leurs hurlements que lorsque leurs chasses commencent ou qu'ils se livrent des combats à mort pour la libre possession de leurs femelles. Jamais on ne les a entendus, comme plusieurs de nos animaux domestiques et la plupart des oiseaux chanteurs, radoucir, en quelque sorte les sons qu'ils peuvent proférer et exprimer, par une suite d'accents plus ou moins tranquilles, une joie paisible, une jouissance douce, et pour ainsi dire, un plaisir innocent; leur langage ne signifie jamais que *colère* et *fureur*, leurs clameurs ne sont que des bruits de guerre; elles n'annoncent que le désir de saisir une proie et d'immoler un ennemi, ou ne sont que l'expression terrible de la douleur aiguë qu'ils éprouvent, lorsque leur force trompée n'a pu les garantir de blessures cruelles, ni leur conserver la femelle vers laquelle ils étaient entraînés par une puissance irrésistible.

Si les sifflements de très grands serpents étaient entendus de loin, comme les cris des tigres, des aigles, des vautours, etc., ils serviraient à

---

1. Il n'y a point d'épiglotte pour fermer l'ouverture de la trachée; cette ouverture ne consiste communément que dans une fente très étroite, et voilà pourquoi les serpents ne peuvent faire entendre que des sifflements.

garantir de l'approche dangereuse de ces énormes reptiles; mais ils sont bien moins forts que les rugissements des grands quadrupèdes carnassiers et des oiseaux de proie. La masse seule de ces grands serpents les trahit et les empêche de cacher leur poursuite; on s'aperçoit facilement de leur approche, dans les endroits qui ne sont pas couverts de bois, par le mouvement des hautes herbes qui s'agitent et se courbent sous leur poids; et on les voit aussi quelquefois de loin repliés sur eux-mêmes et présentant ainsi un cercle assez vaste et assez élevé [1].

Soit qu'ils recherchent naturellement l'humidité, ou que l'expérience leur ait appris que le bord des eaux, dans les contrées torrides, était toujours fréquenté par les animaux dont ils font leur proie, et qu'ils peuvent y trouver en abondance, et sans la peine de la recherche, l'aliment qu'ils préfèrent, c'est auprès des mares, des fontaines, ou des bords des fleuves qu'ils choisissent leur repaire. C'est là que, sous le soleil ardent des contrées équatoriales, et, par exemple, au milieu des déserts sablonneux de l'Afrique, ils attendent que la chaleur du midi amène au bord des eaux les gazelles, les antilopes, les chevrotins qui, consumés par la soif, excédés de fatigue et souvent de disette, au milieu de ces terres desséchées et dépouillées de verdure, viennent leur livrer une proie facile à vaincre. Les tigres et les autres animaux moins altérés d'eau que de sang viennent aussi sur ces rives, plutôt pour y saisir leurs victimes que pour y étancher leur soif. Attaqués souvent par les énormes serpents, ils les attaquent eux-mêmes. C'est surtout au moment où la chaleur de ces contrées est rendue plus dévorante par l'approche d'un orage qui fait briller les foudres et entendre ces affreux roulements, et où l'action du fluide électrique répandu dans l'atmosphère donne, en quelque sorte, une nouvelle vie aux reptiles, que, tourmentés par une faim extrême, animés par toute l'ardeur d'un sable brûlant et d'un ciel qui paraît s'allumer, environnés de feu et le lançant, pour ainsi dire, eux-mêmes par leurs yeux étincelants, le serpent et le tigre se disputent avec plus d'acharnement l'empire de ces bords si souvent ensanglantés. Des voyageurs disent avoir vu ce spectacle terrible; ils ont vu un tigre furieux, et dont les rugissements portaient au loin l'épouvante, saisir avec ses griffes, déchirer avec ses dents, faire couler le sang d'un serpent démesuré, qui, roulant son corps gigantesque, et sifflant de douleur et de rage, serrait le tigre dans ses contours multipliés, le couvrait de son écume rougie, l'étouffait sous son poids, et faisait craquer ses os au milieu de tous ses ressorts tendus avec force; mais les efforts du tigre furent vains, ses armes furent impuissantes, et il expira au milieu des replis de l'énorme reptile qui le tenait enchaîné.

Et que l'on ne soit pas étonné de la grande puissance des serpents. Si les animaux carnassiers ont tant de force dans leurs mâchoires, quoique la

1. M. Adanson, *Voyage au Sénégal*.

longueur de ces mâchoires n'excède guère un pied, et qu'ils n'agissent que par ce levier unique, quels effets ne doivent pas produire, dans les serpents, un très grand nombre de leviers composés des os, des vertèbres et des côtes, et qui, par l'articulation de ces mêmes vertèbres, peuvent s'appliquer avec facilité aux corps que les serpents veulent saisir et écraser ?

A la force et à l'adresse les serpents réunissent un nouvel avantage; on ne peut leur ôter la vie que difficilement, ainsi qu'aux quadrupèdes ovipares, et ils peuvent, sans en périr, perdre une portion de leur queue, qui repousse presque toujours lorsqu'elle a été coupée[1]. Mais ce n'est pas seulement par des blessures qu'il est difficile de les faire mourir; on ne peut y parvenir qu'avec peine par une privation absolue de nourriture, puisqu'ils vivent plusieurs mois sans manger[2]; et même il leur reste encore quelque sensibilité lorsqu'ils ont été privés pendant longtemps et presque entièrement de l'air qui leur est nécessaire pour respirer. Redi a fait des expériences à ce sujet; il a placé des serpents dans le récipient d'une machine pneumatique, et après en avoir pompé presque tout l'air, il les a vus donner encore quelques signes de vie au bout de près de vingt-quatre heures[3]. Cette expérience montre comment ils peuvent parvenir à tout leur accroissement, jouir de toute leur force, et même choisir de préférence leur demeure au milieu des

1. Les anciens ont exagéré cette propriété des reptiles ; Pline a écrit que lorsqu'on arrachait les yeux à un jeune serpent, il s'en formait de nouveaux.

2. Voyez les divers articles de cette histoire.

3. Boyle a fait aussi des expériences analogues. « Nous renfermâmes une vipère, dit ce grand physicien, dans un récipient des plus grands entre les petits, et nous fîmes le vide avec un grand soin; la vipère allait de bas en haut et de haut en bas, comme pour chercher l'air; peu de temps après elle jeta par la bouche un peu d'écume qui s'attacha aux parois du verre, son corps enfla peu, et le cou encore moins, pendant que l'on pompait l'air, et encore un peu de temps après; mais ensuite le corps et le cou se gonflèrent prodigieusement, et il parut sur le dos une espèce de vessie. Une heure et demie après qu'on eut totalement épuisé l'air du récipient, la vipère donna encore des signes de vie; mais nous n'en remarquâmes plus depuis. L'enflure s'étendait jusqu'au cou, mais elle n'était pas fort sensible à la mâchoire inférieure; le cou et une grande partie du gosier, étant tenus entre l'œil et la lumière d'une chandelle, paraissaient assez transparents dans les endroits qui n'étaient point obscurcis par les écailles. Les mâchoires demeurèrent fort ouvertes et un peu tordues; l'épiglotte et la fente du larynx, qui restèrent aussi ouvertes, allaient presque jusqu'à l'extrémité de la mâchoire inférieure; la langue sortait, pour ainsi dire, de dessous l'épiglotte et s'étendait au delà; elle était noire et paraissait sans vie, le dedans de la bouche était aussi noirâtre; au bout de vingt-trois heures, ayant laissé rentrer l'air dans le récipient, nous observâmes que la vipère ferma la bouche à l'instant, mais elle la rouvrit bientôt et demeura en cet état; lorsqu'on lui pinçait ou qu'on lui brûlait la queue, on apercevait, dans tout le corps, des mouvements qui indiquaient un reste de vie.

« A ces expériences sur les vipères, j'en joindrai une faite sur un serpent ordinaire et sans venin, que nous enfermâmes, le 25 avril, avec une jauge, dans un récipient portatif. Ayant épuisé l'air de ce récipient et pris les précautions nécessaires pour que l'air extérieur n'y pût pas rentrer, nous le portâmes dans un endroit tranquille et retiré; il y resta depuis les dix ou onze heures après midi, jusqu'au lendemain environ les neuf heures du matin, et alors le serpent me parut mort. Mais ayant mis le récipient auprès du feu, à une distance convenable, l'animal donna des signes de vie et darda même sa langue fourchue; je le laissai en cet état, et n'étant revenu le voir que le lendemain après-midi, je le trouvai sans vie et ne pus le faire revenir; sa bouche, qui était fermée la veille, se trouvait alors fort ouverte, comme si les mâchoires eussent été écartées avec violence. » *Collect. acadèm.*, part. étrang., t. VI, p. 25.

marais fangeux dont les exhalaisons empestées corrompent l'air, le rendent moins propre à la respiration et produisent, dans l'atmosphère, l'effet d'un commencement de vide.

Quoique de tous les temps les serpents, et surtout les très grandes espèces, ainsi que celles qui sont venimeuses, aient dû inspirer une frayeur très vive, leur forme remarquable et leurs habitudes singulières ont attiré sur eux assez d'attention pour qu'on ait reconnu leurs qualités principales. Il paraît que les anciens connaissaient, même dès les temps les plus reculés, toutes les propriétés que nous venons d'exposer. Il faut qu'elles aient été observées dans ces temps antiques, dont il nous reste à peine quelques monuments imparfaits, et qui ont précédé les siècles nommés héroïques, où la plupart des idées religieuses des Égyptiens et des Grecs ont commencé à prendre ces formes brillantes qui ont fourni tant d'images à la poésie. Si nous ouvrons en effet les livres des premiers poètes dont les ouvrages sont parvenus jusqu'à nous; si nous consultons les fastes de la mythologie grecque; si nous réunissons, sous un même point de vue, les différentes parties de ces anciennes traditions, où le serpent est employé comme emblème, nous trouverons que les anciens lui ont attribué, ainsi que nous, une grandeur très considérable, qu'il semblait regarder comme dépendant du séjour de ce reptile au milieu des endroits marécageux et humides, puisqu'ils ont supposé qu'à la suite du déluge de Deucalion, le limon de la terre engendra un énorme serpent qu'Apollon tua de ses flèches, c'est-à-dire que le soleil fit périr et dessécha par la chaleur de ses rayons. Ils lui ont aussi donné la force, car en parlant du combat d'Achéloüs contre Hercule, ils ont supposé que le premier de ces deux demi-dieux avait revêtu la forme du serpent pour vaincre plus aisément son redoutable adversaire. C'est son agilité et la promptitude de tous ses mouvements qui l'ont fait choisir par les auteurs de la mythologie égyptienne et grecque, pour le symbole de la vitesse du temps et de la rapidité avec laquelle les siècles roulent à la suite les uns des autres. Voilà pourquoi ils l'ont donné pour emblème à Saturne, qui désigne ce temps; et voilà pourquoi encore ils l'ont représenté se mordant la queue et formant ainsi un cercle parfait, pour peindre la succession infinie des siècles de siècles, pour exprimer cette durée éternelle dont chaque instant fuit avec tant de vitesse, et dont l'ensemble n'a ni commencement ni fin. C'est ainsi qu'il était figuré en argent dans un des temples de Memphis, comme l'attestent les monuments échappés au ravage de ce même temps dont il était le symbole; et c'est encore ainsi qu'il était représenté autour de ces tableaux chronologiques où divers hiéroglyphes retraçaient aux yeux des Mexicains, de ce premier peuple du nouveau monde, ses années, ses mois et les divers événements qui en remplissaient le cours [1].

Les anciens ne lui ont-ils pas aussi attribué l'instinct étendu que les

---

1. Description de la Nouvelle-Espagne. *Hist. gén. des voyages*, édit. in-12, t. XLVIII.

voyageurs s'accordent à reconnaître dans cet être remarquable? Ils ont
ennobli, exagéré cet instinct; ils l'ont décoré du nom d'intelligence, de pré-
voyance, de divination[1]; et voilà pourquoi, placé autour du miroir de la
déesse de la prudence, il fut consacré à celle de la santé, ainsi qu'à Esculape adoré à Épidaure sous la forme d'un serpent. N'ont-ils pas reconnu sa
longue vie lorsqu'ils ont feint que Cadmus et plusieurs autres héros avaient
été métamorphosés en serpents, comme pour désigner la durée de leur gloire;
et que, le choisissant pour représenter les mânes de ce qui leur était cher,
ils l'ont placé parmi les tombeaux[2]? N'ont ils pas fait allusion à l'effroi qu'il
inspire, et principalement au poison mortel qu'il recèle quelquefois, lorsqu'ils l'ont donné aux Euménides dont il entoure et hérisse la tête; à
l'Envie, dont il perce le cœur; à la Discorde, dont il arme les mains sanglantes? Et cependant, par un certain contraste d'idées que l'on rencontre
presque toujours lorsque les objets ont été examinés plusieurs fois et par
divers yeux, n'ont-ils pas vu, dans le serpent, cette beauté de couleur et ces
proportions déliées que nous y ferons plus d'une fois remarquer? Ne lui
ont-ils pas accordé la beauté, puisqu'ils ont dit que Jupiter qui, pour plaire
à Léda, avait pris la forme élégante du cygne, avait choisi celle du serpent
pour obtenir les faveurs d'une autre divinité? Toutes ces idées, répandues
des contrées de l'Asie anciennement peuplées[3], s'étendent parmi les sociétés

1. Les habitants d'Argos vénéraient les serpents. Les Athéniens disaient, suivant Hérodote,
qu'on avait vu, dans le Temple, un grand serpent gardien et protecteur de la citadelle; et même
Jupiter était adoré sous la forme d'un serpent dans plusieurs endroits de la Grèce.

Mais, pour avoir une idée plus précise des opinions des anciens touchant l'intelligence, la
vivacité et les autres qualités des serpents, on peut consulter Plutarque, Eusèbe, Shaw et M. Sa-
vaty. Les Égyptiens l'employaient, dans leur langue symbolique, pour désigner le soleil; il
représentait aussi, pour ce peuple, le bon génie, la bonté suprême et infinie, dont le nom,
Cneph, lui fut donné, suivant Eusèbe; et les Phéniciens le nommaient de même *Agatho Daimon*,
bon génie. Plutarque, *Traité d'Isis et d'Osiris*. — Eusèbe, *Préparation évangélique*, liv. III. —
Shaw, *Observations géographiques sur la Syrie, l'Égypte*, etc., t. II, ch. v. — M. Savary,
Lettres sur l'Égypte, t. II, p. 112.

2. Voyez, à ce sujet, dans le cinquième livre de l'*Énéide*, la belle description du serpent
qu'Énée vit autour du tombeau de son père.

3. Un roi de Calécut avait ordonné que celui qui tuerait un serpent serait puni aussi rigoureusement que s'il avait tué un homme; il regardait les serpents comme descendus du ciel,
comme doués d'une puissance divine, et même comme des divinités, puisqu'ils pouvaient donner
la mort en un instant.

Dès les temps les plus reculés, le serpent a été aussi regardé par les Indiens comme le
symbole de la sagesse; et leur religion avait conservé cette idée. Mémoire manuscrit de feu
M. Commerson, sur *Autorrha-Bahde*, commentaire du *Chasta* ou *Shustah*, le plus ancien des
livres sacrés des habitants de l'Indoustan et de la presqu'île en deçà du Gange.

« Les Égyptiens peignaient un serpent, couvert d'écailles de différentes couleurs, roulé sur
lui-même. Nous savons, par l'interprétation qu'Horus Apollo donne des hiéroglyphes égyptiens,
que, dans ce style, les écailles du serpent désignaient les étoiles du ciel. On apprend encore,
par Clément Alexandrin, que ces peuples représentaient la marche oblique des astres par les
replis tortueux d'un serpent. Les Égyptiens, les Perses peignaient un homme nu entortillé d'un
serpent; sur les contours du serpent étaient dessinés les signes du zodiaque. C'est ce qu'on voit
sur différents monuments antiques, et en particulier sur une représentation de Mithras, expliquée
par l'abbé Bannier, et sur un tronçon de statue trouvé à Arles en 1698. Il n'est pas douteux

à demi policées de l'Amérique, et parmi les hordes sauvages de l'Afrique, accrues par leur éloignement de leur origine, embellies par leur imagination, altérées par l'ignorance, falsifiées par la superstition et par la crainte, lui ont attiré les honneurs divins, tant dans l'Amérique qu'au royaume de Juida, et dans d'autres contrées, où il a encore ses temples, ses prêtres, ses victimes; et pour remonter de la considération d'objets profanes et du spectacle de la raison humaine égarée, à la contemplation des vérités sacrées dictées par la parole divine, si nous jetons un œil respectueux sur le plus saint des recueils, ne voyons-nous pas toutes les idées des anciens sur les propriétés du serpent s'accorder avec celles qu'en donne l'écrivain sacré, toutes les fois qu'il s'en sert comme de symbole ?

Grandeur, agilité, vitesse de mouvement, force, armes funestes, beauté, intelligence, instinct supérieur, tels sont donc les traits sous lesquels les serpents ont été montrés dans tous les temps; et en cherchant ici à présenter cet ordre nombreux et remarquable, je n'ai fait que rétablir des ruines, ramasser des rapports épars, en lier l'ensemble et exposer des résultats généraux que les anciens avaient déjà recueillis. C'est donc la grande image de ces êtres distingués, déjà peinte par les anciens, nos maîtres en tant de genres, que je viens d'essayer de montrer, après avoir tâché de la dégager du voile dont l'ignorance, l'imagination et l'amour du merveilleux l'avaient couverte pendant une longue suite de siècles; voile tissu d'or et de soie, et qui embellissait peut-être l'image que l'on voyait au travers, mais qui n'était que l'ouvrage de l'homme, et que le flambeau de la vérité devait consumer pour n'éclairer que l'ouvrage de la nature.

qu'on a voulu représenter, par cet emblème, la route du soleil dans les douze signes, et son double mouvement annuel et diurne, qui, en se combinant, fait qu'il semble s'avancer d'un tropique à l'autre par des lignes spirales. On retrouve cet hiéroglyphe jusque chez les Mexicains. Ils ont leur cycle de cinquante-deux ans, représenté par une roue; cette roue est environnée d'un serpent qui se mord la queue, et, par ses nœuds, marque les quatre divisions du cycle.....

« Il est évident que les figures des constellations, les caractères qui désignent les signes du zodiaque, et tout ce qu'on peut appeler la notation astronomique, sont les restes des anciens hiéroglyphes. Il est remarquable que les Chinois appellent les nœuds de la lune, la tête et la queue du ciel, comme les Arabes disent la tête et la queue du dragon. Le dragon est, chez les Chinois, un animal céleste; ils ont apparemment confondu ces deux idées..... Il est encore fait mention dans l'*Edda*, d'un grand serpent qui environne la terre. Tout cela a quelque analogie avec le serpent, qui, partout, représente le temps, et avec le dragon, dont la tête et la queue marquent les nœuds de l'orbite de la lune, tandis que ce dragon cause les éclipses. Mais cette superstition, ce préjugé universel qui se retrouve en Amérique comme en Asie, n'indique-t-il pas une source commune, et tout ce qu'ue place-t-il pas même plus naturellement cette source au nord, où peut exister la seule communication possible entre l'Asie et l'Amérique, et d'où les hommes ont pu descendre facilement de toutes parts vers le Midi, pour habiter l'Amérique, la Chine, les Indes, etc.? » M. Bailly, de l'Académie française, de celle des sciences et de celle des inscriptions. *Histoire de l'Astronomie ancienne*, p. 515.

NOMENCLATURE

ET

TABLE MÉTHODIQUE DES SERPENTS

Nous venons de voir que malgré le grand nombre de ressemblances que présentent les diverses espèces de serpents, elles diffèrent les unes des autres, non seulement par la teinte et la distribution de leurs couleurs, mais encore par le nombre, la grandeur, la forme et l'arrangement de leurs écailles, autant que par leurs habitudes et particulièrement par la nature de leur habitation, ainsi que de la nourriture qu'elles recherchent. L'ordre des serpents étant d'ailleurs assez nombreux et renfermant plus de cent quarante espèces[1], nous avons cru ne pouvoir en traiter avec clarté, qu'en établissant dans l'ordre de ces reptiles quelques divisions générales, fondées sur la différence de leur conformation extérieure, ainsi que sur celle de leurs mœurs. Nous les avons réunis en huit différents groupes, et nous en avons formé huit genres.

Le premier est composé des serpents qui ont un seul rang de grandes écailles sous le ventre et deux rangs de petites plaques sous la queue. Nous les appelons *couleuvres* (en latin *coluber*), avec la plupart des naturalistes récents, et particulièrement avec M. Linné ; et ce genre comprend la vipère commune, l'aspic, la couleuvre proprement dite, la couleuvre à collier, la quatre-raies, cinq serpents très communs en France, et qui forment avec l'orvet, et peut-être la couleuvre d'Esculape, les seules espèces qu'on y ait encore observées.

Nous plaçons dans le second genre les serpents qui n'ont qu'un seul rang de grandes plaques, tant au-dessous du corps qu'au-dessous de la queue, et ce genre présente les plus grandes espèces auxquelles nous laissons le nom

1. Nous décrivons, dans cet ouvrage, non seulement plus de cent quarante, mais même plus de cent soixante serpents ; cependant, comme plusieurs de ces animaux, au lieu de former plus de cent soixante espèces, ainsi que nous le présumons, pourront, dans la suite, n'être regardés, d'après de nouvelles observations des voyageurs ou des naturalistes, que comme des variétés dépendantes de l'âge ou du sexe, nous avons cru ne devoir parler ici que de cent quarante espèces.

générique de *boa*, par lequel elles ont été désignées en latin par Pline et les autres anciens auteurs, et en français ainsi qu'en latin, par le plus grand nombre des naturalistes et des voyageurs modernes, et qu'on a ainsi nommées, parce qu'on a écrit qu'elles se nourrissaient avec plaisir du lait des vaches[1].

Le troisième genre est composé des serpents qui ont de grandes plaques sous le ventre et sous la queue dont l'extrémité est terminée par des écailles articulées et mobiles, auxquelles on a donné le nom de sonnettes[2]; nous leur conservons le nom générique de serpents à sonnettes[3].

Dans le quatrième genre, l'on trouvera les serpents qui n'ont au-dessous du corps et de la queue que des écailles semblables à celles du dos; nous leur laissons le nom générique d'*anguis*. Et c'est dans ce genre qu'est placé l'orvet, serpent très commun dans quelques-unes de nos provinces méridionales.

Nous comprenons dans le cinquième genre ceux qui sont entourés partout d'anneaux écailleux, et que les naturalistes ont déjà appelés *amphisbènes*.

Nous comptons dans le sixième les serpents dont les côtés du corps sont plissés, et que l'on a nommés cœciles (en latin *cœcilia*).

Dans le septième genre doivent être mis ceux dont le dessous du corps présente vers la tête de grandes plaques, ne montre ensuite que des anneaux écailleux, et dont la queue, garnie de ces mêmes anneaux à son origine, n'est revêtue que de simples écailles à son extrémité. Nous les appelons *langaha* avec les naturels du pays où on les trouve.

Et enfin nous plaçons dans le huitième le serpent qui a sa peau revêtue de petits tubercules, et que nous nommons l'acrochorde de Java, avec M. Hornstedt, qui en a publié la description[4].

Dans chacun de ces huit genres différenciés par des signes extérieurs très constants et très faciles à reconnaître, il serait à désirer que l'on pût former une sous-division, d'après une propriété bien importante dont nous allons parler. Chacun de ces genres présenterait deux groupes secondaires. L'on placerait dans le premier les serpents dont les petits éclosent dans le ventre de leur mère, et auquel on doit donner le nom de *vipère*, et l'on comprendrait dans le second les serpents proprement dits, et qui pondent des œufs. Cette distribution si naturelle et fondée sur d'assez grandes différences intérieures, ainsi que sur un fait assez remarquable, devrait faire partie de tout arrangement méthodique, destiné à faire reconnaître l'espèce et le nom des divers individus. Mais, pour cela, il faudrait qu'on eût trouvé des carac-

1. *Aluntur primo bibuli lactis suceo, unde nomen traxere.* Pline, liv. XXVIII, chap. xxiv.
2. Voyez la description de ces écailles ou sonnettes, dans l'article du *Boiquira*.
3. En latin *Crotalus*.
4. M. Linné a divisé les serpents en six genres, auxquels nous avons ajouté celui des *Langaha*, que M. Bruguères, de la Société royale de Montpellier, a le premier fait connaître, dans le *Journal de physique* du mois de février 1784, et celui que M. Hornstedt a décrit dans les *Mémoires de l'Académie de Stockholm*, année 1787, p. 306.

tères extérieurs constants et faciles à voir, qui distinguassent les vipères d'avec les serpents proprement dits. Un fort bon observateur, M. de la Borde, correspondant du Cabinet du roi à Cayenne, a cru remarquer que toutes les espèces de serpents dont les petits éclosent dans le ventre de leur mère sont venimeuses, et que, par conséquent, elles ont toutes des crochets ou dents mobiles semblables à celles de la vipère commune d'Europe. Si cette observation importante, que nous avons vérifiée sur plusieurs espèces de serpents reconnus pour vipères, pouvait s'appliquer également à toutes les espèces de reptiles qui viennent au jour tout formés, et si ces dents mobiles ne garnissaient les mâchoires d'aucun serpent ovipare, on pourrait regarder ces crochets comme des caractères distinctifs de la sous-division des vipères dans chacun des huit genres des reptiles. Ce caractère est d'autant plus remarquable, qu'il nous a paru toujours réuni avec une conformation particulière des mâchoires, que nous croyons devoir faire connaître ici. Dans toutes les espèces de couleuvres à crochets que nous avons examinées, nous n'avons trouvé à la mâchoire supérieure qu'un seul rang de petites dents crochues et recourbées en arrière ; c'est à l'extérieur de ce rang qu'est placé de chaque côté un crochet plus ou moins long, creux, percé vers ses deux extrémités, enveloppé dans une gaine, d'où l'animal peut le faire sortir ; et auprès de sa base sont deux ou trois crochets semblables, quelquefois cependant plus petits et destinés à remplacer le premier, lorsque quelque accident en prive le reptile[1]. La mâchoire inférieure ne présente également qu'un seul rang de dents ; mais les deux os qui la composent, l'un à droite et l'autre à gauche, bien loin d'être articulés ensemble au bout du museau, ne sont réunis que par la peau et les muscles. Ils sont toujours très écartés l'un de l'autre et terminés par des dents crochues, moins petites que les autres dents, mais qui ne sont ni creuses, ni percées, ni mobiles comme les vrais crochets placés dans la mâchoire supérieure et ne peuvent distiller aucun venin.

Dans les couleuvres qui n'ont pas de vrais crochets mobiles, toutes les dents sont au contraire presque égales ; les deux os de la mâchoire inférieure ne sont pas articulés ensemble ; mais ils sont courbés l'un vers l'autre, et ils sont rapprochés au point de paraître se toucher. La mâchoire supérieure est garnie de deux rangs de dents ; l'extérieur est à la place des crochets mobiles, et l'intérieur s'étend très avant vers le gosier[2]. Cependant, comme l'on devrait désirer un caractère plus extérieur et par conséquent plus facile à apercevoir, ces crochets ou dents mobiles pouvant d'ailleurs être quelquefois confondus avec les dents crochues, mais immobiles, de plusieurs espèces de serpents venus d'un œuf éclos hors du ventre de la mère, j'ai observé avec soin un grand nombre de couleuvres, et j'ai remarqué que, dans ce genre, les espèces dont les mâchoires étaient garnies de

1. Article de la *Vipère commune.*

2. Voyez l'article de la *Vipère commune,* relativement au jeu des mâchoires et des os qui les composent.

crochets avaient le sommet de la tête couvert de petites écailles à peu près semblables à celles du dos[1], et que presque toutes les autres l'avaient revêtu au contraire d'écailles plus grandes que celles du dessus du corps, d'une forme très différente, toujours au nombre de neuf, et placées sur trois rangs, le premier et le second, à compter du museau, étant composés de deux écailles, le troisième de trois, et le quatrième de deux. Nous ne croyons pas néanmoins que l'on doive établir une sous-division rigoureuse dans le genre des couleuvres, et à plus forte raison dans chaque genre de serpents, avant que de nouvelles et de nombreuses observations aient mis les naturalistes à portée de compléter notre travail à ce sujet ; nous croyons devoir nous contenter, en attendant, de séparer, dans la partie historique de chaque genre, les espèces reconnues pour de vraies vipères, ou que nous considérerons comme telles, à cause de leur conformation extérieure, de leurs crochets mobiles et de leur venin, d'avec les autres que nous regarderons comme ovipares, jusqu'à ce que les voyageurs aient éclairci l'histoire de ces espèces peu connues et presque toutes étrangères.

Le genre des couleuvres étant très nombreux, et par conséquent les espèces qui le composent ne pouvant pas être reconnues très aisément, non seulement nous aurions voulu pouvoir séparer les vipères de celles qui pondent, mais nous aurions désiré pouvoir diviser ensuite les couleuvres ovipares en deux sections différentes. Nous avons pensé à faire ce partage d'après la proportion de la longueur du corps et de celle de la queue, ainsi que d'après la grosseur ou la forme déliée de cette dernière partie ; mais indépendamment que cette proportion et cette forme ont été jusqu'à présent très peu indiquées par les naturalistes et les voyageurs, et que nous n'aurions pu d'après cela classer les espèces que nous n'avons pas vues, et dont nous ne parlerons que d'après les auteurs, nous avons cru nous apercevoir que cette proportion variait suivant l'âge ou le sexe, etc. Nous devons donc uniquement inviter les voyageurs et ceux qui ont dans leur collection un grand nombre d'individus de la même espèce, à déterminer, par des observations très multipliées, les limites de ces variations ; lorsque ces limites seront fixées, on pourra établir une division exacte entre les deux sections que l'on formera dans la grande famille des couleuvres ovipares, et dont les caractères distinctifs seront tirés de la grosseur de la queue et de sa longueur comparée avec celle du corps. Nous ne pouvons maintenant que chercher à indiquer des signes caractéristiques de chaque espèce, très marqués et très faciles à saisir, afin de diminuer le plus possible l'inconvénient d'un trop grand nombre d'espèces renfermées dans le même genre. Nous avons donc laissé d'autant moins échapper les traits

---

1. Quelques serpents venimeux, et par conséquent à crochets, ont quelquefois, entre les yeux trois écailles un peu plus grandes que celles du dos ; mais je n'ai vu que sur la tête du *naja* les neuf grandes écailles qui garnissent celle de la plupart des couleuvres ovipares et non venimeuses.

de leur conformation extérieure qui ont pu nous donner ces caractères sensibles, que, sans cette attention de rechercher tous les moyens de distinguer les espèces, les naturalistes et les voyageurs auraient été très souvent embarrassés pour les reconnaître. Lorsqu'en effet les serpents sont encore jeunes, ils ne ressemblent pas toujours aux serpents adultes de leur espèce ; ils en diffèrent souvent par la teinte de leurs couleurs ; et s'ils n'en sont pas distingués par la disposition générale de leurs écailles, ils le sont quelquefois par le nombre de ces pièces. On peut reconnaître facilement leur genre ; mais il serait souvent difficile de déterminer leur espèce, en n'adoptant pour caractère spécifique que celui qui a été admis jusqu'à présent par le plus grand nombre des naturalistes, et qui a été principalement employé par M. Linné. Ce caractère consiste dans le genre des grandes et des petites plaques situées au-dessous du corps et de la queue. Nous pensons, d'après des observations et des comparaisons très multipliées, que nous avons faites sur plusieurs individus d'un grand nombre d'espèces conservées au Cabinet du roi, ou que nous avons vues dans différentes collections, que le nombre de ces plaques peut varier suivant l'âge, augmenter à mesure que les serpents grandissent et dépendre d'ailleurs de beaucoup de circonstances particulières et accidentelles. Nous n'avons pas cru cependant devoir rejeter un caractère aussi simple, aussi sensible, et qui ne s'efface pas lors même que l'animal a été conservé pendant longtemps dans les Cabinets ; nous l'avons employé d'autant plus qu'il établit une grande unité dans la méthode et qu'il est quelquefois le seul indiqué par les auteurs pour les espèces que nous n'avons pas vues. D'ailleurs nous marquerons toujours séparément, ainsi que les naturalistes qui nous ont précédés, le nombre des plaques qui revêtent le dessous du corps et celui des plaques situées au-dessous de la queue ; et comme il peut être très rare que ces deux nombres aient varié dans le même individu, l'un pourra servir à corriger l'autre. Mais nous avons cru que ce caractère, tiré du nombre des écailles placées au-dessous du corps ou de la queue, devait être réuni avec d'autres caractères. Nous avons donc multiplié nos observations sur le grand nombre de serpents que nous avons été à portée d'examiner ; nous avons comparé le plus d'individus de chaque espèce que nous avons pu, afin de parvenir à distinguer les formes constantes d'avec celles qui sont variables. Nous n'avons presque pas voulu nous servir des nuances des couleurs, si peu permanentes dans les individus vivants et si souvent altérées dans les animaux conservés dans les collections. Malgré cette contrainte que nous nous sommes imposée, nous croyons être parvenus à trouver ce que nous désirions. Nous avons pensé que neuf caractères différents pouvaient, par leurs diverses combinaisons avec le nombre des grandes ou des petites plaques placées sous le corps et sous la queue, suffire à distinguer les espèces des genres les plus nombreux, d'autant plus qu'on y peut ajouter, à certaines circonstances, un dixième caractère souvent aussi permanent et plus apparent que les neuf autres.

Nous tirons principalement ces caractères de la forme des écailles. En effet, si les plaques du dessous du corps ont à peu près la même forme dans tous les serpents ; si elles sont presque toujours très allongées ; si elles ont le plus souvent six côtés très inégaux, et si elles ne varient guère que par leur longueur et leur largeur, la forme des écailles qui revêtent le dessus du corps n'est pas la même dans les diverses espèces ; dans les unes, ces écailles sont hexagones ; dans les autres, ovales ou taillées en losange ; plates et unies dans celles-ci, relevées dans celles-là par une arête très saillante ; se touchant quelquefois à peine, ou se recouvrant, au contraire, comme les ardoises des toits. Voilà donc sept formes différentes et bien distinctes, que les écailles du dos peuvent présenter.

De plus, si quelques espèces de serpents ont le dessus de la tête recouvert d'écailles semblables à celles du dos, les autres ont, ainsi que nous venons de le dire, cette partie du corps défendue par des lames plus grandes, au nombre de neuf, et placées sur trois rangs, ce qui compose un huitième caractère spécifique. Nous tirons le neuvième de la forme et quelquefois du nombre des écailles placées sur les mâchoires, et tous ces caractères nous ont paru constants dans chaque espèce et indépendants du sexe ainsi que de l'âge.

D'ailleurs, autant les nuances des couleurs sont variables dans les serpents, autant leurs distributions générales en taches, en bandes, en raies, etc., sont le plus souvent permanentes ; de telle sorte que, dans une même espèce de serpents distingués par un grand nombre de taches, quelques individus peuvent, par exemple, être blanchâtres avec des taches vertes, et d'autres jaunes avec des taches bleues ; mais dans la même espèce, ce sont presque toujours des taches disposées de la même manière.

Cette distribution de couleurs est d'ailleurs peu altérée dans les serpents qui font partie des collections, et ce n'est que la nuance des diverses teintes qui change après la mort de l'animal, ou naturellement ou par l'effet des moyens employés pour le conserver.

Cependant comme l'âge et le sexe peuvent introduire d'assez grands changements dans la distribution des couleurs, nous n'employons qu'avec réserve ce dixième caractère.

C'est d'après les principes que nous venons d'exposer, que nous avons fait la table suivante. Les espèces n'y sont pas présentées dans le même ordre que celui dans lequel nous avons exposé quelques traits de leur histoire. Nous avons dû, en effet, pour bien présenter ces traits, séparer, par exemple, les vipères d'avec les couleuvres ovipares, qui en diffèrent beaucoup par leurs habitudes ; traiter d'abord de la vipère commune, comme du serpent le mieux connu, et dont on est, en Europe, très à portée d'étudier les mœurs ; commencer l'histoire des couleuvres ovipares par celle de la couleuvre verte et jaune, ainsi que de la couleuvre à collier, que l'on rencontre en très grand nombre en France, et dont les habitudes naturelles peuvent être très aisément observées, etc. Dans la table méthodique, au contraire, où nous n'avons dû chercher qu'à donner aux naturalistes, et principalement aux voyageurs, le moyen de reconnaître les diverses espèces, de voir si elles n'ont pas été décrites, ou de leur rapporter les observations des différents auteurs; nous avons cru diminuer beaucoup le nombre des comparaisons qu'ils auraient été obligés de faire et leur épargner beaucoup de recherches, en plaçant les espèces d'après l'un des caractères que nous avons employés, en les rangeant, par exemple, d'après le nombre des plaques qui revêtent le dessous du corps, et en commençant par les espèces qui en ont le plus[1].

Cette table est divisée en dix colonnes.

La première présente les noms des espèces; la seconde, le nombre des grandes plaques, des rangées de petites écailles, ou des anneaux écailleux qui revêtent le dessous du corps des serpents, ou le nombre des plis que l'on voit le long des côtés du corps, selon le genre auquel ils appartiennent; les espèces sont placées, ainsi que nous venons de le dire, suivant le nombre de ces grandes plaques, rangées de petites écailles, anneaux écailleux ou plis latéraux, afin qu'on puisse trouver très aisément une espèce de serpent que nous y aurons comprise, ou celles avec lesquelles il faudra comparer le reptile dont on voudra connaître l'espèce.

La troisième colonne renferme le nombre des paires de petites plaques, ou de grandes plaques, ou de rangées de petites écailles, ou d'anneaux écailleux que l'on voit sous la queue des serpents, ou le nombre des plis latéraux placés le long de cette partie.

La quatrième offre la longueur totale des reptiles, et la cinquième, la longueur de la queue. Ces longueurs ne sont souvent ni les plus grandes ni les plus petites que présentent les espèces; elles ne sont que les longueurs mesurées sur les individus que nous avons décrits, et nous n'en avons fait mention dans notre table méthodique, que pour indiquer le rapport de la longueur totale des reptiles à celle de leur queue[2].

La sixième colonne apprend si les serpents ont des crochets venimeux ou non, et laquelle de leurs mâchoires est armée de ces crochets.

La septième désigne le défaut de grandes écailles sur la partie supérieure de la tête, ou le nombre et l'arrangement de ces grandes pièces, lorsque le dessus de la tête des serpents en est garni. Cette expression abrégée, *neuf sur quatre rangs*, signifie qu'elles sont grandes, conformées et placées à peu près comme celles qui couvrent une partie de la tête de la couleuvre à collier, de la couleuvre verte et jaune, et du plus grand nombre de couleu-

1. Nous n'avons jamais compris dans le nombre des plaques du dessous du corps les grandes écailles, ordinairement au nombre de deux ou trois, qui les séparent de l'anus.
2. Nous venons de voir que ce rapport variait dans plusieurs espèces de serpents, suivant l'âge ou le sexe; cependant comme il paraît constant dans le plus grand nombre d'espèces de reptiles, ou du moins que ses variations y sont renfermées dans des limites très rapprochées, nous avons cru qu'il pourrait servir assez souvent à reconnaître l'espèce des individus que l'on examinerait.

vres sans venin. Il est bon d'observer que, dans certaines espèces, comme,
par exemple, dans celle du molure, la grande pièce du milieu du troisième
rang, à compter du museau, est quelquefois divisée par une suture ; ce
qui pourrait faire croire que la tête de ces espèces de reptiles est couverte
de dix grandes pièces.

Sur la huitième colonne est marquée la forme des écailles du dos ; leur
figure, en losange, ou ovale, ou hexagone, peut être variable ; mais nous
n'avons jamais vu des individus de la même espèce avoir, les uns, des
écailles unies, et les autres, des écailles relevées par une arête.

La neuvième colonne montre quelques traits remarquables de la conformation des serpents, et enfin la dixième indique leurs couleurs. Nous nous
sommes attachés beaucoup plus à désigner la disposition de ces couleurs
que leurs nuances ; et c'est aussi le plus souvent à cette disposition qu'il
faut presque uniquement avoir égard ; quelques nuances sont cependant
peu sujettes à varier sur l'animal vivant, et même à être altérées par les divers moyens employés pour la conservation des reptiles ; nous les avons
marquées de préférence dans la table méthodique [1]. Au reste, il ne faut pas
perdre de vue que c'est uniquement d'après la réunion de plusieurs caractères que l'on doit presque toujours se décider sur l'espèce du serpent que
l'on examinera.

Les places vides de la table méthodique pourront être remplies avec le
temps ; elles présenteront alors des caractères dont nous n'avons pas pu
parler, à cause du mauvais état des serpents que nous avons vus, ou de la
trop grande brièveté des descriptions des naturalistes.

1. On s'apercevra aisément, en lisant les divers articles de cet ouvrage, qu'il était impossible de donner, dans des planches noires, une idée de toutes les couleurs brillantes, et surtout des
reflets variés d'un grand nombre de serpents. Nous aurions désiré substituer des planches enluminées à ces planches noires ; mais on ne peut pas faire, dans un seul pays, des dessins enlumi-
nés et exacts d'animaux qui, habitant presque toutes les contrées des deux mondes, ne peuvent
être transportés vivants qu'en très petit nombre, et dont les couleurs s'altèrent après leur mort.
Ce ne sera qu'après beaucoup de temps qu'on pourra réunir des dessins en couleur de tous les
reptiles connus, dessinés en vie et dans leur pays natal, par différents voyageurs.

Au reste, nous devons prévenir que nos descriptions indiquent quelquefois une distribution
de couleurs un peu différente de celle que la gravure présente, parce que les quelques dessins
ont été faits d'après des individus dont les couleurs étaient altérées, quoique leurs formes fussent
bien conservées ; nous avons été bien aises que le dessinateur ne représentât que ce qu'il avait sous
les yeux ; mais nous avons fait notre description d'après tout ce que nous avons pu recueillir
de plus certain relativement aux couleurs de l'animal en vie. Quelquefois aussi la gravure n'a
pu indiquer la véritable forme des écailles dont on trouve la description dans le texte.

« Les travaux et les recherches des savants, qui depuis quelques années ont fait faire de si
rapides progrès aux sciences naturelles, ont permis de donner des planches coloriées avec cette
édition ; un soin minutieux a été apporté à leur exécution, et l'on peut assurer que rien n'a été
négligé pour rendre chaque sujet avec le plus de vérité possible, la description qu'en donne M. de
Lacépède ayant été comparée avec les modèles qui ont été fournis. » (*Note de l'éditeur.*)

TABLE MÉTHODIQUE

ANIMAUX SANS PIEDS ET SANS NAGEOIRES

SERPENTS

PREMIER GENRE

SERPENTS QUI ONT DE GRANDES PLAQUES SOUS LE CORPS ET DEUX RANGÉES
DE PETITES PLAQUES SOUS LA QUEUE

COULEUVRES, *Colubri.*

ESPÈCES.	PLAQUES du dessous du corps.	PAIRES DE petites plaques sous la queue.	LONGUEUR totale.	LONGUEUR de la queue.	CROCHETS à venin.	ÉCAILLES du dessous de la tête.	ÉCAILLES du dos.	AUTRES TRAITS particuliers de la conformation extérieure.	COULEURS.
Coul. jaune et bleue. *Coluber flavo-cœruleus.*	312	93	9 pi.		0	grandes			Des raies bleues bordées de jaune, qui se croisent et forment une sorte de treillis sur un fond bleuâtre.
Coul. double tache. *C. bimaculatus.*	297	72	1 pi. 8 po. 2 lig.	3 po. 10 lig.	0	9 sur 4 rangs.	unies et en losange.	la tête très allongée et large par derrière.	Rousse; de petites taches blanches irrégulières, bordées de noir et assez éloignées l'une de l'autre; deux taches blanches derrière la tête.
C. galonnée. *C. lemniscatus.*	250	35			0	9 sur 4 rangs.	rhomboïdales et unies.	le corps aussi gros que la tête.	La tête blanche; le museau noir; une bande noire et transversale entre les yeux; le dessus du corps noir avec des bandes transversales blanches; de trois en trois, une bande quatre fois aussi large que les deux autres.
Molure. *Molurus.*	248	59	6 pi.		0	9 sur 4 rangs.	ovales et unies.	la tête très allongée et large par derrière.	Blanchâtre; une rangée longitudinale de grandes taches rousses bordées de brun; d'autres taches presque semblables le long des côtés du corps.

II.

42

ESPÈCES.	PLAQUES du dessous du corps.	PAIRES DE petites plaques sous la queue.	LONGUEUR totale.	LONGUEUR de la queue.	CROCHETS à venin.	ÉCAILLES du dessus de la tête.	ÉCAILLES du dos.	AUTRES TRAITS particuliers de la conformation extérieure.	COULEURS.
C. domestique *C. domesticus.*	245	94							Une bande divisée en deux, présentant deux taches noires et placées entre les yeux.
Fer-à-cheval. *Hippocrepis.*	238	94							Livide; un grand nombre de taches rousses; des taches en croissant sur la tête; une bande transversale brune entre les yeux, une tache en forme d'arc vers l'occiput.
C. de Minerve. *C. Minervæ.*	238	90							D'un vert de mer; une bande brune le long du dos; trois bandes brunes sur la tête.
Situle. *Situla.*	236	45							Grise; une bande longitudinale bordée de noir.
Dhara. *Dhara.*	235	48	près de 2 pi.			9 sur 4 rangs.		le corps très menu.	Le dessus du corps d'un gris un peu cuivré; toutes les écailles bordées de blanc; le dessous du corps blanc.
Fer-de-lance. *C. lanceolatus*	228	61	1 p. 2 po. 2 lig.	2 po. 1 lig.	à la mâchoire supérieure.	semblables à celles du dos.	ovales et relevées par une arête.	le dessus de la tête aplati de manière à représenter un triangle	Jaune ou grisâtre; quelquefois marbrée de brun et de blanchâtre, avec une tache très brune et allongée derrière chaque œil.
C. rude. *C. scaber.*	228	44					relevées par une arête.		Le dessus du corps ondé de noir et de brun; une tache noire placée sur le sommet de la tête, et qui se divise en deux dans la partie opposée au museau.
C. mouchetée. *C. guttatus.*	227	60							D'un gris livide; trois rangées longitudinales de taches rouges dans la rangée du milieu, et jaunes dans celles des côtés; le dessous du corps blanchâtre avec des taches carrées, noires et

ESPÈCES.	PLAQUES du dessous du corps.	PAIRES DE petites plaques sous la queue.	LONGUEUR totale.	LONGUEUR de la queue.	CROCHETS à venin.	ÉCAILLES du dessus de la tête.	ÉCAILLES du dos.	AUTRES TRAITS particuliers de la conformation extérieure.	COULEURS.
C. mouchetée. C. guttatus.	227	60							placées alternativement à droite et à gauche.
Queue-plate. C. laticaudatus.	226	42	2 pi.	2 po. 9 lig.		9 sur 4 rangs.	rhomboïdales et unies.	la queue très aplatie par les côtés et terminée par deux grandes écailles.	Dessus du corps d'un cendré bleuâtre; de larges bandes transversales très brunes et qui font le tour du corps.
C. rousse. C. rufus.	224	68	1 pi. 5 po. 4 lig.	3 po.		9 sur 4 rangs.	rhomboïdales et unies.		Rousse ; le dessous du corps blanchâtre.
C. tigrée. C. tigrinus.	223	67	1 pi. 1 po. 6 lig.	2 po.	à la mâchoire supérieure.	semblables à celles du dos.	ovales et relevées par une arête longitudinale.	la tête semblable à celle de la vipère commune.	Le dessus du corps d'un roux blanchâtre et présentant des taches foncées bordées de noir.
Cenco. Cenco.	220	124	4 pi.	1 pi. 4 po.		9 sur 4 rangs.	ovales et unies.	la tête très grosse et presque globuleuse; le corps très délié.	Brune, des taches blanchâtres; quelquefois des bandes transversales et blanches.
C. blanchâtre. C. candidulus.	220	50							Blanchâtre ; des bandes transversales brunes.
C. réticulaire. C. reticulatus.	218	83	3 pi. 11 po.	10 po.		9 sur 4 rangs.	ovales et en losange.		Les écailles du dessus du corps d'une couleur pâle et bordées de blanc.
Quatre-raies. C. quatuor-lineatus.	218	73	3 pi. 9 po.	8 po. 6 lig.		9 sur 4 rangs.	ovales et relevées par une arête; celles des côtés unies.	deux paires de petites plaques entre les grandes et l'anus.	Blanchâtre; quatre raies longitudinales, d'une couleur très foncée; les deux extérieures se réunissant au-dessus du museau.
Large-tête. C. laticapitatus.	218	52	4 pi. 9 po.	7 po.	0	9 sur 4 rangs.	ovales et unies.	le museau terminé par une grande écaille presque verticale; les écailles du dos un peu séparées l'une de l'autre vers la tête.	Blanchâtre ; de grandes taches irrégulières d'une couleur foncée et réunies plusieurs ensemble; des taches plus petites et disposées longitudinalement de chaque côté du ventre.

ESPÈCES.	PLAQUES du dessous du corps.	PAIRES DE petites plaques sous la queue.	LONGUEUR totale.	LONGUEUR de la queue.	CROCHETS à venin.	ÉCAILLES du dessus de la tête.	ÉCAILLES du dos.	AUTRES TRAITS particuliers de la conformation extérieure.	COULEURS.
C. noire et fauve. C.nigrorufus.	218	31	1 pi. 11 po.	2 po.		9 sur 4 rangs.	hexagones et unies.		Des bandes transversales noires, ordinairement au nombre de vingt-deux, et autant de bandes fauves bordées de blanc et tachetées de brun, placées alternativement ; quelquefois le museau et la partie supérieure de la tête noirâtres.
C. verte. C. viridissimus.	217	122	2 pi. 2 po. 9 lig.	7 po. 1 lig.	0	9 sur 4 rangs.	ovales et unies.		Verte, plus claire sous le ventre que sur le dos.
C. minime. C. pullatus.	217	108	3 pi. 2 po. 6 lig.	1 pi.	0	9 sur 4 rangs.		la tête allongée; d'assez grandes écailles sur les lèvres.	Minime ; quelquefois des bandes transversales noires; chaque écaille du dos à demi bordée de blanc.
C. bleuâtre. C.subcyaneus.	215	170							Bleuâtre; la tête couleur de plomb.
Chaine. C. Catena.	215	41	2 pi. 6 po.	6 po.					D'un bleu très foncé ; de petites taches jaunes disposées en bandes transversales et très étroites ; le dessous du corps bleu, avec de petites taches jaunes presque carrées.
Triangle. C. Triangulum.	213	48	2 pi. 7 po. 2 lig.	3 po.	0	9 sur 4 rangs.	unies et en losange.		Blanchâtre; une tache triangulaire chargée d'une autre tache triangulaire plus petite sur le sommet de la tête; des taches rousses, irrégulières et bordées de noir sur le dos; une tache noire, allongée et placée obliquement derrière chaque œil.
C. pétalaire. C. petalarius.	212	102	1 pi. 9 po.	4 po. 9 lig.	0	9 sur 4 rangs.	ovales et unies.		Noirâtre , des bandes très irrégulières transversales et blanches.
Tyrie. C. Tyria.	210	83							Blanchâtre; trois rangs longitudinaux de taches rhomboïdales et brunes.

ESPÈCES.	CARACTÈRES.								COULEURS.
	PLAQUES du dessus du corps.	PAIRES DE petites plaques sous la queue.	LONGUEUR totale.	LONGUEUR de la queue.	CROCHETS à venin.	ÉCAILLES du dessus de la tête.	ÉCAILLES du dos.	AUTRES TRAITS particuliers de la conformation extérieure.	
Pétole. C. Petola.	209	90			0	9 sur 4 rangs.	ovales et unies.		Livide; des bandes transversales d'une couleur rougeâtre.
C. très blanche. C. candidissimus.	209	62	6 pi.		à la mâchoire supérieure.				Très blanche.
Haje. C. Haje.	207	109							La moitié de chaque écaille blanche; des bandes blanches placées obliquement ; le reste du corps noir.
C. verte et jaune. C. viridi-flavus.	206	107	4 pi.	1 pi.	0	9 sur 4 rangs.	unies.		D'un vert noirâtre, plusieurs raies longitudinales, composées de petites taches jaunes et de diverses figures ; le ventre jaunâtre; une tache et un point noir aux deux bouts de chaque grande plaque.
Dione. C. Dione.	206	66	3 pi.	6 po.	0				Le dessus du corps gris; trois raies longitudinales blanches, et d'autres raies longitudinales brunes; le dessous du corps blanchâtre, avec de petites raies brunes, et souvent de petits points rougeâtres.
C. double-raie. C. bilineatus.	205	99	2 pi. 1 po.	6 po. 6 lig.	0	9 sur 4 rangs.	unies et en losange.		Les écailles rousses et bordées de jaune ; deux bandes longitudinales jaunes.
Ovivore. C. ovivorus.	203	73							
Lacté. C. lacteus.	203	32	1 pi. 6 po.	1 po. 7 lig.	à la mâchoire supérieure.	9 sur 4 rangs.	hexagones et relevées par une arête.		D'un blanc de lait; des taches noires arrangées deux à deux; la tête noire avec une petite bande blanche et longitudinale.
14e de Gronovius. C. 14e Gronov.	202	96							Des taches brunes.

ESPÈCES.	CARACTÈRES.								COULEURS.
	PLAQUES du dessous du corps.	PAIRES DE petites plaques sous la queue.	LONGUEUR totale.	LONGUEUR de la queue.	CROCHETS à venin.	ÉCAILLES du dessus de la tête.	ÉCAILLES du dos.	AUTRES TRAITS particuliers de la conformation extérieure.	
C. muqueuse. C. mucosus.	200	140						les yeux assez gros; les angles de la tête très marqués.	La tête bleuâtre; des raies transversales comme nuageuses et placées obliquement sur le dos.
C. cendrée. C. cinereus.	200	137							Grise; le ventre blanc; les écailles de la queue bordées de couleur de fer.
Padère. C. Padera.	198	56							Le dessus du corps blanc; plusieurs taches placées par paires le long du dos, et réunies par une petite raie; autant de taches isolées sur les côtés.
Naja. C. Naja.	197	58	4 pi. 4 po. 6 lig.	7 po. 10 lig.	à la mâchoire supérieure.	9 sur 4 rangs.	ovales et unies.	une extension membraneuse de chaque côté du cou.	Jaune; une bande transversale large et foncée sur le cou; une raie souvent bordée de noir, repliée en avant des deux côtés, terminée par deux crochets tournés en dehors, imitant des lunettes, et placée sur la partie élargie du cou du mâle.
C. du Pérou. C. Peruvii.						9 sur 4 rangs.		le cou ne présente point d'extension membraneuse.	À peu près comme dans le naja.
C. du Brésil. C. Brasiliæ.								une extension membraneuse de chaque côté du cou.	D'un roux clair, avec des bandes transversales brunes; une grande tache blanche en forme de cœur, chargée de quatre taches noires et placée sur l'extension membraneuse.
Grosse-tête. C. capitatus.	196	77	2 pi. 5 po.	6 po. 3 lig.	0	9 sur 4 rangs.	ovales et unies.	la queue terminée par une pointe très déliée.	D'une couleur foncée; des bandes transversales et irrégulières d'une couleur très claire.

ESPÈCES.	PLAQUES du dessous du corps.	PAIRES DE petites plaques sous la queue.	LONGUEUR totale.	LONGUEUR de la queue.	CROCHETS à venin.	ÉCAILLES du dessus de la tête.	ÉCAILLES du dos.	AUTRES TRAITS particuliers de la conformation extérieure.	COULEURS.
C. atroce. C. atrox.	196	69	1 pi.	2 po. 2 lig.	à la mâchoire supérieure.	semblables à celles du dos.	ovales et relevées par une arête.	la tête très large.	Cendrée; des taches blanchâtres.
Rouge-gorge. C. colloruber.	195	102			0				Toute noire; la gorge couleur de sang.
Triscale. C. Triscalis.	195	86	1 pi. 4 po. 6 lig.	3 po. 10 lig.	0	9 sur 4 rangs.	ovales et unies.		Le dessus du corps d'un vert de mer, quatre raies longitudinales rousses qui se réunissent en trois, en deux et enfin en une, au-dessus de la queue.
Corallin. C. corallinus.	193	82	3 pi.		à la mâchoire supérieure.		arrondies vers la tête et pointues du côté de la queue.	les écailles du dos sont disposées sur seize rangs longitudinaux et un peu séparés les uns des autres.	D'un vert de mer; trois raies longitudinales et rousses; le dessous du corps blanchâtre et pointillé de blanc.
15e de Gronovius. C. 15ª Gronov.	191	75							Brune; des points blancs.
28e de Gronovius. C. 28ª Gronov.	190	125							Des raies transversales blanches et noires.
C. blanche et brune. C. albofuscus.	190	96	1 pi. 6 po.	4 po. 6 lig.	0	9 sur 4 rangs.	lisses et ovales.		Blanchâtre; des taches brunes, arrondies et réunies en plusieurs endroits; deux taches derrière les yeux; le dessous du corps roussâtre.
C. cuirassée. C. scutatus.	190	50	4 pi.		0			les grandes plaques revêtent près des deux tiers de la circonférence du corps; la queue est triangulaire.	Noire; le dessous du corps de la même couleur, avec des taches blanchâtres, presque carrées, placées alternativement à droite et à gauche, et en très petit nombre sous la queue.
17e de Gronovius. C. 17ª Gronov.	189	122							Pourprée; des taches noires.

ESPÈCES.	PLAQUES du dessous du corps.	PAIRES DE petites plaques sous la queue.	LONGUEUR totale.	LONGUEUR de la queue.	CROCHETS a venin.	ÉCAILLES du dessus de la tête.	ÉCAILLES du dos.	AUTRES TRAITS particuliers de la conformation extérieure.	COULEURS.
Grison. C. cineraceus.	188	70							Le dessus du corps blanc; des bandes transversales roussâtres; deux points d'un blanc de neige sur les côtés.
Pélie. C. Pelias.	187	103			0				Noire; le derrière de la tête brun; le dessous du corps vert et bordée de chaque côté d'une ligne jaune.
C. asiatique. C. asiaticus.	187	76	1 pi.	2 po. 3 lig.	0	9 sur 4 rangs.	rhomboïdales et unies.		Des raies longitudinales au dos; les écailles bordées de blanchâtre.
Lien. C. Ligamen.	186	92	7 pi.		0				D'un bleu très foncé; le dessous du corps d'une couleur bleuâtre ou bronzée; quelquefois la gorge blanche.
Couresse. C. cursor.	185	105	2 pi. 10 po 7 lig.	9 po. 7 lig.	0	9 sur 4 rangs.	ovales et unies.		Verdâtre; deux rangées longitudinales de petites taches blanches et allongées.
C. nébuleuse. C. nebulosus.	185	85							Le dessous du corps nué de brun et de cendré: le dessous varié de brun et de blanc.
Laphiati. C. Laphiati.	184	60							Grise ou rousse; des bandes transversales blanches ou jaunâtres, divisées en deux de chaque côté; le sommet de la tête blanc.
C. agile. C. agilis.	184	50	1 pi. 8 po.	4 po. 3 lig.	0	9 sur 4 rangs.	en losange et unies.		Des bandes transversales irrégulières, alternativement blanches et brunes; les bandes brunes quelquefois pointillées de noir.
Schokari. C. Schokari.	183	144	2 pi.	6 po.	0	9 sur 4 rangs.		le corps très menu.	D'un cendré brun; quatre raies longitudinales blanches; le dessous du corps jaunâtre et pointillé de brun vers la gorge.

ESPÈCES.	PLAQUES du dessous du corps.	PAIRES DE petites plaques sous la queue.	LONGUEUR totale.	LONGUEUR de la queue.	CROCHETS à venin.	ÉCAILLES du dessus de la tête.	ÉCAILLES du dos.	AUTRES TRAITS particuliers de la conformation extérieure.	COULEURS.
Sibon. C. Sibon.	180	85					rhomboïdales.	la queue courte et menue.	Le dessus du corps brun mêlé de blanc; le dessous blanc tacheté de brun.
20ᵉ de Gronovius. C. 20ᵃ Gronov.	180	80							Variée de blanc et de brun. Nota. Il est à présumer que cette couleuvre est de la même espèce que le sibon.
Hydre. C. Hydrus.	180	66	3 pi.		0				Olivâtre, mêlé de cendré; quatre rangs longitudinaux de taches noirâtres, disposées en quinconce; le dessous du corps tacheté de jaunâtre et de noirâtre.
C. brasilienne. C. brasiliensis.	180	46	3 pi.	5 po. 6 lig.	à la mâchoire supérieure.	semblables à celles du dos.	ovales et relevées par une arête.		De grandes taches ovales, rousses et bordées de noirâtres; d'autres petites taches brunes.
Bande-noire. C. nigrofasciatus.	180	43			0	9 sur 4 rangs.	ovales et unies.		Une bande noire entre les yeux, le dessus du corps livide; plusieurs bandes transversales et noires, dont quelques-unes font le tour du corps.
C. aurore. C. Aurora.	179	37							Grise; une bande longitudinale jaune; la tête jaune, avec des points rouges.
C. lisse. C. lævis.	178	46	1 pi. 9 po. 6 lig.	3 po. 3 lig.	0	9 sur 4 rangs.	très unies.		Bleuâtre; deux taches d'un jaune foncé derrière la tête; deux rangées longitudinales de taches plus petites, celles d'une rangée correspondant aux intervalles de l'autre; quelques taches sur les côtés; de plus grandes taches sur le ventre.

ESPÈCES.	PLAQUES du dessous du corps.	PAIRES DE petites plaques sous la queue.	LONGUEUR totale.	LONGUEUR de la queue.	CROCHETS à venin.	ÉCAILLES du dessus de la tête.	ÉCAILLES du dos.	AUTRES TRAITS particuliers de la conformation extérieure.	COULEURS.
Ibiboca. C. Ibiboca.	176	121	5 pi. 5 po. 6 lig.	1 pi. 7 po. 6 lig.	0	9 sur 4 rangs.	rhomboïdales et unies.	les écailles du dos un peu séparées les unes des autres en quelques endroits.	Les écailles du dos grisâtres et bordées de blanc.
C. d'Esculape. C. Æsculapii.	180	64	3 pi. 10 po.	9 po. 3 lig.	0	9 sur 4 rangs.	ovales et relevées par une arête; celles des côtés unies.		Rousse; une bande noirâtre et longitudinale de chaque côté du dos; une rangée de petites tâches triangulaires et blanchâtres de chaque côté du ventre.
22ᵉ de Gronovius. C. 22ᵃ Gronov.	180	60							D'un cendré bleuâtre. (Séba, mus. 2, tabl. 33, fig. 1.)
Nasique. C. nasutus.	180	157	4 pi. 9 po.	1 pi. 11 po.	0	9 sur 4 rangs.	rhomboïdales et unies.	un prolongement écailleux au bout du museau, qui est très allongé.	Verdâtre; quatre raies longitudinales sur le corps; deux autres raies longitudinales sur le ventre.
23ᵉ de Gronovius. C. 23ᵃ Gronov.	172	142							Bleue; une ligne latérale noire.
C. suisse. C. helveticus.	170	127	3 pi.				ovales et relevées par une arête.		Grise; de petites raies noires sur les côtés; une bande longitudinale composée de raies transversales plus étroites et plus pâles.
Demi-collier. C. Semimonile.	170	85	1 pi. 7 po.	4 po. 10 lig.	0	9 sur 4 rangs.	en losange et relevées par une arête longitudinale.		Brune, de petites bandes transversales blanchâtres; trois taches brunes et allongées sur la tête; trois taches rondes et blanches sur le cou.
C. azurée. C. cœruleus.	170	64	2 pi.	5 po. 3 lig.	0	9 sur 4 rangs.	ovales et unies.	.	Bleu foncé sur le dos, très claire sous le ventre.

ESPÈCES.	PLAQUES du dessous du corps.	PAIRES DE petites plaques sous la queue.	LONGUEUR totale.	LONGUEUR de la queue.	CROCHETS à venin.	ÉCAILLES du dessus de la tête.	ÉCAILLES du dos.	AUTRES TRAITS particuliers de la conformation extérieure.	COULEURS.
						CARACTÈRES.			
C. à collier. C. torquatus.	170	53	2 pi.	4 po.	0	9 sur 4 rangs.	ovales et relevées par une arête.	les écailles des côtés unies et plus grandes que celles du dos.	Grise; deux rangées longitudinales de petites taches d'une couleur très foncée; deux autres rangées extérieures de taches plus grandes, noires et irrégulières; deux grandes taches blanchâtres sur le cou; le ventre varié de noir, de blanc et de bleuâtre.
C. hébraïque. C. hœbraicus.	170	42			à la mâchoire supérieure.				Roussâtre; des taches jaunes, bordées de rouge brun, et représentant des caractères hébraïques.
C. blanche. C. albus.	170	20			0				Blanche; ordinairement sans taches.
C. rayée. C. lineatus.	169	84			0				Bleuâtre; quatre raies brunes qui se prolongent depuis la tête jusqu'à l'extrémité de la queue.
Daboie. C. Daboie.	169	46	3 pi. 5 po.	5 po. 9 lig.	0	semblables à celles du dos.	ovales et relevées par une arête.		Blanchâtre; trois rangs longitudinaux de grandes taches ovales, rousses et bordées de noir ou de brun.
Trois-raies. C. terlineatus.	169	34	1 pi. 5 po. 6 lig.	2 po. 8 lig.	0	9 sur 4 rangs.	en losange et unies.		Rousse; trois raies longitudinales qui s'étendent depuis le museau jusqu'au-dessus de la queue.
Boiga. C. Boiga.	166	128	3 pi.	1 pi. 5 po.	0	9 sur 4 rangs.	unies.	le corps très délié.	D'un bleu changeant en vert; trois petites raies longitudinales couleur d'or; une petite bande blanche et bordée de noir le long de la mâchoire supérieure.

ESPÈCES.	PLAQUES du dessous du corps.	PAIRES DE petites plaques sous la queue.	CARACTÈRES.						COULEURS.
			LONGUEUR totale.	LONGUEUR de la queue.	CROCHETS à venin.	ÉCAILLES du dessous de la tête.	ÉCAILLES du dos.	AUTRES TRAITS particuliers de la conformation extérieure.	
Chapelet. C. Catenula.	166	103	1 pi. 5 po. 6 lig.	5 po. 6 lig.	0	9 sur 4 rangs.	unies et en losange.	la tête grosse et aplatie par dessus et par les côtés; le corps très délié.	Bleue; deux raies longitudinales blanches; dans le milieu une raie longitudinale noire chargée de taches ovales blanches et de points blancs placés alternativement; deux rangs longitudinaux de points noirs sur le ventre.
Fil. C. filiformis.	165	158	1 pi. 6 lig.	4 po. 6 lig.	0	9 sur 4 rangs.	en losange et relevées par une arête.	la tête grosse; le corps très délié.	Noire ou livide; le dessus du corps blanchâtre.
25ᵉ de Gronovius. C. 25ᵃ Gronov.	165	74							Blanche; des bandes transversales d'une couleur foncée. (Séba, mus. 2, tab. 21, fig. 3.)
C. à zones. C. cinctus.	165	35	1 pi.	1 po. 6 lig.	0	9 sur 4 rangs.	rhomboïdales et unies.		Blanche; souvent quelques écailles tachetées de roussâtre à leur extrémité; des bandes transversales d'une couleur très foncée, qui font tout le tour du corps.
Bluet. C. subcæruleus.	165	24					ovales.	la queue très déliée.	Les écailles qui garnissent le dos presque mi-parties de blanc et de bleuâtre; le dessous du corps blanc; la queue d'un bleu foncé sans aucune tache.
C. annelée. C. doliatus.	164	43	7 po. 4 lig.	1 po. 5 lig.	0	9 sur 4 rangs.	unies et en losange.		Blanche; des bandes transversales noirâtres qui se réunissent à d'autres bandes semblables placées sur le ventre, mais sans se correspondre exactement; le cou blanc; le dessus de la tête noirâtre.

ESPÈCES.	PLAQUES du dessous du corps.	PAIRES DE petites plaques sous la queue.	LONGUEUR totale.	LONGUEUR de la queue.	CROCHETS à venin.	ÉCAILLES du dessus de la tête.	ÉCAILLES du dos.	AUTRES TRAITS particuliers de la conformation extérieure.	COULEURS.
						CARACTÈRES.			
Dard. *C. Jaculus.*	163	77							Gris cendré; trois bandes longitudinales noirâtres et bordées d'un noir foncé; celle du milieu plus large que les deux extérieures; le dessous du corps blanchâtre.
C. miliaire. *C. miliaris.*	162	59			0				Le dessus et les côtés du corps brune; une tache blanche sur chaque écaille; le dessous du corps blanc.
C. chatoyante. *C. versicolor.*	161	113	1 pi. 6 po.			9 sur 4 rangs.			Grise; une bande longitudinale brune, composée de petites raies transversales et disposées en zigzags; les plaques rougeâtres, tachetées de blanc et bordées en partie de bleuâtre.
Malpole. *C. Malpolon.*	160	100	1 pi. 10 po.	5 po. 6 lig.	0	9 sur 4 rangs.	ovales et relevées par une arête.	la langue longue et très déliée; le corps très menu.	Bleue; de très petites taches noires disposées en raies longitudinales; une tache blanche bordée de noir sur le sommet de la tête.
28º de Gronovius. *C. 28ª Gronov.*	160	60							Des raies blanches et noires transversales.
29º de Gronovius. *C. 29ª Gronov.*	159	42							D'un roux plus ou moins foncé. (Séba, mus. 1, tab. 33, fig. 6.)
C. carénée. *C. carinatus.*	157	115			0			le dos relevé en carène.	Toutes les écailles du dessus du corps couleur de plomb et bordées de blanc; le dessous du corps blanchâtre.
C. rhomboïdale. *C. rhombeatus.*	157	70	1 pi. 6 po. 9 lig.	4 po. 4 lig.	0	9 sur 4 rangs.	ovales et relevées par une arête.		Bleue; des taches bleues en losange et bordées de noir.

ESPÈCES	PLAQUES du dessous du corps.	PAIRES DE petites plaques sous la queue.	LONGUEUR totale.	LONGUEUR de la queue.	CROCHETS à venin.	ÉCAILLES du dessus de la tête.	ÉCAILLES du dos.	AUTRES TRAITS particuliers de la conformation extérieure.	COULEURS.
Saurite. C. Saurita.	156	121			0			le corps très délié.	Brune; trois raies longitudinales blanches ou vertes; le ventre blanc.
C. verdâtre. C. subviridis.	155	144		le tiers de la longueur du corps.	0		unies.		Bleue ou verte; le dessous du corps d'un vert plus ou moins mêlé de jaune.
C. pâle. C. pallidus.	155	96	1 pi. 6 po.		0	9 sur 4 rangs.	ovales et unies.	le corps et la queue très déliés.	D'un gris pâle; un grand nombre de points bruns et de taches grises répandues sans ordre, une ligne noire de chaque côté du corps.
Lébetin. C. Lebetinus.	155	46			à la mâchoire supérieure.				Nuageuse; le dessous du corps parsemé de points roux ou noirs.
Aspic. C. Aspis.	155	37	3 pi.	3 po. 8 lig.	à la mâchoire supérieure.	semblables à celles du dos.	ovales et relevées par une arête.		Trois rangées longitudinales de taches rousses bordées de noir.
34e de Gronovius. C. 34a Gronov.	153	50							Blanche; des raies et des taches noires.
Cenchrus. C. Cenchrus.	153	47	2 pi.	3 po. 7 lig.	0	9 sur 4 rangs.	hexagones et unies.		Le dessous du corps marbré de blanchâtre et de brun; des bandes transversales, étroites, irrégulières et blanchâtres.
C. schythe. C. schythus.	153	31	1 pi. 6 po.	1 po. 7 lig.	à la mâchoire supérieure.			la tête a un peu la forme d'un cœur.	Noire; le dessous du corps très blanc.
Dipse. C. Dipsas.	152	135			à la mâchoire supérieure.		ovales.	la queue longue et déliée.	Les écailles bleuâtres et bordées de blanchâtre; les grandes plaques blanches; une raie bleuâtre et longitudinale au-dessous de la queue.

ESPÈCES.	PLAQUES du dessous du corps.	PAIRES DE petites plaques sous la queue.	LONGUEUR totale.	LONGUEUR de la queue.	CROCHETS à venin.	ÉCAILLES du dessus de la tête.	ÉCAILLES du dos.	AUTRES TRAITS particuliers de la conformation extérieure.	COULEURS.
C. maure. C. maurus.	152	66			0	9 sur 4 rangs.	ovales et relevées par une arête.		Brune; deux raies longitudinales; des bandes transversales et noires depuis les raies jusqu'au-dessous du corps; le ventre noir.
C. noire. C. niger.	152	32	2 pi. 9 lig.	2 po. 4 lig.	à la mâchoire supérieure.	3 sur 2 rangs.	ovales et relevées par une arête.		Noire; quelquefois des taches d'un noir plus foncé, et disposées comme celles de la vipère commune.
Sirtale. C. Sirtalis.	150	114	2 pi.	3 po. 9 lig.	0		relevées par une arête.		Brune; trois raies longitudinales d'un vert changeant en bleu.
Tête-triangulaire. C. Capite triangulatus.	150	64			à la mâchoire supérieure.	semblables à celles du dos.	en losange et unies.	la tête presque triangulaire; le corps délié du côté de la tête.	Verdâtre; des taches de diverses figures sur la tête et réunies sur le corps en bande irrégulière et longitudinale; les grandes plaques d'une couleur foncée et bordée de blanchâtre.
Cobel. C. Cobella.	150	54	1 pi. 4 po. 9 lig.	3 po. 10 lig.	0	9 sur 4 rangs.			D'un gris cendré; un grand nombre de petites raies blanches placées obliquement; quelquefois une tache oblique et livide derrière chaque œil, et des bandes transversales et blanchâtres sur le dos.
Triple-rang. C. terordinatus.	150	52	1 pi. 10 lig.	4 po.	0	9 sur 4 rangs.	ovales et relevées par une arête.		Blanchâtre; trois rangs longitudinaux de taches d'une couleur foncée; le dessous du corps varié de blanchâtre et de brun.
Chersea. C. Chersea.	150	34			à la mâchoire supérieure.	semblables à celles du dos.	relevées par une arête.		D'un gris d'acier; une tache noire en forme de cœur sur la tête, et une bande composée de taches noires et rondes sur le dos.

ESPÈCES.	PLAQUES du dessous du corps.	PAIRES DE petites plaques sous la queue.	LONGUEUR totale.	LONGUEUR de la queue.	CROCHETS à venin.	ÉCAILLES du dessus de la tête.	ÉCAILLES du dos.	AUTRES TRAITS particuliers de la conformation extérieure.	COULEURS
C. sombre. C. subfuscus.	119	117			0				D'un cendré mêlé de brun; une tache brune et allongée derrière chaque œil.
33° de Gronovius. C. 33ª Gronov.	119	63							Blanche; des raies noires et transversales.
Mélanis. C. Melanis.	118	27			à la mâchoire supérieure.				Noire; le dessous du corps couleur d'acier avec des taches plus obscures et d'autres taches bleuâtres et comme nuageuses vers la gorge et des deux côtés du corps.
C. décolorée. C. exoletus.	147	132			0			le corps très délié.	D'un bleu clair mêlé de cendré; les lèvres blanches.
C. saturnine. C. saturninus.	147	120			0			les yeux assez gros.	La tête couleur de plomb; le dessus du corps d'une couleur nuageuse mêlée de livide et de cendré.
Céraste. C. Cerastes.	147	63	2 pi.	4 po. 6 lig.	à la mâchoire supérieure.	semblables à celles du dos.	ovales et relevées par une arête.	une petite corne de nature écailleuse au-dessus de chaque œil.	Jaunâtre; des bandes transversales irrégulières et d'une couleur plus ou moins foncée.
Vipère. C. Vipera.	146	39	2 pi.	4 po.	á la mâchoire supérieure.	semblables à celles du dos.	relevées par une arête.		D'un gris cendré; des taches noirâtres formant une bande dentelée et disposée en zigzags.
Sipède. C. Sipedon.	144	73							Brune.
Chayque. C. Caiqua.	143	76			à la mâchoire supérieure.				Deux bandes blanchâtres et longitudinales; deux points noirs sur chaque grande plaque; neuf taches rondes et noirâtres de chaque côté du cou du mâle.

ESPÈCES.	PLAQUES du dessous du corps.	PAIRES DE petites plaques sous la queue.	LONGUEUR totale.	LONGUEUR de la queue.	CROCHETS à venin.	ÉCAILLES du dessus de la tête.	ÉCAILLES du dos.	AUTRES TRAITS particuliers de la conformation extérieure.	COULEURS.
C. violette. C. *violaceus*.	143	25	1 pi. 5 po. 3 lig.	2 po. 3 lig.	0	9 sur 4 rangs.	unies et en losange.		Violette ; le dessous du corps blanchâtre et des taches violettes, irrégulières, placées alternativement à droite et à gauche.
C. rubannée. C. *vittatus*.	142	78			0		ovales et petites.	la tête très allongée et large par derrière.	Blanchâtre; plusieurs raies longitudinales noires ou brunes; la tête noire avec plusieurs petites lignes blanches et tortueuses; les grandes plaques bordées de brun; une bande blanche, longitudinale et dentelée sous la queue.
36e de Gronovius. C. 36ª *Gronov*.	142	60							Bleuâtre ; les grandes plaques blanchâtres, avec des taches noires et un léger sillon longitudinal. (Séba, mus. 2, tab. 35, fig. 4.)
Ammodyte. C. *Ammodytes*	142	33			à la mâchoire supérieure.	semblables à celles du dos.	ovales et unies.	une petite éminence mobile et deux tubercules sur le museau.	Des taches noires formant une bande longitudinale et dentelée.
C. symétrique C. *symetricus*.	142	26	1 pi. 5 po. 6 lig.	2 po. 3 lig.	0	9 sur 4 rangs.	ovales et unies.		Foncée; une rangée de petites taches noires de chaque côté du dos, auprès de la tête; des bandes et des demi-bandes transversales et placées symétriquement sur le ventre.
Tête-noire. C. *capite-niger*.	140	62	2 pi. 1 po. 7 lig.	4 po. 6 lig.	0	9 sur 4 rangs.	ovales et unies.		Le dessus du corps brun; la tête noire; le dessous du corps varié de blanchâtre et d'une couleur très foncée, par taches transversales et rectangulaires.
Typhie. C. *Typhius*.	140	53							Bleuâtre.

ESPÈCES.	PLAQUES du dessous du corps	PAIRES DE petites plaques sous la queue.	LONGUEUR totale.	LONGUEUR de la queue.	CROCHETS à venin.	ÉCAILLES du dessus de la tête.	ÉCAILLES du dos.	AUTRES TRAITS particuliers de la conformation extérieure.	COULEURS.
Calmar. C. *Calemarius.*	140	22			0				Livide; des bandes transversales brunes; des rangs de points bruns; des taches presque carrées et placées symétriquement sous le corps; une raie longitudinale et couleur de feu sur la queue.
Ibibe. C. *Ibibe.*	138	72	2 pi.	4 po. 10 lig.	0	9 sur 4 rangs.	ovales et relevées par une arête.	quelquefois quatre grandes plaques entre l'anus et les premières paires de petites.	Bleue ou verte, tachetée de noir; une rangée de points noirs de chaque côté du corps; quelquefois une raie longitudinale sur le dos.
Régine. C. *Reginæ.*	137	70							Le dessus du corps brun; le dessous varié de blanc et de noir.
C. ponctuée. C. *punctatus.*	136	43							D'un gris cendré; le dessous du corps jaune, avec neuf petites taches noires disposées sur trois rangs, chacun de trois taches.
38ᵉ de Gronovius. C. 38ª *Gronov.*	136	39							Variée de couleur de fer, de bleu et de blanc.
39ᵉ de Gronovius. C. 39ª *Gronov.*	135	12							Blanche; des taches blanches et noires.
C. mexicaine. C. *mexicanus.*	134	77							
Lutrix. C. *Lutrix.*	134	27							Le dessus et le dessous du corps jaunes; les côtés bleuâtres.
Hœmachate. C. *Hœmachata.*	132	22	1 pi. 4 po. 5 lig.	1 po. 10 lig.	à la mâchoire supérieure.	9 sur 4 rangs.	unies et en losange.		Rouge; des taches blanches.
Bali. C. *Bali.*	131	46	6 pi. 6 po.		0	9 sur 4 rangs.	rhomboïdales et unies.		Une bande longitudinale rouge et tachetée de blanc, de chaque côté du corps, dont le dessus est jaunâtre mêlé de

ESPÈCES.	CARACTÈRES.								COULEURS.
	PLAQUES du dessous du corps.	PAIRES DE petites plaques sous la queue.	LONGUEUR totale.	LONGUEUR de la queue.	CROCHETS à venin.	ÉCAILLES du dessus de la tête.	ÉCAILLES du dos.	AUTRES TRAITS particuliers de la conformation extérieure.	
Bali. C. Bali.	131	46							blanc; quatre rangs longitudinaux de points jaunes sous le corps.
Atropos. C. Atropos.	131	22			à la mâchoire supérieure.	semblables à celles du dos.	ovales et relevées par une arète.	la tête a un peu la forme d'un cœur.	Blanchâtre; quatre rangs longitudinaux de taches rousses, rondes et blanches dans leur centre; des taches noires sur la tête.
Vampum. C. Vampum.	128	67	1 pi. 10 po.	6 po.	0	9 sur 4 rangs.	ovales et relevées par une arète.	la tête petite à proportion du corps.	Bleue; des bandes transversales blanches et partagées en deux sur les côtés; une petite bande transversale brune sur chaque grande plaque.
C. striée. C. striatus.	126	45			0				Brune; le dessous du corps d'une couleur pâle.
C. camuse. C. simus.	124	46						la tête arrondie, relevée en bosse, et le museau très court.	Une petite bande noire et courbée entre les yeux; une croix blanche, avec un point noir au milieu sur le sommet de la tête; le dessus du corps varié de noir et de blanc; des bandes transversales blanches; le dessus du corps noir.
Alidre. C. Alidras.	121	58							D'un blanc éclatant.
C. verte et bleue. C. viridicœruleus.	119	110	2 pi.	6 po.	0		grandes.		D'un bleu foncé; le dessous du corps d'un vert pâle.
C. tachetée. C. maculatus.	119	70	2 pi.	5 po. 4 lig.	0	9 sur 4 rangs.	hexagonales et relevées par une arète.		Blanchâtre; de grandes taches en losange ou irrégulières; roussâtres et bordées de noir ou de brun; le ventre blanchâtre et quelquefois tacheté.

ESPÈCES.	PLAQUES du dessous du corps.	PAIRES DE petites plaques sous la queue.	LONGUEUR totale.	LONGUEUR de la queue.	CROCHETS à venin.	ÉCAILLES du dessus de la tête.	ÉCAILLES du dos.	AUTRES TRAITS particuliers de la conformation extérieure.	COULEURS.
C. des dames. C. domicellarum.	118	60			0				Blanche; des bandes transversales, irrégulières et noires; une raie noirâtre, irrégulière et longitudinale sous le ventre.
C. d'Égypte. C. Ægyptiacus.	118	22			à la mâchoire supérieure.		très petites.	le derrière de la tête relevé par deux bosses.	D'un blanc livide; des taches rousses.
C. anguleuse. C. angulatus.	117	70	1 pi.		0	9 sur 4 rangs.	ovales, un peu échancrées et relevées par une arête.		Blanchâtre; des bandes brunes, noirâtres vers leurs bords, anguleuses et très larges vers le milieu de la longueur du corps.
Léberis. C. Leberis.	110	50			à la mâchoire supérieure.				Des raies transversales, étroites et noires; la tête blanche avec deux taches rousses sur le sommet, et une tache triangulaire sur le museau.
C. joufflue. C. buccatus.	107	72							Rousse; des bandes transversales et blanches.
Argus. C. Argus.								le derrière de la tête relevé par deux bosses.	Une tache blanche sur chaque écaille; plusieurs rangs de taches blanches, rondes, bordées de rouge, et rouges dans leur centre.

SECOND GENRE

SERPENTS QUI ONT DE GRANDES PLAQUES SOUS LE CORPS ET SOUS LA QUEUE

BOA

ESPÈCES.	PLAQUES du dessous du corps.	PLAQUES du dessous de la queue.	LONGUEUR totale.	LONGUEUR de la queue.	CROCHETS à venin.	ÉCAILLES du dessus de la tête.	ÉCAILLES du dos.	AUTRES TRAITS particuliers de la conformation extérieure.	COULEURS.
Broderie.	290	128	3 po. 6 lig.	7 po.	0	semblables à celles du dos.	rhomboïdales et unies.	la tête large par derrière; le museau allongé.	Une chaîne de taches irrégulières en forme de broderie, le long du dos, et surtout sur la tête.
Ophrie. B. Ophrias.	281	64							Brune.
Enydre. B. Enydris.	270	115						les dents de la mâchoire inférieure très longues.	D'un gris varié d'un gris plus clair.
Cenchris. B. Cenchria.	265	57							D'un jaune clair; des taches blanchâtres et grises dans leur centre.
B. Rativore. B. murina.	254	65	2 pi. 6 po.	4 po. 2 lig.	0	semblables à celles du dos.	rhomboïdales et unies.	la tête large par derrière; le museau allongé; de grandes écailles sur les lèvres.	Blanchâtre ou d'un vert de mer, cinq rangées longitudinales de taches rousses, dont plusieurs sont chargées de taches blanchâtres.
Schytale. B. Schytale.	250	70							D'un gris mêlé de vert; des taches noires et arrondies le long du dos; d'autres taches noires vers leurs bords, blanches dans leur centre et disposées des deux côtés du corps; des points noirs formant des taches allongées sur le ventre.
Devin. B. divinatrix.	246	54	quelquefois plus de trente pieds.	ordinairement le 9e de la longueur du corps.	0	semblables à celles du dos.	hexagones et unies.	le museau allongé et terminé par une grande écaille presque verticale; la tête élargie par	De grandes taches ovales, souvent échancrées à chaque bout et en demi-cercle, bor

ESPÈCES.	PLAQUES du dessous du corps.	PLAQUES du dessous de la queue.	LONGUEUR totale.	LONGUEUR de la queue.	CROCHETS à venin.	ÉCAILLES du dessus de la tête.	ÉCAILLES du dos.	AUTRES TRAITS particuliers de la conformation extérieure.	COULEURS.
CARACTÈRES.									
Devin. *B. divinatrix.*	246	54						derrière; le front élevé; un sillon longitudinal sur la tête.	décs d'une couleur foncée, et entourées d'autres petites taches.
B. Muet. *B. muta.*	217	37			à la mâchoire supérieure.			l'extrémité de la queue garnie par dessous de quatre rangs de petites écailles.	Des taches noires, rhomboïdales et réunies les unes aux autres.
Bojobi. *B. Bojobi.*	203	77	2 pi. 11 po.	7 po.	0	semblables à celles du dos.	rhomboïdales et unies.	la tête large par derrière; le museau allongé; les lèvres garnies d'écailles grandes et sillonnées.	Verte ou orangée; des taches irrégulières, éloignées l'une de l'autre, blanches ou jaunâtres, et bordées de rouge.
Hipnale. *B. Hipnale.*	179	120	1 pi. 11 po.	3 po.	0	semblables à celles du dos.	rhomboïdales et unies.	les lèvres garnies d'écailles très grandes et sillonnées.	Jaunâtre; des taches blanchâtres bordées d'un brun presque noir.
Groin. *B. porcaria.*	150	40	2 pi.	8 po.	0	semblables à celles du dos.		le museau terminé par une grande écaille relevée.	Cendrée; des taches noires disposées régulièrement; des bandes transversales jaunes vers la queue.

TROISIÈME GENRE

SERPENTS QUI ONT LE VENTRE COUVERT DE GRANDES PLAQUES, ET LA QUEUE TERMINÉE PAR UNE GRANDE PIÈCE ÉCAILLEUSE, OU PAR DE GRANDES PIÈCES ARTICULÉES LES UNES DANS LES AUTRES, MOBILES ET BRUYANTES.

SERPENTS A SONNETTE. *Crotali.*

ESPÈCES	PLAQUES du dessous du corps.	PLAQUES du dessous de la queue.	LONGUEUR totale.	LONGUEUR de la queue.	CROCHETS à venin.	ÉCAILLES du dessus de la tête.	ÉCAILLES du dos.	AUTRES TRAITS particuliers de la conformation extérieure.	COULEURS.
Boiquira. *Crotalus Boiquira.*	182	27	4 pi. 10 po.	4 po.	à la mâchoire supérieure.	6 sur 3 rangs.	ovales et relevées par une arête.		D'un gris jaunâtre; une rangée longitudinale de taches noires bordées de blanc.
Durissus. *Crot. Durissus.*	172	21	1 pi. 5 po. 6 lig.	1 po. 3 lig.	à la mâchoire supérieure.	6 sur 3 rangs.	ovales et relevées par une arête.		Variée de blanc et de jaune; des taches rhomboïdales, noires et blanches dans leur centre.
Dryinas. *Cro. Dryinas.*	165	30			à la mâchoire supérieure.	2 grandes.	ovales et relevées par une arête.		Blanchâtre; des taches d'un jaune plus ou moins clair.
Millet. *Crot. miliarius.*	132	32	1 pi. 3 po. 10 lig.	1 po. 10 lig.	à la mâchoire supérieure.	9 sur 4 rangs.	ovales et relevées par une arête.		Grise; trois rangs longitudinaux de taches noires; celles de la rangée du milieu rouges dans leur centre, et séparées l'une de l'autre par une tache rouge.
Serp. à sonn. Piscivore. *Crot. piscivorus.*			5 pi.		à la mâchoire supérieure.			la queue terminée par une pointe longue et dure.	Brune; le ventre et les côtés du cou noirs, avec des bandes transversales jaunes et irrégulières.

QUATRIÈME GENRE

SERPENTS DONT LE DESSOUS DU CORPS ET DE LA QUEUE EST GARNI D'ÉCAILLES SEMBLABLES A CELLES DU DOS

ANGUIS. *Angues.*

ESPÈCES.	CARACTÈRES.								COULEURS.
	RANGS d'écailles sous le corps.	RANGS d'écailles sous la queue.	LONGUEUR totale.	LONGUEUR de la queue.	CROCHETS à venin.	ÉCAILLES du dessus de la tête.	ÉCAILLES du dos.	AUTRES TRAITS particuliers de la conformation extérieure.	
Rouleau. An. cylindrica	240	13	2 pi. 6 po.	1 po.	0	3 grandes.	unies.		Les diverses écailles blanches bordées de roux; des bandes transversales d'une couleur foncée, et dont plusieurs se réunissent.
Rouge. An. rubra.	240	12	1 pi. 6 po.	6 lig.	0	3 grandes sur 2 rangs.	hexagones et unies.		Les écailles rouges et bordées de blanc; des bandes transversales noirâtres au-dessus et au-dessous du corps.
Lombric. An. Lumbricalis.	230	7	8 po. 11 lig.	1½ lig.	les mâchoires presque toujours sans dents.	3 grandes.	très unies et très petites.	la bouche au-dessous du museau et très petite, ainsi que l'anus.	Le dessus et le dessous du corps d'un blanc livide.
Long-nez. An. nasuta.	218	12	1 pi.					la bouche au dessous du museau qui est très allongé; la queue terminée par une pointe dure.	D'un noir verdâtre; une tache jaune sur le museau; deux bandes obliques de la même couleur sur la queue; le ventre jaune.
Queue-lancéolée. An. laticauda	200	50						la queue très comprimée par les côtés et terminée en pointe.	Pâle; des bandes transversales brunes.
An. Cornu. An. cornuta.	200	15						deux dents qui percent la lèvre supérieure, et ont l'apparence de deux petites cornes.	
Miguel. Miguel.	200	12	1 pi.	3 lig.	0	9 sur 4 rangs.	unies.		Jaune; une ou trois raies longitudinales brunes;

ESPÈCES.	RANGS d'écailles sous le corps.	RANGS d'écailles sous la queue.	LONGUEUR totale.	LONGUEUR de la queue.	CROCHETS à venin.	ÉCAILLES du dessus de la tête.	ÉCAILLES du dos.	AUTRES TRAITS particuliers de la conformation extérieure.	COULEURS.
Miguel. *Miguel.*	200	12							des bandes transversales très étroites et de la même couleur.
Trait. *Sagitta.*	186	23						les écailles qui recouvrent le ventre sont un peu plus larges que celles qui garnissent le dos.	
Colubrin. *An. colubrina.*	180	18				grandes.			Variée de brun et d'une couleur pâle.
Réseau. *An. reticulata*	177	37							Les écailles brunes et blanches dans leur centre.
Peintade. *Meleagris.*	165	32							Verdâtre; plusieurs rangées longitudinales de points noirs ou bruns.
Orvet. *Orvet.*	135	135	3 pi.	1 pi. 6 po.	0	9 sur 4 rangs.	hexagones et unies.		Les écailles du dessus du corps rousses et bordées de blanchâtre; quatre raies longitudinales, brunes ou noires; le ventre d'un brun très foncé; la gorge marbrée de blanc, de noir et de jaunâtre.
An. jaune et brun. *An. flavofusca*	127	123	1 pi. 6 po.	1 pi. 1 po. 6 lig.					D'un vert mêlé de brun; plusieurs rangées longitudinales de points jaunes; le ventre jaune.
Eryx. *Eryx.*	126	136		un peu plus grande que celle du corps.	0		arrondies et unies.	la mâchoire supérieure un peu plus avancée que l'inférieure.	D'un roux cendré; trois raies noires et longitudinales.

I.　　　　　　　　　　　45

ESPÈCE.	RANGS d'écailles sous le corps.	RANGS d'écailles sous la queue.	LONGUEUR totale.	LONGUEUR de la queue.	CROCHETS à venin.	ÉCAILLES du dessus de la tête	ÉCAILLES du dos.	AUTRES TRAITS particuliers de la conformation extérieure.	COULEUR.
							CARACTÈRES.		
Plature. *Platura.*			1 pi. 6 po.	2 po.	les mâchoires sans dents.		arrondies, très petites, et placées à coté les unes des autres.	la queue comprimée par les côtés, et un peu arrondie à son extrémité.	Noire ; le dessous du corps blanc ; la queue variée de blanc et de noir.

CINQUIÈME GENRE

SERPENTS DONT LE CORPS ET LA QUEUE SONT ENTOURÉS D'ANNEAUX ÉCAILLEUX

AMPHISBÈNES. *Amphisbœnœ.*

ESPÈCES.	ANNEAUX du corps.	ANNEAUX de la queue.	LONGUEUR totale.	LONGUEUR de la queue.	CROCHETS à venin.	ÉCAILLES du dessus de la tête.	ÉCAILLES du dos.	AUTRES TRAITS particuliers de la conformation extérieure.	COULEURS.
							CARACTÈRES.		
Blanchet. *Amph. alba.*	223	16	1 pi. 5 po. 9 lig.	1 po. 6 lig.		6 sur 3 rangs.		huit tubercules près de l'anus.	Blanche.
Amph. enfumé. *Amph. fuliginosa.*	200	30	1 pi. 1 po. 6 lig.	6 lig.	0	6 sur 3 rangs.		huit tubercules près de l'anus.	Noirâtre ; variée de blanc.

SIXIÈME GENRE

SERPENTS DONT LES COTÉS DU CORPS PRÉSENTENT UNE RANGÉE LONGITUDINALE DE PLIS

COECILES. *Cœciliœ.*

ESPÈCES.	PLIS des côtés du corps.	PLIS des côtés de la queue.	LONGUEUR totale.	LONGUEUR de la queue.	CROCHETS à venin.	ÉCAILLES du dessus de la tête.	ÉCAILLES du dos.	AUTRES TRAITS particuliers de la conformation extérieure.	COULEUR.
							CARACTÈRES.		
Cœ. visqueux. *Cœ. glutinosa.*	340	10							Brune ; une raie blanchâtre sur les côtés.
Ibiare. *Ibiare.*	135		1 pi.					la mâchoire supérieure garnie de deux petits barbillons ; la queue très courte.	

SEPTIÈME GENRE

SERPENTS DONT LE DESSOUS DU CORPS, PRÉSENTANT VERS LA TÊTE DE GRANDES PLAQUES, MONTRE VERS L'ANUS DES ANNEAUX ÉCAILLEUX, ET DONT L'EXTRÉMITÉ DE LA QUEUE EST GARNIE PAR-DESSOUS DE TRÈS PETITES ÉCAILLES.

LANGAHA. *Langaha.*

ESPÈCE.	GRANDES plaques.	ANNEAUX écailleux.	LONGUEUR totale.	LONGUEUR de la queue.	CROCHETS à venin.	ÉCAILLES du dessus de la tête.	ÉCAILLES du dos.	AUTRES TRAITS particuliers de la conformation extérieure.	COULEUR.
						CARACTÈRES.			
Langaha de Madagascar. *Langaha.*	184	42	2 pi. 8 po.		à la mâchoire supérieure.	7 sur 2 rangs.	rhomboïdales.		Les écailles rougeâtres, chargées à leur base d'un petit cercle gris et d'un point jaune.

HUITIÈME GENRE

SERPENTS QUI ONT LE CORPS ET LA QUEUE GARNIS DE PETITS TUBERCULES

ACROCHORDES. *Acrochordi.*

ESPÈCE.			LONGUEUR totale.	LONGUEUR de la queue.	CROCHETS à venin.	ÉCAILLES du dessus de la tête.	ÉCAILLES du dos.	AUTRES TRAITS particuliers de la conformation extérieure.	COULEUR.
						CARACTÈRES.			
Acrochorde de Java. *Acrochordus javanicus.*			8 pi. 3 po.	11 po.	0	petites et en grand nombre		la queue très menue à proportion du corps.	Noire; le dessous du corps blanchâtre; les côtés blanchâtres, tachetés de noir.

SERPENTS

COULEUVRES

COULEUVRES VIPÈRES

LA VIPÈRE COMMUNE[1]

Pelias Berus, Merr. — *Coluber Berus*, var. *a*, Linn., Laur., Lacep., Shaw. — *Vipera vulgaris*, Latr. — *Vipera Berus*, Daud., Fitz. — *Vipera Chersea*, Sturm.

L'ordre des serpents paraît être un de ceux qui renferment le plus de ces espèces funestes dont les sucs empoisonnés donnent la mort lorsqu'ils se mêlent avec le sang. Il ne faut pas croire cependant que le plus grand nombre de ces reptiles soient venimeux; l'on doit présumer que, tout au plus, le tiers des diverses espèces de serpents renferme un poison très actif. Ce sont ces espèces redoutables qu'il importe le plus de connaître pour les éviter; aussi commencerons-nous, en traitant de chaque genre de serpents,

---

1. En grec, *echis*, le mâle; *echidna*, la femelle. — *Viper or adder*, en anglais. — *La vipère*. M. Daubenton, *Histoire naturelle des serpents*, Encyclopédie méthodique. — *Colub. berus*. Linneus, *Systema naturæ, amphibia serpentes*. — *Coluber berus*. — *Vipera Francisci Redi*. — *Vipera mosis. charas*. — *Laurenti specimen medicum*. Vienne, 1768, fol. 97 et suiv.

Vipera. Ray, *Synopsis quadrupedum et serpentini generis*. Londr. 1693, p. 285. — *Vipera*. Gesner, *De Serpentum natura*, fol. 71. — *Col. berus*. Wulf, *Ichthyologia cum amphibiis regni Borussici*. — *Viper or adder*, *Essay towards a natural history of serpents*, by Charles Owen. London, 1742, p. 51, pl. 1. — *Viper*, *Zoologie britannique*, t. III, p. 25, pl. 4, nᵒ 12. — *Vipera anglica, fusca dorso linea undata nigricante conspicua*. Petiv. mus. fol. 17, nᵒ 103. — *Vipère*, M. Valmont de Bomare. — *Vipera vera Indiæ orientalis*. Seba, mus. 2, tab. 8, fig. 4.

Nous croyons devoir prévenir ici, relativement à la nomenclature des diverses espèces de serpents dont nous allons traiter, que plusieurs noms dont les modernes se servent pour les désigner ont été également employés par les anciens; tels sont les noms de *berus, prester, aspic, boa, padera, cœcilia, miliaris, triscalis, dipsas, dryinus, elops, elaps, molurus, schytale*, etc. Mais les anciens ont si peu caractérisé les différentes espèces auxquelles ils ont attribué ces noms, qu'il est presque impossible de les reconnaître; tout ce que j'ai cru découvrir, en général, par une comparaison attentive des expressions des anciens avec les descriptions des serpents qui ont été bien observés, c'est que les anciens n'ont pas toujours appliqué ces noms à des espèces distinctes et qu'ils les ont souvent employés pour de simples variétés d'âge ou de sexe, appartenant à des espèces communes en Europe, et particulièrement en Grèce.

par donner l'histoire de ceux qui, pour ainsi dire, recèlent la mort, et dont l'approche est d'autant plus dangereuse, que leurs armes empoisonnées, presque toujours enveloppées dans une sorte de fourreau qui les dérobe aux regards, ne peuvent faire naître aucune méfiance ni inspirer aucune précaution.

Parmi ces espèces, dont le venin est plus ou moins funeste, une des plus anciennement et des mieux connues est la vipère commune. Elle est en effet très multipliée en Europe; elle habite autour de nous, elle infeste nos bois et souvent nos demeures; aussi a-t-elle inspiré depuis longtemps une grande crainte, et cependant avec quelle attention n'a-t-elle pas été observée! Objet d'importantes recherches et de travaux multipliés d'un grand nombre de savants, combien de fois n'a-t-elle pas été décrite, disséquée et soumise à diverses épreuves! Nous avons donc cru devoir commencer l'histoire de tous les serpents par celle de la vipère commune; sa conformation, tant intérieure qu'extérieure, ses propriétés, ses habitudes naturelles ayant été très étudiées, et pouvant par conséquent être présentées avec clarté, répandront une grande lumière sur tous les objets que nous leur comparerons, et dont on pourra connaître plusieurs parties, encore voilées pour nous, par cela seul qu'on verra un grand nombre de leurs rapports avec un premier objet bien connu et vivement éclairé.

La vipère commune est aussi petite, aussi faible, aussi innocente, en apparence, que son venin est dangereux. Paraissant avoir reçu la plus petite part des propriétés brillantes que nous avons reconnues en général dans l'ordre des serpents, n'ayant ni couleurs agréables, ni proportions très déliées, ni mouvements agiles, elle serait presque ignorée, sans le poison funeste qu'elle distille. Sa longueur totale est communément de deux pieds; celle de la queue, de trois ou quatre pouces, et ordinairement cette partie du corps est plus longue et plus grosse dans le mâle que dans la femelle; sa couleur est d'un gris cendré, et le long de son dos, depuis la tête jusqu'à l'extrémité de la queue, s'étend une sorte de chaîne composée de taches noirâtres de forme irrégulière, et qui, en se réunissant en plusieurs endroits les unes aux autres, représentent fort bien une bande dentelée et sinuée en zigzag. On voit aussi, de chaque côté du corps, une rangée de petites taches noirâtres, dont chacune correspond à l'angle rentrant de la bande en zigzag.

Toutes les écailles du dessus du corps sont relevées au milieu par une petite arête, excepté la dernière rangée de chaque côté, où les écailles sont unies et un peu plus grandes que les autres. Le dessous du corps est garni de grandes plaques couleur d'acier et d'une teinte plus ou moins foncée, ainsi que les deux rangs de petites plaques qui sont au-dessous de la queue[1].

1. Nous avons compté, sur le plus grand nombre d'individus que nous avons examinés, 146 grandes plaques et 39 rangées de petites.
« Depuis le commencement du cou jusqu'au commencement de la queue, il y a autant de

Quelquefois, dans la vipère commune, de même que dans un très grand nombre d'autres espèces de serpents, les grandes pièces qui recouvrent le ventre et le dessous de la queue sont, ainsi que les autres écailles, plus pâles ou plus blanches dans la partie qui est cachée par la plaque ou l'écaille voisine, que dans la partie découverte, et le défaut de lumière paraît nuire à la vivacité des couleurs sur les écailles des serpents, comme sur les pétales des fleurs; mais on ne remarque communément cette nuance plus faible de la partie cachée que sur les serpents en vie ou ceux qui ont été desséchés. Il arrive le plus souvent, au contraire, que sur les serpents conservés dans l'esprit-de-vin, la partie des grandes plaques ou des autres écailles qui est toujours découverte est d'une nuance plus blanchâtre, comme plus exposée à l'action de l'esprit ardent qui altère toutes les couleurs.

Le dessus du museau et l'entre-deux des yeux sont noirâtres, et sur le sommet de la tête, deux taches allongées, placées obliquement, se réunissent par un bout et sous un angle aigu.

La tête va en diminuant de largeur du côté du museau, où elle se termine en s'arrondissant; et les bords des mâchoires sont revêtus d'écailles plus grandes que celles du dos, tachetées de blanchâtre et de noirâtre, et formant un rebord assez saillant[1].

grandes écailles qu'il y a de vertèbres, et comme chaque vertèbre a de chaque côté une côte, chaque écaille rencontre par ses deux bouts la pointe de toutes les deux et leur sert comme de défense et de soutien. » *Mémoires pour servir à l'histoire naturelle des animaux.* Description anatomique de la vipère, t. III, p. 608.

1. Nous avons cru qu'on verrait avec d'autant plus de plaisir ici une courte exposition des principales parties intérieures de la vipère, que sa conformation interne est très semblable à celle du plus grand nombre de serpents dont nous traiterons dans cet ouvrage, et qui, par là, seront connus à l'intérieur aussi bien qu'à l'extérieur. Nous n'avons pu mieux faire que de rapporter les propres paroles de M. Charas, qui a disséqué avec soin la vipère commune, et dont nous avons vérifié les observations que l'on trouvera ici. « Le museau est composé d'un os en partie cartilagineux, garni aux environs de quelques bouts de muscles qui viennent de plus loin, qui sont aussi accompagnés de quelques petites veines et de quelques petites artères. Cet os est encore couvert de la peau écailleuse, retroussée, comme nous l'avons dit, dans ses extrémités. Il y a deux conduits dans ses deux côtés qui forment les narines, lesquelles ont chacune une ouverture petite et ronde, à droite et à gauche sur le devant, et leur nerf propre, qui vient de la partie antérieure du cerveau jusqu'à leur orifice, et qui leur communique l'odorat.... Cet os cartilagineux a tout autour divers angles et est articulé par de forts ligaments au dedans et autour de la partie creuse et antérieure du crâne; ce qui n'empêche pas qu'il ne soit un peu flexible dans cette articulation.

« Le crâne se trouve creusé dans sa partie antérieure et représente une forme de cœur lorsqu'on en sépare l'os du museau. Il a deux pointes avancées qui embrassent en partie cet os-là; il est entouré en sa partie supérieure d'un petit bord avancé en forme de corniche; il est échancré aux deux côtés où sont situés les yeux et y forme leurs orbites, dont la postérieure est étendue en pointe qui répond à celle de devant. Tout le crâne, en toutes ses parties, est d'une substance fort compacte et fort dure; il y a trois sutures principales dans sa partie supérieure; l'une, qu'on peut nommer sagittale, qui divise de long en long la partie du dessus des deux yeux; l'autre, qui se peut nommer coronale, qui divise le crâne en travers derrière les deux orbites; et la troisième, qui le sépare encore en travers près du commencement de l'épine. Dans la superficie de la partie supérieure du crâne, on remarque la forme d'un cœur bien présenté, situé dans son milieu, qui a sa base près de la suture que j'ai nommée coronale, et qui porte sa pointe vers

Le nombre des dents varie suivant les individus; il est souvent de vingt-huit à la mâchoire supérieure et de vingt-quatre dans l'inférieure; mais toutes les vipères ont, de chaque côté de la mâchoire supérieure, une ou

la partie postérieure du crâne, qui est séparée par la troisième suture. Il y a aussi une autre grande suture tout autour des parties latérales inférieures du crâne, par laquelle il se peut diviser en deux corps, l'un supérieur et l'autre inférieur : ce dernier est fait en forme de dos renversé, allant de long et long, creusé au dedans et représentant la forme d'un soc qui a comme des ailerons à ses côtés, et dont la pointe avance au-dessous de l'entre-deux des yeux; sa partie postérieure descend jusqu'au fond du palais, où elle a, dans son dessous, une pointe descendant en forme de monticule renversé. Toutes les sutures du crâne sont si bien unies dans leur jonction et si fortement annexées, qu'il est fort difficile de les distinguer, et encore plus d'en séparer les parties sans les casser, à moins de faire bouillir le crâne dans quelque liqueur.

« La substance du cerveau de la vipère est divisée en cinq corps principaux, dont les deux premiers sont ronds et longuets, chacun de la grandeur et de la forme d'un grain de semence de chicorée; ils sont situés de long en long entre les deux yeux, et c'est de ces corps que partent les nerfs de l'odorat; les trois autres sont dans la partie moyenne du crâne, et au-dessous de cette forme de cœur dont nous avons parlé; chacun de ces corps approche de la grosseur d'un grain de semence de *milium solis* et représente à peu près la forme d'une poire, dont la pointe est tournée vers la partie antérieure de la tête. Deux de ces corps sont situés dans la partie supérieure, de long en long et à côté l'un de l'autre; le troisième, qui est tant soit peu plus petit, est situé sous le milieu des deux et peut être nommé le cervelet ou le petit cerveau.

« La moelle spinale semble être un même corps avec ce dernier, quoiqu'elle ait sa place séparée dans la partie postérieure du crâne; elle est d'une substance un peu plus blanche et un peu plus molle que le corps dont nous venons de parler, et de la grosseur d'un petit grain de froment; elle produit un corps de la même substance, qui s'étend en long et, passant en droite ligne au travers de toutes les vertèbres de l'épine du dos, vient aboutir à l'extrémité de la queue. Les corps du cerveau de la vipère sont couverts d'une tunique assez épaisse et qui leur est assez adhérente, qu'on peut nommer dure-mère; elle est de couleur noire, d'où il est arrivé que quelques auteurs, qui n'avaient pas pris la peine de regarder sous la tunique, ont dit que le cerveau de la vipère était de couleur noire. Sous cette dure-mère, chaque corps du cerveau, séparément, a encore une petite membrane qui l'enveloppe, qu'on peut nommer pie-mère. On remarque de petits interstices entre ces corps, et même dans les corps de la moelle spinale, qui pourraient passer pour des ventricules; et je ne doute pas que, si le sujet était un peu plus gros, on n'y pût remarquer la plupart des parties considérables qui se voient dans les animaux plus grands.

« A chaque côté supérieur du milieu de ce cœur, que l'on voit au-dessus du crâne, il y a un petit os plat qui a environ une ligne et demie de long, qui lui est fortement articulé, lequel, suivant et adhérant au même côté du crâne jusqu'à sa partie postérieure, vient s'articuler de nouveau à un autre os plat plus long et plus fort, et y forme comme un coude : ce dernier os descend en bas et vient s'articuler fortement au bout interne de la mâchoire inférieure, au milieu de laquelle articulation la mâchoire supérieure vient aboutir et s'y articule, mais non pas si fortement, parce qu'elle a d'autres articulations dont l'inférieure est dépourvue. Ces os, qui sont comme des clavicules, servent de soutien aux mâchoires et à les ouvrir et resserrer, et ils y sont aidés par les nerfs et par les muscles dont la nature les a pourvus.

« Il y a aussi à chaque bout avancé de l'orbite un petit os plat, ayant environ deux lignes et demie de long, qui est fortement articulé et conjointement avec la racine de la dent canine, lequel, par son autre bout, est aussi fortement articulé au milieu de la mâchoire supérieure, tant pour la soutenir que pour la faire avancer ensemble avec la grosse dent lorsqu'elle se relève pour mordre. La mâchoire supérieure est divisée en deux sur le devant et est séparée par l'os cartilagineux du museau, où ses deux bouts sont articulés de chaque côté. Ces deux mâchoires sont beaucoup plus internes que celles de dessous, et les grosses dents sont situées hors de leur rang et à leur côté, en tendant en dehors, et leur servent comme de défenses; elles sont composées chacune d'un seul os, qui a environ dix lignes de long.

« La mâchoire de dessous est aussi divisée en deux : ces mâchoires sont annexées par devant l'une à l'autre, par un muscle qui les ouvre ou les resserre au gré de l'animal, et n'ont d'autre articulation que celle que nous avons dit de leur bout interne avec la clavicule qui desdeux, et quelquefois trois ou quatre dents longues d'environ trois lignes, blanches, diaphanes, crochues et très aiguës ; on les a appelées les dents canines de la vipère, à cause d'une ressemblance imparfaite qu'elles ont

cend du crâne, et avec le bout interne des mâchoires supérieures. Chacune de ces mâchoires est composée de deux os, articulés ensemble vers le milieu de la mâchoire ; celui de devant embrasse dessus et dessous celui de derrière et se peut ployer en dehors en cet endroit lorsque la vipère veut mordre, et il est tant soit peu recourbé en dedans vers son extrémité ; c'est sur cet os seul que les dents de dessous sont fichées.

« Les nerfs principaux de la tête de la vipère sont, en premier lieu, ceux dont nous avons parlé ; savoir ceux de l'odorat, ceux des yeux et de l'ouïe. Il y a, outre ceux-là, ceux du goût, celui qu'on peut appeler la sixième paire errante, qui se distribue après dans toutes les parties vitales et naturelles, et ceux qui, sortant de la moelle spinale, sont portés par toute l'habitude du corps. Il y a aussi plusieurs nerfs qui partent de la partie inférieure du cerveau, et qui passent au travers du crâne ; mais à cause de leur délicatesse, il est très difficile de les suivre jusqu'à leur insertion.

« Il y a encore un nerf considérable qui sort du crâne derrière celui de l'ouïe, qui laisse dans l'entre-deux une petite apophyse au crâne, et qui, descendant le long de la clavicule, fait son cours sur la mâchoire inférieure, et s'insère dans son milieu ; puis il poursuit au dedans jusqu'à son extrémité et se distribue dans toutes les dents qui y sont fichées.

« La tête a aussi ses veines et ses artères, qui, venant du foie et du cœur, s'y distribuent en une infinité de rameaux, dont toutes ses parties sont arrosées. Elle est aussi garnie de plusieurs muscles aux côtés et au-dessous du crâne, et aux environs des clavicules et des mâchoires supérieures et inférieures, qui servent non seulement à remplir les creux du crâne et à couvrir les os qui y sont articulés, mais à donner le mouvement à toutes les parties qui en ont besoin ; à quoi aussi les nerfs contribuent de leur part.

« Le grand nombre des os qui restent au corps de la vipère, après ceux de la tête, ne consiste qu'en vertèbres et en côtes. Les vertèbres commencent à la partie postérieure du crâne, à laquelle la première est articulée ; les autres sont arrangées de suite, fortement articulées l'une à l'autre, et continuent jusqu'à l'extrémité de la queue. Chaque vipère, tant mâle que femelle, à cent quarante-cinq vertèbres depuis la fin de la tête jusqu'au commencement de la queue et deux cent quatre-vingt-dix côtes, qui est le nombre double des vertèbres, à chacune desquelles il y a deux côtes articulées, une de chaque côté, qui sont ployées et qui embrassent les parties vitales et les naturelles de la vipère, et dont chaque pointe vient se rendre à un des bouts de la grande écaille de dessous le ventre, qui est propre à toutes les deux ; en sorte qu'il y a autant de grandes écailles sous le ventre, depuis la fin de la tête jusqu'au commencement de la queue, qu'il y a de vertèbres assorties de leurs deux côtés. Outre cela, il y a vingt-cinq vertèbres depuis le haut de la queue jusqu'à son extrémité, et ces vertèbres n'ont plus de côtes ; mais elles ont, en leur place, de petites apophyses qui diminuent en grandeur, de même que les vertèbres, en tendant vers le bout de la queue.

« Les vertèbres ont une apophyse épineuse en leur partie supérieure, qui va de long en long et qui a près d'une ligne de haut ; elles en ont au-dessous une autre pointue, qui est courbée vers le côté de la queue, et qui est de même hauteur que la supérieure. Elles ont aussi des apophyses transverses aux deux côtés, auxquelles les côtes sont articulées ; elles sont creuses dans leur milieu et reçoivent le corps de la moelle qui part du derrière de la tête, qui fournit autant de paires de nerfs qu'il y a de vertèbres, et qui continue jusqu'à l'extrémité de la queue.

« Il y a quatre grands muscles bien forts et bien longs, qui prennent leur origine du derrière de la tête, et qui descendent deux de chaque côté des apophyses épineuses, l'un joignant l'épine, et l'autre au côté et un peu au-dessous du premier, qu'il accompagne de long en long jusqu'au bout de la queue. Il y a aussi deux grands muscles de pareille longueur qui sont attachés à la partie inférieure des vertèbres, et qui les accompagnent d'un bout à l'autre, de même que les muscles supérieurs. Nous remarquons aussi de chaque côté autant de muscles intercostaux qu'il y a de vertèbres, servant au même usage que ceux des autres animaux, qui séparent les côtes depuis la racine jusqu'à leur pointe ; tous ces muscles sont aussi accompagnés de veines et d'artères, de même que les plus grands.

« La trachée-artère est située au-dessus et tout le long de la langue et lui sert comme de

avec les dents canines de plusieurs quadrupèdes. Ces dents, longues et crochues, sont très mobiles, ainsi que celles des autres serpents vipères; l'animal
les peut incliner ou redresser à volonté : communément elles sont couchées

couverture par sa partie antérieure; elle a son commencement à l'entrée de la gueule, où elle
présente un trou ovale relevé en haut, et ayant comme un petit bec en sa partie inférieure. Elle
est composée, à l'entrée, de plusieurs anneaux cartilagineux joints les uns aux autres, qui continuent environ la longueur d'un bon pouce, et qui se jettent dans le côté droit de la vipère, où
ils rencontrent le poumon ; et depuis cet endroit-là on ne voit plus que les demi-anneaux renversés, lesquels, étant joints des deux côtés à des membranes qui dépendent du poumon et qui lui
sont annexées par-dessous d'un bout à l'autre, étant aidés du même poumon, servent à la respiration et continuent leur rang et leur connexion jusque vers la quatrième partie du foie, qui lui
est soumis, aussi bien que le cœur. La trachée-artère a en tout huit ou neuf pouces de long, et
à l'endroit où ses demi-anneaux finissent, elle s'unit avec une membrane qui attire et reçoit l'air
jusqu'au commencement des intestins, où elle forme comme un cul-de-sac en rond.

« Le poumon, étant joint à la trachée-artère et faisant avec elle un même corps, est, par
conséquent, situé, comme elle, au côté droit ; ils commencent là où finissent les anneaux entiers
de la trachée-artère. Le poumon est fait en forme de rets; il n'a aucun lobe, il est d'une couleur
rouge, fort claire et fort vive, d'une substance assez mince, assez transparente et un peu ru-
gueuse; il est attaché par des membranes à la partie supérieure des anneaux imparfaits, il a
sept ou huit pouces de long et un petit travers de doigt de large; il est tout semé de veines et
d'artères.

« Le cœur et le foie sont aussi situés au côté droit de la vipère, et au-devant du cœur il y a,
à environ le tiers d'un travers de doigt, un petit corps charnu et un peu plat, de la grosseur
d'un petit pois, qui est rempli d'eau; ce petit corps est situé au-dessous du poumon, de même
que le cœur et le foie, et est suspendu par les mêmes membranes qui les soutiennent; on peut
le prendre pour une espèce de sagoué ou de *tymus*, et il peut avoir les mêmes usages.

« Le cœur est situé environ quatre ou cinq pouces au-dessous du commencement du poumon;
il est de la grosseur d'une féverole ou d'une petite fève : il est longuet, charnu et environné de
son péricarde, qui est composé d'une tunique assez épaisse; il a deux ventricules, l'un du côté
droit, et l'autre du côté gauche; il a aussi deux ouvertures. Le sang qui vient de la veine-cave
entre dans le ventricule droit, et, se jetant dans le gauche, en sort par l'artère aorte, qui se divise
d'abord en deux gros rameaux, dont l'un monte vers les parties supérieures, et l'autre, passant
au-dessous de l'œsophage et prenant son chemin en biais, se divise dans la suite en plusieurs rameaux, qui se répandent et sont portés à toutes les parties, jusqu'au bout de la queue.

« Le foie est un corps charnu de couleur rouge brun, situé à un demi-pouce au-dessous du
cœur et soutenu des mêmes membranes; sa longueur et sa grosseur sont assez inégales, mais
les plus grands foies ont jusqu'à cinq et six pouces de long et un demi-pouce de large. Le foie
est composé de deux grands lobes, dont le droit descend un bon pouce plus bas que le gauche.
Ces deux lobes sont arrosés de la veine-cave, qui semble les séparer de long en long en deux
corps, et même elle le fait dans leur moitié inférieure, coulant dans leur entre-deux et leur
servant pour les joindre en un même corps. La moitié supérieure du foie est continue et ne se
peut diviser sans la couper. Le tronc de la veine-cave se divise en deux rameaux en sa partie
supérieure, dont le principal et le plus gros aboutit au cœur; l'autre passe sous le poumon, et
de là aux parties supérieures; la même veine-cave, dans sa partie inférieure, se divise en plusieurs rameaux qui descendent dans toutes les parties du dessous.

« La vipère est dépourvue de diaphragme, n'y ayant aucune tunique transversale qui sépare
les parties vitales d'avec les naturelles; on pourrait néanmoins dire que cette tunique déliée qui
dépend de la trachée-artère et du poumon, et qui descend vers les intestins et y forme comme
un cul-de-sac, en fait en quelque sorte la fonction.

« La vessie du fiel est située un travers de doigt au-dessous du foie, et à côté du fond de
l'estomac, et elle penche sur le côté gauche; elle est presque de la forme et de la grosseur
d'une petite fève couchée sur son plat. Le fiel est d'une couleur fort verte, son goût est très amer
et très âcre, sa consistance approche de celle d'un sirop peu cuit. Je n'ai trouvé, dans la vessie
du fiel, qu'une issue par un petit vaisseau, qui, sortant du côté interne de sa partie supérieure,
est recourbé dès son origine, et descendant et adhérant, même dans son commencement, à la

en arrière le long de la mâchoire, et alors leur pointe ne paraît point; mais, lorsque la vipère veut mordre, elle les relève et les enfonce dans la plaie en même temps qu'elle y répand son venin.

Auprès de la base de ces grosses dents et hors de leurs alvéoles, on voit, dans des enfoncements de la gencive, un certain nombre de petites

partie interne de cette vessie, se divise après en deux rameaux, dont le principal et le plus droit, passant par ce corps que les anciens ont pris pour la rate, se jette dans l'intestin qui le reçoit, et l'autre moindre, en rebroussant chemin, semble remonter contre le foie; mais se divisant en plusieurs petits rameaux, on ne saurait plus le discerner ni le suivre. Ce n'est pas en ce lieu que je veux combattre le sentiment des anciens sur la qualité vénéneuse qu'ils ont attribuée au fiel; je renvoie cela à un autre lieu, où je tâcherai de soutenir la qualité balsamique de ce suc, en faisant voir qu'il est exempt de toute sorte de venin. Le pancréas, que tous les auteurs ont nommé rate, est situé près et tant soit peu au-dessous du fiel et au côté droit de la vipère; il est de la grosseur d'un bon pois, de substance charneuse en apparence, mais en effet glanduleuse; sa situation, qui est tout joignant le fond de l'estomac, et vers l'entrée des intestins, considérée avec sa substance glanduleuse, me fait croire que c'est plutôt un pancréas qu'une rate; j'en laisse néanmoins la décision à ceux qui voudront prendre la peine de l'examiner.

« L'œsophage prend son commencement au fond du gosier; sa situation est au côté gauche, et son chemin est tout droit au côté du poumon et du foie, jusqu'à son union avec l'orifice de l'estomac. Elle est composée d'une seule membrane, fort molle et fort aisée à s'étendre, et qui même peut être enflée de la grosseur de deux doigts; c'est elle qui reçoit la première tous les animaux que la vipère a tués avec ses grosses dents et qu'elle a avalés tout entiers, étant propre à cela, tant par sa large capacité que par sa longueur, qui est d'un bon pied.

« L'estomac qui la suit est comme cousu à son fond et semble ne faire qu'un même corps avec elle; il est toutefois beaucoup plus épais et composé de deux fortes tuniques l'une dans l'autre, et adhérentes l'une à l'autre. L'épaisseur de ses tuniques fait qu'on ne peut l'enfler de la même grosseur de l'œsophage, car il ne peut guère excéder la grosseur d'un pouce; il a trois à quatre pouces de long, son orifice est assez large, de même que son milieu; mais son fond va en rétrécissant, est d'ordinaire fort étroitement fermé et ne s'ouvre que pour rejeter ses excréments dans les intestins. Sa tunique interne est pleine de rugosités lorsqu'il est vide, et on y trouve fort souvent plusieurs petits vers de la longueur et de la grosseur de petites épingles. L'estomac est situé du côté gauche, comme l'œsophage; mais son fond est tourné vers le milieu du corps, pour se vider dans le premier intestin.

« La longueur et la capacité de l'œsophage, et la largeur de l'entrée de l'estomac, sont fort accommodées au naturel de la vipère, laquelle n'envoie rien de mâché à son estomac, mais avale, pour sa nourriture, des animaux tout entiers, quelquefois plus gros et quelquefois plus petits; lorsqu'ils se rencontrent plus longs que la profondeur de l'estomac, le reste demeure dans l'œsophage, en attendant que l'estomac ait tiré et envoyé à tout le corps le suc des parties dévorées qu'il pouvait contenir, après quoi il reçoit celles qui restaient encore dans l'œsophage; mais il faut un grand temps pour tout cela, à cause que l'estomac ne se ferme point, et qu'il ne saurait ramasser aucune chaleur considérable pour faire une prompte digestion.

« Les intestins des vipères sont situés au milieu du corps, sous l'épine du dos, et immédiatement après le fond de l'estomac. J'en ai remarqué seulement trois, dont le premier et le plus étroit de tous peut être appelé *duodenum;* le second, qui est plus large et qui est rempli de plusieurs sinuosités, peut être nommé *colon;* et le troisième et dernier, *rectum;* lequel aussi est fort large et fort droit, et lequel a son ouverture au-dessous et près du commencement de la queue, par où les excréments sortent. Ces intestins ont à leurs côtés les testicules avec leurs vaisseaux, tant des mâles que des femelles, et les deux corps de la matrice des dernières, dont nous parlerons après cette section; ils ont aussi les reins, avec leurs vaisseaux qui en partent, et qui sont accompagnés de leurs veines et de leurs artères, de même que tous les vaisseaux qui servent à la génération; les intestins n'en sont pas aussi dépourvus.

« Les reins sont situés au-dessous des testicules; ils sont composés de plusieurs corps glanduleux, contigus et rangés de long en long, les uns après les autres; ils ont d'ordinaire deux pouces et demi de long et deux lignes et demie de large sur leur rondeur, qui est un peu aplatie; ils sont de couleur rouge pâle : le droit est toujours situé plus haut que le gauche dans l'un et

dents crochues, inégales en longueur, conformées comme les dents canines, et qui paraissent destinées à remplacer ces dernières lorsque la vipère les perd par quelque accident. On en a trouvé depuis deux jusqu'à huit [1]. L'on peut présumer que le nombre de ces dents de remplacement est limité, et que lorsque la vipère a réparé plusieurs fois la perte de ses crochets, elle ne peut plus les remplacer; elle demeure privée de dents canines pendant le reste de sa vie; et peut-être qu'alors on en serait mordu sans éprouver l'action de son venin, qu'elle ne pourrait plus faire pénétrer dans la blessure. Ce défaut absolu de crochets, auquel la vipère serait sujette, devrait être une raison de plus de chercher des caractères extérieurs, autres que les dents canines, pour distinguer les vipères d'avec les serpents ovipares.

Ces dents canines de la vipère sont creuses; elles renferment une double cavité et comme un double tube, dont l'un est contenu dans la partie convexe de la dent, et l'autre dans la partie concave. Le premier de ces deux conduits s'ouvre à l'extérieur par deux petits trous, dont l'un est situé à la base de la dent, et l'autre vers sa pointe; et le second n'est ouvert que vers la base, où il reçoit les vaisseaux et les nerfs qui attachent la dent à la mâchoire [2].

Ces mêmes dents canines sont renfermées, jusqu'aux deux tiers de leur longueur, dans une espèce de gaine composée de fibres très fortes et d'un tissu cellulaire; cette gaine ou tunique est toujours ouverte vers la pointe de la dent; elle s'y termine par une espèce d'ourlet, souvent dentelé, et formé par un repli de deux membranes qui la composent.

Le poison de la vipère est contenu dans une vésicule placée de chaque côté de la tête, au-dessous du muscle de la mâchoire supérieure; le mouvement du muscle pressant cette vésicule en fait sortir le venin, qui arrive par un conduit à la base de la dent, traverse la gaine qui l'enveloppe, entre

---

dans l'autre sexe; ils ont aussi leurs uretères, par où ils déchargent les sérosités près de l'extrémité de l'intestin.

« Tous les intestins, les testicules et les reins sont couverts de graisse fort blanche et fort molle, laquelle, étant fondue, demeure en forme d'huile; on voit aussi quelquefois, en certaines vipères, quelque peu de graisse auprès du cœur, du poumon et du foie, et surtout près du fiel, et près de cette partie que les uns prennent pour rate, et les autres pour pancréas. Toutes ces parties sont enveloppées d'une tunique forte et fermement attachée aux extrémités des côtes, qui pourrait passer pour épiploon, si on y joignait la graisse; mais comme la vipère, qui est une espèce de serpent, ne peut passer que parmi les animaux imparfaits, je ne déterminerai pas le nom de cette tunique, à laquelle ceux qui seront plus éclairés que moi donneront le nom qui leur semblera le plus raisonnable. » Mémoires pour servir à l'Histoire naturelle des animaux, t. III, p. 611 et suiv.

1. « Lorsqu'on les examine attentivement avec une loupe, on voit qu'elles tiennent, par leur base, à une espèce de tissu membraneux très fin et très mou. Ces petites dents vont en diminuant de grosseur, à mesure qu'elles s'éloignent des alvéoles des dents canines; celles qui sont le plus près de ces alvéoles sont aussi les mieux formées et les plus dures; les autres sont plus petites, plus tendres, moins bien formées, et comme muqueuses, particulièrement à leur base; elles paraissent, en effet, devoir leur formation à une matière blanchâtre et gélatineuse. » Ouvrage de M. l'abbé Fontana sur les poisons, et particulièrement sur celui de la vipère. Florence, 1781, t. Ier, p. 6.

2. Voyez à ce sujet l'ouvrage déjà cité, de M. l'abbé Fontana, t. Ier, p. 8.

dans la cavité de cette dent par le trou situé près de la base, en sort par celui qui est auprès de la pointe, et pénètre dans la blessure. Ce poison est la seule humeur malfaisante que renferme la vipère, et c'est en vain qu'on a prétendu que l'espèce de bave qui couvre ses mâchoires lorsqu'elle est en fureur est un venin plus ou moins dangereux ; l'expérience a démontré le contraire[1].

Le suc empoisonné, renfermé dans les vésicules de chaque côté de la tête, est une liqueur jaune dont la nature n'est ni alcaline ni acide, comme on l'a écrit en divers temps ; elle ne produit pas non plus les effets d'un caustique, ainsi qu'on l'a pensé ; et il paraît qu'elle ne contient aucun sel proprement dit, puisque, lorsqu'elle se dessèche, elle ne présente pas un commencement de cristallisation, comme les sels dont l'eau surabondante s'évapore, mais se gerce, se retire, se fend, se divise en très petites portions, de manière à représenter, par toutes ses fentes très déliées et très multipliées, une espèce de réseau que l'on a comparé à une toile d'araignée[2].

Quelque subtil que soit le poison de la vipère, il paraît qu'il n'a point d'effet sur les animaux qui n'ont pas de sang ; il paraît aussi qu'il ne peut pas donner la mort aux vipères elles-mêmes ; et à l'égard des animaux à sang chaud, la morsure de la vipère leur est d'autant moins funeste que leur grosseur est plus considérable, de telle sorte qu'on peut présumer qu'il n'est pas toujours mortel pour l'homme ni pour les grands quadrupèdes ou oiseaux. L'expérience a prouvé aussi qu'il est d'autant plus dangereux qu'il a été distillé en plus grande quantité dans les plaies par des morsures répétées. Le poison de la vipère est donc funeste en raison de sa quantité, de la chaleur du sang et de la petitesse de l'animal qui est mordu ; ne doit-il pas aussi être plus ou moins mortel, suivant la chaleur de la saison, la température du climat et l'état de la vipère, plus ou moins irritée, plus ou moins animée, plus ou moins pressée par la faim, etc. ? Et voilà pourquoi Pline avait peut-être raison de dire que la vipère, ainsi que les autres serpents venimeux, ne renfermait point de poison pendant le temps de son engourdissement[3]. Au reste, M. l'abbé Fontana, l'un des meilleurs physiciens et naturalistes de l'Europe, pense que le venin de la vipère tue en détruisant l'irritabilité des nerfs, de même que plusieurs autres poisons tirés du règne animal ou du règne végétal[4]. Il a aussi fait voir que cette liqueur jaune et vénéneuse était un poison très dangereux lorsqu'elle était prise intérieurement, et que Rédi, ainsi que d'autres observateurs, n'ont écrit le contraire que parce qu'on avait avalé de ce poison en trop petite quantité pour qu'il pût être nuisible[5].

---

1. M. l'abbé Fontana, ouvrage déjà cité.
2. *Idem.*
3. Pline, liv. VIII.
4. *Traité des poisons.* Florence, 1781.
5. *Ibid.*, t. II, p. 308.

On a fait depuis longtemps beaucoup de recherches relativement aux moyens de prévenir les suites funestes de la morsure des vipères; mais M. l'abbé Fontana, que nous venons de citer, s'est occupé de cet important objet plus qu'aucun autre physicien. Personne n'a eu, plus que lui, la patience et le courage nécessaires pour une longue suite d'expériences; il en a fait plus de six mille; il a essayé l'effet des diverses substances indiquées avant lui comme des remèdes plus ou moins assurés contre le venin de la vipère; il a trouvé, en comparant un très grand nombre de faits, que, par exemple, l'alcali volatil, appliqué extérieurement ou pris intérieurement, était sans effet contre ce poison. Il en est de même, suivant ce savant, de l'acide vitriolique, de l'acide nitreux, de l'acide marin, de l'acide phosphorique, de l'acide spatique, des alcalis caustiques ou non caustiques, tant minéraux que végétaux, du sel marin et des autres sels neutres. Les huiles, et particulièrement celle de térébenthine, lui ont paru de quelque utilité contre les accidents produits par la morsure des vipères, et il a pensé que la meilleure manière d'employer ce remède était de tremper, pendant longtemps, la partie mordue dans cette huile de térébenthine extrêmement chaude. Le célèbre physicien de Florence pense aussi qu'il est avantageux de tenir cette même partie mordue dans de l'eau, soit pure, soit mêlée avec de l'eau de chaux, soit chargée de sel commun, ou d'autres substances salines; la douleur diminue, ainsi que l'inflammation, et la couleur de la partie blessée est moins altérée et moins livide. Les vomissements produits par l'émétique peuvent aussi n'être pas inutiles; mais le traitement que M. l'abbé Fontana avait regardé comme le plus assuré contre les effets du venin de la vipère consistait à couper la partie mordue, peu de secondes ou du moins peu de minutes après l'accident, suivant la grosseur des animaux blessés; les plus petits étant les plus susceptibles de l'action du poison. Bien plus, cet observateur ayant trouvé que les nerfs ne peuvent pas communiquer le venin, que ce poison ne se répand que par le sang, et que les blessures envenimées, mais superficielles de la peau, ne sont pas dangereuses, il avait pensé qu'il suffisait d'empêcher la circulation du sang dans la partie mordue, et qu'il n'était pas même nécessaire de la suspendre dans les plus petits vaisseaux, pour arrêter les effets du poison. Un grand nombre d'expériences l'avaient conduit à croire qu'une ligature mise à la partie blessée prévenait la maladie interne et générale qui donne la mort à l'animal; que dès que le venin avait agi sur le sang, dans les parties mordues par la vipère, il cessait d'être nuisible, comme s'il se décomposait en produisant un mal local, et qu'au bout d'un temps déterminé il ne pouvait plus faire naître de maladie interne. A la vérité, le mal local était très grand et paraissait quelquefois tendre à la gangrène; comme il était d'autant plus violent que la ligature était plus serrée et plus longtemps appliquée, il était important de connaître, avec quelque précision, le degré de tension de la ligature et le temps de son application, nécessaires pour qu'elle pût pro-

duire tout son effet. Au reste, M. l'abbé Fontana, en remarquant avec raison
qu'un mauvais traitement peut changer la piqûre en une plaie considérable
qui dégénère en gangrène, assurait en même temps que le venin de la vipère
n'est pas aussi dangereux qu'on l'a pensé. Lorsqu'on a été mordu par ce serpent, on ne doit pas désespérer de sa vie, quand bien même on ne ferait
aucun remède, et la frayeur extrême qu'inspire l'accident est souvent une
grande cause de ses suites funestes[1].

Pour faire connaître avec plus d'exactitude le résultat que ce physicien
croyait devoir tirer lui-même de ses belles et très nombreuses expériences,
nous avons cru devoir rapporter ses propres paroles dans la note suivante[2],
d'après laquelle on verra aussi que M. l'abbé Fontana reconnaît, ainsi que
nous, l'influence des saisons et de diverses autres causes locales ou accidentelles sur la force du venin des serpents, et qu'il croit que plusieurs circonstances particulières ont pu altérer les résultats de ces différentes expériences.

Mais enfin, dans un supplément imprimé à la fin de son second volume,
M. l'abbé Fontana annonce, d'après de nouvelles épreuves, que la pierre à
cautère détruit la vertu malfaisante du venin de la vipère, avec lequel on la

---

1. « Une simple morsure de vipère n'est pas mortelle naturellement; quand même il y
aurait eu deux ou trois vipères, la maladie serait plus grave, mais elle ne serait probablement
pas mortelle; quand une vipère aurait mordu un homme six ou sept fois, quand elle aurait distillé dans les morsures tout le venin de ses vésicules, on ne doit pas désespérer. » Ouvrage déjà
cité, t. II, p. 45.

2. « Le dernier résultat de tant d'expériences sur l'usage de la ligature contre la morsure
de la vipère ne présente ni cette certitude ni cette généralité auxquelles on se serait attendu
dans le commencement. Ce n'est pas que la ligature soit à rejeter comme absolument inutile,
puisque nous l'avons trouvée un remède assuré pour les pigeons et les cochons d'Inde; elle peut
donc l'être pour d'autres animaux, et peut-être serait-elle utile pour tous si l'on connaissait
mieux les circonstances dans lesquelles il faut la pratiquer. Il paraît, en général, qu'on ne doit
rien attendre des scarifications plus ou moins grandes, plus ou moins simples, puisqu'on a vu
mourir, avec cette opération, les animaux mêmes qui auraient été le plus facilement guéris avec
les seules ligatures.

« Je n'ose pas décider de quelle utilité elle pourrait être dans l'homme, parce que je n'ai
point d'expériences directes. Mais comme je suis d'avis que la morsure de la vipère n'est pas
naturellement meurtrière pour l'homme, la ligature, dans ce cas, ne pourrait faire autre chose
que diminuer la maladie; peut-être une ligature très légère pourrait-elle suffire; peut-être pourrait-on l'ôter peu de temps après; mais il faut des expériences pour nous mettre en état de
prononcer, et les expériences sur les hommes sont très rares.

« Je dois encore avertir qu'une partie de mes expériences sur le venin de la vipère ont
été faites dans la plus rude saison, en hiver. Il est naturel de concevoir que les vipères dont je
me suis servi ne pouvaient être dans toute leur vigueur; qu'elles devaient mordre les animaux
avec moins de force et que, n'étant pas nourries depuis plusieurs mois, leur venin devait être
en moindre quantité. Je n'ai aucune peine à croire que dans une autre saison plus favorable,
comme dans l'été, dans un climat plus chaud, les effets dussent être, en quelque sorte, différents et, en général, plus grands.

« Je puis encore avoir été trompé par ceux qui me fournissaient les vipères. J'étais en usage,
dans le commencement, de rendre les vipères même dont je m'étais servi pour faire mordre les
animaux, et que je n'avais pas besoin de tuer. J'ai tout lieu de croire qu'on m'a vendu pour la
seconde fois les vipères que j'avais déjà employées; mais, dès que je me suis aperçu de cela, je
me suis déterminé à tuer toutes les vipères, après m'en être servi dans mes expériences. »
Ouvrage déjà cité, t. II, p. 59 et suiv.

mêle; que tout concourt à la faire regarder comme le véritable et seul spécifique contre ce poison, et qu'il suffit de l'appliquer sur la plaie, après
l'avoir agrandie par des incisions convenables[1].

Quelquefois cependant le remède n'est pas apporté à temps, ou ne se
mêle pas avec le venin. On ne peut pas toujours faire pénétrer la pierre à
cautère dans tous les endroits dans lesquels le poison est parvenu. Les trous
que font les dents de la vipère sont très petits, et souvent invisibles; ils
s'étendent dans la peau en différentes directions et à diverses profondeurs,
suivant plusieurs circonstances très variables. L'inflammation et l'enflure
qui surviennent augmentent encore la difficulté de découvrir ces directions, en sorte que les incisions se font presque au hasard. D'ailleurs le venin
s'introduit quelquefois tout d'un coup et en grande quantité dans l'animal,
par le moyen de quelques vaisseaux que la dent pénètre; et la morsure de la
vipère peut donner la mort la plus prompte, si les dents percent un gros
vaisseau veineux, de manière que le poison soit porté vers le cœur très rapidement et en abondance. L'animal mordu éprouve alors une sorte d'injec-
tion artificielle du venin, et le mal peut être incurable. On ne peut donc
pas, suivant M. Fontana, regarder la pierre à cautère comme un remède
toujours assuré contre les effets de la morsure des vipères; mais on ne doit
pas douter de ses bons effets, et même on peut dire qu'elle est le véritable
spécifique contre le poison de ces serpents.

Tels sont les résultats des expériences les plus intéressantes qu'on ait
encore faites sur les effets ainsi que sur la nature du venin que la vipère
distille par le moyen de ses dents mobiles et crochues. Achevons maintenant de décrire cet animal funeste.

Elle a les yeux très vifs et garnis de paupières, ainsi que ceux des quadrupèdes ovipares; et, comme si elle sentait la puissance redoutable du
venin qu'elle recèle, son regard paraît hardi; ses yeux brillent, surtout
lorsqu'on l'irrite; et alors non seulement elle les anime, mais, ouvrant sa
gueule, elle darde sa langue, qui est communément grise, fendue en deux
et composée de deux petits cylindres charnus adhérents l'un à l'autre jusque
vers les deux tiers de leur longueur; l'animal l'agite avec tant de vitesse,
qu'elle étincelle, pour ainsi dire, et que la lumière qu'elle réfléchit la fait
paraître comme une sorte de petit phosphore. On a regardé pendant longtemps cette langue comme une sorte de dard dont la vipère se servait pour
percer sa proie; on a cru que c'était à l'extrémité de cette langue que rési-
dait son venin, et on l'a comparée à une flèche empoisonnée. Cette erreur
est fondée sur ce que, toutes les fois que la vipère veut mordre, elle tire sa
langue et la darde avec rapidité. Cet organe est enveloppé, d'un bout à
l'autre, dans une espèce de fourreau qui ne contient aucun poison[2]; ce n'est

---

1. *Traité des poisons*, t. II, p. 313.
2. Voyez, sur la forme de la langue des serpents, le discours sur la nature de ces
reptiles.

qu'avec ses crochets que la vipère donne la mort, et sa langue ne lui sert qu'à retenir les insectes dont elle se nourrit quelquefois.

Non seulement la vipère a ses deux mâchoires articulées de telle sorte qu'elle peut beaucoup les écarter l'une de l'autre, ainsi que nous l'avons dit [1]; mais encore les deux côtés de chaque mâchoire sont attachés ensemble de manière qu'elle peut les mouvoir indépendamment l'un de l'autre, beaucoup plus librement peut-être que la plupart des autres reptiles. Cette faculté lui sert à avaler ses aliments avec plus de facilité : tandis que les dents d'un côté sont immobiles et enfoncées dans la proie qu'elle a saisie, les dents de l'autre côté s'avancent, accrochent cette même proie, la tirent vers le gosier, l'assujettissent, s'arrêtent à leur tour, et celles du côté opposé se portent alors en avant pour attirer aussi la proie et rester ensuite immobiles. C'est par ce jeu, plusieurs fois répété, et par ce mouvement alternatif des deux côtés de ses mâchoires, que la vipère parvient à avaler des animaux quelquefois assez considérables, qui, à la vérité, sont pendant longtemps presque tout entiers dans son œsophage ou dans son estomac, mais qui, dissous insensiblement par les sucs digestifs, se résolvent en une pâte liquide, tandis que leurs parties trop grossières sont rejetées par l'animal [2]. Non seulement, en effet, la vipère se nourrit de petits insectes, qu'elle retient par le moyen de sa langue, ainsi qu'un grand nombre d'autres serpents et plusieurs quadrupèdes ovipares ; non seulement elle dévore des insectes plus gros, des buprestes, des cantharides, et même ceux qui souvent sont très dangereux, tels que les scorpions [3], mais elle fait sa proie de petits lézards, de jeunes grenouilles, et quelquefois de petits rats, de petites taupes, d'assez gros crapauds, dont l'odeur ne la rebute pas, et dont l'espèce de venin ne paraît pas lui nuire.

Elle peut passer un très long temps sans manger, et l'on a même écrit qu'elle pouvait vivre un an et plus sans rien prendre; ce fait est peut-être exagéré; mais du moins il est sûr qu'elle vit plusieurs mois privée de toute nourriture. M. Pennant en a gardé plusieurs renfermées dans une boîte, pendant plus de six mois, sans qu'on leur donnât aucun aliment, et cependant sans qu'elles parussent rien perdre de leur vivacité. Il semble même que, pen-

---

1. Discours sur la nature des serpents.

2. « Nous avons remarqué cela depuis peu dans une grande partie du corps du lézard qu'une vipère a vomi douze jours après avoir été prise, où nous avons vu qu'à la tête et aux jambes de devant, et à la partie du corps qui les touchait, et qui avait pu être placée commodément dans l'estomac de la vipère, il ne restait guère que les os ; mais qu'une bonne partie du tronc, avec les jambes de derrière et toute la queue, étaient presque en même état que si la vipère les eût avalées ce jour-là, comme on le verra dans la figure que j'en ai fait graver ; mais on fut surpris, entre autres choses, de voir que les parties qui n'avaient pu entrer dans l'estomac, et qui étaient restées dans l'œsophage, se fussent conservées si longtemps sans souffrir aucune altération dans la peau, bien que celles du dessous eussent de la lividité, qui était en apparence un effet du venin de la morsure. » Description anatomique de la vipère, par M. Charas. *Mém. pour servir à l'histoire naturelle des animaux*, par messieurs de l'Académie royale des sciences, t. III, p. 605.

3. Aristote, liv. VIII, chap. XXIX, *De Histor. animal.*

dant cette longue diète, non seulement leurs fonctions vitales ne sont ni arrêtées ni suspendues, mais même qu'elles n'éprouvent pas une faim très pressante, puisqu'on a vu des vipères renfermées pendant plusieurs jours avec des souris ou des lézards tuer ces animaux sans chercher à s'en nourrir[1].

Les vipères communes ne fuient pas les animaux de leur espèce; il paraît même que, dans certaines saisons de l'année, elles se recherchent mutuellement. Lorsque les grands froids sont arrivés, on les trouve ordinairement sous des tas de pierres ou dans des trous de vieux murs, réunies plusieurs ensemble et entortillées les unes autour des autres. Elles ne se craignent pas, parce que leur venin n'est point dangereux pour elles-mêmes, ainsi que nous l'avons vu; et l'on peut présumer qu'elles se rapprochent ainsi les unes des autres pour ajouter à leur chaleur naturelle, contre-balancer les effets du froid et reculer le temps qu'elles passent dans l'engourdissement et dans une diète absolue.

Pour peu que leur peau extérieure s'altère, les sucs destinés à l'entretenir cessent de s'y porter et commencent à en former une nouvelle au-dessous; et voilà pourquoi, dans quelque temps qu'on prenne des vipères, on les trouve presque toujours revêtues d'une double peau, de l'ancienne, qui est plus ou moins altérée, et d'une nouvelle, placée au-dessous et plus ou moins formée. Elles quittent leur vieille peau dans les beaux jours du printemps et ne conservent plus que la nouvelle, dont les couleurs sont alors bien plus vives que celles de l'ancienne. Souvent cette peau nouvelle, altérée par les divers accidents que les vipères éprouvent pendant les chaleurs, se dessèche, se sépare du corps de l'animal dès la fin de l'automne, est remplacée par la peau qui s'est formée pendant l'été, et, dans la même année, la vipère se dépouille deux fois.

Les vipères communes ne parviennent à leur entier accroissement qu'au bout de six ou sept ans; mais, après deux ou trois ans, elles sont déjà en état de se reproduire; c'est au retour du beau temps, et communément au mois de mai, que le mâle et la femelle se recherchent. La femelle porte ses petits trois ou quatre mois, et si, lorsqu'elle a mis bas, le temps des grandes chaleurs n'est pas encore passé, elle s'accouple de nouveau et produit deux fois dans la même année.

Les anciens, trop amis du merveilleux, ont écrit que, lors de l'accouplement, le mâle faisait entrer sa tête dans la gueule de la femelle; que c'était ainsi qu'il la fécondait; que la femelle, bien loin de lui rendre caresse pour caresse, lui coupait la tête dans le moment même où elle devenait mère; que les jeunes serpents, éclos dans le ventre de la vipère, déchiraient ses flancs pour en sortir; que par là ils vengeaient, pour ainsi dire, la mort de leur père[2], etc. Nous n'avons pas besoin de réfuter ces opinions extraordinaires;

1. Description anatomique de la vipère, par M. Charas, à l'endroit déjà cité.
2. *Vipera mas caput insert in os, quod illa abrodit voluptatis dulcedine..... Eadem tertia*

les vipères communes viennent au jour et s'accouplent comme les autres vipères[1]; mais les anciens, ainsi que les modernes, ont quelquefois pris des

die intra uterum catulos excludit : deinde singulos singulis diebus parit, viginti fere numero. Itaque cæteri tarditatis impatientes, perrumpunt latera occisa parente. Pline, livre X.

1. « Le mâle a deux testicules qui sont de forme longue, arrondie et un peu aplatie dans sa longueur; ils vont aussi un peu en pointe vers leurs deux bouts; leur couleur est blanche et leur substance glanduleuse; leur longueur est inégale, car le droit a plus d'un pouce de long, mais le gauche est plus court et un peu moindre en grosseur. L'un et l'autre ne sont pas plus gros que le tuyau d'une plume de l'aile d'un gros chapon. Leur situation est différente, car le droit commence proche et au-dessous du fiel, au lieu que le gauche commence environ huit lignes plus bas que le droit. Ils sont tous deux suspendus, en leur partie supérieure, par deux fortes membranes qui viennent du dessous du foie; ils sont d'ordinaire enveloppés de graisse, qui fait qu'on a peine à les discerner, à cause de la conformité de couleur qu'ils ont avec cette graisse.

« Du milieu de chacun de ces testicules de la partie interne, on voit sortir un petit corps long et menu, assez solide, et même un peu plus blanc que la substance des testicules, qui descend et qui leur est attaché tout le long jusqu'à leur bout inférieur; on peut l'appeler épididyme. On voit au bout de chacun le commencement d'un petit vaisseau variqueux, qu'on peut nommer spermatique, à cause de sa fonction, qui est un peu aplati, de couleur fort blanche et assez luisante, qui est d'ordinaire rempli de semence en forme de suc laiteux. Ce vaisseau est assez délicat, et il est replié dans tout son cours en forme de plusieurs S jointes ensemble d'une façon fort agréable à voir : de là il descend entre l'intestin et le rein, duquel il suit l'uretère jusqu'au trou du dernier intestin, par où sortent les excréments. Il est aussi accompagné de veines et d'artères d'un bout à l'autre, de même que les testicules, et il cesse d'être anfractueux un peu avant d'arriver à l'ouverture de l'intestin. Chacun de ces deux vaisseaux spermatiques vient se rendre à son propre réservoir de semence, dont il y en a deux qu'on peut nommer parastates, qui sont comme des glandes blanches, chacune de la longueur, de la grosseur et de la forme d'un grain de semence de chardon bénit. Ces glandes sont situées de long en long au-dessous et entre les deux parties naturelles; elles sont toujours remplies d'un suc laiteux, et tout semblable à celui des vaisseaux spermatiques que nous venons de décrire; et pour fournir à l'éjaculation, lors du coït, elles transmettent la semence qu'elles contiennent dans les canaux éjaculatoires des deux parties naturelles qui leur sont voisines.

« Je puis dire là-dessus que ceux qui ont pris ces deux réservoirs de semence pour d'autres testicules se sont bien trompés dans l'opinion qu'ils avaient qu'y ayant deux parties naturelles, il y devait aussi avoir pour chacun deux testicules; mais leur substance étant tout à fait différente des véritables testicules que nous avons décrits, et leur fonction étant de recevoir et non de former, nous ne les connaissons que pour parastates, qui reçoivent peu à peu la semence que les testicules leur envoient, qu'ils réservent et qu'ils tiennent toute prête pour le temps du coït et pour faire, dans un moment et à propos, ce que les vaisseaux spermatiques ne sauraient exécuter si tôt ni si bien, à cause de leur longueur et de leur entortillement.

« Le mâle a deux parties naturelles toutes pareilles, qui, étant attachées, sont chacune de la longueur de la queue de l'animal; leur naissance vient de l'extrémité de la queue, sous laquelle elles sont situées de long en long, l'une après l'autre : elles vont en grossissant, de même que la queue, au commencement de laquelle elles finissent, et elles ont leur issue auprès et à côté l'une de l'autre, et tout joignant l'ouverture de l'intestin, qui fait en quelque sorte leur séparation.

« Chacune de ces parties est composée de deux corps longs et caverneux, situés ensemble l'un contre l'autre, et qui se joignent vers leur sommité en un même corps, qui se trouve environné de plusieurs muscles érecteurs, et qui a ses muscles érecteurs, conformément à ceux de plusieurs animaux. Ces parties sont remplies par dedans de plusieurs aiguillons fort blancs, fort durs, fort pointus et piquants, qui y sont plantés, et qui ont leur pointe diversement tournée, dont la grandeur et la grosseur se rapportent à l'endroit de la partie naturelle où ils sont situés, en sorte que comme la sommité est plus grande et plus grosse, ses aiguillons le sont aussi, et ils ne s'avancent et ne paraissent que lorsque le prépuce qui les couvre s'abaisse, qui est lorsque l'animal se dispose pour le coït.

« Ces parties naturelles sont d'ordinaire cachées, et elles ne s'enflent et ne sortent que pour le coït, si ce n'est qu'ayant pris l'animal, on les fasse sortir par force en les pressant; car alors

faits particuliers, des accidents bizarres, ou des observations exagérées, pour des lois générales, et d'ailleurs il semble qu'ils avaient quelque plaisir à croire que la naissance d'une génération d'animaux aussi redoutés que la vipère ne pouvait avoir lieu que par l'extinction de la génération précédente.

Les œufs de la vipère commune sont distribués en deux paquets; celui qui est à droite est communément le plus considérable, et chacun de ces paquets est renfermé dans une membrane qui sert comme d'ovaire; le nombre de ces œufs varie beaucoup suivant les individus, depuis douze ou treize jusqu'à vingt ou vingt-cinq, et l'on a comparé leur grosseur à celle des œufs de merle.

Le vipereau est replié dans l'œuf; il y prend de la nourriture par une espèce d'arrière-faix attaché à son nombril, et dont il n'est pas encore délivré

on les voit sortir toutes deux également, chacune environ de la grosseur d'un noyau de datte et des deux tiers de sa longueur, et leur sommité se trouve toute couverte et tout environnée de ces aiguillons, comme la peau d'un hérisson, et ces aiguillons se retirent et se cachent sous le prépuce lorsqu'on cesse de les presser.

« L'issue de ces deux parties est environnée d'un muscle bien fort et bien épais, auquel la peau est fortement attachée, en sorte qu'il est fort difficile de l'en séparer; même le muscle sert aussi à ouvrir et à resserrer l'intestin.

« La vipère femelle a deux testicules, de même que le mâle; ils sont toutefois plus longs et plus gros, mais de la même forme. Ils sont situés aux côtés et proche du fond des deux corps de la matrice, et le droit est plus haut que le gauche, de même qu'aux mâles; leur substance et leur couleur sont aussi fort semblables : le droit a environ un pouce et demi de long et deux lignes et demie de large, le gauche a quelque chose de moins. Ils ont leur épididyme et leurs vaisseaux spermatiques, qui portent la semence dans les deux corps de la matrice, et qui sont bien plus courts que ceux des mâles. Je dirai néanmoins que ces testicules ne paraissent pas toujours tels en toutes les femelles, surtout en celles qui sont amaigries, ou par maladie, ou pour avoir été longtemps gardées, car leurs testicules s'accourcissent, se rétrécissent et se dessèchent, de même qu'en celles qui ont leurs œufs déjà grands; ayant remarqué qu'en celles-ci, les testicules sont fort raccourcis et fort desséchés, et même qu'ils sont descendus plus bas, quoique le droit se trouve toujours plus haut que le gauche.

« La matrice commence par un corps assez épais, qui est composé de deux fortes tuniques, et qui, étant situé au-dessus de l'intestin, a au même lieu son orifice, qui est large, et qui se dilate aisément, pour recevoir tout à la fois, par une même ouverture, les deux parties naturelles du mâle dans le coït. Ce corps est environ de la grandeur de l'ongle d'un doigt médiocre, et il se divise, fort près de son commencement, en deux petites poches ouvertes au fond, et que la nature a formées pour recevoir et pour embrasser les deux membres du mâle dans le coït. Leur tunique intérieure est pleine de rugosités et est fort dure, de même que celle de tout le corps dont nous avons parlé.

« La matrice commence par ces deux petites poches, à se diviser en deux corps qui montent, chacun de leur côté, le long des reins et entre eux et les intestins, jusque vers le fond de l'estomac, où ils sont suspendus par des ligaments qui viennent d'auprès du foie, étant aussi soutenus, d'espace en espace, par divers petits ligaments qui viennent de l'épine du dos. Ces deux corps sont composés de deux tuniques molles, minces et transparentes, qui sont l'une dans l'autre; leur commencement est au fond de ces deux petites poches qui embrassent les deux membres du mâle, dont ils reçoivent la semence, chacun de leur côté, pour en former des œufs et ensuite des vipereaux, par la jonction de leur propre semence que les testicules y envoient. Ces deux corps de matrice sont fort aisés à se dilater, pour contenir un grand nombre de vipereaux jusqu'à leur perfection. » *Mémoires pour servir à l'histoire naturelle des animaux*, t. III, p. 630 et suiv.

lorsqu'il a percé sa coque ainsi que la tunique qui renferme les œufs, et qu'il est venu à la lumière. Il entraîne avec lui cet arrière-faix, et ce n'est que par les soins de la vipère mère qu'il en est débarrassé.

On a prétendu que les vipereaux n'étaient abandonnés par leur mère que lorsqu'ils étaient parvenus à une grandeur un peu considérable et qu'ils avaient acquis assez de force pour se défendre. L'on ne s'est pas contenté d'un fait aussi extraordinaire dans l'histoire des serpents; on a ajouté que, lorsqu'ils étaient effrayés, ils allaient chercher un asile dans l'endroit même où leur mère recélait son arme enpoisonnée; que, sans craindre ses crochets venimeux, ils entraient dans sa bouche, se réfugiaient jusque dans son ventre, qui s'étendait et se gonflait pour les recevoir, et que, lorsque le danger était passé, ils ressortaient par la gueule de leur mère. Nous n'avons pas besoin de réfuter ce conte ridicule, et s'il a jamais pu paraître fondé sur quelque observation, si l'on a jamais vu des vipereaux effrayés se précipiter dans la gueule d'une vipère, ils y auront été engloutis comme une proie, et non pas reçus comme dans un endroit de sûreté; l'on aurait eu seulement une preuve de plus de la voracité des vipères, qui, en effet, se nourrissent souvent de petits lézards, de petites couleuvres, et quelquefois même des vipereaux auxquels elles viennent de donner le jour. Mais quelles habitudes peuvent être plus éloignées de l'espèce de tendresse et des soins maternels qu'on a voulu leur attribuer?

La vipère commune se trouve dans presque toutes les contrées de l'ancien continent; on la rencontre aux grandes Indes, où elle ne présente que de légères variétés; et non seulement elle habite dans toutes les contrées chaudes de l'ancien monde, mais elle y supporte assez facilement les températures les plus froides, puisqu'elle est assez commune en Suède, où sa morsure est presque aussi dangereuse que dans les autres pays de l'Europe. Elle habite aussi la Russie et plusieurs contrées de la Sibérie; elle s'y est même d'autant plus multipliée, que, pendant longtemps, la superstition a empêché qu'on cherchât à l'y détruire[1]. Et comme les qualités vénéneuses s'accroissent ou s'affaiblissent à mesure que la chaleur augmente ou diminue, on peut croire que les humeurs de la vipère sont bien propres à acquérir cette espèce d'exaltation qui produit ses propriétés funestes, puisque sa morsure est dangereuse même dans les contrées très septentrionales. C'est peut-être à cette cause qu'il faut rapporter l'activité de ces sucs, que la médecine a souvent employés avec succès; peu d'animaux fournissent même des remèdes aussi vantés contre autant d'espèces de maladies. Les modernes en font autant

---

1. « On porte un respect singulier aux vipères en Russie et en Sibérie, et on les épargne soigneusement, parce qu'on croit que si on fait du mal à cette espèce de reptiles, ils se vengeront d'une manière terrible. On raconte à ce sujet bien des aventures où l'on ne voit qu'une superstition ridicule; il y a cependant aujourd'hui des gens qui en ont secoué le joug, et j'ai vu, dit M. Gmelin, un soldat qui tua quinze vipères dans un jour. » *Hist. gén. des voyages*, édition in-12, t. LXXI, p. 265.

d'usage que les anciens; ils se servent de toutes les parties de son corps, excepté de celles de la tête qui peuvent être imprégnées de poison; ils emploient son cœur, son foie, sa graisse; on a cru cette graisse utile dans les maladies de la peau, pour effacer les rides, pour embellir le teint; et de tous les avantages que l'on retire des préparations de la vipère, ce ne serait peut-être pas celui que la classe la plus aimable de nos lecteurs estimerait le moins. Au reste, comme des effets opposés dépendent souvent de la même cause, lorsqu'elle agit dans des circonstances différentes, il ne serait pas sur-prenant que les mêmes sucs actifs qui produisent, dans les vésicules de la tête de la vipère, le venin qui l'a fait redouter, donnassent au sang et aux humeurs de ceux qui s'en nourrissent assez de force pour expulser les poisons dont ils ont été infectés, ainsi que l'on prétend qu'on l'a éprouvé plusieurs fois.

On ignore quel degré de température les vipères communes peuvent supporter sans s'engourdir; mais, tout égal d'ailleurs, elles doivent tomber dans une torpeur plus grande que plusieurs espèces de serpents, ces der-niers se renfermant, pendant l'hiver, dans des trous souterrains et cher-chant, dans ces asiles cachés, une température plus douce, tandis que les vipères ne se mettent communément à l'abri que sous des tas de pierres et dans des trous de murailles, où le froid peut pénétrer plus aisément.

Quelque chaleur qu'elles éprouvent, elles rampent toujours lentement; elles ne se jettent communément que sur les petits animaux dont elles font leur nourriture; elles n'attaquent point l'homme ni les gros animaux; mais cependant lorsqu'on les blesse, ou seulement lorsqu'on les agace et qu'on les irrite, elles deviennent furieuses et font alors des morsures assez pro-fondes. Leurs vertèbres sont articulées de manière qu'elles ne peuvent pas se relever et s'entortiller dans tous les sens aussi aisément que la plupart des serpents, quoiqu'elles renversent et retournent facilement leur tête. Cette conformation les rend plus aisées à prendre; les uns les saisissent au cou à l'aide d'une branche fourchue, et les enlèvent ensuite par la queue pour les faire tomber dans un sac, dans lequel ils les emportent; d'autres appuient l'extrémité d'un bâton sur la tête de la vipère et la serrent fortement au cou avec la main; l'animal fait des efforts inutiles pour se défendre, et tandis qu'il tient sa gueule béante, on lui coupe facilement, avec des ciseaux, ses dents venimeuses; ou bien, comme ses dents sont recourbées et tournées vers le gosier, on les fait tomber avec une lame de canif que l'on passe entre ces crochets et les mâchoires, en allant vers le museau : l'animal est alors hors d'état de nuire, et on peut le manier impunément. Il y a même des chasseurs de vipères assez hardis pour les saisir brusquement au cou et pour les prendre rapidement par la queue; de quelque force que jouisse l'animal, il ne peut pas se redresser et se replier assez pour blesser la main avec laquelle on le tient suspendu.

L'on ignore quelle est la durée de la vie des vipères; mais comme ces animaux n'ont acquis leur entier accroissement qu'après six ou sept ans, on doit conjecturer qu'ils vivent, en général, d'autant plus de temps que leur vie est, pour ainsi dire, très tenace, et qu'ils résistent aux blessures et aux coups beaucoup plus peut-être qu'un grand nombre d'autres serpents. Plusieurs parties de leur corps, tant intérieures qu'extérieures, se meuvent en effet et, pour ainsi dire, exercent encore leurs fonctions lorsqu'elles sont séparées de l'animal. Le cœur des vipères palpite longtemps après avoir été arraché, et les muscles de leurs mâchoires ont encore la faculté d'ouvrir la gueule et de la refermer lorsque cependant la tête ne tient plus au corps depuis quelque temps[1]. On prétend même que ces muscles peuvent exercer cette faculté avec assez de force pour exprimer le venin de la vipère, serrer fortement la main de ceux qui manient la tête, faire pénétrer jusqu'à leur sang le poison de l'animal; et, comme lorsqu'on coupe la tête à des vipères pour les employer en médecine, on la jette ordinairement dans le feu, on assure que plusieurs personnes ont été mordues par cette tête, perdue dans les cendres, même quelques heures après sa séparation du tronc, et qu'elles ont éprouvé des accidents très graves[2].

Il est d'ailleurs assez difficile d'étouffer la vipère commune; quoiqu'elle n'aille pas naturellement dans l'eau, elle peut y vivre quelques heures sans périr; lors même qu'on la plonge dans l'esprit-de-vin, elle y vit trois ou quatre heures et peut-être davantage, et non seulement son mouvement vital n'est pas alors tout à fait suspendu, mais elle doit jouir encore de la plus grande partie de ses facultés, puisqu'on a vu des vipères que l'on avait renfermées dans un vase plein d'esprit-de-vin, s'y attaquer les unes les autres et s'y mordre trois ou quatre heures après y avoir été plongées. Mais, malgré cette force avec laquelle elles résistent, pendant plus ou moins de temps, aux effets des fluides dans lesquels on les enfonce, ainsi qu'aux blessures et aux amputations, il paraît que le tabac et l'huile essentielle de cette plante leur donnent la mort, ainsi qu'à plusieurs autres serpents. L'huile du laurier-

1. « L'on voit que les esprits demeurent encore plusieurs heures dans la tête et dans toutes les parties du tronc, après qu'il a été écorché, vidé de toutes ses entrailles et coupé en plusieurs morceaux ; ce qui fait que le mouvement et le fléchissement y continuent fort longtemps, que la tête est en état de mordre, et que sa morsure est aussi dangereuse que lorsque la vipère était tout entière ; et le cœur même, quand il est arraché du corps et séparé des autres entrailles, conserve son battement pendant quelques heures. » Description anatomique de la vipère à l'endroit déjà cité.

2. Plusieurs personnes, maniant imprudemment des vipères, tant communes que d'autres espèces, desséchées ou conservées dans l'esprit-de-vin, se sont blessées à leurs crochets, encore remplis de venin, très longtemps et même plusieurs années après la mort de l'animal ; le venin, dissous par le sang sorti de la blessure, s'est échappé par le trou de la dent, a pénétré dans la plaie et a donné la mort. « Le venin de la vipère, dit M. l'abbé Fontana, se conserve pendant des années dans la cavité de sa dent, sans perdre de sa couleur ni de sa transparence ; si on met alors dans de l'eau tiède cette dent, il se dissout très promptement et se trouve encore en état de tuer les animaux ; car d'ailleurs le venin de la vipère, séché et mis en poudre, conserve pendant plusieurs mois son activité, ainsi que je l'ai éprouvé plusieurs fois d'après Rédi ; il suffit qu'il soit porté, comme à l'ordinaire, dans le sang, par quelque blessure; mais il ne faut cependant pas qu'il ait été gardé trop longtemps : je l'ai vu souvent sans effet au bout de dix mois. » M. l'abbé Fontana, t. Ier, p. 52.

cerise leur est aussi très funeste, lors même qu'on ne fait que l'appliquer sur leurs muscles, mis à découvert par des blessures[1].

LA VIPÈRE CHERSEA [2]

Pelias Berus. var. *b*, Merr. — *Col. Chersea,* Linn., Gmel., Lacép., Latr. — *Vipera Chersea,* Daud., Fitz.

Ce serpent a d'assez grands rapports avec la vipère commune, que nous venons de décrire ; il habite également l'Europe, mais il paraît qu'on le trouve principalement dans les contrées septentrionales ; il y est répandu jusqu'en Suède, où il est même très venimeux. M. Wulf l'a observé en Prusse. Cette vipère a communément au-dessous du corps cent cinquante plaques très longues et trente-quatre paires de petites plaques au-dessous de la queue. Les écailles dont son dos est garni sont relevées par une petite arête longitudinale ; sa couleur est d'un gris d'acier ; on voit une tache noire en forme de cœur sur le sommet de sa tête qui est blanchâtre, et sur son dos règne une bande formée par une suite de taches noires et rondes qui se touchent en plusieurs endroits du corps. Elle se tient ordinairement dans les lieux garnis de broussailles ou d'arbres touffus ; on la redoute beaucoup aux environs d'Upsal. M. Linné ayant rencontré, dans un de ses voyages, en diverses parties de la Suède, une femme qui venait d'être mordue par une chersea, lui fit prendre de l'huile d'olive à la dose prescrite contre la morsure de la vipère noire ; mais ce remède fut inutile, et la femme mourut. On trouvera dans la note suivante[3] les divers autres remèdes auxquels on a eu recours en Suède, contre le venin de la chersea, que l'on y nomme *æsping.*

1. M. l'abbé Fontana, t. II, p. 332.
2. *Æsping,* en Suède. — *Coluber Chersea.* Linn., *Amphib. serpent.* — Act. Stockh. 1749. p. 246, tab. 6. — *Aspis colore ferrugineo.* Aldr. Serp. 197. — *C. Chersea.* Wulf, *Ichthyologia cum amphibiis regni Borussici.* — *Coluber Chersea. Laurenti specimen medicum,* p. 97.
3. « La vipère *æsping* est très venimeuse, et l'huile ne suffit pas pour en arrêter l'effet ; les racines du mongos, du mogori, du polygala seneka, guériraient sans doute en ce cas ; mais elles sont extrêmement rares en Europe, et il faut des remèdes faciles et peu chers dans les campagnes, où ces accidents arrivent toujours.

« Un paysan fut mordu par un æsping, au petit doigt du pied gauche ; six heures après, le pied, la jambe et la cuisse étaient rouges et enflés, le pouls petit et intermittent ; le malade se plaignait de mal de tête, de tranchées, de malaise dans le bas-ventre, de lassitude, d'oppression ; il pleurait souvent et n'avait point d'appétit ; ces symptômes prouvaient que le poison était déjà répandu dans toute la masse du sang.

« On avait éprouvé plusieurs fois que le suc des feuilles du frène était un spécifique certain contre la morsure de la couleuvre bérus, mais on ignorait s'il réussirait contre celle de l'æsping ; comme on n'avait aucun remède plus assuré que l'on pût employer à temps, on mit dans un mortier une poignée de feuilles de frène, tendres et coupées menu : on y versa un verre de vin de France, on en exprima le suc à travers un linge, et le malade en but un verre de demi-heure en demi-heure ; on applique de plus sur le pied mordu un cataplasme de feuilles écrasées de la même plante ; vers dix heures du soir, on lui fit boire une tasse d'huile chaude.

« Il dormit assez bien pendant la nuit et se trouva beaucoup mieux le lendemain ; la cuisse

L'ASPIC [1]

Vipera (Echidna) maculata, Merr. — *Vipera maculata*, Latr. — *Coluber maculata*,
Gmel. — *Col. Aspis*, Latr. — *Vip. ocellata*, Daud., Latr.

C'est en France, et particulièrement dans nos provinces septentrionales, qu'on trouve ce serpent. Plusieurs grands naturalistes ont écrit qu'il n'était point venimeux ; mais les crochets mobiles, creux et percés, dont nous avons vu sa mâchoire supérieure garnie, nous ont fait préférer l'opinion de M. Linné, qui le regarde comme contenant un poison très dangereux. Nous le plaçons donc à la suite de la chersea, avec laquelle il a de si grands rapports de conformation, qu'il pourrait bien n'en être qu'une variété, ainsi que l'a soupçonné aussi M. Linné ; mais il paraît qu'il est constamment plus grand que cette vipère : l'individu qui est conservé au Cabinet du roi a trois pieds de long depuis le bout du museau jusqu'à l'extrémité de la queue, dont la longueur est de trois pouces huit lignes. Nous avons compté cent cinquante-cinq grandes plaques sous le corps et trente-sept paires de petites plaques sous la queue. Ce nombre n'est pas le même dans tous les individus, et l'aspic dont on trouve la description dans le *Système de la nature* de M. Linné avait cent quarante-six grandes plaques et quarante-six paires de petites.

La mâchoire supérieure de l'aspic est armée de crochets, ainsi que nous venons de le dire ; les écailles qui revêtent le dessus de la tête sont semblables à celles du dos, ovales et relevées dans le milieu par une arête. On voit s'étendre sur le dessus du corps trois rangées longitudinales de taches rousses, bordées de noir, ce qui fait paraître la peau de l'aspic tigrée et a fait donner à ce reptile, dans plusieurs cabinets, le nom de *serpent tigre*. Les trois rangées de taches se réunissent sur la queue, de manière à représenter

---

n'était plus enflée, mais la jambe et le pied l'étaient encore un peu. Le malade dit qu'il ne sentait plus qu'une légère oppression et de la faiblesse ; le pouls était plus fort et plus égal. On lui conseilla de continuer le suc de frêne et l'huile ; comme il se trouvait mieux, il le négligea, et les symptômes qui revinrent tous furent dissipés de nouveau par le même remède. Dans cette espèce de rechute, il parut sur les membres enflés des raies bleuâtres ; le pouls était faible et presque tremblant ; on fit prendre de plus, le soir, au malade, une petite cuillerée de thériaque ; il sua beaucoup dans la nuit ; les raies bleues, la rougeur et la plus grande partie de l'enflure se dissipèrent ; le pouls devint égal et plus fort, l'appétit revint. Les mêmes remèdes furent continués et ne laissèrent au pied qu'un peu de raideur avec un peu de sensibilité au petit doigt blessé ; l'une et l'autre ne durèrent que deux jours, et on cessa les remèdes.

« Le malade était jeune, mais il avait beaucoup d'âcreté dans le sang ; il est vraisemblable que le suc de feuilles de frêne seul l'aurait guéri ; mais comme on n'était pas certain de son efficacité, on y ajouta la thériaque et l'huile, qui du moins ne pouvaient pas nuire. » Lars Montin, médecin. Mémoires abrégés de l'Académie de Stockholm. *Collection académique*, partie étrangère, t. XI, p. 300 et 301.

1. L'*Aspic*. M. Daubenton, Encyclopédie méthodique. — *Coluber aspis*. Linn., *Amphib. serp.* — *An vipera maculata? Laurenti specimen medicum*. Vienne, 1768, p. 102.

une bande disposée en zigzag ; et par là les couleurs de l'aspic ont quelque rapport avec celles de la vipère commune, à laquelle il ressemble aussi par les teintes du dessous de son corps, marbré de foncé et de jaunâtre.

Il paraît que les anciens n'ont point connu l'aspic de nos contrées, car il ne faut pas le confondre avec une espèce de vipère dont nous parlerons sous le nom de *vipère d'Égypte,* que les anciens nommaient aussi aspic, et que la mort d'une grande reine a rendue fameuse. Afin même d'empêcher qu'on ne prît le serpent dont il est ici question pour celui d'Égypte, nous n'aurions pas donné à ce reptile des provinces septentrionales le nom d'aspic, attribué par les anciens à une vipère venimeuse des environs d'Alexandrie, si tous les observateurs ne s'étaient accordés à le nommer ainsi.

LA VIPÈRE NOIRE [1]

Pelias Berus, var. *g,* Merr. — *Coluber Prester,* Linn. — *Coluber vipera Anglorum,* Laur. — *Coluber niger,* Lacép. — *Vipera Prester,* Latr., Daud. — *Vipera Chersea,* var. *a,* Fitz.

Voici encore une espèce de serpent venimeux, assez nombreuse dans plusieurs contrées de l'Europe, et qui a beaucoup de rapports avec notre vipère commune ; il est aisé cependant de l'en distinguer, même au premier coup d'œil, à cause de sa couleur, qui est presque toujours noire, ou du moins très foncée, avec des points blancs sur les écailles qui bordent les mâchoires. Quelquefois on aperçoit sur ce fond noir des taches plus obscures encore, à peu près de la même forme et disposées dans le même ordre que celles de la vipère commune ; et voilà pourquoi des naturalistes ont pensé que la vipère noire n'en est peut-être qu'une variété plus ou moins constante[2]. Quoi qu'il en soit, c'est de toutes les vipères une de celles qu'on doit voir avec le plus de peine, puisqu'elle réunit une couleur lugubre aux traits sinistres de leur conformation et qu'elle porte, pour ainsi dire, les livrées de la mort dont elle est le ministre.

Le dessus de sa tête n'est pas entièrement couvert d'écailles semblables à celles du dos, ainsi que le dessus de la tête de la vipère commune ; mais on remarque, entre les deux yeux, trois écailles un peu plus grandes, placées sur deux rangs, dont le plus proche du museau ne contient qu'une pièce ; et, par ce trait, la vipère noire se rapproche des couleuvres ovipares plus que les autres vipères dont nous venons de parler.

1. *La Dipsade.* M. Daubenton, Encyclopédie méthodique. — *Coluber prester.* Linn., *Amphib. serp.* — *Vipera anglica nigricans.* Petiver, mus. 17, n° 104. — *Faun. suec.,* 287. — *Coluber vipera Anglorum, Laurenti specimen medicum,* p. 98, tab. 4, fig. 1.

Col. Prester. Wulf, *Ichtyologia cum amphibiis regni Borussici.* — *Col. Prester. Zoologie britannique,* t. III. Reptiles. — *Col. Prester. Voyages de M. Pallas,* traduction française, t. Ier, p. 59.

2. *Zoologie britannique,* t. III, p. 26.

II.   48

Les écailles du dos sont ovales et relevées par une arête. Un des individus que nous avons observés, et qui est conservé au Cabinet du roi, a deux pieds neuf lignes de longueur totale, et deux pouces quatre lignes depuis l'anus jusqu'à l'extrémité de la queue ; nous avons compté cent quarante-sept grandes plaques au-dessous du corps et vingt-huit paires de petites plaques au-dessous de la queue. Un autre individu que nous avons vu, et que l'on disait apporté de la Louisiane, avait cent quarante-cinq grandes plaques et trente-deux paires de petites ; celui que M. Linné a décrit avait cent cinquante-deux de ces grandes lames et trente-deux paires de petites plaques ; ces lames sont quelquefois si luisantes, que leur éclat ressemble assez à celui de l'acier.

On se sert de la vipère noire, dans les pharmacies d'Angleterre, au lieu de la vipère commune. Elle est en assez grand nombre dans les bois qui bordent l'Oka, rivière de l'empire de Russie qui se jette dans le Volga ; elle y est très venimeuse et y présente quelques taches jaunes sur le cou et sur la queue[1]. On la trouve aussi en Allemagne, et particulièrement dans les montagnes de Schneeberg ; M. Laurent, qui l'y a observée, ne la croit pas très dangereuse[2] ; mais, comme il n'a fait des expériences sur les effets de sa morsure que dans les premiers jours de novembre, et par conséquent au commencement de l'hiver, qui diminue presque toujours l'action du venin des animaux, il se pourrait que, pendant les grandes chaleurs, le poison de la vipère noire fût aussi redoutable en Allemagne que dans presque toutes les autres contrées qu'elle habite. Quelquefois elle menace, pour ainsi dire, son ennemi par des sifflements plusieurs fois répétés ; mais d'autres fois elle se jette tout d'un coup, et avec furie, sur ceux qui l'attaquent ou qui l'effrayent, ou sur les animaux dont elle veut faire sa proie.

LA MÉLANIS [3]

Pelias Berus, var. *d*, Merr. — *Coluber Melanis*, Pall., Gmel., Lacép., Shaw. — *Vipera Melanis*, Latr., Daud.

C'est sur les bords du Volga et de la Samara, qui se jette dans ce grand fleuve, que l'on rencontre la mélanis, dont M. Pallas a parlé le premier. Elle s'y plaît dans les endroits humides et marécageux, au milieu des végétaux pourris. Elle ressemble beaucoup à la vipère commune par sa conformation extérieure, sa grandeur et celle de ses crochets ; mais elle en diffère par ses couleurs. Son dos est d'un noir très foncé ; les écailles du dessous du ventre présentent une sorte d'éclat semblable à celui de l'acier ; sur ce fond très brun

---

1. M. Pallas, à l'endroit déjà cité.
2. *Laurenti specimen medicum.*
3. *Coluber melanis. Voyages de M. Pallas,* traduction française, par Gauthier de la Peyronie, t. Ier, suppl.

on remarque des taches plus obscures, et des deux côtés du corps, ainsi que vers la gorge, on voit des teintes comme nuageuses qui tirent sur le bleu. Ses yeux sont d'un blanc éclatant qui donne plus de feu à l'iris, dont la couleur est rousse ; lorsque la prunelle est resserrée, elle est allongée verticalement. La queue est courte et diminue de grosseur vers son extrémité. Cette espèce a communément cent quarante-huit plaques sous le ventre, et vingt-sept paires de petites plaques revêtent le dessous de sa queue.

LA SCYTHE[1]

Pelias Berus, var. *e,* MERR. — *Coluber Scytha,* PALL., GMEL., LACÉP., SHAW. — *Vipera Scytha,* LATR., DAUD.

Cette couleuvre est une de celles qui ne craignent pas des froids très rigoureux ; on la trouve, en effet, dans les bois qui couvrent les revers des hautes montagnes de la Sibérie, même des plus septentrionales ; aussi M. Pallas, qui l'a fait connaître le premier, dit-il que son venin n'est pas très dangereux. Elle a beaucoup de rapports avec la vipère commune par sa conformation, et avec la mélanis par sa couleur ; son dos est d'un noir très foncé, comme le dessus du corps de cette dernière ; mais le dessous du ventre et de la queue est d'un blanc de lait très éclatant. Sa tête a un peu la forme d'un cœur ; l'iris est jaunâtre. Elle a ordinairement cent cinquante-trois grandes plaques sous le corps et trente et une paires de petites plaques sous la queue. La longueur de cette dernière partie est un dixième de la longueur totale, qui, communément, est de plus d'un pied et demi.

LA VIPÈRE D'ÉGYPTE[2]

Vipera (Echidna) ægyptiaca, MERR. — *Coluber Vipera,* HASSELQ. — *Aspis Cleopatræ,* LAUR. — *Col. ægyptiacus,* LACÉP. — *Vipera ægyptiaca,* LATR. — *Vip. ægyptiaca,* DAUD.

Tous ceux qui ont donné des larmes au récit de la mort funeste d'une reine célèbre par sa beauté, ses richesses, son amour et son infortune, liront peut-être avec quelque plaisir ce que nous allons écrire du serpent dont elle choisit le poison pour terminer ses malheurs. Le nom de Cléopâtre est devenu trop fameux pour que l'intérêt qu'il inspire ne se répande pas sur tous les objets qui peuvent rappeler le souvenir de cette grande souveraine de l'Égypte, que ses charmes et sa puissance ne purent garantir des plus

1. *Coluber scytha. Voyages de M. Pallas,* traduction française, t. II, suppl.
2. L'aspic des anciens auteurs. — *La vipère d'Égypte.* M. Daubenton, Encyclopédie méthodique. — *Coluber vipera.* Linn., *Amphib. serp.* — Hasselquist, Act. Upsal, 1750, p. 24, et itin. in Palestinam, 314. — *Aspis cleopatræ,* 231, *Laurenti specimen medicum.*

cruels revers; et le simple reptile qui lui donna la mort pourra paraître digne de quelque attention à ceux mêmes qui ne recherchent qu'avec peu d'empressement les détails de l'histoire naturelle. C'est M. Hasselquist qui a fait connaître cette vipère, qu'il a décrite dans son voyage en Égypte; elle a la tête relevée en bosse des deux côtés, derrière les yeux; sa longueur est peu considérable; les écailles qui recouvrent le dessus de son corps sont très petites; son dos est d'un blanc livide et présente des taches rousses; les grandes plaques qui revêtent le dessous de son corps sont au nombre de cent dix-huit et le dessous de la queue est garni de vingt-deux paires de petites plaques.

Les anciens ont écrit que son poison, quoique mortel, ne causait aucune douleur; que les forces de ceux qu'elle avait mordus s'affaiblissaient insensiblement; qu'ils tombaient dans une douce langueur et dans une sorte d'agréable repos, auquel succédait un sommeil tranquille qui se terminait par la mort; voilà pourquoi on a cru que la reine d'Égypte, ne pouvant plus supporter la vie après la mort d'Antoine et la victoire d'Auguste, avait préféré mourir par l'effet du venin de cette vipère. Quoi qu'il en soit des suites plus ou moins douloureuses de sa morsure, il paraît que son poison est des plus actifs. C'est ce serpent dont on emploie diverses préparations en Égypte, comme nous employons en Europe celles de la vipère commune; c'est celui qu'on y vend dans les boutiques, et dont on se sert pour les remèdes connus sous les noms de *sel de vipère,* de *chair de vipère desséchée,* etc. Suivant M. Hasselquist, on envoie tous les ans à Venise une grande quantité de vipères égyptiennes pour la composition de la thériaque; et, dès le temps de Lucain, on en faisait venir à Rome pour la préparation du même remède. C'est cet usage, continué jusqu'à nos jours, qui nous a fait regarder la vipère d'Égypte comme celle dont Cléopâtre s'était servie; toutes ses descriptions sont d'ailleurs très conformes à celle que nous trouvons de l'aspic de Cléopâtre dans les anciens auteurs, et particulièrement dans Lucain; voilà pourquoi nous avons préféré à ce sujet l'opinion de M. Laurenti[1] et d'autres naturalistes, à celle de M. Linné, qui a cru que le serpent dont le poison a donné la mort à la reine d'Égypte était celui qu'il nomme l'*ammodyte,* et dont nous allons nous occuper[2].

Il paraît que c'est aussi à cette vipère qu'il faut rapporter ce que Pline a dit de l'aspic[3], et la belle peinture qu'a faite ce grand écrivain de l'attachement de ce reptile pour sa femelle, du courage avec lequel il la défend lorsqu'elle est attaquée, et de la fureur avec laquelle il poursuit ceux qui l'ont mise à mort.

1. Voyez l'endroit déjà cité.
2. *Aménités académiques.* Stockholm, 1763, t. VI, p. 210.
3. Pline, liv. VIII.

L'AMMODYTE[1]

Vipera (Echidna) Ammodytes, Merr. — *Col. Ammodytes,* Linn., Lacép., Shaw. — *Vipera Mosis* et *Vip. illyrica,* Laur. — *Vip. Ammodytes,* Daud., Cuv. — *Col. Charasii,* Shaw. — *Cobra Ammodytes,* Fitz.

Les anciens, et surtout les auteurs du moyen âge, ont beaucoup parlé de ce serpent très venimeux, qui habite plusieurs contrées orientales et que l'on trouve dans plusieurs endroits de l'Italie, ainsi que de l'Illyrie, autrement Esclavonie. Son nom lui vient de l'habitude qu'il a de se cacher dans le sable, dont la couleur est à peu près celle de son dos, varié d'ailleurs par un grand nombre de taches noires, disposées souvent de manière à représenter une bande longitudinale et dentelée, ce qui donne aux couleurs de l'ammodyte une très grande ressemblance avec celles de la vipère commune, dont il se rapproche aussi beaucoup par sa conformation ; mais sa tête est ordinairement plus large, à proportion du corps, que celle de notre vipère. D'ailleurs, il est fort aisé de le distinguer de toutes les autres couleuvres connues, parce qu'il a sur le bout du museau une petite éminence, une sorte de corne, haute communément de deux lignes, mobile en arrière, d'une substance charnue, couverte de très petites écailles, et de chaque côté de laquelle on voit deux tubercules un peu saillants, placés aux orifices des narines ; aussi a-t-il été nommé dans plusieurs contrées *aspic cornu.* Sa morsure est, en effet, aussi dangereuse que celle du serpent venimeux nommé aspic par les anciens ; et l'on a vu des gens mordus par ce serpent mourir trois heures après[2] ; d'autres ont vécu cependant jusqu'au troisième jour, et d'autres même jusqu'au septième. Les remèdes qu'on a indiqués contre le venin de l'ammodyte sont à peu près les mêmes que ceux auxquels on a eu recours contre la morsure des autres serpents venimeux[3]. On a employé

---

1. *Cenchrias.* — *Cerchrias.* — *Cynchrias.* — *Miliaris.* — Vipère cornue d'Illyrie. — *Aspide del corno.*

Ammodyte. M. Daubenton, Encyclopédie méthodique. — *C. ammodytes.* Linn., *Amphib. serp.* — *Ammodyte.* M. Valmont de Bomare, *Dict. d'histoire naturelle.* — *Druinus,* Belon, 203. — *Ammodytes.* Aldrovande, *Serp.,* 169. — *Ammodyte.* Mathiole, *Comm. sur Dioscoride,* p. 950. — *Amiudutus,* Avicenne. — *Ammodyte,* Olaus magnus.

Ammodytes. Gesner, lib. V, *De Serp. natura,* fol. 23. — *Ammodytes,* Solinus. — *Ammodytes,* Aetius, lib. XIII, cap. xxv.

Ammodytes, Essay towards a natural history of serpents, by Charl. Owen, Lond., 1742, p. 53.

Ammodytes. Rai, *Synops.,* f. 287. *Ammodytes ita dictus quod arenam subeat, viperæ persimilem esse aiunt, cubitali longitudine, colore arenaceo, capite viperino ampliore, maxillus latioribus, insuperiore parte rostri eminentiam quamdam acutæ verucæ similem gerens, unde serpens cornutus vulgo dicitur. In Libya, inque Illyrico et Italia. Comitatu imprimis Goritiensi invenitur.*

2. Mathiole.

3. Voyez dans l'article de la vipère commune, un extrait des expériences de M. l'abbé Fontana, au sujet du poison de ce serpent.

l'application des ventouses, les incisions aux environs de la plaie, la compression des parties supérieures à l'endroit mordu, l'agrandissement de la blessure, les boissons qu'on fait avaler contre les poisons pris intérieurement, les emplâtres dont on se sert pour prévenir ou arrêter la putréfaction des chairs[1], etc. Ce reptile est couvert sous le ventre de cent quarante-deux grandes plaques, et sous la queue, de trente-deux paires de petites; le dessus de sa tête est garni de petites écailles ovales, unies et presque semblables à celles du dos. La queue est très courte, à proportion du corps, qui n'a ordinairement qu'un demi-pied de long.

L'ammodyte se nourrit souvent de lézards et d'autres animaux aussi gros que lui, mais qu'il peut avaler avec facilité, à cause de l'extension dont son corps est susceptible.

Il paraît que c'est à cette espèce, au développement de laquelle un climat très chaud peut être très nécessaire, qu'il faut rapporter les serpents cornus de la côte d'Or, dont a parlé Bosman, quoique ces derniers soient beaucoup plus grands que l'ammodyte d'Esclavonie. Ce voyageur vit, au fort hollandais d'Axim, la dépouille d'un individu de cette espèce de serpents cornus; ce reptile était de la grosseur du bras, long de cinq pieds et rayé ou tacheté de noir, de brun, de blanc et de jaune, d'une manière très agréable à l'œil. Suivant Bosman, ces serpents ont pour arme offensive une forte petite corne, ou plutôt une dent qui sort de la mâchoire supérieure, auprès du nez; elle est blanche, dure et très pointue. Il arrive souvent aux nègres, qui vont nu-pieds dans les champs, de marcher impunément sur ces animaux, car ces reptiles avalent leur proie avec tant d'avidité et tombent ensuite dans un sommeil si profond, qu'il faut un bruit assez fort et même un mouvement assez grand pour les réveiller[2].

1. *Proprie autem eis auxiliatur mentacum, aqua mulsa potata, castoreum, cassia et artemisiæ succus cum aqua. Danda etiam in potu theriaca, eadem quoque plagæ imponenda. Utendum et emplastris attractoriis : postea vero cataplasmata, quæ ad nomas sive ulcera serpentia conducunt, imponenda.* — Actius.

Curatio autem eorum est curatio communis : et est ejus proprium dare in potu castoreum, et cinnamomum, et radicem centaureæ, de quocumque istorum fuerit, etc., cum vino. Et confert eis radix aristolochiæ, et proprie longe juvamentum maximum. Et similiter radix assoasir, et succus ejus proprie, et radix gentianæ. Et conferunt eis ex emplastris mel decoctum et exsiccatum, et tritum : et radices granatorum, et similiter centaureæ, et semen lini et lactucæ, et semen harmel, et volubilis, et ruta sylvestris, et conferunt eis emplastra appropriata ulceribus putridis. — Avicenne.

2. Bosman, p. 273.

LE CÉRASTE[1]

Vipera (Echidna) Cerastes, MERR. — *Col. Cerastes,* HASSELQ., LINN., LACÉP., SHAW.
— *Col. cornutus,* HASSELQ. — *Vipera Cerastes,* LATR., DAUD. — *Vipera cornuta,*
DAUD. — *Aspis Cerastes,* FITZ.

On a donné ce nom à un serpent venimeux d'Arabie, d'Afrique, et particulièrement d'Égypte, qui a été envoyé au Cabinet du roi sous le nom de
vipère cornue; il est très remarquable et très aisé à distinguer par deux
espèces de petites cornes qui s'élèvent au-dessus de ses yeux. C'est apparemment cette conformation qui, jointe à sa qualité vénéneuse et peut-être à
ses habitudes naturelles, l'aura fait observer avec attention par les premiers Égyptiens et les aura déterminés à faire placer de préférence son
image parmi leurs diverses figures hiéroglyphiques. On le trouve gravé
sur les monuments de la plus haute antiquité que le temps laisse encore
subsister sur cette fameuse terre d'Égypte. On le voit représenté sur les obé-
lisques, sur les colonnes des temples, au pied des statues, sur les murs des
palais, et jusque sur les momies[2]. Un double intérêt anime donc la curiosité,
relativement au céraste; une connaissance exacte de ses propriétés et de ses
mœurs non seulement doit être recherchée par le naturaliste, mais servirait
peut-être à découvrir en partie le sens de cette langue religieuse et politique
qui nous transmettrait les antiques événements et les antiques opinions des
célèbres et belles contrées de l'Orient. Si l'on ne peut pas encore exposer
toutes les habitudes naturelles du céraste, faisons donc connaître exacte-
tement sa forme, et décrivons-le avec soin d'après les individus que nous
avons examinés.

Les opinions des naturalistes anciens et modernes ont fort varié sur la
nature ainsi que sur le nombre des cornes qui distinguent le céraste; les
uns ont dit qu'il en avait deux, d'autres quatre, et d'autres huit, qu'ils ont
comparées aux espèces de petites cornes, ou pour mieux dire aux *tentacules*
des limaçons et d'autres animaux de la classe des vers[3]. Quelques auteurs
les ont regardées comme des dents attachées à la mâchoire supérieure;
quelques autres ont écrit que le céraste n'avait point de cornes, que celles

---

1. *Kerases,* en grec. *Alp* et *Aèg,* en Égypte. — *Cerastes.* — *Ceristalis.* — *Le Céraste.*
M. Daubenton, Encyclopédie méthodique. — *Coluber cerastes.* Linn., *Amphib. serp.* — Belon,
itin. 203.
   Coluber cornutus. Hasselquist, iter 315, n° 51. — *Le Céraste.* M. Valmont de Bomare, *Dict.
d'histoire naturelle.* — *Cerastes.* Rai, *Synopsis serpentini generis,* p. 287. — *Cerastes.* Gesner·
De Serpentum natura, fol. 38. — *Cerastes, Essay towards a natural history of serpents,* by
Charl. Owen. London, 1742, p. 54, pl. 1.
   2. Deux très grandes pierres apportées d'Alexandrie à Londres, placées dans la cour du
Muséum, et qui paraissent avoir fait partie d'une grande corniche d'un magnifique palais, présentent plusieurs figures de cérastes très bien gravées. Lettre de M. Ellis, *Transactions phil.,*
an. 1766.
   3. Pline et Solin.

qu'on avait vues sur la tête de quelques individus n'étaient point naturelles, mais l'ouvrage des Arabes, qui plaçaient avec art des ergots sur le crâne du reptile, pour le rendre extraordinaire et le faire vendre plus cher. Il se peut que l'on ait quelquefois attaché à de vrais cérastes de petites cornes artificielles; il se peut aussi que, ces serpents ayant été fort recherchés, on ait vendu pour des cérastes des reptiles d'une autre espèce qui leur auront à peu près ressemblé par la couleur, et auxquels on aura appliqué de fausses cornes. Mais le vrai serpent céraste a réellement au-dessus de chaque œil un petit corps pointu et allongé, auquel le nom de corne me paraît mieux convenir qu'aucun autre. M. Linné a donné[1] le nom de dents molles à ces petits corps placés au-dessus des yeux du serpent que nous décrivons; mais ce nom de dent ne nous paraît pouvoir appartenir qu'à ce qui tient aux mâchoires supérieures ou inférieures des animaux; et après avoir examiné les cornes du céraste, en avoir coupé une en plusieurs parties et en avoir ainsi suivi la prolongation jusqu'à la tête, nous nous sommes assurés que, bien loin de tenir à la mâchoire supérieure, ces cornes ne sont attachées à aucun os; aussi sont-elles mobiles à la volonté de l'animal.

Chacune de ces cornes est placée précisément au-dessus de l'œil et comme enchâssée parmi les petites écailles qui forment la partie supérieure de l'orbite; sa racine est entourée d'écailles plus petites que celles du dos, et elle représente une petite pyramide carrée dont chaque face serait sillonnée par une rainure longitudinale et très sensible[2]. Elle est composée de couches placées au-dessus les unes des autres, et qui se recouvrent entièrement. Nous avons enlevé facilement la couche extérieure, qui s'en est séparée en forme d'épiderme, en présentant toujours quatre côtés et quatre rainures, ainsi que la couche inférieure, que nous avons mise par là à découvert. Cette manière de s'exfolier est semblable à celle des écailles, dont l'épiderme ou la couche supérieure se sépare également avec facilité après quelque altération. Aussi regardons-nous la matière de ces cornes comme de même nature que celle des écailles; et ce qui le confirme, c'est que nous avons vu ces petites éminences tenir à la peau de la même manière que les écailles y sont attachées. Au reste, ces cornes mobiles sont un peu courbées et avaient à peu près deux lignes de longueur dans les individus que nous avons décrits.

La tête des cérastes est aplatie, le museau gros et court, l'iris des yeux d'un vert jaunâtre, et la prunelle, lorsqu'elle est contractée, forme une fente perpendiculaire à la longueur du corps; le derrière de la tête est rétréci et moins large que la partie à laquelle elle tient; le dessus en est

---

1. *Systema naturæ*, editio XIII.

2. Belon a comparé la forme de ces éminences à celle d'un grain d'orge, et c'est apparemment cette ressemblance avec une graine dont se nourrissent quelques espèces d'oiseaux qui a fait penser que le céraste se cachait sous des feuilles et ne laissait paraître que ses cornes qui servaient d'appât pour les petits oiseaux qu'il dévorait. Voyez Pline et Solin.

garni d'écailles égales en grandeur à celles du dos, ou même quelquefois plus petites que ces dernières, qui sont ovales et relevées par une arête saillante.

Nous avons compté, sur deux individus de cette espèce, cent quarante-sept grandes plaques sous le ventre et soixante-trois paires de petites plaques sous la queue. Suivant M. Linné, un serpent de la même espèce avait cent cinquante grandes plaques et vingt-cinq paires de petites. Hasselquist a compté sur un autre individu cinquante paires de petites plaques et cent cinquante grandes. Voilà donc une nouvelle preuve de ce que nous avons dit touchant la variation du nombre des grandes et des petites plaques dans la même espèce de serpents; mais comme il ne faut négliger aucun caractère dans un ordre d'animaux dont les espèces sont, en général, très difficiles à distinguer les unes des autres, nous croyons toujours nécessaire de joindre le nombre des grandes et des petites plaques aux autres signes de la différence des diverses espèces de reptiles.

La couleur générale du dos est jaunâtre et relevée par des taches irrégulières plus ou moins foncées, qui représentent de petites bandes transversales; celle du dessous du corps est plus claire.

Les individus que nous avons mesurés avaient plus de deux pieds de long; ils présentaient la grandeur ordinaire de cette espèce de serpents. La queue n'avait pas cinq pouces; elle est ordinairement très courte en proportion du corps, dans le céraste ainsi que dans la vipère commune.

Le céraste supporte la faim et la soif pendant beaucoup plus de temps que la plupart des autres serpents; mais il est si goulu, qu'il se jette avec avidité sur les petits oiseaux et les autres animaux dont il fait sa proie; et comme, suivant Belon, sa peau peut se prêter à une très grande distension, et son volume augmenter par là du double, il n'est pas surprenant qu'il avale une quantité d'aliments si considérable que, sa digestion devenant très difficile, il tombe dans une sorte de torpeur et dans un sommeil profond, pendant lequel il est fort aisé de le tuer.

La plupart des auteurs anciens ou du moyen âge ont pensé qu'il était un des serpents qui peuvent le plus aisément se retourner en divers sens, et ils ont écrit qu'au lieu de s'avancer en droite ligne, il n'allait jamais que par des circuits plus ou moins tortueux, et toujours, ont-ils ajouté, en faisant entendre une sorte de petit bruit et de sifflement par le choc de ses dures écailles[1]. Mais, de quelque manière et avec quelque vitesse qu'il rampe, il lui est difficile d'échapper aux aigles et aux grands oiseaux de proie qui fondent sur lui avec rapidité, et que les Égyptiens adoraient, suivant Diodore de Sicile, parce qu'ils les délivraient de plusieurs bêtes venimeuses, et particulièrement des cérastes. Ces serpents cependant ont toujours été regardés comme très rusés, tant pour échapper à leurs ennemis que pour se saisir de

---

1. Lucain, liv. IX. Nicandre, in Theriacis. Aetius, Gyllius, Isidore, etc.

leur proie ; on les a même nommés *insidieux*, et l'on a prétendu qu'ils se cachaient dans les trous voisins des grands chemins, et particulièrement dans les ornières, pour se jeter à l'improviste sur les voyageurs.

C'est principalement avec cette espèce de serpents connus sous le nom de *psylles*, que les Libyens prétendaient avoir le droit de jouer impunément, et dont ils assuraient qu'ils maîtrisaient, à leur volonté, et la force et le poison.

Les cérastes, ainsi que tous les reptiles, peuvent vivre très longtemps sans manger; plusieurs auteurs l'ont écrit, et on a même beaucoup exagéré ce fait, puisqu'on a cru qu'ils pouvaient vivre cinq ans sans prendre aucune nourriture[1].

Belon assure que les petits cérastes éclosent dans le ventre de leur mère ainsi que ceux de notre vipère commune[2]; mais nous croyons devoir citer un fait qui paraît contredire cette assertion, et que Gesner rapporte dans son livre de la Nature des serpents, d'après un des correspondants qui en avait été témoin à Venise[3]. Un noble Vénitien conserva pendant quelque temps, et auprès du feu, trois serpents qu'on lui avait apportés du pays où l'on trouve les cérastes; l'un femelle, et trois fois plus grand que les autres, avait trois pieds de long, presque la grosseur du bras, la tête comprimée et large de deux doigts, l'iris noir, les écailles du dos cendrées et noirâtres dans leur partie supérieure, la queue un peu rousse et terminée en pointe, et une corne de substance écailleuse au-dessus de chaque œil. Gesner le regarde comme de l'espèce des cérastes, dont il nous paraît en effet avoir eu les principaux caractères; il pondit dans le sable quatre ou cinq œufs à peu près de la grosseur de ceux de pigeon. Les rapports de conformation, de qualité vénéneuse et d'habitudes qui lient le céraste avec la vipère commune, ainsi qu'avec un grand nombre d'autres vipères dont la manière de venir au jour est bien connue, nous feraient adopter de préférence l'opinion fondée sur l'autorité de Belon, qui a beaucoup voyagé dans le pays habité par les cérastes; mais comme il pourrait se faire que les deux manières de venir à la lumière fussent réunies dans quelques espèces de serpents, ainsi qu'elles le sont dans quelques espèces de quadrupèdes ovipares, et qu'il serait bon de bien déterminer si tous les animaux armés de crochets venimeux éclosent dans le ventre de leur mère, et même sont les seuls qui ne pondent pas, nous invitons les voyageurs qui pourront observer sans danger les cérastes à s'assurer de la manière dont naissent leurs petits.

---

1. « M. Gabrieli, apothicaire de Venise, qui avait demeuré longtemps au Caire, me montra deux de ces vipères (deux cérastes) qu'il avait gardées cinq ans dans une bouteille bien bouchée, sans aucune nourriture ; il y avait seulement au fond de la bouteille un peu de sable fin dans lequel elles se mouvaient ; lorsque je les vis, elles venaient de changer de peau et paraissaient aussi vigoureuses et aussi vives que si elles avaient été prises tout nouvellement. » Shaw. *Voyage dans plusieurs provinces de la Barbarie et du Levant*, t. II, chap. v.

2. Voyez Belon et Raï, à l'endroit déjà cité.

3. Gesner, fol. 38.

LE NAJA. — 2. TÊTE ET COU.

Hérodote a parlé de serpents consacrés par les habitants de Thèbes à Jupiter, ou pour mieux dire, à la divinité égyptienne qui répondait au Jupiter des Grecs; on les enterrait, après leur mort, dans le temple de ce dieu : et, suivant le père de l'histoire, ils avaient deux cornes, mais ne faisaient aucun mal à personne. Si Hérodote n'a point été trompé, on devrait les regarder comme d'une espèce différente de celle du céraste ; mais il est assez vraisemblable qu'on l'avait mieux informé de la conformation que des qualités de ces serpents, qu'ils étaient venimeux comme le céraste, qu'ils appartenaient à la même espèce, et que la force de leur poison, qui avait dû paraître aux anciens donner la mort presque aussi promptement que la foudre du maître des dieux, avait peut-être été un motif de plus pour les consacrer à la divinité que l'on croyait voir lancer le tonnerre.

LE SERPENT A LUNETTES[1] DES INDES ORIENTALES
OU LE NAJA

Naia tripudians, MERR. — *Coluber Naja*, LINN., GMEL. — *Naja lutescens, N. fasciata, N. brasiliensis, N. siamensis, N. maculata, N. non Naja*, LAUR. — *Coluber Peruvii* et *C. Brasiliæ*, LACÉP. — *Col. cœcus* et *C. rufus*, GMEL. — *Vipera Naja, Naja vera*, FITZ.

La beauté des couleurs a été accordée à ce serpent, l'un des plus venimeux des contrées orientales. Bien loin que sa vue inspire de l'effroi à ceux qui ne connaissent pas l'activité de son poison, on le contemple avec une sorte de plaisir, on l'admire; et, pendant que le brillant de ses écailles, ainsi que la vivacité des couleurs dont elles sont parées, attache les regards, la forme singulière du reptile attire l'attention. On a même cru voir sur sa tête une ressemblance grossière avec les traits de l'homme, et voilà donc l'image la plus noble qui a pu paraître légèrement empreinte sur la face d'un reptile venimeux. Ce contraste a dû plaire à l'imagination des Orientaux, toujours amis de l'extraordinaire; il a peut-être séduit les premiers voyageurs qui ont vu le serpent à lunettes, et ils ont peut-être éprouvé une sorte de satisfaction à retrouver quelques traits de la figure humaine sur un être si malfaisant, de même que les anciens poètes se sont presque tous accordés à donner ces mêmes traits augustes aux monstres terribles et fabuleux, enfants de leur génie et non de la nature.

1. *Cobra de cabelo* ou *de capello*, par les Portugais. — *Le serpent à lunettes*. M. Daubenton, Encyclopédie méthodique. — *Coluber naja*. Linn., *Amphib. serp.* — *Naja*. Kempfer. *Amœnitatum exoticarum*, fasciculus 3, observ. 9, p. 565. — *Naja lutescens*, 197. *Laurenti specimen medicum.* — *Naja siamensis*, 200. *Ibid.* — *Naja maculata*, 201. *Ibid.*
Séba, t. Ier, pl. 44, fig. 1; t. II, pl. 89, fig. 1 et 2; pl. 90, fig. 1; pl. 94, fig. 1, et pl. 97, fig. 1. — *Serpens indicus coronatus.* Rai, *Synopsis serpentini generis*, p. 330. — *Le serpent à lunettes*, serpent couronné. *Dict. d'hist. naturelle*, par M. Valmont de Bomare. — *Vipera indica vittata gesticularia.* Catal. mus. ind. — *Vipera pileata.*

Mais sur quoi peut être fondée cette légère apparence? Sur une raie d'une couleur différente de celle du corps de l'animal, et qui est placée sur le cou du serpent à lunettes, s'y replie en avant des deux côtés et se termine par deux espèces de crochets tournés en dehors. Ces crochets colorés sont quelquefois prolongés de manière à former un cercle ; faisant ressortir la couleur du fond qu'ils renferment, ils ressemblent imparfaitement à deux yeux, au-dessus desquels la ligne recourbée, semblable aux traits grossiers, aux premières ébauches des jeunes dessinateurs, représente vaguement un nez. Ce qui a ajouté à ces légères ressemblances, c'est qu'elles se montrent sur la partie antérieure du tronc ou sur le cou du serpent, et que cette partie antérieure est tellement élargie et aplatie, proportionnellement au reste du corps, qu'elle paraît être la tête de l'animal. L'on croit de loin voir les yeux du serpent au milieu de ces crochets de couleurs vives dont nous venons de parler, quoique cependant la véritable tête où sont réellement les yeux et les narines soit placée au-devant de cette extension singulière du cou.

La ligne recourbée et terminée par deux crochets ressemble assez à des lunettes, et c'est ce qui a fait donner depuis au serpent naja le nom de *serpent à lunettes,* que nous lui conservons ici. Mais pour mieux distinguer le reptile dont nous traitons dans cet article, et qui habite les grandes Indes, d'avec les serpents à lunettes d'Amérique, dont il sera question dans l'article suivant, nous avons cru devoir réunir au nom très connu de serpent à lunettes, celui de naja, dont se servent les naturels du pays où on le rencontre, et qui a été adopté par plusieurs auteurs, et particulièrement par M. Linné.

On a écrit qu'il y avait un assez grand nombre d'espèces de serpents à lunettes : des naturalistes en ont compté jusqu'à six ; mais, en examinant de près les différences sur lesquelles ils se sont fondés, il nous a paru qu'on ne devait en compter que deux ou trois : le serpent à lunettes ou le naja, dont il est ici question ; le serpent à lunettes du Pérou, et celui du Brésil, qui peut-être même ne diffère que très légèrement de celui du Pérou. Toutes les variétés que nous rapportons au naja ne sont que des suites de la diversité d'âge, de sexe ou de climat ; et, par exemple, on a représenté dans Séba[1] deux petits serpents à lunettes des Indes orientales, qui ne me paraissent que de jeunes naja de l'espèce ordinaire ; ils ne différaient des naja adultes que par l'extension du cou qui était peu sensible, ce qui n'annonçait qu'un âge peu avancé, et par la teinte ou la distribution de leurs couleurs ; l'un était d'un cendré jaunâtre, cerclé de bandes transversales pourpres, et arrangées de manière que, de quatre en quatre, il y en avait une plus large que les autres[2] ; le second avait des couleurs moins distinctes et peut-être avait été pris dans un temps voisin de celui de sa mue.

---

1. Séba, t. II, pl. 89, fig. 3, et pl. 97, fig. 3.
2. M. Laurenti a cru en devoir faire une espèce distincte sous le nom de naja à bandes (*naja fasciata*).

Les naja adultes paraissent d'un jaune plus ou moins roux, ou plus ou moins cendré, suivant l'âge, la saison et la force de l'individu. Ils n'ont pas plusieurs bandes transversales pourpres, mais au-dessus de la partie renflée de leur cou on voit un collier assez large et d'un brun sombre, qui disparaît quelquefois presque en entier sur les naja conservés dans l'esprit-de-vin. Cette belle couleur jaune qui brille sur le dos du serpent à lunettes s'éclair-cit sous le ventre, où elle devient blanchâtre, mêlée quelquefois d'une teinte de rouge ; les raies qui forment sur son cou un croissant dont les deux pointes se replient en dehors et en crochets, de manière à imiter des lunettes, sont blanchâtres, bordées des deux côtés d'une couleur foncée. Quelquefois ces nuances s'altèrent après la mort de l'animal, ce qui a donné lieu à bien des fausses descriptions. Le sommet de la tête est couvert par neuf plaques ou grandes écailles, disposées sur quatre rangs, deux au pre-mier, du côté du museau, deux au second, trois au troisième, et deux au quatrième[1]. Les yeux sont vifs et pleins de feu ; les écailles sont ovales, plates et très allongées ; elles ne tiennent à la peau que par une portion de leur contour, et il paraît que le serpent peut les redresser d'une manière très sensible ; elles ne se touchent pas au-dessus de la partie élargie du cou, elles y forment des rangs longitudinaux un peu séparés les uns des autres et laissent voir la peau nue, qui est d'un jaune blanchâtre. Comme cette peau est moins brillante que les écailles qui, étant grandes et plates, réflé-chissent vivement la lumière, ces écailles paraissent souvent comme autant de facettes resplendissantes disposées avec ordre, et qui présentent une cou-leur d'or très éclatante, surtout lorsqu'elles sont éclairées par les rayons du soleil.

L'extension dont nous venons de parler est formée par les côtes, qui, à l'endroit de cet élargissement, sont plus longues que dans les autres parties du corps du serpent et ne se courbent d'une manière sensible qu'à une plus grande distance de l'épine du dos ; mais d'ailleurs le naja peut gonfler et étendre à volonté une membrane assez lâche qui couvre ses côtes, et que Kempfer a comparée à des espèces d'ailes. C'est surtout lorsqu'il est irrité qu'il l'enfle et en augmente le volume, et lorsque alors il se redresse en tenant toujours horizontalement sa tête, qui est placée au-devant de cette extension membraneuse, on dirait qu'il est coiffé d'une sorte de chaperon que l'on a même comparé à une couronne, et voilà pourquoi on a donné à ce dangereux, mais cependant très bel animal, le nom de *serpent à chaperon*, ainsi que celui de *serpent couronné*.

La femelle[2] est distinguée aisément du mâle, parce qu'elle n'a pas sur le cou la raie contournée et disposée en croissant, dont les pointes se termi-

1. Voilà un nouvel exemple de ce que nous avons dit à l'article de la nomenclature des ser-pents ; tous ceux qui ont des dents crochues, grandes et mobiles, et qui sont venimeux, n'ont pas le dessus de la tête garni d'écailles semblables à celles du dos.
2. Séba, t. II, pl. 90, fig. 2, et pl. 97, fig. 2.

nent en crochets tournés en dehors et d'après laquelle on a donné à l'espèce le nom de serpent à lunettes ; mais elle a de chaque côté du cou, comme le mâle, une extension membraneuse soutenue par de longues côtes ; elle peut également en étendre le volume ; elle brille des mêmes couleurs dorées, et elle a porté également le nom de serpent à couronne[1].

Les naja ont ordinairement trois ou quatre pieds de longueur totale ; celle de l'individu que nous avons décrit, et qui est au Cabinet du roi, est de quatre pieds quatre pouces six lignes ; l'extension membraneuse de son cou a plus de trois pouces de largeur. Il a cent quatre-vingt-dix-sept grandes plaques sous le corps et cinquante-huit paires de petites plaques sous la queue, qui n'est longue que de sept pouces dix lignes. Celui que M. Linné a décrit avait cent quatre-vingt-treize grandes plaques et soixante paires de petites.

Le naja est féroce, et pour peu qu'on diffère de prendre l'antidote de son venin, sa morsure est mortelle ; l'on expire dans des convulsions, ou la partie mordue contracte une gangrène qu'il est presque impossible de guérir ; aussi, de tous les serpents, est-ce celui que les Indiens, qui vont nu-pieds, redoutent le plus. Lorsque ce terrible reptile veut se jeter sur quelqu'un, il se redresse avec fierté, fait briller des yeux étincelants, étend ses membranes en signe de colère, ouvre la gueule et s'élance avec rapidité en montrant la pointe acérée de ses crochets venimeux. Mais, malgré ses armes funestes, les jongleurs indiens sont parvenus à le dompter de manière à le faire servir de spectacle à un peuple crédule, de même que d'autres charlatans de l'Égypte moderne, à l'exemple de charlatans plus anciens de l'antique Égypte, des psylles de Cyrène et des ophiogènes de Chypre, manient sans crainte, tourmentent impunément de grands serpents, peut-être même venimeux, les serrent fortement auprès du cou, évitent par là leur morsure, déchirent avec leurs dents et dévorent tout vivants ces énormes reptiles, qui, sifflant de rage et se repliant autour de leur corps, font de vains efforts pour leur échapper[2].

Ces Indiens, qui ont pu réduire les naja et se garantir de leur morsure, courent de ville en ville pour montrer leurs serpents à lunettes, qu'ils forcent, disent-ils, à danser. Le jongleur prend dans sa main une racine dont

1. M. Laurenti a fait de la femelle du naja une espèce distincte qu'il a nommée *naja non naja*.

2. Lettres de M. Savary sur l'Égypte, t. Ier, p. 62.

Voyez aussi le passage suivant de Shaw, t. II, chap. v. « On m'a assuré qu'il y avait plus de quarante mille personnes, au grand Caire et dans les villages des environs, qui ne mangeaient autre chose que des lézards ou des serpents. Cette façon singulière de se nourrir leur vaut entre autres le privilège et l'honneur insigne de marcher immédiatement auprès des tapisseries bordées de soie noire qu'on fabrique tous les ans au grand Caire pour le Kaaba de la Mecque, et qu'on va prendre au château pour les promener en procession avec grande pompe et cérémonie dans les rues de la ville. Lorsque ces processions se font, il y a toujours un grand nombre de ces gens qui l'accompagnent en chantant et en dansant, et faisant par intervalles réglés toutes sortes de contorsions et de gesticulations fanatiques. »

il prétend que la vertu le préserve de la morsure venimeuse du serpent, et tirant l'animal du vase dans lequel il le tient ordinairement renfermé, il l'irrite en lui présentant un bâton, ou seulement le poing ; le naja se dressant aussitôt contre la main qui l'attaque, s'appuyant sur sa queue, élevant son corps, enflant son cou, ouvrant sa gueule, allongeant sa langue fourchue, s'agitant avec vivacité, faisant briller ses yeux et entendre son sifflement, commence une sorte de combat contre son maître, qui, entonnant alors une chanson, lui oppose son poing tantôt à droite et tantôt à gauche ; l'animal, les yeux toujours fixés sur la main qui le menace, en suit tous les mouvements, balance sa tête et son corps sur sa queue qui demeure immobile et offre ainsi l'image d'une sorte de danse. Le naja peut soutenir cet exercice pendant un demi-quart d'heure ; mais au moment où l'Indien s'aperçoit que, fatigué par ses mouvements et par sa situation verticale, le serpent est près de prendre la fuite, il interrompt son chant, le naja cesse sa danse, s'étend à terre, et son maître le remet dans son vase. Kempfer dit que lorsqu'un Indien veut dompter un naja et l'accoutumer à ce manège, il renverse le vase dans lequel il l'a tenu renfermé, va à la couleuvre avec un bâton, l'arrête dans sa fuite et la provoque à un combat qu'elle commence souvent la première ; dans l'instant où elle veut s'élancer sur lui pour le mordre, il lui présente le vase et le lui oppose comme un bouclier contre lequel elle blesse ses narines, et qui la force à rejaillir en arrière. Il continue cette lutte pendant un quart d'heure ou une demi-heure, suivant que l'éducation de l'animal est plus ou moins avancée ; la couleuvre, trompée dans ses attaques et blessée contre le vase, cesse de s'élancer ; mais présentant toujours ses dents et enflant toujours son cou, elle ne détourne pas ses yeux ardents du bouclier qui lui nuit. Le maître, qui a grand soin de ne pas trop la fatiguer par cet exercice, de peur que, devenant trop timide, elle ne se refuse ensuite au combat, l'accoutume insensiblement à se dresser contre le vase et même contre le poing tout nu, à en suivre tous les mouvements avec sa tête superbement gonflée, mais sans jamais oser se jeter sur sa main, de peur de se blesser. Accompagnant d'une chanson le mouvement de son bras, et par conséquent celui du reptile qui l'imite, il donne à ce combat l'apparence d'une danse, et il en est donc de ce serpent funeste comme de presque tous les êtres dangereux qui répandent la terreur, la crainte seule peut les dompter.

Mais il ne faut pas croire que les Indiens soient assez rassurés par les effets de cette crainte pour ne pas chercher à désarmer, pour ainsi dire, le reptile contre lequel ils doivent lutter. Kempfer rapporte qu'ils ont grand soin, chaque jour ou tous les deux jours, d'épuiser le venin du naja, qui se forme dans des vésicules placées auprès de la mâchoire supérieure et se répand ensuite par les dents canines ; pour cela ils irritent la couleuvre et la forcent à mordre plusieurs fois un morceau d'étoffe ou quelque autre corps mou et à l'imbiber de son poison. Pour l'exciter davantage à exprimer son

venin, ils ont quelquefois assez d'adresse et de courage pour lui presser la
tête sans en être mordus, et la mettre par là dans une sorte de rage qui lui
fait serrer avec plus de force et pénétrer d'une plus grande quantité de poison le morceau d'étoffe ou le corps mou qu'on lui présente ensuite. Après
avoir privé la couleuvre de son venin, ils veillent avec beaucoup d'attention
à ce qu'elle ne prenne aucune nourriture, et ils empêchent surtout qu'elle
ne mange de l'herbe fraîche, de nouveaux aliments lui rendant de nouveaux
sucs vénéneux et mortels.

Kempfer prétend que l'on a un remède assuré contre la morsure venimeuse de ce serpent, dans la plante que l'on nomme *mungo* ainsi qu'*ophio-
riza*, qui croît abondamment dans les contrées chaudes de l'Inde, et que
l'on a employée non seulement contre la morsure de plusieurs reptiles, ainsi
que des scorpions, mais même contre celle des chiens enragés. L'on disait,
suivant le même Kempfer, que l'on avait découvert ses vertus antivénéneuses
en en voyant manger à des mangoustes ou ichneumons mordus par des
naja, et que c'était ce qui avait fait appliquer à ce végétal le nom de *mungo*,
donné aussi par les Portugais aux mangoustes. Ces quadrupèdes sont, en
effet, ennemis mortels du serpent à lunettes, qu'ils attaquent toujours avec
acharnement, et auquel ils donnent aisément la mort sans la recevoir, leur
manière de saisir le naja les garantissant apparemment de ses dents envenimées.

Non seulement les naja servent à amuser les loisirs des Indiens, ils ont
encore été un objet de vénération pour plusieurs habitants des belles contrées orientales, et particulièrement de la côte de Malabar. La crainte d'expirer sous leur dent empoisonnée et le désir de les écarter des habitations
avaient fait imaginer de leur apporter jusqu'auprès de leurs repaires les aliments qui paraissaient leur convenir le mieux ; les temples sacrés étaient
ornés de leurs images, et si ces reptiles pénétraient dans les demeures des
habitants, ou si on les rencontrait sous ses pas, bien loin de se défendre
contre eux et de chercher à leur donner la mort, on leur adressait des
prières, on leur offrait des présents, on suppliait les bramines de leur faire
de pieuses exhortations, on se prosternait, on tâchait de les fléchir par des
respects, tant la terreur et l'ignorance peuvent obscurcir le flambeau de la
raison [1].

1. « Une autre espèce que les Indiens nomment *nalle pambou*, c'est-à-dire bonne couleuvre,
a reçu des Portugais le nom de *cobra capel*, parce qu'elle a la tête environnée d'une peau large
qui forme une espèce de chapeau. Son corps est émaillé de couleurs très vives qui en rendent
la vue aussi agréable que ses blessures sont dangereuses ; cependant elles ne sont mortelles
que pour ceux qui négligent d'y remédier. Les diverses représentations de ces cruels animaux
font le plus bel ornement des pagodes ; on leur adresse des prières et des offrandes. Un Malabare qui trouve une couleuvre dans sa maison la supplie d'abord de sortir ; si ses prières sont
sans effet, il s'efforce de l'attirer dehors en lui présentant du lait ou quelque autre aliment ;
s'obstine-t-elle à demeurer, on appelle les bramines, qui lui présentent éloquemment les motifs
dont elle doit être touchée, tels que le respect du Malabare et les adorations qu'il a rendues à
toute l'espèce.

On a prétendu que l'on trouvait dans le corps des naja et auprès de leur tête une pierre que l'on a nommée *pierre de serpent, pierre de serpent à chaperon, pierre de cobra*, etc., et qu'on a regardée comme un remède assuré, non seulement contre le poison de ces mêmes serpents à lunettes, mais même contre les effets de la morsure de tous les animaux venimeux. On pourra voir dans la note suivante[1] combien peu on doit compter sur la bonté de ce remède, qui n'a jamais été trouvé dans le corps d'un naja et n'est qu'une production artificielle apportée de l'Inde, ou imitée en Europe.

« Pendant le séjour que Dellon fit à Cananor, un secrétaire du prince gouverneur fut mordu par un de ces serpents à chapeau qui était de la grosseur du bras et d'environ huit pieds de longueur; il négligea d'abord les remèdes ordinaires, et ceux qui l'accompagnaient se contentèrent de le ramener à la ville, où le serpent fut rapporté aussi dans un vase bien couvert. Le prince, touché de cet accident, fit appeler aussitôt les bramines, qui représentèrent à l'animal combien la vie d'un officier si fidèle était importante à l'État; aux prières on joignit les menaces; on lui déclara que si le malade périssait, elle serait brûlée vive dans le même bûcher; mais elle fut inexorable, et le secrétaire mourut de la force du poison. Le prince fut extrêmement sensible à cette perte; cependant, ayant fait réflexion que le mort pouvait être coupable de quelque faute secrète qui lui avait peut-être attiré le courroux des dieux, il fit porter hors du palais le vase où la couleuvre était renfermée, avec ordre de lui rendre la liberté, après lui avoir fait beaucoup d'excuses et quantité de profondes révérences.

« Une piété bizarre engage un grand nombre de Malabares à porter du lait et divers aliments dans les forêts ou sur les chemins, pour la subsistance de ces ridicules divinités. Quelques voyageurs, ne pouvant donner d'explication plus raisonnable à cet aveuglement, ont jugé qu'anciennement la vue des Malabares avait peut-être été de leur ôter l'envie de venir chercher leur nourriture dans les maisons, en leur fournissant de quoi se nourrir au milieu des champs et des bois.

« La loi que les idolâtres s'imposent de ne tuer aucune couleuvre est peu respectée des chrétiens et des mahométans; tous les étrangers qui s'arrêtent au Malabar font main basse sur ces odieux reptiles, et c'est rendre sans doute un important service aux habitants naturels. Il n'y a point de jour où l'on ne fût en danger d'être mortellement blessé, jusque dans les lits, si l'on négligeait de visiter toutes les parties de la maison qu'on habite. » Description du Malabar. *Hist. des voyages*, édit. in-12, t. XLIII, p. 341 et suiv.

1. Nous allons rapporter, à ce sujet, une partie des observations du célèbre Rédi. « Parmi les productions des Indes, dit ce physicien, auxquelles l'opinion publique attribue des propriétés merveilleuses, sur la foi des voyageurs, il y a certaines pierres qui se trouvent, dit-on, dans la tête d'un serpent des Indes extrêmement venimeux. On prétend que ces pierres sont très bonnes contre tous les venins : cette opinion s'est fortifiée par l'autorité de plusieurs savants qui l'ont adoptée, et l'on annonce deux épreuves de ces pierres, faites à Rome avec beaucoup de succès, l'une, par M. Carlo Magnini, sur un homme; et l'autre, par le Père Kircher, sur un chien. Je connais ces pierres depuis plusieurs années, j'en ai quelques-unes chez moi, et je me suis convaincu, par des expériences réitérées dont je vais rendre compte, qu'elles n'ont point la vertu qu'on leur attribue contre les venins.

« Sur la fin de l'hiver 1662, trois religieux de l'ordre de Saint-François, nouvellement arrivés des Indes orientales, vinrent à la cour de Toscane, qui était alors à Pise, et firent voir au grand-duc Ferdinand II plusieurs curiosités qu'ils avaient apportées de ce pays; ils vantèrent surtout certaines pierres qui, comme celles dont on parle aujourd'hui, se trouvaient, disaient-ils, dans la tête d'un serpent décrit par Garcias da Orto et nommé, par les Portugais, *cobra de cabelos*, serpent à chaperon. Ils assuraient que dans tout l'Indoustan, dans les deux vastes péninsules de l'Inde, et particulièrement dans le royaume de Quam-sy, on appliquait ces pierres comme un antidote éprouvé sur les morsures des vipères, des aspics, des cérastes et de tous les animaux venimeux, et même sur les blessures faites par des flèches ou autres armes empoisonnées.

« Ils ajoutaient que la sympathie de ces pierres avec le venin était telle qu'elles s'attachaient fortement à la blessure, comme de petites ventouses, et ne s'en séparaient qu'après avoir attiré

LE SERPENT A LUNETTES DU PÉROU

Naja tripudians, Merr. — *Col. Naja*, Linn., Gmel. — *Col. Peruvii*, Lacép.
— *Vipera Naja*, Latr., Daud.

Nous ne connaissons ce serpent que pour en avoir vu la figure et la description dans Séba[1]; quelque rapport qu'il ait avec le naja des Indes

tout le venin, qu'alors elles tombaient d'elles-mêmes, laissant l'animal tout à fait guéri; que pour les nettoyer il fallait les plonger dans du lait frais et les y laisser jusqu'à ce qu'elles eussent rejeté tout le venin dont elles s'étaient imbibées, ce qui donnait au lait une teinture d'un jaune verdâtre. Ces religieux offrirent de confirmer leur récit par l'expérience, et tandis qu'on cherchait pour cela des vipères, M. Vincenzio Sandrini, un des plus habiles artistes de la pharmacie du grand-duc, ayant examiné ces pierres, se souvint qu'il en conservait depuis longtemps de semblables; il les fit voir à ces religieux qui convinrent qu'elles étaient de même nature que les leurs et qu'elles devaient avoir les mêmes vertus.

« La couleur de ces pierres est un noir semblable à celui de la pierre de touche ; elles sont lisses et lustrées comme si elles étaient vernies; quelques-unes ont une tache grise sur un côté seulement, d'autres l'ont sur les deux côtés; il y en a qui sont toutes noires et sans aucune tache, et d'autres enfin qui ont au milieu un peu de blanc sale, et tout autour une teinte bleuâtre. La plupart sont d'une forme lenticulaire; il y en a cependant qui sont oblongues : parmi les premières, les plus grandes que j'aie vues sont larges comme une de ces pièces de monnaie appelées *grossi*, et les plus petites n'ont pas tout à fait la grandeur d'un *quattrino*. Mais quelle que soit la différence de leur volume, elles varient peu entre elles pour le poids, car ordinairement les plus grandes ne pèsent guère au delà d'un denier de dix-huit grains, et les plus petites sont du poids d'un denier et six grains. J'en ai cependant vu et essayé une qui pesait un quart d'once et six grains. »

Rédi entre ensuite dans les détails des expériences qu'il a faites pour prouver le peu d'effet des *pierres de serpent* contre l'action des divers poisons, et il ajoute plus bas : « Pour moi, je crois, comme je viens de le dire, que ces pierres sont artificielles, et mon opinion est appuyée du témoignage de plusieurs savants qui ont demeuré longtemps dans les Indes, en deçà et au delà du Gange, et qui affirment que c'est une composition faite par certains solitaires indiens qu'on nomme Jogues, qui vont les vendre à Diu, à Goa, à Salsette, et qui en font commerce dans toute la côte de Malabar, dans celles du golfe de Bengale, de Siam, de la Cochinchine et dans les principales îles de l'Océan oriental. Un jésuite, dans certaines relations, parle de quelques autres pierres de serpent qui sont vertes.

« Je n'en ai jamais vu ni éprouvé de vertes ; mais si leurs propriétés sont, comme il le dit, les mêmes que celles des pierres artificielles, je crois être bien fondé à douter de la vertu des unes et des autres, et à mettre ces jogues au rang des charlatans, car ils vont dans les villes commerçantes des Indes, portant, autour de leur cou et de leurs bras, des serpents à chaperon auxquels ils ont soin d'arracher auparavant toutes les dents (comme l'assure Garcias du Orto) et d'ôter tout le venin. Je n'ai pas de peine à croire qu'avec ces précautions ils s'en fassent mordre impunément, et encore moins qu'ils persuadent au peuple que c'est à ces pierres appliquées sur leurs blessures, qu'ils doivent leur guérison.

« On objectera peut-être, comme une preuve de la sympathie de cette pierre avec le venin, la vertu qu'elle a de s'attacher fortement aux blessures empoisonnées; mais elle s'attache aussi fortement aux plaies où il n'y a point de venin, et à toutes les parties du corps qui sont humectées de sang ou de quelque autre liqueur, par la même raison que s'y attachent la terre sigillée et toute autre sorte de bol. »

Rédi, Observations sur diverses choses naturelles, etc. Collection académique, partie étrangère, t. IV, p. 541, 543 et 554. — Au reste, le sentiment de Rédi a été confirmé par M. l'abbé Fontana. Voyez son ouvrage sur les poisons, t. II, p. 68.

1. Séba, t. II, pl. 85, fig. 1.

orientales, nous avons cru devoir l'en séparer, parce qu'il n'a pas autour du cou ces membranes susceptibles d'être gonflées, cette extension considérable qui distingue le serpent à lunettes de l'ancien continent. L'on ne peut pas dire que l'individu représenté dans Séba eût été pris dans un âge trop peu avancé pour avoir autour du cou cette extension membraneuse, puisqu'il était aussi grand que plusieurs najas garnis de ces membranes que l'on a comparées à une couronne ou à un chaperon. Ce serpent à lunettes du Pérou ressemble d'ailleurs beaucoup au naja des grandes Indes; il a la tête garnie de grandes écailles, une bande transversale d'un gris obscur qui lui forme un collier, le dessus du corps roux, varié de blanc et de gris, et le dessous d'une couleur plus claire. Peut-être faut-il rapporter à cette espèce un petit serpent à lunettes de la Nouvelle-Espagne, qui est également figuré et décrit dans Séba[1], et qui n'a pas autour du cou d'extension membraneuse? Ce reptile a de grandes écailles sur la tête, un collier noirâtre et le corps jaunâtre, entouré de petites bandes brunes.

LE SERPENT A LUNETTES DU BRÉSIL

Naja tripudians, Merr. — *Col. naja*, Linn., Gmel. — *Col. Brasiliæ*, Lacép. — *Vipera naja*, Latr., Daud.

Nous séparons ce serpent du précédent à cause d'une petite extension membraneuse que l'on voit des deux côtés de son cou; et il diffère d'ailleurs du naja par la figure singulière dessinée sur cette même partie susceptible de gonflement. Cette marque, d'un blanc assez éclatant, ne représente pas une paire de lunettes aussi exactement que dans le naja et le serpent précédent; mais elle ressemble plutôt à un cœur assez profondément découpé; sa pointe est tournée vers la queue, et elle est chargée, de chaque côté, de deux taches noires, dont la plus grande est le plus près de la tête. La couleur du dos est d'un roux clair, avec quelques bandes transversales brunes; celle du ventre est plus blanchâtre. Nous ne savons rien des habitudes naturelles de ce serpent.

LE LÉBETIN[2]

Cophias Hypnale, Merr. — *Coluber Lebetinus*, Linn. — *Vipera Lebetina*, Latr., Daud.

Ce serpent est venimeux et a, par conséquent, sa mâchoire supérieure armée de crochets mobiles. C'est M. Linné qui en a parlé le premier; ce

---

1. Séba, t. II, pl. 89, fig. 4. — *Naja Brasiliensis*, 100. *Laurenti specimen medicum*.
2. *Kouphe*, par les Grecs modernes. — *Le Lébetin*. M. Daubenton, Encyclopédie méthodique.

grand naturaliste l'a décrit dans l'ouvrage où il a fait connaître les richesses renfermées dans le Muséum du prince Adolphe.

Cette couleuvre habite les contrées orientales; la couleur de son dos est comme nuageuse, et le dessous de son corps est parsemé de points roux, suivant M. Linné, et noirs suivant M. Forskal. Elle a cent cinquante-cinq grandes plaques sous le corps et quarante-six paires de petites plaques sous la queue.

L'HÉBRAÏQUE [1]

Vipera (Echidna) Arietans, Merr. — *Coluber dubius,* Gmel. — *Col. hebraicus,* Lacép. — *Col. Bitis,* Bonnat. — *Vipera severa,* Daud. — *Cobra Clotho* et *C. Lachesis,* Laur. — *Col. Clotho* et *Lachesis,* Gmel. — *Vip. Lachesis,* Cuv. — Et *la* Vipère à courte queue, Cuv. — *Cobra Arietans,* Fitz.

Ce serpent venimeux et dont, par conséquent, la mâchoire supérieure est garnie de crochets creux et mobiles, se trouve en Asie, et particulièrement au Japon, suivant Séba. La couleur du dessus du corps est ordinairement d'un roussâtre plus ou moins mêlé de cendré; c'est sur ce fond que l'on voit, depuis la tête jusqu'à l'extrémité de la queue, des taches d'un jaune clair, bordées de rouge brun, disposées de manière à représenter des caractères hébraïques, et c'est de là que vient à ce serpent le nom que nous lui donnons ici d'après M. Daubenton. Quelquefois on remarque une petite bande cendrée entre les yeux et près des narines. Les grandes plaques qui revêtent le dessous du ventre sont d'un jaune très clair, avec des taches noirâtres le long des côtés du corps, et ordinairement au nombre de cent soixante-dix; il y a, sous la queue, quarante-deux paires de petites plaques.

LE CHAYQUE [2]

Col. (Natrix) stolatus, Merr. — *Col. stolatus,* Linn., Laur., Daud., Fitz. — *Coronella cervina,* Laur. — *Col. cervinus,* Gmel. — *Col. Malpolon,* Lacép., Daud. — *Vipera stolata* et *Col. sibilans,* Latr. — *Col. mortuarius,* Daud.

C'est dans l'Asie que l'on trouve ce serpent venimeux, auquel nous conservons le nom de *chayque,* que lui a donné M. Daubenton, et qui est une

— *Col. Lebetinus.* Linn., *Amphib. serpent.,* col. 201. — *Col. Lebetinus.* Descriptiones animalium Petri Forskal.

1. *L'Hébraïque.* M. Daubenton, Encyclopédie méthodique. — *Col. Severus.* Linn., *Amphib. serp.* — *Cerastes Severus. Laurenti specimen medicum,* 167. — *Vipère du Japon.* Séba, mus. 2, pl. 54, fig. 4.

2. *Le Chayque.* M. Daubenton, Encyclopédie méthodique. — *Colub. stolatus.* Linn., *Amphib. serp.* — *Mus. Adolph. Frid.,* tab. 22, fig. 1. — *Coluber stolatus,* 208. *Laurenti specimen medicum.* — Séba, mus. t. II, pl. 9, fig. 1, *le mâle;* et fig. 2, *la femelle.*

abréviation de *chayquarona*, nom imposé à ce reptile par les Portugais. Deux bandes jaunes ou blanchâtres s'étendent au-dessus de son corps depuis le sommet de la tête jusqu'à l'extrémité de la queue; et, de chaque côté du cou, l'on voit neuf taches rondes et noirâtres, disposées comme les évents des lamproies; le dessous du corps est recouvert de plaques bleuâtres dont chaque extrémité présente quelquefois un point noir. La femelle est distinguée du mâle en ce qu'elle n'a pas, comme ce dernier, neuf taches noirâtres de chaque côté du cou. Le chayque a ordinairement cent quarante-trois grandes plaques et soixante-seize paires de petites.

LE LACTÉ[1]

Elaps lacteus, Schneid., Merr., Fitz. — *Col. lacteus*, Linn., Lacép.
— *Cerastes lacteus*, Laur. — *Vipera lactea*, Lath.

Ce serpent ne présente que deux couleurs, le blanc et le noir; mais elles sont placées avec tant de symétrie, et cependant distribuées, pour ainsi dire, avec tant de goût et contrastées avec tant d'agrément, qu'elles pourraient servir de modèle pour la parure la plus élégante, et qu'une jeune beauté en demi-deuil verrait avec plaisir, sur ses ajustements, une image de leurs nuances et de leur disposition. La couleur de cette couleuvre est d'un blanc de lait, relevé par des taches d'un noir très foncé, arrangées deux à deux; au contraire, la tête est d'un noir très obscur qui rend plus éclatante une petite bande blanche étendue sur ce fond très foncé, depuis le museau jusque vers le cou. Mais, sous ces couleurs séduisantes est caché un venin très actif, et le lacté est armé de crochets qui distillent un poison mortel.

Ce serpent, qui se trouve dans les Indes, à deux cent trois plaques au-dessous du corps et trente-deux paires de petites plaques au-dessous de la queue. Pendant qu'on imprimait cet article, nous avons reçu un individu de cette espèce; il avait un pied et demi de longueur totale, les écailles qui recouvraient son dos étaient hexagones et relevées par une arête; le sommet de sa tête était garni de neuf grandes lames, disposées sur quatre rangs, comme dans le naja. Voilà donc encore un exemple de cet arrangement et de ce nombre de grandes écailles sur la tête d'un serpent venimeux.

---

1. *Le Lacté.* M. Daubenton, Encyclopédie méthodique. — *Colub. lacteus.* Linn., *Amphib. serpent.* — Mus. Ad. Fr. 1, p. 28, tab. 18, f. 1. — *Cerastes lacteus. Laurenti specimen medicum.*

LE CORALLIN[1]

Elaps triscalis, Merr. — *Col. corallinus*, Linn., Lacép., Shaw. — *Col. triscalis*, Linn., Lacép., Latr. — Daud. — *Vipera corallina*, Latr., Daud. — *Corallina triscalis*, Fitz.

Il ne faut pas confondre cette couleuvre avec le serpent *corail* qui appartient à un genre différent, et qui présente la couleur éclatante du corail rouge dont on fait usage dans les arts. Le corallin n'offre aucune couleur qui approche du rouge : tout le dessus de son corps est d'un vert de mer, relevé par trois raies étroites et rousses, qui s'étendent depuis la tête jusqu'à l'extrémité de la queue; le dessous est blanchâtre et pointillé de blanc; ce serpent n'a été nommé *corallin* par M. Linné qu'à cause de la disposition des écailles qui garnissent son dos, et qui sont placées l'une au-dessus de l'autre, de manière à représenter un peu les petites pièces articulées des branches du corail blanc que l'on a appelé *articulé*. La forme de ces écailles ajoute d'ailleurs à ce rapport; elles sont arrondies vers la tête et pointues du côté de la queue; et comme elles sont disposées sur seize rangs longitudinaux et un peu séparés les uns des autres, elles n'en ressemblent que davantage à du corail articulé, dont on verrait seize tiges déliées s'étendre le long du dos du reptile.

Les écailles qui revêtent les deux côtés du corps sont rhomboïdales, se touchent et sont arrangées comme celles des couleuvres que nous avons déjà décrites. On compte ordinairement cent quatre-vingt-treize grandes plaques et quatre-vingt-deux paires de petites.

Le corallin est venimeux et se trouve dans les grandes Indes; il a quelquefois plus de trois pieds de longueur.

L'ATROCE[2]

Cophias atrox, Merr. — *Coluber atrox*, Linn., Gmel., Lacép. — *Vipera atrox*, Laur., Latr. — *Col. ambiguus*, Weigel. — *Vipera Wegelii*, Daud. — *Craspedocephalus atrox*, Fitz.

Nous conservons ce nom à un serpent venimeux des grandes Indes, et particulièrement de l'île de Ceylan. Sa tête est aplatie par-dessus, ainsi que par les côtés, et très large en proportion de la grosseur du corps; elle est

---

1. *Le Corallin.* M. Daubenton, Encyclopédie méthodique. — *C. corallinus.* Linn., *Amphib. serpent.* — Séba, mus. 2, tab. 17, fig. 1.
2. *L'Atroce.* M. Daubenton, Encyclopédie méthodique. — *C. atrox.* Linn., *Amphib. serpent.* — Amœn. acad. 1, p. 587, n. 35. — Mus. Adolph. Fr. 1, p. 33, tab. 22, fig. 2. — *Dipsas indica*, 196. *Laurenti specimen medicum.* — Séba, mus. 1, tab. 43, fig. 5.

blanchâtre et couverte de petites écailles semblables à celles du dos, comme
la tête de la vipère commune; et on voit au-dessus de chaque œil, comme
dans cette même vipère d'Europe, une écaille un peu grande et bombée. Les
crochets, mobiles et attachés à la mâchoire supérieure, sont très grands. Des
écailles petites, ovales et relevées par une arête, garnissent le dos, dont la
couleur est cendrée et variée par des taches blanchâtres. La queue est très
menue et sa longueur n'est ordinairement que le cinquième de celle du
corps. L'individu décrit par M. Linné avait un pied de longueur totale, cent
quatre-vingt-seize grandes plaques sous le ventre et soixante-neuf paires de
petites plaques sous la queue.

L'HÆMACHATE

Sepedon Hæmachatus, Merr., Fitz. — *Vipera Hæmachates,* Latr., Daud.

On trouve dans Séba[1] deux figures de ce serpent venimeux que nous
allons décrire d'après un individu conservé au Cabinet du roi, et que l'on a
nommé *hæmachate,* à cause du rouge qui domine dans ses couleurs. Le dessus de la tête est garni de neuf grandes écailles disposées sur quatre rangs,
comme dans le naja[2]; le premier et le second rang sont composés de deux
pièces, le troisième l'est de trois, le quatrième de deux; et voilà une nouvelle
exception dans la forme, la grandeur et l'arrangement des écailles qui
revêtent le dessus de la tête des reptiles venimeux, et qui ordinairement
présentent, à très peu près, la même disposition, la même forme et la même
grandeur que celles du dos. La mâchoire supérieure est armée de deux crochets creux, mobiles et renfermés dans une sorte de gaine. Les écailles du
dessus du corps sont unies et en losange; la couleur générale du dos est,
dans l'hæmachate vivant, d'un rouge plus ou moins éclatant, relevé par
des taches blanches, dont la disposition varie suivant les individus et qui le
font paraître comme jaspé. Ce rouge devient une couleur sombre plus ou
moins foncée, sur les individus conservés dans l'esprit-de-vin qui altère de
même la teinte du dessus du corps, dont la couleur est jaunâtre dans l'ani-

1. Séba, mus. 2, tab. 58, fig. 1 et 3.
2. L'impression de ce volume était déjà avancée, lorsqu'on nous a envoyé un hæmachate
assez bien conservé pour que nous puissions bien reconnaître tous ses caractères. Ce n'est que
d'après cet individu que nous nous sommes assurés que ce serpent n'avait pas le dessus de la
tête couvert d'écailles semblables à celles du dos, comme la plupart des reptiles venimeux, mais
garni de neuf grandes écailles disposées sur quatre rangs. Voilà pourquoi nous avons dit, dans
l'article qui traite de la nomenclature des serpents, que le naja était le seul serpent venimeux sur
la tête duquel nous eussions vu neuf grandes écailles ainsi disposées. Nous avons donc une raison de plus d'inviter les naturalistes à rechercher des caractères extérieurs très sensibles et
constants d'après lesquels on puisse, dans la suite, séparer les serpents venimeux de ceux qui
ne le sont pas. L'on doit maintenant voir évidemment combien il était nécessaire d'employer
plusieurs caractères pour composer notre table méthodique des serpents, de manière qu'on pût
aisément reconnaître les diverses espèces de ces reptiles.

mal vivant. Nous avons compté cent trente-deux grandes plaques sous le ventre de l'hæmachate qui fait partie de la collection du roi, et vingt-deux paires de petites plaques sous sa queue. La longueur totale de cet individu est d'un pied quatre pouces cinq lignes. Séba avait reçu du Japon un serpent de cette espèce, et un autre hæmachate lui avait été envoyé de Perse.

LA TRÈS-BLANCHE[1]

Elaps melanurus, Merr. — *Col. niveus*, Linn. — *Cerastes candidus*, Laur. — *Col. candidissimus*, Lacép. — *Vipera nivea*, Latr., Daud. — *Vipera melanura*, Daud.

Le blanc le plus éclatant est la couleur de ce serpent que l'on trouve en Afrique, et particulièrement dans la Libye. Suivant Séba, l'extrémité de sa queue est noire, et on aperçoit sur son corps quelques taches très petites et de la même couleur; mais M. Linné dit qu'il est absolument sans taches, et il se pourrait que celles dont parle Séba fussent une suite de l'altération produite par l'esprit-de-vin dans lequel on avait conservé l'individu que Séba avait dans sa collection. Il parvient quelquefois à la longueur de cinq ou six pieds; il se nourrit d'oiseaux et d'autres petits animaux, auxquels il donne la mort d'autant plus facilement qu'il est très venimeux. Il a ordinairement deux cent neuf grandes plaques sous le corps et soixante-deux paires de petites plaques sous la queue.

LA BRASILIENNE

Vipera (Echidna) Daboia, Merr. — *Coluber brasiliensis*, Lacép. — *Vipera brasiliana*, Latr., Daud. — *Vipera Daboia*, Daud. — *Craspedocephalus Daboia*, Fitz.

C'est une vipère du Brésil, envoyée et conservée sous ce nom au Cabinet du roi. Sa tête est couverte par-dessus d'écailles ovales, relevées par une arête et semblables à celles du dos, tant par leur forme que par leur grandeur. Le museau, qui est très saillant, se termine par une grande écaille presque perpendiculaire à la direction des mâchoires, arrondie par le haut et échancrée par le bas, pour laisser passer la langue. Le dessus du corps présente de grandes taches ovales, rousses, bordées de noirâtre; et dans les intervalles qu'elles laissent, on voit d'autres taches très petites d'un brun plus ou moins foncé. L'individu que nous avons décrit a cent quatre-vingts grandes plaques sous le corps et quarante-six paires de petites plaques sous

---

1. *Le Sans tache.* M. Daubenton, Encyclopédie méthodique. — *C. niveus.* Linn., *Amphib. rept.* — *Cerastes candidus*, 175. Laurenti *specimen medicum.* — Séba, *mus.* 2, tab. 15, fig. 1.

la queue; sa longueur totale est de trois pieds, et celle de sa queue de cinq pouces six lignes. Ses crochets mobiles ont près de huit lignes de longueur; ils sont cependant moins longs de moitié que les crochets de deux mâchoires du serpent venimeux, envoyées du Brésil au Cabinet du roi, et semblables en tout, excepté par la grandeur, à celles de la brasilienne; si ces grandes mâchoires ont appartenu à un individu de la même espèce, on pourrait croire qu'il avait six pieds de longueur. Je n'ai trouvé dans aucun auteur la figure ni la description de la brasilienne.

LA VIPÈRE FER-DE-LANCE [1]

Cophias lanceolatus, MERR. — *Coluber lanceolatus,* LACÉP. — *Vipera lanceolata,* LATR., DAUD. — *Col. Meyœra,* SHAW. — TRIGONOCÉPHALE JAUNE, CUV. — *Craspedocephalus lanceolatus,* FITZ.

Le fer-de-lance parvient ordinairement à la longueur de cinq ou six pieds; c'est un des plus grands serpents venimeux et un de ceux dont le poison est le plus actif. Il n'est encore que très peu connu des naturalistes; Linné même n'en a point parlé; on ne l'a observé, jusqu'à présent, qu'à la Martinique, et peut-être à la Dominique et à Cayenne[2]; et c'est de la première de ces îles qu'est arrivé l'individu conservé au Cabinet du roi, et que nous allons décrire : aussi les voyageurs l'ont-ils appelé, jusqu'à présent, *vipère jaune de la Martinique.* Nous n'avons pas cru devoir employer cette dénomination, parce que la couleur de cette espèce n'est pas constante, et que la moitié à peu près des individus qui la composent présente une couleur différente de la jaune. Nous avons préféré tirer son nom de la conformation particulière et très constante de sa tête.

La vipère fer-de-lance a cette partie plus grosse que le corps et remarquable par un espace triangulaire dont les trois angles sont occupés par le museau et les deux yeux. Cet espace, relevé par ses bords antérieurs, représente un fer de lance large à sa base et un peu arrondi à son sommet.

Les trous des narines sont très près du bout du museau; les yeux sont gros, ovales et placés obliquement. Lorsque le fer-de-lance a acquis une certaine grosseur, on remarque de chaque côté de sa tête, entre ses narines et ses yeux, une ouverture qui est très sensible dans les individus conservés au Cabinet du roi, et que l'on a regardée comme des trous auditifs de ce serpent[3]. Chacun de ces trous est, en effet, l'extrémité d'un petit canal qui

1. *Vipère jaune de la Martinique.* — *Couleuvre jaune ou rousse.* Rochefort, *Hist. natur. des Antilles,* Lyon, 1667, t. Ier, p. 294.

2. M. Badier, très bon observateur, qui a passé plusieurs années à la Guadeloupe, m'a montré deux serpents de l'espèce de la vipère fer-de-lance, et qu'il croyait de Cayenne ou de la Dominique.

3. Mémoires sur la vipère jaune de la Martinique, publiés dans les *Nouvelles de la république des lettres et des arts.*

passe au-dessous de l'œil et qui nous a paru aboutir à l'organe de l'ouïe. Comme nous n'avons examiné que des fers-de-lance conservés depuis longtemps dans l'esprit-de-vin, nous n'avons pu nous assurer de ce fait, qu'il serait d'autant plus intéressant de vérifier que l'on n'a encore observé, dans aucune autre espèce de serpent, des ouvertures extérieures pour les oreilles. S'il était bien constaté, on ne pourrait plus douter que le serpent fer-de-lance n'eût des ouvertures extérieures pour l'organe de l'ouïe, de même que les lézards, avec cette différence que, dans ces derniers animaux, ces ouvertures sont situées derrière les yeux, ainsi que dans les oiseaux et les quadrupèdes vivipares, au lieu que le fer-de-lance les aurait entre les yeux et le museau.

De chaque côté de la mâchoire supérieure on aperçoit un et quelquefois deux ou même trois crochets, dont l'animal se sert pour faire les blessures dans lesquelles il répand son venin. Ces crochets, d'une substance très dure, de la forme d'un hameçon, et communément de la grosseur d'une forte alène, sont mobiles, creux depuis la racine jusqu'à leur bord convexe, qui présente une petite fente, et revêtus d'une membrane qui se retire et les laisse paraître lorsque l'animal ouvre la gueule et les redresse pour s'en servir. Leur racine est couverte par un petit sac d'une membrane très forte qui renferme le venin de l'animal, et qui, suivant l'auteur d'un mémoire que nous venons de citer, peut contenir une *demi-cuillerée à café* de liqueur. Au reste, ce sac ne nous a pas paru le vrai réservoir du poison, que nous avons cru voir dans des vésicules placées de chaque côté à l'extrémité des mâchoires, comme dans la vipère commune d'Europe, et qui, par un conduit particulier, parviendrait à la cavité de la dent, pour sortir par la fente située dans la partie convexe de ce crochet[1].

Le venin de la vipère fer-de-lance est presque aussi liquide que de l'eau, et jaunâtre comme de l'huile d'olive qui commence à s'altérer. La douleur qu'excite ce venin dans les personnes blessées par la vipère est semblable à celle qui provient d'une chaleur brûlante ; elle est d'ailleurs accompagnée d'un grand accablement. Mais ce poison, qui n'a ni goût ni odeur, ne paraît agir que lorsqu'il est un peu abondant ou qu'il se mêle avec le sang, puisqu'on a quelquefois sucé impunément les plaies produites le plus récemment par la morsure du fer-de-lance ; et il est aisé de voir, en comparant ces faits avec ceux que nous avons rapportés à l'article de la vipère commune d'Europe, que les organes relatifs au venin, la nature de ce suc funeste et la forme des dents sont à peu près les mêmes dans la vipère européenne et dans celle de la Martinique.

La langue est très étroite, très allongée, et se meut avec beaucoup de vitesse ; les écailles du dos sont ovales et relevées par une arête ; la couleur

---

1. Comme nous n'avons été à même de disséquer que des vipères fer-de-lance conservées depuis longtemps dans l'esprit-de-vin, et dont les parties molles ainsi que les humeurs étaient très altérées, nous ne pouvons rien assurer à ce sujet.

générale du corps est jaune dans certains individus, grisâtre dans d'autres [1]. Ce qui prouve qu'on ne peut pas regarder les individus jaunes et les individus gris comme formant deux espèces distinctes, ni même deux variétés constantes, c'est qu'on trouve souvent dans la même portée autant de vipereaux gris que de vipereaux jaunes [2]. Nous avons vu dans la collection de M. Badier, très bon observateur, que nous venons de citer dans une note de cet article, une variété du fer-de-lance qui, au lieu de présenter la couleur jaune, avait le dos marbré de plusieurs couleurs plus ou moins livides ou plus ou moins brunes, et était d'ailleurs distinguée par une tache très brune placée en long derrière les yeux et de chaque côté de la tête.

Le fer-de-lance a communément deux cent vingt-huit grandes plaques sur le corps et soixante et une paires de petites plaques sous la queue. Nous avons trouvé ces deux nombres sur un individu dont la longueur totale était d'un pied deux pouces deux lignes, et la longueur de la queue de deux pouces une ligne. Nous n'avons compté que deux cent vingt-cinq grandes plaques et cinquante-neuf paires de petites sur un autre individu, qui cependant était plus grand et avait deux pieds six lignes de longueur totale.

Lorsque le fer-de-lance se jette sur l'animal qu'il veut mordre, il se replie en spirale, et, se servant de sa queue comme d'un point d'appui, il s'élance avec la vitesse d'une flèche; mais l'espace qu'il parcourt est ordinairement peu étendu. Ne jouissant pas de l'agilité des autres serpents, presque toujours assoupi, surtout lorsque la température devient un peu fraîche, il se tient caché sous des tas de feuilles, dans des troncs d'arbres pourris, et même dans des trous creusés en terre. Il est très rare qu'il pénètre dans les maisons de la campagne, et on ne le trouve jamais dans celles des villes; mais il se retire souvent dans les plantations de cannes à sucre, où il est attiré par les rats dont il se nourrit. Il ne blesse ordinairement que lorsqu'on le touche et qu'on l'irrite; mais il ne mord jamais qu'avec une sorte de rage.

On peut être averti de son approche par l'odeur fétide qu'il répand et par le cri de certains oiseaux, tels que la gorge-blanche, qui, troublés apparemment par sa ressemblance avec les serpents qui les poursuivent sur les arbres et les y dévorent, se rassemblent et voltigent sans cesse autour de lui. Lorsqu'on est surpris par ce serpent, on peut lui présenter une branche d'arbre, un paquet de feuilles ou tout autre objet qui captive son attention et donne le temps de s'armer; un coup suffit quelquefois pour lui donner la mort. Quand on lui a coupé la tête, le corps conserve pendant quelque temps un mouvement vermiculaire.

C'est dans le mois de mars ou d'avril que ce dangereux reptile s'accouple avec sa femelle; ils s'unissent si intimement et se serrent dans un si grand

---

1. Rochefort, à l'endroit déjà cité.
2. Mémoire déjà cité.

nombre de contours, qu'ils représentent, suivant un bon observateur, deux grosses cordes tressées ensemble[1]. Ils demeurent ainsi réunis pendant plusieurs jours, et on doit éviter avec un très grand soin de les troubler dans ce temps d'amour et de jouissance, où de nouvelles forces rendent leurs mouvements plus prompts et leur venin plus actif. La mère porte ses petits pendant plus de six mois, suivant l'auteur du mémoire déjà cité, et ce temps, beaucoup plus long que celui de la gestation de la vipère commune, qui n'est que de deux ou trois mois, serait cependant proportionné à la différence de la longueur du corps de ces deux serpents, le fer-de-lance parvenant à une longueur double de celle de la vipère commune d'Europe.

Suivant certains voyageurs, ses petits sortent tout formés du ventre de leur mère, qui ne cesse de ramper pendant qu'ils viennent à la lumière ; mais, suivant un autre observateur[2], ils se débarrassent de leur enveloppe au moment même où la femelle les dépose à terre. Chaque portée comprend depuis vingt jusqu'à soixante petits, et il paraît que le nombre en est toujours pair. Ils ont en naissant la grosseur d'un ver de terre et sept ou huit pouces de long ; lorsqu'ils sont adultes, ils parviennent jusqu'à la longueur de six pieds, ainsi que nous l'avons dit, et ont alors dans le milieu du corps trois pouces de diamètre ; on en voit de plus gros et de plus longs, mais ces individus sont rares.

Le fer-de-lance se nourrit de lézards améiva, et même de rats, de volaille, de gibier et de chats. Sa gueule peut s'ouvrir d'une manière démesurée et se dilater si considérablement, qu'on lui a vu avaler un cochon de lait ; mais un serpent de cette espèce, ayant un jour dévoré un gros sarigue, enfla beaucoup et mourut. Lorsque la proie qu'il a saisie lui échappe, il en suit les traces en se traînant avec peine ; cependant comme il a les yeux et l'odorat excellents, il parvient d'autant plus aisément à l'atteindre qu'elle est bientôt abattue par la force du poison qu'il a distillé dans sa plaie. Il l'avale toujours en commençant par la tête, et lorsque cette proie est considérable, il reste souvent comme tendu et dans un état d'engourdissement qui le rend immobile jusqu'à ce que sa digestion soit avancée.

Il ne digère que lentement, et lorsqu'on a tué un fer-de-lance quelque temps après qu'il a pris de la nourriture, il s'exhale de son corps une odeur fétide et insupportable. Quelque dégoût que doive inspirer ce serpent, des nègres et même des blancs ont osé en manger et ont trouvé que sa chair était un mets agréable[3]. Cependant la mauvaise odeur dont elle est imprégnée lorsque l'animal est vivant doit se conserver après la mort de la vipère, de manière à rendre cette chair un aliment aussi rebutant que le venin du serpent est dangereux.

1. Lettre sur la vipère jaune de la Martinique, par M. Bonodet de Foix, avocat au conseil supérieur de la Martinique, insérée dans les *Nouvelles de la république des lettres et des arts,* année 1786.
2. Lettre déjà citée.
3. *Idem.*

On a écrit que ce poison était si funeste qu'on ne connaissait personne qui eût été guéri de la morsure du fer-de-lance ; que ceux qui avaient été blessés par ses crochets envenimés mouraient quelquefois dans l'espace de six heures, et toujours dans des douleurs aiguës ; que le venin des jeunes serpents de cette espèce donnait aussi la mort ; mais que la partie mordue par ces jeunes reptiles n'enflait point ; que le blessé n'éprouvait que des douleurs légères, ou même ne souffrait pas, et qu'il se déclarait souvent une paralysie sur des parties différentes de celle qui avait été mordue[1]. Nous avons lu en frémissant qu'un grand nombre de remèdes ont été employés en vain pour sauver les jours des infortunés blessés par le fer-de-lance, et que l'on était seulement parvenu à diminuer les douleurs de ceux qui expirent quelques heures après par l'effet funeste de ce poison terrible[2]. L'auteur de la lettre que nous avons citée croit devoir affirmer, au contraire, qu'excepté certaines circonstances particulières, où le remède est même toujours efficace, la guérison est aussi prompte qu'assurée ; que les moyens de l'obtenir sont aussi simples que multipliés ; que la manière de les employer est connue des nègres et des mulâtres ; que plusieurs traitements ont été suivis du plus heureux succès, quoiqu'ils n'eussent été commencés que douze ou même quinze heures après l'accident ; que la situation du malade n'est point douloureuse, et qu'il périssait sans sortir de l'assoupissement profond dans lequel il était toujours plongé dès le moment de sa blessure. L'activité du venin du fer-de-lance doit varier avec l'âge de l'animal, la saison et la température ; mais, quoi qu'il en soit, pourquoi un être aussi funeste existe-t-il encore dans des îles où il serait possible d'éteindre son odieuse race ? Pourquoi laisser vivre une espèce que l'on ne doit voir qu'avec horreur ? Et pourquoi chercher uniquement des remèdes trop souvent impuissants contre les maux qu'elle produit, lorsque, par une recherche obstinée et une guerre à toute outrance, l'on peut parvenir à purger de ce venimeux reptile les diverses contrées où il a été observé ?

LA TÊTE TRIANGULAIRE

Cophias trigonocephalus, Merr. — *Coluber capite triangulatus*, Lacép. — *Coluber trigonocephalus*, Donnd. — *Vipera trigonocephala*, Latr., Daud.

Nous donnons ce nom à une couleuvre envoyée au Cabinet du roi sous le nom de *vipère de l'île Saint-Eustache ;* elle a beaucoup de rapport, par la disposition de ses couleurs, avec la vipère commune ; elle est verdâtre avec des taches de diverses figures sur la tête et sur le corps, où elles se réunissent pour former une bande irrégulière et longitudinale. Les grandes pla-

1. Mémoire déjà cité.
2. *Ibid.*

ques qui revêtent son ventre, et qui sont au nombre de cent cinquante, sont d'une couleur foncée et bordée de blanchâtre. Elle a soixante et une paires de petites plaques sous la queue.

Nous avons tiré son nom de la forme de sa tête, qui paraît d'autant plus triangulaire que les deux extrémités des mâchoires supérieures forment, par derrière, deux pointes très saillantes. Cette vipère est armée de crochets creux et mobiles ; des écailles semblables à celles du dos garnissent le sommet de la tête ; elles sont en losange et unies, au lieu d'être relevées par une arête, comme celles qui recouvrent le dos de la vipère commune ; le corps est très délié du côté de la tête. L'individu que nous avons décrit avait deux pieds de longueur totale, et sa queue trois pouces neuf lignes.

LE DIPSE [1]

Vipera Dipsas, Gmel., Daud., Latr.

On rencontre en Amérique, et particulièrement à Surinam, suivant Séba, ce serpent venimeux, dont le dessus du corps est couvert d'écailles ovales, bleuâtres dans le centre et blanchâtres sur les bords. Les grandes plaques qui revêtent le ventre de cette couleuvre sont blanches et au nombre de cent cinquante-deux. La queue est longue, très déliée et garnie en dessous de cent trente-cinq paires de petites plaques, le long desquelles on voit s'étendre une raie bleuâtre. La mâchoire supérieure est armée de crochets mobiles, comme dans les autres espèces de serpents venimeux.

L'ATROPOS [2]

Vipera (Echidna) Atropos, Merr. — *Coluber Atropos*, Linn. — *Cobra Atropos*, Laur. — *Vipera Atropos*, Latr., Daud. — *Cobra Atropos*, Fitz.

Ce serpent venimeux, qui se trouve en Amérique, mérite bien le nom que M. Linné lui a donné, par la force du poison qu'il recèle ; et c'est en effet à une parque qu'il convenait de consacrer un reptile aussi funeste. Sa tête a un peu la forme d'un cœur, elle présente plusieurs taches noires, ordinairement au nombre de quatre, et elle est garnie par-dessus d'écailles ovales relevées par une arête et semblables à celles du dos.

La couleur générale du dessus du corps est blanchâtre, et au-dessus de ce

1. *Le Dipse.* M. Daubenton, Encyclopédie méthodique. — *Col. Dipsas.* Linn., *Amphib. serp.* — Amœnit. mus. Princ., t. Ier, p. 583. — Grew, mus. 2, p. 64, nº 30. — Séba, mus. 2, tab. 24, fig. 3.

2. *L'Atropos.* M. Daubenton, Encyclopédie méthodique. — *Col. Atropos.* Linn., *Amphib. serpent.* — Mus. Ad. Fr., 1, p. 22, tab. 13, fig. 1. — *Cobra Atropos*, 230. *Laurenti specimen medicum.*

fond s'étendent quatre rangs de taches rousses, rondes, assez grandes et chargées dans leur centre d'une petite tache blanche. L'atropos a cent trente et une grandes plaques sous le ventre et vingt-deux paires de petites plaques sous la queue.

LE LÉBERIS [1]

Vipera (Echidna) Leberis, Merr. — *Coluber Leberis*, Linn. — *Vipera Leberis*, Latr., Daud.

Cette couleuvre est venimeuse; le dessus de son corps est couvert de raies transversales, étroites et noires; elle a cent dix grandes plaques sous le corps et cinquante paires de petites plaques sous la queue. On la trouve dans le Canada, et c'est M. Kalm qui l'a fait connaître.

LA TIGRÉE

Cophias lanceolatus, var. *b*, Merr. — *Coluber tigrinus*, Lacép. — *Vipera tigrina*, Daud.

Nous ignorons de quel pays a été envoyé au Cabinet du roi ce serpent, dont la mâchoire supérieure est armée de crochets mobiles. Sa tête ressemble beaucoup à celle de la vipère commune; le sommet en est garni de petites écailles ovales, relevées par une arête et semblables à celles du dos.

Le dessus du corps est d'un roux blanchâtre; il présente des taches foncées, bordées de noir, semblables à celles que l'on voit sur les peaux de panthères, ou d'autres animaux du même genre, répandues dans le commerce sous le nom de peaux de tigre; et voilà pourquoi nous avons désigné cette couleuvre par l'épithète de *tigrée*. L'individu que nous avons décrit avait deux cent vingt-trois grandes plaques et soixante-sept paires de petites; sa longueur totale était d'un pied un pouce six lignes, et celle de sa queue de deux pouces.

1. *Le Léberis*. M. Daubenton, Encyclopédie méthodique. — *Col. Leberis*. Linn., *Amphib. serp.*

COULEUVRES OVIPARES

LA COULEUVRE VERTE ET JAUNE
OU LA COULEUVRE COMMUNE [1]

Coluber (Natrix) atro-virens, MERR. — *Coluber viridiflavus*, LACÉP., LATR., DAUD.
— *Coluber luteo-striatus*, GMEL. — *Col. atro-virens*, SHAW., CUV.

Nous n'avons parlé jusqu'à présent que de reptiles funestes, de poisons mortels, d'armes dangereuses et cachées ; nous ne nous sommes occupés que de récits effrayants et d'images sinistres. Non seulement les contrées brûlantes de l'Asie, de l'Afrique et de l'Amérique nous ont présenté un grand nombre de serpents venimeux, mais nous avons vu ces espèces terribles braver les rigueurs des climats septentrionaux, se répandre dans notre Europe, infester nos contrées, pénétrer jusqu'auprès de nos demeures. Environnés, pour ainsi dire, de ces ministres de la mort, nous n'avons, en quelque sorte, considéré qu'avec effroi la surface de la terre ; enveloppée dans un voile de deuil, la nature nous a paru multiplier, sur notre globe, les causes de destruction, au lieu d'y répandre les germes de la fécondité : cette seule pensée a changé pour nous la face de tous les objets. Notre imagination trompée a empoisonné d'avance nos jouissances les plus pures ; la plus belle des saisons, celle où tout semble se ranimer pour s'aimer et se reproduire, n'aurait plus été pour nous que le moment du réveil d'un ennemi terrible armé contre nos jours. La verdure la plus fraîche, les fleurs les plus richement colorées, étalées avec magnificence par une main bienfaisante et conservatrice dans la campagne la plus riante, n'auraient été à nos yeux qu'un tapis perfide étendu par le génie de la destruction, sur les affreux repaires de serpents venimeux ; et les rayons vivifiants du soleil le plus pur ne nous auraient paru inonder l'atmosphère que pour donner plus de force aux traits empoisonnés de funestes reptiles. Hâtons-nous de prévenir ces effets : faisons succéder à ces tableaux lugubres des images gracieuses ; que la nature reprenne, pour ainsi dire, à nos yeux son éclat et sa pureté. Les couleuvres que nous avons à décrire ne nous présenteront ni venin mortel ni armes funestes ; elles ne nous montreront que des mouvements agréables, des proportions légères, des couleurs douces ou brillantes ; à mesure que nous nous familiariserons avec elles, nous aimerons à les rencontrer dans nos bois, dans nos champs, dans nos jardins ; non seulement elles ne troubleront pas la

---

1. *La Couleuvre commune.* M. Daubenton, Encyclopédie méthodique.

paix de nos demeures champêtres ni la pureté de nos jours les plus sereins, mais elles augmenteront nos plaisirs en réjouissant nos yeux par la beauté de leurs nuances et la vivacité de leurs évolutions. Nous les verrons avec intérêt allier leurs mouvements à ceux des divers animaux qui peuplent nos campagnes, se retrouver sur les arbres jusqu'au milieu des jeux des oiseaux, et servir à animer, dans toutes ses parties, le vaste et magnifique théâtre de la nature printanière.

Commençons donc par celles que l'on rencontre en grand nombre dans les contrées que nous habitons. Parmi ces serpents, le plus souvent très doux, et même quelquefois familiers, nous devons compter la verte et jaune, ou la couleuvre commune.

Ce serpent, dont M. Daubenton a parlé le premier, est très commun dans plusieurs provinces de France, et surtout dans les méridionales ; il en peuple les bois, les divers endroits retirés et humides ; il paraît confiné dans les pays tempérés de l'ancien continent, on ne l'a point encore trouvé dans les contrées très chaudes de l'ancien monde, non plus qu'en Amérique ; et il ne doit point habiter dans le nord, puisque le célèbre naturaliste suédois n'en a point fait mention. Il est aussi innocent que la vipère est dangereuse : paré de couleurs plus vives que ce reptile funeste, doué d'une grandeur plus considérable, plus svelte dans ses proportions, plus agile dans ses mouvements, plus doux dans ses habitudes, n'ayant aucun venin à répandre, il devrait être vu avec autant de plaisir que la vipère avec effroi. Il n'a pas comme les vipères des dents crochues et mobiles ; il ne vient pas au jour tout formé, et ce n'est que quelque temps après la ponte que les petits éclosent. Malgré toutes ces dissemblances, qui le distinguent des vipères, le grand nombre des rapports extérieurs qui l'en rapprochent a fait croire pendant longtemps qu'il était venimeux. Cette fausse idée a fait tourmenter cette innocente couleuvre ; on l'a poursuivie comme un animal dangereux, et il n'est encore que peu de gens qui puissent la toucher sans crainte, et même la regarder sans répugnance.

Cependant cet animal, aussi doux qu'agréable à la vue, peut être aisément distingué de tous les autres serpents, et particulièrement des dangereuses vipères, par les belles couleurs dont il est revêtu. La distribution de ces diverses couleurs est assez constante, et, pour commencer par celles de la tête, dont le dessus est un peu aplati, les yeux sont bordés d'écailles jaunâtres et presque couleur d'or, qui ajoutent à leur vivacité. Les mâchoires, dont le contour est arrondi, sont garnies de grandes écailles d'un jaune plus ou moins pâle, au nombre de dix-sept sur la mâchoire supérieure, et de vingt sur l'inférieure[1]. Le dessus du corps, depuis le bout du museau

---

1. Il y a communément treize dents de chaque côté au rang extérieur de la mâchoire supérieure et de la mâchoire inférieure ; il y en a ordinairement dix de chaque côté au rang intérieur des deux mâchoires ; ainsi la verte et jaune a, le plus souvent, quatre-vingt-douze dents crochues, mais immobiles, blanches et transparentes.

jusqu'à l'extrémité de la queue, est noir ou d'une couleur verdâtre très foncée, sur laquelle on voit s'étendre d'un bout à l'autre un grand nombre de raies composées de petites taches jaunâtres de diverses figures, les unes allongées, les autres en losange, etc., et un peu plus grandes vers les côtés que vers le milieu du dos. Le ventre est d'une couleur jaunâtre; chacune des grandes plaques qui le couvrent présente un point noir à ses deux bouts et y est bordée d'une très petite ligne noire, ce qui produit, de chaque côté du dessous du corps, une rangée très symétrique de points et de petites lignes noirâtres, placés alternativement.

Cette jolie couleuvre parvient ordinairement à la longueur de trois ou quatre pieds, et alors elle a deux ou trois pouces de circonférence dans l'endroit le plus gros du corps. On compte communément deux cent six grandes plaques sous son ventre et cent sept paires de petites plaques sous sa queue, dont la longueur est égale, le plus souvent, au quart de la longueur totale de l'animal.

Elle devient même beaucoup plus grande lorsqu'elle parvient à un âge avancé, et elle peut d'autant plus aisément échapper aux divers accidents auxquels elle est exposée, et par conséquent atteindre à son entier développement, que, non seulement elle peut recevoir des blessures considérables sans en périr, mais même vivre un très long temps, ainsi que les autres reptiles, sans prendre aucune nourriture [1].

D'ailleurs la couleuvre verte et jaune se tient presque toujours cachée, comme si les mauvais traitements qu'elle a si souvent reçus l'avaient rendue timide; elle cherche à fuir lorsqu'on la découvre, et non seulement on peut la saisir sans redouter un poison dont elle n'est jamais infectée, mais même sans éprouver d'autre résistance que quelques efforts qu'elle fait pour échapper. Bien plus, elle devient docile lorsqu'elle est prise; elle subit une sorte de domesticité; elle obéit aux divers mouvements qu'on veut lui faire suivre. On voit souvent des enfants prendre deux serpents de cette espèce, les attacher par la queue et les contraindre aisément à ramper, ainsi attelés, du côté où ils veulent les conduire. Elle se laisse entortiller autour des bras ou du cou, rouler en divers contours de spirale, tourner et retourner en différents sens, suspendre en différentes positions, sans donner aucun signe de mécontentement; elle paraît même avoir du plaisir à jouer ainsi avec ses maîtres, et comme sa douceur et son défaut de venin ne sont pas aussi bien reconnus qu'ils devraient l'être pour la tranquillité de ceux qui habitent la

---

1. On en a vu passer plusieurs mois sans manger. — Un de mes amis m'a écrit qu'il avait vu une jeune couleuvre (vraisemblablement de l'espèce dont il s'agit dans cet article), trouvée dans une vigne par des paysans et attachée au bout d'un très long échalas, y être encore en vie au bout de huit jours, quoiqu'elle n'eût pris aucun aliment. Lettre de M. l'abbé Carrière, curé de Roquefort, près d'Agen.

C'est avec bien du plaisir que je paye ici un tribut de tendresse et de reconnaissance à ce pasteur aussi éclairé que vertueux, et qui, dans le temps, voulut bien se charger d'élever ma jeunesse.

campagne, des charlatans se servent encore de ce serpent pour amuser et pour tromper le peuple, qui leur croit le pouvoir particulier de se faire obéir au moindre geste par un animal qu'il ne peut quelquefois regarder qu'en tremblant.

Il y a cependant certains moments, et même certaines saisons de l'année, où la couleuvre verte et jaune, sans être dangereuse, montre ce désir de se défendre ou de sauver ce qui lui est cher, si naturel à tous les animaux ; on a vu quelquefois ce serpent, surpris par l'aspect subit de quelqu'un, au moment où il s'avançait pour traverser une route, ou que, pressé par la faim, il se jetait sur une proie, se redresser avec fierté et faire entendre son sifflement de colère. Mais dans ce moment même qu'aurait-on eu à craindre d'un animal sans venin, dont tout le pouvoir n'aurait pu venir que de l'imagination frappée de celui qu'il aurait attaqué, et dont la force et les dents mêmes ne sont dangereuses que pour de petits lézards et d'autres faibles animaux qui lui servent de nourriture ?

Dans tous les endroits où le froid est rigoureux, la couleuvre commune s'enfonce, dès la fin de l'automne, dans des trous souterrains ou dans d'autres creux, où elle s'engourdit plus ou moins complètement pendant l'hiver. Lorsque les beaux jours du printemps paraissent, ce reptile sort de sa torpeur et se dépouille comme les autres serpents. Revêtu ensuite d'une peau nouvelle, pénétré d'une chaleur plus vive, et ayant réparé toutes les pertes qu'il avait éprouvées par le froid et la diète, il va chercher sa compagne et faire entendre, au milieu de l'herbe fraîche, son sifflement amoureux. Leur ardeur paraît très vive ; on les a vus souvent s'élancer contre ceux qui étaient venus troubler leurs amours dans la retraite qu'ils avaient choisie. Cette affection du mâle et de la femelle ne doit pas étonner dans un animal capable d'éprouver, pour les personnes qui prennent soin de lui lorsqu'il est réduit à une sorte de domesticité, un attachement très fort et qu'on a voulu même comparer à celui des animaux auxquels nous accordons le plus d'instinct ; c'est peut-être à l'espèce de la couleuvre verte et jaune qu'il faut rapporter le fait suivant, attesté par un naturaliste très digne de foi [1]. Cet observateur a vu une couleuvre, qu'il a appelée *le serpent ordinaire de France*, tellement affectionnée à la maîtresse qui la nourrissait, que ce serpent se glissait souvent le long de ses bras comme pour la caresser, se cachait sous ses vêtements, ou allait se reposer sur son sein. Sensible à la voix de celle qu'il paraissait chérir, il allait à elle lorsqu'elle l'appelait, il la suivait avec constance ; il reconnaissait jusqu'à sa manière de rire ; il se tournait vers elle lorsqu'elle marchait, comme pour attendre son ordre. Ce même naturaliste a vu un jour la maîtresse de ce doux et familier serpent, le jeter dans l'eau pendant qu'elle suivait dans un bateau le courant d'une grande rivière ; le fidèle animal, toujours attentif à la voix de sa maîtresse chérie, nageait en

---

1. *Dictionnaire d'hist. natur.*, par M. Valmont de Bomare, article du *Serpent familier*.

suivant le bateau qui la portait; mais la marée étant remontée dans le fleuve, et les vagues contrariant les efforts du serpent, déjà lassé par ceux qu'il avait faits pour ne pas quitter le bateau de sa maîtresse, le malheureux animal fut bientôt submergé.

Peut-être faut-il rapporter aussi à la couleuvre verte et jaune un serpent de Sardaigne que M. Cetti a fait connaître, et que l'on nomme *colubro uccellatore*, parce qu'il grimpe sur les arbres pour y chercher les œufs et même les petits oiseaux dont il se nourrit. Ce reptile est très commun en Sardaigne; sa longueur est ordinairement de quarante pouces, et sa plus grande grosseur de deux. La couleur de son dos est noire, variée de jaune, et le jaune est aussi la couleur du dessous de son corps. Il a deux cent dix-neuf grandes plaques et cent deux paires de petites. Il n'est point venimeux [1].

LA COULEUVRE A COLLIER [2]

Coluber (Natrix) torquatus, MERR. — *Col. Natrix*, LINN., LATR., DAUD. — *Natrix vulgaris*, LAUR. — *Col. torquatus* et *Col. helveticus*, LACÉP., DAUD. — *Col. bipes*, GMEL.

C'est encore dans nos contrées que se trouve en très grand nombre ce serpent, aussi doux, aussi innocent, aussi familier que la couleuvre verte et jaune. Ses habitudes ne diffèrent pas, à beaucoup d'égards, de celles de cette même couleuvre. Il paraît cependant qu'il se plaît davantage dans les lieux humides, ainsi qu'au milieu des eaux ; et c'est ce qui lui a fait donner par plusieurs naturalistes le nom de *serpent d'eau*, de *serpent nageur*, d'*anguille de haies* [3], etc. Ils parviennent quelquefois à la longueur de trois ou quatre pieds ; sa tête est un peu aplatie, comme celle de la couleuvre commune ; le sommet est recouvert par neuf grandes écailles disposées sur quatre rangs, dont le premier et le second, à compter du museau, sont composés de deux pièces ; le troisième l'est de trois, et le quatrième de deux. Cette disposition la distingue de la vipère commune, aussi bien que la forme de son museau,

---

1. *Histoire naturelle des amphibies et des poissons de la Sardaigne*, par M. François Cetti.

2. En Sardaigne, *colubro nero*. — *Serpe nero*. — *Carbon*. — *Carbonazzo*. — Anguille de haie.

Le Serpent à collier. M. Daubenton, Encyclopédie méthodique. — *Coluber Natrix*, 230. Linn., *Amphib. rept.* — It. gott, 146. — Rai, *Synopsis anim.*, 334. *Natrix torquata*. — Gronov. mus. 2, p. 63, n° 27. — *Natrix longissima*, 145. *Natrix vulgaris*, 149. Laurenti *specimen medicum*.

Séba, mus. 2, pl. 4, fig. 1, 2 et 3; pl. 10, fig. 1, 2 et 3. — *Hydrus, seu Natrix, the Water Snake*. Scotia illustrata seu prodromus Hist. naturalis autore Roberto Sibbaldo, Edimburgi, 1684. — *Natrix torquata*. Gesner, *De Serpentum natura*, fol. 65. — *Serpens domesticus nigricans carbonarius*, id. fol. 64. — *Ringed Snake. Zoologie britannique*, t. III, p. 32, pl. 25, n° 13. — *Natrix*. Wulf, *Ichtyologia cum amphibiis regni Borussici*.

3. Ce nom d'*anguille de haies* a été aussi donné, dans plusieurs provinces, à la couleuvre verte et jaune.

qui est arrondi, au lieu d'être terminé par une écaille presque verticale, comme dans cette même vipère. Sa gueule est très ouverte ; les deux mâchoires présentent, au lieu de crochets mobiles, un double rang de dents crochues, mais immobiles, assez petites et tournées vers le gosier ; dix-sept écailles revêtent à l'extérieur chacune de ces mâchoires, et celles qui recouvrent la mâchoire supérieure sont blanchâtres et marquées de cinq ou six petites raies d'une couleur très foncée. On voit sur le cou deux taches d'un jaune pâle ou blanchâtre, qui forment comme un demi-collier, d'où est venu le nom que nous conservons à ce serpent, et ces deux taches, très semblables, sont d'autant plus sensibles qu'elles sont placées au-devant de deux autres taches triangulaires et très foncées.

Le dos est recouvert d'écailles ovales relevées par une arête, et plus grandes que celles qui garnissent les côtés, et qui sont unies. Tout le dessus du corps est d'un gris plus ou moins foncé, marqueté de chaque côté de taches noires irrégulières et plus ou moins grandes, qui aboutissent aux plaques du ventre ; et, au milieu des deux rangées formées par ces taches, s'étendent depuis la tête jusqu'à la queue deux autres rangées longitudinales de taches plus petites et moins sensibles. Le dessous du ventre est varié de noir, de blanc et de bleuâtre, mais de manière que les taches noires augmentent en nombre et en grandeur, à mesure qu'elles sont plus près de la queue, où les plaques sont presque entièrement noires. Il y a communément cent soixante-dix grandes plaques sous le ventre et cinquante-trois paires de petites plaques sous la queue[1].

La couleuvre à collier ne renfermant aucun venin[2], on la manie sans danger ; elle ne fait aucun effort pour mordre, elle se défend seulement en agitant rapidement sa queue, et elle ne refuse pas plus que la couleuvre commune de jouer avec les enfants. On la nourrit dans les maisons, où elle s'accoutume si bien à ceux qui la soignent, qu'au moindre signe elle s'entortille autour de leurs doigts, de leurs bras, de leur cou, et les presse mollement comme pour leur témoigner une sorte de tendresse et de reconnaissance. Elle s'approche avec douceur de la bouche de ceux qui la caressent ; elle suce leur salive et aime à se cacher sous leurs vêtements, comme pour s'approcher davantage de ceux qui la chérissent. En Sardaigne, les jeunes femmes élèvent les couleuvres à collier avec beaucoup d'empressement, leur donnent à manger elles-mêmes, prennent le soin de leur mettre dans la gueule la nourriture qu'elles leur ont préparée ; et les habitants de la campagne les regardent comme des animaux du meilleur augure, les laissent entrer librement dans leurs maisons et croiraient avoir chassé la fortune elle-même s'ils avaient fait fuir ces innocentes petites bêtes[3].

Il arrive cependant quelquefois que lorsque la couleuvre à collier est

1. Nous avons compté soixante paires de petites plaques dans quelques individus.
2. *Laurenti specimen medicum*, p. 183.
3. *Histoire naturelle des amphibies et des poissons de Sardaigne*, par M. François Cetti.

devenue très forte, et qu'au lieu d'avoir été élevée en domesticité elle a vécu
dans les champs et à l'état sauvage, elle perd un peu de sa douceur, et que
si on l'irrite en l'arrachant, par exemple, à ses jouissances, elle anime ses
yeux, agite sa langue, se redresse avec vivacité, fait claquer ses mâchoires
et serre fortement avec ses dents la main qui cherche à la saisir[1].

La couleuvre à collier dépose ses œufs dans des trous exposés au midi,
sur le bord des eaux croupissantes, ou plus communément sur des couches
de fumier. Ces œufs, qui sont gros à peu près comme des œufs de pies, sont
collés ensemble par une matière gluante en forme de grappe ; elle a par là
un nouveau rapport avec les poissons et certains quadrupède ovipares, tels
que les crapauds, les grenouilles, etc., dont les œufs sont de même collés
ensemble et réunis de diverses manières.

Les œufs de la couleuvre à collier, déposés dans des fumiers, ont donné
lieu à une fable à laquelle on a cru pendant longtemps ; on a prétendu
qu'ils avaient été pondus par des coqs, et comme on en a vu sortir de petits
serpenteaux, on a ajouté que les œufs de coq renfermaient toujours un serpent, que le coq ne les couvait point, mais que lorsqu'ils étaient placés
dans un endroit chaud, comme parmi des végétaux en putréfaction, ils produisaient toujours des serpents.

On assure qu'il est aisé de distinguer les œufs qui ont été fécondés
d'avec ceux qui ne le sont pas, et qu'on appelle des œufs clairs, en les
mettant sur l'eau ; les œufs clairs sont les seuls qui surnagent.

La coque est composée d'une membrane mince, mais compacte et d'un
tissu serré. Le petit serpent y est roulé sur lui-même au milieu d'une matière
qui ressemble à du blanc d'œuf de poule ; on y remarque un placenta ; et le
cordon ombilical est attaché au ventre un peu au-dessus de l'anus. La chaleur seule de l'atmosphère et celle des matières végétales pourries font éclore
ces œufs. Peut-être, dans des contrées plus voisines de la zone torride que
celles où ils ont été observés, l'ardeur du soleil suffirait pour faire sortir les
petits serpents de leur coque. Nous avons vu, dans l'Histoire des quadrupèdes
ovipares, les crocodiles déposer leurs œufs sur le sable dans les contrées
brûlantes de l'Afrique ; mais sur les plages plus humides et moins chaudes
de l'Amérique méridionale, ils les placent au milieu d'un tas de matières
végétales, dont la fermentation favorise l'accroissement du fœtus et la sortie
de l'œuf.

Ces œufs de couleuvre à collier sont ordinairement au nombre de dix-
huit ou vingt[2] ; aussi l'espèce du serpent à collier serait-elle beaucoup plus

---

1. Lettre de M. de Sept-Fontaines, procureur-syndic de la noblesse en l'assemblée du département de Calais, Montreuil et Ardres. Nous aurons plusieurs fois occasion de citer dans cet
ouvrage cet amateur si éclairé de l'histoire naturelle, qui la cultive avec succès, et à qui nous
devons particulièrement des observations très intéressantes et très bien faites sur la couleuvre
à collier et sur l'orvet.

2. Quelquefois ce nombre n'est que de quatorze ou quinze. Gesner a écrit qu'on lui apporta,

nombreuse qu'elle ne l'est, s'il ne devenait pas la proie de plusieurs ennemis même très faibles, dans le temps qu'il est encore jeune et sans force pour se défendre ; les pies, les mésanges, les moineaux le dévorent, et les grenouilles mêmes s'en nourrissent lorsqu'elles peuvent le saisir sur le bord des marais qu'elles habitent[1].

Il rampe sur la terre avec une très grande vitesse ; il nage aussi, mais avec plus de difficulté qu'on ne l'a cru[2]. Pendant que l'été règne, il vit souvent dans les endroits humides, ainsi que nous l'avons dit ; mais on le trouve quelquefois dans les buissons ; d'autres fois il se place sur les branches sèches et élevées des chênes, des saules, des érables, sur les saillies des vieux bâtiments, sur tous les endroits exposés au midi, et où le soleil donne avec le plus de force ; il s'y replie en divers contours ou s'y allonge avec une sorte de volupté, toujours cherchant les rayons de l'astre de la lumière, toujours paraissant se pénétrer avec délices de sa chaleur bienfaisante[3]. Mais, lorsque la fin de l'automne arrive, il se rapproche des lieux les moins froids ; il vient auprès des maisons et se retire enfin dans des trous souterrains à quinze ou vingt pouces de profondeur, souvent au pied des haies, et presque toujours dans un endroit élevé au-dessus des plus fortes inondations ; quelquefois il s'empare d'un trou de belette ou de mulot, d'un conduit creusé par une taupe[4], d'un terrier abandonné par un lapin, et il passe dans l'engourdissement la saison du grand froid[5]. Lorsqu'il est adulte, l'ouverture de sa gueule, son gosier et son estomac peuvent être très dilatés, ainsi que ceux des autres serpents, et il se nourrit alors non seulement d'herbes, de fourmis et d'autres insectes, mais même de lézards, de grenouilles et de petites souris ; il dévore aussi quelquefois les jeunes oiseaux, qu'il surprend dans leurs nids au milieu des buissons, des haies, des branches de jeunes arbres, sur lesquels il grimpe avec facilité[6]. Non seulement il se suspend aux rameaux par le moyen des divers replis de son corps, mais il s'accroche avec sa tête ; et comme elle est plus grosse que son cou, il la place souvent entre les deux branches d'une tige fourchue, pour qu'arrêtée par sa saillie, elle lui serve comme d'une espèce de crochet et de point d'appui.

Son odeur est quelquefois assez sensible, surtout pour les chiens et les

vers le mois de juin, une femelle de l'espèce dont il est question dans cet article, et que deux jours après elle pondit quatorze œufs.

1. Lettre déjà citée de M. de Sept-Fontaines.

2. L'épithète de *natrix* ou *nageur*, donnée au serpent à collier, ne lui appartient pas plus qu'aux autres animaux de son ordre ; il nage effectivement, mais dans les occasions forcées, et par une lutte pénible qui bientôt l'épuise et le noie. » Lettre de M. de Sept-Fontaines.

3. Lettre de M. de Sept-Fontaines.

4. *Idem.*

5. « J'ai vu différentes fois des serpents à collier trouvés pendant les mois de janvier, de février ou de mars ; ils ne pouvaient mouvoir que la tête et l'extrémité de la queue, le reste du corps était raide et dans une inertie absolue. » *Ibid.*

6. Lettre de M. de Sept-Fontaines.

autres animaux, dont l'odorat est très fin[1]. Il aime beaucoup le lait ; les gens de la campagne prétendent qu'il entre dans les laiteries et qu'il va boire celui qu'on y conserve. On assure même qu'on l'a trouvé quelquefois replié autour des jambes des vaches, suçant leurs mamelles avec avidité et les épuisant de lait au point d'en faire couler le sang[2]. Pline a rapporté ce fait, qu'à la vérité il attribuait à une autre espèce de serpent que celle dont il est ici question. On a prétendu aussi que le serpent à collier entrait quelquefois par la bouche dans le corps de ceux qui dormaient étendus sur l'herbe fraîche, et qu'on l'en faisait sortir en profitant de ce même goût pour le lait, et en l'attirant par la vapeur du lait bouilli que l'on approchait de la bouche ou de l'anus de celui dans le corps duquel il s'était glissé[3].

La couleuvre à collier se trouve dans presque toutes les contrées de l'Europe, et il paraît qu'elle peut supporter les climats très froids, puisqu'elle vit en Écosse[4] et en Suède[5].

On a employé sa chair en médecine[6].

M. Cetti[7] a fait mention d'un serpent de Sardaigne qu'on y nomme le *nageur* ou *vipère d'eau ;* la couleur de ce reptile est cendrée et variée par des taches blanches et noires ; il n'a point de venin, et sa longueur ordinaire est de deux pieds. Peut-être appartient-il à l'espèce de la couleuvre à collier, qui aurait subi, d'une manière plus ou moins marquée, l'influence du climat de la Sardaigne, plus chaud que celui de nos contrées.

LA LISSE[8]

Coluber (Natrix) lævis, MERR. — *Col. lævis,* LACÉP., LATR. — *Col. austriacus,* GMEL. DAUD. — *Coronella austriaca,* LAUR.

Cette couleuvre a beaucoup de rapports, par sa conformation et par sa grandeur, avec le serpent à collier ; elle est, comme ce dernier reptile, très commune dans plusieurs contrées de l'Europe, et particulièrement aux environs de Vienne, en Autriche, où elle a été très bien décrite et observée avec soin par M. Laurent. Elle se trouve aussi dans quelques provinces sep-

1. Lettre de M. de Sept-Fontaines.
2. Gesner, à l'endroit déjà cité.
3. L'on peut voir particulièrement, à ce sujet, dans les Mémoires des curieux de la nature, une observation très détaillée du docteur Fromman, médecin de Franconie, et d'après laquelle on pourrait penser que, dans certaines circonstances, il serait difficile de faire sortir le serpent par la bouche sans risquer de faire étouffer celui qui l'aurait avalé. Mémoire des curieux de la nature, décade I, observ. 190. Voyez aussi Gesner, à l'endroit déjà cité ; Taberna Montanus, liv. Ier ; Tragus, Olaus Magnus, Grégoire Horstius (Epist. med., sect. 6), et même Hippocrate, le père de la médecine.
4. Sibbald, à l'endroit déjà indiqué.
5. *Fauna succica.*
6. Matthiole.
7. *Histoire naturelle des amphibies et des poissons de la Sardaigne,* par M. François Cetti.
8. *Coronella austriaca, Laurenti specimen medicum,* tab. 5, fig. 1.

tentrionales de France, et nous en avons vu un individu dans la collection de M. d'Antic; mais comme le commencement de notre article sur la nomenclature des serpents était déjà imprimé lorsque nous avons su que la lisse n'était pas étrangère à nos contrées, nous ne l'avons pas comprise parmi les serpents de France, dont nous avons rapporté les noms dans ce même article relatif à la nomenclature des reptiles. Les habitants de la campagne ont souvent confondu la lisse avec la couleuvre à collier, ou ne l'ont regardée que comme une variété de cette dernière, et leur opinion a pu être fondée sur ce qu'on les a vues quelquefois accouplées ensemble. Elles forment cependant deux différentes espèces, et il est aisé de distinguer l'une de l'autre par la forme des écailles qu'elles ont sur le dos. Celles du serpent à collier sont relevées par une arête, ainsi que nous l'avons dit, au lieu que celles de la couleuvre dont il est ici question sont très unies; et c'est de là que nous avons tiré le nom de *lisse*, que nous avons cru devoir lui donner.

Le sommet de la tête de cette couleuvre est garni de neuf grandes écailles très luisantes et très polies, disposées sur quatre rangs, comme celles que l'on voit sur la tête de la couleuvre à collier et de la couleuvre verte et jaune. Ses yeux sont couleur de feu et placés au milieu d'une bande très brune qui s'étend depuis le coin de la bouche jusqu'aux narines; les écailles qui couvrent les mâchoires sont bleuâtres; on voit sur le derrière de la tête deux taches assez grandes d'un jaune un peu foncé, et depuis cet endroit jusqu'à l'extrémité de la queue, règnent des taches plus petites disposées sur deux rangs, et placées de manière que celles d'une rangée correspondent aux intervalles qui séparent les taches de l'autre rang. Le fond de la couleur du dos est bleuâtre, mêlé de roux vers les côtés du corps où l'on remarque aussi quelques taches. Les plaques qui revêtent le dessous du corps et de la queue sont très polies, très luisantes, un peu transparentes, blanchâtres, et présentent des taches rousses, ordinairement d'autant plus grandes qu'elles sont plus près de l'anus[1], et les jeunes individus ont quelquefois le dessous du corps et la queue d'un roux très vif qui approche du rouge.

La lisse paraît aimer les endroits humides; on la trouve communément dans les vallons ombragés. Il est quelquefois aisé de l'irriter lorsqu'elle est dans l'état sauvage; mais en la prenant jeune, on parvient aisément à la rendre très douce et très familière, et on est d'autant moins fâché de la voir dans les maisons qu'elle ne répand point de mauvaise odeur sensible, au moins dans les contrées un peu froides. Elle n'a point de crochets mobiles; elle ne contient aucun venin, et M. Laurenti s'en est assuré en éprouvant les effets de sa morsure sur des chiens, des chats et des pigeons[2].

La lisse se trouve non seulement en Europe, mais dans les Indes occi-

---

1. Les grandes plaques sont communément au nombre de cent soixante-dix-huit, et les paires de petites plaques au nombre de quarante-six.

2. *Laurenti specimen medicum*, p. 186.

dentales et dans les grandes Indes, d'où un individu de cette espèce a été envoyé pour le Cabinet du roi. M. Laurenti regarde, avec raison, comme une variété de cette espèce, une couleuvre dont Séba a donné la figure (t. Ier, pl. 52, fig. 4), et qui en différait un peu par la couleur rouge du dos, en supposant que cette teinte ne fût pas un effet de l'esprit-de-vin sur l'individu décrit par Séba. Nous aurions regardé aussi comme une couleuvre lisse le serpent dont Gronovius a parlé n° 221, que Séba a fait représenter (t. 2, pl. 33, fig. 1), et qui a de très grands rapports avec ce reptile, si M. Laurenti, qui a observé la lisse vivante, n'avait dit expressément qu'elle était très différente de ce serpent de Gronovius.

M. Cetti a fait mention d'une couleuvre de Sardaigne, appelée *vipera di Secco*, vipère de terre. Elle inspire une grande frayeur aux habitants de la campagne, quoiqu'elle ne soit pas venimeuse; elle n'a point de crochets mobiles; sa longueur est de plus de trente pouces; le dessous de son corps est noirâtre, et le dessus tacheté de noir, comme le dos de la vipère commune, dit M. Cetti[2] : peut-être ce serpent est-il une variété de la couleuvre lisse.

LA QUATRE-RAIES

Coluber (Natrix) Elaphis, Merr. — *Col. Elaphis*, Shaw., Cuv. — *Col. quatuorlineatus*, Lacép. — *Col. quaterradiatus*, Gmel. — *Col. quadrilineatus*, Latr., Daud., Fitz.

Nous donnons ce nom à une couleuvre envoyée de Provence au Cabinet du roi, et dont le dessus du corps, plus ou moins blanchâtre ou fauve, présente quatre raies foncées qui en parcourent toute la longueur. Les deux raies extérieures se prolongent jusqu'au-dessus des yeux, derrière lesquels elles forment une espèce de tache noire très allongée; elles s'étendent ensuite jusqu'au-dessus du museau, où elles se réunissent. Le dessus de la tête est recouvert de neuf grandes écailles disposées sur quatre rangs, ainsi que dans la couleuvre à collier et dans la verte et jaune. Les écailles du dos sont relevées par une arête; celles qui garnissent les côtés du corps sont unies. L'individu de cette espèce, envoyé au Cabinet du roi, avait deux cent dix-huit grandes plaques et soixante-treize paires de petites[3]. Sa longueur totale était de trois pieds neuf pouces, et celle de sa queue de huit pouces six lignes.

Nous ignorons quelles sont les habitudes de la quatre-raies; mais comme sa conformation ressemble beaucoup à celle de la couleuvre verte et jaune, et qu'elles habitent le même climat, leurs manières de vivre doivent être très analogues.

---

1. Ce serpent, décrit par Gronovius, avait cent soixante-quatorze grandes plaques et soixante paires de petites.
2. *Histoire naturelle de la Sardaigne*, par M. François Cetti.
3. On voyait, entre l'anus et les grandes plaques, deux paires de petites.

LE SERPENT D'ESCULAPE (Coluber Æsculapii Linn)
d'après le RÈGNE ANIMAL de Cuvier édition V. Masson

Garnier frères Editeurs.

Imp. R. Tacussel, Paris.

LE SERPENT D'ESCULAPE[1]

Coluber (Natrix) Æsculapii, MERR. — *Col. Æsculapii,* LACÉP., LATR., DAUD.,
CUV., FITZ.

Ce nom a été donné à plusieurs espèces de serpents, tant par les voyageurs que par les naturalistes; il a été attribué à des serpents d'Europe et à
des serpents d'Amérique; mais nous ne le conservons à aucune autre espèce
qu'à celle qui se trouve aux environs de Rome, et qui paraît être en possession, depuis plus de dix-huit siècles, de cette dénomination de *serpent d'Esculape,* comme si l'innocence des habitudes et la douceur de ce reptile l'avaient
fait choisir de préférence pour le symbole de la divinité bienfaisante, très
souvent désignée, ainsi que nous l'avons dit, par l'emblème du serpent[2].
Nous ne donnerons donc ce nom de serpent d'Esculape ni à la couleuvre
que M. Linné a appelée ainsi ni à plusieurs autres espèces que Séba a nommées de même; et nous croyons d'autant plus que la description que nous
allons faire concerne le serpent d'Esculape des anciens Romains, que l'individu qui en a été le sujet a été envoyé des environs de Rome au Cabinet du
roi.

La tête de ce serpent est assez grosse à proportion du corps; le dessus en
est garni de neuf grandes écailles disposées sur quatre rangs, comme dans
la verte et jaune. Celles qui couvrent le dos sont ovales et relevées par une
arête; mais celles qui revêtent les côtés sont unies. La couleur générale du
dessus du corps est d'un roux plus ou moins clair; et l'on voit, de chaque
côté du dos, une bande longitudinale obscure et presque noire, surtout vers
le ventre. Les écailles qui touchent les grandes plaques du dessus du corps
sont blanches, et la moitié de ces écailles, la plus voisine de ces grandes
plaques, est bordée de noir, ce qui forme, de chaque côté du ventre, une
rangée de petits triangles blanchâtres. Nous avons compté cent soixante-
quinze grandes plaques et soixante-quatre paires de petites; les unes et les
autres sont blanchâtres et tachetées d'une couleur foncée. La longueur de
la queue était de neuf pouces trois lignes dans l'individu qui fait partie de
la Collection du roi, et la longueur totale de trois pieds dix pouces.

Ce serpent, qui a de grands rapports, ainsi qu'on peut le voir, avec la
couleuvre verte et jaune, la couleuvre à collier, la lisse et la quatre-raies,
est aussi doux et peut-être même naturellement plus familier que ces quatre
couleuvres. Il se trouve dans presque toutes les régions chaudes ou tempérées de l'Europe, en Espagne, en Italie, et particulièrement aux environs de
Rome. Non seulement il se laisse caresser par les enfants et manier par les
charlatans qui s'en servent pour s'attribuer, aux yeux du peuple, un pouvoir

1. *Pareia.* — *Anguis Æsculapii.* Rai, *Synopsis serpentini generis,* p. 291.
2. Discours sur la nature des serpents.

merveilleux sur les animaux les plus funestes, mais il se plaît dans les lieux habités; il s'introduit dans les maisons, et même quelquefois il se glisse innocemment jusque dans les lits. Ses autres habitudes doivent ressembler beaucoup à celles de la couleuvre commune et de la couleuvre à collier.

M. Faujas de Saint-Fond a eu la bonté de me donner une dépouille de serpent trouvée dans une de ses terres, auprès de Montélimart, en Dauphiné; comme elle est très entière et qu'il est extrêmement rare d'en avoir d'aussi bien conservées, je l'ai examinée avec soin, et avec d'autant plus d'attention, qu'elle démontre d'une manière incontestable la manière dont se dépouille le serpent auquel elle a appartenu. Après avoir comparé les diverses observations recueillies au sujet du dépouillement des reptiles, on peut croire que tous les serpents se dépouillent à peu près de la même manière. J'ai d'abord cherché de quelle espèce était le serpent dont cette dépouille avait fait partie. Il était évidemment du genre des couleuvres; j'ai compté les grandes et les petites plaques; j'ai trouvé cent soixante-seize grandes plaques et quatre-vingt-neuf paires de petites. La couleuvre verte et jaune ayant ordinairement deux cent six grandes plaques, et la couleuvre à quatre-raies en ayant deux cent dix-huit, j'ai cru ne devoir pas leur rapporter le serpent dont j'avais la dépouille sous les yeux, d'autant plus que la quatre-raies a deux paires de petites plaques entre les grandes plaques et l'anus, et que sur la dépouille on ne voit, dans cet endroit, qu'une paire de petites plaques. La lisse et la couleuvre à collier m'ont paru aussi avoir trop peu de rapports de conformation et de grandeur avec le serpent dont j'examinais la dépouille, pour être de la même espèce[1]. Ainsi, parmi les diverses couleuvres observées en France, ce n'est qu'à celle d'Esculape que j'ai cru devoir rapporter ce serpent. Il se rapproche, en effet, beaucoup de cette couleuvre d'Esculape, par le nombre des grandes et des petites plaques, par la forme des écailles qui garnissent le dos, les côtés du corps, le sommet de la tête et les mâchoires, par les proportions des diverses parties, et enfin par la grandeur, la dépouille que M. Faujas de Saint-Fond m'a procurée ayant quatre pieds cinq pouces de longueur totale, et un pied quatre lignes depuis l'anus jusqu'à l'extrémité de la queue. Je n'ai pu juger de la ressemblance ou de la différence des couleurs de ces deux serpents, la dépouille étant très mince, sèche, transparente et entièrement décolorée. Quoi qu'il en soit, l'objet intéressant n'est pas de savoir à quel reptile a appartenu la dépouille trouvée dans la terre de Saint-Fond, mais de prouver, par cette dépouille, la manière dont le serpent a dû quitter sa vieille peau.

Cette dépouille, quoique entière, est tournée à l'envers d'un bout à l'autre; elle présente le côté qui était l'intérieur lorsqu'elle faisait partie de l'animal. Le reptile a dû commencer de s'en débarrasser par la tête, n'y ayant

---

1. Nous avons vu que la couleuvre à collier a ordinairement cent soixante-dix grandes plaques et soixante paires de petites, et que la lisse a quarante-six paires de petites plaques et cent soixante-dix-huit grandes plaques ou écailles.

pas d'autre ouverture que la gueule par où il ait pu sortir de cette espèce de sac. Lorsque le serpent exécute cette opération, les écailles qui recouvrent les mâchoires sont les premières qui se retournent en se détachant du palais et en demeurant toujours très unies avec les écailles du dessus et du dessous de la tête. Ces dernières se retournent ensuite jusqu'aux coins de la gueule, et on pourrait voir alors la tête du serpent, depuis le museau jusque derrière les yeux, revêtue d'une peau nouvelle, et faisant effort pour continuer de se dégager de l'espèce de fourreau dans lequel elle est encore un peu renfermée. Ce fourreau continue de se retourner comme un gant, de telle manière que, pendant que la véritable tête de l'animal s'avance dans un sens pour s'en débarrasser, le museau de la vieille peau, qui est toujours bien entière, s'avance, pour ainsi dire, vers la queue, pour que cette vieille peau achève de se retourner. Les yeux se dépouillent comme le reste du corps ; la cornée se détache en entier, ainsi que les paupières de nature écailleuse qui l'entourent, et elle conserve sa forme dans la dépouille desséchée, où elle présente à l'extérieur son côté concave, attendu que cette dépouille n'est que la peau retournée. Les écailles s'enlèvent en entier avec la partie de l'épiderme à laquelle elles étaient attachées. Cet épiderme forme une sorte de cadre autour de chaque écaille, ainsi qu'autour de chaque plaque, grande ou petite. Ce cadre ne suit pas précisément le contour de chaque écaille ou de chaque plaque, mais il fait le tour de la partie de la plaque ou de l'écaille qui tenait à la peau et qui ne pouvait pas s'en séparer dans les divers mouvements de l'animal. Ces différents cadres, qui se touchent, forment une sorte de réseau moins transparent que les écailles, qui paraissent en remplir les intervalles comme autant de facettes et de lames presque diaphanes. Le serpent, en se tournant en différents sens et en se frottant contre le terrain qu'il parcourt, ainsi que contre les divers corps qu'il rencontre, achève de se débarrasser de sa vieille peau, qui continue de se retourner. Le museau de cette vieille peau dépasse bientôt l'extrémité de la queue dans le sens opposé à celui dans lequel s'avance le serpent, de telle sorte que, pendant que le reptile, revêtu d'une peau et d'écailles nouvelles, sort de son fourreau qui se replie en arrière, ce fourreau paraît comme un autre reptile qui engloutirait le serpent, et dans la gueule duquel on verrait disparaître l'extrémité de sa queue. Vers la fin de l'opération, le serpent et la dépouille, tournés en sens contraire, ne tiennent plus l'un à l'autre que par la dernière écaille du bout de la queue, qui se détache aussi, mais sans se retourner[1]. On verra aisément que cette manière de quitter la vieille peau a beaucoup de rapports avec celle dont se dépouillent les salamandres à queue plate[2].

1. Nous avons déposé au Cabinet du roi la dépouille trouvée dans la terre de M. Faujas.
2. Article des *Salamandres à queue plate*.

LA VIOLETTE

Coluber (Natrix) calamarius, var. *g,* MERR. — *C. calamarius,* LINN., LACÉP., DAUD.

Nous donnons ce nom à une espèce de couleuvre dont un individu fait partie de la Collection du roi. Ce serpent n'est point venimeux ; ses mâchoires sont garnies d'un double rang de petites dents immobiles et ne présentent point de crochets mobiles et creux. Il a le sommet de la tête garni de neuf grandes écailles placées sur quatre rangs, comme dans la couleuvre verte et jaune ; son dos est revêtu d'écailles unies en losange et d'un violet plus ou moins foncé, et le dessous de son corps est blanchâtre, avec des taches violettes irrégulières, assez grandes et placées alternativement à droite et à gauche. Nous avons compté cent quarante-trois grandes plaques et vingt-cinq paires de petites. L'individu que nous avons mesuré avait deux pouces trois lignes depuis l'anus jusqu'à l'extrémité de la queue, et sa longueur totale était d'un pied cinq pouces trois lignes.

LE DEMI-COLLIER [1]

Coluber (Natrix) monilis, MERR. — *Coluber monilis,* LINN., LACÉP., DAUD. — *Col. horridus,* DAUD. — *Col. buccatus,* LINN., LACÉP., LAUR., LATR. — *Vipera buccata,* DAUD.

L'on conserve au Cabinet du roi un individu de cette espèce, qui y a été envoyé du Japon sous le nom de *kokura.* Il a un pied sept pouces de longueur totale et quatre pouces dix lignes depuis l'anus jusqu'à l'extrémité de la queue. Il n'est point venimeux et n'a point de crochets mobiles. Le sommet de sa tête est garni de neuf grandes écailles qui forment quatre rangs : celles du dos sont en losange et relevées par une arête. Nous avons compté cent soixante-dix grandes plaques et quatre-vingt-cinq paires de petites [2].

Les couleurs du serpent demi-collier sont très agréables ; on voit sur son dos, dont la couleur générale est brune, de petites bandes transversales blanchâtres et bordées d'une petite raie plus foncée que le fond ; le dessus de sa tête est blanc, bordé de brun, et présente trois taches rondes et blanches placées sur son cou, et qui forment comme un demi-collier. Cette couleuvre se trouve non seulement au Japon, mais encore en Amérique [3].

1. *Le Collier.* M. Daubenton, Encyclopédie méthodique. — *Col. monilis.* Linn., *Amphib.,* serpent.
2. L'individu décrit par M. Linné avait cent soixante-quatre grandes plaques et quatre-vingt-deux paires de petites.
3. M. Linné, à l'endroit cité.

LE LUTRIX[1]

Coluber (Natrix) arctiventris, MERR. — *Coluber Lutrix*, LINN.? LACÉP.
— *Col. arctiventris*, DAUD. — *Duberria arctiventris*, FITZ.

Les couleurs de ce serpent sont peu nombreuses, mais forment un assortiment aussi agréable et aussi brillant que simple ; le dessus et le dessous de son corps sont jaunes, et ses nuances ressortent d'autant mieux qu'il a les côtés bleuâtres.

Cette couleuvre, que M. Linné a fait connaître, se trouve dans les Indes ; l'individu qu'il a décrit avait cent trente-quatre grandes plaques et vingt-sept paires de petites. Nous ignorons quelles sont ses habitudes naturelles ; M. Linné ne l'a pas regardé comme venimeux.

LE BALI[2]

Coluber (Natrix) plicatilis, MERR. — *Col. plicatilis*, LINN., LATR., DAUD.
— *Cerastes plicatilis*, LAUR. — *Elaps plicatilis*, SCHN.

Tout ce que l'on connaît des mœurs de ce beau serpent, auquel nous conservons, avec M. Daubenton, la première partie du nom, trop dur et composé (Bali-Salan-Bockit), qu'il porte dans son pays natal, c'est qu'il vit dans les contrées les plus chaudes de l'Asie, et particulièrement dans l'île de Ternate. Les écailles qui revêtent le dessus de son corps sont en losange, unies, d'un jaune très pâle et blanches à leur extrémité. Des deux côtés du corps règne une bande longitudinale dont on a comparé la couleur au rouge du corail[3]. L'extrémité des écailles qui forment cette bande est également bordée de blanc. Les grandes plaques qui garnissent le dessous du corps sont blanchâtres ; les deux bouts de chacune présentent un point jaune plus ou moins foncé. Et comme les écailles qui les touchent sont blanches et marquées chacune d'un point jaunâtre, tout le dessous du corps du serpent présente quatre cordons longitudinaux de points plus ou moins jaunes, qui se marient d'une manière très agréable avec la blancheur du ventre et servent à distinguer le bali d'avec les autres serpents. Les petites plaques, qui revêtent le dessous de la queue, sont blanches et ont chacune une tache jaune, ce qui forme deux files de points jaunâtres semblables à ceux que l'on voit sur le ventre.

1. *Le Lutrix*. M. Daubenton, Encyclopédie méthodique. — *Col. Lutrix*. Linn., *Amphib. serpent.*
2. *Le Bali*. M. Daubenton, Encyclopédie méthodique. — *Coluber plicatilis*. Linn., *Amphib. serpent.* — Mus. Ad. Fr., 1, p. 23. — Séba, mus. 1, tab. 57, fig. 5. — *Cerastes plicatilis*, 168. *Laurenti specimen medicum.*
3. Séba, à l'endroit déjà cité.

Cette espèce devient assez grande, et l'individu conservé au Cabinet du roi, et sur lequel nous avons fait notre description, avait six pieds six pouces de longueur.

Le bali a ordinairement cent trente et une grandes plaques sous le corps et quarante-six paires de petites plaques sous la queue[1].

LA COULEUVRE DES DAMES [2]

Coluber (Natrix) Domicella, Merr. — *Col. Domicella*, Lenn., Latr., Daud. — *Col. domicellarum*, Lacép.

Voici un des plus jolis et des plus doux serpents ; sa petitesse, ses proportions plus sveltes encore que celles de la plupart des autres espèces, ses mouvements agiles, quoique modérés, ajoutent au plaisir avec lequel on considère le mélange de ses belles teintes. Il ne présente cependant que deux couleurs, un beau noir et un blanc assez pur ; mais elles sont si agréablement contrastées ou réunies, et si animées par le luisant des écailles, que cette parure élégante et simple attire l'œil et charme d'autant plus les regards, qu'elle n'éblouit pas comme des couleurs plus riches et plus éclatantes. Des anneaux noirs traversent le dessus du corps et de la queue et en interrompent la blancheur. Ces bandes transversales s'étendent jusqu'aux plaques blanches qui revêtent le dessous du ventre ; leur largeur diminue à mesure qu'elles sont plus près du dessous du corps, et la plupart vont se réunir sous le ventre à une raie noirâtre et longitudinale qui occupe le milieu des grandes plaques. Cette raie ainsi que les bandes transversales sont irrégulières et quelquefois un peu festonnées ; mais cette irrégularité, bien loin de diminuer l'élégance de la parure de la couleuvre des dames, en augmente la variété. Le dessus de la petite tête de ce serpent présente un mélange gracieux de noir et de blanc, où cependant le noir domine ; les yeux sont très petits, mais animés par la couleur noirâtre qui les entoure.

Comme plusieurs autres serpents, celui des dames est très familier ; il ne s'enfuit pas et même il n'éprouve aucune crainte lorsqu'on l'approche ; bien plus, il semble que, très sensible à la fraîcheur plus ou moins grande qu'il éprouve quelquefois, quoiqu'il habite des climats très chauds, il recherche des secours qui l'en garantissent ; et sa petitesse, son peu de force, l'agrément de ses couleurs, la douceur de ses mouvements, l'innocence de ses habitudes inspirent aux Indiens un tel intérêt pour ce délicat animal, que le sexe le plus timide, bien loin d'en avoir peur, le prend dans ses mains, le soigne, le caresse. Les dames de la côte de Malabar, où il est très

1. Le sommet de la tête est garni de neuf écailles disposées sur quatre rangs.
2. *Le Serpent des dames.* M. Daubenton, Encyclopédie méthodique.— *Coluber Domicella*, 178. Linn., *Amphib. serpent.* — Séba, mus., 2, tab. 54, fig. 1.

commun, ainsi que dans la plupart des autres contrées des grandes Indes, cherchent à réchauffer ce petit animal lorsqu'il paraît languir et qu'il est exposé à une trop grande fraîcheur, produite par la saison des pluies, les orages ou d'autres accidents de l'atmosphère. Elles le mettent dans leur sein, elles l'y conservent sans crainte et même avec plaisir, et le petit serpent, à qui tous ces soins paraissent plaire, ne leur rendant jamais que caresse pour caresse, justifie leur goût pour cet animal paisible. Elles le tournent et retournent également dans le temps des chaleurs, pour en recevoir, à leur tour, une sorte de service et être rafraîchies par le contact de ses écailles, trop polies pour n'être pas fraîches[1]. Lorsque, dans nos climats tempérés, la beauté veut produire un effet contraire et réchauffer ses membres délicats, elle a quelquefois recours à des animaux plus sensibles, et communément plus fidèles, qui, par une suite de leur conformation plus heureuse, expriment avec plus de vivacité un attachement qu'ils éprouvent avec plus de force; mais lorsqu'elle désire, comme dans l'Inde, diminuer une chaleur incommode par l'attouchement de quelque corps froid, bien loin de se servir d'êtres animés qui, par leurs caresses répétées, ajouteraient au plaisir qu'elle a de tempérer les effets d'une chaleur excessive, elle ne recherche que des matières brutes et insensibles; elle n'emploie que de petits blocs de marbre, des boules de cristal ou des plaques métalliques; elle ne peut voir qu'avec effroi nos doux et paisibles serpents, tandis que dans les contrées équatoriales des grandes Indes, où vivent des serpents énormes, terribles par leur force ou funestes par leur poison, la crainte qu'inspirent ces reptiles dangereux n'est jamais produite par les serpents innocents et faibles, tels que la couleuvre des dames[2].

LA JOUFFLUE[3]

Coluber (Natrix) monilis, Merr. — *Col. monilis*, Linn., Latr., Daud. — *Col. buccatus*, Linn., Lacép., Laur., Latr. — *Vipera buccata*, Daud.

M. Linné a fait connaître cette couleuvre qui se trouve dans les grandes Indes. Le dos de ce serpent est roux et présente des bandes blanches disposées transversalement. Sa tête est blanche comme les bandes transversales, mais on voit sur le sommet deux petites taches rousses, et sur le museau, une tache triangulaire et de la même couleur. Il a ordinairement cent sept grandes plaques et soixante-douze paires de petites.

1. Séba, à l'endroit déjà cité.
2. Cette dernière espèce a, suivant M. Linné, cent dix-huit grandes plaques et soixante paires de petites.
3. *Le Triangle.* M. Daubenton, Encyclopédie méthodique. — *Col. buccatus.* Linn., *Amphib. serpent.* — Mus. Ad. Fr., p. 29, tab. 19, fig. 3.

LA BLANCHE [1]

Col. (Natrix) albus, LINN., LACÉP., LATR., DAUD. — *Anguis alba*, LAUR., GMEL.
— *Col. brachyurus*, SHAW.

On pourrait, au premier coup d'œil, confondre cette couleuvre avec la très blanche dont nous avons déjà parlé ; toutes les deux sont ordinairement d'un très beau blanc, qui n'est relevé par aucune tache ; mais, pour peu qu'on les examine avec attention, on voit qu'elles diffèrent beaucoup l'une de l'autre. La blanche n'a que cent soixante-dix grandes plaques et vingt paires de petites, au lieu que la très blanche a ordinairement soixante paires de petites et deux cent neuf grandes plaques. Nous avons répété, à la vérité, très souvent que le nombre des plaques, grandes ou petites, n'était presque jamais constant ; mais nous n'avons vu, dans aucune espèce de serpent, ce nombre varier de cent soixante-dix à deux cent neuf pour les grandes lames, et en même temps de vingt à soixante pour les petites. D'ailleurs la couleuvre blanche n'est pas venimeuse, et ses mâchoires ne sont pas garnies de crochets mobiles, comme celles de la très blanche, qui contient un venin très actif. Ainsi leurs propriétés sont encore plus différentes que leur conformation ; ces propriétés sont même trop dissemblables pour que leurs habitudes naturelles soient les mêmes ; en outre, c'est en Afrique qu'on trouve la très blanche, et la couleuvre blanche habite les grandes Indes. On a donc été très fondé à les regarder comme appartenant à deux espèces très distinctes.

LE TYPHIE [2]

Coluber (Natrix) Typhius, LINN. — *Col. Typhius*, LACÉP., LATR., DAUD., FITZ.

Ce serpent se trouve dans les grandes Indes, et c'est M. Linné qui l'a fait connaître. Suivant ce naturaliste, cette couleuvre est bleuâtre et a cent quarante grandes plaques et cinquante-trois paires de petites.

L'on conserve au Cabinet du roi un serpent dont le dessus du corps est d'un vert très foncé et ne présente aucune tache, non plus que le dessus du corps du typhie. Comme il a cent quarante et une grandes plaques et cinquante paires de petites, et que par là il se rapproche beaucoup de cette dernière couleuvre, il se pourrait d'autant plus qu'il fût de la même espèce, que la couleuvre verte de l'individu de la Collection du roi et la couleur bleue

---

1. *Le Blanc.* M. Daubenton, Encyclopédie méthodique. — *Col. albus.* Linn., *Amphib. serpent.* — Mus. Ad. Fr. 1, p. 24, tab. 14, fig. 2.
2. *Le Typhie.* M. Daubenton, Encyclopédie méthodique. — *Col. Typhius.* Linn., *Amphib. serpent.*

de celui qu'a décrit M. Linné sont peut-être l'effet de l'esprit-de-vin dans lequel les deux serpents ont été conservés. Nous croyons donc ne pouvoir mieux placer que dans cet article la description de cette couleuvre, d'un vert très foncé, qui fait partie de la collection de Sa Majesté. Sa longueur totale est d'un pied sept pouces six lignes, et la longueur de sa queue de trois pouces dix lignes. Neuf écailles placées sur quatre rangs garnissent le sommet de sa tête; elle n'a point de crochets mobiles; les écailles qui revêtent son dos sont ovales et relevées par une arête. Le dessus du corps est jaunâtre, et chaque grande plaque présente deux taches noirâtres, ce qui forme deux espèces de raies longitudinales; la plaque la plus voisine du dessous du museau n'offre point de tache, et on n'en voit qu'une sur les deux plaques qui la suivent. Il n'y a sous la queue qu'une rangée de ces taches noirâtres.

LE RÉGINE [1]

Coluber (Natrix) Reginæ, Merr. — *Col. Reginæ,* Linn., Lacép., Latr., Daud., Fitz.

C'est un serpent des grandes Indes, dont M. Linné a donné la description. Le dessus du corps de cette couleuvre est d'un brun plus ou moins foncé, et le dessous est varié de blanc et de noir. Elle a cent trente-sept grandes plaques et soixante-dix paires de petites. On sait qu'elle ne contient pas de venin, mais on ignore quelles sont ses habitudes naturelles.

LA BANDE-NOIRE

Coluber (Natrix) agilis, Merr. — *Col. Æsculapii* et *Col. agilis,* Linn. — *Natrix Æsculapii,* Laur. — *C. nigro-fasciatus,* Lacép. — *C. atro-cinctus,* Daud. — *Pseudelaps agilis,* Fitz.

C'est une des couleuvres auxquelles plusieurs naturalistes ont donné le nom de *serpent d'Esculape*, que nous avons conservé uniquement à une espèce des environs de Rome. Elle n'est point venimeuse et ne fait aucun mal à ceux qui la manient. On voit entre ses deux yeux une bande noire assez marquée et placée au-dessus de neuf grandes écailles qui revêtent le sommet de sa tête et y sont disposées sur quatre rangs, comme dans la couleuvre commune verte et jaune. Le dos est garni d'écailles ovales et unies; le fond de sa couleur est

1. *Le Régine.* M. Daubenton, Encyclopédie méthodique. — *Col. Reginæ.* Linn., *Amphib. serpent.* — Mus. Ad. Fr. p. 24, tab. 13, fig. 3.

2. *La Bande-noire.* M. Daubenton, Encyclopédie méthodique. — *Col. Æsculapii.* Linn., *Amphib. serpent.* — Mus. Ad. Fr. 1, tab. 11, fig. 2. — Gronov. mus. 2. p. 59, n° 18. — *Natrix Æsculapii,* 151. *Laurenti specimen medicum.*
Séba, mus. 2, tab. 18, fig. 4. — *Col. Æsculapii. Hist. natur. du Chili,* par M. l'abbé Molina, traduite de l'italien en français, par M. Gruvel, p. 197.

pâle, et il présente plusieurs bandes transversales noires, assez larges, et dont quelques-unes s'étendent sur le ventre et font le tour du corps. La bande noire a ordinairement cent quatre-vingts grandes plaques et quarante-trois paires de petites ; sa longueur totale est de dix-huit pouces, et celle de sa queue, de trois. On trouve ce serpent dans les Indes, et, suivant M. l'abbé Molina, il est très commun dans le Chili, où il n'a quelquefois que cent soixante-seize grandes plaques et quarante-deux paires de petites, et où il parvient à la longueur de trois pieds[1].

L'AGILE [2]

Coluber (Natrix) agilis, Merr. — *Col. agilis,* Linn., Lacép., Latr., Daud. — *C. Æsculapii,* Linn. Mus. Ad. Fridir.) — *Cerastes agilis,* Laur. — *C. atrocinctus.* Daud. — *Pseudelaps agilis,* Fitz.

On n'a qu'à jeter les yeux sur cette couleuvre, dont le corps est très menu relativement à sa longueur, pour voir qu'elle doit mériter le nom d'*agile*; ses proportions très déliées annoncent, en effet, la vitesse et la légèreté de ses mouvements. L'individu que nous avons décrit, et qui fait partie de la collection de Sa Majesté, a un pied huit pouces de longueur depuis le bout du museau jusqu'à l'extrémité de la queue, qui est longue de quatre pouces trois lignes. Sa tête est couverte de neuf grandes écailles disposées sur quatre rangs. Ses mâchoires ne sont point armées de crochets mobiles. Les yeux sont gros, et d'un œil à l'autre s'étend une petite bande brune d'autant plus aisée à distinguer, que le reste du dessus de la tête est d'un blanc assez éclatant. Les écailles qui revêtent le dos de cette couleuvre sont en losange et unies. Tout le dessus du corps présente des bandes transversales irrégulières, alternativement blanches et brunes, et le dessus du corps est blanchâtre[3].

Suivant M. Laurenti, les bandes brunes que l'on voit sur le dos de la couleuvre agile sont pointillées de noir.

Ce serpent doit se nourrir principalement de chenilles, car c'est sous le nom de *mangeur de chenilles* qu'il a été envoyé au Cabinet du roi. On le trouve dans l'île de Ceylan.

1. Voyez l'endroit déjà cité.
2. *L'Agile.* M. Daubenton, Encyclopédie méthodique. — *Col. Agilis.* Linn., *Amphib. serpent.* — *Amœn. mus. princ.* p. 585, n° 33. — Mus. Ad. Fr. 1, p. 27, tab. 22, fig. 2. — *Cerastes agilis,* 171. *Laurenti specimen medicum.*
3. Nous avons compté, dans un individu, cent soixante-quatorze grandes plaques et soixante paires de petites ; mais ordinairement l'agile n'a que cinquante paires de petites plaques et cent quatre-vingt-quatre grandes plaques ou lames.

LE PADÈRE [1]

Coluber (Natrix) Padera, MERR. — *Col. Padera,* LINN., LACÉP., LATR., DAUD.

Les couleurs de ce serpent présentent une distribution assez remarquable ; le dessus de son corps est blanc, et sur ce fond éclatant l'on voit plusieurs taches brunes disposées le long du dos, placées par paires et réunies par une petite ligne. Les côtés du corps offrent un égal nombre de taches isolées. On trouve cette couleuvre dans les grandes Indes, et elle a cent quatre-vingt-dix-huit grandes plaques et cinquante-six paires de petites.

LE GRISON [2]

Coluber (Natrix) canus, MERR. — *Coluber canus,* LINN., LATR., DAUD.
— *Coluber cinerascens,* LACÉP.

Cette couleuvre est blanche ; mais son dos présente des bandes transversales roussâtres, ce qui, à une petite distance, doit la faire paraître d'un gris plus ou moins foncé ; aussi avons-nous adopté le nom de *grison,* qui lui a été donné par M. Daubenton. On voit sur les côtés de ce serpent deux points d'un blanc de neige ; il a cent quatre-vingt-huit grandes plaques et soixante-dix paires de petites et n'a encore été observé que dans les Indes.

LA QUEUE-PLATE [3]

Platurus fasciatus, LATR., MERR., DAUD. — *Coluber laticaudatus,* LINN., LACÉP.
— *Laticauda scutata,* LAUR. — *Hydrus colubrinus,* SCHN.

Il est très aisé de distinguer cette couleuvre d'avec les autres serpents du même genre, que l'on a observés jusqu'à présent. Sa queue, au lieu d'être ronde, comme celle de la plupart des autres couleuvres, est comprimée par les côtés, et tellement aplatie, surtout vers son extrémité, que l'on pourrait la comparer à une lame verticale ; et le bout de cette queue si comprimée

---

1. *Le Padère.* M. Daubenton, Encyclopédie méthodique. — *Col. Padera.* Linn., *Amphib. serpent.* Mus. Ad. Fr. 2, p. 44.
2. *Le Grison.* M. Daubenton, Encyclopédie méthodique. — *Col. canus.* Linn., *Amphib. serpent.* — Mus. Ad. Fr. 1, p. 31, tab. 11, fig. 1.
3. *Le Serpent large-queue.* M. Daubenton, Encyclopédie méthodique. — *Col. laticaudatus.* Linn., *Amphib. serpent.* — Mus. Ad. Fr. 1, p. 31, tab. 16, fig. 4. *Laticauda scutata,* 241. *Laurenti specimen medicum.*

est terminé par deux grandes écailles arrondies et appliquées l'une contre l'autre dans le sens de l'aplatissement. Lorsque la couleuvre se meut, sa queue ne touche à terre que par une espèce de tranchant occupé par les paires de petites plaques, qui sont très peu sensibles et ne diffèrent guère en grandeur des écailles du dos. Cette conformation doit faire présumer que la couleuvre se sert peu de sa queue pour ramper, et cette partie paraît lui être bien plus utile pour frapper à droite ou à gauche, ou pour se diriger en nageant et agir sur l'eau comme par une espèce d'aviron. On pourrait donc croire que ce serpent vit beaucoup plus au milieu des eaux que dans les endroits secs ; mais l'on ne connaît point ses habitudes naturelles, et l'on sait seulement qu'il se trouve dans les grandes Indes.

Il a quarante-deux paires de petites plaques, placées sur l'espèce de tranchant que présente sa queue, ainsi que nous venons de le dire ; deux cent vingt-six grandes plaques garnissent le dessous de son ventre. Sa tête est couverte de neuf grandes écailles, disposées sur quatre rangs. Nous avons cru apercevoir deux crochets mobiles à la mâchoire supérieure, et dès lors nous aurions placé la queue-plate parmi les couleuvres vénéneuses ; mais l'individu que nous avons décrit n'était pas assez bien conservé dans toutes ses parties, pour que nous n'ayons pas préféré de suivre l'opinion de M. Linné, qui a très bien connu la couleuvre dont il s'agit dans cet article. Nous laisserons donc la queue-plate parmi les couleuvres qui n'ont pas de venin, jusqu'à ce que de nouvelles observations aient confirmé nos doutes relativement à la forme de ses dents et à la nature de ses humeurs.

Les écailles du dos de la queue-plate sont rhomboïdales et unies ; le dessous du corps est presque blanc, le dessus est d'un cendré bleuâtre et présente de larges bandes, d'une couleur très foncée, qui s'étendent jusque sur le ventre et font le tour du corps.

L'individu que nous avons décrit avait deux pieds de longueur totale, et sa queue était longue de deux pouces neuf lignes.

LA BLANCHATRE [1]

Coluber (Natrix) annulatus, Merr. — Col. annulatus, Linn., Latr., Daud. — Col. candidus et Col. albo-fuscus, Lacép., Latr. — Col. ignobilis, Laur. — Col. orientalis, Gmel. — Col. Epidaurius, Herm.

Cette couleuvre est blanchâtre et présente des bandes transversales brunes. Elle a deux cent vingt grandes plaques et cinquante paires de petites : elle se trouve dans les Indes.

On conserve au Cabinet du roi une couleuvre qui a de très grands

---

1. La Blanchâtre. M. Daubenton, Encyclopédie méthodique. — Col. candidus. Linn., Amphib. serpent. — Mus. Ad. Fr. 1, p. 33, tab. 7, fig. 1.

rapports avec la blanchâtre, mais qui cependant a un trop petit nombre de grandes plaques pour que nous puissions assurer qu'elle soit de la même espèce ; elle n'a, en effet, que cent quatre-vingt-trois grandes plaques ; le dessous de sa queue est couvert de quatre-vingt-sept paires de petites ; sa tête est garnie de neuf grandes écailles, son dos couvert d'écailles en losange et unies, sa mâchoire supérieure sans crochets mobiles, et ses couleurs ressemblent à celles de la blanchâtre [1].

LA RUDE [2]

Coluber (Natrix) scaber, Merr. — *Col. scaber*, Linn., Lacép., Latr., Daud.

Les écailles qui revêtent le dos de cette couleuvre sont relevées par une arête, de manière à être un peu rudes au toucher, et de là viennent les divers noms qui lui ont été donnés par les naturalistes. Le dessus de sa tête présente une tache noire qui se sépare en deux dans la partie opposée au museau ; et le dessus du corps est comme ondé de noir et de brun. On la trouve dans les Indes, et elle a ordinairement deux cent vingt-huit grandes plaques et quarante-quatre paires de petites.

LE TRISCALE [3]

Elaps triscalis, Merr. — *Col. corallinus*, Linn., Lacép. — *Col. triscalis*, Linn., Lacép., Latr., Daud. — *Vipera corallina*, Latr., Daud.

Les couleurs dont brillent à nos yeux les belles fleurs qui décorent nos parterres ne sont peut-être ni plus vives ni plus variées que celles qui parent la robe d'un grand nombre de serpents ; voici une de ces couleuvres dont les teintes sont distribuées de la manière la plus agréable. Il paraît qu'elle se trouve dans les Indes orientales et occidentales, et nous allons décrire un individu de cette espèce conservé au Cabinet du roi, et qui y a été envoyé d'Amérique. On voit s'étendre sur son dos, dont la couleur est d'un vert de mer, quatre raies rousses qui doivent paraître comme dorées lorsque l'animal est en vie et qu'il est exposé aux rayons du soleil. Les quatre raies se réunissent en trois, ensuite en deux, et enfin forment une seule raie qui se prolonge au-dessus de la queue. Cette couleuvre a un pied quatre pouces six lignes de longueur totale ; sa queue est longue de trois pouces dix lignes ; le

1. Sa longueur totale est d'un pied huit pouces neuf lignes, et celle de sa queue, de cinq pouces neuf lignes.
2. *L'Apre*. M. Daubenton, Encyclopédie méthodique.— *Col. scaber*. Linn., *Amphib. serpent*. Mus. Ad. Fr. 1, p. 36, tab. 10, fig. 1.
3. *Le Triscale*. M. Daubenton, Encyclopédie méthodique. — *Col. Triscalis*. Linn., *Amphib. serpent*.

sommet de sa tête est couvert de neuf grandes écailles ; et celles du dos sont ovales et unies, ce qui ajoute à la beauté des couleurs que présente cette couleuvre[1].

LA GALONNÉE[2]

Elaps lemniscatus, Schn., Merr. — *Col. lemniscatus*, Linn., Lacép., Latr. — *Natrix lemniscata*, Laur. — *Vipera lemniscata*, Daud.

Parmi les serpents aussi agréables à voir qu'innocents et même familiers, la galonnée doit occuper une place distinguée. Son museau est noirâtre, et au-dessus de sa tête qui est blanche, on voit une bande noire transversale. Le dessus du corps est noir ; mais il présente un très grand nombre de bandes transversales blanches, dont les largeurs sont inégales et combinées avec symétrie. De trois en trois bandes, il y en a une quatre fois aussi large que les deux qui la précèdent, à compter du museau ; et de toute cette disposition, il résulte un mélange de blanc et de noir d'autant plus agréable, que les écailles du dos, étant très unies, rendent plus vives les couleurs de la galonnée. Ces mêmes écailles du dos sont rhomboïdales ; la tête n'est pas plus grosse que le corps, son sommet est garni de neuf grandes lames placées sur quatre rangs. La galonnée a deux cent cinquante grandes plaques et trente-cinq paires de petites.

Il paraît que cette couleuvre ne parvient qu'à une longueur très peu considérable, et tout au plus d'un ou deux pieds. Elle habite en Asie, et comme elle est très douce, on la voit sans peine dans les maisons, où elle peut plaire par l'agilité de ses mouvements, ainsi que par l'assortissement de ses couleurs, et où elle doit détruire beaucoup d'insectes toujours très incommodes dans les pays chauds.

L'ALIDRE[3]

Coluber (Natrix) Alidras, Merr. — *Col. Alidras*, Linn., Lacép., Latr., Daud.

Voici encore une preuve bien sensible de ce que nous avons dit relativement à l'insuffisance d'un seul caractère pour distinguer les diverses espèces de serpents. L'alidre ressemble, par sa couleur, à la couleuvre blanche ; elle est, comme cette dernière, d'un blanc très éclatant, presque toujours sans

---

1. Le triscale a ordinairement cent quatre-vingt-quinze grandes plaques et quatre-vingt-six paires de petites.
2. *Le Lemnisque.* M. Daubenton, Encyclopédie méthodique. — *Col. Lemniscatus.* Linn., *Amphib. serpent.* — *Amœnit.* Surinam. grill. 1. — Mus. Ad. Fr. 1, p. 34, tab. 14, fig. 1. *Natrix lemniscata. Laurenti specimen medicum.* — Séba, mus. 1, tab. 10, fig. ultima et 2, tab. 76, fig. 3.
3. *L'Alidre.* M. Daubenton, Encyclopédie méthodique. — *Col. Alidras.* Linn., *Amphib. serpent.*

tache ; mais elle en diffère par le nombre de ses grandes plaques beaucoup moins considérable que le nombre des grandes plaques de la couleuvre blanche, et par celui des petites plaques qui est au contraire plus grand dans la blanche que dans l'alidre[1].

Ce dernier serpent se trouve dans les Indes, ainsi que la couleuvre blanche.

L'ANGULEUSE[2]

Coluber (Natrix) angulatus, Merr. — *Col. angulatus*, Linn., Lacép., Latr., Daud.

C'est de l'Asie que cette couleuvre a été apportée en Europe. Elle n'est point venimeuse et n'a point de crochets mobiles. Le dessus de sa tête est couvert de neuf grandes écailles disposées sur quatre rangs ; celles que l'on voit sur le dos sont ovales, un peu échancrées et relevées par une arête ; mais on ne remarque aucune ligne saillante sur celles qui bordent les côtés. La couleur du dessus du corps est blanchâtre, avec des bandes brunes, noirâtres dans leurs bords, anguleuses et plus larges vers le milieu de la longueur du corps que vers la queue ou vers la tête. Les grandes plaques présentent des taches carrées et disposées alternativement d'un côté et de l'autre ; elles sont communément au nombre de cent dix-sept, et les paires de petites plaques au nombre de soixante-dix. Les individus de cette espèce que l'on a observés n'avaient guère plus d'un pied de longueur.

LA COULEUVRE DE MINERVE[3]

Coluber (Natrix) Minervæ, Merr. — *Col. Minervæ*, Linn., Lacép., Latr., Daud.

Le serpent, qui était pour les anciens Grecs un des emblèmes de la prudence, avait été consacré à Minerve, qu'ils regardaient comme la déesse de la sagesse. Les Athéniens avaient gravé son image autour des autels et des statues de cette divinité qu'ils avaient choisie pour la protectrice de leur ville ; ils regardèrent la fuite d'un serpent qui s'échappa de leur citadelle comme la marque du courroux de la déesse. C'est peut-être pour rappeler cette opinion religieuse, que M. Linné a donné le nom de *serpent de Minerve* à la couleuvre dont il est question dans cet article. Nous croyons devoir d'autant plus le lui conserver, qu'un des souvenirs les plus agréables et les

---

1. Grandes plaques.   Paires de petites plaques.
    121   58   de l'alidre.
    170   20   de la blanche.

2. *L'Anguleux.* M. Daubenton, Encyclopédie méthodique. — *Col. angulatus.* Linn., *Amphib. serpent.* — *Amœnit. amphib.* Gillemb. p. 533, n° 7. — Séba, mus. 2, tab. 73, fig. 1.

3. *Le Serpent de Minerve.* M. Daubenton, Encyclopédie méthodique. — *Col. Minervæ.* Linn., *Amphib. serpent.* — Mus. Ad. Fr. 1, p. 36.

plus touchants est celui des siècles fameux de la Grèce, où la belle nature et la liberté ont produit tant de grands hommes, et les arts qui les ont immortalisés. Il est heureux qu'un petit objet, revêtu d'un grand nom, puisse quelquefois éveiller de grandes idées, et que la vue d'une simple couleuvre puisse retracer quelque image de l'ancienne Grèce à ceux qui rencontreront ce faible serpent sur les lointains rivages de l'Inde où il habite.

La couleuvre de Minerve est d'une couleur agréable; le dessus de son corps est d'un vert de mer plus ou moins foncé, et le long de son dos règne une bande brune. On voit sur la tête de ce serpent trois autres bandes de la même couleur; il a deux cent trente-huit grandes plaques et quatre-vingt-dix paires de petites.

LA PÉTALAIRE [1]

Coluber Pethola (Natrix), var. b? MERR. — *Col. petalarius,*
LINN., LACÉP., LATR., DAUD.

Un individu de cette espèce fait partie de la Collection du roi; il a un pied neuf pouces de longueur totale, et sa queue quatre pouces neuf lignes; il n'a point de crochets mobiles. Neuf grandes écailles couvrent le dessus de sa tête et sont disposées sur quatre rangs; celles que l'on voit sur le dos sont presque ovales et unies. La couleur du dessus du corps est noirâtre, avec des bandes très irrégulières transversales et blanches. On remarque d'autres bandes blanches et transversales sur les paires de petites plaques qui sont d'un gris foncé et au nombre de cent cinq. Il y a deux cent onze grandes plaques blanches et bordées de gris, ce qui forme sous le ventre de petites bandes transversales.

Le blanc et le noir, qui composent les couleurs principales de la pétalaire, sont contrastés et nuancés de manière à rendre sa parure très agréable. Ce serpent est très doux, et même familier; il s'introduit sans crainte dans les maisons, y passe sa vie sous les toits et y devient très utile, en y faisant la guerre aux insectes et même aux rats, dont il détruit un grand nombre; il se nourrit aussi de petits oiseaux. On le trouve non seulement en Asie, et particulièrement dans l'île d'Amboine, mais encore en Amérique, et surtout au Mexique où on le nomme *apachycoatl* [2].

1. *Apachycoatl*, par les Mexicains. — *La Pétalaire*. M. Daubenton, Encyclopédie méthodique. — *Col. petalarius*. Linn., Amphib. serpent. — Mus. Ad. Fr. 1, p. 35, tab. 9, fig. 2.
Cerastes mexicanus, 176. *Laurenti specimen medicum*. — Séba, mus. 2, tab. 20, fig. 1. — Nieremberg, liv. XII, chap. XLV. — Jonston, p. 28.
2. Cette espèce est très sujette à varier, tant par la distribution de ses couleurs que par le nombre de ses plaques. M. Linné a compté sur l'individu qu'il a décrit deux cent douze grandes plaques sous le ventre et cent deux paires de petites plaques sous la queue; nous avons vu, dans la collection de M. d'Antic, une couleuvre pétalaire qui avait deux cent seize grandes plaques et cent six paires de petites.

LA MINIME [1]

Coluber pullatus, Linn., Gmel., Latr. — *Tyria pullata,* Fitz.

Cette couleuvre d'Asie a quelquefois le dessus du corps d'une seule teinte et d'une couleur tannée ou minime, plus ou moins foncée; d'autres fois elle présente, sur ce fond, des bandes transversales noires. Mais un de ses caractères distinctifs est d'avoir chacune des écailles qui revêtent le dessus de son corps à demi bordée de blanc, ce qui fait paraître son dos pointillé de la même couleur. Les côtés de la tête sont d'un blanc très éclatant, avec dés taches noires, et le dessous du corps est d'une teinte beaucoup plus claire que le dessus, et quelquefois tacheté de brun. Telles sont les couleurs que présente la minime, qui parvient quelquefois à une longueur assez considérable; un individu de cette espèce, conservé au Cabinet du roi, a trois pieds deux pouces six lignes de longueur totale, et sa queue un pied. Ses mâchoires ne sont point armées de crochets mobiles; de grandes écailles couvrent ses lèvres, sa tête est allongée, et le sommet en est garni d'autres écailles plus grandes que celles des lèvres, au nombre de neuf, et disposées sur quatre rangs[2].

LA MILIAIRE [3]

Coluber (Natrix) miliaris, Merr. — *Col. miliaris,* Linn., Lacép., Latr., Daud.

La parure de cette couleuvre est élégante; le dessus et les côtés du corps sont bruns, mais leur couleur sombre est relevée par une tache blanche que présente chaque écaille; le dessous du corps est blanc comme les taches. On trouve cette couleuvre dans les Indes. Elle a ordinairement cent soixante-deux grandes plaques et cinquante-neuf paires de petites.

LA RHOMBOIDALE [4]

Coluber (Natrix) rhombeatus, Merr. — *Col. rhombeatus,* Linn., Lacép., Latr., Daud.

C'est dans les Indes que se trouve cette couleuvre; qu'on ne soit pas étonné du grand nombre de serpents que l'on a observés dans les pays voi-

1. *La Minime.* M. Daubenton, Encyclopédie méthodique. — *Col. pullatus.* Linn., *Amphib. serpent.* — Mus. Ad. Fr. 1, p. 35, tab. 20, fig. 3. — *Amœn.* 1, p. 584, n. 25. — Gron. mus. 2, p. 56, n. 12.
2. Cette espèce a, suivant M. Linné, deux cent dix-sept grandes plaques et cent huit paires de petites; mais ce nombre est assez souvent moins considérable.
3. *Le Miliaire.* M. Daubenton, Encyclopédie méthodique. — *Col. miliaris.* Linn., *Amphib. serpent.* — Mus. Ad. Fr., p. 27.
4. *Le Rhomboïdal.* M. Daubenton, Encyclopédie méthodique. — *Col. rhombeatus.* Linn., *Amphib. serpent.* — Mus. Ad. Fr., p. 27, tab. 24, fig. 2. — *Cerastes rhombeatus,* 170. *Laurenti specimen medicum.*

sins des tropiques. Non seulement ils y éprouvent le degré de chaleur qui paraît convenir le mieux à leur nature, mais les petites espèces y trouvent en abondance les insectes dont elles se nourrissent. L'on dirait que c'est précisément dans ces contrées brûlantes, où pullulent des légions innombrables d'insectes et de vers, que la nature a placé le plus grand nombre de serpents, comme si elle avait voulu y réunir tout ce qui détruit ces vers et ces insectes nuisibles ou incommodes, qui, par leur excessive multiplication, couvriraient bientôt ces terres équatoriales, en interdiraient l'entrée à l'homme et aux animaux, en dépouilleraient les arbres, en feraient périr les végétaux jusque dans leurs racines et rendraient ces terres fertiles des déserts stériles, où, réduits à se dévorer mutuellement, ils ne laisseraient bientôt que leurs propres débris. Un grand motif se réunit donc à tous ceux dont nous avons déjà parlé, pour que les habitants de ces contrées voisines des tropiques soient bien aises de voir leurs demeures entourées de serpents qui ne sont pas venimeux. Parmi ces innocentes couleuvres, la rhomboïdale est une de celles que l'on doit rencontrer avec le plus de plaisir; l'assortiment de ses couleurs la rend, en effet, très agréable à la vue; le dessus de son corps est d'un bleu plus ou moins clair et présente des taches noires percées dans leur milieu, où l'on voit la couleur bleue du fond, et qui a un peu la forme d'un losange. Ces taches noires se marient très bien avec le bleu qui les fait ressortir.

La rhomboïdale a communément cent cinquante-sept grandes plaques et soixante-dix paires de petites.

LA PALE [1]

Coluber (Natrix) pallidus, Merr. — *Col. pallidus*, Linn., Lacép., Latr., Daud.

La couleur de ce serpent est d'un gris pâle avec un grand nombre de points bruns et de taches grises répandues sans ordre; on voit, de chaque côté du corps, une ligne noirâtre plus ou moins étendue. En tout, les couleurs de la couleuvre pâle sont très peu brillantes. Elle n'a point de crochets mobiles; le dessus de sa tête est recouvert par neuf grandes écailles; celles du dos sont ovales et unies. Le corps est ordinairement très menu en comparaison de sa longueur, et la queue est si déliée, qu'on a peine à compter les petites plaques qui en garnissent le dessous. L'individu décrit par M. Linné avait à peu près un pied et demi de longueur, cent cinquante-cinq grandes plaques et quatre-vingt-seize paires de petites. C'est dans les Indes qu'on trouve la couleuvre pâle.

1. *Le Pâle.* M. Daubenton, Encyclopédie méthodique. — *Col. pallidus.* Linn., *Amphib. serpent.* — *Amœnit.* Surin. grill. p. 503, n. 11. — *Mus. Ad. Fr.* 1, p. 31, tab. 7, fig. 2.

LA RAYÉE [1]

Coluber (Natrix) lineatus, Merr. — *Col. lineatus,* Linn., Lacép., Latr., Daud. — *Col. jaculatrix,* Linn., Latr., Daud. — *Col. jaculus,* Lacép. — *Col. atratus,* Gmel., Daud.

Quatre raies brunes s'étendent sur le dos de cette couleuvre, se prolongent jusqu'à l'extrémité de la queue et se détachent d'une manière très agréable sur le fond de la couleur qui est bleuâtre. Le ventre est blanchâtre et recouvert de cent soixante-neuf grandes plaques ; on compte quatre-vingt-quatre paires de petites plaques sous la queue de ce serpent, qui ne parvient jamais à une longueur considérable, et qui se trouve en Asie.

LE MALPOLE [2]

Coluber (Natrix) stolatus, Merr. — *Coluber Malpolon,* Lacép., Daud. — *Col. stolatus,* Linn., Laur., Daud. — *Coronella cervina,* Laur. — *Vipera stolata* et *Coluber sibilans,* Latr. — *Col. mortuarius,* Daud.

Cette espèce varie beaucoup suivant les pays qu'elle habite ; nous allons la décrire d'après un individu conservé au Cabinet du roi. Le dessus de la tête du malpole est couvert de neuf grandes écailles, et le dos est garni d'écailles ovales et relevées par une arête. Il a la langue très longue et très déliée, ce qui doit lui donner beaucoup de facilité pour saisir et retenir les insectes dont il se nourrit. Ses couleurs sont très belles et distribuées d'une manière très agréable ; mais, comme elles sont aisément altérées par l'esprit-de-vin dans lequel on conserve l'animal, il est très difficile d'avoir des dessins exacts du malpole, d'après les individus qui font partie des collections d'histoire naturelle. Il est bleu et présente un grand nombre de taches noires très petites et disposées de manière à former des raies longitudinales ; au-dessus des deux dernières plaques qui garnissent le sommet de la tête à compter du museau, on voit une tache très blanche, bordée de noir et placée, la moitié sur une de ces deux plaques et la moitié sur l'autre. Le corps du malpole est très mince en proportion de sa longueur. Ce serpent doit donc pouvoir se tenir avec facilité au plus haut des arbres, s'y entortiller autour des branches, s'y suspendre et y poursuivre les petits animaux dont il fait sa proie. Il habite l'Asie, et peut-être l'Afrique et l'Amérique [3].

1. *Le Rayé.* M. Daubenton, Encyclopédie méthodique. — *Col. lineatus.* Linn., *Amphib. serpent.* — Mus. Ad. Fr. 1, p. 80, tab. 12, fig. 1, et tab. 20, fig. 1. — Séba, mus. 2, tab. 12, fig. 3.
2. *Le Malpole.* M. Daubenton, Encyclopédie méthodique. — *Col. sibilans.* Linn., *Amphib. serpent.* — Amœnit. mus. princ., p. 581, 30. — *Malpolon.* Séba, mus. 2, tab. 52, fig. 4 ; tab. 56, fig. 4, et tab. 107, fig. 4.
3. Le malpole a ordinairement cent soixante grandes plaques et cent paires de petites. La

LE MOLURE [1]

Coluber (Natrix) Molurus, Merr. — *Col. Molurus*, Lacép., Daud., Linn. ?

C'est une des plus grandes couleuvres qu'on ait encore observées, et non seulement le molure se rapproche, par sa longueur, de quelques espèces du genre des *boas*, dont nous traiterons dans cet ouvrage, mais il a beaucoup de rapports avec ces grandes et remarquables espèces par sa conformation, et particulièrement par celle de sa tête. Cette partie du corps du molure est très large par derrière, moins large vers les yeux, très allongée, très arrondie à l'endroit du museau, et peut être comparée, pour sa forme, à la tête d'un chien, ainsi que l'a été celle de plusieurs boas, par un grand nombre de naturalistes. Le dessus de cette même partie est garni de neuf grandes écailles, comme dans la couleuvre verte et jaune. Le molure n'a point de crochets mobiles et ne contient pas de venin ; les écailles qui revêtent son dos sont grandes, ovales et unies. Il n'a ordinairement que deux cent quarante-huit grandes plaques et cinquante-neuf paires de petites ; mais nous avons compté deux cent cinquante-cinq grandes plaques et soixante-cinq paires de petites, au-dessous du corps ou de la queue d'un individu de cette espèce, conservé au Cabinet du roi. Cet individu a six pieds de longueur totale et neuf pouces depuis l'anus jusqu'à l'extrémité de la queue, dont, par conséquent, la longueur n'est qu'un huitième de celle de l'animal entier.

Le molure est d'un roux blanchâtre et présente une rangée longitudinale de grandes taches rousses bordées de brun ; on voit, le long des côtés du corps, d'autres taches qui ressemblent plus ou moins à celles de cette rangée longitudinale.

Cette couleuvre se trouve dans les Indes, et sa conformation peut faire présumer que ses habitudes ont beaucoup de rapports avec celles des *boas*.

LA DOUBLE-RAIE

Coluber (Natrix) bilineatus. Merr. — *Col. bilineatus*, Lacép.

Nous ignorons dans quel pays on trouve cette couleuvre, que nous allons décrire d'après un individu qui fait partie de la collection de Sa Majesté ; mais comme cet individu a été envoyé au Cabinet du roi avec un

---

longueur totale de l'individu que nous avons décrit était d'un pied dix pouces, et celle de sa queue de cinq pouces six lignes.

1. *Le Molure*. M. Daubenton, Encyclopédie méthodique. — *Col. Molurus.* Linn., *Amphib. serpent.*

molure, il se pourrait que la double-raie se trouvât dans les Indes, comme
ce dernier serpent. La double-raie n'a point de crochets mobiles; le dessus
de sa tête présente neuf grandes écailles; celles que l'on voit sur le dos sont
unies et en losange ; elle a ordinairement deux cent cinq grandes plaques
et quatre-vingt-dix-neuf paires de petites.

Ses couleurs sont très brillantes, et elle peut être comptée parmi les
serpents que l'on doit voir avec le plus de plaisir. Deux bandes longitudinales, d'un jaune qui, dans l'animal vivant, doit approcher de la couleur de
l'or, règnent depuis le derrière de la tête jusqu'au-dessus de la queue ; le
fond sur lequel elles s'étendent est d'un roux plus ou moins foncé;
et comme chaque écaille est bordée de jaune, toute la partie du
dessus du corps qui n'est pas occupée par les deux bandes jaunes paraît
présenter un très grand nombre de petites raies longitudinales de la même
couleur [1].

LA DOUBLE-TACHE

Coluber (Natrix) bimaculatus, Merr. — *Col. bimaculatus*, Lacép., Daud.

Les couleurs de cette couleuvre sont aussi agréables que ses proportions
sont légères; le dessus de son corps est roux; sur ce fond on voit de petites
taches blanches irrégulières, bordées de noir, assez éloignées l'une de l'autre,
disposées le long du dos ; et deux taches blanches, plus grandes que les
autres, paraissent derrière la tête. Cette dernière partie est un peu conformée comme dans le molure; le sommet en est garni de neuf grandes
écailles; les mâchoires ne présentent pas de crochets mobiles, et les écailles
du dos sont unies et en losange. L'individu que nous avons décrit, et qui a
été envoyé au Cabinet du roi avec la double-raie et le molure, a deux cent
quatre-vingt-dix-sept grandes plaques et soixante-douze paires de petites;
sa longueur totale est d'un pied huit pouces deux lignes, et celle de la queue,
de trois pouces dix lignes.

LE BOIGA [2]

Coluber (Natrix) Ahætulla, Merr. — *Col. Ahætulla*, Linn., Latr., Daud.
— *Natrix Ahætulla*, Laur.

Que l'on se représente les couleurs les plus riches et les plus agréablement variées dont la nature ait décoré ses ouvrages, et l'on n'aura peut-être
pas une idée exagérée de la beauté du serpent dont nous nous occupons.

1. L'individu que nous avons décrit avait deux pieds un pouce de longueur totale, et sa queue
était longue de six pouces six lignes.
2. *Le Boiga*. M. Daubenton, Encyclopédie méthodique. — *Coluber Ahætulla*, 313. Linn., *Am-*

Le boiga doit, en effet, par la richesse de sa parure, tenir dans son ordre le même rang que l'oiseau-mouche dans celui des oiseaux : même éclat, même variété de nuances, même réunion de reflets agréables dans ces deux animaux, d'ailleurs si différents l'un de l'autre. Les couleurs vives des pierreries et l'éclat brillant de l'or resplendissent sur les écailles du boiga, ainsi que sur les plumes de l'oiseau-mouche ; et comme si en embellissant ces deux êtres, la nature avait voulu donner à l'art un modèle parfait du plus bel assortiment de couleurs, les teintes les plus brunes, répandues sur l'un et sur l'autre, au milieu des nuances les plus claires, sont ménagées de manière à faire ressortir, par un heureux contraste, les couleurs éclatantes dont ils brillent.

La tête du boiga, assez grosse à proportion de son corps, est recouverte de neuf grandes écailles disposées sur quatre rangs. Ces neuf plaques, ainsi que les autres écailles qui garnissent le dessus de la tête de ce serpent, sont d'un bleu foncé et comme soyeux ; une bande blanche qui règne le long de la mâchoire supérieure relève cet espace azuré, au milieu duquel on voit briller les yeux du boiga, et qui ressort d'autant plus qu'une petite bande noire s'étend entre le bleu et la bordure blanche. Tout le dessus du corps, jusqu'à l'extrémité de la queue, est également d'un bleu variant par reflets, et présentant même, à certaines expositions, le vert de l'émeraude. Sur ce beau fond de saphir règne une espèce de raie ou de chaînette que l'on croirait dorée par l'art, et qui s'étend jusqu'au bout de la queue ; et non seulement cette espèce de riche broderie présente l'éclat métallique de l'or, lorsque l'animal est encore en vie, mais même lorsqu'il a été conservé pendant longtemps dans l'esprit-de-vin, on croirait que les écailles qui composent cette petite chaîne sont autant de feuilles d'or appliquées sur la peau du serpent. Tout le dessous du corps et de la tête est d'un blanc argentin, séparé des couleurs bleues du dos par deux autres petites chaînes dorées qui, de chaque côté, parcourent toute la longueur du corps.

Mais l'on n'aurait encore qu'une idée imparfaite de la beauté du boiga, si l'on se représentait uniquement cet azur et ce blanc agréablement contrastés et relevés par ces trois broderies dorées ; il faut se peindre tous les reflets du dessus et du dessous du corps et les différentes teintes de couleur d'argent, de jaune, de rouge et de noir qu'ils produisent. Le bleu et le blanc, au travers desquels il semble qu'on aperçoit ces teintes merveilleusement fondues, mêlent encore la douceur de leurs nuances à la vivacité de ces divers reflets, de telle sorte que, lorsque le boiga se meut, l'on croirait voir briller au-dessous d'un cristal transparent et quelquefois bleuâtre, une longue chaîne de diamants, d'émeraudes, de topazes, de saphirs et de rubis. Et il est à remarquer que c'est dans les belles et brûlantes campagnes de

phib. serpent. — Gron. mus. 2, p. 61, n. 24. — Séba, mus. 2, tab. 63, fig. 3 ; tab. 82, fig. 1. — Bradl. *Natur.*, t. IX, fig. 2.

Natrix ahœtulla, 161. Laurenti *specimen medicum.* — *Ahœtulla*, mus. Petiver. — *Serpens indicus gracilis, viridis; Ahœtulla zeylonensibus.* Rai, *Synopsis*, p. 331.

l'Inde, où les cristaux et les pierres dures présentent les nuances les plus vives, que la nature s'est plu, pour ainsi dire, à réunir ainsi sur la robe du boiga une image fidèle de ces riches ornements.

Le boiga est un des serpents les plus menus, relativement à sa longueur; à peine les individus de cette espèce que l'on conserve au Cabinet du roi, et dont la longueur est de plus de trois pieds, ont-ils quelques lignes de diamètre; leur queue est presque aussi longue que leur corps et va toujours en diminuant, de manière à représenter une aiguille très déliée, quelquefois cependant un peu aplatie par-dessus, par-dessous et par les côtés. Les boigas joignent donc des proportions très sveltes à la richesse de leur parure; aussi leurs mouvements sont-ils très agiles, et peuvent-ils, en se repliant plusieurs fois sur eux-mêmes, s'élancer avec rapidité, s'entortiller aisément autour de divers corps, monter, descendre, se suspendre et faire briller en un clin d'œil, sur les rameaux des arbres qu'ils habitent, l'azur et l'or de leurs écailles luisantes et unies.

Ils se nourrissent de petits oiseaux qu'ils avalent avec assez de facilité, malgré la petitesse de leur corps, et par une suite de la faculté qu'ils ont d'élargir leur gosier, ainsi que leur estomac. D'ailleurs l'on doit présumer qu'ils ne cherchent à dévorer leur proie qu'après l'avoir comprimée, ainsi que les grands serpents écrasent et compriment la leur. Le boiga se tient caché sous les feuilles pour surprendre les oiseaux; il les attire, dit-on, par une espèce de sifflement qu'il fait entendre, et qui, imitant apparemment certains sons qui leur sont familiers ou agréables, les trompe et les fait avancer vers le serpent qui les attend pour les dévorer. On a même voulu distinguer par le beau nom de *chant*, le sifflement du boiga[1]; mais la forme de sa langue allongée et divisée en deux, ainsi que la conformation des autres organes qui lui servent à rendre des sons, ne peuvent produire qu'un vrai sifflement, au lieu de faire entendre une douce mélodie. Le boiga, non plus que les autres serpents prétendus chanteurs, ne mérite donc que le nom de siffleur. Mais si la nature n'en a pas fait un des chantres des campagnes, il paraît qu'il réunit un instinct plus marqué que celui de beaucoup d'autres serpents, à des mouvements plus prompts et à une parure plus magnifique. Dans l'île de Bornéo, les enfants jouent avec lui; on les voit manier sans crainte ce joli serpent, l'entortiller autour de leur corps, le porter dans leurs mains innocentes, et nous rappeler cet emblème ingénieux imaginé par la spirituelle antiquité, cette image touchante de la candeur et de la confiance, qu'elle représentait sous la forme d'un enfant souriant à un serpent qui le serrait dans ses contours. Mais, dans cette charmante allégorie, le serpent recélait un poison mortel, au lieu que le boiga ne rend que des caresses aux jeunes Indiens et paraît se plaire beaucoup à être tourné et retourné par leurs mains délicates.

1. Voyez la description du cabinet de Séba.

II. 56

Comme c'est un spectacle assez agréable que de voir, dans les vertes forêts, des animaux aussi innocents qu'agiles, faire briller les couleurs les plus vives et s'élancer de branche en branche, sans être dangereux ni par leurs morsures ni par leur venin, on doit regretter que l'espèce du boiga ait besoin, pour subsister, d'une chaleur plus forte que celle de nos contrées, et qu'elle ne se trouve que vers l'équateur, tant dans l'ancien que dans le nouveau continent[1].

LA SOMBRE [2]

Coluber (Natrix) carinatus, Merr. — *Col. fuscus,* var. *b,* Linn., Latr., Daud. — *Col. subfuscus,* Lacép. — *Col. carinatus,* Linn., Lacép., Latr., Daud.

Suivant M. Linné, cette couleuvre a beaucoup de rapports, par sa conformation, avec le boiga; mais ses couleurs sont aussi sombres et aussi monotones que celles du boiga sont brillantes et variées. Elle est d'un cendré mêlé de brun, et derrière chaque œil, on aperçoit une tache brune et allongée. Elle a ordinairement cent quarante-neuf grandes plaques et cent dix-sept paires de petites.

LA SATURNINE [3]

Coluber (Natrix) saturninus, Merr. — *Col. saturninus,* Linn., Lacép., Daud. — *Natrix saturnina,* Laur

La couleur de cette couleuvre est comme nuageuse et mêlée de livide et de cendré; sa tête est couleur de plomb; ses yeux sont grands, et elle a ordinairement cent quarante-sept grandes plaques et cent vingt paires de petites.

Nous ne pouvons rien dire des habitudes naturelles de ce serpent; nous savons seulement qu'il habite dans les Indes.

1. Le boiga a communément cent soixante-six grandes plaques et cent vingt-huit rangées de petites ; mais ce nombre varie très souvent ainsi que dans les autres espèces de serpents.
2. *Le Sombre.* M. Daubenton, Encyclopédie méthodique. — *Col. fuscus.* Linn., *Amphib. serpent.* — Mus. Ad. Fr. 1, p. 32, tab. 17, fig. 1.
3. *Le Saturnin.* M. Daubenton, Encyclopédie méthodique. — *Col. saturninus.* Linn., *Amphib. serpent.* — Mus. Ad. Fr. 1, p. 32, tab. 9, fig. 1. — *Natrix saturnina,* 154. *Laurenti specimen medicum.*

LA CARÉNÉE [1]

Coluber (Natrix) carinatus, var. *b,* MERR. — *Col. carinatus,* LINN., LACÉP., LATR ,
DAUD. — *Col. fuscus,* LINN., LATR., DAUD. — *Col. subfuscus,* LACÉP.

Cette couleuvre ressemble beaucoup à la saturnine, par les diverses
nuances qu'elle présente. Chacune des écailles qui garnissent le dessus de
son corps est couleur de plomb et bordée de blanc ; le dessous de son corps
est blanchâtre. Elle habite dans les Indes, comme la saturnine; mais un de
ses caractères distinctifs est d'avoir le dos relevé en carène, et de là vient le
nom que lui a donné M. Linné. Elle a communément cent cinquante-sept
grandes plaques et cent quinze paires de petites.

LA DÉCOLORÉE [2]

Coluber (Natrix) carinatus, var. *g,* MERR. — *Col. exoletus,* LINN., LACÉP., DAUD.
— *Col. fuscus,* LINN. — *Col. subfuscus.* LACÉP.

Cette couleuvre ressemble beaucoup au boiga par sa conformation, ainsi
que la sombre; mais elle n'a point, non plus que cette dernière, les couleurs
éclatantes ni la riche parure du boiga. Ses nuances sont cependant agréables;
elle est d'un bleu clair mêlé de cendré, et les écailles qui recouvrent ses
mâchoires sont blanches. On la trouve dans les Indes, de même que le boiga
et la sombre. Elle a ordinairement cent quarante-sept grandes plaques et
cent trente-deux paires de petites.

LE PÉLIE [3]

Coluber (Natrix) Pelias, MERR. — *Col. Pelias,* LINN., LACÉP., LATR., DAUD.

M. Linné a fait connaître cette espèce de couleuvre, dont un individu
faisait partie de la collection de M. le baron de Géer. Elle est brune derrière
le sommet de la tête et les yeux, et noire dans le reste du dessus du corps ;
le dessous du ventre est vert et bordé de chaque côté d'une ligne jaune. Ce
serpent présente donc une distribution de couleurs différente de celle que

1. *Le Caréné.* M. Daubenton, Encyclopédie méthodique. — *Col. carinatus.* Linn., *Amphib.*
serpent. — Mus. Ad. Fr., p. 31.
2. *Le Décoloré.* M. Daubenton, Encyclopédie méthodique. — *Col. exoletus.* Linn., *Amphib.*
serpent. — Mus. Ad. Fr. 1, p. 34, tab. 10, fig. 2. — *Natrix exoleta,* 160. *Laurenti specimen*
medicum.
3. *La Pélie.* M. Daubenton, Encyclopédie méthodique. — *Col. Pelias.* Linn., *Amphib.*
serpent.

l'on remarque dans la plupart des autres couleuvres, dont les nuances les plus brillantes parent la partie supérieure de leur corps. Le pélie se trouve dans les Indes ; il a ordinairement cent quatre-vingt-sept grandes plaques et cent trois paires de petites.

LE FIL [1]

Coluber (Natrix) Cepedii, Merr. — *Coluber filiformis*, Lacép.

Ce serpent est un de ceux dont le corps est le plus délié ; aussi se roule-t-il avec facilité autour des divers arbres et parcourt-il avec vitesse les branches les plus élevées ; on le trouve dans les Indes, tant orientales qu'occidentales, et on l'y voit souvent dans les bois de palmiers, se suspendre aux rameaux, en différents sens, s'étendre d'un arbre à l'autre, ou se coller, pour ainsi dire, si intimement contre le tronc qu'il entoure, qu'on l'a comparé aux lianes qui s'attachent ainsi aux arbres et aux arbrisseaux, et qu'un individu de cette espèce a été envoyé au Cabinet du roi sous le nom de serpent à liane d'Amérique. Ses yeux sont gros ; il n'a point de crochets mobiles et n'est dangereux en aucune manière ; le dessus de sa tête, qui est très grosse à proportion du corps, est garni de neuf grandes écailles, et celles de son dos sont en losange et relevées par une arête.

Si la forme de cette couleuvre est svelte et agréable, ses couleurs ne sont pas brillantes ; le dessus de son corps est noir, ou d'un livide plus ou moins foncé, et le dessous blanc ou blanchâtre. Il a ordinairement cent soixante-cinq grandes plaques et cent cinquante-huit paires de petites. L'individu que nous avons décrit a un pied six lignes de longueur totale et quatre pouces six lignes depuis l'anus jusqu'à l'extrémité de la queue.

M. Laurenti a vu une couleuvre qu'il a regardée, avec raison, comme une variété de cette espèce, et qui n'en différait que par les deux raies brunes qui partaient des yeux et s'étendaient sur le dos, où elles devenaient deux rangées de petites taches obliques.

C'est peut-être aussi à la couleuvre *le fil*, qu'il faut rapporter le serpent de la Caroline, figuré dans Catesby (t. II, pl. 54). Ce reptile [2] est d'une couleur brune, parvient quelquefois à la longueur de plusieurs pieds, ressemble beaucoup au fil, par sa conformation, a de même le corps très menu et a été comparé à un fouet, à cause de sa forme très déliée et de la vitesse de ses mouvements.

---

1. *Le Fil*. M. Daubenton. Encyclopédie méthodique. — *Col. filiformis*. Linn., *Amphib. serpent.* — Mus. Ad. Fr., p. 36, tab. 17, fig. 2. — *Natrix filiformis*, 150. *Laurenti specimen medicum.*

2. *Anguis flagelliformis*. Catesby. t. II, p. 54. *The Coach Whip Snake.*

LA CENDRÉE [1]

Coluber (Natrix cinereus, MERR. — *Col. cinereus,* LINN., LACÉP., DAUD.

On peut se représenter bien aisément les couleurs de cette couleuvre ; elle est grise, avec le ventre blanc, et les écailles de la queue sont bordées d'une couleur qui rapproche de celle du fer. C'est M. Linné qui l'a fait connaître ; elle habite dans les Indes, et elle a communément deux cents grandes plaques et cent trente-sept paires de petites.

LA MUQUEUSE [2]

Coluber (Natrix) mucosus. MERR. — *Col. mucosus,* LINN., LACÉP., LATR., DAUD. — *Natrix mucosa,* LAUR.

Cette couleuvre est du grand nombre de celles que M. Linné a fait connaître ; et, suivant ce grand naturaliste, elle se trouve dans les Indes. Sa tête est bleuâtre, et les angles en sont très marqués. Elle a de grands yeux ; l'on voit de petites raies noires sur les écailles qui couvrent ses mâchoires, et le dessus de son corps présente des raies transversales, placées obliquement et comme nuageuses. Elle a ordinairement deux cents grandes plaques et cent quarante paires de petites.

LA BLEUATRE [3]

Coluber (Natrix) cærulescens. LINN., LATR., DAUD. — *Natrix cærulescens,* LAUR. — *Coluber subcyaneus,* LACÉP.

Cette couleuvre a deux cent quinze grandes plaques et cent soixante-dix paires de petites ; c'est une de celles qui en a le plus grand nombre, et cependant il s'en faut de beaucoup que ce soit une des plus grandes. C'est que la largeur des grandes et des petites plaques varie beaucoup, dans les reptiles, non seulement suivant les espèces, mais même suivant l'âge ou le sexe des individus ; et voilà pourquoi deux serpents peuvent avoir le même nombre de grandes et de petites plaques, non seulement sans présenter la même

1. *Le Cendré.* M. Daubenton, Encyclopédie méthodique. — *Col. cinereus.* Linn., *Amphib. serpent.* — Mus. Ad. Fr., 1, p. 37.

2. *Le Muqueux.* M. Daubenton, Encyclopédie méthodique. — *Col. mucosus.* Linn., *Amphib. serpent.* — Mus. Ad. Fr. I, p. 37, tab. 23. fig. 1. — *Natrix mucosa,* 156. *Laurenti specimen medicum.*

3. *Le Bleuâtre.* M. Daubenton. Encyclopédie méthodique. — *Col. cærulescens.* Linn., *Amphib. serpent.* — *Natrix cærulescens,* 157. *Laurenti specimen medicum.*

longueur totale, mais même sans que la même proportion se trouve entre la longueur du corps et celle de la queue.

Le nom de la bleuâtre désigne la couleur du dessus de son corps, qui ordinairement ne présente pas de tache et qui est garni d'écailles unies; sa tête est couleur de plomb; c'est des Indes que cette couleuvre a été apportée.

L'HYDRE [1]

Coluber (Natrix) Hydrus, MERR. — *Col. Hydrus,* PALL., GMEL., LACÉP., LATR., DAUD. — *Hydrus caspius,* SCHNEID.

C'est à M. Pallas que nous devons la description de cette couleuvre, dont les habitudes rapprochent, pour ainsi dire, l'ordre des serpents de celui des poissons. L'hydre n'a jamais été vue, en effet, que dans l'eau, suivant le savant naturaliste de Pétersbourg, et l'on doit présumer, d'après cela, qu'elle ne va à terre que très rarement, ou pendant la nuit pour s'accoupler, pondre ses œufs, ou mettre bas ses petits et chercher la nourriture qu'elle ne trouve pas dans les fleuves. C'est aux environs de la mer Caspienne qu'elle a été observée, et elle habite non seulement les rivières qui s'y jettent, mais les eaux mêmes de cette méditerranée. Elle ne doit pas beaucoup s'éloigner des rivages de cette mer, quelquefois très orageuse, non seulement parce qu'elle ne pourrait pas résister aux efforts d'une violente tempête, mais encore, parce que, ne pouvant pas se passer de respirer assez fréquemment l'air de l'atmosphère, et par conséquent, étant presque toujours obligée de nager à la surface de l'eau, elle a souvent besoin de se reposer sur les divers endroits élevés au-dessus des flots.

Elle parvient ordinairement à la longueur de deux ou trois pieds; sa tête est petite; elle n'a point de crochets mobiles; sa langue est noire et très longue, et l'iris de ses yeux jaune; le dessus de son corps est d'une couleur olivâtre, mêlée de cendré, et présente quatre rangs longitudinaux de taches noirâtres, disposées en quinconce. On voit aussi sur le derrière de la tête quatre taches noirâtres, allongées, et dont deux se réunissent, en formant un angle plus ou moins ouvert. Le dessous du corps est tacheté de jaunâtre et de noirâtre qui domine vers l'anus, et surtout au-dessous de la queue. Elle a cent quatre-vingts grandes plaques (sans compter quatre écailles qui garnissent le bord antérieur de l'anus) et soixante-six paires de petites.

1. *Col. Hydrus.* Voyage de M. Pallas en différentes provinces de l'empire de Russie, t. Ier; appendice.

LA CUIRASSÉE [1]

Coluber (Natrix) scutatus, Merr. — *Col. scutatus*, Pall., Gmel., Lacép.,
Latr., Daud.

Cette couleuvre, que M. Pallas a décrite, a beaucoup de rapports avec la couleuvre à collier, non seulement par sa conformation, mais encore par ses habitudes. Elle passe souvent un temps très long dans l'eau, ou sur le bord des rivières ; mais elle se tient aussi très souvent sur les terres sèches et élevées. C'est sur les bords du Jaïk, fleuve qui sépare la Tartarie du Turkestan, et qui se jette dans la mer Caspienne, qu'elle a été observée. Elle parvient quelquefois à la longueur de quatre pieds ; elle n'a point de crochets mobiles ; l'iris de ses yeux paraît brun ; tout le dessus de son corps est noir, et le dessous, qui est de la même couleur, présente des taches d'un jaune blanchâtre, presque carrées, placées alternativement à droite et à gauche, et en très petit nombre sous la queue. Les grandes plaques qui recouvrent son ventre sont au nombre de cent quatre-vingt-dix ; leur longueur est assez considérable pour qu'elles embrassent presque les deux tiers de la circonférence du corps ; et voilà pourquoi M. Pallas a donné à cette couleuvre l'épithète de *scutata*, que nous avons cru devoir remplacer par celle de *cuirassée*, les grandes plaques formant en effet comme les lames d'une longue cuirasse qui revêtirait le ventre du serpent.

La queue présente la forme d'une pyramide triangulaire très allongée, et le dessous en est garni ordinairement de cinquante paires de petites plaques.

LA DIONE [2]

Coluber (Natrix) Dione, Merr. — *Col. Dione*, Pall., Gmel., Lacép., Latr., Daud.

Il semble que c'est à la déesse de la beauté que M. Pallas a voulu, pour ainsi dire, consacrer cette couleuvre, dont il a le premier publié la description ; il lui a donné, en effet, un des noms de cette déesse ; et cette dénomination était due, en quelque sorte, à l'élégance de la parure de ce serpent, à la légèreté de ses mouvements et à la douceur de ses habitudes. La couleur du dessus du corps de la dione est d'un gris très agréable à la vue ; dit M. Pallas, et qui souvent approche du bleu ; elle est relevée par trois raies longitudinales d'un blanc très éclatant que font ressortir des raies brunes placées alternativement entre les raies blanches. Les diverses teintes de

1. *Col. scutatus.* Voyage déjà cité de M. Pallas, t. Ier, appendice.
2. *Col. Dione.* Voyage de M. Pallas, t. Ier, appendice. — *Ak-Dshilan*, par plusieurs peuples de l'empire de Russie.

ces couleurs doivent être bien assorties, puisque M. Pallas, en faisant allusion à ses nuances, donne à la dione l'épithète de très élégante (*elegantissimo*).
Le dessous de son corps est blanchâtre avec de petites raies d'un brun clair,
et souvent de petits points rougeâtres.

La dione parvient à la longueur totale de trois pieds, et alors sa queue
a communément six pouces de longueur. Son corps est délié; le dessus de sa
tête est couvert de grandes écailles; elle ne contient aucun venin, et elle est
aussi douce et aussi peu dangereuse que ses couleurs sont belles à voir.
Elle habite les environs de la mer Caspienne; on la trouve dans les déserts
qui environnent cette mer, et dont la terre est, pour ainsi dire, imprégnée
de sel. Elle se plaît aussi sur les collines arides et salées qui sont près de
l'Irtish [1].

LE CHAPELET [2]

Coluber (Natrix) sibilans. Mer. — *Col. sibilans*, Linn. — *Col. moniliger*, Latr.
— *Col. tæniolatus*, Daud. — *Col. gemmatus*, Shaw.

Non seulement les couleurs du chapelet sont très agréables à voir et présentent les nuances les plus douces, mais elles offrent encore un arrangement
et une symétrie que l'on est tenté de prendre pour un ouvrage de l'art, et qui
suffiraient seuls pour faire reconnaître cette couleuvre. Le dessus de son
corps est bleu et présente trois raies longitudinales; les deux raies des côtés
sont blanches; celle du milieu est noire et chargée de petites taches blanches
parfaitement ovales et alternativement mêlées avec des points blancs. De
chaque côté de la tête on voit trois et même quelquefois quatre taches à peu
près de la grandeur des yeux, et formant une ligne longitudinale dont le
prolongement passe par l'endroit de ces organes. Le dessus de la tête offre
aussi des taches d'un bleu clair, bordées de noir et très symétriquement
placées. Le dessous du corps est blanc, et à l'extrémité de chaque grande
plaque on voit un très petit point noir, ce qui forme deux rangées de points
noirs sous le ventre.

Telles sont les couleurs de la couleuvre à chapelet; son corps est d'ailleurs très délié; les écailles qui garnissent son dos sont unies et en losange;
neuf grandes écailles couvrent le sommet de sa tête qui est grande à proportion du corps et aplatie par-dessus ainsi que par les côtés. Le chapelet n'a
point de crochets mobiles. Nous avons décrit cette espèce, sur laquelle nous
n'avons trouvé aucune observation dans les naturalistes, d'après un individu
conservé au Cabinet du roi. Ce serpent a cent soixante-six grandes plaques,

1. La dione a ordinairement depuis cent quatre-vingt-dix jusqu'à deux cent six grandes
plaques, et depuis cinquante-huit jusqu'à soixante-six paires de petites.
2. Il ne faut pas confondre ce serpent avec une couleuvre de la Caroline, à laquelle Catesby
a donné le nom de *chapelet*, et dont nous parlerons dans cet ouvrage sous le nom de *couleuvre
mouchetée*.

cent trois paires de petites, un pied cinq pouces six lignes de longueur totale, et cinq pouces six lignes depuis l'anus jusqu'à l'extrémité de la queue.

LE CENCHRUS

Coluber Natrix) Cenchrus, Merr. — *Col. Cenchrus.* Lacép., Daud.

C'est sous ce nom que cette couleuvre a été envoyée au Cabinet du roi; elle se trouve en Asie; elle n'a point de crochets mobiles; le dessus de sa tête est couvert de neuf grandes écailles placées sur quatre rangs; le dos l'est de petites écailles unies et hexagones; le dessus du corps, marbré de brun et de blanchâtre, présente des bandes transversales irrégulières, étroites et blanchâtres; et le dessous est varié de blanchâtre et de brun. L'individu que nous avons décrit a deux pieds de longueur totale, trois pouces sept lignes depuis l'anus jusqu'à l'extrémité de la queue, cent cinquante-trois grandes plaques et quarante-sept paires de petites.

L'ASIATIQUE

Coluber (Natrix) asiaticus, Merr. — *Coluber asiaticus,* Lacép., Daud.

C'est de l'Asie et peut-être de l'île de Ceylan, que l'on a envoyé cette couleuvre au Cabinet-du roi. Des raies, dont la couleur a été altérée par l'esprit-de-vin dans lequel on a conservé l'animal, s'étendent le long du dos de ce serpent; les écailles qui garnissent le dessus de son corps sont bordées de blanchâtre, rhomboïdales et unies. Le sommet de sa tête est couvert de neuf grandes écailles; il n'a point de crochets mobiles; sa longueur totale est d'un pied, et celle de sa queue de deux pouces trois lignes; il a cent quatre-vingt-sept grandes plaques et soixante-seize paires de petites. Il paraît, par des notes manuscrites envoyées avec ce reptile, qu'il a reçu dans plusieurs contrées de l'Inde le nom de *malpolon,* qui y a été donné à plusieurs espèces de serpents, et que nous avons conservé, avec M. Daubenton, à une couleuvre dont nous avons déjà parlé.

LA SYMÉTRIQUE

Coluber Natrix) calamarius, var. *d,* Merr. — *Col. symetricus,* Lacép., Daud.

Le nom de cette couleuvre désigne l'arrangement très régulier de ses couleurs. Le dessus de son corps est brun, et de chaque côté du dos l'on voit une rangée de petites taches noirâtres qui s'étend jusqu'au tiers de la longueur du corps. Le dessous de la queue est blanc; le dessous du ventre est de la même couleur, mais il présente des bandes et des demi-bandes transversales et brunes placées avec beaucoup de symétrie.

Cette couleuvre n'est pas venimeuse; elle a neuf grandes écailles sur la tête; des écailles plus petites, unies et ovales, garnissent son dos. L'individu que nous avons décrit, et qui fait partie de la Collection du roi, a cent quarante-deux grandes plaques et vingt-six paires de petites[1].

On trouve la symétrique dans l'île de Ceylan.

LA JAUNE ET BLEUE[2]

Python amethystinus, Daud., Merr. — *Coluber flavo-cœruleus*, Lacép., Latr. — *Boa amethystina*, Schneid.

C'est une très belle et en même temps très grande couleuvre de l'île de Java; les habitants de cette île la nomment *oularsawa, serpent des champs de riz*, apparemment parce qu'elle se plaît dans ces champs. Elle y parvient jusqu'à la longueur de neuf pieds; mais les individus de cette espèce, qui, au lieu d'habiter dans les basses plantations, préfèrent demeurer dans les bois touffus et sur les terrains élevés, ont une grandeur bien plus considérable, et leur longueur a été comparée à la hauteur d'un arbre. Lorsque la jaune et bleue a atteint ainsi tout son développement, elle est dangereuse par sa force, quoiqu'elle ne contienne aucun poison; non seulement elle se nourrit d'oiseaux, ou de rats et de souris, mais des animaux même assez gros ne peuvent quelquefois échapper à sa poursuite et deviennent sa proie. Sa tête est plate et large; le sommet en est garni de grandes écailles, et il paraît, par la description qui en a été donnée dans les Mémoires de la Société de Batavia, que ces écailles sont au nombre de neuf et disposées sur quatre rangs, comme dans la verte et jaune. Les mâchoires ne sont pas armées de crochets mobiles, mais de deux rangs de dents pointues, recourbées en arrière, et dont les plus grandes sont le plus près du museau. Ce très grand serpent a l'iris jaune; le dessus de sa tête est d'un gris mêlé de bleu; l'on voit deux raies d'un bleu foncé commencer derrière les yeux, s'étendre au-dessus du cou et s'y réunir en arc, à un pouce de distance de la tête. Une troisième raie de la même couleur règne depuis le museau jusqu'à l'occiput, où elle se divise en deux pour embrasser une tache jaune chargée de quelques points bleus.

Le dessus du corps présente des espèces de compartiments très agréables; il paraît comme divisé en un très grand nombre de carreaux et représente

1. La longueur totale de cet individu est d'un pied cinq pouces six lignes, et celle de la queue de deux pouces trois lignes.
2. *Oularsawa*, par les habitants de l'île de Java. — Grande couleuvre de l'île de Java. Mémoire de M. le baron de Wurmb, dans ceux de la Société de Batavia, 1787.

un treillis formé par plusieurs raies qui se croisent. Ces raies sont d'un bleu éclatant et bordées d'un jaune couleur d'or. Le milieu des carreaux est, sur le dos, d'un gris changeant en jaune, en bleu et en vert, suivant la manière dont il réfléchit la lumière; il est d'un gris plus clair sur les côtés du corps, ainsi que sur la queue, où les carreaux sont plus petits que sur le dos; et chaque côté du corps présente une rangée longitudinale de taches blanches, placées aux endroits où les raies bleues se croisent.

Il est aisé de voir, d'après cette description, que les couleurs qui dominent dans ce beau serpent sont le bleu et le jaune, et c'est ce qui nous a fait préférer le nom que nous avons cru devoir lui donner. Il a quelquefois trois cent douze grandes plaques et quatre-vingt-treize paires de petites.

LA TROIS-RAIES

Coluber (Natrix) Seetzenii, Merr. — *Col. tertineatus*, Lacép.
— *Col. trilineatus*, Latr., Daud.

Nous donnons ce nom à une couleuvre d'Afrique dont le dessus du corps présente, en effet, trois raies longitudinales; elles partent du museau et s'étendent jusqu'au-dessus de la queue; la couleur du fond, qu'elles parcourent, est d'un roux plus ou moins clair. Neuf grandes écailles garnissent le sommet de la tête; les mâchoires ne sont pas armées de crochets mobiles, et les écailles du dos sont en losange et unies. Un individu de cette espèce, conservé au Cabinet du roi, a un pied cinq pouces six lignes de longueur totale, deux pouces huit lignes depuis l'anus jusqu'à l'extrémité de la queue, cent soixante-neuf grandes plaques et trente-quatre paires de petites.

LE DABOIE [1]

Vipera (Echidna) Daboia, Merr. — *Coluber brasiliensis*, Lacép.
— *Vipera Daboia*, Daud. — *Vipera brasiliana*, Latr.

Voici une de ces espèces remarquables de serpent, que la superstition a divinisées. C'est dans le royaume de Juida, dans les côtes occidentales de l'Afrique, où elle est répandue en très grand nombre, qu'on lui a érigé des autels ; et il semble que ce n'est pas la terreur qui courbe la tête du nègre devant ce reptile, puisqu'il n'est redoutable ni par sa force, ni par aucune humeur venimeuse. Selon plusieurs voyageurs, le daboie est remarquable par la vivacité de ses couleurs et par l'éclat de ses écailles. Le dessus du corps est blanchâtre et couvert de grandes taches ovales, plus ou moins rousses,

1. *Le serpent idole.* Description du Cabinet de Dresde, par Lilenburg, 1755.

bordées de noir ou de brun, et qui s'étendent sur trois rangs, depuis la tête jusqu'au-dessus de la queue. Suivant le voyageur Bosman, le daboie est rayé de blanc, de jaune et de brun ; suivant Des Marchais, le dos de ce serpent présente un mélange agréable de blanchâtre qui fait le fond, et de *taches* ou de *raies* jaunes, brunes et bleues, ce qui se rapproche beaucoup des teintes indiquées par Bosman, et ce qui pourrait bien n'être qu'une mauvaise expression d'une distribution et de nuances de couleurs très peu différentes de celles que nous venons d'indiquer.

La tête du daboie est couverte d'écailles ovales, relevées par une arête et semblables à celles du dos[1] ; il parvient quelquefois à la longueur de plusieurs pieds[2]. L'individu que nous avons décrit, et qui est conservé au Cabinet du roi, a trois pieds cinq pouces de longueur totale, et la queue, cinq pouces neuf lignes[3].

Les habitudes du daboie sont d'autant plus douces, qu'il n'est presque jamais obligé de se défendre. Il a peu d'ennemis à craindre dans un pays où il est servi avec un respect religieux, et d'où l'on tâche d'écarter tous ceux qui pourraient lui nuire. Les animaux même qui seraient les plus utiles sont exclus des contrées où l'on adore le serpent daboie, à cause de la guerre qu'ils lui feraient ; le cochon particulièrement, qui fait sa proie de plusieurs espèces de reptiles et qui attaque impunément, suivant quelques voyageurs, les serpents les plus venimeux, est poursuivi, dans le royaume de Juida, comme un ennemi public. Malgré tous les avantages que les nègres pourraient en retirer, ils ne voient dans cet animal que celui qui dévore leur dieu.

Bien loin de chercher à nuire à l'homme, le daboie est si familier, qu'il se laisse aisément prendre et manier et qu'on peut jouer avec lui sans courir aucun danger. On dirait qu'il réserve toute sa force pour le bien de la contrée qui le révère. Il n'attaque que le serpent venimeux, dont le royaume de Juida est infesté ; il ne détruit que ces reptiles funestes et les insectes ou les vers qui dévastent les campagnes. C'est sans doute ce service qui l'a rendu cher aux premiers habitants du pays où on l'adore ; on n'aura rien négligé pour multiplier, ou du moins conserver une espèce aussi précieuse ; on aura attaché la plus grande importance aux soins qu'on aura pris de cet animal utile ; on l'aura regardé comme le sauveur de ces contrées, si souvent ravagées par des légions d'insectes, ou des troupes de reptiles venimeux ; et

1. Nous avons déjà remarqué dans d'autres articles, que le daboie, quoique dépourvu de crochets mobiles, avait, comme le plus grand nombre de serpents venimeux, le sommet de la tête couvert d'écailles semblables à celles du dos.

2. Description du Cabinet royal de Dresde, par Lilenburg, 1755. Au reste, il a dû être assez difficile, pendant longtemps, d'avoir des daboies en Europe ; les rois nègres, par respect pour ces reptiles, ayant défendu, sous peine de mort, à leurs sujets, de transporter ces serpents hors de l'Afrique, ou de livrer leur dépouille aux étrangers.

3. Nous avons compté cent soixante-neuf grandes plaques sous le ventre de cet individu et quarante-six paires de petites plaques sous sa queue.

bientôt la superstition, aidée du temps et de l'ignorance, aura altéré l'ouvrage de la reconnaissance et celui du besoin[1].

Le culte des animaux qui ont inspiré une vive terreur n'a été que trop souvent sanguinaire ; on n'a sacrifié que trop souvent des hommes dans leurs temples ; le serpent-dieu des nègres, n'ayant jamais fait éprouver une grande crainte, n'a obtenu que des sacrifices plus doux, mais que ses prêtres ne cessent de commander avec une autorité despotique. L'on n'immole point des hommes devant le serpent daboie, mais on livre à ses ministres les plus belles des jeunes filles du royaume de Juida. Le prétendu dieu, que l'on nomme *le serpent fétiche*, ce qui signifie *l'être conservateur*, a un temple aussi magnifique que le peut être un bâtiment élevé par l'art grossier des nègres[2]. Il y reçoit de riches offrandes ; on lui présente des étoffes de soie, des bijoux, les mets les plus délicats du pays et même des troupeaux ; aussi les prêtres qui le servent jouissent-ils d'un revenu considérable, possèdent-ils des terres immenses et commandent-ils à un grand nombre d'esclaves.

Afin que rien ne manque à leurs plaisirs, ils forcent les prêtresses à parcourir chaque année et vers le temps où le maïs commence à verdir, la ville de Juida et les bourgades voisines. Armées d'une grosse massue et secondées par les prêtres, elles assommeraient sans pitié ceux qui oseraient leur résister, elles forcent les négresses les plus jolies à les suivre dans le temple ; et le poids de la crédulité superstitieuse pèse si fort sur la tête des nègres, qu'ils croient qu'elles vont être honorées des approches du serpent protecteur, et que c'est à son amour qu'elles vont être livrées. Ils reçoivent avec respect cette faveur signalée et divine. On commence par instruire les jeunes filles à chanter des hymnes et à danser en l'honneur du serpent ; et lorsqu'elles

---

1. On pourrait croire aussi que quelque événement extraordinaire aurait séduit l'imagination des nègres et enchaîné leur raison, et voici ce que rapporte à ce sujet le voyageur Des Marchais. « L'armée de Juida étant prête à livrer bataille à celle d'Ardra, il sortit de celle-ci un gros serpent qui se retira dans l'autre ; non seulement sa forme n'avait rien d'effrayant, mais il parut si doux et si privé, que tout le monde fut porté à le caresser. Le grand sacrificateur le prit dans ses bras et le leva pour le faire voir à toute l'armée. La vue de ce prodige fit tomber tous les nègres à genoux ; ils adorèrent leur nouvelle divinité, et fondant sur leurs ennemis avec un redoublement de courage, ils remportèrent une victoire complète. Toute la nation ne manqua point d'attribuer un succès si mémorable à la vertu du serpent ; il fut rapporté avec toutes sortes d'honneurs ; on lui bâtit un temple, on assigna un fonds pour sa subsistance, et bientôt ce nouveau fétiche prit l'ascendant sur toutes les anciennes divinités ; son culte ne fit ensuite qu'augmenter à proportion des faveurs dont on se crut redevable à sa protection.

« Les trois anciens fétiches avaient leur département séparé ; on s'adressait à la mer pour obtenir une heureuse pêche, aux arbres pour la santé, et à l'agoye pour les conseils ; mais le serpent préside au commerce, à la guerre, à l'agriculture, aux maladies, à la stérilité, etc. Le premier édifice qu'on avait bâti pour le recevoir parut bientôt trop petit ; on prit le parti de lui élever un nouveau temple, avec de grandes cours et des appartements spacieux ; on établit un grand pontife et des prêtres pour le servir. Tous les ans on choisit quelques belles filles qui lui sont consacrées. Ce qu'il y a de plus remarquable, c'est que les nègres de Juida sont persuadés que le serpent qu'ils adorent aujourd'hui est le même qui fut apporté par leurs ancêtres, et qui leur fit gagner une glorieuse victoire. » *Histoire générale des voyages*, livre X, édit. in-12, t. XIV, p. 369 et suiv.

2. *Histoire générale des voyages*, liv. X, édit. in-12, t. XIV, p. 370 et suiv.

sont près du temps où elles doivent être admises auprès de la prétendue divinité, on les soumet à une cérémonie douloureuse et barbare, car la cruauté naît presque toujours de la superstition. On leur imprime sur la peau, dans toutes les parties du corps, et avec des poinçons de fer, des figures de fleurs, d'animaux, et surtout de serpents ; les prêtresses les consacrent ainsi au service de leur dieu ; et c'est en vain que leurs malheureuses victimes jettent les cris les plus plaintifs que leur arrache le tourment qu'elles éprouvent ; rien n'arrête leur zèle inhumain. Lorsque la peau de ces infortunées est guérie, elle ressemble, dit-on, à un satin noir à fleurs, et elle les rend à jamais l'objet de la vénération des nègres.

Le moment où le serpent doit recevoir la négresse favorite arrive enfin ; on la fait descendre dans un souterrain obscur, pendant que les prêtresses et les autres jeunes filles célèbrent sa destinée par des danses et des chants qu'elles accompagnent du bruit de plusieurs instruments retentissants. Lorsque la jeune négresse sort de l'antre sacré, elle reçoit le titre de *femme du serpent* ; elle ne devient pas moins la femme du nègre qui parvient à lui plaire, mais auquel elle inspire à jamais la soumission la plus aveugle, ainsi que le plus grand respect.

Si quelqu'une des femmes du serpent trahit le secret des plaisirs des prêtres, en révélant les mystères du souterrain, elle est aussitôt enlevée et mise à mort, et l'on croit que le grand serpent est venu lui-même exercer sa vengeance, en l'emportant pour la faire brûler. Mais, arrêtons-nous ; l'histoire de la superstition n'est point celle de la nature. Elle est trop liée cependant avec les phénomènes que produit cette nature puissante et merveilleuse, pour être tout à fait étrangère à l'histoire des animaux qui en ont été l'objet.

LE SITULE [1]

Coluber (Natrix) Situla, Merr. — *Col. Situla*, Linn., Lacép., Latr., Daud.

Ce serpent se trouve en Égypte, où il a été observé par M. Hasselquist ; sa couleur est grise, et il présente une bande longitudinale bordée de noir. Il a communément deux cent trente-six grandes plaques et quarante-cinq paires de petites.

LE TYRIE [2]

Coluber (Natrix) Tyria, Merr. — *Col. Tyria*, Linn., Lacép., Latr., Daud.

Les terres de l'Égypte, périodiquement arrosées par les eaux d'un grand fleuve et échauffées par les rayons d'un soleil très ardent, présentent aux

---

1. *Le Situle*. M. Daubenton, Encyclopédie méthodique. — *Col. situla*. Linn., *Amphib. serpent*. — Mus. Ad. Fr. 2, p. 44.
2. *Le Tyrie*. M. Daubenton, Encyclopédie méthodique. — *Col. Tyria*. Linn., *Amphib., serpent*. — Mus. Ad. Fr. 2, p. 45.

diverses espèces de serpents, au moins pendant une grande partie de l'année, cette humidité chaude, qui convient si bien à la nature de ces reptiles. Nous ne devons donc pas être étonnés qu'on y en ait observé un grand nombre. Parmi ces serpents d'Égypte, nous devons compter le tyric que M. Hasselquist a fait connaître ; il a ordinairement deux cent dix grandes plaques et quatre-vingt-trois paires de petites ; il n'est point venimeux, et le dessus de son corps, qui est blanchâtre, présente trois rangs longitudinaux de taches rhomboï-dales et brunes.

Il paraît que c'est au tyric qu'il faut rapporter le serpent que M. Forskal a décrit sous le nom de couleuvre mouchetée (*Col. guttatus*)[1], qu'il a vu en Égypte, et que les Arabes nomment *Tœ œbén*.

L'ARGUS[2]

Coluber (Natrix) Argus, MERR. — *Col. Argus,* LINN., LACÉP., LATR., DAUD.

Ce serpent d'Afrique est remarquable par la forme de sa tête ; le derrière de cette partie est relevé par deux espèces de bosses ou d'éminences très sensibles. Les écailles qui garnissent le dos de ce serpent présentent chacune une tache blanche ; mais d'ailleurs on voit sur son corps plusieurs rangs de taches blanches, rondes, rouges dans leur centre, bordées de rouge, ressem-blant à des yeux, et c'est ce qui lui a fait donner le nom d'argus par les naturalistes[3].

LE PÉTOLE[4]

Coluber (Natrix) Pethola. var. *a,* MERR. — *Col. Pethola.* LINN., LACÉP., LATR., DAUD. — *Coronella Pethola,* LAUR.

C'est au milieu des contrées ardentes de l'Afrique que l'on trouve cette couleuvre ; la couleur du dessus de son corps est ordinairement d'un gris livide relevé par des bandes transversales rougeâtres ; le dessous du corps est d'un blanc mêlé de jaune et présente quelquefois des bandes transver-sales d'une couleur rougeâtre ou très brune. Le sommet de la tête est garni de neuf grandes écailles, et le dos d'écailles ovales et unies. Cette couleuvre

1. *Col. guttatus,* 7. Descrip. animal. Petri Forskal. Amphib.
2. *L'Argus.* M. Daubenton, Encyclopédie méthodique. — *Col. Argus.* Linn., *Amphib. ser-pent.* — Séba, mus. 2, tab. 103, fig. 1.
3. On ne connaît point le nombre des grandes ni des petites plaques de cette couleuvre.
4. *Le Pétole.* M. Daubenton, Encyclopédie méthodique. — *Col. Pethola.* Linn., *Amphib. serpent.* — *Coluber scutis abdominalibus,* 207 ; *squamis caudalibus,* 90. Linn., *Amœnit.* Surin. grill., p. 505, 13. — *Coluber scutis abdominalibus,* 209 ; *caudalibus,* 85. Id., amphib. Gyllenb. p. 534, 8.
   Anguis scutis abdominalibus, 209 ; *squamis caudalibus,* 90. Idem, Mus. Princ., p. 587, 36. — *Coronella Pethola,* 189. Laurenti specimen medicum. — Séba, mus. 1, tab. 54, fig. 4.

n'a point de crochets mobiles; on ignore quelles sont ses habitudes; elle a le plus souvent deux cent neuf grandes plaques et quatre-vingt-dix paires de petites.

LA DOMESTIQUE [1]

Coluber (Natrix) hippocrepis, var. b, Merr. — Col. domesticus, Linn., Lacép., Daud.

Le nom de cette couleuvre annonce la douceur de ses habitudes; c'est en Barbarie qu'on la trouve, et c'est dans les maisons qu'elle habite; elle y est dans une espèce d'état de domesticité volontaire, puisqu'elle n'y a point été amenée par la force et qu'elle n'y est retenue par aucune contrainte; et c'est d'elle-même qu'elle a choisi la demeure de l'homme pour son asile. L'on voudrait qu'une sorte d'affection l'eût ainsi conduite sous le toit qu'elle partage, qu'une sorte de sentiment l'empêchât de s'en éloigner, et qu'elle montrât sur ces côtes de Barbarie, si souvent arrosées de sang, le contraste singulier d'un serpent aussi affectionné, aussi fidèle que doux et familier, avec le spectacle cruel de l'homme gémissant sous les chaînes dont l'accable son semblable. Mais le besoin seul attire la couleuvre domestique dans les maisons, et elle n'y demeure que parce qu'elle y trouve avec plus de facilité les petits rats et les insectes dont elle se nourrit. Sa couleur est souvent d'un gris pâle avec des taches brunes; elle a entre les deux yeux une bande qui se divise en deux et présente deux taches noires. Ses grandes plaques sont ordinairement au nombre de deux cent quarante-cinq, et elle a quatre-vingt-quatorze paires de petites plaques.

L'HAJE [2]

Naja Haje, Cuv. — Coluber Haje, Hasselq., Linn., Forsk., Geoff.-S-Hil. — Vipera Haje, Daud.

Cette couleuvre devient très grande, suivant M. Linné; elle se trouve en Égypte, où elle a été observée par M. Hasselquist. Ses couleurs sont le noir et le blanc; la moitié de chaque écaille est blanche; il y a d'ailleurs sur le dos des bandes blanches, placées obliquement; tout le reste du dessus du corps est noir [3].

Ce serpent n'étant pas venimeux, selon M. Linné, ne doit pas être confondu avec une couleuvre d'Égypte qui porte aussi le nom d'haje, et qui

1. Le Serpent domestique. M. Daubenton, Encyclopédie méthodique. — Col. domesticus, Linn., Amphib. serpent.
2. L'Haje. M. Daubenton, Encyclopédie méthodique. — Col. Haje. Linn., Amphib. serpent. — Coluber scutis abdominalibus, 206; squamis caudalibus, 60. Hasselquist, it. 312, n. 62.
3. M. Linné a écrit que l'haje avait deux cent sept grandes plaques et cent neuf paires de petites.

contient un poison très actif. La force de ce venin a été reconnue par M. Forskal; mais ce naturaliste n'a point donné la description de l'haje dont il a parlé[1].

LA MAURE[2]

Coluber (Natrix) Maurus, MERR. — *Col. Maurus,* LINN., LACÉP., LATR.

Elle a été ainsi appelée à cause de ses couleurs, et parce qu'elle se trouve aux environs d'Alger. M. Brander envoya à M. Linné un individu de cette espèce. Le dessus de son corps est brun, avec deux raies longitudinales; plusieurs bandes transversales et noires s'étendent depuis ces raies jusqu'au-dessous du corps qui est noir.

Le maure n'a point de crochets mobiles; on voit sur sa tête neuf grandes écailles, et sur son dos des écailles plus petites et ovales; ces écailles du dos sont relevées par une arête, dans un individu de cette espèce qui fait partie de la collection de Sa Majesté[3].

LE SIBON[4]

Coluber (Natrix) Sibon, MERR. — *Col. Sibon,* LINN., LACÉP., LATR., DAUD.

Les Hottentots ont nommé ainsi un serpent qui se trouve dans le pays qu'ils habitent, ainsi que dans plusieurs autres contrées d'Afrique. Le dessus du corps de cette couleuvre est d'une couleur brune, mêlée de bleu; et le dessous est blanc tacheté de brun. Des écailles rhomboïdales garnissent son dos; sa queue est courte et menue. Cette couleuvre a ordinairement cent quatre-vingts grandes plaques et quatre-vingt-cinq paires de petites.

LA DHARA[5]

Coluber (Natrix) Dhara, MERR. — *Col. Dhara,* FORSK., GMEL., DAUD.

C'est dans la partie de l'Arabie qu'on a nommée heureuse, c'est dans les fertiles contrées de l'Yémen que se trouve cette couleuvre. Sa tête est cou-

1. *Coluber Haje-Nascher,* par les Arabes. Descriptiones animalium. P. Forskal., amphib. 8.
2. *Le Maure.* M. Daubenton, Encyclopédie méthodique. — *Col. Maurus.* Linn., *Amphib. serpent.*
3. Cette couleuvre a communément cent cinquante-deux grandes plaques et soixante-six paires de petites.
4. *Le Sibon.* M. Daubenton, Encyclopédie méthodique. — *Col. Sibon.* Linn., *Amphib. serpent.* — Linn. Amœnit. Mus. Princip., p. 585, 32.
   Coluber Sibon, 210. Laurenti specimen medicum. — *Le Sibon.* Dictionnaire d'hist. nat., par M. Valmont de Bomare. Séba, mus. I, tab. 14, fig. 4.
5. *Dhara,* par les Arabes. — *Coluber Dhara.* Descriptiones animalium Petri Forskal. Amphibia.

verte de neuf grandes écailles, disposées sur quatre rangs ; son museau est arrondi, son corps est menu, et toutes ses proportions paraissent aussi sveltes qu'elle est innocente et douce. Elle n'a point de couleurs brillantes, mais celles qu'elle présente sont agréables. Le dessus de son corps est d'un gris un peu cuivré ; toutes les écailles sont bordées de blanc, et c'est aussi le blanc qui est la couleur du dessous de son corps. M. Forskal l'a fait connaître ; l'individu qu'il avait observé n'avait pas deux pieds de longueur ; mais le voyageur danois soupçonna que la queue de cet animal avait été tronquée ; il compta deux cent trente-cinq grandes plaques et quarante-huit paires de petites sous le corps de cette couleuvre.

LA SCHOKARI [1]

Coluber (Natrix) Schokari, Forsk., Gmel., Lacép., Latr., Daud.

Cette couleuvre se trouve dans l'Yémen ainsi que la dhara ; elle se plaît dans les bois qui croissent sur les lieux élevés. Sa morsure n'est point dangereuse, et M. Forskal, qui l'a décrite, n'a vu ses mâchoires garnies d'aucun crochet mobile. Son corps est menu ; elle parvient ordinairement à la longueur d'un ou deux pieds, et sa queue n'a guère alors que la longueur de cinq ou six pouces ; sa tête est couverte de neuf grandes écailles, disposées sur quatre rangs. Le dessus de son corps est d'un cendré brun et présente de chaque côté deux raies longitudinales blanches, dont une est bordée de noir. On voit quelquefois sur le milieu du dos des grands individus une espèce de petite raie, composée de très petites taches blanches. Le dessous du corps est blanchâtre, mêlé de jaune et pointillé de brun vers le gosier. La schokari a cent quatre-vingt-trois grandes plaques et cent quarante-quatre paires de petites.

Nous joignons ici la notice de trois couleuvres dont il est fait mention dans l'ouvrage de M. Forskal, à la suite de la schokari, mais dont la description est trop peu détaillée pour que nous puissions décider à quelles espèces elles appartiennent.

La première se nomme *bætæn ;* elle est tachetée de blanc et de noir ; elle a un pied de longueur et près d'un demi-pouce d'épaisseur ; elle est ovipare, et cependant, dit M. Forskal, sa blessure donne la mort dans un instant.

La seconde, appelée *hosleik,* est toute rouge ; sa longueur est d'un pied ; elle pond des œufs plus ou moins gros ; sa morsure ne donne pas la mort, mais cause une enflure accompagnée de beaucoup de chaleur ; les Arabes ont cru que son haleine seule pouvait faire pourrir les chairs sur lesquelles cette vapeur s'étendait.

1. *Schokari,* par les Arabes. — *Col. Schokari.* Descriptiones animalium Petri Forskal. Amphibia.

La troisième, nommée *hannarch æsuæd*, est toute noire, ovipare et de la longueur d'un pied ou environ. Sa morsure n'est pas dangereuse, mais produit un peu d'enflure; on arrête par des ligaments la propagation du venin; on suce la plaie; on emploie diverses plantes comme spécifique, et les Arabes racontent gravement que ce serpent entre quelquefois par un côté dans le corps des chameaux, qu'il en sort par l'autre côté, et que le chameau en meurt si on ne brûle pas la blessure avec un fer rouge.

Nous invitons les voyageurs qui iront en Arabie, non seulement à décrire ces trois couleuvres, mais même à rechercher l'origine des contes d'Arabes auxquels elles ont donné lieu, car il y a bien peu de fables qui n'aient pour fondement quelque vérité.

LA ROUGE-GORGE [1]

Coluber (Natrix) jugularis, Merr. — *Col. jugularis.* Linn., Latr., Daud. — *Col. collo-ruber.* Lacép.

On peut reconnaître aisément cette couleuvre qui se trouve en Égypte. Elle est toute noire, excepté la gorge qui est couleur de sang; elle a communément cent quatre-vingt-quinze grandes plaques et cent deux paires de petites. M. Hasselquist l'a observée.

L'AZURÉE

Coluber (Natrix) azureus, Merr. — *Col. azureus,* Lacép., Daud.

On trouve cette couleuvre aux environs du cap Vert. Son nom indique sa couleur; elle est d'un très beau bleu, quelquefois foncé sur le dos, très clair et presque blanchâtre sous le ventre et sous la queue. Elle n'a point de crochets mobiles; le sommet de sa tête est garni de neuf grandes écailles, disposées sur quatre rangs, et celles que l'on voit sur le dos sont ovales et unies. Un individu de cette espèce, conservé au Cabinet du roi, a deux pieds de longueur totale, cinq pouces trois lignes, depuis l'anus jusqu'à l'extrémité de la queue, cent soixante et onze grandes plaques et soixante-quatre paires de petites.

1. *La Rouge-gorge.* M. Daubenton, Encyclopédie méthodique. — *Col. jugularis.* Linn., *Amphib. serpent.* — Mus. Ad. Fr. 2, p. 45.

LA NASIQUE [1]

Coluber (Dryinus) nasutus, MERR. — *Col. nasutus*, LACÉP.
— *Col. mycterizans*, DAUD.

Nous donnons ce nom à une couleuvre, dont le museau est en effet très allongé, et qu'il est très facile de distinguer par là des serpents de son genre, connus jusqu'à présent. Elle a le devant de la tête très allongé, très étroit, très aplati, par-dessus et par-dessous, ainsi que des deux côtés, et terminé en pointe de manière à représenter une petite pyramide à quatre faces, dont les arêtes seraient très marquées. Le dessus de la tête est recouvert de neuf grandes écailles, placées sur quatre rangs. La mâchoire inférieure est arrondie, plus large et plus courte que la supérieure; les yeux sont gros, ronds et placés sur les côtés de la tête; l'on voit à l'extrémité du museau un petit prolongement écailleux, un peu relevé et composé d'une seule pièce qui paraît comme plissée. C'est apparemment de ce prolongement que Catesby a voulu parler, lorsqu'il a dit que le serpent dont il est ici question avait le nez retroussé; et c'est peut-être en faisant allusion à l'air singulier que cette conformation donne à ce reptile, que M. Linné l'a désigné par le nom de *mycterizans*, qui signifie *moqueur*.

Les deux mâchoires sont garnies de fortes dents, qui ne distillent aucun poison, suivant Gronovius. Catesby dit aussi que la nasique n'est point dangereuse, et nous n'avons trouvé de crochets mobiles dans aucun des individus de cette espèce que nous avons examinés. Cependant nous devons prévenir que M. Linné a écrit qu'elle était venimeuse. Le dessous de la tête est blanchâtre, et toutes les autres parties de ce serpent présentent communément une couleur verdâtre, relevée par quatre raies blanchâtres, qui s'étendent de chaque côté du corps, presque jusqu'à l'extrémité de la queue, et par deux autres raies longitudinales placées sur le ventre [2]. Les écailles du dos sont rhomboïdales et unies; ordinairement la queue n'est pas aussi longue que la moitié du corps, qui est très mince en proportion de sa longueur. L'individu que nous avons décrit, et qui est conservé au Cabinet du roi, n'avait, en quelques endroits de son corps, que cinq ou six lignes de diamètre, et cependant il avait quatre pieds neuf pouces de longueur [3]. Nous avons compté cent soixante-treize grandes plaques sous son corps et cent cinquante-sept paires de petites plaques sous sa queue.

On a écrit que, malgré sa petitesse, la nasique se nourrissait de rats [4];

1. *Le Nez retroussé.* M. Daubenton, Encyclopédie méthodique. — *Col. mycterizans.* Linn.. *Amphib. serpent.* — Mus. Ad. Fr. 1, p. 28, tab. 5, fig. 1, et tab. 19, fig. 1. — Séba, mus. 2, tab. 23, fig. 2. — Gronovius, mus. 2, p. 59, n. 19. — Catesby, *Carol.* II, p. 47, tab. 47. — *Natrix mycterizans*, 162; *Natrix flagelliformis*, 163. *Laurenti specimen medicum.*
2. Il paraît que la distribution des couleurs de la nasique varie assez souvent.
3. La queue était longue d'un pied onze pouces.
4. Séba, t. II, pl. 24.

mais quoique son gosier et son estomac puissent s'étendre aisément, ainsi que ceux des autres serpents, nous avons peine à croire qu'elle puisse dévorer des rats, même les plus petits ; elle doit vivre de scarabées ou d'autres insectes, dont on a dit en effet qu'elle faisait sa proie ; et elle les saisit avec d'autant plus de facilité, que, suivant Catesby, elle passe sa vie sur les arbres, cachée sous les feuilles et entortillée autour des rameaux, qu'elle peut parcourir avec rapidité. Elle n'attaque point l'homme, et on la trouve dans l'île de Ceylan, en Guinée, ainsi que dans la Caroline et plusieurs autres contrées chaudes du nouveau monde.

LA GROSSE-TÊTE

Coluber (Natrix) capitatus, Merr. — *Col. capitatus,* Lacép., Daud.

Nous donnons ce nom à une couleuvre d'Amérique qui, en effet, a la tête beaucoup plus grosse que la partie antérieure du corps. Elle n'a point de crochets mobiles ; neuf grandes écailles, disposées sur quatre rangs, couvrent le sommet de sa tête, et celles qui garnissent son dos sont ovales et unies.

Un individu de cette espèce, conservé au Cabinet du roi, a deux pieds cinq pouces six lignes de longueur totale, et six pouces trois lignes depuis l'anus jusqu'à l'extrémité de la queue, qui se termine par une pointe très déliée.

Nous avons compté cent quatre-vingt-treize grandes plaques et soixante-dix-sept paires de petites.

Le dessus du corps de la grosse-tête est d'une couleur foncée, relevée par des bandes transversales et irrégulières d'une couleur plus claire ; mais l'individu que nous avons décrit était trop altéré par l'esprit-de-vin, dans lequel il avait été conservé, pour que nous puissions rien dire de plus relativement aux couleurs de cette espèce.

LA COURESSE

Coluber (Natrix) cursor, Merr. — *Col. cursor,* Lacép., Latr., Daud.

C'est de la Martinique que cette couleuvre a été envoyée au Cabinet du roi, par feu M. de Chanvalon. Ses couleurs sont belles ; le dessus de son corps est verdâtre et présente deux rangées longitudinales de petites taches blanches et allongées ; le dessous et les côtés du corps sont blanchâtres.

Cette couleuvre n'a point de crochets mobiles. Le sommet de sa tête est garni de grandes écailles, et le dos l'est d'écailles ovales et unies. L'indi-

vidu que nous avons décrit avait deux pieds dix pouces sept lignes de
longueur totale, neuf pouces sept lignes, depuis l'anus jusqu'à l'extrémité
de la queue, cent quatre-vingt-cinq grandes plaques et cent cinq paires de
petites.

La couresse est aussi timide que peu dangereuse ; elle se cache ordinairement lorsqu'elle aperçoit quelqu'un, ou s'enfuit avec tant de précipitation,
que c'est de là que vient son nom de *couresse* ou *courcresse*[1].

LA MOUCHETÉE [2]

Coluber (Natrix) guttatus, MERR. — *Col. guttatus*, LINN., LACÉP., DAUD.

C'est un très beau serpent, et dont les habitudes diffèrent beaucoup de
celles de la nasique, du boiga et d'autres couleuvres qui se tiennent sur les
arbres; il passe sa vie dans des trous souterrains, où il trouve apparemment,
avec plus de facilité qu'ailleurs, les vers et les insectes dont il se nourrit.
C'est dans la Caroline qu'il a été observé par MM. Catesby et Garden, et
lorsque, dans les mois de septembre et d'octobre, on fait, dans cette contrée,
la récolte des patates, on le trouve souvent dans des cavités auprès des
racines de ces plantes qui, peut-être, servent de nourriture à sa petite proie[3].
Son corps est cependant très menu, en proportion de sa longueur, et il est
en tout conformé de manière à pouvoir parcourir les rameaux des arbres
les plus élevés, avec autant de rapidité que la plupart des couleuvres qui
vivent dans les forêts et sur les plus hautes branches, tant il est vrai que
les habitudes des animaux sont le résultat, non seulement de leur conformation, mais de plusieurs circonstances qu'il est souvent très difficile de
deviner.

Le dessus du corps de la mouchetée est d'un gris livide et présente de
grandes taches d'un rouge très vif, arrangées longitudinalement; on voit de
chaque côté un rang de taches jaunes, qui correspondent aux intervalles des
taches rouges, et souvent une bande longitudinale noire. Le dessous du
corps présente des taches noires, carrées et placées alternativement à droite
et à gauche.

Cette espèce n'est pas venimeuse ; elle a ordinairement deux cent vingt-
sept grandes plaques et soixante paires de petites.

1. Rochefort, *Hist. des Antilles.* Lyon, 1667, t. 1er, p. 294.
2. *Le Moucheté.* M. Daubenton, Encyclopédie méthodique. — *Col. guttatus.* Linn., Amphib.
serpent. — *Le Serpent à chapelet.* Catesby, *Hist. natur. de la Caroline*, t. II, pl. 60. Nous avons
déjà prévenu qu'il ne fallait pas confondre cette espèce avec celle à laquelle nous avons donné le
nom de *chapelet.*
3. Catesby, t. II. p. 60.

LA CAMUSE [1]

Coluber (Natrix) simus, Merr. — *Col. simus,* Linn., Lacép., Daud.

M. le docteur Garden a fait connaître cette espèce qu'il a observée dans la Caroline, et dont il a envoyé un individu à M. Linné. Elle a la tête arrondie, relevée en bosse, et le museau court, ce qui l'a fait nommer par M. Linné, *coluber simus, couleuvre camuse.* On voit, entre les yeux de ce serpent, une petite bande noire et courbée, et sur le sommet de sa tête paraît une croix blanche, marquée au milieu d'un point noir. Le dessus du corps est varié de noir et de blanc, avec des bandes transversales de cette dernière couleur, et le dessous du corps est noir.

Cette espèce a cent vingt-quatre grandes plaques et quarante-six paires de petites.

LA STRIÉE [2]

Coluber (Natrix) striatulus, Merr. — *Col. striatulus,* Linn., Lacép., Daud., Lath.

Nous ne connaissons cette couleuvre que par ce qu'en a dit M. Linné; le nom qu'elle porte lui a été donné à cause des diverses stries que présente son dos et qui doivent être produites par la forme des écailles, relevées vraisemblablement par une arête longitudinale. Ce serpent ne parvient point à une grandeur considérable; le dessus de son corps est brun, et le dessous d'une couleur pâle; sa tête est couverte d'écailles lisses. On le trouve à la Caroline, et c'est M. le docteur Garden qui a envoyé à M. Linné des individus de cette espèce [3].

Il se pourrait qu'on dût regarder comme une couleuvre striée, un serpent de la Caroline figuré dans Catesby (t. II, pl. 46) [4]; ce serpent a, en effet, les écailles du dos relevées par une arête, le sommet de sa tête garni de neuf grandes écailles lisses, le dessus de son corps brun, et le dessous d'un rouge de cuivre qui, altéré par l'esprit-de-vin ou par quelque autre cause, peut aisément devenir, après la mort de l'animal, la couleur pâle indiquée par M. Linné pour le dessous du corps de la striée. Ce serpent, figuré dans Catesby, se tient souvent dans l'eau et, suivant ce naturaliste,

1. *Le Camus.* M. Daubenton, Encyclopédie méthodique. — *Col. simus.* Linn., *Amphib. serpent.*
9. *Le Strié.* M. Daubenton, Encyclopédie méthodique. — *Col. striatulus.* Linn., *Amphib. serpent.*
3. La striée a cent vingt-six grandes plaques et quarante-cinq paires de petites.
4. *The Copper-belly snake.* Serpent à ventre couleur de cuivre. Catesby, *Hist. natur. de la Caroline,* t. II, p. 46.

doit se nourrir de poissons ; il dévore aussi les oiseaux et les autres petits animaux, dont il peut se rendre maître ; sa hardiesse est aussi grande que ses mouvements sont agiles ; il entre dans les basses-cours, y mange la jeune volaille et y suce les œufs ; mais il n'est point venimeux.

LA PONCTUÉE [1]

Coluber (Natrix) punctatus, Merr. — *Col. punctatus*, Linn., Lacép., Latr., Daud.

Cette couleuvre présente ordinairement trois couleurs ; le dessus de son corps est d'un gris cendré, le dessous jaune, et sous le ventre on voit neuf petites taches ou points noirs, disposés sur trois rangs de trois points chacun. Cette espèce habite la Caroline, où elle a été observée par M. le docteur Garden.

La ponctuée a cent trente-six grandes plaques et quarante-trois paires de petites.

LE BLUET [2]

Coluber (Natrix) cæruleus, var. *b*, Merr. — *Col. cæruleus*, Linn., Latr., Daud.
— *Col. subcæruleus*, Lacép.

C'est en Amérique qu'on trouve ce serpent, dont les couleurs présentent un assortiment agréable et, pour ainsi dire, élégant. Le dessus de son corps est blanc, et les écailles qui garnissent le dos de cette couleuvre sont ovales et presque mi-parties de blanc et de bleu ; le sommet de la tête est bleuâtre ; la queue, très déliée, surtout vers son extrémité, d'une couleur bleue plus foncée que celle du corps, et sans aucune tache [3].

LE VAMPUM [4]

Coluber (Natrix) fasciatus, Merr. — *Col. fasciatus*, Linn., Lacép., Daud., Latr.

Tel est le nom que ce serpent porte dans la Caroline et dans la Virginie, suivant Catesby. Il a été donné à cette couleuvre, à cause du rapport que les nuances et la disposition de ses couleurs ont avec une monnaie des Indiens,

1. *Le Ponctué.* M. Daubenton, Encyclopédie méthodique. — *Col. punctatus.* Linn., *Amphib. serpent.*

2. *Le Bluet.* M. Daubenton, Encyclopédie méthodique. — *Col. cæruleus.* Linn., *Amphib. serpent.* — *Amœn. acad.*, p. 585, 31. — Séba, mus. 2, tab. 13, fig. 3.

3. Le bluet a cent soixante-cinq grandes plaques et vingt-quatre paires de petites.

4. *Le Vampum.* M. Daubenton, Encyclopédie méthodique. — *Col. fasciatus.* Linn., *Amphib. serpent.* — Catesby, t. II, pl. 58.

nommée *vampum*. Cette monnaie est composée de petites coquilles taillées d'une manière régulière et enfilées avec un cordon bleu et blanc. Le dessus du corps du serpent est d'un bleu plus ou moins foncé, et quelquefois presque noir sur le dos, avec des bandes blanches transversales et partagées en deux sur les côtés; le dessous du corps est d'un bleu plus clair, avec une petite bande transversale brune sur chaque grande plaque; et de toute cette disposition de couleurs, il résulte des espèces de taches dont la forme approche de celle des coquilles taillées, qui servent de monnaie aux Indiens.

Le vampum parvient jusqu'à cinq pieds de longueur; il n'est point venimeux, mais vorace, et il dévore tous les petits animaux trop faibles pour lui résister. Sa tête est petite en proportion de son corps; elle est couverte de neuf grandes écailles, et celles du dos sont ovales et relevées par une arête[1].

LE COBEL[2]

Coluber (Natrix) Cobella, MERR. — *Col. Cobella*, LINN., LACÉP., LATR., DAUD. — *Cerastes Cobella*, LAUR. — *Elaps Cobella*, SCHNEID. — *Coluber serpentinus*, DAUD.

Cette couleuvre se trouve en très grand nombre en Amérique. Elle est d'un gris cendré et présente un grand nombre de petites raies blanches et placées obliquement, relativement à l'épine du dos. Quelquefois elle présente aussi des bandes transversales et blanchâtres. Le dessous du corps est blanc; le ventre traversé par un grand nombre de bandes noirâtres et inégales quant à leur largeur; et l'on voit derrière chaque œil une tache d'une couleur un peu livide et placée obliquement comme les petites raies du dos.

Le sommet de la tête est couvert de neuf grandes écailles disposées sur quatre rangs; cette couleuvre a cent cinquante grandes plaques et cinquante-quatre paires de petites. Un individu de cette espèce que nous avons décrit avait un pied quatre pouces neuf lignes de longueur totale, et sa queue était longue de trois pouces dix lignes.

1. Le vampum a cent vingt-huit grandes plaques et soixante-sept paires de petites. Un jeune individu de cette espèce, conservé au Cabinet du roi, a un pied dix pouces de longueur totale, et sa queue est longue de six pouces.

2. *Le Cobel*. M. Daubenton, Encyclopédie méthodique. — *Col. Cobella*. Linn., *Amphib. serpent.* — *Amœn. acad.*, p. 505, 14; p. 531, 4, et p. 583, 28.

Cerastes Cobella, 172. *Laurenti specimen medicum.* — Gronov. mus. 2, p. 65, n. 32. — Séba, mus. 2, tab. 2, fig. 6.

LA TÊTE-NOIRE [1]

Coluber (Natrix) melanocephalus, Merr. — *Col. melanocephalus*, Linn., Dau
— *Col. capite niger*, Lacép.

Ce serpent a en effet la tête noire et le dessus du corps brun; il présente
quelquefois des taches blanchâtres et placées transversalement. Le dessous
du corps est varié de blanchâtre et d'une couleur très foncée, par taches,
dont la plupart sont placées transversalement et ont la forme d'un parallélo-
gramme. Les écailles qui couvrent la tête sont grandes, au nombre de neuf
et disposées sur quatre rangs. Celles qui garnissent le dos sont ovales et
unies. La tête-noire se trouve en Amérique, et elle a ordinairement cent
quarante grandes plaques et soixante-deux paires de petites [2].

L'ANNELÉE [3]

Coluber (Natrix) doliatus, Merr. — *Col. doliatus*, Linn., Lacép., Latr., Daud.

Cette couleuvre habite la Caroline ainsi que Saint-Domingue, d'où un
individu de cette espèce a été envoyé au Cabinet du roi. Ces noms de diverses
parties de l'Amérique, voisines des tropiques, retracent toujours l'image de
terres fécondes, qu'une humidité abondante et les rayons vivifiants du soleil
couvrent sans cesse de nouvelles productions bien plus précieuses et moins
funestes que les métaux trop recherchés qu'elles cachent dans leur sein.
L'art de l'homme ne doit, pour ainsi dire, dans ces terres fertiles que modérer
les forces de la nature. Ce qui appartient à ces climats favorisés attirera
donc toujours l'attention; nous n'avons pas besoin de chercher à l'environner
d'ornements étrangers, pour faire désirer de le connaître, et les personnes
mêmes qui n'auront pas résolu de suivre l'histoire naturelle jusque dans
ses petits rameaux seront toujours bien aises d'observer, en quelque sorte,
de près tous les objets que l'on rencontre dans ces belles et lointaines
contrées.

L'annelée est d'un blanc ordinairement assez éclatant et présente des
bandes transversales noires, ou presque noires, qui s'étendent sur le ventre,
et forment des anneaux autour du corps; mais la partie supérieure et la
partie inférieure de ces anneaux ne se correspondent pas exactement. Quel-

1. *La Tête-noire.* M. Daubenton, Encyclopédie méthodique. — *Col. melanocephalus*. Linn.,
Amphib. serpent. — Mus. Ad. Fr. 1, p. 24, tab. 15, fig. 2.
2. Un individu de cette espèce, conservé au Cabinet du roi, a deux pieds un pouce sept lignes
de longueur totale, et quatre pouces six lignes depuis l'anus jusqu'à l'extrémité de la queue.
3. *L'Annelée.* M. Daubenton, Encyclopédie méthodique. — *Col. doliatus*. Linn., *Amphib.
serpent.*

quefois une petite bande longitudinale, d'une couleur très foncée, règne le long du dos ; le cou est blanc, le dessus de la tête presque noir et garni de neuf grandes écailles, et le dos est couvert d'écailles unies et en losange. Un individu de cette espèce, qui fait partie de la Collection du roi, a sept pouces quatre lignes de longueur totale et un pouce cinq lignes depuis l'anus jusqu'à l'extrémité de la queue.

L'annelée n'a point de crochets mobiles[1].

L'AURORE[2]

Coluber (Natrix) aurora, Merr. — *Col. aurora*, Linn., Lacép., Daud.
Cerastes aurora, Laur.

Les couleurs de cette couleuvre peuvent la faire distinguer de loin ; une bande longitudinale, d'un beau jaune, règne au-dessus de son corps et paraît d'autant plus vive, que le fond de la couleur du dos est d'un gris pâle, et que souvent chaque écaille comprise dans la bande est bordée d'orangé. Le dessus de la tête est jaune, avec des points rouges, et c'est ce mélange d'orangé, de rouge et de jaune, qui a fait donner à la couleuvre aurore le nom qu'elle porte. Ce serpent se trouve en Amérique et a cent soixante-dix-neuf grandes plaques et trente-sept paires de petites.

LE DARD[3]

Coluber (Natrix) lineatus, Merr. — *Col. jaculatrix*, Linn., Lacép., Latr., Daud.
— *Col. lineatus*, Linn., Lacép., Daud. — *Col. atratus*, Gmel., Daud.

Cette couleuvre a beaucoup de rapports, suivant M. Linné, avec la rayée. Elle est d'un gris cendré, avec une bande noirâtre, dont les bords sont d'un noir foncé, et qui s'étend au-dessus du dos, depuis le museau jusqu'à l'extrémité de la queue. Une bande semblable, mais plus étroite, règne de chaque côté du corps, dont le dessous est blanchâtre. Ce serpent a été vu à Surinam[4]. Il est bon d'observer que ce nom de *dard* (*jaculus*) a été donné à plusieurs serpents, tant de l'ancien que du nouveau monde, à cause de la faculté qu'ils ont de s'élancer, pour ainsi dire, avec la rapidité d'une flèche.

1. Elle a le plus souvent cent soixante-quatre grandes plaques et quarante-trois paires de petites.
2. *L'Aurore.* M. Daubenton, Encyclopédie méthodique. — *Col. aurora.* Linn., *Amphib. serpent.* — Mus. Ad. Fr.. p. 25, tab. 19, fig. 1. — *Cerastes aurora*, 109. *Laurenti specimen medicum.* — *Jaculus.* Séba, mus. 2, tab. 78, fig. 3.
3. *Le Dard.* M. Daubenton, Encyclopédie méthodique. — *Col. jaculatrix.* Linn., *Amphib. serpent.* — Gronov. mus. 63, n. 26. — *Xequipiles*, Séba, mus. 2, tab. 1, fig. 9.
4. Le dard a cent soixante-trois grandes plaques et soixante-dix-sept paires de petites.

LA LAPHIATI[1]

Coluber (Natrix) aulicus, MERR. — *Col. aulicus*, LINN., LACEP., LATR., DAUD.
— *Natrix aulica*, LAUR.

Tel est le nom que l'on a donné, dans l'Amérique méridionale, à cette couleuvre du Brésil, dont les couleurs sont très belles, suivant Séba. M. Linné, qui l'a décrite, lui en attribue de moins brillantes ; mais peut-être les nuances de l'individu qu'il a observé avaient-elles été altérées. Selon ce naturaliste, la laphiati est grise, avec des bandes transversales blanches, qui se divisent en deux de chaque côté. Si les quatre extrémités de ces bandes se réunissent avec celles des bandes voisines, la distribution de couleurs indiquée par M. Linné, sera à peu près semblable à celle dont parle Séba ; mais ce dernier auteur suppose du roux à la place du gris et du jaunâtre à la place du blanc.

Le sommet de la tête de la laphiati est blanc. Cette couleuvre a cent quatre-vingt-quatre grandes plaques et soixante paires de petites.

LA NOIRE ET FAUVE[2]

Elaps corallinus, MERR. — *Coluber fulvus?* LINN., DAUD., HERM., LATR.
— *Col. nigrorufus*, LACÉP.

Le nom de cette couleuvre désigne ses couleurs ; son corps est entouré, en effet, de bandes transversales noires, ordinairement au nombre de vingt-deux, et d'autant de bandes fauves, bordées de blanc et tachetées de brun, placées alternativement. Le museau et la partie supérieure de la tête sont quelquefois noirâtres. La queue de ce serpent est très courte et n'a guère de longueur que le douzième de la longueur du corps. On trouve la noire et fauve à la Caroline, où elle a été observée par M. Garden. Elle a deux cent dix-huit grandes plaques et trente et une paires de petites[3].

---

1. *La Losange*. M. Daubenton, Encyclopédie méthodique. — *Col. aulicus*. Linn., *Amphib. serpent*. — Mus. Ad. Fr., p. 29, tab. 12, fig. 2. — *Natrix aulica*, 148. *Laurenti specimen medicum*. — Séba, mus. 1, tab. 91, fig. 5.
2. *Le Noir et Fauve*. M. Daubenton, Encyclopédie méthodique. — *Col. fulvus*. Linn., *Amphib. serpent*.
3. Le sommet de la tête est garni de neuf grandes écailles, son dos l'est d'écailles hexagones et unies. Une noire et fauve, conservée au Cabinet du roi, a un pied onze pouces de longueur totale, et sa queue est longue de deux pouces.

LA CHAINE [1]

Coluber (Natrix) Getulus, MERR. — *Col. Getulus,* LINN., LATR.

Catesby a donné la figure de ce serpent qu'il a vu dans la Caroline, et qui y a été ensuite observé par M. le docteur Gàrden. Le dessus du corps de cette couleuvre est d'un bleu presque noir, avec des bandes jaunes transversales très étroites et composées de petites taches, qui leur donnent l'apparence d'une petite chaîne. Le dessous du corps est de la même couleur bleue, avec de petites taches jaunes presque carrées.

La longueur de la queue de ce serpent n'est ordinairement qu'un cinquième de celle du corps; l'individu décrit par Catesby avait à peu près deux pieds et demi de longueur totale [2].

LA RUBANNÉE [3]

Coluber (Natrix) vittatus, MERR. — *Coluber vittatus,* LINN., LACÉP., LATR., DAUD.

Plusieurs raies en forme de rubans, et d'une couleur noire ou très foncée, s'étendent au-dessus du corps de cette couleuvre, sur un fond blanchâtre; les grandes plaques qui revêtent le dessous du ventre sont bordées de brun, et l'on voit sous la queue une petite bande longitudinale blanche et dentelée. La tête est noire, avec de petites lignes blanches et tortueuses; elle est d'ailleurs très allongée, large par derrière et semblable, en petit, à la tête d'un chien, de même que celle du molure, de la couleuvre double-tache et de plusieurs boas. Les écailles qui recouvrent le dos sont ovales et petites [4].

La rubannée fait entendre un sifflement plus fort que celui de plusieurs autres couleuvres, lorsqu'elle est effrayée par la présence soudaine de quelque objet; c'est ce sifflement que quelques voyageurs ont appelé une sorte de rire moqueur, ou l'expression d'un désir assez vive d'être regardée et admirée pour ses couleurs [5]. C'est pour indiquer quelle espèce avait donné lieu à cette erreur, que M. Daubenton a appliqué à la rubannée le nom de serpent moqueur, dont on s'était déjà servi pour désigner plusieurs serpents. La rubannée se trouve en Amérique, et peut-être aussi en Asie.

1. *La Chaîne.* M. Daubenton, Encyclopédie méthodique. — *Col. Getulus.* Linn., *Amphib. serpent.* — *The Chain snake,* serpent à chaîne. Catesby, t. II, p. 52.

2. La chaîne a deux cent quinze grandes plaques et quarante-quatre paires de petites.

3. *Le Moqueur.* M. Daubenton, Encyclopédie méthodique. — *Col. vittatus.* Linn., *Amphib. serpent.* — Mus. Ad. Fr., p. 26, tab. 18, fig. 2. — Gronov. mus. 2, n. 31. — *Natrix vittata,* 147. *Laurenti specimen medicum.* — Séba, mus. 2, tab. 15, fig. 5, et tab. 60, fig. 2 et 3.

4. Cette couleuvre a ordinairement cent quarante-deux grandes plaques et soixante-dix-huit paires de petites.

5. Séba, t. II, p. 47.

LA MEXICAINE[1]

Coluber (Natrix) mexicanus, Merr. — *Col. mexicanus,* Linn., Lacép., Latr., Daud.

M. Linné a nommé ainsi une couleuvre dont il a parlé le premier. Elle se trouve en Amérique, et vraisemblablement au Mexique. Elle doit, comme les autres petits serpents, y servir de proie à l'hoazin, espèce de faisan, qui habite les contrées de l'Amérique septentrionale, voisines des tropiques, et qui fait la guerre aux serpents, de même que les aigles, les ibis, les cigognes et plusieurs autres oiseaux. Dans les pays encore très peu habités, où une chaleur très forte et des eaux stagnantes, sources de beaucoup d'humidité, favorisent la multiplication des divers reptiles, il est avantageux, sans doute, que les serpents venimeux, et dont la morsure peut donner la mort, soient détruits en très grand nombre; on devrait désirer de voir anéantir ces espèces funestes. Il n'est point surprenant que les oiseaux qui en font leur pâture, que les ibis en Égypte, les cigognes dans presque toutes les contrées et particulièrement en Thessalie[2], aient été regardés comme des animaux tutélaires, et que la religion et les lois se soient réunies pour les rendre, en quelque sorte, sacrés. Mais pourquoi ne pas laisser subsister les espèces qui, ne contenant aucun poison et ne jouissant pas d'une grande force, ne peuvent être dangereuses? Pourquoi ne pas les laisser multiplier, surtout auprès des campagnes cultivées, qu'elles délivreraient d'un grand nombre d'insectes nuisibles, et où elles ne pourraient faire aucun dégât, puisqu'elles ne se nourrissent pas des plantes qui sont l'espoir des cultivateurs?

Parmi ces espèces, plus utiles qu'on ne l'a cru jusqu'à présent, l'on doit compter la mexicaine, puisque, suivant M. Linné, elle n'est point venimeuse et qu'elle ne parvient pas à une grandeur considérable. Elle a cent trente-quatre grandes plaques et soixante-dix-sept paires de petites. C'est tout ce que M. Linné a publié de la conformation de ce serpent.

LE SIPÈDE[3]

Coluber (Natrix) Sipedon, Merr. — *Col. Sipedon,* Linn., Lacép., Latr., Daud.

Ce serpent a été observé par M. Kalm, dans l'Amérique septentrionale. Sa couleur est brune, et il a ordinairement cent quarante-quatre grandes plaques et soixante-treize paires de petites.

---

1. *Le Mexicain.* M. Daubenton, Encyclopédie méthodique. — *Col. mexicanus.* Linn., Amphib. serpent.
2. Pline, liv. X, chap. xxiii.
3. *Le Sipède.* M. Daubenton, Encyclopédie méthodique. — *Col. Sipedon.* Linn., Amphib. serpent.

LA VERTE ET BLEUE [1]

Coluber (Natrix) cyaneus, Merr. — *Col. cyaneus,* Linn., Latr., Daud.
— *Coluber viridi-cœruleus,* Lacép.

Cette couleuvre ressemble beaucoup, par sa conformation, au boa ; elle en a les proportions légères, mais elle n'en présente pas les couleurs brillantes. Celles qu'elle offre sont cependant très agréables. Le dessus de son corps est d'un bleu foncé, sans aucune tache, et le dessous d'un vert pâle.

Ce serpent ne parvient pas ordinairement à une longueur considérable. Sa longueur totale est communément de deux pieds, et celle de sa queue de six pouces. Il a le sommet de la tête garni de grandes écailles, le dos couvert d'écailles ovales et unies, cent dix-neuf grandes plaques et cent dix paires de petites.

On trouve la verte et bleue en Amérique. M. Linné l'a placée parmi les couleuvres qui n'ont pas de venin.

LA NÉBULEUSE [2]

Coluber (Natrix) nebulatus, Merr. — *Coluber nebulatus,* Linn., Gmel., Lacép.,
Latr., Daud. — *Col. ceylonicus,* Gmel., Daud.

Les couleurs de cette couleuvre ne sont pas très agréables, et c'est une de celles que l'on doit voir avec le moins de plaisir. Elle a le dessus du corps nué de brun et de cendré, le dessous varié de brun et de blanc. C'est donc le brun qui domine dans les couleurs qu'elle présente, sans qu'aucune distribution symétrique, aucun contraste de nuances, compense l'effet des teintes obscures que l'on voit sur ce serpent.

La nébuleuse habite l'Amérique, et elle a ordinairement cent quatre-vingt-cinq grandes plaques et quatre-vingt-une paires de petites.

Elle n'est point venimeuse, suivant M. Linné; mais il arrive quelquefois que, lorsqu'on passe trop près d'elle et qu'on l'excite ou l'effraye, elle se dresse, s'entortille autour des jambes et les serre assez fortement [3].

1. *Le Vert et bleu.* M. Daubenton, Encyclopédie méthodique. — *Col. cyaneus.* Linn., Amphib. serpent. — Linn., Amœnit. Surinam. grill. 10. — Séba, mus. 2, tab. 43, fig. 2.
2. *Le Nébuleux.* M. Daubenton, Encyclopédie méthodique. — *Col. nebulatus.* Linn., Amphib. serpent. — Mus. Ad. Fr., p. 32, tab. 24, fig. 1. — *Cerastes nebulatus,* 174. Laurenti specimen medicum.
3. Voyez à ce sujet M. Laurenti, à l'endroit déjà cité.

LE SAURITE[1]

Coluber (Natrix) Saurita, Merr. — *Col. Saurita,* Linn., Lacép., Latr., Daud

Ce serpent a beaucoup de rapports avec les lézards gris et les lézards verts, non seulement par les nuances de ses couleurs, mais encore par son agilité, et voilà pourquoi il a été nommé saurite, qui vient du mot grec *sauros* (lézard). Son corps est très délié; ses proportions sont agréables, et on doit le rencontrer avec d'autant plus de plaisir, qu'étant très actif, il réjouit la vue par la rapidité et la fréquence de ses mouvements.

Le saurite est d'un brun foncé avec trois raies longitudinales blanches ou vertes, qui s'étendent depuis la tête jusqu'au-dessus de la queue; il a le ventre blanc, cent cinquante-six grandes plaques et cent vingt et une paires de petites.

On le trouve dans la Caroline; il n'est point venimeux.

LE LIEN[2]

Coluber (Natrix) constrictor, Merr., Latr., Daud. — *Coluber ligamen,* Lacép.

Cette espèce de serpent est très répandue dans la Caroline et dans la Virginie, où elle a été observée par MM. Catesby et Smith. Elle a le dessus du corps d'un noir très foncé et très éclatant; le dessous d'une couleur bronzée et bleuâtre; quelquefois la gorge blanche et les yeux étincelants. Cette couleuvre parvient à la longueur de six ou sept pieds. Elle n'est point venimeuse, mais très forte, se défend avec obstination lorsqu'on l'attaque, saute même contre ceux qui l'irritent, s'entortille autour de leur corps ou de leurs jambes, et les mord avec acharnement; mais sa morsure n'est point dangereuse. Elle dévore des animaux assez gros, tels que des écureuils; elle avale même quelquefois les petites grenouilles tout entières, et comme elles sont très vivaces, on l'a vue en rejeter en vie[3]. Elle se bat avec avantage contre d'autres espèces de serpents assez grands, et particulièrement contre les serpents à sonnettes, auxquels elle donne la mort, en se pliant en spirale autour de leur corps, se contractant avec force et les serrant jusqu'à les étouffer.

La couleuvre lien fait aussi la guerre aux rats et aux souris, dont elle

---

1. *Le Saurite.* M. Daubenton, Encyclopédie méthodique. — *Col. Saurita.* Linn., *Amphib. serpent.* — Catesby, t. II, pl. 52.

2. *Le Serpent lien.* M. Daubenton, Encyclopédie méthodique. — *Col. constrictor.* Linn., *Amphib. serpent.* — Catesby, *Carol.,* t. II, pl. 48. — Kalm, *It.,* III, p. 136. — Smith, *Voyage dans les États-Unis de l'Amérique septentrionale.*

3. M. Smith, à l'endroit déjà cité.

paraît se nourrir avec beaucoup d'avidité, et qu'elle poursuit avec une très grande vitesse, jusque sur les toits des maisons et des granges. Elle est par là très utile aux habitants de la Caroline et de la Virginie ; elle sert même plus que les chats à délivrer leurs demeures de petits animaux destructeurs qui les dévasteraient, parce que sa forme très allongée et sa souplesse lui permettent de pénétrer dans les petits trous qui servent d'asile aux souris ou aux rats. Aussi plusieurs Américains cherchent-ils à conserver et même à multiplier cette espèce [1].

LE SIRTALE [2]

Coluber (Natrix) Sirtalis, Linn., Lacép., Latr., Daud.

M. Kalm a observé, dans le Canada, cette espèce de couleuvre, dont les couleurs, sans être très brillantes, sont assez agréables et ressemblent beaucoup à celles du saurite ; elle a le dessus du corps brun, avec trois raies longitudinales d'un vert changeant en bleu. Le dos paraît légèrement strié, suivant M. Linné, ce qui suppose que les écailles qui le couvrent sont relevées par une arête.

Le sirtale a cent cinquante grandes plaques et cent quatorze paires de petites.

LA BLANCHE ET BRUNE [3]

Coluber (Natrix) annulatus, Merr. — *C. annulatus*, Linn., Latr.. Daud. — *C albofuscus* et *C. candidus*, Lacép. — *C. ignobilis*, Laur. — *C. orientalis*, Gmel. — *C. Epidaurus*, Herm.

Cette couleuvre habite l'Amérique. Le dessus de son corps est d'une couleur blanchâtre, avec des taches brunes, arrondies et réunies deux ou trois ensemble en plusieurs endroits ; on en voit deux derrière les yeux. Le dessous de son corps est d'un blanc tirant plus ou moins sur le roux. Elle a le sommet de la tête garni de neuf grandes écailles, disposées sur quatre rangs, le dos couvert d'écailles lisses et ovales, cent quatre-vingt-dix grandes plaques et quatre-vingt-seize paires de petites.

La blanche et brune n'a point de crochets mobiles. Un individu de cette espèce, conservé au Cabinet du roi, a un pied six pouces de longueur totale et sa queue est longue de quatre pouces six lignes.

1. Le lien a cent quatre-vingt-six grandes plaques et quatre-vingt-deux paires de petites.
2. *Le Sirtale.* M. Daubenton, Encyclopédie méthodique. — *Col. Sirtalis.* Linn., *Amphib. serpent.*
3. *Le Bai-rouge.* M. Daubenton, Encyclopédie méthodique. — *Col. annulatus.* Linn., *Amphib. serpent.* — *Amœn. amph.* Gillenb., p. 534, 9, et mus. princ., p. 586, 34. — Séba, mus. 2, tab. 58, fig. 2.

LA VERDATRE [1]

Coluber (Natrix) æstivus, Merr. — *Col. æstivus*, Linn., Latr., Daud.
— *Col. subviridis*, Lacép.

Les couleurs de cette couleuvre sont très agréables, mais sa douceur est encore plus grande. Le dessous de son corps est d'un vert plus ou moins clair, ou plus ou moins mêlé de jaune; le dessus est bleu, suivant M. Linné[2], et vert, suivant Catesby, qui l'a observée dans le pays qu'elle habite. C'est dans la Caroline qu'on la rencontre. Aussi déliée, aussi agile que le boiga, elle peut, comme lui, parcourir les plus légers rameaux des arbres les plus élevés; et c'est sur les branches qu'elle passe sa vie, occupée à poursuivre les mouches et les petits insectes dont elle se nourrit. Elle est si familière, et l'on sait si bien dans la Caroline combien peu elle est dangereuse, que, suivant Catesby, on se plaît à la manier, et que plusieurs personnes la portent sans crainte dans leur sein. N'étant vue qu'avec plaisir, on ne cherche pas à la détruire ; aussi est-elle très commune dans la plupart des endroits garnis d'arbres ou de buissons, et ce doit être un spectacle agréable que de voir les innocents animaux qui composent cette espèce, entortillés autour des branches, suspendus aux rameaux et formant, pour ainsi dire, des guirlandes animées au milieu de la verdure et des fleurs, dont l'éclat n'efface point celui de leurs belles écailles.

La verdâtre a cent cinquante-cinq grandes plaques et cent quarante-quatre paires de petites. La longueur de la queue est ordinairement un tiers de la longueur du corps, et les écailles du dos ne sont point relevées par une arête.

LA VERTE [3]

Coluber (Natrix, viridissimus, Merr. — *Col. viridissimus*, Linn., Lacép., Latr., Daud.
— *Col. janthinus*, Daud.

Ce nom désigne très exactement la couleur de cette couleuvre, dont le dessus et le dessous du corps sont en effet d'un beau vert, plus clair sous le ventre que sur le dos. Ce serpent a le sommet de la tête couvert de neuf grandes écailles, disposées sur quatre rangs ; le dessus du corps garni d'écailles ovales et unies, deux cent dix-sept grandes plaques et cent vingt-

---

1. *Le Verdâtre*. M. Daubenton, Encyclopédie méthodique. — *Col. æstivus*. Linn., *Amphib. serpent.* — *The Green snake*, le serpent vert. Catesby, *Carol.*, II, pl. 56.
2. M. Linné cite, au sujet de cette couleuvre, M. le docteur Garden, qui l'a vue dans la Caroline.
3. *Le Vert*. M. Daubenton, Encyclopédie méthodique. — *Col. viridissimus*. Linn., *Amphib. serpent.* — Mus. Ad. Fr. 2, p. 46.

deux paires de petites. Ses mâchoires ne sont point armées de crochets mobiles, et un individu de cette espèce, conservé au Cabinet du roi, a deux pieds deux pouces neuf lignes de longueur totale, et sept pouces une ligne depuis l'anus jusqu'à l'extrémité de la queue.

LE CENCO[1]

Coluber (Natrix) Cenchoa, MERR. — *Col. Cenchoa,* LINN., LATR., DAUD.

Ce serpent a la tête trop grosse à proportion du corps; elle est d'ailleurs presque globuleuse, ses angles étant peu marqués, et la couleur de cette partie est blanche, panachée de noir. Le cenco parvient quelquefois à la longueur de quatre pieds, sans que son corps, qui est très délié, soit alors beaucoup plus gros qu'une plume de cygne. La longueur de la queue est ordinairement égale au tiers de celle du corps. Le cenco a le sommet de la tête couvert de neuf grandes écailles, le dos garni d'écailles ovales et unies, le dessus du corps brun, avec des taches blanchâtres, ou d'un brun ferrugineux, accompagnées, dans quelques individus, d'autres taches plus petites, mais de la même couleur, et quelquefois avec plusieurs bandes transversales et blanches. Il se trouve en Amérique, et il y vit de vers et de fourmis[2].

LE CALMAR[3]

Coluber (Natrix) calamarius, var. *a,* MERR. — *Col. calamarius,* LINN., LACÉP., DAUD. — *Anguis calamaria,* LAUR.

Cette couleuvre est d'une couleur livide, avec des bandes transversales brunes, et des points de la même couleur, disposés de manière à former des lignes. Le dessous de son corps présente des taches brunes, comme les points et les bandes transversales, presque carrées et placées symétriquement. On voit sur la queue une raie longitudinale et couleur de fer.

Ce serpent, qui n'est remarquable ni par sa conformation ni par ses couleurs, habite en Amérique; il a cent quarante grandes plaques et vingt-deux paires de petites.

1. *Le Cenco.* M. Daubenton, Encyclopédie méthodique. — *Col. Cenchoa.* Linn., *Amphib. serpent.* — *Amœnit.,* p. 588, n. 37. — *Cencoatl,* seconde espèce. *Dictionnaire d'hist. natur.,* par M. Valmont de Bomare. — Séba, mus. 2, tab. 16, fig. 2 et 3.
2. Il a deux cent vingt grandes plaques et cent vingt-quatre paires de petites.
3. *Le Calemar.* M. Daubenton, Encyclopédie méthodique. — *Col. calamarius.* Linn., *Amphib. serpent.* — Mus. Ad. Fr. 1, p. 23, tab. 6, fig. 3. — *Anguis calamaria,* 127. *Laurenti specimen medicum.*

L'OVIVORE [1]

Coluber (Natrix) ovivorus, MERR. — *Coluber ovivorus,* LINN.

M. Linné a donné ce nom à une couleuvre d'Amérique, dont il n'a fait connaître que le nombre des plaques; elle en a deux cent trois et soixante-treize paires de petites. Il cite, au sujet de ce serpent, Kalm, sans indiquer aucun des ouvrages de ce naturaliste, et Pison, qui, selon lui, a nommé l'ovivore *guinpuaguara,* dans son ouvrage intitulé : *Medicina brasiliensis.* Pison y dit, en effet, que l'on trouve, dans l'Amérique méridionale, un serpent qui se nomme *guinpuaguara;* mais on ne voit dans Pison, ni dans Marcgrave, son continuateur, aucune description de ce reptile, ni aucun détail relatif à ses habitudes. M. Linné a vraisemblablement nommé cette couleuvre *ovivore,* pour montrer qu'elle se nourrit d'œufs, ainsi que plusieurs autres serpents, et qu'elle en est même plus avide.

LE FER-A-CHEVAL [2]

Coluber (Natrix) Hippocrepis, var. *a,* MERR. — *Col. Hippocrepis,* LINN., LACEP., LATR., DAUD. — *Natrix Hippocrepis,* LATR.

On voit sur le corps de cette couleuvre un grand nombre de taches rousses, disposées sur un fond de couleur livide. Le dessus de la tête présente des taches en croissant, l'entre-deux des yeux une bande transversale et brune, et l'occiput une grande tache en forme d'arc ou de fer à cheval. Telles sont les couleurs de ce serpent d'Amérique, qui a deux cent trente-deux grandes plaques et quatre-vingts paires de petites.

L'on conserve, au Cabinet du roi, une couleuvre qui a beaucoup de rapports avec le fer-à-cheval. Elle a le sommet de la tête garni de neuf grandes écailles ; le dos couvert d'écailles rhomboïdales et unies ; le dessus du corps livide avec des taches brunes ; quatre taches brunes ; quatre taches noirâtres et allongées de chaque côté de la partie antérieure du corps ; quatre autres taches noirâtres, également allongées, placées sur le cou, et dont les deux extérieures sont inclinées et se rapprochent vers l'occiput ; un pied dix pouces de longueur totale ; quatre pouces six lignes depuis l'anus jusqu'à l'extrémité de la queue, deux cent quarante et une grandes plaques et soixante-dix-neuf paires de petites ; elle n'est pas venimeuse non plus que le fer-à-cheval.

1. *Le Guimpe.* M. Daubenton, Encyclopédie méthodique. — *Col. ovivorus,* Linn., *Amphib. serpent.*

2. *Le Fer-à-cheval.* M. Daubenton, Encyclopédie méthodique. — *Col. Hippocrepis.* Linn., *Amphib. serpent.* — Mus. Ad. Fr. 1, p. 36, tab. 16, fig. 2. — *Natrix Hippocrepis,* 155. *Laurenti specimen medicum.*

L'IBIBE [1]

Coluber (Hurria) ordinatus, Merr. — *Col. ordinatus,* Linn.
— *Col. Ibibe,* Lacép., Daud.

Nous conservons à cette couleuvre le nom d'*ibibe* qui lui a été donné par M. Daubenton, et qui est une abréviation du nom *ibiboca,* sous lequel elle est décrite dans Séba. Ce serpent a été observé, dans la Caroline, par MM. Catesby et Garden ; il est d'un vert tacheté, suivant Catesby, et bleu, suivant M. Linné, avec des taches noires comme nuageuses. On voit, de chaque côté du corps, une rangée de points noirs, placés ordinairement à l'extrémité des grandes plaques ; quelquefois une raie d'un vert foncé, ou, au contraire, d'une couleur assez claire, s'étend le long du dos.

L'ibibe a le sommet de la tête garni de neuf grandes écailles, le dessus du corps couvert d'écailles ovales et relevées par une arête, cent trente-huit grandes plaques et soixante-douze paires de petites.

Un individu de cette espèce, qui fait partie de la collection de Sa Majesté, a deux pieds de longueur totale, et sa queue est longue de quatre pouces dix lignes. La disposition des grandes écailles qui couvrent le dessous de sa queue n'est pas la même que dans les autres espèces de couleuvres ; il présente quatre grandes plaques entre l'anus et les premières paires de petites.

L'ibibe n'est point venimeux ; il se glisse quelquefois dans les basses-cours ; il y casse et suce les œufs, mais il n'est pas ordinairement assez grand pour dévorer même la plus petite volaille.

LA CHATOYANTE [2]

Coluber (Natrix) hybridus, Merr. — *Col. versicolor,* Rasoum., Lacép., Daud.

M. le comte de Rasoumowsky nomme ainsi une petite couleuvre qui se trouve aux environs de Lausanne. Elle parvient à un pied et demi de longueur et a la grosseur d'une plume d'oie ou de cygne ; elle est luisante comme si elle était enduite d'huile ; le dessus de son corps est d'un gris cendré, avec une bande longitudinale, brune, formée de petites raies transversales et disposées en zigzag ; les grandes et les petites plaques sont d'un rouge brun, tachetées de blanc et bordées de bleuâtre du côté de l'extrémité de la queue. Ces plaques sont chatoyantes au grand jour et produisent des reflets d'un

---

1. *L'Ibibe.* M. Daubenton, Encyclopédie méthodique. — *Col. ordinatus.* Linn., *Amphib. serpent.* — Catesby, *Carol.,* II, p. 53, tab. 53. — Gronov. mus. 37. — Séba, mus. 2, tab. 20, fig. 2.

2. *La Chatoyante. Histoire natur. du Jorat et de ses environs,* par le comte de Rasoumowsky. Lausanne, 1789, t. Ier, p. 122, pl. 6, lettres *a* et *b*.

beau bleu. Les écailles du dos le sont aussi, mais beaucoup moins. Une tache brune, un peu en forme de cœur, est placée sur le sommet de la tête, qui est couvert de neuf grandes écailles[1]. Les yeux sont noirs, petits, animés, et l'iris est rouge.

On a rencontré la chatoyante auprès des eaux ou dans les fossés humides. M. le comte de Rasoumowsky ne la regarde pas comme venimeuse.

LA SUISSE[2]

Coluber (Natrix) torquatus, Merr. — *Coluber natrix*, Linn., Latr., Daud. — *Natrix vulgaris*, Laur.

C'est M. le comte de Rasoumowsky qui a fait connaître cette couleuvre : il l'a nommée *couleuvre vulgaire*; mais, comme cette épithète de *vulgaire* a été donnée à plusieurs espèces de serpents, nous avons cru ne pouvoir éviter toute confusion, qu'en désignant par un autre nom le reptile dont nous traitons dans cet article. Nous l'indiquons par celui du pays où il a été observé. Il est d'un gris cendré, avec de petites raies noires sur les côtés; l'on voit sur le dos une bande longitudinale, composée de petites raies transversales plus étroites et d'une couleur plus pâle; le dessous du corps est noir avec des taches d'un blanc bleuâtre, beaucoup plus grandes sous le ventre que sous la queue[3].

La couleuvre suisse parvient jusqu'à trois pieds de longueur; elle paraît aimer le voisinage des eaux et les ombres épaisses; on la trouve dans les fossés et dans les buissons qui croissent sur un terrain humide; on la rencontre aussi dans les bois du Jorat. Elle dépose ses œufs, en été, dans des endroits chauds, et surtout dans du fumier où elle les abandonne; on a assuré à M. de Rasoumowsky qu'ils étaient ensemble, et au nombre de quarante-deux ou plus; ils sont renfermés dans une membrane blanche, mince comme du papier, et qui se déchire facilement. Le serpenteau est plein de force et d'agilité en sortant de l'œuf; il a quelquefois alors plus d'un demipied de longueur, et ses couleurs sont plus claires que celles des couleuvres suisses adultes. Le peuple regarde ces serpents comme venimeux[4]; mais ils n'ont point de crochets mobiles, et leur mâchoire supérieure est garnie de chaque côté d'un double rang de petites dents aiguës et serrées[5].

1. La chatoyante a depuis cent cinquante-six jusqu'à cent soixante et une grandes plaques et cent treize paires de petites.

2. *La Couleuvre vulgaire. Hist. natur. du mont Jorat et de ses environs*, par M. le comte de Rasoumowsky, t. Ier, p. 121 et 288.

3. Les écailles du dos de la couleuvre suisse sont ovales et relevées par une arête; elle a jusqu'à cent soixante-dix grandes plaques et cent vingt-sept paires de petites.

4. *Hist. natur. du mont Jorat*, p. 122.

5. *Idem.*

L'IBIBOCA [1]

Coluber (Natrix) Ibiboca, MERR. — *Coluber Ibiboca*, LACÉP., DAUD.

Ce nom d'ibiboca a été donné par les voyageurs et les naturalistes à plusieurs espèces de serpents, très différentes l'une de l'autre ; nous le réservons à la couleuvre dont il est question dans cet article, et qui a été envoyée sous ce nom au Cabinet du roi. C'est dans le Brésil qu'on la trouve ; elle n'est point venimeuse, et nous allons la décrire d'après l'individu qui fait partie de la collection de Sa Majesté.

Elle a le dessus de la tête garni de neuf grandes écailles, le dos couvert d'écailles rhomboïdales, unies, grisâtres et bordées de blanc [2] ; cinq pieds cinq pouces six lignes de longueur totale ; un pied sept pouces une ligne depuis l'anus jusqu'à l'extrémité de la queue ; cent soixante-seize grandes plaques et cent vingt et une paires de petites [3].

LA TACHETÉE

Coluber (Natrix) maculatus, MERR. — *Col. maculatus*, LACÉP., DAUD., LATR.
— *Col. carolinianus ?* SHAW.

Nous donnons ce nom à une couleuvre de la Louisiane dont le dessus du corps est blanchâtre, avec de grandes taches en forme de losange, quelquefois irrégulières, d'un roux plus ou moins rougeâtre et bordées de noir ou d'une couleur très foncée. On voit souvent, depuis le cou jusqu'au quart de la longueur du corps, une double rangée de ces taches, disposées de manière à former une raie en zigzag ; le ventre est blanchâtre et quelquefois tacheté.

Cette couleuvre n'est point venimeuse ; elle a neuf grandes écailles sur le sommet de la tête, des écailles hexagones et relevées par une arête sur le dos, cent dix-neuf grandes plaques et soixante-dix paires de petites [4].

Il paraît qu'elle est de la même espèce que le serpent figuré dans Catesby (t. II, pl. 55). Ce reptile se trouve dans la Virginie et dans la Caroline, où

1. *Cobra de corais*, au Brésil.
2. Les écailles du dos sont en plusieurs endroits un peu séparées les unes des autres.
3. L'individu du Cabinet du roi était mâle ; il avait été mis dans l'esprit-de-vin pendant que ses deux verges sortaient par son anus : chacune est longue de six lignes et a six lignes de diamètre ; lorsqu'elle s'épanouit, l'extrémité, qu'on pourrait comparer à une fleur radiée, présente cinq cercles concentriques de membranes plissées et frangées, autour desquels on voit quatre autres cercles de piquants de nature un peu écailleuse et longs de deux lignes ; la surface extérieure est hérissée de petits piquants presque imperceptibles.
4. Une couleuvre tachetée, conservée au Cabinet du roi, a deux pieds de longueur totale et sa queue est longue de cinq pouces quatre lignes.

on l'appelle *serpent de blé*, à cause de la ressemblance de ses couleurs avec celles d'une espèce de maïs ou de blé d'Inde, et où il pénètre quelquefois dans les basses-cours pour sucer les œufs.

LE TRIANGLE

Coluber (Natrix) Triangulum, Merr. — *Col. Triangulum,* Lacép., Latr., Daud.

Nous nommons ainsi cette espèce de couleuvre parce qu'on voit sur le sommet de sa tête, qui est garni de neuf grandes écailles, une tache triangulaire, chargée, dans le milieu, d'une autre tache triangulaire plus petite, et d'une couleur beaucoup plus claire ou quelquefois plus foncée. Des écailles unies et en losange couvrent le dessus du corps qui est blanchâtre, avec des taches rousses, irrégulières et bordées de noir. On voit un rang de petites taches de chaque côté du dos, et une tache noire allongée, et placée obliquement derrière chaque œil.

Le triangle se trouve en Amérique et n'est point venimeux. Un individu de cette espèce, envoyé au Cabinet du roi, a deux pieds sept pouces deux lignes de longueur totale, trois pouces depuis l'anus jusqu'à l'extrémité de la queue, deux cent treize grandes plaques et quarante-huit paires de petites.

LE TRIPLE-RANG

Coluber (Natrix), Merr. — *Col. ruber,* Gmel. — *Col. terordinatus,* Lacép., Latr.
— *Coluber triseriatus,* Daud.

Le nom que nous avons cru devoir donner à cette couleuvre désigne la disposition de ses couleurs. Le dessus de son corps est blanchâtre, avec trois rangées longitudinales de taches d'une couleur foncée, et le dessous est varié de blanchâtre et de brun. Elle n'est point venimeuse ; elle a neuf grandes écailles sur le sommet de la tête, des écailles ovales et relevées par une arête sur le dos, cent cinquante grandes plaques et cinquante-deux paires de petites[1] ; elle habite en Amérique.

LA RÉTICULAIRE

Coluber (Natrix) reticulatus, Merr. — *Col. reticulatus,* Lacép.
Col. reticularis, Daud.

Cette couleuvre de la Louisiane ressemble beaucoup par ses couleurs à l'ibiboca ; les écailles que l'on voit sur la partie antérieure de son corps sont

---

1. Un individu de cette espèce, envoyé au Cabinet du roi, a un pied dix pouces de longueur totale, et sa queue est longue de quatre pouces.

blanchâtres et bordées de blanc ; comme ces bordures se touchent, elles forment une sorte de réseau blanc au travers duquel on verrait le corps de l'animal. Voilà pourquoi nous l'avons nommée la réticulaire. Elle est distinguée de l'ibiboca par plusieurs caractères, et surtout par le nombre de ses plaques, trop différent de celui des plaques de ce dernier serpent pour que ces deux couleuvres appartiennent à la même espèce. Parmi les réticulaires que nous avons décrites, nous en avons vu une qui est conservée au Cabinet du roi, et qui a trois pieds onze pouces depuis l'anus jusqu'à l'extrémité de la queue[1].

LA COULEUVRE A ZONES

Coluber (Natrix) cinctus, Merr. — *Coluber cinctus,* Lacép., Daud.

Ce serpent est blanc par-dessus et par-dessous, avec des bandes transversales plus ou moins larges, d'une couleur très foncée, qui, comme autant de zones, le ceignent et font tout le tour de son corps. On voit, dans les intervalles blancs, quelques écailles tachetées de roussâtre à leur extrémité, et toutes celles qui garnissent les lèvres ou le dessus de la tête sont blanchâtres et bordées de roux et de brun.

La couleuvre à zones a beaucoup de rapports avec l'annelée et avec la noire et fauve ; mais, indépendamment d'autres différences, elle est séparée de la première par la disposition de ses couleurs et de la seconde par le nombre de ses plaques. Elle n'est point venimeuse[2].

LA ROUSSE

Coluber (Natrix) rufus, Merr. — *Coluber rufus,* Lacép.; Daud.

Cette couleuvre a le dessus du corps d'un roux plus ou moins foncé, et le dessous blanchâtre ; c'est de la couleur de son dos que vient le nom que nous avons cru devoir lui donner ; elle n'est point venimeuse, mais nous ignorons quelles sont ses habitudes naturelles. Nous avons décrit cette espèce d'après un individu conservé au Cabinet du roi, et qui a un pied cinq pouces quatre lignes de longueur totale et trois pouces depuis l'anus jusqu'à l'extrémité de la queue.

La rousse a neuf grandes écailles sur la partie supérieure de la tête, le

---

1. Les mâchoires de la réticulaire ne sont point armées de crochets mobiles; elle a la tête couverte de neuf grandes écailles, le dos garni d'écailles unies et en losange, deux cent dix-huit grandes plaques et quatre-vingts paires de petites.

2. Une couleuvre à zones, qui fait partie de la Collection du roi, a neuf grandes écailles sur le sommet de la tête, des écailles rhomboïdales et unies sur le dos, un pied de longueur totale, un pouce six lignes depuis l'anus jusqu'à l'extrémité de la queue; cent soixante-cinq grandes plaques et trente-cinq paires de petites.

dos couvert d'écailles rhomboïdales et unies, deux cent vingt-quatre grandes plaques et soixante-huit paires de petites. Nous ne savons pas quel est le pays où on la trouve.

LA LARGE-TÊTE

Coluber (Natrix) laticapitatus, Merr. — *Col. laticapitatus*, Lacép., Daud.

Nous nommons ainsi cette couleuvre parce que sa tête, un peu aplatie par-dessus et par-dessous, est très large à proportion du corps. C'est M. Dombey qui l'a apportée de l'Amérique méridionale au Cabinet du roi. La couleur du dessus du corps de ce serpent est blanchâtre, avec de grandes taches irrégulières, d'une couleur très foncée, et qui se réunissent en plusieurs endroits le long du dos, et surtout vers la tête ainsi que vers la queue ; le dessous du corps est également blanchâtre, mais avec des taches plus petites, plus éloignées l'une de l'autre et disposées longitudinalement de chaque côté du ventre.

Le museau de cette couleuvre est terminé, comme celui de plusieurs vipères venimeuses, par une grande écaille relevée, presque verticale, pointue par le haut et échancrée par le bas ; cependant elle n'a point de crochets mobiles, et le sommet de sa tête est garni de neuf grandes écailles ; celles qui revêtent le dos sont ovales, unies et un peu séparées l'une de l'autre vers la tête comme sur le naja.

L'individu que nous avons décrit avait quatre pieds neuf pouces de longueur totale, sept pouces depuis l'anus jusqu'à l'extrémité de la queue, deux cent dix-huit grandes plaques et cinquante-deux paires de petites.

Avant de passer au genre des *boas*, il nous resterait à parler de quinze couleuvres dont Gronovius a fait mention[1] ; mais, comme il n'est entré dans presque aucun détail relativement à ces reptiles, et que nous ne les avons pas vus, nous avons cru ne devoir pas en traiter dans des articles particuliers, et ne pouvoir même rien décider relativement à l'identité ou à la différence de leurs espèces avec celles que nous avons décrites. Nous nous sommes contenté de les placer à leur rang dans notre table méthodique, en y rapportant le petit nombre de caractères indiqués par Gronovius, en renvoyant aux planches qu'il a citées, ne désignant uniquement ces couleuvres que par le numéro des articles de Gronovius où il en est question, et en ne leur donnant aucun nom jusqu'à ce qu'elles soient mieux connues.

1. Gronov. mus.

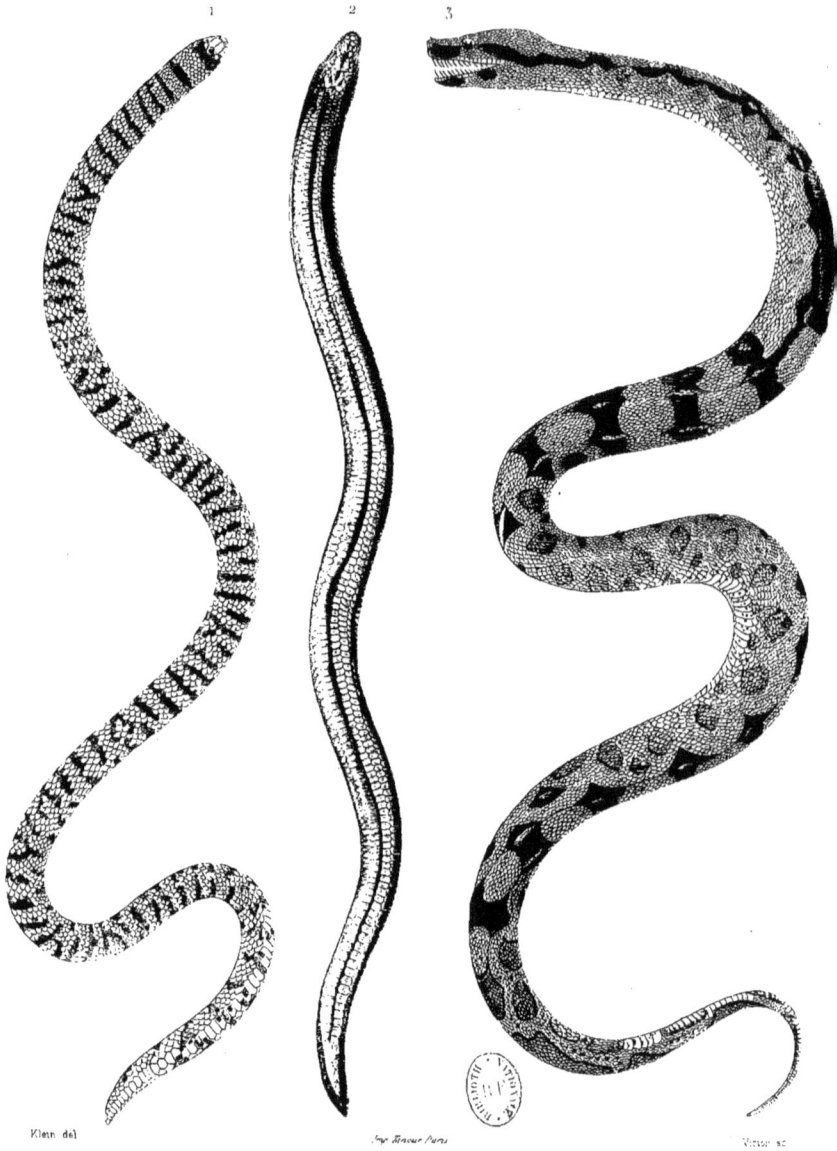

Klein del   Imp. Tenour Paris   Tirion sc

1 LE RUBAN (Tortryx scytale Cuv)   2 L'ORVET (Anguis fragilis Lin)

3 LE DEVIN (Boa constrictor Lin)

d'après le RÈGNE ANIMAL de Cuvier édition V Masson

Garnier frères, éditeurs

SECOND GENRE

SERPENTS

QUI ONT DE GRANDES PLAQUES SOUS LE CORPS ET SOUS LA QUEUE

BOA

LE DEVIN [1]

Boa constrictor, Linn., Cuv., Latr., Daud. — *Constrictor formosissimus,*
C. rex serpentum et *auspex.*, Laur. — *Boa constrictrix*, Schneid.

Nous avons considéré à la tête du genre des couleuvres les diverses espèces de vipères, ces animaux funestes et d'autant plus dangereux que, distillant sans cesse le venin le plus subtil, ils masquent leur approche, déguisent leurs attaques, se replient en cercle, se cachent, pour ainsi dire, en eux-mêmes, comme pour dérober leur présence à leurs victimes, s'élancent sur elles par des sauts aussi rapides qu'inattendus, ne parviennent à les vaincre que par leurs poisons mortels et n'emploient que cette arme traîtresse qui pénètre comme un trait invisible, et dont la valeur ni la puissance ne peuvent se garantir. Nous allons parler maintenant d'un genre plus noble ; nous allons traiter des *boas*, des plus grands et des plus forts des ser-

---

1. *Le Devin,* au Mexique. — *Xaxalhua, Xalxalhua, l'Empereur,* dans le même pays. — *Tamacuilla huilia,* dans d'autres contrées de l'Amérique. — *Caçadora* ou *Couleuvre chasseuse,* aux environs de l'Orénoque. — *Jurucucu,* dans le Brésil. — *Boiguacu, Giboya* ou *Jiboya,* et la reine des serpents, ainsi que *Jauca Acanga,* au Brésil.

La Manda, qui veut dire roi des serpents, à Java. — *Mamballa* et *Polonga,* à Ceylan. — *Giarende, Gerende, Gorende, Fedagoso* et *Cobra de Veado,* par les Portugais. — Serpent impérial. — *Dépone,* dans plusieurs contrées.

Le Devin. M. Daubenton, Encyclopédie méthodique. — *Boa constrictor.* Linn., *Amphib. serpent.* — *Cenchris.* Gronov. mus. 2, p. 69, n. 43. — *L'Empereur.* Séba, mus. 1, tab. 36, fig. 5 ; tab. 53,·fig. 1 ; tab. 62, fig. 1, 2 ; et mus. 2, tab. 77, fig. 4 et 5 ; tab. 98, fig. 1 ; tab. 99, fig. 1 et 2 ; tab. 100, fig. 1 ; tab. 104, fig. 1. — *Constrictor formosissimus,* 235. *Constrictor rex serpentum,* 236. *Constrictor auspex,* 237. *Constrictor diviniloquus,* 238. *Laurenti specimen medicum.*

Job. Ludolph. *Commentar. ad historiam æthiopicam,* fol. 166. — *Draco.* Divus Hyeronimus in vita sancti Hilarionis. — *Boiguacu.* Rai, *Synopsis serpentini generis,* p. 325. — *Xaxalhua* et *Boiguacu.* M. Valmont de Bomare. — *Serpens peregrinus.* Car. Clusius, exoticorum, lib. V, p. 113, ed. 1605. — Amphitheatrum Zootomicum Mich. Bern. Valentin. tab. 85, fig. 8. — *Boiguacu.* Pison, *De Medicina brasiliensi,* lib. III, fol. 41. — *Boiguacu.* Georg. Marcgravi, *Hist. rerum naturalium Brasiliæ,* lib. XI, cap. xiii, fol. 219.

pents, de ceux qui, ne contenant aucun venin, n'attaquent que par besoin, ne combattent qu'avec audace, ne domptent que par leur puissance, et contre lesquels on peut opposer les armes aux armes, le courage au courage, la force à la force, sans crainte de recevoir, par une piqûre insensible, une mort aussi cruelle qu'imprévue.

Parmi ces premières espèces, parmi ce genre distingué dans l'ordre des serpents, le devin occupe la première place. La nature l'en a fait roi par la supériorité des dons qu'elle lui a prodigués. Elle lui a accordé la beauté, la grandeur, l'agilité, la force, l'industrie; elle lui a en quelque sorte tout donné, hors ce funeste poison départi à certaines espèces de serpents, presque toujours aux plus petites, et qui a fait regarder l'ordre entier de ces animaux comme des objets d'une grande terreur.

Le devin est donc parmi les serpents comme l'éléphant ou le lion parmi les quadrupèdes. Il surpasse les animaux de son ordre, par sa grandeur comme le premier, et par sa force comme le second; il parvient communément à la longueur de plus de vingt pieds; et, en réunissant les témoignages des voyageurs, il paraît que c'est à cette espèce qu'il faut rapporter les individus de quarante ou cinquante pieds de long, qui habitent, suivant ces mêmes voyageurs, les déserts brûlants où l'homme ne pénètre qu'avec peine[1].

1. Gronovius avait, dans son cabinet, une dépouille d'un serpent devin qui avait six pieds de longueur, et il a écrit en avoir vu dans plusieurs cabinets dont la longueur était de vingt pieds. P. 70, Musæum Gronovii, Leyde, 1754, in-folio. Sans parler du fameux serpent de Norvège qui, suivant Olaüs Magnus (liv. XXI, chap. xliii), avait plus de deux cents pied de longueur, avec une épaisseur de vingt pieds, et dont il faut ranger l'histoire parmi les fables, l'on peut citer, entre plusieurs témoignages, celui de George Anderson, qui, dans le sixième chapitre de son *Voyage en Orient*, dit que dans l'île de Java il y a des serpents assez grands pour avaler des hommes entiers. Le voyageur Iversen tua lui-même un serpent de vingt-trois pieds de longueur; voyez son *Voyage dans les contrées orientales*, chap. iv. Baldæus, dans sa description de l'île de Ceylan, chap. xxii, dit qu'on y trouve des serpents de huit, neuf et dix aunes de long, mais qu'il y en a de plus grands dans l'île de Java, ainsi que dans celle de Banda; qu'on y en avait pris un qui avait dévoré un cerf, et un second qui avait englouti une femme tout entière.

« Nous lisons qu'auprès de Batavia, établissement hollandais dans les Indes orientales, il y a des serpents de cinquante pieds de longueur. » *Essai sur l'histoire naturelle des serpents*, par Charles Owen. Londres, 1742, p. 15. — Dans l'île de Carajan on voit, suivant Marc-Paul, liv. II, chap. xl, de très grands serpents qui ont dix pas de longueur et une épaisseur de dix palmes.

Nous croyons devoir rapporter aussi le passage suivant extrait de la Description du Muséum du P. Kircher, dans laquelle il est question de devins de quarante palmes de longueur.

« Illum (serpentem) in paludibus Brasiliæ incolæ venantur ad vescendum, sicuti itali anguillas. Palmorum duodecim longitudinem æquat, sed ad *palmos quadraginta* hujusmodi serpentem extendi aliquando significavit nostræ societatis missionarius in Brasilia, et in spiras contortum vitulum devincire, quem suctu paulatim devorat, ut bufones aliqui serpentes deglutiunt. Cæterum veneno caret, et dentibus minutissimis ejus os munitur. Collum angustum est, et caudam versus paulatim in angustum contrahitur. Tota pellis squamis tecta serie pulchra dispositis, prona parte minoribus, supina majoribus, colorum varietate eleganti; nam dorsum a capite ad extremam caudam continuo ordine secundum longitudinem nigricantibus, quasi clypeiformibus maculis ornatur; extrema vero cauda ovalis formæ maculis nigricantibus distincta; latera alterius formæ maculis, instar foliorum mali, depicta sunt specie venusta, colore subfusco. Talem serpentem sub nomine serpentis americani retulit Wormius, p. 263. Illius etiam mentionem fecit Andreas Cleyerus, in observ. 7, decuriæ 2, t. II. Ephemerid. Germanicarum, p. 18. (Voyez les

C'est aussi à cette espèce qu'appartenait ce serpent énorme dont Pline a parlé, et qui arrêta, pour ainsi dire, l'armée romaine auprès des côtes septentrionales de l'Afrique[1]. Sans doute il y a de l'exagération dans la longueur attribuée à ce monstrueux animal ; sans doute il n'avait point cent vingt

notes suivantes.) Qui illum ait degere in Ambona Molucarum insula. In Brasilia *boiguacu* vocari aiunt, atque imprimis in eo regno nascuntur similes serpentes.

« Hujus, vel similis serpentis mentionem fecit in suo commentario ad historiam æthiopicam Jobus Ludolphus, p. 166, aitque illum in Italia quoque olim notum, scribente Plineo, lib. VIII, cap. xiv. Aluntur primo *bubuli lactis suctu, unde nomen traxere.* D. tamen Hyeronimus in vita sancti Hilarionis : *draco,* inquit, miræ magnitudinis (quos Gentili sermone *boas* vocant), ab eo quod tam grandes sint, ut boves glutire soleant, omnem late vastabat provinciam, etc. Musæum Kircherianam. Romæ, 1773, classis secunda, fol. 33.

« Les couleuvres qu'on appelle *caçadoras* ou chasseuses sont de la grosseur des bujos (auxquels l'auteur attribue une longueur de huit aunes ou environ); mais elles sont plus longues de plusieurs aunes, et l'on ne peut voir sans étonnement la légèreté avec laquelle elles courent après la proie qu'elles ont aperçue, et qu'elles attrapent sans qu'elle puisse leur échapper. » *Histoire naturelle de l'Orénoque,* par le P. Joseph Gumilla, traduite de l'espagnol par M. Eidous. Avignon, 1758, t. III, p. 75.

« Dans le royaume de Congo, il y a des serpents de vingt-cinq pieds de long qui avalent une brebis; ils s'étendent ordinairement au soleil pour digérer ce qu'ils ont mangé; lorsque les nègres s'en aperçoivent, ils les tuent, leur coupent la tête et la queue, les éventrent et les mangent; on les trouve ordinairement gras comme des cochons.» *Collect. académ.,* partie étrang., t. III, p. 485.

« Suivant le voyageur Artus, les serpents de la Côte d'Or ont communément vingt pieds de longueur et cinq ou six de *largeur* (apparemment de circonférence); mais il s'en trouve de beaucoup plus grands. Il en vit un qui, sans avoir plus de trois pieds de longueur, était assez gros pour faire la charge de six hommes. » *Hist. génér. des voy.,* édit. in-12, t. XIV, p. 213. « Bosman s'étend, comme Artus, sur le nombre et la grandeur des serpents de la Côte-d'Or ; le plus monstrueux qu'il ait vu n'avait pas moins de vingt pieds de longueur, mais il ajoute qu'il s'en trouve de beaucoup plus grands dans l'intérieur des terres. Les Hollandais, dit-il, ont souvent trouvé dans leurs entrailles non seulement des animaux, mais des hommes entiers.» *Idem,* p. 214. « Les nègres d'Axim tuèrent un serpent long de vingt-deux pieds, dans le ventre duquel on trouva un daim entier. Vers le même temps on trouva dans un autre, à Boutri, les restes d'un nègre qu'il avait dévoré. » *Idem,* p. 216.

« Plusieurs serpents du royaume de Kayor ont jusqu'à vingt-cinq pieds de long sur un pied et demi de diamètre. » Voyage du sieur Brue. *Hist. génér. des voyages,* édit. in-12, t. VII, p. 460.

« Sur la rivière de Kurbali, auprès des côtes occidentales de l'Afrique, on voit des serpents de trente pieds qui seraient capables d'avaler un bœuf. » *Voy. de Labat,* t. V, p. 249.

« On trouve aux Moluques de grandes couleuvres qui ont plus de trente pieds de long, et qui sont d'une grosseur proportionnée; elles rampent pesamment; on n'a jamais reconnu qu'elles soient venimeuses. Ceux qui les ont vues assurent que, lorsqu'elles manquent de nourriture, elles mâchent une certaine herbe, dont elles doivent la connaissance à l'instinct de la nature; après quoi elles montent sur les arbres au bord de la mer, où elles dégorgent ce qu'elles ont mâché; aussitôt divers poissons l'avalent, et, tombant dans une sorte d'ivresse qui les fait demeurer sans mouvement sur la surface de l'eau, ils deviennent la proie des couleuvres. » Hist. natur. des Moluques, *Histoire des voyages,* édit. in-12, liv. Ier, t. XXXI, p. 199.

« L'animal le plus rare et le plus singulier du genre des reptiles est un grand serpent amphibie de vingt-cinq ou trente pieds de long et de plus d'un pied de grosseur, que les Indiens nomment *Yacu-Mama,* c'est-à-dire *mère de l'eau,* et qui habite ordinairement, dit-on, les grands lacs formés par l'épanchement des eaux du fleuve au dedans des terres. » Hist. natur. des environs de l'Amazone. *Hist. génér. des voyages,* t. LIII, p. 445.

1. « Nota est in punicis bellis, ad flumen Bagradam, a Regulo imperatore ballistis, tormentisque, ut oppidum aliquod, expugnata serpens 120 pedum longitudinis. Pellis ejus maxillæque usque ad bellum Numantinum duravere in templo. » Pline, liv. XXVIII, chap. xiv.

pieds de long, comme le rapporte le naturaliste romain; mais Pline ajoute
que la dépouille de ce serpent demeura longtemps suspendue dans un
temple de Rome, à une époque assez peu éloignée de celle où il écrivait;
et à moins de renoncer à tous les témoignages de l'histoire, on est obligé
d'admettre l'existence d'un énorme serpent qui, pressé par la faim, se jetait
sur les soldats romains lorsqu'ils s'écartaient de leur camp, et qu'on ne put
mettre à mort qu'en employant contre lui un corps de troupes, et en l'écra-
sant sous les mêmes machines militaires qui servaient à ces vainqueurs du
monde à renverser les murs ennemis. C'était auprès des plaines sablonneuses d'Afrique qu'eut lieu ce combat remarquable; le serpent devin se
trouve aussi dans cette partie du monde; et comme c'est le plus grand des
serpents, c'est un individu de son espèce qui doit avoir lutté contre les armées romaines. Ce mot de Rome antique désigne toujours la puissance et la
victoire; c'est donc la plus grande preuve que l'on puisse rapporter en faveur de la force du serpent dont nous écrivons l'histoire, que d'exposer les
moyens employés par les conquérants de la terre pour le soumettre et lui
donner la mort.

Le devin est remarquable par la forme de sa tête, qui annonce, pour
ainsi dire, la supériorité de sa force, et que l'on a comparée, avec assez de
raison, à celle des chiens de chasse, appelés chiens couchants[1]. Le sommet
en est élargi, le front élevé et divisé par un sillon longitudinal; les orbites
sont saillantes et les yeux très gros; le museau est allongé et terminé par
une grande écaille blanchâtre, tachetée de jaune, placée presque verticalement et échancrée par le bas pour laisser passer la langue; l'ouverture de
la gueule très grande; les dents sont très longues[2], mais le devin n'a
point de crochets mobiles; quarante-quatre grandes écailles couvrent ordi-

---

1. Séba, M. Laurent, etc.

2. « J'ai vu des couleuvres chasseuses (des devins) vivantes, et d'autres mortes, et leur ai
trouvé des dents aussi grosses que celles du meilleur levrier... Quelles armes plus redoutables
que leur vitesse, jointe à l'opiniâtreté avec laquelle elles mordent! Dans le temps que j'étais en
Amérique, une de ces couleuvres saisit un laboureur par le talon et la cheville du pied; comme
il était homme de courage, il se saisit du premier arbre qui se présenta et l'embrassa du mieux
qu'il put en jetant des cris horribles; on accourut pour le secourir, et le serpent, se voyant pressé,
serra les dents, lui coupa le talon et s'enfuit avec la vitesse d'un trait. » *Hist. de l'Orenoque*,
t. III, p. 76.

Gleyerus (lettre déjà citée) rapporte que, cherchant à voir le squelette d'un de ces grands
serpents, ses domestiques en firent cuire les chairs dans de l'eau où l'on avait mis de la chaux
vive. Un d'eux, voulant nettoyer la tête du serpent dont la cuisson avait détaché les chairs, se
blessa au doigt contre les grosses dents de l'animal. Cet accident fut suivi d'une enflure avec
inflammation dans la partie affectée, d'une fièvre continue et de délire, qui ne cessèrent qu'a-
près qu'on eut employé les remèdes convenables, et particulièrement une composition appelée
lapis serpentinus, et que les jésuites faisaient alors dans l'Inde. *Toute vésicule et toute chair*
avaient été emportées par la chaux vive, observe l'auteur; par conséquent, on ne doit attribuer
à aucune sorte de venin les accidents dont il parle; et ce fait ne peut pas détruire les observations plusieurs fois répétées, qui prouvent que le devin n'est point venimeux. D'ailleurs nous
venons de voir que sa gueule ne renferme point de crochets mobiles, ainsi que nous nous en
sommes assurés nous-mêmes.

nairement la lèvre supérieure et cinquante-trois la lèvre inférieure ; la queue est très courte en proportion du corps qui est ordinairement neuf fois aussi long que cette partie ; mais elle est très dure et très forte[1].

Ce serpent énorme est, d'ailleurs, aussi distingué par la beauté des écailles qui le couvrent et la vivacité des couleurs dont il est peint, que par sa longueur prodigieuse. Les nuances de ces couleurs s'effacent bientôt lorsqu'il est mort. Elles disparaissent plus ou moins, suivant la manière dont il est conservé et le degré d'altération qu'il peut subir. Il n'est pas surprenant d'après cela qu'elles aient été décrites si diversement par les auteurs, et qu'il ait été représenté dans des planches, de manière que les différents individus de cette espèce aient paru former jusqu'à neuf espèces différentes[2]. Mais il y a plus : les couleurs du serpent devin varient beaucoup suivant le climat qu'il habite, et apparemment suivant l'âge, le sexe, etc. Aussi croyonsnous très inutile de décrire, dans les plus petits détails, celles dont il est paré. Nous pensons devoir nous contenter de dire qu'il a communément sur la tête une grande tache, d'une couleur noire ou rousse très foncée, qui représente une sorte de croix dont la traverse est quelquefois supprimée. Tout le dessus de son dos est parsemé de belles et grandes taches ovales qui ont ordinairement deux ou trois pouces de longueur, qui sont très souvent échancrées à chaque bout en forme de demi-cercle, et autour desquelles l'on voit d'autres taches plus petites de différentes formes. Toutes sont placées avec tant de symétrie, et la plupart sont si distinguées du fond par des bordures sombres qui, en imitant des ombres, les détachent et les font ressortir, que, lorsqu'on voit la dépouille d'un de ces serpents, on croit moins avoir sous les yeux un ouvrage de la nature qu'une production de l'art compassée avec le plus de soin.

Toutes ces belles taches, tant celles qui sont ovales que les taches plus petites qui les environnent, présentent les couleurs les plus agréablement mariées et quelquefois les plus vives. Les taches ovales sont ordinairement d'un fauve doré, quelquefois noires ou rouges et bordées de blanc; et les autres taches, d'un châtain plus ou moins clair, ou d'un rouge très vif semé de points noirs ou roux, offrent souvent, d'espace en espace, ces marques brillantes que l'on voit resplendir sur la queue du paon ou sur les ailes des beaux papillons, et qu'on a nommées des yeux, parce qu'elles sont composées d'un point entouré d'un cercle plus clair ou plus obscur.

Le dessous du corps du devin est d'un cendré jaunâtre, marbré ou tacheté de noir.

On a assez rarement l'animal entier dans les collections d'histoire natu-

1. Le sommet de la tête du devin est couvert d'écailles hexagones, petites, unies et semblables à celles du dos; deux rangées longitudinales de grandes écailles s'étendent de chaque côté des grandes plaques, qui sont moins longues que dans la plupart des couleuvres, et dont on compte deux cent quarante-six sous le corps et cinquante-quatre sous la queue.

2. Séba, à l'endroit déjà cité.

relle; mais il n'est guère aucun cabinet où la peau de ce serpent, séparée des plaques du dessous de son corps, ne soit étendue en forme de larges bandes. On leur a donné divers noms suivant la grandeur des individus, les pays d'où on les a reçus, les variétés de leurs couleurs et les différences qui peuvent se trouver dans les petites taches placées autour des taches ovales. Mais quelles que soient ces variétés d'âge, de sexe ou de pays, c'est toujours au serpent devin qu'il faudra rapporter ces belles peaux, et jusqu'à présent on ne connaît point d'autre serpent que ce dernier qui soit doué d'une taille très considérable et qui ait en même temps sur le dos des taches ovales semblables à celles que nous venons d'indiquer.

Lorsque l'on considère la taille démesurée du serpent devin, l'on ne doit pas être étonné de la force prodigieuse dont il jouit. Indépendamment de la raideur de ses muscles, il est aisé de concevoir comment un animal qui a quelquefois trente pieds de long peut, avec facilité, étouffer et écraser de très gros animaux dans les replis multipliés de son corps, dont tous les points agissent et dont tous les contours saisissent la proie, s'appliquent intimement à sa surface et en suivent toutes les irrégularités.

Cette grande puissance, cette force redoutable, sa longueur gigantesque, l'éclat de ses écailles, la beauté de ses couleurs ont inspiré une sorte d'admiration, mêlée d'effroi, à plusieurs peuples encore peu éloignés de l'état sauvage. Comme tout ce qui produit la terreur et l'admiration, tout ce qui paraît avoir une grande supériorité sur les autres êtres est bien près de faire naître, dans des têtes peu éclairées, l'idée d'un agent surnaturel, ce n'est qu'avec une crainte religieuse que les anciens habitants du Mexique ont vu le serpent devin. Soit qu'ils aient pensé qu'une masse considérable, exécutant des mouvements aussi rapides, ne pouvait être mue que par un souffle divin, ou qu'ils n'aient regardé ce serpent que comme un ministre de la toute-puissance céleste, il est devenu l'objet de leur culte. Ils l'ont surnommé *empereur*, pour désigner la prééminence de ses qualités. Objet de leur adoration, il a dû être celui de leur attention particulière; aucun de ses mouvements ne leur a, pour ainsi dire, échappé ; aucune de ses actions ne pouvait leur être indifférente; ils n'ont écouté qu'avec un frémissement religieux les sifflements longs et aigus qu'il fait entendre, ils ont cru que ces sifflements, que ces signes des diverses affections d'un être qu'ils ne voyaient que comme merveilleux et divin, devaient être liés avec leur destinée. Le hasard a fait que ces sifflements ont été souvent beaucoup plus forts ou plus fréquents dans les temps qui ont précédé les grandes tempêtes, les maladies pestilentielles, les guerres cruelles ou les autres calamités publiques; d'ailleurs les grands maux physiques sont souvent précédés par une chaleur violente, une sécheresse extrême, un état particulier de l'atmosphère, une électricité abondante dans l'air qui doivent agiter les serpents et leur faire pousser des sifflements plus forts qu'à l'ordinaire; aussi les Mexicains n'ont regardé ceux du serpent devin que comme l'annonce des plus grands malheurs, et ce n'est qu'avec consternation qu'ils les ont entendus.

Mais ce n'est pas seulement un culte doux et pacifique qu'il a obtenu chez les plus anciens habitants du nouveau monde. Son image y a été vénérée non seulement au milieu des nuages d'encens, mais même de flots de sang humain, versé pour honorer le dieu auquel ils l'avaient consacré, et qu'ils avaient fait cruel[1]. Nous ne rappelons qu'en frémissant le nombre immense de victimes humaines que la hache sanglante d'un fanatisme aveugle et barbare a immolées sur les autels de la divinité qu'il avait inventée. Nous ne pensons qu'avec horreur aux monceaux de têtes et de tristes ossements trouvés par les Européens autour des temples où le serpent semblait partager les hommages de la crainte[2]; et tant il faut de temps dans tous les pays pour que la raison brille de tout son éclat, la superstition qui a, pour ainsi dire, divinisé le devin, n'a pas seulement régné en Amérique. Aussi grand, aussi puissant, aussi redoutable dans les contrées ardentes de l'Afrique, il y a inspiré la même terreur; il y a paru aussi merveilleux, il y a été également regardé, par des esprits encore trop peu élevés au-dessus de la brute, comme le souverain dispensateur des biens et des maux. On l'y a également adoré; on en a fait un dieu sur les côtes brûlantes du Mozambique, comme auprès du lac de Mexico, et il paraît même que le Japonais s'est prosterné devant lui[3].

Mais si l'opinion religieuse ne l'a pas fait régner sur l'homme dans toutes les contrées équatoriales, tant de l'ancien que du nouveau continent, il n'en est presque aucune où il n'ait exercé sur les animaux l'empire de sa force. Il habite, en effet, presque tous les pays où il a trouvé assez de chaleur pour ne rien perdre de son activité, assez de proie pour se nourrir et assez d'espace pour n'être pas trop souvent tourmenté par ses ennemis; il vit dans les Indes orientales et dans les grandes îles de l'Asie, ainsi que dans les parties de l'Amérique voisines des deux tropiques[4]; il paraît même qu'autrefois il habitait à des latitudes plus éloignées de la ligne, et qu'il vivait dans le Pont, lorsque cette contrée, plus remplie de bois, de marais, et moins peuplée, lui présentait une surface plus libre ou plus analogue à ses habitudes et à ses appétits. Les relations des anciens doivent

---

1. La divinité suprême des Mexicains, nommée *Vitzilipuztli*, était représentée tenant dans sa main droite un serpent, par lequel nous devons croire, d'après tout ce que nous venons de dire, qu'ils voulaient désigner l'espèce du serpent devin. Les temples et les autels de cette divinité, à laquelle ils faisaient des sacrifices barbares, offraient l'image du serpent. *Hist. génér. des voyages*, édit. in-12, t. XLVIII.

2. *Ibid.*

3. Simon de Vries, cité dans Séba.

4. Il se pourrait que le serpent de la Jamaïque, désigné dans Browne par la phrase suivante: *cenchris tardigrada major lutea, maculis nigris notata; cauda breviori et crassiori*, appelé en anglais *the yellow-snake*, et qui parvient ordinairement à la longueur de seize ou vingt pieds, fût de l'espèce du devin, et qu'on ne lui eût donné l'épithète de *lent (tardigrada)*, que parce qu'on l'aurait vu dans le temps de sa digestion ou dans un commencement d'engourdissement. Browne, *Hist. natur. de la Jamaïque*, p. 461.

donner une bien grande idée de l'haleine empestée qui s'exhalait de sa gueule, puisque Métrodore a écrit que l'immense serpent qu'il a placé dans cette contrée du Pont, et qui devait être le devin, avait le pouvoir d'attirer dans sa gueule béante les oiseaux qui volaient au-dessus de sa tête, même à une assez grande hauteur[1]. Ce pouvoir n'a consisté sans doute que dans la corruption de l'haleine du serpent qui, viciant l'air à une très petite distance, et l'imprégnant de miasmes putrides et délétères, a pu, dans certaines circonstances, étourdir des oiseaux, leur ôter leurs forces, les plonger dans une sorte d'asphyxie et les contraindre à tomber dans la gueule énorme, ouverte pour les recevoir; mais quelque exagéré que soit le fait rapporté par Métrodore, il prouve la grandeur du serpent auquel il l'a attribué et confirme notre conjecture au sujet de l'identité de son espèce avec celle du devin.

D'un autre côté, peu de temps avant celui où Pline a écrit, et sous l'empire de Claude, on tua, auprès de Rome, suivant ce naturaliste, un très grand serpent du genre des boas, dans le ventre duquel on trouva le corps entier d'un petit enfant, et qui pouvait bien être de l'espèce du devin[2]. J'ai souvent ouï dire aussi à plusieurs habitants des provinces méridionales de France que, dans quelques parties de ces provinces, moins peuplées, plus couvertes de bois, plus entrecoupées par des collines, d'un accès plus difficile et présentant plus de cavernes et d'anfractuosités, on avait vu des serpents d'une longueur très considérable, qu'on aurait dû peut-être rapporter à l'espèce ou du moins au genre du devin[3].

Mais c'est surtout dans les déserts brûlants de l'Afrique, qu'exerçant une domination moins troublée, il parvient à la longueur la plus considérable. On frémit lorsqu'on lit, dans les relations des voyageurs qui ont pénétré dans l'intérieur de cette partie du monde, la manière dont l'énorme serpent devin s'avance au milieu des herbes hautes et des broussailles, ayant quelquefois plus de dix-huit pouces de diamètre, et semblable à une longue et grosse poutre qu'on remuerait avec vitesse. On aperçoit de loin, par le

---

1. « Metrodorus... cica rhyndacum amnem in Ponto, ut super volantes quamvis alte perniciterque alites haustu raptas absorbeant. » Pline, liv. XXVIII, ch. xiv.

2. « Faciunt his fidem in Italia appellatæ boæ; in tantam amplitudinem exeuntes ut divo Claudio principe, occisæ in Vaticano solidus in alvo spectatus sit infans. » Pline, liv. XXVIII, ch. xiv.

3. Schwenckfeld dit, dans son *Histoire des reptiles de la Silésie*, qu'un homme digne de foi lui avait assuré qu'on trouvait, dans cette province, des serpents longs de huit coudées et de la grosseur du bras; il les appelle *Boa, Natrix domestica, Serpens palustris, Serpens aquatilis, Anguis Boa, Draco Serpens*. Il est dit, dans les Mémoires des curieux de la nature pour l'année 1682, que peu de temps auparavant on avait pris, auprès de Lausanne, en Suisse, un si grand serpent, que sa circonférence égalait celle de *deux cuisses très grosses*. La relation ajoutait que ce serpent était monstrueux et qu'il avait des oreilles; il est à remarquer que, dans presque tous les récits vagues et peu circonstanciés que l'on a faits concernant les énormes serpents des provinces méridionales de France, on leur a toujours supposé des oreilles, quoique aucune espèce de serpents n'ait d'ouverture apparente pour l'organe de l'ouïe. Voyez les Mélanges des curieux de la nature de Vienne, Décur. 2, an. 1682, observation de Charl. Offredi, p. 317.

mouvement des plantes qui s'inclinent sous son passage, l'espèce de sillon que tracent les diverses ondulations de son corps; on voit fuir devant lui les troupeaux de gazelles et d'autres animaux dont il fait sa proie; et le seul parti qui reste à prendre dans ces solitudes immenses pour se garantir de sa dent meurtrière et de sa force funeste est de mettre le feu aux herbes déjà à demi brûlées par l'ardeur du soleil. Le fer ne suffit pas contre ce dangereux serpent lorsqu'il est parvenu à toute sa longueur, et surtout lorsqu'il est irrité par la faim. L'on ne peut éviter la mort qu'en couvrant un pays immense de flammes qui se propagent avec vitesse au milieu de végétaux presque entièrement desséchés, en excitant ainsi un vaste incendie, et en élevant, pour ainsi dire, un rempart de feu contre la poursuite de cet énorme animal. Il ne peut être, en effet, arrêté ni par les fleuves qu'il rencontre, ni par les bras de mer dont il fréquente souvent les bords, car il nage avec facilité même au milieu des ondes agitées[1]; et c'est en vain, d'un autre côté, qu'on voudrait chercher un abri sur de grands arbres, il se roule avec promptitude jusqu'à l'extrémité des cimes les plus hautes[2]; aussi vit-il souvent dans les forêts. Enveloppant les tiges dans les divers replis de son corps, il se fixe sur les arbres à différentes hauteurs et y demeure souvent longtemps en embuscade, attendant patiemment le passage de sa proie. Lorsque, pour l'atteindre ou pour sauter sur un arbre voisin, il a une trop grande distance à franchir, il entortille sa queue autour d'une branche, et suspendant son corps allongé à cette espèce d'anneau, se balançant et tout d'un coup s'élançant avec force il se jette comme un trait sur sa victime ou contre l'arbre auquel il veut s'attacher.

Il se retire aussi quelquefois dans les cavernes des montagnes et dans d'autres antres profonds où il a moins à craindre les attaques de ses enne-

1. « Le Paraguay a des serpents qu'on nomme *chasseurs* (c'est l'espèce du devin à laquelle on a donné ce nom en plusieurs contrées), qui montent sur les arbres pour découvrir leur proie, et qui, s'élançant dessus quand elle s'approche, la serrent avec tant de force qu'elle ne peut se remuer et la dévorent toute vivante; mais lorsqu'ils ont avalé des bêtes entières, ils deviennent si pesants qu'ils ne peuvent plus se traîner... Plusieurs de ces monstrueux reptiles vivent de poisson, et le père de Montoya raconte qu'il vit un jour une couleuvre dont la tête était de la grosseur d'un veau, et qui pêchait sur le bord d'une rivière; elle commençait par jeter de sa gueule beaucoup d'écume dans l'eau, ensuite y plongeant la tête et demeurant quelque temps immobile, elle ouvrait tout d'un coup la gueule pour avaler quantité de poissons que l'écume semblait attirer. Une autre fois le même missionnaire vit un Indien de la plus grande taille qui, étant dans l'eau jusqu'à la ceinture, occupé de la pêche, fut englouti par une couleuvre qui, le lendemain, le rejeta tout entier. » *Hist. génér. des voyages*, édit. in-12, t. LV, p. 420 et suiv.

2. « M. Salmon nous apprend que dans l'île de Macassar il y a des singes aussi féroces que les chats sauvages, qui attaquent les voyageurs, surtout les femmes, et les mangent après les avoir mis en pièces, de sorte qu'on est obligé, pour s'en défendre, d'aller toujours armé. Il ajoute que ces singes ne craignent d'autres bêtes que les serpents, qui les poursuivent avec une vitesse extraordinaire et vont les chercher jusque sur les arbres, ce qui les oblige d'aller en troupes pour s'en garantir, ce qui n'empêche pas qu'ils ne les attaquent et ne les avalent tout en vie, lorsqu'ils peuvent les attraper. » *Hist. natur. de l'Orénoque*, t. III, p. 78. Les récits des autres voyageurs nous portent à croire que l'espèce de serpent dont a parlé M. Salmon est celle du devin.

mis, et où il cherche un asile contre les températures froides, les pluies trop abondantes et les autres accidents de l'atmosphère qui lui sont contraires.

Il est connu sous le nom trivial de *grande couleuvre*, sur les rivages noyés de la Guyane ; il y parvient communément à la grandeur de trente pieds, et même, dans certains endroits, à celle de quarante. Comme le nom qu'il y porte y est donné à presque tous les serpents qui joignent une grande force à une longueur considérable, et qui en même temps n'ont point de venin et sont dépourvus des crochets mobiles qu'on remarque dans les vipères, on est assez embarrassé pour distinguer, parmi les divers faits rapportés par les voyageurs, touchant les serpents, ceux qui conviennent au devin. Il paraît bien constaté cependant qu'il y jouit d'une force assez grande pour qu'un seul coup de sa queue renverse un animal assez gros, et même l'homme le plus vigoureux. Il y attaque le gibier le plus difficile à vaincre ; on l'y a vu avaler des chèvres et étouffer des couguars, ces représentants du tigre dans le nouveau monde. Il dévore quelquefois, dans les Indes orientales, des animaux encore plus considérables, ou mieux défendus, tels que les porcs-épics, des cerfs et des taureaux[1] ; et ce fait effrayant était déjà connu des anciens[2].

Lorsqu'il aperçoit un ennemi dangereux, ce n'est point avec ses dents qu'il commence un combat qui alors serait trop désavantageux pour lui ; mais il se précipite avec tant de rapidité sur sa malheureuse victime, l'enveloppe dans tant de contours, la serre avec tant de force, fait craquer ses os avec tant de violence que, ne pouvant ni s'échapper ni user de ses armes, et réduite à pousser de vains, mais affreux hurlements, elle est bientôt étouffée sous les efforts multipliés du monstrueux reptile.

Si le volume de l'animal expiré est trop considérable pour que le devin puisse l'avaler, malgré la grande ouverture de sa gueule, la facilité qu'il a de l'agrandir et l'extension dont presque tout son corps est susceptible, il continue de presser sa proie mise à mort ; il en écrase les parties les plus compactes ; et, lorsqu'il ne peut point les briser ainsi avec facilité, il l'entraîne en se roulant avec elle auprès d'un gros arbre, dont il renferme le tronc dans ses replis ; il place sa proie entre l'arbre et son corps ; il les environne l'un et l'autre de ses nœuds vigoureux, et, se servant de la tige noueuse

---

1. « Ces serpents (ceux dont parle ici l'auteur sont évidemment des serpents devins) ont plus de vingt-cinq pieds de longueur, et quoiqu'ils ne paraissent pas pouvoir avaler de gros animaux, l'expérience prouve le contraire. J'achetai d'un chasseur un de ces serpents, que je disséquai, et dans le ventre duquel je trouvai un cerf entier de moyen âge et revêtu encore de sa peau ; j'en achetai un autre qui avait dévoré un bouc sauvage, malgré les grandes cornes dont il était armé ; et je tirai du ventre d'un troisième un porc-épic entier et garni de ses piquants. Dans l'île d'Amboine, une femme grosse fut un jour avalée tout entière par un de ces serpents. » Extrait d'une lettre d'André Cleyerus, écrite de Batavia à Mentzélius, Éphémérides des curieux de la nature. Nuremberg, 1684, Décade 2, an. 2, 1683, p. 18.

2. « Megasthenes scribit, in India serpentes in tantam magnitudinem adolescere, ut solidos hauriant cervos taurosque. » Pline, liv. XXVIII, ch. XIV.

comme d'une sorte de levier, il redouble ses efforts et parvient bientôt à comprimer en tous sens et à moudre, pour ainsi dire, le corps de l'animal qu'il a immolé[1].

Lorsqu'il a donné ainsi à sa proie toute la souplesse qui lui est nécessaire, il l'allonge en continuant de la presser et diminue d'autant sa grosseur; il l'imbibe de sa salive ou d'une sorte d'humeur analogue qu'il répand en abondance; il pétrit, pour ainsi dire, à l'aide de ses replis, cette masse devenue informe, ce corps qui n'est plus qu'un composé confus de chairs ramollies et d'os concassés[2]. C'est alors qu'il l'avale, en la prenant par la tête, en l'attirant à lui et en l'entraînant dans son ventre par de fortes aspirations plusieurs fois répétées; mais, malgré cette préparation, sa proie est quelquefois si volumineuse qu'il ne peut l'engloutir qu'à demi. Il faut qu'il ait digéré au moins en partie la portion qu'il a déjà fait entrer dans son corps, pour pouvoir y faire pénétrer l'autre, et l'on a souvent vu le serpent devin, la gueule horriblement ouverte et remplie d'une proie à demi dévorée, étendu à terre et dans une sorte d'inertie qui accompagne presque toujours sa digestion[3].

Lorsqu'en effet il a assouvi son appétit violent et rempli son ventre de la nourriture nécessaire à l'entretien de sa grande masse, il perd pour un temps son agilité et sa force; il est plongé dans une espèce de sommeil; il gît sans mouvement, comme un lourd fardeau, le corps prodigieusement enflé, et cet engourdissement, qui dure quelquefois cinq ou six jours, doit être assez profond; car, malgré tout ce qu'il faut retrancher des divers récits publiés touchant ce serpent, il paraît que, dans différents pays, particulièrement aux environs de l'isthme de Panama en Amérique, des voyageurs, rencontrant le devin à demi caché sous l'herbe épaisse des forêts qu'ils traversaient, ont plusieurs fois marché sur lui dans le temps où sa digestion le tenait dans une espèce de torpeur. Ils se sont même reposés, a-t-on écrit, sur son corps gisant à terre, et qu'ils prenaient, à cause des feuillages dont il était couvert, pour un tronc d'arbre renversé, sans faire faire aucun mouvement au serpent, assoupi par les aliments qu'il avait avalés, ou peut-être engourdi par la fraîcheur de la saison. Ce n'est que lorsque, allumant du feu trop près de l'énorme animal, ils lui ont redonné, par cette chaleur, assez d'activité pour qu'il recommençât à se mouvoir, qu'ils se sont aperçus de la présence du grand reptile qui les a glacés d'effroi, et loin duquel ils se sont précipités[4].

1. Lettre d'André Cleyerus, déjà citée. L'auteur ajoute : « Dans le royaume d'Aracan, sur les confins de celui de Bengale, on a vu un serpent (un devin) démesuré se jeter, auprès des bords d'un fleuve, sur un très grand urus (bœuf sauvage), et donner un spectacle affreux par son combat avec ce terrible animal; on pouvait entendre, à la distance d'une portée de canon d'un très grand calibre, le craquement des os de l'urus, brisés par les efforts de son ennemi. »

2. Notes communiquées par M. de la Borde, correspondant du Cabinet du roi. — Lettre d'André Cleyerus.

3. *Laurenti specimen medicum.*

4. « On ne sera pas surpris que ces sortes de couleuvres (les couleuvres chasseuses ou les

Ce long état de torpeur a fait croire à quelques voyageurs que le serpent devin avalait quelquefois des animaux d'un volume si considérable qu'il était étouffé en les dévorant ; c'est ce temps d'engourdissement que choisissent les habitants des pays qu'il fréquente pour lui faire la guerre et lui donner la mort. Car, quoique le devin ne contienne aucun poison, il a besoin de tant consommer que son voisinage est dangereux pour l'homme, et surtout pour la plupart des animaux domestiques et utiles. Les habitants de l'Inde, les nègres de l'Afrique, les sauvages du nouveau monde se réunissent plusieurs autour de l'habitation du serpent devin. Ils attendent le moment où il a dévoré sa proie et hâtent même quelquefois cet instant en attachant auprès de l'antre du serpent quelque gros animal qu'ils sacrifient, et sur lequel le devin ne manque pas de s'élancer. Lorsqu'il est repu, il tombe dans cet affaissement et cette insensibilité dont nous venons de parler ; c'est alors qu'ils se jettent sur lui et lui donnent la mort sans crainte comme sans danger. Ils osent, armés d'un simple lacs, s'approcher de lui

devins) parviennent à une grosseur si démesurée, si l'on se rappelle que ces pays sont déserts et couverts de forêts immenses..... Le père Simon rapporte que dix-huit Espagnols étant arrivés dans les bois de Coro, dans la province de Venezuela, et se trouvant fatigués de la marche qu'ils avaient faite, s'assirent sur une de ces couleuvres, croyant que ce fût un vieux tronc d'arbre abattu, et que lorsqu'ils s'y attendaient le moins, l'animal commença à marcher, ce qui leur causa une surprise extrême. » *Hist. natur. de l'Orénoque*, par le P. Gumilla, t. III, p. 77.

« On trouve encore une espèce de serpents fort extraordinaires, longs de quinze à vingt pieds, et si gros qu'ils peuvent avaler un homme. Ils ne passent pas cependant pour les plus dangereux, parce que leur monstrueuse grosseur les fait découvrir de loin et donne plus de facilité à les éviter. On n'en rencontre guère que dans les lieux inhabités. Dellon en vit plusieurs fois de morts, après de grandes inondations qui les avaient fait périr, et qui les avaient entraînés dans les campagnes ou sur les rivages de la mer ; à quelque distance on les aurait pris pour des troncs d'arbres abattus ou desséchés. Mais il les peint beaucoup mieux dans le récit d'un accident dont on ne peut douter sur son témoignage, et qui confirme ce qu'on a lu dans d'autres relations sur la voracité de quelques serpents des Indes.

« Pendant la récolte du riz, quelques chrétiens qui avaient été gentils, étant allés travailler à la terre, un jeune enfant qu'ils avaient laissé seul et malade à la maison en sortit pour s'aller coucher à quelques pas de la porte, sur des feuilles de palmier, où il s'endormit jusqu'au soir. Ses parents, qui revinrent fatigués du travail, le virent dans cet état ; mais ne pensant qu'à préparer leur nourriture, ils attendirent qu'elle fût prête pour l'aller éveiller. Bientôt ils lui entendirent pousser des cris à demi étouffés qu'ils attribuèrent à son indisposition ; cependant, comme il continuait à se plaindre, quelqu'un sortit et vit en s'approchant qu'une de ces grosses couleuvres avait commencé à l'avaler. L'embarras du père et de la mère fut aussi grand que leur douleur ; on n'osait irriter la couleuvre, de peur qu'avec ses dents elle ne coupât l'enfant en deux, ou qu'elle n'achevât de l'engloutir ; enfin, de plusieurs expédients, on préféra celui de la couper par le milieu du corps, ce que le plus adroit et le plus hardi exécuta fort heureusement d'un seul coup de sabre ; mais comme elle ne mourut pas d'abord, quoique séparée en deux, elle serra de ses dents le corps tendre de l'enfant... et il expira peu de moments après.

« Schouten donne à ces monstres affamés le nom de polpos. Ils ont, dit-il, la tête affreuse et presque semblable à celle du sanglier ; leur gueule et leur gosier s'ouvrent jusqu'à l'estomac lorsqu'ils voient une grosse pièce à dévorer ; leur avidité doit être extrême, car ils s'étranglent ordinairement lorsqu'ils dévorent un homme ou quelque animal. On prétend d'ailleurs que l'espèce n'est pas venimeuse. Il est vrai que nos soldats, pressés de la faim, en ayant quelquefois trouvé qui venaient de crever pour avoir avalé une trop grosse pièce, telle qu'un veau, les ont ouverts, en ont tiré la bête qu'ils avaient dévorée, sans qu'il leur en soit arrivé le moindre mal. » Description du Malabar. *Histoire générale des voyages*, édition in-12, t. XLIII, p. 345.

et l'étrangler, ou ils l'assomment à coups de branches d'arbre[1]. Le désir de se délivrer d'un animal destructeur n'est pas le seul motif qu'on ait pour en faire la chasse. Les habitants de l'île de Java, les nègres de la Côte-d'Or et plusieurs autres peuples mangent sa chair, qui est pour eux un mets agréable[2]; dans d'autres pays, sa peau sert de parure; les habitants du

1. Lettre d'André Cleyerus. — Nous croyons qu'on verra ici avec plaisir le récit de la manière dont, suivant Diodore de Sicile, on prit en Égypte, et sous un Ptolémée, un serpent énorme qui, à cause de sa grandeur, ne peut être rapporté qu'à l'espèce du devin.

« Plusieurs chasseurs, encouragés par la munificence de Ptolémée, résolurent de lui amener à Alexandrie un des plus grands serpents. Cet énorme reptile, long de *trente coudées*, vivait sur le bord des eaux; il y demeurait immobile, couché à terre, et son corps replié en cercle; mais lorsqu'il voyait quelque animal approcher du rivage qu'il habitait, il se jetait sur lui avec impétuosité, le saisissait avec sa gueule ou l'enveloppait dans les replis de sa queue. Les chasseurs, l'ayant aperçu de loin, imaginèrent qu'ils pourraient aisément le prendre dans des lacs et l'entourer de chaîne; ils s'avancèrent avec courage; mais lorsqu'ils furent plus près de ce serpent démesuré, l'éclat de ses yeux étincelants, son dos hérissé d'écailles, le bruit qu'il faisait en s'agitant, sa gueule ouverte et armée de dents longues et crochues, son regard horrible et féroce les glacèrent d'effroi. Ils osèrent cependant s'avancer pas à pas et jeter de forts liens sur sa queue; mais à peine ces liens eurent-ils touché le monstrueux animal, que, se retournant avec vivacité et faisant entendre des sifflements aigus, il dévora le chasseur qui se trouva le plus près de lui, en tua un second d'un coup de sa queue et mit les autres en fuite.

« Ces derniers ne voulant cependant pas renoncer à la récompense qui les attendait, et imaginant un nouveau moyen, firent faire un rêt composé de cordes très grosses et proportionné à la grandeur de l'animal; ils le placèrent auprès de la caverne du serpent, et ayant bien observé le temps de sa sortie et de sa rentrée, ils profitèrent de celui où l'énorme reptile était allé chercher sa proie pour boucher avec des pierres l'entrée de son repaire.

« Lorsque le serpent revint, ils se montrèrent tous à la fois avec plusieurs hommes armés d'arcs et de frondes, plusieurs autres à cheval, et d'autres qui faisaient résonner à grand bruit des trompettes et des instruments retentissants; le serpent se voyant entouré de cette multitude se redressait et jetait l'effroi par ses horribles sifflements parmi ceux qui l'environnaient; mais, effrayé lui-même par les dards qu'on lui lançait, la vue des chevaux, le grand nombre de chiens qui aboyaient et le bruit aigu des trompettes, il se précipita vers l'entrée ordinaire de sa caverne; la trouvant fermée et toujours troublé de plus en plus par le bruit des trompettes, des chiens et des chasseurs, il se jeta dans le rêt, où il fit entendre des sifflements de rage; mais tous ses efforts furent vains, et sa force cédant à tous les coups dont on l'assaillit et à toutes les chaînes dont on le lia, on le conduisit à Alexandrie, où une longue diète apaisa sa férocité. »

2. « Les nègres de la Côte d'Or mangent la chair de ces grands serpents et la *préfèrent* à la meilleure volaille. » *Hist. génér. des voyages*, édit. in-12, t. XIV, p. 213. « Quelques domestiques nègres de Bosmon aperçurent, près de Mauri (sur la Côte-d'Or), un serpent de dix-sept pieds de long et d'une grosseur proportionnée. Il était au bord d'un trou rempli d'eau, entre deux porcs-épics, avec lesquels il s'engagea dans un combat fort animé..... Les nègres terminèrent la bataille en tuant les trois champions à coups de fusil; ils les apportèrent à Mauri où, rassemblant leurs camarades, ils en firent ensemble un festin délicieux. » *Ibid.*, p. 216.

« Lopez parle d'un serpent d'excessive grandeur, qui a quelquefois, dit-il, vingt-cinq empas de long sur cinq de large, et dont la gueule et le ventre sont si vastes, qu'il est capable d'avaler un cerf entier. Les nègres l'appellent, dans leur langue, le grand serpent d'eau, ou le grand hydre. Il vit en effet dans les rivières, mais il cherche sa proie sur terre et monte sur quelque arbre d'où il guette les bestiaux; s'il en voit un qu'il puisse saisir, il se laisse tomber dessus, s'entortille autour de lui, le serre de sa queue, et, l'ayant mis hors d'état de se défendre, il le tue par ses morsures, ensuite il le traîne dans quelque lieu écarté, où il le dévore à son aise; peau, dit l'auteur, os et cornes. Lorsqu'il s'est bien rempli, il tombe dans une espèce de stupidité ou de sommeil si profond, qu'un enfant serait capable de le tuer. Il demeure dans cet état l'espace de cinq à six jours, à la fin desquels il revient à lui-même.

« Cette redoutable espèce de serpent change de peau dans la saison ordinaire, et quelque-

Mexique se revêtaient de sa belle dépouille. Dans ces temps antiques où des monstres de toute espèce ravageaient des contrées de l'ancien continent, que l'art de l'homme commençait à peine à arracher à la nature, combien de héros portèrent la peau de grands serpents qu'ils avaient mis à mort, et qui étaient vraisemblablement de l'espèce ou du genre du devin, comme des marques de leur valeur et des trophées de leur victoire !

C'est lorsque la saison des pluies est passée dans les contrées équatoriales, que le devin se dépouille de sa peau altérée par la disette qu'il éprouve quelquefois, ou par l'action de l'atmosphère, par le frottement de divers corps et par toutes les autres causes extérieures qui peuvent la dénaturer. Le plus souvent il se tient caché pendant que sa nouvelle peau n'est pas encore endurcie, et qu'il n'opposerait à la poursuite de ses ennemis qu'un corps faible et dépourvu de son armure. Il doit demeurer alors renfermé ou dans le plus épais des forêts, ou dans les antres profonds qui lui servent de retraite. Nous pensons, au reste, qu'ordinairement il ne s'engourdit complètement dans aucune saison de l'année. Il ne se trouve en effet que dans les contrées très voisines des tropiques, où la saison des pluies n'amène jamais une température assez froide pour suspendre ses mouvements vitaux. Et comme cette saison des pluies varie beaucoup dans les différentes contrées équatoriales de l'ancien et du nouveau continent, et qu'elle dépend de la hauteur des montagnes, de leur situation, des vents, de la position des lieux, en deçà ou au delà de la ligne, etc., le temps du renouvellement de la peau et des forces du serpent doit varier quelquefois de plusieurs mois et même d'une demi-année. Mais c'est toujours lorsque le soleil du printemps redonne l'activité à la nature, que le serpent devin rajeuni, pour ainsi dire, plus fort, plus agile, plus ardent que jamais, revêtu d'une peau nouvelle, sort des retraites cachées où il a dépouillé sa vieillesse, et s'avance l'œil en feu sur une terre embrasée des

---

fois après s'être monstrueusement rassasiée. Ceux qui la trouvent ne manquent pas de la montrer en spectacle. La chair de cet animal passe entre les nègres pour un mets plus délicieux que la volaille. Lorsqu'il leur arrive de mettre le feu à quelque bois épais, ils y trouvent quantité de ces serpents tout rôtis, dont ils font un admirable festin. Ce récit est confirmé par Carli ; il raconte qu'un jour, étant à se promener sous des arbres, près de Kolumgo, les nègres de sa compagnie découvrirent un grand serpent qui traversait la rivière de Quanza ; ils s'efforcèrent de le faire retourner sur ses traces en poussant des cris et lui jetant des mottes de terre, car il ne se trouve point de pierres dans le pays ; mais rien ne put l'empêcher de gagner le rivage et de prendre poste dans un petit bois assez près de la maison. .

« Il se trouve de ces serpents, dit le même auteur, qui ont vingt-cinq pieds de long et qui sont de la grosseur d'un poulain. Ils ne font qu'un morceau d'une brebis ; aussitôt qu'ils l'ont avalée, ils vont faire leur digestion au soleil ; les nègres, qui connaissent leurs usages, apportent beaucoup de soin à les observer et les tuent facilement dans cet état pour le seul plaisir d'en manger la chair. Ils les écorchent et ne jettent que la queue, la tête et les entrailles. Ce serpent paraît être le même qui porte, suivant Dapper, le nom d'*embamma* dans le royaume d'Angola et celui de *minia* dans le pays des Quojas. Sa gueule, ajoute cet écrivain, est d'une grandeur si extraordinaire, qu'il peut avaler un bouc, ou même un cerf entier. Il s'étend dans les chemins comme une pièce de bois mort, et d'un mouvement fort léger il se jette sur les passants, hommes ou animaux. » Histoire naturelle de Congo, d'Angola et de Benguela. *Hist. génér. des voyages*, édit. in-12, liv. XIII, t. XVII, p. 249 et suiv.

nouveaux rayons d'un soleil plus actif. Il agite sa grande masse en ondes sinueuses au milieu des bois parés d'une verdure plus fraîche ; faisant entendre au loin son sifflement d'amour, redressant avec fierté sa tête, impatient de la nouvelle flamme qu'il éprouve, s'élançant avec impétuosité, il appelle, pour ainsi dire, la compagne à laquelle il s'unit par des liens si étroits que leurs deux corps ne paraissent plus en former qu'un seul. La fureur avec laquelle le devin se jette alors sur ceux qui l'approchent et le troublent dans ses plaisirs, ou le courage avec lequel il demeure uni à sa femelle malgré la poursuite de ses ennemis et les blessures qu'il peut recevoir, paraissent être les effets d'une union aussi vivement sentie qu'elle est ardemment recherchée. Point de constance cependant dans leur affection ; lorsque leurs désirs sont satisfaits, le mâle et la femelle se séparent ; bientôt ils ne se connaissent plus, et la femelle va seule, au bout d'un temps dont on ignore la durée, déposer ses œufs sur le sable ou sous des feuillages.

C'est ici l'exemple le plus frappant d'une grande différence entre la grosseur de l'œuf et la grandeur à laquelle parvient l'animal qui en sort. Les œufs du devin n'ont en effet que deux ou trois pouces dans leur plus grand diamètre. Toute la matière dans laquelle le fœtus est renfermé n'est donc que de quelques pouces cubes ; et cependant le serpent, lorsqu'il a atteint tout son développement, ne contient-il pas quarante ou cinquante pieds cubes de matière ?

Ces œufs ne sont point couvés par la femelle, la chaleur de l'atmosphère les fait seule éclore ; ou tout au plus dans certaines contrées comme celles, par exemple, où l'humidité domine trop sur la chaleur, la femelle a le soin de pondre dans quelques endroits plus abrités, et où des substances fermentatives et ramassées augmentent, par la chaleur qu'elles produisent, l'effet de celle de l'atmosphère. On ignore combien de jours les œufs demeurent exposés à cette chaleur, avant que les petits serpents éclosent.

La grande différence qu'il y a entre la petitesse du serpent contenu dans son œuf et la grandeur démesurée du serpent adulte doit faire présumer que ce n'est qu'au bout d'un temps très long que le devin est entièrement développé ; n'est-ce pas une preuve que ce serpent vit un assez grand nombre d'années ? Le nombre de ces années doit en effet être d'autant plus considérable que le devin est aussi vivace que la plupart des autres serpents. Ses différentes parties jouissent de quelques mouvements vitaux, même après qu'elles ont été entièrement séparées du reste du corps[1]. On a vu, par exemple, la tête d'un devin coupée dans le moment où le serpent mordait avec fureur, continuer de mordre pendant quelques instants et serrer même alors avec plus de force la proie qu'il avait saisie, les deux mâchoires se rapprochant par un effet de la contraction que les muscles éprouvaient encore.

1. Voyez à ce sujet Marcgrave à l'endroit déjà cité.

Lorsque cette contraction eut entièrement cessé, on eut de la peine à desserrer les mâchoires, tant les parties de la tête étaient devenues raides ; ce qui fit croire qu'elle conservait quelque action, lorsque cependant il ne lui en restait plus aucune [1].

L'HIPNALE [2]

Boa canina, MERR., LINN., SCHN., LATR., DAUD. — Boa Hipnale, LACÉP.

C'est un assez beau serpent qui, ainsi que le devin, appartient au genre des boas et a de grandes plaques sous la queue ainsi que sous le corps, mais qui lui est bien inférieur par sa longueur et par sa force. On le trouve dans le royaume de Siam. Le plus grand nombre des individus de cette espèce, qui ont été conservés dans les cabinets, n'avaient guère qu'un pouce et demi de circonférence et deux ou trois pieds de longueur, et telles étaient à peu près les dimensions de ceux qui sont décrits dans Séba [3]. Ce serpent est d'un blanc jaunâtre tirant plus ou moins sur le roux ; le dessous du corps est d'une couleur plus claire, et Séba dit qu'on y remarque des taches noirâtres ; mais nous n'en avons vu aucun vestige sur l'individu qui est conservé dans l'esprit-de-vin au Cabinet du roi. Le dos est parsemé de taches blanchâtres bordées d'un brun presque noir. Malgré leur irrégularité, ces taches sont répandues sur le corps de l'hipnale de manière à le varier de couleurs agréables à la vue et à représenter assez bien une riche étoffe brodée. Suivant Séba, la femelle ne diffère du mâle que par sa tête qui est plus large. L'un et l'autre l'ont assez grande sans que cependant elle paraisse disproportionnée. Le tour de la gueule présente une sorte de bordure remarquable que l'on observe dans plusieurs boas, mais qui, est ordinairement plus sensible dans l'hipnale à proportion de sa grandeur ; elle est composée de grandes écailles très courbées, concaves à l'extérieur et qui, étant ainsi comme creusées, forment une sorte de petit canal qui borde les deux mâchoires. On a mis ce serpent au nombre des cérastes [4] ou serpents cornus ; il leur ressemble en effet par ses proportions ; mais les cérastes ont deux rangées de petites plaques sous la queue, et d'ailleurs il n'a aucune apparence de corne. Il se nourrit de chenilles, d'araignées et d'autres petits insectes ; comme il est très agréable par ses couleurs sans être dangereux, on doit le voir avec plaisir venir dans les environs des habitations les délivrer d'une vermine toujours trop abondante dans les pays très chauds. Il a ordinairement cent

1. Ce fait m'a été confirmé, relativement au devin ou à d'autres grands serpents, par plusieurs voyageurs qui étaient allés dans l'Amérique méridionale, et particulièrement par M. le baron de Widerspach, correspondant du Cabinet du roi.

2. L'Hipnale. M. Daubenton, Encyclopédie méthodique. — Boa Hipnale. Linn., Amphib. serpent. — Séba, mus. 2, tab. 34, fig. 1 et 2. — Boa exigua, 195. Laurenti specimen medicum.

3. Un hipnale qui fait partie de la Collection du roi a un pied onze pouces de longueur totale, et sa queue est longue de trois pouces.

4. Séba, à l'endroit déjà cité.

soixante-dix-neuf grandes plaques sous le corps et cent vingt sous la queue.
Les écailles qui recouvrent sa tête sont semblables à celles du dos ; mais le
dessus du museau présente quatorze écailles un peu plus grandes.

LE BOJOBI [1]

Boa canina, Merr., Linn., Schneid., Latr., Daud. — *Boa aurantiaca, Boa thalassina*
et *Boa exigua*, Laur. — *Boa Hypnale*, Lacép., Schneid., Daud.

Quoique le bojobi n'égale point le serpent devin par sa force, sa grandeur ni la magnificence de sa parure, quoiqu'il cède en tout à ce roi des
serpents, il n'en occupe pas moins une place distinguée parmi ces animaux ;
et peut-être le premier rang lui appartiendrait, si l'espèce du devin était
détruite. La longueur à laquelle il peut parvenir est assez considérable, et il
ne faut pas en fixer les limites d'après celles que présentent les individus de
cette espèce conservés dans les cabinets [2]. Il doit être bien plus grand lorsqu'il a acquis tout son développement ; s'il faut s'en rapporter à ce qu'on
a écrit de ce boa, sa longueur ne doit pas être très inférieure à celle du serpent devin. L'on a dit qu'il se jetait sur des chiens et d'autres gros animaux
et qu'il les dévorait [3] ; et à moins qu'on ne lui ait attribué des faits qui appartiennent au devin, le bojobi doit avoir une longueur et une force considérables pour pouvoir mettre à mort et avaler des chiens et d'autres animaux
assez gros.

Ce serpent, qui ne se trouve que dans les contrées équatoriales, habite
également l'ancien et le nouveau monde ; mais il offre, dans les grandes
Indes et en Amérique, le signe de la différence du climat, dans les diverses
nuances qu'il présente, quoique d'ailleurs le bojobi de l'Amérique et celui
des Indes se ressemblent par la place des taches, la proportion du corps, la
forme de la tête, des dents, des écailles, par tout ce qui peut constituer l'identité d'espèce. Le bojobi du Brésil est d'un beau vert de mer plus ou moins
foncé, qui s'étend depuis le sommet de la tête jusqu'à l'extrémité de la queue,
et sur lequel sont placées, d'espace en espace, des taches blanches irrégulières, dont quelques-unes approchent un peu d'un losange, et qui sont
toutes assez clairsemées, et distribuées avec assez d'élégance pour former sur
le corps du bojobi un des plus beaux assortiments de couleurs. Ses écailles

---

1. *Tetrauchoalt Tleoa.* — *Le Bojobi.* M. Daubenton, Encyclopédie méthodique. — *Boa
canina.* Linn., *Amphib. serpent.* — Séba, mus. 2, tab. 81, fig. 1, et tab. 96, fig. 2. — *Boa aurantiaca,* 194. *Boa thalassina,* 193. *Laurenti specimen medicum.*

2. L'individu que nous avons décrit, et qui fait partie de la collection de Sa Majesté, a deux
pieds onze pouces de longueur totale, et à peu près sept pouces depuis l'anus jusqu'à l'extrémité
de la queue.

3. M. Linné paraît avoir adopté cette opinion en donnant au bojobi l'épithète de *canina ;*
de même qu'il a donné celle de *murina* à un boa qui se nourrit de rats.

sont d'ailleurs extrêmement polies et luisantes[1]; elles réfléchissent si vivement la lumière, qu'on lui a donné, ainsi qu'au serpent devin, le nom indien de *tleoa*, qui veut dire serpent de feu; aussi lorsque le bojobi brille aux rayons du soleil et qu'il étale sa croupe resplendissante d'un beau vert et d'un blanc éclatant, on croirait voir une longue chaîne d'émeraudes, au milieu de laquelle on aurait distribué des diamants. Ces nuances sont relevées par la couleur jaune du dessous de son ventre, qui, à certains aspects, encadre, pour ainsi dire, dans de l'or, le vert et le blanc du dos.

Le bojobi des grandes Indes ne présente pas cet assemblage de vert et de blanc; mais il réunit l'éclat de l'or à celui des rubis. Le vert est remplacé par de l'orangé; les taches du dos sont jaunâtres et bordées d'un rouge très vif. Voilà donc les deux variétés du bojobi qui ont reçu l'une et l'autre une parure éclatante, d'autant plus agréable à l'œil que le dessin en est simple et par conséquent facilement saisi.

On doit considérer ces serpents avec d'autant plus de plaisir, qu'il paraît qu'ils ne sont point venimeux, qu'ils ne craignent pas l'homme et qu'ils ne cherchent pas à lui nuire; s'ils n'ont pas une sorte de familiarité avec lui comme plusieurs couleuvres, s'ils ne souffrent pas ses caresses, ils ne fuient pas sa demeure. Ils vont souvent dans les habitations; ils ne font de mal à personne si on ne les attaque point; mais on ne les irrite pas en vain; ils mordent alors avec force et même leur morsure est quelquefois suivie d'une inflammation considérable qui, augmentée par la crainte du blessé, peut, dit-on, donner la mort, si on n'y apporte point un prompt remède, en nettoyant la plaie, en coupant la partie mordue, etc. Néanmoins, suivant les voyageurs qui attribuent des suites funestes à la morsure du bojobi, ces accidents ne doivent pas dépendre d'un venin qu'il ne paraît pas contenir, et ce n'est que parce que ses dents sont trop acérées[2], qu'elles font des blessures dangereuses, de même que toutes les espèces de pointes ou d'armes trop effilées[3].

---

1. Elles sont rhomboïdales.

2. Il y a deux rangs de dents à la mâchoire supérieure; les plus voisines du museau sont longues et recourbées comme les crochets à venin de la vipère, mais elles ne sont ni mobiles ni creuses.

3. Le bojobi a ordinairement deux cent trois grandes plaques sous le corps et soixante-dix-sept sous la queue. Le dessus de sa tête est garni d'écailles semblables à celles du dos. Les deux os qui composent chaque mâchoire sont très séparés l'un de l'autre dans la partie du museau, ainsi qu'on le voit dans la vipère commune. Les lèvres sont couvertes de grandes écailles, sur lesquelles on observe un sillon assez profond, et qui sont communément au nombre de vingt-trois sur la mâchoire supérieure et de vingt-cinq sur l'inférieure.

LE RATIVORE [1]

Boa murina, Merr., Linn., Lacép., Latr. — *Boa Scytale,* Linn., Schn.
— *Boa Anaconda,* Daud., Cuv. — *Boa Gigas,* Latr.

On trouve en Amérique, ainsi qu'aux grandes Indes, ce boa, dont la tête
est conformée à peu près comme celle du devin, et couvert d'écailles rhomboïdales, unies ainsi que celles du dos et à peu près de la même grandeur.
Il n'a point de crochets à venin, et ses lèvres sont bordées de grandes
écailles.

Le dessus du corps de ce boa est blanchâtre, ou d'un vert de mer, avec
cinq rangées longitudinales de taches; la rangée du milieu est composée de
taches rousses, irrégulières, blanches dans leur centre, placées très près l'une
de l'autre et se touchant en plusieurs endroits; les deux raies suivantes sont
formées de taches roussâtres, chargées d'un demi-cercle blanchâtre, du côté
de l'intérieur, ce qui leur donne l'apparence des taches appelées yeux sur les
ailes des papillons; les deux rangées extérieures présentent enfin des taches
rousses qui correspondent aux intervalles des rangées dont les taches ressemblent à des yeux. On voit sur le derrière de la tête cinq autres taches
rousses et allongées, dont les deux extérieures s'étendent jusqu'aux yeux
du serpent.

Le rativore a ordinairement deux cent cinquante-quatre grandes plaques
sous le corps et soixante-cinq sous la queue. Un individu de cette espèce,
apporté de Ternate au Cabinet du roi, a deux pieds six pouces de longueur,
et sa queue est longue de quatre pouces deux lignes.

Il se nourrit de rats et d'autres petits animaux, ainsi que plusieurs autres
serpents.

LA BRODERIE [2]

Boa hortulana, Linn., Merr., Gmel., Latr., Daud. — *Coluber hortulanus,* Linn. —
Vipera maderensis et *Vipera Bitis,* Laur. — *Col. maderensis* et *Col. Bitis,* Gmel.
— *Boa elegans,* Daud.

Nous nommons ainsi le boa dont il est question dans cet article, parce
qu'en effet on voit régner au-dessus de son corps et de sa queue une chaîne
de taches de différentes formes et de différentes grandeurs, nuées de bai
brun, de châtain pourpre et de cendré blanchâtre, qui représentent une
broderie d'autant plus riche que lorsque le soleil darde ses rayons sur les

1. *Le Mangeur de rats.* M. Daubenton, Encyclopédie méthodique. — *Boa murina.* Linn.,
Amphib. serpent. — Gronovius, mus. 2, p. 70, n. 44. — Séba, mus. 2, tab. 29, fig. 1.
2. *Le Parterre.* M. Daubenton, Encyclopédie méthodique. — *Boa hortulana.* Linn., Amphib.
serpent. — Séba, mus. 2, tab. 74, fig. 1, et tab. 84, fig. 1.

écailles luisantes du serpent, elles réfléchissent un éclat très vif. Voilà pourquoi apparemment ce boa a été appelé dans la Nouvelle-Espagne, ainsi que le devin, le bojobi et plusieurs autres reptiles, *tlehua* ou *tleoa*, c'est-à-dire *serpent de feu;* mais c'est sur sa tête que cette brillante broderie composée de taches et de raies plus petites, et souvent plus entrelacées, présente un dessin plus varié. M. Linné, comparant ce riche assortiment et cette disposition agréable de couleurs à la distribution de celles qui décorent un parterre, a donné l'épithète de *hortulana* au boa dont nous parlons[1]; mais nous avons préféré le nom de *broderie,* comme désignant d'une manière plus exacte l'arrangement et l'éclat des belles couleurs de ce serpent.

Il se trouve au Paraguay dans l'Amérique méridionale, ainsi que dans la Nouvelle-Espagne. Comme il n'a encore été décrit que dans les Cabinets, et que ses couleurs ont dû être plus ou moins altérées par les moyens employés pour l'y conserver, on ne peut point déterminer la vraie nuance du fond sur lequel s'étend la broderie remarquable qui le distingue; il paraît seulement que le dos est bleuâtre; le ventre est blanchâtre et tacheté d'un roux plus ou moins foncé. L'individu qui fait partie de la Collection du roi a deux pieds six pouces trois lignes de longueur totale, et sa queue est longue de sept pouces[2].

LE GROIN [3]

Coluber (Natrix) heterodon platyrhinus, LATR. — *Cenchris Mokeea,* DAUD. — *Boa porcaria,* LACÉP.

La forme de la tête de ce boa lui a fait donner par M. Daubenton le nom que nous lui conservons ici; le museau est en effet terminé par une grande écaille relevée; la tête est d'ailleurs très large, très convexe et couverte d'écailles semblables à celles du dos, ainsi que dans le plus grand nombre des boas.

Le groin se trouve dans la Caroline, où il a été observé par MM. Catesby et Garden. Ni M. Catesby ni M. Linné, à qui M. Garden avait envoyé des individus de cette espèce, n'ont vu les mâchoires du boa groin, garnies de crochets mobiles et à venin; mais cependant M. Linné dit positivement qu'en disséquant ce serpent, il a trouvé les vésicules qui contiennent la liqueur vénéneuse.

Le dessus du corps du groin est cendré ou brun avec des taches noires disposées régulièrement et des taches transversales jaunes vers la queue.

---

1. M. Linné, à l'endroit déjà cité.

2. Le boa broderie a le dessus de la tête couvert d'écailles rhomboïdales, unies et semblables à celles du dos, deux cent quatre-vingt-dix grandes plaques sous le corps et cent vingt-huit sous la queue. Il n'a point de crochets à venin.

3. *Le Groin.* M. Daubenton, Encyclopédie méthodique. — *Boa contortrix.* Linn., *Amphib. serpent.* — *The hog-nose snake.* — Catesby, *Carol.* II, tab. 56.

Le dessous présente des taches noires, plus petites, sur un fond blanchâtre.

Ce boa ne parvient ordinairement qu'à la longueur d'un ou deux pieds, suivant Catesby, et celle de la queue égale le plus souvent le tiers de la longueur du corps[1].

LE CENCHRIS [2]

Boa Cenchria, MERR., LINN. — *Boa Cenchris,* GMEL., SCHNEID., LATR. — *Boa murina,* SCHNEID. — *Boa Aboma* et *Boa annulifer,* DAUD.

Ce boa se trouve à Surinam ; il est d'un jaune clair avec des taches blanchâtres, grises dans leur centre et qui imitent des yeux, comme celles que l'on voit sur les plumes de plusieurs oiseaux ou sur les ailes de plusieurs papillons. Il a, suivant M. Linné, qui en a parlé le premier, deux cent soixante-cinq grandes plaques sous le corps et cinquante-sept sous la queue.

LE SCYTALE [3]

Boa murina, CUV., MERR. — *Boa Anaconda,* DAUD. — *Boa Scytale,* LINN., SCHNEID., SHAW. — *Boa Gigus,* LATR.

Ce boa doit parvenir à une grandeur très considérable et jouir de beaucoup de force, puisque, selon M. Linné, il écrase et engloutit dans sa gueule des brebis et des chèvres. Le dessus de son corps est d'un gris mêlé de vert ; on voit des taches noires et arrondies le long du dos, d'autres taches noires vers leurs bords, blanches dans leur centre et disposées des deux côtés du corps ; le ventre en présente d'autres de la même couleur, mais allongées et comme composées de plusieurs points noirs réunis ensemble.

On le trouve en Amérique. Il a deux cent cinquante grandes plaques sous le corps et soixante-dix sous la queue.

L'OPHRIE [4]

Boa Orophias, MERR. — *Boa Ophrias,* LINN., LACÉP., DAUD.

Un individu de cette espèce faisait partie de la collection de M. le baron de Géer et a été décrit pour la première fois par M. Linné. L'ophrie a beaucoup de rapports par sa conformation avec le devin, mais il en diffère par

---

1. Le groin a cent cinquante grandes plaques sous le corps et quarante sous la queue.
2. *Le Cenchris.* M. Daubenton, Encyclopédie méthodique. — *Boa Cenchria.* Linn., *Amphib. serpent.*
3. *Le Scytale.* M. Daubenton, Encyclopédie méthodique. — *Boa Scytale* Linn., *Amphib. serpent.* — Scheuch. Sacr. tab. 737, fig. 1. — Gronov. mus. 2, p. 55, n. 10.
4. *L'Ophrie.* M. Daubenton, Encyclopédie méthodique. — *Boa Ophrias.* Linn., *Amphib. serpent.*

sa couleur, qui est brune, et par le nombre de ses grandes plaques ; il en a deux cent quatre-vingt-une sous le ventre, et soixante-quatre sous la queue.

L'ENHYDRE [1]

Boa Enhydris, Linn., Lacép., Latr., Daud. — *Boa Merremii,* Schneid., Merr.? — *Corallus obtusirostris,* Daud.

L'on connaît peu de choses relativement à cette espèce de boa, que M. Linné a décrite le premier, et dont un individu faisait partie de la collection de M. le baron de Géer.

L'enhydre est d'une couleur grise, mais qui présente plusieurs nuances assez différentes l'une de l'autre. Il paraît, par ce qu'en dit M. Linné, que les dents de la mâchoire inférieure de ce serpent sont plus longues, en proportion de la grandeur de l'animal, que dans la plupart des autres boas.

On trouve l'enhydre en Amérique ; il a deux cent soixante-dix grandes plaques sous le corps et cent quinze sous la queue.

LE MUET [2]

Lophias crotalinus, Merr. — *Crotalus mutus,* Linn. — *Boa muta,* Lacép. — *Scytale catenata,* Latr. — *Scytale Ammodytes,* Latr., Daud. — *Lachesis muta* et *Lachesis atra,* Daud.

M. Linné a donné ce nom à un grand serpent de Surinam, qu'il a placé dans le genre des serpents à sonnette, à cause des grands rapports de conformation qui le rapprochent de ces reptiles, mais que nous comprenons dans le genre des boas, parce qu'il a de grandes plaques sous le corps et sous la queue, comme ces derniers, et qu'il n'a point la queue terminée par une ou plusieurs grandes pièces de nature écailleuse comme les serpents à sonnette. C'est à cause de ce défaut de pièces mobiles et sonores, que M. Linné l'a nommé le *muet*. Ce reptile a l'extrémité de la queue garnie par-dessous de quatre rangs de petites écailles dont les angles sont très aigus. Les crochets à venin que l'on voit à sa mâchoire supérieure sont effrayants par leur grandeur, selon M. Linné ; son dos présente des taches noires rhomboïdales et réunies les unes aux autres ; il a deux cent dix-sept grandes plaques sous le ventre et trente-quatre sous la queue.

1. *L'Enhydre.* M. Daubenton, Encyclopédie méthodique. — *Boa Enhydris.* Linn., *Amphib. serpent.*

2. *Le Muet.* M. Daubenton, Encyclopédie méthodique. — *Crotal. mutus.* Linn., *Amphib. serpent.*

TROISIÈME GENRE

SERPENTS

QUI ONT LE VENTRE COUVERT DE GRANDES PLAQUES, ET LA QUEUE TERMINÉE PAR UNE GRANDE PIÈCE DE NATURE ÉCAILLEUSE, OU PAR PLUSIEURS GRANDES PIÈCES ARTICULÉES LES UNES DANS LES AUTRES, MOBILES ET BRUYANTES.

SERPENTS A SONNETTE

LE BOIQUIRA [1]

Crotalus atricaudatus, MERR. — *Crotalus Boiquira* et *Crotalus Durissus*, LACÉP. — *Crotalus atricaudus*, DAUD.

Un voyageur égaré au milieu des solitudes brûlantes de l'Afrique, accablé sous la chaleur du midi, entendant de loin le rugissement du tigre en fureur qui cherche une proie, et ne sachant comment éviter sa dent meurtrière, ne doit pas éprouver un frémissement plus grand que ceux qui, parcourant les immenses forêts des contrées chaudes et humides du nouveau monde, séduits par la beauté des feuillages et des fleurs, entraînés, comme par une espèce d'enchantement, au milieu de ces retraites riantes, mais perfides, sentent tout à coup l'odeur fétide qu'exhale le boiquira [2], reconnaissent le bruit de la sonnette qui termine sa queue, et le voient prêt à s'élancer sur eux.

1. *Boicininga* et *boicininga*. — *Ecacoatl*. — *Casca vela* ou *cascavel*, par les Portugais. — *Tangedor*, par les Espagnols. — *The rattle snake*, par les Anglais.
Le *Boiquira*. M. Daubenton, Encyclopédie méthodique. — *Crotal. horridus*. Linn., *Amphib. serpent*. — Bradl. *Natur*. tab. 9, fig. 1. — Séba, mus. 2, tab. 95, fig. 1. — *Caudisona terrifica*, 283. *Laurenti specimen medicum*. — *Teuhtlacot Zauhqui, id est regina serpentum*, Hernandez. — *Vipera caudisona* et *anguis crotalophorus*. Rai, *Synopsis*, p. 291. — *Vipera Brasiliæ caudisona*. Musæum Kircherianum, rom. 1773, classis 2, fol. 35, tab. 9, n. 43.
Boicininga. Pison, *De medicina brasiliensi*, lib. III, p. 41. — *Boicininga, boiquira, ayug*. Georg. Marcgravi, *Hist. rerum naturalium Brasiliæ*, lib. VI, p. 240.
2. « L'odeur des serpents à sonnette est très mauvaise, surtout lorsqu'ils se chauffent au soleil ou qu'ils sont en colère; on les sent quelquefois avant de les voir et de les entendre; les chevaux et les bœufs les découvrent par l'odorat et s'enfuient très loin; mais, lorsque le vent emporte l'exhalaison du serpent vers le côté opposé à la route que tient le cheval ou le bœuf, celui-ci va quelquefois jusque sur le serpent même sans en avoir connaissance. » Kalm., Mém. de Suède, *Collect. académ.*, part. étrangère, t. XI, p. 94.

Ce terrible reptile renferme en effet un poison mortel ; et, sans excepter le naja, il n'est peut-être aucune espèce de serpent qui contienne un venin plus actif.

Le boiquira parvient quelquefois à la longueur de six pieds, et sa circonférence est alors de dix-huit pouces[1]. L'individu que nous avons décrit, et qui est conservé au Cabinet du roi, a quatre pieds dix lignes de long, en y comprenant la queue qui a quatre pouces et qui, dans cette espèce, ainsi que dans les autres serpents à sonnette déjà connus, est très courte à proportion du corps.

Sa tête aplatie est couverte, auprès du museau, de six écailles plus grandes que leurs voisines et disposées sur trois rangs transversaux chacun de deux écailles.

Les yeux paraissent étincelants et luisent même dans les ténèbres comme ceux de plusieurs autres reptiles, en laissant échapper la lumière dont ils ont été pénétrés pendant le jour ; ils sont garnis d'une membrane clignotante, suivant le savant anatomiste Tyson, qui a donné une description très étendue, tant des parties extérieures que des parties intérieures du boiquira[2].

La gueule présente une grande ouverture et le contour en est de quatre pouces, dans l'individu de la Collection du roi. La langue est noire, déliée, partagée en deux, renfermée en partie dans une gaine, et presque toujours l'animal l'étend et l'agite avec vitesse. Les deux os qui forment les deux côtés de la mâchoire inférieure ne sont pas réunis par devant, mais séparés par un intervalle assez considérable que le serpent peut agrandir, lorsqu'il étend la peau de sa bouche pour avaler une proie volumineuse. Chacun de ces os est garni de plusieurs dents crochues, tournées en arrière, d'autant plus grandes qu'elles sont plus près du museau, et qui, par une suite de cette disposition, ne peuvent point lâcher la proie qu'elles ont saisie et la retiennent dans la gueule du boiquira, pendant qu'il l'infecte du venin qui tombe de sa mâchoire supérieure. C'est en effet sous la peau qui recouvre cette mâchoire, et de chaque côté, que nous avons vu les vésicules où le poison se ramasse. Lorsque le serpent comprime ces vésicules, le venin se porte à la base de deux crochets très longs et très apparents, attachés au-devant de la mâchoire supérieure ; ces crochets, enveloppés en partie dans une espèce de gaine, d'où ils sortent lorsque l'animal les redresse, sont creux dans presque toute leur longueur ; le venin y pénètre par un trou dont ils sont percés à leur base, au-dessous de la gaine, et en sort par une fente longitudinale que l'on voit vers leur pointe[3]. Cette fente a plus d'une ligne de longueur dans

---

1. Hernandez ne lui donne que quatre pieds de longueur ; Marcgrave un peu plus de quatre pieds, et Pison cinq ; mais Kalm a écrit que les plus gros boiquiras qu'on a vus dans l'Amérique septentrionale étaient longs de six pieds. Mémoires de l'Académie de Stockholm. Suivant Catesby, les plus grands serpents à sonnette ont près de neuf pieds de longueur. *Histoire naturelle de la Caroline*, t. II, p. 41.

2. *Transactions philosophiques*, n. 144.

3. Lorsqu'on presse la racine de ces crochets, il coule abondamment de leur extrémité une

l'individu conservé au Cabinet du roi, et les crochets sont longs de six lignes. Indépendamment de ces crochets qui paraissent appartenir à toutes espèces de serpents venimeux, et que nous avons vus en effet dans les vipères, les cérastes, les naja, etc., la mâchoire supérieure est garnie d'autres dents plus petites et plus voisines du gosier vers lequel elles sont tournées, et qui servent, ainsi que celles de la mâchoire inférieure, à retenir la victime que les crochets percent et imbibent de venin.

Les écailles du dos sont ovales et relevées dans le milieu par une arête qui s'étend dans le sens de leur plus grand diamètre. On a écrit qu'elles sont articulées si librement, que l'animal, lorsqu'il est en colère, peut les redresser ; mais le mouvement qu'il leur donne doit être peu considérable, puisque nous nous sommes assurés qu'elles tiennent à la peau dans presque toute leur longueur et toute leur largeur[1]. Le dessous du corps ainsi que le dessous de la queue sont revêtus d'un seul rang de grandes plaques comme dans le genre des boas ; nous en avons compté vingt-sept sous la queue et cent quatre-vingt-deux sous le ventre de l'individu qui fait partie de la Collection du roi. M. Linné en a compté cent soixante-sept sous le corps et vingt-trois sous la queue de celui qu'il a décrit[2].

La couleur du dos est d'un gris mêlé de jaunâtre, et sur ce fond on voit s'étendre une rangée longitudinale de taches noires, bordées de blanc[3].

Sa queue est terminée, comme dans presque tous les serpents de son genre, par un assemblage d'écailles sonores qui s'emboîtent les unes dans les autres, et que nous croyons d'autant plus devoir décrire ici en détail, que la considération attentive de leur forme et de leur position peut nous éclairer relativement à leur production ainsi qu'à leur accroissement.

Cette sonnette du boiquira est composée de plusieurs pièces dont le nombre varie depuis un jusqu'à trente et même au delà[4]. Toutes ces pièces sont entièrement semblables les unes aux autres, non seulement par leur forme, mais souvent par leur grandeur ; elles sont toutes d'une matière cas-

matière verte qui est le venin. Kalm, Mémoires de l'Académie de Stockholm. Ce venin donne une couleur verte au linge sur lequel on le répand, et plus on lessive ce linge et plus il devient vert. Manuscrit de M. Gauthier, 1749, que M. de Fougeroux de Bondaroy, de l'Académie royale des sciences, a bien voulu me communiquer.

1. Chacune de ces plaques est mue par un muscle particulier, dont une extrémité s'attache au bord supérieur de la plaque inférieure, et l'autre à peu près au milieu de la face interne de la plaque supérieure. D'ailleurs chaque plaque tient, par ses deux bouts, à l'extrémité des côtes, et cette extrémité est un ferme point d'appui sur lequel porte la plaque et qui sert à l'animal à élever ou à abaisser cette plaque avec force, par le moyen du muscle dont nous venons de parler. Observ. d'Edw. Tyson, *Trans. philosoph.*, n. 144.

2. Tyson en a trouvé cent soixante-huit sous le corps et dix-neuf sous la queue du boiquira qu'il a décrit. *Transactions philosophiques*, n. 144.

3. Le docteur Tyson a très bien fait connaître deux petites glandes, qui s'ouvrent dans le rectum du boiquira auprès de l'anus, et qui contiennent une liqueur un peu épaisse et d'une odeur forte et très désagréable.

4. Pour bien entendre ce que nous allons dire, on pourra jeter les yeux sur la planche où nous avons fait représenter une sonnette, sa coupe longitudinale, et une des pièces qui la composent vue séparément.

sante, élastique, demi-transparente et de la même nature que celle des écailles. La pièce la plus voisine du corps, et qui le touche immédiatement, forme, comme toutes les autres, une sorte de pyramide à quatre faces, dont deux faces opposées sont beaucoup plus larges que les deux autres ; on peut la regarder comme une espèce de petit étui terminé en pointe, et qui enveloppe les dernières vertèbres dont elle n'est séparée que par une membrane très mince, et auxquelles elle est appliquée de manière qu'elle suit toutes les inégalités de leurs élévations. Elle présente trois bourrelets circulaires qui répondent à trois de ces élévations ; leur surface est raboteuse comme celle de ces éminences sur lesquelles ils se sont moulés ; ils sont creux, ainsi que le reste de la pièce ; le premier bourrelet, c'est-à-dire le plus proche de l'ouverture de la pièce, a le plus grand diamètre ; et le plus petit diamètre est celui du troisième bourrelet.

Toutes les pièces de la sonnette sont emboîtées l'une dans l'autre, de manière que les deux tiers de chaque pièce sont renfermés dans la pièce qui la suit, à commencer du côté du corps. Des trois bourrelets que présente chaque pièce, deux sont cachés par la pièce suivante ; le premier bourrelet est le seul qui paraisse. La pièce située au bout de la sonnette opposée au corps est la seule dont les trois bourrelets soient visibles, et qui montre sa vraie forme en son entier ; la sonnette n'est composée à l'extérieur que de cette pièce et des premiers bourrelets de toutes les autres.

Les deux derniers bourrelets de chaque pièce, qui ne peuvent pas être vus, sont placés sous les deux premiers de la pièce suivante. Ils en occupent le creux ; ils retiennent cette pièce et l'empêchent de se séparer du reste de la sonnette ; mais, comme leur diamètre est moins grand que celui des premiers bourrelets de la pièce suivante, chaque pièce joue librement autour de celle qu'elle enveloppe et qui la retient. Aucune pièce, excepté la plus voisine du corps, n'est liée avec la peau de l'animal, ne tient au corps du serpent par aucun muscle, par aucun nerf, par aucun vaisseau [1], ne peut recevoir par conséquent ni accroissement ni nourriture, et n'est qu'une enveloppe extérieure qui se remue lorsque l'animal agite l'extrémité de sa queue, mais qui se meut uniquement, comme se mouvrait tout corps étranger qu'on aurait attaché à la queue du serpent [2].

Cette conformation de la sonnette semble très extraordinaire au premier coup d'œil ; cependant elle cessera de le paraître, si l'on veut en déduire avec nous la manière dont la sonnette a dû être produite.

1. On a écrit le contraire (voyez Séba), mais nous nous sommes assuré de la conformation que nous décrivons ici.

2. La sonnette du boiquira est placée de manière que ses côtés les plus larges sont élevés verticalement lorsque le serpent est sur son ventre ; elle ne touche pas immédiatement aux grandes plaques qui garnissent le dessous de la queue ; mais entre ces grandes plaques et le bord de la première pièce, on voit une rangée de petites écailles semblables à celles du dos. La sonnette de l'individu conservé au Cabinet du roi a neuf lignes de hauteur, un pouce neuf lignes de longueur, et est composée de six pièces.

Les différentes pièces qui la composent n'ont été formées que successivement ; lorsque chacune de ces pièces a pris son accroissement, elle tenait à la peau de la queue ; elle n'aurait pas pu recevoir sans cela la matière nécessaire à son développement, et d'ailleurs on voit souvent, sur le bord des pièces qui ne tiennent pas immédiatement au corps du serpent, des restes de la peau de la queue à laquelle elles étaient attachées.

Quand une pièce est formée, il se produit au-dessous une nouvelle pièce entièrement semblable à l'ancienne, et qui tend à la détacher de l'extrémité de la queue. L'ancienne pièce ne se sépare pas cependant tout à fait du corps du serpent ; elle est seulement repoussée en arrière ; elle laisse entre son bord et la peau de la queue un intervalle occupé par le premier bourrelet de la nouvelle pièce ; mais elle enveloppe toujours le second et le troisième bourrelet de cette nouvelle pièce, et elle joue librement autour de ces bourrelets qui la retiennent.

Lorsqu'il se forme une troisième pièce, elle se produit au-dessous de la seconde, de la même manière que la seconde au-dessous de la première ; elle détache également de l'extrémité de la queue la seconde pièce qu'elle fait reculer, mais qu'elle retient par ses bourrelets.

Si les dernières vertèbres de la queue n'ont pas grossi pendant que la sonnette s'est formée, chaque pièce qui s'est moulée sur ces vertèbres a le même diamètre, et la sonnette paraît d'une égale largeur jusqu'à la pièce qui la termine ; si, au contraire, les vertèbres ont pris de l'accroissement pendant la formation de la sonnette, les bourrelets de la nouvelle pièce sont plus grands que ceux de la pièce plus ancienne, et le diamètre de la sonnette diminue vers la pointe. Dans les divers serpents à sonnette qui sont conservés au Cabinet du roi, la sonnette est d'un égal diamètre vers sa pointe et son origine ; mais, dans plusieurs sonnettes détachées du corps du serpent, et qui font aussi partie de la collection de Sa Majesté, nous avons vu les pièces diminuer de grandeur vers l'extrémité de la sonnette.

Il est évident, d'après ce que nous venons de dire, qu'il ne peut se former qu'une pièce à chaque mue particulière que le serpent éprouve vers l'extrémité de sa queue. Le nombre des pièces est donc égal à celui de ces mues particulières ; mais comme l'on ignore si la mue particulière arrive dans le même temps que la mue générale du corps et de la queue, si elle a lieu une fois ou plusieurs fois par an, le nombre des pièces, non seulement ne prouve rien pour la ressemblance ou la différence des espèces, mais ne peut rien indiquer relativement à l'âge du serpent, ainsi qu'on l'a écrit[1]. Une nourriture plus abondante et une température plus ou moins chaude peuvent d'ailleurs augmenter ou diminuer le nombre des mues dans la même année ; et voilà pourquoi dans certains individus la sonnette est partout d'un égal diamètre, parce que pendant le temps de sa production les

---

1. Voyez Séba, l'*Histoire naturelle de l'Orénoque*, traduct. franç., Lyon, 1758, t. III, p. 78, et Rai, *Synopsis quadrupedum et serpentini generis*, p. 291.

dernières vertèbres n'ont pas grossi d'une manière sensible, tandis que dans d'autres individus les mues ont été assez éloignées pour que les vertèbres aient eu le temps de croître entre la formation d'une pièce et celle d'une autre. Il pourrait donc se faire que la sonnette d'un individu qui, dans différentes années, aurait éprouvé des accidents très différents, fût d'un égal diamètre dans quelques-unes de ses portions et allât en diminuant dans d'autres. D'un autre côté, on verrait de vieux serpents avoir des sonnettes d'une longueur prodigieuse et presque égales à la longueur du corps[1], si les pièces qui la composent ne se desséchaient pas promptement; mais comme elles ne tirent aucune nourriture de l'animal et ne sont abreuvées par aucun suc, elles deviennent très fragiles, se brisent et se séparent souvent par l'effet d'un frottement peu considérable. Voilà pourquoi le nombre des pièces n'indique jamais le nombre de toutes les mues particulières que l'animal peut avoir éprouvées à l'extrémité de sa queue. Si même, dans la mue générale des serpents à sonnette, qui doit s'opérer de la même manière que celle des couleuvres, et pendant laquelle la vieille peau de l'animal doit se retourner en entier comme un gant, et ainsi que nous l'avons vu[2]; si, dans cette mue générale, le dépouillement s'étend jusqu'aux dernières vertèbres de la queue et emporte la première pièce de la sonnette, toutes les autres pièces doivent être avec elle séparées du corps du reptile. Dès lors, les sonnettes ne seraient jamais composées que de pièces toutes produites dans l'intervalle d'une mue générale à la mue générale suivante.

Toutes les parties des sonnettes étant très sèches, posées les unes au-dessus des autres, et ayant assez de jeu pour se frotter mutuellement lorsqu'elles sont secouées, il n'est pas surprenant qu'elles produisent un bruit assez sensible; nous avons éprouvé, avec plusieurs sonnettes à peu près de la grandeur de celles dont nous venons de rapporter les dimensions, que ce bruit, qui ressemble à celui du parchemin qu'on froisse, peut être entendu à plus de soixante pieds de distance. Il serait bien à désirer qu'on pût l'entendre de plus loin encore, afin que l'approche du boiquira, étant moins imprévue, fût aussi moins dangereuse. Ce serpent est, en effet, d'autant plus à craindre que ses mouvements sont souvent très rapides. En un clin d'œil, il se replie en cercle, s'appuie sur sa queue, se précipite comme un ressort qui se débande, tombe sur sa proie, la blesse et se retire pour échapper à la vengeance de son ennemi; aussi les Mexicains le désignent-ils par le nom d'escacoatl, qui signifie le vent.

Ce funeste reptile habite presque toutes les contrées du nouveau monde,

1. « On prétend que les anneaux qui se trouvent à la sonnette indiquent par leur nombre celui des années du serpent. Les plus jeunes n'ont ordinairement qu'un seul anneau; ceux que l'on tue maintenant dans les colonies anglaises en ont depuis un jusqu'à douze. Quelques personnes âgées disent en avoir vu qui avaient depuis vingt jusqu'à trente anneaux, et qu'on en a tué autrefois qui en avaient quarante et un et plus. La destruction que l'on en fait les empêche de vieillir. » Kalm, Mém. de l'Acad. de Stockholm. Coll. acad., part. étrangère, t. XI, p. 93.

2. Article de la Couleuvre d'Esculape.

depuis la terre de Magellan jusqu'au lac Champlain, vers le quarante-cinquième degré de latitude septentrionale. Il régnait, pour ainsi dire, au milieu de ces vastes contrées, où presque aucun animal n'osait en faire sa proie, et où les anciens Américains, retenus par une crainte superstitieuse, redoutaient de lui donner la mort[1]; mais, encouragés par l'exemple des Européens, ils ont bientôt cherché à se délivrer de cette espèce terrible. Chaque jour les arts et les travaux purifiant et fertilisant de plus en plus ces terres nouvelles, ont diminué le nombre des serpents à sonnette, et l'espace sur lequel ces reptiles exerçaient leur funeste domination se rétrécit à mesure que l'empire de l'homme s'étend par la culture.

Le boiquira se nourrit de vers[2], de grenouilles et même de lièvres; il fait aussi sa proie d'oiseaux et d'écureuils, car il monte avec facilité sur les arbres et s'y élance avec vivacité de branche en branche, ainsi que sur les pointes des rochers qu'il habite. Ce n'est que dans la plaine qu'il court avec difficulté et qu'il est plus aisé d'éviter sa poursuite.

Son haleine empestée, qui trouble quelquefois les petits animaux dont il veut se saisir, peut aussi empêcher qu'ils ne lui échappent. Les Indiens racontent qu'on voit souvent le serpent à sonnette entortillé à l'entour d'un arbre, lançant des regards terribles contre un écureuil qui, après avoir manifesté sa frayeur par ses cris et son agitation, tombe au pied de l'arbre, où il est dévoré. M. Vosmaër, qui a fait à la Haye des expériences sur les effets de la morsure d'un boiquira qu'il avait en vie, dit que les oiseaux et les souris qu'on lui jetait dans la cage où il était renfermé témoignaient une grande terreur. Ils cherchaient d'abord à se tapir dans un coin, et ils couraient ensuite, comme saisis de douleurs mortelles, à la rencontre de leur ennemi qui ne cessait de sonner de sa queue[3]; mais cet effet d'une vapeur méphitique et puante a été exagéré et dénaturé au point de devenir merveilleux. On a dit que le boiquira avait, pour ainsi dire, la faculté d'enchanter l'animal qu'il voulait dévorer; que, par la puissance de son regard, il le contraignait à s'approcher peu à peu et à se précipiter dans sa gueule; que l'homme même ne pouvait résister à la force magique de ses yeux étincelants, et que, plein de trouble, il se présentait à la dent envenimée du boiquira, au lieu de chercher à l'éviter. Pour peu que les serpents à sonnette eussent été plus connus et qu'on se fût occupé de leur histoire, on aurait bientôt sans doute ajouté à ces faits merveilleux de nouveaux faits plus merveilleux encore. Et combien de fables n'aurait-on pas substituées

---

1. Kalm, Mémoires de l'Académie de Stockholm.
2. M. Tyson a trouvé un grand nombre de vers, du genre des lombrics, dans l'estomac et dans les intestins d'un boiquira. On en trouve aussi quelquefois dans ceux de la vipère commune. *Transactions philosophiques*, n° 144.
3. « Lorsqu'il a été pris et qu'il se voit enfermé, il refuse toute nourriture, et on dit qu'il peut vivre six mois de cette manière : il est alors très irrité; si on lui présente des animaux, il les tue, mais il ne les mange pas. » Mémoires de l'Académie de Suède, *Coll. académ.*, t. XI, p. 95.

au simple effet d'une haleine fétide, qui même n'a jamais été ni aussi fréquent ni aussi fort que certains naturalistes l'ont pensé! L'on doit présumer, avec Kalm, que le plus souvent, lorsqu'on aura vu un oiseau, ou un écureuil ou tout autre animal se précipiter, pour ainsi dire, du haut d'un arbre dans la gueule du serpent à sonnette, il aura été déjà mordu par le serpent; qu'il se serait enfui sur l'arbre; qu'il aura exprimé, par ses cris et son agitation, l'action violente du poison laissé dans son sang par la dent du reptile; que ses forces se seront insensiblement affaiblies; qu'il se sera laissé aller de branche en branche, et qu'il sera tombé enfin auprès du serpent, dont les yeux enflammés et le regard avide auront suivi tous ses mouvements, et qui se sera de nouveau élancé sur lui, lorsqu'il l'aura vu presque sans vie. Plusieurs observations rapportées par les voyageurs, et particulièrement un fait raconté par Kalm, paraissent le prouver[1].

On a écrit que la pluie augmentait la fureur du boiquira; mais il faut que ce soit une pluie d'orage, car il ne craint point d'aller à l'eau. C'est lorsque le tonnerre gronde qu'il est le plus redoutable; on frémit lorsqu'on pense à l'état affreux et aux angoisses mortelles qu'éprouve celui qui, poursuivi par un orage terrible, au milieu de ténèbres épaisses qui lui dérobent sa route, cherche un asile sous quelque roche avancée, contre les flots d'eau qui tombent des nues, aperçoit, au milieu de l'obscurité, les yeux étincelants du serpent à sonnette, et le découvre à la clarté des éclairs, agitant sa queue et faisant entendre son sifflement funeste[2].

Un animal qui ne paraît né que pour détruire devait-il donc aussi sentir les feux de l'amour? Mais la même chaleur qui anime tout son être, qui exalte son venin, qui ajoute à ses forces meurtrières, doit rendre aussi plus vif le sentiment qui le porte à se reproduire.

Il ne pond qu'un assez petit nombre d'œufs; mais, comme il vit plusieurs années, l'espèce n'en est que trop multipliée.

Pendant l'hiver des contrées un peu éloignées de la ligne, les boiquiras se retirent en grand nombre dans des cavernes où ils sont presque engourdis et dépourvus de force. C'est alors que les nègres et les Indiens osent pénétrer dans leurs repaires pour les détruire et même s'en nourrir; car, malgré le dégoût et l'horreur que ces reptiles inspirent, ils en mangent, dit-on, la chair[3], et elle ne les incommode pas, pourvu que le serpent ne se soit

---

1. Kalm, ouvrage déjà cité.

2. « C'est pendant le temps couvert et pluvieux qu'ils sont le plus à craindre; alors il est rare que les Américains voyagent dans les bois; les sonnettes, qui font beaucoup de bruit lorsque le soleil luit, n'en font pas pendant la pluie. C'est peut-être parce que les cartilages mouillés sont plus mous et moins élastiques. » Kalm, Mémoires de l'Académie de Suède, Coll. acad., partie étrangère, t. XI, p. 93 et suiv.

3. Ils mangent aussi sa graisse, que l'on fait fondre au soleil, et dont on tire une huile très bonne, dit-on, contre les meurtrissures, et même contre les effets de sa morsure. Kalm. On a aussi employé cette graisse pour dissiper plusieurs douleurs, et particulièrement celles de sciatique, ainsi que pour fondre les tumeurs. Hernandez, Hist. naturelle du Mexique, liv. IX, chap. XVII.

pas mordu lui-même. Voilà pourquoi, a-t-on ajouté, il faut tuer promptement le boiquira, lorsqu'on veut le manger; il faut lui donner la mort avant qu'il s'irrite, parce qu'alors il se mordrait de rage. Mais, comment concilier cette assertion avec le témoignage de ceux qui prétendent qu'on peut manger impunément les animaux que sa morsure fait périr, de même que les sauvages se nourrissent, sans aucun inconvénient, du gibier qu'ils ont tué avec leurs flèches empoisonnées? Cette dernière opinion paraît d'autant plus vraisemblable que le boiquira semblerait devoir se donner la mort à lui-même, si la chair des animaux percés par ses crochets devenait venimeuse par une suite de sa morsure.

Les nègres saisissent le boiquira auprès de la tête, et il ne lui reste pas assez de vigueur, dans le temps du froid, pour se défendre ou pour leur échapper. Il devient aussi la proie de couleuvres assez fortes, qui doivent le saisir de manière à n'en être pas mordues[1], et l'on doit supposer la même adresse dans les *cochons marrons,* qui, suivant Kalm, se nourrissent, sans inconvénient, du boiquira, dressent leurs soies dès qu'ils peuvent le sentir, se jettent sur lui avec avidité et sont garantis, dans certaines parties de leur corps, du danger de sa morsure, par la rudesse de leur poil, la dureté de leur peau et l'épaisseur de leur graisse[2].

Lorsque le printemps est arrivé dans les pays élevés en latitude et habités par les boiquiras, que les neiges sont fondues et que l'air est réchauffé, ils sortent, pendant le jour, de leurs retraites, pour aller s'exposer aux rayons du soleil. Ils rentrent pendant la nuit dans leurs asiles, et ce n'est que lorsque les gelées ont entièrement cessé, qu'ils abandonnent leurs cavernes, se répandent dans les campagnes et pénètrent quelquefois dans les maisons. On ose observer le temps où ces animaux viennent se chauffer au soleil, pour les attaquer et en tuer un grand nombre à la fois.

Pendant l'été, ils habitent au milieu des montagnes élevées, composées de pierres calcaires, incultes et couvertes de bois, telles que celles qui sont voisines de la grande chute d'eau du Niagara. Ils y choisissent ordinairement les expositions les plus chaudes et les plus favorables à leurs chasses; ils préfèrent le côté méridional d'une montagne, et le bord d'une fontaine ou d'un ruisseau, habités par des grenouilles, et où viennent boire les petits animaux dont ils font leur proie. Ils aiment aussi à se mettre de temps en temps à l'abri, sous un vieil arbre renversé, et voilà pourquoi, suivant Kalm, les Américains, qui voyagent dans les forêts infestées de serpents à

---

1. Voyez l'article de la couleuvre-lien.

2. Le boiquira est très vivace, ainsi que les autres serpents. M. Tyson rapporte que celui qu'il disséqua vécut quelques jours après que sa peau eut été déchirée, et qu'on lui eut arraché la plupart de ses viscères. Pendant ce temps ses poumons, qui, vers le devant du corps, étaient composés de petites cellules, comme ceux des grenouilles, se terminaient par une grande vessie transparente et forte, et avaient près de trois pieds de longueur, ne se dilatèrent et ne se contractèrent point alternativement, mais demeurèrent enflés et remplis d'air jusqu'au moment où l'animal expira. *Transactions philosophiques,* n° 144.

sonnette, ne franchissent point les troncs d'arbres couchés à terre, qui obstruent quelquefois le passage ; ils aiment mieux en faire le tour, et s'ils sont obligés de les traverser, ils sautent sur le tronc du plus loin qu'ils peuvent et s'élancent ensuite au delà.

Le boiquira nage avec la plus grande agilité ; il sillonne la surface des eaux avec la vitesse d'une flèche. Malheur à ceux qui naviguent sur de petits bâtiments, auprès des plages qu'il fréquente ! Il s'élance sur les ponts peu élevés[1] ; et quel état affreux que celui où tout espoir de fuite est interdit, où la moindre morsure de l'ennemi que l'on doit combattre donne la mort la plus prompte, où il faut vaincre en un instant, ou périr dans des tourments horribles !

Le premier effet du poison est une enflure générale ; bientôt la bouche s'enflamme et ne peut plus contenir la langue devenue trop gonflée ; une soif dévorante consume ; et si l'on cherche à l'étancher, on ne fait que redoubler les tourments de son agonie. Les crachats sont ensanglantés ; les chairs qui environnent la plaie se corrompent et se dissolvent en pourriture, et surtout si c'est pendant l'ardeur de la canicule, on meurt quelquefois dans cinq ou dix minutes, suivant la partie où on a été mordu[2]. On a écrit que les Américains se servaient, contre la morsure du boiquira, d'un emplâtre composé avec la tête même du serpent écrasé. On a prétendu aussi qu'il fuit les lieux où croît le dictame de Virginie, et l'on a essayé de se servir de ce dictame comme d'un remède contre son venin[3] ; mais il paraît que le véritable antidote, que les Américains ne voulaient pas découvrir, et dont le secret leur a été arraché par M. Teinnint, médecin écossais, est le polygale de Virginie, *sénéka* ou *sénéga* (poligala senega)[4]. Cependant il arrive quelquefois que ceux qui ont le bonheur de guérir ressentent périodiquement, pendant une ou deux années, des douleurs très vives, accompagnées d'enflure ; quelques-uns même portent toute leur vie des marques de leur cruel accident et restent jaunes ou tachetés d'autres couleurs.

Le capitaine Hall[5] fit, dans la Caroline, plusieurs expériences touchant les effets de la morsure du boiquira sur divers animaux ; il fit attacher à un piquet un serpent à sonnette, long d'environ quatre pieds. Trois chiens en furent mordus ; le premier mourut en quinze secondes ; le second, mordu peu de temps après, périt au bout de deux heures dans des convulsions ; le troisième, mordu après une demi-heure, n'offrit d'effets visibles du venin qu'au bout de trois heures.

1. Voyez, à ce sujet, Kalm, ouvrage déjà cité.
2. Voyez M. Laurenti.
3. On lit, dans les *Transactions philosophiques*, année 1665, qu'en Virginie, en 1657, au mois de juillet, on attacha au bout d'une longue baguette des feuilles de dictame que l'on avait un peu broyées, et qu'on les approcha du museau d'un serpent à sonnette, qui se tourna et s'agita vivement comme pour les éviter, mais qui mourut avant une demi-heure et parut n'expirer que par l'effet de l'odeur de ces feuilles.
4. MM. Linné et Laurenti.
5. *Transactions philosophiques.*

Quatre jours après, un chien mourut en une demi-minute, et un autre ensuite en quatre minutes ; un chat fut trouvé mort le lendemain de l'expérience ; on laissa s'écouler trois jours ; une grenouille mordue mourut en deux minutes, et un poulet de trois mois, dans trois minutes. Quelque temps après, on mit auprès du boiquira un *serpent blanc*, sain et vigoureux ; ils se mordirent l'un l'autre ; le serpent à sonnette répandit même quelques gouttes de sang ; il ne donna cependant aucun signe de maladie, et le serpent blanc mourut en moins de huit minutes. On agita assez le boiquira pour le forcer à se mordre lui-même, et il mourut en douze minutes[1] ; ainsi ce furieux reptile peut tourner contre lui ses armes dangereuses et venger ses victimes.

Tranquilles habitants de nos contrées tempérées, que nous sommes plus heureux, loin de ces plages où la chaleur et l'humidité règnent avec tant de force ! Nous ne voyons point un serpent funeste infecter l'eau au milieu de laquelle il nage avec facilité ; les arbres dont il parcourt les rameaux avec vitesse ; la terre, dont il peuple les cavernes ; les bois solitaires, où il exerce le même empire que le tigre dans ses déserts brûlants, et dont l'obscurité livre plus sûrement sa proie à sa morsure. Ne regrettons pas les beautés naturelles de ces climats plus chauds que le nôtre, leurs arbres plus touffus, leurs feuillages plus agréables, leurs fleurs plus suaves, plus belles : ces fleurs, ces feuillages, ces arbres cachent la demeure du serpent à sonnette.

1. « La morsure de cet animal est très dangereuse dans toutes les parties du corps ; les chevaux et les bœufs en meurent presque à l'instant ; les chiens la soutiennent mieux, quelques-uns ont été guéris cinq fois ; les hommes le sont aussi lorsqu'on y remédie à temps ; mais quand la dent meurtrière a ouvert un gros vaisseau, on meurt en deux ou trois minutes. Les bottines de cuir ne sont pas un préservatif assuré, la dent est si aiguë qu'elle les perce facilement, surtout quand la bottine est juste à la jambe ; on prétend qu'il vaut mieux porter de grandes culottes de matelot, qui descendent jusqu'aux talons ; lorsque le serpent y mord, il s'y fait des plis qui s'opposent à l'effort de la dent et des mâchoires ; mais il peut être plus sûr de porter les unes et les autres. » Kalm, Mémoires de l'Académie de Suède. *Collect. académ.*, t. XI, p. 95.

« Le serpent à sonnette n'est nulle part si commun qu'au Paraguay. On y observe que lorsque ses gencives sont trop pleines de venin, il souffre beaucoup ; que, pour s'en décharger, il attaque tout ce qu'il rencontre, et que, par deux crochets creux assez larges à leur racine et terminés en pointe, il insinue, dans la partie qu'il saisit, l'humeur qui l'incommodait. L'effet de sa morsure et de celle de plusieurs autres serpents du même pays est fort prompt ; quelquefois le sang sort en abondance par les yeux, les narines, les oreilles, les gencives et les jointures des ongles ; mais les antidotes ne manquent point contre ce poison. On y emploie surtout, avec succès, une pierre qu'on nomme Saint-Paul, le bézoard et l'ail, qu'on applique sur la plaie après l'avoir mâché ; la tête de l'animal même et son foie, qu'on mange pour purifier le sang, ne sont pas un remède moins vanté ; cependant le plus sûr est de commencer par faire une incision à la partie piquée et d'y appliquer du soufre, ce qui suffit même quelquefois pour la guérison. » Histoire naturelle du Pérou et des contrées voisines. *Hist. gén. des voyages*, édition in-12, t. LIII, p. 419.

LE MILLET [1]

Crotalus miliarius, Linn., Gmel., Lacép., Merr.

Ce serpent à sonnette a été observé dans la Caroline par MM. Garden et Catesby; nous allons le décrire d'après un individu conservé dans le Cabinet du roi. Le dessus de son corps est gris, avec trois rangs longitudinaux de taches noires; celles de la rangée du milieu sont rouges dans leur centre et séparées l'une de l'autre par une tache rouge. Le dessus de la tête est couvert de neuf écailles plus grandes que celles du dos et disposées sur quatre rangs; la mâchoire supérieure est garnie de deux crochets mobiles et très allongés; les écailles qui revêtent le dos sont ovales et relevées par une arête. Le millet a ordinairement cent trente deux grandes plaques sous le corps et trente-deux sous la queue. L'individu qui fait partie de la Collection du roi a quinze pouces dix lignes de longueur totale, et sa queue est longue de vingt-deux lignes; sa sonnette est composée de onze pièces, a une ligne de largeur dans son plus grand diamètre et est séparée des grandes plaques par un rang de petites écailles.

LE DRYINAS [2]

Crotalus Dryinas, Linn., Lacép., Merr. — *Crot. immaculatus,* Latr.
— *Crot. strepidans,* Daud.

Presque tous les serpents à sonnette ont les mêmes habitudes naturelles; nous ne répéterons pas ici ce que nous avons dit à l'article du boiquira, et nous nous contenterons de rapporter les traits principaux de la conformation du dryinas.

Ce dernier reptile est blanchâtre, avec quelques taches d'un jaune plus ou moins clair; il a ordinairement cent soixante-cinq grandes plaques sous le corps et trente sous la queue; le dessus de sa tête présente deux grandes écailles, et celles qui garnissent son dos sont ovales et relevées par une arête. On le trouve en Amérique.

---

1. *Le Millet*. M. Daubenton, Encyclopédie méthodique.—*Crotalus miliarius.* Linn., *Amphib. serp.* — Catesby, *Caroline,* II, tab. 42.

2. *Le serpent à sonnette.* M. Daubenton, Encyclopédie méthodique. — *Crotal. Dryinas.* Linn., *Amphib. serp.* — *Amœn. academ.* mus. prin., p. 578, 27. — *Caudisona Dryinas,* 206. *Caudisona orientalis,* 207. *Laurenti specimen medicum.* — Séba, mus. II, tab. 45, fig. 3 et tab. 96, fig. 1.

LE DURISSUS [1]

Crotalus atricaudatus, Merr. — *C. Durissus,* Lacép., Daud. — *C. Boiquira,* Lacép.
— *C. atricaudus,* Daud. — *C. horridus,* Shaw.

Ce serpent a le dessus du corps varié de blanc et de jaune, avec des
taches rhomboïdales, noires et blanches dans leur centre. Le sommet de sa
tête est couvert de six grandes écailles placées sur trois rangs ; le dos est garni
d'écailles ovales et relevées par une arête. L'individu que nous avons décrit,
et que nous avons vu au Cabinet du roi, n'avait qu'une pièce à sa sonnette ;
sa longueur totale était d'un pied cinq pouces six lignes, et celle de sa queue
d'un pouce huit lignes. Il avait des crochets à venin, longs de quatre lignes,
et dont l'extrémité était percée par une fente d'une ligne de longueur ; il
paraissait que lorsque l'animal était en vie, il pouvait faire avancer, au delà
des lèvres, les deux os de la mâchoire inférieure, qui n'étaient réunis que
par des membranes, et que l'on voyait armés de dents tournées en arrière, et
plus grandes vers le museau que vers le gosier[2].

LE PISCIVORE [3]

Coluber (Natrix) piscivorus, Merr. — *Crotalus piscivorus,* Lacép. — *Scytale
piscivora,* Latr., Daud. — *Coluber aquatus,* Shaw.

C'est Catesby qui a parlé le premier de la conformation et des habitudes
de ce serpent que l'on trouve dans la Caroline, où il porte le nom de serpent
à sonnette. Sa queue n'est cependant pas garnie de pièces mobiles et un peu
sonores ; mais elle est terminée par une pointe de nature écailleuse, longue
ordinairement d'un demi-pouce et dure comme de la corne. Cette espèce
d'arme a donné lieu à plusieurs fables. On a prétendu qu'elle était aussi dangereuse que les dents de l'animal, qu'elle pouvait également donner la mort,
et que même, lorsqu'elle perçait le tronc d'un jeune arbre dont l'écorce était
encore tendre, les fleurs se fanaient dans le même instant, la verdure se flé-
trissait, l'arbre se desséchait et mourait. La vérité, relativement aux propriétés du piscivore, est, suivant Catesby, que sa morsure peut être funeste. Sa
tête est grosse, son cou menu, sa mâchoire supérieure armée de grands crochets mobiles. Le dessus de son corps, qui a quelquefois cinq ou six pieds

1. *Teuthlaco.* M. Daubenton, Encyclopédie méthodique. — *Crotal. Durissus.* Linn., *Amphib.
serp.* — *Caudisona Durissus,* 204. *Laurenti specimen medicum.* Séba, mus. II, tab. 95, fig. 2,
Teutlacotzouphi.
    2. Le durissus a ordinairement cent soixante-douze grandes plaques sous le corps et vingt et
une sous la queue.
    3. *The water viper.* *Vipère d'eau.* Catesby, *Caroline,* II, p. 43, pl. 43.

de longueur, présente une couleur brune ; le ventre et les côtés du cou sont
noirs, avec des bandes jaunes, transversales et irrégulières. Il est très agile
et très adroit à prendre des poissons ; on le voit souvent, pendant l'été, étendu
autour des branches d'arbres qui pendent sur les rivières ; il y saisit, avec
rapidité, le moment de surprendre les oiseaux qui viennent se reposer sur
l'arbre, ou les poissons qu'il aperçoit dans l'eau ; il s'élance sur ces derniers,
les poursuit en nageant et en plongeant avec beaucoup de vitesse, en prend
d'assez gros qu'il entraîne sur le rivage, et qu'il y avale avec avidité ; voilà
pourquoi nous l'avons nommé *piscivore*. Il se précipite aussi quelquefois, du
haut des branches où il se suspend, sur la tête des hommes qu'il voit passer
au-dessous de lui dans un bateau [1].

QUATRIÈME GENRE

SERPENTS

DONT LE DESSOUS DU CORPS ET DE LA QUEUE EST GARNI D'ÉCAILLES
SEMBLABLES A CELLES DU DOS

ANGUIS

Les serpents de ce genre sont très différents des autres par leur conformation extérieure. Au lieu d'avoir au-dessous de leur corps de grandes plaques, faites en forme de bandes transversales, et une ou deux rangées de
ces mêmes plaques au-dessous de leur queue, ils sont couverts partout de
petites écailles semblables à celles que les couleuvres, les boas, les serpents à
sonnette et la plupart des autres reptiles ont au-dessus du dos. Les écailles
de la rangée du milieu du dessous du corps et de la queue sont cependant,
dans quelques anguis, un peu plus grandes que les autres ; et c'est celles-là
qu'il faut alors compter pour reconnaître plus aisément l'espèce de l'animal,
de même que l'on compte dans les boas et dans les couleuvres les grandes
pièces qui revêtent le dessous de leur corps. Ces grandes plaques, couchées
les unes sous les autres sous le ventre et la queue des couleuvres et des boas,
se redressent contre le terrain lorsque ces serpents veulent aller en arrière,
et leur opposent alors une résistance plus ou moins forte ; aussi les anguis,
qui n'ont point de ces grandes pièces, peuvent-ils exécuter des mouvements
en tout sens avec plus de facilité que la plupart des autres reptiles. C'est
ce qui leur a fait attribuer, par des voyageurs, le nom d'amphisbène ou de

1. Catesby, à l'endroit déjà cité.

double marcheur [1] ; mais cette dénomination nous paraît devoir mieux convenir au genre des serpents à anneaux auxquels, en effet, M. Linné l'a attachée exclusivement.

Comme la plupart des expressions exagérées ont produit assez souvent des erreurs grossières ou des contes ridicules, on n'a pas dit uniquement que les anguis pouvaient se mouvoir en arrière presque aussi aisément qu'en avant ; on a prétendu encore qu'ils pouvaient se conduire et courir pendant longtemps, dans les deux sens, avec une égale facilité ; qu'ils avaient des yeux à chaque extrémité du corps, pour discerner leur route en avant et en arrière ; qu'ils y avaient même une tête complète ; qu'on s'exposait aux mêmes dangers, en les saisissant par l'un ou l'autre bout ; qu'ils étaient très à craindre pour les petits animaux dont ils se nourrissaient, parce que jamais le sommeil ne les empêchait de s'apercevoir du voisinage de leur proie ; que pendant qu'une tête dormait, l'autre veillait, etc. Mais c'est assez rapporter des opinions que l'on ne doit pas craindre de voir se répandre, et que par conséquent on n'a pas besoin de combattre. Nous devons même convenir que la conformation des anguis est une des plus propres à faire naître ces erreurs ; leur queue est, en effet, très grosse en comparaison du corps, et son extrémité arrondie ressemble d'autant plus à une tête, même lorsqu'on la considère à une petite distance, que les diverses taches qui varient ordinairement sa couleur sont disposées de manière à représenter des yeux, des narines et une bouche. D'ailleurs les yeux des anguis étant très petits, on a de la peine à les distinguer à l'endroit où ils sont réellement, et on peut plus facilement être trompé par leur apparence. C'est cette petitesse des yeux des anguis qui les a fait nommer serpents aveugles par plusieurs voyageurs ; mais cette dénomination, qui, à la rigueur, ne convient à aucun serpent, ne doit pas être du moins appliquée aux *anguis*, ni aux *amphisbènes* ou *serpents à anneaux* ; nous ne l'emploierons que pour désigner les dimensions encore plus petites des yeux des serpents que M. Linné a nommés *cæcilia*, et que nous nommons d'après lui *cæciles*.

L'ORVET [2]

.*Anguis fragilis*, MERR., LIN., CUV., LATR., DAUD.

Ce serpent est très commun en beaucoup de pays. Il se trouve dans presque toutes les contrées de l'ancien continent, depuis la Suède jusqu'au cap de Bonne-Espérance. Il ressemble beaucoup à un quadrupède ovipare

---

1. Plusieurs anguis ont été envoyés d'Amérique ou d'ailleurs au Cabinet du roi, sous le nom d'*amphisbènes*.

2. *Couleuvre commune*, en Picardie et dans plusieurs autres provinces de France. — *Serpent de verre. — Anvoye. — Orvet*, M. Daubenton, Encyclopédie méthodique. — *Anguis fragilis*. Linn., *Amphib. serp.* — Aldr. Serp., 245. *Cœcilia vulgaris.* — Imperat. nat. 316. *Cœcilia Gesneri.* Rai, *Quadrup.*, 289. *Cœcilia Typhlus. — Anguis fragilis*, 125, tab. 5, fig. 2. *Laurenti speci-*

dont nous avons déjà indiqué les rapports avec les *anguis*, et auquel nous avons conservé le nom de seps ; il n'en diffère même en quelque sorte à l'extérieur, que parce qu'il n'a pas les quatre petites pattes dont le seps est pourvu ; aussi ses habitudes sont-elles d'autant plus analogues à celles de ce lézard, que le seps, ayant les pattes extrêmement courtes, rampe plutôt qu'il ne marche et s'avance par un mécanisme assez semblable à celui que les anguis emploient pour changer de place.

La partie supérieure de la tête est couverte de neuf écailles disposées sur quatre rangs, mais différemment que sur la plupart des couleuvres. Le premier rang présente une écaille, le second deux, et les deux autres en offrent chacun trois. Les écailles qui garnissent le dessus et le dessous de son corps sont très petites, plates, hexagones, brillantes, bordées d'une couleur blanchâtre et rousses dans leur milieu ; ce qui produit un grand nombre de très petites taches sur tout le corps de l'animal. Deux taches plus grandes paraissent l'une au-dessous du museau, et l'autre sur le derrière de la tête, et il en part deux raies longitudinales, brunes ou noires, qui s'étendent jusqu'à la queue, ainsi que deux autres raies d'un brun châtain qui partent des yeux. Le ventre est d'un brun très foncé, et la gorge marbrée de blanc, de noir et de jaunâtre. Toutes ces couleurs peuvent varier suivant le pays, et peut-être suivant l'âge et le sexe. Mais ce qui peut servir beaucoup à distinguer l'orvet d'avec plusieurs autres anguis, c'est la longueur de sa queue qui égale et même surpasse quelquefois celle de son corps ; l'ouverture de sa gueule s'étend jusqu'au delà des yeux ; les deux os de la mâchoire inférieure ne sont pas séparés l'un de l'autre comme dans un grand nombre de serpents ; et en cela l'orvet ressemble encore au seps et aux autres lézards. Ses dents sont courtes, menues, crochues et tournées vers le gosier. La langue est comme échancrée en croissant. On a écrit que ses yeux étaient si petits qu'on avait peine à les distinguer ; cependant quoiqu'ils soient moins grands à proportion que ceux de beaucoup d'autres serpents, ils sont très visibles, et d'ailleurs noirs et très brillants[1]. Il ne parvient guère à plus de trois pieds de longueur. On a prétendu que sa morsure était très dangereuse[2] ; mais il n'a point de crochets mobiles, et d'après cela seul on aurait dû supposer qu'il n'avait point de venin ; d'ailleurs les expériences de M. Laurent l'ont mis hors de doute[3]. De quelque manière qu'on irrite cet ani-

---

men medicum. — Typhlops, cœcilia, a blind worm. Scotia illustrata, autore Roberto Sibbaldo. — *Anguis fragilis, blind worm. Zoologie britannique,* t. III, p. 33, pl. 25, n° 15. — *Anguis fragilis, Wulf, Ichtyologia cum amphibiis regni Borussici.* — *Orvet. Dictionnaire d'histoire naturelle,* par M. Valmont de Bomare.

1. Les écailles qui recouvrent ses lèvres ne sont pas plus grandes que celles qui revêtent son dos ; aucune de celles qui garnissent le dessous de son corps ne sont plus grandes que leurs voisines. Il en a ordinairement cent trente-cinq rangs sous le corps et autant sous la queue.

2. Schwenckfeld, dans son *Histoire des reptiles de la Silésie,* a écrit que, dans cette province, on regardait l'orvet comme venimeux.

3. M. Laurent, ouvrage déjà cité, p. 179. Les auteurs de la *Zoologie britannique* disent qu'en Angleterre, l'orvet n'est point regardé comme dangereux.

mal, il ne mord point, mais se contracte avec force et se raidit, dit M. Laurent, au point d'avoir alors l'inflexibilité du bois. Ce naturaliste fut obligé d'ouvrir par force la bouche d'un orvet et d'y introduire la peau d'un chien, que les dents de l'animal trop courtes et trop menues ne purent percer ; de petits oiseaux employés à la même expérience et blessés par le reptile ne donnèrent aucun signe de venin ; la chair nue d'un pigeon fut aussi mise sous les dents de l'orvet, qui la tint serrée pendant longtemps et la pénétra de la liqueur qui était dans sa bouche ; le pigeon fut bientôt guéri de sa blessure, sans donner aucun indice de poison.

Lorsque la crainte ou la colère contraignent l'orvet à tendre ainsi tous ses muscles et à raidir son corps, il n'est pas surprenant qu'on puisse aisément, en le frappant avec un bâton ou même une simple baguette, le diviser et le casser, pour ainsi dire, en plusieurs petites parties. Sa fragilité tient à cet état de raideur et de contraction, ainsi que l'a pensé M. Laurent qui a très bien observé cet animal, et elle est d'autant moins surprenante que ses vertèbres sont très cassantes par leur nature, comme celles de presque tous les petits serpents et des petits lézards, et que ses muscles sont composés de fibres qui peuvent aisément se séparer. C'est cette propriété de l'orvet, qui l'a fait appeler par M. Linné *anguis fragile*, et qui l'a fait nommer par d'autres auteurs *serpent de verre*.

On vient de voir que l'orvet se trouve en Suède : il habite aussi l'Écosse[1] ; et, d'après cela, il paraît qu'il ne craint pas le froid autant que la plupart des serpents, quoiqu'il soit en assez grand nombre dans la plupart des contrées tempérées et même chaudes de l'Europe ; il a pour ennemis ceux des autres serpents, et particulièrement les cigognes[2] qui en font leur proie d'autant plus aisément, qu'il ne peut leur opposer ni venin, ni force, ni même un volume considérable.

Il s'accouple comme les autres reptiles ; le mâle et la femelle s'entortillent l'un autour de l'autre, se serrent étroitement par plusieurs contours et pendant un temps assez long. On a vu des orvets demeurer ainsi réunis pendant plus d'une heure[3]. Les petits serpents de cette espèce n'éclosent pas hors du ventre de leur mère, comme la plupart des couleuvres non venimeuses ; mais ils viennent au jour tout formés[4]. Un très bon observateur[5], ayant ouvert deux femelles, trouva dix serpenteaux dans une qui était longue de treize pouces, et sept dans l'autre qui n'avait qu'un pied de longueur. Ces petits serpents étaient parfaitement formés. Ils ne différaient de leur mère que par leur grandeur et par leurs couleurs qui étaient plus faibles ; les plus grands avaient vingt et une lignes, et les plus petits dix-huit lignes de longueur. Le temps de la portée des orvets est au moins d'un mois,

---

1. Sibbald, à l'endroit déjà cité.
2. Schwenckfeld, *Histoire des reptiles de la Silésie.*
3. Notes manuscrites communiquées par M. de Sept-Fontaines.
4. Rai, à l'endroit déjà cité, et notes manuscrites de M. de Sept-Fontaines.
5. M. de Sept-Fontaines.

et M. de Sept-Fontaines, que nous venons de citer, s'en est assuré en gardant chez lui une femelle qui ne mit bas qu'un mois après avoir été prise; elle ne parut pas grossir pendant sa captivité[1].

C'est ordinairement après les premiers jours de juillet, que l'orvet paraît revêtu d'une peau nouvelle dans les provinces septentrionales de France. Son dépouillement s'opère comme celui des couleuvres[2]; il quitte sa vieille peau d'autant plus facilement, qu'il trouve à sa portée plus de corps contre lesquels il peut se frotter; il arrive seulement quelquefois que la vieille peau ne se retourne que jusqu'à l'endroit de l'anus, et qu'alors la queue sort de l'enveloppe desséchée qui la recouvrait, comme une lame d'épée sort de son fourreau[3].

L'orvet se nourrit de vers, de scarabées, de grenouilles, de petits rats et même de crapauds; il les avale le plus souvent sans les mâcher; aussi arrive-t-il quelquefois que de petits vers viennent jusqu'à son estomac, pleins encore de vie et sans avoir reçu aucune blessure. M. de Sept-Fontaines a trouvé dans le corps d'un jeune orvet un lombric ou ver de terre long de six pouces et de la grosseur d'un tuyau de plume; le ver était encore en vie et s'enfuit en rampant.

Malgré leur avidité naturelle, les orvets peuvent demeurer un très grand nombre de jours sans manger, ainsi que les autres serpents, et M. Desfontaines en a eu chez lui qui se sont laissé mourir au bout de cinquante jours, plutôt que de toucher à la nourriture qu'on avait mise auprès d'eux, et qu'ils auraient dévorée avec précipitation s'ils avaient été en liberté.

L'orvet habite ordinairement sous terre dans des trous qu'il creuse ou qu'il agrandit avec son museau; mais, comme il a besoin de respirer l'air extérieur, il quitte souvent sa retraite. L'hiver même, il perce quelquefois la neige qui couvre les campagnes et élève son museau au-dessus de sa surface, la température assez douce des trous souterrains qu'il choisit pour asile l'empêchant ordinairement de s'engourdir complètement pendant le froid. Lorsque les chaleurs sont revenues, il passe une grande partie du jour hors de sa retraite; mais le plus souvent, il s'en éloigne peu et se tient toujours à portée de s'y mettre en sûreté.

Il se dresse fréquemment sur sa queue qu'il roule en spirale et qui lui sert de point d'appui; il demeure quelquefois longtemps dans cette situation. Ses mouvements sont rapides, mais moins que ceux de la couleuvre à collier. Il ne répand pas communément d'odeur désagréable[4].

1. Lettre de M. de Sept-Fontaines à M. le comte de Lacépède, du 7 décembre 1788.
2. Voyez l'article de la Couleuvre d'Esculape.
3. Notes manuscrites de M. de Sept-Fontaines.
4. Personne n'a mieux étudié les habitudes de l'orvet que M. de Sept-Fontaines, à qui nous devons la connaissance de la plupart des détails que nous venons de rapporter.

L'ÉRIX [1]

Anguis Eryx, Linn., Merrem. — *Anguis fragilis*, Linn., Cuv.

Cet anguis a beaucoup de rapports avec l'orvet, dont il n'est peut-être qu'une variété. Il a le dessus du corps d'un roux cendré avec trois raies noires très étroites qui s'étendent depuis le derrière de la tête jusqu'à l'extrémité de la queue. Ses yeux sont à peine visibles. Il a la mâchoire supérieure un peu plus avancée que l'inférieure. Ses dents sont assez longues relativement à sa grandeur, égales et un peu courbées vers le gosier. Ses écailles sont arrondies, un peu convexes, luisantes et unies. Sa queue est un peu plus longue que le reste du corps. Il a cent vingt-six rangs d'écailles au-dessous du corps et cent trente-six au-dessous de la queue ; on le trouve en Europe, particulièrement en Angleterre ; il habite aussi plusieurs contrées de l'Amérique.

LA PEINTADE [2]

Acontias Meleagris, Merr. — *Anguis Meleagris*, Linn., Schn. — *Eryx Meleagris*, Daud.

Nous conservons ce nom à un anguis qui se trouve dans les Indes ; il a cent soixante-cinq rangs d'écailles sous le corps, trente-deux sous la queue, et le dessus du corps verdâtre avec plusieurs rangées longitudinales de points noirs ou bruns.

Il nous semble qu'on doit regarder comme une variété de cette espèce un anguis que M. Pallas a observé sur les bords de la mer Caspienne, et qui a à peu près la longueur d'un pied, la grosseur du petit doigt, cent soixante-dix rangs d'écailles sous le corps, trente-deux rangs sous la queue, la tête grise tachetée de noir, le corps noir pointillé de gris sur le dos et de blanchâtre sur les côtés, la queue longue de deux pouces et variée de blanc [3].

1. *Aberdeen*, dans plusieurs endroits de l'Angleterre, parce qu'on le trouve dans l'Aberdeenshire. — *Erix*. M. Daubenton, Encyclopédie méthodique. — *Ang. Erix*. Linn., *Amphib. serp.* — Gronov. mus. II, p. 35, n° 9.
2. *La Peintade*. M. Daubenton, Encyclopédie méthodique. — *Anguis Meleagris*. Linn., *Amphib. serp.* — *Anguis Meleagris*, 121. *Laurenti specimen medicum*. — Séba, mus. 2. tab. 21, fig. 4.
3. *Anguis miliaris*. Voyage de M. Pallas dans différentes provinces de l'empire de Russie, supplément, t. II.

LE ROULEAU [1]

Tortrix Scytale, Merr. — *Anguis Scytale,* Linn., Laur., Latr., Daud.
— *Anguis corallina* et *cœrulea,* Laur.

Cet anguis se trouve dans les deux continents. Il est très commun en Amérique, ainsi que dans les grandes Indes; mais c'est toujours dans les pays chauds qu'on le rencontre. Sa tête, un peu convexe par-dessus et concave en dessous, est à peine distinguée du reste du corps par trois écailles plus grandes que les autres qui la couvrent. Ses dents sont assez nombreuses, et comme elles sont toutes égales et qu'il n'a pas de crochets mobiles, l'on doit présumer qu'il n'est point venimeux. Le corps et la queue sont garnis par-dessus et par-dessous d'écailles blanches bordées de roux[2], et tout le corps est varié par des bandes transversales qui, en formant des anneaux de couleur, gardent leur parallélisme ou se réunissent avec plus ou moins de régularité. L'on ne sait pas précisément à quelle grandeur peut parvenir le serpent rouleau; mais, d'après les divers individus qui ont été décrits par les naturalistes et ceux qui sont conservés au Cabinet du roi, nous présumons qu'elle n'est jamais très considérable, que le diamètre de cet anguis n'est ordinairement que d'un demi-pouce, et que sa longueur n'excède guère deux ou trois pieds[3].

Il se nourrit de vers, d'insectes et surtout de fourmis, et voilà tout ce que l'on connaît des habitudes de ce serpent.

LE COLUBRIN [4]

Tortrix colubrina, Merrem. — *Anguis colubrina,* Hasselquist, Linn., Schneid.
— *Eryx colubrinus,* Daud.

M. Hasselquist a fait connaître cet anguis que l'on trouve en Égypte; ce serpent a le corps varié d'une manière très agréable, de brun et d'une couleur pâle; on a compté cent quatre-vingts rangs d'écailles sous son corps et dix-huit sous sa queue.

---

1 *Le Rouleau.* M. Daubenton, Encyclopédie méthodique. — *Anguis Scytale.* Linn., *Amphib. serp.* — Mus. Ad. Fr., tab. 6, fig. 2. — Gronov. mus. 2, n° 4. *Anguis.* — Séba, mus. 2, tab. 2. fig. 1, 2, 3, 4; tab. 7, fig. 4, et tab. 20, fig. 3. — *Anguis Scytale. Laurenti specimen medicum.*

2. Le rouleau a deux cent quarante rangs d'écailles sous le corps et treize rangs sous la queue.

3. Sa queue est très courte en proportion du corps, dont la longueur est le plus souvent trente fois plus considérable que celle de la queue.

4. *Le Colubrin.* M. Daubenton, Encyclopédie méthodique. — *Anguis colubrina.* Linn., *Amphib. serp.* — Hasselquist, *It.* 320, n° 65.

LE TRAIT [1]

Tortrix Jaculus, MERR. — *Anguis Jaculus,* LINN., SCHNEID., LATR.
— *Eryx Jaculus,* DAUD.

Cet anguis habite en Égypte, ainsi que le colubrin, et c'est aussi M. Hasselquist qui l'a fait connaître. Ce serpent a cent quatre-vingt-six rangs d'écailles sous le corps et vingt-trois sous la queue. Celles qui garnissent son ventre sont un peu plus larges que celles qui recouvrent son dos.

LE CORNU [2]

Eryx Cerastes, DAUD. — *Anguis Cerastes,* HASSELQ., LINN., SCHNEID.,
LACÉP., LATR.

Cet anguis a beaucoup de rapports avec la couleuvre céraste; il a, comme ce dernier reptile, deux espèces de cornes sur la tête; mais nous avons vu que dans le céraste ces éminences tiennent à la peau et sont de nature écailleuse, au lieu que dans le cornu ce sont deux dents qui percent la lèvre supérieure et ressemblent à deux petites cornes. On trouve cet anguis en Égypte où il a été observé par M. Hasselquist, et où vit aussi le céraste. Le cornu a deux cents rangs d'écailles sous le ventre et quinze sous la queue.

LE MIGUEL [3]

Tortrix maculata, MERR. — *Anguis maculata,* LINN., LAUR., DAUD.
— *Anguis decussata* et *A. tessellata,* LAUR.

Tel est le nom que l'on donne à cet anguis dans le Paraguay et dans plusieurs autres contrées de l'Amérique méridionale. Les écailles qui le couvrent sont brillantes et unies. Le dessus de son corps est jaune et présente une et quelquefois trois raies longitudinales brunes avec des bandes transversales très étroites et de la même couleur. Le miguel a deux cents rangs d'écailles sous le ventre et douze sous la queue; on voit neuf grandes

1. *Le Trait.* M. Daubenton, Encyclopédie méthodique. — *Anguis Jaculus.* Linn., *Amphib. serp.* — Hasselquist, *It.* 319, n° 64.
2. *Le Cornu.* M. Daubenton, Encyclopédie méthodique. — *Anguis Cerastes.* Linn., *Amphib. serp.* — Hasselquist, *It.* 320, n° 66.
3. *Le Miguel.* M. Daubenton, Encyclopédie méthodique. — *Anguis maculata.* Linn., *Amphib. serp.* — Mus. Ad. Fr. I, p. 21, tab. 21, fig. 3. — *Anguis tessellata,* 142. *Laurenti specimen medicum.* — Gronov. mus. 2, p. 53, n° 5. — *Miguel. Dictionnaire d'hist. natur.,* par M. Valmont de Bomare. — Séba, mus. 2, tab. 100, fig. 2.

écailles sur la partie supérieure de sa tête. Un individu de cette espèce, conservé au Cabinet du roi, a un pied de longueur totale, et sa queue est longue de trois lignes.

LE RÉSEAU [1]

Tortrix reticulata, Merr. — *Anguis reticulata*, Linn., Latr., Daud.

Cet anguis a les écailles qui garnissent le dessus de son corps brunes et blanches dans leur centre, ce qui le fait paraître comme couvert d'un réseau brun. On le trouve en Amérique. Il a cent soixante-dix-sept rangs d'écailles sous le ventre et trente-sept sous la queue ; le dessus de sa tête est revêtu de grandes écailles.

LE JAUNE ET BRUN [2]

Hyalinus ventralis, Merr. — *Anguis ventralis*, Linn., Latr. — *Chamæsaura ventralis*, Schneid.

Cet anguis se trouve en grand nombre dans les bois de la Caroline et de la Virginie, où il a été observé par MM. Catesby et Garden, et où on ne le regarde pas comme dangereux. Il paraît moins sensible au froid que les autres serpents des mêmes pays, puisqu'il se montre beaucoup plus tôt au printemps ; il est, pour ainsi dire, aussi fragile que l'orvet ; les fibres qui composent ses muscles peuvent se séparer très aisément ; pour peu qu'on le frappe, il se partage comme l'orvet en plusieurs portions, et il a été appelé *serpent de verre*, de même que ce reptile. Sa longueur n'excède guère dix-huit pouces, et sa queue est trois fois aussi longue que son corps. Son ventre est jaune et paraît réuni comme au reste du corps par une suture. Le dos est d'un vermêlé de brun, avec un grand nombre de très petites taches jaunes arrangées très régulièrement. La description de M. Linné semble indiquer que les écailles qui garnissent le dessus du corps sont relevées par une arête. La langue est échancrée par le bout, à peu près comme celle de l'orvet. Le jaune et brun a cent vingt-sept rangs d'écailles sous le corps et deux cent vingt-trois sous la queue.

---

1. *Le Réseau*. M. Daubenton, Encyclopédie méthodique. — *Anguis reticulata*. Linn., *Amphib. serp.* — *Anguis reticulata*, 128. *Laurenti specimen medicum*. — Gronov. mus. 2, p. 54, n° 7. — Scheuchzer, *Physic. sacr.* 747, 4.

2. *Le Serpent de verre*. M. Daubenton, Encyclopédie méthodique, — *Anguis ventralis*. Linn., *Amphib. serp.* — *The glass snake*, serpent de verre. Catesby, *Histoire naturelle de la Caroline*, t. II, p. 59, pl. 59.

LA QUEUE LANCÉOLÉE

LA QUEUE-LANCÉOLÉE [1]

Pelamis fasciatus, Daud., Merr. — *Anguis laticauda*, Linn., Gmel. — *Hydrus fasciatus*, Schneid. — *Hydrophis laticauda*, Latr.

Cet anguis diffère de ceux que nous venons de décrire par la forme de sa queue qui est comprimée par les côtés ; cette partie se termine d'ailleurs en pointe ; elle est, ainsi que le dos, d'une couleur pâle avec des bandes transversales brunes, et cinquante rangs d'écailles en garnissent le dessous. On compte deux cents rangs d'écailles sous le corps. La queue-lancéolée se trouve à Surinam. Il se pourrait qu'on dût rapporter à cette espèce le serpent à queue aplatie vu par M. Banks près des côtes de la Nouvelle-Hollande, de la Nouvelle-Guinée et de la Chine, nageant et plongeant avec facilité pendant les temps calmes, et décrit par M. Vosmaër[2].

LE ROUGE

Tortrix Scytale, Merr. — *Anguis Scytale,* Linn., Latr., Daud. — *Anguis corallina* et *A. cœruleo,* Laur.

Cet anguis a été envoyé de Cayenne au Cabinet du roi par M. de Laborde ; les écailles du dos sont d'un beau rouge, ce qui lui a fait donner le nom de *serpent de corail* par les habitants de la Guyane ; mais nous n'avons pas cru devoir lui conserver cette dénomination, de peur qu'on ne le confondît avec la couleuvre *le corallin,* dont nous avons parlé. Le dessous de son corps est d'un rouge plus clair ; toutes ses écailles sont hexagones et bordées de blanc ; et il est d'ailleurs distingué des autres anguis par des bandes transversales noirâtres qui s'étendent non seulement sur le dessus, mais encore sur le dessous du corps. Lorsque ce serpent est en vie, ses couleurs sont très éclatantes ; mais autant son aspect est agréable, autant il faut fuir son approche. Sa morsure est venimeuse et très dangereuse suivant M. de Laborde ; il porte le nom de vipère à la Guyane, et ce qui prouve que ce nom doit lui appartenir, c'est que l'on a reçu au Cabinet du roi, avec l'individu que nous décrivons, deux serpenteaux de la même espèce sortis tout formés du ventre de leur mère.

Le rouge a, ainsi que d'autres anguis, la rangée du milieu du dessous du corps et de la queue composée d'écailles un peu plus grandes que leurs

1. *La Queue-lancéolée.* M. Daubenton, Encyclopédie méthodique. — *Anguis laticauda.* Linn., *Amphib. serp.* — Mus. Ad. Fr. 2, p. 48. — *Laticauda imbricata,* 241. *Laurenti specimen medicum.*

2. On peut consulter, à ce sujet, l'article du *Serpent à large queue,* dans le *Dictionnaire d'histoire naturelle,* par M. Valmont de Bomare.

voisines. Nous avons compté dans cette rangée deux cent quarante pièces au-dessous du corps et douze seulement au-dessous de la queue qui est très courte[1].

Il paraît que c'est le même animal que celui dont le P. Gumilla a parlé sous le nom de serpent coral, dans son *Histoire naturelle de l'Orénoque*, et pour lequel nous renvoyons à la note suivante[2].

LE LONG-NEZ[3].

Typhlops rostralis, MERR. — *Anguis rostralis,* WEIGEL., LATR., DAUD.
— *A. nasutus,* GMEL , LACÉP.

C'est M. Weigel, naturaliste allemand, qui a fait connaître cette espèce d'anguis, remarquable par l'allongement de son museau. Ce prolongement est très sensible, la lèvre de dessous étant beaucoup moins avancée que la supérieure, contre le bord inférieur de laquelle elle s'applique, et la bouche étant par là un peu située au-dessous du museau. La longueur totale de l'individu décrit par M. Weigel était à peu près d'un pied ; une pointe dure terminait la queue ; la couleur du dessus du corps de cet anguis était d'un noir plus ou moins tirant sur le verdâtre ; on voyait une tache jaune sur le

1. L'individu envoyé au Cabinet du roi avait un pied six pouces de longueur totale, et sa queue était longue de six lignes.

2. « Je ne puis passer sous silence le serpent *coral*, qu'on nomme ainsi à cause de sa couleur incarnate, qui est entremêlée de taches noires, grises, blanches et jaunes. Ce serpent supporte également tous les climats, ce qui n'empêche pas que ses couleurs ne se ressentent de leur variété ; mais son venin conserve toujours la même force, et il n'y en a point, si l'on en excepte la couleuvre *macaurel*, dont la morsure soit plus dangereuse. Parlons maintenant des remèdes qu'on a trouvés contre la morsure de ces reptiles .. On peut se servir de la feuille de tabac, qui est un remède efficace contre la morsure des couleuvres, quelle qu'en soit l'espèce ; il suffit d'en mâcher une certaine quantité, d'en avaler une partie et d'appliquer l'autre sur la plaie pendant trois ou quatre jours, pour n'avoir rien à craindre. J'en ai fait l'essai plusieurs fois sur des malades, et même sur des couleuvres ; après les avoir étourdies d'un coup de bâton, je leur ai saisi la tête avec une petite fourche, et leur ayant fait ouvrir la bouche en la pressant, j'ai mis dedans du tabac mâché, et aussitôt elles ont été saisies d'un tremblement général qui n'a fini qu'avec leur vie, la couleuvre étant restée froide et raide comme un bâton.

« Un troisième remède dont on peut se servir, c'est la *pierre orientale*, qui n'est autre chose qu'un morceau de corne de cerf qu'on fait calciner jusqu'à ce qu'il ait pris la couleur du charbon ; il s'attache de lui-même à la plaie et attire tout le venin qui est dedans, mais il en faut quelquefois plus de six morceaux, et le plus sûr est de mâcher du tabac en même temps.

« Lorsque l'endroit le permet, on applique sur la plaie quatre ventouses sèches dont la première dispose les chairs, la seconde attire une liqueur jaune, la troisième une pareille liqueur teinte de sang, et la quatrième le sang tout pur ; après quoi il ne reste plus de venin dans la plaie.

« Voici un cinquième remède dont on a éprouvé l'effet ; il consiste en une bonne quantité d'eau-de-vie, dans laquelle on a délayé de la poudre à canon, et à la troisième dose le venin perd toute son activité... » *Histoire naturelle de l'Orénoque*, trad. franç., Lyon, 1758, t. III, p. 89 et suiv.

3. *Anguis rostratus*, Langnasige Schuppenschlange. C.-L. Weigel. *Mém. des curieux de la nature de Berlin,* III, p. 190.

bout du museau, et à l'extrémité de la queue, sur laquelle on remarquait deux bandes obliques de la même couleur, qui était aussi celle du ventre, et s'étendait même dans certains endroits sur les côtés du corps. Ce serpent avait deux cent dix-huit rangs d'écailles sous le corps et douze sous la queue ; il avait été apporté de Surinam.

LA PLATURE[1]

Pelamis bicolor, Daud., Merr. — *Anguis platuros,* Gmel. — *Hydrus bicolor,* Schn. — *Hydrophis platura,* Laur.

Ce serpent a beaucoup de ressemblance avec la queue-lancéolée ; il a, comme ce dernier anguis, la queue comprimée et aplatie par les côtés ; mais celle de la queue-lancéolée se termine en pointe, au lieu que la queue de la plature a son extrémité arrondie. M. Linné a fait connaître cette espèce de serpent, dont un individu faisait partie de la collection de M. Ziervogel, apothicaire à Copenhague.

La tête de la plature est allongée ; ses mâchoires sont sans dents ; cet anguis a un pied et demi de longueur totale, et deux pouces depuis l'anus jusqu'à l'extrémité de la queue ; le dessus de son corps est noir, le dessous blanc, et la queue variée de blanc et de noir ; les écailles qui recouvrent ce serpent sont arrondies, ne se recouvrent pas les unes les autres et sont si petites qu'on ne peut pas les compter.

LE LOMBRIC[2]

Typhlops vermicularis, Merr. — *Anguis lumbricalis,* Lacép., Daud.

Un des caractères auxquels on fait le plus d'attention lorsqu'on examine le lombric, c'est la proportion générale de son corps, moins gros vers la tête qu'à l'extrémité opposée, de telle sorte que si on ne considérait pas la position des écailles de cet anguis, on serait tenté de prendre le bout de sa queue pour sa tête, d'autant plus que cette dernière partie n'est pas plus grosse que l'extrémité du corps à laquelle elle tient, et que les yeux ne sont que des petits points noirs très peu sensibles et recouverts par une membrane ainsi que

---

1. *La Queue-plate.* M. Daubenton, Encyclopédie méthodique. — *Anguis platura.* Linn., *Amphib. serpent.*

2. *Anilios,* dans l'île de Chypre. — *Serpent d'oreille,* dans l'Inde. — *Le Lombric.* M. Daubenton, Encyclopédie méthodique. — *Anguis lumbricalis.* Linn., *Amphib. serpent.* — *Anguis lumbricalis,* 144. Laurenti *specimen medicum.*

Gronov. mus. 2, p. 52, n° 3. — Browne, *Jam.* 460, tab. 44, fig. 1. *Amphisbœna prima subargentea.* — Séba, mus. 1, tab. 86, fig. 2.

ceux des amphisbènes. Le museau du lombric est très arrondi et percé de deux petits trous presque invisibles qui tiennent lieu de narines à l'animal, mais il ne présente d'ailleurs aucune ouverture pour la gueule. Ce n'est qu'au-dessous du museau et à une petite distance de cette extrémité, qu'on aperçoit une petite bouche dont les lèvres n'ont que deux lignes de tour, dans le plus grand individu des lombrics conservés au Cabinet du roi. La mâchoire inférieure, plus courte que celle de dessus, s'applique si exactement contre cette mâchoire supérieure, qu'il faut beaucoup d'attention pour reconnaître la place de la bouche lorsqu'elle est fermée. Nous n'avons pu voir des dents dans aucun des lombrics que nous avons examinés[1], mais nous avons remarqué dans tous une petite langue appliquée et comme collée contre la mâchoire supérieure.

Le corps entier du lombric est presque cylindrique, excepté à l'endroit de la tête qui est un peu aplati par-dessus et par-dessous. Ce serpent est entièrement recouvert de très petites écailles très unies et très luisantes, placées les unes au-dessus des autres comme les ardoises sur les toits, toutes de même forme et de même grandeur, tant sur le ventre que sur la queue et sur le dos, et présentant partout une couleur uniforme d'un blanc livide, de telle sorte que le dessous du corps n'est distingué du dessus, ni par la forme, ni par la position, ni par la couleur des écailles. Le museau est couvert par-dessus de trois écailles un peu plus grandes que celles du dos et placées à côté l'une de l'autre ; trois écailles semblables en revêtent le dessous au-devant de l'ouverture de la bouche.

L'anus est situé très près de l'extrémité du corps, dont il n'est éloigné que d'une ligne et demie dans un des individus que nous avons décrits. Cette ouverture, faite en forme de fente très étroite, n'avait dans cet individu qu'une demi-ligne de longueur et ne pouvait être aperçue que lorsqu'on pliait le corps de l'animal du côté opposé à celui où était l'anus. La très courte queue du lombric est terminée par une écaille pointue et dure ; la manière dont nous l'avons vue repliée dans plusieurs anguis de cette espèce et la force avec laquelle elle était raidie, ainsi que le reste du corps, prouvent la facilité avec laquelle le lombric peut se tourner et se plier en différents sens.

Nous ignorons jusqu'à quelle grandeur les lombrics peuvent parvenir. Le plus grand de ceux que nous avons vus avait huit pouces onze lignes de longueur et deux lignes de diamètre dans l'endroit le plus gros du corps. Il avait été apporté de l'île de Chypre sous le nom d'anilios, mais ce n'est pas seulement dans cette île qu'il habite ; on le trouve aussi aux grandes Indes d'où on a envoyé au Cabinet du roi un très petit serpent long de quatre pouces neuf lignes, et n'ayant pas une ligne de diamètre, mais qui d'ailleurs est entièrement semblable au lombric, et qui évidemment est un jeune ani-

---

1. Le lombric était regardé, à la Jamaïque, comme venimeux ; mais Browne dit qu'il n'a jamais pu constater l'existence du venin de ce reptile. *Histoire natur. de la Jamaïque*, Londres, 1756, p. 460.

mal de la même espèce. Il est arrivé sous le nom de *serpent d'oreille ;* nous ne savons pas ce qui peut avoir donné lieu à cette dénomination.

La conformation du lombric, la grande facilité qu'il a de se replier plusieurs fois sur lui-même et celle avec laquelle il peut s'insinuer dans les plus petites cavités doivent donner à sa manière de vivre beaucoup de ressemblance avec celle de l'orvet dont il se rapproche à beaucoup d'égards, ainsi qu'avec celles de plusieurs vers proprement dits que l'espèce du lombric lie, pour ainsi dire, à l'ordre des serpents par de nouveaux rapports, et particulièrement par la petitesse de son anus, ainsi que par la position de sa bouche.

CINQUIÈME GENRE

SERPENTS

DONT LE CORPS ET LA QUEUE SONT ENTOURÉS D'ANNEAUX ÉCAILLEUX

AMPHISBÈNES

L'ENFUMÉ [1]

Amphisbæna fuliginosa, LINN., GMEL., LATR., DAUD., MERR. — *A. vulgaris, A. varia, A. magnifica* et *flava,* LAUR., GMEL.

Il est très facile de distinguer les amphisbènes de tous les serpents dont nous avons déjà parlé. Non seulement ils n'ont point de plaques sous le corps ni sous la queue ; mais les écailles qui les revêtent sont presque carrées, plus ou moins régulières, disposées transversalement et réunies l'une à côté de l'autre de manière à former des anneaux entiers, qui environnent l'animal. Le dessus et le dessous du corps et de la queue se ressemblent si fort dans les amphisbènes, que, lorsque leur tête et leur anus sont cachés, l'on ne peut savoir s'ils sont dans leur position naturelle ou renversés sur le dos. On pourrait même dire que sans la position de leur tête et celle de leur colonne vertébrale plus voisine du dessus que du dessous du corps, ils

1. *Ibijara,* par les Brésiliens. — *Bodry.* — *Cega, Cobre Vega* et *Cobra de las Cabecas,* par les Portugais. — *L'Enfumé.* M. Daubenton, Encyclopédie méthodique. — *Amphisbæna fuliginosa.* Linn., *Amphib. serpent.*
Gronov. mus. 2, p. 1, *Amphisbæna.* — Rai, *Quadrup.* 289. — *Trasgobane.* M. Valmont de Bomare. — Séba, mus. 1, tab. 88, fig. 3; mus. 2, tab. 1, fig. 7; tab. 18, fig. 2; tab. 22, fig. 3; tab. 73, fig. 4, et tab. 100, fig. 3. — *Amphisbæna vulgaris,* 119. *Amphisbæna varia,* 120. *Amphisbæna magnifica,* 121. *Amphisbæna flava,* 122. *Laurenti specimen medicum.*

trouveraient un point d'appui aussi avantageux dans la portion supérieure de ces anneaux que dans l'inférieure, et qu'ils pourraient également s'avancer en rampant sur leur dos et sur leur ventre. Mais s'ils sont privés de cette double manière de marcher, par la situation de leur tête et par celle de leur colonne vertébrale, cette forme d'anneaux également construits au-dessus et au-dessous de leur corps leur donne une grande facilité pour se retourner, se replier en différents sens comme les vers et exécuter divers mouvements interdits aux autres serpents. Trouvant d'ailleurs dans ces anneaux la même résistance, soit qu'ils avancent ou qu'ils reculent, ils peuvent ramper presque avec une égale vitesse en avant et en arrière ; de là vient le nom de *double-marcheurs* ou d'*amphisbènes* qui leur a été donné. Ayant la queue très grosse et terminée par un bout arrondi, portant souvent en arrière cette extrémité grosse et obtuse, et lui faisant faire des mouvements que la tête seule exécute communément dans beaucoup d'autres reptiles, il n'est pas surprenant que leur manière de se mouvoir ait donné lieu à une erreur semblable à celle que les anguis ont fait naître. On a cru qu'ils avaient deux têtes non pas placées à côté l'une de l'autre, comme dans certains serpents monstrueux, mais la première à une extrémité du corps, et la seconde à l'autre. On ne s'est même pas contenté d'admettre cette conformation extraordinaire ; on a imaginé des fables absurdes que nous n'avons pas besoin de réfuter. On a cru et écrit très sérieusement que lorsqu'on coupe un amphisbène en deux par le milieu du corps, les deux têtes se cherchent mutuellement ; que lorsqu'elles se sont rencontrées, elles se rejoignent par les extrémités qui ont été coupées, le sang servant de glu pour les réunir ; que si on les coupe en trois morceaux, chaque tête cherche le côté qui lui appartient, et que lorsqu'elle s'y est attachée, le serpent se trouve dans le même état qu'avant d'avoir été divisé ; que le moyen de tuer un amphisbène est de couper les deux têtes avec une petite partie du corps et de les suspendre à un arbre avec un cordeau ; que même cette manière n'est pas très sûre ; que lorsque les oiseaux de proie ne les mangent point et que le cordeau se pourrit, l'amphisbène, desséché par le soleil, tombe à terre, et qu'à la première pluie qui survient, il renaît par le secours de l'humidité qui le pénètre ; que, par une suite de cette propriété, ce serpent réduit en poudre est le meilleur spécifique pour réunir et souder les os cassés[1], etc. Combien d'idées ridicules le défaut de lumière et le besoin du merveilleux n'ont-ils pas fait adopter !

L'espèce de ces amphisbènes la plus anciennement connue est celle de l'enfumé. Le nom de ce serpent lui vient de sa couleur qui est en effet très foncée, presque noire et variée de blanc. Il parvient communément à la longueur d'un pied ou deux, mais sa queue n'excède presque jamais celle de douze ou quinze lignes[2]. Ses yeux sont non seulement très petits, mais

---

1. Voyez l'*Histoire naturelle de l'Orénoque*, traduction française, Lyon, 1758, t. III, p. 86.
2. On compte ordinairement deux cents anneaux sur le corps de l'enfumé et trente sur sa queue.

encore recouverts et comme voilés par une membrane ; c'est cette conformation singulière qui lui a fait donner, ainsi qu'aux anguis, le nom de *ser-*
pent aveugle, et qui établit un nouveau rapport entre ce reptile et les murènes,
les congres et les anguilles qui d'ailleurs ressemblent à beaucoup d'égards
aux serpents, et que l'on a quelquefois même appelés *serpents d'eau*.

L'enfumé habite les Indes orientales, particulièrement l'île de Ceylan.
On le rencontre aussi en Amérique ; on ignore une grande partie de ses
habitudes, mais l'on sait qu'il se nourrit de vers de terre, de mollasses, de
divers insectes, de cloportes, de scolopendres, etc. Il fait aussi la guerre aux
fourmis dont il paraît qu'il aime beaucoup à se nourrir ; bien loin de chercher à détruire ou diminuer son espèce, on devrait donc tâcher de le multiplier dans les contrées torrides si souvent dévastées par des légions innombrables de fourmis, qui, s'avançant en colonnes pressées et couvrant un
grand espace, laissent partout des traces funestes que l'on prendrait pour
celles de la flamme dévorante. L'enfumé fait aisément sa proie de ces fourmis ainsi que des vers, des larves, d'insectes et de tous les petits animaux
qui se cachent sous la terre, la faculté qu'il a de reculer ou d'avancer sans
se blesser lui donnant, ainsi que sa conformation générale, une très grande
facilité pour pénétrer dans les retraites souterraines des vers, des fourmis et
des insectes. Il peut d'ailleurs fouiller la terre plus profondément que plusieurs autres serpents, sa peau étant très dure et ses muscles très vigoureux.
Quelques voyageurs ont écrit qu'il était venimeux ; nous avons trouvé cependant que ses mâchoires n'étaient garnies d'aucun crochet mobile. On voit
au-dessus de son anus huit petits tubercules percés à leur extrémité, et qui
communiquent avec autant de petites glandes, ce qui lui donne un nouveau
rapport avec le bipède cannelé [1], ainsi qu'avec plusieurs espèces de lézards [2].

LE BLANCHET [3]

Amphisbœna alba, Lɪɴɴ., Lᴀᴜʀ., Lᴀᴄᴇ́ᴘ., Lᴀᴛʀ., Dᴀᴜᴅ., Mᴇʀʀ.

Cet amphisbène diffère principalement de celui que nous venons de
décrire par le nombre de ses anneaux et par sa couleur ; il est blanc, et
souvent sans aucune tache ; le dessus de sa tête est couvert, ainsi que
celle de l'enfumé, par six grandes écailles disposées sur trois rangs
dont chacun est composé de deux pièces. On compte communément deux

1. Voyez l'article du Bipède cannelé, à la suite de l'*Histoire naturelle des quadrupèdes*
ovipares.

2. L'enfumé a le dessus de la tête garni de six grandes écailles placées sur trois rangs.

3. *Le Blanchet*. M. Daubenton, Encyclopédie méthodique. — *Amphisb. alba*. Linn., *Amphib.*
serp. — Mus. Ad. Fr. 1, p. 26, tab. 4, fig. 2. — *Amphisb. alba*, 118. *Laurenti specimen medicum.*
— Séba, mus. 2, tab. 24, fig. 1.

cent vingt-trois anneaux autour de son corps et seize autour de sa queue. On voit au-dessus de l'ouverture de l'anus huit tubercules semblables à ceux que présente l'enfumé, mais moins élevés et moins grands. Un blanchet conservé au Cabinet du roi a un pied cinq pouces neuf lignes de longueur totale, et sa queue n'est longue que d'un pouce six lignes. Nous n'avons pas vu de crochets mobiles dans les blanchets que nous avons examinés.

SIXIÈME GENRE

SERPENTS

DONT LES CÔTÉS DU CORPS PRÉSENTENT UNE RANGÉE LONGITUDINALE DE PLIS

CŒCILES

L'IBIARE [1]

Cœcilia tentaculata, LINN., LACÉP., GMEL., LAUR., LATR., MERR., CUV. — *Cœc. Ibiara*, DAUD.

La forme de ce serpent est cylindrique ; un individu de cette espèce, décrit par M. Linné, avait un pied de longueur et était épais d'un pouce. L'ibiare paraît n'être couvert d'aucune écaille ; on remarque cependant sur son dos de petits points un peu saillants dont la nature pourrait approcher de celle des écailles. Le museau est un peu arrondi ; la mâchoire supérieure, plus avancée que l'inférieure, est garnie auprès des narines de deux petits barbillons ou *tentacules* très courts et à peine sensibles, ce qui donne à l'ibiare un rapport de plus avec plusieurs espèces de poissons. Ses yeux sont très petits et recouverts par une membrane, comme ceux de quelques autres serpents et de plusieurs poissons de mer ou d'eau douce. Sa peau est plissée de chaque côté du corps et y forme communément cent trente-cinq rides ou plis assez sensibles. Sa queue est très courte ; elle présente des rides annulaires comme le corps des vers de terre appelés *lombrics*. On le trouve en Amérique. Il est à désirer que les voyageurs observent ses habitudes naturelles.

1. *L'Ibiare*. M. Daubenton, Encyclopédie méthodique. — *Cœcilia tentaculata*. Linn., *Amphib. serpent.* — Amœnit. 1, p. 489, tab. 17, fig. 2. — Mus. Ad. Fr. 1, p. 19, tab. 5, fig. 2. — Gronov. mus. 2, p. 52, n° 1. — *Cœcilia tentaculata. Laurenti specimen medicum.*

LE VISQUEUX [1]

Cœcilia glutinosa, LINN., GMEL., LAUR., LACÉP., DAUD. — *Cœc. viscosa*, LATR.

Cette espèce de cœcile habite les Indes ; elle a les yeux encore plus petits que l'ibiare, et ses côtés présentent un plus grand nombre de plis. On en compte trois cent quarante le long du corps et dix le long de la queue. Sa couleur est brune, avec une petite raie blanchâtre sur les côtés.

SEPTIÈME GENRE

SERPENTS

DONT LE DESSOUS DU CORPS PRÉSENTE DE GRANDES PLAQUES, SUR LESQUELLES ON VOIT ENSUITE DES ANNEAUX ÉCAILLEUX ET DONT L'EXTRÉMITÉ DE LA QUEUE EST GARNIE PAR-DESSOUS DE TRÈS PETITES ÉCAILLES.

LANGAHA

LANGAHA DE MADAGASCAR [2]

Langaha madagascariensis, BRUGUIÈRE, LACÉP., SCHN., LATR., DAUD.
— *Langaha nasuta*, SHAW.

M. Bruguière, de la Société royale de Montpellier, a publié le premier la description de ce serpent qu'il a observé dans l'île de Madagascar. Cette espèce réunit trois caractères remarquables : l'un, des couleuvres ; le second, des amphisbènes, et le troisième, des anguis ; elle a, comme les anguis, une partie du dessous de la queue recouverte de petites écailles, des anneaux écailleux comme les amphisbènes et de grandes plaques sous le corps comme les couleuvres ; elle appartient dès lors à un genre très distinct et très facile à reconnaître, auquel nous avons conservé le nom de langaha qu'on lui donne à Madagascar.

L'individu de l'espèce du langaha de Madagascar, décrit par M. Bruguière, avait deux pieds huit pouces de longueur totale, et sept lignes de

---

1. *Le Visqueux*. **M.** Daubenton, Encyclopédie méthodique. *Cœcil. glutinosa*. Linn., *Amphib. serp.* — Mus. Ad. Fr. 1, p. 19, tab. 4, fig. 1. — *Cœcilia glutinosa*. 117. *Laurenti specimen medicum*.

2. Extrait d'une lettre de M. Bruguière à M. Broussonnet, de l'Académie des sciences et publiée dans le *Journal de physique*, février 1784.

diamètre dans la partie la plus grosse de son corps. Le dessus de sa tête était couvert de sept grandes écailles, placées sur deux rangs ; la rangée la plus voisine du museau présentait trois pièces, et l'autre rangée en présentait quatre. Sa mâchoire supérieure était terminée par un appendice long de neuf lignes, tendineux, flexible, très pointu et revêtu de très petites écailles, ce qui lui donnait un nouveau rapport avec la couleuvre nasique. Elle avait, suivant M. Bruguière, des dents de même forme et en même nombre que celles de la vipère. Les écailles qui revêtaient le dos étaient rhomboïdales, rougeâtres, et l'on voyait à leur base un petit cercle gris avec un point jaune. On comptait sur la partie inférieure du corps cent quatre-vingt-quatre grandes plaques blanchâtres, luisantes, d'autant plus longues qu'elles étaient plus éloignées de la tête, et qui formaient enfin autour du corps des anneaux entiers au nombre de quarante-deux. Après ces anneaux, ou plutôt vers le milieu de l'endroit garni par ces anneaux écailleux, commençait la queue apparente que recouvraient de très petites écailles ; mais la véritable queue était beaucoup plus longue, puisque l'anus était placé entre la quatre-vingt-dixième et la quatre-vingt-onzième grande plaque, au milieu de quatre pièces écailleuses.

M. Bruguière, ayant vu trois langahas de Madagascar, s'est assuré que le nombre des grandes plaques et des anneaux était variable dans cette espèce ; un de ces trois individus, au lieu de présenter les couleurs que nous venons d'indiquer, était violet, avec des points plus foncés sur le dos.

Les habitants de Madagascar craignent beaucoup le langaha ; et en effet, la forme de ses dents, semblables à celles de la vipère, doit faire présumer qu'il est venimeux.

HUITIÈME GENRE

SERPENTS

QUI ONT LE CORPS ET LA QUEUE GARNIS DE PETITS TUBERCULES

ACROCHORDES

L'ACROCHORDE DE JAVA [1]

Acrochordus javanicus, Lacép., Merr., Latr. — *A. javensis,* Daud., Cuv.

M. Hornstedt a observé et décrit ce serpent qu'il a cru devoir placer dans un genre particulier, et que nous séparerons, avec lui, des genres dont

1. Mémoires de l'Académie des sciences de Stockholm, année 1787, p. 306, et *Journal de physique,* année 1788, p. 284.

nous venons de parler, jusqu'à ce que de nouvelles observations aient fixé la véritable place que ce reptile doit occuper. Le corps et la queue de ce serpent sont garnis de verrues ou tubercules relevés par trois arêtes, et qui, devant ressembler beaucoup à de petites écailles, rapprochent l'acrochorde de Java du genre des anguis, et particulièrement de la plature dont les écailles sont très petites et très difficiles à compter. Mais l'acrochorde de Java est beaucoup plus grand que la plupart des anguis; l'individu décrit par M. Hornstedt avait à peu près huit pieds trois pouces de longueur totale; sa queue était longue de onze pouces, et son plus grand diamètre excédait trois pouces. Il était femelle, et l'on trouva dans son ventre cinq petits tout formés et longs de neuf pouces.

L'acrochorde de Java a le dessus du corps noir, le dessous blanchâtre, les côtés blanchâtres tachetés de noir; ses couleurs ont donc beaucoup de rapports avec celles de la plature. Sa tête est aplatie et couverte de petites écailles; l'ouverture de sa gueule est petite; il n'a point de crochets à venin; mais un double rang de dents garnit chaque mâchoire; l'endroit le plus gros du corps est auprès de l'anus dont l'ouverture est étroite. Il a la queue très menue; celle de l'individu décrit par M. Hornstedt n'avait que six lignes de diamètre à son origine.

C'est dans une vaste forêt de poivriers, près de Sangasan, dans l'île de Java, que cet individu fut trouvé. Des Chinois que M. Hornstedt avait avec lui mangèrent la chair de ce reptile et la trouvèrent excellente.

La peau de l'acrochorde de Java décrit par M. Hornstedt a été déposée dans le Cabinet d'histoire naturelle du roi de Suède.

DES SERPENTS MONSTRUEUX

Nous venons de présenter la description des diverses espèces de serpents que les naturalistes ou les voyageurs ont fait connaître ; de mettre sous les yeux les traits de leur conformation extérieure, ainsi que les principaux points de leur organisation interne ; de donner, pour ainsi dire, du mouvement et de la vie à ces représentations inanimées, en indiquant les grands résultats de l'organisation et de la forme de ces reptiles ; de comparer avec soin leurs propriétés et leurs formes ; de rassembler les attributs communs à toutes les espèces comprises dans chaque genre, et d'en former les caractères distinctifs de chacun de ces groupes. Nous élevant ensuite à une considération plus étendue, nous avons essayé de réunir toutes les qualités, toutes les facultés, toutes les habitudes, toutes les formes qui nous ont paru appartenir à tous les genres de serpents, et d'en composer le tableau général de l'ordre entier de ces animaux, que nous avons placé au commencement de notre examen détaillé de leurs espèces particulières.

Nous avons recherché dans ces formes, dans ces habitudes, dans ces propriétés, celles qui sont constantes et celles qui sont variables. Parcourant, à l'aide de l'imagination, les divers points du globe pour y reconnaître les différentes espèces de serpents, nous n'avons jamais cessé, lorsque nous avons retrouvé la même espèce sous différents climats, de marquer, autant qu'il a été en nous, l'influence de la température et des accidents de l'atmosphère sur sa conformation ou sur ses mœurs. Nous avons toujours voulu distinguer les facultés permanentes qui appartiennent véritablement à l'espèce d'avec les propriétés passagères et relatives produites par l'âge, par les circonstances des lieux ou par celles des temps.

Il ne nous reste plus, pour donner de l'ordre des serpents l'idée la plus étendue et la plus exacte qu'il soit en notre pouvoir de faire naître, qu'à mettre un moment sous les yeux les grandes variétés auxquelles les individus peuvent être soumis, les égards apparents dont ils peuvent être l'exemple, les diverses monstruosités qu'ils peuvent présenter.

Quelque isolés que paraissent ces objets, quelque passagers, quelque éloignés qu'ils soient des objets ordinaires de l'étude du naturaliste qui ne recherche que les choses constantes, ne considère que les espèces et compte pour rien les individus, ils répandront une nouvelle lumière sur l'ensemble des faits permanents et généraux que nous venons de considérer.

Au premier coup d'œil, une monstruosité paraît une exception aux lois de la nature; ce n'est cependant qu'une exception aux effets qu'elles produisent ordinairement. Ces lois, toujours immuables comme l'essence des choses dont elles dérivent, ne varient ni pour les temps ni pour les lieux; mais, suivant les circonstances dans lesquelles elles agissent, leurs résultats sont accrus ou diminués; leurs diverses actions se combinent ou se désunissent. Lorsque ces actions se joignent l'une à l'autre, les produits qui avaient toujours été séparés se trouvent réunis, et voilà comment se forment les monstres par excès. Lorsqu'au contraire les différents effets de ces lois constantes se séparent, pour ainsi dire, et ne s'exécutent plus dans le même sujet, les résultats ordinaires des forces de la nature sont diminués ou disparaissent, et voilà l'origine des monstres par défaut.

Les monstres sont donc des effets d'une composition ou d'une décomposition opérées par la nature dans ses propres forces, et qui, bien supérieures à tout ce que l'art pourrait tenter, peuvent nous dévoiler, pour ainsi dire, le secret de ces forces puissantes et merveilleuses, en les montrant sous de nouveaux points de vue; de même que, par la synthèse ou l'analyse, nous découvrons dans les corps que nous examinons de nouvelles faces ou de nouvelles propriétés.

L'étude des monstruosités, surtout de celles qui sont les plus frappantes et les plus extraordinaires, peut donc nous conduire quelquefois à des vérités importantes, en nous montrant de nouvelles applications des forces de la nature, et par conséquent en nous découvrant une plus grande étendue de ses lois.

Lorsque, en comparant la durée de ces résultats extraordinaires avec celle des résultats les plus communs, on cherchera combien la réunion ou le défaut de plusieurs causes particulières influe, non seulement sur la grandeur des effets, mais encore sur la longueur de leur existence; on trouvera presque toujours que les monstres subsistent pendant un temps moins long que les êtres ordinaires avec lesquels ils ont le plus de rapports, parce que les circonstances qui occasionnent la réunion ou la séparation des diverses forces dont résulte la monstruosité n'agissent presque jamais également et en même proportion dans tous les points de l'être monstrueux qu'elles produisent; et dès lors ses différents ressorts n'ayant plus entre eux des rapports convenables, comment leur jeu pourrait-il durer aussi longtemps?

Rien ne pouvant garantir les serpents de l'influence plus ou moins grande de toutes les causes qui modifient l'existence des êtres vivants, leurs diverses espèces doivent présenter et présentent en effet, comme celles des autres ordres, non seulement des variétés de couleurs, constantes ou passagères, produites par la température, les accidents de l'atmosphère ou d'autres circonstances particulières, mais encore des monstruosités occasionnées par ce qu'ils éprouvent, soit avant d'être renfermés dans leur œuf et pendant qu'ils ne sont encore que d'informes embryons, soit pendant qu'ils sont enveloppés dans ce même œuf ou après qu'ils en sont éclos, et lorsqu'étant encore très jeunes, leur organisation est plus tendre et plus susceptible d'être altérée. Mais, comme ils n'ont ni bras ni jambes, ils ne peuvent être, à l'extérieur, monstrueux par excès ou par défaut que dans leur tête ou dans leur queue; et voilà pourquoi, tout égal d'ailleurs, on doit moins trouver de serpents monstrueux que de quadrupèdes, d'oiseaux, de poissons, etc.

Il arrive cependant assez souvent que, lorsque les serpents ont eu leur queue partagée en long par quelque accident, une portion de cette queue se recouvre de peau, demeurée séparée, et forme une seconde queue quelquefois conformée en apparence aussi bien que la première, quoiqu'une seule de ces deux queues renferme des vertèbres, ainsi que nous l'avons vu pour les lézards. Mais cette espèce de monstruosité, produite par une division accidentelle, est moins remarquable que celle que l'on a observée dans quelques serpents nés avec deux têtes. L'exemple d'une monstruosité semblable, reconnue dans presque tous les ordres d'animaux, empêcherait seul qu'on ne révoquât en doute l'existence de pareils serpents. A la vérité, plusieurs voyageurs ont voulu parler de ces serpents à deux têtes comme d'une espèce constante; induits peut-être en erreur par ce qu'on a dit des serpents nommés amphisbènes, auxquels on a attribué pendant longtemps deux têtes, une à chaque extrémité du corps, et dans lesquels on a supposé la faculté de se servir indifféremment de l'une ou de l'autre[1], ils ont confondu avec ces amphisbènes les serpents à deux têtes placées toutes les deux à la même extrémité du corps, et qui ne sont que des monstruosités passagères. Plusieurs personnes, arrivées de la Louisiane, m'ont assuré que ces serpents à deux têtes y formaient une espèce très permanente, et qui se multipliait par la génération, ainsi que les autres espèces de serpents. Mais, indépendamment de toutes les raisons d'analogie qui doivent empêcher d'admettre cette opinion, aucun de ces voyageurs n'a dit avoir vu un de ces serpents femelles mettre bas des petits pourvus de deux têtes comme leur mère, ou pondre des œufs dont les fœtus présentassent la même conformation extraordinaire. Ces serpents à deux têtes ne doivent jamais être regardés que comme des monstruosités accidentelles, ainsi que les chiens, les chats, les cochons, les veaux et les autres animaux que l'on a également vus avec deux têtes très distinctes. Il peut se faire que des circonstances particulières, relatives au climat, rendent ces monstres plus communs dans certains pays

---

1. Article des serpents amphisbènes.

que dans d'autres, et des observateurs peu difficiles n'auront eu besoin que d'apercevoir deux ou trois individus à deux têtes dans la même contrée, quoiqu'à des époques très éloignées, pour accréditer tous les contes répandus au sujet de ces reptiles; d'autant plus que, lorsqu'il s'agit de serpents ou d'autres animaux qui demeurent pendant longtemps renfermés dans leurs retraites, qui se cachent à la vue de l'homme, et qu'il est par conséquent assez difficile de rencontrer, deux ou trois individus ont suffi à certains voyageurs pour admettre une espèce nouvelle et peuvent, en effet, suffire lorsqu'il ne s'agit pas d'une conformation des plus extraordinaires.

Les anciens ainsi que les modernes ont parlé de l'existence de ces reptiles monstrueux et à deux têtes. Aristote en fait mention. Ælien dit que, de son temps, on en voyait assez souvent dans le pays arrosé par le fleuve Arcas; qu'ils étaient longs de trois ou quatre coudées; que la couleur de leur corps était noire, et celle de leur tête blanchâtre. Aldrovande avait dans son cabinet, à Bologne, un de ces serpents à deux têtes. Joseph Lanzoni et d'autres observateurs en ont vu[1], et l'on en conserve maintenant un dans le Cabinet du roi.

Ce dernier reptile a, de longueur totale, dix pouces deux lignes; sa queue est longue d'un pouce six lignes et sa circonférence est d'un pouce une ligne dans l'endroit le plus gros du corps. Les écailles qui revêtent son dos sont ovales et relevées par une arête; il n'a qu'un seul cou, mais deux têtes égales et longues chacune de huit lignes. Les écailles qui en garnissent la partie supérieure sont semblables à celles du dos; une grande écaille recouvre chaque œil; les deux bouches renferment une langue fourchue, ainsi que des crochets creux et mobiles. Les deux têtes sont réunies de manière à former un angle de plus de cent cinquante degrés, et lorsque les deux bouches sont ouvertes, on peut voir le jour au travers de ces deux bouches et des deux gosiers joints ensemble.

On peut observer, un peu au-dessous du cou, un pli assez considérable que fait le corps, et qui est produit par la peau du côté gauche, plus courte, dans cette partie, que la peau du côté droit.

La couleur du dessus du corps a été altérée par l'esprit-de-vin; elle paraît d'un brun plus ou moins foncé, et le dessous du corps est blanchâtre; nous avons compté deux cent vingt-six grandes plaques et soixante paires de petites. Ce reptile monstrueux appartient évidemment au genre des couleuvres; il doit être placé parmi les venimeuses, et peut-être était-il de l'espèce de la vipère *fer-de-lance*. Nous ignorons d'où il a été apporté au cabinet de Sa Majesté.

Mais ce n'est pas seulement dans leurs collections que les naturalistes ont vu des serpents à deux têtes. Rédi en a observé un vivant. Il l'avait

1. *Mélanges des curieux de la nature de Vienne,* pour l'année 1690, p. 318.
Voyez aussi les *Transactions philosophiques,* les observations de François Rédi sur les animaux vivants renfermés dans les animaux vivants, etc.

trouvé, au mois de janvier, aux environs de Pise, et étendu au soleil, sur les bords de l'Arno[1]. Ce reptile était mâle ; sa longueur de deux palmes, et sa grosseur égalait celle du petit doigt. Sa couleur approchait de celle de la rouille ; il avait sur le dos et sur le ventre des taches noires, moins foncées au-dessous du corps ; une bande blanche formait une sorte de collier autour de ses deux cous, et une bande de la même couleur entourait l'extrémité de la queue, qui était parsemée de taches blanches. Chaque cou était long de deux travers de doigt ; les deux cous et les deux têtes étaient entièrement semblables et très bien conformés ; chaque gueule renfermait une langue fourchue à son extrémité, mais ne présentait point de crochets mobiles et à venin[2]. Redi éprouva les effets de la morsure de ce reptile sur divers ani-

---

1. Observations de François Rédi sur les animaux vivants trouvés dans les animaux vivants. *Collection académique*, partie étrangère, t. IV, p. 464.

2. Nous donnons, dans cette note, un extrait de la description des parties intérieures de ce reptile faite par Rédi. (Voyez dans la collection académique l'article que nous venons de citer.)

« Ce serpent avait deux trachées-artères, et par conséquent deux poumons, lesquels étaient tout à fait séparés l'un de l'autre ; le poumon droit paraissait évidemment plus gros que le gauche ; la figure en était semblable à celle des poumons des vipères et des autres serpents ; c'était une espèce de sac membraneux fort long, dont la surface intérieure était semée de petites éminences répandues sans ordre ; il était manifestement composé de deux différentes substances, et tout à fait semblable au poumon du serpent décrit par Gérard Blasius.

« Il se trouva deux cœurs enveloppés chacun de leur péricarde et ayant chacun leurs vaisseaux sanguins ; ces deux cœurs différaient en cela seul que le droit était plus gros que le gauche.

« Il y avait deux œsophages et deux estomacs assez longs, comme dans tous les serpents. Ces estomacs s'unissaient dans un seul intestin qui leur était commun ; à l'endroit de leur réunion l'on apercevait, sur la surface interne de chacun, un petit amas circulaire de glandes ou mamelons très petits, aigus et rougeâtres, semblables à ceux qui, dans les volatiles, tapissent le dedans de la partie inférieure de l'œsophage... Une file de mamelons semblables, mais beaucoup plus petits et qu'on ne pouvait distinguer qu'à l'aide du microscope, régnaient sur toute la longueur du canal qui composait les deux œsophages et les deux estomacs.

« L'intestin, après ses circonvolutions ordinaires, allait s'ouvrir dans le cloaque de l'anus. Les estomacs étaient totalement vides ; il y avait seulement, dans le canal des intestins, quelques petits restes d'excréments et un peu de matière muqueuse, dans laquelle étaient engagés, et, pour ainsi dire, embourbés un grand nombre de vers très petits, les uns d'un beau blanc, les autres rougeâtres et tout pleins de vie. J'avais cependant gardé ce serpent enfermé pendant trois semaines dans un vaisseau de verre, où il ne voulut prendre aucune sorte de nourriture, comme c'est la coutume de plusieurs serpents. Celui-ci avait deux foies, et dans le droit, qui était plus grand que le gauche, il se trouva cinq petites vésicules rondes et distendues, dont chacune renfermait un ver de même espèce que ceux qui étaient dans la cavité des intestins.

« Chacun des deux foies avait sa veine-porte qui régnait sur toute sa longueur, et comme il y avait deux foies, il y avait aussi deux vésicules du fiel. Ces vésicules n'étaient point inflexées ou incrustées dans le foie ; au contraire, elles en étaient séparées et même un peu éloignées, comme c'est l'ordinaire dans les vipères et dans les autres serpents.

« Dans le serpent à deux têtes que je décris, la vésicule du fiel était beaucoup plus grande dans le foie droit que dans le gauche ; elle communiquait par un petit conduit au lobe droit du foie. Le canal cystique sortait du milieu de cette vésicule ou à peu près et allait verser la bile dans les intestins. Du foie droit naissait un petit conduit biliaire qu'on nomme hépatique ; il était isolé, et sans s'approcher de la vésicule, il allait déboucher dans les intestins à quelque distance du canal cystique. Ce second conduit biliaire ou conduit hépatique manquait au foie gauche, du moins je ne pus l'y apercevoir. Ce foie avait seulement une vésicule du fiel d'où partait un canal cystique qui aboutissait dans l'intestin, et y avait son insertion séparément des

maux qui n'en ressentirent aucun effet fâcheux. Ce serpent ne vécut que jusqu'au commencement de février, et ce qu'il y a d'assez remarquable, c'est que la tête droite parut mourir sept heures avant la gauche.

deux autres conduits; l'embouchure de celui-ci était marquée dans la cavité intérieure de l'intestin par un mamelon fort gonflé.

« Tous les mâles de l'espèce des serpents et des lézards ont deux verges et deux testicules ; il semblait donc que ce serpent qui avait deux têtes, et dont les viscères étaient doubles, dût avoir quatre verges et quatre testicules ; cependant il n'avait que deux testicules et deux verges. Les testicules étaient blancs, comme à l'ordinaire, un peu allongés ; ils avaient tous leurs appendices et se trouvaient placés comme ils ont coutume d'être, non pas à côté l'un de l'autre, mais l'un un peu plus haut, c'est-à-dire plus près de la tête que l'autre Les deux verges, conformées à l'ordinaire, avaient leur position accoutumée dans la queue ; elles étaient hérissées de pointes à leur extrémité, comme elles le sont dans les vipères et dans les autres serpents qui se traînent sur le ventre.

« En pressant les deux verges de ce serpent à deux têtes, j'en fis sortir la liqueur séminale ordinaire, dont l'odeur est forte et désagréable. J'ai eu occasion d'observer deux serpents à deux queues, et je ne leur ai trouvé non plus que deux verges, et non pas quatre, de même qu'aux lézards verts et aux lézards à deux queues.

« Les deux cerveaux contenus dans les deux têtes étaient semblables entre eux, tant pour le volume que pour la conformation. Les deux moelles épinières, après avoir traversé respectivement les vertèbres des deux cous, se réunissaient à la naissance du dos en un seul tronc qui régnait jusqu'à l'extrémité de la queue. »

OBSERVATIONS

SUR UN GENRE DE SERPENT QUI N'A PAS ENCORE ÉTÉ DÉCRIT[1]

Linné avait cru pouvoir inscrire dans six genres tous les serpents connus de son temps. Il avait donné à ces familles les noms de *couleuvre*, de *boa*, de *crotale*, d'*anguis*, d'*amphisbène* et de *cécilie*. Il avait compris dans le premier genre les serpents qui ont une rangée de grandes lames écailleuses au-dessous du corps, et deux rangées de petites lames au-dessous de la queue; dans le second, ceux de ces reptiles qui présentent un rang de grandes lames au-dessous de la queue, aussi bien qu'au-dessous du corps; dans le troisième, ceux dont la queue est terminée par de grandes écailles d'une forme particulière, qui rend ces pièces susceptibles de s'emboîter les unes dans les autres; dans le quatrième, les serpents dont le dessous du corps et le dessous de la queue offrent de petites écailles conformées et disposées comme celles du dos; dans le cinquième, ceux dont le corps et la queue sont renfermés dans une suite d'anneaux écailleux; et enfin dans le sixième, les serpents qui, revêtus d'une peau visqueuse, montrent sur chacun de leurs côtés une série de plis membraneux.

Lorsque je publiai, en 1789, l'*Histoire naturelle des serpents*, je crus devoir ajouter deux genres aux six que Linné avait établis; j'inscrivis à la suite de ces derniers les serpents qui, comme le reptile décrit à Madagascar par Bruguière, ont le dessous de la partie antérieure du corps revêtu de grandes lames, la partie postérieure du corps entourée d'anneaux, et l'extrémité de la queue garnie de petites écailles sur toute sa surface; je conservai à ces serpents le nom de *langaha*, que leur donnent les Madégasses, et j'adoptai pour huitième genre celui que Hornstedt avait fait connaître, qu'il avait appelé *acrochorde*, et dont tous les individus ont le corps et la queue parsemés de petits tubercules.

Je propose aujourd'hui aux naturalistes un nouveau genre de serpents. Il est en effet impossible de comprendre dans un des genres déjà admis par les méthodistes une espèce de ces reptiles qui est encore inconnue, et dont

1. Ce Mémoire est extrait des *Annales du Muséum*, 1803, t. II, p. 280.

je vais exposer les principaux caractères. Les individus qu'elle renferme ont une seule rangée de plaques au-dessous du corps, de même que les couleuvres, les boas et les crotales. Mais, au lieu de présenter au-dessous de la queue une seule rangée de lames écailleuses, comme les crotales et les boas, ou deux rangs de petites lames, comme les couleuvres, ils ont la portion inférieure de la queue couverte, de même que dans les anguis, de petites écailles arrangées et figurées comme celles du dos. Ils offrent une véritable queue d'anguis au bout d'un corps de couleuvre, de boa et de crotale ; ils montrent, par conséquent, une combinaison de téguments écailleux, que l'on n'avait pas encore observée. Nous donnerons à ce genre le nom d'*erpéton*, qui, de toutes les dénominations employées par les anciens pour désigner des serpents ou des reptiles, est la seule que les modernes n'aient pas encore appliquée à un genre.

Mais l'espèce dont la conformation nous a paru rendre nécessaire l'établissement d'un genre nouveau dans la classe des serpents n'est pas seulement remarquable par les caractères génériques que nous venons d'indiquer ; elle l'est encore par la forme de son crâne et par celle de quelques autres de ses parties. Le dessus de sa tête est couvert, comme le crâne des couleuvres non venimeuses, de neuf lames écailleuses, plus grandes que les écailles du dos ; mais ces neuf lames ont une disposition particulière. Elles sont placées sur cinq rangs transversaux : le premier ou le plus éloigné du museau en comprend deux ; le second n'en montre qu'une ; le troisième, le quatrième et le cinquième en offrent deux plus petites que les trois autres ; et l'on distingue les orifices des narines dans les deux lames de la dernière rangée. Les deux os qui composent chaque mâchoire sont très écartés l'un de l'autre, comme dans les couleuvres-vipères et venimeuses ; et cependant l'intérieur de la bouche ne recèle aucun crochet mobile et à venin ; les dents sont très petites et arrangées comme celles des couleuvres les moins malfaisantes. De plus, on voit à la mâchoire supérieure et à l'extrémité du museau deux appendices charnus, deux sortes de tentacules dont on n'a encore vu d'analogues sur le museau d'aucun serpent, excepté sur celui des cécilies. Ces tentacules, bien différents de la petite pyramide écailleuse qui s'élève sur chacun des yeux du céraste [1], et de l'excroissance dure et unique qui arme le bout du museau de l'ammodyte, sont très flexibles, prolongés horizontalement en avant, assez longs et recouverts d'écailles très petites, mais placées les unes au-dessous des autres et semblables par leur figure aux écailles dorsales. La présence de ces tentacules m'a déterminé à donner le nom spécifique de *tentaculé* à l'erpéton que j'ai examiné.

Toutes les écailles qui recouvrent ce serpent sont d'ailleurs relevées par une arête longitudinale. Les lames qui garnissent le dessous du corps

1. Voyez la description que j'ai donnée de ces sortes de petites cornes à l'article du *Céraste*, p. 22.

et y forment comme une bande longue et étroite sont bien moins lisses encore. Elles présentent chacune deux arêtes longitudinales, et c'est un trait que je n'avais encore vu dans aucune espèce de serpent. Ces lames ou plaques sont hexagones et inégales en grandeur. Elles sont d'autant plus petites, qu'elles sont éloignées vers la tête ou vers l'anus, du milieu et à peu près, de la longueur du corps proprement dit ; et il faut faire remarquer que la rangée de ces lames hexagones, doublement relevées par une arête et situées au-dessus du corps, ne commence qu'à une distance de la gorge, plus grande que la longueur de la tête.

Bien loin d'avoir une queue très courte comme les cécilies, les erpétons tentaculés en ont une dont la longueur est à peu près égale au tiers de la longueur du corps proprement dit.

Nous ignorons quel est le pays habité par ces serpents. L'individu très bien conservé que nous avons décrit, et qui avait plus d'un demi-mètre de longueur, fait partie de la belle collection donnée par la Hollande à la France et déposée maintenant dans le Muséum national d'histoire naturelle. Nous avons compté, sur la partie inférieure du corps de cet individu, cent vingt lames ou plaques ; et le dessous de la queue nous a présenté quatre-vingt-dix-neuf rangées transversales d'écailles semblables à celles du dos.

NOUVEAU GENRE DE SERPENTS

ERPÉTON.

UNE RANGÉE DE GRANDES LAMES AU-DESSOUS DU CORPS ; LE DESSOUS DE LA QUEUE REVÊTU DE PETITES ÉCAILLES SEMBLABLES A CELLES DU DOS.

ESPÈCE.	CARACTÈRES.
1. Erpéton tentaculé. (*Erpeton tentaculatus.*)	Deux appendices charnus, recouverts de petites écailles, prolongés horizontalement et placés à l'extrémité de la mâchoire supérieure ; les lames du dessous du corps relevées par deux arêtes longitudinales.

HISTOIRE NATURELLE

DES POISSONS

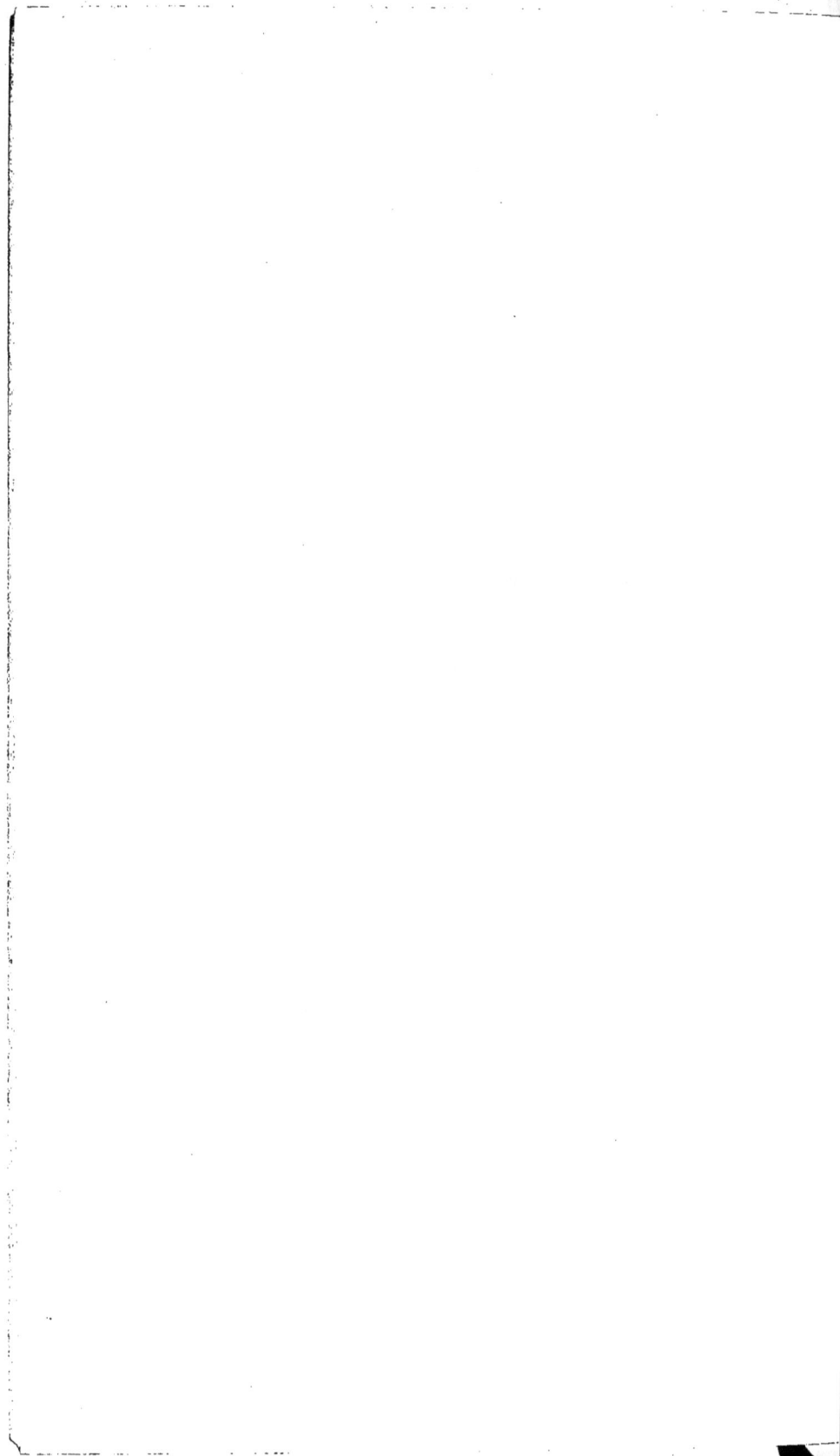

HISTOIRE NATURELLE

DES

POISSONS

DISCOURS SUR LA NATURE DES POISSONS

Le génie de Buffon, planant au-dessus du globe, a compté, décrit, nommé les quadrupèdes vivipares et les oiseaux ; il a laissé de leurs mœurs d'admirables images. Choisi par lui pour placer quelques nouveaux dessins à la suite de ses grands tableaux de la nature, j'ai tâché d'exposer le nombre, les formes et les habitudes des quadrupèdes ovipares et des serpents. Essayons maintenant de terminer l'histoire des êtres vivants et sensibles connus sous le nom d'animaux à sang rouge, en présentant celle de l'immense classe des poissons.

Nous allons avoir sous les yeux les êtres les plus dignes de l'attention du physicien. Que l'imagination, éclairée par le flambeau de la science, rassemble en effet tous les produits organisés de la puissance créatrice ; qu'elle les réunisse suivant l'ordre de leurs ressemblances ; qu'elle en compose cet ensemble si vaste, dans lequel, depuis l'homme jusqu'à la plante la plus voisine de la matière brute, toutes les diversités de forme, tous les degrés de composition, toutes les combinaisons de force, toutes les nuances de la vie, se succèdent dans un si grand nombre de directions différentes et par des décroissements si insensibles. C'est vers le milieu de ce système merveilleux d'innombrables dégradations que se trouvent réunies les différentes familles de poissons dont nous allons nous occuper ; elles sont les liens remarquables par lesquels les animaux les plus parfaits ne forment qu'un tout avec ces légions si multipliées d'insectes, de vers et d'autres animaux peu composés, et avec ces tribus non moins nombreuses de végétaux plus simples encore. Elles participent de l'organisation, des propriétés, des facultés de tous ; elles sont comme le centre où aboutissent tous les rayons de la sphère qui compose la nature vivante ; et montrant, avec tout ce qui les entoure, des rapports plus marqués, plus distincts, plus éclatants, parce qu'elles en sont plus rapprochées, elles reçoivent et réfléchissent bien plus fortement vers le génie qui observe, cette vive lumière que la comparaison seule fait jaillir, et sans laquelle les objets seraient pour l'intelligence la plus active comme s'ils n'existaient pas.

Au sommet de cet assemblage admirable est placé l'homme, le chef-d'œuvre de la nature. Si la philosophie, toujours empressée de l'examiner et de le connaître, cherche les rapports les plus propres à éclairer l'objet de sa constante prédilection, où devra-t-elle aller les étudier, sinon dans les êtres qui présentent assez de ressemblances et assez de différences pour faire naître, sur un grand nombre de points, des comparaisons utiles? On ne peut comparer ni ce qui est semblable en tout, ni ce qui diffère en tout; c'est donc lorsque la somme des ressemblances est égale à celle des différences que l'examen des rapports est le plus fécond en vérités. C'est donc vers le centre de cet ensemble d'espèces organisées, et dont l'espèce humaine occupe le faîte, qu'il faut chercher les êtres avec lesquels on peut la comparer avec le plus d'avantages; et c'est vers ce même centre que sont groupés les êtres sensibles dont nous allons donner l'histoire.

Mais de cette hauteur d'où nous venons de considérer l'ordre dans lequel la nature elle-même a, pour ainsi dire, distribué tous les êtres auxquels elle a accordé la vie, portons-nous un instant nos regards vers le grand et heureux produit de l'intelligence humaine; jetons-nous les yeux sur l'homme réuni en société; cherchons-nous à connaître les nouveaux rapports que cet état de la plus noble des espèces lui donne avec les êtres vivants qui l'environnent; voulons-nous savoir ce que l'art, qui n'est que la nature réagissant sur elle-même par la force du génie de son plus bel ouvrage, peut introduire de nouveau dans les relations qui lient l'homme civilisé avec tous les animaux : nous ne trouverons aucune classe de ces êtres vivants plus digne de nos soins et de notre examen que celle des poissons. Diversité de familles, grand nombre d'espèces, prodigieuse fécondité des individus, facile multiplication sous tous les climats, utilité variée de toutes les parties, dans quelle classe rencontrerions-nous et tous ces titres à l'attention, et une nourriture plus abondante pour l'homme, et une ressource moins destructive des autres ressources, et une matière plus réclamée par l'industrie, et des préparations plus répandues par le commerce? Quels sont les animaux dont la recherche peut employer tant de bras utiles, accoutumer de si bonne heure à braver la violence des tempêtes, produire tant d'habiles et d'intrépides navigateurs, et créer ainsi pour une grande nation les éléments de sa force pendant la guerre et de sa prospérité pendant la paix?

Quels motifs pour étudier l'histoire de ces remarquables et si nombreux habitants des eaux!

Transportons-nous donc sur les rivages des mers, sur les bords du principal empire de ces animaux trop peu connus encore. Choisissons, pour les mieux voir, pour mieux observer leurs mouvements, pour mieux juger de leurs habitudes, ces plages, pour ainsi dire, privilégiées, où une température plus douce, où la réunion de plusieurs mers, où le voisinage des grands fleuves, où une sorte de mélange des eaux douces et des eaux salées, où des abris plus commodes, où des aliments plus convenables ou plus multipliés attirent un plus grand nombre de poissons. Mais plutôt ne nous contentons pas de considérations trop limitées, d'un spectacle trop resserré; n'oublions pas que nous devons présenter les résultats généraux nés de la réunion de toutes les observations particulières; élevons-nous par la pensée, et assez haut au-dessus de toutes les mers, pour en saisir plus facilement l'ensemble, pour en apercevoir à la fois un plus grand nombre d'habitants; voyons le globe, tournant sous nos pieds, nous présenter successivement toute sa surface inondée, nous montrer les êtres à sang rouge qui vivent au milieu du fluide aqueux qui l'environne; et pour qu'aucun de ces êtres n'échappe, en quelque sorte, à notre examen, pénétrons ensuite jusque dans les profondeurs de l'Océan, parcourons ses abîmes, et suivons, jusque dans ses retraites les plus obscures, les animaux que nous voulons soumettre à notre examen.

Mais, si nous ne craignions pas de demander trop d'audace, nous dirions : Ce n'est pas assez de nous étendre dans l'espace, il faut encore remonter dans le temps; il faut encore nous transporter à l'origine des êtres; il faut voir ce qu'ont été, dans les âges antérieurs, les espèces, les familles que nous allons décrire; il faut juger de cet état primordial par les vestiges qui en restent, par les monuments contemporains qui sont encore debout; il faut montrer les changements successifs par lesquels ont passé toutes les formes, tous les organes, toutes les forces que nous allons comparer; il faut annoncer ceux qui les attendent encore; la nature, en effet, immense dans sa durée comme dans son étendue, ne se compose-t-elle pas de tous les monuments de l'existence, comme de tous les points de l'espace qui renferme ses produits?

Dirigeons donc notre vue vers ce fluide qui couvre une si grande partie de la terre : il sera, si je puis parler ainsi, nouveau pour le naturaliste qui n'aura encore choisi pour objet de ses méditations que les animaux qui vivent sur la surface sèche du globe ou s'élèvent dans l'atmosphère.

Deux fluides sont les seuls dans le sein desquels il ait été permis aux êtres organisés de vivre, de croître et de se reproduire : celui qui compose l'atmosphère et celui qui remplit les mers et les rivières. Les quadrupèdes, les oiseaux, les reptiles ne peuvent conserver leur vie que par le moyen du premier; le second est nécessaire à tous les genres de poissons. Mais il y a bien plus d'analogie, bien plus de rapports conservateurs entre l'eau et les poissons, qu'entre l'air et les oiseaux ou les quadrupèdes. Combien de fois, dans le cours de cette histoire, ne serons-nous pas convaincus de cette vérité! Et voilà pourquoi, indépendamment de toute autre cause, les poissons sont de tous les animaux à sang rouge ceux qui présentent dans leurs espèces le plus grand nombre d'individus, dans leurs couleurs l'éclat le plus vif, et dans leur vie la plus longue durée.

Fécondité, beauté, existence très prolongée, tels sont les trois attributs remarquables des principaux habitants des eaux ; aussi l'ancienne mythologie grecque, peut-être plus éclairée qu'on ne l'a pensé sur les principes de ses inventions et toujours si riante dans ses images, a-t-elle placé au milieu des eaux le berceau de la déesse des amours, et représenté Vénus sortant du sein des ondes au milieu de poissons resplendissants d'or et d'azur, et qu'elle lui avait consacrés[1]. Et que l'on ne soit pas étonné de cette allégorie instructive autant que gracieuse ; il paraît que les anciens Grecs avaient observé les poissons beaucoup plus qu'ils n'avaient étudié les autres animaux ; ils les connaissaient mieux ; ils les préféraient, pour leur table, même à la plupart des oiseaux les plus recherchés. Ils ont transmis cet examen de choix, cette connaissance particulière et cette sorte de prédilection, non seulement aux Grecs modernes qui les ont conservés longtemps[2], mais encore aux Romains, chez lesquels on les remarquait, lors même que la servitude la plus dure, la corruption la plus vile et le luxe le plus insensé pesaient sur la tête dégradée du peuple qui avait conquis le monde[3] ; ils devaient les avoir reçus des antiques nations de l'Orient, parmi lesquelles ils subsistent encore[4] ; la proximité de plusieurs côtes et la nature des mers qui baignaient leurs rivages les leur auraient d'ailleurs inspirés. On dirait que ces goûts, plus liés qu'on ne le croirait avec les progrès de la civilisation, n'ont entièrement disparu en Europe et en Asie que dans ces contrées malheureuses où les hordes barbares de sauvages chasseurs, sortis de forêts septentrionales, purent dompter par le nombre, en même temps que par la force, les habitudes, les idées et les affections des vaincus.

Mais, en contemplant tout l'espace occupé par ce fluide, au milieu duquel se meuvent les poissons, quelle étendue nos regards n'ont-ils pas à parcourir ! Quelle immensité, depuis l'équateur jusqu'aux deux pôles de la terre, depuis la surface de l'Océan jusqu'à ses plus grandes profondeurs ! Et indépendamment des vastes mers, combien de fleuves, de rivières, de ruisseaux, de fontaines, et, d'un autre côté, de lacs, de marais, d'étangs, de viviers, de mares même, qui renferment une quantité plus ou moins considérable des animaux que nous voulons examiner ! Tous ces lacs, tous ces fleuves, toutes ces rivières, réunis à l'antique Océan, comme autant de parties d'un même tout, présentent autour du globe une surface bien plus étendue que les continents qu'ils arrosent, et déjà bien plus connue que ces mêmes continents, dont l'intérieur n'a répondu à la voix d'aucun observateur, pendant que des vaisseaux conduits par le génie et le courage ont sillonné toutes les plaines des mers non envahies par les glaces polaires.

De tous les animaux à sang rouge, les poissons sont donc ceux dont le

1. Voyez particulièrement l'article du *Coryphène doradon.*
2. Belou, liv. Ier, ch. LXII.
3. Horace, Juvénal, Martial, Pline.
4. Lisez les différentes descriptions des Indes, et surtout celles de la Chine.

domaine est le moins circonscrit. Mais que cette immensité, bien loin d'effrayer notre imagination, l'anime et l'encourage. Et qui peut le mieux élever nos pensées, vivifier notre intelligence, rendre le génie attentif, et le tenir dans cette sorte de contemplation religieuse si propre à l'intuition de la vérité, que le spectacle si grand et si varié que présente le système des innombrables habitations des poissons? D'un côté, des mers sans bornes, et immobiles dans un calme profond; de l'autre, les ondes livrées à toutes les agitations des courants et des marées; ici, les rayons ardents du soleil réfléchis sous toutes les couleurs par les eaux enflammées des mers équatoriales; là, des brumes épaisses reposant silencieusement sur des monts de glaces flottant au milieu des longues nuits hyperboréennes; tantôt la mer tranquille, doublant le nombre des étoiles pendant des nuits plus douces et sous un ciel plus serein; tantôt des nuages amoncelés, précédés par de noires ténèbres, précipités par la tempête et lançant leurs foudres redoublés contre les énormes montagnes d'eau soulevées par les vents; plus loin, et sur les continents, des torrents furieux roulant de cataractes en cataractes, ou l'eau limpide d'une rivière argentée, amenée mollement, le long d'un rivage fleuri, vers un lac paisible que la lune éclaire de sa lumière blanchâtre. Sur les mers, grandeur, puissance, beauté sublime, tout annonce la nature créatrice, tout la montre manifestant sa gloire et sa magnificence; sur les bords enchanteurs des lacs et des rivières la nature créée se fait sentir avec ses charmes les plus doux; l'âme s'émeut; l'espérance l'échauffe; le souvenir l'anime par de tendres regrets et la livre à cette affection si touchante, toujours si favorable aux heureuses inspirations. Ah! au milieu de ce que le sentiment a de plus puissant et de ce que le génie peut découvrir de plus grand et de plus sublime, comment n'être pas pénétré de cette force intérieure, de cet ardent amour de la science, que les obstacles, les distances et le temps accroissent au lieu de le diminuer?

Ce domaine, dont les bornes sont si reculées, n'a été cependant accordé qu'aux poissons considérés comme ne formant qu'une seule classe. Si on les examine groupe par groupe, on verra que presque toutes les familles parmi ces animaux paraissent préférer chacune un espace particulier plus ou moins étendu. Au premier coup d'œil, on ne voit pas aisément comment les eaux peuvent présenter assez de diversité, pour que les différents genres et même quelquefois les différentes espèces de poissons soient retenus par une sorte d'attrait particulier dans une plage plutôt que dans une autre. Que l'on considère cependant que l'eau des mers, quoique bien moins inégalement échauffée aux différentes latitudes que l'air de l'atmosphère, offre des températures très variées, surtout auprès des rivages qui la bordent, et dont les uns, brûlés par un soleil très voisin, réfléchissent une chaleur ardente, pendant que d'autres sont couverts de neiges, de frimas et de glaces; que l'on se souvienne que les lacs, les fleuves et les rivières sont soumis à de bien plus grandes inégalités de chaleur et de froid; que l'on apprenne qu'il est de vastes réservoirs naturels auprès des sommets des plus hautes montagnes, et à plus de deux mille mètres au-dessus du niveau de la mer, où les poissons remontent par les rivières qui en découlent, et où ces mêmes animaux vivent, se multiplient et prospèrent[1]; que l'on pense que les eaux de presque tous les lacs, des rivières et des fleuves sont très douces et légères, et celles des mers, salées et pesantes; que l'on ajoute, en ne faisant plus d'attention à cette division de l'Océan et des fleuves, que les unes sont claires et limpides, pendant que les autres sont sales et limoneuses; que celles-ci sont entièrement calmes, tranquilles et, pour ainsi dire, immobiles, tandis que celles-là sont agitées par des courants, bouleversées par des marées, précipitées en cascades, lancées en torrents, ou du moins entraînées avec des vitesses plus ou moins rapides et plus ou moins constantes; que l'on évalue ensuite tous les degrés que l'on peut compter dans la rapidité, dans la pureté, dans la douceur et dans la chaleur des eaux, et qu'accablé sous le nombre infini de produits que peuvent donner toutes les combinaisons dont ces quatre séries de nuances sont susceptibles, on ne demande plus comment les mers et les continents peuvent fournir aux poissons des habitations très variées et un très grand nombre de séjours de choix.

Mais ne descendons pas encore vers les espèces particulières des animaux que nous voulons connaître; ne remarquons même pas encore les différents groupes dans lesquels nous les distribuerons; ne les voyons pas divisés en plusieurs familles, placés dans divers ordres; continuons de jeter les yeux sur la classe entière; exposons la forme générale qui lui appartient, et auparavant voyons quelle est son essence et déterminons les caractères qui la distinguent de toutes les autres classes d'êtres vivants.

On s'apercevra aisément, en parcourant cette histoire, qu'il ne faut pas, avec quelques naturalistes, faire consister le caractère distinctif de la classe des poissons dans la présence d'écailles plus ou moins nombreuses, ni même dans celle de nageoires plus ou moins étendues, puisque nous verrons de véritables poissons paraître n'être absolument revêtus d'aucune écaille, et d'autres être entièrement dénués de nageoires. Il ne faut pas non plus chercher cette marque caractéristique dans la forme des organes de la circulation, que nous trouverons, dans quelques poissons, semblables à ceux que nous avons observés dans d'autres classes que celle de ces derniers animaux. Nous nous sommes assurés, d'un autre côté, par un très grand nombre de recherches et d'examens, qu'il était impossible d'indiquer un moyen facile à saisir, invariable, propre à tous les individus et applicable à toutes les époques de leur vie, de séparer la classe des poissons des autres êtres orga-

---

1. Note adressée de Bagnières, le 3 nivôse de l'an V, au citoyen Lacépède, par le citoyen Ramond, membre associé de l'Institut national, professeur d'histoire naturelle à Tarbes, et si avantageusement connu du public par ses *Voyages dans les Alpes et dans les Pyrénées*.

nisés, en n'employant qu'un signe unique, en n'ayant recours, en quelque sorte, qu'à un point de la conformation de ces animaux. Mais voici la marque constante, et des plus aisées à distinguer, que la nature a empreinte sur tous les véritables poissons; voici, pour ainsi dire, le sceau de leur essence. La rougeur plus ou moins vive du sang des poissons empêche, dans tous les temps et dans tous les lieux, de les confondre avec les insectes, les vers et tous les êtres vivants auxquels le nom d'animaux à sang blanc a été donné. Il ne faut donc plus que réunir à ce caractère un second signe aussi sensible, aussi permanent, d'après lequel on puisse, dans toutes les circonstances, tracer d'une main sûre une ligne de démarcation entre les objets actuels de notre étude, et les reptiles, les quadrupèdes ovipares, les oiseaux, les quadrupèdes vivipares, et l'homme, qui tous ont reçu un sang plus ou moins rouge comme les poissons. Il faut surtout que cette seconde marque caractéristique sépare ces derniers d'avec les cétacés, que l'on a si souvent confondus avec eux, et qui néanmoins sont compris parmi les animaux à mamelles, au milieu ou à la suite des quadrupèdes vivapares, avec lesquels ils sont réunis par les liens les plus étroits. Or l'homme, les animaux à mamelles, les oiseaux, les quadrupèdes ovipares, les serpents, ne peuvent vivre, au moins pendant longtemps, qu'au milieu de l'air de l'atmosphère, et ne respirent que par de véritables poumons, tandis que les poissons ont un organe respiratoire auquel le nom de *branchies* a été donné, dont la forme et la nature sont très différentes de celles des poumons et qui ne peuvent servir, au moins longtemps, que dans l'eau, à entretenir la vie de l'animal. Nous ne donnerons donc le nom de poisson qu'aux êtres organisés qui ont le sang rouge et qui respirent par des branchies. Otez-leur un de ces deux caractères, et vous n'aurez plus un poisson sous les yeux ; privez-les, par exemple, de sang rouge, et vous pourrez considérer une sépie, ou quelque autre espèce de ver, à laquelle des branchies ont été données. Rendez-leur ce sang coloré, mais remplacez leurs branchies par des poumons, et quelque habitude de vivre au milieu des eaux que vous présentent alors les objets de votre examen, vous pourrez les reléguer parmi les phoques, les lamentins ou les cétacés ; mais vous ne pourrez, en aucune manière, les inscrire parmi les animaux auxquels cette histoire est consacrée.

Le poisson est donc un animal dont le sang est rouge, et qui respire au milieu de l'eau par le moyen des branchies.

Tout le monde connaît sa forme générale; tout le monde sait qu'elle est le plus souvent allongée, et que l'on distingue l'ensemble de son corps en trois parties, la tête, le corps proprement dit, et la queue, qui commence à l'ouverture de l'anus.

Parmi les parties extérieures qu'il peut présenter, il en est que nous devons, dans ce moment, considérer avec le plus d'attention, soit parce qu'on les voit sur presque tous les animaux de la classe que nous avons sous les yeux, soit parce qu'on ne les trouve que sur un très petit nombre d'autres êtres vivants et à sang rouge, soit enfin parce que de leur présence et de leur forme dépendent beaucoup la rapidité des mouvements, la force de la natation et la direction de la route du poisson ; ces parties remarquables sont les nageoires.

On ne doit, à la rigueur, donner ce nom de *nageoires* qu'à des organes composés d'une membrane plus ou moins large, haute, épaisse et soutenue par de petits cylindres plus ou moins mobiles, plus ou moins nombreux, et auxquels on a attaché le nom de *rayons*, parce qu'ils paraissent quelquefois disposés comme des rayons autour d'un centre. Cependant il est des espèces de poissons sur lesquelles des rayons sans membrane, ou des membranes sans rayon, ont reçu avec raison, et par conséquent doivent conserver la dénomination de nageoires, à cause de leur position sur l'animal et de l'usage que ce dernier peut en faire.

Mais ces rayons peuvent être de différente nature : les uns sont durs et comme osseux ; les autres sont flexibles et ont presque tous les caractères de véritables cartilages.

Examinons les rayons que l'on a désignés par le nom d'osseux.

Il faut les distinguer en deux sortes. Plusieurs sont solides, allongés, un peu coniques, terminés par une pointe piquante ; ils semblent formés d'une seule pièce ; leur structure, si peu composée, nous a déterminés à les appeler *rayons simples*, en leur conservant cependant le nom d'*aiguillons*, qui leur a été donné par plusieurs naturalistes, à cause de leur terminaison en piquant fort et délié. Les autres rayons osseux, au lieu d'être aussi simples dans leur construction, sont composés de plusieurs petites pièces placées les unes au-dessus des autres ; ils sont véritablement *articulés*, et nous les nommerons ainsi.

Ces petites pièces sont de petits cylindres assez courts et ressemblent, en miniature, à ces tronçons de colonnes que l'on nomme *tambours*, et dont on se sert pour construire les hautes colonnes des vastes édifices. Non seulement les rayons articulés présentent une suite plus ou moins allongée de ces tronçons ou petits cylindres ; mais, à mesure que l'on considère une portion de ces rayons plus éloignée du corps de l'animal, ou, ce qui est la même chose, de la base de la nageoire, on les voit se diviser en deux ; chacune de ces deux branches se sépare en deux branches plus petites, lesquelles forment aussi chacune deux rameaux. Cette sorte de division, de ramification et d'épanouissement, qui, pour tous les rayons, se fait dans le même plan et représente comme un éventail, s'étend quelquefois à un bien plus grand nombre de séparations et de bifurcations successives.

Ces articulations, qui constituent l'essence d'un très grand nombre de rayons osseux, se retrouvent et se montrent de la même manière dans les cartilagineux ; mais, pour en bien voir les dispositions, il faut regarder ces rayons cartilagineux contre le jour, à cause d'une espèce de couche de nature cartilagineuse et transparente, dans laquelle elles sont comme enveloppées[1]. Au reste, tous les rayons, tant osseux que cartilagineux, tant simples qu'articulés, sont plus ou moins transparents, excepté quelques rayons osseux simples et très forts, que nous remarquerons sur quelques espèces de poissons et qui sont le plus souvent entièrement opaques.

Nous avons déjà dit qu'il y avait des poissons dénués de nageoires ; les autres en présentent un nombre plus ou moins grand, suivant le genre dont ils font partie, ou l'espèce à laquelle ils appartiennent. Les uns en ont une de chaque côté de la poitrine ; et d'autres, à la vérité très peu nombreux, ne montrent pas ces nageoires pectorales, qui ne paraissent jamais qu'au nombre de deux, et que l'on a comparées, à cause de leur position et de leurs usages, aux extrémités antérieures de plusieurs animaux, aux bras de l'homme, aux pattes de devant des quadrupèdes, ou aux ailes des oiseaux.

Plusieurs groupes de poissons n'ont aucune nageoire au-dessus de leur corps proprement dit ; les autres en ont, au contraire, une ou deux situées ou sous la gorge, ou sous la poitrine, ou sous le ventre. Ce sont ces nageoires inférieures que l'on a considérées comme les analogues des pieds de l'homme, ou des pattes de derrière des quadrupèdes.

On voit quelquefois la partie supérieure du corps et de la queue des poissons absolument sans nageoires ; d'autres fois on compte une ou deux, ou même trois nageoires dorsales ; l'extrémité de la queue peut montrer une nageoire plus ou moins étendue, ou n'en présenter aucune ; et enfin le dessous de la queue peut être dénué ou garni d'une ou deux nageoires, auxquelles on a donné le nom de *nageoire de l'anus*.

Un poisson peut donc avoir depuis une jusqu'à dix nageoires ou organes de mouvement extérieurs et plus ou moins puissants.

Pour achever de donner une idée nette de la forme extérieure des poissons, nous devons ajouter que ces animaux sont recouverts par une peau qui, communément, revêt toute leur surface. Cette peau est molle et visqueuse ; et quelque épaisseur qu'elle puisse avoir, elle est d'autant plus flexible et d'autant plus enduite d'une matière gluante qui la pénètre profondément, qu'elle paraît soutenir moins d'écailles, ou être garnie d'écailles plus petites.

Ces dernières productions ne sont pas particulières aux animaux dont cet ouvrage doit renfermer l'histoire ; le pangolin et le phatagin, parmi les quadrupèdes à mamelles, presque tous les quadrupèdes ovipares et presque tous les serpents en sont revêtus ; et cette sorte de tégument établit un rapport d'autant plus remarquable entre la classe des poissons et le plus grand nombre des autres animaux à sang rouge, que presque aucune espèce de poisson n'en est vraisemblablement dépourvue. A la vérité, il est quelques espèces, parmi les objets de notre examen, sur lesquelles l'attention la plus

---

1. On peut reconnaître particulièrement cette disposition dans les rayons des nageoires pectorales de la raie butis, de la raie bouclée et d'autres poissons du même genre.

soutenue, l'œil le plus exercé, et même le microscope, ne peuvent faire distinguer aucune écaille pendant que l'animal est encore en vie, et que sa peau est imbibée de cette mucosité gluante et qui est plus ou moins abondante sur tous les poissons; mais lorsque l'animal est mort et que sa peau a été naturellement ou artificiellement desséchée, il n'est peut-être aucune espèce de poisson de laquelle on ne pût, avec un peu de soin, détacher de très petites écailles qui se sépareraient comme une poussière brillante, et tomberaient comme un amas de très petites lames dures, diaphanes et éclatantes. Au reste, nous avons plusieurs fois, et sur plusieurs poissons que l'on aurait pu regarder comme absolument sans écailles, répété avec succès ce procédé qui, même dans plusieurs contrées, est employé dans des arts très répandus, ainsi qu'on pourra le voir dans la suite de cette histoire.

La forme des écailles des poissons est très diversifiée. Quelquefois la matière qui les compose s'étend en pointe et se façonne en aiguillon ; d'autres fois elle se tuméfie, pour ainsi dire, se conglomère et se durcit en callosités, ou s'élève en gros tubercules; mais le plus souvent elle s'étend en lames unies ou relevées par une arête. Ces lames, qui portent avec raison le nom d'écailles proprement dites, sont ou rondes, ou ovales, ou hexagones ; une partie de leur circonférence est quelquefois finement dentelée; sur quelques espèces, elles sont clairsemées et très séparées les unes des autres; sur d'autres espèces, elles se touchent ; sur d'autres encore, elles se recouvrent comme les ardoises placées sur nos toits. Elles communiquent au corps de l'animal par de petits vaisseaux dont nous montrerons bientôt l'usage ; mais d'ailleurs elles sont attachées à la peau par une partie plus ou moins grande de leur contour. Et remarquons un rapport bien digne d'être observé. Sur un grand nombre de poissons qui vivent au milieu de la haute mer, et qui, ne s'approchant que rarement des rivages, ne sont exposés qu'à des frottements passagers, les écailles sont retenues par une moindre portion de leur circonférence; elles sont plus attachées, et recouvertes en partie par l'épiderme, dans plusieurs des poissons qui fréquentent les côtes et que l'on a nommés *littoraux;* elles sont plus attachées encore, et recouvertes en entier par ce même épiderme, dans presque tous ceux qui habitent dans la vase et y creusent avec effort des asiles assez profonds.

Réunissez à ces écailles les callosités, les tubercules, les aiguillons dont les poissons peuvent être hérissés; réunissez-y surtout des espèces de boucliers solides, et des croûtes osseuses, sous lesquelles ces animaux ont souvent une portion considérable de leur corps à l'abri, et qui les rapprochent, par de nouvelles conformités, de la famille des tortues, et vous aurez sous les yeux les différentes ressources que la nature a accordées aux poissons pour les défendre contre leurs nombreux ennemis, les diverses armes qui les protègent contre les poursuites multipliées auxquelles ils sont exposés. Mais ils n'ont pas reçu uniquement la conformation qui leur était nécessaire pour se garantir des dangers qui les menacent ; il leur a été aussi départi de vrais moyens d'attaque, de véritables armes offensives, souvent même d'autant plus redoutables pour l'homme et les plus favorisés des animaux, qu'elles peuvent être réunies à un corps d'un très grand volume et mises en mouvement par une grande puissance.

Parmi ces armes dangereuses, jetons d'abord les yeux sur les dents des poissons. Elles sont en général fortes et nombreuses. Mais elles présentent différentes formes : les unes sont un peu coniques ou comprimées et allongées, cependant pointues, quelquefois dentelées sur leurs bords, et souvent recourbées ; les autres sont comprimées et terminées à leur extrémité par une lame tranchante ; d'autres enfin sont presque demi-sphériques, ou même presque entièrement aplaties contre leur base. C'est de leurs différentes formes, et non pas de leur position et de leur insertion dans tel ou tel os des mâchoires, qu'il faut tirer les divers noms que l'on peut donner aux dents des poissons, et que l'on doit conclure les usages auxquels elles peuvent servir. Nous nommerons, en conséquence, *dents molaires* celles qui, étant demi-sphériques ou très aplaties, peuvent facilement concasser, écraser, broyer les corps sur lesquels elles agissent ; nous donnerons le nom d'*incisives* aux dents comprimées dont le côté opposé aux racines présente une sorte de lame avec laquelle l'animal peut aisément couper, trancher et diviser, comme l'homme et plusieurs quadrupèdes vivipares divisent, tranchent et coupent avec leurs dents de devant ; et nous emploierons la dénomination de *laniaires* pour celles qui, allongées, pointues, et souvent recourbées, accrochent, retiennent et déchirent la proie de l'animal. Ces dernières sont celles que l'on voit le plus fréquemment dans la bouche des poissons ; il n'y a même qu'un très petit nombre d'espèces qui en présentent de molaires ou d'incisives. Au reste, ces trois sortes de dents incisives, molaires ou laniaires, sont revêtues d'un émail assez épais dans presque tous les animaux dont nous publions l'histoire ; elles diffèrent peu d'ailleurs les unes des autres par la forme de leurs racines et par leur structure intérieure, qui en général est plus simple que celle des dents de quadrupèdes à mamelles. Dans les laniaires, par exemple, cette structure ne présente souvent qu'une suite de cônes plus ou moins réguliers, emboîtés les uns dans les autres, et dont le plus intérieur renferme une assez grande cavité, au moins dans les dents qui doivent être remplacées par des dents nouvelles, et que ces dernières, logées dans cette même cavité, poussent en dehors en se développant.

Mais ces trois sortes de dents peuvent être distribuées dans plusieurs divisions, d'après leur manière d'être attachées et la place qu'elles occupent ; et par là elles sont encore plus séparées de celles de presque tous les animaux à sang rouge.

En effet, les unes sont retenues presque immobiles dans des alvéoles osseux ou du moins très durs ; les autres ne sont maintenues par leurs racines que dans des capsules membraneuses, qui leur permettent de se relever et de s'abaisser dans différentes directions, à la volonté de l'animal, et d'être ainsi employées avec avantage, ou tenues couchées et en réserve pour de plus grands efforts.

D'un autre côté, les mâchoires des poissons ne sont pas les seules parties de leur bouche qui puissent être armées de dents : leur palais peut en être hérissé ; leur gosier peut aussi en être garni ; et leur langue même, presque toujours attachée, dans la plus grande partie de sa circonférence, par une membrane qui la lie aux portions de la bouche les plus voisines, peut être plus adhérente encore à ces mêmes portions et montrer sur sa surface des rangs nombreux et serrés de dents fortes et acérées.

Ces dents mobiles ou immobiles de la langue, du gosier, du palais et des mâchoires, ces instruments plus ou moins meurtriers peuvent exister séparément, ou paraître plusieurs ensemble, ou être tous réunis dans le même poisson. Et toutes les combinaisons que leurs différents mélanges peuvent produire, et qu'il faut multiplier par tous les degrés de grandeur et de force, par toutes les formes extérieures et intérieures, par tous les nombres ainsi que par toutes les rangées qu'ils peuvent présenter, ne doivent-elles pas produire une très grande variété parmi les moyens d'attaque accordés aux poissons ?

Ces armes offensives, quelque multipliées et quelque dangereuses qu'elles puissent être, ne sont cependant pas les seules que la nature leur ait données ; quelques-uns ont reçu des piquants longs, forts et mobiles, avec lesquels ils peuvent assaillir vivement et blesser profondément leurs ennemis; et tous ont été pourvus d'une queue plus ou moins déliée, mue par des muscles puissants, et qui, lors même qu'elle est dénuée d'aiguillons et de rayons de nageoires, peut être assez rapidement agitée pour frapper une proie par des coups violents et redoublés.

Mais, avant de chercher à peindre les habitudes remarquables des poissons, examinons encore un moment les premières causes des phénomènes que nous devrons exposer. Occupons-nous encore de la forme de ces animaux ; et en continuant de renvoyer l'examen des détails qu'ils pourront nous offrir, aux articles particuliers de cet ouvrage, jetons un coup d'œil général sur leur conformation intérieure.

A la suite d'un gosier quelquefois armé de dents propres à retenir et déchirer une proie encore en vie, et souvent assez extensible pour recevoir des aliments volumineux, le canal intestinal, qui y prend son origine et se termine à l'anus, s'élargit et reçoit le nom d'estomac. Ce viscère, situé dans le sens de la longueur de l'animal, varie dans les différentes espèces par sa figure, sa grandeur, l'épaisseur des membranes qui le composent, le nombre et la profondeur des plis que ces membranes forment ; il est même quelques poissons dans lesquels un étranglement très marqué le divise en deux portions assez distinctes pour qu'on ait dit qu'ils avaient deux estomacs, et il en est aussi dans lesquels sa contexture, au lieu d'être membraneuse, est véritablement musculeuse.

L'estomac communique par une ouverture avec l'intestin proprement dit; mais, entre ces deux portions du canal intestinal, on voit dans le plus grand nombre de poissons des appendices ou tuyaux membraneux, cylindriques, creux, ouverts uniquement du côté du canal intestinal, et ayant beaucoup de ressemblance avec le cœcum de l'homme et des quadrupèdes à mamelles. Ces appendices sont quelquefois longs, et d'un plus petit diamètre que l'intestin, et d'autres fois assez gros et très courts. On en compte, suivant les espèces que l'on a sous les yeux, depuis un jusqu'à plus de cent.

L'intestin s'étend presque en droite ligne dans plusieurs poissons, et particulièrement dans ceux dont le corps est très allongé; il revient vers l'estomac et se replie ensuite vers l'anus, dans le plus grand nombre des autres poissons. Dans quelques-uns de ces derniers animaux, il présente plusieurs circonvolutions et est alors plus long que la tête, le corps et la queue considérés ensemble.

On a fait plusieurs observations sur la manière dont s'opère la digestion dans ce tube intestinal; on a particulièrement voulu savoir quel degré de température résultait de cette opération, et l'on s'est assuré qu'elle ne produisait aucune augmentation sensible de chaleur. Les aliments, qui doivent subir dans l'intérieur des poissons les altérations nécessaires pour être changés d'abord en chyme et ensuite en chyle, ne sont donc soumis à aucun agent dont la force soit aidée par un surcroît de chaleur. D'un autre côté, l'estomac du plus grand nombre de ces animaux est composé de membranes trop minces, pour que la nourriture qu'ils avalent soit broyée, triturée et divisée au point d'être très facilement décomposée; il n'est donc pas surprenant que les sucs digestifs des poissons soient, en général, très abondants et très actifs. Aussi ont-ils, avec une rate souvent triangulaire, quelquefois allongée, toujours d'une couleur obscure, et avec une vésicule du fiel assez grande, un foie très volumineux, tantôt simple, tantôt divisé en deux ou en trois lobes, et qui, dans quelques-uns des animaux dont nous traitons, est aussi long que l'abdomen.

Cette quantité et cette force des sucs digestifs sont surtout nécessaires dans les poissons qui ne présentent presque aucune sinuosité dans leur intestin, presque aucun appendice auprès du pylore, presque aucune dent dans leur gueule, et qui, ne pouvant ainsi ni couper, ni déchirer, ni concasser les substances alimentaires, ni compenser le peu de division de ces substances par un séjour plus long de ces mêmes matières nutritives dans un estomac garni de petits cœcums, ou dans un intestin très sinueux et par conséquent très prolongé, n'ont leurs aliments exposés à la puissance des agents de la digestion que dans l'état et pendant le temps le moins propre aux altérations que ces aliments doivent éprouver. Ce serait donc toujours en raison inverse du nombre des dents, des appendices de l'estomac et des circonvolutions de l'intestin, que devrait être, tout égal d'ailleurs, le volume du foie, si l'abondance des sucs digestifs ne pouvait être suppléée par un accroissement de leur activité. Quelquefois cet accroissement d'énergie est aidé ou remplacé par une faculté particulière accordée à l'animal. Par exemple, le brochet et les autres ésoces, que l'on doit regarder comme les animaux de proie les plus funestes à un très grand nombre de poissons, et qui, consommant une grande quantité d'aliments, n'ont cependant reçu ni appendices de l'estomac, ni intestin très contourné, ni foie des plus volumineux, jouissent d'une faculté que l'on a depuis longtemps observée dans d'autres animaux rapaces, et surtout dans les oiseaux de proie les plus sanguinaires ; ils peuvent rejeter facilement par leur gueule les différentes substances qu'ils ne pourraient digérer qu'en les retenant très longtemps dans des appendices ou des intestins plusieurs fois repliés qui leur manquent, ou en les attaquant par des sucs plus abondants ou plus puissants que ceux qui leur ont été départis.

Nous n'avons pas besoin de dire que de l'organisation qui donne ou qui refuse cette faculté de rejeter, de la quantité et du pouvoir des sucs digestifs, de la forme et des sinuosités du canal intestinal, dépendent peut-être, autant que de la nature des substances avalées par l'animal, la couleur et les autres qualités des excréments des poissons ; mais nous devons ajouter que ces produits de la digestion ne sortent du corps que très ramollis, parce que, indépendamment d'autre raison, ils sont toujours mêlés, vers l'extrémité de l'intestin, avec une quantité d'urine d'autant plus grande, qu'avant d'arriver à la vessie destinée à la réunir, elle est filtrée et préparée dans des reins très volumineux, placés presque immédiatement au-dessous de l'épine du dos, divisés en deux dans quelques poissons et assez étendus dans presque tous pour égaler l'abdomen en longueur. Cette dernière sécrétion est cependant un peu moins liquide dans les poissons que dans les autres animaux ; et n'a-t-elle pas cette consistance un peu plus grande, parce qu'elle participe plus ou moins de la nature huileuse que nous remarquerons dans toutes les parties des animaux dont nous publions l'histoire ?

Maintenant ne pourrait-on pas considérer un moment la totalité du corps des poissons comme une sorte de long tuyau, aussi peu uniforme dans sa cavité intérieure que dans ses parties externes ? Le canal intestinal, dont les membranes se réunissent à ses deux extrémités avec les téguments de l'extérieur du corps, représenterait la cavité allongée et tortueuse de cette espèce de tube. Et que l'on ne pense pas que ce point de vue fût sans utilité. Ne pourrait-il pas servir, en effet, à mettre dans une sorte d'évidence ce grand rapport de conformation qui lie tous les êtres animés, ce modèle simple et unique d'après lequel l'existence des êtres vivants a été plus ou moins diversifiée par la puissance créatrice ? Et dans ce long tube, dans lequel nous transformons, pour ainsi dire, le corps du poisson, n'aperçoit-on pas à l'instant ces longs tuyaux qui composent la plus grande partie de l'organisation des animaux les plus simples, d'un grand nombre de polypes?

Nous avons jeté les yeux sur la surface extérieure et sur la surface interne de ce tube animé qui représente, un instant pour nous, le corps des poissons. Mais les parois de ce tuyau ont une épaisseur; c'est dans cette épaisseur qu'il faut pénétrer; c'est là qu'il faut chercher les sources de la vie.

Dans les poissons, comme dans les autres animaux, les véritables sucs nourriciers sont pompés au travers des pores dont les membranes de l'intestin sont criblées. Ce chyle est attiré et reçu par une portion de ce système de vaisseaux remarquables, disséminés dans toutes les parties de l'animal, liés par des glandes propres à élaborer le liquide substantiel qu'ils transmettent, et qui ont reçu le nom de vaisseaux lactés ou de vaisseaux lymphatiques, suivant leur position, ou, pour mieux dire, suivant la nature du liquide alimentaire qui les parcourt.

Les bornes de ce discours et le but de cet ouvrage ne nous permettent pas d'exposer dans tous ses détails l'ensemble de ces vaisseaux absorbants, soit qu'ils contiennent une sorte de lait que l'on nomme chyle, ou qu'ils renferment une lymphe nourricière. Nous ne pouvons pas montrer ces canaux sinueux qui pénètrent jusqu'à toutes les cavités, se répandent auprès de tous les organes, arrivent à un si grand nombre de points de la surface, sucent, pour ainsi dire, partout les fluides surabondants auxquels ils atteignent, se réunissent, se séparent, se divisent, font parvenir jusqu'aux glandes, qu'ils paraissent composer par leurs circonvolutions, les sucs hétérogènes qu'ils ont aspirés, les y modifient par le mélange, les y vivifient par de nouvelles combinaisons, les y élaborent par le temps, les portent enfin convenablement préparés jusqu'à deux réceptacles, et les poussent, par un orifice garni de valvules, jusque dans la veine-cave, presque à l'endroit où ce dernier conduit ramène vers le cœur le sang qui a servi à l'entretien des différentes parties du corps de l'animal. Nous pouvons dire seulement que cette organisation cette distribution et ces effets si dignes de l'attention du physiologiste, sont très analogues, dans les poissons, aux phénomènes et aux conformations de ce genre que l'on remarque dans les autres animaux à sang rouge. Les vaisseaux absorbants sont même plus sensibles dans les poissons; et c'est principalement aux observations dont ces organes ont été l'objet dans les animaux dont nous recherchons la nature[1], qu'il faut rapporter une grande partie des progrès que l'on a faits assez récemment dans la connaissance des vaisseaux lymphatiques ou lactés, et des glandes conglobées des autres animaux.

Le sang des poissons ne sort donc de la veine-cave, pour entrer dans le cœur, qu'après avoir reçu des vaisseaux absorbants les différents sucs qui

---

1. L'on trouvera particulièrement des descriptions très bien faites et de beaux dessins des vaisseaux absorbants des poissons, dans le grand ouvrage que le savant Monro a publié sur ces animaux.

seuls peuvent donner à ce fluide la faculté de nourrir les diverses parties du corps qu'il arrose; mais il n'a pas encore acquis toutes les qualités qui lui sont nécessaires pour entretenir la vie; il faut qu'il aille encore dans les organes respiratoires recevoir un des éléments essentiels de son essence. Quelle est cependant la route qu'il suit pour se porter à ces organes, et pour se distribuer ensuite dans les différentes parties du corps? Quelle est la composition de ces mêmes organes? Montrons rapidement ces deux grands objets.

Le cœur, principal instrument de la circulation, presque toujours contenu dans une membrane très mince que l'on nomme *péricarde*, et variant quelquefois dans sa figure, suivant l'espèce que l'on examine, ne renferme que deux cavités : un ventricule, dont les parois sont très épaisses, ridées, et souvent parsemées de petits trous; et une oreillette beaucoup plus grande, placée sur le devant de la partie gauche du ventricule, avec lequel elle communique par un orifice garni de deux valvules[1]. C'est à cette oreillette qu'arrive le sang avant qu'il soit transmis au ventricule; et il y parvient par un ample réceptacle qui constitue véritablement la veine-cave, ou du moins l'extrémité de cette veine, que l'on a nommé *sinus veineux*, qui est placé à la partie postérieure de l'oreillette, et qui y aboutit par un trou, au bord duquel deux valvules sont attachées.

Le sang, en sortant du ventricule, entre, par un orifice que deux autres valvules ouvrent et ferment, dans un sac artériel ou très grande cavité que l'on pourrait presque comparer à un second ventricule, qui se resserre lorsque le cœur se dilate, et s'épanouit, au contraire, lorsque le cœur est comprimé; dont les pulsations peuvent être très sensibles, et qui, diminuant de diamètre, forme une véritable artère à laquelle le nom d'*aorte* a été appliqué. Cette artère est cependant l'analogue de celle que l'on a nommée *pulmonaire* dans l'homme, dans les quadrupèdes à mamelles et dans d'autres animaux à sang rouge. Elle conduit, en effet, le sang aux branchies, qui, dans les poissons, remplacent les poumons proprement dits; et, pour le répandre au milieu des diverses portions de ces branchies dans l'état de division nécessaire, elle se sépare d'abord en deux troncs, dont l'un va vers les branchies de droite, et l'autre vers les branchies de gauche. L'un et l'autre de ces deux troncs se partagent en autant de branches qu'il y a de branchies de chaque côté, et il n'est aucune de ces branches qui n'envoie à chacune des lames que l'on voit dans une branchie, un rameau qui se divise, très près de la surface de ces mêmes lames, en un très grand nombre de ramifications, dont les extrémités disparaissent à cause de leur ténuité.

Ces nombreuses ramifications correspondent à des ramifications analogues, mais veineuses, qui, se réunissant successivement en rameaux et en

---

1. Toutes les fois que nous emploierons dans cet ouvrage les mots *antérieur, inférieur, postérieur, supérieur*, etc., nous supposerons le poisson dans sa position la plus naturelle, c'est-à-dire dans la situation horizontale.

branches, portent le sang réparé, et, pour ainsi dire, revivifié par les branchies, dans un tronc unique, lequel, s'avançant vers la queue le long de l'épine du dos, fait les fonctions de la grande artère nommée *aorte descendante* dans l'homme et dans les quadrupèdes, et distribue dans presque toutes les parties du corps le fluide nécessaire à leur nutrition.

La veine qui part de la branchie la plus antérieure ne se réunit cependant avec celle qui tire son origine de la branchie la plus voisine, qu'après avoir conduit le sang vers le cerveau et les principaux organes des sens ; mais il est bien plus important encore d'observer que les veines qui prennent leur naissance dans les branchies, non seulement transmettent le sang qu'elles contiennent, au vaisseau principal dont nous venons de parler, mais encore qu'elles se déchargent dans un autre tronc qui se rend directement dans le grand réceptacle par lequel la veine-cave est formée ou terminée.

Ce second tronc, que nous venons d'indiquer, doit être considéré comme représentant la veine pulmonaire, laquelle, ainsi que tout le monde le sait, conduit le sang des poumons dans le cœur de l'homme, des quadrupèdes, des oiseaux et des reptiles. Une partie du fluide ranimé dans les branchies des poissons va donc au cœur de ces derniers animaux, sans avoir circulé de nouveau par les artères et les veines; elle repasse donc par les branchies, avant de se répandre dans les différents organes qu'elle doit arroser et nourrir ; et peut-être même va-t-elle plus d'une fois, avant de parvenir aux portions du corps qu'elle est destinée à entretenir, chercher dans ces branchies une nouvelle quantité de principes réparateurs.

Au reste, le sang parcourt les routes que nous venons de tracer avec plus de lenteur qu'il ne circule dans la plupart des animaux plus rapprochés de l'homme que les poissons. Son mouvement serait bien plus retardé encore s'il n'était dû qu'aux impulsions que le cœur donne et qui se décomposent et s'anéantissent, au moins en grande partie, au milieu des nombreux circuits des vaisseaux sanguins, et s'il n'était pas aussi produit par la force des muscles qui environnent les artères et les veines.

Mais, quels sont donc ces organes particuliers que nous nommons *branchies*[1], et par quelle puissance le sang en reçoit-il le principe de la vie ?

Ils sont bien plus variés que les organes respiratoires des animaux que l'on a regardés comme plus parfaits. Ils peuvent différer, en effet, les uns des autres, suivant la famille de poissons que l'on examine, non seulement par leur forme, mais encore par le nombre et par les dimensions de leurs parties. Dans quelques espèces ils consistent dans des poches ou bourses composées de membranes plissées[2], sur la surface desquelles s'étendent les ramifications artérielles et veineuses dont j'ai déjà parlé ; et jusqu'à présent

1. Ces organes ont été aussi appelés *ouïes;* mais nous avons supprimé cette dernière dénomination comme impropre, partant d'une fausse supposition et pouvant faire naître des erreurs, ou au moins des équivoques et de l'obscurité.

2. Voyez l'article du *Pétromyzon lamproie.*

on a compté de chaque côté de la tête six ou sept de ces poches ridées et à grande superficie[1].

Mais le plus souvent les branchies sont formées par plusieurs arcs solides et d'une courbure plus ou moins considérable. Chacun de ces arcs appartient à une branchie particulière.

Le long de la partie convexe, on voit quelquefois un seul rang, mais le plus communément deux rangées de petites lames plus ou moins solides et flexibles, et dont la figure varie suivant le genre et quelquefois suivant l'espèce. Ces lames sont d'ailleurs un peu convexes d'un côté et un peu concaves du côté opposé, appliquées l'une contre l'autre, attachées à l'arc, liées ensemble, recouvertes par des membranes de diverses épaisseurs, ordinairement garnies de petits poils plus ou moins apparents, et plus nombreux sur la face convexe que sur la face concave, et revêtues, sur leurs surfaces, de ces ramifications artérielles et veineuses si multipliées, que nous avons déjà décrites.

La partie concave de l'arc ne présente pas de lames; mais elle montre ou des protubérances courtes et unies, ou des tubérosités rudes et arrondies, ou des tubercules allongés, ou des rayons, ou de véritables aiguillons assez courts.

Tous les arcs sont élastiques et garnis vers leurs extrémités de muscles qui peuvent, suivant le besoin de l'animal, augmenter momentanément leur courbure ou leur imprimer d'autres mouvements.

Leur nombre, ou, ce qui est la même chose, le nombre des branchies est de quatre de chaque côté dans presque tous les poissons; quelques-uns cependant n'en ont que trois à droite et trois à gauche[2]; d'autres en ont cinq[3]. On connaît une espèce de squale qui en a six, une seconde espèce de la même famille qui en présente sept; et ainsi on doit dire que l'on peut compter en tout, dans les animaux que nous observons, depuis six jusqu'à quatorze branchies; peut-être néanmoins y a-t-il des poissons qui n'ont qu'une ou deux branchies de chaque côté de la tête.

Nous devons faire remarquer encore que les proportions des dimensions des branchies avec celles des autres parties du corps ne sont pas les mêmes dans toutes les familles de poissons; ces organes sont moins étendus dans ceux qui vivent habituellement au fond des mers ou des rivières, à demi enfoncés dans le sable ou dans la vase, que dans ceux qui parcourent en nageant de grands espaces, et s'approchent souvent de la surface des eaux[4].

---

1. Il y a sept branchies de chaque côté dans les pétromyzons, et six dans les gastrobranches.
2. Les tétrodons.
3. Les raies et la plupart des squales.
4. De grands naturalistes, et même Linné, ont cru pendant longtemps que les poissons cartilagineux avaient de véritables poumons en même temps que des branchies, et ils les ont, en conséquence, séparés des autres poissons, en leur donnant le nom d'*amphibies nageurs;* l'on

Au reste, quels que soient la forme, le nombre et la grandeur des branchies, elles sont placées, de chaque côté de la tête, dans une cavité qui n'est qu'une prolongation de l'intérieur de la gueule ; ou si elles ne sont composées que de poches plissées, chacune de ces bourses communique par un ou deux orifices avec ce même intérieur, pendant qu'elle s'ouvre à l'extérieur par un autre orifice. Mais, comme nous décrirons en détail[1] les légères différences que la contexture de ces organes apporte dans l'arrivée du fluide nécessaire à la respiration des poissons, ne nous occupons maintenant que des branchies qui appartiennent au plus grand nombre de ces animaux, et qui consistent principalement dans des arcs solides et dans une ou deux rangées de petites lames.

Souvent l'eau entre par la bouche pour parvenir jusqu'à la cavité qui, de chaque côté de la tête, renferme les branchies ; et, lorsqu'elle a servi à la respiration et qu'elle doit être remplacée par un nouveau fluide, elle s'échappe par un orifice latéral, auquel on a donné le nom d'*ouverture branchiale*[2]. Dans quelques espèces, dans les pétromyzons, dans les raies et dans plusieurs squales, l'eau surabondante peut aussi sortir des deux cavités et de la gueule par un ou deux petits tuyaux ou évents qui, du fond de la bouche, parviennent à l'extérieur du corps vers le derrière de la tête. D'autres fois, l'eau douce ou salée est introduite par les ouvertures branchiales et passe par les évents ou par la bouche lorsqu'elle est repoussée en dehors ; ou, si elle pénètre par les évents, elle trouve une issue dans l'ouverture de la gueule ou dans une des branchiales.

L'issue branchiale de chaque côté du corps n'est ouverte ou fermée dans certaines espèces que par la dilatation ou la compression que l'animal peut faire subir aux muscles qui environnent cet orifice ; mais communément elle est garnie d'un opercule ou d'une membrane, et le plus souvent de tous les deux à la fois.

L'opercule est plus ou moins solide, composé d'une ou de plusieurs pièces, ordinairement garni de petites écailles, quelquefois hérissé de pointes ou armé d'aiguillons ; la membrane, placée en tout ou en partie sous l'opercule, est presque toujours soutenue, comme une nageoire, par des rayons simples qui varient en nombre suivant les espèces ou les familles, et, mus par des muscles particuliers, peuvent, en s'écartant ou en se rapprochant les uns des autres, déployer ou plisser la membrane. Lorsque le poisson veut fermer son ouverture branchiale, il abat son opercule, il étend au-dessous sa membrane, il applique exactement et fortement contre les bords de

---

trouvera, dans les articles relatifs aux diodons, l'origine de cette erreur, dont on a dû la première réfutation à Vicq d'Azir et à M. Broussonnet.

1. Dans l'article du *Pétromyzon lamproie*.

2. Dans le plus grand nombre de poissons il n'y a qu'une ouverture branchiale de chaque côté de la tête ; mais, dans les raies et dans presque tous les squales, il y en a cinq à droite et cinq à gauche ; il y en a six dans une espèce particulière de squale, et sept dans une autre espèce de la même famille, ainsi que dans tous les pétromyzons.

l'orifice les portions de la circonférence de la membrane ou de l'opercule qui ne tiennent pas à son corps ; il a, pour ainsi dire, à sa disposition, une porte un peu flexible et un ample rideau pour clore la cavité de ses branchies.

Mais nous avons assez exposé de routes, montré de formes, développé d'organisations ; il est temps de faire mouvoir les ressorts que nous avons décrits. Que les forces que nous avons indiquées agissent sous nos yeux ; remplaçons la matière inerte par la matière productive, la substance passive par l'être actif, le corps seulement organisé par le corps en mouvement ; que le poisson reçoive le souffle de la vie ; qu'il respire.

En quoi consiste cependant cet acte si important, si involontaire, si fréquemment renouvelé, auquel on a donné le nom de *respiration?*

Dans les poissons, dans les animaux à branchies, de même que dans ceux qui ont reçu des poumons, cet acte n'est que l'absorption d'une quantité plus ou moins grande de ce gaz oxygène qui fait partie de l'air atmosphérique, et qui se retrouve jusque dans les plus grandes profondeurs de la mer. C'est ce gaz oxygène qui, en se combinant dans les branchies avec le sang des poissons, le colore par son union avec les principes que ce fluide lui présente et lui donne, par la chaleur qui se dégage, le degré de température qui doit appartenir à ce liquide. Comme, ainsi que tout le monde le sait, les corps ne brûlent que par l'absorption de ce même oxygène, la respiration des poissons, semblable à celle des animaux à poumons, n'est donc qu'une combustion plus ou moins lente ; et même au milieu des eaux nous voyons se réaliser cette belle et philosophique fiction de la poésie ancienne, qui, du souffle vital qui anime les êtres, faisait une sorte de flamme secrète plus ou moins fugitive.

L'oxygène amené par l'eau sur les surfaces si multipliées, et par conséquent si agissantes que présentent les branchies, peut aisément parvenir jusqu'au sang contenu dans les nombreuses ramifications artérielles et veineuses que nous avons déjà fait connaître. Cet élément de la vie peut, en effet, pénétrer facilement au travers des membranes qui composent ou recouvrent ces petits vaisseaux sanguins ; il peut passer au travers de pores trop petits pour les globules du sang. On ne peut plus en douter depuis que l'on connaît l'expérience par laquelle Priestley a prouvé que du sang renfermé dans une vessie couverte, même avec de la graisse, n'en était pas moins altéré dans sa couleur par l'air de l'atmosphère, dont l'oxygène fait partie ; et l'on a su de plus, par Monro, que lorsqu'on injecte, avec une force modérée, de l'huile de térébenthine colorée par du vermillon, dans l'artère branchiale de plusieurs poissons, et particulièrement d'une raie récemment morte, une portion de l'huile rougie transsude au travers des membranes qui composent les branchies et ne les déchire pas.

Mais cet oxygène qui s'introduit jusque dans les petits vaisseaux des branchies, dans quel fluide les poissons peuvent-ils le puiser? Est-ce une quantité plus ou moins considérable d'air atmosphérique disséminé dans l'eau et répandu jusque dans les abîmes les plus profonds de l'Océan, qui contient tout l'oxygène qu'exige le sang des poissons pour être revivifié? ou pourrait-on croire que l'eau, parmi les éléments de laquelle on compte l'oxygène, est décomposée par la grande force d'affinité que doit exercer sur les principes de ce fluide un sang très divisé et répandu sur les surfaces multipliées des branchies? Cette question est importante; elle est liée avec les progrès de la physique animale; nous ne terminerons pas ce discours sans chercher à jeter quelque jour sur ce sujet, dont nous nous sommes occupés les premiers et que nous avons discuté dans nos cours publics dès l'an III; continuons cependant, quelle que soit la source d'où découle cet oxygène, d'exposer les phénomènes relatifs à la respiration des poissons.

Pendant l'opération que nous examinons, le sang de ces animaux non seulement se combine avec le gaz qui lui donne la couleur et la vie, mais encore se dégage, par une double décomposition, des principes qui l'altèrent. Ces deux effets paraissant, au premier coup d'œil, pouvoir être produits au milieu de l'atmosphère aussi bien que dans le sein des eaux, on ne voit pas tout d'un coup pourquoi, en général, les poissons ne vivent dans l'air que pendant un temps assez court, quoique ce dernier fluide puisse arriver plus facilement jusque sur leurs branchies et leur fournir bien plus d'oxygène qu'ils n'ont besoin d'en recevoir. On peut cependant donner plusieurs raisons de ce fait remarquable. Premièrement, on peut dire que l'atmosphère, en leur abandonnant de l'oxygène avec plus de promptitude ou en plus grande quantité que l'eau, est pour leurs branchies ce que l'oxygène très pur est pour les poumons de l'homme, des quadrupèdes, des oiseaux et des reptiles; l'action vitale est trop augmentée au milieu de l'air, la combustion trop précipitée, l'animal, pour ainsi dire, consumé. Secondement, les vaisseaux artériels et veineux, disséminés sur les surfaces branchiales, n'étant pas contenus dans l'atmosphère par la pression d'un fluide aussi pesant que l'eau, cèdent à l'action du sang devenue beaucoup plus vive, se déchirent, produisent la destruction d'un des organes essentiels des poissons, causent bientôt leur mort; et voilà pourquoi, lorsque ces animaux périssent pour avoir été pendant longtemps hors de l'eau des mers ou des rivières, on voit leurs branchies ensanglantées. Troisièmement enfin, l'air, en desséchant tout le corps des poissons, et particulièrement le principal siège de leur respiration, diminue et même anéantit cette humidité, cette onctuosité, cette souplesse dont ils jouissent dans l'eau, arrête le jeu de plusieurs ressorts, hâte la rupture de plusieurs vaisseaux et particulièrement de ceux qui appartiennent aux branchies. Aussi verrons-nous, dans le cours de cet ouvrage, que la plupart des procédés employés pour conserver dans l'air des poissons en vie se réduisent à les pénétrer d'une humidité abondante et à préserver surtout de toute dessiccation l'intérieur de la bouche, et par conséquent les branchies; et, d'un autre côté, nous remarquerons que l'on parvient à faire vivre plus longtemps hors de l'eau ceux de ces animaux dont les organes respiratoires sont le plus à l'abri sous un opercule et une membrane qui s'appliquent exactement contre les bords de l'ouverture branchiale, ou ceux qui sont pourvus et, pour ainsi dire, imbibés d'une plus grande quantité de matière visqueuse.

Cette explication paraîtra avoir un nouveau degré de force, si l'on fait attention à un autre phénomène plus important encore pour le physicien. Les branchies ne sont·pas, à la rigueur, le seul organe par lequel les poissons respirent ; partout où leur sang est très divisé et très rapproché de l'eau, il peut, par son affinité, tirer directement de ce fluide, ou de l'air que cette même eau contient, l'oxygène qui lui est nécessaire. Or, non seulement les téguments des poissons sont perpétuellement environnés d'eau, mais ce même liquide arrose souvent l'intérieur de leur canal intestinal, y séjourne même ; et comme ce canal est entouré d'une très grande quantité de vaisseaux sanguins, il doit s'opérer dans sa longue cavité, ainsi qu'à la surface extérieure de l'animal, une absorption plus ou moins fréquente d'oxygène, un dégagement plus ou moins grand de principes corrupteurs du sang. Le poisson respire donc et par ses branchies, et par sa peau, et par son tube intestinal ; et le voilà lié, par une nouvelle ressemblance, avec des animaux plus parfaits.

Au reste, de quelque manière que le sang obtienne l'oxygène, c'est lorsqu'il a été combiné avec ce gaz, qu'ayant reçu d'ailleurs des vaisseaux absorbants les principes de la nutrition, il jouit de ses qualités dans toute leur plénitude. C'est après cette union que, circulant avec la vitesse qui lui convient dans toutes les parties du corps, il entretient, répare, produit, anime, vivifie. C'est alors que, par exemple, les muscles doivent à ce fluide leur accroissement, leurs principes conservateurs et le maintien de l'irritabilité qui les caractérise.

Ces organes intérieurs de mouvement ne présentent, dans les poissons, qu'un très petit nombre de différences générales et sensibles avec ceux des autres animaux à sang rouge. Leurs tendons s'insèrent, à la vérité, dans la peau, ce qu'on ne voit ni dans l'homme ni dans la plupart des quadrupèdes ; mais on retrouve la même disposition non seulement dans les serpents qui sont revêtus d'écailles, mais encore dans le porc-épic et dans le hérisson, qui sont couverts de piquants. On peut cependant distinguer les muscles des poissons par la forme des fibres qui les composent et par le degré de leur irritabilité[1]. En effet, ils peuvent se séparer encore plus facilement que

---

1. Nous croyons devoir indiquer dans cette note le nombre et la place des principaux muscles des poissons.

Premièrement, on voit régner, de chaque côté du corps, un muscle qui s'étend depuis la tête jusqu'à l'extrémité de la queue, et qui est composé de plusieurs muscles transversaux, semblables les uns aux autres, parallèles entre eux et placés obliquement.

Secondement, la partie supérieure du corps et de la queue est recouverte par deux muscles longitudinaux, que l'on a nommés *dorsaux*, et qui occupent l'intervalle laissé par les muscles

les muscles des animaux plus composés, en fibres très déliées; et comme ces fibrilles, quelque ténues qu'elles soient, paraissent toujours aplaties et non cylindriques, on peut dire qu'elles se prêtent moins à la division que l'on veut leur faire subir dans un sens que dans un autre, puisqu'elles conservent toujours deux diamètres inégaux, ce que l'on n'a pas remarqué dans les muscles de l'homme, des quadrupèdes, des oiseaux ni des reptiles.

De plus, l'irritabilité des muscles des poissons paraît plus grande que celle des autres animaux à sang rouge; ils cèdent plus aisément à des stimulants égaux. Et que l'on n'en soit pas étonné : les fibres musculaires contiennent deux principes, une matière terreuse et une matière glutineuse. L'irritabilité paraît dépendre de la quantité de cette dernière substance; elle est d'autant plus vive que cette matière glutineuse est plus abondante, ainsi qu'on peut s'en convaincre en observant les phénomènes que présentent les polypes, d'autres zoophytes, et en général tous les jeunes animaux. Mais, parmi les animaux à sang rouge, en est-il dans lesquels ce gluten soit plus répandu que dans les poissons? Sous quelque forme que se présente cette substance, dont la présence sépare les êtres organisés d'avec la matière brute, sous quelque modification qu'elle soit, pour ainsi dire, déguisée, elle se montre dans les poissons en quantité bien plus considérable que dans les animaux plus parfaits ; et voilà pourquoi leur tissu cellulaire contient plus de cette graisse huileuse que tout le monde connaît ; et voilà pourquoi encore toutes les parties de leur corps sont pénétrées d'une huile que l'on retrouve particulièrement dans leur foie, et qui est assez abondante

des côtés. Lorsqu'il y a une nageoire sur le dos, ces muscles dorsaux sont interrompus à l'endroit de cette nageoire, et, par conséquent, il y en a quatre au lieu de deux ; on en compte six, par une raison semblable, lorsqu'il y a deux nageoires sur le dos, et huit, lorsqu'on voit trois nageoires dorsales.

Troisièmement, les muscles latéraux se réunissent au-dessous du corps proprement dit ; mais au-dessous de la queue, ils sont séparés par deux muscles longitudinaux qui sont interrompus et divisés en deux paires lorsqu'il y a une seconde nageoire de l'anus.

Quatrièmement, la tête présente plusieurs muscles, parmi lesquels on en distingue quatre plus grands que les autres, dont deux sont placés au-dessous des yeux, et deux dans la mâchoire inférieure. On remarque aussi celui qui sert à déployer la membrane branchiale, et qui s'attache, par un tendon particulier, à chacun des rayons qui soutiennent cette membrane.

Cinquièmement, chaque nageoire pectorale a deux muscles releveurs placés sur la surface externe des os que l'on a comparés aux clavicules et aux omoplates, et deux abaisseurs situés sous ces mêmes os.

Sixièmement, les rayons des nageoires du dos et de l'anus ont également chacun quatre rayons, dont deux releveurs occupent la face antérieure de l'os qui retient le rayon et que l'on nomme aileron, et dont deux abaisseurs sont attachés aux côtés de ce même aileron et vont s'insérer obliquement derrière la base du rayon qu'ils sont destinés à coucher le long du corps ou de la queue.

Septièmement, trois muscles appartiennent à chaque nageoire inférieure : celui qui sert à l'étendue couvre la surface externe de l'aileron, qui représente une partie des os du bassin, et les deux autres qui l'abaissent partent de la surface interne de cet aileron.

Huitièmement enfin, quatre muscles s'attachent à la nageoire de la queue : un droit et deux obliques ont reçu le nom de supérieurs, et l'on nomme inférieur, à cause de sa position, le quatrième de ces muscles puissants.

dans certaines espèces de poissons pour que l'industrie et le commerce l'emploient avec avantage à satisfaire plusieurs besoins de l'homme.

C'est aussi de cette huile, dont l'intérieur même des poissons est abreuvé, que dépend la transparence plus ou moins grande que présentent ces animaux dans des portions de leur corps souvent assez étendues et même quelquefois un peu épaisses. Ne sait-on pas, en effet, que, pour donner à une matière ce degré d'homogénéité qui laisse passer assez de lumière pour produire la transparence, il suffit de parvenir à l'imprégner d'une huile quelconque? Et ne ne le voit-on pas tous les jours dans les papiers huilés avec lesquels on est souvent forcé de chercher à remplacer le verre?

Un autre phénomène, très digne d'attention, doit être rapporté à cette huile, que l'art sait si bien, et depuis si longtemps, extraire du corps des poissons : c'est leur phosphorescence. En effet, non seulement leurs cadavres peuvent, comme tous les animaux et tous les végétaux qui se décomposent, répandre, par une suite de leur altération et des diverses combinaisons que leurs principes éprouvent, une lueur blanchâtre que tout le monde connaît, non seulement ils peuvent pendant leur vie, et particulièrement dans les contrées torrides, se pénétrer pendant le jour d'une vive lumière solaire qu'ils laissent échapper pendant la nuit, qui les revêt d'un éclat très brillant et en quelque sorte d'une couche de feu, et qui a été si bien observée dans le Sénégal par le citoyen Adanson, mais encore ils tirent de cette matière huileuse, qui s'insinue dans toutes leurs parties et qui est un de leurs éléments, la faculté de paraître revêtus, indépendamment de tel ou tel temps et de telle ou telle température, d'une lumière qui, dans les endroits où ils sont réunis en très grand nombre, n'ajoute pas peu au magnifique spectacle que présente la mer lorsque les différentes causes qui peuvent en rendre la surface phosphorique agissent ensemble et se déploient avec force[1]. Ils augmentent d'autant plus la beauté de cette immense illumination que la poésie a métamorphosée en appareil de fête pour les divinités des eaux, que leur clarté paraît de très loin, et qu'on l'aperçoit très bien lors même qu'ils sont à d'assez grandes profondeurs. Nous tenons d'un de nos plus savants confrères, M. Borda, que des poissons, nageant à près de sept mètres au-dessous de la surface d'une mer calme, ont été vus très phosphoriques.

Cette huile ne donne pas uniquement un vain éclat aux poissons, elle les maintient au milieu de l'eau contre l'action altérante de ce fluide. Mais, indépendamment de cette huile conservatrice, une substance visqueuse, analogue à cette matière huileuse, mais qui en diffère par plusieurs caractères, et par conséquent par la nature ou du moins par la proportion des principes qui la composent, est élaborée dans des vaisseaux particuliers, transportée sous les téguments extérieurs et répandue à la surfrce du corps par plusieurs ouvertures. Le nombre, la position, la forme de ces ouver-

---

1. Des poissons qu'on fait bouillir dans de l'eau la rendent quelquefois phosphorique. (Observation du docteur Beale, *Transact. philosoph.*, année 1666.)

tures, de ces canaux déférents, de ces organes sécréteurs, varient suivant les espèces; mais, dans presque tous les poissons, cette humeur gluante suinte particulièrement par des orifices distribués sur différentes parties de la tête et par d'autres orifices situés le long du corps et de la queue, placés de chaque côté, et dont l'ensemble a reçu le nom de *ligne latérale*. Cette ligne est plus sensible lorsque le poisson est revêtu d'écailles facilement visibles, parce qu'elle se compose alors non seulement des pores excréteurs que nous venons d'indiquer, mais encore d'un canal formé d'autant de petits tuyaux qu'il y a d'écailles sur ces orifices, et creusé dans l'épaisseur de ces mêmes écailles. Elle varie d'ailleurs avec les espèces, non seulement par le nombre, et depuis un jusqu'à trois de chaque côté, mais encore par sa longueur, sa direction, sa courbure, ses interruptions et les piquants dont elle peut être hérissée.

Cette substance visqueuse, souvent renouvelée, enduit tout l'extérieur du poisson, empêche l'eau de filtrer au travers des téguments et donne au corps, qu'elle rend plus souple, la faculté de glisser plus facilement au milieu des eaux, que cette sorte de vernis repousse pour ainsi dire.

L'huile animale, qui vraisemblablement est le principe élaboré pour la production de cette humeur gluante, agit donc directement ou indirectement, et à l'extérieur et à l'intérieur des poissons; leurs parties mêmes les plus compactes et les plus dures portent l'empreinte de sa nature, et on retrouve son influence et même son essence jusque dans la charpente solide sur laquelle s'appuient toutes les parties molles que nous venons d'examiner.

Cette charpente, plus ou moins compacte, peut être cartilagineuse ou véritablement osseuse. Les pièces qui la composent présentent, dans leur formation et dans leur développement, le même phénomène que celles qui appartiennent au squelette des animaux plus parfaits que les poissons; leurs couches intérieures sont les premières produites, les premières réparées, les premières sur lesquelles agissent les différentes causes d'accroissement. Mais lorsque ces pièces sont cartilagineuses, elles diffèrent beaucoup d'ailleurs des os des quadrupèdes, des oiseaux et de l'homme. Enduites d'une mucosité qui n'est qu'une manière d'être de l'huile animale si abondante dans les poissons, elles ont des cellules et n'ont pas de cavité proprement dite; elles ne contiennent pas cette substance particulière que l'on a nommée *moelle osseuse* dans l'homme, les quadrupèdes et les oiseaux; elles offrent l'assemblage de différentes lames.

Lorsqu'elles sont osseuses, elles se rapprochent davantage, par leur contexture, des os de l'homme, des oiseaux et des quadrupèdes. Mais nous devons renvoyer au discours sur les parties solides des poissons tout ce que nous avons à dire encore de la charpente de ces derniers animaux : c'est dans ce discours particulier que nous ferons connaître en détail la forme d'une portion de leur squelette, qui, réunie avec la tête, constitue la principale base sur laquelle reposent toutes les parties de leur corps. Cette base, qui s'étend jusqu'à l'extrémité de la queue, consiste dans une longue suite de vertèbres, qui, par leur nature cartilagineuse ou osseuse, séparent tous les poissons en deux grandes sous-classes : celle des cartilagineux et celle des osseux [1]. Nous montrerons, dans le discours que nous venons d'annoncer, la figure de ces vertèbres, leur organisation, les trois conduits longitudinaux qu'elles présentent ; la gouttière supérieure, qui reçoit la moelle épinière ou dorsale ; le tuyau intérieur, alternativement large et resserré, qui contient une substance gélatineuse que l'on a souvent confondue avec la moelle épinière ; et la gouttière inférieure, qui met à l'abri quelques-uns des vaisseaux sanguins dont nous avons déjà parlé. Nous tâcherons de faire observer les couches, dont le nombre augmente dans ces vertèbres à mesure que l'animal croît, les nuances remarquables, et, entre autres, la couleur verte, qui les distingue dans quelques espèces. Nous verrons ces vertèbres, d'abord très simples dans les cartilagineux, paraître ensuite dénuées de côtes, mais avec des apophyses ou éminences plus ou moins saillantes et plus ou moins nombreuses, à mesure qu'elles appartiendront à des espèces plus voisines des osseux, et être enfin, dans ces mêmes osseux, garnies d'apophyses presque toujours liées avec des côtes, et quelquefois même servant de soutien à des côtes doubles. Nous examinerons les parties solides de la tête, et particulièrement les pièces des mâchoires ; celles qu'on a comparées à des omoplates et à des clavicules ; celles qui, dans quelques poissons auxquels nous avons conservé le nom de *silure*, représentent un véritable sternum ; les os ou autres corps durs que l'on a nommés *ailerons*, et qui retiennent les rayons des nageoires ; ceux qui remplacent les os connus dans l'homme et les quadrupèdes sous la dénomination d'*os du bassin*, et qui, attachés aux nageoires inférieures, sont placés d'autant plus près ou d'autant plus loin du museau, que l'on a sous les yeux tel ou tel ordre des animaux que nous voulons étudier. C'est alors enfin que nous nous convaincrons aisément que les différentes portions de la charpente varient beaucoup plus dans les poissons que dans les autres animaux à sang rouge, par leur nombre, leur forme, leur place, leurs proportions et leur couleur.

Hâtons cependant la marche de nos pensées.

Dans ce moment, le poisson respire devant nous ; son sang circule, sa substance répare ses pertes ; il vit. Il ne peut plus être confondu avec les masses inertes de la matière brute ; mais rien ne le sépare de l'insensible végétal. Il n'a pas encore cette force intérieure, cet attribut puissant et fécond que l'animal seul possède ; trop rapproché d'un simple automate, il n'est animé qu'à demi. Complétons ses facultés ; éveillons tous ses organes ; pénétrons-le de ce fluide subtil, de cet agent merveilleux, dont l'antique et créatrice mythologie fit une émanation du feu sacré ravi dans le ciel par l'audacieux Prométhée : il n'a reçu que la vie ; donnons-lui le sentiment.

1. Voyez l'article intitulé *De la nomenclature des poissons*.

Voyons donc la source et le degré de cette sensibilité départie aux êtres devenus les objets de notre attention particulière ; ou, ce qui est la même chose, observons l'ensemble de leur système nerveux.

Le cerveau, la première origine des nerfs, et par conséquent des organes du sentiment, est très petit dans les poissons, relativement à l'étendue de leur tête ; il est divisé en plusieurs lobes ; mais le nombre, la grandeur de ces lobes et leurs séparations diminuent à mesure que l'on s'éloigne des cartilagineux, particulièrement des raies et des squales, et qu'en parcourant les espèces d'osseux dont le corps très allongé ressemble, par sa forme extérieure, à celui d'un serpent, ainsi que celles dont la figure est plus ou moins conique, on arrive aux familles de ces mêmes osseux qui, telles que les pleuronectes, présentent le plus grand aplatissement.

Communément la partie intérieure du cerveau est un peu brune, pendant que l'extérieure ou la corticale est blanche et grasse. La moelle épinière qui part de cet organe, et de laquelle dérivent tous les nerfs qui n'émanent pas directement du cerveau, s'étend le long de la colonne vertébrale jusqu'à l'extrémité de la queue ; mais nous avons déjà dit qu'au lieu de pénétrer dans l'intérieur des vertèbres, elle en parcourt le dessus, en traversant la base des éminences pointues, ou apophyses supérieures, que présentent ces mêmes vertèbres. Il n'est donc pas surprenant que, dans les espèces de poissons dont ces apophyses sont un peu éloignées les unes des autres à cause de la longueur des vertèbres, la moelle épinière ne soit mise à l'abri sur plusieurs points de la colonne dorsale, que par des muscles, la peau et des écailles.

Mais l'énergie du système nerveux n'est pas uniquement le produit du cerveau ; elle dépend aussi de la moelle épinière ; elle réside même dans chaque nerf, et elle en émane d'autant plus que l'on est plus loin de l'homme et des animaux très composés, et plus près par conséquent des insectes et des vers, dont les différents organes paraissent plus indépendants les uns des autres dans leur jeu et dans leur existence.

Les nerfs des poissons sont aussi grands à proportion que ceux des animaux à mamelles, quoiqu'ils proviennent d'un cerveau beaucoup plus petit.

Tâchons cependant d'avancer vers notre but de la manière la plus prompte et la plus sûre, et examinons les organes particuliers dans lesquels les extrémités de ces nerfs s'épanouissent, qui reçoivent l'action des objets extérieurs, et qui, faisant éprouver au poisson toutes les sensations analogues à sa nature, complètent l'exercice de cette faculté, si digne des recherches du philosophe, à laquelle on a donné le nom de *sensibilité*.

Ces organes particuliers sont les sens. Le premier qui se présente à nous est l'odorat. Le siège en est très étendu, double, et situé entre les yeux et le bout du museau, à une distance plus ou moins grande de cette extrémité. Les nerfs qui y aboutissent partent immédiatement du cerveau, forment ce qu'on a nommé la première paire de nerfs, sont très épais et se distribuent, dans les deux sièges de l'odorat, en un très grand nombre de ramifications, qui, multipliant les surfaces de la substance sensitive, la rendent susceptible d'être ébranlée par de très faibles impressions. Ces ramifications se répandent sur des membranes très nombreuses, placées sur deux rangs dans la plupart des cartilagineux, particulièrement dans les raies, disposées en rayons dans les osseux, et garnissant l'intérieur des deux cavités qui renferment le véritable organe de l'odorat. C'est dans ces cavités que l'eau pénètre pour faire parvenir les particules odorantes dont elle est chargée, jusqu'à l'épanouissement des nerfs olfactifs ; elle y arrive, selon les espèces, par une ou deux ouvertures longues, rondes ou ovales ; elle y circule et en est expulsée pour faire place à une eau nouvelle, par les contractions que l'animal peut faire subir à chacun de ces deux organes.

Nous venons de dire que les yeux sont situés au delà, mais assez près des narines. Leur conformation ressemble beaucoup à celle des yeux de l'homme, des quadrupèdes, des oiseaux et des reptiles ; mais voici les différences qu'ils présentent. Ils ne sont garantis ni par des paupières ni par laucune membrane clignotante ; cette humeur que l'on nomme aqueuse, et qui remplit l'intervalle situé entre la cornée et le cristallin, y est moins abondante que dans les animaux plus parfaits ; l'humeur vitrée, qui occupe le fond de l'intérieur de l'organe, est moins épaisse que dans les oiseaux, les quadrupèdes et l'homme ; le cristallin est plus convexe, plus voisin de la forme entièrement sphérique, plus dense, pénétré, comme toutes les parties des poissons, d'une substance huileuse, et par conséquent plus inflammable.

Les vaisseaux sanguins qui aboutissent à l'organe de la vue sont d'ailleurs plus nombreux, ou d'un plus grand diamètre, dans les poissons que dans la plupart des autres animaux à sang rouge ; et voilà pourquoi le sang s'y porte avec plus de force, lorsque son cours ordinaire est troublé par les diverses agitations que l'animal peut ressentir.

Au reste, les yeux ne présentent pas à l'extérieur la même forme et ne sont pas situés de même dans toutes les espèces de poissons. Dans les unes ils sont très petits, et dans les autres assez grands ; dans celles-ci presque plats, dans celles-là très convexes ; dans le plus grand nombre de ces espèces, presque ronds ; dans quelques-unes, allongés ; tantôt très rapprochés et placés sur le sommet de la tête, tantôt très écartés et occupant les faces latérales de cette même partie, tantôt encore très voisins et appartenant au même côté de l'animal ; quelquefois disposés de manière à recevoir tous les deux des rayons de lumière réfléchie par le même objet, et d'autres fois ne pouvant chacun embrasser qu'un champ particulier. De plus, ils sont, dans certains poissons, recouverts en partie et mis comme en sûreté par une petite saillie que forment les téguments de la tête ; dans d'autres, la peau s'étend sur la totalité de ces organes, qui ne peuvent plus être aperçus que comme au travers d'un voile plus ou moins épais. La prunelle enfin n'est pas toujours ronde ou ovale, mais on la voit quelquefois terminée par un angle du côté du museau[1].

A la suite du sens de la vue, celui de l'ouïe se présente à notre examen. Les sciences naturelles sont maintenant trop avancées pour que nous puissions employer même un moment à réfuter l'opinion de ceux qui ont pensé que les poissons n'entendaient pas. Nous n'annoncerons donc pas, comme autant de preuves de la faculté d'entendre dont jouissent ces animaux, les faits que nous indiquerons en parlant de leur instinct ; nous ne dirons pas que, dans tous les temps et dans tous les pays, on a su qu'on ne pouvait employer avec succès certaines manières de pêcher qu'en observant le silence le plus profond[2] ; nous n'ajouterons pas, pour réunir des autorités à des raisonnements fondés sur l'observation, que plusieurs auteurs anciens attribuaient cette faculté aux poissons, et que particulièrement Aristote paraît devoir être compté parmi ces anciens naturalistes[3] ; mais nous allons faire connaître la forme de l'organe de l'ouïe dans les animaux dont nous voulons soumettre toutes les qualités à nos recherches.

Dès 1673, Nicolas Stenon, de Copenhague, a vu cet organe et en a indiqué les principales parties[4] ; ce n'est cependant que depuis les travaux des anatomistes récents, Geoffroy le père, Vicq d'Azir, Camper, Monro et Scarpa, que nous en connaissons bien la construction.

Dans presque aucun des animaux qui vivent habituellement dans l'eau, et qui reçoivent les impressions sonores par l'intermédiaire d'un fluide plus dense que celui de l'atmosphère, on ne voit ni ouverture extérieure pour l'organe de l'ouïe, ni oreille externe, ni canal auditif extérieur, ni membrane du tympan, ni cavité du même nom, ni passage aboutissant à l'intérieur de la bouche, et connu sous le nom de *trompe d'Eustache*, ni osselets auditifs correspondant à ceux que l'on a nommés *enclume*, *marteau* ou *étrier*, ni limaçon, ni communication intérieure désignée par la dénomination de *fenêtre ronde*. Ces parties manquent, en effet, non seulement dans les poissons, mais encore dans les salamandres aquatiques ou à queue plate, dans un grand nombre de serpents[5], dans les crabes et dans d'autres animaux à sang blanc, tels que les sépies, qui ont un organe de l'ouïe, et qui habitent

---

1. Les yeux du poisson que l'on a nommé *anableps*, et duquel on a dit qu'il avait quatre yeux, présentent une conformation plus remarquable encore et plus différente de celle que montrent les yeux des animaux plus composés. Nous avons fait connaître la véritable organisation des yeux de cet anableps, dans un mémoire lu, l'année dernière, à l'Institut de France ; elle est une nouvelle preuve des résultats que ce discours renferme, et on en trouvera l'exposition dans la suite de cet ouvrage.

2. Parmi plusieurs voyageurs que nous pourrions citer à l'appui de faits dont il n'est personne, du reste, qui n'ait pu être témoin, nous choisissons Belon qui dit que, lorsque, dans la Propontide, on veut prendre les poissons endormis, on évite tous les bruits par lesquels ils pourraient être réveillés. (Liv. 1er, chap. LXV.)

3. *Histoire des animaux*, liv. IV.

4. Actes de Copenhague, an. 1673, observ. 89.

5. Les serpents ont cependant un os que l'on pourrait comparer à un des osselets auditifs, et qui s'étend depuis la mâchoire supérieure jusqu'à l'ouverture intérieure appelée *fenêtre ovale*.

au milieu des eaux. Mais les poissons n'en ont pas moins reçu, ainsi que les serpents dont nous venons de parler, un instrument auditif, composé de plusieurs parties très remarquables, très grandes et très distinctes. Pour mieux faire connaître ces diverses portions, examinons-les d'abord dans les poissons cartilagineux. On voit premièrement, dans l'oreille de plusieurs de ces derniers animaux, une ouverture formée par une membrane tendue et élastique, ou par une petite plaque cartilagineuse et semblable ou très analogue à celle que l'on nomme *fenêtre ovale* dans les quadrupèdes et dans l'homme. On aperçoit ensuite un vestibule qui se trouve dans tous les cartilagineux, et que remplit une liqueur plus ou moins aqueuse; et auprès se montrent également, dans tous ces poissons, trois canaux composés d'une membrane transparente et cependant ferme et épaisse, que l'on a nommés *demi-circulaires*, quoiqu'ils forment presque un cercle, et qui ont les plus grands rapports avec les trois canaux membraneux que l'on découvre dans l'homme et dans les quadrupèdes[1]. Ces tuyaux demi-circulaires, renfermés dans une cavité qui n'est qu'une continuation du vestibule, et qu'ils divisent de manière à produire une sorte de labyrinthe, sont plus grands à proportion que ceux des quadrupèdes et de l'homme; contenus souvent en partie dans des canaux cartilagineux que l'on voit surtout dans les raies, et remplis d'une humeur particulière, ils s'élargissent en espèces d'ampoules, qui reçoivent la pulpe dilatée des ramifications acoustiques, et doivent être comprises parmi les véritables sièges de l'ouïe.

Indépendamment des trois canaux, le vestibule contient trois petits sacs inégaux en volume, composés d'une membrane mince, mais ferme et élastique, remplis d'une sorte de gelée ou de lymphe épaissie, contenant chacun un ou deux petits corps cartilagineux, tapissés de ramifications nerveuses très déliées, et pouvant être considérés comme autant de sièges de sensations sonores.

Les poissons osseux et quelques cartilagineux, tels que la lophie baudroie, n'ont point de fenêtre ovale; mais leurs canaux demi-circulaires sont plus étendus, plus larges et plus réunis les uns aux autres. Ils n'ont qu'un sac membraneux, au lieu de trois; mais cette espèce de poche, qui renferme un ou deux corps durs d'une matière osseuse ou crétacée, est plus grande, plus remplie de substance gélatineuse; et d'ailleurs, dans la cavité par laquelle les trois canaux demi-circulaires communiquent ensemble, on trouve le plus souvent un petit corps semblable à ceux que contiennent les petits sacs.

Il y a donc dans l'oreille des poissons, ainsi que dans celle de l'homme, des quadrupèdes, des oiseaux et des reptiles, plusieurs sièges de l'ouïe. Ces divers sièges n'étant cependant que des émanations d'un rameau de la cinquième paire de nerfs, lequel, dans les animaux dont nous exposons l'his-

---

1. Voyez le bel ouvrage de Scarpa sur le sens des animaux.

toire, est le véritable nerf acoustique, ils ne doivent produire qu'une sensation à la fois, lorsqu'ils sont ébranlés en même temps, au moins s'ils ne sont
pas altérés dans leurs proportions ou dérangés dans leur action par une
cause constante ou accidentelle.

Au reste, l'organe de l'ouïe, considéré dans son ensemble, est double
dans tous les poissons comme celui de la vue. Les deux oreilles sont contenues dans la cavité du crâne dont elles occupent de chaque côté l'angle le
plus éloigné du museau; et comme elles ne sont séparées que par une membrane de la portion de cette cavité qui renferme le cerveau, les impressions
sonores ne peuvent-elles pas être communiquées très aisément à ces deux
organes par les parties solides de la tête, par les portions dures qui les avoisinent et par le liquide que l'on trouve dans l'intérieur de ces parties
solides?

Il nous reste à parler un moment du goût et du toucher des poissons.
La langue de ces animaux étant le plus souvent presque entièrement immobile, et leur palais présentant fréquemment, ainsi que leur langue, des rangées très serrées et très nombreuses de dents, on ne peut pas supposer que
leur goût soit très délicat; mais il est remplacé par leur odorat dans lequel
on peut le considérer, en quelque sorte, comme transporté.

Il n'en est pas de même de leur toucher. Dans presque tous les poissons le dessous du ventre, et surtout l'extrémité du museau, paraissent en
être deux sièges assez sensibles. Ces deux organes ne doivent, à la vérité,
recevoir des corps extérieurs que des impressions très peu complètes, parce
que les poissons ne peuvent appliquer leur ventre ou leur museau qu'à
quelques parties de la surface des corps qu'ils touchent; mais ces mêmes
organes font éprouver à l'animal des sensations très vives et l'avertissent
fortement de la présence d'un objet étranger. D'ailleurs, ceux des poissons
dont le corps allongé ressemble beaucoup par sa forme à celui des serpents,
et dont la peau ne présente aucune écaille facilement visible, peuvent,
comme les reptiles, entourer même par plusieurs anneaux les objets dont ils
s'approchent, et alors non seulement l'impression communiquée par une
plus grande surface est plus fortement ressentie, mais les sensations sont
plus distinctes et peuvent être rapportées à un objet plutôt qu'à un autre.
On doit donc dire que les poissons ont reçu un sens du toucher beaucoup
moins imparfait qu'on n'a pu être tenté de le croire; il faut même ajouter
qu'il n'est, en quelque sorte, aucune partie de leur corps qui ne paraisse
très sensible à tout attouchement; voilà pourquoi ils s'élancent avec tant de
rapidité lorsqu'ils rencontrent un corps étranger qui les effraye. Quel est
celui qui n'a pas vu ces animaux se dérober ainsi, avec la promptitude de
l'éclair, à la main qui commençait à les atteindre?

Mais il ne suffit pas, pour connaître le degré de sensibilité qui a été
accordé à un animal, d'examiner chacun de ses sens en particulier : il faut
encore les comparer les uns avec les autres; il faut encore les ranger suivant

l'ordre que leur assigne le plus ou le moins de vivacité que chacun de ces sens peut offrir. Plaçons donc les sens des poissons dans un nouveau point de vue, et que leur rang soit marqué par leur activité.

Il n'est personne qui, d'après ce que nous venons de dire, ne voie sans peine que l'odorat est le premier des sens des poissons. Tout le prouve, et la conformation de l'organe de ce sens, et les faits sans nombre consignés en partie dans cette histoire, rapportés par plusieurs voyageurs, et qui ne laissent aucun doute sur les distances immenses que franchissent les poissons attirés par les émanations odorantes de la proie qu'ils recherchent ou repoussés par celles des ennemis qu'ils redoutent. Le siège de cet odorat est le véritable œil des poissons; il les dirige au milieu des ténèbres les plus épaisses, malgré les vagues les plus agitées, dans le sein des eaux les plus troubles, les moins perméables aux rayons de la lumière. Nous savons, il est vrai, que des objets de quelques pouces de diamètre, placés sur des fonds blancs, à trente ou trente-cinq brasses de profondeur, peuvent être aperçus facilement dans la mer[1]; mais il faut pour cela que l'eau soit très calme. Qu'est-ce qu'une trentaine de brasses, en comparaison des gouffres immenses de l'Océan, de ces vastes abîmes que les poissons parcourent, et dans le sein desquels presque aucun rayon solaire ne peut parvenir, surtout lorsque les ondes cèdent à l'impétuosité des vents et à toutes les causes puissantes qui peuvent, en les bouleversant, les mêler avec tant de substances opaques? Si l'odorat des poissons était donc moins parfait, ce ne serait que dans un petit nombre de circonstances qu'ils pourraient rechercher leurs aliments, échapper aux dangers qui les menacent, parcourir un espace d'eau un peu étendu; combien leurs habitudes seraient par conséquent différentes de celles que nous allons bientôt faire connaître!

Cette supériorité de l'odorat est un nouveau rapport qui rapproche les poissons, non seulement de la classe des quadrupèdes, mais encore de celle des oiseaux. On sait, en effet, maintenant que plusieurs familles de ces derniers animaux ont un odorat très sensible; et il est à remarquer que cet odorat plus exquis se trouve principalement dans les oiseaux d'eau et dans ceux de rivage[2].

Que l'on ne croie pas néanmoins que le sens de la vue soit très faible dans les poissons. A la vérité, leurs yeux n'ont ni paupières ni membrane clignotante; et par conséquent ces animaux n'ont pas reçu ce double et grand moyen qui a été départi aux oiseaux et à quelques autres êtres animés, de tempérer l'éclat trop vif de la lumière, d'en diminuer les rayons comme par un voile, et de préserver à volonté leur organe de ces exercices trop violents ou trop répétés qui ont bientôt affaibli et même détruit le sens le plus actif. Nous devons penser, en effet, et nous tirerons souvent des con-

---

1. Notes manuscrites communiquées à M. de Lacépède par plusieurs habiles marins, et principalement par feu son ancien collègue le courageux Kersaint.

2. Consultez Scarpa, Gattoni et d'autres observateurs.

séquences assez étendues de ce principe, nous devons penser, dis-je, que le siège d'un sens, quelque parfaite que soit sa composition, ne parvient à toute l'activité dont son organisation est susceptible que lorsque, par des alternatives plus ou moins fréquentes, il est vivement ébranlé par un très grand nombre d'impressions qui développent toute sa force, et préservé ensuite de l'action des corps étrangers, qui le priverait d'un repos nécessaire à sa conservation. Ces alternatives, produites dans plusieurs animaux dont les yeux sont très bons, par une membrane clignotante et des paupières ouvertes ou fermées à volonté, ne peuvent pas être dues à la même cause dans les poissons; et peut-être, d'un autre côté, contestera-t-on qu'au moins, dans toutes les espèces de ces animaux, l'iris puisse se dilater ou se resserrer, et par conséquent diminuer ou agrandir l'ouverture dont il est percé, que l'on nomme *prunelle*, et qui introduit la lumière dans l'œil, quoique l'inspection de la contexture de cet iris puisse le faire considérer comme composé de vaisseaux susceptibles de s'allonger ou de se raccourcir. On n'oubliera pas non plus de dire que la vision doit être moins nette dans l'œil du poisson que dans celui des animaux plus parfaits, parce que, l'eau étant plus dense que l'air de l'atmosphère, la réfraction, et par conséquent la réunion que peuvent subir les rayons de la lumière en passant de l'eau dans l'œil du poisson, doit être moins considérable que celle que ces rayons éprouvent en entrant de l'air dans l'œil des quadrupèdes ou des oiseaux; car personne n'ignore que la réfraction de la lumière et la réunion ou l'image qui en dépend sont proportionnées à la différence de densité entre l'œil et le fluide qui l'environne. Mais voici ce que l'on doit répondre.

Le cristallin des poissons est beaucoup plus convexe que celui des oiseaux, des quadrupèdes et de l'homme; il est presque sphérique : les rayons émanés de ces objets et qui tombent sur ce cristallin, forment donc avec sa surface un angle plus aigu. Ils sont donc, tout égal d'ailleurs, plus détournés de leur route, plus réfractés, plus réunis dans une image; car cette déviation, à laquelle le nom de *réfraction* a été donné, est d'autant plus grande que l'angle d'incidence est plus petit. D'ailleurs, le cristallin des poissons est, par sa nature, plus dense que celui des animaux plus parfaits; son essence augmente donc la réfraction. De plus, on sait maintenant que plus une substance transparente est inflammable, et plus elle réfracte la lumière avec force. Le cristallin des poissons, imprégné d'une matière huileuse, est plus combustible que presque tous les autres cristallins; il doit donc, par cela seul, accroître la déviation de la lumière.

Ajoutons que, dans plusieurs espèces de poissons, l'œil peut être retiré à volonté dans le fond de l'orbite, caché même en partie sous le bord de l'ouverture par laquelle on peut l'apercevoir, garanti dans cette circonstance par cette sorte de paupière immobile. Ne manquons pas surtout de faire remarquer que les poissons, pouvant s'enfoncer avec promptitude jusque dans les plus grandes profondeurs des mers et des rivières, vont chercher

dans l'épaisseur des eaux un abri contre une lumière trop vive et se réfu-
gient, quand ils le veulent, jusqu'à cette distance de la surface des fleuves
et de l'Océan où les rayons du soleil ne peuvent pas pénétrer.

Nous devons avouer néanmoins qu'il est certaines espèces, particulièrement parmi les poissons serpentiformes, dont les yeux sont constamment
voilés par une membrane immobile, assez épaisse pour que le sens de la vue
soit plus faible dans ces animaux que celui de l'ouïe, et même que celui du
toucher ; mais, en général, voici dans quel ordre la nature a donné aux
poissons les sources de leur sensibilité : l'odorat, la vue, l'ouïe, le toucher
et le goût. Quatre de ces sources, et surtout les deux premières, sont assez
abondantes. Cependant le jeu de l'organe respiratoire des poissons leur
communique trop peu de chaleur ; celle qui leur est propre est trop faible ;
leurs muscles l'emportent trop par leur force sur celle de leurs nerfs ; plusieurs autres causes, que nous exposerons dans la suite, combattent, par une
puissance trop grande, les effets de leurs sens, pour que leur sensibilité soit
aussi vive que l'on pourrait être tenté de le croire d'après la grandeur, la
dissémination, la division de leur système nerveux [1]. Il en est sans doute de
ce système dans les poissons comme dans les autres animaux ; son énergie
augmente avec sa division, parce que sa vertu dépend du fluide qu'il recèle,
et qui, très voisin du feu électrique par sa nature, agit, comme ce dernier
fluide, en raison de l'accroissement de surface que produit une plus grande
division ; mais cette cause d'activité est assez contre-balancée par les forces
dirigées en sens contraire que nous venons d'indiquer, pour que le résultat
de toutes les facultés des poissons, qui constitue le véritable degré de leur
animalité, les place, ainsi que nous l'avons annoncé au commencement de
ce discours, à une distance à peu près égale des deux termes de la sensibilité, c'est-à-dire de l'homme et du dernier des animaux. C'est donc avec une
vivacité moyenne entre celle qui appartient à l'homme et celle qui existe
dans l'animal qui en diffère le plus, que s'exécute dans le poisson ce jeu des
organes des sens qui reçoivent et transmettent au cerveau les impressions
des objets extérieurs, et celui du cerveau qui, agissant par les nerfs sur les
muscles, produit tous les mouvements volontaires dont les diverses parties
du corps peuvent être susceptibles.

Mais ce corps des poissons est presque toujours paré des plus belles
couleurs. Nous pouvons maintenant exposer comment se produisent ces
nuances si éclatantes, si admirablement contrastées, souvent distribuées avec
tant de symétrie et quelquefois si fugitives. Ou ces teintes si vives et si
agréables résident dans les téguments plus ou moins mous et dans le corps
même des poissons, indépendamment des écailles qui peuvent recouvrir
l'animal ; ou elles sont le produit de la modification que la lumière éprouve
en passant au travers des écailles transparentes ; ou il faut les rapporter uni-

1. Les fibres de la rétine, c'est-à-dire les plus petits rameaux du nerf optique, sont, dans
plusieurs poissons, 1,166,400 fois plus déliés qu'un cheveu.

quement à ces écailles transparentes ou opaques. Examinons ces trois circon-stances.

Les parties molles des poissons peuvent par elles-mêmes présenter toutes les couleurs. Suivant que les ramifications artérielles qui serpentent au milieu des muscles et s'approchent de la surface extérieure sont plus ou moins nombreuses et plus ou moins sensibles, les parties molles de l'ani-mal sont blanches ou rouges. Les différents sucs nourriciers qui circulent dans les vaisseaux absorbants, ou qui s'insinuent dans le tissu cellulaire, peuvent donner à ces mêmes parties molles la couleur jaune ou verdâtre que plusieurs de ces liquides présentent le plus souvent. Les veines dissémi-nées dans ces mêmes portions peuvent leur faire présenter toutes les nuances de bleu, de violet et de pourpre ; ces nuances de bleu et de violet, mêlées avec celles du jaune, ne doivent-elles pas faire paraître tous les degrés du vert ? Et dès lors les sept couleurs du spectre solaire ne peuvent-elles pas décorer le corps des poissons, être disséminées en taches, en bandes, en raies, en petits points, suivant la place qu'occupent les matières qui les font naître, montrer toutes les dégradations dont elles sont susceptibles selon l'intensité de la cause qui les produit, et présenter toutes ces apparences sans le concours d'aucune écaille ?

Si des lames très transparentes et, pour ainsi dire, sans couleur sont étendues au-dessus de ces teintes, elles n'en changent pas la nature ; elles ajoutent seulement, comme par une sorte de vernis léger, à leur vivacité ; elles leur donnent l'éclat brillant des métaux polis, lorsqu'elles sont dorées ou argentées ; et si elles ont d'autres nuances qui leur soient propres, ces nuances se mêlent nécessairement avec celles que l'on aperçoit au travers de ces plaques diaphanes, et il en résulte de nouvelles couleurs ou une viva-cité nouvelle pour les teintes conservées. C'est par la réunion de toutes ces causes que sont produites ces couleurs admirables que l'on remarque sur le plus grand nombre de poissons. Aucune classe d'animaux n'a été aussi favo-risée à cet égard ; aucune n'a reçu une parure plus élégante, plus variée, plus riche. Que ceux qui ont vu, par exemple, des zées, des chétodons, des spares, nager près de la surface d'une eau tranquille et réfléchir les rayons d'un soleil brillant, disent si jamais l'éclat des plumes du paon et du colibri, la vivacité du diamant, la splendeur de l'or, le reflet des pierres précieuses ont été mêlés à plus de feu et ont renvoyé à l'œil de l'observateur des images plus parfaites de cet arc merveilleusement coloré dont l'astre du jour fait souvent le plus bel ornement des cieux.

Les couleurs cependant qui appartiennent en propre aux plaques trans-parentes ou opaques n'offrent pas toujours une seule nuance sur chaque écaille considérée en particulier ; chacune de ces lames peut avoir des bandes, des taches ou des rayons disposés sur un fond très différent. En cherchant à concevoir la manière dont ces nuances sont produites ou main-tenues sur des écailles dont la substance s'altère, et dont, par conséquent, la matière se renouvelle à chaque instant, nous rencontrons quelques difficultés que nous devons d'autant plus chercher à lever, qu'en les écartant nous exposerons des vérités utiles aux progrès des sciences physiques.

Les écailles — soit que les molécules qui les composent s'étendent en lames minces, se ramassent en plaques épaisses, se groupent en tubercules, s'élèvent en aiguillons; soit que, plus ou moins mélangées avec d'autres molécules, elles arrêtent ou laissent passer facilement la lumière — ont toujours les plus grands rapports avec les cheveux de l'homme, les poils, la corne, les ongles des quadrupèdes, les piquants du hérisson et du porc-épic, et les plumes des oiseaux. La matière qui les produit, apportée à la surface du corps ou par des ramifications artérielles, ou par des vaisseaux excréteurs plus ou moins liés avec le système général des vaisseaux absorbants, est toujours très rapprochée, et par son origine, et par son essence, et par sa contexture, des poils, des ongles, des piquants et des plumes. D'habiles physiologistes ont déjà montré les grandes ressemblances des cheveux, des ongles, des cornes, des piquants et des plumes avec les poils. En comparant avec ces mêmes poils les écailles des poissons, nous trouverons la même analogie. Retenues par de petits vaisseaux, attachées aux téguments comme les poils, elles sont de même très peu corruptibles; exposées au feu, elles répandent également une odeur empyreumatique. Si l'on a trouvé quelquefois dans l'épiploon et dans d'autres parties intérieures de quelques quadrupèdes, des espèces de touffes, des rudiments de poils, réunis et conglomérés, on voit autour du péritoine, de la vessie natatoire et des intestins des argentines, des ésoces et d'autres poissons, des éléments d'écailles très distincts, une sorte de poussière argentée, un grand nombre de petites lames brillantes et qui ne diffèrent presque que par la grandeur des véritables écailles qu'elles sont destinées à former. Des fibres, ou des séries de molécules, composent les écailles ainsi que les poils; enfin, pour ne pas négliger au moins tous les petits traits, de même que, dans l'homme et dans les quadrupèdes, on ne voit pas de poils sur la paume des mains ni des pieds, on ne rencontre presque jamais d'écailles sur les nageoires, et on n'en trouve jamais sur celles que l'on a comparées aux mains de l'homme, à ses pieds ou aux pattes des quadrupèdes.

Lors donc que ces lames si semblables aux poils sont attachées à la peau par toute leur circonférence, on conçoit aisément comment, appliquées contre le corps de l'animal par toute leur surface inférieure, elles peuvent communiquer dans les divers points de cette surface avec des vaisseaux semblables ou différents par leur diamètre, leur figure, leur nature et leur force, recevoir par conséquent dans ces mêmes points des molécules différentes ou semblables, et présenter ensuite une seule couleur, ou offrir plusieurs nuances arrangées symétriquement ou disséminées sans ordre. On conçoit encore comment lorsque les écailles ne tiennent aux téguments que par une partie de leur contour, elles peuvent être peintes d'une couleur quelconque, suivant que les molécules qui leur arrivent par l'endroit où elles touchent à la peau réfléchissent tel ou tel rayon et absorbent les autres. Mais comme dans la seconde supposition, où une partie de la circonférence des plaques est libre, et qui est réalisée plus souvent que la première, on ne peut pas admettre autant de sources réparatrices que de points dans la surface de la lame, on ne voit pas de quelle manière cette écaille peut paraître peinte de plusieurs couleurs répandues presque toujours avec beaucoup d'ordre. On admettra bien, à la vérité, que lorsque ces nuances seront dispersées en rayons et que ces rayons partiront de l'endroit où l'écaille est, pour ainsi dire, collée à la peau, il y aura dans cet endroit plusieurs vaisseaux différents l'un de l'autre; que chaque vaisseau, en quelque sorte, fournira des molécules de nature dissemblable, et que la matière jaillissante de chacun de ces tuyaux produira, en s'étendant, un rayon d'une couleur qui contrastera plus ou moins avec celle des rayons voisins. Mais lorsque les couleurs présenteront une autre distribution ; lorsque, par exemple, on verra sur l'écaille des taches répandues comme des gouttes de pluie, ou rapprochées de manière à former des portions de cercle dont les ouvertures des vaisseaux seront le centre, comment pourra-t-on comprendre que naissent ces régularités?

Nous ne croyons pas avoir besoin de dire que l'explication que nous allons donner peut s'appliquer, avec de légers changements, aux poils, aux cornes, aux plumes. Quoi qu'il en soit cependant, voici ce que la nature nous paraît avoir déterminé.

En montrant la manière dont peuvent paraître des taches, nous exposerons la formation des portions de cercle colorées; en effet, il suffit que ces taches soient toutes à une égale distance des sources des molécules, qu'elles soient placées autour de ces sources, et qu'elles soient si nombreuses, qu'elles se touchent l'une l'autre, pour qu'il y ait à l'instant une portion de cercle colorée. Il y aura un second arc si d'autres taches sont situées d'une manière analogue, plus près ou plus loin des vaisseaux nourriciers; et l'on peut en supposer plusieurs formés de même. Nous n'avons donc besoin que de savoir comment un jet de matière, sorti du vaisseau déférent, peut, dans son cours, montrer plusieurs couleurs, offrir plusieurs taches plus ou moins égales en grandeur, plus ou moins semblables en nuance.

Ne considérons donc qu'un de ces rayons que l'on distingue aisément lorsqu'on regarde une écaille contre le jour, et qui, par le nombre de ses stries transversales, donne celui des réparations ou des accroissements successifs qu'il a éprouvés ; réduisons les différents exemples que l'on pourrait citer à un de ceux où l'on ne trouve que deux nuances placées alternativement; l'origine de ces deux nuances étant bien entendue, il ne resterait aucun doute sur celle des nuances plus nombreuses que l'on rencontrerait dans le même jet.

Supposons que ces deux nuances soient le vert et le jaune, c'est-à-dire

ayons sous les yeux un rayon vert deux fois taché de jaune, ou, ce qui est
la même chose, un rayon d'abord vert, ensuite jaune, de nouveau vert, et
enfin jaune à son extrémité. Les vaisseaux nourriciers qui ont produit ce
jet ont d'abord fourni une matière jaune par une suite de leur volume, de
leur figure, de leur nature, de leur affinité ; mais pourrait-on croire que,
lors de la première formation de l'écaille, ou à toutes les époques de ses
accroissements et de son entretien, le volume, la figure, la nature ou l'affinité des vaisseaux déférents ont pu changer de manière à ne donner que
des molécules vertes après en avoir laissé jaillir de jaunes? Pourrait-on
ajouter que ces vaisseaux éprouvent ensuite de nouveaux changements pour
ne laisser échapper que des molécules jaunes ? et enfin admettra-t-on de
nouvelles altérations semblables aux secondes, et qui ne permettent plus aux
vaisseaux de laisser sortir que des molécules modifiées pour réfléchir des
rayons verts ? N'ayons pas recours à des métamorphoses si dénuées de
preuves et même de vraisemblance. Nous savons que, dans les corps organisés, les couleurs particulières et différentes du blanc ne peuvent naître que
par la présence de la lumière, qui se combine avec les principes de ces
corps. Nous le voyons dans les plantes, qui blanchissent lorsque la lumière
ne les éclaire pas ; nous le voyons dans les quadrupèdes, dans les oiseaux,
dans les reptiles, dont la partie inférieure du corps, comme la moins directement exposée aux rayons du soleil, est toujours distinguée par les teintes
les plus pâles ; nous le voyons dans les poissons, dont les surfaces les plus
garanties de la lumière sont dénuées des riches couleurs départies à ces animaux ; et nous pouvons le remarquer même, au moins le plus souvent, dans
chaque écaille en particulier. Lorsqu'en effet les écailles se recouvrent
comme les ardoises placées sur les toits, la portion de la lame inférieure,
cachée par la supérieure, n'est pas peinte des nuances dont le reste de la
plaque est varié, et on voit seulement quelquefois, sur la surface de cette
portion voilée, des agglomérations informes et brillantes formées par ces
molécules argentées, cette poussière éclatante, ces petites paillettes, ces vrais
rudiments des écailles que nous avons vus dans l'intérieur des poissons et
qui, portés et répandus à la surface, peuvent se trouver entre deux lames,
gênés, et même bizarrement arrêtés dans leur cours. La nature, la grandeur et la figure des molécules écailleuses ne suffisent donc pas pour que
telle ou telle couleur soit produite ; il faut encore qu'elles se combinent plus
ou moins intimement avec une certaine quantité de fluide lumineux.

Cette combinaison doit varier à mesure que les molécules s'altèrent ;
mais plus ces molécules s'éloignent des vaisseaux déférents, plus elles se
rapprochent de la circonférence de l'écaille, plus elles s'écartent du principe de la vie, et plus elles perdent de l'influence de cette force animale
et conservatrice sans laquelle elles doivent bientôt se dessécher, se déformer,
se décomposer, se séparer même du corps du poisson. Dans l'exemple que
nous avons choisi, les molécules placées à l'origine du rayon et non encore

altérées ont la nature, le volume, la figure, la masse, la quantité de fluide lumineux convenables pour donner la couleur verte ; moins voisines des vaisseaux réparateurs, elles sont dénaturées au point nécessaire pour réfléchir les rayons jaunes ; une décomposition plus avancée introduit dans leur figure, dans leur pesanteur, dans leur grandeur, dans leur combinaison, des rapports tels, que la couleur verte doit paraître une seconde fois ; et enfin des changements plus intimes ramènent le jaune à l'extrémité de la série. Quelqu'un ignore-t-il, en effet, que plusieurs causes réunies peuvent produire les mêmes effets que plusieurs autres causes agissant ensemble et très différentes, pourvu que dans ces deux groupes la dissemblance des combinaisons compense les différences de nature ? D'un autre côté, ne remarque-t-on pas aisément qu'au lieu d'admettre sans vraisemblance des changements rapides dans des vaisseaux nourriciers, dans des organes essentiels, nous n'en exigeons que dans des molécules expulsées, et qui, à chaque instant, perdent de leur propriété en étant privées de quelques-unes de leurs qualités animales ou organiques?

De quelque manière et dans quelque partie du corps de l'animal que soit élaborée la matière propre à former ou entretenir les écailles, nous n'avons pas besoin de dire que ces principes doivent être modifiés par la nature des aliments que le poisson préfère. On peut remarquer particulièrement que presque tous les poissons qui se nourrissent des animaux à coquille présentent des couleurs très variées et très éclatantes. Et comment des êtres organisés, tels que les testacés, dont les sucs teignent d'une manière très vive et très diversifiée l'enveloppe solide qu'ils forment, ne conserveraient-ils pas assez de leurs propriétés pour colorer d'une manière très brillante les rudiments écailleux dont leurs produits composent la base ?

L'on conclura aussi très aisément de tout ce que nous venons d'exposer, que, dans toutes les plages où une quantité de lumière plus abondante pourra pénétrer dans le sein des eaux, les poissons se montreront parés d'un plus grand nombre de riches nuances. Et en effet, ceux qui resplendissent comme les métaux les plus polis, ou les gemmes les plus précieuses, se trouvent particulièrement dans ces mers renfermées entre les deux tropiques, et dont la surface est si fréquemment inondée des rayons d'un soleil régnant sans nuage au-dessus de ces contrées équatoriales, et pouvant, sans contrainte, y remplir l'atmosphère de sa vive splendeur. On les rencontre aussi, ces poissons décorés avec tant de magnificence, au milieu de ces mers polaires où des montagnes de glace, et des neiges éternelles durcies par le froid, réfléchissent, multiplient par des milliers de surfaces et rendent éblouissante la lumière que la lune et les aurores boréales répandent pendant les longues nuits des zones glaciales, et celle qu'y verse le soleil pendant les longs jours de ces plages hyperboréennes.

Si ces poissons qui habitent au milieu ou au-dessous de masses congelées, mais fréquemment illuminées et resplendissantes, l'emportent par la variété et la beauté de leurs couleurs sur ceux des zones tempérées, ils cèdent cependant en richesse de parure à ceux qui vivent dans les eaux échauffées de la zone torride. Dans ces pays, dont l'atmosphère est brûlante, la chaleur ne doit-elle pas donner une nouvelle activité à la lumière, accroître la force attractive de ce fluide, faciliter ses combinaisons avec la matière des écailles et donner ainsi naissance à des nuances bien plus éclatantes et bien plus diversifiées? Aussi, dans ces climats où tout porte l'empreinte de la puissance solaire, voit-on quelques espèces de poissons montrer, jusque sur la portion découverte de la membrane de leurs branchies, des éléments d'écailles luisantes, une sorte de poussière argentée.

Mais ce n'est qu'au milieu des ondes douces ou salées que les poissons peuvent présenter leur décoration élégante ou superbe. Ce n'est qu'au milieu du fluide le plus analogue à leur nature, que, jouissant de toutes leurs facultés, ils animent leurs couleurs par tous les mouvements intérieurs que leurs ressorts peuvent produire. Ce n'est qu'au milieu de l'eau que, indépendamment du vernis huileux et transparent élaboré dans leurs organes, leurs nuances sont embellies par un second vernis que forment les couches de liquide au travers desquelles on les aperçoit.

Lorsque ces animaux sont hors de ce fluide, leurs forces diminuent, leur vie s'affaiblit, leurs mouvements se ralentissent, leurs couleurs se fanent, le suc visqueux se dessèche; les écailles, n'étant plus ramollies par cette substance huileuse, ni humectées par l'eau, s'altèrent; les vaisseaux destinés à les réparer s'obstruent, et les nuances dues aux écailles ou au corps même de l'animal changent et souvent disparaissent, sans qu'aucune nouvelle teinte indique la place qu'elles occupaient.

Pendant que le poisson jouit, au milieu du fluide qu'il préfère, de toute l'activité dont il peut être doué, ses teintes offrent aussi quelquefois des changements fréquents et rapides, soit dans leurs nuances, soit dans leur ton, soit dans l'espace sur lequel elles sont étendues. Des mouvements violents, des sentiments plus ou moins puissants, tels que la crainte ou la colère, des sensations soudaines de froid ou de chaud, peuvent faire naître ces altérations de couleur, très analogues à celles que nous avons remarquées dans le caméléon, ainsi que dans plusieurs autres animaux; mais il est aisé de voir que ces changements ne peuvent avoir lieu que dans les teintes produites, en tout ou en partie, par le sang et les autres liquides susceptibles d'être pressés ou ralentis dans leur cours.

Maintenant nous avons exposé les formes extérieures et les organes intérieurs du poisson; il se montre dans toute sa puissance et dans toute sa beauté. Il existe devant nous, il respire, il vit, il est sensible. Qu'il obéisse aux impulsions de la nature, qu'il déploie toute ses forces, qu'il s'offre dans toutes ses habitudes.

A peine le soleil du printemps commence-t-il de répandre sa chaleur vivifiante, à peine son influence rénovatrice et irrésistible pénètre-t-elle jusque dans les profondeurs des eaux, qu'un organe particulier se développe et s'agrandit dans les poissons mâles. Cet organe, qui est double, qui s'étend dans la partie supérieure de l'abdomen, qui en égale presque la longueur, est celui qui a reçu le nom de *laite*. Séparé, par une membrane, des portions qui l'avoisinent, il paraît composé d'un très grand nombre de petites cellules plus distinctes à mesure qu'elles sont plus près de la queue; chacun de ses deux lobes renferme un canal qui en parcourt la plus grande partie de la longueur, et qui est destiné à recevoir, pour ainsi dire, de chaque cellule, une liqueur blanchâtre et laiteuse qu'il transmet jusqu'auprès de l'anus. Cette liqueur, qui est la matière séminale ou fécondante, se reproduit périodiquement. A mesure qu'une nourriture plus abondante et la chaleur active de la saison nouvelle augmentent cette substance, elle·remplit les cellules de l'organe que nous décrivons, les gonfle, les étend et donne aux deux lobes ce grand accroissement qu'ils présentent, lorsque le temps du frai est arrivé. Ce développement successif n'est quelquefois terminé qu'au bout de plusieurs mois; et pendant qu'il s'exécute, la matière dont la production l'occasionne n'a pas encore toute la fluidité qui doit lui appartenir : ce n'est que graduellement, et même par parties, qu'elle se perfectionne, s'amollit, se fond, mûrit, pour ainsi dire, devient plus blanche, liquide et véritablement propre à porter le mouvement de la vie dans les œufs qu'elle doit arroser.

C'est aussi vers le milieu ou la fin du printemps que les ovaires des femelles commencent à se remplir d'œufs encore presque imperceptibles. Ces organes sont au nombre de deux dans le plus grand nombre de poissons et réduits à un seul dans les autres. Renfermés dans une membrane comme les laites, ils occupent dans l'abdomen une place analogue à celle que les laites remplissent et en égalent à peu près la longueur. Les œufs qu'ils renferment croissent à mesure que les laites se tuméfient; et dans la plus grande partie des familles dont nous faisons l'histoire, leur volume est très petit, leur figure presque ronde, et leur nombre si immense, qu'il est plusieurs espèces de poissons, et particulièrement des gades, dont une seule femelle contient plus de neuf millions d'œufs [1].

Ces œufs, en grossissant, compriment chaque jour davantage les parties intérieures de la femelle et la surchargent d'un poids qui s'accroît successivement. Cette pression et ce poids produisent bientôt une gêne, une sorte de malaise, et même de douleur, qui doivent nécessairement être suivis de réactions involontaires venant d'organes intérieurs froissés et resserrés, et d'efforts spontanés que l'animal doit souvent répéter pour se débarrasser d'un

---

1. Comme ces œufs sont tous à peu près égaux quand ils sont arrivés au même degré de développement, et qu'ils sont également rapprochés les uns des autres, on peut en savoir facilement le nombre, en pesant la totalité d'un ovaire, en pesant ensuite une petite portion de cet organe, en comptant les œufs renfermés dans cette petite portion et en multipliant le nombre trouvé par cette dernière opération autant de fois que le poids de la petite portion est contenu dans celui de l'ovaire.

très grand nombre de petits corps qui le font souffrir. Lorsque ces œufs sont assez gros pour être presque *mûrs*, c'est-à-dire assez développés pour recevoir avec fruit la liqueur prolifique du mâle, ils exercent une action si vive et sont devenus si lourds, que la femelle est contrainte de se soustraire à leur pesanteur et aux effets de leur volume. Ils sont alors plus que jamais des corps, pour ainsi dire, étrangers à l'animal ; ils se détachent même facilement les uns des autres ; aussi arrive-t-il souvent que si l'on tient une femelle près de pondre dans une situation verticale et la tête en haut, les œufs sont entraînés par leur propre poids, coulent d'eux-mêmes, sortent par l'anus ; et du moins on n'a besoin d'aider leur chute que par un léger frottement qu'on fait éprouver au ventre de la femelle, en allant de la tête vers la queue[1].

C'est ce frottement dont les poissons se procurent le secours, lorsque la sortie de leurs œufs n'est pas assez déterminée par leurs efforts intérieurs. On voit les femelles froisser plusieurs fois leur ventre contre les bas-fonds, les graviers et les divers corps durs qui peuvent être à leur portée ; les mâles ont aussi quelquefois recours à un moyen semblable pour comprimer leur laite et en faire couler la liqueur fécondante qui tient ces organes gonflés, gêne les parties voisines et fait éprouver au poisson des sensations plus ou moins pénibles ou douloureuses.

A cette époque voisine du frai, dans ce temps où les ovaires sont remplis et les laites très tuméfiées, dans ces moments d'embarras et de contrainte, il n'est pas surprenant que les poissons aient une partie de leurs forces enchaînée et quelques-unes de leurs facultés émoussées. Voilà pourquoi il est alors plus aisé de les prendre, parce qu'ils ne peuvent opposer à leurs ennemis que moins de ruse, d'adresse et de courage ; et voilà pourquoi encore ceux qui habitent la haute mer s'approchent des rivages, ou remontent les grands fleuves, et ceux qui vivent habituellement au milieu des eaux douces s'élèvent vers les sources des rivières et des ruisseaux, ou descendent au contraire vers les côtes maritimes. Tous cherchent des abris plus sûrs ; et d'ailleurs tous veulent trouver une température plus analogue à leur organisation, une nourriture plus abondante ou plus convenable, une eau d'une qualité plus adaptée à leur nature et à leur état, des fonds commodes contre lesquels ils puissent frotter la partie inférieure de leur corps de la manière la plus favorable à la sortie des œufs et de la liqueur laiteuse, sans trop s'éloigner de la douce chaleur de la surface des rivières ou des plages voisines des rivages marins, et sans trop se dérober à l'influence de la lumière, qui.leur est si souvent agréable et utile.

Sans les résultats de tous ces besoins qui agissent presque toujours ensemble, il éclorait un bien plus petit nombre de poissons. Les œufs de ces

1. Notes manuscrites envoyées à Buffon, en 1758, par J.-L. Jacobi, lieutenant des miliciens du comté de Lippe-Detmold en Westphalie.

animaux ne peuvent, en effet, se développer que lorsqu'ils sont exposés à tel ou tel degré de chaleur, à telle ou telle quantité de rayons solaires, que lorsqu'ils peuvent être aisément retenus par les aspérités ou la nature du terrain contre des flots trop agités ou des courants trop rapides. D'ailleurs on peut assurer, pour un très grand nombre d'espèces, que si des matières altérées et trop actives s'attachent à ces œufs et n'en sont pas assez promptement séparées par le mouvement des eaux, ces mêmes œufs se corrompent et pourrissent, quoique fécondés depuis plusieurs jours [1].

L'on dirait que plusieurs femelles, particulièrement celles du genre des salmones, sont conduites par leur instinct à préserver leurs œufs de cette décomposition, en ne les déposant que dans des endroits où ils y sont moins exposés. On les voit, en effet, se frotter à plusieurs reprises et en différents sens contre le fond de l'eau, y préparer une place assez grande, en écarter les substances molles, grasses et onctueuses, n'y laisser que du gravier ou des cailloux bien nettoyés par leurs mouvements, et ne faire tomber leurs œufs que dans cette espèce de nid. Mais, au lieu de nous presser d'admettre dans ces animaux une tendresse maternelle très vive et très prévoyante, croyons que leur propre besoin les détermine à l'opération dont nous venons de parler, et que ce n'est que pour se débarrasser plus facilement et plus complètement du poids qui les blesse, qu'elles passent et repassent plusieurs fois sur le fond qu'elles préfèrent et entraînent, par leurs divers frottements, la vase et les autres matières propres à décomposer les œufs.

Ces œufs peuvent cependant résister plus longtemps que presque toutes les autres parties animales et molles à la corruption et à la pourriture. Un habile observateur[2] a, en effet, remarqué que quatre ou cinq jours de séjour dans le corps d'une femelle morte ne suffisaient pas pour que leur altération commençât. Il a pris les œufs mûrs d'une truite morte depuis quatre-jours et déjà puante; il les a arrosés de la liqueur laiteuse d'un mâle vivant; il en a obtenu de jeunes truites très bien conformées. Le même physicien pense que la mort d'un poisson mâle ne doit pas empêcher le fluide laiteux de cet animal d'être prolifique, tant qu'il conserve sa fluidité. Mais, quoi qu'il en soit, à peine les femelles se sont-elles débarrassées du poids qui les tourmentait, que quelques-unes dévorent une partie des œufs qu'elles viennent de pondre, et c'est ce qui a donné lieu à l'opinion de ceux qui ont cru que certaines femelles de poissons avaient un assez grand soin de leurs œufs pour les couver dans leur gueule. D'autres avalent aussi avec avidité la liqueur laiteuse des mâles, à mesure qu'elle est répandue sur des œufs déjà déposés, et voilà l'origine du soupçon erroné auquel n'ont pu se soustraire de modernes et de très grands naturalistes, qui ont cru que les poissons femelles pourraient bien être fécondés par la bouche. Le plus grand nombre

---

1. Notes de J.-L. Jacobi, déjà citées.
2. J.-L. Jacobi.

de femelles abandonnent cependant leurs œufs dès le moment qu'elles en sont délivrées ; moins contraintes dans leurs facultés, plus libres dans leurs mouvements, elles vont, par de nouvelles chasses, réparer leurs pertes et ranimer leurs forces.

C'est alors que les mâles arrivent auprès des œufs laissés sur le sable ou le gravier ; ils accourent de très loin, attirés par leur odeur ; un sentiment assez vif paraît même les animer. Mais cette sorte d'affection n'est pas pour des femelles déjà absentes : elle ne les entraîne que vers les œufs qu'ils doivent féconder. Ils s'en nourrissent cependant quelquefois, au lieu de chercher à leur donner la vie ; mais le plus souvent ils passent et repassent au-dessus de ces petits corps organisés, jusqu'à ce que les fortes impressions que les émanations de ces œufs font éprouver à leur odorat, le premier de leurs sens, augmentant de plus en plus le besoin qui les aiguillonne, ils laissent échapper de leurs laites pressées le suc actif qui va porter le mouvement dans ces œufs encore inanimés. Souvent même l'odeur de ces œufs est si sensible pour leurs organes, qu'elle les affecte et les attire, pendant que ces petits corps sont encore renfermés dans le ventre de la mère ; on les voit alors se mêler avec les femelles quelque temps avant la ponte, et, par les différents mouvements qu'ils exécutent autour d'elles, montrer un empressement dont on pourrait croire ces dernières l'objet, mais qui n'est cependant dirigé que vers le fardeau qu'elles portent. C'est alors qu'ayant un désir aussi vif de se débarrasser d'une liqueur laiteuse très abondante que les femelles de se délivrer des œufs encore renfermés dans leurs ovaires, ils compriment leur ventre, comme ces mêmes femelles, contre les cailloux, le gravier et le sable, et, par les frottements fréquents et variés qu'ils éprouvent contre le fond des eaux, paraissent, en ne travaillant que pour s'exempter de la douleur, aider cependant la mère auprès de laquelle ils se trouvent, et creusent en effet avec elle, et à ses côtés, le trou dans lequel les œufs seront réunis.

Ajoutons à ce que nous venons d'exposer que l'agitation des eaux ne peut empêcher que très rarement la liqueur séminale du mâle de vivifier les œufs, parce qu'une très petite goutte de cette liqueur blanchâtre suffit pour en féconder un grand nombre. D'ailleurs les produits de la même ponte sont presque toujours successivement, ou à la fois, l'objet de l'empressement de plusieurs mâles.

Nous n'avons pas besoin de réfuter l'erreur dans laquelle sont tombés plusieurs naturalistes très estimables, et particulièrement Rondelet, qui ont cru que l'eau seule pouvait engendrer des poissons, parce qu'on en a trouvé dans des pièces d'eau où l'on n'en avait jeté aucun, où l'on n'avait porté aucun œuf, et qui n'avaient de communication ni avec la mer, ni avec aucun lac ou étang, ni avec aucune rivière. Nous devons cependant, afin d'expliquer ce fait observé plus d'une fois, faire attention à la facilité avec laquelle des oiseaux d'eau peuvent transporter du frai de poisson, sur les membranes de leurs pattes, dans les pièces d'eau isolées dont nous venons de parler.

Mais si nous venons de faire l'histoire de la fécondation des œufs dans le plus grand nombre de poissons, il est quelques espèces de ces animaux parmi les osseux, et surtout parmi les cartilagineux, qui présentent des phénomènes différents dans leur reproduction. Faisons connaître ces phénomènes.

Les femelles des raies, des squales, de quelques blennies, de quelques silures, ne pondent pas leurs œufs : ils parviennent dans le ventre de la mère à tout leur développement, ils y grossissent d'autant plus facilement qu'ils sont, pour ainsi dire, couvés par la chaleur intérieure de la femelle, ils y éclosent, et les petits arrivent tout formés à la lumière. Les poissons dont l'espèce se reproduit de cette manière ne doivent pas cependant être comptés parmi les animaux *vivipares ;* car, ainsi que nous l'avons fait observer dans l'*Histoire des serpents,* on ne peut donner ce nom qu'à ceux qui, jusqu'au moment où ils viennent au jour, tirent immédiatement leur nourriture du corps même de leur mère, tandis que les ovipares sont, jusqu'à la même époque, renfermés dans un œuf qui ne leur permet aucune communication avec le corps de la femelle, soit que ce même œuf éclose dans le ventre de la mère, ou soit qu'il ait été pondu avant d'éclore : mais on peut distinguer les poissons dont nous venons de parler par l'épithète de *vipères,* qui ne peut que rappeler un mode de reproduction semblable à celui qui leur a été attribué, et qui appartient à tous les serpents auxquels la dénomination de *vipère* a été appliquée.

Dans le plus grand nombre de ces poissons vipères, les œufs non seulement présentent une forme particulière que nous ferons connaître dans cette histoire, mais encore montrent une grandeur très supérieure à celle des œufs des autres poissons. Devant d'ailleurs atteindre à tout leur volume dans l'intérieur du corps de la mère, ils doivent être beaucoup moins nombreux que ceux des femelles qui pondent ; et, en effet, leur nombre ne passe guère cinquante. Mais si ces œufs, toujours renfermés dans l'intérieur de la femelle, contiennent un embryon vivant, ils doivent avoir été fécondés dans ce même intérieur ; la liqueur prolifique du mâle doit parvenir jusque dans les ovaires. Les mâles de ces animaux doivent donc rechercher leurs femelles, être attirés vers elles par une affection bien plus vive, bien plus intime, bien plus puissante, quoique peut-être la même dans son principe que celle qui porte les autres poissons mâles auprès des œufs déjà pondus ; s'en approcher de très près, s'unir étroitement à elles, prendre la position la plus favorable au but de ce véritable accouplement, et en prolonger la durée jusqu'à l'instant où leurs désirs sont remplis. Et tels sont, en effet, les actes qui précèdent ou accompagnent la fécondation dans ces espèces particulières. Il est même quelques-unes de ces espèces dans lesquelles le mâle a reçu une sorte de crochets avec lesquels il saisit sa femelle et la retient collée, pour ainsi dire, contre la partie inférieure de son corps, sans qu'elle puisse parvenir à s'échapper[1].

Dans quelques autres poissons, tels que les syngnathes et le silure ascite, les œufs sont à peine développés qu'ils sortent du corps de la mère ; mais nous verrons, dans la suite de cet ouvrage, qu'ils demeurent attachés sous le ventre ou sous la queue de la femelle, jusqu'au moment où ils éclosent. Ils sont donc vivifiés par la liqueur séminale du mâle, pendant qu'ils sont encore retenus à l'intérieur, ou du moins sur la face inférieure du corps de la mère ; il n'est donc pas surprenant qu'il y ait un accouplement du mâle et de la femelle dans les syngnathes et dans le silure ascite, comme dans les raies, dans les squales, dans plusieurs blennies et dans quelques autres poissons.

Le temps qui s'écoule depuis le moment où les œufs déposés par la femelle sont fécondés par le mâle, jusqu'à celui où les petits viennent à la lumière, varie suivant les espèces ; mais il ne paraît pas qu'il augmente toujours avec leur grandeur. Il est quelquefois de quarante et même de cinquante jours, et d'autres fois il n'est que de huit ou neuf. Lorsque c'est au bout de neuf jours que le poisson doit éclore, on voit, dès le second jour, un petit point animé entre le jaune et le blanc. On peut s'en assurer d'autant plus aisément, que tous les œufs de poisson sont membraneux, et qu'ils sont clairs et transparents, lorsqu'ils ont été pénétrés par la liqueur laiteuse. Au troisième jour, on distingue le cœur qui bat, le corps qui est attaché au jaune, et la queue qui est libre. C'est vers le sixième jour que l'on aperçoit au travers des portions molles de l'embryon qui sont très diaphanes, la colonne vertébrale, ce point d'appui des parties solides, et les côtes qui y sont réunies. Au septième jour, on remarque deux points noirs qui sont les yeux : le défaut de place oblige le fœtus à tenir sa queue repliée ; mais il s'agite avec vivacité et tourne sur lui-même en entraînant le jaune qui est attaché à son ventre, et en montrant ses nageoires pectorales, qui sont formées les premières. Enfin, le neuvième jour, un effort de la queue déchire la membrane de l'œuf parvenu alors à son plus haut point d'extension et de maturité. L'animal sort la queue la première, dégage sa tête, respire par le moyen d'une eau qui peut parvenir jusqu'à ses branchies sans traverser aucune membrane, et, animé par un sang dont le mouvement est à l'instant augmenté de près d'un tiers[2], il croît dans les premières heures qui succèdent à ce nouvel état, presque autant que pendant les quinze ou vingt jours qui les suivent. Dans plusieurs espèces, le poisson éclos conserve une partie du jaune dans une poche que forme la partie inférieure de son ventre. Il tire pendant plusieurs jours une partie de sa subsistance de cette matière, qui bientôt s'épuise, et à mesure qu'elle diminue, la bourse qui la contient s'affaisse, s'atténue et disparaît. L'animal grandit ensuite avec plus ou moins

---

1. Voyez les articles des *Raies* et des *Squales*.

2. On compte soixante pulsations par minute dans un poisson éclos et quarante dans ceux qui sont encore renfermés dans l'œuf.

de vitesse, selon la famille à laquelle il appartient[1] ; et lorsqu'il est parvenu au dernier terme de son développement, il peut montrer une longueur de plus de dix mètres[2]. En comparant le poids, le volume et la figure de ces individus de dix mètres de longueur, avec ceux qu'ils ont dû présenter lors de la sortie de l'œuf, on trouvera que, dans les poissons, la nature augmente quelquefois la matière plus de seize mille fois, et la dimension la plus étendue plus de cent fois. Il serait important, pour les progrès des sciences naturelles, de rechercher dans toutes les classes d'animaux la quantité d'accroissement, soit en masse, soit en volume, soit en longueur, soit en d'autres dimensions, depuis les premiers degrés jusqu'aux dernières limites du développement, et de comparer avec soin les résultats de tous les rapports que l'on trouverait.

Au reste, le nombre des grands poissons est bien plus considérable dans la mer que dans les fleuves et les rivières; l'on peut observer d'ailleurs que presque toujours, surtout dans les espèces féroces, les femelles, comme celles des oiseaux de proie, avec lesquels nous avons déjà vu que les poissons carnassiers ont une analogie très marquée, sont plus grandes que les mâles.

Quelque étendu que soit le volume des animaux que nous examinons, ils nagent presque tous avec une très grande facilité. Ils ont, en effet, reçu plusieurs organes particuliers propres à les faire changer rapidement de place au milieu de l'eau qu'ils habitent. Leurs mouvements dans ce fluide peuvent se réduire à l'action de monter ou de descendre et à celle de s'avancer dans un plan horizontal, ou se composent de ces deux actions. Examinons d'abord comment ils s'élèvent ou s'enfoncent dans le sein des eaux. Presque tous les poissons, excepté ceux qui ont le corps très plat, comme les raies et les pleuronectes, ont un organe intérieur situé dans la partie la plus haute de l'abdomen, occupant le plus souvent toute la longueur de cette cavité, fréquemment attaché à la colonne vertébrale, et auquel nous conservons le nom de vessie natatoire. Cette vessie est membraneuse et varie beaucoup dans sa forme, suivant les espèces de poissons dans lesquels on l'observe. Elle est toujours allongée; mais tantôt ses deux extrémités sont pointues, et tantôt arrondies, et tantôt la partie antérieure se divise en deux prolongations; quelquefois elle est partagée transversalement en deux lobes creux qui communiquent ensemble, quelquefois ces deux lobes sont placés

1. Nous avons appris, par les observations publiées par le physicien Hans Hæderstrœm, dans les Mémoires de l'Académie de Stockholm, qu'un brochet, mesuré et pesé à différents âges, a présenté les poids et les longueurs suivants :

A 1 an,		1 once 1/2 de poids.	
2 ans,	10 pouces de long,	4 onces.	
3	16	—	8 —
4	21	—	20 —
6	30	—	48 —
13	48	—	320 —

2. Consultez l'article du *Squale requin* et celui du *Squale très grand*.

longitudinalement à côté l'un de l'autre ; il est même des poissons dans lesquels elle présente trois et jusqu'à quatre cavités. Elle communique avec la partie antérieure, et quelquefois, mais rarement, avec la partie postérieure de l'estomac par un petit tuyau nommé canal pneumatique, qui aboutit au milieu ou à l'extrémité de la vessie la plus voisine de la tête lorsque cet organe est simple, mais qui s'attache au lobe postérieur lorsqu'il y a deux lobes placés l'un devant l'autre. Ce conduit varie dans ses dimensions, ainsi que dans ses sinuosités. Il transmet à la vessie natatoire, que l'on a aussi nommée vessie aérienne, un gaz quelconque qui la gonfle, l'étend, la rend beaucoup plus légère que l'eau et donne au poisson la faculté de s'élever au milieu de ce liquide. Lorsqu'au contraire l'animal veut descendre, il comprime sa vessie natatoire par le moyen des muscles qui environnent cet organe ; le gaz qu'elle contient s'échappe par le conduit pneumatique, parvient à l'estomac, sort du corps par la gueule, par les ouvertures branchiales ou par l'anus ; et la pesanteur des parties solides ou molles du poisson entraîne l'animal plus ou moins rapidement au fond de l'eau.

Cet effet de la vessie natatoire sur l'ascension et la descente des poissons ne peut pas être révoqué en doute, puisque, indépendamment d'autre raison et ainsi qu'Artedi l'a annoncé, il n'est personne qui ne puisse éprouver que lorsqu'on perce avec adresse, et par le moyen d'une aiguille convenable, la vessie aérienne d'un poisson vivant, il ne peut plus s'élever au milieu de l'eau, à moins qu'il n'appartienne à ces espèces qui ont reçu des muscles assez forts et des nageoires assez étendues pour se passer, dans leurs mouvements, de tout autre secours. Il est même des contrées dans lesquelles l'art de la pêche a été très cultivé, et où l'on se sert depuis longtemps de cette altération de la vessie natatoire pour empêcher des poissons qu'on veut garder en vie dans de grands baquets de s'approcher de la surface de l'eau et de s'élancer ensuite par-dessus les bords de leur sorte de réservoir.

Mais quel est le gaz qui s'introduit dans la vessie natatoire ? Notre savant et célèbre confrère M. Fourcroy a trouvé de l'azote dans l'organe aérien d'une carpe[1] ; d'un autre côté, le docteur Priestley s'est assuré que la vessie natatoire de plusieurs poissons contenait, dans le moment où il l'a examinée, de l'oxygène mêlé avec une quantité plus ou moins considérable d'un autre gaz dont il n'a pas déterminé la nature[2]; on lit dans les *Annales de chimie*, publiées en Angleterre par le docteur Dunkan, que le docteur Francis Rigby Brodbelt, de la Jamaïque, n'a reconnu dans la vessie d'un xiphias espadon que de l'oxygène très pur[3] ; et enfin celle de quelques tanches, que j'ai examinée, renfermait du gaz hydrogène. Il est donc vraisemblable que, suivant

1. *Annales de chimie*, t. Ier, p 47.
2. *Expériences de physique*, t. II, p. 462.
3. *Annales de médecine*, par le docteur Dunkan, 1796, p. 393 ; et *Journal de physique, chimie et arts*, par Nicholson, septembre 1797.

les circonstances dans lesquelles on observera la vessie aérienne des poissons, pendant que leur corps n'aura encore éprouvé aucune altération, ou leur cadavre étant déjà très corrompu, leur estomac étant vide ou rempli d'aliments plus ou moins décomposés, leurs facultés n'étant retenues par aucun obstacle ou étant affaiblies par la maladie, on trouvera dans leur organe natatoire des gaz de différente nature. Ne pourrait-on pas dire cependant que le plus souvent cet organe se remplit de gaz hydrogène? ne pourrait-on pas supposer que l'eau, décomposée dans les branchies, fournit au sang l'oxygène nécessaire à ce fluide ; que lorsque l'animal n'a pas besoin de gonfler sa vessie aérienne, le second principe de l'eau, l'hydrogène, rendu libre par sa séparation d'avec l'oxygène, se dissipe par les ouvertures branchiales et par celle de la bouche, ou se combine avec différentes parties du corps des poissons, dont l'analyse a donné en effet beaucoup de ce gaz, et que, lorsqu'au contraire le poisson veut étendre l'organe qui doit l'élever, ce gaz hydrogène, au lieu de se dissiper ou de se combiner, se précipite par le canal pneumatique que les muscles ne resserrent plus et va remplir une vessie qui n'est plus comprimée et qui est située dans la partie supérieure du corps? Sans cette décomposition de l'eau, comment concevoir que le poisson, qui dans une minute gonfle et resserre plusieurs fois sa vessie, trouve à l'instant, à la portée de cet organe, la quantité de gaz qu'il aspire et rejette? Comment même pourra-t-il avoir à sa disposition, dans les profondeurs immenses qu'il parcourt, et dans des couches d'eau éloignées quelquefois de l'atmosphère de plus de six mille mètres, une quantité d'oxygène suffisante pour sa respiration? Doit-on croire que leur estomac peut être rempli de matières alimentaires qui, en se dénaturant, fournissent à la vessie aérienne le gaz qui la gonfle, lorsqu'elle n'est jamais si fréquemment ni si complètement étendue que dans les instants où cet estomac est vide et où la faim qui presse l'animal l'oblige à s'élever, à s'abaisser avec promptitude, à faire avec rapidité de longues courses, à se livrer à de pénibles recherches?

Cette décomposition, dont la chimie moderne nous indique maintenant tant d'exemples, est-elle plus difficile à admettre dans des êtres à sang froid, à la vérité, mais très actifs et assez sensibles, tels que les poissons, que dans les parties des plantes qui séparent également l'hydrogène et l'oxygène contenus dans l'eau ou dans l'humidité de l'air? Les forces animales ne rendent-elles pas toutes les décompositions plus faciles, même avec une chaleur beaucoup moindre? Ne peut-on pas démontrer d'ailleurs que la vessie natatoire ne diminue par sa dilatation la pesanteur spécifique de l'animal qu'autant qu'elle est remplie d'un fluide beaucoup plus léger que ceux que renferment les autres cavités contenues dans le corps du poisson, cavités qui se resserrent à mesure que celle de la vessie s'agrandit, ou qu'autant que l'agrandissement momentané de cet organe d'ascension produit une augmentation de volume dans la totalité du corps de l'animal?

Peut-on assurer que cet accroissement dans le volume total a toujours lieu? Le gaz hydrogène, en séjournant dans la vessie natatoire ou dans d'autres parties de l'intérieur du poisson, ne peut-il pas, selon les circonstances, se combiner de manière à perdre sa nature, à n'être plus reconnaissable, et, par exemple, à produire de l'eau? Ce fait ne serait-il pas une réponse aux objections les plus fortes contre la décomposition de l'eau opérée par les branchies des poissons? Si ces animaux périssent dans de l'eau au-dessus de laquelle on fait le vide, ne doit-on pas rapporter ce phénomène à des déchirements intérieurs et à la soustraction violente des différents gaz que leur corps peut renfermer? Quelque opinion qu'on adopte sur la décomposition de l'eau dans l'organe respiratoire des poissons, peut-on expliquer ce qu'ils éprouvent dans les vases placés sous le récipient d'une machine pneumatique autrement que par des soustractions de gaz ou d'autres fluides qui, plus légers que l'eau, sont déterminés, sous ce récipient vide d'air, à se précipiter, pour ainsi dire, à la surface d'un liquide qui n'est plus aussi comprimé[1]? Lorsqu'on est obligé de briser la croûte de glace qui recouvre un étang, afin de préserver de la mort les poissons qui nagent au-dessous, n'est-ce pas plutôt pour débarrasser l'eau renfermée dans laquelle ils vivent de tous les miasmes produits par leurs propres émanations, ou par le séjour d'animaux ou de végétaux corrompus, que pour leur rendre l'air atmosphérique dont ils n'ont aucun besoin? N'est-ce pas pour une raison analogue qu'on est obligé de renouveler de temps en temps, et surtout pendant les grandes chaleurs, l'eau des vases dans lesquels on garde de ces animaux? Et enfin, l'hypothèse que nous indiquons n'a-t-elle pas été pressentie par J. Mayow, ce chimiste anglais de la fin du xviie siècle, qui a deviné, pour ainsi dire, plusieurs des brillantes découvertes de la chimie moderne, ainsi que l'a fait observer, dans un mémoire lu il y a près de deux ans à l'Institut de France, M. Fourcroy, l'un de ceux qui ont le plus contribué à fonder et à étendre la nouvelle théorie chimique[2]?

Mais n'insistons pas davantage sur de pures conjectures; contentons-nous d'avoir indiqué aux chimistes et aux physiciens un beau sujet de travail, et ne donnons une grande place, dans le tableau dont nous nous occupons, qu'aux traits dont nous croirons être sûrs de la fidélité.

Plusieurs espèces de poissons, telles que les balistes et les tétrodons[3],

---

1. Un poisson renfermé dans le vide pendant plusieurs heures paraît d'abord environné de bulles, particulièrement auprès de la bouche et des branchies; il nage ensuite renversé sur le dos, et le ventre gonflé; il est enfin immobile et raide; mais, mis dans de l'eau nouvelle exposée à l'air, il reprend ses forces, son ventre cependant reste retiré, et ce n'est qu'au bout de quelques heures qu'il peut nager et se tenir sur son ventre. Voyez Boyle, *Transact. philos.*, an. 1670.

2. Atque hinc est quod pisces *aquam, perinde ut animalia terrestria auram vulgarem*, vicibus perpetuis hauriant egerintque; quo videlicet *æreum aliquot vitale*, AB AQUA, veluti alias ab aura, secretum, in cruoris massam trajiciatur. (J. Mayow, traité 1, chap. cxcii, p. 229. La Haye, 1681.)

3. Voyez, dans ce volume, l'histoire des *tétrodons* et celle des *balistes*.

jouissent d'une seconde propriété très remarquable, qui leur donne une grande facilité pour s'élever au s'abaisser ou milieu du fluide qu'ils préfèrent : ils peuvent, à leur volonté et avec une rapidité assez grande, gonfler la partie inférieure de leur ventre, y introduire un gaz plus léger que l'eau et donner ainsi à leur ensemble un accroissement de volume qui diminue leur pesanteur spécifique. Il en est de cette faculté comme de celle de dilater la vessie natatoire ; toutes les deux sont bien plus utiles aux poissons au milieu des mers qu'au milieu des fleuves et des rivières, parce que l'eau des mers étant salée, et par conséquent plus pesante que l'eau des rivières et des fleuves qui est douce, les animaux que nous examinons peuvent avec moins d'efforts se donner, lorsqu'ils nagent dans la mer, une légèreté égale ou supérieure à celle du fluide dans lequel ils sont plongés.

Il ne suffit cependant pas aux poissons de monter et de descendre ; il faut encore qu'ils puissent exécuter des mouvements vers tous les points de l'horizon, afin qu'en combinant ces mouvements avec leurs ascensions et leurs descentes, ils s'avancent dans toutes sortes de directions perpendiculaires, inclinées ou parallèles à la surface des eaux. C'est principalement à leur queue qu'ils doivent la faculté de se mouvoir ainsi dans tous les sens ; c'est cette partie de leur corps, que nous avons vue s'agiter même dans l'œuf, en déchirer l'enveloppe et en sortir la première, qui, selon qu'elle est plus ou moins longue, plus ou moins libre, plus ou moins animée par des muscles puissants, pousse en avant avec plus ou moins de force le corps entier de l'animal. Que l'on regarde un poisson s'élancer au milieu de l'eau, on le verra frapper vivement ce fluide en portant rapidement sa queue à droite et à gauche. Cette partie, qui se meut sur la portion postérieure du corps, comme sur un pivot, rencontre obliquement les couches latérales du fluide contre lesquelles elle agit ; elle laisse d'ailleurs si peu d'intervalle entre les coups qu'elle donne d'un côté et de l'autre, que l'effet de ses impulsions successives équivaut à celui de deux actions simultanées ; et dès lors il n'est aucun physicien qui ne voie que le corps, pressé entre les deux réactions obliques de l'eau, doit s'échapper par la diagonale de ces deux forces, qui se confond avec la direction du corps et de la tête du poisson. Il est évident que plus la queue est aplatie par les côtés, plus elle tend à écarter l'eau par une grande surface, et plus elle est repoussée avec vivacité et contraint l'animal à s'avancer avec promptitude. Voilà pourquoi plus la nageoire qui termine la queue, et qui est placée verticalement, présente une grande étendue, et plus elle accroît la puissance d'un levier qu'elle allonge et dont elle augmente les points de contact. Voilà pourquoi encore toutes les fois que j'ai divisé un genre de poissons en plusieurs sous-genres, j'ai cru attacher à ces groupes secondaires des caractères non seulement faciles à saisir, mais encore importants à considérer par leurs liaisons avec les habitudes de l'animal, en distinguant ces familles subordonnées par la forme de la nageoire de la queue, ou très avancée en pointe, ou arrondie, ou rectiligne, ou creusée en demi-cercle, ou profondément échancrée en fourche.

C'est en se servant avec adresse de cet organe puissant, en variant l'action de cette queue presque toujours si mobile, en accroissant sa vitesse par toutes leurs forces, ou en tempérant sa rapidité, en la portant d'un côté plus vivement que d'un autre, en la repliant jusque vers la tête et en la débandant ensuite comme un ressort violent, surtout lorsqu'ils nagent en partie au-dessus de la surface de l'eau, que les poissons accélèrent, retardent leur mouvement, changent leur direction, se tournent, se retournent, se précipitent, s'élèvent, s'élancent au-dessus du fluide auquel ils appartiennent, franchissent de hautes cataractes et sautent jusqu'à plusieurs mètres de hauteur[1].

La queue de ces animaux, cet instrument redoutable d'attaque ou de défense, est donc aussi non seulement le premier gouvernail, mais encore la principale rame des poissons; ils en aident l'action par leurs nageoires pectorales. Ces dernières nageoires, s'étendant ou se resserrant à mesure que les rayons qui les soutiennent s'écartent ou se rapprochent, pouvant d'ailleurs être mues sous différentes inclinaisons et avec des vitesses très inégales, servent aux poissons non seulement pour hâter leur mouvement progressif, mais encore pour le modifier, pour tourner à droite ou à gauche, et même pour aller en arrière, lorsqu'elles se déploient en repoussant l'eau antérieure et qu'elles se replient au contraire en frappant l'eau opposée à cette dernière. En tout, le jeu et l'effet de ces nageoires pectorales sont très semblables à ceux des pieds palmés des oies, des canards et des autres oiseaux d'eau; il en est de même de ceux des nageoires inférieures, dont l'action est ordinairement moins grande que celle des nageoires pectorales, parce qu'elles présentent presque toujours une surface moins étendue.

A l'égard des nageoires de l'anus, l'un de leurs principaux usages est d'abaisser le centre de gravité de l'animal et de le maintenir d'une manière plus stable dans la position qui lui convient le mieux.

Lorsqu'elles s'étendent jusque vers la nageoire caudale, elles augmentent la surface de la queue, et par conséquent elles concourent à la vitesse de la natation; elles peuvent aussi changer sa direction, en se déployant ou en se repliant alternativement en tout ou en partie, et en mettant ainsi une inégalité plus ou moins grande entre l'impulsion communiquée à droite et celle qui est reçue à gauche.

Si les nageoires dorsales règnent au-dessus de la queue, elles influent, comme celles de l'anus, sur la route que suit l'animal et sur la rapidité de ses mouvements; elles peuvent aussi, par leurs diverses ondulations et par les différents plans inclinés qu'elles présentent à l'eau et avec lesquels elles frappent ce fluide, augmenter les moyens qu'a le poisson pour suivre telle ou telle direction; elles doivent encore, lorsque le poisson est exposé à des

---

1. Articles des *Squales* et des *Salmones*.

courants qui le prennent en travers, contre-balancer quelquefois l'effet des nageoires de l'anus et contribuer à conserver l'équilibre de l'animal; mais le plus souvent elles ne tendraient qu'à détruire cet équilibre et à renverser le poisson, si ce dernier ne pouvait pas, en mouvant séparément chaque rayon de ces nageoires, les rabaisser et même les coucher sur son dos dans leur totalité, ou dans celles de leurs portions qui lui offrent le plus d'obstacles.

Je n'ai pas besoin de faire remarquer comment le jeu de la queue et des nageoires, qui fait avancer les poissons, peut les porter en haut ou en bas, indépendamment de tout gonflement du corps et de toute dilatation de la vessie natatoire, lorsqu'au moment de leur départ leur corps est incliné, et leur tête élevée au-dessus du plan horizontal, ou abaissée au-dessous de ce même plan. On verra, avec la même facilité, que ceux de ces animaux qui ont le corps très déprimé de haut en bas, tels que les raies et les pleuronectes, peuvent, tout égal d'ailleurs, lutter pendant plus de temps et avec plus d'avantage contre un courant rapide, pour peu qu'ils tiennent la partie antérieure de leur corps un peu élevée, parce qu'alors ils présentent à l'eau un plan incliné que ce fluide tend à soulever ; ce qui permet à l'animal de n'employer presque aucun effort pour se soutenir à telle ou telle hauteur, mais de réunir toutes ses forces pour accroître son mouvement progressif[1]. Et enfin on observera également sans peine que si le principe le plus actif de la natation est dans la queue, c'est dans la trop grande longueur de la tête, et dans les prolongations qui l'étendent en avant, que se trouvent les principaux obstacles à la vitesse; c'est dans les parties antérieures qu'est la cause retardatrice ; dans les postérieures est au contraire la puissance accélératrice ; et le rapport de cette cause et de cette puissance détermine la rapidité de la natation des poissons.

De cette même proportion dépend par conséquent la facilité plus ou moins grande avec laquelle ils peuvent chercher l'aliment qui leur convient. Quelques-uns se contentent, au moins souvent, de plantes marines, et particulièrement d'algues ; d'autres vont chercher dans la vase les débris des corps organisés; et c'est de ceux-ci que l'on a dit qu'ils vivaient de limon ; il en est encore qui ont un goût très vif pour des graines et d'autres parties de végétaux terrestres ou fluviatiles; mais le plus grand nombre de poissons préfèrent des vers marins, de rivière ou de terre, des insectes aquatiques, des œufs pondus par leurs femelles, de jeunes individus de leur classe, et en général tous les animaux qu'ils peuvent rencontrer au milieu des eaux, saisir et dévorer sans éprouver une résistance trop dangereuse.

Les poissons peuvent avaler, dans un espace de temps très court, une très grande quantité de nourriture ; mais ils peuvent aussi vivre sans manger pendant un très grand nombre de jours, même pendant plusieurs mois et

[1] Il est à remarquer que ces poissons, très aplatis, manquent de vessie natatoire.

quelquefois pendant plus d'un an. Nous ne répéterons pas ici ce que nous avons déjà dit sur les causes d'un phénomène semblable, en traitant des quadrupèdes ovipares et des serpents, qui quelquefois sont aussi plus d'un an sans prendre de nourriture. Les poissons, dont les vaisseaux sanguins, ainsi que ceux des reptiles et des quadrupèdes ovipares, sont parcourus par un fluide très peu échauffé, et dont le corps est recouvert d'écailles ou de téguments visqueux et huilés, doivent habituellement perdre trop peu de leur substance, pour avoir besoin de réparations très copieuses et très fréquentes ; mais non seulement ils vivent et jouissent de leur activité ordinaire malgré une abstinence très prolongée, mais ces longs jeûnes ne les empêchent pas de se développer, de croître et de produire dans leur tissu cellulaire cette matière onctueuse à laquelle le nom de graisse a été donné. On conçoit très aisément comment il suffit à un animal de ne pas laisser échapper beaucoup de substance pour ne pas diminuer très sensiblement dans son volume ou dans ses forces, quoiqu'il ne reçoive cependant qu'une quantité extrêmement petite de matière nouvelle; mais qu'il s'étende, qu'il grossisse, qu'il présente des dimensions plus grandes et une masse plus pesante, quoique n'ayant pris depuis un très long temps aucun aliment, quoique n'ayant introduit depuis plus d'un an dans son corps aucune substance réparatrice et nutritive, on ne peut le comprendre. Il faut donc qu'une matière véritablement alimentaire maintienne et accroisse la substance et les forces des poissons pendant le temps plus ou moins long où l'on est assuré qu'ils ne prennent d'ailleurs aucune portion de leur nourriture ordinaire ; cette matière les touche, les environne, les pénètre sans cesse. Il n'est en effet aucun physicien qui ne sache maintenant combien l'eau est nourrissante lorsqu'elle a subi certaines combinaisons; et les phénomènes de la panification, si bien développés par les chimistes modernes, en sont surtout une très grande preuve [1]. Mais c'est au milieu de cette eau que les poissons sont continuellement plongés ; elle baigne toute leur surface ; elle parcourt leur canal intestinal ; elle remplit plusieurs de leurs cavités ; et, pompée par les vaisseaux absorbants, ne peut-elle pas éprouver, dans les glandes qui réunissent le système de ces vaisseaux, ou dans d'autres de leurs organes intérieurs, des combinaisons et décompositions telles, qu'elle devienne une véritable substance nutritive et augmentative de celle des poissons? Voilà pourquoi nous voyons des carpes suspendues hors de l'eau, et auxquelles on ne donne aucune nourriture, vivre longtemps, et même s'engraisser d'une manière très remarquable, si on les arrose fréquemment, et si on les entoure de mousse ou d'autres végétaux qui conservent une humidité abondante sur toute la surface de ces animaux [2].

1. Nous citerons particulièrement les travaux de notre confrère M. Parmentier.
2. On pourrait expliquer de même l'accroissement que l'on a vu prendre, pendant des jeûnes très prolongés, à des serpents et à quelques quadrupèdes ovipares, qui, à la vérité, ne vivent pas dans le sein des eaux, mais habitent ordinairement au milieu d'une atmosphère chargée de vapeurs aqueuses, et qui auront puisé dans l'humidité de l'air une nourriture semblable à celle que les poissons doivent à l'eau douce ou salée.

Le fluide dans lequel les poissons sont plongés peut donc non seulement les préserver de cette sensation douloureuse que l'on a nommée soif, qui provient de la sécheresse de la bouche et du canal alimentaire, et qui par conséquent ne doit jamais exister au milieu des eaux, mais encore entretenir leur vie, réparer leurs pertes, accroître leur substance; et les voilà liés, par de nouveaux rapports, avec les végétaux. Il ne peut cependant pas les délivrer, au moins totalement, du tourment de la faim; cet aiguillon pressant agite surtout les grandes espèces, qui ont besoin d'aliments plus copieux, plus actifs et plus souvent renouvelés; et telle est la cause irrésistible qui maintient dans un état de guerre perpétuel la nombreuse classe des poissons, les fait continuellement passer de l'attaque à la défense, et de la défense à l'attaque, les rend tour à tour tyrans et victimes, et convertit en champ de carnage la vaste étendue des mers et des rivières.

Nous avons déjà compté les armes offensives et défensives que la nature a départies à ces animaux, presque tous condamnés à d'éternels combats. Quelques-uns d'eux ont aussi reçu, pour atteindre ou repousser leur ennemi, une faculté remarquable; nous l'observerons dans la raie torpille, dans un tétrodon, dans un gymnote, dans un silure. Nous les verrons atteindre au loin par une puissance invisible, frapper avec la rapidité de l'éclair, mettre en mouvement ce feu électrique qui, excité par l'art du physicien, brille, éclate, brise ou renverse dans nos laboratoires, et qui, condensé par la nature, resplendit dans les nuages et lance la foudre dans les airs. Cette force merveilleuse et soudaine, nous la verrons se manifester par l'action de ces poissons privilégiés, comme dans tous les phénomènes connus depuis longtemps sous le nom d'électriques, parcourir avec vitesse tous les corps conducteurs d'électricité, s'arrêter devant ceux qui n'ont pas reçu cette qualité conductrice, faire jaillir des étincelles[1], produire de violentes commotions et donner une mort imprévue à des victimes éloignées. Transmise par les nerfs, anéantie par la soustraction du cerveau, quoique l'animal conserve encore ses facultés vitales, subsistant pendant quelque temps malgré le retranchement du cœur, nous ne serons pas étonnés de savoir qu'elle appartient à des poissons à un degré que l'on n'a point observé encore dans les autres êtres organisés, lorsque nous réfléchirons que ces animaux sont imprégnés d'une grande quantité de matière huileuse, très analogue aux résines et aux substances dont le frottement fait naître tous les phénomènes de l'électricité[2].

On a écrit que plusieurs espèces de poissons avaient reçu, à la place de

---

1. Depuis l'impression de l'article de la *Torpille*, nous avons appris, par un nouvel ouvrage de M. Galvani, que les espérances que nous avons exposées dans l'histoire de cette raie sont déjà réalisées, que le gymnote électrique n'est pas le seul poisson qui fasse naître les étincelles visibles, et que, par le moyen d'un microscope, on en a distingué de produites par l'électricité d'une torpille. Consultez les Mémoires de Galvani adressés à Spallanzani et imprimés à Bologne en 1797.

2. Voyez l'article de la *Torpille*, et surtout celui du *Gymnote électrique*.

la vertu électrique, la funeste propriété de renfermer un poison actif. Cependant, avec quelque soin que nous ayons examiné ces espèces, nous n'avons trouvé ni dans leurs dents, ni dans leurs aiguillons, aucune cavité, aucune conformation analogues à celles que l'on remarque, par exemple, dans les dents de la couleuvre vipère, et qui sont propres à faire pénétrer une liqueur délétère jusqu'aux vaisseaux sanguins d'un animal blessé ; nous n'avons vu, auprès de ces aiguillons ni de ces dents, aucune poche, aucun organe contenant un suc particulier et venimeux; nous n'avons pu découvrir dans les autres parties du corps aucun réservoir de matière corrosive, de substance dangereuse, et nous nous sommes assurés, ainsi qu'on pourra s'en convaincre dans le cours de cette histoire, que les accidents graves produits par la morsure des poissons ou par l'action de leurs piquants ne doivent être rapportés qu'à la nature des plaies faites par ces pointes ou par les dents de ces animaux. On ne peut pas douter cependant que, dans certaines contrées, particulièrement dans celles qui sont très voisines de la zone torride, dans la saison des chaleurs, ou dans d'autres circonstances de temps et de lieu, plusieurs des animaux que nous étudions ne renferment souvent, au moment où on les prend, une quantité assez considérable d'aliments vénéneux et même mortels pour l'homme, ainsi que pour plusieurs oiseaux ou quadrupèdes, et cependant très peu nuisibles ou innocents pour des animaux à sang froid, imprégnés d'huile, remplis de sucs digestifs d'une qualité particulière et organisés comme les poissons. Cette nourriture redoutable pour l'homme peut consister, par exemple, en fruits du mancenillier, ou d'autres végétaux, et en débris de plusieurs vers marins, dont les observateurs connaissent depuis longtemps l'activité malfaisante des sucs.

Si des poissons ainsi remplis de substances dangereuses sont préparés sans précaution, s'ils ne sont pas vidés avec le plus grand soin, ils doivent produire les effets les plus funestes sur l'homme, les oiseaux ou les quadrupèdes qui en mangent. On peut même ajouter qu'une longue habitude de ces aliments vénéneux peut dénaturer un poisson, au point de faire partager à ses muscles, à ses sucs, à presque toutes ses parties, les propriétés redoutables de la nourriture qu'il aura préférée, et de le rendre capable de donner la mort à ceux qui mangeraient de sa chair, quand bien même ses intestins auraient été nettoyés avec la plus grande attention. Mais il est aisé de voir que le poison n'appartient jamais aux poissons par une suite de leur nature ; que si quelques individus le recèlent, ce n'est qu'une matière étrangère que renferme leur intérieur pendant des instants souvent très courts; que si la substance de ces individus en est pénétrée, ils ont subi une altération profonde.

Il est à remarquer, en conséquence, que lorsqu'on parcourt le vaste ensemble des êtres organisés, que l'on commence par l'homme, et que, dans ce long examen, on observe d'abord les animaux qui vivent dans l'atmosphère, on n'aperçoit pas de qualités venimeuses avant d'être parvenu à ceux dont le sang est froid. Parmi les animaux qui ne respirent qu'au milieu des eaux, la limite en deçà de laquellé on ne rencontre pas d'armes ni de liqueurs empoisonnées est encore plus reculée ; et l'on ne voit d'êtres venimeux par eux-mêmes que lorsqu'on a passé au delà de ceux dont le sang est rouge.

Continuons cependant de faire connaître tous les moyens d'attaque et de défense accordés aux poissons. Indépendamment de quelques manœuvres particulières que de petites espèces mettent en usage contre des insectes qu'elles ne peuvent pas attirer jusqu'à elles, presque tous les poissons emploient avec constance et avec une sorte d'habileté les ressources de la ruse; il n'en est presque aucun qui ne tende des embûches à un être plus faible ou moins attentif. Nous verrons particulièrement ceux dont la tête est garnie de petits filaments déliés et nommés barbillons se cacher souvent dans la vase, sous les saillies des rochers, au milieu des plantes marines, ne laisser dépasser que ces barbillons qu'ils agitent et qui ressemblent alors à de petits vers, tâcher de séduire par ces appâts les animaux marins ou fluviatiles qu'ils ne pourraient atteindre en nageant qu'en s'exposant à de trop longues fatigues, les attendre avec patience et les saisir avec promptitude au moment de leur approche[1]. D'autres, ou avec leur bouche[2], ou avec leur queue[3], ou avec leurs nageoires inférieures rapprochées en disque[4], ou avec un organe particulier situé au-dessus de leur tête[5], s'attachent aux rochers, aux bois flottants, aux vaisseaux, aux poissons plus gros qu'eux, et, indépendamment de plusieurs causes qui les maintiennent dans cette position, y sont retenus par le désir d'un approvisionnement plus facile, ou d'une garantie plus sûre. D'autres encore, tels que les anguilles, se ménagent dans des cavités qu'ils creusent, dans des terriers qu'ils forment avec précaution, et dont les issues sont pratiquées avec une sorte de soin, bien moins un abri contre le froid des hivers qu'un rempart contre des ennemis plus forts ou mieux armés. Ils les évitent aussi quelquefois, ces ennemis dangereux, en employant la faculté de ramper que leur donne leur corps très allongé et serpentiforme, en s'élançant hors de l'eau, et en allant chercher, pendant quelques instants, loin de ce fluide, non seulement une nourriture qui leur plaît, et qu'ils y

1. Les acipensères qui ont plusieurs barbillons peuvent se tenir d'autant plus aisément cachés en partie sous des algues ou de la vase, que je viens de voir dans l'esturgeon, et que l'on trouvera vraisemblablement dans tous les autres acipensères, deux évents analogues à celui des pétromyzons ainsi qu'à ceux des raies et des squales. Chacun de ces deux évents consiste dans un petit canal un peu demi-circulaire, placé au-devant de l'opercule des branchies et situé de telle sorte que son orifice externe est très près du bord supérieur de l'opercule, et que son ouverture interne est dans la partie antérieure et supérieure de la cavité branchiale, auprès de l'angle formé par le cartilage sur lequel l'opercule est attaché. Ces évents de l'esturgeon ont été observés, par M. Cuvier et par moi, sur un individu d'environ deux mètres de longueur, dans lequel on a pu aussi distinguer aisément de petites côtes cartilagineuses. Par ce double caractère, l'esturgeon lie de plus près les raies et les squales avec les osseux, ainsi que nous le ferons remarquer dans le discours sur les parties solides de l'intérieur des poissons.

2. Les pétromyzons.

3. Quelques murènes et les murénophis.

4. Les cycloptères, etc.

5. Les échénéis.

trouvent en plus grande abondance que dans la mer ou dans les fleuves, mais encore un asile plus sûr que toutes les retraites aquatiques. Ceux-ci, enfin, qui ont reçu des nageoires pectorales très étendues, très mobiles et composées de rayons faciles à rapprocher ou à écarter, s'élancent dans l'atmosphère pour échapper à une poursuite funeste, frappent l'air par une grande surface, avec beaucoup de rapidité, et, par un déploiement d'instrument ou une vitesse d'action moindre dans un sens que dans un autre, se soutiennent pendant quelques moments au-dessus des eaux et ne retombent dans leur fluide natal qu'après avoir parcouru une courbe assez longue. Il est des plages où ils fuient ainsi en troupe, et où ils brillent d'une lumière phosphorique assez sensible, lorsque c'est au milieu de l'obscurité des nuits qu'ils s'efforcent de se dérober à la mort. Ils représentent alors, par leur grand nombre, une sorte de nuage enflammé, ou, pour mieux dire, de pluie de feu ; et l'on dirait que ceux qui, lors de l'origine des mythologies, ont inventé le pouvoir magique des anciennes enchanteresses et ont placé le palais et l'empire de ces redoutables magiciennes dans le sein ou auprès des ondes, connaissaient et ces légions lumineuses de poissons volants, et cet éclat phosphorique de presque tous les poissons, et cette espèce de foudre que lancent les poissons électriques.

Ce n'est donc pas seulement dans le fond des eaux, mais sur la terre et au milieu de l'air, que quelques poissons peuvent trouver quelques moments de sûreté. Mais que cette garantie est passagère ! qu'en tout les moyens de défense sont inférieurs à ceux d'attaque ! Quelle dévastation s'opère à chaque instant dans les mers et dans les fleuves ! combien d'embryons anéantis, d'individus dévorés ! et combien d'espèces disparaîtraient, si presque toutes n'avaient reçu la plus grande fécondité, si une seule femelle, pouvant donner la vie à plusieurs millions d'individus, ne suffisait pas pour réparer d'immenses destructions ! Cette fécondité si remarquable commence dans les femelles lorsqu'elles sont encore très jeunes ; elle s'accroît avec leurs années ; elle dure pendant la plus grande partie d'une vie qui peut être très étendue ; et si l'on ne compare pas ensemble des poissons qui viennent au jour d'une manière différente, c'est-à-dire ceux qui éclosent dans le ventre de la femelle, et ceux qui sortent d'un œuf pondu, on verra que la nature a établi, relativement à ces animaux, une loi bien différente de celle à laquelle elle a soumis les quadrupèdes, et que les plus grandes espèces sont celles dans lesquelles on compte le plus grand nombre d'œufs. La nature a donc placé de grandes sources de reproductions où elle a allumé la guerre la plus constante et la plus cruelle ; mais l'équilibre nécessaire entre le pouvoir qui conserve et la force consommatrice qui n'en est que la réaction ne pourrait pas subsister, si la nature, qui le maintient, négligeait, pour ainsi dire, la plus courte durée ou la plus petite quantité. Ce n'est que par cet emploi de tous les instants et de tous les efforts qu'elle met de l'égalité entre les plus petites et les plus grandes puissances ; et n'est-ce pas là le secret de cette supériorité d'action à laquelle l'art de l'homme ne peut atteindre que lorsqu'il a le temps à son commandement?

Cependant ce n'est pas uniquement par des courses très limitées que les poissons parviennent à se procurer leur proie ou à se dérober à leurs ennemis. Ils franchissent souvent de très grands intervalles; ils entreprennent de grands voyages, et, conduits par la crainte, ou excités par des appétits vagues, entraînés de proche en proche par le besoin d'une nourriture plus abondante ou plus substantielle, chassés par les tempêtes, transportés par les courants, attirés par une température plus convenable, ils traversent des mers immenses; ils vont d'un continent à un autre et parcourent dans tous les sens la vaste étendue d'eau au milieu de laquelle la nature les a placés. Ces grandes migrations, ces fréquents changements, ne présentent pas plus de régularité que les causes fortuites qui les produisent; ils ne sont soumis à aucun ordre; ils n'appartiennent point à l'espèce; ce ne sont que des actes individuels. Il n'en est pas de même de ce concours périodique vers les rivages des mers, qui précède le temps de la ponte et de la fécondation des œufs. Il n'en est pas de même non plus de ces ascensions régulières, exécutées chaque année avec tant de précision, qui peuplent, pendant plus d'une saison, les fleuves, les rivières, les lacs et les ruisseaux les plus élevés sur le globe, de tant de poissons attachés à l'onde amère pendant d'autres saisons, et qui dépendent non seulement des causes que nous avons énumérées plus haut, mais encore de ce besoin si impérieux pour tous les animaux, d'exercer leurs facultés dans toute leur plénitude, de ce mobile si puissant de tant d'actions des êtres sensibles, qui imprime à un si grand nombre de poissons le désir de nager dans une eau plus légère, de lutter contre des courants, de surmonter de fortes résistances, de rencontrer des obstacles difficiles à écarter, de se jouer, pour ainsi dire, avec les torrents et les cataractes, de trouver un aliment moins ordinaire dans la substance d'une eau moins salée, et peut-être de jouir d'autres sensations nouvelles. Il n'en est pas encore de même de ces rétrogradations, de ces voyages en sens inverse, de ces descentes qui, de l'origine des ruisseaux, des lacs, des rivières et des fleuves, se propagent vers les côtes maritimes et rendent à l'Océan tous les individus que l'eau douce et courante avait attirés. Ces longues allées et venues, cette affluence vers les rivages, cette retraite vers la haute mer, sont les gestes de l'espèce entière. Tous les individus réunis par la même conformation, soumis aux mêmes causes, présentent les mêmes phénomènes. Il faut néanmoins se bien garder de comprendre parmi ces voyages périodiques, constatés dans tous les temps et dans tous les lieux, de prétendues migrations régulières, indépendantes de celles que nous venons d'indiquer, et que l'on a supposées dans quelques espèces de poissons, particulièrement dans les maquereaux et dans les harengs. On a fait arriver ces animaux en colonnes pressées, en légions rangées, pour ainsi dire, en ordre de bataille, en troupes conduites par des chefs. On les a fait partir des mers glaciales de notre hémisphère à des temps déterminés, s'avancer avec un concert toujours soutenu, s'approcher successivement de plusieurs côtes de l'Europe, conserver leur disposition, passer par des détroits, se diviser en plusieurs bandes, changer de direction, se porter vers l'ouest, tourner encore et revenir vers le nord, toujours avec le même arrangement et, pour ainsi dire, avec la même fidélité. On a ajouté à cette narration ; on en a embelli les détails ; on en a tiré des conséquences multipliées ; et cependant on pourra voir dans les ouvrages de Bloch, dans ceux d'un très bon observateur de Rouen, M. Noël, et dans les articles de cette histoire relatifs à ces poissons, combien de faits très constants prouvent que lorsqu'on a réduit à leur juste valeur les récits merveilleux dont nous venons de donner une idée, on ne trouve dans les maquereaux et dans les harengs que des animaux qui vivent, pendant la plus grande partie de l'année, dans les profondeurs de la haute mer, et qui, dans d'autres saisons, se rapprochent, comme presque tous les autres poissons pélagiens, des rivages les plus voisins et les plus analogues à leurs besoins et à leurs désirs.

Au reste, tous ces voyages périodiques ou fortuits, tous ces déplacements réguliers, toutes ces courses irrégulières, peuvent être exécutés par les poissons avec une vitesse très grande et très longtemps prolongée. On a vu de ces animaux s'attacher, pour ainsi dire, à des vaisseaux destinés à traverser de vastes mers, les accompagner, par exemple, d'Amérique en Europe, les suivre avec constance malgré la violence du vent qui poussait les bâtiments, ne pas les perdre de vue, souvent les précéder en se jouant, revenir vers les embarcations, aller en sens contraire, se retourner, les atteindre, les dépasser de nouveau, et, regagnant, après de courts repos, le temps qu'ils avaient, pour ainsi dire, perdu dans cette sorte de halte, arriver avec les navigateurs sur les côtes européennes. En réunissant ces faits à ceux qui ont été observés dans les fleuves d'un cours très long et très rapide, nous nous sommes assurés, ainsi que nous l'exposerons dans l'histoire des saumons, que les poissons peuvent présenter une vitesse telle, que, dans une eau tranquille, ils parcourent deux cent quatre-vingt-huit hectomètres par heure, huit mètres par seconde, c'est-à-dire un espace douze fois plus grand que celui sur lequel les eaux de la Seine s'étendent dans le même temps, et presque égal à celui qu'un renne fait franchir à un traîneau également dans une seconde.

Pouvant se mouvoir avec cette grande rapidité, comment les poissons ne vogueraient-ils pas à de grandes distances, lorsque, en quelque sorte, aucun obstacle ne se présente à eux ? En effet, ils ne sont point arrêtés dans leurs migrations, comme les quadrupèdes, par des forêts impénétrables, de hautes montagnes, des déserts brûlants ; ni comme les oiseaux, par le froid de l'atmosphère au-dessus des cimes congelées des monts les plus élevés; ils trouvent, dans presque toutes les portions des mers, une nourriture abondante et une température à peu près égale. Et quelle est la barrière qui pourrait s'opposer à leur course au milieu d'un fluide qui leur résiste à peine et se divise si facilement à leur approche?

D'ailleurs, non seulement ils n'éprouvent pas, dans le sein des ondes, de frottement pénible, mais toutes leurs parties étant de très peu moins légères que l'eau, et surtout que l'eau salée, les portions supérieures de leur corps, soutenues par le liquide dans lequel elles sont plongées, n'exercent pas une très grande pression sur les inférieures, et l'animal n'est pas contraint d'employer une grande force pour contre-balancer les effets d'une pesanteur peu considérable.

Les poissons ont cependant besoin de se livrer de temps en temps au repos et même au sommeil. Lorsque, dans le moment où ils commencent à s'endormir, leur vessie natatoire est très gonflée et remplie d'un gaz très léger, ils peuvent être soutenus à différentes hauteurs par leur seule légèreté, glisser sans effort entre deux couches de fluide et ne pas cesser d'être plongés dans un sommeil paisible, que ne trouble pas un mouvement très doux et indépendant de leur volonté. Leurs muscles sont néanmoins si irritables, qu'ils ne dorment profondément que lorsqu'ils reposent sur un fond stable, que la nuit règne, ou qu'éloignés de la surface des eaux et cachés dans une retraite obscure, ils ne reçoivent presque aucun rayon de lumière dans des yeux qu'aucune paupière ne garantit, qu'aucune membrane clignotante ne voile, et qui par conséquent sont toujours ouverts.

Maintenant, si nous portons notre vue en arrière et si nous comparons les résultats de toutes les observations que nous venons de réunir, et dont on trouvera les détails et les preuves dans la suite de cette histoire, nous admettrons dans les poissons un instinct qui, en s'affaiblissant dans les osseux dont le corps est très aplati, s'anime au contraire dans ceux qui ont un corps serpentiforme, s'accroît encore dans presque tous les cartilagineux, et peut-être paraîtra, dans presque toutes les espèces, bien plus vif et bien plus étendu qu'on ne l'aurait pensé. On en sera plus convaincu, lorsqu'on aura reconnu qu'avec très peu de soins on peut les apprivoiser, les rendre familiers. Ce fait, bien connu des anciens, a été très souvent vérifié dans les temps modernes. Il y a, par exemple, bien plus d'un siècle que l'on sait que des poissons nourris dans des bassins d'un jardin de Paris, désigné par la dénomination de *jardin des Tuileries*, accouraient lorsqu'on les appelait, et particulièrement lorsqu'on prononçait le nom qu'on leur avait donné. Ceux à qui l'éducation des poissons n'est pas étrangère n'ignorent pas que, dans les étangs d'une grande partie de l'Allemagne, on accoutume les truites, les carpes et les tanches à se rassembler au son d'une cloche et à venir prendre la nourriture qu'on leur destine[1]. On a même observé assez sou-

---

1. Nierembergius, *Hist. natur.*, lib. III. — Geor. Sergerus, *Éphémér. des curieux de la nature*, années 1673 et 1674, observ. 145. — Bloch, *Hist. des poissons.*

vent ces habitudes, pour savoir que les espèces qui ne se contentent pas de débris d'animaux ou de végétaux trouvés dans la fange, ni même de petits vers, ou d'insectes aquatiques, s'apprivoisent plus promptement et s'attachent, pour ainsi dire, davantage à la main qui les nourrit, parce que, dans les bassins où on les renferme, elles ont plus besoin d'assistance pour ne pas manquer de l'aliment qui leur est nécessaire.

A la vérité, leur organisation ne leur permet de faire entendre aucune voix ; ils ne peuvent proférer aucun cri, ils n'ont reçu aucun véritable instrument sonore ; et il est quelques-uns de ces animaux dans lesquels la crainte ou la surprise produisent une sorte de bruit, ce n'est qu'un bruissement assez sourd, un sifflement imparfait, occasionné par les gaz qui sortent avec vitesse de leur corps subitement comprimé, et qui froissent avec plus ou moins de force les bords des ouvertures par lesquelles ils s'échappent. On ne peut pas croire non plus que, ne formant ensemble aucune véritable société, ne s'entr'aidant point dans leurs besoins ordinaires, ne chassant presque jamais avec concert, ne se recherchant en quelque sorte que pour se nuire, vivant dans un état perpétuel de guerre, ne s'occupant que d'attaquer ou de se défendre, et ne devant avertir ni leur proie de leur approche, ni leur ennemi de leur fuite, ils aient ce langage imparfait, cette sorte de pantomime qu'on remarque dans un grand nombre d'animaux, et qui naît du besoin de se communiquer des sensations très variées. Le sens de l'ouïe et celui de la vue sont donc à peine pour eux ceux de la discipline. De plus, nous avons vu que leur cerveau était petit, que leurs nerfs étaient gros ; et l'intelligence paraît être en raison de la grandeur du cerveau, relativement au diamètre des nerfs. Le sens du goût est aussi très émoussé dans ces animaux ; mais c'est celui de la brutalité. Le sens du toucher, qui n'est pas très obtus dans les poissons, est au contraire celui des sensations précises. La vue est celui de l'activité, et leurs yeux ont été organisés d'une manière très analogue au fluide qu'ils habitent. Et enfin, leur odorat est exquis ; l'odorat, ce sens qui sans doute est celui des appétits violents, ainsi que nous le prouvent les squales, ces féroces tyrans des mers, mais qui, considéré, par exemple, dans l'homme, a été regardé avec tant de raison par un philosophe célèbre, par Jean-Jacques Rousseau, comme le sens de l'imagination, et qui, n'étant pas moins celui des sensations douces et délicates, celui des tendres souvenirs, est encore celui que le poète de l'amour a recommandé de chercher à séduire dans l'objet d'une vive affection.

Mais pour jouir de cet instinct dans toute son étendue, il faut que rien n'affaiblisse les facultés dont il est le résultat. Elles s'émoussent cependant, ces facultés, lorsque la température des eaux qu'ils habitent devient trop froide, et que le peu de chaleur que leur respiration et leurs organes intérieurs font naître n'est point suffisamment aidé par une chaleur étrangère. Les poissons qui vivent dans la mer ne sont point exposés à ce froid engourdissement, à moins qu'ils ne s'approchent trop de certaines côtes dans la saison où les glaces les ont envahies. Ils trouvent presque à toutes les latitudes, et en s'élevant ou s'abaissant plus ou moins dans l'Océan, un degré de chaleur qui ne descend guère au-dessous de celui qui est indiqué par douze sur le thermomètre dit de Réaumur[1]. Mais dans les fleuves, dans les rivières, dans les lacs, dont les eaux de plusieurs, surtout en Suisse, font constamment descendre le thermomètre, suivant l'habile observateur Saussure, au moins jusqu'à quatre ou cinq degrés au-dessous de zéro, les poissons sont soumis à presque toute l'influence des hivers, particulièrement auprès des pôles. Ils ne peuvent que difficilement se soustraire à cette torpeur, à ce sommeil profond dont nous avons tâché d'exposer les causes, la nature et les effets, en traitant des quadrupèdes ovipares et des serpents. C'est en vain qu'à mesure que le froid pénètre dans leurs retraites, ils cherchent les endroits les plus abrités, les plus éloignés d'une surface qui commence à se geler, qu'ils creusent quelquefois des trous dans la terre, dans le sable, dans la vase, qu'ils s'y réunissent plusieurs, qu'ils s'y amoncèlent, qu'ils s'y pressent ; ils y succombent aux effets d'une trop grande diminution de chaleur, et s'ils ne sont pas plongés dans un engourdissement complet, ils montrent au moins un de ces degrés d'affaiblissement de forces que l'on peut compter depuis la diminution des mouvements extérieurs jusqu'à une très grande torpeur. Pendant ce long sommeil d'hiver, ils perdent d'autant moins de leur substance, que leur engourdissement est plus profond ; et plusieurs fois on s'est assuré qu'ils n'avaient dissipé qu'environ le dixième de leur poids.

Cet effet remarquable du froid, cette sorte de maladie périodique, n'est pas la seule à laquelle la nature ait condamné les poissons. Plusieurs espèces de ces animaux peuvent, sans doute, vivre dans des eaux thermales échauffées à un degré assez élevé, quoique cependant je pense qu'il faut modérer beaucoup les résultats des observations que l'on a faites à ce sujet ; mais en général les poissons périssent ou éprouvent un état de malaise très considérable, lorsqu'ils sont exposés à une chaleur très vive et surtout très soudaine. Ils sont tourmentés par des insectes et des vers de plusieurs espèces qui se logent dans leurs intestins, ou qui s'attachent à leurs branchies. Une mauvaise nourriture les incommode. Une eau trop froide, provenue d'une fonte de neige trop rapide, une eau trop souvent renouvelée et trop imprégnée de miasmes nuisibles, ou trop chargée de molécules putrides, ne fournissant à leur sang que des principes insuffisants ou funestes, et aux autres parties de leur corps, qu'un aliment trop peu analogue à leur nature, leur donne différents maux très souvent mortels, qui se manifestent par des pustules ou par des excroissances. Des ulcères peuvent aussi être produits dans leur foie et dans plusieurs autres de leurs organes intérieurs ; et enfin une longue

1. Voyez le quatrième volume des *Voyages* du respectable et célèbre Saussure, et l'ouvrage de R. Kirwan, de la Société de Londres, sur l'estimation de la température de différents degrés de latitude. Cet ouvrage a été traduit en français par M. Adet.

vieillesse les rend sujets à des altérations et à des dérangements nombreux et quelquefois délétères.

Malgré ces diverses maladies qui les menacent, et dont nous traiterons de nouveau en nous occupant de l'éducation des poissons domestiques ; malgré les accidents graves et fréquents auxquels les exposent la place qu'occupe leur moelle épinière, et la nature du canal qu'elle parcourt, ces animaux vivent pendant un très grand nombre d'années, lorsqu'ils ne succombent pas sous la dent d'un ennemi, ou ne tombent pas dans les filets de l'homme. Des observations exactes prouvent, en effet, que leur vie peut s'étendre au delà de deux siècles ; plusieurs renseignements portent même à croire qu'on a vu des poissons âgés de près de trois cents ans. Et comment les poissons ne seraient-ils pas à l'abri de plusieurs causes de mort naturelles ou accidentelles ? Comment leur vie ne serait-elle pas plus longue que celle de tous les autres animaux ? Ne pouvant pas connaître l'alternative de l'humidité et de la sécheresse, délivrés le plus souvent des passages subits de la chaleur vive à un froid rigoureux, perpétuellement entourés d'un fluide ramollissant, pénétrés d'une huile abondante, composés de portions légères et peu compactes, réduits à un sang peu échauffé, faiblement animés par quelques-uns de leurs sens, soutenus par l'eau au milieu de presque tous leurs mouvements, changeant de place sans beaucoup d'efforts, peu agités dans leur intérieur, peu froissés à l'extérieur, en tout peu fatigués, peu usés, peu altérés, ne doivent-ils pas conserver très longtemps une grande souplesse dans leurs parties, et n'éprouver que très tard cette rigidité des fibres, cet endurcissement des solides, cette obstruction des canaux, que suit toujours la cessation de la vie ? D'ailleurs, plusieurs de leurs organes, plus indépendants les uns des autres que ceux des animaux à sang chaud, moins intimement liés avec des centres communs, plus ressemblants par là à ceux des végétaux, peuvent être plus profondément altérés, plus gravement blessés et plus complètement détruits, sans que ces accidents leur donnent la mort. Plusieurs de leurs parties peuvent même être reproduites lorsqu'elles ont été emportées, et c'est un nouveau trait de ressemblance qu'ils ont avec les quadrupèdes ovipares et avec les serpents.

Notre confrère Broussonnet a montré que, dans quelque sens qu'on coupe une nageoire, les membranes se réunissent facilement, et les rayons, ceux mêmes qui sont articulés et composés de plusieurs pièces, se renouvellent et reparaissent ce qu'ils étaient, pour peu que la blessure ait laissé une petite portion de leur origine. Au reste, nous devons faire remarquer que le temps de la reproduction est, pour les différentes sortes de nageoires, très inégal et proportionné, comme celui de leur premier développement, à l'influence que nous leur avons assignée sur la natation des poissons ; et comment, en effet, les nageoires les plus nécessaires aux mouvements de ces animaux, et par conséquent les plus exercées, les plus agitées, ne seraient-elles pas les premières formées et les premières reproduites ?

Nous verrons dans cette histoire que, lorsqu'on a ouvert le ventre à un poisson pour lui enlever la laite ou l'ovaire, et l'engraisser par cette sorte de castration, les parties séparées par cette opération se reprennent avec une grande facilité, quoique la blessure ait été souvent profonde et étendue ; enfin nous devons dire ici que c'est principalement dans les poissons que l'on doit s'attendre à voir des nerfs coupés se rattacher et se reproduire dans une de leurs parties, ainsi que Cruikshank, de la société de Londres, les a vus se relier et se régénérer dans des animaux plus parfaits, sur lesquels il a fait de très belles expériences[1].

Tout se réunit donc pour faire admettre dans les poissons, ainsi que dans les quadrupèdes ovipares et dans les serpents, une très grande vitalité ; et voilà pourquoi il n'est aucun de leurs muscles qui, de même que ceux de ces deux dernières classes d'animaux, ne soit encore irritable, quoique séparé de leur corps, et longtemps après qu'ils ont perdu la vie.

Que l'on rapproche maintenant dans sa pensée les différents objets que nous venons de parcourir, et leur ensemble formera un tableau général de l'état actuel de la classe des poissons. Mais cet état a-t-il toujours été le même ? C'est ce que nous examinerons dans un discours particulier, que nous consacrerons à de nouvelles recherches. Ne tendant point alors, pour ainsi dire, à pénétrer dans les abîmes des mers, nous nous enfoncerons dans les profondeurs de la terre ; nous irons fouiller dans les différentes couches du globe et recueillir, au milieu des débris qui attestent les catastrophes qui l'ont bouleversé, les restes des poissons qui vivaient aux époques de ces grandes destructions. Nous examinerons, et les empreintes, et les portions conservées dans presque toute leur essence, ou converties en pierres, de diverses espèces de ces animaux ; nous les comparerons avec ce que nous connaissons des poissons qui dans ce moment peuplent les eaux douces et les eaux salées. L'observation nous indiquera les espèces qui ont disparu de dessus le globe, celles qui ont été reléguées d'une plage dans une autre, celles qui ont été légèrement ou profondément modifiées, et celles qui ont résisté sans altération aux siècles et aux combats des éléments. Nous interrogerons, sur l'ancienneté des changements éprouvés par la classe des poissons, le temps qui, sur les monts qu'il renverse, écrit l'histoire des âges de la nature. Nous porterons surtout un œil attentif sur ces endroits déjà célèbres pour les naturalistes, et où se trouvent réunies un très grand nombre de ces empreintes ou de ces pétrifications de poissons. Nous étudierons surtout la curieuse collection de ces animaux que renferme dans ses flancs ce *Bolca*, ce mont véronois, connu depuis plusieurs années par les travaux de plusieurs habiles ichtyologistes, fameux maintenant par les victoires des armées françaises, tant de fois triomphantes autour de sa cime. Faisant remarquer les changements de température que paraîtront indiquer pour telle ou telle contrée les dégénérations ou l'éloignement des espèces, nous

1. *Transact. philosoph.*, 1795.

tâcherons, après avoir éclairé l'histoire des poissons par celle de la terre, d'éclairer l'histoire de la terre par celle des poissons.

Indépendamment de ces altérations très remarquables que peuvent présenter les espèces de poissons, les forces de la nature, dérangées dans leur direction ou passagèrement changées dans leurs proportions, font éprouver à ces animaux des modifications plus ou moins grandes, mais qui, ne portant que sur quelques individus, ne sont que de véritables monstruosités. On voit souvent, et surtout parmi les poissons domestiques, dont les formes ont dû devenir moins constantes, des individus sortir de leurs œufs et quelquefois se développer, les uns difformes par une trop grande extension ou un trop grand rétrécissement de certaines parties, les autres sans ouverture de la bouche, ou sans quelqu'un des organes extérieurs propres à leur espèce; ceux-ci avec des nageoires de plus, ceux-là avec deux têtes; ceux-là encore avec deux têtes, deux corps, deux queues, et composés de deux animaux bien formés, bien distincts, mais réunis sous divers angles par le côté ou par le ventre. La connaissance de ces accidents est très utile; elle découvre le jeu des ressorts; elle montre jusqu'à quel degré l'exercice des fonctions animales est augmenté, diminué ou anéanti par la présence ou l'absence de différents organes.

Cependant la force productive, non seulement réunit, dans ses aberrations, des formes que l'on ne trouve pas communément ensemble, mais encore peut souvent, dans sa marche régulière, et surtout lorsqu'elle est aidée par l'art, rapprocher deux espèces différentes, les combiner, et de leur mélange faire naître des individus différents de l'un et de l'autre. Quelquefois ces individus sont féconds et deviennent la souche d'une espèce métisse, mais constante, et distincte des deux auxquelles on doit rapporter son origine. D'autres fois ils peuvent se reproduire, mais sans transmettre leurs traits caractéristiques; et les petits auxquels ils donnent le jour rentrent dans l'une ou dans l'autre des deux espèces mères. D'autres fois enfin ils sont entièrement stériles, et avec eux s'éteint tout produit de l'union de ces deux espèces. Ces différences proviennent de l'éloignement plus ou moins grand qui sépare les formes et les habitudes des deux espèces primitives. Nous rechercherons dans cette histoire les degrés de cet éloignement, auxquels sont attachés les divers phénomènes que nous venons de rapporter, et nous tâcherons d'indiquer les caractères d'après lesquels on pourra ne pas confondre les espèces anciennes avec celles qui ont été formées plus récemment.

Mais comme le devoir de ceux qui cultivent les différentes branches des sciences naturelles est d'en faire servir les fruits à augmenter les jouissances de l'homme, à calmer ses douleurs et à diminuer ses maux, nous ne terminerons pas cet ouvrage sans faire voir, dans un discours et dans des articles particuliers, tout ce que le commerce et l'industrie doivent et peuvent devoir encore aux productions que fournit la nombreuse classe des poissons. Nous prouverons qu'il n'est presque aucune partie de ces animaux qui ne soit utile aux arts, et quelquefois même à celui de guérir. Nous montrerons leurs écailles revêtant le stuc des palais d'un éclat argentin et donnant des perles fausses, mais brillantes, à la beauté ; leur peau, leurs membranes, et surtout leur vessie natatoire, se métamorphosant dans cette colle que tant d'ouvrages réclament, que tant d'opérations exigent, que la médecine n'a pas dédaigné d'employer ; leurs arêtes et leurs vertèbres nourrissant plusieurs animaux sur des rivages très étendus ; leur huile éclairant tant de cabanes et assouplissant tant de matières ; leurs œufs, leur laite et leur chair, nécessaires au luxe des festins somptueux, et cependant consolant l'infortune sur l'humble table du pauvre. Nous dirons par quels soins leurs différentes espèces deviennent plus fécondes, plus agréables au goût, plus salubres, plus propres aux divers climats ; comment on les introduit dans les contrées où elles étaient encore inconnues ; comment on doit s'en servir pour embellir nos demeures et répandre un nouveau charme au milieu de nos solitudes. Quelle extension, d'ailleurs, ne peut pas recevoir cet art si important de la pêche, sans lequel il n'y a pour une nation, ni navigation sûre, ni commerce prospère, ni force maritime, et par conséquent ni richesse ni pouvoir ! Quelle nombreuse population ne serait pas entretenue par l'immense récolte que nous pouvons demander tous les ans aux mers, aux fleuves, aux rivières, aux lacs, aux viviers, aux plus petits ruisseaux ! Les eaux peuvent nourrir bien plus d'hommes que la terre. Et combien d'exemples de toutes ces vérités ne nous présenteront pas, et les hordes qui commencent à sortir de l'état sauvage, et les peuples les plus éclairés de l'antiquité, et les habitants des Indes orientales, et ces Chinois si pressés sur leur vaste territoire, et plusieurs nations européennes, particulièrement les moins éloignées des mers septentrionales !

Nous venons d'achever de construire la base sur laquelle reposera le monument que nous cherchons à élever. Gravons sur une de ses faces : *Le zèle le consacre à la science, à l'instant mémorable où la victoire entasse les lauriers sur la tête auguste de la patrie triomphante.* Puissions-nous encore y graver bientôt ces mots : *La constance l'a terminé après l'époque immortelle où la grande nation couronnée, par la paix, des épis de l'abondance, de l'olive des talents, et des palmes du génie, a donné le repos au monde et reçu le bonheur des mains de la vertu !*

NOMENCLATURE

ET

TABLES MÉTHODIQUES DES POISSONS

Ceux qui auront lu le discours qui précède verront aisément pourquoi nous avons commencé par diviser la classe des poissons en deux sous-classes : celle des cartilagineux et celle des osseux. Nous avons ensuite partagé chaque sous-classe en quatre divisions, fondées sur la présence ou l'absence d'un opercule ou d'une membrane placés à l'extérieur, et cependant servant à compléter l'organe de la respiration, le seul qui distingue les poissons des autres animaux à sang rouge. On sent combien il a été heureux de trouver des signes aussi faciles à saisir, sans blesser l'animal, dans un des accessoires importants de son organe le plus essentiel.

Chaque division présente quatre ordres analogues à ceux que le grand Linné avait introduits parmi les animaux qu'il regardait seuls comme de véritables poissons. Nous avons assigné à chacun de ces quatre ordres un caractère simple et précis ; nous montrerons, dans un discours sur les parties intérieures et solides des poissons, que ce caractère, nécessairement lié avec l'absence ou la position des os que l'on a comparés à ceux du bassin, indique de grandes différences dans la conformation intérieure.

Nous comptons donc huit divisions et trente-deux ordres dans la classe des poissons. Mais les quatre divisions sont établies dans chaque sous-classe sur la présence ou l'absence des mêmes parties extérieures et de deux seules de ces parties ; de plus, les quatre caractères qui séparent les quatre ordres de chaque division sont absolument les mêmes dans ces huit grandes tribus. On a donc le double avantage d'une distribution des plus symétriques, ainsi que du plus petit nombre de signes qu'on ait employés jusqu'à présent ; par conséquent, on a sous les yeux le plan que l'on peut embrasser dans son ensemble et retenir dans ses détails avec le plus de facilité.

On trouvera, à la tête de l'histoire de chaque genre, un tableau de toutes les espèces qu'il renferme ; enfin l'histoire des poissons sera terminée par une table méthodique complète de toutes les divisions, de tous les ordres, de tous les genres et de toutes les espèces de ces animaux, dont nous avons reconnu bien plus de mille espèces.

L'on verra quelques ordres ne présenter encore aucun genre décrit. Mais j'ai cru devoir donner au plan général toute la régularité et toute l'étendue dont il était susceptible, et que la nature me semblait commander. D'ailleurs, je n'ai pas voulu que ma méthode dût être renouvelée à mesure qu'on découvrira un plus grand nombre de poissons ; j'ai désiré qu'elle pût servir à inscrire toutes les espèces qu'on observera à l'avenir. J'ai été d'autant plus confirmé dans cette idée, que depuis que j'ai commencé à faire usage de la table que je publie, plusieurs genres récemment connus sont venus, pour ainsi dire, en remplir quelques lacunes.

J'ai adopté avec empressement l'usage de très habiles naturalistes du Nord, qui ont désigné plusieurs espèces nouvellement observées, par des noms de savants, et particulièrement de naturalistes célèbres ; j'ai désiré avec eux de consacrer ainsi à la reconnaissance et à l'admiration, des espèces plutôt que des genres, parce que j'ai voulu que cet hommage fût presque aussi durable que leur gloire, les noms des espèces étant, pour ainsi dire, invariables, et ceux des genres pouvant au contraire changer avec les nouvelles méthodes que le progrès de la science engage à préférer.

Nous avons proposé pour chaque genre des caractères aussi exacts et aussi peu nombreux que nous l'a permis la conformation des animaux compris dans cette famille ; nous avons dit, dans le discours que l'on vient de lire, que lorsque nous avons divisé ces groupes en sous-genres, nous nous sommes presque toujours dirigés d'après la forme, et par conséquent d'après l'influence d'un des principaux instruments de la natation des poissons. Nous devons ajouter que, pour favoriser les rapprochements et servir la mémoire, nous avons tâché, dans presque tous les genres, de faire reconnaître les sous-genres ou genres secondaires par la combinaison de la présence ou de l'absence des mêmes signes, ou par les diverses modifications des mêmes organes.

Au reste, nous ne nous sommes déterminés à adopter les caractères que nous avons préférés pour les sous-classes, les divisions, les ordres, les genres, les sous-genres et les espèces, qu'après avoir examiné dans un très grand nombre de ces espèces et comparé avec beaucoup d'attention plusieurs mâles et plusieurs femelles de divers pays et d'âges différents.

TABLE GÉNÉRALE DES POISSONS

POISSONS

Le sang rouge ; des vertèbres ; des branchies au lieu de poumons.

SOUS-CLASSES.		DIVISIONS.		ORDRES.
POISSONS CARTILAGINEUX. 1. L'épine dorsale composée de vertèbres cartilagineuses.	1	1. Point d'opercule ni de membrane branchiale.	1 2 3 4	1 apodes. 2 jugulaires. 3 thoracins. 4 abdominaux.
	2	2. Point d'opercule ; une membrane branchiale.	5 6 7 8	1 apodes. 2 jugulaires. 3 thoracins. 4 abdominaux.
	3	3. Un opercule ; point de membrane branchiale.	9 10 11 12	1 apodes. 2 jugulaires. 3 thoracins. 4 abdominaux.
	4	4. Un opercule et une membrane branchiale.	13 14 15 16	1 apodes. 2 jugulaires. 3 thoracins. 4 abdominaux.
POISSONS OSSEUX. 2. L'épine dorsale composée de vertèbres osseuses.	5	1. Un opercule et une membrane branchiale.	17 18 19 20	1 apodes. 2 jugulaires. 3 thoracins. 4 abdominaux.
	6	2. Un opercule ; point de membrane branchiale.	21 22 23 24	1 apodes. 2 jugulaires. 3 thoracins. 4 abdominaux.
	7	3. Point d'opercule ; une membrane branchiale.	25 26 27 28	1 apodes. 2 jugulaires. 3 thoracins. 4 abdominaux.
	8	4. Point d'opercule ni de membrane branchiale.	29 30 31 32	1 apodes. 2 jugulaires. 3 thoracins. 4 abdominaux.

TABLEAU

DES ORDRES, GENRES ET ESPÈCES DE POISSONS

PREMIÈRE SOUS-CLASSE

POISSONS CARTILAGINEUX

Les parties solides de l'intérieur du corps cartilagineuses.

PREMIÈRE DIVISION

POISSONS QUI N'ONT NI OPERCULE NI MEMBRANE DES BRANCHIES

PREMIER ORDRE

POISSONS APODES, OU QUI N'ONT POINT DE NAGEOIRES VENTRALES

PREMIER GENRE

LES PÉTROMYZONS

Sept ouvertures branchiales de chaque côté du cou; un évent sur la nuque; point de nageoires pectorales.

ESPÈCES.	CARACTÈRES.
1. LE PÉTROMYZON LAMPROIE.	Vingt rangées de dents ou environ.
2. LE PÉTROMYZON PRICKA.	La seconde nageoire du dos anguleuse et réunie avec celle de la queue.
3. LE PÉTROMYZON LAMPROYON.	La seconde nageoire du dos très étroite et non anguleuse; deux appendices de chaque côté du bord postérieur de la bouche.
4. LE PÉTROMYZON PLANER.	Le corps annelé; la circonférence de la bouche garnie de papilles aiguës.
5. LE PÉTROMYZON ROUGE.	Les yeux très petits; la partie de l'animal dans laquelle les branchies sont situées plus grosse que le corps proprement dit; les nageoires du dos très basses; celle de la queue lancéolée; la couleur générale d'un rouge de sang ou d'un rouge de brique.
6. LE PÉTROMYZON SUCET.	L'ouverture de la bouche très grande et plus large que la tête; un grand nombre de dents petites et couleur d'orange; neuf dents doubles auprès du gosier.
7. LE PÉTROMYZON ARGENTÉ.	Les dents jaunes et placées très avant dans la bouche; la mâchoire inférieure garnie de dix dents pointues, très voisines l'une de l'autre et arrangées sur une ligne courbe; d'autres dents cartilagineuses, et placées des deux côtés d'une plaque également cartilagineuse; la tête allongée; la ligne latérale très visible; la dorsale très échancrée en demi-cercle; la caudale lancéolée; la couleur argentée.

ESPÈCES.

CARACTÈRES.

8. LE PÉTROMYZON SEPT-OEIL. Le diamètre longitudinal de l'ouverture de la bouche plus long que le plus grand diamètre transversal du corps; l'ensemble du corps et de la queue presque conique; la dorsale très peu découpée et très arrondie dans ses deux parties; la caudale spatulée; la partie supérieure de l'animal d'un gris plombé; l'inférieure d'un blanc jaunâtre.

9. LE PÉTROMYZON NOIR. L'ouverture de la bouche très petite; l'ensemble du corps et de la queue presque cylindrique jusqu'à une petite distance de la caudale; les deux parties de la dorsale très arrondies; chacune de ces parties presque aussi courte que la caudale; cette dernière nageoire spatulée; la partie supérieure du poisson d'un beau noir; les côtés et la partie inférieure d'un blanc d'argent très éclatant.

LES POISSONS

LE PETROMYZON LAMPROIE [1]

Petromyzon marinus, Gmel., Bloch., Lacép., Cuv.

C'est une belle et grande considération que celle de toutes les formes sous lesquelles la nature s'est plu, pour ainsi dire, à faire paraître les êtres vivants et sensibles. C'est un immense et admirable tableau que cet ensemble de modifications successives par lesquelles l'animalité se dégrade en descendant de l'homme et en parcourant toutes les espèces douées de sentiment et de vie jusqu'aux polypes dont les organes se rapprochent le plus de ceux des végétaux et qui semblent être le terme où elle achève de s'affaiblir, se fond et disparaît pour reparaître ensuite dans la sorte de vitalité départie à toutes les plantes. L'étude de ces décroissements gradués de formes et de facultés est le but le plus important des recherches du naturaliste et le sujet le plus digne des méditations du philosophe. Mais c'est principalement sur les endroits où les intervalles ont paru les plus grands, les transitions les moins nuancées, les caractères les plus contrastés, que l'attention doit se porter

1. *Lampetra* et *lampreda*, en latin. — *Lampreda*, en Italie. — *Lamprey* ou *lamprey eel*, en Angleterre. — *Lampretee*, en Allemagne. — *Pibale*, dans quelques départements méridionaux de France, et dans la première ou la seconde année de sa vie. — *Lamproie marbrée.* Daubenton, Encyclopédie méthodique.

Petromyzon marinus. Linné, édition de Gmelin. — *Petromyzon marinus. Fauna suecica,* 292. — *Petromyzon maculosus.* Artedi, *Ichtyologia,* gen. 64, syn. 90. — *Petromyzon Lamproie.* Bloch, *Histoire naturelle des poissons,* 3ᵉ partie, p. 31, pl. 77. — *Lamproie marbrée.* Bonnaterre, planche d'histoire naturelle de l'Encyclopédie méthodique. — *Petromyzon.* Klein, *Miss. pisc.* 3, f. 30, n. 3.

Mustela sive lampetra. Bellon, *Aquat.,* f. 76. — *Mustela sive lampetra.* Salv, *Aquat.,* f. 62, b. — *Lampetra major.* Schwenk, *Theriotr. siles,* f. 451. — *Lampetra major.* Charlet. *Onom.* f. 153, n. 3. — *Lamproie, Cours d'histoire naturelle,* t.V, p. 284. — *Lamprey* ou *lamprey eel.* Willughby, *Ichtyologie,* p. 105, pl. g. 2, fig. 2. — *Rai, Sin.,* f. 35, n. 3.

Jaatzmo unagi. Kæmpfer, *Voy. au Japon,* t. Iᵉʳ, pl. 12, fig. 2. — *Lamproie,* Fermin, *Surin.,* p. 85. — *Il mustilla.* Forskal, *Descript. anim.,* f. 18. — *Lamprey.* Pennant, *Zoologie britannique,* t. III, p. 76, pl. 8, fig. 1. — *Lampetra.* P. Jov., chap. xxxiv, p. 109. — *Lamproie.* Rondelet, première partie, liv. XIII, p. 310. — *Plota fluta,* par quelques auteurs. — *Lampetra, lampedra kentmanni, lampreda marina, mustela.* Gesner (germ.), fol. 180, b., et paralip., p. 22. — *Lampetra major.* Aldrovand., lib. IV, cap. xiii, p. 539.

Jonston, liv. II, tit. 2, chap. iii, pl. 24, fig. 5. — *Petromyzon marinus.* Nau Schrift. der berl. Naturf., fr. 7, p. 466. — *Lamproie.* Valmont de Bomare, *Dictionnaire d'histoire naturelle.*

avec le plus de constance ; et, comme c'est au milieu de ces intervalles plus étendus que l'on a placé avec raison les limites des classes des êtres animés, c'est nécessairement autour de ces limites que l'on doit considérer les objets avec le plus de soin. C'est là qu'il faut chercher de nouveaux anneaux pour lier les productions naturelles. C'est là que des conformations et des propriétés intermédiaires, non encore reconnues, pourront, en jetant une vive lumière sur les qualités et les formes qui les précéderont ou les suivront dans l'ordre des dégradations des êtres, indiquer leurs relations, déterminer leurs effets et montrer leur étendue. Le genre des pétromyzons est donc de tous les genres de poissons, et surtout de poissons cartilagineux, l'un de ceux qui méritent le plus que nous les observions avec soin et que nous les décrivions avec exactitude. Placé, en effet, à la tête de la grande classe des poissons, occupant l'extrémité par laquelle elle se rapproche de celle des serpents, il l'attache à ces animaux non seulement par sa forme extérieure et par plusieurs de ses habitudes, mais encore par sa conformation interne, et surtout par l'arrangement et la contexture des diverses parties du siège de la respiration, organe dont la composition constitue l'un des véritables caractères distinctifs des poissons.

On dirait que la puissance créatrice, après avoir, en formant les reptiles, étendu la matière sur une très grande longueur, après l'avoir contournée en cylindre flexible, l'avoir jetée sur la partie sèche du globe et l'y avoir condamnée à s'y traîner par des ondulations successives sans le secours de mains, de pieds ni d'aucun organe semblable, a voulu, en produisant le pétromyzon, qu'un être des plus ressemblants au serpent peuplât aussi le sein des mers ; qu'allongé de même, qu'arrondi également, qu'aussi souple, qu'aussi privé de toute partie correspondante à des pieds ou à des mains, il ne se mût au milieu des eaux qu'en se pliant en arcs plusieurs fois répétés et ne pût que ramper au travers des ondes. On croirait que, pour faire naître cet être si analogue, pour donner le jour au pétromyzon, le plonger dans les eaux de l'Océan et le placer au milieu des rochers recouverts par les flots, elle n'a eu besoin que d'approprier le serpent à un nouveau fluide, que de modifier celui de ses organes qui avait été façonné pour l'atmosphère au milieu de laquelle il devait vivre, que de changer la forme de ses poumons, d'en isoler les cellules, d'en multiplier les surfaces et de lui donner ainsi la faculté d'obtenir de l'eau des mers ou des rivières les principes de force qu'il n'aurait dus qu'à l'air atmosphérique. Aussi l'organe de la respiration des pétromyzons ne se retrouve-t-il dans aucun autre genre de poissons ; et presque autant éloigné par sa forme des branchies parfaites que de véritables poumons, il est cependant la principale différence qui sépare ce premier genre des cartilagineux de la classe des serpents.

Voyons donc de plus près ce genre remarquable ; examinons surtout l'espèce la plus grande des quatre qui appartiennent à ce groupe d'animaux, et qui sont les seules que l'on ait reconnues jusqu'à présent dans cette famille.

Ces quatre espèces se ressemblent par tant de points que les trois les moins
grandes ne paraissent que de légères altérations de la principale, à laquelle
par conséquent nous consacrerons le plus de temps. Observons donc de
près le pétromyzon lamproie et commençons par sa forme extérieure.

Au-devant d'un corps très long et cylindrique est une tête étroite et
allongée. L'ouverture de la bouche, n'étant contenue par aucune partie dure
et solide, ne présente pas toujours le même contour ; sa conformation se
prête aux différents besoins de l'animal ; mais le plus souvent sa forme est
ovale, et c'est un peu au-dessous de l'extrémité du museau qu'elle est placée. Les dents un peu crochues, creuses et maintenues dans de simples cellules
charnues, au lieu d'être attachées à des mâchoires osseuses, sont disposées
sur plusieurs rangs et s'étendent du centre à la circonférence. Communément
ces dents ont vingt rangées et sont au nombre de cinq ou six dans chacune.
Deux autres dents plus grosses sont d'ailleurs placées dans la partie antérieure de la bouche ; sept autres sont réunies ensemble dans la partie postérieure ; et la langue, qui est courte et échancrée en croissant, est garnie
sur ses bords de très petites dents.

Auprès de chaque œil sont deux rangées de petits trous, l'une de quatre
et l'autre de cinq. Ces petites ouvertures paraissent être les orifices des canaux destinés à porter à la surface du corps cette humeur visqueuse, si nécessaire à presque tous les poissons pour entretenir la souplesse de leurs
membres, et particulièrement à ceux qui, comme les pétromyzons, ne se
meuvent que par des ondulations rapidement exécutées.

La peau qui recouvre le corps et la queue, qui est très courte, ne présente aucune écaille visible pendant la vie de la lamproie et est toujours
enduite d'une mucosité abondante qui augmente la facilité avec laquelle
l'animal échappe à la main qui le presse et qui veut le retenir.

Le pétromyzon lamproie manque, ainsi que nous venons de le voir, de
nageoires pectorales et de nageoires ventrales ; il a deux nageoires sur le
dos, une nageoire au delà de l'anus et une quatrième nageoire arrondie à
l'extrémité de la queue ; mais ces quatre nageoires sont courtes et assez peu
élevées. Ce n'est presque que par la force des muscles de sa queue et de
la partie postérieure de son corps, ainsi que par la faculté qu'il a de se plier
promptement dans tous les sens et de serpenter au milieu des eaux, qu'il
nage avec constance et avec vitesse.

La couleur générale de la lamproie est verdâtre, quelquefois marbrée de
nuances plus ou moins vives ; la nuque présente souvent une tache ronde
et blanche ; les nageoires du dos sont orangées et celle de la queue bleuâtre.

Derrière chaque œil, et indépendamment de neuf petits trous que nous
avons déjà remarqués, on voit sept ouvertures moins petites, disposées en
ligne droite comme celle de l'instrument à vent auquel on a donné le nom
de flûte ; ce sont les orifices des branchies ou de l'organe de la respiration.
Cet organe n'est point unique du côté du corps, comme dans tous les autres

genres de poissons ; il est composé de sept parties qui n'ont l'une avec l'autre
aucune communication immédiate. Il consiste, de chaque côté, dans sept
bourses ou petits sacs, dont chacun répond, à l'extérieur, à l'une des sept
ouvertures dont nous venons de parler, et communique du côté opposé
avec l'intérieur de la bouche par un ou deux petits trous. Ces bourses sont
inclinées de derrière en avant, relativement à la ligne dorsale de l'animal ;
elles sont revêtues d'une membrane plissée qui augmente beaucoup les
points de contact de cet organe avec le fluide qu'il peut contenir ; et la couleur rougeâtre de cette membrane annonce qu'elle est tapissée non seulement de petits vaisseaux dérivés des artères branchiales, mais encore des
premières ramifications des autres vaisseaux par lesquels le sang, revivifié,
pour ainsi dire, dans le siège de la respiration, se répand dans toutes les
portions du corps qu'il anime à son tour. Ces diverses ramifications sont
assez multipliées dans la membrane qui revêt les bourses respiratoires pour
que le sang, réduit à de très petites molécules, puisse exercer une très
grande force d'affinité sur le fluide contenu dans les quatorze petits sacs, et
que toutes les décompositions et les combinaisons nécessaires à la circulation et à la vie puissent y être aussi facilement exécutées que dans des organes beaucoup plus divisés, dans des parties plus adaptées à l'habitation
ordinaire des poissons et dans des branchies telles que celles que nous verrons dans tous les autres genres de ces animaux. Il se pourrait cependant
que ces diverses compositions et décompositions ne fussent pas assez prompt-
tement opérées par des sacs ou bourses bien plus semblables aux poumons
des quadrupèdes, des oiseaux et des reptiles, que par les branchies du plus
grand nombre de poissons ; que les pétromyzons souffrissent lorsqu'ils ne
pourraient pas de temps en temps, quoiqu'à des époques très éloignées l'une
de l'autre, remplacer le fluide des mers et des rivières par celui de l'atmosphère ; et cette nécessité s'accorderait avec ce qu'ont dit plusieurs observateurs, qui ont supposé dans les pétromyzons une sorte d'obligation de s'approcher quelquefois de la surface des eaux et d'y respirer pendant quelques
moments l'air atmosphérique [1]. On pourrait aussi penser que c'est à cause de
la nature de leurs bourses respiratoires, plus analogue à celle des véritables
poumons qu'à celle des branchies complètes, que les pétromyzons vivent
facilement plusieurs jours hors de l'eau. Mais, quoi qu'il en soit, voici
comment l'eau circule dans chacun des quatorze petits sacs de la lamproie.

Lorsqu'une certaine quantité d'eau est entrée par la bouche dans la cavité du palais, elle pénètre dans chaque bourse par les orifices intérieurs de
ce petit sac et elle en sort par l'une des quatorze ouvertures extérieures que
nous avons comptées. Il arrive souvent au contraire que l'animal fait entrer
l'eau qui lui est nécessaire par l'une des quatorze ouvertures et la fait sortir
de la bourse par les orifices intérieurs qui aboutissent à la cavité du palais.

---

1. Voyez Rondelet, endroit déjà cité.

L'eau parvenue à cette dernière cavité peut s'échapper par la bouche ou par un trou ou évent que la lamproie, ainsi que tous les autres pétromyzons, a sur le derrière de la tête. Cet évent, que nous retrouverons double sur la tête de très grands poissons cartilagineux, sur celle des raies et des squales, est analogue à ceux que présente le dessus de la tête des cétacés, et par lesquels ils font jaillir l'eau de la mer à une grande hauteur et forment des jets d'eau que l'on peut apercevoir de loin. Les pétromyzons peuvent également, et d'une manière proportionnée à leur grandeur et à leurs forces, lancer par leur évent l'eau surabondante des bourses qui leur tiennent lieu de véritables branchies. Sans cette issue particulière qu'ils peuvent ouvrir et fermer à volonté en écartant ou rapprochant les membranes qui en garnissent la circonférence, ils seraient obligés d'interrompre très souvent une de leurs habitudes les plus constantes, qui leur a fait donner le nom qu'ils portent[1], celle de s'attacher par le moyen de leurs lèvres souples et très mobiles et de leurs cent ou cent vingt dents fortes et crochues aux rochers des rivages, aux bas-fonds limoneux, aux bois submergés et à plusieurs autres corps[2]. Au reste, il est aisé de voir que c'est en élargissant ou en comprimant leurs bourses branchiales, ainsi qu'en ouvrant ou fermant les orifices de ces bourses, que les pétromyzons rejettent l'eau de leurs organes ou l'y font pénétrer.

Maintenant, si nous jetons les yeux sur l'intérieur de la lamproie, nous trouverons que les parties les plus solides de son corps ne consistent que dans une suite de vertèbres entièrement dénuées de côtes, dans une sorte de longue corde cartilagineuse et flexible qui renferme la moelle épinière, et qui, composant l'une des charpentes animales les plus simples, établit un nouveau rapport entre le genre des pétromyzons et celui des sépies, et forme ainsi une nouvelle liaison entre la classe des poissons et la nombreuse classe des vers.

Le canal alimentaire s'étend depuis la racine de la langue jusqu'à l'anus presque sans sinuosités et sans ces appendices ou petits canaux accessoires que nous remarquerons auprès de l'estomac d'un grand nombre de poissons. Cette conformation, qui suppose dans les sucs digestifs de la lamproie une force très active[3], leur donne un nouveau trait de ressemblance avec les serpents[4].

L'oreillette du cœur est très grosse à proportion de l'étendue du ventricule de ce viscère.

Les ovaires occupent dans les femelles une grande partie de la cavité du

---

1. *Pétromyzon* signifie *suce-pierre*.

2. Les pétromyzons peuvent aussi s'attacher avec force à différents corps. On a vu une lamproie qui pesait quinze hectogrammes (trois livres) enlever avec sa bouche un poids de six kilogrammes (douze livres ou à peu près). — Pennant, *Zoologie britannique*, t. III, p. 78.

3. Voyez le Discours sur la nature des poissons.

4. Voyez l'*Histoire naturelle des serpents*, et particulièrement le discours sur la nature de ces animaux.

ventre et se terminent par un petit canal cylindrique et saillant hors du
corps de l'animal, à l'endroit de l'anus. Les œufs qu'ils renferment sont de
la grosseur de graines de pavot et de couleur d'orange. Leur nombre est
très considérable. C'est pour s'en débarrasser, ou pour les féconder lorsqu'ils
ont été pondus, que les lamproies remontent de la mer dans les grands
fleuves, et des grands fleuves dans les rivières. Le retour du printemps est
ordinairement le moment où elles quittent leurs retraites marines pour exécuter cette espèce de voyage périodique. Mais le temps de leur passage
des eaux salées dans les eaux douces est plus ou moins retardé ou avancé
suivant les changements qu'éprouve la température des parages qu'elles
habitent.

Elles se nourrissent de vers marins ou fluviatiles, de poissons très
jeunes, et, par un appétit contraire à celui d'un grand nombre de poissons,
mais qui est analogue à celui des serpents, elles se contentent aisément de
chair morte.

Dénuées de fortes mâchoires, de dents meurtrières, d'aiguillons acérés,
n'étant garanties ni par des écailles dures, ni par des tubercules solides, ni
par une croûte osseuse, elles n'ont point d'armes pour attaquer et ne peuvent
opposer aux ennemis qui les poursuivent que les ressources des faibles, une
retraite quelquefois assez constante dans des asiles plus ou moins ignorés,
l'agilité des mouvements et la vitesse de la fuite. Aussi sont-elles fréquemment la proie des grands poissons, tels que l'ésoce brochet et le silure
mâle, de quadrupèdes tels que la loutre et le chien barbet, et de l'homme,
qui les pêche non seulement avec les instruments connus sous le nom de
nasse[1] et de *loure*[2], mais encore avec les grands filets.

Au reste, ce qui conserve un grand nombre de lamproies malgré les
ennemis dont elles sont environnées, c'est que des blessures graves, et
même mortelles pour la plupart des poissons, ne sont point dangereuses
pour les pétromyzons; par une conformité remarquable d'organisation et
de facultés avec les serpents, particulièrement avec la vipère, ils peuvent

---

1. On nomme ainsi une espèce de panier d'osier ou de jonc, et fait à claire voie, de manière à laisser passer l'eau et à retenir le poisson. La *nasse* a un ou plusieurs goulets composés
de brins d'osier que l'on attache en dedans de telle sorte qu'ils soient inclinés les uns vers les
autres. Ces brins d'osier sont assez flexibles pour être écartés par le poisson qui pénètre ainsi
dans la *nasse;* mais, lorsqu'il veut en sortir, les osiers présentent leurs pointes réunies qui lui
ferment le passage.

2. On appelle *loure* ou *loup* une espèce de filet en nappe, dont le milieu forme une poche,
et que l'on tend verticalement sur trois perches, dont deux soutiennent les extrémités du filet, et
dont la troisième, plus reculée, maintient le milieu de cet instrument. On oppose le filet au courant de la marée ; lorsque le poisson y est engagé, on enlève du sol deux des trois perches et
on amène le filet dans le bateau pêcheur.

Quelquefois on attache le filet sur deux perches par les extrémités. Deux hommes tenant chacun une de ces perches s'avancent au milieu des eaux de la mer en présentant à la marée mon-
tante l'ouverture de leur filet, auquel l'effort de l'eau donne une courbure semblable à celle d'une
voile enflée par le vent. Quand il y a des poissons pris dans le filet, ils achèvent de les y envelopper en rapprochant les deux perches l'une de l'autre.

perdre de très grandes portions de leur corps sans être à l'instant privés de la vie. L'on a vu des lamproies à qui il ne restait plus que la tête et la partie antérieure du corps, coller encore leur bouche avec force, même pendant plusieurs heures, à des substances dures qu'on leur présentait.

Elles sont d'autant plus recherchées par les pêcheurs qu'elles parviennent à une grandeur assez considérable. On en a pris qui pesaient trois kilogrammes (six livres ou environ); lorsqu'elles pèsent quinze hectogrammes (trois livres ou environ), elles ont déjà un mètre (trois pieds ou à peu près) de longueur[1]. D'ailleurs leur chair, quoiqu'un peu difficile à digérer dans certaines circonstances, est très délicate lorsqu'elles n'ont pas quitté depuis longtemps les eaux salées; mais elle devient dure et de mauvais goût lorsqu'elles ont fait un long séjour dans l'eau douce, et que la fin de la saison chaude ou tempérée ramène le temps où elles regagnent leur habitation marine[2], suivies, pour ainsi dire, des petits auxquels elles ont donné le jour.

L'on pêche quelquefois un si grand nombre de lamproies qu'elles ne peuvent pas être promptement consommées dans les endroits voisins des rivages auprès desquels elles ont été prises; on les conserve alors pour les saisons plus reculées ou des pays plus éloignés auxquels on veut les faire parvenir, en les faisant griller et en les renfermant ensuite dans des barils avec du vinaigre et des épices.

Au reste, presque tous les climats paraissent convenir à la lamproie; on la rencontre dans la mer du Japon aussi bien que dans celle qui baigne les côtes de l'Amérique méridionale; elle habite la Méditerranée[3], et on la trouve dans l'Océan ainsi que dans les fleuves qui s'y jettent, à des latitudes très éloignées de l'équateur.

LE PÉTROMYZON PRICKA[4]

Petromyzon fluvialis, GMEL., LACÉP., CUV. — Petite Lamproie, BLOCH.

Ce pétromyzon diffère de la lamproie par quelques traits remarquables. Il ne parvient jamais à une grandeur aussi considérable, puisqu'on n'en voit

1. Il est inutile de réfuter l'opinion de Rondelet et de quelques autres auteurs, qui ont écrit que la lamproie ne vivait que deux ans.

2. Suivant Pennant, la ville de Glocester, dans la Grande-Bretagne, est dans l'usage d'envoyer tous les ans, vers les fêtes de Noël, un pâté de lamproies au roi d'Angleterre. La difficulté de se procurer des pétromyzons durant l'hiver, saison pendant laquelle ils paraissent très peu fréquemment près des rivages, a vraisemblablement déterminé le choix de la ville de Glocester. (Pennant, *Zoologie britannique*, t. III, p. 77.)

3. Elle était connue de Gallien, qui en a parlé dans son *Traité des aliments*; il paraît que c'est à ce pétromyzon qu'il faut rapporter ce qui est dit dans Athénée d'une *murène fluviatile*, ce que Strabon a écrit de *sangsues de sept coudées, et à branchies percées*, qui remontaient dans un fleuve de la Libye, et peut-être même le vrai mêlé de faux et d'absurde qu'Oppien a raconté d'une espèce de poisson qu'il nomme *echeneis*. (Athen., lib. VII, cap. cccxii.—Oppian., lib. I, p. 9. — Galen., *De alimentis*, cl. 3.)

4. *Prick, Brike, Neunauge*, en Allemagne.—*Neunaugel*, en Autriche. — *Minog*, en Pologne.

guère qui aient plus de quatre décimètres (environ quinze pouces) de longueur, tandis qu'on a pêché des lamproies longues de deux mètres (six pieds, ou à peu près). D'ailleurs, les dents qui garnissent la bouche de la pricka ne sont ni en même nombre ni disposées de même que celles de la lamproie. On voit d'abord un seul rang de très petites dents placées sur la circonférence de l'ouverture de la bouche. Dans l'intérieur de ce contour et sur le devant, paraît ensuite une rangée de six dents également très petites; de chaque côté et dans ce même intérieur, sont trois dents échancrées; plus près de l'entrée de la bouche, on aperçoit sur le devant une dent ou un os épais et en croissant, et sur le derrière un os allongé, placé en travers et garni de sept petites pointes; plus loin encore des bords extérieurs de la bouche, on peut remarquer un second os découpé en sept pointes; enfin à une plus grande profondeur se trouve une dent ou pièce cartilagineuse.

De plus, la seconde nageoire du dos touche celle de la queue, se confond avec cette dernière au lieu d'en être séparée comme dans la lamproie, présente un angle saillant dans son contour supérieur; et enfin les couleurs de la pricka sont différentes de celles du pétromyzon lamproie. Sa tête est verdâtre, ses nageoires sont violettes; le dessus du corps est noirâtre, ou d'un gris tirant sur le bleu; les côtés présentent quelquefois une nuance jaune; le dessous du corps est d'un blanc souvent argenté et éclatant; au lieu de voir sur le dos des taches plus moins vives comme sur la lamproie, on y remarque de petites raies transversales et ondulantes.

— *Minoggi*, en Russie. — *Silmuhd, Uchsa, Silmad*, en Esthonie. — *Natting* et *neunogen*, en Suède. — *Lampern* et *lamprey eel*, en Angleterre. — *Lamproie pricka*. — Daubenton, Encyclopédie méthodique.

Nein-oga, natting, Fauna succica, p. 106. (Le nom vulgaire de *nein-oga, neinauge*, neuf yeux, que l'on donne dans presque tout le Nord aux pétromyzons, celui de *jaatzmo unagi*, huit yeux, dont on se sert dans le Japon pour ces mêmes animaux, et même plusieurs autres noms analogues doivent venir de quelque erreur plus ou moins ancienne, qui aura fait considérer comme des yeux les trous respiratoires que l'on voit de chaque côté du corps des pétromyzons, et que quelques auteurs ont indiqués comme étant au nombre de huit et même de neuf.)

« Petromyzon unico ordine denticulorum minimorum in limbo oris præter inferiores majores. » Artedi, gén. 64, syn. 89, spec. 99.

La petite lamproie. Bloch, part. 3, p. 34, pl. 78, fig. 1. — La lamproie branchiale. Bonnaterre, planches de l'Encyclopédie méthodique. — *Petromyzon fluviatilis, steen sue, negen oyen, negen ogen, lamprette*. Muller, *Prodrom.*, p. 37, n. 307. — *Petromyzon, prick, negen oog*. Gronov. mus. 1, p. 64, n. 114. *Zooph.*, p. 38.

Mustela. Pline, liv. IX, chap. XVII. — *Mustela fluviatilis*. Belon, *Aquat.*, p. 75. — *Lampetra subcinerea, maculis carens*. Salvian, *Aquatil.*, p. 62. — *Lampetra, alterum genus*. Gesner, *Aquat.*, 597. — *Lampreda*, Icon. animalium, p. 326. — *Lampetra, medium genus*, Willughby, *Ichth.*, p. 106, tab. g. 2, fig. 1; et g. 3, fig. 2. — *Lampetra, medium genus*. Rai, *Syn. piscium*, p. 25, n. 1. — *Lampetra fluviatilis*. Aldrovand, p. 587. — Id., Jonston, p. 104, pl. 28, fig. 11. — Id., Schone, p. 41. — Id., Charlet, p. 159, n. 7.

Lampetra fluviatilis media. Schwenck, *Theriotr. siles*, p. 332. — *Jaatzme unagi*. Kœmpfer, *Voyage dans le Japon*, t. I⁰ʳ, p. 156, pl. 12, fig. 2. — *Minog*. Rzaczynski, p. 134. — *Lamproie*. Fermin, *Histoire naturelle de Surinam*, p. 85. — *The lever lamprey*. Pennant, *Brit. Zoolog*, 3, p. 79, pl. 8, fig. 2. — *Neunaugel*. Marsigli, 4, p. 2, tab. 1, fig. 4. — *Petromyzon*. Kramer, *Elenchus*, p. 383, n. 1. — *Petromyzon*. Klein, *Miss. pisc.* 3, p. 29, n. 1, tab. 1, fig. 3.

Mais dans presque tous les autres points de la conformation extérieure et intérieure, les deux pétromyzons que nous comparons l'un avec l'autre ne paraissent être que deux copies d'un même modèle.

Les yeux ont également, dans les deux espèces, un iris de couleur d'or ou d'argent, et parsemé de petits points noirs; ils sont également voilés par une membrane transparente, qui est une prolongation de la peau qui recouvre la tête.

Une tache blanchâtre ou rougeâtre paraît auprès de la nuque de la pricka, comme auprès de celle de la lamproie.

Il n'y a dans la pricka ni nageoires pectorales ni nageoires ventrales; celles du dos sont soutenues, comme dans la lamproie, par des cartilages très nombreux, assez rapprochés, qui se divisent vers leur sommet, et dont on ne peut bien reconnaître la contexture qu'après avoir enlevé la peau qui les recouvre.

La pricka a en outre tous ses viscères conformés comme ceux de la lamproie. Son cœur, son foie, ses ovaires, ses vésicules séminales, sont semblables à ceux de ce dernier poisson. Comme dans ce pétromyzon, le tube intestinal est sans appendices et presque sans sinuosités; l'estomac est fort, musculeux et capable de produire, avec des sucs gastriques très actifs, les promptes digestions que paraît exiger un canal alimentaire presque droit. Et, pour terminer ce parallèle, le pétromyzon pricka respire, comme la lamproie, par quatorze petites bourses semblables à celles de ce dernier animal. Montrant d'ailleurs, comme ce cartilagineux, un nouveau rapport avec les animaux qui ont de véritables poumons, il fait correspondre des gonflements et des contractions alternatifs d'une grande partie de son corps aux dilatations et aux compressions alternatives de ses organes respiratoires.

D'après tant de ressemblances, qui ne croirait que les habitudes de la pricka ont la plus grande conformité avec celles de la lamproie? Cependant elles diffèrent les unes des autres dans un point bien remarquable, dans l'habitation. La lamproie passe une grande partie de l'année, particulièrement la saison de l'hiver, au milieu des eaux salées de l'Océan ou de la Méditerranée; la pricka demeure pendant ce même temps, et dans quelque pays qu'elle se trouve, au milieu des eaux douces des lacs de l'intérieur, des continents et des îles. Voilà pourquoi plusieurs naturalistes lui ont donné le nom de *fluviatile*, qui rappelle l'identité de nature de l'eau des lacs et de celle des fleuves, pendant qu'ils ont appelé la lamproie le pétromyzon marin.

Nous n'avons pas besoin de faire remarquer de nouveau ici que, parmi les pétromyzons, ainsi que dans presque toutes les familles de poissons, les espèces marines, quoique très ressemblantes aux espèces fluviatiles, sont toujours beaucoup plus grandes[1]; nous ne croyons pas non plus devoir

---

1. Voyez le Discours sur la nature des poissons.

replacer dans cet article les conjectures que nous avons déjà exposées sur la cause qui détermine au milieu des eaux de la mer le séjour d'espèces qui ont les plus grands caractères de conformité dans leur organisation extérieure et intérieure avec celles qui ne vivent qu'au milieu des eaux des fleuves ou des rivières[1]. Mais quoi qu'il en soit de ces conjectures, la même puissance qui oblige, vers le retour du printemps, les lamproies à quitter les plages maritimes et à passer dans les fleuves qui y portent leurs eaux, contraint également, et vers la même époque, les pétromyzons prickas à quitter les lacs dans le fond desquels ils ont vécu pendant la saison du froid, et à s'engager dans les fleuves et dans les rivières qui s'y jettent ou en sortent. Le même besoin de trouver une température convenable, un aliment nécessaire et un sol assez voisin de la surface de l'eau pour être exposé à l'influence des rayons du soleil, détermine les femelles des prickas, comme celles des lamproies, à préférer le séjour des fleuves et des rivières à toute autre habitation, lorsqu'elles sont pressées par le poids fatigant d'un très grand nombre d'œufs. L'attrait irrésistible qui contraint les mâles à suivre les femelles encore pleines, ou les œufs qu'elles ont pondus et qu'ils doivent féconder, agissant également sur les pétromyzons des lacs et sur ceux de la mer, les pousse avec la même violence et vers la même saison dans les eaux courantes des rivières et des fleuves.

Lorsque l'hiver est près de régner de nouveau, toutes les opérations relatives à la ponte sont terminées depuis longtemps; les œufs sont depuis longtemps non seulement fécondés, mais éclos; les jeunes prickas ont atteint un degré de développement assez grand pour pouvoir lutter contre le courant des fleuves et entreprendre des voyages assez longs. Elles partent presque toutes alors avec les prickas adultes et se rendent dans les différents lacs d'où leurs pères et mères étaient venus dans le printemps précédent, et dont le fond est la véritable et la constante habitation d'hiver de ces pétromyzons, parce que ces cartilagineux y trouvent alors, plus que dans les rivières, la température et la nourriture qui leur conviennent.

Au reste, on rencontre la pricka non seulement dans un très grand nombre de contrées de l'Europe et de l'Asie, mais encore de l'Amérique, et particulièrement de l'Amérique méridionale.

On a écrit que sa vie était très courte et ne s'étendait pas au delà de deux ou trois ans[2]. Il est impossible de concilier cette assertion avec les faits les plus constants de l'histoire des poissons[3]; d'ailleurs elle est contredite par les observations les plus précises faites sur des individus de cette espèce.

Les prickas, ainsi que les lamproies, peuvent vivre hors de l'eau pendant un temps assez long. Cette faculté donne la facilité de les transporter

---

1. Voyez le Discours sur la nature des poissons.
2. Voyez Ph. L. Statius Müller.
3. Discours sur la nature des poissons.

en vie à des distances assez grandes des lieux où elles ont été pêchées; mais on peut augmenter cette facilité pour cette espèce de poisson, ainsi que pour beaucoup d'autres, en les tenant, pendant le transport, enveloppées dans la neige ou dans de la glace[1]. Lorsque ce secours est trop faible, relativement à l'éloignement des pays où l'on veut envoyer les prickas, on renonce à les y faire parvenir en vie ; on a recours au moyen dont nous avons parlé en traitant de la lamproie ; on les fait griller et on les renferme dans des tonneaux avec des épices et du vinaigre.

Exposées aux poursuites des mêmes ennemis que la lamproie, elles sont d'ailleurs recherchées non seulement pour la nourriture de l'homme, comme ce dernier pétromyzon, mais encore par toutes les grandes associations de marins qui vont à la pêche de la morue, du turbot et d'autres poissons pour lesquels ils s'en servent comme d'appât ; ce qui suppose une assez grande fécondité dans cette espèce, dont les femelles contiennent en effet un très grand nombre d'œufs.

LE PÉTROMYZON LAMPROYON[2]

Petromyzon branchialis, Gmel., Lacép. — *Ammocœtes branchialis*, Cuv.

Si la lamproie est le pétromyzon de la mer, et la pricka celui des lacs, le lamproyon est véritablement le pétromyzon des fleuves et des rivières. Il ne les quitte presque jamais, comme la pricka et la lamproie, pour aller passer la saison du froid dans le fond des lacs ou dans les profondeurs de la mer. Ce n'est pas seulement pour pondre ou féconder ses œufs qu'il se trouve au milieu des eaux courantes ; il passe toute l'année dans les rivières ou dans les fleuves ; il y exécute toutes les opérations auxquelles son organisation l'appelle ; il ne craint pas de s'y exposer aux rigueurs de l'hiver ; et s'il s'y livre

1. *Histoire des cyprins* et *Histoire naturelle des poissons*, par Bloch.
2. *Lamprillon* et *chatillon* dans plusieurs départements méridionaux de France. — *Sept-œil*, dans plusieurs départements du nord. — *Blind lamprey*, dans plusieurs cantons de l'Angleterre. — *Lamproie branchiale*. Daubenton, Encyclopédie méthodique.
« Petromyzon corpore annuloso, appendicibus utrinque duobus in margine oris. » Artedi, gen. 42, syn. 90. — *Petromyzon branchialis*, Lin-aehl. Linn., *Fauna suecica*, 292. — Id. Wulff., *Ichth. borus.*, p. 15, n. 20. — *Vas-igle*. Müller, *Prodrom. Zool. dan.*, p. 37, n. 307. — Uhlen. Kramer, *Elench.*, p. 483. — « Petromyzon corpore annulato, ore lobato. » Bloch, 3, pl. 86, fig. 2.
Lamproie branchiale. Bonnaterre, planches de l'Encyclopédie. — *Petromyzon*. Gronov. *Zoophyt.*, p. 38, n. 160. — Id., Klein, *Miss. pisc.* 3, p. 30, n. 4. — *Mustela fluviatilis min.*, Belon, *Aquat.*, p. 75. — *Lampetra parva* et *fluviatilis*. Gesner, *Aquat.*, p. 589, icon. anim., p. 286, thierb., p. 159. — *Lampetra minima*. Aldrovand., p. 539. — *Lampern, or pride of the Isis*. Willughby, *Ichth.*, p. 104. — *Lampetra cœca*, id., tab. g. 3, fig. 1.
Ray, *Synops. pisc.*, p. 35, n. 2, 4. — *Lampetra, neunauge*, Jonston, tab. 28, fig. 10. — *The pride*. Pennant, *Brit. Zool.* 3, p. 30, pl. 8, fig. 3. — *Lamproyon* et *Lamprillon*. Rondelet, *Histoire des poissons*, pl. 2, p. 202. — *Querder, Selamquerder*. Schwenckf., *Theriotr. siles*, p. 423. — *Der kieferwurm*. Müller, l. s. 3, p. 234. — *Pride*. Plot, *Oxfordsh*, p. 182, t. 10. — *Lambroyon*. Valmont de Bomare, *Dictionnaire d'histoire naturelle*.

à des courses plus ou moins longues, ce n'est point pour en abandonner le séjour, mais seulement pour en parcourir les différentes parties et choisir les plus analogues à ses goûts et à ses besoins. Aussi mériterait-il l'épithète de fluviatile bien mieux que la pricka, à laquelle cependant elle a été donnée par un grand nombre de naturalistes, mais à laquelle nous avons cru d'autant plus devoir l'ôter, qu'en lui conservant le nom de *pricka*, nous nous sommes conformés à l'usage des habitants d'un grand nombre de contrées de l'Europe et à l'opinion de plusieurs auteurs très récents. Pour ne pas introduire cependant une nouvelle confusion dans la nomenclature des poissons, nous n'avons pas voulu donner le nom de fluviatile au pétromyzon qui nous occupe, et nous avons préféré de le désigner par celui de lamproyon, sous lequel il est connu dans plusieurs pays et indiqué dans plusieurs ouvrages.

Ce pétromyzon des rivières est conformé à l'extérieur ainsi qu'à l'intérieur comme celui des mers ; mais il est beaucoup plus petit que la lamproie, et même plus court et plus mince que la pricka ; il ne parvient ordinairement qu'à la longueur de deux décimètres (un peu plus de sept pouces). D'ailleurs, les muscles et les téguments de son corps sont disposés et conformés de manière à le faire paraître comme annelé ; ce qui lui donne une nouvelle ressemblance avec les serpents et particulièrement avec les amphisbènes et les céciles[1]. De plus, ce n'est que dans l'intérieur et vers le fond de sa bouche que l'on peut voir cinq ou six dents et un osselet demi-circulaire ; ce qui a fait écrire par plusieurs naturalistes que le lamproyon était entièrement dénué de dents. Il a aussi le bord postérieur de sa bouche divisé en deux lobes ; les nageoires du dos sont très basses et terminées par une ligne courbe, au lieu de présenter un angle. Ses yeux, voilés par une membrane, sont d'ailleurs très petits ; c'est ce qui a fait que quelques naturalistes lui ont donné l'épithète d'aveugle[2], en le réunissant cependant, par une contradiction et un défaut dans la nomenclature assez extraordinaire, avec le nom de *neuf-yeux (neunauge)* employé pour presque tous les pétromyzons[3]. Le corps très court et très menu du lamproyon est d'un diamètre plus étroit dans ses deux bouts que dans son milieu, comme celui de plusieurs vers ; les couleurs qu'il présente sont le plus souvent, le verdâtre sur le dos, le jaune sur les côtés, et le blanc sur le ventre, sans taches ni raies.

Sa manière de vivre dans les rivières est semblable à celle de la pricka et de la lamproie dans les fleuves, dans les lacs, ou dans la mer ; il s'attache à différents corps solides ; et même, faisant quelquefois passer facilement l'extrémité assez déliée de son museau au-dessous de l'opercule et de la membrane des branchies de grands poissons, il se cramponne à ces mêmes branchies ; voilà pourquoi Linné l'a nommé *petromyzon branchialis.*

1. Voyez l'Histoire naturelle des serpents.
2. *Lampetra cœca, seu oculis carens.* (Ray, *Synopsis,* 36.)
3. *Enneophthalmos cœcus.* (Willughby, p. 107.)

Il est très bon à manger ; et, perdant la vie peut-être plus difficilement encore que les autres pétromyzons qui le surpassent en grandeur, on le recherche pour le faire servir d'appât aux poissons qui n'aiment à faire leur proie que d'animaux encore vivants.

LE PÉTROMYZON PLANER [1]

Petromyzon Planeri, Bl., Gmel., Lacép.

Dans toutes les eaux on trouve quelque espèce de pétromyzon ; dans la mer, la lamproie ; dans les lacs, la pricka ; dans les fleuves, le lamproyon. Nous allons voir le planer habiter les très petites rivières. C'est dans celles de Thuringe qu'il a été découvert par le professeur Planer d'Erford ; c'est ce qui a engagé Bloch à lui donner le nom de *planer*, qu'une reconnaissance bien juste envers ceux qui ajoutent à nos connaissances en histoire naturelle nous commande de conserver. Plus long et plus gros que le lamproyon, ayant les nageoires dorsales plus hautes, mais paraissant annelé comme ce dernier cartilagineux, il est d'une couleur olivâtre et distingué de plus des autres pétromyzons par les petits tubercules ou verrues aiguës qui garnissent la circonférence de l'ouverture de sa bouche, par un rang de dents séparées les unes des autres, qui sont placées au delà de ces verrues, et par une rangée de dents réunies ensemble, que l'on aperçoit au delà des dents isolées. Lorsqu'on plonge le planer dans de l'alcool un peu affaibli, il y vit plus d'un quart d'heure en s'agitant violemment et en témoignant, par les mouvements convulsifs qu'il éprouve, l'action que l'alcool exerce particulièrement sur ses organes respiratoires.

LE PÉTROMYZON ROUGE

Petromyzon ruber, Lacép.

Nous donnons ce nom à un pétromyzon dont le savant et zélé naturaliste M. Noël, de Rouen, a bien voulu nous envoyer un dessin colorié. Ce poisson se trouve dans la Seine et est connu des pêcheurs sous le nom de *sept-œil rouge* à cause de sa couleur, ou *d'aveugle* à cause de l'extrême petitesse de ses yeux. On se représentera aisément l'ensemble de ce cartilagineux, qui a beaucoup de rapports avec ce lamproyon, si nous ajoutons à ce que nous venons de dire de cet animal que l'ouverture de la bouche du pétromyzon rouge est beaucoup plus petite que le diamètre de la partie du poisson dans laquelle les branchies sont renfermées ; que la surface supérieure de la tête, du corps et de la queue offre une nuance plus foncée que

---

1. *Le Planer. Petromyzon corpore annulato, ore papilloso ;* Bloch, 3, p. 47, n. 4, pl. 88, fig. 3. — *Petromyzon Planeri.* Linné, édition de Gmelin. — *Lamproie Planer.* Bonnaterre, planches de l'Encyclopédie méthodique.

les côtés, et que des teintes sanguinolentes se font particulièrement remarquer auprès des ouvertures des organes de la respiration.

LE PÉTROMYZON SUCET

Petromyzon sanguisuga, Lacép.

C'est encore à M. Noël que nous devons la description de ce pétromyzon, que les pêcheurs de plusieurs endroits situés sur les rivages de la Seine-Inférieure ont nommé *sucet*[1]. Il se rapproche beaucoup du lamproyon, ainsi que le rouge; mais il diffère de ces deux poissons et de tous les autres pétromyzons déjà connus, par des traits très distincts.

Sa longueur ordinaire est de deux décimètres.

Son corps est cylindrique; les deux nageoires dorsales sont basses, un peu adipeuses, et la seconde s'étend presque jusqu'à celle de la queue.

La tête est large; les yeux sont situés assez loin de l'extrémité du museau, plus grands à proportion que ceux du lamproyon et recouverts par une continuation de la peau de la tête; l'iris est d'une couleur uniforme voisine de celle de l'or ou de celle de l'argent.

M. Noël, dans la description qu'il a bien voulu me faire parvenir, dit qu'il n'a pas vu d'évent sur la nuque du sucet. Je suis persuadé que ce pétromyzon n'est pas privé de cet orifice particulier, et que la petitesse de cette ouverture a empêché M. Noël de la distinguer, malgré l'habileté avec laquelle ce naturaliste observe les poissons. Mais si le sucet ne présente réellement pas d'évent, il faudra retrancher la présence de l'organe auquel on a donné ce nom, des caractères génériques des pétromyzons, diviser la famille de ces cartilagineux en deux sous-genres, placer dans le premier de ces groupes les pétromyzons qui ont un évent; composer le second de ceux qui n'en auraient pas; inscrire, par conséquent, dans le premier sous-genre, la lamproie, la pricka, le lamproyon, le planer, le rouge, et réserver le sucet pour le second sous-genre.

Au reste, l'ouverture de la bouche du sucet est plus étendue que la tête n'est large; et des muscles assez forts rendent les lèvres extensibles et rétractiles.

Dans l'intérieur de la bouche, on voit un grand nombre de dents petites, de couleur d'orange, et placées dans des cellules charnues. Neuf de ces dents qui entourent circulairement l'entrée de l'œsophage sont doubles. La langue est blanchâtre et garnie de petites dents; et au-devant de ce dernier organe, on aperçoit un os demi-circulaire, d'une teinte orangée, et hérissé de neuf pointes.

La forme de cet os et la présence de neuf dents doubles autour du gosier suffiraient seules pour distinguer le sucet de la lamproie, de la pricka, du lamproyon, du planer et du rouge.

1. Lettre de M. Noël à M. de Lacépède, du mois de mai 1799.

Les pêcheurs de Quevilly, commune auprès de laquelle le sucet a été particulièrement observé, disent tous qu'on ne voit ce poisson que dans les saisons où l'on pêche les clupées aloses. Soit que ce cartilagineux habite sur les hauts fonds voisins de l'embouchure de la Seine, soit qu'il s'abandonne, pour ainsi dire, à l'action des marées, et qu'il remonte dans la rivière, comme les lamproies, ce sont les aloses qu'il recherche et qu'il poursuit. Lorsqu'il peut atteindre une de ces clupées, il s'attache à l'endroit de son ventre dont les téguments sont le plus tendres, et par conséquent à la portion la plus voisine des œufs ou de la laite ; se cramponnant, pour ainsi dire, avec ses dents et ses lèvres, il se nourrit de la même manière que les vers auxquels on a donné le nom de *sangsues;* il suce le sang du poisson avec avidité et il préfère tellement cet aliment à tout autre, que son canal intestinal est presque toujours rempli d'une quantité de sang considérable, dans laquelle on ne distingue aucune autre substance nutritive.

Les pêcheurs croient avoir observé que lorsque les sucets, dont l'habitude que nous venons d'exposer a facilement indiqué le nom, attaquent des saumons, au lieu de s'attacher à des aloses, ils ne peuvent pas se procurer tout le sang qui leur est nécessaire, parce qu'ils percent assez difficilement la peau des saumons; et ils montrent alors par leur maigreur la sorte de disette qu'ils éprouvent.

LE PÉTROMYZON ARGENTE [1]

Petromyzon argenteus, BLOCH, LACÉP.

LE PÉTROMYZON SEPTOEUIL [2]

Petromyzon sept-œuil, LACÉP.

LE PÉTROMYZON NOIR [3]

Petromyzon niger, LACÉP.

Le docteur Bloch avait reçu de Tranquebar deux individus du pétromyzon argenté, dont les yeux sont très grands, les téguments extérieurs très minces, et les rayons des nageoires si déliés qu'on ne peut en savoir le nombre. L'anus est deux fois plus éloigné de la tête que de la caudale.

Le septœuil et le noir se trouvent particulièrement dans les eaux de la Seine, dans l'Epte et dans l'Andelle. C'est principalement auprès du Pont-de-l'Arche qu'on en fait une pêche abondante. Nous les faisons connaître d'après les notes que M. Noël, de Rouen, a bien voulu nous adresser. On les y nomme *grosse* et *petite septœuille.* Mais les principes de nomenclature que nous devons suivre ne nous ont pas permis d'admettre ces deux dénominations. La chair

1. Bloch, pl. 415, fig. 2.
2. *Grosse Septœuille.* Noël, notes manuscrites.
3. *Petite Septœuille.* Id. — *Cousue,* sur les bords de la rivière de Cailly, qui se jette dans la Seine au-dessous de Rouen. — *Étretcur,* sur les bords de la Rille, qui passe à Pont-Audemer.

du petromyzon septœuil est plus molle et d'un goût moins agréable que celle du noir. On prenait autrefois dans l'Eure, auprès de Louviers, de ces *noirs* ou *petits septœuils* qui étaient d'une couleur plus foncée, plus courts, plus gras, plus recherchés et vendus plus cher que ceux de la Seine.

SECOND GENRE

LES GASTROBRANCHES

Les ouvertures des branchies situées sous le ventre.

ESPÈCES.	CARACTÈRES.
1. LE GASTROBRANCHE AVEUGLE.	Une nageoire dorsale très basse et réunie avec celle de la queue.
2. LE GASTROBRANCHE DOMBEY.	Point de nageoire dorsale.

LE GASTROBRANCHE AVEUGLE [1]

Gastrobranchus cœcus, BLOCH, LACÉP. — *Myxine glutinosa*, LINN., GMEL.

Les gastrobranches ressemblent beaucoup aux pétromyzons par la forme cylindrique et très allongée de leur corps, par la flexibilité des différentes portions qui le composent, par la souplesse et la viscosité de la peau qui le revêt, et sur laquelle on ne peut apercevoir, au moins facilement, aucune sorte d'écaille. Ils se rapprochent encore des pétromyzons par le défaut de nageoires inférieures et même de nageoires pectorales, par la conformation de leur bouche, par la disposition et la nature de leurs dents; ils ont surtout de très grands rapports avec ces cartilagineux par la présence d'un évent au-dessus de la tête et par l'organisation de leurs branchies. Ces organes respiratoires consistent, en effet, ainsi que ceux des pétromyzons, dans des vésicules ou poches, lesquelles d'un côté s'ouvrent à l'extérieur du corps, de l'autre communiquent avec l'intérieur de la bouche, et présentent de nombreuses ramifications artérielles et veineuses. Il est donc très aisé, au premier coup d'œil, de confondre les gastrobranches avec les pétromyzons, ainsi que l'ont fait d'habiles naturalistes : en les examinant cependant avec attention, on voit facilement les différences qui les séparent de cette famille. Tous les pétromyzons ont sept branchies de chaque côté; le gastrobranche aveugle n'en a que six à droite et six à gauche, et il est à présumer que le gastrobranche Dombey n'en a pas un plus grand nombre. Dans les pétromyzons, chaque branchie a une ouverture extérieure qui lui est particulière; dans le gastrobranche aveugle, il n'y a que deux ouvertures extérieures pour douze branchies. Les ouvertures branchiales des pétromyzons sont situées

---

1. *Myxine glutinosa.* Linné, édition de Gmelin. — *Faun. suec.* 2086. — Mus. Ad. Fr. 1, p. 91, tab. 8, fig. 4. — *Stroem. sondm.* 1, p. 287. — *Act. nidros.* 2, p. 250, tab. 3. — Mull. *Zool. dan. prodrom.* 2755. — O. Fabric. *Faun. groenland.*, p. 334 et 344.

sur les côtés et assez près de la tête; celles des gastrobranches sont placées sous le ventre. Les lèvres des gastrobranches sont garnies de barbillons; on n'en voit point sur celles des pétromyzons. Les yeux des pétromyzons sont assez grands; on n'a pas encore pu reconnaître d'organe de la vue dans les gastrobranches, et voilà pourquoi l'espèce dont nous parlons dans cet article a reçu le nom d'aveugle.

On remarquera sans peine que presque tous les traits qui empêchent de réunir les gastrobranches avec les pétromyzons concourent, avec un grand nombre de ceux qui rapprochent ces deux familles, à faire méconnaître la véritable nature des gastrobranches, au point de les retrancher de la classe des poissons, de les placer dans celle des vers, et de les inscrire particulièrement parmi ceux de ces derniers animaux auxquels le nom d'intestinaux a été donné. Aussi plusieurs naturalistes et même Linné ont-ils regardé les gastrobranches aveugles comme formant une famille distincte, qu'ils ont appelée *myxine*, et qui, placée au milieu des vers intestinaux, les repoussait néanmoins, pour ainsi dire, ne montrait point aux yeux les plus exercés à examiner des vers, les rapports nécessaires pour conserver avec convenance la place qu'on lui avait donnée, dérangeait en quelque sorte les distributions méthodiques imaginées pour classer les nombreuses tribus d'animaux dénués de sang rouge, et y causait des disparates d'autant plus frappantes, que ces méthodes plus récentes étaient appuyées sur un plus grand nombre de faits, et par conséquent plus perfectionnées[1]. Le célèbre ichtyologiste, le docteur Bloch, de Berlin, ayant été à même d'observer soigneusement l'organisation de ces gastrobranches, a bientôt vu leur véritable nature; il les a restitués à la classe des poissons, à laquelle les attache leur organe respiratoire, ainsi que la couleur rouge de leur sang, il a montré qu'ils appartenaient à un genre voisin, mais distinct, de celui des pétromyzons; et il les a fait connaître très en détail dans un mémoire et par une planche enluminée très exacte, qu'il a communiqués à l'Institut de France[2]. Je ne puis mieux faire que d'extraire de ce mémoire une grande partie de ce qu'il est encore nécessaire de dire du gastrobranche aveugle.

Ce cartilagineux est bleu sur le dos, rougeâtre sur les côtés, et blanc sur le ventre; quatre barbillons garnissent sa lèvre supérieure, et deux autres barbillons sont placés auprès de la lèvre de dessous. Entre les quatre barbillons d'en haut, on voit un évent qui communique avec l'intérieur de la bouche, comme celui des pétromyzons; cet évent est d'ailleurs fermé, à la volonté de l'animal, par une espèce de soupape. Les lèvres sont molles, extensibles, propres à se coller contre les corps auxquels l'aveugle veut s'attacher; elles donnent une forme presque ronde à l'ouverture de la bouche, qui présente un double rang de dents fortes, dures, plutôt osseuses que car-

---

1. Nous pourrions citer, parmi ces dernières méthodes, le beau travail fait par M. Cuvier sur les animaux dits à sang blanc, et celui de M. Lamarck sur les mêmes animaux.

2. Le 20 mai 1797.

tilagineuses et retenues, comme celles de la lamproie, dans des espèces de
capsules membraneuses. On compte neuf dents dans le rang supérieur et
huit dans l'inférieur. Une dent recourbée est de plus placée au-dessus des
autres, et sur la ligne que l'on pourrait tirer de l'évent au gosier, en la faisant passer par-dessus la lèvre supérieure.

On n'aperçoit pas de langue ni de narines ; mais on voit au palais, et
autour de l'ouverture par laquelle l'évent communique avec la cavité de la
bouche, une membrane plissée, que je suis d'autant plus porté à regarder
comme l'organe de l'odorat du gastrobranche aveugle, que son organisation
est très analogue à celle de l'intérieur des narines du plus grand nombre de
cartilagineux, et que les plus fortes analogies doivent nous faire supposer
dans tous les poissons un odorat très sensible.

Le corps de l'aveugle, assez délié et cylindrique, ne parvient presque
jamais à la longueur d'un pied, ou d'environ trois décimètres. Il présente
de chaque côté une rangée longitudinale de petites ouvertures, qui laissent
échapper un suc très gluant ; une matière semblable découle de presque
tous les pores de l'animal, et ces liqueurs non seulement donnent à la peau
de l'aveugle, qui en est enduite, une sorte de vernis et une grande souplesse ; mais encore, suivant Gunner et d'autres naturalistes, elles rendent
visqueux un assez grand volume de l'eau dans laquelle ce gastrobranche est
plongé.

Ce cartilagineux n'a d'autres nageoires que celle du dos, celle de la
queue et celle de l'anus, qui sont réunies, très basses et composées de
rayons mous, que l'on ne peut compter à cause de leur petitesse et de l'é-
paisseur de la peau qui les revêt.

L'ouverture de l'anus est une fente très allongée, et sur le ventre sont
placées deux ouvertures, dont chacune communique à six branchies. Une
artère particulière, qui aboutit à la surface de chacun de ces organes respiratoires, s'y distribue, comme dans les autres poissons, en ramifications très
nombreuses, au milieu desquelles sont disséminées d'autres ramifications
qui se réunissent pour former une veine.

Le canal intestinal est sans sinuosités.

Les petits éclosent hors du ventre de la mère.

L'aveugle habite principalement dans l'Océan septentrional et euro-
péen ; il se cache souvent dans la vase, il pénètre aussi quelquefois dans le
corps de grands poissons, se glisse dans leurs intestins, en parcourt les divers replis, les déchire et les dévore. Cette habitude n'avait pas peu servi
à le faire inscrire parmi les vers intestinaux, avec le tœnia et d'autres genres
d'animaux dénués de sang rouge.

LE GASTROBRANCHE DOMBEY

Gastrobranchus Dombey, Lacép. — *Myxine Dombey,* Cuv.

Nous donnons ce nom à un cartilagineux dont la peau sèche a été apportée au muséum national d'histoire naturelle par le voyageur Dombey, et dont aucun naturaliste n'a encore parlé. Il est évidemment de la même famille que l'aveugle; mais il appartient à un autre hémisphère, et c'est dans la mer voisine du Chili, et peut-être dans celle qui baigne les rivages des autres contrées de l'Amérique méridionale, qu'on le trouve. Il a de très grands rapports de conformation avec l'aveugle, mais il parvient à une longueur et à une grosseur deux fois au moins plus considérables; il en est d'ailleurs séparé par d'autres différences que nous allons indiquer en le décrivant.

La tête de ce gastrobranche est arrondie et plus grosse que le corps : elle présente quatre barbillons dans sa partie supérieure; mais l'état d'altération dans lequel était l'individu donné par Dombey n'a pas permis de s'assurer s'il y en avait deux auprès de la lèvre inférieure, comme sur l'aveugle. Les dents sont pointues, comprimées, triangulaires et disposées sur deux rangs circulaires ; l'extérieur est composé de vingt-deux dents, et l'intérieur de quatorze. Une dent plus longue que les autres et recourbée est d'ailleurs placée à la partie la plus haute de l'ouverture de la bouche.

L'organe de la vue et celui de l'odorat ne sont pas plus apparents sur le dombey que sur l'aveugle. La couleur du gastrobranche que nous cherchons à faire connaître était effacée, ou paraissait dénaturée dans la peau que nous avons vue. La queue, dont la longueur n'excède guère le double du diamètre du corps, est arrondie à son extrémité et terminée par une nageoire qui se réunit à celle de l'anus. Ces deux nageoires sont les seules que présente l'animal ; elles sont très basses, très difficiles à distinguer et composées de membranes au milieu desquelles on n'a pu que soupçonner des rayons sur l'individu desséché que nous avons examiné.

QUATRIÈME ORDRE[1]

POISSONS ABDOMINAUX, OU QUI ONT DES NAGEOIRES
PLACÉES SOUS L'ABDOMEN

TROISIÈME GENRE

LES RAIES

Cinq ouvertures branchiales de chaque côté du dessous du corps; la bouche située dans la partie inférieure de la tête; le corps très aplati.

PREMIER SOUS-GENRE

LES DENTS AIGUËS, DES AIGUILLONS SUR LE CORPS OU SUR LA QUEUE

ESPÈCES.	CARACTÈRES.
1. LA RAIE BATIS.	Un seul rang d'aiguillons sur la queue.
2. LA RAIE OXYRINQUE.	Une rangée d'aiguillons sur le corps et sur la queue.
3. LA RAIE MUSEAU POINTU.	Le museau pointu; le dessus du museau et du corps très lisses; trois rangs de piquants sur la queue; deux nageoires dorsales petites et arrondies auprès de l'extrémité de la queue; point de nageoire caudale.
4. LA RAIE MIRALET.	Le dos lisse; quelques aiguillons auprès des yeux; trois rangées d'aiguillons sur la queue.
5. LA RAIE CHARDON.	Tout le dos garni d'épines; un rang d'aiguillons auprès des yeux; deux rangs d'aiguillons sur la queue.
6. LA RAIE RONCE.	Un rang d'aiguillons sur le corps et trois sur la queue.
7. LA RAIE CHAGRINÉE.	Des tubercules sur le devant du corps; deux rangs d'épines sur le museau et sur la queue.
8. LA RAIE COUCOU.	La tête courte et petite; le dessus du museau et du corps dénué de piquants; la partie antérieure du corps élevée; un ou plusieurs aiguillons dentelés longs et forts à la queue qui est très déliée.
9. LA RAIE BLANCHE.	Le museau pointu; la tête présentant la forme d'un pentagone; deux nageoires dorsales situées sur la queue; une caudale; trois rangées d'aiguillons sur la queue de la femelle; une rangée de piquants sur la queue du mâle, et un groupe d'aiguillons aux quatre coins de son corps; le ventre d'un blanc éclatant.
10. LA RAIE BORDÉE.	Le museau pointu; une nageoire dorsale placée sur la queue; une caudale; trois rangs d'aiguillons sur la queue; un aiguillon derrière chaque œil; le dessous du corps d'un blanc sale et entouré, excepté du côté de la tête, d'une large bordure noire.

SECOND SOUS-GENRE

LES DENTS AIGUËS; POINT D'AIGUILLONS SUR LE CORPS ET SUR LA QUEUE

ESPÈCE.	CARACTÈRES.
11. LA RAIE TORPILLE.	Le corps presque ovale; deux nageoires dorsales.

1. Nous avons déjà vu, dans l'article intitulé *Nomenclature des poissons*, que l'on ne connaissait encore aucune espèce de ces animaux dont on pût former un second et un troisième ordre dans la première division des cartilagineux.

TROISIÈME SOUS-GENRE

LES DENTS OBTUSES; DES AIGUILLONS SUR LE CORPS OU SUR LA QUEUE

ESPÈCES.	CARACTÈRES.
12. LA RAIE AIGLE.	Un aiguillon dentelé et une nageoire à la queue; cette dernière partie plus longue que le corps.
13. LA RAIE PASTENAGUE.	Un aiguillon dentelé; point de nageoire à la queue; cette dernière partie plus longue que le corps.
14. LA RAIE LYMME.	Un aiguillon revêtu de peau à la queue; cette dernière partie à peu près de la longueur du corps.
15. LA RAIE TUBERCULÉE.	Cinq tubercules blancs émaillés et très durs sur le dos; et cinq autres tubercules semblables sous la queue.
16. LA RAIE ÉGLANTIER.	Une rangée longitudinale de petits aiguillons sur le dos qui, d'ailleurs, est parsemé d'épines encore plus courtes; plus de trois rangs longitudinaux de piquants recourbés sur la queue.
17. LA RAIE SEPHEN.	Un grand nombre de tubercules sur la tête, le dos et la partie antérieure de la queue.
18. LA RAIE BOUCLÉE.	Un rang d'aiguillons recourbés sur le corps et sur la queue.
19. LA RAIE NÈGRE.	Le museau pointu; l'ensemble du corps et de la queue formant un losange; un rang de piquants étendu depuis la partie antérieure du dos jusqu'au bout de la queue; une autre rangée de piquants ordinairement plus séparés les uns des autres, sur chaque côté de la queue qui est très déliée; toute la partie supérieure du poisson d'un noir plus ou moins foncé.
20. LA RAIE AIGUILLE.	Le museau terminé par une pointe très déliée; une nageoire dorsale située sur la queue; quatre taches foncées et placées sur le dos de manière à indiquer une portion de cercle.
21. LA RAIE THOUIN.	Le museau très prolongé et garni, ainsi que le devant de la tête, de petits aiguillons.
22. LA RAIE BOHKAT.	Trois rangs d'aiguillons sur la partie antérieure du dos; la première nageoire dorsale située au-dessus des nageoires ventrales.
23. LA RAIE CUVIER.	Un rang d'aiguillons sur la partie postérieure du dos; trois rangées d'aiguillons sur la queue; la première nageoire dorsale située vers le milieu du dos.
24. LA RAIE RHINOBATE.	Le corps allongé; un seul rang d'aiguillons sur le corps.
25. LA RAIE GIORNA.	Deux grands appendices sur le devant de la tête; chaque pectorale formant un triangle isocèle dont la base tient au corps du poisson; une nageoire dorsale placée au-devant d'un aiguillon fort et dentelé des deux côtés, qui termine le corps; la queue très longue, très déliée et dénuée de nageoire.

QUATRIÈME SOUS-GENRE

LES DENTS OBTUSES; POINT D'AIGUILLONS SUR LE CORPS NI SUR LA QUEUE

ESPÈCES.	CARACTÈRES.
26. LA RAIE MOBULAR.	Deux grands appendices vers le devant de la tête; la queue sans nageoire.

ESPÈCES.	CARACTÈRES.
27. LA RAIE SCHOUKIE.	Des aiguillons très éloignés les uns des autres; un grand nombre de tubercules.
28. LA RAIE CHINOISE.	Le corps un peu ovale; le museau avancé et arrondi; trois aiguillons derrière chaque œil; plusieurs aiguillons sur le dos; deux rangées d'aiguillons sur la queue.
29. LA RAIE MOSAÏQUE.	Le museau un peu avancé; un rang d'aiguillons, étendu depuis la nuque jusqu'à l'extrémité de la queue; deux ou trois piquants au-devant de chaque œil; un ou deux piquants derrière chaque évent; une série longitudinale de cinq ou six piquants de chaque côté de l'origine de la queue; la couleur jaunâtre; des taches blanches, petites et arrondies; plusieurs séries doubles, tortueuses et placées symétriquement de points blancs ou blanchâtres.
30. LA RAIE ONDULÉE.	Le museau un peu pointu; une rangée de piquants étendue depuis la tête jusque vers l'extrémité de la queue; deux aiguillons au-devant et derrière chaque œil; un aiguillon situé auprès de la tête et de chaque côté de la rangée de piquants qui règne sur le dos; un grand nombre de raies sinueuses, et dont plusieurs se réunissent les unes aux autres.

ESPÈCES.	CARACTÈRES.
31. LA RAIE GRONOVIENNE.	Le corps presque ovale; une seule nageoire dorsale.
32. LA RAIE APTÉRÉNOTE.	Le museau pointu et très avancé; point de nageoire dorsale; un sillon longitudinal au-devant des yeux; un sillon presque semblable entre les deux évents; la couleur rousse.
33. LA RAIE MANATIA.	Deux appendices sur le devant de la tête; point de nageoire dorsale; une bosse sur le dos.
34. LA RAIE FABRONIENNE.	Deux grands appendices sur le devant de la tête; chaque nageoire pectorale aussi longue que le corps proprement dit, très étroite, et occupant par sa base la portion du côté de l'animal compris entre la tête et le milieu du corps.
35. LA RAIE BANKSIENNE.	Deux appendices sur le devant de la tête; point de nageoire sur le dos ni au bout de la queue; chaque nageoire pectorale plus longue que le corps proprement dit, très étroite, et à peu près également éloignée dans son axe longitudinal et dans sa pointe de la tête et de queue; les yeux placés sur la partie supérieure de la tête.
36. LA RAIE FRANGÉE.	Deux grands appendices sur le devant de la tête; la tête, le corps et les pectorales formant ensemble un losange presque parfait; les deux côtés de la queue, de la partie postérieure du corps et de celle des pectorales garnis de barbillons ou de filaments, point de nageoire ni de bosse sur le dos.

LA RAIE BATIS[1]

Raja Batis, Linn., Lacép., Bloch.

Les raies sont, comme les pétromyzons, des poissons cartilagineux ; elles ont de même leurs branchies dénuées de membrane et d'opercule. Elles offrent encore d'autres grands rapports avec ces animaux dans leurs habitudes et dans leur conformation ; et cependant quelle différence sépare ces deux genres de poissons! quelle distance, surtout, entre le plus petit des pétromyzons, entre le lamproyon et les grandes raies, particulièrement la raie batis, dont nous allons nous occuper! Le lamproyon n'a souvent que quelques centimètres de longueur sur un de diamètre ; les grandes raies ont quelquefois plus de cinq mètres (quinze pieds ou environ) de longueur sur deux ou trois (six ou neuf pieds, ou à peu près) de large. Le lamproyon pèse tout au plus un hectogramme (quelques onces) ; l'on voit, dans les mers chaudes des deux continents, des raies dont le poids surpasse dix myriagrammes (deux cent cinq livres). Le corps du lamproyon est cylindrique et très allongé ; et si l'on retranchait la queue des raies, leur corps, aplati et arrondi dans presque tout son contour, présenterait l'image d'un disque. Souple, délié et se pliant facilement en divers sens, le lamproyon peut, en quelque sorte, donner un mouvement isolé et indépendant à chacun de ses muscles ; le corps de la raie, ne se prêtant que difficilement à des plis, ne permettant en général que de légères inclinaisons d'une partie sur une autre, et presque toujours étendu de la même manière, ne se meut que par une action plus universelle et plus uniformément répartie dans les diverses portions qui le composent. Dans quelque saison de l'année que l'on observe les lamproyons et les autres pétromyzons, on ne les voit jamais former aucune sorte de société ; il est au contraire un temps de l'année,

---

1. *Flassade, couverture, vache marine,* dans plusieurs départements méridionaux. — *Raie coliart.* Daubenton, Encyclopédie méthodique. — *Raja varia, dorso medio glabro, unico aculeorum ordine in cauda.* Artedi, gen. 73, syn. 102. — *Raja cauda tantum aculeata.* Bloch, *Histoire naturelle des poissons,* 3ᵉ partie, p. 54, pl. 79. — *Raie coliart.* Bonnaterre, planches d'histoire naturelle de l'Encyclopédie méthodique.

Batis, Aristote, liv. Iᵉʳ, chap. v; liv. II, chap. xiii; liv. V, chap. v ; liv. VI, chap. x et xi; liv. VIII, chap. xv, et liv. IX, chap. xxxvii. — Ælian., lib. XVI, cap. xiii, p. 921. — Oppian., lib. I, p. 5, et lib. II, p. 60. — Athen., lib. VII, p. 286.

Rayte, raych et *rubas.* Cub., lib. III, chap. lxxiv et lxxvii, p. 87, et 88. — *Raja undulata sive cinerea.* Aldrovand., lib. III, cap. l, p. 452. — *Raja levis,* Schonev., p. 58. — *Raja undulata.* Jonston, lib. I, tit. I, cap. iii, punct. 5. — *Raja undulata.* Charlet, p. 130. — Autre raie à bec pointu, Rondelet, première partie, liv. XII, p. 275. — Gronov. mus. 1, n. 113, *Zooph.,* n. 157. — « Dasybatus in superna corporis parte versus alas, etc. » Klein, *Miss pisc.* 3, p. 37, n. 14.

Belon, *Aquat.,* p. 89. — *Lœviraja.* Salv. *Aquat.,* p. 149. — Gesner, *Aquat.,* p. 792, ic. an., p. 30; Thierb., p. 96. — Willughby, *Icht.,* p. 69, tab. c. 4. — *Oxyrhinchus major.* Ray, *Pisc.,* p. 26, n. 3. — *Skate.* Pennant, *Zoologie britannique,* t. III, p. 62, n. 1. — Raie au bec pointu. Valmont de Bomare, *Dictionnaire d'histoire naturelle.*

celui pendant lequel le plus impérieux des besoins est accru ou provoqué par la chaleur nouvelle, où les raies s'appariant, le mâle se tenant auprès de la femelle pendant un temps plus ou moins long, et se réunissant, peut-être seules entre tous les poissons, d'une manière assez intime, forment un commencement d'association de famille et ne sont pas étrangères, comme presque tous les autres habitants des eaux, aux charmes de la volupté partagée, et d'une sorte de tendresse au moins légère et momentanée. Les jeunes pétromyzons sortent d'œufs pondus par leur mère depuis un nombre de jours plus ou moins grand ; les jeunes raies éclosent dans le ventre même de la leur et naissent toutes formées. Les pétromyzons sont très féconds ; des milliers d'œufs sont pondus par les femelles et fécondés par les mâles ; les raies ne donnent le jour qu'à un petit à la fois et n'en produisent, chaque année, qu'un nombre très peu considérable. Les pétromyzons se rapprochent des couleuvres vipères par leur organe respiratoire ; les raies, par leur manière de venir à la lumière. Une seule espèce de pétromyzon ne craint pas les eaux salées, mais ne se retire dans le sein des mers que pendant la saison du froid ; toutes les espèces de raies vivent au contraire, sous tous les climats et dans toutes les saisons, au milieu des ondes de l'Océan, ou des mers méditerranées. Qu'il y a donc loin de nos arrangements artificiels au plan sublime de la toute-puissance créatrice ; de celles de nos méthodes dont nous nous sommes le plus efforcés de combiner tous les détails, avec l'immense et admirable ensemble des productions qui composent ou embellissent le globe ; de ces moyens nécessaires, mais défectueux, par lesquels nous cherchons à aider la faiblesse de notre vue, l'inconstance de notre mémoire et l'imperfection des signes de nos pensées, à la véritable exposition des rapports qui lient tous les êtres ; et de l'ordre que l'état actuel de nos connaissances nous force de regarder comme le plus utile, à ce tout merveilleux où la nature, au lieu de disposer les objets sur une seule ligne, les a groupés, réunis et enchaînés dans tous les sens par des relations innombrables ! Retirons cependant nos regards du haut de cette immensité dont la vue a tant d'attraits pour notre imagination, et, nous servant de tous les moyens que l'art d'observer a pu inventer jusqu'à présent, portons notre attention sur les êtres soumis maintenant à notre examen, et dont la considération réfléchie peut nous conduire à des vérités utiles et élevées.

C'est toujours au milieu des mers que les raies font leur séjour ; mais, suivant les différentes époques de l'année, elles changent d'habitation au milieu des flots de l'Océan. Lorsque le temps de la fécondation des œufs est encore éloigné, et par conséquent pendant que la mauvaise saison règne encore, c'est dans les profondeurs des mers qu'elles se cachent, pour ainsi dire. C'est là que, souvent immobiles sur un fond de sable ou de vase, appliquant leur large corps sur le limon du fond des mers, se tenant en embuscade sous les algues et les autres plantes marines, dans les endroits assez voisins de la surface des eaux pour que la lumière du soleil puisse y parvenir et développer les germes de ces végétaux, elles méritent, loin des rivages, l'épithète de *pélagiennes* qui leur a été donnée par plusieurs naturalistes. Elles la méritent encore, cette dénomination de *pélagiennes*, lorsque, après avoir attendu inutilement dans leur retraite profonde l'arrivée des animaux dont elles se nourrissent, elles se traînent sur cette même vase qui les a quelquefois recouvertes en partie, sillonnent ce limon des mers et étendent ainsi autour d'elles leurs embûches et leurs recherches. Elles méritent surtout ce nom d'habitantes de la haute mer, lorsque, pressées de plus en plus par la faim, ou effrayées par des troupes très nombreuses d'ennemis dangereux, ou agitées par quelque autre cause puissante, elles s'élèvent vers la surface des ondes, s'éloignent souvent de plus en plus des côtes. Se livrant, au milieu des régions des tempêtes, à une fuite précipitée, mais le plus fréquemment à une poursuite obstinée et à une chasse terrible pour leur proie, elles affrontent les vents et les vagues en courroux; recourbant leur queue, remuant avec force leurs larges nageoires, relevant leur vaste corps au-dessus des ondes et le laissant retomber de tout son poids, elles font jaillir au loin et avec bruit l'eau salée et écumante.

Mais lorsque le temps de donner le jour à leurs petits est ramené par le printemps ou le commencement de l'été, les mâles ainsi que les femelles se pressent autour des rochers qui bordent les rivages; et elles pourraient alors être comptées passagèrement parmi les poissons littoraux. Soit qu'elles cherchent ainsi auprès des côtes l'asile, le fond et la nourriture qui leur conviennent le mieux; soit qu'elles voguent loin de ces mêmes bords, elles attirent toujours l'attention des observateurs par la grande nappe d'eau qu'elles compriment et repoussent loin d'elles, et par l'espèce de tremblement qu'elles communiquent aux flots qui les environnent. Presque aucun habitant des mers, si on excepte les baleines, les autres cétacés et quelques pleuronectes, ne présente, en effet, un corps aussi long, aussi large et aussi aplati, une surface aussi plane et aussi étendue. Tenant toujours déployées leurs nageoires pectorales, que l'on a comparées à de grandes ailes, se dirigeant au milieu des eaux par le moyen d'une queue très longue, très déliée et très mobile, poursuivant avec promptitude les poissons qu'elles recherchent, et fendant les eaux pour tomber à l'improviste sur les animaux qu'elles sont près d'atteindre, comme l'oiseau de proie se précipite du haut des airs, il n'est pas surprenant qu'elles aient été assimilées, dans le moment où elles cinglent avec vitesse près de la surface de l'Océan, à un très grand oiseau, à un aigle puissant, qui, les ailes étendues, parcourt rapidement les diverses régions de l'atmosphère. Les plus forts et les plus grands de presque tous les poissons, comme l'aigle est le plus grand et le plus fort des oiseaux; ne paraissant, en chassant les animaux marins plus faibles qu'elles, que céder à une nécessité impérieuse et au besoin de nourrir un corps volumineux; n'immolant pas de victimes à une cruauté inutile; douées d'ailleurs d'un instinct supérieur à celui des autres poissons osseux ou cartilagineux, les raies sont en effet les aigles de la mer. L'Océan est leur domaine, comme l'air est celui de l'aigle ; de même que l'aigle, s'élançant dans les profondeurs de l'atmosphère, va chercher, sur des rochers déserts et sur des cimes escarpées, le repos après la victoire et la jouissance non troublée des fruits d'une chasse laborieuse, elles se plongent, après leurs courses et leurs combats, dans un des abîmes de la mer, et trouvent dans cette retraite écartée un asile sûr et la tranquille possession de leurs conquêtes.

Il n'est donc pas surprenant que, dès le siècle d'Aristote, une espèce de raie ait reçu le nom d'*aigle marine*, que nous lui avons conservé. Mais, avant de nous occuper de cette espèce, examinons de près la batis, l'une des plus grandes, des plus répandues et des plus connues des raies, et que l'ordre que nous avons cru devoir adopter nous offre la première.

L'ensemble du corps de la batis présente un peu la forme d'un losange. La pointe du museau est placée à l'angle antérieur, les rayons les plus longs de chaque nageoire pectorale occupent les deux angles latéraux, et l'origine de la queue se trouve au sommet de l'angle de derrière. Quoique cet ensemble soit très aplati, on distingue cependant un léger renflement tant dans le côté supérieur que dans le côté inférieur, qui trace, pour ainsi dire, le contour du corps proprement dit, c'est-à-dire des trois cavités de la tête, de la poitrine et du ventre. Ces trois cavités réunies n'occupent que le milieu du losange, depuis l'angle antérieur jusqu'à celui de derrière, et laissent de chaque côté une espèce de triangle moins épais, qui compose les nageoires pectorales. La surface de ces deux nageoires pectorales est plus grande que celle du corps proprement dit, ou des trois cavités principales ; et, quoiqu'elles soient recouvertes d'une peau épaisse, on peut cependant distinguer assez facilement, et même compter avec précision, surtout vers l'angle latéral de ces larges parties, un grand nombre de ces rayons cartilagineux, composés et articulés, dont nous avons exposé la contexture[1]. Ces rayons partent du corps de l'animal, s'étendent, en divergeant un peu, jusqu'au bord des nageoires ; les différentes personnes qui ont mangé de la raie batis, et qui ont dû voir et manier ces longs rayons, ne seront pas peu étonnées d'apprendre qu'ils ont échappé à l'observation de quelques naturalistes, qui ont pensé, en conséquence, qu'il n'y avait pas de rayons dans les nageoires pectorales de la batis. Aristote lui-même, qui cependant a bien connu et très bien exposé les principales habitudes des raies[2], ne croyant pas que les côtés de la batis renfermassent des rayons ou ne considérant pas ces rayons comme des caractères distinctifs des nageoires, a écrit qu'elle n'avait point de nageoires pectorales, et qu'elle voguait en agitant les parties latérales de son corps[3].

1. Discours sur la nature des poissons.
2. Aristote, *Hist. anim.*, lib. II, c. xiii ; lib. V, c. iii et v ; lib. VI, c. x et xi. — *De generatione animal.*, lib. III, c. vii et xi.
3. Aristote, *Hist. natur.*, lib. I, c. v.

La tête de la batis, terminée par un museau un peu pointu, est d'ailleurs engagée par derrière dans la cavité de la poitrine. L'ouverture de la bouche, placée dans la partie inférieure de la tête, à une distance assez grande de l'extrémité du museau, est allongée et transversale ; ses bords sont cartilagineux et garnis de plusieurs rangs de dents très aiguës et crochues. La langue est très courte, large et sans aspérités.

Les narines, placées au-devant de la bouche, sont situées également sur la partie inférieure de la tête. L'ouverture de cet organe peut être élargie ou rétrécie à la volonté de l'animal, qui, d'ailleurs, après avoir diminué le diamètre de cette ouverture, peut la fermer en totalité par une membrane particulière attachée au côté de l'orifice le plus voisin du milieu du museau, laquelle, s'étendant avec facilité jusqu'au bord opposé et s'y collant, pour ainsi dire, peut faire l'office d'une sorte de soupape et empêcher que l'eau chargée des émanations odorantes ne parvienne jusqu'à un organe très délicat, dans les moments où la batis n'a pas besoin d'être avertie de la présence des objets extérieurs, et dans ceux où son système nerveux serait douloureusement affecté par une action trop vive et trop constante. Le sens de l'odorat étant, si l'on peut parler ainsi, le sens de la vue des poissons, et particulièrement de la batis[1], cette sorte de *paupière* leur est nécessaire pour soustraire un organe très sensible à la fatigue ainsi qu'à la destruction, et pour se livrer au repos et au sommeil, de même que l'homme et les quadrupèdes ne pourraient, sans la véritable paupière qu'ils étendent souvent au-devant de leurs yeux, ni éviter des veilles trop longues et trop multipliées, ni conserver dans toute sa perfection et sa délicatesse celui de leurs organes dans lequel s'opère la vision.

Au reste, nous avons déjà exposé la conformation de l'organe de l'odorat dans les poissons, non seulement dans les osseux, mais encore dans les cartilagineux, et particulièrement dans les raies[2]. Nous avons vu que, dans ces derniers animaux, l'intérieur de cet organe était composé de plis membraneux et disposés transversalement des deux côtés d'une sorte de cloison. Ces plis ou membranes aplatis sont garnis, dans la batis et dans presque toutes les espèces de raies, d'autres membranes plus petites qui les font paraître comme frangés. Ils sont d'ailleurs plus hauts que dans presque tous les poissons connus, excepté les squales ; et, comme la cavité qui renferme ces membranes plus grandes et plus nombreuses, ces surfaces plus larges et plus multipliées, est aussi plus étendue que les cavités analogues dans la plupart des autres poissons osseux et cartilagineux, il n'est pas surprenant que presque toutes les raies, et particulièrement la batis, aient le sens de l'odorat bien plus parfait que celui du plus grand nombre des habi-

1. Discours sur la nature des poissons.
2. Discours sur la nature des poissons. — La planche qui représente la *raie thouin* montre aussi d'une manière très distincte l'organisation intérieure de l'organe de l'odorat dans la plupart des raies et des autres poissons cartilagineux.

tants des mers ; voilà pourquoi elles accourent de très loin ou remontent
de très grandes profondeurs, pour dévorer les animaux dont elles sont
avides.

L'on se souviendra sans peine de ce que nous avons déjà dit de la forme
de l'oreille dans les poissons, et particulièrement dans les raies[1]. Nous
n'avons pas besoin de répéter ici que les cartilagineux, et particulièrement
la batis, éprouvent la véritable sensation de l'ouïe dans trois petits sacs qui
contiennent de petites pierres ou une matière crétacée, et qui font partie de
leur oreille intérieure, ainsi que dans les ampoules ou renflements de canaux
presque circulaires et membraneux, qui y représentent les trois canaux de
l'oreille de l'homme, appelés canaux demi-circulaires. C'est dans ces diverses
portions de l'organe de l'ouïe que s'épanouit le rameau de la cinquième
paire de nerfs, qui, dans les poissons, est le vrai nerf acoustique ; ces trois
canaux membraneux sont renfermés en partie dans d'autres canaux
presque circulaires, comme les premiers, mais cartilagineux, et pouvant
mettre à l'abri de plusieurs accidents les canaux bien plus mous autour des
ampoules desquels on voit s'épanouir le nerf acoustique.

Les yeux sont situés sur la partie supérieure de la tête, et à peu près à
la même distance du museau que l'ouverture de la bouche. Ils sont à demi
saillants et garantis en partie par une continuation de la peau qui recouvre
la tête, et qui, s'étendant au-dessus du globe de l'œil, forme comme une
sorte de petit toit, et ôterait aux batis la facilité de voir les objets placés verticalement au-dessus d'elles, si elle n'était souple et un peu rétractile vers le
milieu du crâne. C'est cette peau, que l'animal peut déployer ou resserrer,
et qui a quelques rapports avec la paupière supérieure de l'homme et des
quadrupèdes, que quelques auteurs ont appelée *paupière*, et que d'autres ont
comparée à la membrane clignotante des oiseaux.

Immédiatement derrière les yeux, mais un peu plus vers les bords de
la tête, sont deux trous ou *évents* qui communiquent avec l'intérieur de la
bouche. Et comme ces trous sont assez grands, que les tuyaux dont ils sont
les orifices sont larges et très courts, et qu'ils correspondent à peu près à
l'ouverture de la bouche, il n'est pas surprenant que lorsqu'on tient une raie
batis dans une certaine position, par exemple, contre le jour, on aper-
çoive même d'un peu loin, et au travers de l'ouverture de la bouche et des
évents, les objets placés au delà de l'animal, qui paraît alors avoir reçu deux
grandes blessures et avoir été percé d'un bord à l'autre.

Ces trous, que l'animal a la faculté d'ouvrir ou de fermer par le moyen
d'une membrane très extensible, que l'on peut comparer à une paupière,
ou, pour mieux dire, à une sorte de soupape, servent à la batis au même
usage que l'évent de la lamproie à ce pétromyzon. C'est par ces deux orifices
que cette raie admet ou rejette l'eau nécessaire ou surabondante à ses

---

1. Discours sur la nature des poissons.

organes respiratoires, lorsqu'elle ne veut pas employer l'ouverture de sa
bouche pour porter l'eau de la mer dans ses branchies, ou pour l'en retirer.
Mais, comme la batis, non plus que les autres raies, n'a pas l'habitude de
s'attacher avec la bouche aux rochers, aux bois, ni à d'autres corps durs, il
faut chercher pourquoi ces deux évents supérieurs, que l'on retrouve dans
les squales, mais que l'on n'aperçoit d'ailleurs dans aucun genre de poissons, paraissent nécessaires aux promptes et fréquentes aspirations et expirations aqueuses sans lesquelles les raies cesseraient de vivre.

Nous allons voir que les ouvertures des branchies des raies sont situées
dans le côté inférieur de leur corps. Ne pourrait-on pas, en conséquence,
supposer que le séjour assez long que font les raies dans le fond des mers,
où elles tiennent la partie inférieure de leur corps appliquée contre le limon
ou le sable, doit les exposer à avoir, pendant une grande partie de leur vie,
l'ouverture de leur bouche ou celles du siège de la respiration, collées en
quelque sorte contre la vase, de manière que l'eau de la mer ne puisse y
parvenir ou en jaillir qu'avec peine, et que si celles de ces ouvertures qui
peuvent être alors obstruées n'étaient pas suppléées par les évents placés
dans le côté supérieur des raies, ces animaux ne pourraient pas faire arriver
jusqu'à leurs organes respiratoires l'eau dont ces organes doivent être périodiquement abreuvés?

Ce siège de la respiration, auquel les évents servent à apporter ou à
ôter l'eau de la mer, consiste de chaque côté, dans une cavité assez grande
qui communique avec celle du palais, ou, pour mieux dire, qui fait partie
de cette dernière, et qui s'ouvre à l'extérieur, dans le côté inférieur du
corps, par cinq trous ou fentes transversales que l'animal peut fermer et
ouvrir en étendant ou retirant les membranes qui revêtent les bords de ces
fentes. Ces cinq ouvertures sont situées au delà de celle de la bouche, et
disposées sur une ligne un peu courbe, dont la convexité est tournée vers
le côté extérieur du corps, de telle sorte que ces deux rangées, dont chacune
est de cinq fentes, représentent, avec l'espace qu'elles renferment au-dessous
de la tête, du cou et d'une portion de la poitrine de l'animal, une sorte de
disque ou de plastron un peu ovale.

Dans chacune de ces cavités latérales de la batis sont les branchies
proprement dites, composées de cinq cartilages un peu courbés et garnis de
membranes plates, très minces, très nombreuses, appliquées l'une contre
l'autre, et que l'on a comparées à des feuillets; l'on compte deux rangs de
ces feuillets ou membranes très minces et très aplaties, sur le bord convexe
des quatre premiers cartilages ou branchies, et un seul rang sur le cinquième ou dernier.

Nous avons déjà vu[1] que ces membranes très minces contiennent une
très grande quantité de ramifications des vaisseaux sanguins qui aboutissent

1. Discours sur la nature des poissons.

II.   82

aux branchies, soit que ces vaisseaux composent les dernières extrémités de
l'artère branchiale, qui se divise en autant de rameaux qu'il y a de branchies, et apporte dans ces organes de la respiration le sang qui a déjà circulé
dans tout le corps, et dont les principes ont besoin d'être purifiés et renouvelés; soit que ces mêmes vaisseaux soient l'origine de ceux qui se répandent dans toutes les parties du poisson et y distribuent un sang dont les
éléments ont reçu une nouvelle vie. Ces vaisseaux sanguins, qui ne sont
composés dans les membranes des branchies que de parois très minces et
facilement perméables à divers fluides, peuvent exercer, ainsi que nous
l'avons exposé, une action d'autant plus grande sur le fluide qui les arrose
que la surface présentée par les feuillets des branchies, et sur laquelle ils
sont disséminés, est très grande dans tous les poissons, à proportion de
l'étendue de leur corps. En effet, les raies ne sont pas les poissons dans lesquels les membranes branchiales offrent la plus grande division, ni par conséquent le plus grand développement; cependant un très habile anatomiste,
le professeur Monro, d'Édimbourg, a trouvé que la surface de ces feuillets,
dans une raie batis de grandeur médiocre, était égale à celle du corps
humain. Au reste, la partie extérieure de ces branchies, ou, pour mieux
dire, des feuillets qui les composent, au lieu d'être isolée relativement à la
peau, ou au bord de la cavité qui l'avoisine, comme le sont les branchies du
plus grand nombre de poissons et particulièrement des osseux, est assujettie
à cette même peau ou à ce même bord par une membrane très mince.
Mais cette membrane est trop déliée pour nuire à la respiration et peut
tout au plus en modifier les opérations d'une manière analogue aux habitudes de la batis.

Cette raie a deux nageoires ventrales placées à la suite des nageoires
pectorales, auprès et de chaque côté de l'anus, que deux autres nageoires,
auxquelles nous donnerons le nom de nageoires de l'anus, touchent de plus
près et entourent, pour ainsi dire. Il en est de même environné de manière
à paraître situé, en quelque sorte, au milieu d'une seule nageoire qu'il
aurait divisée en deux par sa position, et que plusieurs naturalistes ont
nommée en effet, au singulier, *nageoire de l'anus*. Mais ces nageoires, tant
de l'anus que ventrales, au lieu d'être situées perpendiculairement ou très
obliquement, comme dans la plupart des poissons, ont une situation presque
entièrement horizontale, et semblant être, à certains égards, une continuation des nageoires pectorales, servent à terminer la forme de losange très
aplati que présente l'ensemble du corps de la batis.

De plus, la nageoire ventrale et celle de l'anus, que l'on voit de chaque
côté du corps, ne sont pas véritablement distinctes l'une de l'autre. On
reconnaît, au moins le plus souvent, en les étendant, qu'elles ne sont que
deux parties d'une même nageoire, que la même membrane les revêt, et que
la grandeur des rayons, plus longs communément dans la portion que l'on
a nommée ventrale, peut seule faire connaître où commence une portion et

où finit l'autre. On devrait donc, à la rigueur, ne pas suivre l'usage adopté par les naturalistes qui ont écrit sur les raies, et dire que la batis n'a pas de nageoires de l'anus, mais deux longues nageoires ventrales qui environnent l'anus par leurs extrémités postérieures.

Entre la queue et ces nageoires ventrales et de l'anus, on voit dans les mâles des batis, et de chaque côté du corps, une fausse nageoire, ou plutôt un long appendice, dont nous devons particulièrement au professeur Bloch, de Berlin, de connaître l'organisation précise et le véritable usage[1]. Les nageoires ventrales et de l'anus, quoique beaucoup plus étroites et moins longue que les pectorales, sont cependant formées de même de véritables rayons cartilagineux, composés, articulés, ramifiés, communément au nombre de six, et recouverts par la peau qui revêt le reste du corps. Mais les appendices dont nous venons de parler ne contiennent aucun rayon. Ils renferment plusieurs petits os ou cartilages; chacun de ces appendices en présente onze dans son intérieur, disposés sur plusieurs rangs. D'abord quatre de ces parties cartilagineuses sont attachées à un grand cartilage transversal, dont les extrémités soutiennent les nageoires ventrales, et qui est analogue, par sa position et par ses usages, aux os nommés *os du bassin* dans l'homme et dans les quadrupèdes. A la suite de ces quatre cartilages, on en voit deux autres dans l'intérieur de l'appendice, et à ces deux en succèdent cinq autres de diverses formes. L'appendice contient d'ailleurs, dans son côté extérieur, un canal ouvert à son extrémité postérieure, ainsi que vers son extrémité antérieure, et qui est destiné à transmettre une liqueur blanche et gluante, filtrée par deux glandes que peuvent comprimer les muscles des nageoires de l'anus. L'appendice peut être fléchi par l'action d'un muscle qui, en le courbant, le rend propre à faire l'office d'un crochet; et lorsque la batis veut cesser de s'en servir, il se rétablit par une suite de l'élasticité des onze cartilages qu'il renferme. Lorsqu'il est dans son état naturel, la liqueur blanche et glutineuse s'échappe par l'ouverture antérieure; mais, lorsqu'il est courbé, cet orifice supérieur se trouve fermé par le muscle fléchisseur; la liqueur gluante parcourt toute la cavité du canal, sort par le trou de l'extrémité postérieure, et, arrosant la partie ou le corps sur lequel s'attache le bout de cette espèce de crochet, prévient les inconvénients d'une pression trop forte.

La position de ces deux appendices que les mâles seuls présentent, leur forme, leur organisation intérieure, la liqueur qui suinte par le canal que chacun de ces appendices renferme, pourraient faire partager l'opinion que Linné a eue pendant quelque temps, et l'on pourrait croire qu'ils composent les parties génitales du mâle. Mais, pour peu que l'on examine les parties intérieures des batis, on verra qu'il est même superflu de réfuter ce sentiment. Ces appendices ne sont cependant pas inutiles à l'acte de la géné-

1. Bloch, *Histoire naturelle des poissons.*

ration; ils servent au mâle à retenir sa femelle et à se tenir pendant un temps plus ou moins long assez près d'elle pour que la fécondation des œufs puisse avoir lieu de la manière que nous exposerons avant de terminer cet article.

Entre les deux appendices que nous venons de décrire, ou, pour nous expliquer d'une manière applicable aux femelles aussi bien qu'aux mâles, entre les deux nageoires de l'anus, commence la queue, qui s'étend ordinairement jusqu'à une longueur égale à celle du corps et de la tête. Elle est d'ailleurs presque ronde, très déliée, très mobile et terminée par une pointe qui paraît d'autant plus fine, que la batis n'a point de nageoire *caudale*[1] comme quelques autres raies, et n'en présente par conséquent aucune au bout de cette pointe. Mais vers la fin de la queue, et sur sa partie supérieure, on voit deux petites nageoires très séparées l'une de l'autre, et qui doivent être regardées comme deux véritables nageoires *dorsales*[2], quoiqu'elles ne soient pas situées au-dessus du corps proprement dit.

Le batis remue avec force et avec vitesse cette queue longue, souple et menue qui peut se fléchir et se contourner en différents sens. Elle l'agite comme une sorte de fouet, non seulement lorsqu'elle se défend contre ses ennemis, mais encore lorsqu'elle attaque sa proie. Elle s'en sert particulièrement lorsque, en embuscade dans le fond de la mer, cachée presque entièrement dans le limon, et voyant passer autour d'elle les animaux dont elle cherche à se nourrir, elle ne veut ni changer sa position, ni se débarrasser de la vase ou des algues qui la couvrent, ni quitter sa retraite et se livrer à des mouvements qui pourraient n'être pas assez prompts, surtout lorsqu'elle veut diriger ses armes contre les poissons les plus agiles. Elle emploie alors sa queue et, la fléchissant avec promptitude, elle atteint sa victime et la frappe souvent à mort. Elle lui fait du moins des blessures d'autant plus dangereuses, que cette queue, mue par des muscles puissants, présente de chaque côté et auprès de sa racine un piquant droit et fort, et que d'ailleurs elle est garnie dans sa partie supérieure d'une rangée d'aiguillons crochus. Chacun de ces aiguillons, qui sont assez grands, est attaché à une petite plaque cartilagineuse, arrondie, ordinairement concave du côté du crochet et un peu convexe de l'autre, et qui, placée au-dessous de la peau, est maintenue par ce tégument et retient l'aiguillon. Au reste, l'on voit autour des yeux plusieurs aiguillons de même forme, mais beaucoup plus petits.

La peau qui revêt la tête, le corps et la queue est forte, tenace et enduite d'une humeur gluante qui entretient la souplesse et la rend plus propre à résister sans altération aux attaques des ennemis des raies et aux effets du fluide au milieu duquel vivent les batis. Ce suc visqueux est fourni par des canaux placés assez près des téguments et distribués sur chaque côté du corps et surtout de la tête. Ces canaux s'ouvrent à la surface par des

1. Discours sur la nature des poissons.
2. *Idem.*

trous plus ou moins sensibles, et l'on en peut trouver une description très détaillée et très bien faite dans le bel ouvrage du professeur Monro sur les poissons[1].

La couleur générale de la batis est, sur le côté supérieur, d'un gris cendré, semé de taches noirâtres, sinueuses, irrégulières, les unes grandes, les autres petites, et toutes d'une teinte plus ou moins faible ; le côté inférieur est blanc et présente plusieurs rangées de points noirâtres.

Les batis, ainsi que toutes les raies, ont en général leurs muscles beaucoup plus puissants que ceux des autres poissons[2] ; c'est surtout dans la partie antérieure de leur corps que l'on peut observer cette supériorité de forces musculaires ; voilà pourquoi elles ont la faculté d'imprimer à leur museau différents mouvements exécutés souvent avec beaucoup de promptitude.

Non seulement le museau de la batis est plus mobile que celui de plusieurs poissons osseux ou cartilagineux, mais il est encore le siège d'un sentiment assez délicat. Nous avons vu que, dans les poissons, un rameau de la cinquième paire de nerfs était le véritable nerf acoustique. Une petite branche de ce rameau pénètre de chaque côté dans l'intérieur de la narine et s'étend ensuite jusqu'à l'extrémité du museau[3], qui, dès lors, doué d'une plus grande sensibilité et pouvant d'ailleurs, par sa mobilité, s'appliquer plus facilement que d'autres membres de la batis à la surface des corps dont elle s'approche, doit être pour cet animal un des principaux sièges du sens du toucher. Aussi, lorsque les batis veulent reconnaître les objets avec plus de certitude et s'assurer de leur nature avec plus de précision, en approchent-elles leur museau, non seulement parce que sa partie inférieure contient l'organe de l'odorat, mais encore parce qu'il est l'un des principaux et peut-être le plus actif des organes du toucher.

Cependant une considération d'une plus haute importance et d'une bien plus grande étendue dans ses conséquences se présente ici à notre réflexion. Ce toucher plus parfait dont la sensation est produite dans la batis par une petite branche de la cinquième paire de nerfs, cinquième paire dont, à la vérité, un rameau est le nerf acoustique des poissons, mais qui dans l'homme et dans les quadrupèdes est destinée à s'épanouir dans le siège du goût, ne pourrait-il pas être regardé par ceux qui savent distinguer la véritable nature des objets d'avec leurs accessoires accidentels, ne pourrait-il pas, dis-je, être considéré comme une espèce de supplément au sens du goût de la batis ? Quoi qu'il en soit de cette conjecture, l'on peut voir évidem-

1. P. 22, pl. 6 et 7.
2. Voyez, dans le tome VII des Mémoires des savants étrangers, présentés à l'Académie des sciences de Paris, ceux de Vicq d'Azyr, qu'une mort prématurée a enlevé à l'anatomie et à l'histoire naturelle, pour la gloire et le progrès desquelles il avait commencé d'élever un des plus vastes monuments que l'esprit humain eût encore conçus, et à la mémoire duquel j'aime à rendre un hommage public d'estime et de regrets.
3. Consultez l'ouvrage de Scarpa sur les sens des animaux, et particulièrement sur ceux des poissons.

ment que la partie antérieure de la tête de la batis, non seulement présente l'organe de l'ouïe, celui de l'odorat, et un des sièges principaux de celui du toucher, mais encore nous montre ces trois organes intimement liés par ces rameaux du nerf acoustique, qui parviennent jusque dans les narines et vont ensuite être un siège de sensations délicates à l'extrémité du museau.

Ne résulte-t-il pas de cette distribution du nerf acoustique que, non seulement les trois sens de l'ouïe, de l'odorat et du toucher très rapprochés par une sorte de juxtaposition dans la partie antérieure de la tête, peuvent être facilement ébranlés à la fois par la présence d'un objet extérieur dont ils doivent donner à l'animal une sensation générale bien plus étendue, bien plus vive et bien plus distincte, mais encore que, réunis par les rameaux de la cinquième paire qui vont de l'un à l'autre et les enchaînent ainsi par des cor es sensibles, ils doivent recevoir souvent un mouvement indirect d'un objet qui sans cette communication nerveuse n'aurait agi que sur un ou deux des trois sens, et tenir de cette commotion intérieure la faculté de transmettre à la batis un sentiment plus fort, et même de céder à des impressions extérieures dont l'effet aurait été nul sans cette espèce d'agitation interne due au rameau du nerf acoustique? Maintenant, si l'on se rappelle les réflexions profondes et philosophiques faites par Buffon dans l'histoire de l'éléphant, au sujet de la réunion d'un odorat exquis et d'un toucher délicat à l'extrémité de la trompe de ce grand animal, très digne d'attention par la supériorité de son instinct; si l'on se souvient des raisons qu'il a exposées pour établir un rapport nécessaire entre l'intelligence de l'éléphant et la proximité de ses organes du toucher et de l'odorat, ne devra-t-on pas penser que la batis et les autres raies, qui présentent assez près l'un de l'autre non seulement les sièges de l'odorat et du toucher, mais encore celui de l'ouïe, et dont un rameau de nerf lie et réunit intimement tous ces organes, doivent avoir un instinct très remarquable dans la classe des poissons? De plus, nous venons de voir que l'odorat de la batis, ainsi que des autres raies, était bien plus actif que celui de la plupart des habitants de la mer; nous savons, d'un autre côté [1], que le sens le plus délicat des poissons et celui qui doit influer avec le plus de force et constance sur leurs affections, ainsi que sur leurs habitudes, est celui de l'odorat. Nous devons conclure de cette dernière vérité que le poisson dans lequel l'organe de l'odorat est le plus sensible doit, tout égal d'ailleurs, présenter le plus grand nombre de traits d'une sorte d'intelligence. En réunissant toutes ces vues, on croira devoir attribuer à la batis et aux autres raies conformées de même une assez grande supériorité d'instinct; en effet, toutes les observations prouvent qu'elles l'emportent par les procédés de leur chasse, l'habileté dans la fuite, la finesse dans les embuscades, la vivacité dans plusieurs affections et une sorte d'adresse dans d'autres habitudes sur presque toutes les

---

1. Discours sur la nature des poissons.

espèces connues de poissons et particulièrement de poissons osseux. Mais continuons l'examen des différentes portions du corps de la batis.

Les parties solides que l'on trouve dans l'intérieur du corps, et qui en forment comme la charpente, ne sont ni en très grand nombre, ni très diversifiées dans leur conformation.

Elles consistent dans une suite de vertèbres cartilagineuses qui s'étend depuis le derrière de la tête jusqu'à l'extrémité de la queue. Ces vertèbres sont cylindriques, concaves à un bout, convexes à l'autre, emboîtées l'une dans l'autre, mobiles cependant et d'ailleurs flexibles autant qu'élastiques par leur nature, de telle sorte qu'elles se prêtent avec facilité, surtout dans la queue, aux divers mouvements que l'animal veut exécuter. Ces vertèbres sont garnies d'éminences ou apophyses supérieures et latérales, assez serrées contre les apophyses analogues des vertèbres voisines. Comme c'est dans l'intérieur des bases des supérieures qu'est située la moelle épinière, elle est garantie de beaucoup de blessures dans des éminences cartilagineuses ainsi pressées l'une contre l'autre; voilà une des causes qui rendent la vie de la batis plus indépendante d'un grand nombre d'accidents que celle de plusieurs autres espèces de poissons.

On voit aussi un diaphragme cartilagineux, forts et présentant quatre branches courbées, deux vers la partie antérieure du corps et deux vers la postérieure. De ces deux arcs ou demi-cercles, l'un embrasse et défend une partie de la poitrine, l'autre enveloppe et maintient une portion du ventre de la batis.

On découvre enfin dans l'intérieur du corps, placé en deçà très près de l'anus, un cartilage transversal assez gros, lequel, servant à maintenir la cavité du bas-ventre et à retenir les nageoires ventrales, doit être, à cause de sa position et de ses usages, comparé aux os du bassin de l'homme et des quadrupèdes. Ce qui ajoute à cette analogie, c'est qu'on trouve de chaque côté, et à l'extrémité de ce grand cartilage transversal, un cartilage assez long et assez gros, articulé par un bout avec le premier, et par l'autre bout avec un troisième cartilage moins long et moins gros que le second. Ces second et troisième cartilages font partie de la nageoire ventrale, de cette nageoire que l'on regarde comme faisant l'office d'un des pieds du poisson. Attachés l'un au bout de l'autre, ils forment, dans cette disposition, le premier et le plus long des rayons de la nageoire; mais ils ne présentent pas la contexture que nous avons remarquée dans les vrais rayons cartilagineux, ils ne se divisent pas en rameaux, ils ne sont pas composés de petits cylindres placés les uns au-dessus des autres; ils sont de véritables cartilages; et ce qui me paraît très digne d'attention dans ceux des poissons qui se rapprochent le plus des quadrupèdes ovipares, surtout des tortues, c'est qu'on pourrait à la rigueur, en considérant la manière dont ils s'inclinent l'un sur l'autre, trouver d'assez grands rapports entre ces deux cartilages et le fémur et le tibia de l'homme et des quadrupèdes vivipares.

L'estomac est long, large et plissé; le canal intestinal court et arqué.

Le foie, gros et divisé en trois lobes, fournit une huile blanche et fine; il y a une sorte de pancréas et une rate rougeâtre. Cette réunion d'une rate, d'un pancréas et d'un foie huileux et volumineux est une nouvelle preuve de l'existence de cette vertu très dissolvante que nous avons reconnue dans les différents sucs digestifs des poissons; vertu très active, utile à plusieurs de ces animaux pour corriger les effets de la brièveté du canal alimentaire, et nécessaire à tous pour compenser les suites de la température ordinaire de leur sang, dont la chaleur naturelle est très peu élevée.

Le corps de la batis renferme trois cavités, que nous retrouverons en tout ou en partie dans un assez grand nombre de poissons et que nous devons observer un moment avec quelque attention. L'une est située dans la partie antérieure du crâne, au-devant du cerveau; la seconde est contenue dans le péricarde, et la troisième occupe les deux côtés de l'abdomen. Cette dernière cavité communique à l'extérieur par deux trous, placés l'un à droite et l'autre à gauche, vers l'extrémité du rectum; ces trous sont fermés par une espèce de valvule que l'animal fait jouer à volonté.

On trouve ordinairement dans ces cavités, et particulièrement dans la troisième, une eau salée, qui renferme le plus souvent beaucoup moins de sel marin ou de muriate de soude que l'eau de la mer n'en tient communément en dissolution. Cette eau salée, qui remplit la cavité de l'abdomen, peut être produite dans plusieurs circonstances par l'eau de la mer, qui pénètre par les trous à valvule dont nous venons de parler, et qui se mêle dans la cavité avec une liqueur moins chargée de sel, filtrée par les organes et les vaisseaux que le ventre renferme. Nous pouvons aussi considérer cette eau que l'on observe dans la cavité de l'abdomen, ainsi que celle que présentent les cavités du crâne et du péricarde, comme de l'eau de mer, transmise au travers des enveloppes des organes et des vaisseaux voisins, ou de la peau et des muscles de l'animal, et qui a perdu dans ce passage, au milieu de ces sortes de cribles, par suite des affinités auxquelles elle peut avoir été soumise, une partie du sel qu'elle tenait en dissolution. Il est aisé de voir que cette eau, à demi dessalée au moment où elle parvient à l'une des trois cavités, peut ensuite se répandre dans les vaisseaux et les organes qui l'avoisinent, en suintant, pour ainsi dire, par les petits pores dont sont criblées les membranes qui composent ces organes et ces vaisseaux.

Voilà tout ce que l'état actuel des observations faites sur les raies et sur la batis nous permet de conjecturer relativement à l'usage de ces trois cavités de l'abdomen, du péricarde et du crâne, et de cette eau un peu salée qui imprègne presque tout l'intérieur des poissons marins dont nous nous occupons, de même que l'air pénètre dans presque toutes les parties des oiseaux dont l'atmosphère est le vrai séjour.

Nous ne devons pas répéter ce que nous avons déjà dit sur la nature et la distribution des vaisseaux lymphatiques des poissons, et particulièrement des raies; mais nous devons ajouter à l'exposition des parties principales de la batis que les ovaires sont cylindriques dans les femelles de cette espèce. Les deux canaux par lesquels les œufs s'avancent vers l'anus à mesure qu'ils grossissent sont le plus souvent jaunes, et leur diamètre est d'autant plus grand qu'il est plus voisin de l'ouverture commune par laquelle les deux canaux communiquent avec l'extrémité du rectum.

Ces œufs ont une forme singulière, très différente de celle de presque tous les autres œufs connus, et particulièrement des œufs de presque tous les poissons osseux ou cartilagineux. Ils représentent des espèces de bourses ou de poches composées d'une membrane forte et demi-transparente, quadrangulaires, presque carrées, assez semblables à un *coussin*, ainsi que l'ont écrit Aristote et plusieurs autres auteurs[1], un peu aplaties et terminées dans chacun de leurs quatre coins par un petit appendice assez court que l'on pourrait comparer aux cordons de la bourse. Ces petits appendices, un peu cylindriques et très déliés, sont souvent recourbés l'un vers l'autre ; ceux d'un bout sont plus longs que ceux de l'autre bout, et la poche à laquelle ils sont attachés a communément six ou neuf centimètres (deux ou trois pouces ou environ) de largeur, sur une longueur à peu près égale.

Il n'est pas surprenant que ceux qui n'ont observé que superficiellement des œufs d'une forme aussi extraordinaire, qui ne les ont pas ouverts, et qui n'ont pas vu dans leur intérieur un fœtus de raie, n'aient pas regardé ces poches ou bourses comme des œufs de poissons, qu'ils les aient considérées comme des productions marines particulières, qu'ils aient cru même devoir les décrire comme une espèce d'animal. Ce qui prouve que cette opinion assez naturelle a été pendant longtemps très répandue, c'est que l'on a donné un nom particulier à ces œufs, et que plusieurs auteurs ont appelé une poche ou *coque* de raie *mus marinus, rat marin*[2].

Ces œufs ne sont pas en très grand nombre dans le corps des femelles, et ils ne s'y développent pas tous à la fois. Ceux qui sont placés le plus près de l'ouverture de l'ovaire sont les premiers formés au point de pouvoir être fécondés ; lorsqu'ils sont devenus, par cette espèce de maturité, assez pesants pour gêner la mère et l'avertir, pour ainsi dire, que le temps de donner le jour à des petits approche, elle s'avance ordinairement vers les rivages et y cherche, ou des aliments particuliers, ou des asiles plus convenables, ou des eaux d'une température plus analogue à son état. Alors le mâle la recherche, la saisit, la retourne pour ainsi dire, se place auprès d'elle de manière que leurs côtés inférieurs se correspondent, se colle en quelque sorte à son corps, s'accroche à elle par le moyen des appendices particuliers que nous avons décrits, la serre avec toutes ses nageoires ventrales et pectorales,

---

1. Rondelet, première partie, liv. XII, p. 271.
2. Les Grecs modernes, les Turcs et quelques autres Orientaux regardent, dit-on, la fumée qui s'élève d'œufs de batis et d'autres raies jetés sur des charbons, et qui parvient, par le moyen de certaines précautions, dans la bouche et dans le nez, comme un très bon remède contre les fièvres intermittentes.

la retient avec force pendant un temps plus ou moins long, réalise ainsi un véritable accouplement, et, se tenant placé de manière que son anus soit très voisin de celui de sa femelle, il laisse échapper la liqueur séminale qui, pénétrant jusqu'à l'ovaire de celle contre laquelle il se presse, y féconde les deux ou trois premiers œufs que rencontre cette liqueur active, et qui sont assez développés pour en recevoir l'influence.

Cependant les coques fécondées achèvent de grossir, et les œufs moins avancés, recevant aussi de nouveaux degrés d'accroissement, deviennent chaque jour plus propres à remplacer ceux qui vont éclore et à être fécondés à leur tour.

Lorsqu'enfin les fœtus renfermés dans les coques qui ont reçu du mâle le principe de vie sont parvenus au degré de force et de grandeur qui leur est nécessaire pour sortir de leur enveloppe, ils la déchirent dans le ventre même de leur mère et parviennent à la lumière tous formés, comme les petits de plusieurs serpents et de plusieurs quadrupèdes rampants qui n'en sont pas moins ovipares[1].

D'autres œufs, devenus maintenant trop gros pour pouvoir demeurer dans le fond des ovaires, sont, pour ainsi dire, chassés par un organe qu'ils compriment; repoussés vers l'extrémité la plus large de ce même organe, ils y remplacent les coques qui viennent d'éclore et dont l'enveloppe déchirée est rejetée par l'anus à la suite de la jeune raie. Alors une seconde fécondation doit avoir lieu; la femelle souffre de nouveau l'approche du mâle, et toutes les opérations que nous venons d'exposer se succèdent jusqu'au moment où les ovaires sont entièrement débarrassés de bourses ou de coques trop grosses pour la capacité de ces organes.

L'on a écrit que cet accouplement du mâle et de la femelle se répétait presque tous les mois pendant la belle saison, ce qui supposerait peut-être que près de trente jours s'écoulent entre le moment où l'œuf est fécondé et celui où il éclôt, et que par conséquent il y a, dans l'espèce de la batis, une sorte d'incubation intérieure de près de trente jours.

Au reste, dans tous ces accouplements successifs, le hasard seul ramène le même mâle auprès de la même femelle; si les raies ou quelques autres poissons nous montrent au milieu des eaux l'image d'une sensibilité assez active, que nous offrent également au sein des flots les divers cétacés, les phoques, les lamantins, les oiseaux aquatiques, plusieurs quadrupèdes ovipares, et surtout les tortues marines, avec lesquelles l'on doit s'apercevoir fréquemment que les raies ont d'assez grands rapports, nous ne verrons au milieu de la classe des poissons, quelque nombreuse qu'elle soit, presque aucune apparence de préférence marquée, d'attachement, de choix, d'affection pour ainsi dire désintéressée et de constance même d'une saison.

Il arrive quelquefois que les œufs non fécondés grossissent trop promp-

1. Voyez l'Histoire naturelle des serpents et celle des quadrupèdes ovipares.

tement pour pouvoir demeurer aussi longtemps qu'à l'ordinaire dans la portion antérieure des ovaires. Poussés alors contre les coques déjà fécondées, ils les pressent et accélèrent leur sortie ; lorsque leur action est secondée par d'autres causes, il arrive que la batis mère est obligée de se débarrasser des œufs qui ont reçu la liqueur vivifiante du mâle avant que les fœtus en soient sortis. D'autres circonstances analogues peuvent produire des accidents semblables, et alors les jeunes raies éclosent comme presque tous les autres poissons, c'est-à-dire hors du ventre de la femelle ; les coques, dont elles doivent se dégager, peuvent même être pondues plusieurs jours avant que le fœtus ait assez de force pour déchirer l'enveloppe qui le renferme. Pendant ce temps plus ou moins long, il se nourrit, comme s'il était encore dans le ventre de sa mère, de la substance alimentaire contenue dans son œuf, dont l'intérieur présente un jaune et un blanc très distincts l'un de l'autre.

L'on n'a pas assez observé les raies batis pour savoir dans quelle proportion elles croissent relativement à la durée de leur développement ni pendant combien de temps elles continuent de grandir ; mais il est bien prouvé par les relations d'un très grand nombre de voyageurs dignes de foi qu'elles parviennent à une grandeur assez considérable pour peser plus de dix myriagrammes (deux cents livres ou environ)[1] et pour que leur chair suffise à rassasier plus de cent personnes[2]. Les plus grandes sont celles qui s'approchent le moins des rivages habités, même dans le temps où le besoin de pondre ou celui de féconder les œufs les entraîne vers les côtes de la mer : l'on dirait que la difficulté de cacher leur grande surface et d'échapper à leurs nombreux ennemis dans des parages trop fréquentés les tient éloignées de ces plages ; mais, quoi qu'il en soit, elles satisfont le désir, qui les presse dans le printemps, de s'approcher des rivages, en s'avançant vers les bords écartés d'îles très peu peuplées ou de portions de continent presque désertes. C'est sur ces côtes, où les navigateurs peuvent être contraints par la tempête de chercher un asile, et où tant de secours leur sont refusés par la nature, qu'ils doivent trouver avec plaisir ces grands animaux, dont un très petit nombre suffit pour réparer, par un aliment aussi sain qu'agréable, les forces de l'équipage d'un des plus gros vaisseaux.

Mais ce n'est pas seulement dans des moments de détresse que la batis est recherchée ; sa chair blanche et délicate est regardée, dans toutes les circonstances, comme un mets excellent. A la vérité, lorsque cette raie vient d'être prise, elle a souvent un goût et une odeur qui déplaisent ; mais, lors-

---

1. On peut voir dans Labat et dans d'autres voyageurs ce qu'ils disent de raies de quatre mètres (environ douze pieds) de longueur ; mais des observations récentes et assez multipliées attribuent aux batis une longueur plus étendue. On peut voir aussi dans l'*Histoire naturelle de la France équinoxiale*, par Barrère, la description du mouvement communiqué aux eaux de la mer par les grandes raies, et dont nous avons parlé au commencement de cet article.

2. Consultez Willughby.

qu'elle a été conservée pendant quelques jours, et surtout lorsqu'elle a été transportée à d'assez grandes distances, cette odeur et ce goût se dissipent et sont remplacés par un goût très agréable. Sa chair est surtout très bonne à manger après son accouplement ; et elle devient dure vers l'automne, elle reprend pendant l'hiver les qualités qu'elle avait perdues.

On pêche un très grand nombre de batis sur plusieurs côtes ; il e s même des rivages où l'on en prend une si grande quantité qu'on les y prépare pour les envoyer au loin, comme la morue et d'autres poissons sont préparés à Terre-Neuve ou dans d'autres endroits. Dans plusieurs pays du Nord, surtout dans le Holstein et dans le Schleswig, on les fait sécher à l'air et on les envoie ainsi desséchées dans plusieurs contrées de l'Europe et particulièrement de l'Allemagne.

Examinons maintenant les différences qui séparent la batis des autres espèces de raies.

LA RAIE OXYRINQUE[1]

Raja oxyrinchus, LINN., LACÉP.[2].

C'est dans l'Océan, ainsi que dans la Méditerranée, que l'on rencontre cette raie, qui a de très grands rapports avec la batis. Elle en diffère cependant par plusieurs caractères, et particulièrement par les aiguillons que l'on voit former un rang, non seulement sur la queue, comme ceux que présente la batis, mais encore sur le dos. Elle a le devant de la tête terminé par une pointe assez aiguë pour mériter le nom d'*oxyrinque* ou *bec pointu* qu'on lui donne depuis longtemps. Auprès de chaque œil, on aperçoit trois grands aiguillons ; le dos en montre quelquefois deux très forts ; l'on en distingue aussi un assez grand nombre de petits et de faibles répandus sur toute la surface supérieure du corps. Quelquefois la queue du mâle est armée non seulement d'une, mais de trois rangées d'aiguillons. L'on voit assez sou-

1. *Alesne,* dans quelques départements méridionaux. — *Sot, Gilioro, Flossade.* — *Perosa rasa,* dans plusieurs contrées d'Italie. — *Lentillade,* sur quelques côtes de France baignées par la Méditerranée.

Raja mucosa. — *Raja bavosa.* — *R. aléne.* Daubenton, Encyclopédie méthodique. — *R. oxyrinchus.* Linné, édition de Gmelin. — « Raja aculeorum ordine unico in dorso caudaque. » Bloch, *Histoire naturelle des poissons,* troisième partie, p. 57, n. 2, pl. 80. — *Raie aléne.* Bonnaterre, planches de l'Encyclopédie méthodique. — « Raja varia, tuberculis decem in medio dorsi. » Artedi, gen. 72, syn. 101. — « Leiobatus pustulis inermibus, etc., » Klein, *Miss pisc.* 3, p. 34, n. 8. — *Raie au long bec, oxyrinchos.* Rondelet, première partie, liv. XII, chap. VI.

Miraletus. Belon, *Aquat.,* p. 79. — *Raja.* Salv., *Aquat.,* p. 148, b. 150. — Jonston, *Pisc.,* p. 35, pl. 10, fig. 1, 2. — Aldrovand., *Pisc.,* p. 450. — Gesner, *Aquat.,* p. 709, icon. anim., p. 129. — Willughby, *Icht.,* p. 71, tab. d. 1. — *Raja oxyrinchos major.* Ray., *Pisc.,* p. 26, n. 3. — *Sharp nosed ray.* Pennant, *Brit. zool.* 3, p. 64, n. 2. — *Glattroche.* Gesn. *Thierb.,* p. 68. — *Raie au long bec.* Valmont de Bomare, *Dictionnaire d'histoire naturelle.*

2. MM. de Blainville et Cuvier remarquent que la figure qui porte ce nom dans l'ouvrage de M. de Lacépède, pl. 4, se rapporte à une autre espèce à museau très court. M. Cuvier y voit, ainsi que dans la planche 80 de Bloch, le *Raja fullonica* de Linné ou *Raie chardon.* Rondel., 356

vent d'ailleurs les piquants qui garnissent la queue du mâle ou celle de la femelle plus longs et plus gros les uns que les autres, et placés de manière qu'il s'en présente alternativement un plus grand et un moins grand. Au reste, nous croyons devoir prévenir ici que plusieurs auteurs ont jeté de la confusion dans l'histoire des raies et les ont supposées divisées en plus d'espèces qu'elles n'en forment réellement, pour avoir regardé la disposition, le nombre, la place, la figure et la grandeur des aiguillons comme des caractères toujours constants et toujours distinctifs des espèces. Nous nous sommes assuré, en examinant une assez grande quantité de raies d'âge, de sexe et de pays différents, qu'il n'y a que certaines distributions et certaines formes de piquants qui ne varient ni suivant le climat, ni suivant le sexe, ni suivant l'âge des individus, et qu'il ne faut s'en servir pour distinguer les espèces qu'après un long examen et une comparaison attentive de ce trait de conformation avec les autres caractères de l'animal.

Le dessous du corps de l'oxyrinque est blanc, et le dessus est le plus souvent d'un gris cendré, mêlé de rougeâtre et parsemé de taches blanches, de points noirs et de petites taches foncées qui, semblables à des lentilles, l'ont fait nommer *lentillade* dans quelques-uns de nos départements méridionaux.

On a vu des oxyrinques de deux mètres et trois décimètres (environ sept pieds) de long, sur un peu plus d'un mètre et six décimètres (cinq pieds ou à peu près) de large. La chair de l'espèce que nous décrivons est aussi bonne à manger que celle de la batis.

LA RAIE MUSEAU POINTU

Raia rostrata, Lacép., Blainv., Riss.

LA RAIE COUCOU

Raia Cuculus, Lacép.

C'est d'après des notes très bien faites, des dessins très exacts, ou des individus bien conservés, envoyés par le savant et zélé M. Noël, de Rouen, que nous ferons connaître ces deux raies.

La raie museau pointu a beaucoup de rapports avec l'oxyrinque; mais, indépendamment des traits véritablement distinctifs de ces deux poissons, la première ne parvient guère qu'au poids de deux ou trois kilogrammes, pendant que l'oxyrinque pèse souvent jusqu'à douze ou treize myriagrammes. La couleur de cette même raie à museau pointu est d'un gris léger. J'ai reçu de M. Noël deux individus de cette espèce, l'un mâle et l'autre femelle. La femelle différait du mâle par de petits aiguillons qu'elle avait au-dessous du museau et à la circonférence du corps.

La partie supérieure de la raie coucou est bleuâtre, ou d'un brun fauve, et l'inférieure d'un blanc sale. L'ouverture de la bouche est petite; mais les orifices des narines sont grands, et l'animal peut les dilater d'une manière remarquable. On voit dans l'intérieur de la gueule, au delà des dents de la mâchoire supérieure, une sorte de cartilage dentelé, placé transversalement. Les raies coucous sont moins rares vers les côtes de Cherbourg qu'auprès de l'embouchure de la Seine. On en pêche du poids de quinze kilogrammes. Le tissu de leur chair est très serré. La forme de leurs dents, qui sont aiguës, ne permet pas de les confondre avec les raies aigles, ni avec les pastenagues, malgré les grandes ressemblances qui les en rapprochent.

LA RAIE MIRALET [1]

Raia Miraletus, Rond., Gmel., Lacép.

Cette raie, que l'on trouve dans la Méditerranée, présente un assez grand nombre d'aiguillons, qui sont disposés d'une manière différente de ceux que l'on observe sur la batis et l'oxyrinque. 1° De petits aiguillons sont disséminés au-dessus et souvent au-dessous du museau ; 2° on en voit de plus grands autour des yeux, et la queue en montre trois longues rangées. Quelquefois on en compte deux grands, isolés sur la partie antérieure de la ligne du dos et assez près des yeux ; quelquefois aussi les deux rangées extérieures que l'on remarque sur la queue ne s'étendent pas, comme le rang du milieu, jusqu'à l'extrémité de cette partie. Chacune de ces rangées latérales est aussi, sur quelques individus, séparée du rang intérieur par une suite longitudinale de piquants plus courts et plus faibles ; ce qui produit sur la queue cinq rangées d'aiguillons grands ou petits, au lieu de trois rangées. Au reste, non seulement l'on voit sur cette même partie les deux nageoires auxquelles nous avons conservé le nom de dorsales, mais encore son extrémité, au lieu de finir en pointe comme la queue de la batis, est terminée par une troisième nageoire.

Le dessus du corps du miralet est d'un brun ou d'un gris rougeâtre, parsemé de taches dont les nuances paraissent varier suivant l'âge, le sexe ou les saisons ; l'on voit d'ailleurs sur chacune des nageoires pectorales une grande tache arrondie, ordinairement couleur de pourpre, renfermée dans un cercle d'une couleur plus ou moins foncée, et qui, comparée par les uns à un miroir, a fait donner à l'animal, dans plusieurs de nos départements méridionaux, le nom de *petit miroir, miralet* ou *miraillet*, et paraissant

---

1. *Mirallet*, sur quelques côtes françaises de la Méditerranée. — *Barracol*, sur quelques bords de la mer Adriatique, et particulièrement à Venise. — *Arzilla*, à Rome. — *Miraillet*. Daubenton, Encyclopédie méthodique. — *Miraillet*. Bonnaterre, planches de l'Encyclopédie méthodique.
« Raja dorso ventreque glabris, aculeis ad oculos, ternoque eorum ordine in cauda. » Mus. Adolp., Fr. 2, p. 50. — Artedi, gen. 72, spect. 101. — Gronov. *Zoophyt.*, 155. — « Dasybatus in utroque dorsi latero macula magna oculi simili, etc. » Klein, *Miss. pisc.* 3, p. 35, n. 2. — *Raja stellaris*. Salvian., *Aquatil.*, p. 150. — *Raja oculata*. Jonston, *Pisc.*, tab. 10, fig. 4.
Willughby. *Icht.* 72. — *Raja levis oculata*. Ray. *Pisc.*, p. 27. — *Raie oculée, raie mirail let*. Rondelet, première partie, liv. XII, chap. VIII. — *Raie lisse à miroir, ou miraillet*. Valmont de Bomare, *Dictionnaire d'histoire naturelle*.

à d'autres observateurs plus semblable à un œil, à un iris avec sa prunelle, a fait appliquer à la raie dont nous traitons l'épithète d'*oculée* (ocellata). Mais si la nature a donné aux miralets cette sorte de parure, elle ne paraît pas leur avoir départi la grandeur. On n'en trouve communément que d'assez petits ; d'ailleurs leur chair ne fournit pas un aliment aussi sain ni aussi agréable que celle de la batis ou celle de l'oxyrinque.

LA RAIE CHARDON [1]

Raia fullonica, LINN., LACÉP. [2].

Le nom de *chardon* que porte cette raie indique le grand nombre de petits piquants dont toute la partie supérieure de son corps est hérissée, et, comme ces aiguillons ont beaucoup de rapports avec les dents de fer des peignes dont on se sert pour fouler les étoffes, on l'a aussi nommée raie à foulon (*raja fullonica*). Elle a d'ailleurs une rangée d'assez grands aiguillons auprès des yeux et au moins deux rangées de piquants sur la queue. La couleur du dessus de son corps est d'un blanc jaunâtre, avec des taches noires ou d'une nuance très foncée, et celle du dessous du corps est d'un blanc éclatant, qui, réuni avec la nuance blanchâtre du dos, lui a fait donner le nom de *cheval blanc* (*white horse)* dans quelques endroits de l'Angleterre. On la pêche dans presque toutes les mers de l'Europe.

LA RAIE RONCE [1]

Ruia Rubus, LINN., LACÉP., CUV.

Ce poisson est bien nommé ; de toutes les raies comprises dans le sous-genre qui nous occupe, la ronce est en effet celle qui est armée des piquants les plus forts et qui en présente le plus grand nombre. Indépendamment d'une rangée de gros aiguillons, que l'on a comparés à des clous de fer, et qui s'étendent sur le dos, indépendamment encore de trois rangées semblables qui règnent le long de la queue, et qui, réunies avec la rangée dorsale, forment le caractère distinctif de cette espèce, on voit ordinairement

---

1. *Raie chardon*. Daubenton, Encyclopédie méthodique. — *Raie chardon*. Bonnaterre, Encyclopédie méthodique. — « Raja dorso toto aculeato, aculeorum ordine simplici ad oculos, duplici in cauda. » Artedi, gen. 72, syn. 101. — *Raja fullonica*. Gesner, Aquat., 797. — *Raie à foulon, raja fullonica*. Rondelet, première partie, liv. XII, chap. XVI. — *Raja aspera nostras, the white horse dicta*, Willughby, p. 72. — Ray, p. 27. — *Raie à foulon, raja fullonica*. Valmont de Bomare, *Dictionnaire d'histoire naturelle*.

2. Dans l'Ichtyologie de Bloch et dans la première édition de l'ouvrage de M. de Lacépède, cette raie est représentée sous le nom de raie oxyrhinque. M. de Blainville juge à propos de lui réunir la raie très rude, *raia asperrima* de Rondelet ; la raie âpre, *raia aspera* du même ; la raie églantier, *raia eglanteria* de M. Bosc, et les *raia cinerea, aspera* et *maculata* de Duhamel ; mais M. Risso repousse tous ces rapprochements.

deux piquants auprès des narines. On en compte six autour des yeux, quatre
sur la partie supérieure du corps, plusieurs rangs de moins forts sur
les nageoires pectorales, dix très longs sur le côté inférieur de l'animal;
tout le reste de la surface de cette raie est hérissé d'une quantité innombrable
de petites pointes. Comme la plante dont elle porte le nom, elle n'offre
aucune partie que l'on puisse toucher sans les plus grandes précautions.

Mieux armée que presque toutes les autres raies, elle attaque avec plus
de succès et se défend avec plus d'avantage ; d'ailleurs ses habitudes sont semblables à celles que nous avons exposées en traitant de la batis, et on la
trouve de même dans presque toutes les mers de l'Europe.

Le dessus de son corps est jaunâtre, tacheté de brun ; le dessous blanc ;
l'iris de ses yeux noirs; la prunelle bleuâtre. On compte de chaque côté
trois rayons dans la nageoire appelée ventrale, six dans celle à laquelle le
nom d'anale a été donné; c'est dans cette espèce particulièrement que l'on
voit avec de très grandes dimensions ces appendices ou crochets que nous
avons décrits en traitant de la batis, et que présentent les mâles de toutes les
espèces de raies.

LA RAIE CHAGRINÉE [2]

Raia coriacea. (Espèce douteuse.)

Le corps de ce poisson est moins large, à proportion de sa longueur, que
celui de la plupart des autres raies. Son museau est long, pointu et garni
de deux rangs d'aiguillons. On voit quelques autres piquants placés en demi-
cercle auprès des yeux, dont l'iris a la couleur du saphir. Les deux côtés de
la queue sont armés d'une rangée d'aiguillons ou d'épines, entremêlés d'un
grand nombre de petites pointes. Le dessous du corps est blanc ; et le dessus,
qui est d'un brun cendré, présente, surtout dans sa partie antérieure, des
tubercules semblables à ceux qui revêtent la peau de plusieurs squales, particulièrement celle du requin, et qui font donner à ce tégument le nom de
peau de chagrin.

1. « Raja ordine aculeorum in dorso unico, tribusque in cauda. » Bloch, *Histoire naturelle
des poissons,* 3, pl. 83 et 84. — « Dasybatus elevatus, spinis clavis ferreis similibus; dasybatus
clavatus rostro acuto; dasybatus rostro acutissimo, etc. » Klein, *Miss. pisc.* III, p. 36, n. 6, 7 et 8.
— *Raie ronce.* Bonnaterre, planches de l'Encyclopédie méthodique. — *Raja propria dicta.* Belon,
Aquat., p. 79. — *Raie cardaire.* Rondelet, première partie, liv. XII, chap. XIV.

Gesner, *Aquat.,* p. 795, 797. Ic. an., p. 135, 137. Thierb., p. 71, 72. — Aldrov., *Pisc.,*
p. 459-462. — Willughby, *Icht.,* p. 74-78, tab. p. 2, fig. 1, 3 et 4. — Ray., *Pisc.,* p. 26,
n. 2, 5. — Jonston, *Pisc.,* tab. 10, fig. 3, 9; tab. 11, fig. 2, 5. — *Rough ray.* Pennant, *Brit. zool.* III,
p. 66. — *raie cardaire, Raja spinosa.* Valmont de Bomare, *Dictionnaire d'histoire naturelle*

2. Pennant, *Zoologie britannique,* t. III, p. 84, n. 34. — *Raie chagrinée.* Bonnaterre,
planches de l'Encyclopédie méthodique.

FIN DU TOME DEUXIÈME.

TABLE DES MATIÈRES

CONTENUES DANS LE DEUXIÈME VOLUME

II.

DES SERPENTS MONSTRUEUX

POISSONS

FIN DE LA TABLE DU DEUXIÈME VOLUME

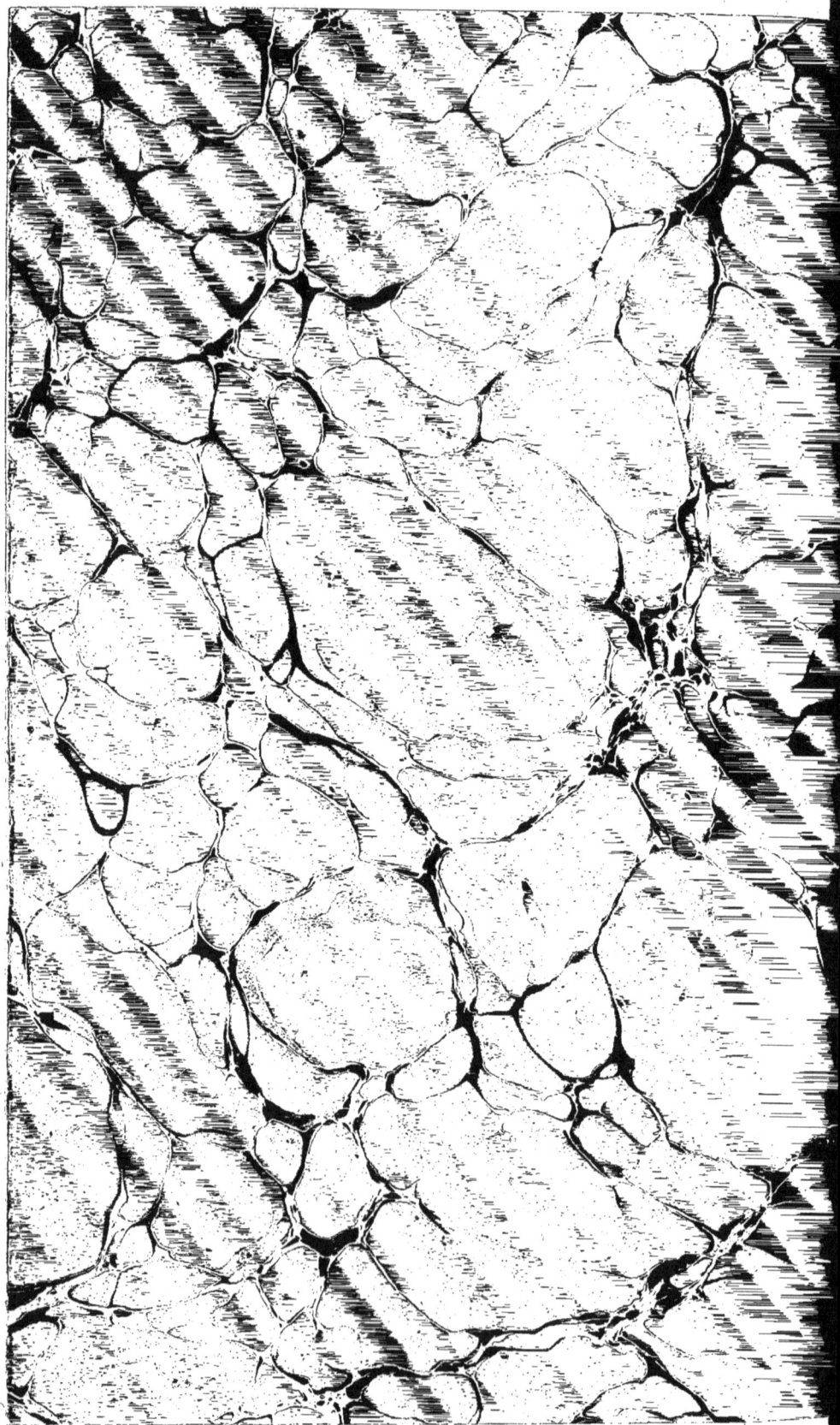